ANLEITUNGEN FÜR DIE CHEMISCHE LABORATORIUMSPRAXIS
HERAUSGEGEBEN VON H. MAYER-KAUPP
BAND II

KOLORIMETRIE · PHOTOMETRIE UND SPEKTROMETRIE

EINE ANLEITUNG ZUR AUSFÜHRUNG VON ABSORPTIONS-, EMISSIONS-, FLUORESCENZ-, STREUUNGS-, TRÜBUNGS- UND REFLEXIONSMESSUNGEN

VON

GUSTAV KORTÜM

VIERTE NEUBEARBEITETE UND ERWEITERTE AUFLAGE

MIT 224 ABBILDUNGEN

Springer-Verlag Berlin Heidelberg GmbH
1962

Ursprunglich erschienen bei Springer-Verlag OHG., Berlin · Göttingen · Heidelberg 1962
Softcover reprint of the hardcover 4th edition 1962
Library of Congress Catalog Card Number 62-14513

ISBN 978-3-642-87212-9 ISBN 978-3-642-87211-2 (eBook)
DOI 10.1007/ 978-3-642-87211-2

Vorwort zur vierten Auflage

Die 20jährige Entwicklung der Methodik kolorimetrischer, photometrischer und spektrometrischer Messungen seit Erscheinen der ersten Auflage dieses Buches ist durchaus geradlinig und folgerichtig verlaufen. Zwei Tendenzen waren stets zu erkennen: Erstens das Bestreben, von visuellen und photographischen Methoden, die früher vorherrschten, zu lichtelektrischen und thermoelektrischen Methoden überzugehen; zweitens das Bestreben, registrierende Meßverfahren an Stelle der Punkt-zu-Punkt-Messung einzuführen. Die Folge ist, daß visuelle kolorimetrische Verfahren heute trotz ihrer prinzipiellen Vorzüge kaum noch in Gebrauch sind und daß photographische Methoden auf spezielle Probleme beschränkt bleiben. Beide Kapitel wurden deshalb erheblich gekürzt und nur noch so weit behandelt, als dies im Zusammenhang mit den Unterschieden der Meßprinzipien notwendig erschien. Demgegenüber wurden alle übrigen Kapitel sorgfältig überarbeitet und dem neuesten Stand der Meßtechnik angepaßt. Die Literatur wurde, soweit möglich, bis einschließlich 1961 berücksichtigt, und sämtliche Zitate wurden nachgeprüft. Das letzte Kapitel über Anwendungsbeispiele wurde gestrichen, um den Umfang des Buches nicht allzusehr anwachsen zu lassen. Vermutlich wird die immer mehr fortschreitende Spezialisierung dazu zwingen, in späteren Auflagen den Stoff weiter einzuschränken bzw. aufzuteilen, da das ganze Gebiet darzustellen, die Kenntnisse eines einzelnen überschreitet.

Den Herren Dipl.-Phys. Hans DELFS und Dipl.-Chem. Gerhard HERZOG habe ich für zahlreiche Verbesserungsvorschläge und für ihre Hilfe beim Lesen der Korrektur zu danken, ebenso dem Springer-Verlag für sein bereitwilliges Eingehen auf alle Wünsche und die ausgezeichnete Ausstattung des Buches.

Tübingen, im März 1962

G. Kortüm

Aus dem Vorwort zur dritten Auflage

Der Anwendungsbereich kolorimetrischer, photometrischer und spektrometrischer Methoden in der chemischen Forschung und Praxis ist weiter in ständigem Wachsen begriffen. Dies ist zum großen Teil der Weiterentwicklung der Meßmethoden zu danken, die sich im letzten Jahrzehnt mit einer ungeahnten Schnelligkeit und Vielseitigkeit vollzogen hat. Während sowohl die visuelle wie die photographische Methodik eine kaum noch zu übertreffende und deshalb nur noch beschränkt entwicklungsfähige Vollendung erreicht hat, nimmt die Bedeutung der lichtelektrischen und thermoelektrischen Methoden infolge der stetigen Vervollkommnung der Empfänger und der konstruktiven Verbesserung der Meß- und Verstärkungstechnik fast von Tag zu Tag zu. Dies gilt im besonderen von den Infrarotmethoden, die speziell für die organische Chemie so außerordentlich wichtig geworden sind.

Die Erweiterung und Vervollkommnung der Meßmethoden hat weiter dazu geführt, daß ihre Anwendung im chemischen Laboratorium sich nicht mehr in dem Maße auf verdünnte Lösungen beschränkt, wie dies früher der Fall war. Messungen an Gasen, Flüssigkeiten und festen Stoffen gehören heute ebenso zum ständigen Bereich der analytischen Praxis, was etwa in der stetig wachsenden Bedeutung der Ultrarotabsorptionsschreiber oder der Reflexionsmessungen an pulverförmigen Stoffen zum Ausdruck kommt.

Sinn und Zweck dieser Darstellung haben sich nicht geändert: Es soll versucht werden, die verwirrende Fülle der entwickelten Methoden an Hand des ihnen zugrunde liegenden Meßprinzips systematisch zu ordnen, so daß gemeinsame und trennende Gesichtspunkte klar zum Ausdruck kommen. Daraus sowie aus einer eingehenden Fehlerdiskussion ergibt sich die zweckmäßige Auswahl der Methode je nach den Besonderheiten des zu untersuchenden Problems zwangsläufig von selbst. Eine solche kritische Darstellung erscheint deswegen nicht nutzlos, weil die Leistungsfähigkeit der verschiedenen Methoden, ihre Anwendungs- und Genauigkeitsgrenzen in der Literatur sehr unterschiedlich und vielfach auch recht irreführend beurteilt werden. Es ist bei der Fülle des Materials naturgemäß unmöglich, eine ins einzelne gehende Beschreibung der verschiedenen Meßverfahren zu versuchen, nach der man unmittelbar arbeiten könnte. Hierüber geben die Arbeitsvorschriften und Prospekte der Firmen meistens erschöpfende Auskunft, soweit es sich um käufliche Geräte handelt. Was man jedoch in solchen Vorschriften im allgemeinen nicht findet, nämlich eine kritische Gegenüberstellung von Vor- und Nachteilen des benutzten Meßprinz'ps und die optimalen Bedingungen, unter denen man ein Maximum an Genauigkeit und ein Minimum an systematischen Fehlern erreicht, darauf soll hier besonders Wert gelegt werden. Darüber hinaus soll gezeigt werden, daß man häufig mit einfachen Mitteln, die dem vorliegenden Problem angepaßt sind, mehr erreichen kann als mit kostspieligen Geräten, die für die Lösung dieses Problems eigentlich gar nicht vorgesehen sind. Ebenso wie eine Beschreibung oder auch nur vollständige Aufzählung der gebräuchlichsten Apparate sich als unmöglich erweist, muß auch auf eine selbst angenähert vollständige Berücksichtigung der Literatur von vornherein verzichtet werden. Der Umfang des Schrifttums ist derartig angewachsen, daß es sich aus Raumgründen nicht einmal mehr vollständig zitieren läßt. Es wurde deshalb versucht, durch Angabe zusammenfassender Berichte und Monographien den Leser auf die Möglichkeit zu eingehenderem Literaturstudium über die Anwendungen der beschriebenen Meßverfahren hinzuweisen.

Tübingen, im August 1954

G. Kortüm

Inhaltsverzeichnis

I. Allgemeine Grundlagen

1. Begrenzung und Einteilung des Stoffes

Unter *Kolorimetrie* oder „Farbmessung“ versteht der Chemiker die Konzentrationsbestimmung eines farbigen Stoffes in einer Mischphase durch Vergleich mit einer zweiten Mischphase, die denselben Stoff in bekannter Konzentration enthält. Praktisch handelt es sich dabei ausschließlich um flüssige Mischphasen, d.h. *Lösungen* des farbigen Stoffes in einem farblosen Lösungsmittel. Allerdings ist der Ausdruck „Kolorimetrie“ nicht sehr glücklich, denn tatsächlich handelt es sich nicht um eine Farbmessung, sondern um einen visuellen Farbvergleich, weswegen man diese Art der Konzentrationsbestimmung im angelsächsischen Schrifttum auch häufig als „color comparimetry“ bezeichnet.

Unter *Photometrie* bzw. Strahlungsmessung[1] im weitesten Sinne verstehen wir die Messung von Lichtströmen bzw. Strahlungsleistungen (Intensitäten) in irgendwelchen Teilen des Spektrums mit Hilfe meßbar veränderlicher Schwächungseinrichtungen oder durch Umwandlung der Strahlungsenergie in elektrische Energie. Untersucht man die Schwächung eines Lichtstroms durch Einschaltung eines absorbierenden Stoffes, so spricht man von Absorptionsphotometrie; untersucht man die Lichtstärke eines Licht aussendenden Stoffes (z.B. Fluorescenz im Vergleich zur Lichtstärke eines fluorescierenden Standards), so handelt es sich um Emissionsphotometrie. Wir beschränken uns auch hier im wesentlichen auf die Behandlung der *vergleichenden* Photometrie an (echten und kolloiden) *Lösungen*, d.h. wir beschäftigen uns mit den Methoden der Absorptions-, Trübungs-, Streuungs- und Fluorescenzmessung, während *absolute* photometrische Messungen etwa zur Prüfung der spektralen Intensitätsverteilung von Strahlungsquellen oder zur Bestimmung von Quantenausbeuten nur in einzelnen Sonderfällen erwähnt werden sollen.

Unter *Spektrometrie* verstehen wir die qualitative oder quantitative Messung der Absorption bzw. Emission eines Stoffes als Funktion der Wellenlänge der Strahlung, d.h. bei derartigen Messungen handelt es sich um die Ermittlung des *Absorptions-*, *Emissions-*, *Raman-*, *Fluorescenz-* oder *Reflexionsspektrums* eines Stoffes in einem größeren oder kleineren Wellenlängenbereich. In diesem Fall werden wir uns nicht auf die Spektren verdünnter Lösungen beschränken, sondern uns auch mit der Spektrometrie von Gasen, Flüssigkeiten und festen Stoffen beschäftigen. Dagegen begrenzen wir die Betrachtungen auf die Methoden der Molekül-

[1] Man unterscheidet häufig zwischen „Lichtmessung“ und „Strahlungsmessung“ und versteht darunter die vergleichende Messung von Leuchtdichten mit dem Auge auf Grund des photometrischen (oder physiologischen) Maßsystems (vgl. S. 18) bzw. die vergleichende Messung von Strahlungsdichten mit elektrischen Methoden (Photozelle, Thermoelement usw.) in beliebigen Spektralbereichen auf Grund des physikalischen Maßsystems.

spektrometrie; die sog. Emissionsspektralanalyse und die Flammenspektroskopie angeregter Atome und Ionen sollen nicht behandelt werden, da sie bereits in Band I dieser Reihe ausführlich beschrieben sind. Ebenso verzichten wir auf eine Darstellung der Mikrowellenspektrometrie, die ebenfalls in neuerer Zeit in gesonderten Berichten und Monographien behandelt worden ist[1].

Es soll die Aufgabe des vorliegenden Buches sein, die zahlreichen auf diesem Gebiet entwickelten Meßmethoden von gemeinsamen Gesichtspunkten aus zu besprechen und zu ordnen. Das erscheint deswegen notwendig, weil in dem gerade in den letzten Jahren außerordentlich angewachsenen Schrifttum häufig recht unklare Vorstellungen über den Anwendungsbereich, die Leistungsfähigkeit und die Fehlermöglichkeiten der verschiedenen Methoden entwickelt wurden, was sehr oft zu einer Über- oder Unterschätzung der mit ihnen erzielbaren Ergebnisse und deren Genauigkeit geführt hat. In der Regel beruht dies auf der unrichtigen Beurteilung des der einzelnen Methode zugrunde liegenden *Meßprinzips*, wie etwa daraus hervorgeht, daß oft Genauigkeitsangaben gemacht werden, die auf Grund der in der verwendeten Methode gemachten Voraussetzungen überhaupt nicht erreichbar sind, oder daß für die Erreichung einer bestimmten Genauigkeit unnötig komplizierte experimentelle Hilfsmittel eingesetzt werden, während sich mit einfacheren Mitteln das gleiche oder sogar mehr hätte erreichen lassen. Für die Auswahl der für einen bestimmten Zweck bestgeeigneten Methode, für ihre Handhabung und für die Beurteilung der erreichbaren Meßgenauigkeit bedarf es deshalb einer Kritik, die sich nur aus der Kenntnis des den verschiedenen Methoden zugrunde liegenden Meßprinzips erwerben läßt. Dieses soll deshalb stets sowohl bei der Einteilung der Meßmethoden wie bei der Beurteilung ihrer Leistungsfähigkeit und ihres Anwendungsbereiches in den Vordergrund gestellt werden.

Jede – für eine systematisch geordnete Übersicht wünschenswerte – *Einteilung der Meßmethoden* besitzt je nach den zugrunde liegenden Gesichtspunkten Vorteile und Nachteile. Eine vollkommene Systematik ohne gelegentliche Überschneidungen läßt sich wohl kaum erreichen. Wir unterteilen – zunächst rein äußerlich – nach dem *Strahlungsempfänger* und unterscheiden zwischen *visuellen*, *lichtelektrischen*, *thermoelektrischen* und *photographischen* Meßmethoden. Innerhalb dieser Kapitel werden Absorptions- und Emissionsmessungen jeweils in gesonderten Abschnitten behandelt. In jedem dieser Abschnitte wird zwischen *kolorimetrischen* und *photometrischen* Verfahren einerseits und *spektrometrischen* Verfahren andererseits unterschieden, die sich grundsätzlich in ihrem Verwendungszweck unterscheiden (vgl. S. 9ff.). Auch die Begriffe Kolorimetrie und Photometrie sind scharf zu unterscheiden und zu trennen, da ihnen verschiedene Meßprinzipien zugrunde liegen.

[1] Vgl. z.B. W. Gordy, W. V. Smith u. R. F. Trambarulo: Microwave Spectroscopy, New York 1954. – C. H. Townes u. A. L. Schawlow: Microwave Spectroscopy, New York 1955. – M. W. P. Strandberg: Microwave Spectroscopy, New York 1953. – W. Maier: Ergebn. exakt. Naturwiss. **24**, 276 (1951). – B. Koch: ibid. **24**, 222 (1951). – W. Zeil: Z. analyt. Chem. **170**, 19 (1959).

2. Elementarvorgänge der Strahlungsabsorption und -emission

Während die Energie eines Atoms – abgesehen von der nicht gequantelten Translationsenergie – nur in Energie der Elektronenbewegung besteht, setzt sich die Energie eines Moleküls unter Vernachlässigung der Wechselwirkung der einzelnen Bewegungszustände aus drei Teilen zusammen, der Energie E_{el} der Elektronenbewegung, der Energie E_v der Kernschwingungen und der Energie E_r der Rotation des Gesamtmoleküls, d.h. es gilt in erster Näherung

$$E = E_{el} + E_v + E_r\,. \tag{1}$$

Einer Änderung des Energiezustandes $E' - E''$ entspricht die Absorption oder Emission eines Strahlungsquants

$$h\nu = (E'_{el} - E''_{el}) + (E'_v - E''_v) + (E'_r - E''_r)\,. \tag{2}$$

Änderungen der Elektronenenergie sind in der Regel groß gegenüber der Schwingungsenergie der Kerne, und letztere ist ihrerseits groß gegenüber der Rotationsenergie des ganzen Moleküls. Ändert sich allein der Rotationszustand des Moleküls, so erhält man das reine *Rotationsspektrum,* das im langwelligen Infrarot und im Mikrowellengebiet liegt ($\lambda > 50\,\mu$). Änderungen der Schwingungsenergie, die meistens mit einer Änderung der Rotationsenergie verbunden sind, entsprechen einer Absorption oder Emission im kurzwelligen Infrarot ($\lambda \sim 1$ bis $50\,\mu$), man erhält das *Rotationsschwingungsspektrum.* Ändert sich die Energie der Elektronenbewegung, wobei in der Regel auch Schwingungs- und Rotationszustand des Moleküls geändert wird, so erhält man das im Sichtbaren und Ultravioletten gelegene *Elektronenbandenspektrum* des Moleküls ($\lambda \sim 10000$ bis etwa 500 Å). Ein Molekül kann nicht unter Absorption oder Emission von Strahlung aus einem gegebenen Energiezustand in jeden beliebigen anderen möglichen Energiezustand übergehen, sondern für solche Übergänge existieren bestimmte *Auswahlregeln,* die quantenmechanisch begründet und abgeleitet werden können. Außerdem existieren für die quantenmechanisch erlaubten Übergänge bestimmte *Übergangswahrscheinlichkeiten,* die im einfachsten Fall zweiatomiger Moleküle ebenfalls berechnet werden können und die allgemein die *Intensität* der Absorption bzw. Emission bestimmen[1].

Außer durch Absorption von Strahlung kann ein Molekül auch durch *Stöße infolge der Temperaturbewegung* angeregt werden. Bei Zimmertem-

[1] Zur Theorie der Spektren vgl. z.B.: G. Herzberg: Molekülspektren und Molekülstruktur, Dresden-Leipzig 1939; Molecular spectra and molecular structure, I. Diatomic molecules, New York 1950; II. Infrared and Raman spectra of polyatomic molecules, New York 1945; K. W. F. Kohlrausch: Raman-Spektren, Hand- und Jahrbuch chem. Physik, Bd. 9, VI, Leipzig 1943; E. B. Wilson, J. C. Decius u. P. C. Cross: Molecular vibrations, New York 1955; E. Thornton u. H. W. Thompson: Conference on Molecular Spectroscopy, London 1959; Th. Förster: Z. Elektrochem. angew. physik. Chem. **45**, 548 (1939); H. A. Stuart: Die Struktur des freien Molekuls, Berlin 1952; H. W. Thompson: Advances in Spectroscopie, New York 1959; C. Sandorfy: Les spectres électroniques, Paris 1959; Deutsche Übersetzung, Weinheim 1961.

peratur reicht die mittlere Energie der Temperaturbewegung ($3\,RT/2 \sim \lambda = 30\,\mu$). im allgemeinen nicht zur Anregung von Schwingungsbewegungen oder von höheren Elektronenzuständen aus. Bei Zimmertemperatur befinden sich also praktisch alle Moleküle im Elektronen- und im Schwingungs-*Grundzustand*. Dagegen sind die Moleküle statistisch über alle möglichen Rotationszustände verteilt. Erst bei höheren Temperaturen können auch die Schwingungen und Elektronen merklich

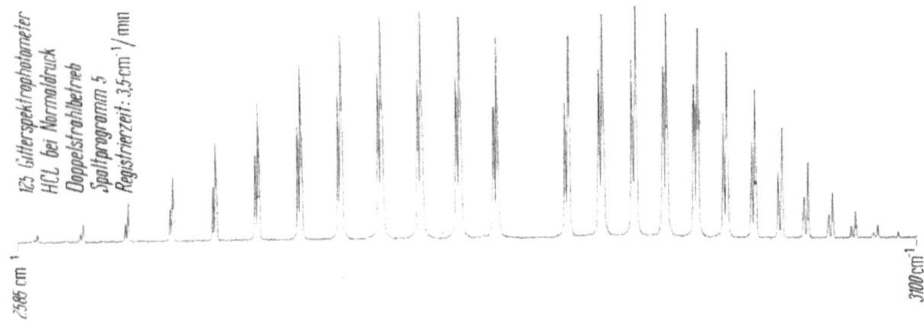

Abb. 1. Rotationsstruktur der Grundschwingungsbande von HCl im Bereich von 3,6 bis 3,8 μ (mit Gitter aufgenommen)

angeregt werden. Höhere Anregungszustände können schließlich auch durch *Elektronenstoß* in einem Gasentladungsrohr erreicht werden (vgl. S. 449ff.).

Das *Absorptionsspektrum* des „freien" Moleküls (im Gaszustand bei kleinem Druck) kommt danach folgendermaßen zustande: Tritt „weiße" Strahlung, d.h. Strahlung aller Wellenlängen, durch das Gas hindurch, so werden diejenigen Wellenlängen absorbiert, die den erlaubten Übergängen der Moleküle in Zustände höherer Energie entsprechen. Wird die Strahlung nachträglich durch ein Prisma oder ein Gitter spektral zerlegt, so sind die ursprünglichen Intensitäten dort geschwächt, wo Absorption eingetreten ist, d.h. man beobachtet (je nach den Übergangswahrscheinlichkeiten) mehr oder weniger starke *Absorptionslinien*. Als Beispiel ist in Abb. 1 die 0–1-Rotationsschwingungsbande im Bereich von 3100 bis 2585 cm^{-1} von HCl bei geringem Druck und Zimmertemperatur wiedergegeben. Jede Absorptionslinie kommt hier durch den Übergang von Molekülen aus dem Schwingungsgrundzustand (0) in den ersten angeregten Zustand (1) der Valenzschwingung zustande, wobei gleichzeitig der nächsthöhere bzw. nächstniedrigere Rotationszustand des betreffenden Moleküls eingenommen wird. Daß die Linien doppelt sind, beruht darauf, daß zwei verschiedene Isotope $H^{35}Cl$ und $H^{37}Cl$ vorhanden sind.

Die Dispersion der gebräuchlichen Spektralapparate ist zuweilen so gering oder die Rotationsterme liegen bei großen Molekeln so nahe beieinander, daß man die Rotationsstruktur der Schwingungsbanden nicht oder höchstens durch die äußere Form der Banden erkennen kann. In Abb. 2 ist die Rotationsstruktur des sog. P- und des R-Zweiges der Bande nicht aufgelöst. Bei höheren Drucken und in kondensierten Phasen werden außerdem die Rotationslinien durch die Stoßwechselwirkung der Moleküle so stark verbreitert, daß sie sich gegenseitig überdecken; die Rotationsstruktur geht dann ganz verloren, und es entstehen breite, kontinuierliche Banden.

Analoges gilt für Elektronenbandenspektren. Auch hier kann durch Druckerhöhung die Rotationsstruktur, außerdem durch Dissoziations-, Prädissoziations- oder Rekombinationsvorgänge im angeregten Elektronenzustand die Schwingungsstruktur verlorengehen (sog. *echte Kontinua*). Daneben beobachtet man häufig, daß das Auftreten von Schwingungsstruktur in einer Elektronenbande konstitutionsabhängig ist insofern, als es an ein *starres* Molekülmodell gebunden ist, während die Möglichkeit von *Torsionsschwingungen* einzelner Molekülteile gegeneinander diese Struktur mehr oder weniger zum Verschwinden bringen kann[1]. Ein charakteristisches Beispiel bilden die Spektren von Benzol und Diphenyl (Abb. 3), und zwar sowohl im verdünnten Gaszustand wie in flüssiger Phase. In solchen Fällen spricht man von *unechten Kontinua*.

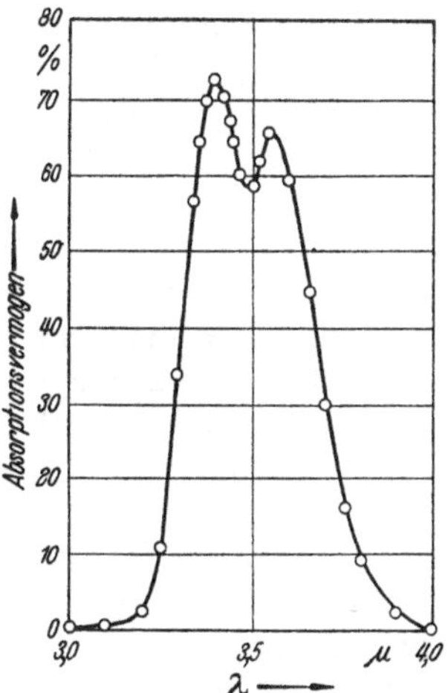

Abb. 2. Rotationsschwingungsbande von HCl bei geringer Dispersion

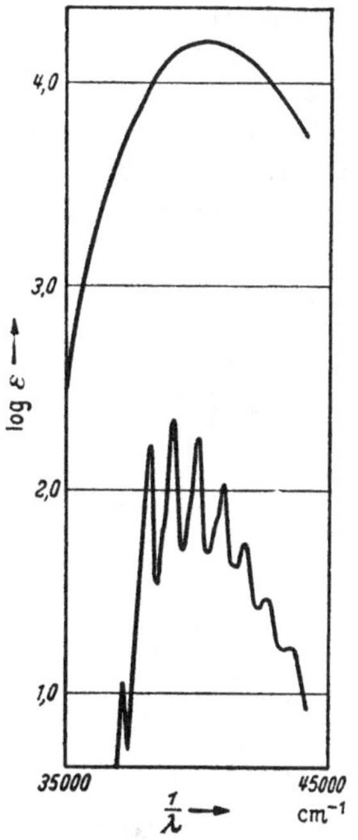

Abb. 3. UV-Absorptionsspektrum von Benzol in Heptan und von Diphenyl in Cyclohexan

Die den einzelnen Elektronenbanden einer Molekel zuzuordnenden Elektronenschwingungen sind im allgemeinen in bestimmter Richtung relativ zum Kerngerüst orientiert. Man bezeichnet dies als „*optische Anisotropie*“. Strahlt man linear polarisiertes Licht ein, so werden nur die Molekeln angeregt, bei denen der betreffende Elektronen-Oscillator eine Komponente parallel zum elektrischen Vektor der anregenden Strah-

[1] Vgl. dazu G. KORTÜM und G. DREESEN: Ber. dtsch. chem. Ges. **84**, 182 (1951); G. KORTÜM: Naturwiss. **38**, 274 (1951).

lung besitzt. Um diese Anisotropie direkt beobachten zu können, müssen die Molekeln natürlich in bestimmter Weise räumlich orientiert sein. Außer durch Einbau in Mischkristalle kann man dies durch Adsorption an gereckten Folien, durch Strömenlassen durch enge Kapillaren, durch Spreitung, durch Orientierung in elektrischen oder magnetischen Feldern, durch photochemische Veränderung mittels polarisierten Lichtes usw. in mehr oder minder starkem Maße erreichen. Eine allgemeiner anwendbare Methode zur Untersuchung der räumlichen Orientierung der Elektronenschwingungen besteht in der Messung der Fluorescenzpolarisation, auf die später einzugehen sein wird (vgl. S. 345).

Ein *Emissionsspektrum* kommt dadurch zustande, daß die durch Strahlungsabsorption, hohe Temperatur oder Elektronenstoß angeregten Moleküle ihre überschüssige Energie in Form von Strahlung wieder abgeben.

Gelangen die Moleküle durch Absorption von Strahlung in angeregte Zustände und kehren durch Emission von Strahlung wieder in tiefer liegende Energiezustände zurück, so spricht man von *Fluorescenz*[1]. Die Wellenlänge der Fluorescenzstrahlung ist deshalb stets größer oder höchstens gleich der der anregenden Strahlung (Regel von STOKES). Während die Absorption bei Zimmertemperatur, wie erwähnt, im allgemeinen vom Schwingungsgrundzustand des Elektronenzustandes ausgeht, kann die Fluorescenz auch zu angeregten Schwingungstermen des Elektronengrundzustandes führen. Da ferner die Schwingungsenergie des angeregten Elektronenzustandes bei genügend hoher Stoßzahl (hoher Druck bzw. flüssige Phase) während der Anregungsdauer durch Stöße abgegeben wird, geht die Fluorescenz in der Regel vom untersten Schwingungsterm des angeregten Elektronenzustandes aus. Das Fluorescenzspektrum gibt demnach über die Schwingungen des Elektronengrundzustandes Aufschluß, während das Absorptionsspektrum die Schwingungsstruktur des angeregten Elektronenzustandes liefert. Dies ist in Abb. 4 für ein zweiatomiges Molekül schematisch veranschaulicht. Den stärker ausgezogenen Übergang bezeichnet man als 0,0-Übergang; er ist in Absorption und Fluorescenz gleich. Bei der Absorptionsbande erstreckt sich dann die Bande nach kurzen, bei der Fluorescenzbande nach langen Wellen. Es entstehen *spiegelsymmetrische* Absorptions- und Fluorescenzbanden, wie

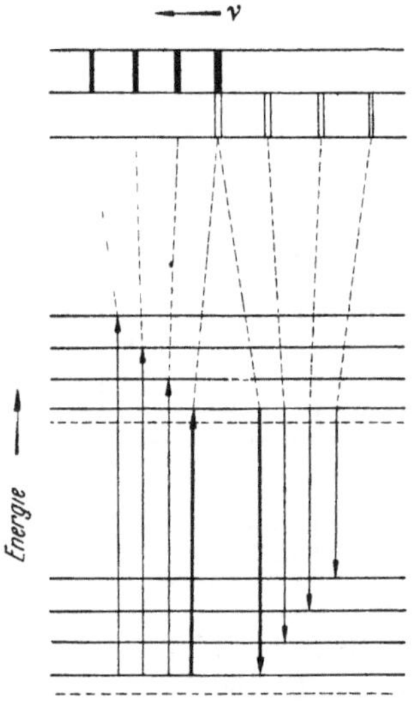

Abb. 4. Termschema der Absorption und Fluorescenz eines zweiatomigen Moleküls bei tiefer Temperatur

[1] Zur Theorie der Fluorescenz vgl. z.B.: TH. FÖRSTER: Fluorescenz organischer Verbindungen, Göttingen 1951; P. PRINGSHEIM: Fluorescence and Phosphorescence, New York 1949; F. BANDOW: Lumineszenz, Stuttgart 1950; E. J. BOWEN u. F. WOKES: Fluorescence of Solutions, London 1953; F. H. JOHNSON: The Luminescence of Biological Systems, Washington 1955.

sie in Abb. 5 am Beispiel des Anthracens[1] wiedergegeben sind. Die Symmetrie ist jedoch nicht streng, da für die Struktur der Fluorescenzbande die Schwingungsterme des Elektronengrundzustandes, für die Struktur der Absorptionsbande diejenigen des angeregten Elektronenzustandes

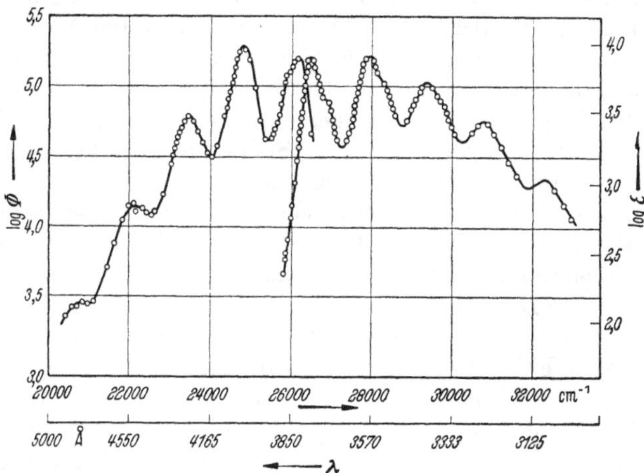

Abb. 5. Spiegelsymmetrie der Absorption und Fluorescenz von Anthracen im Gaszustand

maßgebend sind. Die Abstände der Schwingungsbanden sind deshalb in den beiden Spektren verschieden. Bei höheren Temperaturen finden auch Übergänge von Schwingungstermen höherer Energie statt, so daß Absorptions- und Fluorescenzspektren außer der 0,0-Bande noch weitere Banden gemeinsam haben können, doch liegt auch in diesem Fall der Schwerpunkt der Fluorescenz bei längeren Wellen als der der Absorption, weil stets Schwingungsenergie im angeregten Elektronenzustand durch Stoßwechselwirkung verlorengeht.

Die normale Lebensdauer angeregter Elektronenzustände liegt in der Größenordnung von 10^{-8} Sekunden. Das bedeutet, daß die Fluorescenz mit dem Aufhören der erregenden Strahlung praktisch momentan erlischt. Es gibt jedoch Fälle, in denen sie die Erregung um Zeiten bis zu mehreren Sekunden überdauert. Dann spricht man von *Phosphorescenz*[2]. Diese lange Abklingdauer ist nur möglich, wenn langlebige (sog. metastabile) Anregungszustände vorhanden sind. Sie läßt sich durch folgendes, von JABLONSKI[3] angegebenes Termschema verstehen (Abb. 6). *A* stellt den

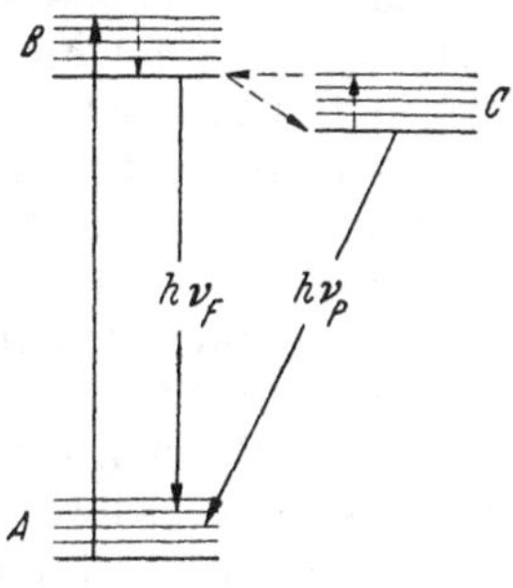

Abb. 6. Termschema der Tief- und Hochtemperaturphosphorescenz. ⟶ Strahlungsubergange, ---→ strahlungslose Übergange

[1] KORTÜM, G. und B. FINCKH: Z. physik. Chem. (B) **52**, 263 (1942).

[2] Zusammenfassende Darstellungen: P. FRÖHLICH und H. MISCHUNG: Kolloid-Z. **108**, 30 (1944); TH. FÖRSTER: Naturwiss. **36**, 240 (1949); M. KASHA: Chem. Reviews **41**, 401 (1947); TH. FÖRSTER: Fluorescenz organischer Verbindungen, Göttingen 1951.

[3] JABLONSKI, A.: Z. Physik **94**, 38 (1935).

Elektronengrundzustand, B einen normalen, C einen metastabilen Anregungszustand des Moleküls dar, der durch Strahlungsabsorption nur sehr selten erreicht werden kann und der praktisch schwer zu beobachten ist[1] (verbotener Übergang). Die durch Absorption in den Zustand B gelangten Moleküle kehren nur zum Teil unter normaler Fluorescenz in den Grundzustand zurück, zum Teil gehen sie durch Stoßwechselwirkung strahlungslos in den Zustand C über, von dem aus sie nur mit geringer Übergangswahrscheinlichkeit, d.h. langsam unter Emission in den Grundzustand zurückkehren können. Diesen Vorgang bezeichnet man als *Tieftemperaturphosphorescenz*; ihr Spektrum liegt bei längeren Wellen als das der normalen Fluorescenz. Bei hohen Temperaturen kann das Molekül im Zustand C durch thermische Anregung so viel Schwingungsenergie aufnehmen, daß es wieder die Energie des Grundschwingungsterms von Zustand B erreicht. Dann ist ein strahlungsloser sog. Resonanzübergang zu B möglich, von dem aus dann das Molekül unter Strahlungsemission wieder in A übergehen kann. Das so zustande kommende Spektrum ist offenbar mit dem der normalen Fluorescenz identisch, jedoch braucht dieser Vorgang ebenfalls Zeit, so daß man in solchen Fällen von *Hochtemperaturphosphorescenz* spricht. Welcher der beiden Vorgänge häufiger eintritt, hängt außer von der Temperatur noch von den Übergangswahrscheinlichkeiten und der Energiedifferenz der Zustände B und C ab.

Regt man Moleküle nicht durch Strahlungsabsorption, sondern durch Elektronenstoß in Gasentladungsröhren an (vgl. S. 449ff), so erhält man die sogenannten *Elektroluminescenzspektren*, die in vielen Fällen mit den Fluorescenzspektren identisch sind, häufig aber auch bezüglich der Intensitätsverteilung von den Fluorescenzspektren abweichen. Das läßt sich durch die Annahme deuten, daß in der Entladung die statistische Besetzung der Schwingungsterme nicht mit der des thermischen Gleichgewichts übereinstimmt. In vielen Fällen treten zusätzliche Emissionsbanden auf, die auf den Zerfall der angeregten Moleküle in kleinere Bruchstücke zurückgeführt werden können.

Das RAMAN-Spektrum eines Moleküls kommt dadurch zustande, daß monochromatische Strahlung von den Molekülen nicht nur kohärent gestreut wird (RAYLEIGH-Streuung), sondern auch inkohärent, was bedeutet, daß ein Energieaustausch zwischen der Strahlung und der Rotations- bzw. Schwingungsenergie der Moleküle stattfindet. Da letztere stets gequantelt ist, erscheinen in der Streustrahlung neben der Frequenz der Primärstrahlung noch Linien kleinerer oder größerer Frequenz, je nachdem ob Rotations- bzw. Schwingungsenergie an das Molekül abgegeben oder von ihm aufgenommen wurde (STOKESsche oder rotverschobene bzw. anti-STOKESsche oder blauverschobene Linien). Da für das Auftreten der letzteren die Moleküle sich bereits in angeregten Zuständen befinden müssen und angeregte Schwingungszustände bei Zimmertemperatur, wie erwähnt, sehr selten vorkommen, haben anti-STOKESsche Linien geringe Intensität und werden deshalb nicht immer beobachtet. Auch der reine Rotations-RAMAN-Effekt bei Gasen ist nur schwer be-

[1] Vgl. dazu M. KASHA: J. chem. Physics **20**, 71 (1952).

obachtbar. Das Auftreten des RAMAN-Effekts ist daran gebunden, daß die Polarisierbarkeit des Moleküls in den verschiedenen Rotations- und Schwingungszuständen verschieden ist.

3. Anwendungsgebiete

Das Absorptions- und Emissionsvermögen von Strahlung ist im Gegensatz zu den meisten anderen Eigenschaften der Materie eine *spezifische*, für ein Atom, ein Molekül oder eine Atomgruppe innerhalb eines Moleküls charakteristische Eigenschaft. Auf dieser Spezifität beruhen die beiden hauptsächlichen Anwendungsgebiete optischer Messungen in der Chemie, die

a) *Konstitutionsermittlung* und die

b) *quantitative Analyse.*

Zur Untersuchung von Konstitutionsfragen aller Art dienen die spektrometrischen Methoden, zur Lösung von analytischen Problemen kolorimetrische und photometrische Methoden. Die Unterscheidung der beiden genannten Anwendungsgebiete führt folgerichtig zu der angegebenen Unterteilung optischer Absorptions- und Emissionsmessungen.

Wie schon erwähnt, werden wir uns im folgenden vorwiegend mit den Untersuchungsmethoden beschäftigen, die speziell für *verdünnte Lösungen* geeignet sind. Die Untersuchung von Lösungen hat für chemische Probleme der genannten Art mehrere Vorteile. Zunächst ist sie rein technisch einfacher als die Untersuchung von Gasen, reinen Flüssigkeiten oder festen Stoffen. Bei kolorimetrischen und photometrischen Messungen stört in vielen Fällen die Rotationsstruktur der Gasspektren, die in flüssiger Phase verlorengeht; bei spektrometrischen Messungen macht die Rotationsstruktur infolge der Vielzahl der Linien in Schwingungs- oder Elektronenbandenspektren der Gase die Zuordnung der Banden für Konstitutionsermittlungen ungeeignet. Nur relativ wenig Stoffe haben bei Zimmertemperatur einen für Absorptions- oder Fluorescenzmessungen im Gaszustand ausreichenden Dampfdruck. Geht man aber zu höheren Temperaturen über, so besteht die Gefahr der Zersetzung, und außerdem kommt die Temperaturabhängigkeit der Absorption bzw. Fluorescenz als weitere Komplikation hinzu. Bei reinen Flüssigkeiten macht häufig die exakte Definition genügend kleiner Schichtdicken, bei festen Stoffen außerdem die Züchtung genügend großer und gut ausgebildeter Kristalle Schwierigkeiten; bei anisotropen Kristallen hängt die Absorption außerdem von der Richtung ab, in der man die Strahlung hindurchtreten läßt. Andererseits muß man bei der Untersuchung verdünnter Lösungen in Kauf nehmen, daß Lage, Intensitätsverhältnis und Struktur der Banden vom Lösungsmittel erheblich beeinflußt werden können[1].

a) Konstitutionsermittlung. Daß ein allgemeiner Zusammenhang zwischen chemischer Konstitution und Absorption von Strahlung im sichtbaren Spektralbereich, d.h. zwischen Konstitution und *Farbe*, existieren

[1] Über die sog. „Solvatochromie" vgl. K. DIMROTH: Marburger Sitzungsber. **76**, Heft 3, S. 3 (1953).

müsse, wurde schon sehr frühzeitig bemerkt[1]. Aus dieser Beobachtung entwickelten sich die chemischen Farbtheorien, die die Lichtabsorption bestimmten Atomgruppierungen im Molekül, den sogenannten *Chromophoren*, zuschrieben, deren charakteristische Eigenschaft in ihrer koordinativen Ungesättigtheit bestehen sollte[2]. Die nebenher entwickelten physikalischen Theorien führten die Absorption im Sichtbaren und im UV auf die Anregung von Elektronenschwingungen zurück, wobei es sich gerade um die äußeren, lockeren Bindungselektronen der Atome handeln mußte, die auch für die Entstehung der Moleküle verantwortlich sind. Diese klassische Vorstellung der Resonanzschwingungen von Elektronen wurde dann später durch die Vorstellungen der Quantentheorie abgelöst, die unter Strahlungsabsorption den Übergang eines Moleküls aus einem Elektronenzustand minimaler Energie, dem sogenannten Grundzustand, in stationäre Zustände höherer Energie versteht. Dabei besitzen auch nach der Quantentheorie die locker gebundenen Elektronen besonders niedrige Anregungszustände, bedingen also die Absorption im langwelligen Teil des Spektrums. Auf diese Weise erhielt die alte chemische Chromophortheorie ihre physikalische Begründung. Heute ist die moderne Wellenmechanik in der Lage, mit Hilfe verschiedener Näherungsverfahren die Energiezustände auch komplizierter Moleküle als Funktion ihrer Konstitution mit guter Näherung zu berechnen[3]. Umgekehrt läßt sich deshalb in vielen Fällen aus dem Absorptionsspektrum im Sichtbaren oder im UV auf die Konstitution unbekannter Moleküle oder auf die Anwesenheit bestimmter Atomgruppen innerhalb eines Moleküls schließen, wofür es im neueren Schrifttum zahlreiche Beispiele gibt. Eine solche Identifizierung wird offenbar um so leichter sein, je größer der Spektralbereich ist, innerhalb dessen die charakteristische Absorption oder Fluorescenz des Stoffes bekannt ist. Bei derartigen Konstitutionsproblemen kommt es demnach auf die Ermittlung möglichst vollständiger Spektren in einem möglichst großen Spektralbereich an. Diesem Zweck dienen die photographischen und photoelektrischen Verfahren der *Spektrometrie*. Durch Anregung räumlich orientierter Molekeln mit polarisierter Strahlung gelingt es ferner, die Orientierung der Elektronenschwingungen relativ zum Kerngerüst der Molekeln zu ermitteln und so etwas über ihre *optische Anisotropie* auszusagen[4]. Dadurch wird die

---

[1] GRAEBE, C. u. H. LIEBERMANN: Ber. Dtsch. chem. Ges. **1**, 106 (1868).

[2] Eine kurze Übersicht über die chemischen Farbtheorien gibt z.B. TH. FORSTER: Z. Elektrochem. **45**, 548 (1939); vgl. ferner B. EISTERT: Chemismus und Konstitution, Stuttgart 1948; A. GILLAM u. E. S. STERN: Electronic Absorption Spectroscopy, London 1954.

[3] Vgl. z.B.: E. HUCKEL: Z. Elektrochem. angew. physik. Chem. **43**, 752, 827 (1937); TH. FORSTER: Z. Elektrochem. angew. physik. Chem. **45**, 548 (1939); H. KUHN: Helv. chim. Acta **31**, 1441 (1948); **32**, 2247 (1949); **34**, 1308, 2371 (1951); Chimia **4**, 203 (1950); N. S. BAYLISS; J. chem. Physics **16**, 287 (1948); J. R. PLATT: J. chem. Physics **17**, 484 (1941); **19**, 101 (1951); **21**, 1597 (1953); **25**, 80 (1956); M. PESTEMER u. D. BRÜCK: Methoden d. organ. Chemie (Houben-Weyl) 4. Aufl. Bd. III/2 (1955); C. SANDORFY: Les spectres électroniques. Paris 1959; Weinheim 1961; J. W. SIDMAN: Chem. Rev. **58**, 689 (1958).

[4] Vgl. dazu F. DÖRR u. M. HELD: Angew. Chem. **72**, 287 (1960) und die dort angegebene ausführliche Literatur.

Zuordnung der beobachteten Absorptionsbanden wesentlich erleichtert.

In neuerer Zeit werden an Stelle der Elektronenbandenspektren im Sichtbaren und UV vorwiegend die Infrarot- und RAMAN-Spektren zur Charakterisierung und zum Nachweis von Molekeln oder bestimmten Atomgruppen in Molekülen herangezogen. Dabei handelt es sich um die Schwingungsspektren (in der Regel ohne Rotationsstruktur), die außerordentlich spezifisch sind und deshalb gelegentlich als „Fingerabdruck" einer Molekelsorte bezeichnet worden sind. Diese Spezifität beruht darauf, daß die Frequenzen der verschiedenen möglichen Schwingungen von der Größe der mitschwingenden Massen und der Valenzkräfte abhängen, so daß die Infrarotspektren zweier Moleküle auch dann voneinander verschieden sind, wenn sie dieselben Atome in verschiedener Anordnung enthalten (Isomere), ja sogar, wenn es sich um sogenannte Rotationsisomere handelt, die durch behinderte freie Drehbarkeit um eine Einfachbindung entstehen (Beispiel: 1,2-Dichloräthan).

Mehratomige nichtlineare Moleküle besitzen $(3n-6)$, lineare $(3n-5)$ Freiheitsgrade der Schwingung (n = Anzahl der Atome im Molekül); die zugehörigen Schwingungen selbst bezeichnet man als *Normalschwingungen* des Moleküls, wobei man in erster Näherung zwischen *Valenzschwingungen* (in Richtung der betreffenden Valenz) und *Deformationsschwingungen* (unter Änderung der Valenzwinkel) unterscheiden kann. Jeder Normalschwingung entspricht eine Absorptionsbande im IR, sofern die Schwingung zu einer Änderung des Dipolmoments der Moleküle bezüglich Größe oder Richtung führt. Ist dies nicht der Fall, wie etwa bei der (allein möglichen) Valenzschwingung eines zweiatomigen Moleküls aus gleichen Atomen (N_2, H_2, O_2 usw.) oder bei der symmetrischen Valenzschwingung des linearen CO_2-Moleküls, so kann die betreffende Schwingung durch Strahlungsabsorption nicht angeregt werden, sie ist „*infrarot-inaktiv*". Ähnliche, durch die Molekülsymmetrie bedingte „Auswahlregeln" gelten auch für das RAMAN-Spektrum mit dem Unterschied, daß hier nicht die Änderung des Dipolmoments, sondern die Änderung der Polarisierbarkeit bei der betreffenden Schwingung maßgebend ist. RAMAN-Spektren bilden deshalb eine wichtige Ergänzung der Infrarotspektren zur Bestimmung von Molekülkonstanten. Bei Molekülen mit hoher Symmetrie sind häufig mehrere Normalschwingungen frequenzgleich und führen deshalb nur zu *einer* Absorptionsbande. Solche Schwingungen bezeichnet man als „*entartet*". Ihr Auftreten bedingt deshalb eine Vereinfachung des Infrarotspektrums, woraus auf den Symmetriegrad des Moleküls geschlossen werden kann. Da die einzelnen Normalschwingungen stets mehr oder weniger anharmonisch sind, beobachtet man außer den *Grundschwingungen* häufig noch *Oberschwingungen* und *Kombinationsschwingungen*, deren Intensität jedoch meistens viel geringer ist.

Wie dieser kurze Überblick zeigt, wird bei vielatomigen Molekülen das Infrarotspektrum recht kompliziert, so daß die Zuordnung der einzelnen beobachteten Absorptionsbanden zu bestimmten Normalschwingungen häufig große Schwierigkeiten macht. Für die Verwendung des Infrarotspektrums zur Konstitutionsermittlung ergibt sich jedoch der glückliche Umstand, daß bestimmte *Atomgruppen* spezifische Absorptionsbanden besitzen, deren Frequenz in erster Näherung vom übrigen Molekülrest unabhängig ist, so daß sich diese Gruppen (z.B. $>C{=}O$) in einem Molekül mit Sicherheit nachweisen lassen. Diese sogenannten *Gruppenfrequenzen* treten immer dann auf, wenn die Massen der betreffenden Atome oder die Kraftkonstanten der betreffenden Bindung von denen des Molekülrestes merklich abweichen. Das Auftreten dieser Gruppenfrequenzen, die man durch den Vergleich der Spektren strukturell ähnlicher Verbindungen empirisch festlegt, bedingt die große Bedeutung, die die Infrarotspektren für die Strukturaufklärung gewonnen haben (vgl. S. 388ff.).

b) Quantitative Analyse. Zur quantitativen analytischen Bestimmung eines Stoffes kann man jede charakteristische optische Eigenschaft heranziehen, wobei vorausgesetzt wird, daß die beobachtete optische Meßgröße eine eindeutige Funktion seiner Konzentration, im einfachsten Fall ihr direkt proportional ist. Auch für diese Aufgabe werden in erster Linie Messungen der Strahlungsabsorption und der Fluorescenz, und zwar hauptsächlich im sichtbaren Spektralbereich, herangezogen, daneben kommen aber auch Messungen der Absorption im Infrarot und Ultraviolett, ferner Messungen des Streuvermögens in Frage. In solchen Fällen benutzt man die visuellen oder elektrischen Methoden der *Kolorimetrie* und *Photometrie*, die sich gleichermaßen für Absorptions-, Fluorescenz-, Trübungs- und Streuungsmessungen in beliebigen Spektralbereichen verwenden lassen.

Für derartige analytische Aufgaben ist nun offenbar die *absolute* Größe der gemessenen Absorption oder Emission ohne jede Bedeutung, da diese stets auf unter gleichen Bedingungen gemessene *Standardwerte* bezogen werden kann, die an Lösungen des gleichen Stoffes bei bekannter Konzentration gewonnen worden sind. Bei quantitativen analytischen Aufgaben handelt es sich demnach stets um *relative Messungen*, die sich gewöhnlich auf einen eng begrenzten Spektralbereich beschränken.

Optische Konzentrationsbestimmungen setzen sich in steigendem Maße gegenüber früher gebräuchlichen Analysenmethoden durch, weil sie einfacher sind, weniger Zeit beanspruchen, die Isolierung des zu bestimmenden Stoffes meistens unnötig machen und bei Verwendung geeigneter Meßmethoden auch wesentlich höhere Genauigkeiten erreichen. Für die Brauchbarkeit dieser Methoden ist es ferner wichtig, daß sie nicht auf die Benutzung der Spektralbereiche beschränkt sind, in denen ein gegebener Stoff selbst absorbiert oder emittiert, sondern man findet fast immer eine geeignete chemische Umsetzung (Oxydation, Reduktion, Komplexbildung mit einem zugesetzten Reagens), die für den betreffenden Stoff charakteristisch ist und zu einer Verbindung mit spezifischer Absorption führt. Man kann also z. B. auch farblose Stoffe im sichtbaren Spektralbereich durch Absorptionsmessungen quantitativ bestimmen, indem man sie in eine charakteristisch farbige Verbindung überführt.

Die weitaus größte Zahl der gebräuchlichen, auf Absorptionsmessungen beruhenden Analysenvorschriften arbeitet nach dem zuletzt genannten Verfahren, und die Brauchbarkeit sowie die erreichte Genauigkeit solcher Methoden wird im allgemeinen nicht durch die systematischen und zufälligen Fehler der eigentlichen Messung, sondern vielmehr durch die mangelnde Reproduzierbarkeit und die Beeinflußbarkeit der chemischen Reaktionen begrenzt, deren man sich zur Bildung der absorbierenden Verbindung bedient. Daher kommt es, daß für die kolorimetrische oder photometrische Bestimmung eines Stoffes oft eine sehr große Zahl von Farbreaktionen angegeben wird und daß es keineswegs immer leicht ist, die unter den gegebenen Bedingungen geeignetste herauszufinden, weil es dazu eingehender Untersuchungen über die Farbintensität (Spektrum), die zeitliche Stabilität, die Beeinflußbarkeit durch andere Stoffe, durch p_H und Temperatur, die Löslichkeit in dem betreffenden Medium, die Gültigkeit des BEERschen Gesetzes usw. bedarf, die in den meisten Fällen nicht zur Verfügung stehen. Diesem Umstand ist es zuzuschreiben, daß kolorimetrische und photometrische Analysenmethoden manchmal in dem Ruf standen, für Präzisionsbestimmungen nicht genügend genau zu sein. Tatsächlich beruhen derartige Mißerfolge fast stets auf den mangelhaften Eigenschaften der erzeugten farbigen Verbindung, sofern man eine geeignete Meßmethode wählt und die Messungen von systematischen Fehlern frei hält. Wie dies zu geschehen hat, soll im folgenden gezeigt werden, während auf die chemischen Verfahren zur Erzeugung photometrisch und kolorimetrisch brauchbarer Farbkomponenten hier nicht eingegangen werden kann[1].

In den letzten Jahren hat sich ein neues Verfahren zur quantitativen Analyse auf Grund von Absorptionsmessungen entwickelt, das als *atomare Absorptionsspektroskopie* bezeichnet wird[2]. Es beruht darauf, daß man die zu untersuchende, gelöste Probe analog wie bei dem Verfahren der Flammenemissions-Spektroskopie in eine Flamme einsprüht, wobei neben angeregten vor allem auch freie Atome im Grundzustand entstehen. Ihre Konzentration wird durch die Absorption der Resonanzwellenlänge bestimmt, die man mit einer Hohlkathodenlampe erzeugt. Soweit man es bisher beurteilen kann, ist dieses Verfahren der bekannten Flammenemissions-Spektroskopie in verschiedener Hinsicht überlegen.

Zum Aufgabenkreis kolorimetrischer und photometrischer Bestimmungen gehören u.a. auch p_H-Messungen, kinetische Messungen, Be-

[1] Vgl. dazu: B. LANGE: Kolorimetrische Analyse, 5. Aufl. Weinheim 1956; F. D. SNELL, C. T. SNELL u. C. A. SNELL: Colorimetric Methods of Analysis, Bd. IIA, New York 1959; A. THIEL: Absolutkolorimetrie, Berlin 1939; M. ZIMMERMANN: Photometr. Metall- und Wasser-Analysen m. Zeiss-S-Filtern, Wissensch. Verlagsges. Stuttgart 1961, Klinische Photometrie, 3. Aufl. Stuttgart 1951; K. HINSBERG u. K. LANG: Medizinische Chemie, 2. Aufl. München 1951; G. CHARLOT u. R. GAUGUIN: Dosages Colorimétriques, Paris 1952; M. G. MELLON: Colorimetry for Chemists, Ohio 1945; G. M. MELLON: Analytical Absorption Spectroscopy, New York 1950; J. P. PETERS and D. D. VAN SLYKE: Quantitative Clinical Chemistry, Baltimore 1946; E. B. SANDELL: Colorimetric Determination of Traces of Metals, New York 1944; M. G. MELLON u. D. D. BLY: Bibliography of Spectrophotometric Methods of Analysis of Inorganic Ions, Philadelphia 1959.

[2] Vgl. W. T. ELWELL u. J. A. F. GIDLEY: Atomic Absorption Spectrophotometry, Pergamon Press 1961.

stimmungen von chemischen Gleichgewichten und ihrer Temperaturabhängigkeit, Salzeffekten usw., woraus hervorgeht, wie vielseitig solche Methoden in der Chemie anwendbar sind.

4. Strahlungsintensität; Grundgrößen und Einheiten; Maßsysteme

Der bei allen photometrischen Rechnungen benutzte Begriff der „Strahlungsintensität" ist vielseitig. Die im folgenden gegebenen Definitionen und Einheiten schließen sich möglichst weitgehend den Vorschlägen des Deutschen Normenausschusses[1] an.

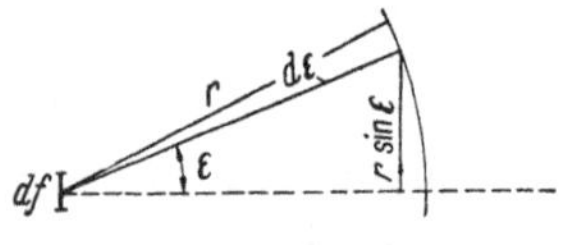

Abb. 7. Zur Ableitung der „spezifischen Ausstrahlung" bzw. des Emissionsvermogens eines strahlenden Flachenelements

Wir betrachten die von einem Flächenelement $\mathrm{d}f$ ausgehende Strahlung (vgl. Abb. 7) und definieren als *Strahlungsdichte* B die je cm² der strahlenden Fläche in die Einheit des räumlichen Winkels ω abgegebene *Strahlungsleistung* Φ:

$$B = \frac{\mathrm{d}\Phi/\mathrm{d}f}{\cos\varepsilon\,\mathrm{d}\omega}\,. \tag{3}$$

Mißt man Φ in Watt, so hat B die Dimension [Watt/ω cm²]. Nach einem von LAMBERT (1760) aufgestellten Erfahrungssatz ist die Strahlungsdichte bei sogenannten diffusen Strahlern unter gegebenen äußeren Bedingungen eine Konstante (vgl. dazu S. 351).

Ersetzt man den Raumwinkel $\mathrm{d}\omega$ durch das Flächenelement auf der Einheitskugel

$$\mathrm{d}\omega = \sin\varepsilon\,\mathrm{d}\varepsilon\,\mathrm{d}\varphi \tag{4}$$

und integriert über den Winkelbereich von 0 bis ε und das Azimut φ von 0 bis 2π, so erhält man für die Strahlungsleistung je Flächeneinheit

$$\left.\begin{aligned}\frac{\mathrm{d}\Phi}{\mathrm{d}f_{(\varepsilon)}} &= \int_0^{\varepsilon}\int_0^{2\pi} B\sin\varepsilon\cos\varepsilon\,\mathrm{d}\varepsilon\,\mathrm{d}\varphi\\ &= 2\pi B\int_0^{\varepsilon}\sin\varepsilon\cos\varepsilon\,\mathrm{d}\varepsilon = \pi B\sin^2\varepsilon\,.\end{aligned}\right\} \tag{5}$$

Integriert man über die gesamte Halbkugel ($\varepsilon = 0$ bis $\varepsilon = \pi/2$), so wird

$$\frac{\mathrm{d}\Phi}{\mathrm{d}f_{(\pi/2)}} = \pi B\,, \tag{6}$$

strahlt die Fläche nach beiden Seiten, so kommt noch der Faktor 2 hinzu.

Aus Gleichung (3) ergeben sich die übrigen meistgebrauchten Strahlungsgrößen:

$$I \equiv \frac{\mathrm{d}\Phi}{\mathrm{d}\omega} = B\cos\varepsilon\,\mathrm{d}f \tag{7}$$

[1] Din 1349, Lichtabsorption; Din 5031, Lichttechnik; vgl. auch A. THIEL: Z. Elektrochem. angew. physik. Chem. 48, 267 (1942); G. HANSEN: Optik 1, 227 (1946).

wird als *Strahlungsstärke* bezeichnet und hat die Dimension [Watt/ω].

$$R \equiv \frac{\mathrm{d}\Phi}{\mathrm{d}f} = \int B \cos\varepsilon \,\mathrm{d}\omega \tag{8}$$

ist die *Ausstrahlungsstärke* und hat die Dimension [Watt/cm²]; sie hat für den LAMBERT-Strahler nach (6) den Betrag πB, wenn man über die Halbkugel integriert. Für eine bestimmte Richtung ε ist

$$\frac{\mathrm{d}R}{\mathrm{d}\omega} = B\cos\varepsilon\,. \tag{8a}$$

Wird ein Flächenelement $\mathrm{d}f_2$ (Empfänger) durch ein in großem Abstand r befindliches strahlendes Flächenelement $\mathrm{d}f_1$ (Sender) bestrahlt, wobei der Winkel zwischen Einstrahlungsrichtung und Flächennormale mit α, der Winkel zwischen Ausstrahlungsrichtung und Flächennormale wieder mit ε bezeichnet sei (vgl. Abb. 8a), so ist die von $\mathrm{d}f_1$ nach $\mathrm{d}f_2$ transportierte Strahlungsleistung durch Gleichung (3) gegeben, wobei der Raumwinkel $\mathrm{d}\omega$ durch das Flächenelement $\mathrm{d}f_2$ selbst begrenzt ist und noch von dem Einfallswinkel α und dem Abstand r der bestrahlten Fläche abhängt:

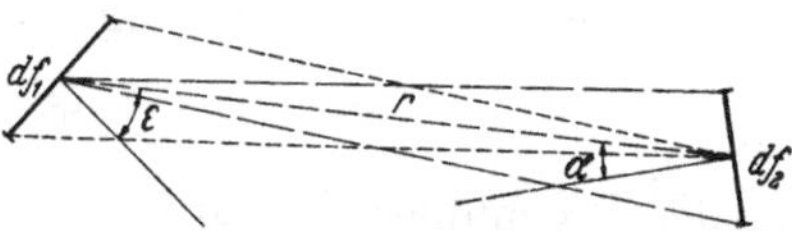

Abb. 8a. Beleuchtung eines Flächenelements $\mathrm{d}f_2$ durch ein strahlendes Flächenelement $\mathrm{d}f_1$ im Abstand r unter dem Ausstrahlungswinkel ε und dem Einstrahlungswinkel α

$$\mathrm{d}\omega = \frac{\mathrm{d}f_2 \cos\alpha}{r^2}\,. \tag{9}$$

Setzt man dies in (3) ein, so wird

$$\frac{\mathrm{d}\Phi}{\mathrm{d}f_1} = \frac{B\cos\varepsilon\cos\alpha}{r^2}\,\mathrm{d}f_2\,. \tag{10}$$

Der Raumwinkel, unter dem das Flächenelement $\mathrm{d}f_1$ von $\mathrm{d}f_2$ aus erscheint, ist analog zu (9) gegeben durch

$$\mathrm{d}\omega' = \frac{\mathrm{d}f_1\cos\varepsilon}{r^2}\,, \tag{9a}$$

so daß entsprechend die auf $\mathrm{d}f_2$ fallende Strahlungsleistung

$$\frac{\mathrm{d}\Phi}{\mathrm{d}f_2} = \frac{B\cos\varepsilon\cos\alpha}{r^2}\,\mathrm{d}f_1\,. \tag{10a}$$

Man kann demnach die Strahlungsrichtung stets umkehren, indem man $\mathrm{d}f_2$ als Sender und $\mathrm{d}f_1$ als Empfänger auffaßt.

Aus (10a) ergibt sich unter Benutzung von (7) die Definition der *Bestrahlungsstärke*

$$S \equiv \frac{\mathrm{d}\Phi}{\mathrm{d}f_2} = \frac{I\cos\alpha}{r^2}\,; \tag{11}$$

sie hat wie die Ausstrahlungsstärke R die Dimension [Watt/cm²].

Wird ein strahlendes Flächenelement df_1 durch eine Linse auf ein zweites Element df_2 abgebildet (vgl. Abb. 8b), so ist die gesamte von der Linse aufgenommene Strahlungsleistung Φ durch Gleichung (5) gegeben. Sieht man von den Reflexions- und Absorptionsverlusten in der Linse ab, so muß man offenbar diese Strahlungsleistung im Bild df_2 wiederfinden. Bringt man also am Bildort eine Blende der Größe df_2 an, so wirkt diese als sekundäre Strahlungsquelle mit der Strahlungsdichte B_2, die sich aus der Beziehung ergibt

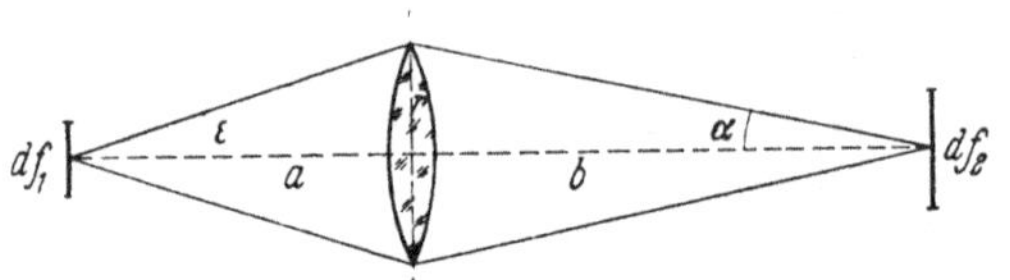

Abb. 8b. Abbildung eines Flächenelements durch eine Linse; zur Ableitung des Lichtleitwertes

$$\Phi = \pi\, df_1\, B_1 \sin^2\varepsilon = \pi\, df_2\, B_2 \sin^2\alpha\,. \tag{12}$$

Ist der Brechungsindex auf beiden Seiten der Linse gleich[1], wie es normalerweise der Fall ist, so gilt nach dem Strahlensatz (Abb. 8b):

$$df_1/a^2 = df_2/b^2\,.$$

Der Radius der kreisförmigen Linsenfassung sei r, die Linsenfläche $F = \pi r^2$. Aus Abb. 8b folgt für kleine Winkel ε und α

$$\operatorname{tg}\varepsilon \cong \sin\varepsilon = \frac{r}{a}\,; \qquad \operatorname{tg}\alpha \cong \sin\alpha = \frac{r}{b}\,.$$

Setzt man dies ein. so wird $df_1 \sin^2\varepsilon = df_2 \sin^2\alpha$ und damit nach (12) auch $B_1 = B_2$.
Damit wird aus (12)

$$\Phi = B\,\frac{df_1 F}{a^2} = B\,\frac{df_2 F}{b^2} \equiv B L\,. \tag{13}$$

Den Ausdruck

$$L \equiv \frac{df_1 F}{a^2} = \frac{df_2 F}{b^2} \tag{14}$$

bezeichnet man als *Lichtleitwert*, worauf später nochmals näher einzugehen ist (vgl. S. 122). Bei jedem Abbildungsvorgang ergibt sich die transportierte Strahlungsleistung als das Produkt aus der Strahlungsdichte der primären Strahlungsquelle und dem Lichtleitwert des abbildenden Systems.

Für die *Messung* der definierten Strahlungsgrößen benutzt man zwei verschiedene Maßsysteme, je nachdem das menschliche Auge oder andere (objektive) Empfänger zur Aufnahme der Strahlung verwendet werden. Das *photometrische* (auch physiologische) *System* bewertet die Wirkung des sichtbaren Lichtes auf das normale Auge, das *physikalische System* mißt Strahlungsleistungen im üblichen Energiemaß.

---

[1] Sind die Brechungsindices verschieden, so gilt $B_1 n_2^2 = B_2 n_1^2$.

In dem früher benutzten photometrischen System ging man von der Lichtstärke $\overset{*}{I}$ aus, als deren Grundeinheit die *Hefnerkerze* (HK) diente; sie wird von der unter Normalbedingungen brennenden Hefnerlampe (Amylacetatlampe von 4 cm Flammhöhe und 8 mm Dochtdicke) in horizontaler Richtung in den Einheitsraumwinkel ausgestrahlt. In dem neuerdings eingeführten System geht man von der *Leuchtdichte* $\overset{*}{B}$ einer Lichtquelle aus und hat als Grundeinheit das *Stilb* (sb) festgesetzt. Es ist definiert als 1/60 der Leuchtdichte, die der schwarze Strahler bei der Temperatur des schmelzenden Platins (2042 °K) ausstrahlt[1]. Der Wert 1/60 wurde gewählt, damit die dem Stilb entsprechende Einheit der *Lichtstärke* $\overset{*}{I}$, die sogenannte *Neue Kerze* oder „Candela" (cd) mit der Hefnerkerze etwa übereinstimmt. Angenähert gilt 1 (cd) = 1,1 (HK). 1 Stilb entspricht 1 cd/cm^2. Eine für die Leuchtdichte bestrahlter Flächen benutzte kleinere Einheit der Leuchtdichte ist das *Apostilb* (asb) mit $1/(\pi \cdot 10^4)$ Stilb[2].

Der von einer Lichtquelle der Leuchtdichte 1 Stilb in den Einheitsraumwinkel ausgesandte *Lichtstrom* ist das *Lumen* (lm). Die Einheit der (der Ausstrahlungsstärke R entsprechenden) *spezifischen Lichtausstrahlung* $\overset{*}{R}$ in einer bestimmten Richtung ist 1 Lumen/cm^2 oder 1 *Phot* (ph). Die *Beleuchtungsstärke* $\overset{*}{S}$ einer Fläche, die die gleiche Dimension wie die spezifische Lichtausstrahlung hat, wird jedoch nicht in Lumen/cm^2, sondern in Lumen/m^2 oder Lux (lx) = 10^{-4} Phot gemessen, da das Phot als Einheit gewöhnlich zu groß ist.

Die Einheiten der beiden Maßsysteme sind in Tabelle 1 zusammengestellt. Sie lassen sich mit Hilfe des sogenannten „*mechanischen Lichtäquivalents*" M ineinander umrechnen. Dieses hat bei 555 mμ, wo das

---

[1] Standardlampen gegebener Lichtstärke können vom National Bureau of Standards, Photometry Section in Washington 25 bezogen werden.

[2] Der Faktor $1/(\pi \cdot 10^4)$ kommt folgendermaßen zustande: Der von einer leuchtenden Fläche f_1 auf eine im großen Abstand r befindliche *parallele* Flache f_2 gelangende Lichtstrom ist nach (13) gegeben durch

$$\overset{*}{\Phi}_1 = \overset{*}{B}_1 L = \overset{*}{B}_1 \frac{f_1 f_2}{r^2},$$

worin $\overset{*}{B}_1$ in Stilb gemessen ist. Der von f_2 in die Halbkugel ausgehende gesamte Lichtstrom ist nach (6)

$$\overset{*}{\Phi}_2 = \overset{*}{B}_2 f_2 \pi = \varrho \overset{*}{\Phi}_1 = \varrho \overset{*}{B}_1 \frac{f_1 f_2}{r^2},$$

wenn man mit ϱ das mittlere Reflexionsvermögen von f_2 bezeichnet. Daraus folgt

$$\overset{*}{B}_2 = \overset{*}{B}_1 \varrho \frac{f_1}{\pi r^2}.$$

Nach (11) ist $\overset{*}{B}_1 f_1 = \overset{*}{S} r^2$, wo $\overset{*}{S}$ die auf f_2 erzeugte Beleuchtungsstärke in Lux darstellt ($\cos \varepsilon = \cos \alpha = 1$) und r üblicherweise in m statt in cm gemessen wird. Danach ist

$$\overset{*}{B}_2 = \overset{*}{S} \varrho \frac{1}{\pi 10^4}.$$

normale Auge seine maximale Empfindlichkeit besitzt (vgl. Abb. 71), einen Extremwert von

$$M_{\min} = 1{,}466 \cdot 10^{-3} \quad [\text{Watt/Lumen}] \tag{15}$$

entsprechend $4{,}109 \cdot 10^{15}$ Quanten/sec.

Über die Meßmethoden zur Bestimmung des mechanischen Lichtäquivalents und der spektralen Empfindlichkeitsverteilung des Auges wird später berichtet (S. 143). Da wir es im folgenden fast stets (mit Ausnahme der Bestimmung von Quantenausbeuten) mit der *relativen* Messung von Strahlungsleistungen zu tun haben, bei der nicht ihre absolute Intensität, sondern nur ihr Intensitätsverhältnis interessiert, brauchen wir uns um die Umrechnung der Einheiten in die beiden Maßsysteme im allgemeinen nicht zu kümmern.

Tabelle 1. *Einheiten der Strahlungsintensitat*

Photometrisches Maßsystem			*Physikalisches Maßsystem*		
Bezeichnung	Symbol	Einheit	Bezeichnung	Symbol	Einheit
Leuchtdichte	$\overset{*}{B}$	sb	Strahlungsdichte	B	Watt/$\omega \cdot$cm²
Lichtstrom	$\overset{*}{\Phi}$	lm	Strahlungsleistung ..	Φ	Watt
Lichtstärke	$\overset{*}{I}$	cd	Strahlungsstärke	I	Watt/ω
Beleuchtungsstärke ...	$\overset{*}{S}$	lx	Bestrahlungsstärke ..	S	Watt/cm²
Spez. Lichtausstrahlung	$\overset{*}{R}$	phot	Ausstrahlungsstärke .	R	Watt/cm²

Es gibt noch eine weitere Möglichkeit, einen Lichtstrom physikalisch zu bewerten, nämlich nach der Zahl der von ihm in der Zeiteinheit transportierten Quanten. Er wird dann als *Quantenstrom* in Quanten/sec gemessen. Dieses Maßsystem wird vorwiegend bei Fluorescenzmessungen benutzt. Energie- und Quantenstrom sind nur bei gleicher spektraler Zusammensetzung der Strahlung einander proportional. Da bei der Fluorescenz primäre und sekundäre Strahlung im allgemeinen verschiedene spektrale Verteilung besitzen (vgl. S. 6), sind Energieausbeute und Quantenausbeute voneinander verschieden.

Dringt ein Strahlenbündel in ein homogenes, von planparallelen Wänden begrenztes Medium ein, so wird es an jeder Phasengrenzfläche teilweise *reflektiert*, teilweise innerhalb des Mediums in stoffgebundene Energie überführt, d.h. *absorbiert* und teilweise *gestreut*.

Im allgemeinen kann man die durch Reflexion bedingten Energieverluste bei Absorptionsmessungen durch geeignete experimentelle Maßnahmen weitgehend eliminieren, indem man vergleichende Messungen macht, also z.B. zwei Lichtströme gleicher Energie zwei gleiche Küvetten durchsetzen läßt, von denen die eine die (verdünnte) absorbierende Lösung, die andere das nichtabsorbierende Lösungsmittel enthält. Dann sind die Reflexionsverluste identisch bis auf einen sehr geringen Rest, der durch die verschiedene Brechung des Lösungsmittels und der Lösung bedingt ist, der jedoch meistens weitaus in die Fehlergrenzen der

Meßmethoden fällt[1]. Bei konzentrierten Lösungen oder reinen flüssigen und festen Stoffen, bei denen dies nicht mehr der Fall ist, kann man die inneren Reflexionsverluste dadurch eliminieren, daß man in beide Strahlenbündel den absorbierenden Stoff in verschiedener Schichtdicke einschaltet[2]. Dann sind die Reflexionsverluste beider Lichtströme identisch, ihr Absorptionsverlust dagegen ist verschieden, so daß ihr Intensitätsverhältnis nach dem Durchsetzen der beiden Küvetten zur Berechnung der Absorption, bezogen auf die Schichtdickendifferenz, benutzt werden kann.

Nicht eliminierbar ist dagegen der Strahlungsverlust, der durch *Streuung* an den gelösten Molekülen entsteht, jedoch bleibt dieser Fehler stets innerhalb der Genauigkeit aller Meßmethoden, sofern es sich um echte, d.h. molekulardisperse Lösungen handelt, und sofern die durch Gleichung (16) definierte Durchlässigkeit den Wert 1/33 ($E \cong 1{,}5$) nicht unterschreitet. (Vgl. dazu auch S. 331ff.)

Merkliche Fehler können jedoch auftreten, wenn das Lösungsmittel eine, wenn auch geringe Eigenabsorption besitzt, wie es häufig an den Grenzen der Durchlässigkeit der Lösungsmittel der Fall ist. Bei geringen Konzentrationen des gelösten Stoffes kann die Absorption des Lösungsmittels als konstant angesehen werden, bei höheren Konzentrationen des gelösten Stoffes nimmt sie jedoch ab und wird deshalb bei der Messung gegen das reine Lösungsmittel nicht mehr kompensiert. Die gemessene Absorption des gelösten Stoffes erscheint deshalb zu klein. Es läßt sich abschätzen[3], daß dieser Fehler zu vernachlässigen ist, wenn die durch Gleichung (19b) definierte Extinktion des reinen Lösungsmittels unter 0,1 und die Konzentration des gelösten Stoffes unter 1 molar liegt. Bei stärkerer Absorption des Lösungsmittels kann dieser Fehler sehr beträchtlich werden, so daß man absorbierende Lösungsmittel nach Möglichkeit vermeiden muß. Dies gilt insbesondere bei Messungen im IR.

Schaltet man die Reflexionsverluste auf die beschriebene Weise aus und bezeichnet man den in ein absorbierendes Medium eindringenden Lichtstrom mit Φ_0, den austretenden Lichtstrom mit Φ, so wird der Quotient

$$\frac{\Phi}{\Phi_0} \equiv \vartheta \tag{16}$$

[1] Bei dünnen Schichten kann die gemessene Durchlässigkeit durch Mehrfachreflexionen stark verfälscht werden. Vgl. dazu M. Yasumi: Bull. Chem. Soc. Japan **28**, 489 (1955).

[2] Schachtschabel, K.: Ann. Physik [4] **81**, 929 (1926).

[3] Ist c_1 die Konzentration des Lösungsmittels, c_2 die des gelösten Stoffes, so gilt nach dem Beerschen Gesetz

$$E_{1\,\mathrm{Lsm}} = \frac{c_1}{c_1 + c_2} E_{1\,\mathrm{Lsg}}. \qquad \text{Mit } c_1 = \frac{1000\,\varrho_1}{M_1},$$

wobei ϱ_1 und M_1 Dichte und Molgewicht bedeuten, folgt

$$\frac{E_{1\,\mathrm{Lsm}}}{E_{1\,\mathrm{Lsg}}} = \frac{\frac{1000\,\varrho}{M}}{c_2 + \frac{1000\,\varrho}{M}} \cong \frac{55}{c_2 + 55}$$

bei Wasser.

als (innere oder wahre) *Durchlässigkeit* bzw. als (innerer oder wahrer) *Durchlässigkeitsgrad* (transmittancy) definiert. $0 \leqq \vartheta \leqq 1$ ist stets ein echter Bruch und vom Absolutwert der eingestrahlten Energie sowie von ihren Einheiten unabhängig. Der auf Φ_0 bezogene, durch Absorption bedingte Verlust an Energie

$$\frac{\Phi_0 - \Phi}{\Phi_0} = 1 - \frac{\Phi}{\Phi_0} \equiv \alpha \tag{17}$$

wird als (wahrer) *Absorptionsgrad* (absorptancy) bezeichnet[1]. Es gilt also

$$\alpha + \vartheta = 1. \tag{18}$$

Durchlässigkeitsgrad und Absorptionsgrad hängen im allgemeinen von der Wellenlänge λ der Strahlung ab.

Nach dem später abzuleitenden BOUGUER-LAMBERT-BEERschen Gesetz ist der Logarithmus der reziproken Durchlässigkeit der durchlaufenen Schichtdicke und (bei Lösungen) der Konzentration des absorbierenden Stoffes proportional. Die Größe

$$E_n(\lambda) \equiv \ln \frac{1}{\vartheta(\lambda)} = \ln \frac{\Phi_0}{\Phi} \tag{19a}$$

bezeichnet man als *natürliche Extinktion*, die Größe

$$E(\lambda) \equiv \log \frac{1}{\vartheta(\lambda)} = \log \frac{\Phi_0}{\Phi} \tag{19b}$$

als *dekadische Extinktion* (absorbance, extinction). Die Extinktion ist die (dimensionslose) eigentlich interessierende Größe bei allen photometrischen Meßverfahren. Nach (19a) und (19b) gilt

$$\vartheta(\lambda) \equiv \frac{\Phi}{\Phi_0} = \mathrm{e}^{-E_n(\lambda)} = 10^{-E(\lambda)}\,; \quad E_n(\lambda) = 2{,}303\, E(\lambda). \tag{20}$$

Ist s die Schichtdicke des vom Lichtstrom durchsetzten Mediums, so gilt nach BOUGUER-LAMBERT[2]:

$$\frac{E_n(\lambda)}{s} = m_n(\lambda) \quad \text{oder} \quad \Phi = \Phi_0\, \mathrm{e}^{-s\, m_n(\lambda)} \tag{21a}$$

$$\frac{E(\lambda)}{s} = m(\lambda) \quad \text{oder} \quad \Phi = \Phi_0\, 10^{-s\, m(\lambda)}. \tag{21b}$$

Die Konstanten $m_n(\lambda)$ und $m(\lambda)$ werden als *natürlicher Extinktionsmodul* bzw. *dekadischer Extinktionsmodul* des betreffenden Stoffes (absorbance

[1] Der Normenausschuß schlägt den Namen „Reinabsorptionsgrad" vor, um Verwechslungen mit dem auf den *auffallenden* Lichtstrom bezogenen Absorptionsgrad zu vermeiden. Da praktisch die Reflexionsverluste durch das Meßverfahren stets eliminiert werden, brauchen wir diese Unterscheidung nicht zu berücksichtigen.

[2] Dabei ist vorausgesetzt, daß der Öffnungswinkel des benutzten Strahlenbündels genügend klein ist („paralleles" Strahlenbündel), da sonst s nicht eindeutig definiert ist (vgl. dazu S. 134).

index) bezeichnet[1], sie haben die Dimension einer reziproken Länge und werden in [mm^{-1}] oder [cm^{-1}] angegeben.

Handelt es sich bei dem durchstrahlten Medium nicht um einen einheitlichen Stoff, sondern um die Lösung eines absorbierenden Stoffes in einem nichtabsorbierenden Lösungsmittel, so sind die Extinktionsmoduln den Konzentrationen c proportional:

$$m_n(\lambda) = \varepsilon_n(\lambda)\, c \tag{23a}$$

$$m(\lambda) = \varepsilon(\lambda)\, c\,. \tag{23b}$$

Die Proportionalitätsfaktoren $\varepsilon_n(\lambda)$ bzw. $\varepsilon(\lambda)$ werden als *molarer natürlicher Extinktionskoeffizient* bzw. als *molarer dekadischer Extinktionskoeffizient* (molar absorbance index, extinction coefficient) bezeichnet, wenn man c in [Mol/Liter] angibt. Sie haben die Dimension [Liter/Mol · cm] = [cm^2/Millimol]. Läßt sich c nicht in Mol/Liter angeben (z.B. bei unbekanntem Molgewicht des Stoffes), so gibt man es etwa in g/Liter an (c') und spricht dann vom *speziellen Extinktionskoeffizienten* $\varepsilon_n'(\lambda)$ bzw. $\varepsilon'(\lambda)$ mit der Dimension [cm^2/mg].

Die Vereinigung von (21) und (23) ergibt das Grundgesetz der Absorptionsspektrometrie

$$\Phi = \Phi_0 \exp[-\varepsilon_n(\lambda)\, c\, s] = \Phi_0 \exp[-\varepsilon_n'(\lambda)\, c' s] \tag{24a}$$

$$\Phi = \Phi_0\, 10^{-\varepsilon(\lambda) c s} = \Phi_0\, 10^{-\varepsilon'(\lambda) c' s}\,. \tag{24b}$$

Praktisch benutzt man ausschließlich die Gleichung (24b).

5. Das Gesetz von Bouguer-Lambert-Beer und seine Anwendung

Die Gleichungen (21) bzw. (24) stellen das sogenannte Lambert-Beersche Gesetz dar. Sie gelten, wie schon erwähnt, für *monochromatische* Strahlung und für konstante äußere Bedingungen von Temperatur und eventuell Lösungsmittel. Sie lassen sich aus dem Ansatz ableiten, daß der Energieverlust der Strahlung in einem Schichtelement des homogenen absorbierenden Mediums der Dicke ds des Schichtelements und der Intensität der einfallenden Strahlung proportional ist:

$$-\mathrm{d}\Phi = m_n(\lambda)\, \Phi\, \mathrm{d}s\,. \tag{25}$$

---

[1] In der Physik benutzt man statt dessen den sich aus der Dispersionstheorie ergebenden Absorptionskoeffizienten ($n \cdot \varkappa$), der (für verdünnte Gase) durch die Gleichung

$$\Phi = \Phi_0\, \mathrm{e}^{-\frac{4\pi n \varkappa s}{\lambda_0}} \tag{22}$$

definiert ist. Dabei ist $\lambda = \lambda_0/n$ die Wellenlänge in dem betreffenden Medium, λ_0 die Wellenlänge im Vakuum, n der Brechungsindex. $\varkappa$ selbst wird *Absorptionsindex* genannt. Die Gleichung besagt, daß die Strahlungsleistung längs der Dicke $s = \lambda_0$ auf den Bruchteil $e^{-4\pi n\varkappa}$ absinkt. Ist z. B. für $\lambda_0 = 500\ \mathrm{m}\mu = 5 \cdot 10^{-5}$ [cm] $(n\varkappa) = 0{,}08$, so sinkt die Intensität innerhalb von $s = \lambda_0$ auf den e-ten Teil. Das entspricht einem natürlichen Extinktionsmodul von $m_{n,\lambda} = 2 \cdot 10^4$ [cm^{-1}].

Durch Integration über die Gesamtschichtdicke von 0 bis s ergibt sich identisch mit (21a)

$$\ln \frac{\Phi_0}{\Phi} = m_n(\lambda)\, s \equiv E_n(\lambda)\,, \tag{26a}$$

oder unter Einführung dekadischer Logarithmen

$$\log \frac{\Phi_0}{\Phi} = m(\lambda)\, s \equiv E(\lambda)\,. \tag{26b}$$

Diese gewöhnlich als LAMBERTsches Gesetz bezeichnete Beziehung zwischen Extinktion und Schichtdicke wurde bereits von BOUGUER[1] aufgestellt in der Aussage, daß bei arithmetischer Zunahme der durchstrahlten Schicht der durchgelassene Bruchteil der Strahlung eine geometrische Folge bilde. LAMBERT[2] formulierte das Gesetz mathematisch unter Bezugnahme auf die Arbeit von BOUGUER. LAMBERT führte auch bereits die durch (23) ausgedrückte Konzentrationsabhängigkeit des Extinktionsmoduls bei Gasmischungen ein:

$$\ln \frac{\Phi_0}{\Phi} \equiv E_n(\lambda) = \varepsilon_n(\lambda)\, c\, s \tag{27a}$$

$$\log \frac{\Phi_0}{\Phi} \equiv E(\lambda) = \varepsilon(\lambda)\, c\, s\,. \tag{27b}$$

Diese gewöhnlich LAMBERT-BEERsches Gesetz genannte Beziehung müßte also eigentlich BOUGUER-LAMBERTsches Gesetz heißen. BEER[3] stellte zuerst Absorptionsmessungen mit Lösungen an und stellte die Behauptung auf, daß bei konstantem Produkt cs auch die Extinktion konstant sei. Diese Aussage geht über die Aussage der Gleichung (27) hinaus und hat sich für die Prüfung des Gesetzes als besonders wichtig erwiesen (vgl. S. 45).

Das BOUGUER-LAMBERT-BEERsche Gesetz in seinen verschiedenen Formen (24) bzw. (27) ist das Grundgesetz der Absorptionsspektrometrie. Die Extinktion E ist bei allen Methoden die interessierende Größe; sie kann, da ihr Wert von Konzentration und Schichtdicke abhängt, in weiten Grenzen variiert werden. Der Extinktionskoeffizient ist nach diesem Gesetz bei konstanten äußeren Bedingungen und gegebener Wellenlänge eine konzentrationsunabhängige Stoffkonstante.

Es wird häufig übersehen, daß das BOUGUER-LAMBERTsche Gesetz ein *Grenzgesetz für sehr verdünnte Lösungen* darstellt. Die Frequenzabhängigkeit des Absorptionskoeffizienten nach Gleichung (22) und damit auch die des Extinktionsmoduls läßt sich streng nur aus der Dispersionstheorie berechnen. Dabei ergibt sich zwar die Form des LAMBERTschen Gesetzes, aber schon bei verdünnten Gasen wird der Extinktionskoeffizient vom Brechungsindex des Mediums abhängig, der seinerseits eine Funktion der Dichte ist. Bei Gasen ist dieser Einfluß des Brechungsindex gering;

---

[1] BOUGUER, P.: Essai d'Optique sur la gradation de la lumière, Paris 1729.

[2] LAMBERT, H.: Photometria, sive de mesura et gradibus luminis colorum et umbrae, 1760.

[3] BEER, A.: Ann. Physik [2] **86**, 78 (1852).

bei kondensierten Phasen, bei denen man den Einfluß des sogenannten „inneren Feldes“, d.h. die Wirkung der Nachbarmoleküle berücksichtigen muß (analog wie bei der Berechnung der Refraktion), wird der Extinktionskoeffizient dem Ausdruck $\frac{(n^2+2)^2}{9n}$ proportional[1]. Das bedeutet, daß bei variablem Brechungsindex nicht mehr ε selbst, sondern der Ausdruck

$$A \equiv \frac{\varepsilon n}{(n^2+2)^2} \tag{28}$$

eine von der Konzentration des absorbierenden Stoffes weitgehend unabhängige Konstante darstellt, auch dann, wenn noch keine Wechselwirkungen zwischen den absorbierenden Molekülen auftreten. A entspricht also der Molrefraktion, die ja auch in weiten Grenzen konzentrationsunabhängig ist. Da nun der Brechungsindex einer Lösung mit steigender Konzentration in der Regel anwächst, $n/(n^2+2)^2$ aber für $n > 1$ mit wachsendem n abnimmt, sollte man erwarten, daß auch ε mit zunehmender Konzentration wächst, damit A konstant bleibt.

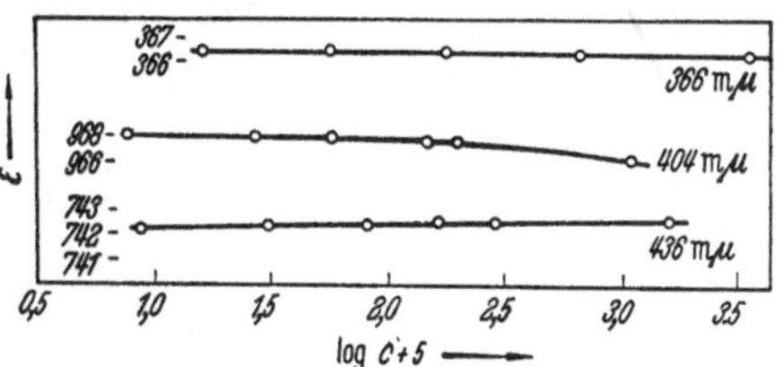

Abb. 9. Konstanz des Extinktionskoeffizienten ε in der langwelligen Bande von $K_3[Fe(CN)_6]$ bei drei verschiedenen Wellenlangen

Es hat sich gezeigt[2], daß für Konzentrationen $c < 10^{-2}$ Mol/l diese allgemeinen, durch die Änderung des Brechungsindex bedingten Abweichungen von der Konstanz des ε die bisher erreichte minimale Unsicherheitsgrenze lichtelektrischer Präzisionsmessungen von 0,01% (vgl. S. 271) nicht überschreiten dürften. Als Beispiel sind in Abb. 9 die Extinktionskoeffizienten von $K_3[Fe(CN)_6]$ bei drei verschiedenen Wellenlängen (Hg-Linien) als Funktion der Konzentration (log c) wiedergegeben. Die Messungen wurden bei konstantem Produkt cs gemacht, so daß Abweichungen vom BEERschen Gesetz auf Grund mangelnder spektraler Reinheit der Strahlung (vgl. S. 41ff.) ausgeschlossen waren. Bei allen drei Wellenlängen, die im Bereich der längstwelligen Absorptionsbande des $[Fe(CN)_6]^{3-}$-Ions liegen, und zwar im Gebiet steilen Bandenanstiegs bzw. -abfalls, wo sich Änderungen von ε zuerst bemerkbar machen, ist das BEERsche Gesetz bis zu Konzentrationen $c < 10^{-2}$ Mol/l innerhalb der Meßgenauigkeit von 0,02% in ε erfüllt. Daraus kann man schließen, daß sich die oben diskutierten, auf Grund der Dispersionstheorie zu erwartenden Abweichungen von einem konstanten ε bei den üblichen Prüfungen auf Gültigkeit des BEERschen Gesetzes, deren relative Fehler gewöhnlich 1–2 Zehnerpotenzen größer sind, nicht bemerkbar machen werden. Umgekehrt bedeuten jedoch diese Messungen, daß man aus geringen Abweichungen vom BEERschen Gesetz bei Konzentrationen

---

[1] Zur Ableitung vgl. z.B.: R. W. POHL: Optik, Berlin 1941; G. KORTÜM: Z. physik. Chem. (B) **33**, 243 (1936).

[2] KORTÜM, G.: Z. physik. Chem. (B) **33**, 243 (1936). Vgl. auch Anm. S. 24.

$c > 10^{-2}$ Mol/l keine sicheren Schlüsse über eine Wechselwirkung der absorbierenden Moleküle ziehen kann, wenn nicht die durch die Konzentrationsabhängigkeit des Brechungsindex bedingte Korrektur nach Gleichung (28) berücksichtigt ist[1].

Die Anwendung des LAMBERT-BEERschen Gesetzes für die S. 9ff. genannte Aufgabe der *Konstitutionsermittlung* besteht darin, daß man mit Hilfe der später zu beschreibenden geeigneten Methoden die Durchlässigkeit ϑ bzw. die Extinktion E eines Stoffes bei einer möglichst großen Zahl von Wellenlängen experimentell ermittelt und daraus mittels der Gleichungen (21) bzw. (24) die für den betreffenden Stoff charakteristischen Extinktionsmoduln bzw. Extinktionskoeffizienten berechnet, wobei Schichtdicke und Konzentration vorgegeben werden. Die so ermittelten Extinktionskoeffizienten ergeben, als Funktion der zugehörigen Wellenlängen aufgetragen, das *Absorptionsspektrum* in dem betreffenden Spektralgebiet.

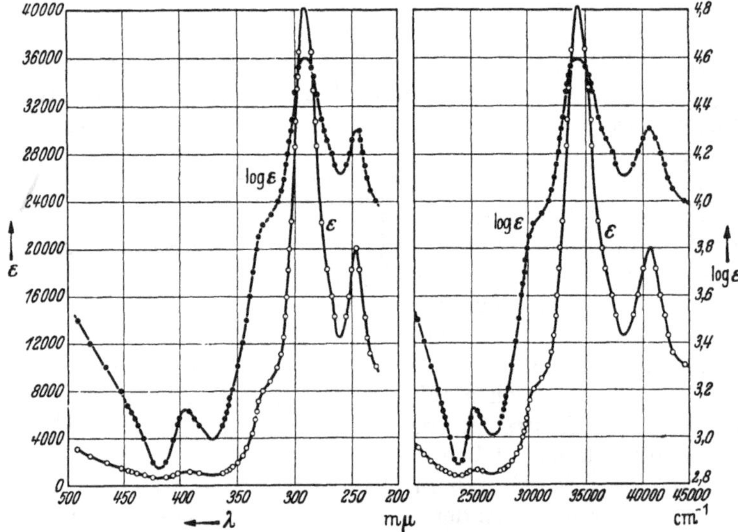

Abb. 10. Absorptionsspektrum von Methylenblau in verschiedener graphischer Darstellung

Für die *graphische Darstellung der Spektren*[2] gibt es außer der eben erwähnten zahlreiche andere Möglichkeiten, die alle praktisch verwendet werden und von denen sich je nach dem untersuchten Beispiel oder nach dem beabsichtigten Zweck der Untersuchung die eine oder die andere besser eignet. Da der praktisch vorkommende Bereich des Extinktions-

[1] Eine strenge Konstanz der Größe A in Gleichung (28) über sehr große Konzentrationsbereiche ist wegen der zahlreichen, in der Ableitung von (28) steckenden Vereinfachungen ebensowenig zu erwarten wie eine strenge Konstanz der Refraktion. Auf Grund der moderneren Theorien des inneren Feldes (vgl. dazu C. F. J. BÖTTCHER: Theory of Electric Polarisation, Amsterdam 1952) ist an Stelle von (28) ein komplizierterer Ausdruck abgeleitet worden [J. SCHUYER: Recueil Trav. chim. Pays-Bas **72**, 933 (1953)], der die Messungen besser wiederzugeben scheint.

[2] Vgl. dazu auch W. R. BRODE: J. opt. Soc. Amer. **39**, 1022 (1949).

koeffizienten wenigstens 5 Zehnerpotenzen umfaßt, ist es meistens üblich, als Ordinate nicht ε selbst, sondern $\log \varepsilon$ aufzutragen. Das hat mehrere Vorteile: Erstens kommen auch bei großen Unterschieden der ε-Werte die Feinheiten des Kurvenverlaufs noch zum Ausdruck, während bei der Auftragung von ε selbst schwache Banden sich gegenüber den starken Banden kaum abheben (vgl. Abb. 10). Sodann hat diese Darstellungsart den Vorteil, daß die *Form* der Absorptionskurve auch bei Unkenntnis der Konzentration immer die gleiche bleibt, was gerade bei der Konstitutionsermittlung unbekannter Stoffe, deren Molgewicht oder molare Konzentration nicht bekannt ist, besonders ins Gewicht fällt. Das liegt einfach daran, daß die Werte $\log \varepsilon = \log E - \log (cs)$ sich alle um den gleichen Betrag ändern, wenn man etwa nachträglich für c einen anderen Wert findet, so daß die Absorptionskurve lediglich parallel zu sich selbst in der Ordinatenrichtung verschoben wird. Die charakteristische Form des Spektrums, die zur Identifizierung von Stoffen dient, bleibt also bei dieser Darstellungsart stets gewahrt, unabhängig davon, ob die Konzentration bekannt ist oder nicht; man spricht deshalb auch bei dieser Darstellungsart von „*typischen Farbkurven*“ [vgl. auch S. 357)].

Benutzt man zur Ermittlung der Absorptionskurve photographische Methoden, bei denen man gewöhnlich einen konstanten Extinktionswert E wählt und Schichtdicke bzw. Konzentration variiert (vgl. S. 438), so ist der relative Fehler $d\varepsilon/\varepsilon$ unabhängig von der Höhe der Banden immer der gleiche; diese gleichbleibende Genauigkeit der Messung in allen Teilen der Kurve kommt bei der halblogarithmischen Darstellung unmittelbar zum Ausdruck, da gleichen relativen Fehlern überall gleiche Ordinatendifferenzen entsprechen, weil

$$d \log \varepsilon = \frac{1}{2{,}303} d \ln \varepsilon = \frac{1}{2{,}303} \frac{d\varepsilon}{\varepsilon} . \tag{29}$$

Als Nachteil der halblogarithmischen Darstellung der Spektren ist gelegentlich angeführt worden, daß die schwachen Banden überhöht, die starken Banden gestaucht erscheinen, so daß ihr wahres Intensitätsverhältnis nicht unmittelbar anschaulich wird. Dies ist jedoch nur eine Frage der Gewöhnung, da man bei einiger Übung auch aus der halblogarithmischen Darstellung das Intensitätsverhältnis verschiedener Banden ohne Rechnung rasch abzuschätzen vermag. Die halblogarithmische Darstellung setzt sich deshalb mehr und mehr durch und wird auch in Sammelwerken neuerdings bevorzugt [vgl. LANDOLT-BÖRNSTEIN, 6. Aufl., Bd. I, 3 (1951)].

Moderne lichtelektrische Spektralphotometer, insbesondere registrierende oder nach der Ausschlagsmethode arbeitende (vgl. S. 224ff.), zeigen unmittelbar die durch Gleichung (16) definierte *Durchlässigkeit* an und liefern so $\Phi/\Phi_0 \equiv \vartheta$ als Funktion der Wellenlänge. Da die Durchlässigkeit die Farbe des Stoffes bestimmt, wird diese Darstellungsart auch oft für Farbstoffe oder für Lichtfilter bevorzugt (vgl. Abb. 25), wobei in der Regel auf die Schichtdickeneinheit (1 cm oder 1 mm) bezogen wird. Einem Minimum der ϑ, λ-Kurve entspricht ein Maximum der ε, λ-Kurve. Zuweilen trägt man auch den durch (17) definierten Absorptionsgrad

$\alpha \equiv 1 - \vartheta$ als Funktion von λ auf (Abb. 2). Bei allen diesen Darstellungsarten ist natürlich vorausgesetzt, daß die Reflexionsverluste an den Phasengrenzen ausgeschaltet werden, wie es S. 18 beschrieben ist[1].

Bei der Dispersion der Strahlung ist stets die *Wellenlänge* λ die eigentliche Meßgröße. Man gibt sie im Infrarot gewöhnlich in μ oder 10^{-4} cm, im Sichtbaren und Ultraviolett in mμ oder 10^{-7} cm, zuweilen auch in Å oder 10^{-8} cm an[2], obwohl die Genauigkeit der Wellenlängenmessung bei den üblicherweise benutzten Dispersionssystemen dies nicht immer rechtfertigt. Statt λ benutzt man neuerdings für die Darstellung der Spektren als Abszisse auch die sogenannte *Wellenzahl*

$$\overset{*}{\nu} \equiv \frac{1}{\lambda} = \frac{\nu}{c}\,. \tag{30}$$

Sie gibt die Zahl der Wellenlängen für 1 cm durchlaufener Strecke an (Dimension cm^{-1}, gelesen „reziproke Zentimeter") und ist der Energie $h\nu$ der Strahlung proportional (Proportionalitätsfaktor hc). Man benutzt deshalb in der Spektroskopie $\overset{*}{\nu}$ häufig als unmittelbares Energiemaß[3]. Der Vorteil, als Abszisse eine lineare Energieskala zu benutzen, liegt darin, daß gleiche Abstände dieser Skala natürlich gleichen Energiedifferenzen entsprechen. Zwei Schwingungsbanden in einem Elektronenbandenspektrum im UV bei 40000 cm^{-1} (2500 Å) und 41000 cm^{-1} (2439 Å) oder im Sichtbaren bei 24000 cm^{-1} (4167 Å) und 25000 cm^{-1} (4000 Å) oder in einem Rotationsschwingungsspektrum im Infrarot bei 1000 cm^{-1} (10 μ) und 2000 cm^{-1} (5 μ) entsprechen der gleichen Energiedifferenz von 1000 cm^{-1} = 2858 cal/Mol, während die Wellenlängendifferenzen 61 bzw. 167 bzw. 50000 Å betragen.

In Abb. 10 ist als Beispiel das Spektrum von Methylenblau im Sichtbaren und UV in den verschiedenen gebräuchlichen Darstellungsweisen wiedergegeben. Um die Darstellung der Spektren möglichst zu vereinheitlichen, ist vorgeschlagen worden[4], stets die $\log \varepsilon/\overset{*}{\nu}$-Darstellung zu benutzen. In der neuen Auflage des LANDOLT-BÖRNSTEIN[5] sind deshalb die Absorptionskurven der Literatur auf diese Darstellung in einheitlichem Maßstab umgezeichnet worden. Zur Umrechnung der E/λ-Darstellung in die $\log \varepsilon/\overset{*}{\nu}$-Darstellung ist eine Rechenschablone entwickelt worden[6], deren Ordinate für die gemessenen E-Werte logarithmisch und deren Abszisse für die Wellenlänge λ hyperbolisch eingeteilt ist. Legt man auf diese Schablone ein transparentes Zeichenblatt[6], dessen Ordinate $\log \varepsilon$ und dessen Abszisse die Wellenzahl $\overset{*}{\nu}$ angibt, so auf, daß einander entsprechende Werte von E und $\log \varepsilon$ aufeinanderfallen, so kann man die gefundenen E/λ-Werte direkt als $\log \varepsilon/\overset{*}{\nu}$-Werte in das Zeichenblatt

[1] Über eine weitere Darstellungsmethode von Spektren vgl. L. AKOBJANOFF: J. opt. Soc. Amer. **44**, 85 (1954).

[2] Neuerdings wird die Wellenlänge auch in nm (Nanometer = 10^{-9} m) angegeben.

[3] 1 cm^{-1} entspricht 2,858 cal/Mol bzw. $1{,}2398 \cdot 10^{-4}$ Elektronenvolt.

[4] Vgl. dazu M. PESTEMER u. G. SCHEIBE: Angew. Chem. **66**, 553 (1954).

[5] LANDOLT-BÖRNSTEIN: 6. Aufl. Bd. 1, Teil 3, Berlin 1951.

[6] Bezug durch H. J. KLEINFELD, Hannover.

eintragen. Die Maßstäbe des Zeichenblatts sind so gewählt, daß die Zeichengenauigkeit etwa der üblichen Genauigkeit der Extinktionsmessung entspricht (1 mm entspricht 3% Fehler in E). Ebenso gibt es Umzeichnungsgeräte, um Durchlässigkeiten in Extinktionen und Wellenlängen in Wellenzahlen zu überführen[1].

Die *Anwendung* des LAMBERT-BEERschen Gesetzes als Grundlage für die *quantitative photometrische Analyse* absorbierender Stoffe ergibt sich ebenfalls unmittelbar aus Gleichung (24) bzw. (27): Man berechnet die unbekannte Konzentration c bzw. c' aus der gemessenen Extinktion E bei gegebener Schichtdicke s. Dazu muß der Extinktionskoeffizient ε bzw. ε' bereits bekannt sein; man ermittelt ihn aus einer zweiten Extinktionsmessung an einer Lösung des gleichen Stoffes, aber bekannter Konzentration. Es handelt sich demnach bei allen derartigen quantitativen Bestimmungen um *relative* Messungen, worauf schon hingewiesen wurde (S. 12). Das bedeutet, daß man stets die Eichlösungen bekannter Konzentration mit der *gleichen apparativen Anordnung* und unter den *gleichen äußeren Bedingungen* (Temperatur, Lösungsmittel, Küvetten, Lichtquelle usw.) messen muß, damit die Extinktionskoeffizienten für die Berechnung unbekannter Konzentrationen brauchbar sind. Wie im nächsten Abschnitt gezeigt wird, lassen sich die für eine Gültigkeit des LAMBERT-BEERschen Gesetzes notwendigen Voraussetzungen wie etwa streng monochromatische Strahlung in der Praxis nur selten einhalten, außerdem treten häufig Abweichungen von diesem Gesetz auf, die auf chemischen Ursachen beruhen, so daß die mit gegebener Anordnung und unter gegebenen Meßbedingungen ermittelten Extinktionskoeffizienten konzentrationsabhängig und deshalb keineswegs Fixwerte sind, die man etwa aus der Literatur entnehmen könnte. Auf die Ermittlung dieser sogenannten *Eichkurven* $\varepsilon = f(c)$ bzw. $E = f(c)$ wird später ausführlich einzugehen sein (vgl. S. 209ff.).

Liegt der zu bestimmende Stoff analysenrein in Form einer Lösung vor, wie es in Praxis meistens der Fall ist, so genügt stets die Messung bei einer Wellenlänge, wobei man diese möglichst in einem Maximum der Absorptionskurve wählt (vgl. dazu S. 43, 211). Natürlich darf das verwendete Lösungsmittel in dem benutzten Spektralbereich nicht absorbieren, was sich im Sichtbaren meistens ohne Schwierigkeit erreichen läßt, im UV und mehr noch im IR dagegen stets besonderer Untersuchung bedarf.

Handelt es sich um die quantitative Bestimmung eines Stoffes in einer Lösung, die noch andere, eventuell unbekannte Komponenten enthält, d.h. um *Stoffgemische*, so empfiehlt es sich stets, zunächst ein Spektrum der Lösung in einem größeren Spektralbereich aufzunehmen. Zur graphischen Darstellung desselben wählt man zweckmäßig die $\log m(\lambda),\lambda$- oder $\log m(\lambda),\overset{*}{\nu}$-Darstellung, d.h. die „typische Farbkurve". Läßt sich das Spektrum oder ein charakteristischer Teil desselben durch Parallelverschiebung in Ordinatenrichtung mit dem Spektrum des zu bestimmenden reinen Stoffes, das unter gleichen Bedingungen aufgenommen

---

[1] G. BERGMANN u. G. KRESZE, Angew. Chem. **67**, 685 (1955).

ist, zur Deckung bringen[1], so ergibt die Ordinatendifferenz wegen $m(\lambda) = \varepsilon(\lambda)\, c$ unmittelbar die Konzentration des Stoffes an [$\log c = \log m(\lambda) - \log \varepsilon(\lambda)$]. Lassen sich die Spektren in keinem Teil vollständig zur Deckung bringen, so bedeutet dies, daß sich die Absorption des gesuchten Stoffes und die der übrigen Komponenten überschneiden; in diesem Fall kann man die gewünschten Konzentrationen meistens rechnerisch ermitteln, wenn die Spektren aller reinen Stoffe bekannt sind.

Im einfachsten Fall eines *binären Gemisches* der Stoffe A und B gilt bei zwei verschiedenen Wellenlängen λ_1 und λ_2 für die gemessenen Extinktionen bzw. Extinktionsmoduln

$$m_1 = \varepsilon_{A1}\, c_A + \varepsilon_{B1}\, c_B \qquad (31)$$

$$m_2 = \varepsilon_{A2}\, c_A + \varepsilon_{B2}\, c_B\,. \qquad (32)$$

Da alle Extinktionskoeffizienten als bekannt vorausgesetzt werden, ergeben sich die unbekannten Konzentrationen c_A und c_B unmittelbar zu

$$c_A = \frac{m_1\, \varepsilon_{B2} - m_2\, \varepsilon_{B1}}{\varepsilon_{A1}\, \varepsilon_{B2} - \varepsilon_{A2}\, \varepsilon_{B1}} \qquad (33)$$

$$c_B = \frac{m_2\, \varepsilon_{A1} - m_1\, \varepsilon_{A2}}{\varepsilon_{A1}\, \varepsilon_{B2} - \varepsilon_{A2}\, \varepsilon_{B1}}\,. \qquad (34)$$

Selbstverständlich genügt die Messung bei zwei Wellenlängen, d.h. es ist keineswegs notwendig, stets die gesamten Spektren der beiden Stoffe und der Mischung aufzunehmen, insbesondere dann, wenn der ungefähre Verlauf der Absorption etwa aus Literaturangaben schon bekannt ist. Wie aus den Gleichungen (33) und (34) abzulesen ist, wählt man die beiden Wellenlängen zur Erhöhung der Genauigkeit der Konzentrationsbestimmung nach Möglichkeit so, daß die Differenz im Nenner möglichst groß wird, daß also

$$\frac{\varepsilon_{A1}}{\varepsilon_{A2}} \gg \frac{\varepsilon_{B1}}{\varepsilon_{B2}}\,.$$

Die Gleichungen lassen sich in etwas anderer Form schreiben, wenn man nicht die Konzentrationen der beiden Stoffe selbst, sondern nur ihr *Konzentrationsverhältnis* c_A/c_B zu ermitteln wünscht. Für das Verhältnis der bei zwei Wellenlängen λ_1 und λ_2 gemessenen Extinktionsmoduln ergibt sich aus (31) und (32)

$$Q \equiv \frac{m_1}{m_2} = \frac{\varepsilon_{A1}\, c_A + \varepsilon_{B1}\, c_B}{\varepsilon_{A2}\, c_A + \varepsilon_{B2}\, c_B} = \frac{x\, \varepsilon_{A1} + (1-x)\, \varepsilon_{B1}}{x\, \varepsilon_{A2} + (1-x)\, \varepsilon_{B2}}\,, \qquad (35)$$

wenn man mit $x \equiv \frac{c_A}{c_A + c_B}$ den Molenbruch der Komponente A, mit $1 - x \equiv \frac{c_B}{c_A + c_B}$ den Molenbruch der Komponente B bezeichnet. Selbstverständlich kann man auch die speziellen Extinktionskoeffizienten

[1] Man zeichnet die Spektren in gleichem Maßstab auf durchsichtiges halblogarithmisches Papier (SCHLEICHER-SCHÜLL Nr. 430 $^1/_2$) und kann sie so leicht meßbar gegeneinander verschieben.

zusammen mit den Gewichtsbrüchen benutzen. Aus (35) ergibt sich für den Molenbruch

$$x = \frac{\varepsilon_{B1} - Q\,\varepsilon_{B2}}{Q\,(\varepsilon_{A2} - \varepsilon_{B2}) + \varepsilon_{B1} - \varepsilon_{A1}}. \tag{36}$$

x läßt sich also aus dem gemessenen Q und den als bekannt vorausgesetzten Extinktionskoeffizienten berechnen. Da $c_A/c_B = x/(1-x)$, ist damit auch das gewünschte Konzentrationsverhältnis gegeben. Diese Methode wurde z.B. zur Bestimmung des Konzentrationsverhältnisses von CO-Hämoglobin zu O_2-Hämoglobin im Blut benutzt oder zur Bestimmung von Keto-Enol-Gleichgewichten.

Handelt es sich um die quantitative Analyse eines *binären Gemisches*, das sich *in fester oder flüssiger Form* einwägen und in einem geeigneten Lösungsmittel auflösen läßt (etwa um eine Legierung), so genügt bereits die Absorptionsmessung bei einer einzigen Wellenlänge, bei der die Extinktionskoeffizienten der beiden Stoffe möglichst verschieden sind. In diesem Fall kann man z.B. die Gleichung (31) in der Form schreiben:

$$\frac{m'}{c'_A + c'_B} = \varepsilon'_A\,x'_A + \varepsilon'_B\,x'_B = \varepsilon'_A\,x'_A + \varepsilon'_B\,(1 - x'_A), \tag{37}$$

wobei x'_A und x'_B die Gewichtsbrüche der beiden Stoffe darstellen:

$$x'_A \equiv \frac{c'_A}{c'_A + c'_B}; \qquad x'_B = 1 - x'_A = \frac{c'_B}{c'_A + c'_B}.$$

Trägt man den auf 1 Gramm Mischung bezogenen Extinktionsmodul $m'/(c'_A + c'_B)$ gegen x'_A oder x'_B auf, so erhält man eine Gerade, die die Werte ε'_A und ε'_B verbindet. Bei einer zu analysierenden Mischung muß man also lediglich den gemessenen Extinktionsmodul durch die Einwaage dividieren und kann die zugehörige Zusammensetzung auf dieser Geraden ablesen.

Stehen die beiden absorbierenden Stoffe miteinander im Gleichgewicht, und ist dieses Gleichgewicht konzentrationsabhängig, so gilt das Lambert-Beersche Gesetz in der abgeleiteten Form nicht mehr. Derartige Fälle, wie etwa das Dissoziationsgleichgewicht einer Säure oder Base und seine Verwendung zur p_H-Bestimmung sollen deshalb im nächsten Abschnitt behandelt werden.

Das S. 28 beschriebene Verfahren läßt sich ohne weiteres auf *Mehrstoffgemische* ausdehnen. Man muß dann die Extinktion der Mischlösung bei so viel verschiedenen Wellenlängen bestimmen, wie Stoffe in dem Gemisch vorhanden sind. Für jeden Extinktionsmodul wird eine den Gleichungen (31) und (32) entsprechende Gleichung aufgestellt:

$$m_1 = \varepsilon_{A1}\,c_A + \varepsilon_{B1}\,c_B + \varepsilon_{C1}\,c_C + \varepsilon_{D1}\,c_D + \cdots, \tag{38}$$

wobei stets ebenso viele Gleichungen wie Unbekannte zur Verfügung stehen müssen. Man löst sie am besten mittels Determinantenrechnung. Dabei ist wiederum darauf zu achten, daß sich die Extinktionskoeffizienten der einzelnen Stoffe bei den gewählten Wellenlängen möglichst stark voneinander unterscheiden, damit die Lösungen genügend genau werden. Bei mehr als vier Komponenten zieht man die „Matrix-Inversion-Methode" vor[1], wobei neuerdings auch elektronische Rechenmaschinen verwendet werden. Ein Gerät dieser Art für quantitative Analysen im IR wird von Perkin-Elmer (Norwalk, Conn. USA) geliefert. Mit Hilfe dieser Methode, die im einzelnen von MAYER und LUSZCZAK[2] ausgearbeitet wurde, lassen sich bis zu fünf Stoffe nebeneinander quantitativ aus der Summenextinktionskurve im UV bestimmen (Beispiel: Benzol, Toluol, o-, m-, p-Xylol). Das Verfahren ist allerdings recht mühsam[3] und eignet sich deshalb wohl nur für Serienmessungen an Gemischen ähnlicher Stoffe (wie etwa aromatischer Kohlenwasserstoffe oder verschiedener Farbstoffe), für die man die Gültigkeit des LAMBERT-BEERschen Gesetzes voraussetzen kann und deren Zusammensetzung qualitativ immer die gleiche ist. Bei Mischungen unbekannter Stoffe wird im allgemeinen das Infrarotspektrum auch für die quantitative Analyse wesentlich vorteilhafter sein, da man in diesem Spektralgebiet häufiger für jeden Stoff eine charakteristische Bande findet, die von anderen Banden nicht überdeckt wird, so daß sie unmittelbar zur Intensitätsmessung benutzt werden kann (vgl. S. 413ff.].

6. Abweichungen vom Bouguer-Lambert-Beerschen Gesetz

Während Abweichungen vom LAMBERT-BEERschen Gesetz infolge seines Charakters als Grenzgesetz nur für Messungen sehr hoher Präzision eine Rolle spielen, können aus anderen Gründen Abweichungen auftreten, die sehr große Beträge annehmen und deshalb ganz allgemein für Absorptionsmessungen jeden Genauigkeitsgrades eine beträchtliche Fehlerquelle bilden können. Man unterscheidet dabei zweckmäßig zwischen *wahren* und *scheinbaren* Abweichungen vom LAMBERT-BEERschen Gesetz. Dabei wollen wir unter wahren Abweichungen solche verstehen, die auf *chemische Veränderungen* des absorbierenden Stoffes in weitestem Sinne zurückzuführen sind, wenn man seinen Partialdruck (bei Gasen) oder seine Konzentration ändert. Scheinbare Abweichungen dagegen treten auf, wenn die bei der Ableitung des LAMBERT-BEERschen Gesetzes vorausgesetzte strenge Monochromasie der benutzten Strahlung nicht in dem Grade gewahrt ist, wie es das untersuchte Problem und die Genauigkeit der verwendeten Meßmethode verlangen; derartige Abweichungen sind also *physikalisch* begründet.

---

[1] CROUT, P. D.: Trans. Amer. Inst. Electr. Engr. **60**, 1235 (1941).

[2] MAYER, F. X. u. A. LUSZCZAK: Öl und Kohle **38**, 996ff., 1393 (1942); Absorptionsspektralanalyse, Berlin 1951; vgl. auch H. R. DAVIDSON u. J. H. GODLOVE: Amer. Dyestuff Rep. **39**, 628 (1950).

[3] In den USA benutzt man elektrische Rechenmaschinen zur Lösung der simultanen linearen Gleichungen; vgl. R. B. BARNES, U. LIDDEL u. V. Z. WILLIAMS: Infrared Spectroscopy, Industrial Applications, New York 1943; C. E. BERRY u. Mitarb.: J. appl. Physics **17**, 262 (1946); W. A. ADCOCK: Rev. sci. Instruments **19**, 181 (1948).

a) Wahre Abweichungen auf Grund chemischer Gleichgewichte oder zwischenmolekularer Kräfte. Wie schon S. 24 angedeutet wurde, treten Abweichungen vom LAMBERT-BEERschen Gesetz auf, wenn der absorbierende Stoff an einem konzentrationsabhängigen Gleichgewicht beteiligt ist, wie man unmittelbar einsieht[1]. Bei derartigen Gleichgewichten kann es sich um Dissoziation, Assoziation, Bildung stöchiometrischer Verbindungen mit einem anderen anwesenden Stoff, z. B. dem Lösungs-

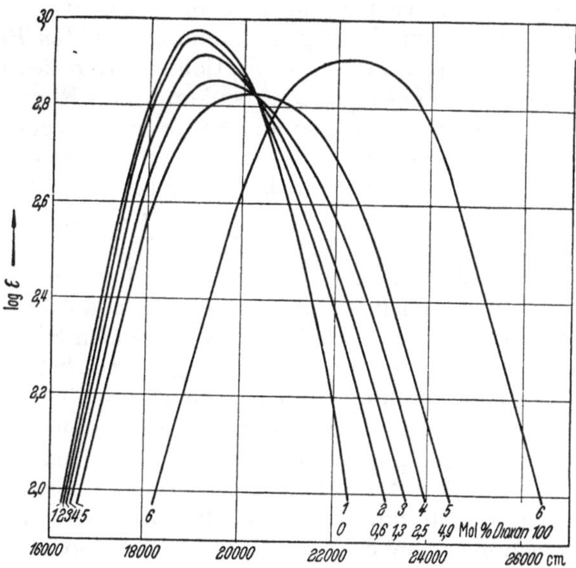

Abb. 11. Isosbestischer Punkt in den Absorptionsspektren des Jods in Cyclohexan bei Zusatz verschiedener Mengen von Dioxan

mittel, handeln; es kann aber auch sein, daß sich bei starken Konzentrationsänderungen lediglich der allgemeine Solvatationszustand des absorbierenden Moleküls ändert, ohne daß etwa die Entstehung oder der Zerfall stöchiometrischer Solvate nachzuweisen ist. Eine solche, zuweilen als „Mediumeffekt" bezeichnete Änderung der Absorption mit zunehmender Konzentration des absorbierenden Stoffes ist auf die geänderten Wechselwirkungskräfte mit der Umgebung zurückzuführen und kann ebenfalls merkliche Abweichungen vom LAMBERT-BEERschen Gesetz hervorrufen, ohne daß man die Gründe im einzelnen anzugeben vermag. Gelegentlich tritt auch der Fall ein, daß das LAMBERT-BEERsche Gesetz

[1] Tautomeriegleichgewichte $A \leftrightarrows B$ eines absorbierenden Stoffes sind konzentrationsunabhängig und beeinflussen deshalb die Gültigkeit des LAMBERT-BEERschen Gesetzes nicht. Aus der Massenwirkungskonstante eines solchen Gleichgewichts $K_c = \frac{c_A}{c_B}$ und der Bedingung $c_A + c_B = c_0$, wo c_0 sich aus der Einwaage ergibt, folgt $c_A = \frac{K_c}{K_c + 1} c_0$ und $c_B = \frac{1}{K_c + 1} c_0$, die Konzentrationen der beiden tautomeren Formen sind also der Gesamtkonzentration proportional, d. h. das LAMBERT-BEERsche Gesetz ist gültig.

im Bereich einer oder mehrerer Absorptionsbanden gültig ist, während im Bereich einer anderen merkliche Abweichungen beobachtet werden, was mit der verschiedenen Empfindlichkeit bzw. sterischen Zugänglichkeit der Chromophore gegenüber äußeren Störungen zusammenhängt.

Die Teilnahme des absorbierenden Stoffes an einem binären Gleichgewicht (Dissoziation, Assoziation, Bildung einer stöchiometrischen Molekülverbindung) macht sich im allgemeinen dadurch bemerkbar, daß die bei verschiedener Konzentration aufgenommenen Spektren alle durch einen gemeinsamen Punkt, den sogenannten *isosbestischen Punkt*, laufen. Als Beispiel sind in Abb. 11 die Absorptionsspektren des molekularen Jods in Cyclohexan als Lösungsmittel bei konstanter Konzentration des Jods, aber verschiedenen Zusätzen an Dioxan wiedergegeben[1]. Die Absorptionskurven verlaufen bei etwa 20100 cm^{-1} durch den gleichen Punkt und kennzeichnen dadurch das Auftreten einer Molekülverbindung nach dem Gleichgewicht $D + J_2 \leftrightharpoons [J_2D]$. Der isosbestische Punkt kommt dadurch zustande, daß J_2 und $[J_2D]$ bei 20100 cm^{-1} zufällig den gleichen Extinktionskoeffizienten besitzen, so daß der mittlere Wert von $\bar{\varepsilon}$ bei dieser Wellenzahl natürlich konstant ist, unabhängig davon, in welchem Mengenverhältnis die beiden absorbierenden Stoffe auf Grund des Gleichgewichts gerade vorliegen[2]. Das gilt natürlich nur, wenn es sich um genügend verdünnte Lösungen handelt. Bei hohen Konzentrationen besteht entweder die Möglichkeit, daß sich Verbindungen höheren Typs bilden, insbesondere bei Assoziationsvorgängen, oder daß der oben erwähnte „Mediumeffekt" zusätzliche Absorptionsänderungen hervorruft. Das kommt darin zum Ausdruck, daß die Spektren bei höheren Konzentrationen nicht mehr durch den gleichen Punkt laufen, wie es in Abb. 11 bei Kurve 6 (J_2 in reinem Dioxan) der Fall ist.

In genügend verdünnten Lösungen, in denen weder Abweichungen vom Massenwirkungsgesetz in seiner klassischen Form noch „Mediumeffekte" berücksichtigt werden müssen, läßt sich die *Gleichgewichtskonstante*

$$K_c = \frac{c_A c_B}{c_{AB}} \tag{39}$$

eines derartigen binären Gleichgewichts $A + B \leftrightharpoons AB$ unter günstigen Bedingungen aus den Abweichungen vom LAMBERT-BEERschen Gesetz

---

[1] KORTÜM, G. u. M. KORTÜM-SEILER: Z. Naturforschg. **5a**, 544 (1950). Weitere Literatur z.B. bei M. PESTEMER u. D. BRÜCK, l. c. S. 10.

[2] Handelt es sich um den allgemeinen Fall einer Reaktion $mA + nB \rightleftarrows A_mB_n$, so lautet die Bedingung für das Auftreten eines isosbestischen Punktes $\varepsilon_{A_mB_n} = m\varepsilon_A$ bzw. $\varepsilon_{A_mB_n} = n\varepsilon_B$ für bestimmte Wellenlängen, je nachdem B bzw. A in dem betreffenden Spektralbereich nicht absorbiert. Für den Fall, daß A, B *und* A_mB_n absorbieren, würde die Bedingung lauten $\varepsilon_{A_mB_n} = m\varepsilon_A + n\varepsilon_B$. Da es äußerst unwahrscheinlich ist, daß diese Bedingung für irgendeine Wellenlänge erfüllt ist, kann man das Auftreten eines isosbestischen Punktes praktisch immer als Kriterium für ein Gleichgewicht zwischen 2 absorbierenden Stoffen ansehen. Man kann ihn nur beobachten, wenn die Gesamtmenge der miteinander reagierenden Ausgangskomponenten konstant ist. Vgl. dazu auch H. L. SCHLÄFER u. O. KLING: Angew. Chem. 68, 667 (1956).

ermitteln. Da in solchen verdünnten Lösungen das LAMBERT-BEERsche Gesetz für jeden der beiden absorbierenden Stoffe (z.B. für A und AB) einzeln gültig ist, sind ihre Extinktionen bzw. ihre Extinktionsmoduln als streng additiv anzusehen. Man mißt die Gesamtextinktion der verdünnten Lösung bei einer Wellenlänge, bei der die Extinktionskoeffizienten ε_A und ε_{AB} möglichst stark verschieden sind (im Beispiel der Abb. 11 also etwa bei 22150 cm^{-1}, dem Maximum der Absorptionskurve des Jods in reinem Dioxan). Dann gilt auf Grund der erwähnten Additivität für den Extinktionsmodul der Lösung

$$m = c_A \varepsilon_A + c_{AB} \varepsilon_{AB}, \tag{40}$$

wenn man die Absorption der Komponente B in dem benutzten Spektralbereich gleich Null setzen kann (im Beispiel der Abb. 11 die des Dioxans). Unter Einführung des *Assoziationsgrades*

$$\beta = \frac{c_{AB}}{c_{0_A}} \tag{41}$$

wird

$$c_A = c_{0_A}(1-\beta); \qquad c_B = c_{0_B} - \beta c_{0_A}; \qquad c_{AB} = \beta c_{0_A} \tag{42}$$

$$m = c_{0_A} [(1-\beta)\varepsilon_A + \beta \varepsilon_{AB}] \tag{43}$$

$$K_c = \frac{1-\beta}{\beta} (c_{0_B} - \beta c_{0_A}) \tag{44}$$

Wählt man $c_{0_A} < c_{0_B}$, so daß (bei schwacher Assoziation) $\beta c_{0_A} \ll c_{0_B}$, so wird *näherungsweise*[1]

$$K_c \cong \frac{1-\beta}{\beta} c_{0B}. \tag{44a}$$

Für β ergibt sich aus (43)

$$\beta = \frac{\varepsilon_A - \dfrac{m}{c_{0_A}}}{\varepsilon_A - \varepsilon_{AB}} \equiv \frac{M}{\Delta \varepsilon} \tag{45}$$

mit

$$\varepsilon_A - \frac{m}{c_{0_A}} \equiv M \quad \text{und} \quad \varepsilon_A - \varepsilon_{AB} \equiv \Delta\varepsilon. \tag{46}$$

Setzt man (45) in (44a) ein, so erhält man

$$K_c \cong \left(\frac{\Delta\varepsilon}{M} - 1\right) c_{0_B}. \tag{47}$$

Die beiden Unbekannten K_c und $\Delta\varepsilon$ lassen sich aus einer Reihe von Meßwertpaaren M_i und c_{0i_B} graphisch ermitteln, indem man (47) auf verschiedene Arten in lineare Gleichungen der Form $y = ax + b$ umwandelt,

[1] Eine exakte Berechnung aus Messungen bei zwei Wellenlängen und verschiedenen Anfangskonzentrationen mit Hilfe der Ausgleichsrechnung gibt R. TSUCHIDA, Bl. chem. soc. Japan **10**, 27 (1935).

aus deren Steigung und Ordinatenabschnitt die gesuchten Größen berechnet werden können[1]:

$$\frac{1}{M_\iota} = \frac{K_c}{\Delta\varepsilon}\frac{1}{c_{0\,\mathrm{B}}} + \frac{1}{\Delta\varepsilon}\,, \tag{48a}$$

$$\frac{c_{0\,i_\mathrm{B}}}{M_i} = \frac{1}{\Delta\varepsilon} c_{0\,i_\mathrm{B}} + \frac{K_c}{\Delta\varepsilon}\,, \tag{48b}$$

$$\frac{M_i}{c_{0\,i_\mathrm{B}}} = \frac{1}{K_c} M_\iota + \frac{\Delta\varepsilon}{K_c}\,, \tag{48c}$$

$$M_\iota = \frac{\Delta\varepsilon}{4}\ln c_{0\,i_\mathrm{B}} + \Delta\varepsilon\left(\frac{1}{2} - \frac{1}{4}\ln K_c\right). \tag{48d}$$

Die letzte Gleichung erhält man aus der logarithmierten Gleichung (44a), wenn man die Reihenentwicklung

$$\ln\left(\frac{1}{\beta} - 1\right) = 2\left((1-2\beta) + \frac{1}{3}(1-2\beta)^3 + \frac{1}{5}(1-2\beta)^5 + \cdots\right)$$

nach dem ersten Glied abbricht. Mit Hilfe dieser Gleichungen sind die Gleichgewichtskonstanten einer Reihe von organischen Komplexen, u.a. auch die des oben erwähnten Jod-Dioxan-Komplexes, ermittelt worden[2].

Etwas einfacher werden die Gleichungen, wenn man eine Wellenlänge findet, bei der der Extinktionskoeffizient auch der zweiten Komponente praktisch gleich Null gesetzt werden kann, wenn also $\varepsilon_\mathrm{A} \ll \varepsilon_\mathrm{AB}$, wie es im Fall des Jod-Dioxan-Gleichgewichts bei 22150 cm^{-1} angenähert der Fall ist. Dann erhält man z.B. aus (48a) mit $\varepsilon_\mathrm{A} = 0$ die Beziehung

$$\frac{c_{0\,i_\mathrm{A}}}{m_\iota} = \frac{K_c}{\varepsilon_\mathrm{AB}}\frac{1}{c_{0\,i_\mathrm{B}}} + \frac{1}{\varepsilon_\mathrm{AB}}\,, \tag{49}$$

die sich analog auswerten läßt[3].

Das gleiche Verfahren läßt sich auf die reversible *Dimerisation* $2\,\mathrm{A} \rightleftarrows \mathrm{A}_2$ eines Stoffes in Lösung anwenden: Findet man ein Spektral-

[1] Vgl. z.B. H. A. Benesi u. J. H. Hildebrand: J. Amer. chem. Soc. **71**, 2703 (1949); J. A. A. Ketelaar u. Mitarb.: Rec. trav. chim. Pays-Bas **71**, 1104 (1952); W. D. Bale, E. W. Davies u. C. B. Monk: Trans. Faraday Soc. **52**, 816 (1956); H. H. Perkampus u. Th. Rössel: Z. Elektrochem. **60**, 1102 (1956).

[2] Vgl. auch P. A. D. de Maine: Spectrochim. Acta **15**, 1051ff. (1959).

[3] Ein etwas besseres Näherungsverfahren, das nur die Voraussetzung $c_\mathrm{AB} \ll c_\mathrm{A} + c_\mathrm{B}$ enthält, führt zu der linearen Beziehung

$$\frac{m_i}{c_{0\,i_\mathrm{A}}\,c_{0\,i_\mathrm{B}}} = -\,\varepsilon_\mathrm{AB} K_c^2 (c_{0\,i_\mathrm{A}} + c_{0\,i_\mathrm{B}}) + K_c \varepsilon_\mathrm{AB}\,, \tag{49a}$$

aus der sich ebenfalls K_c und ε_AB ermitteln läßt. Aus der Art der Abweichungen von dieser Beziehung bei größeren Konzentrationen laßt sich entscheiden, ob außer AB noch höhere Komplexe AB_2 bzw. $\mathrm{A}_2\mathrm{B}$ in der Lösung vorliegen. Vgl. dazu G. Kortüm u. G. Weber: Z. Elektrochem. **64**, 642 (1960); allgemeine Gleichungen für diesen Fall siehe bei L. Newman u. D. N. Hume: J. Amer. chem. Soc. **79**, 4571 (1957); W. Liptay: Z. Elektrochem. **65**, 375 (1961).

gebiet, in dem das Monomere allein absorbiert ($\varepsilon_{A_2} \ll \varepsilon_A$), wie es häufig der Fall ist, und führt man wieder den Assoziationsgrad

$$\beta = \frac{2\,c_{A_2}}{c_{0_A}} \tag{50}$$

ein, so lautet das Massenwirkungsgesetz

$$K_c = \frac{c_A^2}{c_{A_2}} = \frac{(1-\beta)^2}{\beta}\, 2\,c_{0_A}. \tag{51}$$

Aus dem Extinktionsmodul

$$m = c_{0_A}(1-\beta)\,\varepsilon_A \tag{52}$$

erhält man

$$\beta = 1 - \frac{m}{c_{0_A}\,\varepsilon_A}, \tag{53}$$

was in (51) eingesetzt zu der Beziehung führt

$$K_c = \frac{2\,m^2}{\varepsilon_A\,(c_{0_A}\,\varepsilon_A - m)} \quad \text{oder} \quad 2\log 2\,m_i = \log K_c + \log \varepsilon_A\,(c_{0\,i_A} - m_i). \tag{54}$$

ε_A erhält man durch Messungen bei hoher Verdunnung, bei der das Gleichgewicht praktisch ganz auf seiten des Monomeren liegt. 2 log 2 m gegen log ε_A ($c_{0\,i_A}\,\varepsilon_A - m_i$) aufgetragen sollte eine Gerade ergeben, deren Ordinatenabschnitt log K_c liefert. Dies ist z.B. beim Acridinorangekation in einem begrenzten Konzentrationsbereich angenähert der Fall[1], woraus folgt, daß diese großen organischen Farbstoffionen zu Dimeren und (bei höheren Konzentrationen) auch höheren Polymeren assoziieren.

In ähnlicher Weise haben sich die Konstanten der reversiblen *Assoziation der Alkohole* zu verschiedenen Polymeren aus der Intensität der OH-Schwingungsbande im IR in Abhängigkeit von der Konzentration ermitteln lassen[2].

Die abgeleiteten Formeln setzen voraus, daß das Massenwirkungsgesetz in seiner klassischen Form (39) gültig ist, d.h. daß alle Aktivitätskoeffizienten im untersuchten Konzentrationsbereich gleich 1 gesetzt werden können. Bei elektrolytischen Gleichgewichten ist dies nicht der Fall, so daß z. B. bei der Ionenassoziation nach dem Schema $A^{++} + B^- \rightleftharpoons AB^+$, die besonders in Lösungsmitteln kleiner DK eintritt, die interionische Wechselwirkung berücksichtigt werden muß. Dafür gibt es zwei Methoden: Entweder man hält durch Zusatz geeigneter nichtabsorbierender starker Elektrolyte die Gesamtionenstärke J und damit die Aktivitätskoeffizienten konstant, ermittelt nach einem der beschriebenen Verfahren das klassische K_c und erniedrigt für jede weitere Meßreihe J sukzessive, so daß man die gewonnenen K_c-Werte auf die thermodyna-

[1] ZANKER, V.: Z. physik. Chem. **199**, 225 (1952); **200**, 250 (1952); strenggenommen kann sich nur dann eine Gerade ergeben, wenn man die Aktivitätskoeffizienten berücksichtigt.

[2] KEMPTER, H. u. R. MECKE: Z. physik. Chem. (B) **46**, 229 (1940); E. G. HOFFMANN: ibid. (B) **53**, 179 (1943).

mische Gleichgewichtskonstante K_a bei $J = 0$ extrapolieren kann. Dieses Verfahren ist auf Lösungsmittel hoher DK (Wasser) beschränkt. Oder man berechnet die Aktivitätskoeffizienten mit Hilfe der DEBYE-HÜCKELschen Theorie oder der BJERRUMschen Theorie der Ionenassoziation und ermittelt K_a unmittelbar aus den optischen Messungen ohne den Umweg über die Extrapolation der K_c-Werte. Nach dieser Methode wurde z.B. die thermodynamische Gleichgewichtskonstante der Assoziation der Erdalkalipikrate in Methanol als Lösungsmittel aus den Abweichungen vom LAMBERT-BEERschen Gesetz ermittelt[1].

Bei genügend genauer Meßmethode zur Ermittlung von m kann man auf die Mittelwertsbildung und die graphische Darstellung der Meßwerte nach den Näherungsgleichungen (48a–d) verzichten und die Gleichgewichtskonstante unmittelbar rechnerisch aus Extinktionsmessungen bei zwei verschiedenen Konzentrationen ermitteln[2]. Für den einfacheren Fall, daß praktisch nur die Molekülverbindung AB absorbiert, gilt für die Extinktionsmoduln bei den Konzentrationen $'$ bzw. $''$:

$$\left.\begin{aligned} m' &= \varepsilon_{AB}\, c'_{AB} \\ m'' &= \varepsilon_{AB}\, c''_{AB}\,. \end{aligned}\right\} \tag{55}$$

Nach dem Massenwirkungsgesetz ist

$$\left.\begin{aligned} K_c &= \frac{c'_A c'_B}{c'_{AB}} = \frac{(c'_{0A} - c'_{AB})(c'_{0B} - c'_{AB})}{c'_{AB}} \\ &= \frac{c''_A c''_B}{c''_{AB}} = \frac{(c''_{0A} - c''_{AB})(c''_{0B} - c''_{AB})}{c''_{AB}}\,. \end{aligned}\right\} \tag{56}$$

Aus diesen vier Gleichungen lassen sich die vier Unbekannten ε_{AB}, c'_{AB}, c''_{AB} und K_c ermitteln. c'_{0A}, c'_{0B}, c''_{0A} und c''_{0B} sind aus der Einwaage bekannt. Löst man etwa nach c''_{AB} auf, so erhält man eine quadratische Gleichung, aus der sich ergibt

$$c''_{AB} = -\frac{(c''_{0A} + c''_{0B}) - (c'_{0A} + c'_{0B})}{2(r-1)} \tag{57}$$

$$\pm\sqrt{\frac{(c''_{0A} + c''_{0B})^2 - 2(c''_{0A} + c''_{0B})(c'_{0A} + c'_{0B}) + (c'_{0A} + c'_{0B})^2}{4(r-1)^2} - \frac{c'_{0A}c'_{0B} - r\,c''_{0A}c''_{0B}}{r(r-1)}},$$

wobei $r \equiv m'/m''$ aus den Messungen bekannt ist. Aus c''_{AB} erhält man die Gleichgewichtskonstante mittels (56).

Auch hier werden die Gleichungen sehr viel einfacher, wenn man von äquivalenten Konzentrationen der beiden Komponenten ausgeht, so daß $c'_{0A} = c'_{0B}$ und $c''_{0A} = c''_{0B}$. Damit wird aus (57)

$$c''_{AB} = \frac{c'_0 - c''_0\sqrt{r}}{r - \sqrt{r}}\,. \tag{58}$$

---

[1] KORTÜM, G. u. K. ANDRUSSOW: Z. physik. Chem. N. F. **25**, 321 (1960).

[2] v. HALBAN, H. u. E. ZIMPELMANN: Z. physik. Chem. **117**, 461 (1925); vgl. auch G. BRIEGLEB u. J. CZEKALLA: Z. Elektrochem. **58**, 249 (1954).

Führt man noch den Dissoziationsgrad α der Molekülverbindung ein:

$$c''_{AB} = (1 - \alpha'')\,c''_0\,, \tag{59}$$

so erhält man aus (58) und (59)

$$\alpha'' = \frac{r - \frac{c'_0}{c''_0}}{r - \sqrt{r}}\,, \tag{60}$$

und daraus mit

$$K_c = \frac{\alpha^2 c_0}{1 - \alpha} \tag{61}$$

ebenfalls die Gleichgewichtskonstante.

Die Schwierigkeit bei derartigen Untersuchungen liegt darin, daß man den Extinktionskoeffizienten der Verbindung AB nicht unmittelbar bestimmen kann[1], da die Verbindung stets teilweise dissoziiert ist und sich die Dissoziation im Gültigkeitsbereich des LAMBERT-BEERschen Gesetzes nicht so weit zurückdrängen läßt, daß praktisch keine Zerfallsprodukte der Verbindung mehr vorhanden sind. Diese Schwierigkeit fällt bei *elektrolytischen Gleichgewichten* schwacher Säuren oder Basen fort, da man durch geeignete Wahl des p_H der Lösung stets erreichen kann, daß praktisch nur die eine absorbierende Komponente des Gleichgewichts vorhanden ist.

Besteht der absorbierende Stoff etwa aus einer schwachen, nur teilweise dissoziierten Säure HA in wässeriger Lösung. so liegt ein protolytisches Gleichgewicht

$$HA + H_2O \leftrightharpoons H_3O^+ + A^- \tag{62}$$

vor. Der Extinktionsmodul der Lösung ist gegeben durch

$$m = (\varepsilon_{A^-})\,\alpha\,c_0 + \varepsilon_{HA}(1 - \alpha)\,c_0\,, \tag{63}$$

wenn c_0 die Gesamtkonzentration der Säure und α ihren Dissoziationsgrad bezeichnet. Man wählt die Wellenlänge wiederum so, daß die beiden Extinktionskoeffizienten ε_{A^-} und ε_{HA} möglichst verschieden sind, also etwa ε_{A^-} sehr groß und ε_{HA} sehr klein oder ganz vernachlässigbar. ε_{A^-} läßt sich durch Messung einer Lösung des zugehörigen vollständig dissoziierten Salzes (evtl. unter Zugabe von Lauge zur Verhinderung von Hydrolyse), ε_{HA} gegebenenfalls durch Messung einer Lösung der Säure in starker HCl mit genügender Näherung ermitteln, so daß aus (63) α und damit mittels (61) die *klassische* Dissoziationskonstante der Säure berechnet werden kann. Dieses Verfahren ist mittels lichtelektrischer Methoden zu einer Präzisionsmethode entwickelt worden[2].

Legt man das p_H der Lösung durch einen Puffer genügend großer Kapazität von vornherein fest, so sind damit für gegebenes c_0 nach (62) auch die beiden Konzentrationen c_{A^-} und c_{HA} bestimmt. Hält man c_0 konstant und variiert das p_H, so erhält man eine Schar von Absorptions-

[1] Vgl. dazu A. C. HARDY u. F. M. YOUNG: J. opt. Soc. Amer. **38**, 854 (1948).
[2] HALBAN, H. v. u. G. KORTÜM: Z. physik. Chem. (A) **170**, 351 (1934).

spektren, die wieder einen (oder evtl. auch mehrere) isosbestischen Punkt besitzen. Als Beispiel einer neueren Messung[1] sind in Abb. 12 die Spektren einer 10^{-5}-molaren Lösung eines Indikators (Acridinorange) bei verschiedenem p_H wiedergegeben. Der isosbestische Punkt liegt bei 22450 cm^{-1}; das Absorptionsmaximum bei 20400 cm^{-1} des Kations A^+ nimmt mit steigendem p_H ab, das der freien Base A bei 23000 cm^{-1}

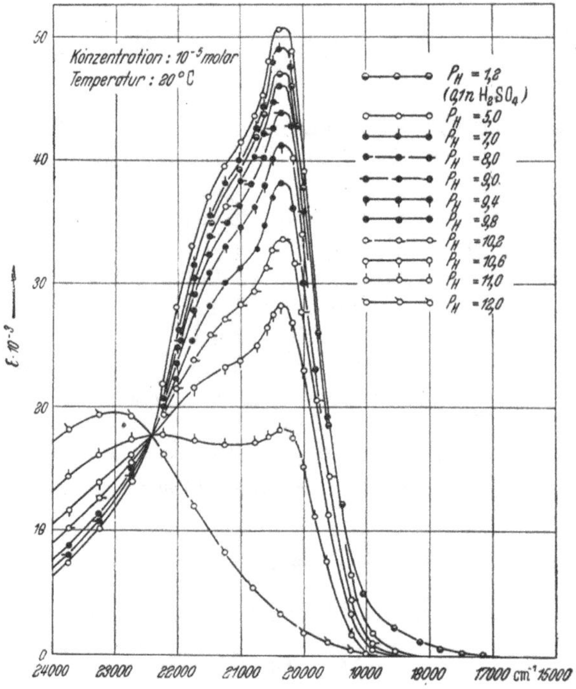

Abb. 12. Spektren einer 10^{-5}-molaren Losung von Acridinorange

nimmt entsprechend zu. Hier liegt noch der kompliziertere Fall vor, daß das Kation A^+ seinerseits zu Doppelionen A_2^{++} assoziiert, so daß es sich um zwei gekoppelte Gleichgewichte handelt. Die zugehörigen beiden Gleichgewichtskonstanten lassen sich berechnen, wenn man außerdem die Konzentrationsabhängigkeit der Absorption bei konstantem p_H ermittelt.

Es sei nochmals ausdrücklich darauf hingewiesen, daß alle hier abgeleiteten Formeln voraussetzen, daß das LAMBERT-BEERsche Gesetz für jeden einzelnen Teilnehmer am Gleichgewicht gültig ist und daß es sich um genügend verdünnte Lösungen handelt, in denen das Massenwirkungsgesetz in seiner klassischen Form angewendet werden kann. Ob diese Bedingung erfüllt ist, muß in jedem einzelnen Fall besonders geprüft werden.

---

[1] ZANKER, V.: Z. physik. Chem. **199**, 225 (1952).

Kann man auf die Ermittlung der Gleichgewichtskonstanten verzichten und interessiert sich lediglich für die *stöchiometrische Zusammensetzung eines Komplexes* A_nB_m, wie es namentlich bei Komplexen von Metallionen mit organischen oder anorganischen Liganden häufig der Fall ist, so genügt es, den gemessenen Extinktionsmodul bei einer geeigneten Wellenlänge, bei der $\varepsilon_A = \varepsilon_B$, für konstante Gesamtkonzentration der Komponenten A und B und variierten Molenbruch $x \equiv c_B/(c_A + c_B)$ gegen letzteren aufzutragen. Bei Komplexbildung erhält man statt einer Geraden Abweichungen von der Additivität der Extinktionsmoduln, die am größten sind, wenn der Molenbruch den Wert $m/(n + m)$ annimmt. Noch besser trägt man die Abweichungen Δm selbst gegen x auf und erhält eine Kurve mit einem Maximum oder Minimum bei $x = m/(n+m)$[1]. Die Methode läßt sich auf den Fall erweitern, daß mehrere Komplexe nebeneinander gebildet werden, indem man entsprechende Messungen bei mehreren geeigneten Wellenlängen macht, die man Absorptionskurven bei verschiedenen Konzentrationsverhältnissen c_A/c_B entnimmt[2]. Auf diese Weise ließ sich z.B. nachweisen, daß Ni^{2+}-Ionen mit Äthylendiamin Komplexe im Verhältnis 1 : 1, 1 : 2 und 1 : 3 bilden.

Existiert ein Spektralbereich, in dem ausschließlich A_nB_m absorbiert, hält man c_{0_A} konstant und im Überschuß und gibt steigende Mengen B hinzu, so steigt der Extinktionsmodul linear mit c_{0_B} an, wenn der Komplex sehr stabil, d.h. seine Dissoziationskonstante klein ist:

$$m(c_{0_B}) = \varepsilon_{A_nB_m} \frac{c_{0_B}}{m}. \tag{64a}$$

Hält man umgekehrt c_{0_B} konstant und im Überschuß, so gilt entsprechend

$$m(c_{0_A}) = \varepsilon_{A_nB_m} \frac{c_{0_A}}{n}. \tag{64b}$$

Das Verhältnis der beiden Steigungen ergibt unmittelbar das gewünschte stöchiometrische Verhältnis. Ist die Dissoziation nicht vernachlässigbar, erhält man Abweichungen von der Linearität. Diese sog. *Methode des linearen Anstiegs*[3] läßt sich auf den Fall erweitern, daß mehrere Komplexe nebeneinander vorliegen, wenn die Dissoziationskonstanten benachbarter Stufen sich wenigstens um den Faktor 600 unterscheiden[4].

Zu den „wahren" Abweichungen vom LAMBERT-BEERschen Gesetz rechnen wir weiterhin die S. 31 erwähnten „*Mediumeffekte*", d.h. konzentrationsabhängige Änderungen der zwischenmolekularen Wechselwirkung, die sich nicht immer auf stöchiometrische Effekte zurückführen lassen, die aber trotzdem merkliche Änderungen der molaren Ex-

[1] Methode der „kontinuierlichen Variation" v. P. JOB: Ann. chim. [10] 9, 113 (1928).

[2] VOSBURGH, W. C. u. G. R. COOPER: J. Amer. chem. Soc. 63, 437 (1941); L. I. KATZIN u. E. GEBERT: J. Amer. chem. Soc. 72, 5455 (1950); F. WOLDBYE: Acta Chim. Scand. 9, 299 (1955).

[3] HARVEY, A. E. u. D. L. MANNING: J. Amer. chem. Soc. 72, 4488 (1950); J. H. YOE u. A. L. JONES: Ind. Eng. Chem. Anal. Ed. 16, 111 (1944).

[4] MEYER, A. S. u. G. H. AYRES: J. Amer. chem. Soc. 79, 49 (1957).

tinktionskoeffizienten hervorrufen können. Hierher gehören auch die als „Salzfehler" bekannten Einflüsse nichtabsorbierender Zusätze (Salze oder Proteine) auf die Absorption und damit auf die Farbe von Indikatoren, die aber keineswegs auf Ionen beschränkt sind. Bei welcher Konzentration meßbare Abweichungen vom LAMBERT-BEERschen Gesetz eintreten, hängt vom untersuchten Stoff und häufig auch von der untersuchten Bande des Stoffes ab; sie variiert in weiten Grenzen und kann nur empirisch ermittelt werden. Als allgemeine Faustregel kann man angeben, daß derartige Abweichungen in der Regel erst bei Konzentrationen $c > 10^{-2}$ Mol/l merklich werden. Treten sie bereits bei sehr viel kleineren Konzentrationen auf, so handelt es sich fast immer um den Einfluß überlagerter Gleichgewichte, d. h. um spezifische chemische Änderungen des absorbierenden Stoffes.

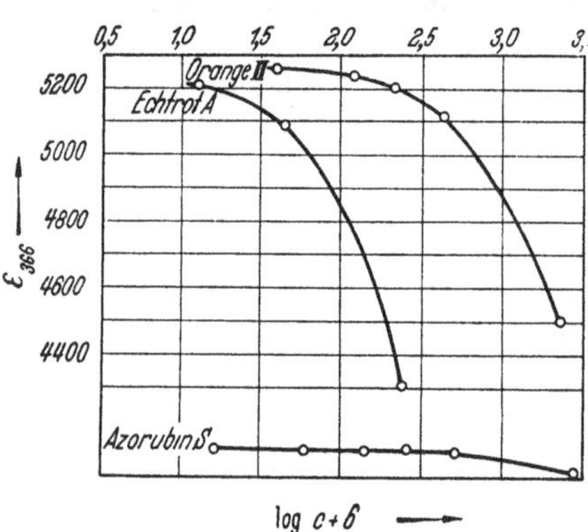

Abb. 13. Gültigkeitsbereich des LAMBERT-BEERschen Gesetzes bei den Azofarbstoffionen Orange II, Echtrot A und Azorubin S bei 366 mμ in 10^{-3}-n NaOH

Wie weitgehend der Geltungsbereich des LAMBERT-BEERschen Gesetzes auch vom *Solvatationszustand* einer Verbindung abhängt, zeigt Abb. 13 am Beispiel der Azofarbstoffionen Orange II, Echtrot A und Azorubin S, die sehr ähnliche Konstitution und sehr ähnliche Absorptionsspektren in verdünnter wässeriger NaOH besitzen[1]:

HO
$^{-}O_3S$—⟨ ⟩—N=N—(Naphthalin) ;
Orange II

HO
$^{-}O_3S$—(Naphthalin)—N=N—(Naphthalin) ;
Echtrot A

HO SO_3^-
$^{-}O_3S$—(Naphthalin)—N=N—(Naphthalin) .
SO_3^-
Azorubin S

Die Prüfung des LAMBERT-BEERschen Gesetzes ergibt, daß beim Azorubin S im Bereich aller Banden bis etwa $c \sim 10^{-3}$ keine Abweichungen $> 0{,}1\%$ in ε auftreten, während beim Orange II diese Abweichungen bei etwa $c \sim 10^{-4}$, beim Echtrot A bereits bei $c < 10^{-5}$ deutlich werden. Die in diesen Abweichungen zum Ausdruck kommende Dimerisation bzw. Polymerisation der Farbstoffionen beginnt offenbar um so früher, je

[1] KORTÜM, G.: Z. physik. Chem. (B) **34**, 255 (1936).

größer die Ionen sind und je weniger ihre Oberfläche durch hydrophile (hydratisierte) Gruppen abgeschirmt ist[1].

b) Scheinbare Abweichungen durch unvollkommene Monochromasie der Strahlung. Wie schon hervorgehoben wurde, ist die Gültigkeit des LAMBERT-BEERschen Gesetzes nur bei konstanten äußeren Bedingungen zu erwarten. Zu diesen gehört auch die Monochromasie der verwendeten Strahlung; ist diese nicht genügend gewahrt, so kann ebenfalls eine (scheinbare) Ungültigkeit des LAMBERT-BEERschen Gesetzes vorgetäuscht werden, deren Einfluß häufig unterschätzt worden ist. Da es sowohl aus prinzipiellen Gründen (natürliche Breite von Spektrallinien, Dopplereffekt, Stoßdämpfung usw.) wie aus meßtechnischen Gründen (genügend große Strahlungsstärken) niemals möglich ist, streng monochromatische Strahlung herzustellen, muß diese Fehlerquelle stets berücksichtigt werden. Sie gewinnt um so mehr Bedeutung, je größere Genauigkeit bei der Messung verlangt wird. Eine eingehende Diskussion der durch unvollkommene Monochromasie der Strahlung bedingten Fehler der Extinktionsmessung wurde von SCHMIDT[2] und später von ASMUS[3] gegeben.

Bei spektral zusammengesetzter Strahlung der Wellenlängen λ_1, $\lambda_2 \ldots \lambda_n$ (also z.B. der Strahlung einer Hg-Lampe) mit den Anfangsintensitäten Φ_{01}, $\Phi_{02} \ldots \Phi_{0n}$ gelte für jede einzelne Wellenlänge das LAMBERT-BEERsche Gesetz in Form der Gleichung (24b) bzw. (27b). Da die Extinktionskoeffizienten ε_1, $\varepsilon_2 \ldots \varepsilon_n$ verschieden sind, ändern sich die Intensitäten Φ_0 beim Durchlaufen der absorbierenden Schicht in verschiedener Weise, und damit ändert sich auch der *mittlere* Extinktionskoeffizient $\bar{\varepsilon}$ kontinuierlich, d.h. er wird von der Größe der gemessenen Extinktion und somit auch von der durchlaufenen Schichtdicke und der Konzentration des absorbierenden Stoffes abhängig, das LAMBERT-BEERsche Gesetz wird scheinbar ungültig. Die gemessene Gesamtextinktion ergibt sich aus (24b) und (27b) zu

$$E = \bar{\varepsilon} c s = \log \frac{\sum_1^n \Phi_{0i}}{\sum_1^n \Phi_{0i} 10^{-\varepsilon_i c s}} . \qquad (65)$$

Diese Summe läßt sich aber nicht mehr in eine einzige Exponentialfunktion zusammenfassen, d.h. $\bar{\varepsilon}$ stellt keine von c und s unabhängige Konstante mehr dar.

Bei Messungen mit „monochromatischer" Strahlung handelt es sich in der Praxis stets um Messungen mit einer durch Filter oder Monochromatoren isolierten Spektrallinie. Außer dieser Hauptlinie (λ_1) werden jedoch stets benachbarte Nebenlinien ($\lambda_2 \ldots \lambda_n$) mit größerer oder kleinerer Intensität durchgelassen, da Filter fast immer eine relativ große spektrale Breite besitzen (vgl. S. 74ff.) und Monochromatoren immer

---

[1] Vgl. dazu TH. FÖRSTER u. E. KÖNIG: Z. Elektrochem. **61**, 344 (1957).

[2] SCHMIDT, TH. W.: Z. Instrumentenkunde **55**, 336, 357 (1935).

[3] ASMUS, E.: Optik **9**, 108 (1952); vgl. auch G. KORTÜM u. H. v. HALBAN: Z. physik. Chem. (A) **170**, 212 (1934).

etwas Streustrahlung anderer Wellenlängen abgeben (vgl. S. 287ff). Bezeichnen wir die Extinktion für die Hauptlinie mit E_1, so können wir (65) in folgender Weise umformen:

$$\left.\begin{aligned} E &= \log \frac{\Phi_{01}\left(1+\sum_2^n \frac{\Phi_{0i}}{\Phi_{01}}\right)}{\Phi_{01} 10^{-\varepsilon_1 c s}\left(1+\sum_2^n \frac{\Phi_{0i}}{\Phi_{01}} 10^{(\varepsilon_1-\varepsilon_i) c s}\right)} \\ &= \log \frac{\Phi_{01}}{\Phi_{01} 10^{-\varepsilon_1 c s}} + \log \frac{1+\sum_2^n \frac{\Phi_{0i}}{\Phi_{01}}}{1+\sum_2^n \frac{\Phi_{0i}}{\Phi_{01}} 10^{(\varepsilon_1-\varepsilon_i) c s}} \\ &= E_1 + \log \frac{1+\frac{1}{\Phi_{01}}\sum_2^n \Phi_{0i}}{1+\frac{1}{\Phi_{01}}\sum_2^n \Phi_{0i} 10^{(\varepsilon_1-\varepsilon_i) c s}}. \end{aligned}\right\} \tag{66}$$

Der Fehler der Extinktionsmessung infolge der Nebenlinien ist also gegeben durch $E-E_1$, und der relative Fehler durch

$$\left.\begin{aligned} \frac{E-E_1}{E_1} &= \frac{1}{E_1} \log \frac{1+\frac{1}{\Phi_{01}}\sum_2^n \Phi_{0i}}{1+\frac{1}{\Phi_{01}}\sum_2^n \Phi_{0i} 10^{(\varepsilon_1-\varepsilon_i) c s}} \\ &\equiv \frac{1}{E_1} \log \frac{\sum_1^n \Phi_{0i}}{\sum_1^n \Phi_{0i} 10^{(\varepsilon_1-\varepsilon_i) c s}}. \end{aligned}\right\} \tag{67}$$

Man sieht sofort aus Gleichung (66), daß sowohl für streng spektralreines Licht ($\Phi_{02} = \Phi_{03} = \cdots = \Phi_{0n} = 0$) wie für einen *ideal grauen* Stoff ($\varepsilon_1 = \varepsilon_2 \cdots = \varepsilon_n$) die gemessene Extinktion $E = E_1$ und damit der relative Fehler Null wird, in allen anderen Fällen verliert das LAMBERT-BEERsche Gesetz scheinbar seine Gültigkeit. Von der Größenordnung der so bedingten Fehler kann man sich leicht ein Bild machen, wenn man den relativen Fehler berechnet, den eine einzelne Nebenlinie der Wellenlänge λ_2 neben der Hauptwellenlänge λ_1 bei der Extinktionsmessung hervorzurufen vermag. Er ergibt sich aus (67) zu

$$\frac{\Delta E}{E_1} = \frac{1}{E_1} \log \frac{1+\frac{\Phi_{02}}{\Phi_{01}}}{1+\frac{\Phi_{02}}{\Phi_{01}} 10^{E_1\left(1-\frac{\varepsilon_2}{\varepsilon_1}\right)}} \tag{68}$$

und ist für das (praktisch leicht mögliche) Intensitätsverhältnis $\Phi_{02}/\Phi_{01} = 0{,}6\%$ und für verschiedene Werte von $\varepsilon_2/\varepsilon_1$ als Parameter in Abhängigkeit von der gemessenen Extinktion in Abb. 14 dargestellt. Man sieht, daß der Fehler mit zunehmender Extinktion monoton anwächst und um so größer wird, je kleiner das Verhältnis $\varepsilon_2/\varepsilon_1$ der Extinktionskoeffizienten ist.

Prinzipiell sind drei Fälle möglich:

1. $\varepsilon_n \approx \varepsilon_1$. Das ist der schon erwähnte Fall, daß es sich um einen für das betreffende Spektralgebiet angenähert „grauen“ Stoff handelt. Er ist auch weitgehend realisiert, wenn man im Bereich eines flachen Absorptionsmaximums mißt, was immer besonders günstig ist. Der relative Fehler wird dann sehr klein und kann häufig praktisch unberücksichtigt bleiben. Hierher gehört jedoch auch der Fall, daß man zur Messung eine eng benachbarte Spektralliniengruppe benutzt, wie etwa das Na-D-Dublett oder das Hg-Triplett bei 436 mμ[1]. Bei solchen Gruppen liegt das Intensitätsverhältnis Φ_{0n}/Φ_{01} häufig in der Nähe von 1. Mißt man jedoch im Bereich eines steil abfallenden Bandenastes, so sind die Extinktionskoeffizienten trotz der eng benachbarten Wellenlängen häufig doch schon um einige Prozent verschieden, so daß der relative Fehler bei höheren Extinktionen schon merkliche Werte annehmen kann.

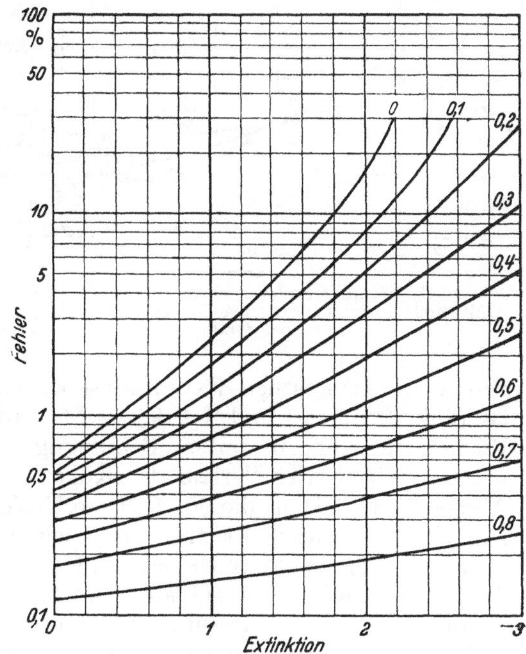

Abb. 14. Relativer Fehler der Extinktionsmessung infolge einer einzelnen Nebenlinie bei einem Intensitätsverhältnis $\Phi_{02}/\Phi_{01} = 0{,}6\%$ und für verschiedene Verhältnisse $\varepsilon_2/\varepsilon_1$ als Parameter

2. $\varepsilon_n \gg \varepsilon_1$. Durch den absorbierenden Stoff werden die Nebenlinien stärker geschwächt als die Hauptlinie, der Stoff wirkt also als zusätzliches Filter zur Eliminierung der Nebenlinien. Da diese, wie vorausgesetzt, gegenüber der Hauptlinie geringe Intensität besitzen, wird der Fehler durch ihre völlige Eliminierung nicht groß.

3. $\varepsilon_n \ll \varepsilon_1$. Es wird vor allem die Hauptlinie absorbiert, die Nebenlinien werden nur unwesentlich geschwächt und ergeben deshalb stets eine zu große Gesamtintensität nach dem Austreten aus der absorbierenden Schicht. Dieser Fall verursacht sehr große Meßfehler, wie schon aus Abb. 14 hervorgeht.

[1] Vgl. dazu G. KORTÜM u. H. v. HALBAN: Z. physik. Chem. (A) **170**, 212 (1934).

In der Praxis liegen die Verhältnisse meist wesentlich komplizierter, da bei Vorhandensein mehrerer Nebenlinien alle drei Fälle gleichzeitig vorkommen können. Außerdem kommt der sehr wichtige Umstand hinzu, daß der Strahlungsempfänger (z. B. eine Photozelle) für die verschiedenen Wellenlängen $\lambda_1 \ldots \lambda_n$ sehr unterschiedliche Empfindlichkeit besitzen kann (vgl. S. 147ff.), so daß der Einfluß einer Nebenlinie vervielfacht wird, wenn etwa die Photozelle für diese wesentlich empfindlicher ist als für die Hauptlinie. Alle diese Gründe können dahin zusammenwirken, daß die scheinbaren Abweichungen vom LAMBERT-BEERschen Gesetz auch bei Verwendung „monochromatischer“ Strahlung einer Spektrallinie sehr beträchtlich werden und die Unsicherheit der Meßmethoden weit überschreiten. Als Beispiel sind in Abb. 15 die bei 436 mμ mit Hg-Lampe und Monochromator gemessenen Extinktionskoeffizienten von 2,4-Dinitrophenolat (linke Ordinate) und K_2CrO_4 (rechte Ordinate) nach lichtelektrischen Präzisionsmessungen unter Benutzung verschiedener Kaliumzellen wiedergegeben[1]. Der Verlauf der Kurven sowohl wie die Streuung der Absolutwerte, die in diesem Fall die Unsicherheit der Meßmethode um zwei Zehnerpotenzen übertraf, zeigt, wie groß diese scheinbaren Abweichungen vom LAMBERT-BEERschen Gesetz selbst unter günstigen Bedingungen sein können (vgl. auch S. 270 u. 287ff.).

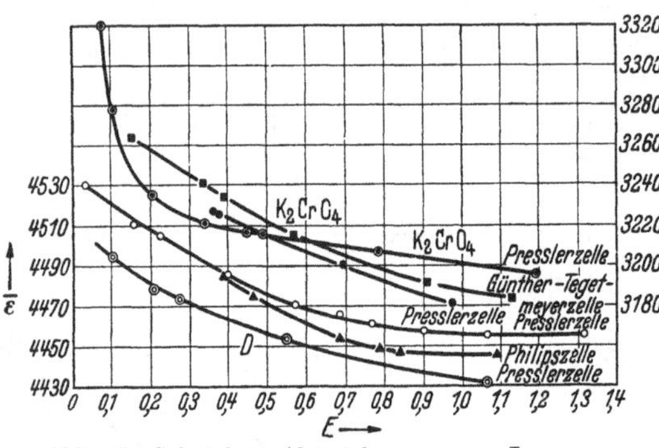

Abb. 15. Scheinbare Abweichungen vom LAMBERT-BEERschen Gesetz durch unvollkommene Monochromasie der Strahlung

Benutzt man zur Messung nicht eine einzelne Spektrallinie mit eventuellen Nebenlinien, sondern einen schmalen *kontinuierlichen Wellenlängenbereich*, wie er mittels Filter oder Monochromator aus einem Kontinuum herausgeschnitten wird, so bleiben die abgeleiteten Gleichungen ebenfalls gültig; nur ist die Summe durch ein entsprechendes Integral zu ersetzen, das sich über den Durchlaßbereich des Filters bzw. des Spaltes erstreckt. An Stelle von (67) ergibt sich der relative Fehler zu

$$\frac{E-\overset{*}{E}}{\overset{*}{E}} = \frac{1}{\overset{*}{E}} \log \frac{\int_{\lambda_n}^{\lambda_0} \Phi_{0\lambda}\, d\lambda}{\int_{\lambda_n}^{\lambda_0} \Phi_{0\lambda}\, 10^{(\overset{*}{\varepsilon}-\varepsilon_\lambda) c s}\, d\lambda}. \qquad (69)$$

Dabei ist $\overset{*}{E}$ die Extinktion, die dem Schwerpunkt $\overset{*}{\lambda}$ des Filters entspricht. Ist im ganzen Durchlässigkeitsbereich des Filters $\overset{*}{\varepsilon} = \varepsilon_\lambda$, d. h. ist der absorbierende Stoff ideal grau, oder mißt man im Bereich eines flachen

[1] KORTÜM, G. u. H. v. HALBAN: Z. physik. Chem. (A) **170**, 212 (1934).

Absorptionsmaximums, so wird der relative Fehler gleich Null, das LAMBERT-BEERsche Gesetz ist gültig. In allen anderen Fällen müssen wieder größere oder kleinere Abweichungen vom LAMBERT-BEERschen Gesetz auftreten (vgl. auch Abb. 212). Dies gilt auch dann, wenn der Filterschwerpunkt mit dem Absorptionsmaximum des absorbierenden Stoffes zusammenfällt, denn dann ist $\varepsilon_\lambda \leqq \overset{*}{\varepsilon}$, das Integral im Nenner wird also größer als das Integral im Zähler, der relative Fehler wird negativ.

Die praktische Unmöglichkeit, streng monochromatische Strahlung genügender Intensität herzustellen, zwingt bei genauen Prüfungen auf *wahre* Abweichungen vom LAMBERT-BEERschen Gesetz dazu, *diese Prüfungen bei konstanter Extinktion, d.h. bei konstantem Produkt $c \cdot s$ vorzunehmen*, da dann alle durch polychromatische Strahlung bedingten Fehler herausfallen. Dieses Verfahren entspricht dem S. 22 erwähnten, von BEER aufgestellten Gesetz. Derartige Prüfungen sind demnach auf einen Bereich beschränkt, innerhalb dessen sich genügend genau definierte Schichtdicken herstellen lassen. Auf Einzelheiten solcher Messungen zur Prüfung des LAMBERT-BEERschen Gesetzes wird später einzugehen sein (vgl. S. 271).

Die häufig sowohl praktisch wie theoretisch untersuchte Frage[1], ob es durch Extrapolation der gemessenen Extinktionen auf die Schichtdicke Null oder die Schichtdicke ∞ gelingt, den wahren Wert des Extinktionskoeffizienten für die Hauptwellenlänge bzw. den optischen Schwerpunkt zu ermitteln, ist praktisch ohne große Bedeutung. Handelt es sich um die Ermittlung *absoluter Extinktionskoeffizienten*, d.h. um Konstitutionsfragen, so wird man stets spektrometrische (photographische oder lichtelektrische) Methoden heranziehen, bei denen man mit außerordentlich spektralreiner Strahlung arbeiten kann (vgl. S. 293), so daß die hier diskutierten Fehler keine Rolle spielen. Handelt es sich um photometrische quantitative Analysen, d.h. um *relative Messungen*, so spielt das wahre ε ohnehin keine Rolle, da man die Messungen stets auf unter gleichen Bedingungen gemessene Standardwerte der Extinktion bezieht (Eichkurven!). Unbekannte Konzentrationen eines absorbierenden Stoffes aus einer einzigen Extinktionsmessung unter Benutzung eines bei einer anderen Extinktion ermittelten Extinktionskoeffizienten zu berechnen, kann zu sehr großen Fehlern führen und sollte grundsätzlich vermieden werden.

Einer besonderen Betrachtung bedarf schließlich noch die *Prüfung des* LAMBERT-BEERschen *Gesetzes bei Gasen.* Wie schon S. 4 erwähnt wurde (vgl. auch Abb. 1), besitzen die Spektren von Gasen normalerweise bei genügend kleinem Druck eine Rotationsfeinstruktur, die nur bei sehr großer Dispersion aufgelöst werden kann. Man wird deshalb bei Prüfungen des LAMBERT-BEERschen Gesetzes stets eine Strahlung verwenden müssen, deren spektrale Breite groß ist gegenüber der Breite der Rotationslinien. Dies gilt auch dann, wenn man eine einzelne Emissionslinie verwendet, z.B. fallen in den Bereich der scharfen grünen Hg-Linie 5461 Å noch etwa 7 Jodlinien des Jod-Bandenspektrums im Sicht-

[1] Vgl. z.B.: E. ASMUS: Optik **9**, 108 (1952).

baren. Das bedeutet aber, daß der Extinktionskoeffizient in diesem Bereich sehr stark variiert, so daß sehr große Abweichungen vom LAMBERT-BEERschen Gesetz auftreten müssen.

Qualitativ sieht man sofort ein, daß schon mit wachsender Schichtdicke (bei konstantem Druck) die Strahlung im Bereich der Rotationslinien mehr und mehr absorbiert, zwischen den Linien ($\varepsilon = 0$) aber stets vollständig durchgelassen wird. Das bedeutet offenbar, daß schon das LAMBERTsche Gesetz im engeren Sinne ungültig wird, denn die Extink-

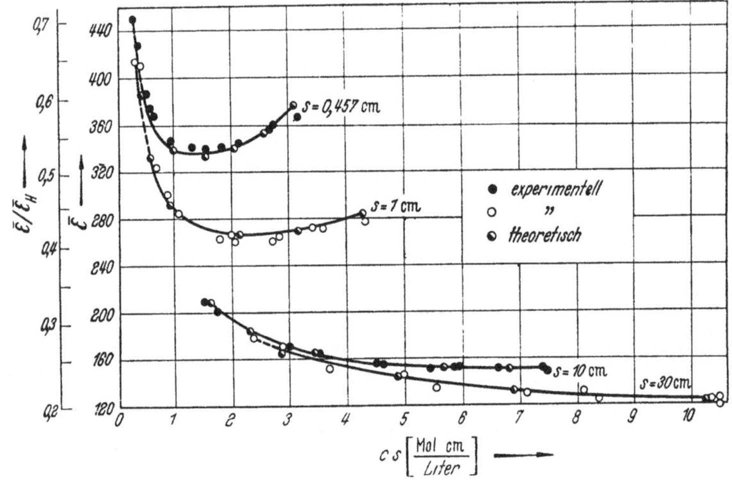

Abb. 16. Prüfung des LAMBERT-BEERschen Gesetzes an Joddampf bei 5461 Å im Bandengebiet

tion wird schließlich mit zunehmender Schichtdicke überhaupt nicht mehr weiter ansteigen, sondern nähert sich einem konstanten Grenzwert. Analoges gilt für konstante Schichtdicke und zunehmenden Druck des Gases. Aber selbst wenn man das LAMBERT-BEERsche Gesetz in der S. 45 angegebenen Weise prüft, daß man das Produkt $c \cdot s$ konstant hält, wird man Abweichungen finden müssen, da sich die Rotationslinien infolge der Stoßdämpfung mit steigendem Druck mehr und mehr überlappen. Erst bei vollständigem Verschwinden der Rotationsstruktur infolge der Druckverbreiterung wird das LAMBERT-BEERsche Gesetz wieder gültig werden.

Quantitative Messungen[1] des mittleren Extinktionskoeffizienten $\bar{\varepsilon}$ bei 5461 Å von Brom- und Joddampf im sichtbaren Bandengebiet haben gezeigt, daß tatsächlich sehr große Abweichungen sowohl vom LAMBERTschen wie vom LAMBERT-BEERschen Gesetz auftreten. In Abb. 16 sind als Beispiel die Messungen am Joddampf im Druckbereich zwischen 0,8 bis 105 Torr wiedergegeben. $\bar{\varepsilon}_{5461}$ ist als Funktion von cs dargestellt, wobei als Parameter für die verschiedenen Kurven die konstante Schichtdicke dient. Man sieht, daß schon bei konstantem s sowohl mit

[1] KORTÜM, G. u. W. LUCK: Z. Elektrochem. angew. physik. Chem. **55**, 619 (1951); Z. Naturf. **6a**, 305 (1951). W. LUCK: Z. Naturf. **6a**, 313 (1951); dort auch frühere Literatur.

dem Druck fallende wie steigende wie angenähert konstante Werte von $\bar{\varepsilon}$ vorkommen. Bei dieser Form der Darstellung kommen die Abweichungen vom LAMBERT-BEERschen Gesetz sehr viel deutlicher zum Ausdruck, als wenn man die gemessenen Extinktionen bei konstanter Schichtdicke gegen c aufträgt, wie es sonst üblich ist (vgl. Abb. 108). Auch theoretisch läßt sich die Gesamtabsorption sich überlappender Rotationslinien mit Hilfe der Dispersionstheorie in Übereinstimmung mit den Messungen berechnen[1].

Außer durch Erhöhung des Eigendrucks kann man die Rotationsstruktur der Absorptionsbanden auch durch Zusatz eines nicht absorbierenden *Fremdgases* zum Verschwinden bringen, da dann ebenfalls eine Stoßverbreiterung der Linien (Abkürzung der Lebensdauer der Rotationszustände) eintritt, die schließlich zu einem vollständigen Zusammenfließen der Rotationslinien zu einem Kontinuum führt, in dem LAMBERTsches und LAMBERT-BEERsches Gesetz natürlich wieder gültig sind. Dem entspricht die Beobachtung, daß ε mit steigendem Druck des Fremdgases zunimmt und sich schließlich einem konstanten Grenzwert ε_H nähert, wie es in Abb. 17 am sogenannten „Fremdgaseffekt“ auf Bromdampf unter Zusatz verschiedener Fremdgase gezeigt ist[2]. Für die Praxis der Extinktionsmessung an Gasen bedeutet dies, daß es zweckmäßig ist, ein nicht absorbierendes Gas unter genügend hohem Druck zuzusetzen, wenn man in einem Spektrum mit Rotationsstruktur messen will[3]. Nur in diesem Fall wird man von Schichtdicke und Druck unabhängige Extinktionskoeffizienten erhalten, falls nicht außerdem wahre Abweichungen vom LAMBERT-BEERschen Gesetz auftreten.

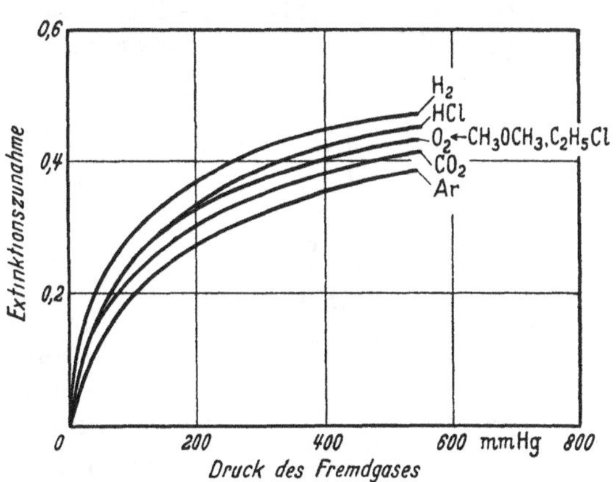

Abb. 17. „Fremdgaseffekte“ auf die Absorption des Bromdampfes bei 5461 Å unter Zusatz verschiedener Fremdgase

7. Auswertung von Absorptionsspektren

a) Form von Absorptionsbanden. Die Kurvenform einer einzelnen Spektrallinie eines Atoms läßt sich nach der klassischen Dispersions-

[1] ELSASSER, W. M.: Physic. Rev. [2] **54**, 126 (1938); W. LUCK: Z. Naturf. **6a**, 191 (1951).

[2] KORTÜM, G. u. D. MÜLLER: Z. Naturf. **1**, 439, 637 (1946); W. LUCK: Z. Naturf. **6a**, 313 (1951); Z. Elektrochem. angew. physik. Chem. **56**, 870 (1952).

[3] WILSON, E. B. u. A. J. WELLS: J. chem. Physics **14**, 578 (1946); E. BARTHOLOMÉ: Z. physik. Chem. (B) **23**, 131 (1933).

theorie in erster Näherung durch die Gleichung eines exponentiell gedämpften harmonischen Oscillators darstellen. Die Strahlung regt ein Elektron zu erzwungenen Schwingungen an. Ist die Frequenz ν der Strahlung gleich der Eigenfrequenz des Elektrons, so tritt Resonanz und damit maximale Absorption ein. Für den durch Gleichung (21a) definierten Extinktionsmodul erhält man

$$\frac{1}{s}\ln\frac{\Phi_0}{\Phi} \equiv m_n = \frac{2Ne_0^2}{m_0 c_0}\,\frac{b\nu^2}{(\nu_0^2-\nu^2)^2+b^2\nu^2}\,, \tag{70}$$

worin N die Zahl der Gasatome je cm³, c_0 die Lichtgeschwindigkeit, e_0 und m_0 Ladung und Masse des Elektrons bedeutet und b der Dämpfungskonstante der Schwingung proportional ist. Für $\nu = \nu_0$ wird

$$m_{n\,\max} = \frac{2Ne_0^2}{m_0 c_0}\,\frac{1}{b}\,, \tag{71}$$

so daß

$$m_n = m_{n\,\max}\frac{b^2\nu^2}{(\nu_0^2-\nu^2)^2+b^2\nu^2}\,. \tag{72}$$

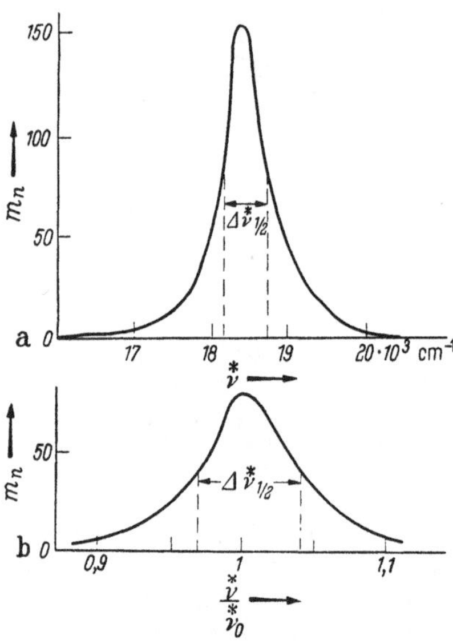

Abb. 18. Form einer Absorptionsbande nach der Dispersionstheorie bei schwacher bzw. starker Dampfung

Trägt man m_n bzw. $m_n/m_{n\,\max}$ gegen ν auf, so erhält man die bekannte unsymmetrische Energieresonanzkurve, wie sie in Abb. 18 wiedergegeben ist, die in vielen Fällen befriedigend mit der Form von Spektrallinien übereinstimmt. Aus (71) folgt, daß die Absorption um so stärker ist, je geringer die Dämpfung ist. Um die Konstante b mit einer leicht meßbaren Größe zu verknüpfen, setzt man näherungsweise mit $\nu_0 = \nu + (\nu_0 - \nu)$

$$\nu_0^2 \cong \nu^2 + 2\nu(\nu_0 - \nu)\,, \tag{73}$$

indem man das quadratische Glied $(\nu_0 - \nu)^2$ vernachlässigt. Dann erhält man aus (70) die Beziehung nach LORENTZ

$$m_n \cong \frac{2Ne_0^2}{m_0 c_0}\,\frac{b}{4(\nu_0-\nu)^2+b^2} = \frac{m_{n\,\max}b^2}{4(\nu_0-\nu)^2+b^2}\,, \tag{74}$$

die eine zu ν_0 symmetrische Kurvenform liefert.

Für $\nu_0 - \nu = b/2$ wird

$$m_n = \frac{2Ne_0^2}{m_0 c_0}\,\frac{1}{2b} = \frac{m_{n\,\max}}{2}\,. \tag{75}$$

$b = 2(\nu_0 - \nu)$ ist also gleich dem Abstand der beiden Punkte der Kurve rechts und links vom Maximum, für die m_n die Hälfte seines Maximalwertes besitzt. Man bezeichnet deshalb b auch als *Halbwertsbreite*[1] der Absorptionslinie (Abb. 18) und bezeichnet sie mit $\Delta\nu_{1/2}$. Aus (71) folgt damit, daß

$$m_{n\,\max}\Delta\nu_{1/2} = \text{const.} \tag{76}$$

Erniedrigt man z.B. $\Delta\nu_{1/2}$ durch Herabsetzung des Drucks und damit der Stoßdämpfung, so wächst $m_{n\,\max}$ an, das Produkt beider bleibt konstant.

Da es in der Molekülspektroskopie üblich ist, an Stelle der Frequenz ν die Wellenzahl $\overset{*}{\nu} = \nu/c_0$ zu benutzen, schreibt man (74) in der Form

$$\frac{1}{s}\ln\frac{\Phi_0}{\Phi} \equiv m_n = \frac{2Ne_0^2}{m_0 c_0^2}\,\frac{\Delta\overset{*}{\nu}_{1/2}}{4(\overset{*}{\nu}_0-\overset{*}{\nu})^2+\Delta\overset{*}{\nu}^2_{1/2}}, \tag{74a}$$

wobei $\Delta\overset{*}{\nu}_{1/2}$ die Halbwertsbreite in cm^{-1} bedeutet. Bezogen auf ein Gas unter 1 Atm. Druck bei 0 °C ist nach dem idealen Gasgesetz

$$N = \frac{N_L}{1000\cdot 22{,}42} = \frac{1}{22{,}42}\ \text{Mol/l},$$

worin N_L die LOSCHMIDTsche Zahl bedeutet. Setzt man dies ein, so wird

$$\frac{1}{s}\ln\frac{\Phi_0}{\Phi} \equiv m_n = \frac{2N_L e_0^2}{1000\cdot 22{,}42\, m_0 c_0^2}\,\frac{\Delta\overset{*}{\nu}_{1/2}}{4(\overset{*}{\nu}_0-\overset{*}{\nu})^2+\Delta\overset{*}{\nu}^2_{1/2}}$$

$$= \frac{m_{n\,\max}\Delta\overset{*}{\nu}^2_{1/2}}{4(\overset{*}{\nu}_0-\overset{*}{\nu})^2+\Delta\overset{*}{\nu}^2_{1/2}}. \tag{74b}$$

Ersetzt man nach (23a) den Extinktionsmodul m_n durch den molaren natürlichen Extinktionskoeffizienten ε_n, so ist (74b) in der Form zu schreiben

$$\frac{1}{cs}\ln\frac{\Phi_0}{\Phi} = \varepsilon_n = \frac{2N_L e_0^2}{1000\, m_0 c_0^2}\,\frac{\Delta\overset{*}{\nu}_{1/2}}{4(\overset{*}{\nu}_0-\overset{*}{\nu})^2+\Delta\overset{*}{\nu}^2_{1/2}}$$

$$= \frac{\varepsilon_{n\,\max}\Delta\overset{*}{\nu}^2_{1/2}}{4(\overset{*}{\nu}_0-\overset{*}{\nu})^2+\Delta\overset{*}{\nu}^2_{1/2}}. \tag{74c}$$

Bei Umrechnung auf den molaren dekadischen Extinktionskoeffizienten wird entsprechend

$$\frac{1}{cs}\log\frac{\Phi_0}{\Phi} = \varepsilon = \frac{2N_L e_0^2}{2{,}303\cdot 1000\, m_0 c_0^2}\,\frac{\Delta\overset{*}{\nu}_{1/2}}{4(\overset{*}{\nu}_0-\overset{*}{\nu})^2+\Delta\overset{*}{\nu}^2_{1/2}}. \tag{74d}$$

Die Gleichungen (74c) bzw. (74d) lassen sich auch zur Beschreibung der Form von Elektronenbanden in *Lösung* heranziehen und haben sich dabei im allgemeinen gut bewährt. Daneben sind auch andere empirische

[1] Da die Absorption exponentiell mit der Schichtdicke s zunimmt, wächst die Halbwertsbreite mit der Schichtdicke an. Man muß deshalb, um sie exakt zu bestimmen, bei mehreren Schichtdicken messen und auf $s = 0$ extrapolieren.

Gleichungen zur Beschreibung der Kurvenformen von Elektronenbanden aufgestellt worden[1]. Häufig wird die GAUSSsche Fehlerverteilungsfunktion benutzt[2]

$$\varepsilon = \varepsilon_{\max} \exp\left[-k(\overset{*}{\nu}_0 - \overset{*}{\nu})^2\right]. \tag{77}$$

Durch Logarithmieren erhält man eine Parabel

$$\log \varepsilon_{\max} - \log \varepsilon = k'(\overset{*}{\nu}_0 - \overset{*}{\nu})^2; \tag{78}$$

die Konstante k' hängt mit der Halbwertsbreite zusammen nach

$$k' = \frac{4 \log 2}{\Delta \overset{*}{\nu}{}^2_{1/2}}. \tag{79}$$

Für unsymmetrische Banden kann man Gleichung (78) durch ein kubisches Glied erweitern:

$$\log \varepsilon_{\max} - \log \varepsilon = a(\overset{*}{\nu}_0 - \overset{*}{\nu})^2 \left[1 + b(\overset{*}{\nu}_0 - \overset{*}{\nu})\right], \tag{80}$$

wobei die Konstanten a und b ebenfalls der Kurve selbst entnommen werden können[3].

Gleichungen der Form (70) bzw. (74) lassen sich auch auf die Schwingungsbanden von gasförmigen Molekülen anwenden, sofern man die Rotationsstruktur unterdrückt, was bei Drucken oberhalb einer Atmosphäre in der Regel der Fall ist. Insbesondere wird die LORENTZ-Funktion (74) häufig zur Darstellung solcher Banden herangezogen. Man schreibt sie dann in der Form

$$\ln \frac{\Phi_0}{\Phi} = \frac{a}{(\overset{*}{\nu}_0 - \overset{*}{\nu})^2 + b^2}. \tag{81}$$

Die Konstanten a und b sind wieder durch die maximale Extinktion und die Halbwertsbreite der Bande bestimmt:

$$\ln\left(\frac{\Phi_0}{\Phi}\right)_{\max} = \frac{a}{b^2}; \qquad \Delta \overset{*}{\nu}_{1/2} = 2b. \tag{82}$$

Daneben sind zahlreiche andere halbempirische Gleichungen zur Beschreibung der Form von Schwingungsbanden entwickelt worden[4], die sich von Fall zu Fall bewährt haben, doch scheint die Gleichung (81) sich am besten zu bewähren. Dies gilt insbesondere auch für Schwingungsbanden gelöster Stoffe, wie sie in Praxis meistens gemessen werden.

b) Trennung sich überlagernder Banden. Die angegebenen Gleichungen gelten für einzelne isolierte Banden. Häufig wird man vor die Auf-

[1] LOWRY, T. M. u. H. HUDSON: Phil. Trans. Roy. Soc. A **232**, 117 (1934); A. MEAD: Trans. Farad. Soc. **30**, 1052 (1934).

[2] Vgl. z.B. W. KUHN u. E. BRAUN: Z. physik. Chem. B 8, 281 (1930); W. THEILACKER, G. KORTÜM u. G. FRIEDHEIM: Chem. Ber. **83**, 508 (1950).

[3] SIEBERT, H. u. M. LINHARD: Z. physik. Chem. N. F. **11**, 318 (1957).

[4] Vgl. z.B. J. J. FOX u. A. E. MARTIN: Proc. Roy. Soc. (London) A **167**, 257 (1938); W. H. EBERHARDT: J. opt. Soc. Amer. **40**, 172 (1950); B. L. CRAWFORD u. H. L. DINSMORE: J. chem. Physics **18**, 1682 (1950).

gabe gestellt, die spektrale Lage und Höhe einer Bande anzugeben, die durch eine benachbarte Bande so überlagert wird, daß man statt eines Maximums nur eine Inflexion im Bandenanstieg oder -abfall beobachtet (vgl. z.B. Abb. 10 oder 12), oder Lagen und Abstände von Bandenmaxima in einer Reihe sich überlagernder Schwingungsbanden zu bestimmen (Abb. 5). Dazu ist es notwendig, die betreffenden Banden aus dem umhüllenden Gesamtbandenzug herauszuschälen, der sich aus der Summe der Einzelbanden zusammensetzt. Dies ist immer dann relativ leicht möglich, wenn die eine der Banden wesentlich höher ist als die andere und in ihrem oberen Teil nicht mehr überlagert ist. Dann kann man der experimentellen Bande die Konstanten $\varepsilon_{n\,\max}$ bzw. $\varepsilon_{\max}$ $\overset{*}{\nu}_0$ und $\Delta\overset{*}{\nu}_{1/2}$ der Gleichungen (74) bzw. die Konstanten $\varepsilon_{\max}$, k' und $\overset{*}{\nu}_0$ der Gleichung (78) bzw. die Konstanten $\varepsilon_{\max}$, $\overset{*}{\nu}_0$, a und b der Gleichung (80) entnehmen und daraus die ganze Kurve berechnen. Indem man diese von der gemessenen Kurve im Überlappungsbereich abzieht, wird die höhere Bande eliminiert und die verdeckte Bande tritt hervor. In Abb. 19 ist dies am Beispiel des $[Co(NH_3)_5J]^{2+}$-Spektrums dargestellt[1]. Hier wurde die Gleichung (80) benutzt, die Konstanten $\overset{*}{\nu}_0$, $\varepsilon_{\max}$, a und b wurden dem oberen (nicht wiedergegebenen) Teil der höheren Bande entnommen. Aus den Differenzen zwischen berechneten und gemessenen log-ε-Werten im überlagerten Bereich ergibt sich die Form und Lage der verdeckten Bande mit $\overset{*}{\nu}_0 = 17400\ \text{cm}^{-1}$ und $\log \varepsilon_{\max} = -0{,}13$.

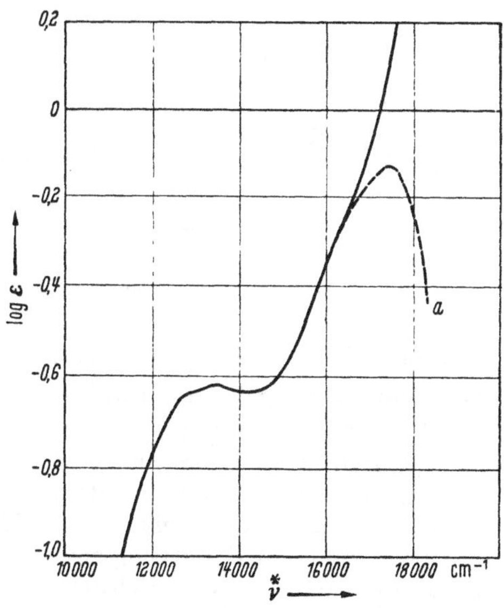

Abb 19 Isolierung einer verdeckten Bande nach Gl.(80)

Um den für eine solche Analyse erheblichen Rechenaufwand zu vermeiden, kann man ein vereinfachtes graphisches Verfahren benutzen[2]. Man bestimmt den sog. Unsymmetriefaktor der Bande

$$f = \frac{\overset{*}{\nu}_r - \overset{*}{\nu}_0}{\overset{*}{\nu}_0 - \overset{*}{\nu}_l}, \tag{83}$$

worin $\overset{*}{\nu}_r$ und $\overset{*}{\nu}_l$ die Halbwertswellenzahlen bedeuten, und konstruiert mit seiner Hilfe den sich überlagernden Ast der Bande. Dann läßt sich die überlagerte Bande wieder durch Differenzbildung aus der konstruierten und

[1] Siebert, H. u. M. Linhard: l. c.

[2] Krempl, H.: Dissertation. München 1952.

der gemessenen Gesamtbande herausschälen. Ist im Gesamtbandenzug das Maximum der überlagerten Bande noch erkennbar, so findet man, daß es durch die Überlagerung in Richtung auf das Maximum der zweiten Bande verschoben ist. Man kann also in solchen Fällen die Abstände der Maxima nicht einfach aus dem Spektrum entnehmen, sondern muß die einzelnen Banden nach einem der besprochenen Verfahren vorher herausschälen.

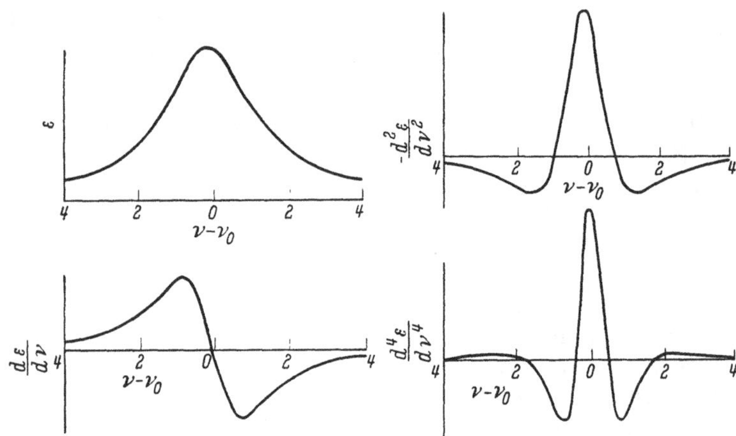

Abb. 20. Trennung sich überlappender Banden mit Hilfe abgeleiteter Spektren

Eine weitere Methode, sich überlappende Banden zu trennen, besteht darin, daß man, statt ε selbst als Funktion von $\overset{*}{\nu}$ aufzutragen, die zweite Ableitung $d^2\varepsilon/d\overset{*}{\nu}^2$ gegen $\overset{*}{\nu}_0 - \nu$ aufträgt[1]. Dabei erscheinen die überlappten Banden klar getrennt, wie aus der schematischen Abb. 20 hervorgeht. Der Abstand der Maxima bleibt dabei ungeändert. Diese Methode kommt hauptsächlich für das IR in Betracht. Die doppelte Differentiation kann bei Benutzung eines thermoelektrischen Spektralphotometers unmittelbar elektronisch ausgeführt werden[2]. Auch für Elektronenspektren hat man die Trennung sich überlappender Banden durch Bildung der Ableitung $d\varepsilon/d\lambda$ untersucht[3], und es ist ein Zusatzgerät zum CARY-Spektrometer zur automatischen Registrierung abgeleiteter UV-Spektren konstruiert worden[4].

c) Integrale Absorption. Infolge des begrenzten Auflösungsvermögens unserer Spektralapparate oder – anders ausgedrückt – infolge der endlichen Spaltweite mißt man bei schmalen Banden (z. B. im IR) gar nicht die wahre Durchlässigkeit Φ/Φ_0, sondern eine durch den Einfluß der endlichen Spaltweite modifizierte scheinbare Durchlässigkeit T/T_0, die

[1] COLLIER, G. L. u. F. SINGLETON: J. Appl. Chem. **6**, 495 (1956); A. E. MARTIN: Spectrochim. Acta **14**, 97 (1959).

[2] MARTIN, A. E.: Nature (London) **180**, 231 (1957).

[3] GIESE, A. T. u. C. S. FRENCH: Appl. Spectroscopy **9**, 78 (1955); C. S. FRENCH: Proc. Instr. Soc. Am. **8**, 83 (1957).

[4] Vgl. E. C. OLSON u. C. D. ALWAY: Anal. Chem. **32**, 370 (1960).

von der wahren erheblich abweichen kann (vgl. S. 283 ff). Das bedeutet, daß in solchen Fällen die Bande durch die gemessenen Größen $\varepsilon_{\max}^{(s)}$ und $\Delta\overset{*}{\nu}_{1/2}^{(s)}$ nicht eindeutig charakterisiert ist. Man zieht es deshalb häufig vor, als Maß der Absorption in einer Bande nicht $\varepsilon_{\max}$ zu benutzen, sondern die sog. „*integrale Absorption*", die gleich der von der Bande eingeschlossenen Fläche ist und planimetrisch gemessen werden kann. Sie erweist sich gegenüber dem Einfluß der Spaltbreite als weniger empfindlich und ist deshalb ein besseres Maß für die Stärke der Bande als $\varepsilon_{\max}$. Dies spielt insbesondere für die photometrische Auswertung der Messungen zur Konzentrationsbestimmung eine Rolle. Die integrale Absorption ist definiert durch

$$A \equiv \int_{-\infty}^{+\infty} \varepsilon_n \, d\overset{*}{\nu} = \frac{1}{c\,s} \int_{-\infty}^{+\infty} \ln \frac{\Phi_0}{\Phi} \, d\overset{*}{\nu}, \tag{84}$$

wobei das Integral über den ganzen Bereich der Bande zu erstrecken ist, was praktisch etwa bei den Grenzen $\overset{*}{\nu}_0 \pm 5\Delta\overset{*}{\nu}_{1/2}$ der Fall ist. Bei Benutzung dekadischer Logarithmen gilt analog

$$A = 2{,}303 \int_{-\infty}^{+\infty} \varepsilon \, d\overset{*}{\nu} = \frac{1}{c\,s} 2{,}303 \int_{-\infty}^{+\infty} \log \frac{\Phi_0}{\Phi} \, d\overset{*}{\nu}. \tag{84a}$$

A läßt sich unmittelbar planimetrisch messen. Bei Banden mit geringer Halbwertsbreite im IR macht sich auch hier die schon erwähnte Verfälschung der ε-Werte durch die endliche Spaltbreite bemerkbar, so daß man die gemessenen A-Werte korrigieren muß. Dafür gibt es verschiedene Methoden:

1. Nach Wilson und Wells[1] mißt man die integrale Absorption bei verschiedenen Konzentrationen bzw. Schichtdicken und trägt die gemessenen Werte gegen $\ln(T_0/T)_{\max}$ auf. Man erhält dabei eine Gerade mit schwach negativer Neigung, die sich leicht auf Null extrapolieren läßt.

2. Man trägt den durch (17) definierten Absorptionsgrad α gegen $\overset{*}{\nu}$ auf und integriert über die Fläche unter der Kurve[2]:

$$A' = \int_{-\infty}^{+\infty} \left(1 - \frac{\Phi}{\Phi_0}\right) d\overset{*}{\nu}. \tag{85}$$

Diese Fläche ergibt sich als unabhängig von Auflösungsvermögen und damit Spaltweite[3], so daß man statt Φ/Φ_0 auch die experimentelle Durch-

---

[1] Wilson, E. B. u. A. J. Wells: J. chem. Physics **14**, 578 (1946); vgl. auch D. A. Ramsay: J. Am. chem. Soc. **74**, 72 (1952).

[2] Bourgin, D. G.: Phys. Rev. **29**, 794 (1927).

[3] Dennison, D. M.: Phys. Rev. **31**, 503 (1928); J. R. Nielsen, V. Thornton u. E. B. Dale: Rev. mod. Phys. **16**, 307 (1944).

lässigkeit T/T_0 einsetzen kann. Ersetzt man weiter Φ/Φ_0 nach (24a) durch $e^{-\varepsilon_n c s}$ und entwickelt die e-Funktion in eine Reihe, so erhält man

$$\frac{A'}{c s} = \int\limits_{-\infty}^{+\infty} \left[\varepsilon_n - \frac{\varepsilon_n^2}{2!} c s + \frac{\varepsilon_n^3}{3!} (c s)^2 - \ldots\right] \mathrm{d}\overset{*}{\nu}. \tag{86}$$

Indem man nun wieder auf $c \cdot s = 0$, d.h. auf die Extinktion Null extrapoliert, ergibt sich

$$\lim_{c s \to 0} \frac{A'}{c s} = \int\limits_{-\infty}^{+\infty} \varepsilon_n \mathrm{d}\overset{*}{\nu} = A, \tag{87}$$

d.h. man erhält tatsächlich die wahre integrale Absorption. Besser trägt man den reziproken Wert cs/A' gegen cs bzw. E auf, da man in diesem Fall eine praktisch lineare Funktion erhält, die sich leicht extrapolieren läßt.

3. Die beiden genannten Methoden erfordern Messungen bei verschiedenen, und zwar kleinen Extinktionen, wo die relativen Fehler groß sind, so daß auch das extrapolierte A entsprechend unsicher wird, außerdem sind sie infolge der notwendigen umfangreichen Messungen und Rechnungen recht umständlich und zeitraubend. Man hat deshalb versucht[1], diese Schwierigkeiten dadurch zu umgehen, daß man zur Berechnung von A die oben besprochenen Gleichungen für die Form der Absorptionsbanden heranzieht und den Einfluß der Spaltweite empirisch korrigiert. Unter Benutzung der LORENTZ-Funktion (81) erhält man

$$A = \frac{1}{c s} \int\limits_{-\infty}^{+\infty} \frac{a}{(\overset{*}{\nu}_0 - \overset{*}{\nu})^2 + b^2} \mathrm{d}\overset{*}{\nu} = \frac{1}{c s} \frac{a}{b} \operatorname{arctg} \left[\frac{\overset{*}{\nu}_0 - \overset{*}{\nu}}{b}\right]_{-\infty}^{+\infty}$$

$$= \frac{1}{c s} \pi \frac{a}{b} = \frac{1}{c s} \frac{\pi}{2} \ln \left(\frac{\Phi}{\Phi_0}\right)_{\max} \Delta \overset{*}{\nu}_{1/2} = \frac{\pi}{2} \varepsilon_{n\max} \Delta \overset{*}{\nu}_{1/2}, \tag{88}$$

d.h. man kann die integrale Absorption aus $\varepsilon_{n\max}$ und der Halbwertsbreite der Bande berechnen. Da bei schmalen Banden (im IR) sowohl $\varepsilon_{n\max}$ wie $\Delta \overset{*}{\nu}_{1/2}$ durch den Einfluß der endlichen Spaltweite verfälscht sein können, muß man (88) durch einen Faktor K korrigieren, d.h. die wahre integrale Absorption ist gegeben durch

$$A = K \varepsilon_{n\max}^{(s)} \Delta \overset{*}{\nu}_{1/2}^{(s)}, \tag{88a}$$

wobei der Korrekturfaktor

$$K = \frac{\pi}{2} \frac{\varepsilon_{n\max}}{\varepsilon_{n\max}^{(s)}} \frac{\Delta \overset{*}{\nu}_{1/2}}{\Delta \overset{*}{\nu}_{1/2}^{(s)}} \tag{89}$$

von der beobachteten maximalen Extinktion und von der benutzten Spaltbreite abhängt; er ist von RAMSAY für die häufigst vorkommenden

[1] RAMSAY, D. A.: J. Amer. chem. Soc. **74**, 72 (1952).

Fälle berechnet und in Kurven bzw. Tabellen angegeben worden. Dieses Verfahren zur Berechnung von A vermeidet die numerische Integration einer Reihe von Kurven, die bei verschiedenen $c \cdot s$ gemessen werden müssen, und die Extrapolation auf $cs = 0$, sie ist jedoch nur anwendbar, wenn die betr. Bandenform durch die LORENTZ-Funktion genügend gut wiedergegeben wird, was in sehr vielen Fällen zutrifft. Auch die oben erwähnten Methoden von WILSON-WELLS und BOURGIN können erheblich vereinfacht werden, wenn man die LORENTZ-Funktion für die Bandenform als richtig voraussetzt, weil sich dann die Neigungen der zur Extrapolation benutzten Geraden berechnen lassen[1]. Ein Vergleich der besprochenen Methoden zur Bestimmung von A aus experimentellen Daten an der $>C=0$-Schwingungsbande hat ergeben, daß ihre Ergebnisse befriedigend (innerhalb 5 bis 10%) übereinstimmen[2].

Die integrale Absorption A einer Bande dient ferner zur Berechnung der sog. „*Oscillatorenstärke*" von Elektronenbanden, die nach der klassischen Dispersionstheorie die effektive Anzahl der virtuellen Oscillatoren angibt, die einen Übergang vom n-ten in den m-ten Elektronenzustand nach der Quantentheorie entspricht. Diese Zahl ist nicht gleich der Zahl N der Molekeln je cm³, sondern um den Faktor $f_{n,m}$ größer, d.h. in den abgeleiteten Gleichungen ist N durch $f_{n,m}N$ zu ersetzen, wobei $f_{n,m}$ als Oscillatorenstärke bezeichnet wird und als Maß für die Übergangswahrscheinlichkeit im Sinne der Quantentheorie dient. Legt man wieder die LORENTZ-Funktion zugrunde, so erhält man aus (84) und (74b) für ein Gas unter 1 Atm. Druck bei 0 °C analog zu (88)

$$A = \int_{-\infty}^{+\infty} m_n \, d\overset{*}{\nu} = \frac{2 f_{n,m} N_L e_0^2}{1000 \cdot 22{,}42\, m_0 c_0^2} \int_{-\infty}^{+\infty} \frac{\Delta \overset{*}{\nu}_{1/2}}{(4\overset{*}{\nu}_0 - \overset{*}{\nu})^2 + \Delta \overset{*}{\nu}^2_{1/2}} \, d\overset{*}{\nu}$$

$$= \frac{2 f_{n,m} N_L e_0^2}{1000 \cdot 22{,}42\, m_0 c_0^2} \, \frac{\pi}{2} = \frac{\pi}{2} \, m_{n\,\max} \Delta \overset{*}{\nu}, \qquad (90)$$

woraus folgt

$$f_{n,m} = \frac{1000 \cdot 22{,}42\, m_0 c_0^2}{N_L \pi e_0^2} \int_{-\infty}^{+\infty} m_n \, d\overset{*}{\nu} = 4{,}20 \cdot 10^{-8} A, \qquad (91)$$

wenn man die Zahlenwerte für die Konstanten einsetzt. Analog erhält man für eine Lösung[3] unter Verwendung des molaren dekadischen Ex-

---

[1] RAMSAY, D. A.: l. c.

[2] JONES, R. N. u. Mitarb.: J. Amer. chem. Soc. **74**, 80 (1952); vgl. auch R. MECKE u. B. STARCK: Z. anal. Chem. **170**, 120 (1959).

[3] Nach der klassischen Dispersionstheorie sollte die Oscillatorenstarke einer Elektronenbande in Lösung nach den Ausführungen auf S. 23 um den Faktor $(n_0^2 + 2)^2/9\, n_0$ größer sein als die der gleichen Bande im Gaszustand, wobei n_0 den Brechungsindex des Lösungsmittels, gemittelt über die ganze Bande, darstellt [vgl. N. Q. CHAKO: J. chem. Phys. **2**, 644 (1934)]. Dies gilt fur erlaubte Übergänge und unpolare Lösungsmittel. Die Prüfung dieser Voraussage an einer Reihe von Banden ergab, daß dieser Faktor innerhalb der Meßgenauigkeit der Methode gleich 1 war, daß also eine solche Korrektur nicht notwendig ist [vgl. L. E. JACOBS u. J. R. PLATT: J. chem. Physics **16**, 1137 (1948) und die dort angegebene Literatur].

tinktionskoeffizienten nach (74d)

$$f_{n,m} = \frac{2{,}303 \cdot 1000\, m_0 c_0^2}{N_L \pi e_0^2} \int_{-\infty}^{+\infty} \varepsilon\, \mathrm{d}\overset{*}{\nu} = 4{,}32 \cdot 10^{-9} A\,. \tag{92}$$

Beträgt die Halbwertsbreite einer Elektronenbande in Lösung z.B. 5000 cm^{-1}, der Extinktionskoeffizient $\varepsilon_{\max}$ $5 \cdot 10^4$, so ist $f_{n,m} \cong 1{,}7$. Für starke Banden liegt $f_{n,m}$ etwa zwischen 1 und 10, für schwache Banden zwischen 10^{-4} und 10^{-2}.

8. Meßtechnische Grundbegriffe

Die zur Charakterisierung eines Meßverfahrens gebräuchlichen Ausdrücke Empfindlichkeit, Genauigkeit, Richtigkeit, Unsicherheit usw. der Messung werden vielfach in verschiedener Bedeutung benutzt und führen deshalb häufig zu Mißverständnissen bzw. zu einer falschen Einschätzung der Leistungsfähigkeit verschiedener Meßverfahren. Dies kommt etwa in der Behauptung zum Ausdruck, ,,eine Absorptionskurve erhebe besonderen Anspruch auf Genauigkeit, weil sie mittels sehr genauer lichtelektrischer Messungen gewonnen sei''. Lichtelektrische Messungen können jedoch trotz sehr großer Genauigkeit völlig falsche Meßergebnisse liefern, woraus hervorgeht, daß die genannten meßtechnischen Grundbegriffe einer sehr exakten Definition bedürfen, wenn Mißverständnisse vermieden werden sollen. Die im folgenden gegebenen Definitionen schließen sich eng an die Vorschläge des Deutschen Normenausschusses an[1].

Das Ziel einer Messung besteht darin, eine Eigenschaft eines Körpers zahlenmäßig festzulegen. Die gefundene Zahl, der *Meßwert*[2], kann vom *richtigen* Wert mehr oder weniger abweichen, unabhängig davon, ob der richtige Wert bekannt ist oder ob es überhaupt eine Möglichkeit gibt, den richtigen Wert zu ermitteln. Die Differenz zwischen richtigem Wert und Meßwert nennt man den *Fehler* des Meßwertes, der positiv oder negativ sein kann. Ist der richtige Wert nicht bekannt, so läßt sich also aus einer einzelnen Messung über den Fehler überhaupt nichts aussagen.

Wiederholt man die Messung unter gleichen Bedingungen mit dem gleichen Meßgerät mehrmals (*Meßreihe*), so werden die einzelnen Meßwerte A_ι voneinander abweichen, obwohl ihnen allen derselbe richtige Wert zugrunde liegt, d.h. die Meßwerte streuen. Die Ursache dafür liegt in nicht erfaßbaren Schwankungen der Umwelteinflüsse auf das Meßverfahren sowie in der subjektiven Beobachtung; man nennt diese Abweichungen deshalb *zufällige Fehler*. Wir bilden nun den *Durchschnitt* D der voneinander abweichenden Einzelwerte A_ι; ist die Zahl n der einzelnen Messungen genügend groß, so wird sich D schließlich nicht mehr

[1] DIN 1319 Deutscher Normenausschuß, Berlin 1942. Vgl. auch H. MAUSER, Fehlerrechnung in ULLMANNS Encyklopaedie d. techn. Chemie, 3. Aufl. Bd. II, 1 (1961).

[2] Man unterscheidet zwischen *Meßwert* und *Meßergebnis*, wenn man letzteres erst aus einem oder mehreren Meßwerten berechnet.

ändern, wenn man weitere Messungen macht, man bezeichnet D deshalb auch als *arithmetisches Mittel* des Meßwertes.

Macht man am gleichen Meßgegenstand eine neue Meßreihe, jedoch mit einem anderen Meßverfahren, so erhält man wieder eine Reihe von Einzelwerten und ein zugehöriges arithmetisches Mittel der Meßwerte. Stimmen die beiden so gewonnenen Mittelwerte zusammen, so kann man annehmen, daß die beiden Meßverfahren *richtige Werte* liefern. (Ist der richtige Wert von vornherein bekannt, handelt es sich also etwa um eine Eichmessung, so läßt sich natürlich bereits für ein einziges Meßverfahren entscheiden, ob es richtige Werte ergibt.) Bestehen jedoch zwischen den Mittelwerten zweier verschiedener Meßverfahren merkliche Abweichungen, so muß man daraus schließen, daß jedenfalls eines der Meßverfahren unrichtig ist. Die einzelne Messung nach diesem Verfahren besitzt also außer dem zufälligen Fehler noch einen *systematischen Fehler*, der durch das Verfahren bedingt ist und auf Unzulänglichkeiten der Meßgeräte oder auf quantitativ erfaßbare Umwelteinflüsse zurückgeführt werden muß.

Der wesentliche Unterschied zwischen zufälligen und systematischen Fehlern liegt darin, daß man systematische Fehler rechnerisch oder experimentell berichtigen kann, während zufällige Fehler sich nicht durch irgendwelche Maßnahmen vermeiden lassen. So kann man, wie schon erwähnt, ein Verfahren daraufhin prüfen, ob es richtige Werte liefert, indem man es auf solche Fälle anwendet, für die man die richtigen Werte bereits kennt bzw. vorgegeben hat, d.h. indem man das Verfahren eicht. Oder man kann den Einfluß geänderter Meßbedingungen auf den Meßwert untersuchen und dadurch die Ursache des systematischen Fehlers ermitteln und beseitigen. Ein Beispiel dafür ist die oben erwähnte Prüfung des Beerschen Gesetzes bei konstantem Produkt $c \cdot s$. Würde man lediglich die Extinktion in Abhängigkeit von der Konzentration der Lösung untersuchen, so würde die Unmöglichkeit, streng monochromatisches Licht zu verwenden, Abweichungen vom Beerschen Gesetz vortäuschen, die in Wirklichkeit durch einen systematischen Fehler des Meßverfahrens bedingt sind. Indem man jedoch die Messung bei konstantem Produkt $c \cdot s$ vornimmt, wird dieser systematische Fehler ausgeschaltet.

Ist ein Meßverfahren innerhalb gewisser Grenzen als frei von systematischen Fehlern erkannt worden, so ist die Messung infolge der nicht eliminierbaren zufälligen Fehler immer noch um einen gewissen Betrag unsicher. Ein Maß für diese *Unsicherheit* bildet die sogenannte *Streuung* σ der Meßwerte, die durch die bekannte Gleichung definiert ist:

$$\sigma = \sqrt{\frac{\Sigma \delta_i^2}{n-1}}. \tag{93}$$

Dabei bedeutet $\delta_i = A_i - D$ die Abweichungen der Einzelwerte der Messung vom Durchschnitt und n die (nicht zu kleine) Zahl der Einzelmessungen. σ wird auch häufig noch als „mittlerer Fehler der Einzelmessung“ bezeichnet. Dividiert man weiterhin σ durch $\sqrt{n}$, so erhält man ein Maß für die *Unsicherheit des Durchschnitts* σ_D, die häufig auch als „mittlerer Fehler des Mittelwertes" bezeichnet wird:

$$\sigma_D = \frac{\sigma}{\sqrt{n}} = \sqrt{\frac{\Sigma \delta_i^2}{n\,(n-1)}}. \tag{94}$$

Diese Unsicherheit des Durchschnitts gibt an, wie stark bei mehrfacher Wiederholung der *Meßreihe* der arithmetische Mittelwert jeder Reihe um den Gesamtmittelwert streut.

Die *Streuung* σ ist die wichtigste Größe bei allen Fehlerbetrachtungen, denn sie läßt eine Voraussage über die Fehlerverteilung bei dem in Frage stehenden Meßverfahren zu. So kommen z.B. Fehler, die größer sind als $2\,\sigma$, nur bei 4,6% aller Messungen vor, Fehler größer als $3\,\sigma$ nur bei 0,3% usw. Dabei ist vorausgesetzt, daß die Fehlerverteilung dem GAUSSschen Verteilungsgesetz gehorcht, wovon man sich in vielen Fällen durch genügende Häufung der Meßwerte und Abzählen der Fehlerhäufigkeit überzeugen kann. Durch die Größe σ ist daher die Unsicherheit der Messung – von systematischen Fehlern abgesehen – *eindeutig* festgelegt. An Stelle des negativen Begriffes *Unsicherheit* ist es nun meistens gebräuchlich, von der *Genauigkeit* einer Messung zu sprechen. Man gibt zu diesem Zweck gewöhnlich die *relative Streuung* einer Meßreihe in Prozenten, also die Größe $100 \cdot \sigma/D$ an. Man sagt also z.B., die Genauigkeit der Messung betrage $\pm 2\%$, anstatt zu sagen, die Messung sei um $\pm 2\%$ unsicher. Diese Ausdrucksweise ist deswegen nicht sehr glücklich, weil einer größeren Genauigkeit eine kleinere Streuung entspricht und umgekehrt. Es ist deshalb angeregt worden[1], als direktes Maß für die Genauigkeit einer Messung den *Kehrwert der relativen Streuung* zu benutzen. Ein Meßverfahren mit einer Streuung von 1% hätte danach eine Genauigkeit von 100, ein solches mit der Streuung von 0,1% eine Genauigkeit von 1000 usw.

Wie aus Gleichung (93) bzw. (94) hervorgeht, läßt sich die Streuung und damit die Unsicherheit der Messung durch Häufung der Einzelmessungen beliebig klein machen. Der Faktor 1/10 bei der Streuung bedeutet jedoch einen Faktor 100 in der Zahl der Messungen! Die Richtigkeit der Messung hängt dann schließlich nur davon ab, wie weitgehend systematische Fehler des Meßverfahrens ausgeschaltet werden konnten. Ist dies nicht möglich, so kann ein sehr genaues Meßverfahren, d.h. ein solches mit geringer Streuung der Meßwerte, trotzdem vollständig falsche Meßergebnisse liefern. Dieser Fall liegt z. B. vor, wenn man mit Hilfe lichtelektrischer Messungen und Licht beträchtlicher spektraler Breite absolute Extinktionskoeffizienten bestimmen will, wie später eingehend begründet werden soll. Der systematische Fehler beruht hier darauf, daß trotz der hohen Genauigkeit der Extinktionsmessung die daraus berechneten Extinktionskoeffizienten nur Mittelwerte darstellen, die keine definierte Bedeutung besitzen.

Für die Beurteilung eines Meßverfahrens ist es weiterhin von besonderem Interesse, zu untersuchen, wodurch die Streuung in erster Linie

[1] Nach einem Vorschlag von H. KAISER, Dortmund.

bedingt ist. Bei den hier interessierenden photometrischen Meßmethoden kann die Streuung einerseits durch die unvollkommene Ablesevorrichtung (Meßblende, Teilkreis, Nonius usw.), andererseits durch die Unvollkommenheit bzw. Unempfindlichkeit des Strahlungsempfängers (Auge, Photozelle, photographische Platte usw.) oder des Anzeigegerätes (Galvanometer, Elektrometer usw.) hervorgerufen sein, man kann also von einer *Ablesestreuung* σ_1 und von einer *Einstellstreuung* σ_2 sprechen. Dann ergibt sich die beobachtete Gesamtstreuung nach dem Fehlerfortpflanzungsgesetz zu

$$\sigma = \sqrt{\sigma_1^2 + \sigma_2^2}. \tag{95}$$

Bei visuellen Methoden läßt es sich meistens erreichen, daß die beobachtete Streuung praktisch ausschließlich durch die Einstellstreuung des Auges gegeben ist, mit anderen Worten, daß σ_1 sehr klein wird gegenüber σ_2, indem man die Ablesevorrichtung genügend fein unterteilt. Ähnliches gilt für Messungen mit der photographischen Platte. Bei lichtelektrischen Methoden wird umgekehrt zuweilen die Ablesestreuung der Meßvorrichtung für den Gesamtfehler den Ausschlag geben (etwa bei der Schätzung von Bruchteilen eines Skalenabstandes), da die relative Einstellstreuung bei Photozellen durch Erhöhung der Beleuchtungsstärke fast beliebig klein gemacht werden kann.

Die *Empfindlichkeit* E einer Meßanordnung schließlich ist definiert durch die Verschiebung $\mathrm{d}l$ der Anzeigevorrichtung (Zeiger, Marke usw.) infolge einer kleinen Änderung $\mathrm{d}M$ der Meßgröße:

$$E = \frac{\mathrm{d}l}{\mathrm{d}M}. \tag{96}$$

Sie hat also die Dimension Länge/Meßgröße und ist häufig noch eine Funktion des Wertes der Meßgröße selbst. Die Empfindlichkeit eines lichtelektrischen Photometers ist also z.B. durch den Galvanometerausschlag $\mathrm{d}l$ gegeben, den eine kleine Änderung der zu messenden Extinktion hervorruft. Die – häufig auch als Empfindlichkeit bezeichnete – kleinste mit einem Gerät noch erfaßbare Meßgröße wird besser *Reizschwelle* genannt. Die Reizschwelle ist also z.B. die kleinstmögliche Menge eines Stoffes, die sich photometrisch noch bemerken läßt; sie wird etwa in γ/cm^3 angegeben. Da man aber die Reizschwelle herabdrücken kann, indem man die Schichtdicke vergrößert, ist sie in diesem Fall besser definiert als das kleinstmögliche Produkt cs, das sich noch photometrisch mit der benutzten Anordnung bemerken läßt. Allerdings wird es sich im Sprachgebrauch nicht immer vermeiden lassen, auch in allgemeinerem Sinn von Empfindlichkeit zu sprechen, etwa von der Empfindlichkeit einer Photozelle oder der photographischen Platte in verschiedenen Spektralbereichen, ohne daß dies im Sinn der Definitionsgleichung (96) verstanden werden soll (vgl. S. 189).

9. Allgemeine systematische Fehlerquellen

Die mehrfach erwähnte Abhängigkeit des Absorptions- und Fluorescenzspektrums von allen äußeren Bedingungen erfordert die genaue Definition bzw. Konstanthaltung dieser Bedingungen. Hierher gehört in erster Linie die *Temperatur*. Durch Temperaturänderungen können die Banden genau wie bei Fremdstoffzusätzen in Höhe, Form und Lage verändert werden, wobei die Temperaturempfindlichkeit der einzelnen Banden der gleichen Molekel noch verschieden groß sein kann. Gewöhnlich findet bei Temperaturerhöhung eine Rotverschiebung der Banden statt, die sich auch theoretisch deuten läßt. Diese Verschiebung macht sich an steilen Ästen einer Bande besonders stark bemerkbar, weil schon eine geringe Verschiebung der Bande für eine gegebene Wellenlänge eine starke Intensitätsänderung der Absorption zur Folge hat. So nimmt z.B. bei der Pikrinsäure im ansteigenden Ast der ersten Bande die Intensität der Lichtabsorption um etwa 1,5% je Grad zu[1]. Will man also z.B. eine visuelle Konzentrationsbestimmung der Pikrinsäure auf Grund ihrer Absorption im blauen Spektralbereich durchführen, so genügen Temperaturschwankungen von wenigen Graden, um die an sich erreichbare Genauigkeit der Bestimmung von etwa 100 (1%) illusorisch zu machen. *Es ist daher grundsätzlich dafür zu sorgen, daß die Temperatur sowohl bei relativen wie bei absoluten Messungen auf etwa* $\mp 1^\circ$ *genau definiert ist, wenn man eine Meßgenauigkeit von* 100 *anstrebt.* Bei lichtelektrischen Präzisionsmessungen ist gelegentlich eine Temperaturkonstanz der Lösungen von $^1/_{20}{}^\circ$ und weniger notwendig, damit die Genauigkeit der Messung nicht durch Temperatureffekte beeinträchtigt wird. Häufig kann man bei optischen Konzentrationsbestimmungen den Temperaturfehler dadurch klein machen, daß man die Messung in der Nähe des Maximums einer Absorptionsbande ausführt, da hier Bandenverschiebungen durch veränderliche Temperatur naturgemäß nur geringen oder keinen Einfluß auf die Größe des Extinktionskoeffizienten ε ausüben. Bei Benutzung leicht flüchtiger Lösungsmittel ist darauf zu achten, daß die unvermeidbaren *Verdampfungsverluste* bei der Herstellung der Lösung, beim Umfüllen in die Küvetten und während der Messung nicht so groß werden, daß die dadurch bewirkten Konzentrationsfehler die Streuung der Meßwerte übersteigen[2].

Bei allen Absorptionsmessungen, besonders solchen im UV und IR, ist ferner besondere Vorsicht vor *geringen Verunreinigungen* geboten. Dies bezieht sich nicht nur auf den zu untersuchenden Stoff, sondern vor allem auch auf das verwendete *Lösungsmittel*. Die Reinigung der gebräuchlichen Lösungsmittel bis zur „optischen Konstanz" ist häufig sehr wichtig und erfordert umständliche Verfahren. Als „chemisch rein" oder „pro analysi" bezeichnete Lösungsmittel genügen den Anforderungen in den meisten Fällen durchaus nicht, auch die Richtigkeit physikalischer Konstanten wie Schmelzpunkt, Siedepunkt, DK usw., ist meistens kein genügendes Kriterium für die erforderliche Reinheit.

Bei Fluorescenzmessungen ist z.B. darauf zu achten, daß das verwendete Lösungsmittel keinen Sauerstoff enthält, da dieser in manchen Fällen zur *Fluorescenzauslöschung* infolge Reaktion mit den angeregten

[1] Kortüm, G.: Chem. Techn. **15**, 167 (1942).

[2] Vgl. dazu M. R. Meeks, V. E. Whittier u. C. W. Young: Anal. Chem. **23**, 792 (1951).

fluorescenzfähigen Molekeln führt und so die Intensität der Fluorescenzstrahlung herabsetzt. Mit der Atmosphäre im Gleichgewicht stehende organische Lösungsmittel sind etwa 10^{-3} molar an Sauerstoff!

Die Fehlermöglichkeiten durch verunreinigte Präparate werden ebenfalls häufig unterschätzt. Besitzt z.B. eine Verunreinigung im untersuchten Spektralbereich einen Extinktionskoeffizienten, der hundertmal größer ist als derjenige des zu bestimmenden Stoffes, so absorbiert 1% der Verunreinigung ebenso stark wie die restlichen 99% des reinen Stoffes, d.h. die gemessene Extinktion und damit die gesuchte Konzentration des Stoffes wird um 100% gefälscht. Solche Effekte können z.B. durch Beimischung schwer entfernbarer Isomerer auftreten, ferner durch unreine Reagenzien bei Farbreaktionen zur Bildung absorbierender Verbindungen (z.B. Eisengehalt konzentrierter HCl), durch unrichtige p_H-Einstellung der Lösungen usw. Bei sehr kleinen Konzentrationen des zu untersuchenden Stoffes können dadurch beträchtliche Fehler verursacht werden, daß der Stoff etwa an den Glas- oder Quarzwänden der Küvetten spezifisch adsorbiert wird. Ein bekanntes Beispiel ist die Adsorption von Pikrinsäure, Chromschwefelsäure oder Salpetersäure an Quarzoberflächen, die sich nicht durch Spülen mit Wasser, sondern nur mit Alkalien (verd. Ammoniak) entfernen lassen.

Besonderer Beachtung bedarf die Möglichkeit, daß der zu untersuchende Stoff nicht molekulardispers, sondern *kolloidal* gelöst ist, so daß neben der Absorption auch *Streuung* auftritt. Diese hängt sehr stark von Wellenlänge und Teilchengröße ab (vgl. S. 331ff.), so daß Unterschiede im Dispersitätsgrad sehr große scheinbare Extinktionsdifferenzen vortäuschen können. Auch zusätzliche *Trübungen* aller Art können sehr große systematische Fehler hervorrufen, etwa bei Konzentrationsbestimmungen in physiologischen Flüssigkeiten (Blut, Harn usw.), bei denen in den Vergleichs- oder Standardlösungen diese Trübung fehlt. Trübungen solcher Art sind in vielen Fällen in Durchsicht nicht bemerkbar und lassen sich nur mittels des Tyndallkegels eines scharfen begrenzten Lichtbündels feststellen. Hierher gehört auch die oft nicht beachtete Fehlerquelle durch kolloidal gelösten Quarz. Quarzgefäße, insbesondere solche mit rauher Oberfläche, wie etwa die Schliffflächen von Balyrohren (vgl. S. 127), werden von starken wässerigen Alkalien angegriffen; es entstehen stark streuende kolloidale Lösungen mit sehr hoher scheinbarer Extinktion, die dann dem untersuchten gelösten Stoff zugeschrieben wird. Auch submikroskopische *Gasbläschen*, die etwa durch Erwärmung mit Luft gesättigter Lösungen entstehen und sich an den Verschlußplatten von Küvetten absetzen, rufen ähnliche Streueffekte hervor.

Gerade bei hohen Ansprüchen an die Genauigkeit relativer Messungen gewinnen häufig systematische Fehler Bedeutung, die normalerweise keine Rolle spielen und deshalb gewöhnlich übersehen werden. So können z.B. Temperaturschwankungen von 1 bis 2° – abgesehen von ihrem schon genannten Einfluß auf den Extinktionskoeffizienten – bei manchen Lösungsmitteln schon durch Veränderung der Dichte die Konzentration des gelösten Stoffes um Zehntelprozente fälschen. Merkliche Fehler können entstehen, wenn man für spektrometrische oder photometrische

Messungen gezwungen ist, eine gegebene Lösung um mehrere Zehnerpotenzen zu verdünnen. Hierfür reichen meistens Pipetten oder Büretten nicht aus, sondern man führt solche Verdünnungen mit Hilfe von Wägungen und eventuell Dichtemessungen durch. Ferner können, wie an einer Reihe von Beispielen gezeigt wurde[1], geringe Unterschiede in der Konzentration des farberzeugenden Reagens oder sonstiger z.B. für eine Komplexbildung notwendiger Zusatzstoffe, ja sogar die Geschwindigkeit der Bildung eines farbigen Komplexes für die Genauigkeit der Konzentrationsbestimmung von Bedeutung werden, so daß die Beseitigung solcher systematischer Fehler durch Eichung des verwendeten Verfahrens in jedem einzelnen Fall notwendig ist, bevor man die Meßergebnisse als richtig ansieht.

II. Hilfsmittel für optische Untersuchungen

1. Strahlungsquellen[2],

die für optische Messungen geeignet sein sollen, müssen – von Spezialaufgaben abgesehen – zwei allgemeinen Forderungen genügen:

1. Sie müssen örtlich und zeitlich konstant sein, damit ihre Strahlungsstärke und deren spektrale Verteilung während der Messung nicht schwankt.

2. Sie müssen nach Möglichkeit punktförmig sein, damit sich angenähert parallele, homogene Strahlenbündel herstellen lassen.

Je nach dem Verwendungszweck ist ferner eine Strahlungsquelle mit kontinuierlicher oder diskontinuierlicher Intensitätsverteilung erwünscht. Bei der Aufnahme ganzer Absorptionsspektren sind Strahlungsquellen mit kontinuierlichem Spektrum (Glühlampen, Wasserstofflampe, Xenon-Hochdrucklampe), die auch bei Absorptionsbanden mit Feinstruktur (Schwingungsstruktur, Gasspektren) eine weitgehende Auflösung ermöglichen, stets vorzuziehen. Bei photographischen Methoden lassen sich außerdem Stellen gleicher Schwärzung auf der Platte in einem Kontinuum sehr viel leichter und sicherer auffinden als in einem Linienspektrum (vgl. S. 443). Bei photometrischen quantitativen Analysen sind umgekehrt Strahlungsquellen mit diskontinuierlichem Spektrum (Hg-Lampe), aus dem sich einzelne Spektrallinien aussondern lassen, besser geeignet, da man in diesem Fall mit wesentlich spektralreinerer Strahlung messen kann und so die durch scheinbare Abweichungen vom LAMBERT-BEERschen Gesetz bedingten Schwierigkeiten vermeidet.

a) Lichtquellen für das Sichtbare. Für den *sichtbaren Spektralbereich* sind *Glühlampen* (Temperaturstrahler) die gebräuchlichsten Lichtquellen. Die Forderung der Punktförmigkeit ist weitgehend erfüllt bei *Niedervoltlampen* mit kurzer Leuchtwendel[3], die zwecks genügender Leistungsaufnahme mit hohen Stromstärken betrieben werden müssen, und bei den

[1] Vgl. G. KORTÜM: Chem. Techn. **15**, 167 (1942).

[2] Zusammenfassende Übersicht: LANDOLT-BÖRNSTEIN, 6. Aufl. Bd. IV, 3 (1957) S. 881 ff.

[3] Osram, Berlin-Charlottenburg.

Wolfram-Punktlichtlampen[1], bei denen eine Bogenentladung zwischen zwei Elektroden übergeht. Glühfadenlampen sind bezüglich ihrer geometrischen Konstanz der Bogenentladung natürlich überlegen. Da die Strahlungsstärke einer Glühlampe etwa mit der dritten bis vierten Potenz der angelegten Spannung variiert, muß diese außerordentlich konstant gehalten werden, wenn für eine Meßanordnung konstante Intensität erforderlich ist. Außerdem ist zu berücksichtigen, daß sich mit variierender Spannung und damit variierender Temperatur des Glühfadens nicht nur die Gesamtstrahlungsstärke, sondern auch ihre relative spektrale Verteilung ändert.

In Abb. 21 ist die relative spektrale Energieverteilung des schwarzen Strahlers nach PLANCK zwischen 2000 und 3750 °K wiedergegeben. Innerhalb dieses Bereichs liegen gewöhnlich die Temperaturen von Glühlampen. Der Wert bei 555 mμ (Maximum der Augenempfindlichkeit: vgl. Abb. 143) ist dabei gleich 100 gesetzt, die Kurven geben also die relative Energieverteilung, bezogen auf diese Wellenlänge, an. Man sieht, daß das Maximum der Ausstrahlung bei diesen Temperaturen noch im Infrarot liegt und sich mit zunehmendem T nach kurzen Wellen verschiebt; es liegt nach dem WIENschen Verschiebungsgesetz bei $\lambda_{\max} = 2880/T\,[\mu]$. Die „schwarze Strahlung“ läßt sich nach der PLANCKschen Strahlungsformel berechnen und ist für eine Reihe von Temperaturen in Form von Tabellen angegeben[2].

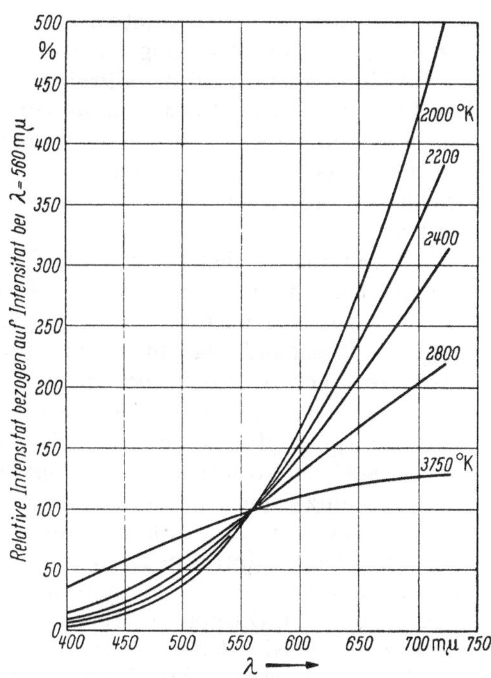

Abb. 21. Relative spektrale Energieverteilung des schwarzen Strahlers bei verschiedenen Temperaturen (bei 555 mμ gleich 100 gesetzt)

Da ein „schwarzer Strahler“ im allgemeinen nicht zur Verfügung steht, benutzt man statt dessen Glühlampen oder Wolframbandlampen und gibt für diese eine sogenannte *Farbtemperatur* an, die gleich sein soll derjenigen Temperatur des schwarzen Strahlers, bei welcher dessen Strahlung die gleiche relative spektrale Zusammensetzung im *sichtbaren Gebiet* aufweist wie die Strahlung der Lampe. Tatsächlich reicht diese An-

[1] Osram, Berlin-Charlottenburg.

[2] SKOGLAND, J. F.: Natl. Bur. Stand. Misc. Publ. **86** (1929); R. DAVIS u. K. S. GIBSON: Natl. Bur. Stand. Misc. Publ. **114** (1931); P. MOON: J. opt. Soc. Amer. **38**, 291 (1948). Hersteller Schwarzer Strahler: Degussa, Frankfurt a. M.

gabe nur näherungsweise aus. Präzisionsmessungen[1] des spektralen Emissionsvermögens von Wolfram zeigen, daß dieses von dem des schwarzen Strahlers merklich abweicht.

Gegen das UV sinkt die Intensität von Glühlampen rasch ab. Glühlampen sind wegen der mangelnden Durchlässigkeit der Glashülle nur bis etwa 320 mμ, Uviolglaslampen bis etwa 280 mμ verwendbar.

Wolfram-Bandlampen[2] besitzen an Stelle des Glühfadens ein etwa 3 mm breites gestrecktes Band von gleichförmiger Leuchtdichte und sind deshalb in manchen Fällen (etwa zur Beleuchtung eines Spaltes) besonders geeignet. Die Strahlung ist, soweit sie nicht unter dem Austrittswinkel Null emittiert wird, teilweise linear polarisiert[3]. Die Fläche des Leuchtbandes sollte deshalb stets senkrecht zur Achse des Strahlenganges stehen, da sonst bei Verwendung von Kristallquarzoptik störende Interferenzerscheinungen auftreten können, die durch Phasenunterschiede des ordentlichen und außerordentlichen Strahls hervorgerufen werden.

b) Strahlungsquellen für das IR. Wolframfadenlampen kommen, wie ihre spektrale Energieverteilung zeigt, auch als Strahlungsquellen für das nahe Infrarot bis etwa 2 μ in Frage. Besser eignet sich ein V-förmiges *Wolframband*, das man auf 2900 °K heizt[4], in einer inerten Atmosphäre. Auch der *Kohlebogen* ist für diesen Zweck verwendet worden[5], er hat jedoch den Nachteil, daß sich die CO_2-Absorption schlecht eliminieren läßt und daß wegen der hohen Intensität und der dadurch bedingten starken Streustrahlung doppelte spektrale Zerlegung notwendig ist. Benutzt man ausschließlich den positiven Krater als Strahlungsquelle, so hat man eine sehr konstante und intensive Strahlung.

Im mittleren Infrarot hat sich vor allem der *Nernststift* bewährt[6]. Der etwa 1 bis 3 mm dicke Leuchtstab besteht aus einem Gemisch von seltenen Erdoxyden (Zirkon, Yttrium, Cer, Thorium) und ist bei Zimmertemperatur ein Nichtleiter. Er muß deshalb durch Erwärmen auf etwa 800 °C gezündet werden. Der Strom wird teilweise elektrolytisch geleitet, deshalb muß der Nernststift unter Zutritt von Luft betrieben werden, so daß die an den Elektroden abgeschiedenen Metalle wieder oxydiert werden. Wie alle Halbleiter besitzt er eine fallende Stromspannungscharakteristik ($E = a + b/i$), so daß er mit einem Vorwiderstand betrieben werden muß, wozu man gewöhnlich einen Eisenwasserstoffwiderstand benutzt, der gleichzeitig die Stromstärke (0,3 bis 1 Amp., Lei-

---

[1] DE VOS, J. C.: Physica **20**, 690 (1954); B. HISDAL: J. opt. Soc. Amer. **48**, 608 (1958).

[2] Osram, Berlin-Charlottenburg; Philips, Eindhoven.

[3] WOOD, R. W.: Physical Optics, New York 1934.

[4] TAYLOR, J. H., C. S. RUPERT u. J. STRONG: J. opt. Soc. Amer. **41**, 626 (1951).

[5] RUPERT, C. S. u. J. STRONG: J. opt. Soc. Amer. **40**, 455 (1950); C. S. RUPERT: J. opt. Soc. Amer. **42**, 684 (1952).

[6] NERNST, W.: Z. Elektrochem. **6**, 41 (1899); C. W. MUNDAY: J. Sci. Instr. **25**, 418 (1948); J. L. HALES: ibid. **26**, 359 (1949); **29**, 133 (1952). Bezugsquellen: British Thomson Houston Export Comp. Rugby (Warwickshire) England; Hersteller von IR-Spektrometern. Selbstherstellung: C. TINGWALDT: Z. Instrumentenkunde **65**, 7 (1957).

stungsaufnahme 50 bis 100 Watt) konstant hält. Zur Abführung der Stromwärme dient häufig ein wassergekühltes Gehäuse. Die spektrale Energieverteilung[1] weicht von der des schwarzen Körpers erheblich ab. Das Maximum liegt bei etwa 1,4 μ. Bei 10 μ ist die Intensität um etwa den Faktor 10^{-3} kleiner. Nachteile des Nernststiftes sind seine mangelnde mechanische Stabilität, so daß er häufig nachjustiert werden muß, die geringe Lebensdauer und die geringe Intensität im langwelligen Infrarot ($\lambda > 25\,\mu$).

Eine dem Nernststift gleichwertige Strahlungsquelle für das mittlere IR ist der sog. *Globar*, ein Siliciumcarbidstab von 6 bis 8 mm Dicke, dessen relative spektrale Energieverteilung mit der des schwarzen Körpers außer bei den längsten Wellen nahezu identisch ist[2]. Er kann deshalb auch oberhalb 20 μ verwendet werden, wobei man den kürzerwelligen Bereich mit einem Paraffinfilter schwächt. Das Maximum der spektralen Energieverteilung liegt bei etwa 1,8 μ. Der Globar leitet auch im kalten Zustand und braucht deshalb nicht wie der Nernststift vorgewärmt zu werden. Er brennt bei niedriger Spannung (50 V) und hoher Stromstärke (4 Amp.), seine Leistungsaufnahme ist erheblich größer als die des Nernststiftes, weshalb er eines wassergekühlten Gehäuses bedarf. Der Widerstand des Globar nimmt mit der Zeit zu, so daß man variierbare Klemmenspannung vorsehen muß. Seine Lebensdauer ist gering, besonders bei Temperaturen oberhalb 1400 °C, jedoch der des Nernststiftes überlegen, auch seine mechanische Stabilität ist besser als die des Nernststifts. Gegen H_2, O_2 und H_2O ist der Globar empfindlich.

Auch um einen Heizdraht herum gesinterte keramische Stäbe eignen sich als Strahlungsquelle für das IR[3].

Eine *punktförmige*, insbesondere für die IR-Mikrospektroskopie geeignete Strahlungsquelle ist der *Zirkonoxydbogen*[4], der mit einer Farbtemperatur von 3600 °K brennt und in Luft oder in Argonatmosphäre betrieben wird. Er zeichnet sich durch gute Konstanz, hohe Strahlungsdichte und lange Lebensdauer aus.

Für das langwellige IR oberhalb 50 μ benutzt man mit Vorteil den auf 1800 °K geheizten Auer-Brenner aus Thoroxyd, dessen Emission unterhalb von 10 μ sehr gering ist, während sie oberhalb davon etwa der des schwarzen Strahlers entspricht. Dadurch wird vermieden, daß die Messungen durch Streustrahlung aus dem kurzwelligen Gebiet allzu stark verfälscht werden. Für den Bereich oberhalb 200 μ ist die Strahlung der Quarz-Quecksilberhochdrucklampe brauchbar, die durch ge-

---

[1] Friedel, R. A. u. A. G. Sharkey: Rev. Sci. Instr. **18**, 928 (1947); **19**, 180 (1948).

[2] Brugel, W.: Z. Physik **127**, 400 (1950); S. Silvermanen: J. opt. Soc. Amer. **38**, 989 (1948). Bezugsquellen: Fa. Cesiwid, Neumühle b. Erlangen; Siemens-Plania, Meitingen/Augsburg; Bodenseewerk Perkin-Elmer, Überlingen.

[3] Genzel, L. u. N. Neuroth: Z. Physik **134**, 127 (1953); Bezugsquelle: Perkin-Elmer, Überlingen, Bodensee.

[4] Buckingham, W. D. u. C. R. Deibert: J. opt. Soc. Amer. **36**, 245 (1946); M. B. Hall u. R. G. Nester: J. opt. Soc. Amer. **42**, 257 (1952); W. H. Cloud: ibid. **46**, 899 (1956).

eignete Filter vorgefiltert werden muß[1]. Es handelt sich um eine Temperaturstrahlung, die von den Quarzglaswänden und dem heißen Dampfbogen herrührt.

c) Strahlungsquellen für das UV. Als kontinuierliche Strahlungsquelle für das Ultraviolett hat sich das *Wasserstoffentladungsrohr* am besten bewährt. Es wurde von BAY und STEINER[2] in die Absorptionsspektrometrie eingeführt und ist späterhin von zahlreichen Autoren weiter entwickelt worden[3]. Diese sogenannte Wasserstofflampe liefert ein kontinuierliches, auf der Rekombination von H-Atomen zu Molekülen beruhendes Spektrum von 3300 Å bis ins Gebiet der Quarzabsorption (1700 Å), das außerdem bis etwa 2400 Å angenähert konstante Intensität besitzt und erst unterhalb dieses Bereichs langsam an Intensität abnimmt. Sie besteht aus einem wassergekühlten und mit Quarzfenstern versehenen Entladungsrohr mit Al-Elektroden und wird am besten mit strömendem Wasserstoff von 3 mm Druck und einer Spannung von etwa 2000 Volt betrieben. Die Belastbarkeit richtet sich nach der Konstruktion und der Güte der Wasserkühlung, sie kann bei im Handel befindlichen Lampen[4] bis zu 750 mA betragen. Da ihre Intensität linear mit der Stromstärke ansteigt, genügt es in der Regel zur Konstanthaltung der Intensität, wenn man den Primärstrom des Transformators mit Hilfe von Eisenwasserstoffwiderständen oder Drosselspulen auf 1% konstant hält. Die Konstanz wird zweckmäßig auf der Sekundärseite mit Hilfe eines empfindlichen Milliamperemeters dauernd kontrolliert. Das Schaltschema für den Betrieb der Lampe zeigt Abb. 99, S. 196. Den Wasserstoff entnimmt man einer mit Reduzier- und Überdruckventil versehenen Bombe und pumpt ihn mit einer rotierenden Ölpumpe dauernd durch die Lampe; der Druck von 3 mm läßt sich mit Hilfe eines feinen Nadelventils[5] bequem einregulieren und wird mit Hilfe eines verkürzten Hg-Manometers kontrolliert. Vor Inbetriebnahme der Lampe wird sie mehrere Male mit H_2 von Atmosphärendruck gefüllt und wieder ausgepumpt, um Luftreste vollständig zu entfernen. Außerdem befinden sich abgeschmolzene Lampen im Handel mit einem Vorratsgefäß, das mit H_2 von 3 mm Druck gefüllt ist. Die Lebensdauer der Lampe ist sehr groß, sie ist im wesentlichen durch die Zerstäubung der Al-Elektroden begrenzt, die schließlich auch dazu führt, daß die Quarzfenster langsam undurchlässig werden. Wichtig ist die gleichmäßige Kühlung der Lampe. Um zu verhindern, daß die Lampe eingeschaltet wird, ohne daß das Kühlwasser fließt, schaltet man in den Kühlwasserstrom ein Druckrohr mit einem Schwimmer ein, der über einen Kontakt und ein Relais den Primärstrom des Transformators ausschaltet und auch in Tätigkeit tritt, wenn der Wasserdruck stark nachläßt[6].

---

[1] DAHLKE, W.: Z. Physik **114**, 205, 672 (1939); H. SAUFFERER: ibid. **131**, 376 (1952); MCCUBBIN, T. K. u. W. M. SINTON: J. opt. Soc. Amer. **42**, 113 (1952); L. GENZEL u. W. ECKARDT: Z. Physik **139**, 578 (1954); J. BOHDANSKY: Z. Physik **149**, 383 (1957).

[2] BAY, Z. u. W. STEINER: Z. Physik **45**, 337 (1927); **59**, 48 (1930).

[3] Lit. bei F. MULLER u. W. SCHOLTAN: Spectrochim. Acta [Berlin] **1**, 437 (1940).

[4] Hersteller: Hanff & Buest, Berlin N; Quarzschmelze Heraeus, Hanau.

[5] E. Leybold, Köln; Desaga, Heidelberg.

[6] Vgl. auch H. v. HALBAN u. M. LITMANOWITSCH: Helv. chim. Acta **24**, 44 (1941).

Für Meßanordnungen, für die eine angenähert punktförmige Strahlungsquelle erforderlich ist, benutzt man eine *Wasserstofflampe mit punktförmigem Leuchtraum*[1] (vgl. Abb. 22). Das Wasserstoffentladungsrohr wird an einem Ende durch eine geeignete Blende aus trübem Quarz bzw. Porzellan in der Weise verengt, daß gleichzeitig der hinter der Blende liegende Teil des Leuchtrohres abgeblendet wird und so ein nahezu punktförmiger Leuchtraum entsteht. Dieser hat außerdem den Vorteil, daß infolge der Einschnürung der Entladung die Flächenhelligkeit dieses

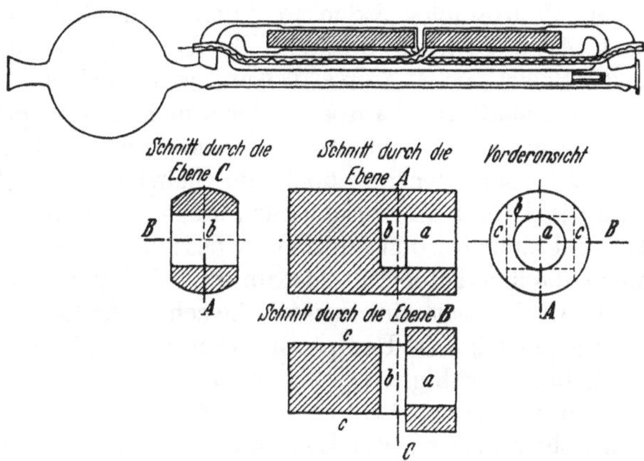

Abb. 22. Wasserstofflampe nach ALMASY-KORTÜM

Leuchtraumes sehr hoch ist und daß infolge der Anordnung der Blende am Ende des Entladungsrohres die Strahlung unter relativ großem Öffnungswinkel austritt, so daß die Intensität der Lampe sehr hoch ist, was besonders für Messungen im äußersten UV von Nutzen ist.

Bequemer zu handhaben, wenn auch von wesentlich geringerer Strahlungsstärke, sind die *Niedervolt-Wasserstofflampen* mit Heizkathode[2], wie sie in den modernen lichtelektrischen Spektralphotometern für das UV verwendet werden (vgl. S. 311). Der Bogen brennt mit 0,3 Amp. bei 80 bis 100 Volt Gleichspannung und ist zeitlich und geometrisch sehr konstant. Der Blendendurchmesser der strahlenden Fläche beträgt nur 1 mm. Wasserkühlung ist nicht notwendig. Bei Füllung mit *Deuterium* ist die Strahlungsdichte etwa um den Faktor 3 größer. Für noch höhere Strahlungsdichten und größere Leistungsaufnahmen werden auch wassergekühlte Niedervolt-Lampen hergestellt.

Ein neuer, sehr einfacher Typ einer *elektrodenlosen Wasserstofflampe* ist kürzlich beschrieben worden[3]. Sie wird durch einen Hochfrequenz-

---

[1] ALMASY, F. u. G. KORTÜM: Z. Elektrochem. angew. physik. Chem. **42**, 607 (1936); F. ALMASY: Helv. physica Acta **10**, 471 (1937). Hersteller: Heraeus-Quarzschmelze, Hanau.

[2] ALLEN, A. J. u. R. G. FRANKLIN: J. opt. Soc. Amer. **29**, 453 (1939); **31**, 268 (1941); J. KERN: Z. angew. Physik **6**, 536 (1954); dort Angaben über spektrale Energieverteilung. Bezugsquellen: Heraeus, Hanau; Carl Zeiss, Oberkochen; Kern und Sprenger, Göttingen; Perkin-Elmer, Überlingen; Hilger & Watts, London.

[3] DIEKE, G. H. u. S. P. CUNNINGHAM: J. opt. Soc. Amer. **42**, 187 (1952).

generator im Mikrowellengebiet in einem abgestimmten Hohlraumresonator erregt und liefert ein sehr intensives und reines Spektrum. Sie ist ganz aus Quarz und vollständig abgeschmolzen. Der Wasserstoff wird als festes UH_3 in einem Seitenansatz gespeichert. Durch Variation der Temperatur dieses Ansatzes kann man den Zersetzungsdruck des UH_3 und damit den Druck des Wasserstoffs in der Röhre beliebig regeln.

Eine weitere Strahlungsquelle für kontinuierliche Strahlung hoher Leuchtdichte ist die von 400 bis 270 mμ reichende *Xenon-Hochdrucklampe*[1]. Es handelt sich um eine (praktisch punktförmige) Bogenentladung zwischen Wolframelektroden in einem Quarzkölbchen, das mit Xenon von 40 Atm. Druck gefüllt ist. Die Brennspannung beträgt 20 bis 30 Volt, die Belastbarkeit 25 bis 70 Amp. je nach Größe der Lampentype, man kann deshalb die Lampe an der üblichen Netzspannung über einen Gleichrichter mit eingebautem Strombegrenzer betreiben. Die Leuchtdichte ist außerordentlich hoch (im Sichtbaren 30000 bis 65000 Stilb), so daß die Lampe wegen der Blendungsgefahr in geschlossenem Gehäuse untergebracht werden muß. Das Spektrum ist völlig kontinuierlich mit einem flachen Intensitätsmaximum bei 550 mμ, lediglich zwischen 4500 und 4917 Å tritt eine zusätzliche schwache Liniengruppe auf; im Infrarot dagegen zeigt die Lampe eine Gruppe von intensiven Linien. Die Entladung brennt ruhig, so daß sich die Lampe bei genügend konstanter Netzspannung für spektrometrische Zwecke gut verwenden läßt. Die zeitlichen Schwankungen der Lichtstärke betragen 0,5 bis 1,5%, sie werden um so geringer, je höher die Leistungsaufnahme der Lampe ist. Auch Xenon-Hochdrucklampen, bei denen die Bogenentladung durch eine Führungsrinne geometrisch fixiert ist, sind entwickelt worden[2]. Sie eignen sich besonders für lichtelektrische Photometer und Spektrometer, bei denen die räumliche Konstanz der Strahlungsquelle besonders wichtig ist (vgl. S. 176).

Eine weitere kontinuierliche Strahlungsquelle für das UV ist der sogenannte *Unterwasserfunken*. In der früher benutzten Form[3] hatte er verschiedene Nachteile (schnelles Abbrennen der Elektroden und damit häufige Nachregulierung, überlagerte Bogen- und Funkenlinien des Elektrodenmetalls, starkes Geräusch usw.). Durch Modifikation der Anregungsbedingungen ist er neuerdings wesentlich verbessert und sein Spektrum linienfrei gemacht worden[4]. Zum Betrieb wird die hohe (9000 Volt) und sehr hochfrequente (2 MHz) Spannung eines Teslatransformators benutzt, Energieaufnahme 100 bis 200 Watt. Die Schaltung ist

---

[1] SCHULZ, P.: Z. Naturf. **2a**, 583 (1947); vgl. auch P. SCHULZ: Ann. Physik [6] **1**, 95, 107 (1947); ferner W. A. BAUM u. L. DUNKELMAN: J. opt. Soc. Amer. **40**, 782 (1950); W. T. ANDERSON: J. opt. Soc. Amer. **41**, 385 (1951); A. BAUER u. P. SCHULZ: Sitzungsber. Heidelberg Akad. Wissensch. 1956/57, S. 428ff.; Hersteller: Osram, Berlin-Charlottenburg.

[2] BAUER, A. u. P. SCHULZ: Ann. Physik [6] **18**, 227 (1956); Z. Physik **146**, 393 (1956).

[3] GREBE, L.: Z. wiss. Photogr., Photophysik Photochem. **3**, 376 (1905); V. HENRY: Physik. Z. **14**, 516 (1913); H. STÜCKLEN: Z. Physik **30**, 24 (1924); E. v. ANGERER u. G. JOOS: Ann. Physik [4] **74**, 743 (1924).

[4] KEUSSLER, V. v.: Spectrochim. Acta **4**, 366 (1951).

schematisch in Abb. 23 wiedergegeben. Als Elektroden dienen 2 mm starke Al-Drähte, die Funkenlänge beträgt 3 bis 4 mm. Infolge der hohen Frequenz ist die Funkenfolge schnell und regelmäßig, der Abbrand der Elektroden minimal, so daß auch das Wasser klar bleibt. Das Spektrum ist sehr linienarm und erstreckt sich von 500 bis etwa 200 mμ. Leitungswasser beginnt bei etwa 230 mμ, destilliertes Wasser bei 210 mμ zu absorbieren. Der Ursprung der kontinuierlichen Strahlung ist noch nicht völlig geklärt. Wegen seiner räumlichen Inkonstanz eignet sich der Unterwasserfunke nur für photographische Meßmethoden[1].

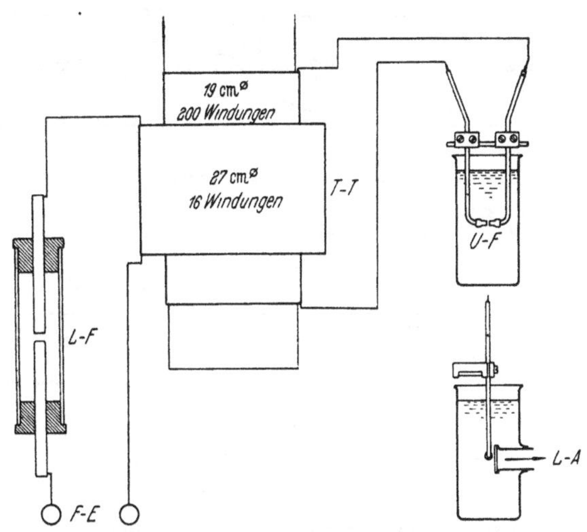

Abb. 23. Schaltschema fur den Unterwasserfunken.
F-E FEUSSNERscher Funkenerzeuger; *L-F* Löschfunkenstrecke; *T-T* Teslatransformator, *U-F* Unterwasserfunke; *L-A* Strahlungsaustritt

Das gleiche gilt für den sogenannten *kondensierten Funken*, der früher fast ausschließlich als Strahlungsquelle für das UV verwendet wurde. Sein einziger Nachteil ist der diskontinuierliche Charakter des Spektrums. Je nach Auswahl der Elektroden erhält man eine mehr oder weniger gleichmäßige und enge Verteilung der Spektrallinien über das ganze Spektrum. Besonders geeignet sind Eisen-, Nickel- und Wolframelektroden bzw. eine Kombination zwischen ihnen. Sie ergeben ein linienreiches Spektrum bis an die Grenze der Quarzdurchlässigkeit. Zur Erzeugung des Funkens dient Wechselstrom von etwa 10000 Volt Spannung bei einer Stromstärke von 0,05 Ampere (500 Watt). Zur Verstärkung des Funkens werden parallel zur Funkenstrecke Kondensatoren von etwa 20000 [pF] Kapazität geschaltet (kondensierter Funke). Die Elektroden sollen etwa 3 mm Durchmesser haben, sie werden in ein einfaches Funkenstativ[2] mit isolierten Haltern eingespannt. Sehr geeignet für den

[1] Einen Vergleich der spektralen Intensitätsverteilung dieser UV-Kontinua in Form äquivalenter Belichtungszeiten, die gleiche Schwärzung der photographischen Platte hervorrufen, hat G. J. ULLRICH durchgeführt [Z. angew. Physik 5, 350 (1953)].

[2] R. Fuess, Berlin-Steglitz; Steinheil, Munchen; VEB Optik, Jena.

Betrieb des Funkens ist der FEUSSNERsche Funkenerzeuger[1]. Eine „geräuschlose Funkenstrecke" in einem mit Quarzfenster versehenen Gehäuse wird von KECK und HÖFERT[2] beschrieben.

Für das *ferne UV*, das sog. SCHUMANN-UV unterhalb der Quarzdurchlässigkeit (1700 Å), das neuerdings größere Bedeutung erlangt, ist ebenfalls eine Reihe kontinuierlicher Strahlungsquellen entwickelt worden. Hierher gehören vor allem die Kontinua der Edelgase, die als Übergänge

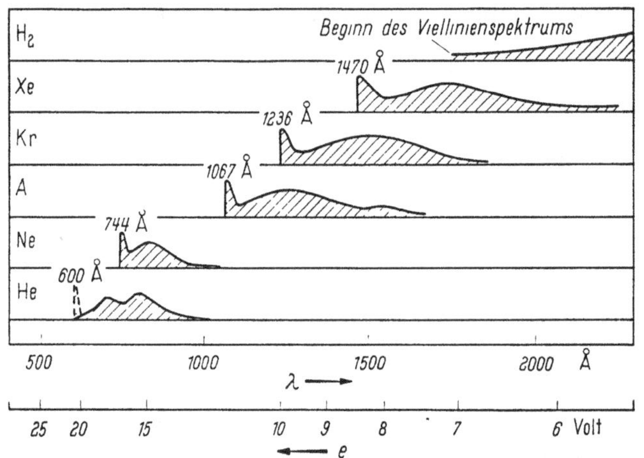

Abb. 24. Kontinua der Edelgase im SCHUMANN-UV

von stabilen angeregten Elektronenzuständen des zweiatomigen Moleküls zu dem instabilen Grundzustand gedeutet werden und die bei relativ großen Drucken von 140 bis 500 Torr durch Glimm-, Mikrowellen- oder Funkenentladungen angeregt werden können[3]. Eine schematische Übersicht über die spektrale Lage dieser Kontinua gibt Abb. 24. Die intensivste Strahlung erhält man beim Xe. Wesentlich höhere (etwa 100fache) Intensitäten erhält man durch Glimmentladungen in Edelgasgemischen von Ne-Kr bzw. Ne-Xe bei Drucken von etwa 1 Torr[4], die im Gebiet zwischen 1150 und 1500 Å praktisch linienfrei sind. Die untere Grenze ist durch die Durchlässigkeit der LiF-Fenster[5] gegeben. Unterhalb dieser Grenze darf man keine Fenster mehr verwenden, sondern muß die Entladungsröhre unmittelbar an den Vakuumspektrographen anschließen, wobei der Eintrittsspalt als Anode benutzt werden kann.

Die Wasserstofflampe gibt ein Kontinuum im SCHUMANN-UV bis etwa 1800 Å, dann beobachtet man ein Viellinienspektrum bis etwa

---

[1] Heraeus, Hanau; vgl. dazu C. Zeiss, Druckschriften Mess 276 u. 277–277/III.

[2] KECK, P. H. u. H. J. HÖFERT: Spectrochim. Acta **1**, 573 (1941).

[3] WILKINSON, P. G., Y. TANAKA u. Mitarb.: J. opt. Soc. Amer. **45**, 344, 710, 1044 (1955); **47**, 105 (1957); **48**, 304 (1958); F. P. LOSSING u. I. TANAKA: J. chem. Physics **25**, 1031 (1956).

[4] COMES, F. J. u. E. W. SCHLAG: Z. physik. Chem. N. F. **21**, 212 (1959); E. W. SCHLAG u. F. J. COMES: J. opt. Soc. Amer. **50**, 866 (1960).

[5] Bezugsquelle: Harshaw Chemical Co., Cleveland, Ohio (USA).

800 Å[1], das sich für Absorptionsmessungen weniger gut eignet. Das Kontinuum des Kohlebogens[2] zwischen 2500 und 1800 Å hat keine Ähnlichkeit mit der Strahlung eines schwarzen Körpers, sondern besitzt ein flaches Maximum bei 2400 Å. Es setzt sich zusammen aus den Beiträgen der glühenden Anode und des Plasmas im eigentlichen Bogen.

Eine Strahlungsquelle bis herunter zu 200 Å stellt das sogenannte „Lyman-Kontinuum" dar, das durch periodische Entladungen einer Kapazität von mehreren μF bei einigen tausend Volt durch eine Kapillare von etwa 1 mm hindurch erzeugt wird[3]. Als Trägergase dienen H_2, He, A, N_2 von 1 mm Druck je nach dem gewünschten Bereich. Das Kontinuum wird von einzelnen Ionenlinien überlagert, die von Ionen aus der Wand der Kapillare herrühren (Quarz, Saphir). Auch Funkenentladungen zwischen Fe- oder U-Elektroden besitzen ein sehr linienreiches Spektrum unterhalb 400 Å, das sich für Absorptionsmessungen verwenden läßt[4].

d) Spektrallampen. Während Funken- und Bogenentladungen für die Absorptionsspektrometrie kaum noch gebräuchlich sind, behalten sie ihre Bedeutung für die *Wellenlängeneichung* von spektroskopischen Aufnahmen (vgl. S. 297ff) sowie für die Herstellung möglichst spektralreiner *monochromatischer Strahlung* für die quantitative Photometrie.

Für die *Isolierung monochromatischer Strahlung* eignen sich am besten *Gasentladungslampen*[5], die im allgemeinen nur wenige, aber intensive Linien aussenden, die sich durch Monochromatoren oder auch Filter leicht aussondern lassen. Von den Firmen Osram, Philips und Hilger & Watts werden diese sogenannten Spektrallampen mit Füllungen von He, A, Ne, N_2, CO_2, Na, K, Rb, Cs, Zn, Cd, Hg, HgS, Tl geliefert. Die Metalldampflampen dürfen erst gezündet werden, wenn mittels einer zusätzlichen Heizwendel genügend Dampf zur Aufrechterhaltung der Entladung entstanden ist. Nach dem Zünden wird die Heizwendel wieder ausgeschaltet. Wird die Netzspannung ohne vorheriges Anheizen angelegt, so wird die Lampe rasch zerstört. In neueren Modellen[6] wird der Heizkreis nach dem Aufheizen automatisch unterbrochen, nach dem Ausschalten der Lampe nach einiger Zeit wieder geschlossen, so daß die Lampe wieder betriebsbereit ist. Metalldampflampen mit Zusatz von Argon können ohne Heizung der Elektroden gezündet werden. Nach einiger Zeit übernimmt das verdampfende Metall an Stelle des Argons die Stromleitung, da es leichter ionisiert wird.

Die wichtigste und meistgebrauchte Spektrallampe ist die *Quarz-Quecksilberdampflampe*, die auch in zahlreichen anderen Formen für

---

[1] Hartman, P. L. u. J. R. Nelson: J. opt. Soc. Amer. **47**, 646 (1957).

[2] Johnson, F. S.: J. opt. Soc. Amer. **46**, 101 (1956).

[3] Vgl. W. R. S. Garton: J. Sci. Instr. **30**, 119 (1953); **36**, 11 (1959); L. S. Nelson u. D. A. Ramsay: J. chem. Phys. **25**, 372 (1956); P. Lee u. G. L. Weissler: J. opt. Soc. Amer. **42**, 80 (1952).

[4] Romand, J. u. V. Vodar: Spectrochim. Acta **8**, 229 (1956).

[5] Über elektrodenlose Gasentladungslampen vgl. M. Zelikoff u. Mitarb.: J. opt. Soc. Amer. **42**, 818 (1952); A. T. Forrester u. Mitarb.: J. opt. Soc. Amer. **46**, 339 (1956).

[6] Schuhknecht, W.: Optik **8**, 367 (1951).

Wechsel- und Gleichstrom hergestellt wird[1]. Die relative Intensität der Spektrallinien variiert sehr stark mit dem Typ der Lampe und dem Druck des Gases in der Lampe. Die wichtigsten Wellenlängen[2] und ihre ungefähren relativen Intensitäten bei der meistbenutzten „Hochdrucklampe“ sind in Tabelle 2 angegeben[3]. Für die „Niederdrucklampe“ mit kalter Kathode übertrifft die Intensität der Resonanzlinie 253,65 mμ die aller übrigen.

Tabelle 2.
Spektrallinien und ihre relative Intensität der Hochdruckquecksilberdampflampe

λ [mμ]	Relative Intensitat	λ [mμ]	Relative Intensität
365,0/366,3	100	280,4	11,4
334,1	7,4	275,3	3,85
312,6/313,2	66,0	269,9	4,7
302,3	29,6	265,3	23,4
296,7	17,1	248,2	9,8
292,5	1,7	240,0	3,3
289,4	6,5	237,8	3,0

Für spezielle Zwecke (z.B. Fluorescenzanregung) eignet sich die *Quecksilber-Höchstdrucklampe*[4], die ähnlich wie die Xenon-Hochdrucklampe ein weitgehend kontinuierliches Spektrum liefert, überlagert von den stark verbreiterten Spektrallinien. Die Resonanzlinie 253,6 mμ ist hier durch Reabsorption praktisch völlig unterdrückt. Der Vergleich von verschiedenen Typen dieser Lampe mit der Xenon-Hochdrucklampe[5] hat gezeigt, daß sie zur Zeit die intensivste UV-Strahlungsquelle darstellt, während allerdings ihre Lebensdauer relativ gering ist. Derartige Lampen werden auch mit Zink- und Cadmiumzusatz geliefert[6].

2. Filter*

Filter dienen entweder zur Aussonderung einzelner Spektrallinien aus einem diskontinuierlichen Spektrum oder zur Ausfilterung eines mehr oder weniger breiten Spektralbereichs aus einem Kontinuum. Man be-

[1] Heraeus-Quarzlampen-Ges. Hanau; Hilger & Watts, London.

[2] Zum Teil bestehen diese Linien aus mehreren Komponenten, die nur bei großer Dispersion getrennt werden konnen. Die angegebenen Zahlen stellen Mittelwerte dar, die entsprechend der Intensität der Komponenten geschatzt sind.

[3] Nach A. S. COOLIDGE: J. opt. Soc. Amer. **34**, 291 (1944) unter Standard-Entladungsbedingungen (250 Watt, $p = 1{,}5$ Atm.). Die gesamte spektrale Energieverteilung einer Hg-Standardlampe wurde von F. RÖSSLER angegeben; vgl. Ann. Physik [6] **10**, 177 (1952).

[4] ROMPE, R. u. W. THOURET: Z. techn. Physik **17**, 377 (1936); **19**, 352 (1938); W. ELENBAAS: Physica **4**, 413 (1937); The pressure mercury vapour discharge, Amsterdam 1951; W. THOURET: Lichttechnik **2**, 73, 107 (1950). Bezugsquellen: Osram, Berlin; Philips, Eindhoven.

[5] BAUM, W. A. u. L. DUNKELMAN: J. opt. Soc. Amer, **40**, 782 (1950); H. A. STAHL: ibid. **49**, 381 (1959).

[6] ELENBAAS, W.: Rev. Opt. théor. instrument. **27**, 683 (1948).

* Zusammenfassende Berichte: W. GEFFCKEN: LANDOLT-BÖRNSTEIN, 6. Aufl. Bd. IV, 3. Teil, S. 929ff. Springer 1957; N. M. MOHLER u. J. R. LOOFBOUROW: Amer. Journ. Physics **20**, 499 (1952).

Tabelle 3a. *Durch Filter isolierbare Serienlinien*

Wellenlänge der Spektrallinien mμ	Lampe	Filterkombinationen nach Tab. 3b und 3c	Durchlässigkeitsgrad bei Raumtemperatur etwa %	Zur Unterdrückung der Infrarot- und restlichen Rotstrahlung Nr.	Ausgesonderte Spektrallinien
308	Zn	4 + 30 + 31	6	34	
313	Hg	4 + 32	35	34	
326	Cd[1]	4 + 30 + 32	6	34	
334	Hg	4 + 30 + 33	10	34	
328/30/35	Zn	4 + 30 + 33	2	34	
352/53	Tl	2 + 9 + 30	8	34	
365	Hg	2 + 9	20	34	
378	Tl	2 + 20	30	34	
404/7	Hg	1 + 3 + 18 + 8	0,8	34	
435/6	Hg	9 + 15 + 5	3,7	34	
456/9[2]	Cs	8 + 20	40	34	
468/80	Cd[1]	8 + 16	27/22	34	
468/72/81	Zn	8 + 16	27/28/22	34	
509	Cd[1]	6 + 19 + 7	20	34	
535	Tl	12 + 17	34	34	
546	Hg	14 + 21 + 11 + 7	8	34	
577/79	Hg	10 + 22 + 10[1]	14	34	
588	He	10 + 23 + 10	10	34	
589	Na	10 + 23 + 10	10	34	
636	Zn	24	86	–	
644	Cd[1]	24	89	–	
668	He	25 + 29	–	–	
707	He	28 + 29	65	–	
767/70[2]	K	13 + 27	25	–	
780/95[2]	Rb	13 + 27	25	–	
794/921[2]	Cs	13 + 27	10	–	
852/921[2]	Cs	13 + 26	1	–	

300 500 700 mμ 900
Wellenlänge

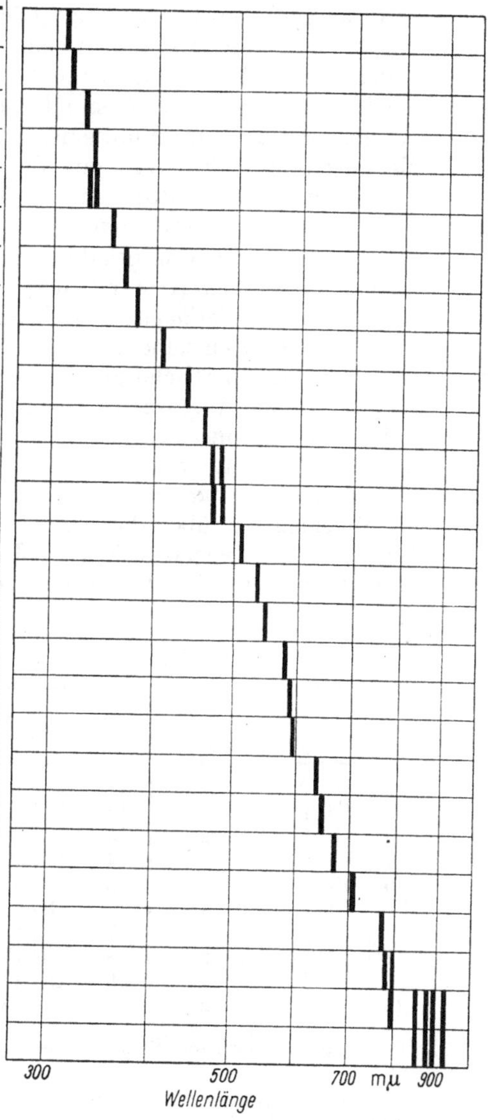

[1] die Schärfe der Linien wird größer bei schwächerer Belastung (Mindeststrom jedoch 1 Amp.)
[2] bei geringer Stromstärke

nutzt sie an Stelle von Monochromatoren, wenn es nicht auf extreme spektrale Reinheit der Strahlung ankommt, oder wenn besonders hohe Intensitäten erwünscht sind, wie etwa bei Geräten mit Photoelementen oder zur Eliminierung von Streulicht bei Spektrometern (vgl. S. 287ff). Allgemein ist die Güte eines Filters durch seine wirksame Halbwertsbreite h und durch seine Maximaldurchlässigkeit ϑ_0 gegeben. Unter der *Halbwertsbreite* versteht man den Spektralbereich in mμ, innerhalb dessen die Durchlässigkeit des Filters von ihrem Maximalwert beiderseitig auf die Hälfte herabgesunken ist. Ein Filter ist um so besser, je geringer die Halbwertsbreite und je höher die Durchlässigkeit im Maximum ist. Die Wirksamkeit eines Filters hängt jedoch außerdem von den Eigenschaften der mit dem Filter zusammen benutzten Strahlungsquelle und der spektralen Empfindlichkeit des benutzten Empfängers ab. Beispielsweise kann ein Filter, das sich zur Aussonderung einer Hg-Linie eignet, völlig ungeeignet sein zusammen mit einer Glühlampe; oder Filter, die für visuelle Messungen im Sichtbaren brauchbar sind, können durchaus versagen bei Verwendung von Photozellen oder Thermosäulen als Empfänger.

a) Farbglas-, Flüssigkeits- und Gelatinefilter. Bei den im letzten Abschnitt erwähnten Gasentladungslampen, die nur relativ wenige Spektrallinien in großem Abstand aussenden, gelingt es häufig, durch einfache *Farbglas-* bzw. *Gelatinefilter* und ihre Kombinationen, zum Teil auch durch *Flüssigkeitsfilter* einzelne dieser Linien so gut zu isolieren, daß man praktisch monochromatische Strahlung erhält, wie sie für die quantitative photometrische Analyse erwünscht ist. In Tabelle 3a sind die Spektrallinien von Gasentladungslampen angegeben, die mit Hilfe der in Tabelle 3b bis 3d aufgeführten Glas-, Gelatine- und Flüssigkeitsfilter ausgesondert werden können[1].

Allgemein ist über die Eigenschaften von Glas-, Flüssigkeits- und Gelatinefiltern folgendes zu sagen: Die Mehrzahl der gebräuchlichen Farbglas- und Flüssigkeitsfilter verdankt ihre Absorption der Anwesenheit von

Tabelle 3b.
Bezeichnung der Filter. Glas- und Gelatinefilter

Nr.	Bezeichnung	Schichtdicke [mm]	Nr.	Bezeichnung	Schichtdicke [mm]	Nr.	Bezeichnung	Schichtdicke [mm]
1	UG 2	1	11	BG 18	3	21	OG 1	1
2	UG 2	2	12	BG 18	5	22	OG 2	3
3	UG 3	2	13	KG 1	2	23	OG 3	2
4	UG 5	3	14	BG 20	5	24	RG 1	2
5	BG 3	2	15	GG 3	4	25	RG 5	1
6	BG 7	1	16	GG 5	1	26	RG 7	2
7	BG 7	2	17	GG 11	2	27	GR 9	2
8	BG 12	2	18	GG 13	5	28	Zeiss A	—
9	BG 12	4	19	GG 14	2	29	Zeiss B	—
10	BG 18	2	20	GG 18	2			

Hersteller der Glasfilter: Schott & Gen., Mainz.

[1] Nach Angabe der Firma Osram; vgl. auch J. D'ANS u. E. LAX: Taschenb. f. Chemiker u. Physiker, Berlin 1943.

Tabelle 3c. *Flussigkeitsfilter* — Tabelle 3d. *Monochromatfilter*

Nr.	Bezeichnung	Menge je Liter H_2O	Schichtdicke (lichte Weite der Kuvette) [mm]	Wellenlänge [mμ]	Filtertyp
30	Nickel-Kobaltsulfat $NiSO_4 + CoSO_4$	303 g + 86,5 g	20	365	E
31	Pikrinsäure	16 mg	20	404/7	D
32	Kaliumchromat K_2CrO_4	150 mg	20	435/6	C
33	Salpetersäure HNO_3........	n/5	20	546	B
34	Kupfersulfat $CuSO_4 + 5H_2O$	57 g	10	577/9	A

Hersteller der Monochromatfilter: Carl Zeiss, Oberkochen.

Metallionen bzw. Metallkomplexen mit relativ breiten Absorptionsbanden. Diese Filter sind deshalb nicht sehr selektiv (große Halbwertsbreiten). Eine Ausnahme bilden Gläser mit einem Zusatz von seltenen Erden (Didym), die sehr viel schmalere Absorptionsbanden besitzen.

Daneben gibt es eine zweite Klasse von Farbgläsern, die ihre Absorption ausgeschiedenen submikroskopischen Kristallen verdanken (S, CdS, CdSe, Au), wobei die Farbe erst durch nachträgliches Tempern der zunächst farblosen Gläser hervorgerufen wird (sog. *Anlaufgläser*). Hier handelt es sich also auch noch um zusätzliche Streueffekte, indem die kurzwellige Strahlung infolge der stärkeren Streuung nicht durchgelassen wird: es entstehen *Kantenfilter*, bei denen die Lage der Kante durch Führung des Anlaufprozesses variiert werden kann.

Farbglasfilter werden in reicher Auswahl von verschiedenen Firmen[1] mit den zugehörigen Durchlässigkeitskurven geliefert. Durch Kombination mehrerer solcher Filter kann man in günstigen Fällen doch recht schmale Spektralbereiche aussondern. Ein Beispiel sind die sogenannten Monochromatfilter von Zeiss zur Aussonderung von Hg-Linien (vgl. Tab. 3d).

In Abb. 25 sind als Beispiel die Durchlässigkeitskurven einiger UV-durchlässiger Schwarzgläser und einiger Kantenfilter der Firma Schott & Gen. wiedergegeben. Sie eignen sich speziell als Sperrfilter zur Unterdrückung größerer Spektralbereiche und werden deshalb zur Eliminierung von Streulicht bei Spektrometern benutzt.

Manche dieser Filtertypen neigen zur Rekristallisation und werden dadurch trübe. Man sollte sie deshalb vor starker Erwärmung schützen und im Strahlengang möglichst weit von der Lichtquelle entfernt einsetzen[2].

Manche Farbgläser neigen auf Grund ihrer Zusammensetzung bei hoher Luftfeuchtigkeit zur Verwitterung und müssen deshalb von Zeit zu Zeit nachgeschliffen oder mit einer Schutzschicht versehen werden.

---

[1] Schott & Gen., Mainz; Corning Glass International SA, Zürich 8.

[2] Dies ist auch deshalb notwendig, weil die Durchlässigkeitskurve temperaturabhängig sein kann; vgl. z.B.: MEYER: Glastechn. Ber. 14, 305 (1936); A. K. ÅNGSTRÖM u. A. J. DRUMMOND: J. opt. Soc. Amer. 49, 1096 (1959).

Ein UV-Kunststoffilter unter dem Namen „Mineralight" ist im Bereich von 400 bis 220 mμ durchlässig und eignet sich speziell zur Fluorescenzanregung mit der Hg-Lampe, da es auch die Resonanzlinie 2537 Å noch zu etwa 50% durchläßt[1].

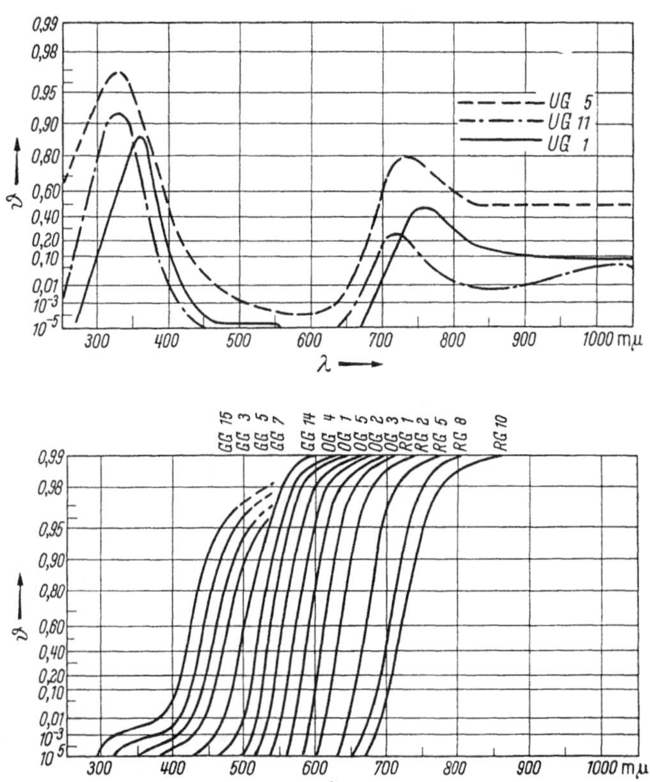

Abb. 25. Durchlassigkeitskurven einiger UV-absorbierender Schwarzglaser (1 mm) und einiger Kantenfilter (3 mm) von Schott & Gen.

Für *Flüssigkeitsfilter* benutzt man Tröge mit aufgeschmolzenen planparallelen Platten[2]. Geeignete absorbierende Lösungen (meist anorganische Salze) mit definierter kurzwelliger oder langwelliger Durchlässigkeitsgrenze oder auch für die Aussonderung einzelner Spektrallinien (Hg-Lampe) sind häufig in der Literatur angegeben[3]. Speziell für die viel-

---

[1] Bezugsquelle: Ultra-Violet Products, Inc., San Gabriel, California; L. Hormuth-Vetter, Wiesloch/Baden.

[2] Leybold, Koln; Hellige, Freiburg/Br.; Hellma, Müllheim/Baden.

[3] Zusammenstellung bei E. v. Angerer u. H. Ebert: Techn. Kunstgriffe, Braunschweig 1952; J. d'Ans u. E. Lax: Taschenbuch f. Chem. u. Phys. Berlin 1943; W. Geffcken: Landolt-Börnstein 6. Aufl., Bd. IV, 3. Teil, Springer 1957. Hersteller z.B. Medeor, Hamburg 20. Über Filter für das UV vgl. M. Kasha: J. opt. Soc. Amer. **38**, 929 (1948); L. A. Strait u. Mitarb.: J. opt. Soc. Amer. **46**, 1038 (1956). Vgl. auch Tab. 30, S. 367.

benutzte Hg-Linie 436 mμ ist ein Flüssigkeitsfilter angegeben worden[1], das allen bisherigen überlegen ist: Eine Lösung von 0,0125% Kristallviolett-perchlorat und 0,02% 9,10-Dibromanthracen in Äthanol-Toluollösung soll bei 1 cm Schichtdicke 81% der Linie 436 mμ, dagegen weniger als 10^{-4}% der Linie 405 mμ und weniger als 10^{-10}% der Linie 546 mμ durchlassen.

Gelatinefilter sind mit organischen Farbstoffen gefärbt und meistens sehr viel selektiver, besitzen dafür allerdings auch eine geringere Maxi-

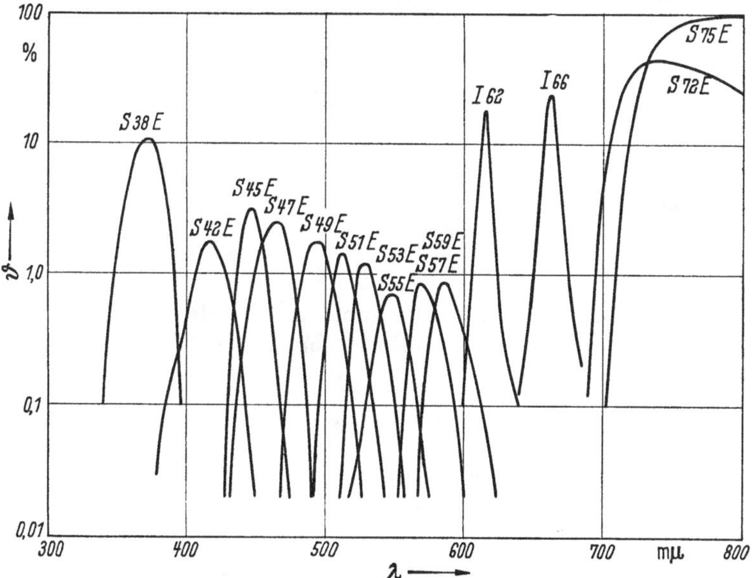

Abb. 26. Durchlassigkeitskurven der SE-Filter zum PULFRICH-Photometer fur lichtelektrische Messungen. Die mit *I* beteichneten Filter sind Interferenzfilter

maldurchlässigkeit. Das bekannteste Beispiel einer Gelatinefilterserie sind die sogenannten Spektral-Filter des Pulfrichphotometers, die auch gesondert geliefert werden[2] und von denen es je eine Serie gibt für visuelle (S-Filter) und für lichtelektrische Messungen (SE-Filter). Die Durchlässigkeitskurven der letzteren sind in Abb. 26 in halblogarithmischer Darstellung (log ϑ gegen λ) wiedergegeben. Für Remissionsmessungen wird ebenfalls von Zeiss eine Serie von 7 R-Filtern geliefert mit etwas größerer Maximaldurchlässigkeit und größerer Halbwertsbreite als bei den S-Filtern. Filtersätze ähnlicher Art sind die Wrattenfilter[3], die Filter zum Leifophotometer[4], die Lifafilter[5] und zahlreiche andere[6].

---

[1] BURAWOY, A. u. A. G. ROACH: Nature (London) **181**, 762 (1958); vgl. ferner A. SIMON u. H. HAMANN: Z. physik. Chem. **209**, 222 (1958).

[2] Carl Zeiss, Oberkochen.

[3] Eastman Kodak Co., Rochester, N. Y.

[4] E. Leitz, Wetzlar.

[5] Lifa, Augsburg.

[6] Anleitung zur Selbstherstellung z. B. bei E. v. ANGERER u. H. EBERT: Techn. Kunstgriffe, Braunschweig 1952.

Für den Vergleich der Leistungsfähigkeit von Filtern bzw. Monochromatoren ist der Zusammenhang zwischen Gesamtdurchlässigkeit Θ, Maximaldurchlässigkeit ϑ_0 und Halbwertsbreite h wichtig[1]. Wie aus Abb. 26 hervorgeht, ist die Form der Durchlässigkeitskurven für die meisten Filter recht ähnlich, sie läßt sich durch die GAUSSsche Fehlerfunktion (I,77) darstellen, die in anderer Form geschrieben lautet:

$$\vartheta_\lambda = \vartheta_0 \, e^{-C(\lambda - \lambda_0)^2}. \tag{1}$$

Wählt man die Konstante C so, daß sich für $\lambda = \lambda_0 \pm h/2$ die Durchlässigkeit ϑ_λ zu $\vartheta_0/2$ ergibt, so wird $C = 4\,\frac{\ln 2}{h^2}$ und

$$\vartheta_\lambda = \vartheta_0 \, e^{-4 \ln 2 \left(\frac{\lambda - \lambda_0}{h}\right)^2}. \tag{2}$$

Führt man mittels (I,21 a) und (23 a) den molaren Extinktionskoeffizienten ein, so ergibt sich

$$\frac{\varepsilon_{n,\lambda} - \varepsilon_{n,\lambda_0}}{(\lambda - \lambda_0)^2} = \frac{4 \ln 2}{h^2 c s} = \text{const}. \tag{3}$$

Ändert man also die Farbstoffkonzentration c oder die Schichtdicke s des Filters, so ändert sich die Halbwertsbreite in der Weise, daß das Produkt $h^2 c s$ konstant bleibt:

$$h^2 c s = \text{const}. \tag{4}$$

Da ferner nach (I,27) die Extinktion im Durchlässigkeitsmaximum $E_{\lambda_0} = 0{,}4343\, \varepsilon_{n,\lambda_0} c s$, folgt weiter

$$h^2 E_{\lambda_0} \equiv h^2 \log \frac{1}{\vartheta_0} = \text{const}. \tag{5}$$

Das Produkt aus dem Quadrat der Halbwertsbreite und der Extinktion im Durchlässigkeitsmaximum ist von Schichtdicke und Konzentration unabhängig.

Empirisch findet man weiter, daß mit guter Näherung gilt

$$\Theta = C \vartheta_0 h. \tag{6}$$

Die Gesamtdurchlässigkeit eines Filters ist dem Produkt aus Maximaldurchlässigkeit und Halbwertsbreite proportional. In Tabelle 4 ist nach

Tabelle 4. *Abhängigkeit der Gesamtdurchlässigkeit Θ vier verschiedener Filter mit verschiedener Maximaldurchlässigkeit ϑ_0 von der Halbwertsbreite*

ϑ_0 \ h/h'	1,1	1,2	1,5	2,0
0,50	0,78	0,60	0,29	0,063
0,20	0,65	0,41	0,09	0,004
0,10	0,56	0,30	0,037	0,0005
0,05	0,49	0,22	0,016	$6 \cdot 10^{-5}$

[1] Vgl. G. HANSEN: Zeiss-Nachr. 4, 8 (1940).

Hansen für vier verschiedene Filter, die sich durch die Maximaldurchlässigkeit ϑ_0 unterscheiden, angegeben, wie die Gesamtdurchlässigkeit sich ändert, wenn man durch Konzentrations- oder Schichtdickenänderung die Halbwertsbreite um 9 bis 50% verringert.
Man sieht, daß z.B. bei einem Filter mit einer Maximaldurchlässigkeit von 20% durch Verringerung der Halbwertsbreite auf die Hälfte die Gesamtdurchlässigkeit auf 0,4% des ursprünglichen Wertes sinkt. Das bedeutet, daß man umgekehrt durch Konzentrations- oder Schichtdickenerhöhung die Halbwertsbreite nur unwesentlich beeinflussen kann, was für die praktische Messung sehr wichtig ist.

Für besondere Zwecke sind in der Literatur gelegentlich *Spezialfilter* beschrieben, die sich durch große Selektivität und hohe Maximaldurchlässigkeit auszeichnen. Hierher gehören z.B. dünne Silberfilme von 0,05 bis 0,02 μ Dicke auf Quarzunterlage[1], die ein schmales Band bei etwa 320 mμ durchlassen; ferner das sogenannte Chlorfilter[2], eine teilweise mit flüssigem Chlor gefüllte und abgeschmolzene Quarzküvette von etwa 3 cm Schichtdicke, deren gesättigter Dampf (6 Atm.) zur Isolierung der Hg-Resonanzlinie 253,65 mμ dient. Diese läßt sich auch mit Hilfe von gekreuzten Polarisationsfolien (aus Polyvinylalkohol mit Jod angefärbt) recht gut isolieren[3].

Infrarotfilter werden teils unter Verwendung geeigneter Farbstoffe[4], teils mit Hilfe dünner Selenschichten[5] oder neuerdings dünner Schichten von Te, Bi, Sb und MgO[6] hergestellt. Auch optische Gläser verschiedener Zusammensetzung[7] sowie Gläser aus As_2S_3 unter Zusatz verschiedener Metallsulfide sind auf ihre selektive Durchlässigkeit im IR hin untersucht worden[8]. Filter, die das Sichtbare absorbieren und relativ schmale Durchlässigkeitsbereiche zwischen 1 und 3 μ bzw. 3,5 und 5,8 μ besitzen, kann man aus Polyvinylchlorid bzw. Polyvinylidenchlorid durch Abspaltung von HCl herstellen[9]. Zur Ausschaltung kurzwelliger Strahlung benutzt man Echelette-Gitter (vgl. S. 115) als einfache Spiegel[10]: Wellenlängen, die kurz sind gegenüber dem Stufenabstand, werden zerstreut.

---

[1] Scott, L. W.: National Bur. of Stand., Washington; vgl. auch F. Rössler: Z. techn. Physik **20**, 290 (1939).

[2] Oldenberg, O.: Z. Physik **29**, 328 (1924); K. S. Gibson: J. opt. Soc. Amer. **13**, 267 (1926). Hersteller: Heraeus-Quarzschmelze, Hanau.

[3] Dörr, F.: Naturwiss. **44**, 256 (1957). Bezugsquelle E. Käsemann, Oberaudorf/Inn; Carl Zeiss, Oberkochen.

[4] Weichmann, H. K.: Veröff. Agfa **4**, 83 (1934); O. Merkelbach: Strahlentherapie **57**, 689 (1936).

[5] Barnes, R. B. u. L. G. Bonner: J. opt. Soc. Amer. **26**, 428 (1936).

[6] Plyler, E. K. u. J. J. Ball: J. opt. Soc. Amer. **42**, 266 (1952).

[7] Cleek, G. W., J. H. Villa u. C. H. Hahner: J. opt. Soc. Amer. **49**, 1090 (1959); N. J. Kreidl, R. A. Weidel u. H. C. Hafner: J. opt. Soc. Amer. **47**, 567 (1957). Weitere Angaben bei W. Brügel: Einführung in die Ultrarotspektroskopie, 2. Aufl. Darmstadt 1957, S. 202; Optical Materials for Infrared Instrumentation, Willow Run Lab., Ann Arbor, Michigan, USA.

[8] Frerichs, R.: J. opt. Soc. Amer. **43**, 1153 (1953). Bezugsquelle: Corning Glass Works, Corning, New York.

[9] Blout, E. R., R. S. Corley u. P. L. Snow: J. opt. Soc. Amer. **40**, 415 (1950).

[10] White, J. U.: J. opt. Soc. Amer. **37**, 713 (1947).

Alle bisher besprochenen Filtertypen zeichnen sich dadurch aus, daß die Durchlässigkeitskurven vom *Einfallswinkel der Strahlung* nur insofern in geringem Maße abhängig sind, als bei schrägem Einfall die Schichtdicke etwas größer ist (vgl. S. 135). Diese Filter können deshalb in Geräten mit hohem Lichtleitwert (vgl. S. 122), d.h. stark divergentem bzw. konvergentem Strahlengang verwendet werden. Dies gilt für die folgenden Filtertypen nicht mehr, worauf im einzelnen noch zurückzukommen sein wird.

b) Interferenzfilter. Die in neuerer Zeit entwickelten Interferenzfilter unterscheiden sich dadurch von den bisher besprochenen Typen, daß sie bei hoher Maximaldurchlässigkeit sehr viel geringere Halbwertsbreiten besitzen und häufig einen Monochromator ersetzen können bzw. einem solchen sogar überlegen sind. Man unterscheidet zweckmäßig folgende Arten: Metallinterferenzfilter, Dielektrikinterferenzfilter und Polarisationsinterferenzfilter.

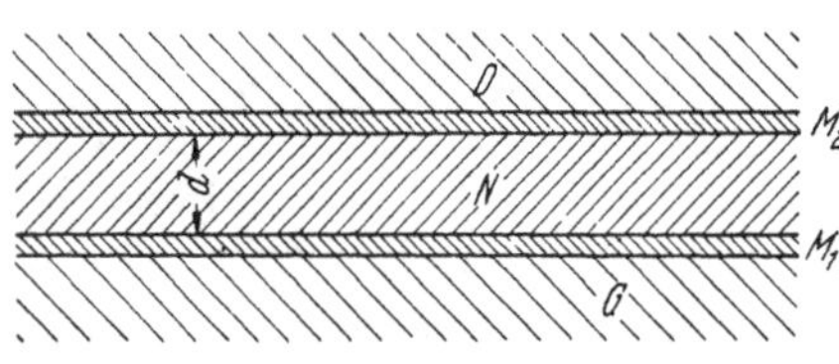

Abb 27. Aufbau eines Interferenzfilters (schematisch)

α) *Metallinterferenzfilter* stellen ein FABRY-PEROT-Etalon (vgl. S. 117) niedriger Ordnung dar. Den Aufbau eines solchen Filters zeigt Abb. 27. N ist eine auf einem Träger G aufgebrachte durchsichtige Distanzschicht der Dicke s, z.B. aus MgF_2 zwischen zwei halbdurchlässigen Silberfilmen M_1 und M_2. Zum Schutz der dünnen Schichten dient eine aufgekittete Deckplatte D aus Farbglas. Die Wirkungsweise des Filters beruht auf folgendem: Ein senkrecht auffallendes paralleles Strahlenbündel wird an jeder der beiden Spiegelschichten in einen durchgehenden und einen reflektierten Anteil aufgespalten. Infolge der Mehrfachreflexion tritt Interferenz auf, wobei nur die Strahlung derjenigen Wellenlänge verstärkt wird, bei der die Schichtdicke s der Distanzschicht ein ganzes Vielfaches von $\lambda/2$ ist. Alle übrigen Wellenlängen werden durch Interferenz geschwächt bzw. ausgelöscht. Die Durchlässigkeit des Filters ist gegeben durch

$$\vartheta = \frac{t^2}{(1-r)^2 + 4\,r \sin^2 \frac{\delta}{2}}\,. \tag{7}$$

Darin bedeutet t die Durchlässigkeit und r das Reflexionsvermögen der Silberschicht, $\delta = \frac{4\pi n^2 s}{\lambda} + 2\,y$ die Phasenverschiebung durch die dielektrische Distanzschicht mit dem Brechungsindex n und an der Phasengrenze Metall-Dielektrikum. Man sieht, daß Maxima der Durchlässigkeit auftreten, wenn $\delta/2$ ein ganzes Vielfaches von π wird, dann ist $\vartheta_{\max} = \frac{t^2}{(1-r)^2}$. Ein Filter mit einem Maximum der Durchlässigkeit 1. Ordnung z.B. bei 1,2 μ besitzt also ein Maximum 2. Ordnung bei 600 mμ, ein Maximum 3. Ordnung bei 400 mμ usw. Mit zunehmendem Reflexionsvermögen r der Spiegelflächen werden die Gebiete maximaler Durchlässigkeit mehr und mehr eingeschnürt, so daß schließlich schmale Durchlaßbereiche mit Halbwertsbreiten von 10 mμ und darunter auftreten. Die Durchlässigkeitskurve eines solchen Filters ist in Abb. 28 wiedergegeben. Mit Hilfe zusätzlicher Farbglasfilter läßt sich leicht ein einziges Maximum isolieren.

Der Schwerpunkt derartiger „*Linienfilter*", die zuerst von GEFFCKEN[1] beschrieben wurden, läßt sich durch die Dicke *s* der Distanzschicht variieren, die maximale Durchlässigkeit $\vartheta_{\max}$ und die Halbwertsbreite *h* durch die Wahl des Reflexionsvermögens der Spiegelschichten. Um die Ab-

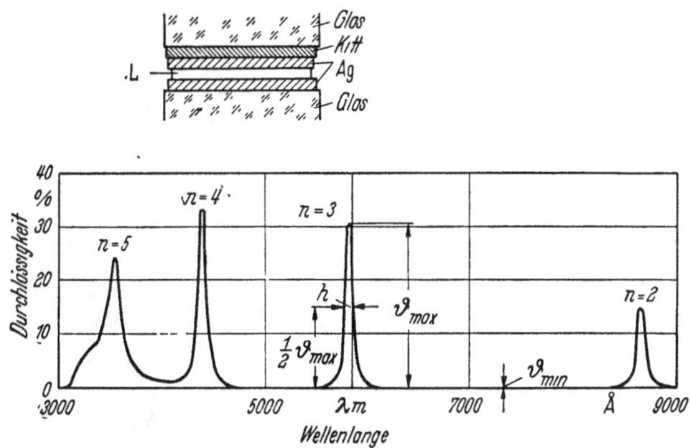

Abb. 28. Durchlässigkeit eines Interferenzfilters

sorption der Strahlung in der Silberschicht herabzusetzen, benutzt man heute als teildurchlässige Spiegelschichten Systeme von Metall- und Mehrfachschichten von verschiedenem Brechungsindex, wodurch $\vartheta_{\max}$ erheblich vergrößert wird (bis zu 75%) bei unveränderter Halbwertsbreite. Verkittet man zwei derartige Einzelfilter zu einem „Doppellinienfilter", so geht zwar $\vartheta_{\max}$ auf etwa die Hälfte zurück, dafür sinkt jedoch die Halbwertsbreite auf $h/\sqrt{2}$, und die Steilheit der Kurvenflanken wird beträchtlich größer, so daß der Anteil filterfremder Strahlung stark herabgesetzt wird.

Durch Verwendung von drei Metall-Spiegelschichten mit zwei dielektrischen Zwischenschichten erhält man die sogenannten „*Bandfilter*"[2] mit gleich hoher Durchlässigkeit, aber breiterem Durchlaßbereich und sehr viel steileren Flanken. Durch ein „Doppelbandfilter" wird der Anteil filterfremder Strahlung an den Ausläufern der Kurven noch weiter herabgesetzt. Sie eignen sich speziell zur Aussonderung einzelner Linien aus einem Metalldampfspektrum.

Macht man die Distanzschicht keilförmig, so erhält man sogenannte „*Verlauffilter*", wobei $\vartheta_{\max}$ und *h* konstant gehalten und die Dispersion

[1] GEFFCKEN, W.: Angew. Chem. **60**, 1 (1948); vgl. auch K. M. GREENLAND: Endeavour **11**, 143 (1952).

[2] GEFFCKEN, W.: Z. angew. Physik **6**, 249 (1954); R. SCHLÄFER: Spectrochim. Acta Coll. Spectr. Internat. VI, 361 (1958).

linear gewählt werden kann. Verschiebt man ein solches Verlauffilter vor einem Spalt, so kann man jede gewünschte Wellenlänge auf maximale Durchlässigkeit einstellen, d.h. man kann ein Verlauffilter als Ersatz für einen lichtstarken Monochromator verwenden, wobei insbesondere beim Verlaufbandfilter das Auflösungsvermögen von der benutzten Spaltbreite kaum abhängig ist.

Die spektrale Lage des Durchlässigkeitsmaximums hängt bei allen Interferenzfiltern vom Einfallswinkel der Strahlung ab, und zwar verschiebt sie sich mit wachsendem Einfallswinkel α etwa proportional zu $\sin^2 \alpha$ gegen kürzere Wellen. Man kann deshalb durch Neigung des Filters λ_{max} um einige mμ verschieben. In einem konvergenten Strahlengang gelten deshalb für verschiedene Strahlenrichtungen auch verschiedene λ_{max}-Werte, was bedeutet, daß für das gesamte Bündel λ_{max}, ϑ_{max} und h gegenüber den Werten für senkrecht einfallende Strahlung verändert sind, und zwar sinkt ϑ_{max}, während h zunimmt. Durch Wahl eines stärker brechenden Materials für die Distanzschichten kann man diese Winkelabhängigkeit der Durchlaßkurve herabsetzen, so daß die modernen Filter, insbesondere die Bandfilter sich durch relativ geringe Winkelabhängigkeit auszeichnen. Sie können deshalb in konvergentem Strahlengang bis annähernd 60° Öffnung verwendet werden d.h. auch in Apparaturen mit hohem Lichtleitwert (vgl. S. 122).

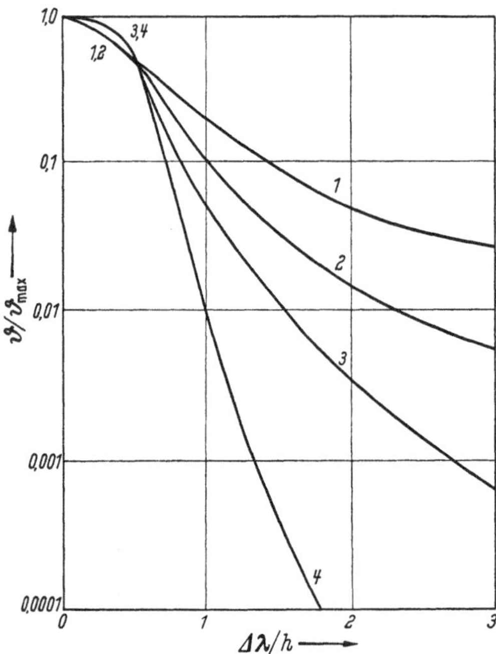

Abb. 29. Charakteristische Kurven von Interferenzfiltern verschiedenen Typs
1 Fabry-Perot-Filter, Dielektrikfilter; *2* Doppel-Fabry-Perot-Filter, Doppeldielektrikfilter; *3* Bandfilter; *4* Doppelbandfilter

β) *Dielektrikinterferenzfilter.* Man kann die teilweise Absorption der Strahlung in den Metallschichten ganz vermeiden, wenn man diese durch ein Vielschichtensystem aus Schichten mit abwechselnd hohem und niedrigem Brechungsindex ersetzt, wobei die Dicken der einzelnen Schichten zwischen λ und $\lambda/4$ liegen[1]. Durch geeignete Schichtenfolge (bis zu 25 Schichten) erhält man auf Grund von Interferenz schmale Durchlaßbereiche sehr geringer Halbwertsbreite (3 bis 8 mμ) und mit hohem ϑ_{max}. Daneben treten große zusätzliche Durchlaßbereiche auf, die mit Zusatz-

[1] Polster, H. D.: J. opt. Soc. Amer. **39**, 1054A (1949); P. W. Baumeister u. F. A. Jenkins: ibid. **47**, 57 (1957); S. D. Smith: ibid. **48**, 43 (1958).

filtern abgedeckt werden müssen. Als Linienfilter zieht man deshalb in der Regel die Metallinterferenzfilter vor, außer im UV zwischen 300 und 400 mμ, wo sich die Dielektrikfilter bewährt haben.

Zur Beurteilung der verschiedenen Interferenzfiltertypen benutzt man die von λ_{max}, ϑ_{max} und h unabhängige sogenannte „charakteristische Kurve", die das Verhältnis $\vartheta/\vartheta_{max}$ als Funktion von $\Delta\lambda/h$ darstellt. $\Delta\lambda$ ist die Differenz gegenüber λ_{max}. Abb. 29 zeigt einige solcher charakteristischer Kurven in halblogarithmischer Darstellung[1] für verschiedene Filtertypen.

Mit Hilfe periodisch aufgebauter Schichtenfolgen lassen sich ferner Kantenfilter herstellen, was nach dem FABRY-PEROT-Prinzip nicht möglich ist. Mit zunehmender Zahl der Schichten wächst auch die Zahl und Stärke der Durchlaßbanden. Unterdrückt man durch geeignete Vari-

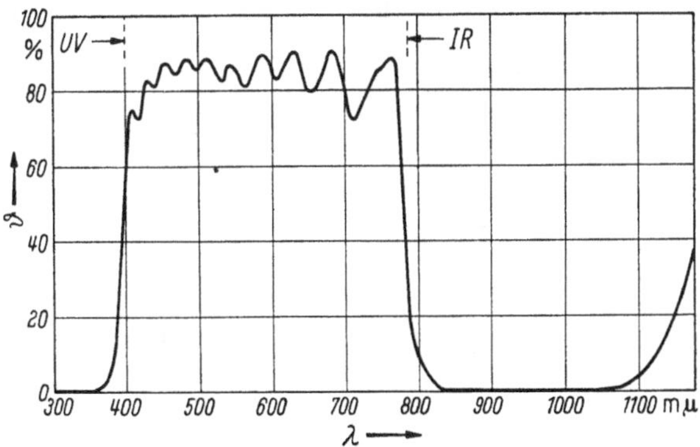

Abb. 30. UV-absorbierendes Kantenfilter nach dem Vielschichtenprinzip

ation einzelner Schichtdicken die Bandenstruktur, so erhält man breite Durchlaßbereiche mit sehr steil abfallenden Kanten nach beiden Seiten: sog. „*Breitbandfilter*". Ein Beispiel zeigt Abb. 30, ein UV-Absorptions-Filter, das nur den sichtbaren Bereich durchläßt. In analoger Weise kann man „Wärmefilter" herstellen, die praktisch das gesamte IR reflektieren, oder „IR-Filter", die umgekehrt das nahe IR durchlassen und den gesamten sichtbaren und ultravioletten Bereich reflektieren. Diese Kantenfilter bilden somit eine wertvolle Ergänzung zu den Glaskantenfiltern der Abb. 25 insofern, als sich Glasfilter, deren Durchlässigkeit mit zunehmendem λ steil abfällt, nicht herstellen lassen. Alle Interferenzfilter besitzen den Vorteil, daß sie sich auch bei intensiver Strahlung kaum erwärmen, da die nichtdurchgelassene Strahlung größtenteils reflektiert und nicht absorbiert wird.

Interferenzfilter werden zur Zeit für den Bereich von 2 μ bis 310 mμ von verschiedenen Firmen geliefert[2]. Da die Schichten im UV sehr dünn

[1] Nach R. SCHLÄFER: Beiträge angew. Glasforschg. Wiss. Verlagsges. Stuttgart 1958, S. 318ff.

[2] Schott & Gen., Mainz; Gerätebauanstalt Balzers, Liechtenstein; Baird-Atomic, Inc. Cambridge, Mass. (USA); Bausch & Lomb, Rochester, N. Y.; VEB Optik, Jena.

sein müssen, macht es gewisse Schwierigkeiten, die gewünschte Dicke für einen bestimmten Schwerpunkt des Filters zu erzielen. In Abb. 31 sind die Durchlaßkurven zweier Filter für die Hg-Liniengruppe 365/366 mμ wiedergegeben, aus denen die in Kauf zu nehmende Toleranz in λ_{max} hervorgeht. Außerdem variiert λ_{max} häufig für verschiedene Stellen desselben Filters, wenn die Dicken der einzelnen Schichten nicht homogen

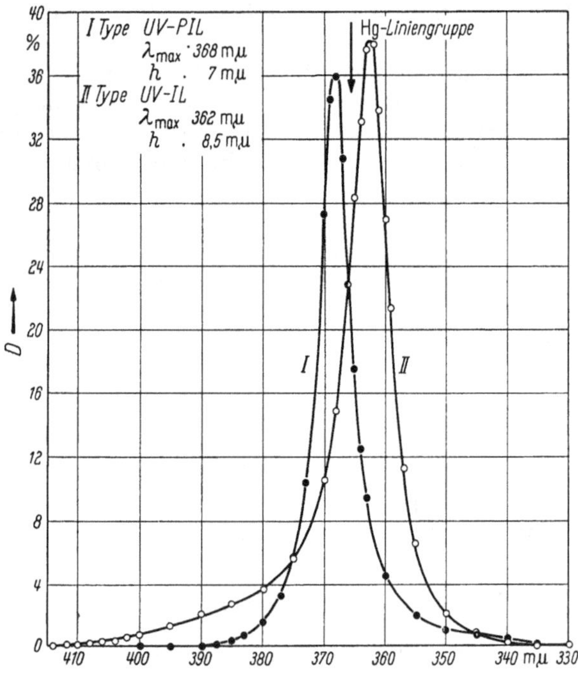

Abb. 31. Durchlassigkeitskurven zweier UV-Interferenzfilter fur die Liniengruppe Hg 365/366 gegen eine Quarzplatte als Vergleich gemessen

sind[1]. Für das IR lassen sich Vielschichtenfilter für den Bereich von 1 bis 20 μ herstellen[2] unter Verwendung z.B. von Germanium und Kryolith. Auch Filter mit einer variablen Luft-Distanzschicht scheinen aussichtsreich zu sein. Die Hauptschwierigkeit bei der Herstellung derartiger IR-Filter liegt darin, homogene Schichten der notwendigen Dicke herzustellen, ohne daß z.B. Rekristallisation des Materials eintritt. Im IR sind solche Filter besonders wichtig, weil man bei gleichem Auflösungsvermögen einen großen Gewinn an Intensität gegenüber der Zerlegung durch Prismen oder Gitter erzielen kann[3].

γ) *Interferenzfilter sehr geringer Halbwertsbreite.* Um die Halbwertsbreite von Interferenzfiltern herabzusetzen, kann man zwei Wege gehen: Entweder man erhöht das Reflexionsvermögen der reflektierenden

[1] Vgl. H. S. Moran: J. opt. Soc. Amer. **45**, 26 (1955).
[2] Heavens, O. S., J. Ring u. S. D. Smith: Spectrochim. Acta **10**, 179 (1957).
[3] Jacquinot, P.: J. opt. Soc. Amer. **44**, 761 (1954).

Schichten oder man erhöht die Ordnung der Interferenz in der Distanzschicht. Der erste Fall liegt vor bei dem sog. „*Filter mit verhinderter Totalreflexion*"[1], das dem einfachen Metallinterferenzfilter der Abb. 27 analog arbeitet. Die halbdurchlässigen Silberfolien sind ersetzt durch zwei rechtwinkelige Prismen (Abb. 32). An der Hypotenuse findet oberhalb des kritischen Einfallswinkels normalerweise Totalreflexion statt. Wenn man jedoch die Hypotenuse mit einem Film eines Stoffes von niedrigem Brechungsindex belegt (z. B. Kryolith), so wird die Totalreflexion verhindert, und ein Teil der Strahlung wird durchgelassen. Zwei derartige Prismen werden durch eine Distanzschicht mit hohem Brechungsindex (z. B. ZnS) getrennt, deren Dicke λ_{max} bestimmt, während die Halbwertsbreite durch die Dicke der Schichten mit niedrigem Brechungsindex festgelegt wird. Da die Strahlung nicht senkrecht auf die zur Interferenz führenden Schichten auffällt, erhält man zwei Gebiete maximaler Durchlässigkeit, die senkrecht zueinander polarisiert sind. Indem man die Distanzschicht mit hohem Brechungsindex aus einem geeigneten doppelbrechenden Material macht (z. B. Harnsäure), kann man erreichen, daß die beiden Maxima zusammenfallen und man so nur ein Durchlässigkeitsmaximum erhält. Auf diese Weise sollen ϑ_{max}-Werte von 70 bis 80% und Halbwertsbreiten von 1 mμ erreicht werden. Durch Neigen des Filters kann man auch in diesem Fall λ_{max} in einem geringen Bereich verändern, doch ist wegen des großen Einfallswinkels der Strahlung der Öffnungswinkel des Filters klein, so daß es nur in angenähert parallelem Strahlengang benutzt werden kann. Auch für das IR sind derartige Filter konstruiert worden[2] (NaCl-Prismen, die mit NaF belegt sind, Distanzschicht aus AgCl).

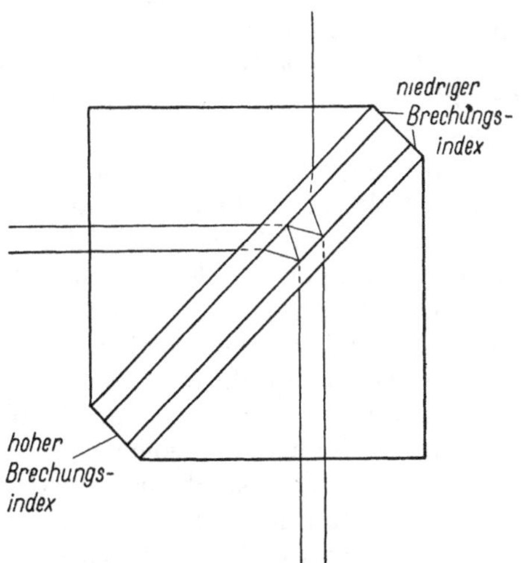

Abb. 32. TURNER-Filter mit verhinderter Totalreflexion

Die zweite Methode zur Verringerung der Halbwertsbreite, die Ordnung der Interferenz zu erhöhen, hat sich als noch wirkungsvoller erwiesen. Zu diesem Zweck wäre die Dicke der aufgedampften Distanzschicht zu vergrößern, doch verhindert die Streuung innerhalb derselben im allgemeinen, daß Halbwertsbreiten unter 1 mμ erreicht werden können[3]. In neuerer Zeit ist es jedoch gelungen, feste Distanzschichten hoher Ordnung und gleichförmiger Dicke herzustellen, indem man dünne Glim-

[1] TURNER, A. F.: J. physique radium **11**, 444 (1950); B. H. BILLINGS: J. opt. Soc. Amer. **40**, 471 (1950).
[2] BILLINGS, B. H. u. M. A. PITTMAN: J. opt. Soc. Amer. **39**, 978 (1949).
[3] LISBERGER, P. H. u. J. RING: Optica Acta (Paris) **2**, 42 (1955).

merplättchen an Stelle der aufgedampften Schichten verwendet[1]. Dampft man auf beide Seiten des Glimmerplättchens je ein Vielschichtensystem aus abwechselnden $\lambda/4$-Schichten von ZnS und MgF_2 als reflektierende Schichten auf, so kann man Filter mit maximaler Durchlässigkeit von 70% und Halbwertsbreiten in der Größenordnung von 1 Å herstellen. Ausführliche Angaben über die Spaltungsmethode des Glimmers und die Montage des Filters findet man in der Originalarbeit. Mit solchen Filtern lassen sich z. B. die Natrium-D-Linien trennen oder die als Wellenlängenstandard empfohlene Kr-Linie bei 6056 Å isolieren, was sonst nur mit einem Lyot-Filter möglich ist.

δ) *Polarisationsfilter.* Das selektivste aller Filter ist das LYOT-*Interferenzfilter*[2], mit dem sich Durchlässigkeitsbereiche bis zu 0,3 Å Halbwertsbreite erzielen lassen[3]. Es beruht auf den Interferenzerscheinungen, die auftreten, wenn man eine doppelbrechende Platte bestimmter Dicke (Quarz, Calcit) zwischen Polarisationsprismen anbringt. Sie sind schwierig herzustellen und sehr kostspielig, so daß sie bisher fast ausschließlich für astronomische Probleme verwendet werden[4].

c) Dispersionsfilter. Bildet man eine kontinuierliche Strahlungsquelle mittels einer Linse mit starker Dispersion der Brechung ab, so fallen Bildort und Bildgröße für verschiedene Wellenlängen nicht zusammen (chromatische Aberration, vgl. S. 101). Durch ein- oder mehrfache Zwischenabbildung einer solchen Strahlungsquelle mittels unkorrigierter Linsen lassen sich deshalb enge Spektralbereiche isolieren. Durch Hintereinanderschalten mehrerer Linsen, die man in eine Flüssigkeit von ähnlichem Brechungsindex, aber verschiedener Dispersion einbettet, kann man einfache Monochromatoren herstellen[5]. Bettet man an Stelle der Linsen Glas- bzw. Quarzgrieß in eine Flüssigkeit von ähnlichem Brechungsindex ein, so erhält man die sogenannten *Dispersionsfilter* nach CHRISTIANSEN[6], die ebenfalls als einfache Monochromatoren dienen können. Nur diejenigen Wellenlängen, für die Grieß und Flüssigkeit den gleichen Brechungsindex besitzen, werden unabgelenkt durchgelassen, die übrigen werden wie an einem trüben Medium zerstreut. Durch Variation der Temperatur (Thermostat) kann man wegen der starken Brechungsänderung der Flüssigkeit λ_{max} nach kurzen Wellen verschieben. Die Filter verlangen deshalb eine sehr genaue Temperaturkonstanz, und es erfordert eine ziemlich lange Zeit, die Umstellung von einer Wellenlänge auf eine andere vorzunehmen.

Der Vorteil der Dispersionsfilter ist ihre hohe Maximaldurchlässigkeit von annähernd 1. Die Durchlässigkeitskurve hängt vom Öffnungswinkel

[1] DOBROWOLSKI, J. A.: J. opt. Soc. Amer. **49**, 794 (1959).

[2] LYOT, B.: Compt. rend. **197**, 1593 (1933); Ann. Astrophysique **7**, 31 (1944); Y. ÖHMAN: Nature **141**, 157, 291 (1938); J. W. EVANS: J. opt. Soc. Amer. **39**, 229 (1949).

[3] HAASE, M.: Zeiss-Nachr. **4**, 51 (1941).

[4] Bezugsquelle: B. Halle Nachf., Berlin-Steglitz.

[5] HEISLER, M., CH. SCHMELZER u. K. SCHUHMANN: Z. Naturforschg. **6a**, 513 (1951).

[6] CHRISTIANSEN, P.: Ann. Physik **23**, 298 (1884); **24**, 439 (1885); E. BERGER u. A. KLEMM: Zeiss-Nachr. **2**, 49 (1936); K. v. FRAGSTEIN: Ann. Physik [5] **31**, 443 (1938); W. GEFFCKEN: Kolloid-Z. **86**, 55 (1939). Hersteller: Schott & Gen., Jena.

der Blenden ab und geht bei parallelem Strahlengang in eine Grenzkurve über, deren Halbwertsbreite um so größer wird, je geringer der Durchmesser der Grießkörner ist[1]. Die Selektivität steigt mit wachsender Dicke des Filters. Auch für das UV[2] und das IR[3] sind derartige Filter benutzt worden, wobei sowohl die Flüssigkeit wie auch die Kristalle durch geeignete organische Stoffe ersetzt werden können[4].

Sinkt der Brechungsindex der Grießkörner im Bereich einer starken Absorptionsbande im IR durch anomale Dispersion auf den Wert 1 ab, so kann man die Körner statt in eine Flüssigkeit auch in Luft einbetten und erhält auf diese Weise ebenfalls schmale Durchlaßbereiche. Solche sog. *Pulverfilter*, bestehend aus dünnen Filmen von feinst gepulvertem Quarz, MgO, ZnO, ZnS usw. auf NaCl-Platten, sind mehrfach beschrieben worden[5], ihre Maximaldurchlässigkeit und Halbwertsbreite hängt von der Partikelgröße, der Dicke des Films und den optischen Eigenschaften des betreffenden Materials ab.

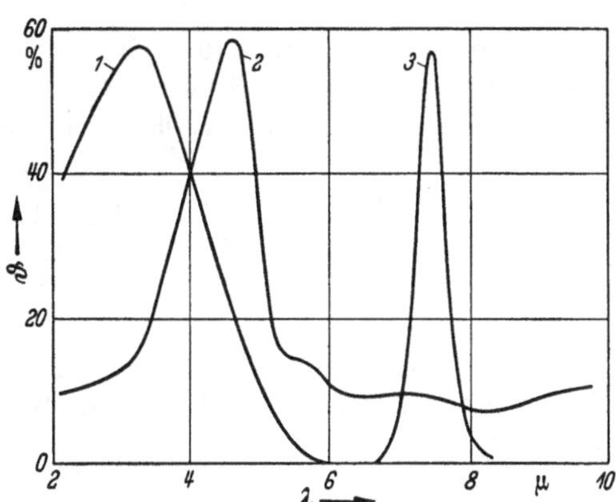

Abb. 33. Durchlässigkeitskurven von CHRISTIANSEN-Filtern mit gepulvertem Quarz
1 in $CS_2 + CCl_4$; *2* in CCl_4; *3* in Luft als Einbettungsmittel

In Abb. 33 sind die Durchlässigkeitskurven von einem Quarz-CHRISTIANSEN-Filter in verschiedenen Einbettungsmedien wiedergegeben. Umgekehrt erhält man auch schmale Durchlaßbereiche im Gebiet der anomalen Dispersion der Einbettungsflüssigkeit, wenn die Brechungsindices der betreffenden Stoffe gleich werden (Beispiel NaCl-CS_2 zwischen 5 und 6 μ).

3. Vorrichtungen für meßbare Strahlungsschwächung

Für visuelle und für alle unter dem Begriff „Substitutionsmethoden" zusammenfaßbare elektrische photometrische Meßverfahren braucht man Schwächungseinrichtungen der Strahlung, deren Extinktion bekannt ist und meßbar verändert werden kann. Hierher gehören: rotierender Sektor, verstellbare Blenden, Raster, Polarisationsprismen, Abstandsänderung der Strahlungsquelle, Graukeile und Graulösungen.

---

[1] Vgl. dazu W. GEFFCKEN: LANDOLT-BÖRNSTEIN, 6. Aufl., Bd. IV,3 (1957) S. 95.
[2] GAYDON, A. G. u. G. J. MINKOFF: Nature **158**, 788 (1946).
[3] BARNES, R. B. u. L. G. BONNER: J. opt. Soc. Amer. **26**, 428 (1936).
[4] PRICE, W. C. u. K. S. TETLOW: J. chem. Physics **16**, 1157 (1948); E. R. BLOUT u. Mitarb.: J. opt. Soc. Amer. **40**, 415 (1950).
[5] PFUND, A. H.: J. opt. Soc. Amer. **24**, 143 (1934); R. L. HENRY: ibid. **38**, 775 (1948).

a) Der rotierende Sektor ist bei weitem die sicherste und genaueste Vorrichtung zur absoluten Strahlungsschwächung. Er besteht gewöhnlich aus zwei gegeneinander drehbaren Scheiben[1], die je zwei Ausschnitte von 90° besitzen, so daß sich der Durchlaß von 0 bis 50% variieren läßt. Der effektive Ausschnitt wird z.B. an einem Teilkreis mit Nonius abgelesen. Die zugehörige Extinktion ist gegeben durch

$$E \equiv \log \frac{\Phi_0}{\Phi} = \log \frac{100}{\%\ \text{Öffnung}} = \log \frac{360}{\text{Öffnungswinkel}} . \tag{8}$$

Bei maximalem Durchlaß (50% bzw. 180°) ist $E = 0{,}3010$, es lassen sich also Extinktionen von 0,3 an aufwärts unmittelbar einstellen. Die relative Ablesestreuung (vgl. S. 59) ergibt sich durch Differentiation von (8) zu

$$\frac{\mathrm{d}E}{\mathrm{d}\Phi} = -\frac{0{,}4343}{\Phi} \quad \text{oder} \quad \mathrm{d}E = -0{,}4343 \frac{\mathrm{d}\Phi}{\Phi}$$

$$\frac{\mathrm{d}E}{E} = -\frac{0{,}4343}{E}\,\frac{\mathrm{d}\Phi}{\Phi} . \tag{9}$$

Bezeichnet man die Teilkreisablesung des Sektors in Prozenten mit x, die Ablesegenauigkeit mit $\mathrm{d}x$, so ergibt sich für die Ablesestreuung, da $\Phi = \text{prop.}\ x$:

$$\frac{\mathrm{d}E}{E} = -\frac{0{,}4343}{E}\,\frac{\mathrm{d}x}{x} . \tag{10}$$

Da ferner $E = 2 - \log x$, erhält man durch Einsetzen dieses Wertes

$$\frac{\mathrm{d}E}{E} = -\frac{0{,}4343}{2x - x\log x}\,\mathrm{d}x . \tag{11}$$

Die Funktion $2x - x\log x$ geht für $x = 36{,}78\%$ durch ein Maximum, die zugehörige Ablesestreuung also durch ein Minimum. Dieses liegt bei $E = 0{,}4343$. Setzt man den zugehörigen minimalen Fehler willkürlich gleich 1, so ergibt sich die Abhängigkeit der relativen Ablesestreuung von der Extinktion aus Abb. 34. Bei kleinen Öffnungswinkeln steigt also der relative Fehler rasch an. Der tatsächliche Betrag der Ablesestreuung hängt natürlich noch von $\mathrm{d}x$, d.h. von der Genauigkeit der Kreisteilung ab. Bei einer von KORTÜM[2] angegebenen Konstruktion, die sich bei jahrelangem Gebrauch bewährt hat, kann die Öffnung an einer auf dem Umfang angebrachten Kreisteilung[3] mittels Nonius auf $2 \cdot 10^{-5}$ des Gesamtumfangs abgelesen werden. Das entspricht einer Ablesestreuung von

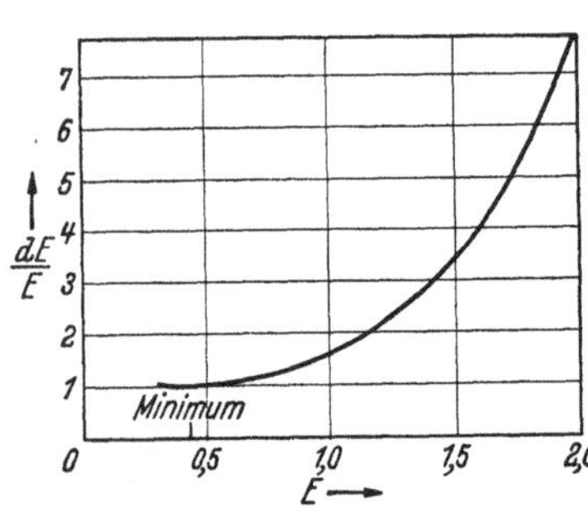

Abb. 34. Relative Ablesestreuung der Extinktion eines rotierenden Sektors in Abhangigkeit von der Extinktion

[1] NAPOLI, D.: Soc. Franç. de Phys. Séances **1880**, S. 53.
[2] KORTÜM, G.: Z. Instrumentenkunde **54**, 373 (1934).
[3] Kreisteilungen hoher Präzision werden z.B. von Heyde, Dresden; Schmidt & Haensch, Berlin; Moller, Opt. Werke Wedel/Holstein, hergestellt.

$10^{-2}\%$ im Minimum der Fehlerkurve bei $E = 0{,}4343$, was die größte bisher mit einem Sektor erreichte Genauigkeit der Strahlungsschwächung darstellt. Bei dieser Konstruktion kann außerdem die Extinktion während des Umlaufs verändert werden, was für photometrische Messungen sehr erwünscht ist, andererseits aber einen recht großen konstruktiven Aufwand erfordert[1]. Man kann auch die beiden Sektorscheiben getrennt auf den Achsen zweier Synchronmotoren laufen lassen und die relative Stellung der beiden Sektoren zueinander dadurch verändern, daß man die Phase der dem einen Motor zugeführten Spannung elektronisch steuert[2].

Einen rotierenden Sektor in Zylinderform, dessen Konstruktion wesentlich einfacher ist, hat DUNN[3] beschrieben; er wird in der von FOLLETT[4] angegebenen Anordnung benutzt (vgl. Abb. 35b). Das aus dem Monochromatorspalt S austretende Lichtbündel tritt in den Sektor ein, der aus einem mit Ausschnitten versehenen Zylindermantel besteht und mit dem Motor M um seine Achse gedreht wird. Denkt man sich den Zylindermantel in eine Ebene aufgewickelt, so haben die Ausschnitte Dreiecksform (vgl. Abb. 35a). Das Lichtbündel wird durch das totalreflektierende Prisma P senkrecht zur Zylinderachse abgelenkt und fällt auf den Empfänger F. Durch Verschiebung des sich drehenden Zylinders längs der Achse kann sein wirksamer Ausschnitt und damit seine Extinktion meßbar verändert werden. Die Verschiebung geschieht mittels Spindel und Trommelteilung. Auf diese Weise ist die Extinktion des Sektors auch während des Umlaufs ablesbar. Der Spalt S wird durch die Optik BK auf der Wand des Zylinders abgebildet. Damit dieses Bild stets scharf bleibt, was für die wirksame Öffnung des Sektors wichtig ist, müssen für verschiedene Wellenlängen die Linsen B und K stets fokussiert werden. Die Abhängigkeit der Kalibrierung des Sektors vom Strahlengang (insbesondere auch von der Spalthöhe) bildet daher auch den wesentlichen Nachteil dieser Konstruktion, die deshalb nicht die große

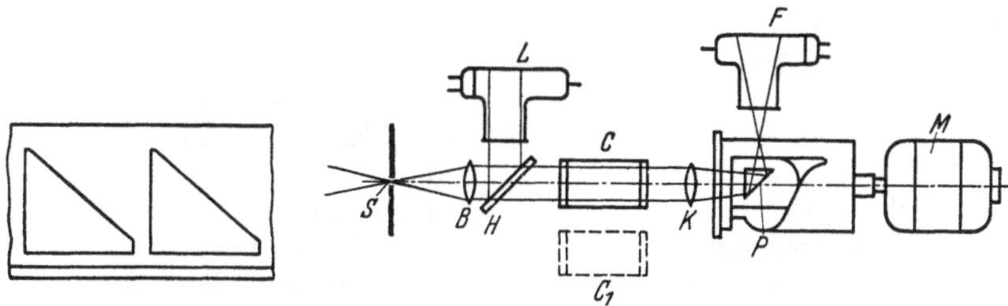

Abb. 35 a und b. Sektor nach DUNN

[1] Vgl. auch P. PERILHOU: Rev. d'Opt. **21**, 235 (1942); A. BAYLE: Rev. d'Opt. **27**, 314 (1948).

[2] RICHARDSON, H. M., R. G. FOWLER u. M. L. COFFMAN: J. opt. Soc. Amer. **43**, 873 (1953).

[3] DUNN, F. L.: Rev. sci. Instruments **2**, 807 (1931); M. F. HASLER u. R. W. LINDHURST, Rev. sci. Instruments **7**, 137 (1936); J. R. PLATT u. Mitarb.: Rev. sci. Instruments **14**, 85 (1943); I. L. STEINBERG u. B. VODAR: Rev. d'Opt. **27**, 611 (1948).

[4] Hersteller: A. Hilger, London.

Präzision erreichen läßt wie die vorher beschriebene Konstruktion des radialen Sektors.

Ähnliches gilt auch für den Sektor nach BRODHUN[1], bei dem die verstellbare Sektorscheibe ruht, während das axiale Lichtbündel mit Hilfe von je zwei rotierenden, totalreflektierenden Prismen vor und hinter der Scheibe aus der optischen Achse abgelenkt wird, die Sektorscheibe passiert und in die Achse zurückgelenkt wird, eine Anordnung, die natürlich an die Parallelität des Strahlenbündels hohe Anforderungen stellt und besonders sorgfältiger Justierung bedarf.

Für Strahlenbündel geringen Querschnitts werden gelegentlich spezielle Sektoren benutzt[2], etwa in Form eines sternförmigen Rades oder einer Scheibe mit symmetrisch verteilten dreieckförmigen Ausschnitten. Die Extinktion eines solchen Sektors hängt vom Abstand der Achse des Strahlenbündels von der Achse des Sektors ab, der deshalb senkrecht zum Strahlenbündel meßbar verschoben werden kann. Dagegen läßt sich die Extinktion nicht mehr aus den geometrischen Abmessungen des Sektors berechnen (außer für unendlich schmales Strahlenbündel), so daß sie empirisch geeicht werden muß, womit ein wesentlicher Vorteil dieser Schwächungseinrichtung verlorengeht. Ein Sektor dieser Art wird z.B. im Infrarotspektrometer von Unicam (vgl. S. 398) verwendet.

Bei den bisher beschriebenen Sektoren wird nicht die Bestrahlungsstärke, sondern die Bestrahlungs*zeit* herabgesetzt, d.h. der Empfänger erhält abwechselnd die volle Intensität und die Intensität Null. Der POOLsche Sektor[3] vereinigt die Vorteile des rotierenden Sektors und der Meßblende, ohne ihre Nachteile zu besitzen. Er besteht ebenfalls aus einem Sektor bestimmten Ausschnitts, der jedoch nicht exzentrisch zur Achse des Strahlengangs angebracht wird, sondern *zentral* im Strahlenbündel justiert ist. Er rotiert in einem außen angebrachten Kugellager (vgl. Abb. 214, S. 427), so daß stets ein durch den Sektorausschnitt gegebener Teil des Strahlenbündels auf den Empfänger fällt. Dadurch wird nicht wie beim exzentrischen Sektor die Bestrahlungs*zeit*, sondern wie bei einer Meßblende die Bestrahlungs*stärke* herabgesetzt, so daß alle z.B. durch SCHWARZSCHILD-Exponent und Intermittenzeffekt möglichen systematischen Fehlerquellen (vgl. S. 188) vollkommen ausgeschaltet sind, sofern das Strahlenbündel homogen ist. Aber auch bei inhomogenem Strahlenbündel ist ein restlicher Intermittenz-Effekt praktisch zu vernachlässigen, wenn der Sektor genügend rasch rotiert. Ebenso fallen alle Störungen weg, die durch stroboskopische Effekte hervorgerufen sein könnten, so daß mit dieser Anordnung auch die Wasserstofflampe verwendbar ist. Andererseits sind die Nachteile der Meßblende, wie sie im SPEKKER-Photometer (S.425) verwendet wird, nämlich die hohen Anforderungen an die Homogenität des Strahlenbündels und die Empfindlichkeit der optischen Justierung ebenfalls vermieden, da durch die Rotation des Sektors die Inhomogenitäten im Quer-

---

[1] BRODHUN, E.: Z. Instrumentenkunde 27, 8 (1907); W. BECHSTEIN: Z. Instrumentenkunde 27, 178 (1907).

[2] Vgl. z.B.: G. F. WOOD: Nature 114, 466 (1924); R. A. G. CARRINGTON: Spectrochim. Acta 15, 157 (1959).

[3] POOL, G. M.: Z. Physik 29. 311 (1924). Hersteller: R. Fuess, Berlin-Steglitz.

schnitt des Strahlenbündels herausgemittelt werden. Die Justierung des Sektors wird durch eine hinter der Beleuchtungslinse angebrachte Blende erleichtert. Die richtige Justierung erkennt man daran, daß beim Einschalten des Sektors in den Strahlengang nur eine Abnahme der Beleuchtungsstärke auf dem Spalt, dagegen keine lokalen durch unscharfe Abbildung der Lichtquelle bewirkten Intensitätsschwankungen (helles oder dunkles Zentrum) auftreten dürfen.

b) Verstellbare Blenden werden in verschiedener Form zur meßbaren Strahlungsschwächung benutzt. Ihre Extinktion ergibt sich aus dem geometrischen Ausschnitt der Blende, wobei vorausgesetzt wird, *daß das Strahlenbündel über den ganzen Querschnitt völlig homogen ist.* Als Beispiel ist in Abb. 36 die Meßblende des Pulfrich-Photometers von Zeiss wiedergegeben[1]. Zwei übereinanderliegende Spaltbacken mit rechtwinkligem Ausschnitt, die eine quadratische Öffnung ergeben, können symmetrisch gegeneinander bewegt werden, so daß der Mittelpunkt der Öffnung seine Lage beibehält. Der von der Blende durchgelassene Strahlungsstrom ist dem Quadrat der Diagonalen l proportional, so daß die Extinktion der Blende gegeben ist durch

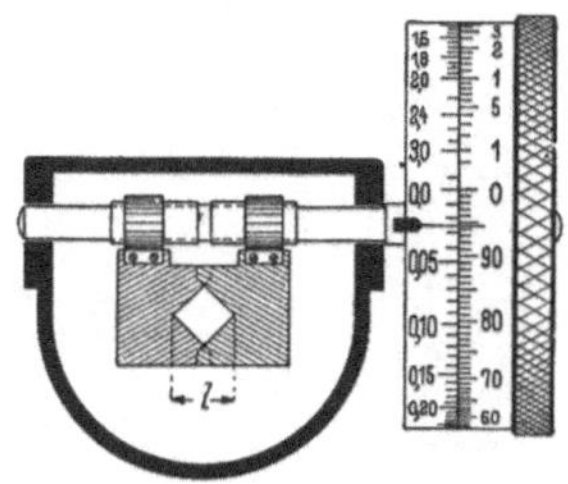

Abb. 36. Meßblende des Pulfrich-Photometers

$$E \equiv \log\frac{\Phi_0}{\Phi} = \log\frac{l_0^2}{l^2} = 2\log\frac{l_0}{l}. \tag{12}$$

l_0 ist die Diagonale bei maximaler Öffnung der Blende. Die Durchlässigkeit bzw. die Extinktion kann auf einer Meßtrommel abgelesen werden.

Für die relative Ablesestreuung in Abhängigkeit von der Blendenöffnung l bzw. der zugehörigen Extinktion E ergibt sich aus (9)

$$\frac{\mathrm{d}E}{E} = -\frac{0{,}4343}{l\log(l_0/l)}\,\mathrm{d}l, \tag{13}$$

wenn $\mathrm{d}l$ den konstanten Ablesefehler an der Meßtrommel (beim Pulfrich-Photometer 0,5 mm) bedeutet. Dabei ist vorausgesetzt, daß sich die Stellung l_0 der vollen Öffnung ohne Fehler einstellen läßt (z. B. durch Anschlag). Setzt man $l_0 = 12$ mm, wie dies beim Pulfrich-Photometer der Fall ist, so wird die Funktion $l\cdot\log(l_0/l)$ für $l = 4{,}415$ mm bzw. $E = 0{,}8686$ ein Maximum und entsprechend die relative

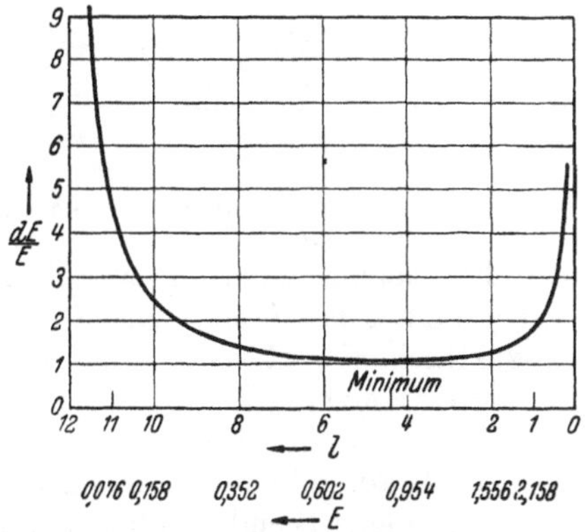

Abb. 37. Relative Ablesestreuung der Extinktion einer quadratischen Meßblende in Abhängigkeit von ihrer Diagonalen

[1] Eine ähnliche Meßblende wird von H. J. Höfert: Z. Instrumentenkunde **67**, 118 (1959) beschrieben; sie wird im „Elrepho" von Zeiss verwendet (vgl. S. 346).

Streuung ein Minimum. Wie aus Abb. 37 hervorgeht, steigt sie innerhalb der Grenzen $9{,}5 > l > 0{,}8$ bzw. $0{,}2 < E < 2{,}2$ auf etwa den doppelten Wert der minimalen Streuung an. Eine Irisblende mit einer meßbar veränderlichen Extinktion im Bereich von 0 bis 4 beschreibt MORRISON[1].

Die wesentliche Voraussetzung für die Richtigkeit der mit einer solchen Blende gemessenen Schwächungen ist die *Homogenität der Strahlungsleistung* über den gesamten Querschnitt der Blende, die in Praxis nur mit einer mehr oder minder guten Näherung erreicht werden kann. Etwas günstiger ist in dieser Hinsicht eine *Sektorblende* mit einer Anzahl symmetrisch angeordneter Kreissektoren (vgl. Abb. 38), bei der die Proportionalität zwischen Sektordrehung und durchgelassener Strahlungsleistung von axialsymmetrischen Inhomogenitäten der Ausleuchtung unabhängig ist. Weitere Ungleichmäßigkeiten der Ausleuchtung, wie sie durch die mangelnde Punktförmigkeit der Strahlungsquellen, besonders bei großen Öffnungswinkeln der Optik, hervorgerufen werden, lassen sich durch verschieden geformte Korrektoren, die die Sektorradien in stetig veränderlicher Weise begrenzen, weitgehend ausgleichen[2], so daß die Strahlungsschwächung auf etwa 0,2% genau einstellbar wird. Eine derartige Meßblende wird im Elektrophotometer „Elko II" von Carl Zeiss, Oberkochen (vgl. S. 267), verwendet. Ähnlich wirken die häufig benutzten *Aperturblenden*, die in der Art eines photographischen Zentralverschlusses konstruiert sind. Eine andere Möglichkeit, Inhomogenitäten

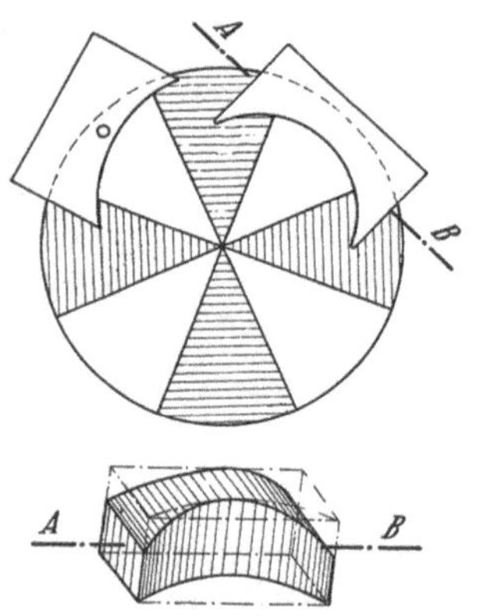

Abb. 38. Sektormeßblende des „Elko II" mit Korrektoren zur Kompensation inhomogener Ausleuchtung

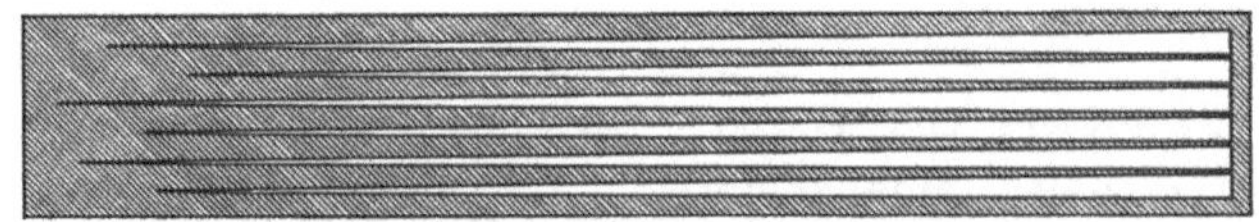
Abb. 39. Kammformige Blende des Infrarotspektrometers von Perkin-Elmer

der Blendenausleuchtung weitgehend unwirksam zu machen, besteht darin, eine *kammförmige Blende* von der Seite her in den Strahlengang einzuschieben[3] (vgl. Abb. 39). Wie besondere Messungen gezeigt haben[4], ist die Kammverschiebung der Intensitätsänderung der durchgelassenen Strahlung, von den Enden des Kammes abgesehen, streng proportional, d.h. evtl. auftretende Beugungserscheinungen kompensieren sich weitgehend. Solche Blenden werden z.B. im Infrarotspektrometer Modell 21 von Perkin-Elmer (vgl. S. 395) benutzt.

[1] MORRISON, C. A.: J. opt. Soc. Amer. **42**, 90 (1952).
[2] HANSEN, G.: Optik **8**, 251 (1951).
[3] WRIGHT, N. u. L. W. HERSCHER: J. opt. Soc. Amer. **37**, 211 (1947).
[4] KORTUM, G. u. W. HESS: Z. physik. Chem. N. F. **19**, 142 (1959).

c) Raster und Strichgitter. Ähnlich wie die Kammblende wirken Raster aus mit Ruß geschwärzten Drahtnetzen oder Quarzplatten mit metallischen Strichgittern. Infolge der Beugung sind solche Raster nicht streng neutral, die Durchlässigkeit für lange Wellen ist größer als für kurze[1], doch diese Unsicherheit ist im allgemeinen zu vernachlässigen. Wegen der Beugung sollten die Rasteröffnungen 0,1 mm Durchmesser nicht unterschreiten. Aus dem gleichen Grunde sind Netze und Siebe besser als Strichgitter.

Sie besitzen ebenfalls den Vorteil, daß das Strahlenbündel nicht homogen zu sein braucht, ferner sind sie einfach zu handhaben und leicht auswechselbar. Bei Strahlungsquellen mit Struktur (Glühlampen) läßt sich eine eventuelle Moiré-Wirkung dadurch vermeiden, daß man das Raster ungleichmäßig bewegt. Dies läßt sich erreichen, wenn man es in einer ovalen Fassung anbringt, die auf zwei gekoppelten rotierenden Rollen ruht[2]. Das Raster taumelt dann unregelmäßig vor der Zwischenblende hin und her (Taumelblende).

d) Polarisationsprismen. Aus einem Polarisator kommende, linear polarisierte Strahlung kann durch einen mit Teilkreis versehenen drehbaren Analysator meßbar geschwächt werden. Bei Parallelstellung der beiden Polarisationsprismen wird die Strahlung vom Analysator vollkommen durchgelassen, bei gekreuzter Stellung vollkommen ausgelöscht. In den Zwischenstellungen ist die Extinktion gegeben durch

$$E \equiv \log \frac{\Phi_0}{\Phi} = -\log \cos^2 \alpha\,, \tag{14}$$

wenn α den Azimut der beiden Prismen bedeutet. Aus $\Phi = \Phi_0 \cdot \cos^2 \alpha$ und $\mathrm{d}\Phi = -2\Phi_0 \cdot \sin\alpha \cdot \cos\alpha \, \mathrm{d}\alpha$ ergibt sich mittels (9) die relative Ablesestreuung in Abhängigkeit vom Azimut α und bei gegebenem Ablesefehler $\mathrm{d}\alpha$ des Analysatorteilkreises zu

$$\frac{\mathrm{d}E}{E} = \frac{-0{,}8686 \operatorname{tg} \alpha}{\log \cos^2 \alpha} \mathrm{d}\alpha\,. \tag{15a}$$

Die Funktion $\operatorname{tg}\alpha/\log \cos\alpha$ geht für $\alpha = 63°12'$ durch ein Minimum, die zugehörige Extinktion ist 0,6919. Setzt man wieder den minimalen Fehler gleich 1, so ergibt sich die relative Ablesestreuung als Funktion von α aus Abb. 40. Der Fehler wächst hier im Bereich $25° < \alpha < 86°$ auf etwa den doppelten Betrag des minimalen Fehlers an. Dem entspricht ein Extinktionsintervall von $0{,}08 < E < 2{,}2$, das also (analog wie bei der Meßblende) doppelt so groß ist wie bei der Schwächung mit dem rotierenden Sektor (Vgl. Abb. 40).

Die aus dem Analysator austretende Strahlung besitzt eine mit dem Azimut α variierende Schwingungsrichtung. Da manche Empfänger wie Photozellen oder Sekundärelektronenvervielfacher eine von der Polarisationsrichtung der auffallenden Strahlung abhängige Stromausbeute

---

[1] Heidt, L. J. u. D. E. Bosley: J. opt. Soc. Amer. **43**, 760 (1953).
[2] Kaiser, H.: Spectrochim. Acta **3**, 518 (1947/49).

zeigen können[1], wählt man in solchen Fällen eine *Drei-Prismen-Anordnung* zur Strahlungsschwächung[2]. Von den drei Polarisationsprismen stehen die beiden äußeren fest und zueinander parallel, das mittlere ist drehbar und mit dem Teilkreis versehen. Die Extinktion in Abhängigkeit vom Azimut α ist dann gegeben durch

$$E \equiv \log \frac{\Phi_0}{\Phi} = -\log \cos^4 \alpha\,, \tag{16}$$

die relative Ablesestreuung durch

$$\frac{\mathrm{d}E}{E} = -\frac{4 \cdot 0{,}4343 \operatorname{tg} \alpha}{\log \cos^4 \alpha}\,. \tag{15b}$$

Die Vorteile der *Polarisationsprismen* gegenüber dem rotierenden Sektor beruhen einmal darauf, daß man auch Extinktionen $E < 0{,}3$ direkt messen kann, und daß der Extinktionsbereich, innerhalb dessen die Ablesestreuung auf den doppelten Betrag der minimalen Streuung ansteigt, etwa doppelt so groß ist wie beim rotierenden Sektor. Zweitens erfordert der rotierende Sektor eine recht komplizierte Mechanik, wenn man seine Extinktion *während des Umlaufs* ändern will, während die Drehung des Analysators lediglich eine sorgfältige Zentrierung der Drehachse voraussetzt. Schließlich wird die Strahlung durch Polarisationsprismen kontinuierlich geschwächt, während beim Sektor die Strahlung intermittierend auf den Empfänger fällt, was zu sog. Intermittenzeffekten führen kann (vgl. S. 188). Dem stehen die Nachteile gegenüber, daß die zur Verfügung stehende Strahlungsintensität bereits im Polarisator zur Hälfte verlorengeht und daß die Prismenanordnung eine sehr sorgfältige Justierung des ganzen Strahlenganges erfordert. Wie Versuche im einzelnen gezeigt haben[3], lassen sich GLAN-Prismen, die wegen ihrer Luftzwischenschicht den größten Durchlaßbereich im UV aufweisen, für genaue Intensitätsänderungen nicht verwenden, was vermutlich auf die zahlreichen Reflexionen der Strahlung an den Schnittflächen und auf den kleinen Öffnungswinkel dieser Prismen (7°) zurückzuführen ist. Man

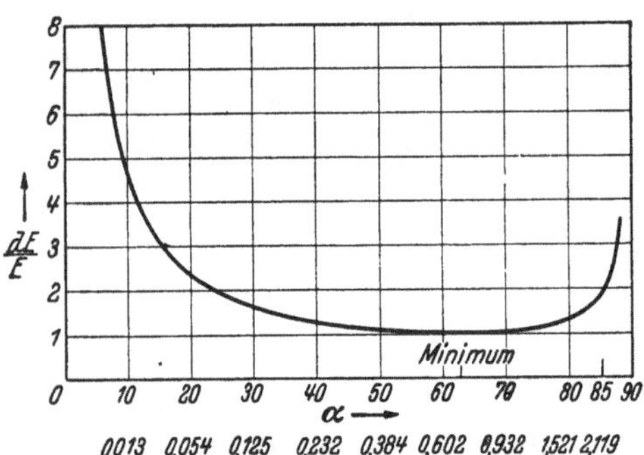

Abb. 40. Relative Ablesestreuung der Extinktion durch zwei Polarisationsprismen in Abhängigkeit von Azimut α

[1] Vgl. z. B.: B. A. BRICE, M. HALWER u. R. SPEISER: J. opt. Soc. Amer. **40**, 768 (1950).
[2] Vgl. G. KORTÜM u. H. MAIER: Z. Naturf. 8a, 235 (1953); J. H. DOWELL: J. sci. Instruments 8, 382 (1931).
[3] KORTÜM, G. u. H. v. HALBAN: Z. physik. Chem. (A) **170**, 212 (1934).

verwendet statt dessen verkürzte GLAN-THOMPSON-Prismen von 17° Öffnungswinkel, die eine bis 1850 Å durchlässige Kittschicht besitzen[1]. Die einzelnen optischen Teile müssen sehr sorgfältig senkrecht zur optischen Achse des Strahlengangs justiert werden, was am besten durch Autokollimation erfolgt. Die beiden Auslöschungsstellen werden am besten mit dem Auge bei grünem Licht (Hg-Linie bei 546 mμ) ermittelt, sie müssen genau um 180° gegeneinander verschoben sein, was ein Kriterium für richtige Justierung darstellt. Geringe Exzentrizitäten der Drehachse sowie der Achsenorientierung der Polarisationsprismen bewirken gewöhnlich, daß die gemessenen Werte in den verschiedenen Quadranten des Teilkreises etwas voneinander abweichen. Im gleichen Sinn wirken nichtparallele Prismenendflächen und Streulicht[2], das durch unvollkommene Absorption des an der Kittschicht reflektierten ordentlichen Strahls entsteht. Immerhin läßt sich erreichen[3], daß die Gesetze (14) bzw. (16) innerhalb eines gewissen mittleren Azimutbereiches mit einer Genauigkeit von etwa 0,05% und darunter erfüllt sind. Das erfordert jedoch eine sehr sorgfältige Nachprüfung[4], was bedeutet, daß für *absolute* Strahlungsschwächungen der rotierende Sektor allen anderen Methoden bei weitem überlegen ist.

Ein Vergleich der Ablesestreuungen der verschiedenen Schwächungseinrichtungen wird dadurch ermöglicht, daß man für eine bestimmte relative Streuung der Extinktion im Minimum der Fehlerkurven die Ablesestreuungen $\mathrm{d}x$ bzw. $\mathrm{d}\alpha$ und $\mathrm{d}l$ berechnet, welche der angenommene Fehler verlangen würde. Setzt man z.B. $\mathrm{d}E/E = 0{,}01\,\%$, was die minimale Streuung und damit die höchste bisher erreichte Genauigkeit darstellt, wie später gezeigt werden wird (vgl. S. 271), so wird nach den Gleichungen (11), (13) und (15)

$$0{,}0271\,\mathrm{d}x = 2{,}49\,\mathrm{d}\alpha = 0{,}2265\,\mathrm{d}l = 10^{-4}\,. \tag{17}$$

Daraus errechnen sich die folgenden Werte: $\mathrm{d}x = 0{,}0037\,\%$; $\mathrm{d}\alpha = 0{,}00004°$ im Bogenmaß $= 8{,}7''$; $\mathrm{d}l = 0{,}00044$ mm. Wenn man diese Meßgenauigkeit erreichen will, sind also die Anforderungen an die Ablesegenauigkeit der Lichtschwächungseinrichtungen schon sehr beträchtlich. Die angegebenen Zahlen entsprechen einer Unterteilung des Sektorumfangs bzw. der Diagonale der Meßblende in 27100, des Analysatorteilkreises in 156400 durch Nonius ablesbare Teile.

e) Abstandsänderung der Strahlungsquelle. Da nach Gleichung (I,11) die Bestrahlungsstärke einer Fläche umgekehrt mit dem Quadrat der Entfernung von der Strahlungsquelle abnimmt, läßt sie sich durch Abstandsänderung der Strahlungsquelle meßbar variieren. Dabei ist jedoch eine möglichst streng punktförmige Strahlungsquelle vorausgesetzt, die sich praktisch nur mit einer gewissen Annäherung verwirklichen läßt. Daher muß analog wie bei den Polarisationsprismen das Gesetz der Schwächung in jedem einzelnen Fall nachgeprüft und gegebenenfalls empirisch korrigiert werden. S gegen $1/r^2$ aufgetragen ergibt in solchen

[1] Hersteller: B. Halle, Berlin-Steglitz.
[2] STEEL, W. H.: J. opt. Soc. Amer. **41**, 223 (1951).
[3] KORTÜM, G. u. H. MAIER: Z. Naturf. **8a**, 235 (1953).

Fällen keine Gerade, sondern eine mehr oder weniger gekrümmte Kurve (Eichkurve!). Anordnungen zur Eichung von Filtern usw. mit Hilfe des Abstandsgesetzes sind mehrfach angegeben worden[1].

f) Graukeile bzw. Graulösungen sind im Gegensatz zu den bisher besprochenen Vorrichtungen für meßbare Strahlungsschwächung im allgemeinen wellenlängenabhängig. Unter einem ideal *grauen* Medium versteht man ein solches, dessen Absorption im ganzen sichtbaren Spektralbereich gleich groß ist, dessen Absorptionskurve also eine Parallele zur Wellenlängenskala darstellt; es läßt sich nur mit einer gewissen Annäherung verwirklichen, z.B. durch Gemische verschiedener Farbstoffe, durch Graugläser oder durch fein in einem durchsichtigen Medium verteilte feste Stoffe (Platin, Graphit usw.).

Bei Graukeilen ist das absorbierende Medium gewöhnlich homogen in Gelatine eingebettet[2]. Die Extinktion nimmt linear mit der Dicke der Gelatineschicht zu, so daß man durch die Verschiebung des Keils mittels einer Präzisionsspindel mit Trommelablesung ein Strahlenbündel beliebig meßbar schwächen kann. Noch besser verwendet man zwei Keile mit gegenläufiger Steigung. In dem Teil, in dem sie sich überdecken, ist die Extinktion gleichmäßig und konstant, sie ändert sich, wenn man die Keile gegeneinander verschiebt, so daß die Schichtdicke sich ändert. Für die Richtigkeit der Schwächung ist die Gleichmäßigkeit der *Steigung* des Keils (Extinktionszunahme pro mm Verschiebung) maßgebend; sie kann jedoch durch Verwendung breiter Keile und möglichst großen Querschnitt des Strahlenbündels, d.h. durch Mittelung über eine möglichst große Keilfläche von geringen Ungleichmäßigkeiten der Steigung weitgehend unabhängig gemacht werden. Graukeile, deren absorbierende Schicht aus Graphit oder fein verteiltem Platin besteht, zeigen eine beträchtliche Streuwirkung (Callier-Effekt), so daß ihre Extinktion vom geometrischen Strahlengang abhängig wird. Letzterer darf daher nach der Eichung nicht mehr verändert werden[3]. Dagegen sind sie natürlich gegen Strahlungseinwirkung unempfindlich, während Farbstoffkeile bei längerem Gebrauch infolge photochemischer Vorgänge eine Änderung ihrer Extinktion zeigen können, so daß sie von Zeit zu Zeit nachgeeicht werden müssen. Platinkeile lassen sich auch durch kathodische Zerstäubung des Metalls auf Glas oder Quarz herstellen[4].

Graulösungen, die aus einem Gemisch von Farbstoffen bestehen[5], besitzen eine Reihe weiterer Nachteile, wie Wärmeempfindlichkeit, Temperaturabhängigkeit, Konzentrationsänderung durch Verdampfung des Lösungsmittels, so daß sie häufig erneuert werden müssen, wenn man sie zur Strahlungsschwächung benutzen will.

---

[1] Vgl. H. Kaiser: Spectrochim. Acta **3**, 518 (1947/49).

[2] Sog. „Goldberg-Keile"; E. Goldberg: Trans. Faraday Soc. **19**, 349 (1923). Hersteller: Zeiss-Ikon, Stuttgart.

[3] Man bringt den Keil moglichst unmittelbar hinter der Strahlungsquelle oder vor dem Empfänger an, da dann der Einfluß der Streuung am geringsten wird.

[4] Kienle, H. u. H. Siedentopf: Z. Physik **58**, 726 (1929).

[5] Vgl. A. Thiel: Absolutkolorimetrie. Hersteller: E. Leitz, Wetzlar. Die Zusammensetzung einer grauen anorganischen Lösung beschreibt L. C. Thomson: Trans. Faraday Soc. **42**, 663 (1946).

Die bisher verfügbaren Graugläser[1] sind nicht neutralgrau, ihre Extinktion hängt mehr oder weniger stark von der Wellenlänge ab (im allgemeinen steigt sie gegen das UV an), so daß eine besondere Eichung für jeden benutzten Spektralbereich notwendig ist. Man muß daher für absolute Messungen eine mit der Wellenlänge veränderliche Meßskala verwenden[2], was gegenüber den sonst gebräuchlichen Lichtschwächungen eine unerwünschte Komplikation bedeutet. Ein Graufilter, dessen Extinktion zwischen 300 mμ und 2,3 μ praktisch konstant ist (Schwankung $< 1\%$), läßt sich dadurch herstellen, daß man eine dünne Platinschicht, deren Absorption nach kurzen Wellenlängen hin abnimmt, mit einer Rußschicht überlagert, deren Absorption entgegengesetzt verläuft[1].

4. Optik

a) Durchlässigkeitsbereiche und Reflexionsvermögen. Unter „Optik“ seien die zwischen Strahlungsquelle und Empfänger eingeschalteten optischen Teile zur Herstellung eines definierten Strahlenganges, zur spektralen Zerlegung der Strahlung und zur Festlegung der Schwingungsebene verstanden. Es handelt sich demnach im wesentlichen um *Linsen, Prismen, Spiegel, Gitter* und *Polarisatoren.*

Da die in einem Strahlengang vorhandenen optischen Elemente die Strahlungsleistung so wenig wie möglich verringern sollen, interessieren in erster Linie die spektralen *Durchlässigkeitsbereiche* der verschiedenen Materialien bzw. – soweit Spiegel und Reflexionsgitter in Betracht kommen – ihr spektrales *Reflexionsvermögen.* Die *Durchlässigkeitsbereiche* sind in Tabelle 5 zusammengestellt[3].

Die angegebenen Zahlen sind Grenzwerte für Schichten von wenigen cm Dicke, für die ϑ etwa 50% beträgt. Bei dicken Schichten (z. B. in Prismen) tritt bei diesen Grenzen schon beträchtliche Absorption auf, insbesondere bei Vorhandensein von Einschlüssen oder Verunreinigungen[4]. In einzelnen Materialien beobachtet man auch schwache selektive Absorption, z.B. in Quarz bei 2,9 μ, in LiF bei 2,8 μ, in KCl bei 3,2 und 7,1 μ. Von den meisten Materialien kann man heute große Kristalle künstlich züchten[5]. Dies gilt insbesondere für die Alkalihalogenide. NaCl, KCl, KBr, KJ, CsBr und CsJ sind sehr feuchtigkeitsemp-

---

[1] Vgl. dazu H. Theissing u. M. Goebert: Z. techn. Physik **21**, 149 (1940); Angerer-Ebert: Techn. Kunstgriffe, Braunschweig 1952.

[2] Vgl. A. Thiel: Absolutkolorimetrie. Hersteller: E. Leitz, Wetzlar. Die Zusammensetzung einer grauen anorganischen Lösung beschreibt L. C. Thomson: Trans. Faraday Soc. **42**, 663 (1946).

[3] Czerny, M. u. H. Röder: Ergebn. exakt. Naturwiss. **17**, 70 (1938); V. Z. Williams: Rev. sci. Instruments **19**, 135 (1948); R. W. Ditschburn: Proc. Roy. Soc. London (A) **236**, 216 (1956); E. K. Plyler u. N. Acquista: J. opt. Soc. Amer. **48**, 668 (1958); Zusammenfass. Ber.: State-of-the-Art Report, Iria, Univ. of Michigan, Willow Run. Lab. 1959.

[4] Deshalb sind manche der angegebenen Materialien zwar für Küvettenfenster, nicht aber für Prismen geeignet.

[5] Lieferquellen: Heraeus, Hanau; Leitz, Wetzlar; Harshaw Chemical Co., Cleveland 6, Ohio; Hilger & Watts, London NW 1; Carl Zeiss, Oberkochen; Dr. Korth, Kiel.

findlich und bedürfen deshalb spezieller Schutzmaßnahmen (Trockenmittel, erhöhte Temperatur).

Tabelle 5. *Durchlässigkeitsgrenzen optischer Materialien*

Material	Durchlässigkeit im Sichtbaren und UV	Material	Durchlassigkeit im IR
Flintglas ....bis	etwa 4000 Å	Glas .... bis	2,5 μ
Gewöhnliches Glas	etwa 3500 Å	Quarzglas „Infrasil“	3,3 μ
Glimmer	etwa 2800 Å	Quarz (kristallin)	4,4 μ
Uviolglas	etwa 2500 Å	Glimmer (Na-Al-Silicat)	5,3 μ
Quarzglas	etwa 2000 Å	Saphir (Al_2O_3)*	6,5 μ
Glimmer, synth.	etwa 2000 Å	Lithiumfluorid(LiF)	7 μ
Bariumfluorid	etwa 2000 Å	Periclas (MgO)**	10 μ
Natriumchlorid	etwa 2200 Å	Flußspat (CaF_2)	10,5 μ
Kaliumchlorid	etwa 2200 Å	Natriumfluorid (NaF)	10 μ
Saphir	etwa 1850 Å	Arsensulfid (As_2S_3)	12 μ
Flußspat	etwa 1250 Å	Irtran-2 (Eastman-Kodak)	13 μ
Lithiumfluorid	etwa 1200 Å	Cadmiumsulfid CdS***	15 μ
		Bariumfluorid (BaF_2)	15 μ
		Steinsalz (NaCl)	20 μ
		Selen	20 μ
		Germanium	21 μ
		Sylvin (KCl)	25 μ
		Hornsilber (AgCl)	28 μ
		Kaliumbromid (KBr)	32 μ
		Kaliumjodid (KJ)	37 μ
		Polystyrol	37 μ
		Polyäthylen	37 μ
		Caesiumbromid (CsBr)	50 μ
		KRS 5 (TlBr + TlJ)	50 μ
		Caesiumjodid (CsJ)	60 μ

* Bezugsquelle: Linde Air Products Comp., Tonawanda, N. Y.

** Bis 1500° geeignet; Bezugsquelle: Infrared Development Comp., Welwyn Garden City, Hertfordshire, England.

*** Francis, A. B. u. A. I. Carlson: J. opt. Soc. Amer. **50**, 118 (1960).

Das *Reflexionsvermögen* eines Stoffes ist definiert durch $R \equiv \Phi_{\text{refl.}}/\Phi_{\text{einf.}}$ und ist bei senkrechtem Einfall der Strahlung nach Fresnel gegeben durch

$$R = \frac{(n-1)^2 + n^2 \varkappa^2}{(n+1)^2 + n^2 \varkappa^2}, \tag{18}$$

worin n den Brechungsindex und $\varkappa$ den durch Gleichung (I,22) definierten Absorptionsindex bei der betreffenden Wellenlänge bedeutet. Für große Werte von $\varkappa$ wird $n^2 + 1 + n^2 \varkappa^2 \gg 2n$, so daß R Werte in der Nähe von 1 annimmt. Stoffe mit sehr großer Absorption zeigen deshalb auch ein großes (metallisches) Reflexionsvermögen. Das Reflexionsvermögen einiger Metalle in den interessierenden Spektralgebieten ist in Abb. 41 dargestellt[1]. Bei den meisten Metallen ist es im Sichtbaren sehr groß,

[1] Vgl. G. B. Sabine: Phys. Rev. **55**, 1064 (1939). K. Weiss: Z. Naturforschg. **3a**, 143 (1948); L. G. Schulz: J. opt. Soc. Amer. **44**, 357 (1954); L. G. Schulz u. F. R. Tangherlini: ibid. **44**, 362 (1954).

nimmt aber gegen das UV in der Regel stark ab. So zeigt z.B. Silber bei etwa 4000 Å einen außerordentlich steilen Abfall des Reflexionsvermögens, das bei 3200 Å ein Minimum von 4% erreicht, um bei 2500 Å wieder zu einem Maximum von 25% anzusteigen. Deshalb eignet sich Silber im UV nicht zur Belegung von Spiegeln oder Gittern. Ähnliches gilt für die BRASHEARsche Legierung Zinn-Kupfer, die früher wegen ihrer guten mechanischen Eigenschaften zur Herstellung von Konkavgittern benutzt wurde. Das beste Reflexionsvermögen im UV zeigt Aluminium, so daß Spiegel, Prismen und auf Glas geritzte Gitter heute gewöhnlich mit

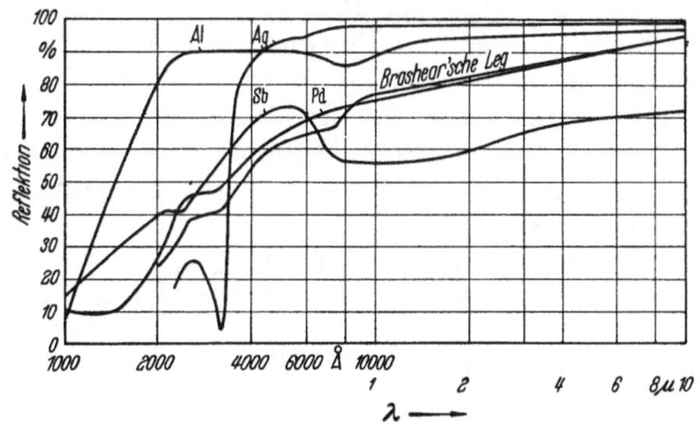

Abb. 41. Spektrales Reflexionsvermogen von Metallen

einer aufgedampften Aluminiumschicht versehen werden[1]. Unterhalb 1000 Å zeigen alle Metalle ein sehr geringes Reflexionsvermögen (gewöhnlich $<10\%$). Sie können in diesem Gebiet ohne weiteres durch Glas oder Quarz ersetzt werden. Im Gegensatz dazu ist das Reflexionsvermögen der meisten Metalle im IR sehr gut (90 bis 100%); Silber übertrifft hier alle übrigen Metalle, ebenfalls gut geeignet sind Gold, Aluminium und Messing.

Während bei Spiegeln bzw. Reflexionsgittern ein möglichst hohes Reflexionsvermögen erwünscht ist, führt umgekehrt die Reflexion an den Oberflächen der Durchsichtsoptik zu Verlusten, die man möglichst klein zu machen sucht. Bei nichtabsorbierenden Materialien ($\varkappa = 0$) hat das Reflexionsvermögen bei senkrechtem Einfall nach (18) den Wert

$$R = \frac{(n-1)^2}{(n+1)^2}. \tag{19}$$

Bei Glas ($n \sim 1{,}6$) wird danach an jeder Fläche etwa 5% des sichtbaren Lichtes reflektiert. Sind zwei einander parallele Flächen so nah benachbart, daß analog wie bei den Interferenzfiltern (vgl. S. 80) die an den verschiedenen Flächen reflektierten Strahlen miteinander interferieren, so kann je nach der optischen Dicke der Zwischenschicht völlige Durchlässigkeit oder völlige Auslöschung eintreten. Durch eine aufgedampfte

[1] HASS, G., W. R. HUNTER u. R. TOUSEY: J. opt. Soc. Amer. **46**, 1009 (1956). Man schützt solche Al-Spiegel durch eine dünne aufgedampfte Schicht von SiO [vgl. G. HASS u. N. W. SCOTT: J. opt. Soc. Amer. **39**, 179 (1949)].

Schicht mit geeignetem (kleinem) Brechungsindex und der optischen Dicke $\lambda/4$ gelingt es, den Reflexionsverlust der darunter liegenden Oberfläche für die Wellenlänge λ stark herabzusetzen. Als solche *Reflexion vermindernde Schichten* werden z. B. Li-, Mg- oder Ca-Fluorid und Kryolith (Na_3AlF_6) benutzt[1], sie setzen die Reflexionsverluste bis auf 0,4% herunter. In neuerer Zeit ist man auch hier, analog wie bei den Interferenzfiltern, dazu übergegangen, reflexvermindernde *Mehrfachschichten* mit abwechselnd hohem und niedrigem Brechungsindex herzustellen, mit deren Hilfe die Reflexionsverluste für ein größeres Wellenlängengebiet im Sichtbaren unter 0,1% herabgesetzt werden können[2]. Für einzelne Wellenlängen kann man sogar die Reflexion vollständig unterdrücken, wenn man die Schichtdicken und Brechungen so abgleicht, daß der resultierende Reflexionsvektor gleich Null wird. Dieses Verfahren spielt auch für die Entspiegelung von Metallschichten (z. B. Photozellen) eine wichtige Rolle[3] und ist besonders für Materialien mit hohem Brechungsindex wie KRS-5 notwendig, bei denen die Reflexionsverluste nach (19) sehr hoch werden können.

Bei schrägem Einfall (Einfallswinkel α, Brechungswinkel β) ist der reflektierte Anteil bei senkrecht zur Einfallsebene polarisierter Strahlung nach FRESNEL gegeben durch

$$R_\perp = \frac{\sin^2(\alpha - \beta)}{\sin^2(\alpha + \beta)}, \tag{19a}$$

bei in der Einfallsebene polarisierter Strahlung durch

$$R_\parallel = \frac{\operatorname{tg}^2(\alpha - \beta)}{\operatorname{tg}^2(\alpha + \beta)}. \tag{19b}$$

Der durchgelassene Anteil ist also für unpolarisierte Strahlung, die man sich aus zwei Bündeln senkrecht zueinander polarisierter Strahlung gleicher Intensität zusammengesetzt denken kann

$$1 - R_{\text{gesamt}} = \frac{1}{2}\left[(1 - R_\perp) + (1 - R_\parallel)\right]. \tag{19c}$$

Bei senkrechtem Einfall ($\alpha = \beta = 0$) gehen die beiden FRESNELschen Gleichungen in (19) über ($R_\perp = R_\parallel = R$), wobei vorausgesetzt ist, daß das angrenzende Medium aus Luft besteht.

b) Linsen. Mit Hilfe von *Linsen* kann man ein (z. B. von einer Quelle ausgehendes) divergentes Strahlenbündel konvergent oder auch angenähert parallel machen. Für die Abbildung eines Objektes OA durch eine – zunächst sehr dünn gedachte – Sammellinse benutzt man zweckmäßig das einfache Konstruktionsschema der Abb. 42: Strahlen, die auf der einen Seite parallel zur optischen Achse verlaufen, gehen auf der andern Seite durch den Brennpunkt. Aus den beiden Paaren von ähnlichen Dreiecken ergibt sich sofort

$$\frac{OA}{O'A'} = \frac{x}{f} = \frac{f'}{x'} \quad \text{oder} \quad x\,x' = f\,f'. \tag{20}$$

[1] Vgl. A. SMAKULA: DRP 685767 (1953); Glastechn. Ber. **19**, 377 (1941); H. SCHRODER: Glastechn. Ber. **20**, 161 (1942); J. STRONG: J. opt. Soc. Amer. **26**, 73 (1936).

[2] Vgl. dazu W. GEFFCKEN: Glastechn. Ber. **24**, 143 (1951) und die dort angegebene Literatur.

[3] GEFFCKEN, W.: DRP 1944.

x und x' sind die Abstände von Objekt und Bild vom vorderen bzw. hinteren Brennpunkt (F und F'). Die objekt- bzw. bildseitige Brennweite f und f' ist (bei gleichen Medien auf beiden Seiten, normalerweise Luft) gleich groß. Setzt man demnach $f = f'$, ferner $x = a - f$ und $x' = b - f$, worin a und b den Objektabstand bzw. den Bildabstand von der Linsenmitte bedeuten, so erhält man die bekannte Linsenformel

$$\frac{1}{a} + \frac{1}{b} = \frac{1}{f}, \tag{21}$$

die mit (20) gleichbedeutend, aber praktisch weniger bequem ist. (20) gibt gleichzeitig die Vergrößerung bzw. Verkleinerung des Bildes an; ist $x = f$, der Objektabstand a also gleich der doppelten Brennweite, so wird das Objekt in natürlicher Größe abgebildet.

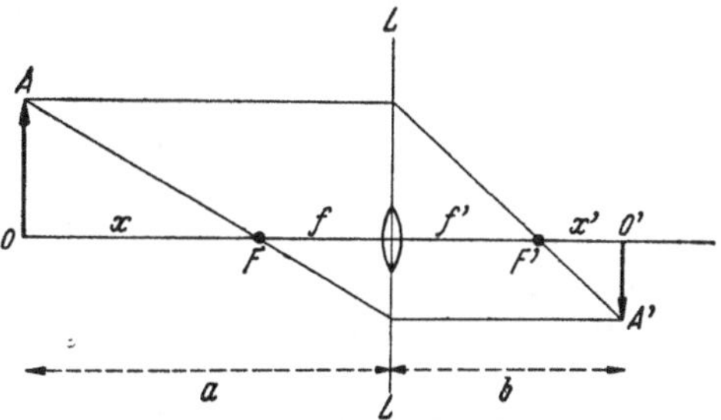

Abb. 42. Abbildung eines Objekts durch eine dunne Einzellinse

Ein Strahlenbündel, das von einem Punkt innerhalb der objektseitigen Brennebene ausgeht, wird durch die Linse nicht konvergent, sondern nur weniger divergent gemacht. Verlängert man die Begrenzungsstrahlen des austretenden Bündels nach rückwärts, so schneiden sie sich im virtuellen Bildpunkt. Hohllinsen – im Gegensatz zu Sammellinsen – vergrößern die Divergenz des Strahlenbündels.

Die Gleichungen (20) und (21) gelten nur für unendlich dünne Linsen und schmale, der Linsenachse nahe Strahlungsbündel; fur dicke (z. B. zusammengesetzte Linsen muß man an Stelle der Mittelebene zwei zur Linsenachse senkrechte Bezugsebenen, die sog. „Hauptebenen" einführen, von denen aus Brennweite, Objekt- und Bildabstand zu messen ist (vgl. dazu die Lehrbücher der Optik). Die Hauptebenen liegen in den meisten Fällen nahe beieinander, so daß man sich häufig ein komplizierteres abbildendes System durch eine unendlich dünne Linse zwischen den Hauptebenen ersetzt denken kann.

Einfache Linsen zeigen eine Reihe von *Abbildungsfehlern*, die man durch Verwendung von Mehrfachlinsen teilweise beheben oder jedenfalls verringern kann. Die wichtigsten Bildfehler sind die chromatische und die sphärische Aberration, Koma, Astigmatismus und Bildfeldwölbungen.

Die *chromatische Aberration* rührt daher, daß das Linsenmaterial eine – im allgemeinen normale – Dispersion zeigt, der Brechungsindex nimmt mit abnehmender Wellenlänge zu. Da die Brennweite einer Linse vom Brechungsindex abhängt (sie ist umgekehrt proportional zu $[n - 1]$), ist die Konvergenz der austretenden Strahlenbündel für jede Wellenlänge etwas verschieden, und weder Bildort noch Bildgröße fallen für verschiedene Wellenlängen zusammen. Man achromatisiert die Linse, indem man eine Sammel- und eine Hohllinse aus verschiedenem Material mit verschiedener Dispersion ($dn/d\lambda$) kombiniert. Ein solcher *Achromat* besitzt die gleiche Brennweite allerdings nur für zwei Wellenlängen, z. B. für die FRAUNHOFERsche C- und F-Linie (6563 Å bzw. 4861 Å), für die dazwischen und außerhalb liegenden Wellenlängen ist die Brennweite immer noch λ-abhängig (sekundäre chromatische Aberration), wenn auch im allgemeinen wesentlich weniger als bei einfachen Linsen. Durch Kombination von drei Linsen verschiedenen Materials mit verschiedener Dispersion (sogenannte Apochromate) kann man drei Wellenlängen im gleichen Brennpunkt vereinigen und die Kurve der chromatischen Aberration (Brennpunktslage als Funktion von λ) weiter verflachen, doch werden solche Apochromate bei photometrischen Messungen wenig benutzt.

Als Materialien verschiedener Dispersion verwendet man etwa Kronglas und Flintglas im Sichtbaren, Quarz und Flußspat im UV. An Stelle des teuren und in größeren Stücken schwer beschaffbaren Flußspats benutzt man in neuerer Zeit künstlich gezüchtete Lithiumfluoridkristalle[1]. Für das ferne UV ($\lambda < 1800$ Å) haben sich Achromate aus CaF_2 und LiF bewährt. Auch Quarz-Wasser-Achromate sind gelegentlich benutzt worden, ihr Nachteil liegt in der starken Temperaturabhängigkeit des Brechungsindex von Flüssigkeiten. Im IR ersetzt man Linsen ganz allgemein durch Spiegel, die stets achromatisch sind.

Unter *sphärischer Aberration* versteht man die mangelnde Fähigkeit einer einfachen Linse, Strahlenbündel im gleichen Punkt zu vereinigen, die die Linse in verschiedenem Abstand von der Achse durchsetzt haben. Bei Sammellinsen liegt der Schnittpunkt randnaher Strahlenbündel vor dem Schnittpunkt von Bündeln, die die Linse in der Nähe der Achse durchsetzt haben, bei Hohllinsen ist es umgekehrt. Man kann derartige Öffnungsfehler deshalb dadurch verringern, daß man passend geformte Sammel- und Hohllinsen so kombiniert, daß dadurch die sphärische Aberration für zwei Zonen und gleichzeitig die chromatische Aberration für zwei Wellenlängen korrigiert wird. Man kann die sphärische Aberration auch dadurch korrigieren, daß man die Oberfläche der Linse asphärisch schleift, wie es vor allem bei den Linsen in Quarzspektrographen häufig geschieht, oder daß man sog. „konzentrische" Linsen benutzt, deren beide Oberflächen konzentrische sphärische Flächen bilden[2].

Unter *Koma* wird ein Abbildungsfehler von Strahlenbündeln verstanden, die schräg durch die Linse gegangen sind; sie rührt daher, daß einfache Linsen kein scharfes Bild von Objekten entwerfen können, die seitlich von der optischen Achse liegen. Das entstehende Bild wird unsymmetrisch, ein Punkt wird verzerrt zu einem länglichen Fleck, ähnlich einem Kometenschweif, woher auch der Name stammt. Da die Koma sich umkehrt, wenn man die Krümmung der Linse umkehrt, kann man diese Erscheinung durch Wahl geeigneter Krümmungen einer Mehrfachlinse verringern.

Astigmatismus und *Bildfeldwölbungen* entstehen ebenfalls durch die Dissymmetrie, die ein Strahlenbündel bei stark schrägem Durchgang durch eine einfache Linse annimmt. Astigmatismus heißt die Erscheinung, daß ein Objektpunkt außerhalb der Linsenachse nicht als Punkt abgebildet wird, sondern je nach dem Neigungswinkel des Strahlenbün-

---

[1] Cartwright, C. H.: J. opt. Soc. Amer. **29**, 350 (1939).

[2] Vgl. S. Rosin: J. opt. Soc. Amer. **49**, 862 (1959).

dels in Form zweier Bildpunkte oder (bei großem Öffnungswinkel des Bündels) sogar in Form zweier aufeinander senkrechter Striche in verschiedenem Abstand von der Linse. Astigmatismus und Bildfeldwölbung bewirken, daß die Bildpunkte einer Objektebene zwischen zwei gewölbten Grenzflächen liegen. Durch Kombination verschiedener Linsen, z. B. einer gewölbten und einer Meniscuslinse aus geeignet gewählten Materialien (sogenannte Anastigmate) kann man auch derartige Bildfehler verringern. Allerdings gelingt es nicht, alle die genannten Abbildungsfehler gleichzeitig so weit herabzusetzen, daß sie nicht mehr störend wirken, doch werden die Linsen von den optischen Firmen den verschiedenen Verwendungszwecken sehr weitgehend angepaßt.

c) Prismen. *Prismen* dienen zur Dispersion der Strahlung, d.h. zur Zerlegung in die einzelnen Wellenlängen. Die Ablenkung eines parallelen monochromatischen Strahlenbündels ist in Abb. 43 bei symmetrischem

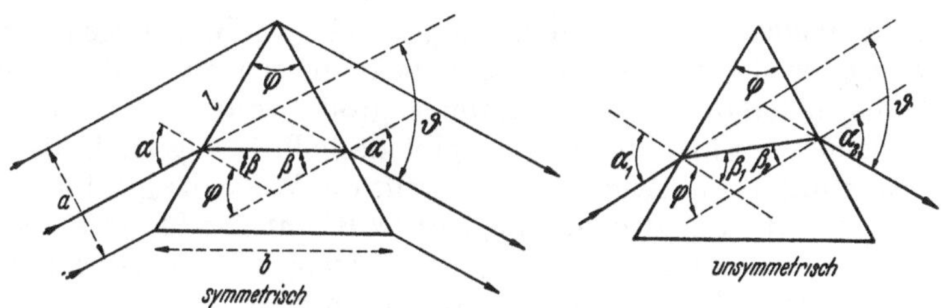

Abb. 43. Ablenkung eines parallelen monochromatischen Lichtbündels bei symmetrischem und unsymmetrischem Durchgang parallel zur Hauptebene eines Prismas

und unsymmetrischem Durchgang parallel zur Hauptebene des Prismas (Zeichenebene) dargestellt, die senkrecht zu seiner brechenden Kante steht. φ nennt man den brechenden Winkel des Prismas. Aus der Abbildung folgt unmittelbar

$$\varphi = \beta_1 + \beta_2 \quad \text{und} \quad \vartheta = (\alpha_1 - \beta_1) + (\alpha_2 - \beta_2) = \alpha_1 + \alpha_2 - \varphi . \quad (22)$$

Bei symmetrischem Durchgang ist $\alpha_1 = \alpha_2$ und $\beta_1 = \beta_2$. In diesem Fall ist der *Ablenkungswinkel* ϑ ein Minimum; das Prisma befindet sich für das betreffende Bündel in der *Stellung minimaler Ablenkung*. Dann gilt $\vartheta = 2\alpha - \varphi$ oder $\alpha = \frac{\vartheta + \varphi}{2}$ und $\beta = \frac{\varphi}{2}$. Das SNELLIUSsche Brechungsgesetz $n = \sin\alpha/\sin\beta$ läßt sich dann in der Form schreiben

$$n = \frac{\sin\frac{\vartheta + \varphi}{2}}{\sin\frac{\varphi}{2}} . \quad (23)$$

Durch Differentiation von (23) ergibt sich für die Abhängigkeit des Ablenkungswinkels vom Brechungsindex bei Minimumstellung

$$\frac{\mathrm{d}\vartheta}{\mathrm{d}n} = \frac{2\sin\frac{\varphi}{2}}{\cos\frac{\vartheta + \varphi}{2}} . \quad (24)$$

Setzt man ferner

$$\cos\frac{\vartheta+\varphi}{2}=\sqrt{1-\sin^2\frac{\vartheta+\varphi}{2}}$$

und nach (23) $\sin\frac{\vartheta+\varphi}{2}=n\sin\frac{\varphi}{2}$, so wird aus (24)

$$\frac{\mathrm{d}\vartheta}{\mathrm{d}n}=\frac{2\sin\frac{\varphi}{2}}{\sqrt{1-n^2\sin^2\frac{\varphi}{2}}}. \tag{25}$$

Die *Winkeldispersion* des Prismas erhält man aus

$$\frac{\mathrm{d}\vartheta}{\mathrm{d}\lambda}=\frac{\mathrm{d}\vartheta}{\mathrm{d}n}\frac{\mathrm{d}n}{\mathrm{d}\lambda}, \tag{26}$$

worin die Wellenlängenabhängigkeit ($\mathrm{d}n/\mathrm{d}\lambda$) des Brechungsindex, d.h. die Dispersion des Prismenmaterials, bekannt sein muß. Je größer die Winkeldispersion des Prismas ist, um so größer wird der Abstand zweier zu trennender Spektrallinien. Man gibt deshalb häufig auch die *lineare Dispersion* ($\mathrm{d}\lambda/\mathrm{d}s$) in Å/mm an. Sie stellt die Wellenlängendifferenz der Strahlen dar, die am Beobachtungsort, z.B. auf der Platte eines Spektrographen, im Abstand von 1 mm erscheinen, und ist daher noch von der Brennweite f des abbildenden Systems abhängig. Es gilt

$$(\mathrm{d}\lambda/\mathrm{d}s)=\frac{1}{f(\mathrm{d}\vartheta/\mathrm{d}\lambda)}, \tag{27}$$

da Sehne $\mathrm{d}s$ und Bogen $f\cdot\mathrm{d}\vartheta$ eines kleinen Winkels vom Radius f angenähert gleich sind.

Für die Brauchbarkeit eines Prismas ist jedoch außer der Winkeldispersion $\mathrm{d}\vartheta/\mathrm{d}\lambda$ noch das sogenannte *Auflösungsvermögen* maßgebend. Dieses ist definiert durch $\lambda/\Delta\lambda$, wobei $\Delta\lambda$ die Wellenlängendifferenz zweier Spektrallinien in dem betreffenden Gebiet ist, die eben noch von dem Prisma getrennt werden. Das Auflösungsvermögen ist durch die Beugung der Strahlung an den Prismenkanten oder an Blenden (Spalt) begrenzt. Man erhält von zwei aus dem Prisma austretenden Strahlenbündeln nur dann getrennte Bilder, wenn sie einen Winkel (im Bogenmaß) einschließen, der gleich oder größer ist als das Verhältnis λ/a, wo a die Breite (Apertur) des Bündels bedeutet:

$$\Delta\vartheta\geqq\frac{\lambda}{a}. \tag{28}$$

Schreibt man das Auflösungsvermögen in der Form

$$A\equiv\frac{\lambda}{\Delta\lambda}=\frac{\lambda}{\Delta\vartheta}\frac{\Delta\vartheta}{\Delta\lambda}=\frac{\lambda}{\Delta\vartheta}\frac{\mathrm{d}\vartheta}{\mathrm{d}\lambda}, \tag{29}$$

so ergibt sich durch Vereinigung der Gleichungen (26), (28) und (29)

$$A=a\frac{\mathrm{d}\vartheta}{\mathrm{d}n}\frac{\mathrm{d}n}{\mathrm{d}\lambda}=a\frac{\mathrm{d}\vartheta}{\mathrm{d}\lambda}. \tag{30 a}$$

Das Produkt $a \frac{\mathrm{d}\vartheta}{\mathrm{d}\lambda}$ besitzt in der Minimumstellung einen Maximalwert. Dieses Maximum ist allerdings sehr flach, d.h. das Auflösungsvermögen nimmt nur sehr wenig ab, wenn man das Prisma aus der Minimumstellung herausdreht. Dagegen wächst die Winkeldispersion mit zunehmender Verdrehung (wachsendem β_2 in Abb. 43) rasch an, die Bündelbreite a nimmt entsprechend rasch ab, d.h. die beiden Faktoren sind sehr empfindlich gegen Änderungen der Prismenstellung. Man kann daher durch geringes Herausdrehen des Prismas aus der Minimumstellung die Dispersion stark vergrößern, ohne daß das Auflösungsvermögen wesentlich abnimmt[1].

Setzt man in (30a) den Wert für $\mathrm{d}\vartheta/\mathrm{d}n$ aus (25) ein und berücksichtigt, daß $\sqrt{1 - n^2 \sin^2 \frac{\varphi}{2}} = \cos\alpha$ und daß nach Abb. 43 $a = l \cdot \cos\alpha$ und $2l \cdot \sin\frac{\varphi}{2} = b$, der *Basislänge* des Prismas ist, so wird aus (30a) im Minimum der Ablenkung

$$A = b \frac{\mathrm{d}n}{\mathrm{d}\lambda} \tag{30b}$$

und durch Kombination von (30a) und (30b)

$$\frac{\mathrm{d}\vartheta}{\mathrm{d}\lambda} = \frac{b}{a} \frac{\mathrm{d}n}{\mathrm{d}\lambda}. \tag{31}$$

Das Auflösungsvermögen ist demnach durch die Dispersion des Prismenmaterials und durch die Basislänge des Prismas festgelegt. Dabei ist vorausgesetzt, daß die gesamte Hauptebene ausgeleuchtet ist, andernfalls ist b entsprechend der effektiven Dicke zu korrigieren. Durchläuft das Bündel mehrere Prismen nacheinander, so ist das Gesamtauflösungsvermögen gleich der Summe der A-Werte der einzelnen Prismen.

Von der Höhe des Prismas ist das Auflösungsvermögen unabhängig. Dagegen sollte zur Vermeidung von Strahlungsverlusten die Höhe so bemessen sein, daß das von einer Beleuchtungslinse (Kollimator) kommende Strahlenbündel nicht ausgeblendet wird, sie sollte also gleich dem Durchmesser a dieser Linse sein. Die Seitenlänge l (Abb. 43) muß dagegen erheblich größer sein als die Höhe, sie ist gegeben durch die Beziehung

$$a = l \cos\alpha = l \sqrt{1 - n^2 \sin^2 \frac{\varphi}{2}}. \tag{32}$$

Für ein 60°-Prisma, wie sie meistens verwendet werden, wird

$$l = \frac{a}{\sqrt{1 - \frac{n^2}{4}}}. \tag{33}$$

Als *Prismenmaterial* verwendet man im wesentlichen die gleichen Stoffe wie für Linsen (Tabelle 5). Außer den Durchlässigkeitsbereichen interessiert in erster Linie die *Dispersion* ($\mathrm{d}n/\mathrm{d}\lambda$), die möglichst groß,

[1] Vgl. dazu A. Hammer: Spectrochim. Acta [Berlin] **2**, 365 (1944).

und der *Temperaturkoeffizient* (dn/dt), der möglichst klein sein sollte. In Abb. 44 und Tabelle 7 sind diese Daten für die meistgebräuchlichen Materialien zusammengestellt[1], wobei die Winkeldispersion nach (26) unter Benutzung der HARTMANNschen Dispersionsformel für die Na-D-

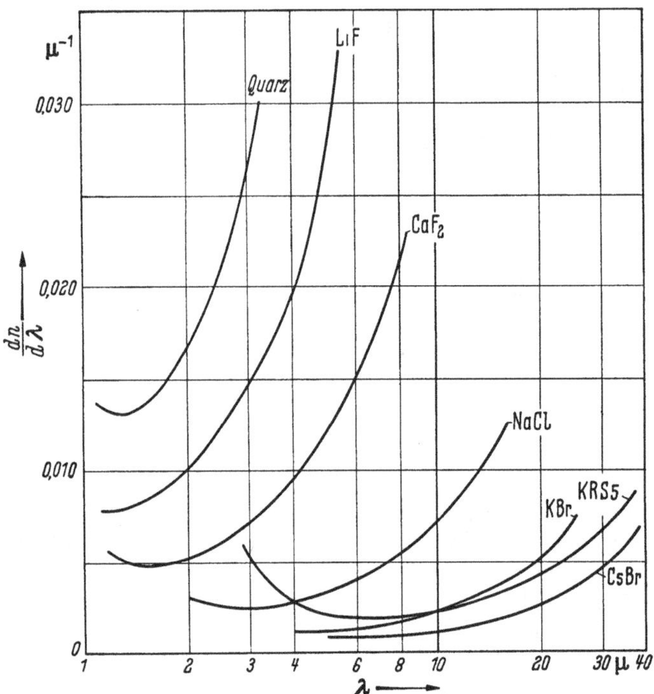

Abb. 44. Dispersionskurven verschiedener Prismenmaterialien

Linien und für $\varphi = 60°$ berechnet sind. Die Dispersion $dn/d\lambda$ nimmt bei Annäherung an eine Absorptionsbande sowohl im UV wie im IR zu (Beginn der anomalen Dispersion), daher kommt es, daß sie bei den IR-durchlässigen Materialien mit zunehmender, bei den UV-durchlässigen mit abnehmender Wellenlänge anwächst. Je weiter ins IR bzw. ins UV das Material durchlässig ist, um so geringer ist seine Dispersion. Aus diesem Grund ist es notwendig, bei Untersuchungen im gesamten zugänglichen Spektralbereich verschiedene Prismen zu benutzen. Moderne IR-Spektrometer sind deshalb auf Prismenwechsel eingerichtet, wobei man gewöhnlich LiF oder CaF_2 für den kurzwelligen, NaCl für den mittleren, KBr oder CsBr für den langwelligen Bereich wählt. Entsprechend eignet sich Glas für das sichtbare Spektrum wesentlich besser als Quarz, der nur im UV genügende Dispersion besitzt.

[1] Vgl. auch W. S. RONDEY u. I. H. MALITSON: J. opt. Soc. Amer. **46**, 956 (1956) für KRS-5.

Die bestgeeigneten Materialien für die verschiedenen Spektralgebiete im IR sind in der folgenden Tabelle zusammengestellt[1].

Tabelle 6. *Prismenmaterialien für die Spektralgebiete des IR*

Spektralbereiche in μ	Material
0,7 bis 2,7	Quarz
2,7 bis 6	LiF
5 bis 8	CaF_2
8 bis 16	NaCl
15 bis 27	KBr
15 bis 39	CsBr
24 bis 40	Tl (Br, J); (KRS — 5)[2]
38 bis 50	CsJ

Flüssigkeitsprismen besitzen sehr hohe Dispersion im Sichtbaren, leider jedoch (mit Ausnahme von Wasser) auch einen etwa 100fachen Temperaturkoeffizienten gegenüber Gläsern, so daß sie nur bei hoher Temperaturkonstanz verwendet werden können. Wasser eignet sich auch sehr gut für das UV unterhalb von 2000 Å, da es, abgesehen von seiner guten Durchlässigkeit bis 1800 Å, in diesem Gebiet eine höhere Dispersion besitzt als Quarz[3]. CS_2 und $C_{10}H_7Br$ sind bis etwa 350 mμ durchlässig; CS_2

Tabelle 7
Brechungsindex und Winkeldispersion von Prismenmaterialien bei $\lambda = 5893$ Å

Material	n_D	$(d\vartheta/d\lambda)_D$ Bogengrad/Å	$(dn/dt)_D$
Uviolglas	1,5035	$0{,}616 \cdot 10^{-5}$	
Kronglas	1,5271	0,700	$-(1$ bis $5) \cdot 10^{-6}$
Leichtes Flintglas	1,5804	1,144	
Schweres Flintglas	1,6555	1,703	
Wasser	1,3330	0,416	$-0{,}8 \cdot 10^{-4}$
Schwefelkohlenstoff	1,6276	2,885	$-8{,}0 \cdot 10^{-4}$
Monobromnaphthalin	1,6576	2,501	$-4{,}5 \cdot 10^{-4}$
Quarzglas	1,4585	0,517	$-0{,}6 \cdot 10^{-5}$
Quarz, krist.	1,5443	0,628	$-0{,}5 \cdot 10^{-5}$
Flußspat (CaF_2)	1,4339	0,333	$-1{,}0 \cdot 10^{-5}$
Lithiumfluorid (LiF)	1,3918	0,286	$-2{,}3 \cdot 10^{-5}$
Steinsalz (NaCl)	1,5443	0,938	$-3{,}7 \cdot 10^{-5}$
Sylvin (KCl)	1,4904	0,729	$-3{,}6 \cdot 10^{-5}$
Kaliumbromid (KBr)	1,5581	1,449	$-3{,}6 \cdot 10^{-5}$
Kaliumjodid (KJ)	1,6634	2,881	$-5{,}0 \cdot 10^{-5}$

[1] Vgl. E. Lippert: Z. angew. Physik **4**, 390 (1952); vgl. auch E. K. Plyler u. F. P. Phelps: J. opt. Soc. Amer. **41**, 209 (1951); **42**, 432 (1952); E. K. Plyler u. N. Acquista: J. opt. Soc. Amer. **43**, 212 (1953).

[2] Hettner, G. u. G. Leisegang: Optik **3**, 305 (1948); R. Koops: ibid. **3**, 298 (1948); A. Smakula u. M. W. Klein: J. opt. Soc. Amer. **40**, 748 (1950); **45**, 1086 (1955). KRS-5 besteht aus Mischkristallen mit 44% Bromid und 56% Jodid bzw. 42% Bromid und 58% Jodid. Das Material ist rot, hat hohe Brechungsindices ($n_D = 2{,}63$) und ist sehr weich, so daß es sich schwer polieren läßt. Die Löslichkeit in Wasser ist sehr gering.

[3] Duclaux, J. u. P. Jeantet: Rev. Opt. théor. instrument. **2**, 384 (1923).

hat den großen Nachteil hoher Flüchtigkeit und leichter Zersetzlichkeit im UV, es wird deshalb nur noch selten verwendet.

Quarz ist *doppelbrechend* und hat für den ordentlichen und den außerordentlichen Strahl verschiedene Brechungsindices. Kristalline Quarzprismen werden deshalb so geschnitten, daß die optische Achse in der Hauptebene parallel zur Basis des Prismas liegt. Strahlen minimaler Ablenkung erleiden dann keine Doppelbrechung, für andere Strahlen ist die Doppelbrechung so gering, daß sie nicht stört. Der Einfluß der *optischen Aktivität* des kristallinen Quarzes, die auch in Richtung der optischen Kristallachse auftritt, läßt sich dadurch ausschalten, daß man das Prisma aus zwei Hälften zusammensetzt, die aus Rechts- bzw. Linksquarz bestehen, oder daß man die Strahlung an einem Spiegel reflektieren und das Prisma zweimal durchsetzen läßt. Analog verfährt man mit Linsen aus Kristallquarz, deren Achse mit der optischen Achse des Quarzes zusammenfallen muß. Quarzglas, das heute in vorzüglicher und gleichwertig durchlässiger Qualität und in großen Stücken zugänglich ist, besitzt natürlich wegen seiner Isotropie weder Doppelbrechung noch optische Aktivität. Es hat deshalb den kristallinen Quarz mehr und mehr verdrängt.

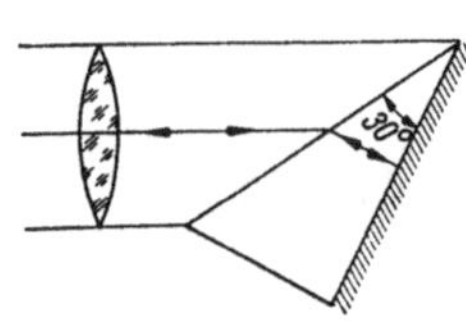

Abb. 45. Autokollimationsprisma von 30° und konstanter Ablenkung von 180° (LITTROW-Aufstellung)

Einzelprismen werden fast stets mit einem brechenden Winkel von 60° und gleicher Seitenlänge hergestellt und in oder nahe der Stellung minimaler Ablenkung benutzt. Statt eines 60°-Prismas kann man auch ein sogenanntes Halbprisma mit 30° verwenden, dessen Rückseite verspiegelt ist, so daß das Strahlenbündel das Prisma zweimal durchsetzt (sog. LITTROW-Aufstellung[1], vgl. Abb. 45). Ein solches „Autokollimationsprisma" gibt eine konstante Ablenkung von 180°, die durch Drehen des Prismas um eine zur brechenden Kante parallele Achse für jede Wellenlänge eingestellt werden kann. Konstante Ablenkungswinkel erreicht man auch durch die (ältere) FUCHS-WADSWORTH-Aufstellung (Abb. 46), indem man hinter einem 60°-Prisma einen Planspiegel anbringt. Liegt dieser parallel zur Prismenbasis, so wird ein Strahlenbündel, das unter dem Winkel minimaler Ablenkung in das Prisma eintritt, nur parallel zu sich selbst verschoben, ist er zur Prismenbasis geneigt, so kann man mit einem zusätzlichen Spiegel auch konstante Ablenkung unter 90° erhalten (z. B. im Monochromator großer Öffnung von Hilger & Watts). Indem man Spiegel und Prisma, die starr miteinander verbunden sind, um die Achse A dreht, kann man für jede gewünschte Wellenlänge die Stellung minimaler Ablenkung im Prisma und paralleler Verschiebung

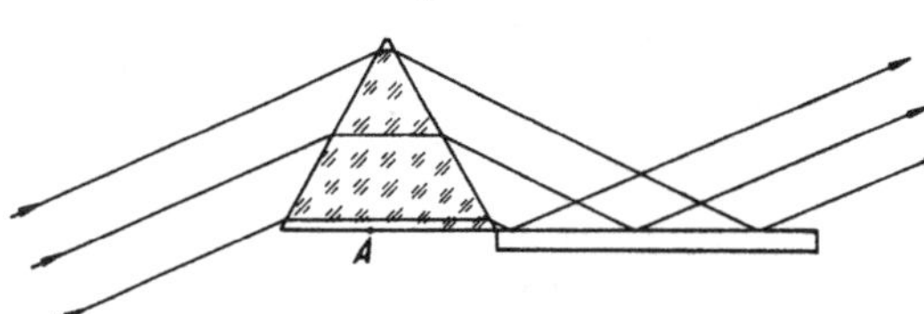

Abb. 46. FUCHS-WADSWORTH-Aufstellung fur konstante Ablenkung

[1] Vgl. dazu A. E. MARTIN: J. opt. Soc. Amer. 38, 70 (1948).

der Bündelachse erreichen. Diese Arten der Aufstellung werden vorzugsweise in Monochromatoren für das IR benutzt.

Ein Prisma von hohem Auflösungsvermögen ist das FÉRY-Prisma mit gekrümmten Begrenzungsflächen, die so geschnitten sind, daß ein durchtretendes Strahlenbündel nicht nur dispergiert, sondern gleichzeitig fokussiert wird. Es kann ohne Sammellinse bzw. Spiegel benutzt werden, hat aber den Nachteil, daß die Brennweite natürlich wellenlängenabhängig ist. Zur Einstellung einer gewünschten Wellenlänge im Austrittsspalt eines Monochromators muß deshalb das Prisma nicht nur um seine Achse gedreht, sondern gleichzeitig verschoben werden.

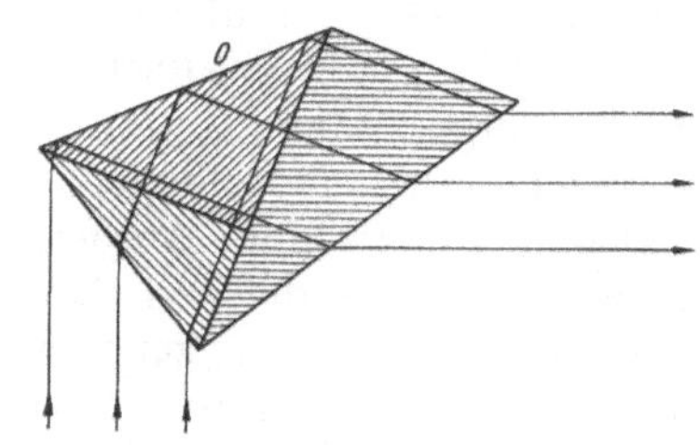

Abb. 47. Prisma konstanter Ablenkung von 90°

Mit Hilfe von *Prismenkombinationen* läßt sich ebenfalls konstante Ablenkung für Strahlenbündel verschiedener Wellenlänge erzielen. Als Beispiel zeigt Abb. 47 ein Prisma konstanter Ablenkung von 90°, das man sich aus zwei dispergierenden Halbprismen von 30° und einem totalreflektierenden rechtwinkligen Prisma zusammengesetzt denken kann, obwohl es meistens aus einem Stück besteht. Auch hier ist also die Spiegelung an einer Ebene wesentlich. Man dreht das Prisma um die Achse O und erhält so für beliebige Wellenlängen die konstante Ablenkung um 90°. Dieser Prismentyp wird für Monochromatoren und Spektroskope für den sichtbaren Spektralbereich bevorzugt.

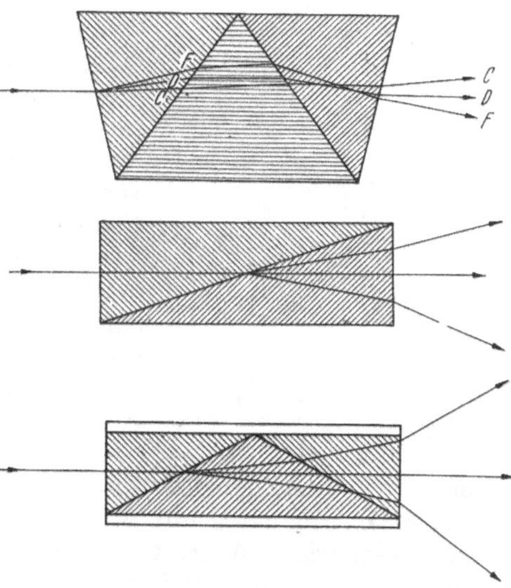

Abb. 48a–c. AMICI-Prisma; ZENGER-Prisma; WERNICKE-Prisma

Durch Kombination von mehreren Prismen verschiedenen Materials kann man erreichen, daß ein Lichtbündel bestimmter Wellenlänge, z.B. des mittleren sichtbaren Bereichs, unabgelenkt durchgeht, während kürzere Wellen nach der einen, längere Wellen nach der anderen Seite abgelenkt werden. Verschiedene Typen dieser sogenannten *geradsichtigen* Prismen sind in Abb. 48 dargestellt. Im AMICI-Prisma bestehen der mittlere Teil aus Flintglas, die äußeren Teile aus Kronglas, ihre Dispersion ist gegenläufig, so daß das Auflösungsvermögen des Gesamtprismas nur gering ist. Man benutzt deshalb solche Prismen in Handspektroskopen, mit denen man das ganze sichtbare Spektrum gleichzeitig übersehen will. Im ZENGER-Prisma geht die Strahlung einer mittleren Wellenlänge unabgelenkt durch, wenn die beiden Materialien für diese Wellenlänge gleichen Brechungsindex (im übrigen aber verschiedene Dispersion) besitzen, was sich nur erreichen läßt, wenn das eine Halbprisma ein Flüssigkeitsprisma ist. Der Strahlengang ist deshalb sehr temperaturempfindlich (vgl. S. 107). Das WERNICKE-Prisma besteht prinzipiell aus zwei solchen aneinandergesetzten ZENGER-Prismen und zeichnet sich durch hohe Dispersion und geringe Reflexionsverluste aus. Es ist deshalb auch in neuerer Zeit wieder verwendet worden[1]. Ein Prisma, bei dem die Teile *A* aus Barium-Kronglas, der Teil *B* aus einer konzentrierten wässerigen Lösung von $BaHgBr_4$ besteht, zeigt etwa die gleiche Winkeldispersion wie ein Satz von 6 Prismen aus schwerem Flintglas.

d) Spiegel. Sphärische, elliptische und parabolische Hohlspiegel benutzt man an Stelle von Linsen in Spektralapparaten, insbesondere im IR, wo es an durchlässigem optischem Material mangelt bzw. wo dieses hygroskopisch ist. Sie besitzen gegenüber Linsen den weiteren Vorteil, daß sie stets achromatisch sind, da alle Wellenlängen in gleicher Weise reflektiert werden. Dagegen treten die übrigen Abbildungsfehler der Linsen auch bei Spiegeln auf und lassen sich auch kaum korrigieren, so daß man sie vorwiegend nur für Monochromatoren verwendet[2]. Bei Spiegeln mit sehr großer Öffnung wird der Winkel zwischen dem einfallenden und dem reflektierten Bündel sehr groß, was zur Folge hat, daß starker Astigmatismus auftritt. Man kann diesen Nachteil durch die in Abb. 49 dargestellte Anordnung[3] vermeiden, indem man einen zusätzlichen Planspiegel benutzt, der ein Loch für den Eintritt der Strahlung besitzt. Diese wird durch den Parabolspiegel parallel gerichtet, parallel zur Achse, d.h. ohne Astigmatismus reflektiert und kann durch den Planspiegel in beliebiger Richtung abgelenkt werden. Ähnliche Anordnungen zur Verbesserung des Strahlenganges und zur Korrektur von Aberrationen sind von verschiedenen Autoren beschrieben worden[4]. Ein Beispiel eines Spiegel-Anastigmaten mit zwei konzentrischen sphärischen Oberflächen, bei dem sphärische Aberration, Koma und Astigmatismus 3. Ordnung wegfallen, zeigt Abb. 50 a. Bei außeraxialem Strahlengang benutzt man besser Parabolspiegel oder sog. „off-axis"-Spiegel, die aus einem Parabolspiegel

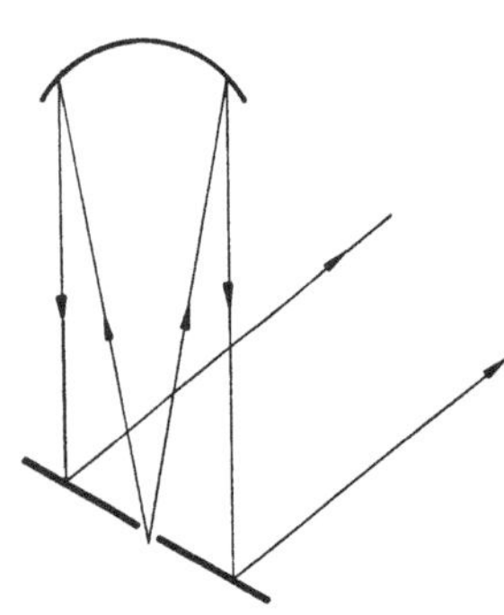

Abb. 49. Kombination von Planspiegel und Parabolspiegel zur Vermeidung von Astigmatismus

[1] DUCLAUX, J. u. G. AHIER: Rev. Opt. théor. instrument. **17**, 417 (1938); H. J. V. TYRRELL u. G. K. T. CONN: J. opt. Soc. Amer. **42**, 106 (1952).

[2] Über die räumliche Verteilung der Strahlung von Spiegeln verschiedener Form vgl. P. I. HART: J. opt. Soc. Amer. **48**, 637 (1958).

[3] PFUND, A. H.: J. opt. Soc. Amer. **17**, 337 (1927).

[4] Vgl. z.B.: M. CZERNY u. A. F. TURNER: Z. Physik **61**, 792 (1930); W. G. FASTIE: J. opt. Soc. Amer. **42**, 641, 647 (1952); H. EBERT: Wied. Ann. **38**, 489 (1889); P. ERDÖS: J. opt. Soc. Amer. **49**, 877 (1959).

außerhalb der Achse herausgeschnitten sind, um den Strahlengang zu verbessern (Abb. 50b). Sie sind natürlich kostspieliger als die leicht zu schleifenden sphärischen Spiegel. Abbildung eines Punktes in einem andern bei großer Öffnung kann man durch elliptische Spiegel erreichen (Abb. 50c).

Analog wie man durch Aufdampfen von Mehrfachschichten die Oberflächenreflexion herabsetzen kann (S. 99), ist es auch möglich, durch geeignete Wahl von Dicke und Brechungsindex der aufgedampften Schichten die Oberflächenreflexion zu erhöhen. Auf diese Weise entstehen verlustfreie *teildurchlässige Spiegel*, wie sie für Lichtteilungszwecke benötigt werden. Sie sind im Gegensatz zu den halbdurchlässigen Metallspiegeln absorptionsfrei, d. h. es ist $R + \vartheta = 1$, wobei das Verhältnis R/ϑ zwischen 1 : 20 und 15 : 1 gewählt werden kann[1]. Durch zweckmäßige Wahl der Schichten kann man auch erreichen, daß diese Teilspiegel in einem größeren λ-Bereich achromatisch sind.

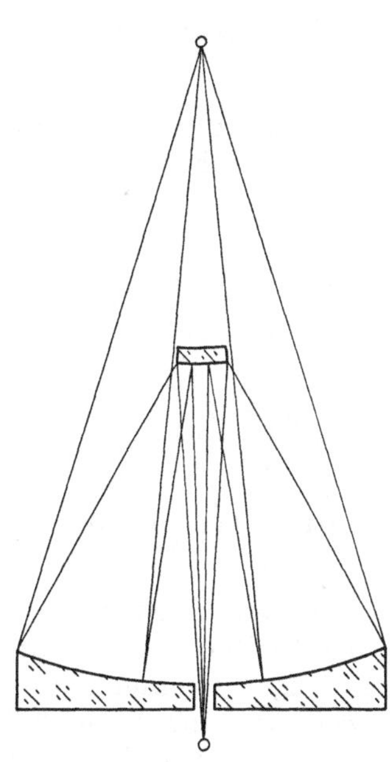

Abb. 50 a. Spiegel-Anastigmat mit konzentrischen spharischen Oberflachen

e) Gitter. An Stelle von Prismen kann man *Beugungsgitter* zur Dispersion der Strahlung benutzen. Dies ist notwendig im fernen UV ($\lambda < 1200$ Å) und IR ($\lambda > 50\,\mu$), wo keine durchlässigen Materialien für Prismen verfügbar sind. Gitter sind außerdem dort vorzuziehen, wo besonders große Dispersion und hohes Auflösungsvermögen erforderlich sind, sie werden vorwiegend bei spektrographischen, in neuerer Zeit aber auch in steigendem Maße bei lichtelektrischen Methoden benutzt. Man unterscheidet *Plan-* und *Konkavgitter*; erstere werden als Rastergitter mit durchlässigen Spalten oder als Reflexionsgitter mit eingeritzten Furchen hergestellt, letztere sind stets Reflexionsgitter.

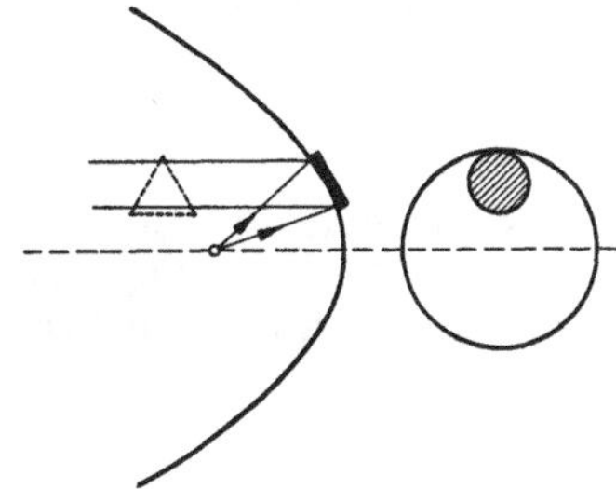

Abb. 50 b. „off-axis" Paraboloid-Spiegel

Die Beugung an einem ebenen Rastergitter ist in Abb. 51 schema-

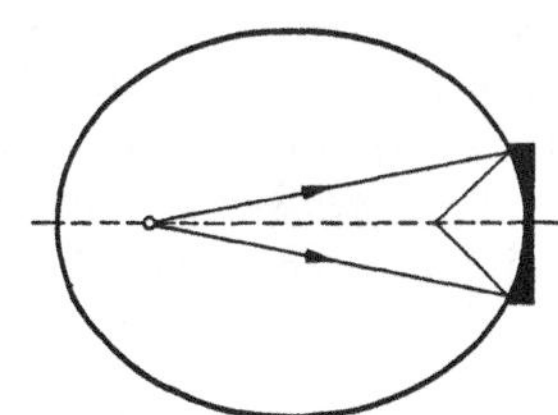

Abb. 50 c. Ellipsoid-Spiegel

[1] Bezugsquellen: Schott & Gen., Mainz; Gerätebauanstalt Balzers, Liechtenstein.

tisch dargestellt. Ist α der Einfallswinkel eines parallelen Strahlenbündels, so erhält man unter dem Beugungswinkel ϑ durch Interferenz Intensitätsmaxima, wenn der Gangunterschied $AB + BC$ der kohärenten Strahlen ein ganzes Vielfaches der Wellenlänge λ ist. Daraus ergibt sich unmittelbar die bekannte, auch für Reflexionsgitter gültige Gleichung

$$d(\sin\alpha + \sin\vartheta) = \pm n\lambda. \tag{34}$$

d bedeutet die „Gitterkonstante", n ist die „Ordnung" des jeweiligen Beugungsspektrums. Je nachdem dieses auf der einen oder der anderen Seite des direkten Strahls liegt, ist n positiv oder negativ; bei Reflexionsgittern hängt das Vorzeichen von n davon ab, ob einfallender und abgebeugter Strahl auf der gleichen Seite oder auf verschiedenen Seiten der Gitternormalen liegen.

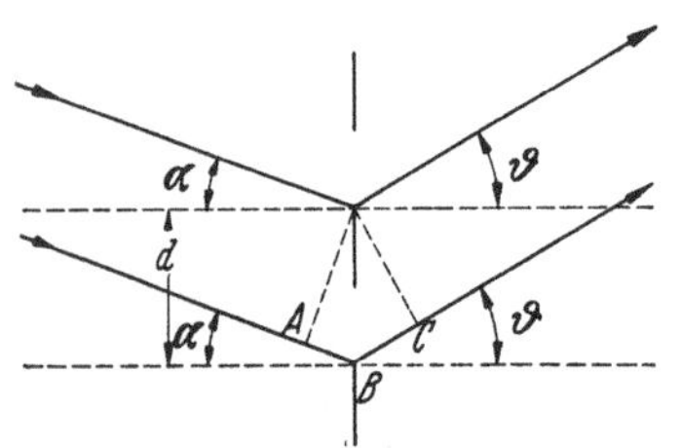

Abb. 51. Beugung durch ein planes Rastergitter

ϑ ist für verschiedene Wellenlängen verschieden groß, und zwar werden kürzere Wellen weniger abgelenkt als längere. Wie aus (34) hervorgeht, können sich Spektren verschiedener Ordnung überlappen, denn für gegebenes α und ϑ fällt ein Maximum 1. Ordnung für λ_1 mit den Maxima 2. Ordnung für $\lambda_1/2$, 3. Ordnung für $\lambda_1/3$ usw. zusammen. Man trennt die verschiedenen Ordnungen durch Vorzerlegung mit einem Prisma bzw. durch Vorschalten von Filtern, die nur einen beschränkten Spektralbereich durchlassen[1], oder durch Verwendung von Empfängern, die nur für einen bestimmten Spektralbereich empfindlich sind.

Die *Winkeldispersion* eines Gitters ergibt sich für konstanten Einfallswinkel α durch Differentiation von (34) zu

$$\frac{\mathrm{d}\vartheta}{\mathrm{d}\lambda} = \frac{n}{d\cos\vartheta}, \tag{35}$$

sie ist um so größer, je höher die Ordnung des Spektrums ist, und nimmt für $\vartheta = 0$ (in Richtung der Gitternormalen) einen Minimalwert an. Für dieses sog. „Normalspektrum" ist

$$\mathrm{d}\vartheta = \frac{n}{d}\,\mathrm{d}\lambda = \mathrm{const}\,\mathrm{d}\lambda. \tag{36}$$

Die Dispersion ist also konstant, und λ ist eine lineare Funktion von ϑ, im Gegensatz zum Prismenspektrum. Auch in diesem Fall läßt sich die *„lineare Dispersion"* in Å/mm in der Brennebene einer hinter dem Gitter angebrachten Linse durch die Gleichung (27) wiedergeben, d.h. sie hängt wieder von der Brennweite f des abbildenden Systems ab.

Das *Auflösungsvermögen* eines Gitters ist wie das eines Prismas durch Gleichung (28) und (29) gegeben:

$$A \equiv \frac{\lambda}{\Delta\lambda} = a\frac{\mathrm{d}\vartheta}{\mathrm{d}\lambda}. \tag{37}$$

[1] Vgl. z.B.: A. K. Pierce: J. opt. Soc. Amer. **47**, 6 (1957).

Die Apertur a des Strahlenbündels hängt analog wie in Abb. 43 von der Breite l des Gitters und dem Kosinus von ϑ ab:

$$a = l\cos\vartheta = N d\cos\vartheta, \tag{38}$$

wenn d wieder die Gitterkonstante und N die Gesamtzahl der Gitterfurchen bedeutet. Aus (35), (37) und (38) folgt

$$A \equiv \frac{\lambda}{\Delta\lambda} = N d\cos\vartheta\,\frac{n}{d\cos\vartheta} = nN. \tag{39}$$

Das Auflösungsvermögen eines Gitters hängt nur von der Ordnung des Spektrums und der Gesamtzahl der Gitterfurchen ab und ist von Wellenlänge und Gitterkonstante unabhängig[1]. Um die Natrium-D-Linien in der ersten Ordnung aufzulösen, bedarf es danach eines Gitters mit 5893/5,967 = 987 Furchen. Dieses theoretische Auflösungsvermögen wird im Sichtbaren und UV auch praktisch annähernd, im IR dagegen nur selten erreicht. Man sieht ferner aus (39), daß sich in höheren Ordnungen und mit Gittern von etwa 10^5 Furchen, wie sie praktisch hergestellt werden, Auflösungsvermögen von vielen 100000 erreichen lassen. Je gröber die Teilung, um so höher ist die Ordnung, die man wählen muß, um das theoretische Auflösungsvermögen zu erreichen. Da die Furchenform beim Schneiden gröberer Gitter besser konstant gehalten werden kann, erreicht man z.B. mit einem Gitter von 10000 Furchen in der 6. Ordnung im allgemeinen ein besseres Auflösungsvermögen als mit einem Gitter von 30000 Furchen in der 2. Ordnung. Durch zwei- oder mehrmalige Reflexion kann man die Auflösung ebenfalls außerordentlich hochtreiben[2].

Während man sowohl bei Prismen wie bei Plangittern zur Herstellung eines definierten Strahlenganges Linsen oder Spiegel braucht, kann man ein *Konkavgitter* gleichzeitig zur Dispersion und zur Fokussierung der Strahlung benutzen und so das abbildende System ganz entbehren. Dadurch vermeidet man die Strahlungsverluste an den Linsen, die chromatische Aberration, und kann außerdem in Gebiete des extremen UV und IR vordringen, die sonst mangels durchlässigen Materials für Linsen bzw. mangelnder Reflexion von Spiegeln nicht zugänglich sind. Außerdem kann man mit *einer* Aufnahme einen großen Spektralbereich erfassen. Auch für diese, nach ihrem Erfinder als ROWLAND-Gitter bezeichneten Konkavgitter gelten die Gleichungen (34), (35) und (39). Spalt S, Gitter G und Beugungsspektren liegen auf einem gemeinsamen Kreis PP', dessen Durchmesser gleich ist dem Krümmungsradius des Konkavgitters (vgl. Abb. 52). Neben dieser

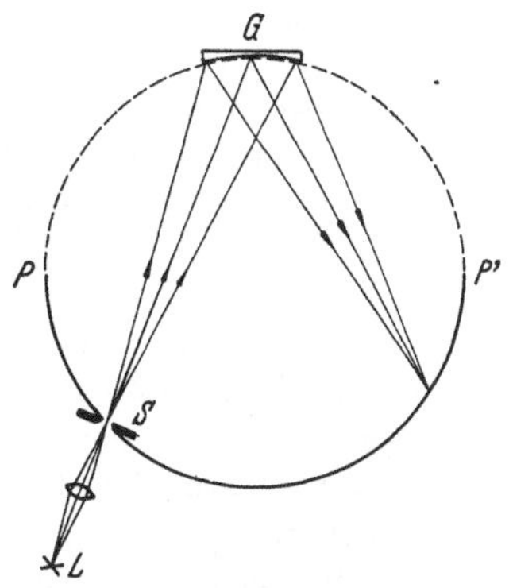

Abb. 52. Aufstellung eines Konkavgitters nach PASCHEN-RUNGE

[1] Über Methoden zur Messung des Auflösungsvermögens von Gittern vgl. z.B. D. H. RANK u. Mitarb.: J. opt. Soc. Amer. **45**, 762 (1955).

[2] Vgl. D. H. RANK u. Mitarb.: J. opt. Soc. Amer. **47**, 631 (1957).

meistgebrauchten Aufstellung gibt es eine Reihe anderer, die sich für spezielle Aufgaben besonders eignen und auf die später einzugehen ist (vgl. S. 433). Trotz der genannten Vorteile der Konkavgitter haben sie in neuerer Zeit an Bedeutung verloren. In modernen Spektrographen werden Plangitter vorgezogen, weil sie frei von Astigmatismus sind, sich leichter und genauer ritzen lassen und höhere Intensitäten liefern. Dafür nimmt man in Kauf, daß sich wegen der begrenzten Öffnung der Kollimatorlinse nur jeweils enge Spektralbereiche in einer Aufnahme erfassen lassen. Man benutzt deshalb in neuerer Zeit auch hier große Konkavspiegel an Stelle von Linsen. Verschiedene Wellenlängenbereiche lassen sich einfach durch Drehen des Gitters erfassen. In Abb. 53 sind die heute bevorzugten Aufstellungen von Plangittern angegeben. Bei der Aufstellung nach EBERT[1] liegt das eintretende Lichtbündel auf der einen, das austretende auf der andern Seite des Gitters (side by side). Bei der Aufstellung nach FASTIE[2] liegen beide Bündel oberhalb bzw. unterhalb des Gitters (under-over).

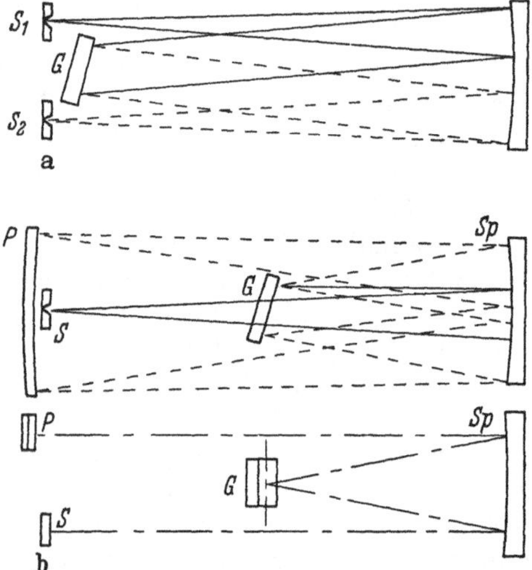

Abb. 53. a) Plangitteraufstellung nach EBERT (side by side); b) Plangitteraufstellung nach FASTIE (under-over)

Gitter wurden früher auf BRASHEARscher Legierung (33% Zinn, 67% Kupfer) geritzt, die sehr hart ist und sich zwar sehr gut polieren, aber weniger gut ritzen läßt. Wegen ihres begrenzten Reflexionsvermögens eignet sie sich nur für das Sichtbare. In neuerer Zeit wird sie durch Aluminium ersetzt, wobei dieses auf eine Glasunterlage aufgedampft wird, um gleichmäßig glatte Oberfläche zu erhalten, gewöhnlich unter Zwischenlage einer Chromschicht zwecks größerer mechanischer Haltbarkeit. Die Furchen werden mit einem Diamanten in die Al-Schicht eingeritzt. Man kann auch die Furchen direkt in Glas oder Quarzglas einritzen und das Gitter nachträglich mit einer dünnen gleichmäßigen Al-Schicht bedampfen. Im fernen UV besitzt Glas das gleiche Reflexionsvermögen wie Metalle, so daß die Gitter auch ohne nachträgliche Bedampfung verwendet werden können. Für IR-Gitter wird auch Silber und Kupfer benutzt.

Unvollkommenheiten in Form und Tiefe der Furchen oder systematische Fehler in ihren Abständen verursachen Phasenverschiebungen der von ihnen abgebeugten Wellen, was zu Einbußen im Auflösungsver-

---

[1] EBERT, H.: Wied. Ann. **38**, 489 (1889).
[2] FASTIE, W. G.: J. opt. Soc. Amer. **42**, 641 (1952).

mögen oder zum Auftreten falscher Linien im Spektrum, sog. „Gittergeister", führt[1].

Gitter wurden früher auf Grund ihres hohen Auflösungsvermögens vor allem für spezielle Probleme (Rotationsstruktur von Schwingungsbanden, Auflösung linienreicher Spektren, Trennung von Multipletts usw.) herangezogen. Ihrer allgemeinen Anwendung an Stelle von Prismen stand der Nachteil geringer Lichtstärke entgegen, der dadurch bedingt ist, daß die eingestrahlte Energie auf Spektren verschiedener Ordnung verteilt wird. In neuerer Zeit ist es gelungen, durch geeignete Formgebung der Gitterfurchen zu erreichen, daß die Energie der abgebeugten Strahlung sich vorwiegend auf das Spektrum einer (z.B. der ersten) Ordnung konzentriert. Unter dieser Bedingung erweist sich ein Gitter einem Prisma, dessen Basisfläche der wirksamen Gitterfläche gleich ist, bei gleichem Auflösungsvermögen um den Faktor 2 bis 20 in der Lichtstärke überlegen[2], so daß sich Gitterspektrometer gegenüber den Prismenspektrometern mehr und mehr durchzusetzen beginnen, insbesondere in der IR-Spektrometrie.

Diese sog. ECHELETTE-Gitter[3] besitzen V-förmige Furchen; die eine Wand ist möglichst lang und flach, die andere möglichst kurz und steil (Abb. 54). Die Neigung φ der flachen Seite gegen die makroskopische Oberfläche des Gitters, der sog. Furchenwinkel, wird so gewählt, daß die von dieser Seite regulär reflektierte Strahlung für eine bestimmte Wellenlänge die gleiche Richtung hat, wie die gewünschte abgebeugte Strahlung, d.h. es ist $\varphi = \frac{\alpha \pm \vartheta}{2}$. Für diese Wellenlänge wird deshalb die Energie weitgehend in einer Beugungsordnung konzentriert, d. h. das Spektrum dieser Ordnung besitzt gegenüber denen aller übrigen Ordnungen bevorzugte Intensität[4]. ECHELETTE-Gitter haben sich vor allem für das IR bewährt. Man benutzt Gitter mit etwa 10 bis 2000 Furchen/cm, die relativ leicht herzustellen sind. Nach einem von MERTON[5] angegebenen Verfahren wird das gewünschte Gitter als Schrauben-

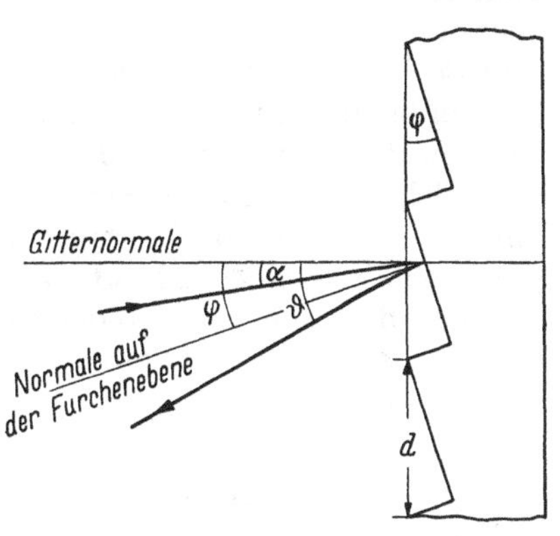

Abb. 54. Zum Prinzip des ECHELETTE-Gitters

[1] Über die Entwicklung der Beugungsgitter vgl. z.B. G. R. HARRISON: J. opt. Soc. Amer. **39**, 413 (1949). Bezugsquelle für Gitter: z.B. Bausch & Lomb, Rochester, N. Y.

[2] JACQUINOT, P.: J. opt. Soc. Amer. **44**, 761 (1954).

[3] WOOD, R. W.: Phil. Mag. **20**, 770 (1910); Physik. Z. **11**, 1109 (1910); J. opt. Soc. Amer. **34**, 509 (1944); **36**, 715 (1946); H. D. BABCOCK: ibid. **34**, 1 (1944).

[4] Zur Theorie der Intensitätsverteilung auf die verschiedenen Ordnungen siehe J. H. ROHRBAUGH u. Mitarb.: J. opt. Soc. Amer. **46**, 104 (1956); **48**, 704, 710 (1958).

[5] MERTON, T.: Proc. Roy. Soc. London (A) **201**, 187 (1950); G. D. DEW u. L. A. SAYCE: ibid. (A) **207**, 278 (1951); G. D. DEW: J. Sci. Instr. **29**, 277 (1952).

gewinde auf einen Metallzylinder geschnitten. Ein Kunststoffüberzug, der nachträglich abgelöst und mit Aluminium bedampft wird, liefert unmittelbar eine *Gitterkopie*, so daß derartige Kopien leicht und preiswert hergestellt werden können[1]. Mit Hilfe geeigneter Aufstellungen[2] kann man erreichen, daß man mit einem einzigen ECHELETTE-Gitter einen großen Wellenlängenbereich in einer bestimmten Ordnung überdecken kann.

Gitter, die durch kontrollierte Furchenform für eine bestimmte Wellenlänge in einer gegebenen Beugungsordnung praktisch geometrisch reflektieren (blazed gratings), werden jetzt auch für das Sichtbare und UV hergestellt, wobei hauptsächlich die erste und zweite Ordnung benutzt wird. Um sehr großes Auflösungsvermögen zu erreichen (z.B. $A \geqq 3 \cdot 10^5$), bedarf es nach (39) großer Gitter mit sehr feiner Furchenteilung, die in einer der klassischen Aufstellungen einen entsprechend großen Platzbedarf des Spektrographen bedingen. So würde z.B. ein 25-cm-Gitter mit 12000 Furchen/cm bei 5000 Å einen Spektrographen von 8 m Länge erfordern, um eine lineare Dispersion von 1 Å/mm in der ersten Ordnung zu erzielen. Um den Wellenlängenbereich von 2000 bis 8000 Å zu überdecken, braucht man Platten von insgesamt 6 m Länge. Man geht deshalb in neuerer Zeit dazu über, Gitter mit geringerer Furchenzahl, aber sehr gleichmäßiger und exakter Kurvenform, herzustellen und sie in höheren Ordnungen mit großen Einfalls- und Beugungswinkeln zu benutzen (sog. ECHELLE-Gitter[3]). Verwendet man in dem obigen Beispiel das Gitter in der dritten statt in der ersten Ordnung, so reduziert sich die Länge des Spektrographen von 8 auf 1,2 m. Man muß natürlich die stärkere Überlappung der Ordnungen in Kauf nehmen und durch eine entsprechend gute Vorzerlegung der Strahlung die verschiedenen Ordnungen voneinander trennen.

Aus (34) und (39) folgt

$$A = \frac{l}{\lambda}(\sin\alpha \pm \sin\vartheta)\,. \tag{40}$$

Das maximal erreichbare Auflösungsvermögen ist demnach gegeben durch

$$A_{\max} = \frac{2l}{\lambda}\,. \tag{41}$$

Benutzt man die LITTROW- oder EAGLE-Aufstellung, so daß $\alpha = \vartheta$, so wird

$$A = 2l\sin\vartheta/\lambda \tag{42}$$

und nach (35) die Winkeldispersion

$$\frac{d\vartheta}{d\lambda} = 2\,\mathrm{tg}\,\vartheta/\lambda\,. \tag{43}$$

---

[1] Bezugsquellen: Howard Grubb, Parsons & Co., Newcastle; Hilger & Watts Ltd., London.

[2] GREIG, J. H. u. W. F. C. FERGUSON: J. opt. Soc. Amer. **40**, 504 (1950); N. A. FINKELSTEIN: ibid. **41**, 179 (1951).

[3] HARRISON, G. R.: J. opt. Soc. Amer. **39**, 522 (1949); D. RICHARDSON: Spectrochim. Acta **6**, 61 (1954); G. R. HARRISON u. Mitarb.: J. opt. Soc. Amer. **42**, 706 (1952); **47**, 15 (1957).

Für eine gegebene Wellenlänge hängt also das Auflösungsvermögen nur von der Gesamtbreite des Gitters und dem Beugungswinkel ϑ, die Winkeldispersion nur vom Beugungswinkel ab. Man kann also prinzipiell N, die Zahl der Gitterfurchen, beliebig wählen, dann ist jedoch die Ordnung n, die notwendig ist, um ein bestimmtes Auflösungsvermögen zu erreichen, nach (39) und (42) gegeben durch

$$n = \frac{2\,l \sin\vartheta}{N\lambda}\,. \tag{44}$$

Macht man l/N sehr groß (grobes Gitter), so wird auch n groß. Dann wird jedoch der freie „Spektralbereich" zwischen zwei aufeinander folgenden Ordnungen klein, wie sich aus folgender Überlegung ergibt: Damit eine eindeutige Zuordnung zwischen Spektrallinie und Abbeugungswinkel möglich bleibt, darf eine Linie der Wellenlänge $\lambda + \Delta\lambda$ in der Ordnung n gerade noch nicht mit einer Linie der Wellenlänge λ in der Ordnung $n + 1$ zusammenfallen, d.h. es darf höchstens sein

$$n(\lambda + \Delta\lambda) \cong (n+1)\,\lambda \quad \text{oder} \quad \Delta\lambda = \frac{\lambda}{n}\,. \tag{45}$$

Für $n = 1$ wird $\Delta\lambda = \lambda$, ein Spektrum erster Ordnung gibt im Bereich von λ bis 2λ (eine Oktave) eine eindeutige Zuordnung λ und ϑ, für großes n wird jedoch dieser „freie Spektralbereich" entsprechend klein. Aus (45) und (44) folgt

$$\Delta\lambda = \frac{N\lambda^2}{2\,l \sin\vartheta}\,. \tag{46}$$

Für ein Gitter mit 12000 Furchen/cm ist demnach bei streifendem Einfall $\Delta\lambda \geqq 1000$ Å bei $\lambda = 4000$ Å, für ein Gitter mit 12 Furchen/cm dagegen nur etwa 1 Å.

f) Das Fabry-Perot-Etalon. Für höchste Ansprüche an das Auflösungsvermögen, wie sie etwa bei der Untersuchung der Hyperfeinstruktur oder

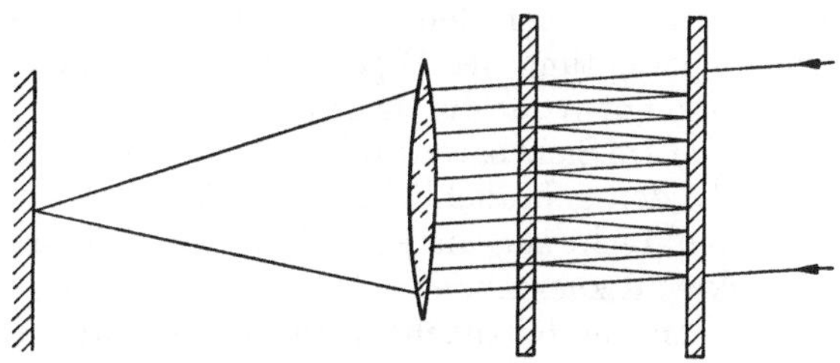

Abb. 55. Das Fabry-Perot-Etalon (schematisch)

Isotopenstruktur einzelner Spektrallinien auftreten, benutzt man das Fabry-Perot-Etalon. Es ist in Abb. 55 schematisch dargestellt. Es besteht aus zwei halbdurchlässig versilberten Glasplatten, die eine planparallele Luftschicht der Dicke s einschließen. Infolge des hohen Reflexionsvermögens der Platten wird jedes eindringende Strahlenbündel durch Mehrfachreflexion in N (bis zu 60) Parallelbündel aufgespalten, die interferieren und sich für die Wellenlänge, die die Bedingung (34)

$2s = n\lambda$ erfüllt, gegenseitig verstärken. Die Interferenzmaxima werden, genau wie bei einem Beugungsgitter, in der Brennebene einer Linse oder eines Spiegels zu schmalen Spektrallinien zusammengezogen. Der Gangunterschied benachbarter Wellenzüge beträgt 10^4 bis 10^5 Wellenlängen und kann durch mechanische Variation von s oder durch Änderung des Gasdrucks verändert werden. Die Ordnung n der Interferenz ist also hier (im Gegensatz zu der der Interferenzfilter mit fester Distanzschicht) außerordentlich hoch. Das Auflösungsvermögen ist wieder durch (39) gegeben, es werden Werte von 10^6 und darüber erreicht. Bei 4000 Å lassen sich also noch zwei Linien trennen, deren Abstand nur 0,004 Å beträgt. Dafür beträgt umgekehrt der freie Spektralbereich nach (45) z.B. für $n = 50$ nur 0,2 Å, d.h. es bedarf einer sehr guten Vorzerlegung mit Hilfe eines Gitters, wenn man das hohe Auflösungsvermögen ausnutzen will.

Auf dieser Grundlage hat sich ein besonderer Zweig der Spektroskopie, die sog. „Interferenzspektroskopie" entwickelt, die in neuerer Zeit auch auf das IR übertragen wurde[1]. An Stelle der Versilberung dienen zur Erhöhung des Reflexionsvermögens der Platten analog wie bei den Interferenzfiltern dielektrische Mehrfachschichten aus Te, KBr, MgF_2 u.a. Bei etwa fünffachem Auflösungsvermögen gegenüber den besten Gittern hat das FABRY-PEROT-Etalon noch den weiteren Vorteil sehr hoher Lichtstärke[2], die bei gleicher wirksamer Fläche und gleicher Auflösung die des Gitters um den Faktor 30 bis 400 übertrifft. Die hohe Leistungsfähigkeit der Interferenzspektroskopie wird nur noch durch die der Mikrowellenspektroskopie übertroffen, bei der kleine Energieaufspaltungen genauer gemessen werden können als im Sichtbaren oder IR.

g) Polarisatoren. Messungen mit polarisierter Strahlung dienen im Sichtbaren und UV zur Untersuchung der optischen Anisotropie von Molekülen (Orientierung von Elektronenoszillatoren) und im IR der Orientierung einzelner Bindungen in Kristallen oder geordneten festen Phasen (Fasern, Hochpolymere, Adsorbate usw.), da die Stärke der Absorption vom Winkel zwischen dem elektrischen Vektor der Strahlung und der Schwingungsrichtung des Dipolmoments abhängt[3]. Polarisierte Strahlung erhält man entweder durch *Reflexion* an ebenen Flächen oder durch *Doppelbrechung*. Im Sichtbaren und UV wird ausschließlich die zweite Methode benutzt. In den gebräuchlichen GLAN-THOMPSON-*Prismen*[4] aus Kalkspat wird ein senkrecht zur optischen Achse des Kristalls eintretender Strahl in zwei senkrecht zueinander polarisierte Strahlen gleicher Intensität aufgespalten. An der Kittfläche wird der ordentliche Strahl total reflektiert und in der geschwärzten Fassung absorbiert, der außerordent-

[1] Vgl. z.B. J. H. JAFFE, D. H. RANK u. T. A. WIGGINS: J. opt. Soc. Amer. **45**, 636 (1955); R. G. GREENLER: ibid. **45**, 788 (1955); P. JACQUINOT u. R. CHABBAL: ibid. **46**, 556 (1956). Über weitere interferometrische Methoden vgl. P. JACQUINOT: Rev. Univ. Mines (9) **15**, 237 (1959).

[2] JACQUINOT, P.: J. opt. Soc. Amer. **44**, 761 (1954).

[3] Über Anwendungsbeispiele vgl. den zusammenfassenden Artikel von F. DÖRR u. M. HELD: Angew. Chem. **72**, 287 (1960); ferner J. P. MATHIEU: J. Physique Radium **16**, 219 (1955); G. R. WILKINSON u. Mitarb: Spectrochim. Acta **14**, 284 (1959).

[4] Bezugsquelle: B. Halle, Berlin-Steglitz.

liche geht unabgelenkt durch. Als Kitt wird für das Sichtbare Canadabalsam, für das UV Glycerin oder ein Harnstoff-Formaldehydpolymerisat benutzt. Der Öffnungswinkel beträgt je nach Länge des Prismas zwischen 22 und 39°. GLAN-Prismen mit Luft als Zwischenschicht sind zwar sehr gut durchlässig bis 220 mμ, haben aber einen Öffnungswinkel von nur 7°. In manchen Fällen genügen auch die neuentwickelten „Polarisationsfilter“[1], die aus gestreckten und mit Farbstoffen oder molekularem Jod angefärbten Kunststoffolien bestehen. Sie sind allerdings nicht ganz neutralgrau und im UV nicht durchlässig[2], lassen sich aber in großen Abmessungen herstellen. Da Kalkspatprismen nur bis 3 μ durchlässig sind, erzeugt man polarisierte Strahlung im IR praktisch ausschließlich durch Reflexion bzw. Brechung an anderen geeigneten Materialien.

Aus den FRESNELschen Formeln (19a) und (19b) folgt, daß für einen bestimmten Einfallswinkel α_P, für den $\alpha_P + \beta = \pi/2$ ist, reflektierter und gebrochener Strahl also senkrecht zueinander verlaufen, $R_{\parallel} = 0$ ist, d.h. es wird nur die senkrecht zur Einfallsebene schwingende Komponente der Strahlung reflektiert, und zwar nach (19a) mit einem Reflexionsvermögen von

$$R_{\perp} = \sin^2(\alpha_P - \beta) = \left(\frac{n^2-1}{n^2+1}\right)^2. \tag{47}$$

Die beim Einfallswinkel α_P reflektierte Strahlung ist also vollständig linear polarisiert. Aus dem SNELLIUSschen Brechungsgesetz folgt weiter

$$\operatorname{tg}\alpha_P = n \tag{48}$$

(BREWSTERsches Gesetz). Daraus sieht man, daß der dieses Gesetz erfüllende Einfallswinkel α_P, der sogenannte *Polarisationswinkel*, infolge der Dispersion von n noch mit der Wellenlänge der Strahlung variiert. Benutzt man jedoch als reflektierendes Material einen Stoff geringer Dispersion, so braucht man den Einfallswinkel praktisch nicht zu ändern. Ein solches Material ist amorphes Selen, das deshalb vorwiegend zur Herstellung polarisierter IR-Strahlung durch Reflexion verwendet wird. Mit $n = 2{,}54$ ergibt sich aus (47) ein Reflexionsvermögen $R_{\perp} = 0{,}54$ für den Polarisationswinkel von 68,5°[3].

Selenspiegel lassen sich leicht herstellen, indem man geschmolzenes Selen zwischen zwei Spiegelglasplatten preßt[4]. Damit der Polarisationswinkel konstant bleibt, sollte man die Spiegel nur im parallelen Strahlengang benutzen, was wegen der Größe dieses Winkels unhandlich große Spiegel erfordert. Wie PFUND[4] gezeigt hat, ist jedoch in Praxis auch unter dem Polarisationswinkel die Polarisation der reflektierten Strahlung nicht ganz vollständig, so daß man unter Hinnahme einer geringen Depolarisation von $(R_{\parallel}/R_{\perp})^2 = 0{,}01$ auch Einfallswinkel im Bereich zwischen 59 und 77° zulassen kann. Das bedeutet, daß man die Spiegel auch in konvergentem Strahlengang benutzen und so ihre Größe stark reduzieren kann. Eine geeignete Anordnung nach PFUND mit zwei parallelen

[1] Bezugsquelle: E. Käsemann, Oberaudorf/Inn.

[2] UV-durchlässige Polarisationsfolien wurden beschrieben von A. S. MAKAS: J. opt. Soc. Amer. **52**, 43 (1962).

[3] CZERNY, M.: Z. Physik **16**, 321 (1923).

[4] PFUND, A. H.: J. opt. Soc. America **37**, 558 (1947).

Selenspiegeln, zwischen denen das Bündel fokussiert wird, zeigt Abb. 56; sie ist bis zu Wellenlängen von 16 μ brauchbar, man verliert jedoch etwa 82% der einfallenden unpolarisierten Strahlung (statt etwa 73% bei einmaliger Reflexion).

Außer dieser relativ geringen Ausbeute besitzen die Reflexionspolarisatoren den weiteren Nachteil, daß der Strahlengang geknickt wird und daß die Reflexion von der Glasunterlage des Selenspiegels, die nicht unter dem zugehörigen Polarisationswinkel erfolgt, eine zusätzliche teilweise Depolarisation der gewünschten Strahlung verursacht. Man kann

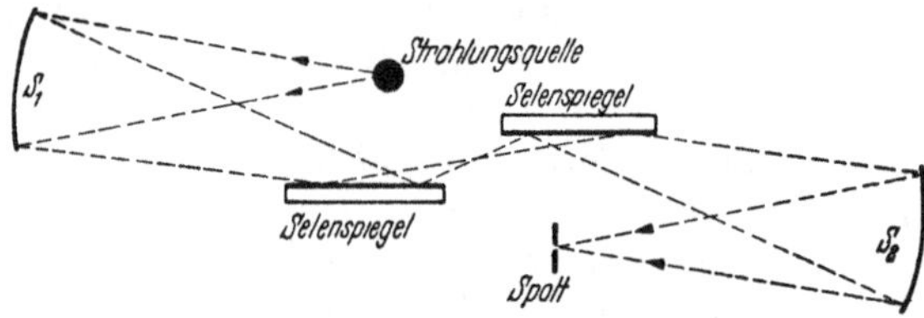

Abb. 56. Polarisation von IR-Strahlung auf Selenspiegeln im konvergenten Strahlengang nach PFUND

dies zum Teil verhindern, indem man die Glasunterlage aufrauht[1], man erhält jedoch bessere Polarisatoren, indem man nicht den reflektierten, sondern den durchgehenden Anteil der auffallenden Strahlung ausnutzt. Da beim Polarisationswinkel der in der Einfallsebene schwingende Anteil der Strahlung nicht reflektiert wird, kann man diesen Anteil (50% der Gesamtstrahlung) dadurch anreichern bzw. praktisch isolieren, daß man die andere Komponente durch mehrmals wiederholte Reflexion an einem „Plattensatz" aussiebt. Dann ist der durchgehende Anteil ebenfalls praktisch vollständig linear polarisiert. Einen solchen „Plattensatz" kann man aus 4 μ dicken Selenfilmen herstellen, die man zunächst auf Blättchen aus Zellulosenitrat im Vakuum aufdampft, später von der Unterlage ablöst und auf Messingrähmchen aufklebt[2]. Ein Satz von 8 Filmen ergibt im Bereich von 2 bis 14 μ eine Durchlässigkeit von 47% der auffallenden Strahlung mit einem Polarisationsgrad von 99,8%[3].

Statt der mechanisch sehr empfindlichen Selenfilme kann man auch käufliche AgCl-Platten von etwa 1 mm Dicke zur Herstellung von Polarisations-Plattensätzen benutzen[4]. Sie sind bis 15 μ brauchbar, der Polarisationswinkel beträgt 63,5°. Ebenso haben sich Platten aus Thallium-Bromid-Jodid (KRS-5) als Polarisatoren bewährt[5]. Ihr Brechungs-

[1] PFUND, A. H.: J. opt. Soc. Amer. **37**, 558 (1947).

[2] AMBROSE, E. J., A. ELLIOTT u. R. B. TEMPLE: Proc. Roy. Soc. (London) **A 199**, 183 (1949); J. opt. Soc. Amer. **38**, 212 (1948). – J. AMES u. A. M. D. SAMPSON: J. sci. Instruments **26**, 132 (1949).

[3] CONN, G. K. T. u. G. K. EATON: J. opt. Soc. Amer. **44**, 553 (1954). Vgl. auch E. CHARNEY: ibid. **45**, 980 (1955). Der Polarisationsgrad wird definiert durch

$$P \equiv \frac{\Phi_\pi - \Phi_\sigma}{\Phi_\pi + \Phi_\sigma}.$$

[4] WRIGHT, N.: J. opt. Soc. Amer. **38**, 69 (1948). – R. NEWMAN u. R. S. HALFORD: Rev. sci. Instruments **19**, 270 (1948).

[5] LAGEMANN, R. T. u. T. G. MILLER: J. opt. Soc. Amer. **41**, 1063 (1951).

index ist größer ($n_D = 2{,}63$), die Durchlässigkeit etwas geringer, aber der erreichbare Polarisationsgrad ebenfalls größer als bei AgCl. Sie haben den weiteren Vorteil, nicht lichtempfindlich und bis zu 40 μ verwendbar zu sein. Neuerdings sind Platten aus Germanium[1] und aus Polyäthylen[2] für das ferne IR als Polarisatoren vorgeschlagen worden. Allerdings zeigen alle diese sogenannten „Plattensatz-Polarisatoren" Polarisationsgrade von nur 80 bis 95%. Dies rührt daher[3], daß auch reflektierte Anteile der

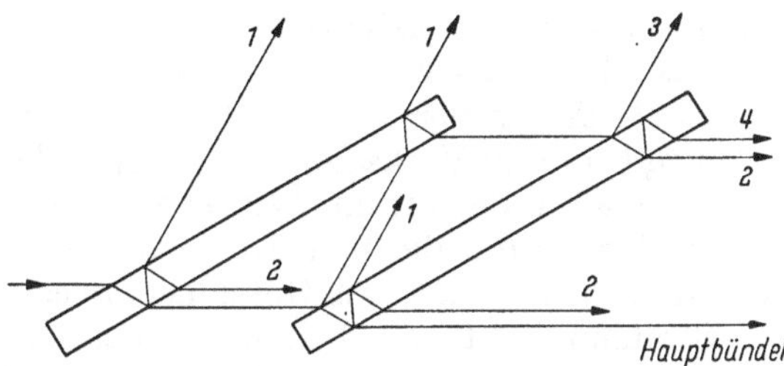

Abb. 57. Reflexion und Brechung eines Strahlenbündels an zwei homogenen parallelen Platten ohne Interferenz (zur Wirkungsweise des Plattensatz-Polarisators)

Strahlung, die ja senkrecht zu den gebrochenen Anteilen polarisiert sind, bei einer geraden Anzahl von Reflexionen an den Platten wieder in das durchgelassene Bündel gelangen können, wie anschaulich aus Abb. 57 hervorgeht. Man kann diesen reflektierten Anteil stark herabsetzen, wenn man die einzelnen Platten etwas keilförmig macht und gleichzeitig fächer-

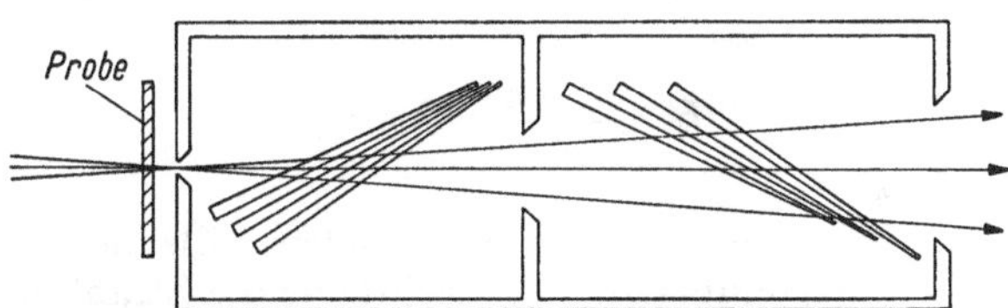

Abb. 58. 6-Platten-Polarisator mit fächerförmig geneigten und keilförmigen Platten nach BIRD und SHURCLIFF

förmig anordnet (Abb. 58). Ferner teilt man den Plattensatz von z.B. 6 Platten in zwei Sätze von je 3 Platten auf, die entgegengesetzt geneigt sind. Dadurch wird vermieden, daß der Polarisator als Ganzes das Strahlungsbündel seitlich verschiebt[4]. Macht man außerdem den Neigungswinkel der Platten etwas größer als den BREWSTERschen Winkel und nimmt den dadurch bedingten Intensitätsverlust in Kauf, so erreicht man Polarisationsgrade über 99%. Das ist sehr wichtig, weil man sonst für den gemessenen Dichroismus eines Stoffes verfälschte Werte erhält.

Weiter ist zu berücksichtigen, daß auch der Monochromator eines IR-Spektrometers die Strahlung durch Reflexion an den Prismen teilweise polarisiert (vgl. S. 296). Bringt man die Meßprobe zwischen Polarisator

[1] MEIER, R. u. H. H. GÜNTHARD: J. opt. Soc. Amer. **49**, 1122 (1959).
[2] MITSUISHI, A. u. Mitarb.: ibid. **50**, 433 (1960).
[3] BIRD, G. R. u. W. A. SHURCLIFF: ibid. **49**, 235 (1959).
[4] MAKAS, A. S. u. W. A. SHURCLIFF: ibid. **45**, 998 (1955).

und Monochromator, wie es häufig geschieht, so befindet sie sich zwischen zwei polarisierenden Vorrichtungen, und die Deutung der beobachteten Durchlässigkeiten wird schwierig[1]. Man muß deshalb die Meßprobe *vor* dem Polarisator anbringen und sie selbst, nicht den Polarisator, um das Azimut von 90° drehen, um die dichroitische Absorption zu messen. Das Azimut des Polarisators wird so fixiert, daß die Platten parallel zum Eintrittsspalt des Monochromators stehen, da dann der Polarisationsgrad durch den des Monochromators verstärkt wird.

In neuester Zeit sind auch feine Drahtgitter als Polarisatoren für das IR empfohlen worden[2], die den Bereich von 2 bis 15 μ überdecken sollen.

h) Der Lichtleitwert. Für die Wirksamkeit einer optischen Anordnung ist außer den Eigenschaften der Strahlungsquelle und des Empfängers noch eine Größe von Bedeutung, die die Leistungsfähigkeit der zwischen Quelle und Empfänger eingeschalteten Optik kennzeichnet. Die beste Ausnutzung der Strahlungsleistung erhält man stets dann, wenn man an jeder Blende eine Sammellinse anbringt, die die vorhergehende Blende auf der nachfolgenden Blende scharf abbildet in der Weise, daß dieses Bild in seiner Größe mit der Öffnung dieser letzteren Blende exakt übereinstimmt (sog. vollständige Abbildung[3]). In diesem Fall wird der in die erste Blende eintretende Strahlungsstrom ohne Verluste (abgesehen von Absorption und Reflexion) durch die ganze Anordnung hindurchgeleitet. Der von HANSEN[4] eingeführte *Lichtleitwert* (vgl. S. 16) einer solchen optischen Anordnung ist nach Gleichung (I,14) in erster Näherung definiert durch

$$L \equiv \frac{n^2 F_1 F_2}{a^2} \quad [\mathrm{cm}^2], \tag{49}$$

wobei F_1 und F_2 den Flächeninhalt zweier solcher Blenden bedeuten, die sich im Abstand a gegenüberstehen. Tritt dabei die Strahlung in ein Medium von höherem Brechungsvermögen ein (z.B. in eine Flüssigkeit), so wird der Öffnungswinkel des Bündels kleiner, d.h. man muß noch den Faktor n^2 hinzufügen. Dieser Lichtleitwert ist für die Leistungsfähigkeit der ganzen optischen Anordnung bestimmend und bietet somit die Möglichkeit, verschiedene Anordnungen miteinander zu vergleichen. Seine Dimension ist [cm²]. Man mißt ihn, indem man Größe und Abstand zweier beliebiger Blenden der Anordnung bestimmt. Bei vollständiger Abbildung erhält man stets den gleichen Lichtleitwert, welches Blendenpaar man auch wählt. Die Lichtleitwerte z.B. verschiedener Photometer können außerordentlich verschieden sein. So ist z.B. für das für visuelle Messungen bestimmte PULFRICH-Photometer $L = 0{,}0003$, für lichtelektrische Photometer hat L Werte von der Größenordnung 1. Auf die Bedeutung des Lichtleitwertes für Volumen und Schichtdicke von Küvetten werden wir später zurückkommen (S. 136).

---

[1] Vgl. R. C. JONES: J. opt. Soc. Amer. **46**, 528 (1956).

[2] BIRD, G. R. u. M. PARRISH: J. opt. Soc. Amer. **50**, 886 (1960).

[3] Vgl. dazu z.B.: G. HANSEN u. E. MOHR: Spectrochim. Acta **3**, 584 (1949).

[4] HANSEN, G.: Zeiss-Nachr. **4**, 8 (1941); Beih. Z. Ver. dtsch. Chemiker **48**, 5 (1944); Optik **1**, 227 (1946).

5. Küvetten

Die Meßgenauigkeit visueller, elektrischer und photographischer Methoden ist, wie später im einzelnen zu zeigen ist und wie auch schon aus der Diskussion der Ablesestreuung der meßbaren Schwächungseinrichtungen (S. 91 ff) hervorging, in einem mittleren Extinktionsbereich am größten. Da andererseits die Extinktionskoeffizienten über viele Zehnerpotenzen variieren und Konzentration bzw. Druck in vielen Fällen von vornherein festliegen, muß man nach Gleichung (I,27) die durchstrahlte Schichtdicke s so wählen, daß man in diesen günstigen Extinktionsbereich gelangt. Das bedeutet, daß man die Schichtdicken ebenfalls über mehrere Zehnerpotenzen variieren muß, insbesondere dann, wenn man mit dem gleichen Gerät Gase, Lösungen verschiedener Konzentration (Prüfung des Beerschen Gesetzes) und reine flüssige Stoffe untersuchen will. Es ist deshalb eine große Mannigfaltigkeit von Küvettentypen entwickelt worden, von denen die wichtigsten besprochen werden sollen. Allen Küvetten gemeinsam ist natürlich die Forderung, daß die Küvettenfenster für den betreffenden Spektralbereich gut durchlässig sind. Nach Möglichkeit sollten sie aus dem gleichen Material bestehen wie etwa das zur Zerlegung der Strahlung benutzte Prisma (vgl. Tabelle 5). Wichtig ist ferner, daß bei Vergleichsmessungen gegenüber einem Lösungsmittel Fenster gleicher Dicke und Qualität verwendet werden.

a) Flüssigkeitsküvetten. α) *Flüssigkeitsküvetten mit festen Schichtdicken* bestehen in der Regel aus zylindrischen Rohren mit Einfüllstutzen und optisch geschliffenen Fenstern oder aus verschmolzenen bzw. feuergekitteten viereckigen Trögen, die oben offen sind und sowohl aus Glas wie aus Quarz hergestellt werden[1]. Sie sollten mit eingeschliffenen Stopfen oder Falzdeckeln verschließbar sein, damit Verdampfungsverluste vermieden werden. Die Schichtdicke muß natürlich über den ganzen Querschnitt konstant und für spektrometrische Messungen auf wenigstens 1% bekannt sein. Bei kolorimetrischen und photometrischen Konzentrationsbestimmungen ist diese Forderung nicht so streng, wenn man mit den gleichen Küvetten Eichmessungen an Lösungen bekannter Konzentration ausführt. Daneben haben sich die von Scheibe angegebenen zerlegbaren Küvetten bewährt, die aus zwei Quarzplatten und einem Glasring mit optisch geschliffenen Endflächen bestehen. Mit Hilfe einer mit Federn versehenen Fassung werden die drei Teile aneinandergepreßt und sind ätherdicht. Diese Art der Küvetten hat sich auch für kleine Schichtdicken (bis 0,1 mm) bewährt.

Da man in der zeichnerischen Wiedergabe der Absorptionskurven gewöhnlich den Logarithmus des Extinktionskoeffizienten ($\log \varepsilon$) gegen die Wellenzahl aufträgt (vgl. S. 24), ist es zweckmäßig, um Meßpunkte gleichen Abstands zu erhalten, die Schichtdicken logarithmisch abzustufen, wenn man mit gegebener Konzentration der Lösung und gegebener Extinktion der Lichtschwächung arbeitet[2]. So enthält z. B. der

[1] Zum Beispiel: F. Hellige, Freiburg i. Br.; E. Leybold, Köln; VEB Optik, Jena; Hanff & Buest, Berlin N; Heraeus, Hanau; Hellma, Müllheim (Baden).

[2] Nach Gleichung (I,27) ist $\log \varepsilon = \log E - \log c - \log s$.

SCHEIBEsche Küvettensatz 21 Küvetten mit logarithmisch abgestuften Schichtdicken zwischen 1 und 100 mm ($\Delta \log s = 0{,}100$). Für manche käuflichen Geräte sind Küvetten-Sätze konstruiert worden[1], bei denen die einzelnen Küvetten verschiedener Dicke rasch hintereinander in den Strahlengang gebracht werden können. Zur Erleichterung der Berechnung gibt es Tabellen[2], in denen für vier verschiedene Extinktionen die Werte von $\log s$, $\log (1/s)$ und $\log E - \log s$ für diese Schichtdicken bereits ausgerechnet sind.

Bei der Untersuchung reiner flüssiger Stoffe ist man vielfach auf sehr kleine Schichtdicken von wenigen μ angewiesen. Glas- bzw. Quarzglasküvetten werden bis herunter zu 10 μ Schichtdicke (Genauigkeit 20%) geliefert[3]. Im übrigen stellt man derartige Schichtdicken mit Hilfe ringförmiger Metallfolien (Pb, Ag, Al, Sn, Cu[4]) bekannter Stärke her, die man zwischen die optisch plangeschliffenen Fenster preßt oder auch mit diesen verkittet[5]. In letzterem Fall sind allerdings solche Küvetten schwer zu reinigen. Man kann den metallischen Abstandsring auch durch Aufdampfen im Hochvakuum mittels einer rotierenden Elektrode erzeugen[6]. Man füllt derartige Küvetten mit Hilfe zweier radialer kleiner Bohrungen in einer der Deckplatten, die hinter dem Abstandsring rechtwinklig abbiegen und rechtwinklig in den Hohlraum einmünden. Die Flüssigkeit wird mit einer Injektionsspritze eingeführt. Wird Metall durch die zu untersuchenden Stoffe angegriffen, so kann man kleine Schichtdicken auch durch Einlegen z.B. einer planparallelen Quarzplatte in eine Quarzküvette von etwas größerem Fensterabstand herstellen. Die wirksame Schichtdicke ist dann durch die Differenz von Schichtdicke der Küvette und Plattendicke gegeben. Eine weitere Möglichkeit besteht darin, in eine ebene Fensterplatte eine gleichmäßige Vertiefung einzuschleifen, die dann mit einer zweiten Platte mit optischem Kontakt bedeckt wird[7]. Küvetten für flüchtige Stoffe bzw. Lösungen müssen besonders gut schließend hergestellt werden und bedürfen evtl. eines Vorratsgefäßes, aus dem sich die Küvette automatisch auffüllt[8].

Speziell für IR-Messungen sind *Hohlküvetten* (cavity cells) entwickelt

---

[1] Vgl. z.B. D. D. TUNNICLIFF: Anal. Chem. **28**, 1657 (1956).

[2] Zeiss-Druckschrift Mess 273.

[3] Hellma, Müllheim, Baden.

[4] Man kann die Metallringe leicht amalgamieren, indem man sie in verdünnte Essigsäure taucht und in derselben mit einem Tropfen Hg in Berührung bringt; für Ag und Cu benutzt man verdünntes NH_3 statt Essigsäure. Man erhalt so leicht gasdichte Küvetten, wenn der Abstandsring 0,5 mm Dicke nicht überschreitet.

[5] Vgl. dazu R. C. LORD, R. S. MCDONALD u. F. A. MILLER: J. opt. Soc. Amer. **42**, 149 (1952); N. B. COLTHUP: Rev. sci. Instruments **18**, 64 (1947); N. D. COGGESHALL: Rev. sci. Instruments **17**, 343 (1946); G. KIVENSON, A. ROTH u. M. RIDER: J. opt. Soc. Amer. **39**, 484 (1949); H. HARTMANN u. E. MULLER: Z. Elektrochem. **64**, 601 (1960). Kitte z.B. Araldit, Glyptal.

[6] KEUSSLER, V. v.: Spectrochim. Acta **6**, 185 (1954).

[7] DAVISON, W. H. T.: J. opt. Soc. Amer. **45**, 227 (1955); R. A. FRIEDEL u. M. G. PELIPETZ: ibid. **45**, 892 (1955). Bezugsquellen: VEB Optik, Jena; Connecticut Instr. Corpor., Wilton, Conn.

[8] Vgl. z.B. R. A. OETJEN u. Mitarb.: J. opt. Soc. Amer. **36**, 615 (1946); D. C. SMITH u. E. C. MILLER: ibid. **34**, 130 (1944).

worden[1], die man in der Weise herstellt, daß man einen Stempel der gewünschten Form mittels Ultraschall unmittelbar in einen NaCl-Würfel hineintreibt. Zirkulierende Aufschlämmung von Schmirgel trägt das Material rasch ab, und es entsteht ein Hohlraum von der gleichen Form wie die Vorderfläche des Stempels. Der Hohlraum ist leicht konisch, so daß sich diese Küvetten nicht für quantitative Messungen eignen, sie zeichnen sich jedoch dadurch aus, daß sie keiner Kitt- oder Dichtungsmittel bedürfen und sehr preiswert sind. Insbesondere eignet sich diese Methode auch zur Herstellung von Mikroküvetten mit sehr kleinem Volumen (bis zu 10^{-6} l). Sie werden auch in KBr, CaF_2, BaF_2, CsBr und geschmolzenem Quarz hergestellt.

Zur *Messung* bzw. *Nachprüfung* von Schichtdicken gibt es verschiedene Methoden. Bei nichtverschmolzenen Küvetten bestimmt man die Dicke der Gesamtküvette und der beiden Fensterplatten mittels einer Mikrometerschraube oder eines Zeißschen Dickenmessers, bei verschmolzenen Küvetten mit Hilfe des LAMBERT-BEERschen Gesetzes aus der gemessenen Extinktion, wenn man einen Stoff mit genau bekanntem Extinktionskoeffizienten bei gegebener Wellenlänge zur Verfügung hat. Dabei ist natürlich Gültigkeit des LAMBERT-BEERschen Gesetzes, d.h. auch sehr spektralreine Strahlung vorausgesetzt. (Über absolute Extinktionskoeffizienten vgl. S. 45.)

Bei sehr kleinen Schichtdicken s bestimmt man sie aus den Interferenzen, die sich infolge Vielfachreflexion an den parallelen Wänden der Küvette (analog wie beim FABRY-PEROT-Etalon [S. 117]) ausbilden und dem Spektrum der eingefüllten Flüssigkeit überlagern[2]. Interferenzmaxima treten nach (34) dann auf, wenn der Gangunterschied ein ganzes Vielfaches der Wellenlänge λ ist, also wenn

$$2s = n\lambda. \tag{50}$$

Für zwei benachbarte Maxima, deren Ordnung n sich um 1 unterscheidet, gilt danach

$$2s\left(\frac{1}{\lambda_1} - \frac{1}{\lambda_2}\right) = 1, \tag{51}$$

für zwei beliebige Maxima

$$2s\left(\frac{1}{\lambda_x} - \frac{1}{\lambda_y}\right) = \Delta n. \tag{52}$$

Daraus folgt

$$s = \frac{\Delta n}{2} \frac{\lambda_x \lambda_y}{\Delta\lambda}, \tag{53}$$

[1] JONES, R. N. u. A. NADEAU: Spectrochim. Acta 12, 183 (1958). Bezugsquellen: Connecticut Instr. Corp., Wilton, Conn.; Perkin-Elmer, Bodenseewerk Überlingen.

[2] Vgl. z.B. H. FROMHERZ u. W. MENSCHICK: Z. physik. Chem. (B) 2, 399 (1929); D. C. SMITH u. E. C. MILLER: J. opt. Soc. Amer. 34, 130 (1944); H. POWELL: J. sci. Instr. 22, 12 (1945); G. B. B. M. SUTHERLAND u. H. A. WILLIS: Trans. Farad. Soc. 41, 181 (1945).

oder mittels $\Delta\lambda = \lambda^2 \Delta\overset{*}{\nu}$ auf Wellenzahlen umgerechnet

$$s = \frac{\Delta n}{2} \frac{1}{\Delta\overset{*}{\nu}} . \tag{54}$$

In Abb. 59 sind derartige Messungen an extrem dünnen Quarzküvetten wiedergegeben[1], die ermittelten Plattenabstände sind jeweils an den Kur-

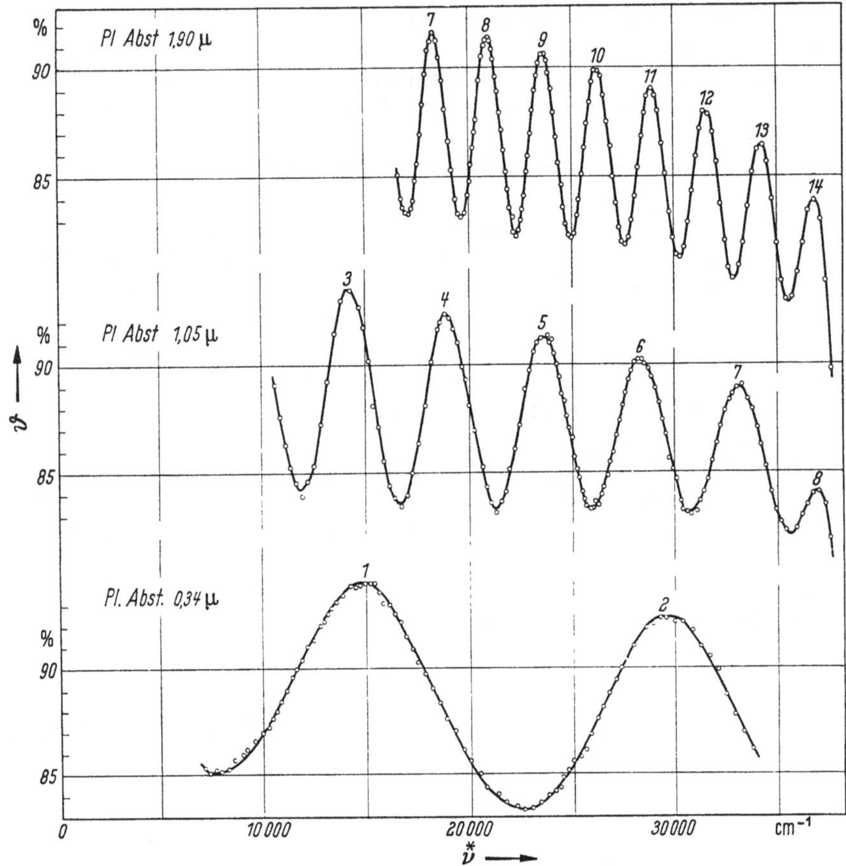

Abb. 59. Interferometrische Messung sehr kleiner Schichtdicken

ven angegeben, ebenso die Ordnungen der einzelnen Maxima. Dieses Meßverfahren hat sich auch im IR mit leeren Küvetten als besonders brauchbar erwiesen[2] (vgl. S. 385).

Für die speziellen Bedürfnisse der Mikrospektroskopie (vgl. S. 320 und 403) sind Küvetten mit extrem kleinen Volumina konstruiert worden[3].

[1] Nach V. v. Keussler: Spectrochim. Acta **6**, 185 (1954); dort auch Fehlerdiskussion zu dieser Methode.

[2] Rank, D. H. u. Mitarb.: J. opt. Soc. Amer. **43**, 157, 213 (1953); L. J. Heidt u. D. E. Bosley: ibid. **43**, 760 (1953); J. H. Jaffe: ibid **43**, 1170 (1953).

[3] Vgl. z. B. E. D. Black u. Mitarb.: Anal. Chem. **29**, 169 (1957); W. S. Molnar u. V. A. Yarborough: Appl. Spectroscopy **12**, 143 (1958); E. R. Blout u. Mitarb.: J. opt. Soc. Amer. **42**, 966 (1952); E. D. Black: Anal. Chem. **32**, 735 (1960).

β) *Variable Schichtdicken* sind in vielen Fällen, insbesondere bei spektrographischen Aufnahmen, vorzuziehen, da sie ein viel rascheres Arbeiten ermöglichen.

Baly-Rohre bestehen aus zwei ineinander geschliffenen Quarzrohren mit angeschmolzenen Fenstern und einem Vorratsgefäß, eventuell auch einem Temperiermantel für Messungen bei verschiedenen Temperaturen[1], wie es die schematische Schnittzeichnung 60 zeigt. Solche Schliffe werden heute mit so großer Präzision hergestellt, daß sie praktisch ätherdicht sind. Das äußere Rohr besitzt eine mm-Teilung, das innere Rohr eine ringförmige Strichmarke, mittels deren sich die Schichtdicke ohne Parallaxenfehler auf etwa 0,1 mm genau einstellen läßt. Bei der eingestellten Schichtdicke werden die beiden Rohre mittels einer mit Feststellschraube versehenen Führungsschiene gegeneinander fixiert. Die

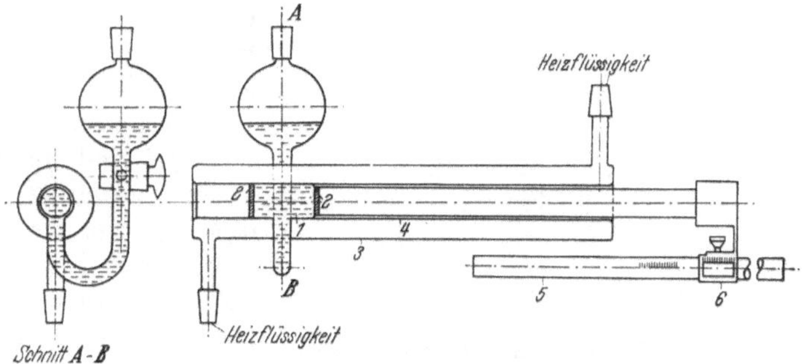

Abb. 60. Baly-Rohr (schematisch). *1* Einstellbare Schichtdicke; *2* Quarzfenster; *3* Heizmantel; *4* Schliff; *5* Führungsschiene mit Teilung; *6* Nonius

handelsüblichen Baly-Rohre besitzen eine nutzbare Länge von 100 mm. Bei einer Ablesestreuung von 0,1 mm sollten kleinere Schichtdicken als 5 mm jedenfalls nicht verwendet werden, da sonst der Ablesefehler zu groß wird. Es werden jedoch auch Baly-Rohre mit größeren Schichtlängen hergestellt[2], was für manche Untersuchungen sehr von Nutzen ist, da man, ohne die Konzentration zu ändern, einen größeren Bereich von log ε überdecken kann (vgl. S. 438). Es empfiehlt sich, um Reflexionen von der Innenwand des Baly-Rohres zu vermeiden, diese bis zur Strichmarke mit schwarzem Papier auszukleiden. Baly-Rohre für kleine Schichtdicken zwischen 0 und 50 mm mit mikrometrischer Einstellung und Ablesung der Schichtdicke auf 0,01 mm werden von dem VEB Optik in Jena hergestellt.

Wie Erfahrungen gezeigt haben[3], können im kurzwelligen UV (unterhalb von 2800 Å) dadurch beträchtliche systematische Fehler unterlaufen, daß die Küvetten bzw. Baly-Rohre für Lösung und Lösungsmittel nicht vollständig identisch sind und dadurch ihrerseits einen Absorptionsunterschied hervorrufen. Dies kann entweder durch verschie-

---

[1] Theilacker, W., G. Kortüm u. G. Friedheim: Chem. Ber. **83**, 508 (1950).
[2] Hersteller: Hanff & Buest, Berlin; Heraeus – Quarzschmelze, Hanau.
[3] Halban, H. v. u. M. Litmanowitsch: Helv. chim. Acta **24**, 44 (1941).

dene Durchlässigkeit der Verschlußplatten oder durch ihre mangelnde Parallelität bedingt sein. Es empfiehlt sich deshalb (wie ganz allgemein bei Vergleichsmessungen), durch Vertauschen der beiden Rohre bei gleicher Füllung nachzuprüfen, ob innerhalb des in Betracht kommenden Spektralgebietes keine Unterschiede zwischen ihnen vorhanden sind. Wenn dies nicht der Fall ist, macht man die Messungen besser mit einem einzigen Rohr, indem man zunächst alle Aufnahmen verschiedener Schichtdicke mit der Lösung und anschließend die entsprechenden Aufnahmen mit Lösungsmitteln und Lichtschwächung macht. Dieses Verfahren setzt allerdings voraus, daß die Intensität der Strahlungsquelle während der ganzen Zeit konstant bleibt.

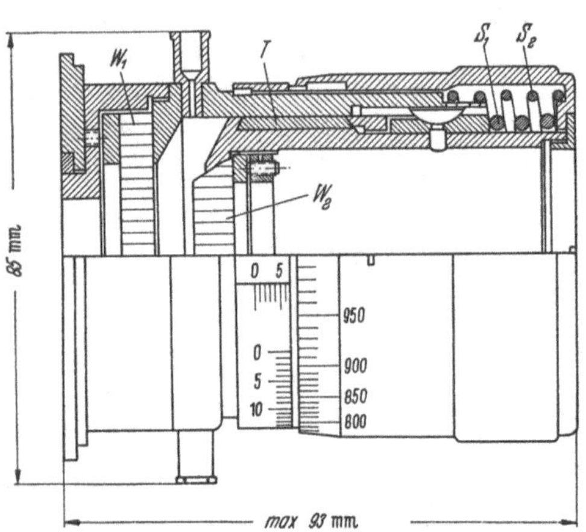

Abb. 61. Flüssigkeitsküvette variabler Schichtdicke für das mittlere Infrarot. W_1 festes Fenster; W_2 bewegliches Fenster; T Teflondichtung; S_1 und S_2 Federn zur Vermeidung des toten Ganges

Für Messungen im mittleren IR sind ebenfalls Küvetten variabler Schichtdicke (5 mm bis 10 μ) mit Mikrometer-Schichtdickenablesung konstruiert worden[1], wie es z.B. in Abb. 61 dargestellt ist[2]. Ein sehr einfaches Verfahren[3] besteht darin, die auf 0,1 μ ebenen Verschlußplatten[4] in starke Messingplatten einzukitten und diese mit Hilfe von Mikrometerschrauben (1 Umdrehung = 100 μ Abstandsänderung) im gewünschten Abstand zu fixieren. Es können so Schichtdicken unter 1 μ hergestellt werden. Die Flüssigkeit wird durch Kapillarkräfte festgehalten, die Ränder werden mit Vaseline abgedichtet.

Küvetten aller Art bedürfen einer sorgfältigen Pflege, wenn sie einwandfrei bleiben sollen. So ist es stets zu vermeiden, daß man Lösungen längere Zeit in ihnen stehen läßt. Auch Quarz wird z.B. durch starke Laugen auf die Dauer beträchtlich angegriffen. Dies gilt besonders für die langen Schliffflächen der BALY-Rohre. Längere Zeit mit starken Laugen behandelte BALY-Rohre verursachen bei späterem Gebrauch stets eine Trübung der Lösungen durch suspendierte Silikate, die außerordent-

---

[1] COATES, V. J.: Rev. sci. Instruments **22**, 853 (1951). E. F. DALY: J. sci. Instruments **28**, 308 (1951); R. B. HOLDEN u. Mitarb.: J. opt. Soc. Amer. **40**, 757 (1950); J. U. WHITE: Rev. sci. Instruments **21**, 629 (1950); A. V. STUART: J. opt. Soc. Amer. **43**, 212 (1953); R. M. ADAMS u. J. J. KATZ: ibid. **46**, 895 (1956).

[2] J. U. WHITE: Rev. Sci. Instr. **21**, 629 (1950). Hersteller: Perkin-Elmer, Beckman, Hilger & Watts, Leitz.

[3] B. I. VAN DER PLAATS: Ann. Physik **47**, 438 (1915); TH. FÖRSTER u. E. KÖNIG: Z. Elektrochem. **61**, 344 (1957).

[4] Bezugsquelle: Askania-Werke, Berlin.

lich große Fehler besonders bei großen Schichtdicken und im kurzwelligen UV hervorrufen können. Auch geringe Verunreinigung der Verschlußplatten, z.B. durch Verdunstungsrückstände von kalkhaltigem Wasser, kann sich entsprechend auswirken.

Küvetten mit weichen Fenstern (NaCl usw.) sind sehr empfindlich und bekommen leicht Kratzer, die das Licht streuen und zu Fehlern führen. Sie müssen deshalb von Zeit zu Zeit nachpoliert werden[1]. Wichtig ist ferner, die Küvetten wegen der Hygroskopizität der Fenster vor Feuchtigkeit (Kondensation bei Abkühlung!) zu schützen. Das von Eastman Kodak neuerdings entwickelte glasähnliche Irtran-2[2], das bis 13 μ durchlässig ist und von den meisten Lösungsmitteln einschließlich Wasser nicht angegriffen wird, dürfte die bisher gebräuchlichen Fenster aus NaCl, CaF_2 und BaF_2 in Zukunft weitgehend ersetzen. Das Gleiche gilt für das neue Arsensulfidglas[3], das von 0,6 bis 12 μ durchlässig ist und ebenfalls gegen die meisten Lösungsmittel resistent ist.

b) Gasküvetten. Gasküvetten bestehen gewöhnlich aus zylindrischen Rohren mit aufgekitteten Fenstern und zwei seitlichen, mit Hähnen versehenen Stutzen zum Evakuieren und Füllen der Küvette. Andere Formen[4] besitzen eine mit Hahn versehene Gaspipette von gleichem Volumen wie das der Küvette selbst, so daß durch abwechselnde Evakuierung der Pipette und Ausdehnung der ursprünglichen Gasfüllung auf das doppelte Volumen quantitative Verdünnungen möglich sind. Um auch leicht flüchtige Stoffe in Gasform untersuchen zu können, macht man die Küvetten elektrisch heizbar. Die zu untersuchende Substanz befindet sich in einem weiteren Ansatz, der mittels Umlaufthermostaten auf konstanter Temperatur gehalten wird, so daß sich der Gleichgewichtsdruck einstellen kann. Dabei muß natürlich die Temperatur der Küvette etwas höher sein, damit keine Kondensation in der Küvette stattfindet. Wird der Ansatz mit flüssiger Luft gekühlt, so kondensiert sich das Gas vollkommen darin, so daß die gleiche Küvette auch für das Vergleichsspektrum verwendet werden kann[5]. Heizbare Gasküvetten werden auch von einzelnen Firmen geliefert (z.B. 5 cm Schichtdicke, bis 200 °C und 2 Atm. Druck mit auswechselbaren Fenstern, Netzanschlußgerät und Temperaturmeßeinrichtung[6]).

Will man die Rotationsstruktur der Spektren untersuchen, so braucht man zur Vermeidung der Druckverbreiterung (vgl. S. 5) kleine Drucke und entsprechend große Schichtdicken (bis zu mehreren km Länge[7]). Man stellt diese dadurch her, daß man die Strahlung ein- oder mehrmals an Spiegeln reflektieren läßt, so daß sie die Küvette mehrmals durch-

---

[1] Vgl. z.B. B. M. Mitzner: J. opt. Soc. Amer. **47**, 328 (1957); R. C. Lord, R. S. McDonald u. F. A. Miller: ibid. **42**, 149 (1952); W. Brügel: Einführung in die Ultrarotspektroskopie, 2. Aufl. Darmstadt 1956, S. 231ff. Dort findet man auch zahlreiche Hinweise für die Praxis der IR-Spektroskopie.

[2] Bezugsquelle: Connecticut Instr. Corp. Wilton, Connecticut.

[3] Bezugsquelle: Schott & Gen., Mainz.

[4] Wirth, F. u. E. Goldstein: Z. angew. Chem. **45**, 641 (1932).

[5] Vgl. z.B. G. Kortüm u. G. Friedheim: Z. Naturf. **2a**, 20 (1947).

[6] Perkin-Elmer, Bodenseewerk, Überlingen.

[7] Herzberg, G. u. Mitarb.: J. chem. Physics **18**, 1538, 1551 (1950).

läuft. Derartige Küvetten sind neuerdings vorwiegend für das IR entwickelt worden[1]. Das Prinzip zeigt Abb. 62. Indem man von außen die Neigung der sphärischen Spiegel M_A und M_B variiert, kann man die Anzahl der Reflexionen zwischen ihnen und M_F regulieren und damit die wirksame Schichtdicke der Küvette. Mit der Zahl der Reflexionen nimmt natürlich die Durchlässigkeit der leeren Küvette ab (Reflexionsverluste an den Spiegeln); sie beträgt bei maximaler Reflexionszahl noch etwa 35%. Küvetten dieser Art sind für Schichtdicken von 1 m bis 40 m im

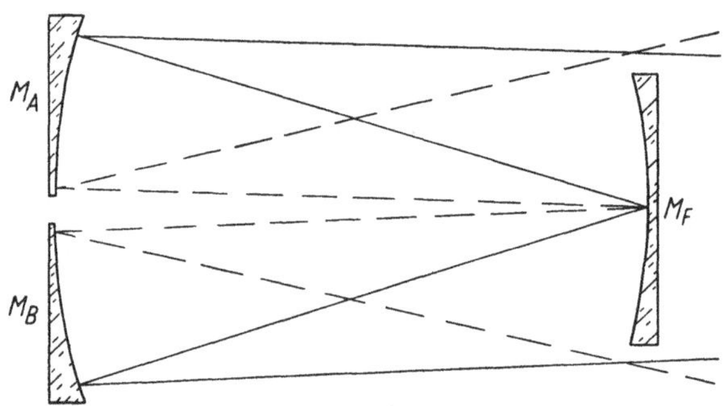

Abb. 62. Strahlengang in einer Gasküvette großer Schichtdicke

Handel zu haben[2]. Sie können auch bei Drucken bis zu 10 Atm. verwendet werden. Miniaturküvetten dieser Art für die Mikrospektrometrie (vgl. S. 320) sind ebenfalls beschrieben[3].

Ein Baly-Rohr für Gase von Atmosphärendruck hat Schäfer[4] angegeben. Für höhere Drucke bedarf es besonders konstruierter Küvetten[5]. Es sind Küvetten mit NaCl-Fenstern für Drucke bis zu $2 \cdot 10^5$ Atm. entwickelt worden. NaCl verhält sich bei solchen Drucken wie eine hochviskose Flüssigkeit.

c) Spezialküvetten für hohe und tiefe Temperaturen. Wie schon erwähnt wurde (S. 60), ist für genaue, insbesondere photometrische Messungen wegen der Temperaturabhängigkeit der Absorptionsbanden die Temperatur der Meßproben auf $\pm 1°$ konstant zu halten. Man bringt deshalb die Küvetten in einem Gehäuse mit doppelten Wänden unter, die von Thermostatenwasser durchflossen werden (S. 266), oder benutzt „Temperierküvetten" nach dem gleichen Prinzip, wie sie bereits von einigen Firmen geliefert werden[6].

[1] Pfund, A. H.: Science **90**, 326 (1939); C. H. Palmer: J. opt. Soc. Amer. **47**, 367 (1957); J. Overend u. Mitarb.: Spectrochim. Acta **15**, 448 (1959); J. U. White: J. opt. Soc. Amer. **32**, 285 (1942); R. G. Pilston u. J. U. White: ibid. **44**, 572 (1954); J. U. White u. N. L. Alpert: ibid. **48**, 460 (1958); R. C. Lord, R. S. McDonald u. F. A. Miller: ibid. **42**, 149 (1952).

[2] Perkin-Elmer, Beckman.

[3] H. Szymanski u. Mitarb.: Anal. Chem. **31**, 2110 (1959).

[4] Schäfer, K.: Z. anorgan. allg. Chem. **104**, 212 (1918).

[5] Weber, D. u. S. S. Penner: J. chem. Physics **19**, 974 (1951); R. A. Fitch u. Mitarb.: J. opt. Soc. Amer. **47**, 1015 (1957); E. Fishman u. H. G. Drickamer: J. chem. Physics **24**, 548 (1956).

[6] Zeiss, Oberkochen.

Spezielle Probleme der Absorptionsspektroskopie im Sichtbaren und UV (Thermochromie, Dissoziationsgleichgewichte, Photochromie, Triplettspektren) sowie der IR-Spektroskopie (T-Abhängigkeit der Intensität von Schwingungsbanden) haben in den letzten Jahren zur Entwicklung heiz- und kühlbarer Küvetten für Temperaturen von + 1000 bis − 270 °C geführt, die zum Teil einen recht erheblichen Aufwand erfordern.

Größere Küvetten kann man mittels Heizflüssigkeiten[1] (Abb. 60) oder in elektrischen

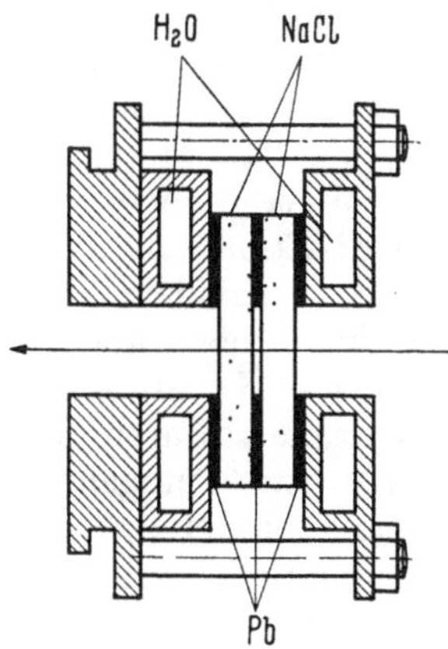

Abb. 63. Heizbare Flüssigkeitskuvette nach FUNCK

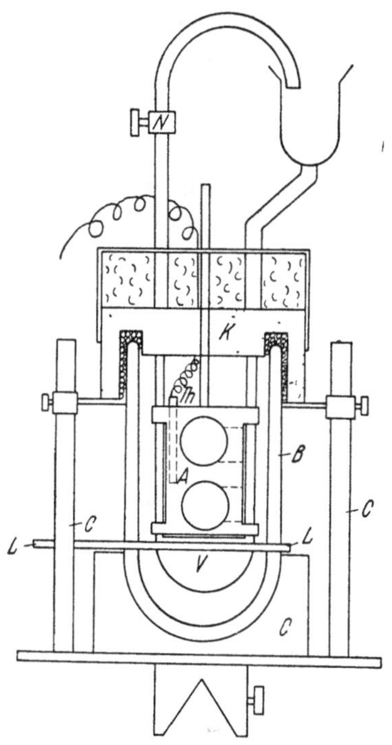

Abb. 64. Dewar zur Messung der Absorption im UV bei tiefen Temperaturen
A Quarzkuvetten auf Schlitten; *B* Quarzdewar; *C* Halterung; *K* Korkring; *N* Ventil zur Regulierung der Verdampfungsgeschwindigkeit flüssiger Luft; *V* Verdampfungsgefaß; *Th* Thermoelement

Öfen (speziell bei Gasen) in ihrer ganzen Länge auf gleichmäßige höhere Temperatur bringen; für kleine Schichtdicken sind verschiedene Formen von Heizküvetten entwickelt worden[2], wobei die Frage der Temperaturkonstanz über die ganze Küvette eine wesentliche Rolle spielt, wenn man aus Platzgründen oder aus Gründen der geometrischen Optik den Heizmantel nicht allzu lang machen kann. Man sorgt entweder dafür, daß sich der äußere und größere Teil der Fenster über einen metallischen Leiter mit dem Wärmereservoir in engem Kontakt befindet (Abb. 63), oder man heizt die Fenster zusätzlich durch dicht davor gespannte dünne Chromnickeldrähte, die den Strahlungsquerschnitt praktisch nicht beeinflussen. Auf diese Weise erreicht man, daß der Wärmefluß größtenteils axial und nicht wie sonst radial erfolgt. Für sehr hohe Temperaturen (über 1000 °C) bringt man den zu untersuchenden Stoff über einem

[1] Geeignete, geruchsfreie Heizflüssigkeiten liefert Röhm & Haas, Darmstadt.

[2] BROWN, L. u. P. HOLLIDAY: J. sci. Instr. **28**, 27 (1951); V. ZANKER: Z. physik. Chem. **199**, 225 (1952); E. FUNCK: Optik **13**, 524 (1956); D. W. GRANT u. Mitarb.: Spectrochim. Acta **12**, 109 (1958).

Platinspiegel in einen Heiztiegel und läßt ihn so über zwei Umkehrprismen zweimal durchstrahlen[1]. Für Messungen der Gaslöslichkeit in Flüssigkeiten im Bereich von 0 bis 200 °C sind Durchflußküvetten entwickelt worden[2].

Bei Messungen im IR muß man berücksichtigen, daß man den Einfluß der von der heißen Küvette ausgehenden Strahlung auf den Empfänger ausschalten muß[3]. Dies geschieht entweder durch eine gleichtemperierte Vergleichsküvette oder indem man die Meßstrahlung vor dem Durchgang durch die Küvette moduliert.

Tieftemperaturküvetten bis herunter zur Temperatur des siedenden Stickstoffs, Wasserstoffs oder Heliums sind in zahlreichen Variationen beschrieben worden[4]. Im einfachsten Fall bringt man die Küvette in gut wärmeleitenden Kontakt mit einem Metallblock, der innerhalb eines Quarzdewarbechers[5] in die Kühlflüssigkeit (z. B. flüssigen Stickstoff) eintaucht. Eine geeignete Konstruktion zeigt Abb. 64. Durch Einleiten von trockenem Stickstoff wird Eisbildung auf den Fenstern verhindert. Statt dessen kann man auch mit Hilfe eines Kryostaten die Kühlflüssigkeit durch einen die Küvette umgebenden Kühlmantelhindurchpumpen[6]. Meistens empfiehlt es sich, doppelte Fenster zu benutzen und den Zwischenraum ebenfalls mit trockenem Stickstoff zu durchspülen. Bei Messungen im IR spielt die Kältefestigkeit des Kitts eine wesentliche Rolle[7]. Hier dürften die neuentwickelten Hohlküvetten ohne Kittflächen (S. 125) einen erheblichen Vorteil bedeuten.

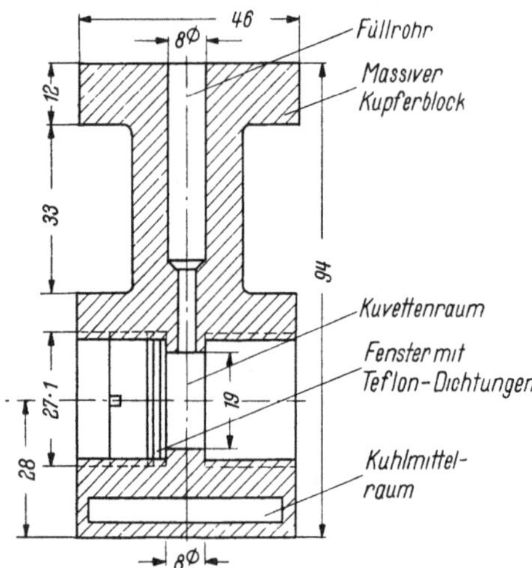

Abb. 65 Kühlkuvette nach LIPPERT (Maße in mm)

[1] GENZEL, L.: Glastechn. Ber. **24**, 55 (1951).

[2] LUTHER, H. u. W. HIEMENZ: Chem. Ing. Techn. **29**, 530 (1957).

[3] FISCHER, K. A. u. G. BRANDES: Naturwiss. **43**, 223 (1956).

[4] Vgl. z. B. H. O. MCMAHON u. Mitarb.: J. opt. Soc. Amer. **39**, 786 (1949); E. L. WAGNER u. D. F. HORNIG: J. chem. Physics **18**, 296 (1950); A. WALSH u. J. B. WILLIS: ibid. **18**, 552 (1950); W. H. DUERIG u. I. L. MADOR: Rev. sci. Instr. **23**, 421 (1952); V. ZANKER: Z. physikal. Chem. **200**, 250 (1952); G. KORTÜM, W. THEILACKER u. V. BRAUN: Z. physik. Chem. N. F. **2**, 179 (1954); V. ROBERTS: J. sci. Instr. **32**, 294 (1955); F. E. GEIGER: Rev. sci. Instr. **26**, 383 (1955); D. M. WARSCHAUER u. W. PAUL: Rev. sci. Instr. **27**, 419 (1956); E. FUNCK: Optik **13**, 524 (1956); E. L. HENTLEY u. R. A. FORD: Spectrochim. Acta **15**, 1125 (1959); H. H. PERKAMPUS u. E. BAUMGARTEN: Spectrochim. Acta **17**, 1294 (1961); Z. Elektrochem. **64**, 951 (1960).

[5] Bezugsquellen: Westdeutsche Quarzschmelze, Geesthacht/Elbe; Heraeus Hanau.

[6] ADEMA, E. H. u. Mitarb.: Rec. Trav. Chim. Pays-Bas **79**, 179 (1960); dort ist auch ein Kryostat für Temperaturen bis −150 °C angegeben.

[7] Vgl. dazu V. ROBERTS: J. sci. Instr. **31**, 251 (1954).

Die bisher in der Literatur angegebenen Kühlküvetten haben sämtlich den Nachteil, daß die Wärmeübertragung zu dem gekühlten Metallblock über das schlecht wärmeleitende Material der Küvette stattfindet, so daß es sehr lange dauert, bis die Flüssigkeit die Temperatur des Kühlmittels angenommen hat, und auch die Gleichmäßigkeit der Temperatur innerhalb der Meßprobe fraglich ist. Durch eine neuere Konstruktion von LIPPERT[1] wird dieser Nachteil vermieden (Abb. 65). Küvette und Vergleichsküvette für das Lösungsmittel werden nebeneinander zylindrisch in einen Kupferblock eingebohrt, die Stirnflächen über eine Teflondichtung mit den Fenstern verschlossen. Beide Küvetten können durch eine Bohrung von oben her gefüllt werden. Alle inneren Kupferflächen werden vergoldet, so daß die Flüssigkeiten nur mit Gold, Teflon und den Küvettenfenstern in Berührung kommen. Den unteren Teil des Kupferblocks bildet ein Hohlraum mit zwei Zuführungen zur Aufnahme des Kühlmittels. Das Ganze wird mit einem Plexiglasgehäuse nach außen wärmeisoliert. Als Kühlmittel dient der Dampf flüssigen Stickstoffs, der mittels Pumpe aus einem Dewar durch den Hohlraum hindurchgesaugt wird. Durch Variation der Sauggeschwindigkeit läßt sich eine beliebige Temperatur in der Küvette einstellen. Prinzipiell läßt sich die Anordnung auch für Messungen bei hohen Temperaturen benutzen.

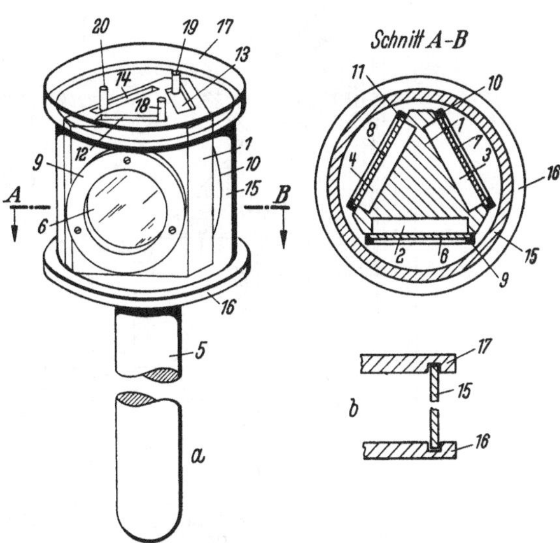

Abb. 66. Fluorescenzküvette nach LIPPERT für Messungen bei tiefen Temperaturen
1 Kupferblock; *2–4* Meßkammern; *5* Kupferfinger; *6–8* Quarzglasfenster; *9–11* Kupferrahmen mit Teflondichtungen; *12–14* Einfüllöffnungen für Meßkammern; *15* Quarzglaszylinder; *16*, *17* Plexiglasplatten; *18–20* Bohrungen für Thermoelement

Auf dem gleichen Grundgedanken beruht eine von LIPPERT angegebene *Fluorescenzküvette* mit drei Meßkammern für Messungen bei tiefen Temperaturen (Abb. 66). Auch hier befinden sich die zu untersuchenden Lösungen unmittelbar mit der gekühlten (vergoldeten) Metallküvette in Wärmeaustausch. Gekühlt wird mit Hilfe eines Kupferfingers, der mehr oder weniger tief in flüssigen Stickstoff eintaucht und so eine Temperaturregulierung gestattet. Allerdings ergibt sich in diesem Fall ein Temperaturgefälle vom Fenster zur Rückwand der Meßkammer, das um so größer ist, je tiefer die Temperatur ist. Unter Benutzung des gleichen Grundgedankens wurde deshalb eine ähnliche Küvette konstruiert[2], die

[1] LIPPERT, E., W. LÜDER u. F. MOLL: Spectrochim. Acta 15, 378 (1959).
[2] KORTÜM, G. u. H. BACH, unveröffentlicht.

schematisch in Abb. 67 wiedergegeben ist. Durch Verwendung doppelter Fenster, deren Zwischenraum mit trockenem N_2 gespült wird, und tiefere Einbohrung in den Kupferblock wird hier eine gleichmäßigere Temperierung der Lösung erreicht. Der Block ist von einer Reihe von Rohren

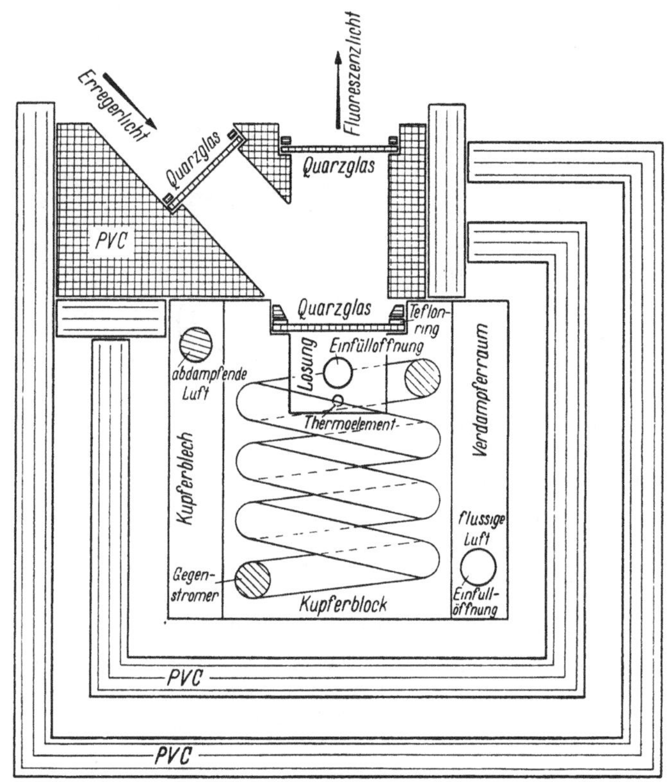

Abb. 67. Fluorescenzküvette fur tiefe Temperaturen nach KORTÜM und BACH

durchzogen, durch die in einem Dewar mit flüssigem N_2 abgekühlte Luft hindurchgepreßt wird. Das Kühlaggregat ist in Abb. 68 schematisch wiedergegeben.

d) Wirksame Schichtdicke und Minimalvolumen. Küvetten besitzen normalerweise kreisförmigen Querschnitt. Solange der Rohrdurchmesser gegenüber der Rohrlänge genügend klein ist, kann man einfach den Fensterabstand als „*wirksame Schichtdicke*" betrachten. Ist diese Voraussetzung nicht mehr erfüllt und ist das Strahlenbündel nicht parallel, so wird die wirksame Schichtdicke größer als der Fensterabstand. Sie hängt dann außer vom Verhältnis des Fensterabstandes zum Fensterdurchmesser noch von der Form der Blenden und schließlich von der Größe der Extinktion ab. Je größer die Extinktion ist, um so geringer ist der Beitrag der Strahlen, die unter einem Winkel zur Rohrachse verlaufen und deshalb einen längeren Weg zurücklegen. Der Fall der zylindrischen Küvette mit kreisförmigen Fenstern ist von HANSEN[1] im einzelnen untersucht worden. Während bei relativen Messungen die wirksame Schichtdicke unwichtig ist, da man stets auf Eichmessungen mit der gleichen Küvette bezieht, wird sie bei Absolutmessungen dann von Bedeutung,

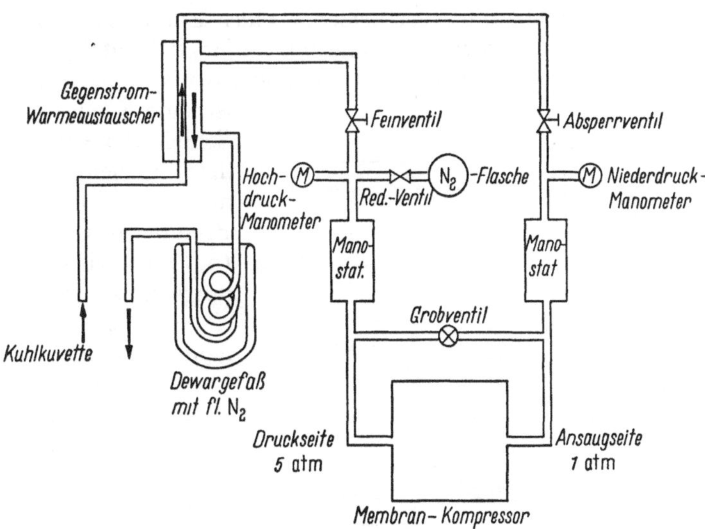

Abb. 68. Kryostat bis − 170 °C

wenn man mit elektrischen Strahlungsempfängern arbeitet, weil man dann häufig große Küvettendurchmesser wählt, um möglichst hohe Strahlungsleistung hindurch zu bekommen. In Tabelle 9 sind die von HANSEN berechneten wirksamen Schichtdicken $\bar{s}$ zylindrischer Küvetten für verschiedene Werte von $E \cdot s_0$ angegeben, wobei der Fensterabstand s_0 gleich dem dreifachen Durchmesser der Küvette angenommen ist.

Tabelle 8. *Wirksame Schichtdicken zylindrischer Kuvetten bei „vollstandiger Abbildung" als Funktion von $E \cdot s_0$*

$E \cdot s_0$	0	0,3	1	3
$\left(\frac{\bar{s}}{s_0} - 1\right) 10^2$	1,326	1,322	1,313	1,288

Man entnimmt der Tabelle, daß eine Berücksichtigung der wirksamen Schichtdicken im allgemeinen kaum notwendig sein wird, da die Absolutwerte der Extinktionskoeffizienten nicht genauer als auf 1% gemessen werden können (vgl. S. 293). Ist dagegen der Strahlengang innerhalb der Küvette stark konvergent, wie dies etwa bei manchen registrierenden Spektralphotometern und speziell bei mikroskopischen Messungen

[1] HANSEN, G.: Gazz. chim. ital. **82**, 461 (1952); G. HANSEN u. E. MOHR: Spectrochim. Acta **3**, 584 (1949); vgl. auch G. O. LANGSTROTH: J. opt. Soc. Amer. **29**, 381 (1939).

mit einem Mikroilluminator der Fall ist (vgl. S. 321), so muß auf eine mittlere Schichtdicke korrigiert werden, wobei die Größe der Korrektur wiederum von der Extinktion, vom Brechungsindex des absorbierenden Mediums und von der Konvergenz des Strahlenbündels abhängt[1].

Für die *Abbildung einer Strahlungsquelle* auf den Spalt eines Spektralapparates oder auf die Aperturblende eines Empfängers *unter Zwischenschaltung einer Küvette* gibt es zahlreiche Möglichkeiten, von denen die drei gebräuchlichsten in Abb. 69 wiedergegeben sind. In allen Fällen ist eine Küvette gleicher Schichtdicke und ein Kollimator gleichen Durchmessers und gleicher Brennweite angenommen. Im Fall *a* wird die Strahlungsquelle durch eine einzelne Linse scharf auf dem Spalt abgebildet. Das Volumen der Küvette muß bei den angegebenen Abmessungen 57 cm³ betragen, wie aus einfachen geometrischen Überlegungen hervorgeht. Im Fall *b* befindet sich die Küvette im parallelen Strahlengang. Eine dritte Linse vor dem Spalt bildet die mittlere Linse auf dem Kollimatorobjektiv ab. Für einen bestimmten, ebenfalls leicht geometrisch ableitbaren Wert *l* des Abstands Küvette–Spalt wird der Küvettendurchmesser ein Minimum; bei den angegebenen Abmessungen ist das Volumen der Küvette nur noch 12 cm³. Im Fall *c* hat man die S. 122 beschriebene ,,vollständige Abbildung“ vor sich: Jede Linse bildet die vorhergehende Blende auf der nachfolgenden ab. Hier erhält man die günstigste Ausnützung der Strahlungsleistung. Für *l* ergibt sich der gleiche Wert wie im Fall *b*, der zugehörige minimale Küvettendurchmesser ist jedoch wesentlich kleiner, so daß man mit einem Volumen von nur 3 cm³ (prinzipiell stets ein Viertel des Volumens wie im Fall *b*) auskommt.

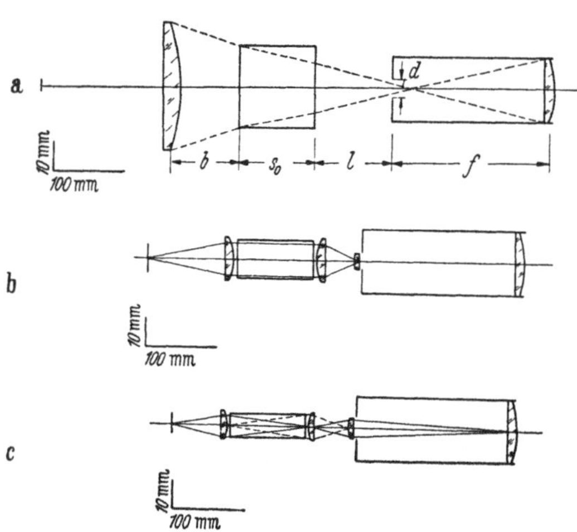

Abb. 69. Zylindrische Kuvette im Strahlengang eines Apparates
f Brennweite der Kollimatorlinse; *d* Spaltlange; *l* Abstand Küvette–Spalt; s_0 Fensterabstand, *b* Abstand Kuvette–Abbildungslinse

Wie Hansen[2] nachgewiesen hat, wird dieses Minimalvolumen stets erreicht, wenn die Küvettenform zylindrisch ist, die Fenster also gleiche Flächen haben. Für den Fall ,,vollständiger Abbildung“ ergibt sich die Beziehung

$$V = \frac{s_0^2}{n} \sqrt{L}, \tag{55}$$

[1] Blout, E. R., G. R. Bird u. D. S. Grey: J. opt. Soc. Amer. **40**, 304 (1950).

[2] Hansen, G.: Gazz. chim. ital. **82**, 461 (1952); Mikrochim. Acta **1956**, 406; G. Hansen u. E. Mohr: Spectrochim. Acta **3**, 584 (1949); vgl. auch G. O. Langstroth: J. opt. Soc. Amer. **29**, 381 (1939).

worin n den Brechungsindex der Flüssigkeit und L den durch Gleichung (49) definierten Lichtleitwert bedeutet. Mit dieser Gleichung kann man für jeden gegebenen Lichtleitwert eines Spektralapparates das Minimalvolumen berechnen, das für eine gewünschte Schichtdicke notwendig ist, wenn keine Strahlungsverluste durch Abblenden eintreten sollen. Ist umgekehrt das zur Verfügung stehende Volumen begrenzt, so kann man aus (55) die maximale Schichtdicke s_0 ausrechnen, die man verwenden kann, um ohne Strahlungsverluste eine möglichst große Extinktion und damit eine möglichst hohe Genauigkeit der Konzentrationsbestimmung zu erreichen. Trotz dieser Vorteile der „vollständigen Abbildung" benutzt man in der Praxis häufig doch den parallelen Strahlengang des Falles *b*, weil bei diesem eine geringere Kippung der Küvette die Abbildung der Strahlungsquelle auf dem Spalt nicht verändert, während im Fall *c* dadurch eine seitliche Verschiebung dieses Bildes hervorgerufen wird. Sind die Küvetten zwischen Monochromator und Empfänger angeordnet, wie es auch bei käuflichen Geräten häufig der Fall ist, so kann eine seitliche Verschiebung des Bildes der Strahlungsquelle auf der Kathode einer Photozelle durch verkantete oder keilförmige Küvetten außerordentlich große Fehler in der gemessenen Extinktion hervorrufen (vgl. S. 176).

6. Lösungsmittel

Wie schon S. 60 betont wurde, ist für Absorptionsmessungen an Lösungen sorgfältige Auswahl des Lösungsmittels und die Entfernung der in Handelsprodukten stets vorhandenen Verunreinigungen außerordentlich wichtig. So ist z.B. der gewöhnliche 96%ige Äthylalkohol bis etwa 2000 Å durchlässig, während der 99,8%ige „absolute" Alkohol des Handels schon im mittleren UV absorbiert, wenn er zur Entwässerung mit Benzol destilliert ist. Er enthält dann stets Spuren von Benzol, die sich nur äußerst schwer entfernen lassen. Auch gesättigte Kohlenwasserstoffe, Eisessig und ähnliche Lösungsmittel, deren Absorption erst unterhalb von 2000 Å beginnen sollte, sind häufig schon im mittleren UV bei größeren Schichtdicken nicht mehr genügend durchlässig, wenn sie nicht extremen Reinigungsverfahren unterworfen werden. Diese der Praxis entnommenen Reinigungsmethoden teils physikalischer (Rektifikation, Kristallisation, partielle Adsorption), teils chemischer Art (Behandlung mit konz. H_2SO_4, Nitriersäure, Chlorsulfonsäure, $AlCl_3$ usw.) sind von PESTEMER[1] zusammengestellt worden. Besonders wichtig ist ferner, besonders bei Messungen im IR, die vollständige *Wasserfreiheit* der Lösungsmittel, die sich am besten mit Hilfe von Umlaufapparaturen[2] erreichen läßt.

Bezüglich der *Durchlässigkeit im UV* kann man eine Reihe von Lösungsmittelgruppen unterscheiden: gesättigte Kohlenwasserstoffe und

[1] PESTEMER, M.: Angew. Chem. **63**, 118 (1951), dort zahlreiche Literaturangaben; vgl. auch A. WEISSBERGER u. Mitarb.: Organic Solvents, 2. Aufl. New York 1955; J. SCHURZ u. H. STÜBCHEN: Z. Elektrochem. **61**, 754 (1957).

[2] SCHUPP, R. L. u. R. MECKE: Z. Elektrochem. angew. physik. Chem. **52**, 54 (1948); G. KORTÜM u. H. WALZ: Z. Elektrochem. angew. physik. Chem. **57**, 73 (1953).

Äther bis etwa 2000 Å, gesättigte Alkohole und Carbonsäuren bis etwa 2500 Å, gesättigte Ester und einfache aromatische Kohlenwasserstoffe bis etwa 2800 Å. Genauere Angaben nach PESTEMER für die gebräuchlichsten Lösungsmittel findet man in Tabelle 9. Am weitesten durchlässig (bis 1580 Å) scheinen nach neuen Messungen[1] perfluorierte Kohlenwasserstoffe (z.B. n-C_8F_{18}) zu sein. Über geeignete Lösungsmittel für makromolekulare Stoffe vgl. SCHURZ und STÜBCHEN[2].

Tabelle 9. *Lösungsmittel fur das U V*

Losungsmittel	Kp. korr. 760 mm	Fp.	Durchlässigkeitsgrenze im Ultraviolett in Å: reines Handelsprodukt	nach der Reinigung, Schichtdicke ~ cm	0,3 mm
Petroläther	40–60		2450		
Ligroin	60–120				
n-Hexan	68,7			1950	1705
n-Heptan	98,4				
n-Octan	125,6				
i-Octan	116,0				1780
Cyclohexan	80,8	6,6	2750–2650	1950	
Hexahydrotoluol	101				
Decalin	191,7			2100	
Benzol	80,2	5,5		2700	
Toluol	110,8			2750	
Methylenchlorid	40,7			2400	
Chloroform	61,2		2450		
Tetrachlorkohlenstoff	76,7		2700	2570	2450
Schwefelkohlenstoff	46,2–46,5			3400	
Methanol	64,7		2250	2000	1890
Äthanol 95%	78,17		2350		
Äthanol abs.	78,3				
Diäthyläther	34,6		2250	2000	1980
Tetrahydrofuran	64–67			2740	
Dioxan	101,3	11,8		2400	
Wasser	100,0	0	2000	1850	1790

In neuerer Zeit ist die Untersuchung der *Absorption bei tiefen* Temperaturen (flüssiger Stickstoff, 77 °K) von besonderem Interesse geworden[3]. Man benutzt dazu glasartig erstarrte Lösungsmittel (rigid solvents), die sich durch Mischen geeigneter Komponenten herstellen lassen. Brauchbare Gemische sind in Tabelle 10 zusammen mit den Temperaturen angegeben, bei denen sie noch nicht kristallisiert sind[4]. Sie sind ferner fluorescenzfrei. Als besonders geeignet erweisen sich die Butan-

[1] KLEVENS, H. B. u. J. R. PLATT: J. chem. Physics **16**, 1168 (1948).

[2] J. SCHURZ u. H. STÜBCHEN: Z. Elektrochem. **61**, 754 (1957).

[3] Vgl. dazu z.B.: R. L. SINSHEIMER, J. F. SCOTT u. J. R. LOOFBOUROW: J. biol. Chemistry **187**, 299 (1950); M. KASHA: Chem. Reviews **41**, 401 (1947); G. N. LEWIS u. D. LIPKIN: J. Amer. chem. Soc. **64**, 2801 (1942); J. CZEKALLA u. Mitarb.: Z. Elektrochem. **61**, 537 (1957); **63**, 712 (1959); V. ZANKER u. Mitarb.: Z. physik. Chem. N. F. **22**, 417 (1959); Chem. Ber. **92**, 615 (1959); Z. Elektrochem. **63**, 1133 (1959).

[4] LIPPERT, E., W. LÜDER u. F. MOLL: Spectrochim. Acta **15**, 378 (1959).

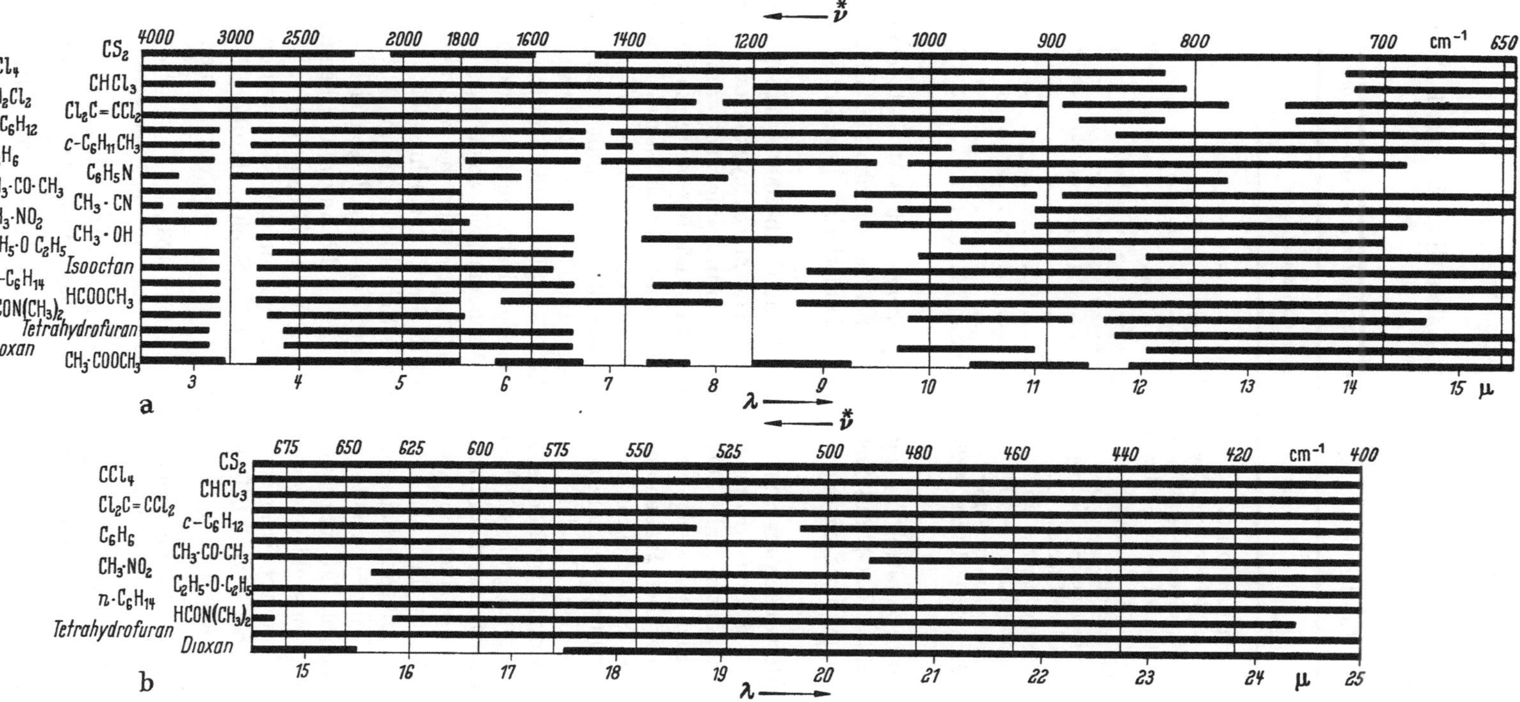

Abb. 70. Durchlässigkeitsbereich (schwarz) von Lösungsmitteln im mittleren Infrarot

derivate. Auch das Gemisch von 3 Teilen Glycerin und 1 Teil Wasser bildet ein rigid solvent.

Tabelle 10. „*Rigid solvents*" *für Tieftemperaturmessungen*

Nr.	Zusammensetzung der Mischung	*t* °C
1	*n*-Butyronitril	− 142
2	*n*-Butylchlorid + 25% Nr. 12	− 145
3	*n*-Butylacetat + 25% Nr. 12	− 105
4	Methanol + 30% Äthanol	− 148
5	*n*-Propanol	− 140
6	Isopropanol	− 140
7	Isobutanol + 5% Isopentan	− 175
8	Diäthyläther	− 140
9	Dibutyläther + 25% Nr. 12	− 105
10	Triäthylamin + 10% Isopentan	− 140
11	Triäthylamin + 15% Isopentan	− 148
12	Methylcyclohexan + 25% Isopentan	− 175

Als Lösungsmittel für *hohe Temperaturen* ist 3-Methylcyclohexanol (Siedepunkt 173 °C) und Dekalin (trans.-Siedepunkt 196 °C) geeignet; für Messungen im Sichtbaren auch 1,4-Dimethylnaphthalin (Siedepunkt 264 °C).

Für Messungen im SCHUMANN-UV unterhalb 2000 Å haben sich Gemische von 6 Teilen Isopentan und 1 Teil Methylcyclohexan oder von 6 Teilen Isopentan und 1 Teil 3-Methylpentan als rigid solvents bewährt[1].

Wesentlich schwieriger ist es, im IR ein Lösungsmittel zu finden, das über einen großen Wellenlängenbereich völlig durchlässig ist. Am besten geeignet ist Schwefelkohlenstoff und Tetrachlorkohlenstoff; ersterer ist zwischen 20 und 7 μ, letzterer zwischen 10 und 3 μ (mit Ausnahme einzelner schwacher Banden) durchlässig, so daß sie für IR-Messungen vorwiegend benutzt werden, soweit die Löslichkeit der zu untersuchenden Stoffe genügend groß ist. Die Durchlässigkeitsbereiche anderer gebräuchlicher Lösungsmittel sind in Abb. 70 schematisch wiedergegeben[2].

Wasser absorbiert im IR sehr stark[3], besonders bei 3, 6 und 12,5 μ. Da es sich zuweilen als Lösungsmittel kaum entbehren läßt (z.B. für Proteine), muß man bei sehr geringen Schichtdicken von 0,01 mm und darunter („Film") arbeiten. Die Schwierigkeiten lassen sich auch dadurch beheben, daß man außerdem D_2O als Lösungsmittel benutzt, dessen Absorptionsgebiete gerade bei den Wellenlängen liegen, bei denen H_2O relativ durchlässig ist[4]. Als Material für die Küvettenfenster benutzt man bis etwa 9 μ CaF_2, BaF_2 oder Saphir, darüber $PbCl_2$ oder AgCl. Man kann auch wasserempfindliche Küvetten durch einen dünnen

[1] POTTS JR., W. J.: J. chem. Physics **21**, 191 (1953).

[2] Vgl. M. PESTEMER: Angew. Chem. **63**, 118 (1951); P. TORKINGTON u. H. W. THOMPSON: Trans. Faraday Soc. **41**, 184 (1945).

[3] Vgl. dazu J. D. S. GOULDEN: Spectrochim. Acta **15**, 657 (1959).

[4] GORE, R. C., R. B. BARNES u. E. PETERSON: Anal. Chem. **21**, 382 (1949); J. A. CURCIO u. C. C. PETTY: J. opt. Soc. Amer. **41**, 302 (1951); L. GENZEL: Optik **9**, 143 (1952); P. A. GIGUÈRE u. K. B. HARVEY: Can. J. Chem. **34**, 798 (1956).

Überzug mit Selen oder Germanium schützen[1]. Für qualitative Messungen kann man auch wässerige Lösungen vorsichtig auf BaF_2- oder AgCl-Fenstern eindampfen und den entstehenden Film des reinen Stoffes untersuchen. Wegen der nichtdefinierten Schichtdicke und der zusätzlichen Streueffekte (vgl. S. 331 ff) kann man natürlich keine quantitativen Ergebnisse erwarten.

Allgemein sind besonders bei IR-Messungen die S. 60 erwähnten Fehlerquellen durch Eigenabsorption des Lösungsmittels zu beachten[2], weil dieser Fall viel häufiger vorkommt als bei Messungen im UV. Um bei konzentrierten Lösungen die Absorption des Lösungsmittels zu kompensieren, kann man Küvetten mit veränderlicher Schichtdicke benutzen: Man kompensiert in einem Wellenbereich, in dem der gelöste Stoff nicht, jedoch das Lösungsmittel merklich absorbiert, indem man die Schichtdicke der Vergleichsküvette so lange ändert, bis Extinktionsgleichheit erreicht ist.

Das IR-Spektrum eignet sich häufig auch besonders zur *Reinheitsprüfung* von Flüssigkeiten, z.B. zur Ermittlung geringen Wassergehaltes[3].

7. Strahlungsempfänger[4]

Wie es keine universell verwendbaren Strahlungsquellen gibt, so muß man auch den Strahlungsempfänger dem jeweiligen Wellenlängengebiet anpassen. Man unterscheidet zweckmäßig zwischen nichtselektiven und selektiven Empfängern. Zu den nichtselektiven Typen gehören Thermoelemente, Thermosäulen und Bolometer, sie werden jedoch hauptsächlich im IR verwendet; zu den selektiven Typen das menschliche Auge und die photographische Platte, die das Sichtbare und UV überdecken, ferner Photozellen, Widerstandszellen, Photoelemente und Sekundärelektronenvervielfacher, die je nach ihrer spektralen Empfindlichkeitsverteilung in den verschiedensten Spektralgebieten brauchbar sind.

a) Das menschliche Auge. Das Grundgesetz jeglichen visuellen Photometrierens besteht darin, daß das Auge nicht in der Lage ist, das Verhältnis verschiedener Leuchtdichten anzugeben, sondern lediglich die Gleichheit zweier Leuchtdichten feststellen kann, die von zwei möglichst eng benachbarten, genügend ausgedehnten beleuchteten Feldern ausgestrahlt werden. Im idealen Fall verschwindet dann die Grenzlinie der beiden Felder. Alle visuellen Apparate sind daher in der Weise konstruiert, daß zwei die beiden zu vergleichenden Lösungen bzw. Lösung und Lichtschwächung durchsetzende Lichtbündel durch ein Prisma so vereinigt

---

[1] ANDERSON, S. u. Mitarb.: Rev. sci. Instruments **21**, 574 (1950).

[2] BAYLISS, N. S. u. C. J. BRACKENBRIDGE: Chem. & Ind. **1955**, 477; E. LIPPERT: Angew. Chem. **67**, 704 (1955).

[3] Vgl. dazu R. MECKE u. F. OSWALD: Spectrochim. Acta **4**, 348 (1951); E. GREINACHER u. F. OSWALD: Angew. Chem. **65**, 291 (1953); R. MECKE u. K. ROSSWOG: Angew. Chem. **66**, 75 (1954).

[4] Eine allgemeine Klassifizierung sämtlicher Empfängertypen bezüglich Rauschpegel, Zeitkonstante und empfindlicher Oberfläche schlägt R. C. JONES vor [J. opt. Soc. Amer. **37**, 879 (1947); **39**, 327, 344 (1949)]; vgl. auch P. B. FELLGETT: J. opt. Soc. Amer. **39**, 970 (1949).

werden, daß im Okular zwei unmittelbar aneinander grenzende Felder erscheinen. Die vom Auge eben noch wahrnehmbare Änderung ihrer Leuchtdichte hängt nun praktisch ausschließlich von deren Größe ab; ihr reziproker Wert wird als „*Kontrastempfindlichkeit*“ des Auges bezeichnet. Diese ist im Bereich einer Leuchtdichte von etwa 20 bis 10000 Apostilb angenähert konstant und hat hier ihren maximalen Wert, bei größeren und kleineren Leuchtdichten sinkt sie stark ab. Dabei ist gute Adaptation des Auges vorausgesetzt, welche die Empfindlichkeit des Auges im Verhältnis $1:10^5$ zu steigern vermag! Nach dem Gesetz von WEBER-FECHNER macht innerhalb dieses Intensitätsintervalls der eben noch wahrnehmbare Leuchtdichtenzuwachs immer einen konstanten Bruchteil der schon vorhandenen Leuchtdichte aus, so daß also der eben noch merkliche Empfindungsunterschied

$$\mathrm{d}s = \mathrm{const} = \frac{\mathrm{d}\overset{*}{B}}{\overset{*}{B}} \tag{56}$$

ist. $\mathrm{d}s$ beträgt nach den Messungen von KÖNIG und BRODHUN[1] im Bereich der maximalen Kontrastempfindlichkeit des Auges etwa 1,7% der Gesamtleuchtdichte. Bei gut konstruierten Apparaten und optimalen Verhältnissen kann dieser Wert auf die Hälfte bis ein Drittel herabgedrückt werden. *Dieser Wert begrenzt also gleichzeitig die erreichbare Genauigkeit sämtlicher visueller Messungen in der Photometrie.* Wie sich bei zahlreichen Beobachtern übereinstimmend gezeigt hat, ist eine geringere Streuung als etwa 1% bei der Einstellung auf gleiche Leuchtdichte im allgemeinen nicht zu erreichen. Dies gilt für weißes und farbiges Licht[2]. Das in Praxis häufig beobachtete Ansteigen der Streuung bei Messungen an den beiden Enden des sichtbaren Spektrums (rot bzw. blau) ist darauf zurückzuführen, daß die Leuchtdichte infolge der abnehmenden Emission der normalerweise verwendeten Glühlampen und infolge der spektralen Empfindlichkeitskurve des Auges (Abb. 71) häufig unter den physiologisch günstigen Bereich absinkt.

Gleichung (56) gilt nur unter der Voraussetzung, daß die spektrale Zusammensetzung der zu vergleichenden Leuchtdichten identisch ist. Sobald Farbtonunterschiede der beleuchteten Felder vorhanden sind, wie es in der Praxis der visuellen Photometrie häufig vorkommt (vgl. S. 211), wächst die Streuung der Meßwerte beträchtlich an.

Der Begriff gleicher Beleuchtungsstärke zweier benachbarter Felder durch Lichtquellen verschiedener spektraler Emission läßt sich auf Grund einer Reihe von Experimenten definieren[3], die zu ähnlichen Ergebnissen führen. Man bringt z.B. durch Einschalten eines rotierenden Sektors in den Strahlengang die beiden verschieden beleuchteten Felder zum Flimmern. Dieses verschwindet oberhalb einer bestimmten Grenzfrequenz, deren Höhe mit der Beleuchtungsstärke wächst. Man stellt auf gleiche Frequenzgrenze des Flimmerns ein, indem man die Beleuchtungs-

---

[1] KÖNIG, A. u. E. BRODHUN: S.-B. Berl. Akad. **1888**, 917; **1889**, 641.
[2] Vgl. G. KORTÜM u. J. GRAMBOW: Z. angew. Chem. Ausg. A **59**, 160 (1947).
[3] Vgl. dazu R. W. POHL: Optik, 3. Aufl. Berlin 1941.

stärke des einen Feldes mit Hilfe eines Graukeils variiert. Diese gleiche Frequenzgrenze wird als Kennzeichen gleicher Beleuchtungsstärke durch die verschiedenartigen Lichtquellen definiert. Auf diese Weise kann man die Lichtstärken verschiedener Lichtquellen unabhängig von ihren Farben vergleichen und in „candela" messen.

Damit ergibt sich auch die Möglichkeit, die *spektrale Empfindlichkeitskurve des Auges* zu bestimmen. Die Empfindlichkeit des Auges wird definiert als das Verhältnis Lichtstärke/Strahlungsstärke, sie hat also nach

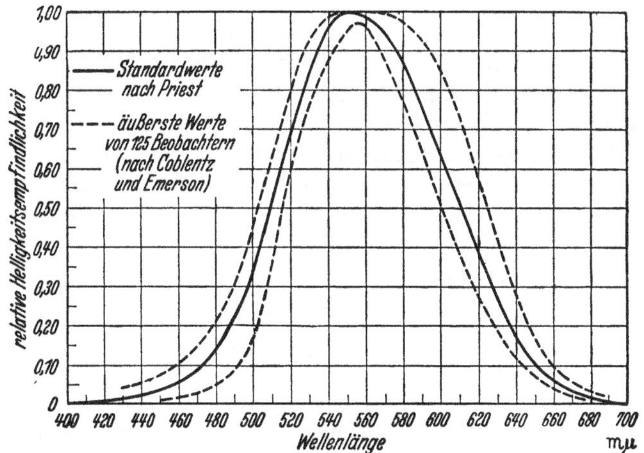

Abb. 71. Relative spektrale Empfindlichkeitskurve des Auges, bezogen auf ein energiegleiches Spektrum

Tabelle 1 die Dimension Lumen/Watt und ist von der Wellenlänge des Lichts abhängig. Sie hat für das hell adaptierte Auge (Leuchtdichten > 10 asb; Zäpfchensehen oder photoptisches Sehen) nach Messungen an zahlreichen Beobachtern ein Maximum von 682 Lumen/Watt bei 555 mμ, also im Grün, und sinkt bei 510 bzw. 610 mμ auf die Hälfte, bei 470 bzw. 650 mμ bereits auf ein Zehntel des maximalen Wertes ab (vgl. Abb. 71). Der reziproke Wert dieses Maximums, $1{,}466 \cdot 10^{-3}$ Watt/Lumen, ist das durch Gleichung (I,15) definierte „mechanische Lichtäquivalent". Bei kleinen Leuchtdichten $< 1/100$ asb (im Bereich des Stäbchensehens oder skotoptischen Sehens) ist die spektrale Empfindlichkeitskurve des dunkel adaptierten Auges nach kürzeren Wellen verschoben; das Maximum liegt dann bei etwa 510 mμ. Bei vielen visuellen photometrischen Messungen dürfte sich das Auge des Beobachters in Adaptationszuständen zwischen diesen beiden Extremen befinden[1].

Man kann Photozellen mit geeigneter spektraler Empfindlichkeitsverteilung in Kombination mit bestimmten Filtern dazu benutzen, Lichtstärken wie das Auge nach dem physiologischen Maßsystem in „can-

[1] Über neuere Messungen über die photoptische und die skotoptische Empfindlichkeitskurve vgl. J. opt. Soc. Amer. **41**, 734 (1951); L. M. Hurvich u. D. Jameson: ibid. **43**, 485 (1953); J. A. Smith Kinney: ibid. **45**, 507 (1955); Landolt-Börnstein: 6. Aufl., Bd. IV,3 (1957), S. 845ff.

dela" zu messen, indem man die Skala des Strommeßinstrumentes in NK umeicht[1].

Die spektrale Empfindlichkeitskurve muß natürlich von der spektralen Energieverteilung der verwendeten Lichtquelle unabhängig sein, d.h. sie ist auf ein *energiegleiches Spektrum* bezogen. Man benutzt also zu ihrer Ermittlung einen Temperaturstrahler bekannter „Farbtemperatur" (vgl. S. 63) oder ein durch Messungen mit Thermosäule oder Bolometer bei verschiedenen Wellenlängen festgelegtes Energiespektrum einer geeichten Lampe und rechnet die jeweilige gemessene relative Empfindlichkeit auf die Energieeinheit um.

Das Auge zeigt ferner eine für photometrische Messungen wichtige Eigenschaft, die nach ihren Entdeckern als STILES-CRAWFORD-Effekt bezeichnet wird[2]: Der Helligkeitseindruck, den ein gegenüber der Augenpupille schmales Lichtbündel auf der Netzhaut des Auges hervorruft, nimmt mit dem Abstand des Lichtbündels vom Mittelpunkt der Augenpupille ab. Diese Abnahme der Lichtwirkung beträgt z.B. im Abstand von 4 mm von der Pupillenmitte bereits etwa 75%. Die Empfindungsleuchtdichte ist also der Pupillenfläche nicht proportional. Man findet für die Abhängigkeit der Wirkung von der Pupillenfläche F (in mm^2) folgende Näherungsgleichung[3]:

$$\log \eta = -0{,}006 F. \tag{57}$$

η ist das Verhältnis der mit der Fläche F tatsächlich beobachteten Empfindungsleuchtdichte zu derjenigen, die man erwarten würde, wenn die Helligkeitsempfindung überall die gleiche wäre wie in der Pupillenmitte. Für Pupillenoberflächen von z.B. 20 bzw. 40 mm^2 ergibt sich für η der Wert 0,76 bzw. 0,58; für letztere ist also die Helligkeitsempfindung nur noch etwa halb so groß wie erwartet. Die Größe dieses STILES-CRAWFORD-Effektes hängt aber außerdem noch vom Adaptationszustand des Auges[4] und damit wieder von der Leuchtdichte ab. Bei Dunkeladaptation tritt er nur für rotes, nicht aber für blaues Licht auf.

Schwächt man die Leuchtdichte mit Hilfe einer rotierenden Sektorscheibe (vgl. S. 88), so gelangt das Licht nur für einen durch den Ausschnitt des Sektors gegebenen Bruchteil der Zeit auf die Netzhaut. Bei genügend hoher Frequenz des Sektors hat das Auge den Eindruck einer kontinuierlichen Leuchtdichte, die dieselbe ist, als wenn das emittierte Licht während jeder Periode des Sektors gleichmäßig über die ganze Periode verteilt wäre. Dieses TALBOT*sche Gesetz*[5] gilt mit einer Genauigkeit von wenigstens 0,3% selbst für sehr kurze Lichtblitze bzw. kleine Sektorausschnitte[6].

---

[1] Vgl. dazu etwa J. S. PRESTON: Rev. Opt. théor. instruments **27**, 513 (1948) und die dort angegebene Literatur.

[2] STILES, W. S. u. B. H. CRAWFORD: Nature **139**, 246 (1937); Proc. Roy. Soc. Ser. B **112**, 428 (1933); **123**, 90 (1937); **127**, 64 (1939).

[3] HANSEN, G.: Zeiss-Nachr. **5**, 117 (1944).

[4] TEUCHER, R.: Z. ophthalm. Opt. **30**, 161 (1942).

[5] TALBOT, H. F.: Phil. Mag. [3] **5**, 321 (1834).

[6] KÖLLNER, H.: Licht **7**, 55, 75 (1937); T. E. GILMER: J. opt. Soc. Amer. **27**, 386 (1937).

Die *Reizschwelle* des Auges liegt außerordentlich niedrig; es vermag bei Dunkeladaptation noch etwa 5 bis 14 Photonen pro Sekunde, d.h. eine Strahlungsleistung von der Größenordnung 10^{-17} Watt zu bemerken[1] und gehört daher zu den empfindlichsten Organen überhaupt. Nach neueren Messungen[2] liegt diese Schwelle noch tiefer (bei 2 bis 4 Quanten), so daß man den Schluß ziehen kann, daß prinzipiell der einzelne Receptor durch Absorption eines einzigen Quants einen Nervenimpuls auslösen kann. Man kann deshalb etwa die Stellung gekreuzter Polarisationsprismen auf einem Teilkreis mit Hilfe des Auges viel empfindlicher festlegen als mit jedem anderen Empfänger, ausgenommen vielleicht mit Multipliern bei der Temperatur der flüssigen Luft[3].

b) Lichtelektrische Effekte und Empfängertypen. Bei den in der Praxis gebräuchlichen lichtelektrischen Empfängern unterscheidet man grundsätzlich drei verschiedene Typen je nach dem Primärvorgang, auf dem der durch Bestrahlung ausgelöste und beobachtete Photostrom beruht:

1. Treten unter dem Einfluß der Strahlung aus einer lichtempfindlichen festen Kathode Elektronen ins Vakuum oder in die angrenzende Gasphase aus, so spricht man von einem *äußeren lichtelektrischen Effekt*. Legt man zur Nachlieferung der Elektronen zwischen Kathode und Anode ein elektrisches Feld, so fließt ein Photostrom i, der der auffallenden Strahlungsleistung Φ proportional ist:

$$i = C\Phi . \tag{58}$$

Auf dem äußeren lichtelektrischen Effekt beruhen die Vakuumphotozelle, die gasgefüllte Photozelle und der Sekundärelektronenvervielfacher (multiplier). Der äußere lichtelektrische Effekt wurde von HERTZ[4] zuerst beobachtet und von ELSTER und GEITEL[5] zuerst zur Entwicklung brauchbarer Photozellen benutzt.

2. Reicht die Energie der durch die Strahlung angeregten Elektronen nicht zum Austritt aus der Kathode aus, so können sie innerhalb der festen Phase als Leitungselektronen dienen, die unter dem Einfluß eines angelegten Feldes den Photostrom liefern. Dieser *innere lichtelektrische Effekt* tritt vorwiegend bei sogenannten Halbleitern in Erscheinung und wurde von SMITH[6] am Selen entdeckt. Auf ihm beruhen die sog. Widerstandszellen, die neuerdings als Infrarotempfänger eine wichtige Rolle spielen.

3. Neben dem inneren lichtelektrischen Effekt beobachtet man an der Phasengrenze zwischen einem Halbleiter und einer darüber liegenden Metallelektrode den sogenannten *Sperrschichtphotoeffekt*. Die Sperrschicht, die teils physikalischer Natur (Randzone geringerer Dichte von Ladungsträgern)[7], teils chemischer Natur (Veränderungen in der Zu-

---

[1] AUTRUM, H. J.: Naturwiss. **35**, 361 (1948); S. HECHT: J. opt. Soc. Amer. **32**, 42 (1942); S. HECHT u. Mitarb.: Science **93**, 855 (1941).

[2] Vgl. M. A. BOUMAN: J. opt. Soc. Amer. **45**, 36 (1955) und die dort angegebene Literatur.

[3] ENGSTROM, R. W.: J. opt. Soc. Amer. **37**, 420 (1947).

[4] HERTZ, H.: Ann. Physik **31**, 421 (1887).

[5] ELSTER, J. u. H. GEITEL: Ann. Physik **38**, 497 (1889); **41**, 161 (1890).

[6] SMITH, W.: Amer. Sci. **5**, 301 (1873).

[7] SCHOTTKY, W.: Z. Physik **118**, 539 (1942).

sammensetzung der Sperrschicht gegenüber den angrenzenden Phasen)[1] sein mag, besitzt eine unipolare Leitfähigkeit für Elektronen, was zur Folge hat, daß an ihr eine elektromotorische Kraft auftritt (Photo-EMK), weswegen man diesen Typ der lichtelektrischen Empfänger auch als *Photoelemente* bezeichnet. Sie besitzen den Photozellen gegenüber den Vorteil, daß sie ohne äußere Spannungsquelle arbeiten. Der Sperrschichtphotoeffekt wurde zuerst von BECQUEREL[2] an Elektroden in einem flüssigen Elektrolyten beobachtet; beim Selen wurde er von ADAMS und DAY[3] entdeckt, er geriet dann in Vergessenheit, wurde von GRONDAHL[4] und von LANGE[5] neu aufgefunden und im Selen- bzw. Siliciumphotoelement praktisch ausgenutzt.

Keine dieser Empfängertypen erfüllt alle Anforderungen, die man an einen idealen Empfänger stellen möchte. Deshalb sind ihre charakteristischen Eigenschaften für die Beurteilung der Verwendbarkeit der verschiedenen Typen und für die Einhaltung meßtechnisch einwandfreier Bedingungen bei ihrer Verwendung zu photometrischen Zwecken von großer Bedeutung. Die wichtigsten dieser Eigenschaften sollen deshalb kurz beschrieben werden, im übrigen muß auf die modernen Spezialwerke auf diesem Gebiet verwiesen werden[6].

c) Photozellen. α) *Allgemeine Gesetzmäßigkeiten.* Für den äußeren Photoeffekt gilt die EINSTEINsche Gleichung

$$h\nu = e_0\varphi + \frac{m v^2}{2}. \tag{59}$$

$e_0\,\varphi$ bedeutet die Austrittsarbeit der Photoelektronen, $m v^2/2$ ihre kinetische Energie. Für $v = 0$ erhält man (mit $e_0 = 1{,}60 \cdot 10^{-19}$ Coulomb und φ in Volt):

$$h\nu_0 = \frac{h c}{\lambda_0} = e_0\varphi \quad \text{oder} \quad \lambda_0 = \frac{h c}{e_0\varphi} = \frac{1240}{\varphi} \quad [\mathrm{m}\mu]. \tag{60}$$

λ_0 ist die *Grenzwellenlänge,* oberhalb deren kein Photoeffekt mehr auftritt; sie ist der Austrittsarbeit aus der Kathode umgekehrt proportional. Es hat sich gezeigt, daß die Austrittsarbeit bei den Alkalimetallen am

---

[1] GÖRLICH, P. u. W. LANG: Z. physik. Chem. (B) **41**, 23 (1938).

[2] BECQUEREL, E.: Compt. rend. **9**, 561 (1839).

[3] ADAMS, W. G. u. R. E. DAY: Proc. Roy. Soc. [London] A. **25**, 113 (1877).

[4] GRONDAHL: Phys. Rev. **27**, 813 (1926).

[5] LANGE, B.: Physik. Z. **31**, 139, 964 (1930).

[6] Vgl. z.B.: B. LANGE: Die Photoelemente und ihre Anwendung, Berlin 1940; T. J. FIELDING: Photoelectric and Selenium Cells, Cleveland, Ohio 1941; P. GÖRLICH: Die lichtelektrischen Zellen, Leipzig 1951; V. K. ZWORYKIN u. E. G. RAMBERG: Photoelectricity and its application, New York 1950; A. SOMMER: Photoelectric Tubes, 2. Aufl. London 1951; M. PLOKE: Arch. Techn. Messen, Nov. 1953, Jan. 1954; N. SCHAETTI: Sekundärelektronenvervielfacher, Z. angew. Math. Physik **2**, 123 (1951); P. GÖRLICH: Die Anwendung der Photozellen, Leipzig 1954; H. SIMON u. R. SUHRMANN: Der lichtelektrische Effekt und seine Anwendungen, 2. Aufl. Springer 1958; P. GÖRLICH: Recent Advances in Photoemission in Adv. in Electronics and Electron Physics, New York **11**, 1 (1959); C. G. CANNON: Electronics for Spectroscopists, London 1960; G. K. T. CONN u. D. G. AVERY: Infrared Methods, New York u. London 1960; W. SHOCKLEY: Electrons and Holes in Semiconductors, New York 1950.

kleinsten ist und in der Reihenfolge Na (2,46 eVolt), K (2,24 eVolt), Rb (2,17 eVolt), Cs (1,9 eVolt) abnimmt. Deshalb enthalten die Photokathoden für langwellige Strahlung stets Caesium. Durch Adsorption einzelner Alkalimetallatome an anderen Metalloberflächen wird die Austrittsarbeit weiter erniedrigt.

Die maximal mögliche *Ausbeute an Photoelektronen*, wenn durch jedes absorbierte Quant ein Photoelektron abgelöst wird, beträgt pro Einheit der Strahlungsleistung

$$E_{\max} = \frac{e_0}{h\nu} = \frac{\lambda}{1240} \quad [\text{Amp./Watt}]. \tag{61}$$

Setzt man, um auf photometrische Einheiten umzurechnen, für $\lambda = 555\,\text{m}\mu$ 1 Watt $= 682$ Lumen (vgl. S. 18), so ergibt sich nach (61) für die maximal mögliche Ausbeute

$$E_{\max,555} = 656 \quad [\mu\text{A/Lumen}].$$

Die wirkliche Ausbeute E ist stets wesentlich kleiner. Gewöhnlich werden die Empfindlichkeiten der käuflichen Photozellen in μA/Lumen, bezogen auf schwarze Strahlung bestimmter Farbtemperatur, angegeben. Das Verhältnis der gemessenen Ausbeute E zur maximal möglichen $E_{\max}$ ergibt die *Quantenausbeute*.

Für die *spektrale Verteilung* der Ausbeute an Photoelektronen, d.h. für die Abhängigkeit der Ausbeute von der Wellenlänge der Strahlung, findet man zwei charakteristisch verschiedene Kurven: Bei kompakten Metallen steigt die Ausbeute im Gegensatz zum Quantenäquivalentgesetz (61) kontinuierlich mit abnehmender Wellenlänge an (*normaler* Photoeffekt). Bei dünnen Schichten auf einer kompakten Unterlage beobachtet man steile Maxima innerhalb enger Wellenlängenbereiche (*selektiver* Photoeffekt). Da letzterer sehr viel größer ist als der normale Photoeffekt, spielt er für die Empfindlichkeit der Zelle eine entscheidende Rolle. Er tritt nur auf, wenn der elektrische Vektor der einfallenden Strahlung eine Komponente senkrecht zur Oberfläche der Kathode besitzt (schräger Einfall), und beruht auf der Photoionisation von an der Oberfläche adsorbierten Metallatomen. Tatsächlich fallen die Maxima der relativen Ausbeute an Photoelektronen mit den Absorptionsmaxima der dünnen Metallfilme angenähert zusammen[1] (vgl. Abb. 72).

Für den Nachweis und die Messung kleiner Strahlungsintensitäten und entsprechend kleiner Photoströme spielt die *thermische Elektronenemission* der Photokathode eine störende Rolle. Sie stellt den Hauptanteil des sogenannten *Dunkelstroms* der Photozelle dar[2] und ist nach der Formel von RICHARDSON[3] gegeben durch

$$j_T = \frac{4\pi m e_0 k^2}{h^3} T^2 \exp\left[-\frac{e_0 \varphi'}{kT}\right] = 120\, T^2 \exp[11600\, \varphi'/T] \quad [\text{Amp./cm}^2]. \tag{62}$$

[1] IVES, H. E. u. H. B. BRIGGS: J. opt. Soc. Amer. 28, 330 (1938).

[2] Vgl. dazu N. SCHAETTI, W. BAUMGARTNER u. Mitarb.: Helv. phys. Acta 25, 605 (1952); 26, 380 (1953); N. SCHAETTI: Z. angew. Math. Physik 4, 450 (1953).

[3] RICHARDSON, O. W.: Philos. Mag. J. Sci. [6] 24, 570 (1912); 27, 476 (1914).

φ', die glühelektrische Austrittsarbeit, ist für Alkaliphotokathoden von ähnlicher Größe wie φ. Da φ nach (60) der Grenzwellenlänge λ_0 umgekehrt proportional ist, emittiert eine Photokathode thermisch um so stärker, je weiter sich die Empfindlichkeit nach langen Wellen erstreckt. Durch Kühlung der Kathode (z.B. durch flüssige Luft) läßt sich der Dunkelstrom prinzipiell reduzieren[1], wie aus Gleichung (62) hervorgeht. Da der Dunkelstrom proportional zur Kathodenfläche anwächst, sollte man sie nicht größer wählen, als der Apertur der zu messenden Strahlung entspricht.

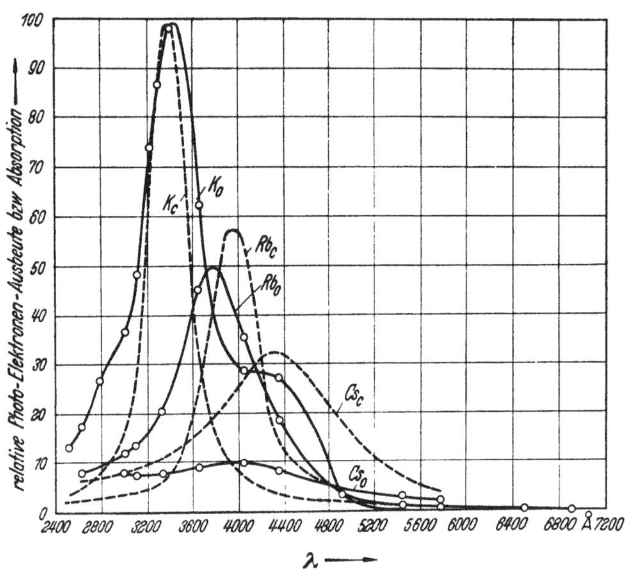

Abb. 72. Relative Photoelektronenausbeute (Index $_0$) und Strahlungsabsorption (Index $_c$) von Alkalimetallfilmen, auf Pt-Ir-Spiegeln adsorbiert

Nicht zu beseitigen sind die statistischen Schwankungen der Elektronenemission (*Schroteffekt*), deren quadratischer Mittelwert $\overline{\Delta i^2}$ nach SCHOTTKY[2] der mittleren Stromstärke i_0, der Größe der Elementarladung e_0 und dem Frequenzband Δf proportional ist. Für Wechsellicht gilt

$$\overline{\Delta i^2} = 2\Delta f e_0 i_0 = 3{,}20 \cdot 10^{-19} i_0 \Delta f \quad [\text{Amp.}^2], \tag{63}$$

für Gleichlicht ist $2\Delta f$ durch den Kehrwert der Zeitkonstanten des Meßinstrumentes zu ersetzen. Der Schroteffekt ist zum Teil für das sog. *Rauschen* von Elektronenröhren aller Art verantwortlich[3]. Wird die Photozelle mit einem Ableitwiderstand R (in Ohm) kombiniert, so kommen die statistischen Schwankungen der thermischen Bewegung der Ladungen innerhalb des Widerstandes hinzu (thermisches Rauschen[4])

[1] Z. BAY: Rev. sci. Instr. **12**, 127 (1941); ENGSTROM, R. W.: J. opt. Soc. Amer. **37**, 420 (1947).

[2] SCHOTTKY, W.: Ann. Physik **57**, 541 (1918); **68**, 157 (1922).

[3] Vgl. R. F. MORRISON: Electronics **21**, Heft 11, 126 (1948); Zusammenfassung über das Rauschen von Empfangern: C. G. CANNON: Electronics for Spectroscopists, London 1960.

[4] JOHNSON, J. B.: Physic. Rev. **32**, 97 (1928); H. NYQUIST: Physic. Rev. **32**, 110 (1928).

Die entsprechenden Spannungsschwankungen an den Enden des Widerstandes sind für Zimmertemperatur gegeben durch

$$\overline{\Delta V^2} = 4kTR\Delta f = 1{,}6\cdot 10^{-20} R\Delta f \quad [\mathrm{Volt}^2]. \tag{64}$$

Die gesamte am Ableitwiderstand R auftretende Spannungsschwankung beträgt demnach

$$\sqrt{\overline{\Delta V^2}} = [R^2\overline{\Delta i^2} + 4kTR\Delta f]^{1/2} = [3{,}20\cdot 10^{-19} R\Delta f(i_0 R + 0{,}05)]^{1/2} \quad [\mathrm{Volt}]. \tag{65}$$

Da im allgemeinen $i_0 R < 0{,}05$ Volt, überwiegt gewöhnlich das Widerstandsrauschen, das somit auch die „natürliche Nachweisgrenze" der Photozelle bestimmt (vgl. S. 174).

β) Spektrale Empfindlichkeit verschiedener Kathoden. Photozellen mit *reinen metallischen Kathoden* bzw. mit adsorbierten Schichten reiner Metalle werden heute fast nur noch für Messungen im UV benutzt. Man wählt häufig zu diesem Zweck ein Metall wie Ni, Ag, Ta, Zn, W, Pt oder Cd, bei dem die Grenzwellenlänge bereits im UV liegt, so daß die Kathoden im Sichtbaren keine Empfindlichkeit besitzen. Auf diese Weise wird langwelliges Streulicht unwirksam[1]. Für das Vakuum-UV benutzt man Photonen-empfindliche Geigerzähler als Empfänger[2], die bis ins Gebiet der weichen Röntgenstrahlen brauchbar sind[3].

Für den sichtbaren und infraroten Bereich, vielfach auch für das UV, zieht man jedoch Photozellen mit sog. *zusammengesetzten Kathoden* vor, die sich durch wesentlich größere Empfindlichkeit auszeichnen. Bei diesen befinden sich die adsorbierten Alkaliatome nicht direkt auf einer metallischen Unterlage, sondern auf einer halbleitenden Zwischenschicht, die die Ausbeute an Photoelektronen stark erhöht. Die ersten Kathoden dieser Art waren die früher viel benutzten Kaliumhydridkathoden mit einer adsorbierten Schicht aus Kaliummetall. Sie sind in neuerer Zeit vollständig verdrängt worden durch zusammengesetzte Kathoden mit halbleitenden Verbindungen der Alkalimetalle mit Elementen der 6. Gruppe (spez. Sauerstoff[4], ferner Schwefel, Selen, Tellur[5]) und der 5. Gruppe des periodischen Systems (spez. Antimon, Wismut[6]) als Zwischenschicht. Man unterscheidet danach in erster Linie zwischen Oxydkathoden und Legierungskathoden bzw. Kombinationen zwischen ihnen. Läßt man die metallische Unterlage ganz weg, so können solche Kathoden in durchsichtiger Form hergestellt werden.

Alkalioxydkathoden wie die bekannte Silber-Caesiumoxyd-Kathode bestehen aus einer metallischen Unterlage und einer porösen halbleitenden Alkalioxydzwischenschicht mit adsorbierten Alkaliatomen; Symbol [Ag]–Cs_2O–Cs. Durch geeignete Herstellungstechnik kann man die Leit-

---

[1] Vgl. z.B. L. Dunkelman: J. opt. Soc. Amer. **45**, 134 (1955); Über die Ausbeute an Photoelektronen im Gebiet unterhalb 2000 Å vgl. H. E. Hinteregger u. K. Watanabe: J. opt. Soc. Amer. **43**, 604 (1953).

[2] T. A. Chubb u. H. Friedman: Rev. sci. Instr. **26**, 493 (1955).

[3] J. L. Rogers u. F. C. Chalklin: Proc. phys. Soc. **B 67**, 348 (1954).

[4] Koller, L. R.: Physic. Rev. **36**, 1639 (1930); R. W. Pohl u. P. Pringsheim: Verh. Deutsch. physik. Ges. **15**, 625 (1913).

[5] Olpin, A. R.: Physic. Rev. [2] **36**, 251 (1930); W. Kluge: Z. Physik **67**, 497 (1931).

[6] Goerlich, P.: Z. Physik **101**, 335 (1936); **109**, 374 (1938).

fähigkeit der Zwischenschicht durch dispergierte Metallatome der Unterlage noch erhöhen und erhält Kathoden mit dem Symbol [Ag]–Cs_2O, Ag–Cs. Abb. 73 zeigt die spektrale Empfindlichkeitsverteilung solcher Kathoden nach Messungen von KLUGE[1]. Das charakteristische Kennzeichen ist das Auftreten mehrerer selektiver Maxima, die Alkaliatomen in verschiedenem Adsorptionszustand zugeschrieben werden, und eine weit ins IR verschobene Grenzwellenlänge. Man hat auf diese Weise ein λ_0 von 1,7 μ erreicht[2]. Die IR-Empfindlichkeit rührt von den in der Oberfläche adsorbierten Cs-Atomen her. Werden diese durch Tempern oder Spuren Sauerstoff entfernt, so geht sie zurück, während die UV-Empfindlichkeit weitgehend erhalten bleibt, da sie durch die tiefer liegenden Schichten bedingt ist. So behandelte Kathoden eignen sich wegen ihrer Unempfindlichkeit gegen langwelliges Streulicht für Messungen im UV (Quarzzellen).

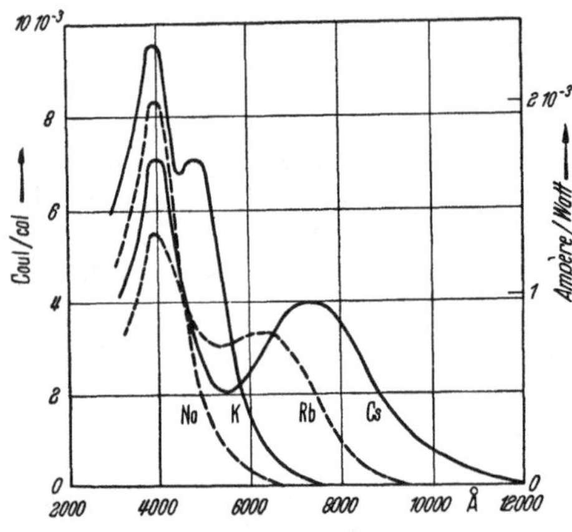

Abb. 73. Spektrale Ausbeute an Photoelektronen für Kathoden von [Ag]–Cs_2O, Ag–Cs; [Ag]–Rb_2O, Ag–Rb; [Ag]–K_2O, Ag–K; [Ag]–Na_2O, Ag–Na

Legierungskathoden, deren wichtigster Vertreter die *Antimon-Caesium*-Kathode ist, sind vorwiegend im kurzwelligen Teil des Sichtbaren empfindlich, die langwellige Grenze liegt im Rot. Im selektiven Maximum beträgt die Quantenausbeute bis zu 20%, so daß die Sb-Cs-Kathode die empfindlichste Kathode für das Sichtbare darstellt, die man bis heute kennt. Sie wird deshalb sehr viel verwendet. Die Empfindlichkeit, die der Entstehung einer intermetallischen Verbindung wie $SbCs_3$ zugeschrieben wird[3], nimmt in der Reihenfolge Cs–Rb–Li–K–Na ab. Lithium-Legierungskathoden haben den zusätzlichen Vorteil einer sehr geringen thermionischen Emission[4]. Die Lage des selektiven Maximums hängt nur wenig vom Alkalimetall ab. Die Ausbeute im UV ist ebenfalls sehr hoch[5], so daß die Sb-Cs-Kathode auch in Quarzzellen verwendet wird. An Stelle von Cs kann man auch ein Gemisch von Alkalimetallen verwenden[6], wodurch die Empfindlichkeit noch etwas weiter ins langwellige Gebiet verschoben wird.

[1] KLUGE, W.: Physik. Z. **34**, 115 (1933); **39**, 911 (1938); Z. techn. Physik **19**, 597 (1938).

[2] FLEISCHER, R. u. P. GOERLICH: Physik. Z. **35**, 289 (1934).

[3] GÖRLICH, P.: Z. Physik **101**, 335 (1936); SOMMER, A.: Proc. phys. Soc. London **55**, 145 (1943); J. A. BURTON: Physic. Rev. **72**, 531 (1947); R. SUHRMANN u. G. KRESSIN: Z. Elektrochem. angew. physik. Chem. **54**, 349 (1950).

[4] SCHAETTI, N. u. W. BAUMGARTNER: Z. angew. Math. Physik **1**, 268 (1950).

[5] BURTON, J. A.: Anm. 3; L. APKER, E. TAFT u. J. DICKEY: J. opt. Soc. Amer. **43**, 78 (1953); L. DUNKELMAN u. C. LOCK: J. opt. Soc. Amer. **41**, 802 (1951).

[6] SOMMER, A. H.: Rev. Sci. Instr. **26**, 725 (1955); W. E. SPICER: Phys. Rev. **112**, 114 (1958); P. GÖRLICH u. Mitarb.: Z. Naturf. **15a**, 648, 1014 (1960).

Die *Wismut-Caesium*-Kathode wird gewöhnlich zusätzlich durch Sauerstoff sensibilisiert (Bi–O–Cs) und zeigt über den ganzen sichtbaren Bereich (bis 800 mμ) eine ziemlich gleichmäßige Empfindlichkeit, weswegen sie für photometrische Zwecke (Angleichung an die Empfindlichkeitskurve des Auges) gern verwendet wird. Legierungskathoden des *Typs* Cu–Be, Te–Cs und Te–Rb[1] sind gegen langwelliges Licht unempfindlich und eignen sich deshalb besonders für UV-Messungen. Sie erreichen für $\lambda < 300$ mμ eine Quantenausbeute von etwa 30%.

Doppelschichtkathoden sind Kombinationen von Oxydkathoden und Legierungskathoden. Man überlagert eine durchsichtige Legierungskathode über eine Alkalioxydkathode oder ordnet auch die beiden Schichten getrennt in der gleichen Zelle einander gegenüber an, so daß die Strahlung erst die durchsichtige Kathode durchsetzt und dann auf die Oxydkathode fällt. Im letzteren Fall kann man auch der einen Kathode gegenüber der anderen eine Vorspannung erteilen, so daß die Zelle wie ein einstufiger Vervielfacher wirkt[2]. Derartige Kathoden zeigen eine relativ konstante Empfindlichkeit über den ganzen sichtbaren Spektralbereich. Auch Doppelschichtkathoden aus Sb–Cs und Bi–Cs sind hergestellt worden[3].

In der folgenden Tabelle 11 sind nach PLOKE[4] die Daten der gebräuchlichsten Photokathoden zusammengestellt[5]. Es bedeuten: λ_0 die Grenzwellenlänge in mμ, E die Relativempfindlichkeit für die Strahlung einer Wolframfadenlampe der Farbtemperatur T °K und j_T den thermischen Dunkelstrom bei Zimmertemperatur.

Tabelle 11

Kathodentyp	λ_0 [mμ]	E [μA/Lumen]	j_T [A/cm²]
[Ag]–Cs_2O, Cs–Ag	1200 (1700 max)	25–40 2700 °K (80 max)	10^{-9} bis 10^{-13}
[Ag]–Rb_2O, Rb–Ag	950	6–10 2700°	
Bi–O–Cs	800	8–20 2700°	
Sb–Cs	670	30–50 2700°	10^{-13} bis 10^{-15}
Sb–Li	570	5–20 2360°	10^{-17}

Man hat auch versucht, den spektralen Anwendungsbereich der Alkaliphotozellen dadurch zu erweitern, daß man Leuchtstoffe vor der Kathode anbringt, die die zu messende Strahlung in Strahlung anderer Wellenlänge umwandeln, für die die Kathode genügend empfindlich ist. Das Verfahren eignet sich zur Messung kurzwelliger UV- (bis 1500 Å) oder von Röntgenstrahlung. Als Leuchtstoff für das UV wird Na-Salicylat benutzt[6], für die Erweiterung des Spektralbereiches nach dem IR hin eignen sich z. B. Cer-Samariumphosphore[7].

[1] ALLEN, J. S.: Rev. sci. Instr. **18**, 739 (1947); TAFT, E. u. L. APKER: J. opt. Soc. Amer. **43**, 81 (1953).

[2] Electronics **24**, Heft 1, 126 (1951).

[3] SCHAETTI, N.: Helv. physica Acta **23**, 108 (1950).

[4] PLOKE, M.: Arch. techn. Mess. **1954**, 391.

[5] Ausführliche Angaben über die zur Zeit technisch hergestellten Zellentypen macht GÖRLICH (Die Photozellen, Leipzig 1951). Bezugsquellen: Preßler, Leipzig; AEG Nürnberg; Günther & Tegetmeyer, Braunschweig; Zeiss-Ikon, Stuttgart; Philips, Eindhoven und zahlreiche andere, insbesondere amerikanische Firmen.

[6] JOHNSON, F. S., K. WATANABE u. R. TOUSEY: J. opt. Soc. Amer. **41**, 702 (1951).

[7] SCHAETTI, N. u. W. BAUMGARTNER: Helv. physica Acta **25**, 611 (1952).

γ) Vakuumzellen und gasgefüllte Zellen. Die *Stromspannungscharakteristik* einer *Vakuumphotozelle* bei verschiedenen konstanten Bestrahlungsstärken zeigt Abb. 74 (ausgezogene Kurven). Die Geschwindigkeitsverteilung der aus der Photokathode austretenden Elektronen macht sich in der Anlaufstromkurve bemerkbar. Von einer bestimmten Spannung an sollte Sättigung auftreten, d.h. alle austretenden Elektronen sollten auf die Anode gelangen. Tatsächlich beobachtet man jedoch auch bei hohen Spannungen ein langsames Weitersteigen des Stromes. Soweit dieses nicht durch Restgase bedingt ist, kann man dafür im wesentlichen zwei

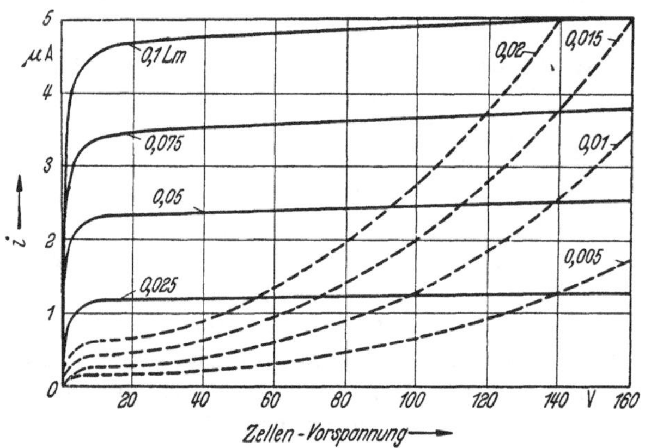

Abb. 74. Strom-Spannungs-Charakteristik von -vakuum und gasgefüllten Zellen bei verschiedenen Beleuchtungsstarken

Gründe angeben: Einmal wird die Austrittsarbeit der Elektronen durch das äußere Feld selbst herabgesetzt (SCHOTTKY-Effekt), zweitens kann, insbesondere bei kleinen Anoden, ein Teil der Photoelektronen zur Kathode zurückkehren, wenn sie unter größerem Winkel zur Anodenrichtung austreten. Dieser Effekt verschwindet erst bei sehr hohen Saugspannungen. Im allgemeinen ist es nicht ratsam, die Zellen bei sehr hohen Spannungen zu betreiben, da durch die große kinetische Energie positiver Ionen, die stets aus Restgasspuren gebildet werden, die Oberfläche der Kathode und damit die Empfindlichkeit der Zelle verändert wird (vgl. S. 176). Ist eine gleichmäßige Empfindlichkeit über längere Perioden erwünscht, so benutzt man zweckmäßig Saugspannungen von 20 Volt und darunter, ohne jedoch in den ansteigenden Ast der Charakteristik zu gelangen.

Der kleinste meßbare Photostrom ist durch Sättigungsspannung (etwa 30 Volt) und Isolationswiderstand der Photozelle begrenzt, der bei technischen Zellen etwa 10^{10}, bei speziell hochisolierten Meßzellen etwa 10^{14} Ohm beträgt, so daß kleinere Photoströme als $3 \cdot 10^{-9}$ bzw. $3 \cdot 10^{-13}$ Amp. nicht beobachtbar sind.

Bei *gasgefüllten Photozellen* wird der Photostrom durch die bei höheren Saugspannungen einsetzende Stoßionisation der Elektronen verstärkt. Die Strom-Spannungs-Charakteristik verläuft also zunächst analog wie bei der Vakuumzelle, steigt dann jedoch sehr steil an, bis bei der

Glimmspannung die selbständige Entladung einsetzt (Abb. 74, gestrichelte Kurven). Das Ionisierungspotential des meistens zur Füllung benutzten Argons beträgt 15,7 Volt. Der Verstärkungsfaktor hängt außer von der angelegten Spannung vom Gasdruck ab; da für sehr kleine Gasdrucke die Stoßzahl gegen Null geht, für sehr hohe Drucke aber so groß wird, daß die Elektronen zwischen zwei Stößen nicht genügend kinetische Energie für die Stoßionisation erwerben können, muß es einen optimalen Gasdruck geben, bei dem der Verstärkungsfaktor am größten wird. Er liegt bei etwa 0,5 Torr (STOLETOWsches Maximum). Die Glimmentladung kommt dadurch zustande, daß bei hohen Spannungen die auf die Kathode zurückkehrenden positiven Gasionen Sekundärelektronen erzeugen, was zu einem lawinenförmigen Anwachsen der Ladungsträger führt. Schon vor Erreichen der Glimmspannung arbeitet die Zelle instabil, die Betriebsspannung muß deshalb wenigstens 25% unterhalb der im Dunkeln gemessenen Glimmspannung liegen, da letztere mit steigender Beleuchtungsstärke noch abnimmt.

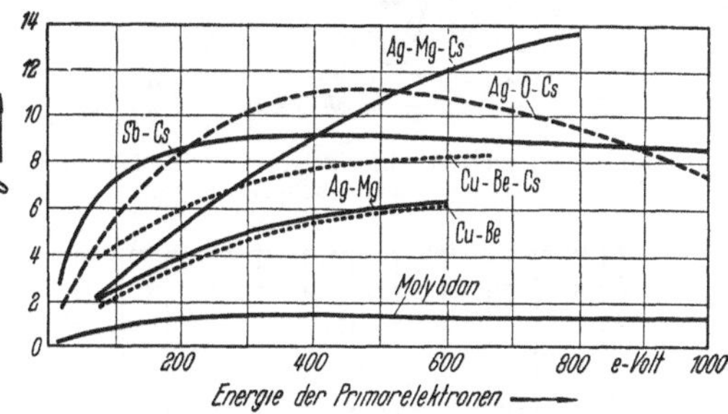

Abb. 75. Sekundaremissionsfaktor verschiedener Dynoden als Funktion der Energie der Primarelektronen

d) Sekundärelektronenvervielfacher[1] (SEV) sind Vakuumphotozellen mit eingebautem Verstärker, deren Photostrom durch Sekundäremission multiplikativ erhöht wird, wobei Verstärkungsfaktoren von 10^6 und mehr erreicht werden. Da die Vervielfacher im übrigen alle vorteilhaften Eigenschaften der Vakuumzelle besitzen, haben sie in der modernen Photometrie innerhalb weniger Jahre eine außerordentlich große Bedeutung gewonnen. Wie bei den gasgefüllten Zellen wird der Photostrom durch Ablösung von Sekundärelektronen verstärkt, die jedoch nicht aus Gasmolekeln, sondern aus besonders geeigneten Emissionskathoden (Dynoden) herausgeschlagen werden, die für jedes Primärelektron mehrere Sekundärelektronen liefern können. Als Maß für die Ausbeute an Sekundärelektronen dient der sog. *Emissionskoeffizient* $\delta = S/P$, der das Verhältnis der Zahl der Sekundär- zu der der Primärelektronen angibt. δ als Funktion der Beschleunigungsspannung der Primärelektronen geht je nach den verwendeten SEm-Kathoden zwischen 100 und 500 Volt durch ein flaches Maximum. δ hängt sehr stark von der Art der SEm-Kathode ab; es besitzt z.B. für reine kompakte Metalle Werte zwischen 0,5 und 1,5, für sensibilisierte Kathoden Werte bis über 10. δ wächst ferner mit zunehmendem Einfallswinkel der Primärelektronen beträchtlich an. In Abb. 75 ist δ als Funktion der Energie der Primärelektronen für eine Reihe verschiedener gebräuchlicher SEm-Kathoden dargestellt[2].

[1] Vgl. auch den zusammenfassenden Bericht von G. GLASER: Glas- u. Hochvakuumtechnik **2**, 241 (1953).
[2] Nach M. PLOKE: Arch. techn. Mess. **1954**, 391.

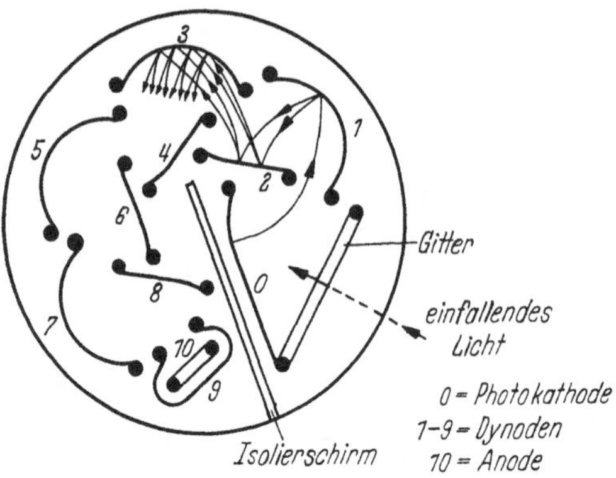

Abb. 76. Querschnitt eines RCA-Sekundärelektronenvervielfachers

Ein Vervielfacher besteht aus einer Photokathode, einer Reihe von Dynoden, die sich auf zunehmendem positivem Potential gegenüber der Kathode befinden, und einer Anode. Ist der von der Kathode ausgehende Photostrom i_0, der Emissionskoeffizient einer Stufe δ, der Wirkungsgrad einer Stufe α und die Zahl der Stufen n, so ist der austretende verstärkte Strom gegeben durch

$$i = i_0 \alpha_1 \delta_1 \cdot \alpha_2 \delta_2 \ldots \alpha_n \delta_n .$$

Ist $\alpha = 1$ und δ für alle Stufen gleich, so folgt

$$i = i_0 \delta^n . \qquad (66)$$

Das Verhältnis i/i_0 bezeichnet man als „Verstärkungsgrad" S des Vervielfachers. Mit $n = 10$ und $\delta = 4$ ergibt sich so eine Verstärkung von etwa 10^6. In neueren Typen sind Verstärkungen von 10^8 bis 10^9, maximal von 10^{12} erreicht worden[1]. In Gleichung (66) ist vorausgesetzt, daß sämtliche von einer Dynode ausgesandten Elektronen die darauf folgende erreichen ($\alpha = 1$). Diese notwendige *Fokussierung der Elektronen* wird heute fast ausschließlich auf elektrostatischem Wege durch hintereinandergeschaltete Netze[2] oder durch geeignete Formgebung

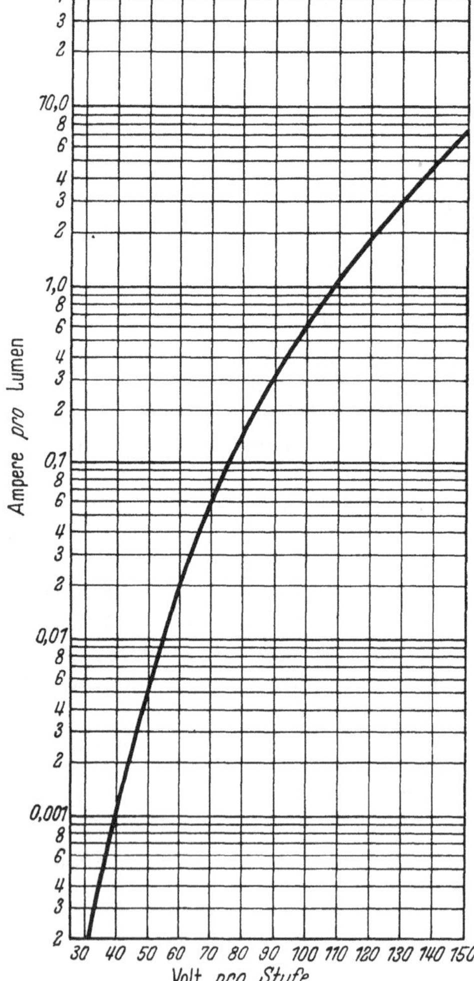

Abb. 77. Gesamtstrom eines RCA-Vervielfachers in Abhangigkeit von der Stufenspannung

[1] SCHAETTI, N.: Helv. physica Acta **23**, 108 (1950).

[2] WEISS, G.: Z. techn. Physik **17**, 623 (1936); A. LALLEMAND: Le Vide **4**, 618 (1949).

der einzelnen Dynodenplatten[1] erreicht. Als Beispiel ist in Abb. 76 der Querschnitt durch den Multiplier 931 A der RCA[2] schematisch wiedergegeben. In den sog. Jalousievervielfachern[3] versucht man, die Vorteile der Plattendynoden mit dem einfachen Aufbau der Netzvervielfacher zu kombinieren, indem man die Dynoden nach Art einer Jalousie anordnet und feinmaschige Netze darüber anbringt, die die emittierende Oberfläche elektrostatisch abschirmen und die Rückdiffusion der Elektronen verhindern.

Die *Sekundärelektronenausbeute* bzw. der Verstärkungsgrad des 931 A in Abhängigkeit von der Stufenspannung ist in Abb. 77 dargestellt; sie steigt angenähert exponentiell an[4]. Aus diesem Grund ist es notwendig, die Spannung äußerst konstant zu halten, wozu besondere Stabilisierungsgeräte verwendet werden (vgl. S. 199).

Für die Messung bzw. den Nachweis sehr kleiner Strahlungsintensitäten spielt auch hier der *Dunkelstrom* die maßgebliche Rolle. Er setzt sich im wesentlichen aus Isolationsstrom und thermischem Emissionsstrom zusammen (vgl. S. 149), wobei letzterer um den Faktor $(\delta^n + \delta^{n-1} + \cdots + 1)$ verstärkt erscheint. Durch starke Belichtung kann er weiterhin sehr stark ansteigen[5], weswegen man Vervielfacher (wie auch Photozellen) am besten im Dunkeln aufbewahrt. Der thermische Emissionsstrom läßt sich durch Kühlung mit flüssiger Luft [entspr. Gleichung (62)] herabdrücken. Er läßt sich ferner weitgehend dadurch ausschalten, daß man die Meßstrahlung periodisch unterbricht und den Photostrom mit einem Wechselstromverstärker verstärkt, so daß der Gleichstromanteil nicht mit verstärkt wird (vgl. S. 244). Auf diese Weise ließen sich noch Lichtströme von $6 \cdot 10^{-14}$ Lumen nachweisen[6].

Für den *Schroteffekt* des Vervielfachers erhält man[7] analog zu Gleichung (63)

$$\overline{\Delta i_{\mathrm{SEV}}^2} = S^2 \overline{\Delta i_0^2} + S^2 \overline{\Delta i_0^2}\, b \frac{1 - 1/S}{1 - 1/\delta} \,. \tag{67}$$

Das Rauschen setzt sich aus zwei Anteilen zusammen, dem Anteil der Photokathode und dem Anteil der Sekundäremission. Da der Verstärkungsgrad $S \gg 1$, kann man näherungsweise schreiben

$$\overline{\Delta i_{\mathrm{SEV}}^2} = S^2 \overline{\Delta i_0^2} + S^2 \overline{\Delta i_0^2}\, b \frac{\delta}{\delta - 1} \,. \tag{68}$$

[1] ZWORYKIN, V. K. u. J. A. RAICHMAN: Proc. Inst. Radio Engr. **27**, 558 (1939); C. C. LARSON u. H. SALINGER: Rev. sci. Instruments **11**, 226 (1940); J. A. RAICHMAN u. R. L. SNYDER: Electronics **13**, 20 (1940); R. C. WINANS u. J. R. PIERCE: Rev. sci. Instr. **12**, 269 (1941).

[2] Radio Corporation America, Harrison N. J.: Bezugsquelle: Schneider, Henley & Co., München 2.

[3] SOMMER, A. u. W. E. TURK: J. sci. Instr. **27**, 113 (1950).

[4] ENGSTROM, R. W.: J. opt. Soc. Amer. **37**, 420 (1947).

[5] SCHAETTI, N. u. W. BAUMGARTNER: Helv. physica Acta **25**, 605 (1952); F. ECKART: Ann. Physik **16**, 322 (1955).

[6] ENGSTROM, R. W.: J. opt. Soc. Amer. **37**, 420 (1947).

[7] Vgl. z. B. L. J. HAYNER: Physics **6**, 323 (1935); V. K. ZWORYKIN: Electronics **8**, 424 (1935); H. BRUINING: Die Sekundärelektronen-Emission fester Körper, Springer 1942.

Tabelle 12. *Eigenschaften einiger gebräuchlicher Sekundärelektronenvervielfacher für spektralphotometrische Messungen*

Type	Stufenzahl	Gesamt-spannung [Volt]	Maxim. Strom-Verstärkung	Spektraler Empfindlichkeitsbereich [mμ]	Empfindlichkeitsmaxima [mμ]	Mittlere Empfindlichkeit der Kathode [μA/Lm]	Dunkelstrom [μA]	Strahlungs-äquivalent des Dunkelstroms	Kathode	Größe der Kathodenfläche	Bemerkungen
EMI Electronics Ltd. Hayes, Middlesex, England; Vertretung A. Neye, Darmstadt											
6094 B	11	1450		Ab 650	420	70	$3\cdot10^{-3}$		CsSbO	∅ 10 mm	Glas
6095 B	11	1700		Ab 780	460	35	$8\cdot10^{-2}$		BiAgOCs	∅ 44 mm	Glas
6097 B	11	1450		Ab 650	420	70	$3\cdot10^{-2}$		CsSbO	∅ 44 mm	Glas
6097 S	11	1550		Ab 600	420	40	$3\cdot10^{-3}$		CsSb	∅ 44 mm	Glas
6255 B	13	1500		670–165	420	70	$3\cdot10^{-1}$		CsSbO	∅ 44 mm	Quarz
6255 S	13	1700		Ab 600	420	40	$3\cdot10^{-2}$		CsSb	∅ 44 mm	Quarz
6256 B	13	1500		670–165	420	70	$3\cdot10^{-2}$		CsSbO	∅ 10 mm	Quarz
6256 S	13	1700		Ab 600	420	40	$5\cdot10^{-3}$		CsSb	∅ 10 mm	Quarz
9502 B	13	1500		Ab 650	420	70	$3\cdot10^{-2}$		CsSbO	∅ 10 mm	Glas
9502 S	13	1700		Ab 600	420	40	$5\cdot10^{-3}$		CsSb	∅ 10 mm	Glas
9524 B	11	1200	etwa 10^7	Ab 650	420	70	$2\cdot10^{-2}$		CsSbO	∅ 23 mm	Glas
9524 S	11	1400		Ab 600	420	40	$3\cdot10^{-3}$		CsSb	∅ 23 mm	Glas
9526 B	11	1200		670–165	420	70	$2\cdot10^{-2}$		CsSbO	∅ 23 mm	Quarz
9528 B	11	1300		Ab 780	460	35	$8\cdot10^{-2}$		BiAgOCs	∅ 23 mm	Glas
9529 B	11	1300		Ab 780	460	35	$8\cdot10^{-2}$		BiAgOCs	∅ 23 mm	Glas
9536 B	10	1700		Ab 650	420	70	$4\cdot10^{-2}$		CsSbO	∅ 44 mm	Glas
9536 S	10	1900		Ab 600	420	40	$5\cdot10^{-3}$		CsSb	∅ 44 mm	Glas
9552 B	10	1700		670–165	420	70	$4\cdot10^{-2}$		CsSbO	∅ 44 mm	Quarz
9552 S	10	1900		Ab 600	420	40	$5\cdot10^{-3}$		CsSb	∅ 44 mm	Quarz
9554 B	10	1900		Ab 780	460	35	$8\cdot10^{-2}$		BiAgOCs	∅ 44 mm	Glas
9558 B	11	1700		Ab 850	420	150	$2\cdot10^{-3}$		SbNaKCs	∅ 44 mm	Glas

Dr. G. Maurer, Neuffen, Württ.

VpaK	12	2000	$6 \cdot 10^{6}$	670–300	400		$1{,}5 \cdot 10^{-1}$	$1 \cdot 10^{-11}$ Watt		7 × 10 mm	Wandkathode, Glas
VpauvK	12	2000	$5 \cdot 10^{6}$	670–170	400		$1{,}3 \cdot 10^{-1}$	$1 \cdot 10^{-11}$ Watt		7 × 10 mm	Wandkathode, Quarz
VpbAc	12	2000	$5 \cdot 10^{6}$	1050–270	380 u. 700		1,4	$1 \cdot 10^{-9}$ Watt		44 mm²	Frontkathode, Glas
VpbAd	12	2000	$1 \cdot 10^{7}$	1150–270	380 u. 750		18	$6 \cdot 10^{-9}$ Watt		44 mm²	Frontkathode, Glas
VpbAe	12	1700	$2 \cdot 10^{6}$	1250–270	380 u. 800		20	$2 \cdot 10^{-8}$ Watt		44 mm²	Frontkathode, Glas
VpauvM	12	2000	$2 \cdot 10^{6}$	300–170	> 380		$2 \cdot 10^{-2}$			7 × 10 mm	Wandkathode, Quarz
Vp J	11	2000	$3 \cdot 10^{6}$	800–300	400		$3 \cdot 10^{-2}$	$1{,}5 \cdot 10^{-11}$ Watt		7 × 7 mm	Innenkathode, Glas
VpuvJ	11	2000	$3 \cdot 10^{6}$	800–170	400		$3 \cdot 10^{-2}$	$1{,}5 \cdot 10^{-11}$ Watt		7 × 7 mm	Innenkathode, Quarz
Vp A c	11	2000	$3 \cdot 10^{6}$	1050–300	380 u. 700		$3{,}5 \cdot 10^{-1}$	$1 \cdot 10^{-9}$ Watt		7 × 7 mm	Innenkathode, Glas
Vp A d	11	2000	$7 \cdot 10^{6}$	1150–300	380 u. 750		7	$7 \cdot 10^{-9}$ Watt		7 × 7 mm	Innenkathode, Glas
Vp A e	11	1700	$2 \cdot 10^{6}$	1250–300	380 u. 800		15	$5 \cdot 10^{-8}$ Watt		7 × 7 mm	Innenkathode, Glas
VpuvM	11	2000	$1 \cdot 10^{6}$	300–170	> 380		$5 \cdot 10^{-3}$			7 × 7 mm	Innenkathode, Quarz
Vp a K	9	1600	$5 \cdot 10^{5}$	670–300	400		$2 \cdot 10^{-2}$	$1{,}5 \cdot 10^{-11}$ Watt		7 × 10 mm	Wandkathode, Glas
Vp J	8	1500	$5 \cdot 10^{4}$	800–300	400		$1{,}5 \cdot 10^{-3}$	$3 \cdot 10^{-11}$ Watt		7 × 7 mm	Innenkathode, Glas
Vp A d	8	1550	$4 \cdot 10^{4}$	1150–300	380 u. 750		$2{,}4 \cdot 10^{-1}$	$2 \cdot 10^{-8}$ Watt		7 × 7 mm	Innenkathode, Glas
Vp A e	8	1500	$6 \cdot 10^{4}$	1250–300	380 u. 800		6	$2 \cdot 10^{-7}$ Watt		7 × 7 mm	Innenkathode, Glas

Radio Corporation of America (RCA), New York; Vertretung: Schneider, Henley & Co., München 2

1 P 21	9	1250	$2 \cdot 10^{6}$	620–300	400	40		$5 \cdot 10^{-10}$ Lm			Glas
1 P 22	9	1250	$3{,}3 \cdot 10^{5}$	700–300	365	3		$7{,}5 \cdot 10^{-9}$ Lm			Glas
1 P 28	9	1250	$1 \cdot 10^{6}$	600–200	340	40		$1{,}25 \cdot 10^{-9}$ Lm			Uviolglas
931 A	9	1250	$8 \cdot 10^{5}$	620–300	400	20		$2{,}5 \cdot 10^{-9}$ Lm			Glas
6903	10	1250	$4 \cdot 10^{5}$	650–200	440	60		$1 \cdot 10^{-9}$ Lm			Quarzfenster
7102	10	1250	$1{,}5 \cdot 10^{5}$	1100–420	800	30		$3 \cdot 10^{-9}$ Lm			Kathode an Stirnseite
7200	9	1250	$1 \cdot 10^{6}$	600–180	330	40		$2 \cdot 10^{-10}$ Lm			Quarzglas
7264	14	2400	$1{,}25 \cdot 10^{7}$	650–300	440	70		$5 \cdot 10^{-10}$ Lm			Hohes zeitl. Auflösungsvermögen (10^{-9} sec)
7268	14	3000	$9{,}35 \cdot 10^{6}$	750–300	420	150		$2 \cdot 10^{-10}$ Lm			

b ist von der Größenordnung 0,25, so daß der Anteil der Sekundäremission stets kleiner ist als der Anteil der Kathode. Vernachlässigt man ihn, so ergibt sich aus (63) und (68) mit dem Anodenstrom $i_a = S i_0$ des Vervielfachers

$$\overline{\Delta i_{\mathrm{SEV}}^2} = 2 \Delta f e_0 S i_a . \tag{69}$$

Das Gesamtrauschen am Ableitwiderstand ist demnach

$$\sqrt{\overline{\Delta V^2}} = [3{,}20 \cdot 10^{-19} R \Delta f (S i_a R + 0{,}05)]^{1/2} \quad [\mathrm{Volt}] . \tag{70}$$

Der Vergleich mit (65) zeigt, daß wegen des großen $i_a S$ die Nachweisgrenze hier durch das Rauschen des Vervielfachers und nicht mehr durch das Widerstandsrauschen bestimmt ist[1].

Sekundärelektronenvervielfacher werden von zahlreichen Firmen hergestellt[2]. In Tabelle 12 sind die Eigenschaften der in Deutschland gebräuchlichsten Typen zusammengestellt. Einzelne Typen werden auch mit Quarzhülle geliefert und eignen sich für Messungen im UV. Die spektrale Empfindlichkeit reicht bis 1550 Å[3]. Man kann auch Multiplier mit Glashülle durch eine aufgebrachte fluorescierende Schicht ebenfalls für das UV sensibilisieren[4].

e) Widerstandszellen. (*Photowiderstände.*) Der innere Photoeffekt läßt sich auf Grund des sog. Bändermodells der Halbleiter verstehen[5]. Durch die Absorption von Strahlungsquanten werden Elektronen aus dem obersten vollbesetzten Band A in das darüber liegende leere Leitfähigkeitsband B gehoben, wo sie durch das angelegte äußere Feld beschleunigt werden (vgl. Abb. 78). Die Löcher im Band A wandern ebenfalls unter dem Einfluß des Feldes, beide Vorgänge zusammen bedingen die „Photo-Eigenleitfähigkeit“ des Halbleiters. Daneben können Gitterstörstellen oder Fremdatome ebenfalls Elektronen in das Leitfähigkeitsband liefern bzw. Elektronen aus dem Band A herausziehen und so eine zusätzliche „Photo-Störleitfähigkeit“ hervorrufen. Bezeichnet man die Konzentration der Elektronen bzw. Löcher je cm³ mit n bzw. p, ihre Beweglichkeiten bei Einheitsfeldstärke mit l_n bzw. l_p, so ist die spez. Leitfähigkeit ohne Bestrahlung gegeben durch

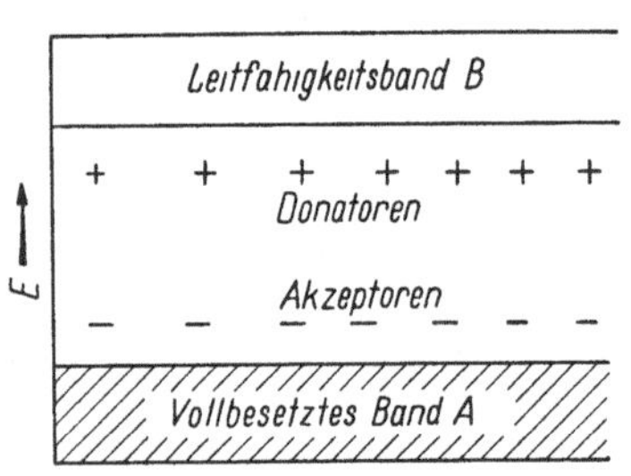

Abb. 78. Zur Photoleitfähigkeit von Halbleitern

$$\varkappa = e_0 (n l_n + p l_p) \tag{71}$$

[1] Vgl. P. B. Fellgett: J. opt. Soc. Amer. **39**, 970 (1949); F. Boeschoten u. Mitarb.: Physica **20**, 139 (1954).

[2] AEG, Nürnberg; Fernseh GmbH, Darmstadt; Telefunken, Ulm; Zeiss-Ikon, Stuttgart; Dr. Maurer, Neuffen bei Nürtingen; Radio Corporation America, Harrison N. J., Vertrieb in Deutschland: Schneider, Henley & Co., München 2; Research Lab. Hayes, Middlesex England (EMI).

[3] Dunkelman, L. u. C. Lock: J. opt. Soc. Amer. **41**, 802 (1951).

[4] Johnson, F. S., K. Watanabe u. R. Tousey: J. opt. Soc. Amer. **41**, 702 (1951); T. S. Moss: Photoconductivity in the elements, New York 1952.

[5] Vgl. dazu R. Frerichs: Naturwiss. **33**, 281 (1946); Physic. Rev. [2] **72**, 594 (1947).

und die relative Änderung der Leitfähigkeit bei Bestrahlung durch

$$\frac{\Delta \varkappa}{\varkappa} = \frac{e_0 \Delta n (l_n + l_p)}{\varkappa}, \tag{72}$$

da $\Delta n = \Delta p$. Ist N die Zahl der einfallenden Quanten/cm², η die Quantenausbeute je cm Wegstrecke und z die Dicke der Zelle, so daß $\Delta n = \Delta p = \eta N \tau / z$, so ergibt sich für die relative Widerstandsänderung der Zelle

$$-\frac{\Delta R}{R} = \frac{\Delta \varkappa}{\varkappa} = \frac{\eta N \tau e_0 (l_n + l_p)}{\varkappa z}. \tag{73}$$

Dabei ist τ die *Lebensdauer* der Ladungsträger, d.h. die Zeit, die im Mittel zwischen Anregung des Elektrons und Rückkehr in das Valenzband verstreicht. Die Empfindlichkeit der Zelle ist also um so größer, je größer τ ist und je kleiner $\varkappa$ und z sind. Ist F die bestrahlte Fläche, so daß NF die Zahl der pro Sekunde einfallenden Quanten, so erhält man für die relative Änderung der Stromstärke infolge der Bestrahlung

$$\frac{\Delta i}{i} = \frac{\eta N F \tau e_0 (l_n + l_p)}{\varkappa z}. \tag{74}$$

Aus (74) folgt, daß der Photostrom der Beleuchtungsstärke proportional sein sollte. Man findet jedoch in der Regel Abweichungen von dieser linearen Beziehung zwischen Beleuchtungsstärke und i, insbesondere bei höheren Bestrahlungsstärken; z. B. hat man an Stelle von (58) die Beziehung gefunden[1]

$$i = C \Phi^a, \tag{75}$$

worin a von der Vorbehandlung der Zelle und von der Wellenlänge der Strahlung abhängt. Dies kann verschiedene Ursachen haben. Einmal ist zu erwarten, daß die Lebensdauer τ in der Nähe der Oberfläche der Zelle kleiner ist als im Innern des Materials[2], ferner sind die Dichten der Ladungsträger n bzw. p stark temperaturabhängig, so daß eine Erwärmung der Zelle durch die Strahlung ebenfalls Abweichungen von (58) hervorruft; schließlich kann bei intensiver Bestrahlung τ selbst von Φ abhängig werden, weil die Trägerdichte zunimmt.

Da die Dichte der Ladungsträger n bzw. p exponentiell mit abnehmender Temperatur abfällt, und damit auch $\varkappa$, und da außerdem τ mit abnehmendem T wächst, muß nach (73) bzw. (74) das (Signal/Rausch)-Verhältnis bei Kühlung auf tiefe Temperatur zunehmen. Dies wird auch stets beobachtet. Gleichzeitig verschiebt sich die langwellige Grenze weiter ins IR, z.B. für PbSe-Zellen von 4 μ bei Zimmertemperatur auf 7,5 μ bei 90 °K.

Bei Halbleitern beobachtet man ein durch den Stromfluß verursachtes, sog. „strominduziertes Rauschen", dessen Ursprung umstritten ist. Neuerdings wird

---

[1] Hippel, A. v. u. Mitarb.: J. chem. Physics **14**, 355 (1946).

[2] Goodwin, D. W. u. T. P. McLean: Proc. phys. Soc. London B **69**, 689 (1956).

es als Oberflächeneffekt interpretiert[1]. Es ist pro Einheit der Bandbreite der Frequenz f umgekehrt proportional. So hat man z.B. für PbS-Zellen gefunden, daß

$$\overline{V^2} = K\, i^2 R^2/f, \tag{76}$$

worin i die Stromstärke durch die Zelle bedeutet. $\sqrt{\overline{V^2}}$ ist ferner proportional zu $\sqrt{F}$, der Wurzel aus der Oberfläche.

Zahlreiche Halbleiter, insbesondere Sulfide, Oxyde und Halogenide von Metallen wie auch die Übergangselemente zwischen Metallen und Nichtmetallen zeigen den inneren Photoeffekt. Für die Verwendung als Widerstandszellen bzw. Strahlungsdetektoren kommen zur Zeit in Frage: Selen, Selen–Tellur, Silicium, Germanium, Indium–Antimonid, die Sulfide, Selenide und Telluride von Blei, Thallium, Cadmium und Indium.

Praktische Bedeutung besitzen heute vor allem die Germaniumzelle, die Indium-Antimon-Zelle und die Bleisalzzellen, deren Eigenschaften im folgenden kurz zusammengestellt werden sollen[2]. Allen Photowiderständen ist gemeinsam, daß ihre Quantenausbeute und damit ihre Empfindlichkeit erheblich größer ist als die der Photozellen.

Germaniumzellen[3] bestehen aus Einkristallen mit 2 bis 4 mm^2 Oberfläche, die auch mit besonderen Zusätzen von Fremdatomen versehen werden können (z.B. Gold-dotierte oder Zink-dotierte Ge-Zellen), wodurch die Empfindlichkeitsgrenze ins Langwellige rückt. Die maximale Empfindlichkeit liegt bei etwa 1,5 μ, sie fällt bei etwa 3 μ auf $^1/_{100}$, bei 5 μ auf $^1/_{1000}$ des maximalen Wertes. Gold- bzw. Gold-Antimon-dotierte Zellen können bei 9 bzw. 6 μ noch $^1/_{100}$ der Maximalempfindlichkeit besitzen, Zink-dotierte Zellen sollen bis 40 μ brauchbar sein. Dazu ist in jedem Fall Kühlung mit flüssigem Helium notwendig. Die handelsüblichen Zellen werden bereits in eine Dewarumhüllung montiert geliefert. Die durch das Rauschen bedingte natürliche Nachweisgrenze (vgl. S. 174) bei Einheit der Bandbreite liegt in der Größenordnung von 10^{-10} Watt Strahlungsleistung, die Zeitkonstante, d.h. die Zeit, die bei Unterbrechung der Strahlung vergeht, bis die durch ein Signal bewirkte Widerstandsänderung auf $1/e$ zurückgegangen ist, beträgt bei 77 °K etwa 10^{-6} sec. Der Dunkelwiderstand variiert je nach Zelltyp zwischen 1 und 100 Megohm bei 77 °K.

Indium-Antimon-Zellen[4] sind dünne Streifen von InSb mit einer Oberfläche von etwa 5 × 0,5 mm mit angelöteten Leitungsdrähten, ihr Widerstand liegt bei Zimmertemperatur zwischen 50 und 200 Ohm, die anzulegende Spannung beträgt deshalb nur etwa 0,5 Volt[5]. Die spektrale Empfindlichkeit reicht bei Zimmertemperatur bis etwa 8 μ, d.h. weiter

[1] Maple, T. G., L. Bess u. H. A. Gebbie: J. Appl. Phys. **26**, 490 (1955).

[2] Vgl. T. S. Moss: Modern Infrared Detectors in „Advances in Spectroscopy“ New York 1959.

[3] Moss, T. S.: Photoconductivity in the Elements, New York 1952; M. E. Lasser u. Mitarb.: J. opt. Soc. Amer. **48**, 468 (1958).

[4] Avery, D. G., D. W. Goodwin u. A. E. Rennic: J. sci. Instr. **34**, 394 (1957).

[5] An Stelle eines elektrischen kann man auch ein magnetisches Feld zur Trennung der Ladungsträger verwenden. Zellen dieser Art werden von Plessey, Ilford, Essex (England) geliefert.

als bei allen anderen Widerstandszellen, und hat ein Maximum bei etwa 6,5 μ. Die Grenze rückt bei Kühlung gegen kürzere Wellen[1]. Die Empfindlichkeit ist groß, sie erreicht etwa $^1/_{10}$ derjenigen einer guten Thermosäule. Die Zeitkonstante beträgt etwa $5 \cdot 10^{-8}$ sec ebenfalls bei Zimmertemperatur, die Zelle besitzt demnach eine extrem geringe Trägheit, was für die Messung rasch veränderlicher Vorgänge besonders wertvoll ist. Schließlich besitzt die InSb-Zelle gegenüber anderen Widerstandszellen noch den großen Vorteil, daß sie keiner Hülle bedarf und gegen atmosphärische Einflüsse weitgehend unempfindlich ist. Sie stellt deshalb für das nahe IR einen sehr wertvollen Empfängertyp dar.

Der zur Zeit gebräuchlichste Typ der Widerstandszellen ist die *Bleisulfidzelle*, die in zahlreichen Formen und verschiedensten Oberflächen im Handel zu haben ist. Sie bestehen aus dünnen Filmen von PbS, die chemisch oder durch Aufdampfen im Vakuum auf einer geeigneten Unterlage (Quarz, Saphir) aufgebracht werden, und besitzen infolge ihrer granularen Struktur eine variable Empfindlichkeit in verschiedenen Teilen der Oberfläche. Aus diesem Grund lassen sich nur Mittelwerte ihrer Eigenschaften angeben, die man durch Untersuchung zahlreicher Einzelexemplare gewonnen hat. Die spektrale Empfindlichkeit besitzt ein Maximum zwischen 2,2 und 2,4 μ (vgl. Abb. 88) und sinkt bei etwa 3,0 bis 3,2 μ auf $^1/_{10}$ dieses Wertes. Sie ist sehr hoch, die optimale Nachweisgrenze liegt bei etwa 10^{-12} Watt bei 1 Hz Bandbreite und einer Zelle von 10 mm^2 Oberfläche. Die Zeitkonstante (vgl. S. 174) variiert stark von Zelle zu Zelle etwa in den Grenzen von 10^{-3} bis 10^{-5} sec bei Zimmertemperatur. Der Dunkelwiderstand variiert zwischen 0,1 und 5 Megohm.

Bei Kühlung auf -80 °C nimmt die Empfindlichkeit zu, und das Maximum verschiebt sich nach längeren Wellen. Bei Kühlung auf noch tiefere Temperaturen bleibt die Empfindlichkeit konstant, sofern die Umgebung auf Zimmertemperatur bleibt. Kühlt man jedoch die Umgebung mit ab, so steigt die Empfindlichkeit weiter und erreicht bei -183 °C etwa den 10^3fachen Wert der Empfindlichkeit bei Zimmertemperatur. Dies wird darauf zurückgeführt, daß bei diesen hochempfindlichen Zellen zu dem normalen Rauschpegel noch ein zusätzlicher Rauschpegel hinzukommt, der durch die statistischen Schwankungen der von der Umgebung ausgehenden Strahlung herrührt (Strahlungsrauschen)[2]. Kühlt man die Umgebung der Zelle mit ab, so fällt dieses Rauschen weg und die Nachweisgrenze fallt weiter ab bzw. die Empfindlichkeit steigt entsprechend an.

Bleisulfidzellen sind auch im UV bis herunter zu 200 mμ recht empfindlich, die Quantenausbeute nimmt sogar von 600 mμ ab nach kürzeren Wellen linear mit der Photonenenergie zu[3].

Bleiselenidzellen[4] besitzen ähnlich wie die Bleisulfidzellen eine recht variable spektrale Empfindlichkeit je nach Art der Herstellung. Die langwellige Grenze liegt bei 4 bis 4,6 μ und rückt bei Kühlung weiter ins Langwellige (7,5 bis 9 μ bei -183 °C). Die Zeitkonstante beträgt etwa

---

[1] GOODWIN, D. W.: J. sci. Instr. **34**, 367 (1957).

[2] WATTS, B. N.: Proc. phys. Soc. London A **62**, 456 (1949); T. S. MOSS: J. opt. Soc. Amer. **43**, 603 (1953).

[3] SMITH, A. u. D. DUTTON: J. opt. Soc. Amer. **48**, 1007 (1958).

[4] MILNER, C. J. u. B. N. WATTS: Nature **163**, 322 (1949); T. S. MOSS: Research (London) **6**, 258 (1953). Bezugsquelle: B. Lange, Berlin-Zehlendorf.

10^{-5} sec bei Zimmertemperatur, die Gesamtempfindlichkeit entspricht etwa der einer guten Thermosäule.

Bei *Bleitelluridzellen* erreicht man genügende Empfindlichkeit nur bei $-183\,°C$ oder noch niedrigerer Temperatur[1], sie ist zwischen 3 und 5 μ sehr groß und fällt dann rasch ab. Die Zeitkonstante beträgt zwischen 10^{-5} und 10^{-4} sec, der Widerstand zwischen 1 und 50 Megohm. Auch bei diesen Zellen beobachtet man Strahlungsrauschen[2] wie bei PbS-Zellen,

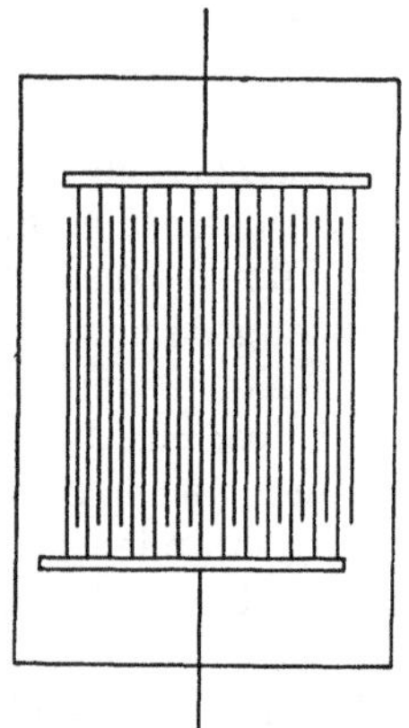

Abb. 79. Kammwiderstandszelle

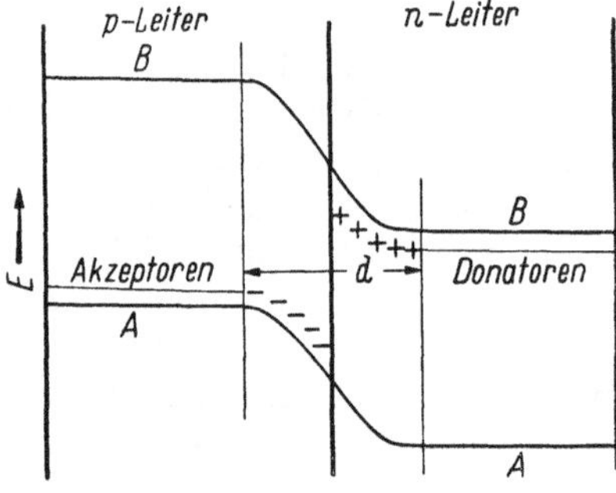

Abb. 80. Bänderschema bei einem *p-n*-Kontakt

obwohl in diesem Fall wegen des hohen Widerstandes nur schwierig zwischen thermischem Rauschen und Strahlungsrauschen zu unterscheiden ist.

Speziell für das nahe IR (bis 1,4 μ) ist die CdS-Zelle[3] allen anderen Empfängern überlegen. Auch die TlS-Zelle hat sich in diesem Gebiet bewährt.

Bei der Herstellung der Bleisalzzellen[4] ist die Güte des Kontakts zwischen Halbleiter und Elektroden besonders wichtig, weil schlechte Kontakte einen sehr hohen Rauschpegel ergeben. Eine technisch günstige Form ist die in Abb. 79 dargestellte Kammzelle: In eine Quarz- oder Saphirplatte wird ein kammartiger Raster eingeritzt, die Furchen werden mit Gold oder Platin ausgefüllt, und der lichtempfindliche Halbleiter wird durch Aufdampfen im Vakuum, durch kathodische Zerstäubung oder durch chemische Reaktion in dünner Schicht aufgebracht[5].

f) Photoelemente, Photodioden und Phototransistoren. Zum Verständnis der Wirkungsweise der *Photoelemente* betrachten wir die Vorgänge,

[1] YOUNG, A. S.: J. sci. Instr. **32**, 142 (1955); W. BEYEN u. Mitarb.: J. opt. Soc. Amer. **49**, 686 (1959).

[2] SIMPSON, O. u. G. B. B. M. SUTHERLAND: Phil. Trans. Roy. Soc. (London) **243**, 547 (1951).

[3] GOERCKE, P.: Ann. Télécomm. **6**, 325 (1951).

[4] Bezugsquellen: AEG, Nürnberg; Zeiss-Ikon, Stuttgart; Dr. B. Lange, Berlin-Zehlendorf; General Electric Comp., Schenectady, N. Y.; Physikal. Werkstätten, Prof. Heimann, Wiesbaden-Dotzheim; Philco-Corporation, Lansdale, Pennsylvania.

[5] Vgl. z. B. M. SMOLLETT u. J. A. JENKINS: Electronic Eng. **28**, 373 (1956); T. S. MOSS: Proc. IRE **43**, 1869 (1955).

die in der Phasengrenze zwischen einem sogenannten p-Halbleiter mit eingebauten „Akzeptoren" und einem n-Halbleiter mit eingebauten „Donatoren" als Störstellen bzw. Fremdatomen stattfinden (vgl. Abb. 80). Der p-Halbleiter besitzt einen Überschuß von positiven Löchern (Defektelektronen) im Band A, der n-Halbleiter einen Überschuß von Elektronen im Band B. Bringt man die beiden Halbleiter in Kontakt, so findet so lange ein Ladungsträgerfluß zwischen ihnen statt, bis das Ferminiveau

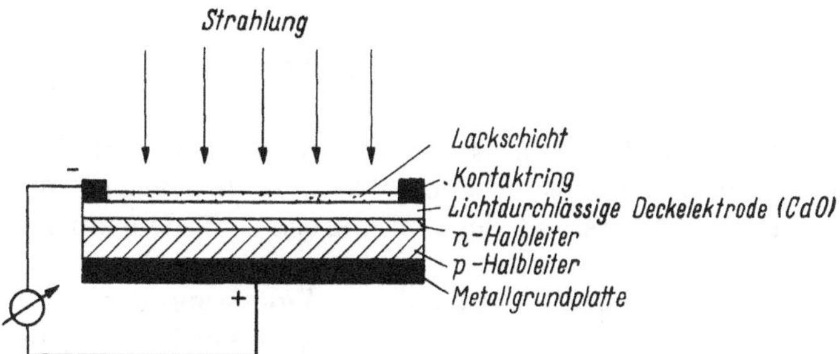

Abb. 81. Schema einer Selen-Sperrschichtzelle

in beiden auf gleicher Höhe liegt, d.h. Gleichgewicht herrscht. Es fließen also Elektronen vom n-Halbleiter zum p-Halbleiter und Defektelektronen vom p-Halbleiter zum n-Halbleiter. Zusammen mit den im Gitter fest eingebauten ionisierten Akzeptoren bzw. Donatoren entsteht so ein inneres Feld, das sich über eine Randschicht der Dicke d quer zur Phasengrenze erstreckt und den Fluß von weiteren Ladungsträgern (Elektronen bzw. Löchern) über die Phasengrenze hinüber verhindert. Diese Randschicht, die infolge der Abgabe der Ladungsträger praktisch keine Leitfähigkeit mehr besitzt, bildet demnach eine *Sperrschicht* für den Stromtransport in einer Richtung und verkrümmt das Bänderschema der Elektronenenergien in der Weise, wie es in Abb. 80 schematisch angegeben ist.

Bestrahlt man die Randschicht, so werden die durch den Photoeffekt zusätzlich entstehenden Leitungselektronen bzw. Löcher durch das innere Feld getrennt, weil Elektronen nach Abb. 80 nur von links nach rechts („bergab"), Defektelektronen wegen ihrer positiven Ladung nur von rechts nach links über die Phasengrenze laufen können. Es entsteht so eine meßbare Photospannung an der Phasengrenze, die bei äußerem Stromschluß einen Photostrom liefert. Dabei ist der p-Halbleiter die positive, der n-Halbleiter die negative Elektrode des „Photoelements".

Es leuchtet ein, daß die Photospannung sinkt, wenn die Strahlung nicht direkt auf die Phasengrenze fällt; man beobachtet, daß die Empfindlichkeit des Photoelements exponentiell nach beiden Seiten der Phasengrenze hin abfällt[1]. Man sorgt deshalb durch eine andere Anordnung des p- und n-Halbleiters dafür, daß die gesamte Strahlung auf die Phasengrenze fällt, indem man z.B. die n-Schicht so dünn macht, daß sie die Strahlung möglichst vollständig durchläßt. Den Aufbau eines solchen Selenphotoelements zeigt Abb. 81. Der Halbleiter wird mit einer dün-

[1] Shive, J. N.: J. opt. Soc. Amer **43**, 239 (1953); A. R. F. Plummer: Proc. phys. Soc. (London) **69 B**, 539 (1956).

nen lichtdurchlässigen und gutleitenden Deckelektrode (z.B. CdO) bedeckt; der Strom wird mittels eines aufgespritzten Metallrings abgenommen. Die empfindliche Vorderelektrode wird gewöhnlich durch Glas, Quarz oder eine dünne Lackschicht geschützt.

Der vom *Photoelement gelieferte Strom* hängt vom inneren Widerstand des Elements und dieser wiederum von Beleuchtungsstärke und äußerem Widerstand des Stromkreises ab. Angenähert gilt die Beziehung

$$i = \frac{i_0 S}{1 + \frac{R_a + R_E + R_H}{R_i}}. \qquad (77)$$

Dabei bedeuten: i den gemessenen äußeren, i_0 den primären, durch die Lichtquanten ausgelösten Photostrom, S die Beleuchtungsstärke, R_a den äußeren Widerstand des Stromkreises, R_i den inneren Widerstand des Elements, R_E den Widerstand der lichtdurchlässigen Vorderelektrode und R_H den Widerstand des Halbleiters. Man sieht, daß selbst bei äußerem Kurzschluß ($R_a = 0$) *keine strenge Proportionalität* zwischen Photostrom i und Beleuchtungsstärke S zu erwarten ist, da $R_E + R_H$ von der Größenordnung einiger Ohm und R_i nicht unendlich groß ist. Je größer der äußere Widerstand des Stromkreises ist, um so mehr müssen die Abweichungen von der Proportionalität anwachsen; ebenso aber auch mit zunehmender Beleuchtungsstärke, da R_i mit größer werdendem S sinkt und hierdurch der Quotient der Widerstände größer wird. Die Verhältnisse werden durch die Abb. 82 dargestellt, in welcher der Photostrom in Abhängigkeit von der Beleuchtungsstärke in Lux für verschiedene äußere Widerstände aufgezeichnet ist. Man muß daher bei kleinen Beleuchtungsstärken und niedrigem äußerem Widerstand arbeiten, damit die Abhängigkeit noch *angenähert* linear ist. Praktisch soll bis zu Beleuchtungsstärken von etwa 1000 Lux die Proportionalität noch vorhanden sein. Wie jedoch die von LANGE[1] und später von BJÖRNSTÅHL[2] ausgeführten Messungen zeigen, besitzen die Abweichungen selbst bei

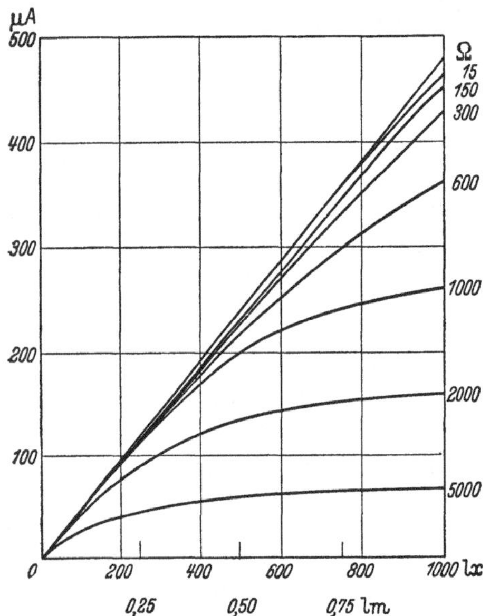

Abb. 82. Photostrom eines Selenphotoelementes in Abhängigkeit von Beleuchtungsstarke und äußerem Widerstand

[1] LANGE, B.: Die Photoelemente und ihre Anwendung. Bd. 1, 74 (1940).
[2] BJÖRNSTÅHL, Y.: Z. Instrumentenkunde 62, 181 (1942); vgl. auch I. WOLF: Ann. Physik [6] 8, 30 (1951).

wesentlich geringeren Beleuchtungsstärken und bei dem geringen Intensitätsverhältnis von 1 : 2 oder 1 : 4 noch Beträge bis zu 10%, so daß von einer strengen Proportionalität zwischen Beleuchtungsstärke und Photostrom innerhalb einer Streuung von 1% nicht die Rede sein kann. ELVEGÅRD[1] findet für den Zusammenhang zwischen Beleuchtungsstärke und Photostrom bei äußeren Widerständen zwischen 100 und 640000 Ohm die allgemeingültige Beziehung

$$S = \frac{i}{(k_1 - k_2\sqrt{i})^2}, \tag{78}$$

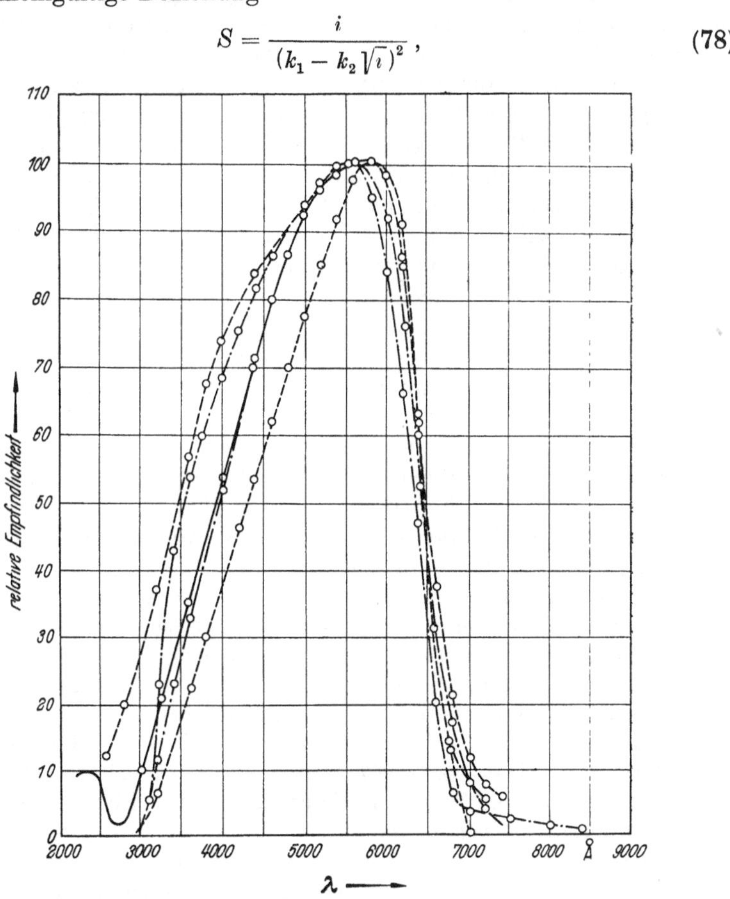

Abb. 83. Relative Empfindlichkeitsverteilung verschiedener Selenphotoelemente, bezogen auf ein energiegleiches Spektrum

worin k_1 und k_2 Konstanten für die betreffende Versuchsanordnung darstellen, die man empirisch bestimmt. Die Formel wurde für Beleuchtungsstärken zwischen 0,1 und 3000 Lux bestätigt gefunden, die Abweichungen betragen weniger als 1%.

Die *Photospannung* des Elements bei unendlich hohem, äußerem Widerstand (unterbrochener Stromkreis) wächst bei geringen Intensitäten linear mit S, bei hohen Intensitäten linear mit $\log S$ an und könnte deshalb prinzipiell auch zu Extinktionsmessungen benutzt werden.

[1] ELVEGÅRD, E.: Physik. Z. **37**, 129 (1936).

Die *relative spektrale Empfindlichkeitsverteilung* von Selenphotoelementen ist in Abb. 83 wiedergegeben; sie hängt zum Teil von den Herstellungsbedingungen ab. Das Maximum der Empfindlichkeit liegt zwischen 550 und 600 mμ, ist also im allgemeinen etwas längerwellig als beim normalen Auge (vgl. Abb. 71), dagegen fällt die Kurve gegen das UV wesentlich langsamer ab als beim Auge. Für die praktische Verwendung der Photoelemente im Blau bzw. langwelligen UV ist dabei natürlich zu berücksichtigen, daß nach Abb. 21 die Intensität einer Glühlampe in diesem Bereich nur noch wenige Prozente der Intensität bei 600 mμ beträgt, so daß man für Messungen im UV auf die Benutzung von Spektrallampen oder einer H_2-Lampe angewiesen ist, um genügende Intensitäten zu haben. Die spektrale Brauchbarkeit des Selenphotoelements läßt sich auch noch dadurch erweitern, daß man die übliche Lackschutzschicht durch Quarzfenster ersetzt[1]; auf diese Weise läßt sich z.B. mit der Hg-Resonanzlinie bei 2537 Å noch messen. Da der Photostrom nicht proportional zur Beleuchtungsstärke anwächst, und diese Abweichungen von der Linearität für verschiedene Wellenlängen verschieden sind, ist die relative spektrale Empfindlichkeit auch noch von der Beleuchtungsstärke abhängig[2]. Die Gesamtstromausbeute eines Photoelementes bei Bestrahlung mit einer Glühlampe (Farbtemperatur etwa 2700 °K) beträgt etwa 120 μA/Lumen.

Neben Selenphotoelementen[3] hat man auch Sperrschichtelemente aus zahlreichen anderen Halbleitern hergestellt. Grundsätzlich dürften alle Stoffe, die den inneren Photoeffekt zeigen, unter geeigneten Herstellungsbedingungen auch für Sperrschichtelemente brauchbar sein. Neuerdings eingeführt haben sich *Siliciumphotoelemente*[4], die in verschiedensten Formen im Handel zu haben sind[5]. Ihre Energieausbeute ist etwa 10mal größer als die der Selenphotoelemente (bis zu 18%), weswegen man sie auch zur Umwandlung der Sonnenstrahlung in elektrische Energie benutzt (sog. Sonnenbatterien). Eine Zelle von 30 mm Durchmesser gibt Ströme bis zu 0,5 Amp. Das dafür benutzte Silicium muß äußerst rein sein, es wird durch Reduktion von $SiCl_4$ mit Wasserstoff bei 1100 °C hergestellt, was den relativ hohen Preis dieser Elemente bedingt. Sie liefern wie die Selenelemente bei kleinem äußerem Widerstand einen Photostrom, der der Beleuchtungsstärke angenähert proportional ist, bei höheren äußeren Widerständen erhält man ebenfalls beträchtliche Abweichungen von der Linearität. Dagegen verhalten sich die Siliciumelemente hinsichtlich Konstanz (Ermüdung) und Temperaturabhängigkeit wesentlich besser als die Selenelemente. Sie können im Bereich von -60 bis 170 °C verwendet werden. Ebenso ist die spektrale Empfindlichkeitsverteilung günstiger. Der nutzbare Bereich erstreckt sich von 300 mμ bis

---

[1] ROSSLER, F.: Z. techn. Physik **20**, 290 (1939).

[2] WOLF, I.: Ann. Physik [6] 8, 30 (1951); G. P. BARNARD: Proc. physic. Soc. **51**, 284 (1939).

[3] Bezugsquellen: Dr. B. Lange, Berlin-Zehlendorf; Falkenthal & Presser, Nürtingen/Württ.; Elektrocell-Ges. Berlin.

[4] TEAL, G. K. u. Mitarb.: J. Appl. Phys. **17**, 879 (1946); vgl. auch RSH, Silizium-Photoelemente, Funk-Technik **1955**, 624.

[5] Dr. B. Lange: Berlin-Zehlendorf; Siemens & Halske AG.

1,8 μ, das Maximum der Empfindlichkeit ist sehr breit und liegt bei etwa 800 mμ.

Auch Indium-Antimon-Legierungen unter Zusatz geringer Mengen von Störatomen können als Photoelemente benutzt werden[1]; ihr spektraler Empfindlichkeitsbereich reicht bis etwa 6 μ.

Die in den letzten Jahren entwickelten *Photodioden* können sowohl als Photowiderstände wie als Photoelemente arbeiten, je nachdem ob man sie mit oder ohne äußere Spannung betreibt. Sie bestehen aus einer p-n-Verbindung eines Halbleiters, ihre Wirkungsweise ohne äußere Spannung ist demnach dieselbe wie bei den Photoelementen. Wie schon S. 163 erwähnt wurde, stellt die Randschicht in der Phasengrenze zwischen p- und n-Halbleiter eine Sperrschicht dar, die Elektronen nur in der einen,

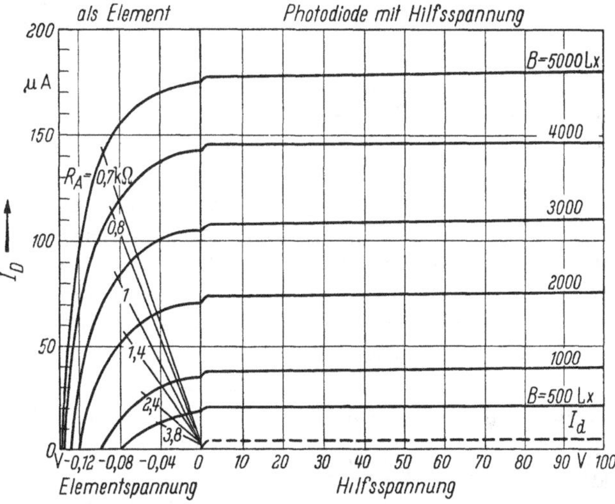

Abb. 84. Kennlinien einer Photodiode (TP 50 der Firma Siemens), die links als Photoelement, rechts als Photowiderstand arbeitet, bei verschiedenen Beleuchtungsstarken

Defektelektronen nur in der entgegengesetzten Richtung durchläßt, sie wirkt also als *Gleichrichter*, wie man unmittelbar aus Abb. 80 ablesen kann. Legt man nämlich an den n-Leiter den negativen, an den p-Leiter den positiven Pol einer Spannungsquelle, so werden die Energiebänder des n-Leiters gehoben, die des p-Leiters gesenkt, d.h. der den Fluß der Ladungsträger verhindernde Potentialwall verschwindet und damit die Sperrwirkung der Randschicht, weil die Donator- bzw. Akzeptor-Terme der Randschicht wieder Elektronen aufnehmen bzw. abgeben können und sich das ursprüngliche statistische Gleichgewicht wieder herstellt. Bei umgekehrter Polarität dagegen (n-Leiter positiv, p-Leiter negativ) werden die Energiebänder des n-Leiters weiter gesenkt, die des p-Leiters weiter angehoben, der Potentialwall wächst, und die Sperrwirkung der Randschicht steigt an. Im letzten Fall kann also nur ein geringer *Sperrstrom* fließen, dessen Stärke von der Geschwindigkeit der Trägerneubildung auf beiden Seiten der Grenzfläche abhängt. Erhöht man diese Ge-

[1] LASSER, M. E. u. Mitarb.: J. opt. Soc. Amer. 48, 468 (1958).

schwindigkeit durch Bestrahlung, so steigt auch der Sperrstrom an, d.h. die *p-n*-Verbindung wirkt als Photowiderstand. Dieser Photostrom ist von der angelegten Hilfsspannung weitgehend unabhängig und der Bestrahlungsstärke angenähert proportional im Gegensatz zu den Verhältnissen beim Photoelement. In Abb. 84 sind die Kennlinien einer Ge-Photodiode (TP 50 der Firma Siemens) wiedergegeben; im linken Teil arbeitet die Photodiode als Photoelement, im rechten Teil als Photowiderstand. Photodioden sind gegenüber den älteren Photoelementen meistens wesentlich empfindlicher, z.B. erhält man bei der TP 50 der Abb. 84 etwa 30 mA/Lm. Ferner besitzen sie erheblich kleinere Zeitkonstanten, sind also weniger träge, ohne jedoch die geringe Trägheit der Vakuum-Photozelle zu erreichen (Grenzfrequenz etwa 10^5 Hz). Ihre spektrale Empfindlichkeitsverteilung ist ähnlich wie die der entsprechenden Photoelemente. Der Rauschpegel steigt mit zunehmender Stromstärke, nimmt aber umgekehrt proportional zur Frequenz ab; bei höheren Frequenzen erreicht man deshalb auch größere Empfindlichkeit.

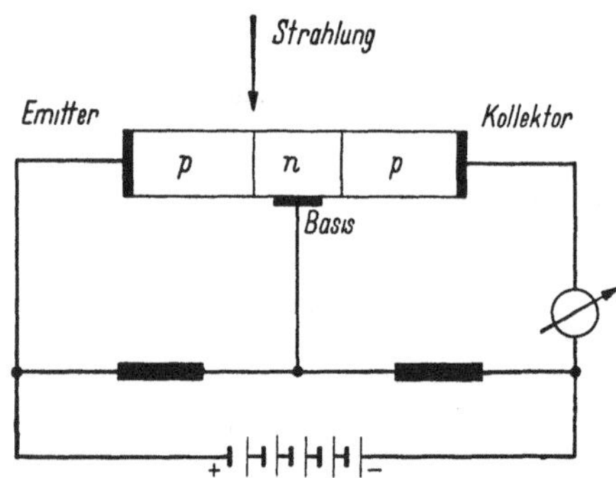

Abb. 85. Schema eines *p-n-p*-Phototransistors

Photodioden werden auch für das IR hergestellt, insbesondere haben sich Germaniumdioden[1] und InSb-Dioden[2] bewährt, ihre Eigenschaften (spektrale Empfindlichkeitsverteilung, Zeitkonstante, Temperaturabhängigkeit usw.) entsprechen etwa denen der betreffenden Widerstandszellen.

Das Prinzip eines *Phototransistors* zeigt Abb. 85. Er besteht aus einer *p-n-p*-Verbindung eines Halbleiters mit den in der Abbildung angegebenen Hilfsspannungen. Der *p-n*-Kontakt auf der Emitterseite wird nach dem oben diskutierten Gleichrichterprinzip in Flußrichtung durchflossen. Der Widerstand des Kollektorkontaktes ist deshalb um einige Größenordnungen höher als der des Emitterkontaktes, der Transistor wirkt deshalb als *Spannungsverstärker*. Eine geringe Änderung des vom Emitter kommenden Defektelektronenstromes bewirkt eine entsprechende Änderung des vom Kollektor zur Basis fließenden Elektronenstromes, wegen des hohen Widerstandes des Kollektorkontaktes entspricht jedoch dieser geringen Stromänderung eine hohe Spannungsänderung, wobei das Verhältnis von Steuer- zu Ausgangsspannung einfach gleich dem Widerstandsverhältnis von Emitter- und Kollektorkontakt ist. Auf diese Weise wird der bei Bestrahlung des Emitterkontaktes auftretende innere Photoeffekt außerordentlich verstärkt, analog etwa wie beim Photomultiplier, ohne daß er einer Hochspannung bedarf. Stromstärken von 0,3 Amp. bis

---

[1] SHIVE, J. N.: J. opt. Soc. Amer. **43**, 239 (1953); Bezugsquelle: Siemens-Halske AG.

[2] MITCHELL, G. R. u. Mitarb.: Phys. Rev. [2] **97**, 239 (1955); D. G. AVERY u. Mitarb.: J. sci. Instr. **34**, 394 (1957).

5 Amp./Lm bei 7 mm² empfindlicher Oberfläche sind bei technisch hergestellten Ge-Phototransistoren[1] beobachtet worden. Dieser hohen Empfindlichkeit stehen die Nachteile gegenüber, daß Photostrom und Bestrahlungsstärke einander auch nicht annähernd proportional sind und daß die Trägheit des Phototransistors erheblich höher ist als die der Photodiode; die Grenzfrequenz liegt bereits bei einigen kHz. Auch der Rauschpegel liegt höher als bei der Photodiode.

g) Wichtigste photometrische Eigenschaften lichtelektrischer Empfänger. Die Brauchbarkeit lichtelektrischer Empfänger für photometrische und spektrometrische Messungen aller Art hängt wesentlich von drei Bedingungen ab: 1. der *zeitlichen Konstanz des Photostroms* bei gleichbleibender Bestrahlung und konstanten äußeren Bedingungen; 2. der *Proportionalität von Photostrom und Beleuchtungsstärke*; 3. dem *Signal/Rausch-Verhältnis des Photodetektors.* Daneben spielen von Fall zu Fall weitere Eigenschaften der Empfänger eine Rolle, wie etwa die Temperatur- und Frequenzabhängigkeit des Photostroms, die variable Oberflächenempfindlichkeit an verschiedenen Stellen der Kathode, der Vektoreinfluß polarisierter Strahlung usw.

Ermüdungserscheinungen. Sämtliche lichtelektrischen Empfänger zeigen eine zeitliche Inkonstanz. Man unterscheidet dabei zwischen langsamen, gewöhnlich irreversiblen Empfindlichkeitsänderungen (*Alterung*) und rascher verlaufenden reversiblen zeitlichen Änderungen des Photostroms (*Ermüdung und Erholung*). Erstere spielen für die Photometrie eine untergeordnete Rolle, letztere können dagegen bei genauen Messungen außerordentlich störend wirken.

Ermüdungserscheinungen bei *Vakuumphotozellen* werden auf verschiedene Ursachen zurückgeführt[2]: 1. Gasreste ermöglichen die Bildung positiver Ionen, die beim Aufprallen auf die Kathode deren Oberfläche verändern oder Sekundäremission hervorrufen. 2. Fehlerhafte Anordnung von Kathode und Anode oder Anhäufung von Ladungen auf den Zellwänden führt zu Verzerrungen des elektrischen Feldes, die von der Beleuchtungsstärke abhängen. 3. Mangelnde Leitfähigkeit der Kathode oder von Teilen derselben ergibt Potentialdifferenzen zwischen verschiedenen Stellen der Kathode; diese können zur Folge haben, daß von einer Stelle emittierte Elektronen zu einer anderen Stelle zurückkehren und dort Sekundäremission hervorrufen. 4. Uneinheitliche Struktur, insbesondere bei zusammengesetzten Kathoden, führt zur Wanderung von Alkalimetallatomen bzw. Ionen und damit zu Empfindlichkeitsänderungen. 5. Alkalimetallfilme auf der Anode können bei genügend hoher Saugspannung zur Emission positiver Ionen führen. Als Beispiel für eine reversible Ermüdung ist in Abb. 86 die Abnahme des Photostroms einer [Ag]–Cs_2O–Ag–Cs-Zelle bei Beleuchtung mit Licht verschiedener Wellenlänge dargestellt[3]. Die Ermüdung ist um so stärker, je kürzerwellig das Licht und je höher die angelegte Spannung ist. Das bedeutet, daß die

---

[1] Mullard House, Torrington Square, London.

[2] Vgl. J. S. PRESTON: Rev. Opt. théor. instrument. **27**, 513 (1948).

[3] BOER, I. H. DE u. M. C. TEVES: Z. Physik **73**, 192 (1932); **74**, 604 (1932); **83**, 521 (1933).

langwellige Grenze nach kürzeren Wellen hin wandert, daß also die Austrittsarbeit der Elektronen mit der Zeit wächst. Anscheinend wandern Alkaliionen unter dem Einfluß des Feldes in das Innere, so daß die Oberfläche an ionisierbaren Alkaliatomen verarmt.

Zur Vermeidung dieser Störquellen sollte eine Zelle 1. höchst evakuiert sein, 2. so konstruiert sein, daß die zentrale Kathode möglichst allseitig von der Anode umgeben ist, 3. eine gut leitende Kathode mit Metallunterlage besitzen, 4. eine einheitliche stabile Kathode mit geringem Sekundäremissionskoeffizienten haben, 5. schon bei 20 Volt Saugspannung Sättigungsstrom zeigen, 6. gleichmäßig über die ganze empfindliche Oberfläche bestrahlt werden (keine scharfe Abbildung der Strahlungsquelle), 7. nicht zeitweilig intensiver Strahlung ausgesetzt werden. Eine von BOUTRY und GILLOD[1] angegebene Konstruktion berücksichtigt alle diese Forderungen, die meisten der im Handel befindlichen Typen kommen ihnen nur teilweise nach, da die Eigenschaften der früher beschriebenen Kathoden dies nicht zulassen. Für die Praxis bedeutet dies, daß man jede Photozelle auf ihre zeitliche Konstanz prüfen sollte, bevor man sie für genaue photometrische Messungen einsetzt.

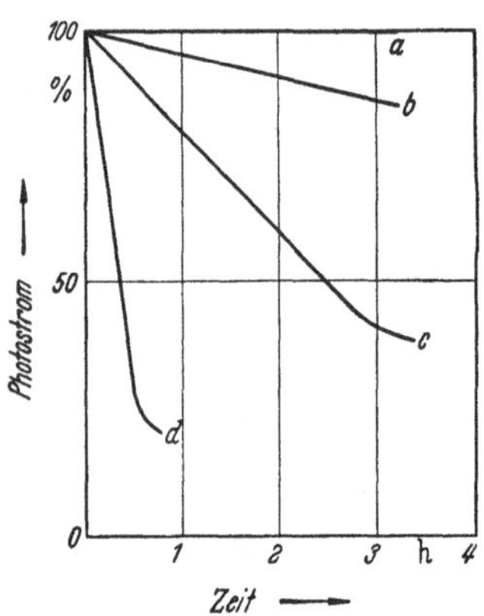

Abb. 86. Reversible Ermudung einer [Ag]–Cs_2O–Ag–Cs-Vakuumphotozelle bei Bestrahlung mit *a* Infrarot, *b* Rot, *c* Grun, *d* Blau

Gasgefüllte Zellen zeigen die beschriebenen Ermüdungserscheinungen häufig in verstärktem Maß, vermutlich im wesentlichen auf Grund der unter 1. genannten Ursache. Nach älteren Untersuchungen[2] kann die Ermüdung auch auf eine an der Kathode adsorbierte Gasschicht zurückgeführt werden; das Adsorptionsgleichgewicht wird durch die im Gas gebildeten und auf die Kathode fallenden positiven Ionen gestört und führt so zu Empfindlichkeitsänderungen. Man findet jedoch auch hier einzelne Zellen, die den Anforderungen an zeitliche Konstanz innerhalb kurzer Meßzeiten genügend entsprechen.

Bei *Sekundärelektronenvervielfachern* kommen zu den Ermüdungserscheinungen der Kathode noch reversible Änderungen der Dynoden hinzu, die sich gewöhnlich in einem langsamen Ansteigen des Gesamtstromes um etwa 10% des Anfangswertes bemerkbar machen[3]. Da dieser Anstieg sich über mehrere Stunden erstreckt, stört er innerhalb der kurzen photometrischen Meßzeiten gewöhnlich nicht.

Bei *Widerstandszellen* muß man Ermüdungserscheinungen von der durch die Sekundärströme bedingten Trägheit unterscheiden. Sie hängen ebenfalls von der Beleuchtungsstärke, ferner von der angelegten Span-

[1] BOUTRY, G. A. u. P. GILLOD: Philos. Mag. J. Sci. **28**, 163 (1939).
[2] Vgl. H. ROSENBERG: Z. Physik **7**, 18 (1921).
[3] Vgl. M. HILLERT: Brit. J. appl. Phys. **2**, 164 (1951); R. W. ENGSTROM: J. opt. Soc. Amer. **37**, 420 (1947).

nung und der Temperatur ab; der Endzustand wird außerdem sehr viel später erreicht als bei Photozellen, so daß diese Zellen von allen bekannten Arten am wenigsten konstant sind und schon aus diesem Grund sich für photometrische Zwecke weniger gut eignen[1]. Allerdings ist man im IR bisher auf die Benutzung von Widerstandszellen angewiesen, sofern man nicht Thermoelemente benutzen will.

Bei *Sperrschichtelementen* beruht die reversible Ermüdung, soweit sie nicht bei hohen Beleuchtungsstärken durch eine Erwärmung der Zellen vorgetäuscht wird, im wesentlichen auf einer langsamen Widerstandsänderung der Sperrschicht, die ihrerseits von der Wellenlänge abhängt, so daß man durch geeignete Rot- bzw. Infrarotfilter den Effekt herabdrücken kann[2]. Diese Widerstandsänderung wird auf eine Verlagerung der Störzentren zurückgeführt, so daß man eine Abhängigkeit der Ermüdung von der Beleuchtungsstärke erwarten sollte. Dies ist auch der Fall[3], und zwar steigt die nach einer gewissen Zeit erreichte Ermüdung proportional mit dem Logarithmus der Beleuchtungsstärke. Die zeitliche Ermüdung eines Selenphotoelements bei verschiedenen Beleuchtungsstärken ist in Abb. 87 dargestellt. Im Bereich kleiner und mittlerer Beleuchtungsstärken lassen sich die Ermüdungserscheinungen durch geeignete Auswahl des äußeren Widerstandes sehr weitgehend ausschalten; bei hochohmigen Elementen sind sie außerdem wesentlich geringer als bei niederohmigen. Allerdings sind auch bei sehr schwachen Beleuchtungsstärken gelegentlich Trägheitserscheinungen beobachtet worden[4], die bei höheren Beleuchtungsstärken nicht vorhanden sind und die außerdem noch von der Wellenlänge und der Verteilung von S über die Kathodenfläche abhängen. Eine solche zeitliche Inkonstanz beeinträchtigt gewöhnlich die photometrische Messung ziemlich stark, da sie ein ständiges Kriechen des Galvanometers hervorruft, das auch bei Gegenschaltung zweier Elemente auftreten kann, wenn diese zeitlich verschiedene Ermüdung zeigen.

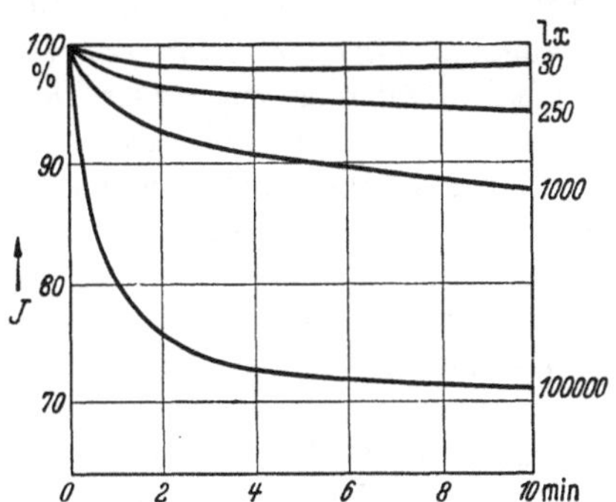

Abb. 87. Zeitliche Ermüdung eines Selenphotoelements bei verschiedenen Beleuchtungsstärken

Proportionalität von Beleuchtungsstärke und Photostrom. Da die photoelektrischen Empfänger im Gegensatz zum Auge nicht nur die Gleichheit zweier Beleuchtungsstärken, sondern auch das Verhältnis verschiedener Beleuchtungsstärken anzugeben vermögen, ist man bei lichtelektrischen photometrischen Messungen nicht mehr darauf angewiesen, auf Helligkeitsgleichheit zweier Felder einzustellen, sondern kann die Intensität

[1] Vgl. dazu P. GÖRLICH: Z. Naturf. **5**a, 563 (1950).
[2] LIANDRAT, G.: C. r. hebd. Séances Acad. Sci. **199**, 1394 (1934).
[3] LANGE, B.: Die Photoelemente und ihre Anwendung Bd. **1**, 132 (1940).
[4] HAMAKER, H. C. u. W. F. BEEZHOLD: Physica **1**, 119 (1933).

eines Strahlungsbündels vor und nach dem Durchgang durch ein absorbierendes Medium getrennt messen. Zeigt die Strahlungsquelle während der beiden Messungen keine Schwankungen und ist der Photostrom der jeweiligen auf die Zelle fallenden Beleuchtungsstärke proportional, so ergibt sich die Extinktion des absorbierenden Stoffes direkt aus dem Verhältnis der beiden Ausschläge des Meßinstruments (Ausschlagsmethode). *Für dieses Meßverfahren ist also entweder die strenge Proportionalität von Beleuchtungsstärke und Photostrom oder wenigstens die zeitliche Konstanz der Kennlinie des Empfängers unerläßliche Voraussetzung. Diese Voraussetzung ist jedoch für die bisher zur Verfügung stehenden photoelektrischen Empfänger aller Art keineswegs immer erfüllt, der dadurch bedingte systematische Fehler vermag daher die Streuung des Verfahrens weit zu überschreiten, vor allem dann, wenn diese kleiner wird als bei visuellen Methoden.*

Für den äußeren Photoeffekt gilt Gleichung (58), d.h. bei Photozellen und Vervielfachern sollte die Proportionalität zwischen Beleuchtungsstärke und Photostrom streng erfüllt sein. Praktisch ist jedoch immer wieder festgestellt worden[1], daß dies bei den im Handel befindlichen Typen keineswegs der Fall ist, sondern daß häufig sehr beträchtliche Abweichungen von der Proportionalität auftreten (bis zu 50% in einem Intensitätsbereich von etwa 3 Zehnerpotenzen), und zwar bereits weit unterhalb der zulässigen Belastungsgrenze. Außerdem ist die Größe der Abweichungen noch von der Wellenlänge der benutzten Strahlung abhängig. Dies gilt in gleicher Weise für Vakuumphotozellen, gasgefüllte Zellen und Vervielfacher. Bei Vervielfachern ist ferner darauf zu achten, daß das Verhältnis des Anodenstroms zum Spannungsteilerstrom (vgl. S. 199) kleiner ist als 0,1. Andererseits findet man unter der gleichen Type einzelne Exemplare, bei denen die Proportionalität im gleichen Intensitätsbereich innerhalb einer Meßgenauigkeit von 0,1% erfüllt ist. Die Gründe für diese Abweichungen dürften die gleichen sein, wie sie für die Deutung der Ermüdungserscheinungen diskutiert wurden. In einem einzelnen Fall konnte mit Sicherheit nachgewiesen werden[1], daß die mangelnde Leitfähigkeit der Kathode die Ursache für die Abweichungen bildete: Bei Einstrahlung unmittelbar an der Kathodenzuführung zeigte der betreffende Vervielfacher strenge Proportionalität innerhalb 0,1%, bei Einstrahlung an Stellen größeren Abstands von der Kathodenzuführung traten sehr große Abweichungen (über 40% bei weißem Licht) auf. Allgemein können bei Vervielfachern noch zusätzliche Abweichungen dadurch bedingt sein, daß wegen der hohen Stromstärken in den letzten Stufen durch Raumladungen die Fokussierung der Elektronen auf die folgende Dynode verschlechtert wird, so daß ein Teil der Elektronen vorbeifliegt und damit aus dem Vervielfachungsprozeß ausscheidet.

Wie diese sehr sorgfältigen Messungen gezeigt haben, ist die in Literatur und auf Prospekten sehr häufig zu findende Behauptung, bei Vakuumzellen und Vervielfachern seien Photostrom und Beleuchtungsstärke einander streng proportional, nicht haltbar. Da die beobachteten

---

[1] Vgl. G. Kortüm u. H. Maier: Z. Naturf. 8a, 235 (1953); W. Hermann: Z. Naturforsch. **12**a, 1006 (1957) und die dort angegebene Literatur; vgl. auch C. G. Cannon u. I. S. C. Butterworth: Anal. Chem. **25**, 168 (1953).

Abweichungen auch zeitlich nicht in dem Maße reproduzierbar sind, daß man für bestimmte Belastungen und Wellenlängen Eichkurven aufstellen könnte[1], ist für praktische Zwecke eine sehr sorgfältige Prüfung bzw. Auswahl der Zellen notwendig, wenn nicht unkontrollierbare und unter Umständen sehr große Fehler bei photometrischen Messungen auftreten sollen. Bei nicht zu hohen Genauigkeitsansprüchen (Ausschlagsmethoden) genügt im allgemeinen die Messung einer Extinktion bei verschiedenen Beleuchtungsstärken; fallen die Meßwerte innerhalb von etwa 1% zusammen, so sind die Abweichungen von der Proportionalität bei der benutzten Zelle sicherlich nicht groß. *Für Präzisionsmessungen mit einer zu erreichenden Streuung von* 0,1% *und darunter genügt im allgemeinen kein Zellentyp den damit verbundenen Anforderungen an die Proportionalität. Derartige Genauigkeiten sind deshalb nur mit Meßverfahren zu erzielen, bei denen die Beleuchtungsstärke der Photozelle konstant bleibt* (*Substitutionsverfahren, vgl. S. 230*).

Bei *Widerstandszellen, Photoelementen, Photodioden und Phototransistoren* kann eine Proportionalität zwischen Photostrom und Beleuchtungsstärke höchstens angenähert und in kleinen Intensitätsbereichen erwartet werden, wie z.B. aus den Gleichungen (71) und (73) hervorgeht. Wie Abb. 82 zeigt, hat man bei Photoelementen die besten Verhältnisse, wenn man bei kleinen Beleuchtungsstärken und kleinen äußeren Widerständen arbeitet. Da ferner die Empfindlichkeit der Elemente mit ihrem inneren Widerstand abnimmt, folgt aus (82) weiter, daß empfindliche Photoelemente weniger gut linear sind als unempfindliche.

Wie aus diesen Angaben hervorgeht, können alle Methoden, die auf eine direkte oder indirekte Messung des von Sperrschichtzellen gelieferten Photostroms hinauslaufen und deshalb die Proportionalität von Beleuchtungsstärke und Photostrom voraussetzen, nicht einmal die Genauigkeit visueller Methoden von 100 (1%) *gewährleisten.* In jedem Fall ist es notwendig, die genannte Proportionalität vorher unter den vorliegenden Meßbedingungen für jede verwendete Zelle zu prüfen, bevor man Angaben über die erreichte Genauigkeit macht.

Die dritte wesentliche Eigenschaft eines Empfängers, die seine Brauchbarkeit für spektralphotometrische Messungen bestimmt, ist seine *Empfindlichkeit.* Sie wird häufig definiert als das vom Empfänger gelieferte Signal pro Watt auffallender Strahlungsleistung und wird in [Volt/Watt] oder in [Amp./Watt] angegeben. Man nennt die so definierte Größe auch das Ansprechvermögen (responsivity) des Empfängers.

Häufig kommt es jedoch bei gegebener Bestrahlungsstärke S des Empfängers nicht auf die Größe des Signals selbst, sondern auf das *Verhältnis Q von Signal zu Rauschpegel* an (signal to noise ratio). Ein Signal, das klein ist gegenüber dem Rauschpegel, kann offenbar nicht beobachtet werden, auch wenn man die Empfindlichkeit des Anzeigegeräts erhöht, weil Signal und Rauschpegel dann nur im gleichen Verhältnis verstärkt werden. Q kann somit unmittelbar als Maß für die Nachweisgrenze benutzt werden. Statt dessen gibt man zur Charakterisierung der Nachweis-

[1] Vgl. G. Kortüm: Physik. Z. **32**, 417 (1931); W. O. Caster: Anal. Chem. **23**, 1229 (1951).

grenze häufig eine zu Q umgekehrt proportionale Größe, das sogenannte Strahlungsäquivalent des Rauschpegels oder Noise Equivalent Power NEP an[1]. Es ist definiert als diejenige Strahlungsleistung Φ in Watt, die ein Signal hervorruft, das gleich ist der Größe des Rauschpegels:

$$\mathrm{NEP} = \frac{\Phi}{Q} \quad [\mathrm{Watt}]. \tag{79}$$

Bei gegebenem Φ variiert Q erfahrungsgemäß z.B. bei Photowiderständen umgekehrt proportional zu $\sqrt{F}$, bei Photozellen umgekehrt proportional zu F, wenn F die Oberfläche des Empfängers bedeutet. Die natürliche Nachweisgrenze (NEP) nimmt also proportional mit $\sqrt{F}$ bzw. F zu; aus diesem Grund ist es stets vorteilhaft, wenn man den optischen Strahlengang so wählt, daß die Empfängerfläche möglichst klein gehalten werden kann.

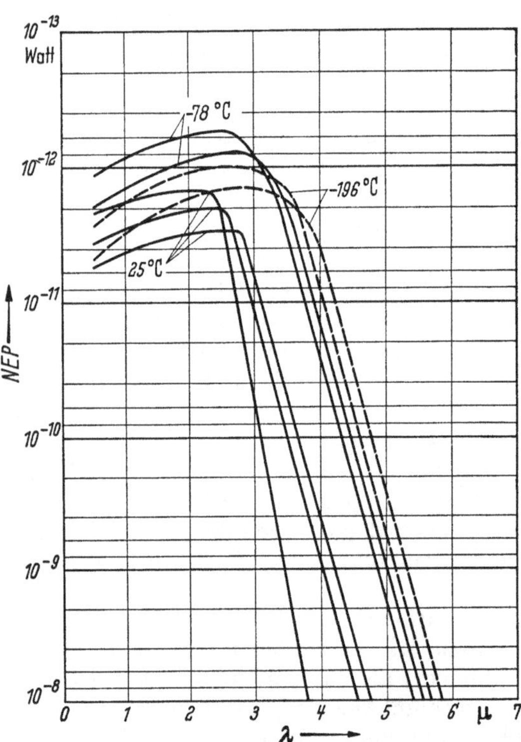

Abb. 88. Strahlungsäquivalent des Rauschpegels von verschiedenen PbS-Photowiderstanden als Funktion der Wellenlange. Oberflache der Zelle 1 mm²; Modulationsfrequenz 1000 Hz; Bandbreite 5 Hz

Die natürliche Nachweisgrenze (NEP) photoelektrischer Empfänger aller Art variiert sehr stark und liegt in den Grenzen zwischen 10^{-7} und 10^{-13} Watt im Optimum der spektralen Empfindlichkeit. Zur Charakterisierung eines speziellen Empfängers genügt es, wenn man NEP gegen die Wellenlänge aufträgt, wobei zusätzliche Angaben über Oberfläche und Temperatur des Empfängers, Modulationsfrequenz der Strahlung und Bandbreite zu machen sind, von denen Q bzw. NEP ebenfalls abhängen. Als Beispiel ist in Abb. 88 NEP einer Reihe von PbS-Photowiderständen wiedergegeben.

Da die auf den Empfänger fallende Strahlung bei der Mehrzahl der modernen spektralphotometrischen Methoden mit einer bestimmten Frequenz moduliert wird, spielt für die Brauchbarkeit eines Empfängers in solchen Fällen auch seine *Zeitkonstante* τ eine Rolle. Darunter versteht

[1] Einer größeren Nachweisgrenze entspricht also ein kleineres NEP. Über ein Gerät zur Messung von NEP vgl. G. Barth u. H. Plesse: Zeiss-Mitt. 1, 156 (1958).

man die Zeit, innerhalb deren das Signal nach Ausschalten der Strahlung auf den e-ten Teil, d.h. auf etwa 27% des Ausgangswertes abgefallen ist. Gibt es mehrere Vorgänge im Empfänger, die seine Trägheit bedingen, so können auch mehrere Zeitkonstanten auftreten. Bei Alkalimetall-Vakuumzellen und bei Vervielfachern liegen die Zeitkonstanten in der Größenordnung von 10^{-6} bis 10^{-9} sec, d.h. diese arbeiten praktisch trägheitslos.

Dagegen beginnen *gasgefüllte Alkalimetallzellen* bei Frequenzen von etwa 10^3 Hz eine merkliche Trägheit zu zeigen, die auf der Bildung metastabiler Atome während der Belichtung beruht. Gelangen solche Atome auf die Kathode, so können sie dort nachträglich Elektronen auslösen, die eine stark verzögerte Komponente des Photostroms darstellen. Die

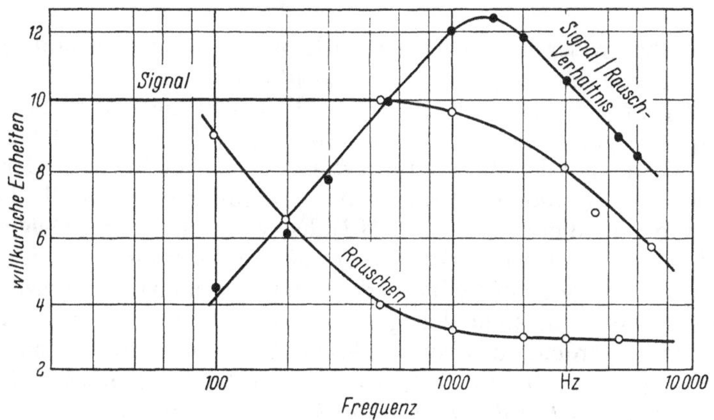

Abb. 89. Abhängigkeit des Signals, des Rauschens und des Signal/Rausch-Verhältnisses eines PbS-Photowiderstandes von der Frequenz der modulierten Strahlung

Frequenzabhängigkeit steigt mit zunehmender Saugspannung an[1]. Dieser Intermittenzeffekt spielt für die Verwendung rotierender Sektoren, bei denen Frequenzen von etwa 60 Hz benutzt werden, keine Rolle, d.h. der Photostrom entspricht tatsächlich dem zeitlichen Mittelwert der Strahlungsintensität, die abwechselnd 0 und 100% beträgt (TALBOTsches Gesetz).

Bei manchen Photowiderständen, Phototransistoren und Photodioden liegen die Zeitkonstanten dagegen um Größenordnungen höher, so daß hier der Photostrom merkliche *Frequenzabhängigkeit* zeigt. Dies gilt insbesondere für die PbS-Zellen. Es leuchtet unmittelbar ein, daß mit wachsender Zeitkonstante der Frequenzbereich, innerhalb dessen das Ansprechvermögen bzw. das Signal von der Frequenz unabhängig ist, ständig absinkt. Dagegen variiert bei kleinen Frequenzen das Signal selbst proportional zu τ, während das bei PbS-Zellen vorwiegend vorhandene „strominduzierte Rauschen" (vgl. S. 159) mit $\sqrt{\tau}$ variiert. Daraus folgt, daß das Signal/Rausch-Verhältnis Q, d.h. die Nachweisgrenze der

[1] Vgl. dazu A. ROGGENDORF: Physik. Z. **36**, 660 (1935); A. A. KRUITHOF: Philips Techn. Rev. **4**, 46 (1939).

Zelle, mit $\sqrt{\tau}$ variiert. Bei mittleren und hohen Frequenzen dagegen gibt es für jedes τ eine optimale Modulationsfrequenz, bei der Q ein Maximum besitzt. Abb. 89 zeigt ein Beispiel für die Abhängigkeit von Signal, Rauschen und Signal/Rausch-Verhältnis von der Modulationsfrequenz bei einer PbS-Zelle[1].

Bei *Photoelementen* liegen die Verhältnisse noch komplizierter, weil die hohe Kapazität dieser Zellen und ihr innerer Widerstand eine scheinbare zusätzliche Trägheit hervorrufen. Wie eine Reihe von Untersuchungen[2] an Photoelementen gezeigt hat, wird schon bei sehr niedrigen Frequenzen (50 Hz) eine merkliche Frequenzabhängigkeit gefunden, die für einzelne Elemente sehr verschieden ist und weitgehend von äußeren Bedingungen (z.B. der Größe der beleuchteten Fläche, dem Widerstand des äußeren Stromkreises usw.) abhängt. Ähnliches gilt auch für Phototransistoren.

Von sehr großer und meistens stark unterschätzter Bedeutung für photometrische Messungen ist die *variable Oberflächenempfindlichkeit* lichtelektrischer Zellen. Wie zahlreiche Beobachtungen gezeigt haben, hängt der bei gegebener Beleuchtungsstärke gelieferte Photostrom noch von der Verteilung der Beleuchtungsstärke über die Oberfläche der Zelle ab[3]. Dies gilt insbesondere, wie schon erwähnt wurde, für die Photowiderstände aus Bleisalzen (vgl. S. 161). Die wechselnde Oberflächenempfindlichkeit der Zellen bewirkt, daß der gleiche Strahlungsstrom, einmal auf eine kleine Zone der Zellkathode fokussiert, einmal die ganze Oberfläche ausleuchtend, nicht den gleichen Photostrom hervorruft. Dieser Effekt, der außerdem noch von der Wellenlänge der verwendeten Strahlung abhängt, kann bis zu 100% der Stromausbeute ausmachen. *Für genaue Messungen ist es daher unerläßlich, den geometrischen Strahlengang der Meßanordnung sehr genau zu definieren und jede, auch minimale, Verschiebung der beleuchteten Zone auf der Zellkathode während einer Meßreihe zu vermeiden.* Hierher gehören z.B. Änderungen der Spaltbreite eines Monochromators, Verschiebung der Lichtquelle und selbst das Einbringen von optischen Flächen in den Strahlengang. Zur Erreichung höchster Präzision ist es deshalb in der Regel notwendig, die zur Aufnahme der Lösungen bestimmten Küvetten fest im Strahlengang anzuordnen und auf jede Schlittenverschiebung zwecks Auswechslung von Küvetten zu verzichten. Daß dies notwendig ist, geht z.B. daraus hervor, daß sich die Extinktion eines Farbglases, das abwechselnd in den Strahlengang gebracht und daraus entfernt wird, nicht mit der gleichen Genauigkeit messen läßt wie die einer Lösung, die aus der feststehenden Küvette durch Spülen entfernt werden kann (vgl. Tabelle 21, S. 270)[4]. Neuerdings ist es gelungen, Doppelküvetten mit gemeinsamen, sehr gut parallelen

---

[1] SMOLLETT, M. u. J. A. JENKINS: Electronic Eng. **28**, 373 (1956).

[2] Vgl. z.B.: B. P. GÖRLICH: Z. techn. Physik **14**, 144 (1933); W. LEO u. C. MÜLLER: Physik. Z. **36**, 113 (1935).

[3] Vgl. z.B.: H. E. IVES u. E. F. KINGSBURY: J. opt. Soc. Amer. **21**, 541 (1931); L. BERGMANN u. R. PELZ: Z. techn. Physik **18**, 177 (1937).

[4] Ist der Strahlengang nicht sehr angenähert parallel, so wird er beim Einbringen eines lichtbrechenden Mediums verändert, auch wenn dieses planparallel begrenzt ist.

Fenstern aus einem Stück zu bauen[1], die sich ohne Einbuße an Genauigkeit verschieben lassen (vgl. S. 270). Bei konzentrierteren Lösungen kann auch die Verschiedenheit des Brechungsindex gegenüber dem Lösungsmittel einen meßbaren Fehler hervorrufen. In Fällen, in denen auf einen Wechsel der Flüssigkeitsküvetten nicht verzichtet werden kann, wie z.B. bei der Prüfung des BEERschen Gesetzes, müssen die *effektiven* (scheinbaren) Schichtdicken der Küvetten für jede Messung mit Hilfe einer Eichlösung neu bestimmt werden, wenn nicht systematische Fehler bis zur Größe von 1% und darüber auftreten sollen[2]. Die unterschiedliche Oberflächenempfindlichkeit der Kathoden ist schließlich auch der Grund, weswegen inkonstant brennende Strahlungsquellen, wie z. B. Funken, sich für lichtelektrische Messungen nur eignen, wenn es nicht auf große Präzision ankommt.

Eine häufig übersehene und gerade für photometrische Messungen sehr wichtige Fehlerquelle bildet die *Temperaturabhängigkeit des Photostroms*. Auch in dieser Hinsicht sind die Photozellen und Vervielfacher den Photoelementen überlegen, denn in einem Intervall von -40 bis $+80\,^{\circ}$C können Zellen mit äußerem lichtelektrischem Effekt als praktisch temperaturunabhängig betrachtet werden. Höhere Temperaturen sind zu vermeiden, da sonst irreversible Veränderungen der Kathoden eintreten können. Auch Sekundäremissionsdynoden sind in diesem Bereich praktisch T-unabhängig.

Widerstandszellen, *Photodioden* und *Phototransistoren* zeigen infolge der S. 161 erwähnten Temperaturabhängigkeit der Leitfähigkeit von Halbleitern einen beträchtlichen Temperaturkoeffizienten, der noch von der Beleuchtungsstärke abhängt und in gewissen Bereichen sogar sein Vorzeichen wechseln kann. Benutzt man solche Zellen für IR-Messungen bei tiefen Temperaturen, so muß man die Strahlung der Umgebung durch ein entsprechend gekühltes Gehäuse vollständig abschirmen, wenn nicht merkliche Fehler auftreten sollen[3]. Bei hohen Bestrahlungsstärken im IR kann sich die Temperatur des Photowiderstandes schon durch die Bestrahlung selbst merklich ändern.

Bei Photoelementen beruht die Temperaturabhängigkeit auf zwei Ursachen: Das Bändermodell des Halbleiters selbst ist T-abhängig und die Leitfähigkeit des Halbleiters ebenfalls. Für die einzelnen Typen der Photoelemente ist der Temperatureffekt verschieden groß; am kleinsten ist er bei den Siliciumelementen, merklich größer, wenn auch immer noch relativ klein, bei den meistgebrauchten Selenelementen[4]. Dies gilt jedoch nur, wenn der äußere Widerstand des Stromkreises klein ist gegenüber dem inneren Widerstand der beleuchteten Elemente. Bei äußeren Widerständen über 1000 Ohm ist auch bei Selenphotoelementen der Temperaturkoeffizient des Photostroms beträchtlich (vgl. Abb. 90); er schwankt um 0,8 bis 1,5% je Grad und wird außerdem von der Beleuchtungsstärke

[1] Hellma, Müllheim, Baden

[2] Vgl. G. KORTÜM: Z. physik. Chem., Abt. B **33**, 243 (1936).

[3] WATTS, B. N.: Proc. physic. Soc. A **62**, 456 (1949).

[4] Vgl. z.B.: B. LANGE: Physik. Z. **32**, 850 (1931); H. TEICHMANN: Z. Physik **65**, 709 (1930); A. MITTMANN: Z. Physik **88**, 366 (1934); W. BULIAN: Physik. Z. **34**, 745 (1933).

abhängig. *Für genaue photometrische Messungen ist es deshalb stets notwendig, sich davon zu überzeugen, welcher äußere Widerstand bei gegebener Beleuchtungsstärke noch zulässig ist, damit die Genauigkeit der Messung nicht durch die unvermeidlichen Schwankungen der Zimmertemperatur be-*

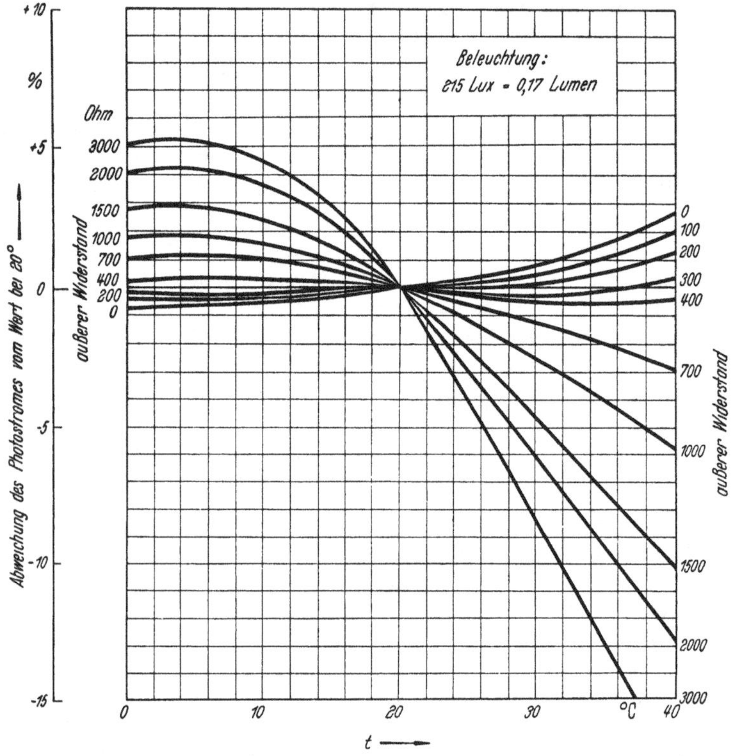

Abb. 90. Temperaturabhängigkeit des Photostroms eines Selenphotoelements

einträchtigt wird. Der äußere Widerstand ist nach Möglichkeit klein zu halten, was nicht nur für die Temperaturabhängigkeit des Photostroms, sondern auch, wie schon erwähnt, für die lineare Abhängigkeit zwischen Beleuchtungsstärke und Photostrom von Bedeutung ist. Die Temperaturabhängigkeit ist ebenso wie andere physikalische Eigenschaften der Photoelemente je nach ihrer Herstellung und Behandlung verschieden und kann z. B. durch kurze Erwärmung auf 50 °C stark verändert werden, was vermutlich mit Änderungen in der Sperrschicht der Elemente zusammenhängt[1].

Ein *Vektoreinfluß polarisierter Strahlung* könnte bei photometrischen Messungen vor allem dann eine Rolle spielen, wenn man Polarisationsprismen zur Strahlungsschwächung benutzt. Man kann zwar den selektiven Photoeffekt unterdrücken, indem man dem elektrischen Vektor der Strahlung keine zur Zellenoberfläche senkrechte Komponente gibt,

[1] Bergmann. L. u. R. Pelz: Z. techn. Physik 18, 177 (1937).

indem man also die Strahlung senkrecht auf die Oberfläche auftreffen läßt. Da aber die Oberfläche der Photokathoden meistens nicht eben ist, läßt sich diese Forderung häufig nicht verwirklichen, abgesehen davon, daß man auf einen streng parallelen Strahlengang angewiesen wäre. Man kann den Einfluß polarisierter Strahlung dadurch prüfen, daß man die Zellen einmal feststehend und einmal mit dem Analysator zugleich drehbar anordnet und die Ergebnisse miteinander vergleicht. Bei einer Reihe verschiedener Photozellen konnte auf diese Weise ein Einfluß der Polarisationsrichtung nicht beobachtet werden[1]. Offenbar kommen hier gerichtete Strukturen der Oberflächenschicht praktisch nicht vor. Dagegen tritt bei *Photoelementen* eine Vektorabhängigkeit des Photoeffektes auf[2], die vermutlich nicht durch gerichtete Oberflächenschichten, sondern dadurch erklärbar ist, daß ganz allgemein beim Auftreffen polarisierter Strahlung auf ebene Metallflächen die Intensität der reflektierten bzw. der eindringenden und absorbierten Strahlung vom Einfallswinkel und der Lage der Polarisationsrichtung zur Einfallsebene abhängt (vgl. auch S. 100). Durch senkrechte Beleuchtung läßt sich dieser Effekt weitgehend unterdrücken.

Überblickt man diese für photometrische Messungen wichtigsten Eigenschaften lichtelektrischer Zellen[3], so gewinnt man von vornherein den Eindruck, daß für *quantitative Messungen* die *Photozellen und Vervielfacher den Photoelementen und besonders den Widerstandszellen, Photodioden* und *Phototransistoren stark überlegen sind.* Allerdings stehen den vielen meßtechnischen Vorzügen der Photozellen und Vervielfacher zwei Nachteile gegenüber: einmal verlangen sie eine *Saugspannung* hoher Konstanz, die sich nur mit besonderen Netzgeräten erreichen läßt, während die Photoelemente keiner Vorspannung bedürfen; zweitens erfordert die Spannungsempfindlichkeit der Photozellen (bedingt durch ihren hohen Eigenwiderstand) im allgemeinen eine nachträgliche Verstärkung, während sich der Strom der Photoelemente entsprechend ihrer hohen Stromempfindlichkeit galvanometrisch messen läßt.

Bei sehr kleinen Strahlungsleistungen, wie sie bei photometrischen und vor allem bei spektrometrischen Messungen häufig vorkommen, sind Photozellen trotz ihrer geringeren Stromausbeute den Photoelementen überlegen. So liefert etwa ein Selenelement mit einer Empfindlichkeit von 120 μA/Lumen, das einen Lichtstrom von 10^{-6} Lumen aufnimmt, einen Photostrom von $1{,}2 \cdot 10^{-10}$ Amp., eine Vakuumphotozelle mit einer Empfindlichkeit von 40 μA/Lumen unter gleichen Bedingungen $4 \cdot 10^{-11}$ Amp. Derartige Ströme lassen sich galvanometrisch zwar noch gut beobachten, aber nicht mehr mit einiger Genauigkeit messen. Beim Photoelement läßt sich dieser Strom nicht unmittelbar verstärken, da der verfügbare Spannungsabfall bei etwa 5000 Ohm Innenwiderstand nur 0,6 μVolt beträgt,

[1] Kortum, G.: Physik. Z. **32**, 417 (1931); vgl. jedoch E. P. Clancy: J. opt. Soc. Amer. **42**, 357 (1952).

[2] Bergmann, L.: Physik. Z. **33**, 17 (1932).

[3] Weitere Angaben über die für die Meßtechnik wichtigen Eigenschaften der verschiedenen lichtelektrischen Empfänger bei W. Kluge: Beih. Z. Ver. dtsch. Chemiker **48**, 12 (1944); P. Görlich: Die Photozellen, Leipzig 1951; G. K. T. Conn u. D. G. Avery: Infrared Methods, New York and London 1960.

was etwa dem Rauschpegel einer Verstärkerröhre entspricht. Bei der Photozelle mit ihrem hohen Innenwiderstand ist jedoch eine Verstärkung ohne weiteres möglich, so daß sich auch derartig kleine Ströme ohne Schwierigkeiten auf 1% genau messen lassen (vgl. S. 234ff). Das bedeutet, daß man Photoelemente nur dann verwenden wird, wenn genügend hohe Strahlungsintensitäten verfügbar sind; sie werden deshalb ausschließlich in Filterphotometern benutzt. Photowiderstände, Photodioden und Phototransistoren haben sich wegen ihrer hohen Empfindlichkeit besonders für Messungen im nahen IR eingeführt, doch werden sie in der Regel für quantitative Messungen nur selten benutzt.

h) Thermische Empfänger[1]. Im Gegensatz zu den lichtelektrischen Empfängern arbeiten die thermischen Empfänger nicht selektiv, weil sie die auffallende Strahlung unabhängig von ihrer Wellenlänge möglichst vollständig in Wärmeenergie umwandeln. Sie werden jedoch fast ausschließlich für Messungen im IR benutzt, wo andere empfindlichere Empfängertypen nicht zur Verfügung stehen. Die absorbierte Strahlung ruft im Empfänger eine Temperaturdifferenz Δt gegenüber der Umgebung hervor, die gemessen wird. Je nach der Art, wie man diese Messung vornimmt, unterscheidet man verschiedene Typen thermischer Empfänger.

Für die Brauchbarkeit des Empfängers ist außer seiner Empfindlichkeit seine *Trägheit* ausschlaggebend, die möglichst gering sein soll. Hierin sind die thermischen Empfänger den Photozellen wesentlich unterlegen. Wegen der relativ großen Zeitkonstanten (vgl. S. 175) macht es zuweilen Schwierigkeiten, den Thermostrom mittels eines Strahlungsunterbrechers in Wechselstrom umzuformen, der nachträglich leicht verstärkt werden kann. Man kann in solchen Fällen sogenannte *Galvanometerverstärker*[2] benutzen, bei denen die Drehung des Galvanometerspiegels mit Hilfe eines reflektierten Lichtbündels auf ein Differentialphotoelement übertragen wird, dessen Differenzstrom mit einem zweiten Galvanometer gemessen wird (Verstärkungsfaktor etwa 10^3). Allerdings muß man dabei die unerwünschten Eigenschaften des Photoelements (Nichtlinearität, variable Oberflächenempfindlichkeit) in Kauf nehmen.

Um schließlich rasche unregelmäßige *Schwankungen der Temperatur der Umgebung* weitgehend auszuschalten, benutzt man meistens zwei möglichst gleiche Empfänger nebeneinander und sorgt durch geeignete Schaltung dafür, daß diese Schwankungen sich stets gegenseitig kompensieren. Die zu messende Strahlung wird dann auf einen der beiden Empfänger fokussiert und unabhängig von den Schwankungen registriert. An Stelle dieses räumlichen Differentialprinzips kann man mit der früher

[1] Zusammenfassende Berichte: R. SUHRMANN u. H. LUTHER: Chem. Ing. Techn. **22**, 409 (1950); L. GEILING: Z. angew. Physik **3**, 467 (1951); R. A. SMITH, F. E. JONES u. R. P. CHASMAR: Detection and Measurement of Infrared Radiation, London und New York 1957; T. S. MOSS: „Modern Infrared Detectors“ in Advances in Spectroscopy, Vol. I., New York 1959; G. K. T. CONN u. D. G. AVERY: Infrared Methods, New York and London 1960.

[2] BERGMANN, L.: Physik. Z. **32**, 688 (1931); Z. techn. Physik **13**, 568 (1932); R. B. BARNES u. R. MATOSSI: Z. Physik **76**, 24 (1932). Weitere Literatur bei F. MÜLLER: Physik. Methoden der anal. Chem. 3. Teil. **1939**, S. 386. Galvanometerverstärker werden z.B. von der Firma B. Lange, Berlin-Zehlendorf geliefert; vgl. auch S. 246.

schon erwähnten (vgl. S. 155) Modulation der Meßstrahlung und durch Verstärkung der entsprechenden Wechselspannung auch ein zeitliches Differentialprinzip zur Ausschaltung solcher Schwankungen benutzen, sofern die Trägheit des benutzten Empfängers dies zuläßt[1]. Der große Vorteil aller thermischen Empfänger gegenüber den lichtelektrischen besteht darin, daß zwischen *Bestrahlungsstärke und Thermostrom strenge Proportionalität* herrscht.

Im folgenden sollen die verschiedenen Typen der thermischen Empfänger kurz behandelt werden. Ausführlichere Angaben findet man in der angegebenen Spezialliteratur.

α) *Thermoelement und Thermosäule.* Das *Thermoelement* ist heute der meistgebrauchte thermische Empfänger. Man versieht die bestrahlte Lötstelle mit einer dünnen geschwärzten Silber- oder Goldfolie zur möglichst vollständigen Absorption der Strahlung. Bezeichnet man die Thermokraft, d.h. die thermoelektrische EMK pro Grad mit E, so ist das Ansprechvermögen des Thermoelements in erster Näherung[2] gegeben durch

$$\mathrm{d}V = E\,\mathrm{d}T = E Z\,\mathrm{d}\Phi\,, \tag{80}$$

wenn man mit

$$Z \equiv \frac{\mathrm{d}T}{\mathrm{d}\Phi} \tag{81}$$

die Temperaturänderung der Lötstelle pro Watt auffallender Strahlungsleistung bezeichnet. Dann folgt aus (79) für die natürliche Nachweisgrenze (vgl. S. 174), wenn man ausschließlich thermisches Rauschen nach (64) annimmt,

$$\mathrm{NEP} = \frac{(4\,k\,T R\,\Delta f)^{1/2}}{E\,Z}\,. \tag{82}$$

Um größtmögliche Empfindlichkeit zu erreichen, muß R möglichst klein und E bzw. Z möglichst groß sein. Aus diesem Grund muß man die Wärmekapazität des Elements möglichst klein machen und es gegen Wärmeverluste durch Konvektion und Ableitung nach Möglichkeit schützen. Man hält deshalb Maße und spezifische Wärme des Elements so klein wie möglich, hängt es an dünnen, durch Halbleiter unterbrochenen[3] Drähten auf und schließt es eventuell in ein evakuiertes Gehäuse ein. Da diese Maßnahmen gleichzeitig R erhöhen, muß man einen Kompromiß schließen, um optimale Empfindlichkeit zu erreichen. Als besonders geeignet in dieser Beziehung haben sich die Legierungen 97% Bi + 3% Sb und 95% Bi + 5% Sb erwiesen[4] (vgl. Tabelle 13). NEP variiert auch hier annähernd proportional mit $\sqrt{F}$, der Wurzel aus der Empfängerfläche.

Die Zeitkonstante des Thermoelements ist gegeben durch

$$\tau = C Z\,, \tag{83}$$

---

[1] Vgl. dazu etwa M. D. LISTON u. Mitarb.: Rev. sci. Instruments **17**, 194 (1946); L. C. ROESS: Rev. sci. Instruments **16**, 172 (1945); E. D. MCALISTER u. Mitarb.: Rev. sci. Instruments **12**, 314 (1941).

[2] Das heißt ohne Berücksichtigung des Peltier-Effekts, der bei Stromfluß die heiße Lötstelle abkühlt und die kalte erwärmt.

[3] FASTIE, W. G.: J. opt. Soc. Amer. **41**, 823 (1951).

[4] HORNIG, D. F. u. B. J. O'KEEFE: Rev. sci. Instr. **18**, 474 (1947).

worin C die Wärmekapazität bedeutet. Um sie herabzusetzen, muß man die Empfängerfläche und die Drähte so dünn wie möglich machen. Aus (82) und (83) folgt, daß hohe Empfindlichkeit auch große Zeitkonstante bedingt, geringe Trägheit ist also nur auf Kosten der Empfindlichkeit zu erreichen. Aus diesem Grund sind Thermoelemente in evakuierten Gehäusen zwar um den Faktor 5 bis 10 empfindlicher als in Luft montiert, dafür aber auch um den gleichen Faktor träger.

Um größere Empfindlichkeiten zu erhalten, schaltet man häufig mehrere Thermoelemente hintereinander zu einer sogenannten *Thermosäule*. Dann addieren sich die Thermospannungen der einzelnen Elemente, vorausgesetzt, daß die Strahlung ausreicht, die größere Anzahl der Lötstellen auf die gleiche Temperatur zu bringen wie eine einzige Lötstelle. Es werden zahlreiche Metallkombinationen benutzt. Die gebräuchlichsten sind nebst ihrer Thermokraft in Tabelle 13 angegeben.

Tabelle 13. *Thermoelemente fur Strahlungsmessung*

Metallkombination	Thermokraft in μVolt/Grad
Manganin — Konstantan	40
Kupfer — Konstantan	43
Eisen — Konstantan	52
Silber — Wismut	77
Antimon — Wismut	117
Bi + 3% Sb — Bi + 5% Sn	120
Tellur — Wismut Tellur — Platin Tellur — Konstantan	etwa 400

Hochempfindliche Thermosäulen sind vor allem von SCHWARZ[1] entwickelt worden. Die Konstruktion einer SCHWARZ-HILGER-Säule zeigt Abb. 91. Der Metallträger S mit großer Wärmekapazität dient als kalte Lötstelle. Die Metalldrähte M sind durch Halbleiter H' bzw. H'' verlängert, auf deren Spitze eine geschwärzte Pt- oder Au-Folie F angelötet ist. Dies sind die heißen Lötstellen. H' ist ein n-Leiter (bestehend aus $Ag_2S + Ag_2Se$), H'' ein p-Leiter (bestehend aus Ag + Cu + Te + Se), beide mit geringen Mengen geeigneter Störatome dotiert (vgl. S. 163). Durch Variation der Zusammensetzung von H' und H'' können Thermokräfte von 200 bis 1500 μVolt/Grad erreicht werden, die also wesentlich über die der Tabelle 13 hinausgehen. Gleichzeitig ist das Verhältnis von thermischer zu elektrischer Leitfähigkeit bei diesen Halbleitern erheb-

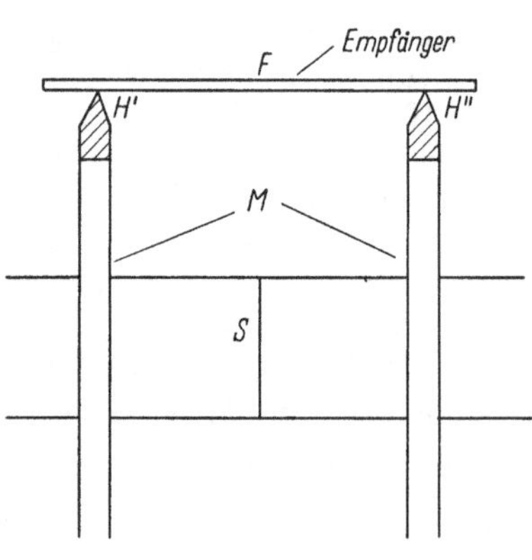

Abb. 91. Schema einer SCHWARZ-HILGER-Thermosäule

[1] SCHWARZ, E.: Research (London) 5, 407 (1952).

lich größer als bei Metallen, was ebenfalls die Empfindlichkeit verbessert.

In Tabelle 14 sind die Eigenschaften einiger moderner Thermosäulen aus Halbleitern bzw. Legierungen angegeben[1]. Es werden Empfindlichkeiten bis zu 90 Volt/Watt erreicht.

Tabelle 14. *Eigenschaften thermischer Empfänger*

Empfänger	Material	Dimension	Impedanz [Ohm]	Zeitkonstante [m/sec]	Empfindlichkeit [Volt/Watt]	NEP [Watt]
Thermosäulen nach SCHWARZ	Halbleiter evak.	2 × 0,2 mm	200	30	90	$2\cdot10^{-11}$
	Halbleiter evak.	4 × 0,2 mm	35	35	30	$2{,}5\cdot10^{-11}$
	Halbleiter evak.	9 × 0,5 mm	100	300	28	$5\cdot10^{-11}$
	Halbleiter in Luft	2 × 0,2 mm	35	5	2,5	$3\cdot10^{-10}$
	Halbleiter in Luft	10 × 1 mm	150	30	2,4	$7\cdot10^{-10}$
Thermosäulen nach HORNIG und O'KEEFE	Legierung in Luft	0,5 mm²	5	36	6,5	$5\cdot10^{-11}$
	Legierung in Luft	4 mm²	12,5	41	3,8	$1{,}4\cdot10^{-10}$
Bolometer nach BILLINGS	Ni	6 × 6 mm	100	4	0,4	$3{,}3\cdot10^{-9}$
nach GILLHAM	Sb	3 × 0,25 mm	10^7	14	11800	$1{,}5\cdot10^{-9}$
nach ARCHBOLD	Au	2,6 × 0,2 mm	15	35	1,5	$3{,}5\cdot10^{-10}$
Thermistor Bolometer	Halbleiter auf Quarz	2,5 × 0,2 mm	$3\cdot10^6$	3,5	705	$3\cdot10^{-10}$
nach WORMSER	Halbleiter auf Glas	2,5 × 0,2 mm	$3\cdot10^6$	6,5	585	$3{,}3\cdot10^{-10}$
	Halbleiter auf Metall	2,5 × 0,2 mm	$3\cdot10^6$	30	1210	$1{,}7\cdot10^{-10}$
Supraleitfähigkeitsbolometer nach ANDREWS	NbN	5 × 0,25 mm	0,2	0,5–50		$1{,}5\cdot10^{-11}$
nach BOYLE-RODGERS	C	19 mm² bei −271 °C	$1{,}2\cdot10^5$	10	14000	$6\cdot10^{-12}$
GOLAY-Zelle	Xenongefüllt	3 mm ∅		20		$1{,}6\cdot10^{-10}$

[1] Nach CONN u. AVERY, l. c.

Thermoelemente werden von zahlreichen Firmen geliefert[1], man kann sie aber mit einiger Erfahrung auch selbst herstellen[2]. Als Strommeßinstrumente benutzt man Galvanometer, deren innerer Widerstand dem des Thermoelements etwa gleich ist, der Gesamtwiderstand muß gleich dem äußeren Grenzwiderstand des Galvanometers sein.

β) *Radiometer und Mikroradiometer* sind Geräte, in denen Strahlungsempfänger und Anzeigesystem zu einem Instrument vereinigt sind. Sie haben heute an Bedeutung eingebüßt.

Im *Radiometer* wird ein gaskinetischer Effekt ausgenutzt: In einem Gas von einigen Hundertstel Torr Druck hängen an einem dünnen Quarzfaden zwei geschwärzte Flügel, von denen der eine bestrahlt wird und so eine Temperaturdifferenz Δt gegen den andern erhält. Ist die mittlere freie Weglänge der Gasmolekeln mit den Abmessungen der Flügel vergleichbar, so tritt ein maximales Drehmoment auf, das Δt proportional ist und durch die Torsionskraft des Quarzfadens kompensiert wird. Die Ablenkung aus der Ruhelage wird wie beim Galvanometer mittels eines am Quarzfaden angebrachten Spiegels beobachtet. Die Trägheit des Radiometers ist ziemlich groß (Zeitkonstante etwa 10 sec), so daß es sich für Reihenmessungen nicht besonders, für Wechsellichtmethoden kaum eignet. Es hat sich für Messungen im langwelligen IR besonders bewährt.

Das *Mikroradiometer*[3] besteht aus einem einzigen Thermoelement, dessen Drähte an die Enden eines dünnen, zu einer rechteckigen Schleife gebogenen Kupferdrahtes angelötet sind. Dieser hängt an einem dünnen mit Spiegel versehenen Faden im Felde eines permanenten Magneten mit zylindrisch ausgebohrten Polschuhen und einem zentralen zylindrischen Eisenkern. Durch Wechselwirkung des im Kupferbügel fließenden Thermostroms mit dem Magnetfeld wird die Schleife ähnlich der Spule eines Galvanometers aus der Ruhelage abgelenkt. Der Drehwinkel ist für kleine Drehungen der auffallenden Strahlungsenergie proportional. Das ganze Instrument wird in ein luftdichtes Gehäuse mit strahlungsdurchlässigen Fenstern eingeschlossen. Es ist hochempfindlich, aber ebenso wie das Radiometer sehr träge, so daß es für die modernen Meßverfahren kaum noch in Frage kommt.

γ) *Bolometer* sind bezüglich ihrer Konstruktion die einfachsten IR-Detektoren, sie bestehen aus zwei dünnen geschwärzten Metallstreifen, die zwei Zweige einer WHEATSTONEschen Brücke bilden. Einer dieser Streifen wird der zu messenden Strahlung ausgesetzt. Die Widerstandsänderung durch die auftretende Temperaturdifferenz wird gemessen durch Abgleich der Brücke oder durch Messung des Spannungsabfalls am Bolometer, wenn ein konstanter Strom fließt. An die Konstanz der die Brücke speisenden Stromquelle werden wegen der notwendi-

[1] Kipp & Zonen, Delft; Leybold, Köln-Bayental; Spindler & Hoyer, Göttingen; Leitz, Wetzlar; Hilger & Watts, London; Perkin-Elmer, Norwalk, Conn.; Heraeus Platinschmelze, Hanau; Physikalische Werkstätten Prof. Heimann, Wiesbaden-Drotzheim.

[2] CARTWRIGHT, C. H.: Rev. sci. Instruments **1**, 592, 602 (1930); Z. Physik **92**, 153 (1934).

[3] BOYS, C. V.: Proc. Roy. Soc. (London) **42**, 189 (1887); **44**, 96 (1888).

gen Nullpunktskonstanz hohe Anforderungen gestellt. Eine allgemeine Theorie der Arbeitsweise von Bolometern findet man bei JONES[1] und CHASMAR[2].

Das Ansprechvermögen ist in erster Näherung gegeben durch

$$\frac{\mathrm{d}V}{\mathrm{d}\Phi} = i_0 \frac{\mathrm{d}R}{\mathrm{d}\Phi} = i_0 \alpha R_0 Z, \tag{84}$$

wenn R_0 der Widerstand vor der Bestrahlung und i_0 die zugehörige Stromstärke ist. Z ist durch (81) definiert und

$$\alpha \equiv \frac{1}{R_0} \frac{\mathrm{d}R}{\mathrm{d}T} \tag{85}$$

gibt den relativen Temperaturkoeffizienten des Widerstandes an. Wenn thermisches Rauschen nach (64) überwiegt, erhält man für das Signal/Rausch-Verhältnis

$$Q = \frac{i_0 \alpha R_0^{1/2} Z \,\mathrm{d}\Phi}{(4\pi k T_m \Delta f)^{1/2}} \tag{86}$$

und für die natürliche Nachweisgrenze aus (79)

$$\mathrm{NEP} = \frac{(4\pi k T_m \Delta f)^{1/2}}{i_0 \alpha R_0^{1/2} Z}. \tag{87}$$

NEP wird um so kleiner und damit die Empfindlichkeit um so größer, je größer α und Z sind. T_m ist die maximal zulässige Temperatur des Streifens. Die *Empfindlichkeit* des Bolometers ist ferner dem durch das System fließenden Strom proportional. Man kann diesen jedoch nicht beliebig erhöhen, da sich die Bolometerstreifen sonst zu stark erwärmen. Wie beim Thermoelement kann man die Empfindlichkeit durch Evakuieren des Bolometers um etwa den Faktor 10 erhöhen. Gleichzeitig muß allerdings wegen der geringeren Wärmeableitung die Stromstärke um den Faktor 5 erniedrigt werden, so daß Bolometer im Vakuum nur etwa die doppelte Empfindlichkeit besitzen wie bei Atmosphärendruck[3]. Praktisch verzichtet man deshalb fast immer auf das Vakuum.

Die *Trägheit* des Bolometers ist im allgemeinen geringer als die von Thermoelementen. Die Zeitkonstante ist ebenfalls durch (83) gegeben. Vergrößerung der Empfindlichkeit hat also auch hier Erhöhung der Trägheit zur Folge[4].

Als geeignete *Metalle* für die Bolometerstreifen haben sich Gold, Platin, Nickel, Antimon und Wismut erwiesen, sie werden im Hochvakuum auf passende Träger (z.B. Al_2O_3 oder Kunststoffolien) aufgedampft[5] oder

---

[1] JONES, R. C.: J. opt. Soc. Amer. **43**, 1 (1953).

[2] CHASMAR, R. P. u. Mitarb.: ibid. **46**, 469 (1956).

[3] Vgl. B. H. BILLINGS u. Mitarb.: Rev. Sci. Instr. **18**, 429 (1947).

[4] Vgl. B. H. BILLINGS u. Mitarb.: J. opt. Soc. Amer. **37**, 123 (1947); E. ARCHBOLD: J. sci. Instr. **34**, 240 (1957).

[5] CZERNY, M., W. KOFINK u. W. LIPPERT: Ann. Physik [6] 8, 65 (1951).

elektrolytisch niedergeschlagen[1]. Besonders empfindlich sind *Halbleiterbolometer*[2] (sogenannte Thermistoren) aus Oxyden von Cu, Ni, Mn, Co, da sie wesentlich größere (negative) Temperaturkoeffizienten des Widerstands besitzen; sie haben den Nachteil, daß die Empfindlichkeit frequenzabhängig ist, und den Vorteil, daß sie nicht geschwärzt zu werden brauchen. Betriebsfertige Bolometer mit Verstärker sind auch im Handel zu haben[3]. Sehr große Widerstandsänderungen bei kleinen Temperaturdifferenzen zeigen die sogenannten *Supraleitfähigkeitsbolometer* in dem Temperaturgebiet, in dem ihr Widerstand von dem Normalwert auf den Wert Null abfällt. Als geeignet für solche Bolometer haben sich Tantal- und Niobnitrid erwiesen[4]. Zahlenwerte für die Eigenschaften einiger Bolometer-Typen sind in Tabelle 14 mitaufgeführt.

δ) *Pneumatische Detektoren* sind ebenfalls thermische Empfänger, bei denen die absorbierende geschwärzte Folie ein Gas (z.B. He oder Xe, je nach der gewünschten Empfindlichkeit) erwärmt. Bei der GOLAY-Zelle wirkt die Wärmeausdehnung des Gases auf eine flexible Membran und kann z.B. kapazitiv oder optisch nach dem Prinzip des Galvanometerverstärkers gemessen werden[5]. Die spektrale Empfindlichkeitsverteilung erstreckt sich gleichmäßig vom Sichtbaren ins ferne Infrarot und bis zu den Mikrowellen. Signal und Bestrahlungsstärke sind allerdings einander nicht proportional wegen der Nichtlinearität des optischen Systems. Dagegen übertrifft die Empfindlichkeit bei einem Volumen von nur wenigen mm^3 die der besten Thermosäulen bzw. Bolometer erheblich, sie reicht bis nahe an die Grenze, die durch die statistischen Schwankungen der auffallenden Strahlung selbst gegeben ist. Aus diesem Grund beträgt auch die maximal registrierbare Strahlungsleistung nur etwa 10^{-4} Watt. Auch die Zeitkonstante ist kleiner, als bei den übrigen thermischen Empfängern, sie hat die Größenordnung von 20 msec (vgl. Tabelle 14) und hängt von Volumen und Wärmekapazität des Gases ab.

Benutzt man nicht eine geschwärzte Metallfolie, sondern das Gas selbst als Absorber, so kann man die Zelle auch selektiv empfindlich machen, indem man geeignete Gase mit spezifischer IR-Absorption wählt. Auf diesem Prinzip beruhen die sogenannten *Infrarotabsorptionsschreiber*[6], die man unmittelbar zur Gasanalyse benutzt (vgl. S. 417ff.). Sie arbeiten

---

[1] BROCKMAN, F. G.: J. opt. Soc. Amer. **36**, 32 (1946); E. J. GILLHAM: J. sci. Instr. **33**, 338 (1956).

[2] BAUER, G.: Physik. Z. **43**, 301 (1942); W. H. BRATTAIN u. J. A. BECKER: J. opt. Soc. Amer. **36**, 354 (1946); E. M. WORMSER: J. opt. Soc. Amer. **43**, 15 (1953).

[3] Carl Zeiss, Oberkochen; Physikal. Werkstätten, Wiesbaden-Dotzheim; Servo Corp. Am., New Hyde Park, N. Y.; Perkin-Elmer Corp.

[4] Vgl. D. H. ANDREWS u. Mitarb.: J. opt. Soc. Amer. **36**, 518 (1946); N. FUSON: J. opt. Soc. Amer. **38**, 845 (1948); L. M. ROBERTS u. S. J. FRAY: J. sci. Instr. **33**, 115 (1956); W. S. BOYLE u. K. F. RODGERS: J. opt. Soc. Amer. **49**, 66 (1959).

[5] GOLAY, M. I. E.: Rev. sci. Instruments **18**, 347, 357 (1947); **20**, 816 (1949); Bezugsquellen: Unicam Instruments, Cambridge, England; The Eppley Lab., New Port, R. I., USA.

[6] LUFT, K. F.: Z. techn. Physik **24**, 97 (1943); Angew. Chem. **19**, 2 (1947); Bezugsquelle: BASF, Ludwigshafen.

ebenfalls praktisch trägheitslos und mit hoher Empfindlichkeit und werden bereits für die laufende Betriebskontrolle eingesetzt.

i) Photographische Schichten[1]. Die photographische Schicht ist allen bisher besprochenen Strahlungsempfängern in zwei Beziehungen überlegen: sie ist imstande, die Einwirkung der Strahlung zu summieren, was für die Messung sehr kleiner Intensitäten von besonderer Bedeutung ist, und sie vermag die von einem Dispersionssystem zerlegte Strahlung gleichzeitig zu registrieren, während man mit allen anderen Empfängern die einzelnen Spektralbereiche nacheinander messen muß. Die photographische Schicht stellt also eine große Zahl integrierender Empfänger nebeneinander dar, jeder mit einem rauscharmen Verstärker versehen, der durch den Entwicklungsprozeß gegeben ist[2]. Die Messung besteht in der Bestimmung der sogenannten *Schwärzung* der entwickelten und fixierten Schicht, die in Beziehung steht zu der gesamten photochemisch wirksamen Strahlungsenergie, der die Schicht ausgesetzt wurde.

Die Durchlässigkeit ϑ einer entwickelten photographischen Schicht für weißes Licht ist im idealen Falle der einwirkenden Strahlungsenergie Φt umgekehrt proportional, die die Schwärzung hervorgerufen hat.

$$\vartheta = \text{prop}\,\frac{1}{\Phi t}. \tag{88}$$

Der Logarithmus der reziproken Durchlässigkeit oder die Extinktion der geschwärzten Platte gegenüber weißem Licht ist daher dem Logarithmus der einwirkenden Strahlungsenergie proportional:

$$E = \log\frac{1}{\vartheta} \equiv S = \gamma \log \Phi t. \tag{89}$$

Man bezeichnet diese Extinktion gewöhnlich als „*Schwärzung*“ S und den Proportionalitätsfaktor γ als „*Gradation*“ der Schicht[3].

In Gleichung (89) steckt das sogenannte Reziprozitätsgesetz von Bunsen und Roscoe[4], wonach die photochemische Wirkung einer Strahlung und damit die Schwärzung der Schicht durch das Produkt Φt bestimmt sein sollte, unabhängig von der Größe der beiden Faktoren Φ bzw. t. Wie die Erfahrung zeigte, ist dieses Gesetz für die photographische Platte nur im Bereich mittlerer Intensitäten gültig. An Stelle von (89) muß man allgemeiner schreiben

$$S = \gamma \log \Phi t^p. \tag{90}$$

[1] Vgl. z.B. „Mitteilungen aus dem Forschungslaboratorium der Agfa Leverkusen-München“, Springer, Bd. 1 (1955) u. Bd. 2 (1958); E. v. Angerer u. G. Joos: Wissenschaftliche Photographie, Leipzig 1956.

[2] Vgl. dazu W. L. Hyde: Spectrochim. Acta **6**, 9 (1954).

[3] S hängt noch von den optisch-geometrischen Verhältnissen der Meßanordnung ab. So schreibt z.B. die „American Standard Association“ vor, daß S mit einer Glühlampe der Farbtemperatur 3000 °K gemessen wird, wobei das parallele Lichtbündel senkrecht auf die Glasseite der Platte fällt, und das gesamte durchgelassene (teilweise gestreute) Licht mit Hilfe einer Ulbrichtkugel (vgl. S. 347) erfaßt wird.

[4] Bunsen, R. W. u. H. E. Roscoe: Ann. Physik (2) **108**, 193 (1859).

Der „SCHWARZSCHILD-*Exponent*“[1] p hängt noch von der Schichtsorte, der Bestrahlungsstärke, der Temperatur und der Wellenlänge der Strahlung ab und muß deshalb jeweils gesondert bestimmt werden[2]; er kann Werte zwischen 0,4 und 2 annehmen. Man stellt die Abweichungen vom Reziprozitätsgesetz häufig in der Form dar[3], daß man für eine gegebene konstante Schwärzung $\log \Phi t$ gegen $\log \Phi$ aufträgt (vgl. Abb. 92). An

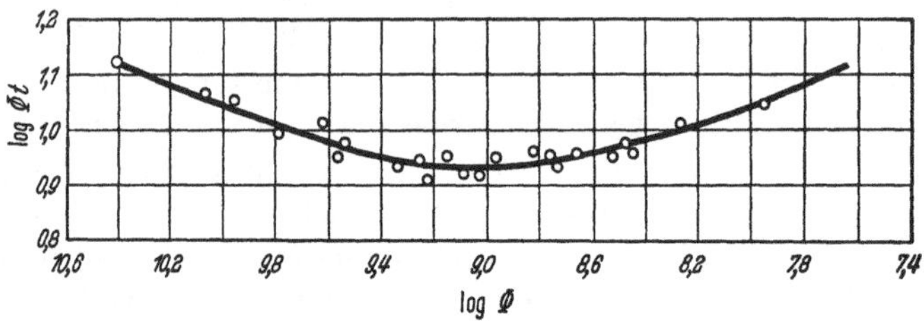

Abb. 92. Abweichungen vom BUNSEN-ROSCOEschenReziprozitätsgesetz bei der photographischen Platte

Stelle einer Parallelen zur Abszisse erhält man eine Kurve, deren Minimum diejenige Strahlungsleistung angibt, bei der die Schicht am empfindlichsten ist. Für größere sowohl wie für kleinere Leistungen nimmt die Empfindlichkeit ab. Gleiche Schwärzungen an zwei verschiedenen Stellen einer Platte lassen also nicht den Schluß zu, daß diese Stellen gleiche Strahlungsenergie empfangen haben[4].

Als eine Folge der Abweichungen vom Reziprozitätsgesetz kann man den auch bei photographischen Schichten beobachteten *Intermittenzeffekt* ansehen. Dieser besteht in einer Nichtgültigkeit des TALBOTschen Gesetzes (vgl. S. 144), und zwar ruft die Summe einer Reihe aufeinanderfolgender Bestrahlungen mit dazwischen liegenden Dunkelpausen, d. h. eine zerhackte Strahlung eine größere oder kleinere Schwärzung hervor als eine entsprechend lange, nicht unterbrochene Bestrahlung mit gleicher Intensität. Überschreitet die Modulationsfrequenz etwa 100 Hz, so verschwindet der Intermittenzeffekt innerhalb der Genauigkeit der Schwärzungsmessung[5]. Trägt man S gegen $\log \Phi t$ auf, so erhält man die sogenannte „*Schwärzungskurve*“, die im idealen Fall eine Gerade sein sollte, deren allgemeine Form aber in Abb. 93 wiedergegeben ist. Das mittlere Stück der Kurve ist *angenähert* geradlinig, es erstreckt sich je nach der Plattensorte über ein Intensitätsverhältnis 1 : 30 bis 1 : 500. Die Gra-

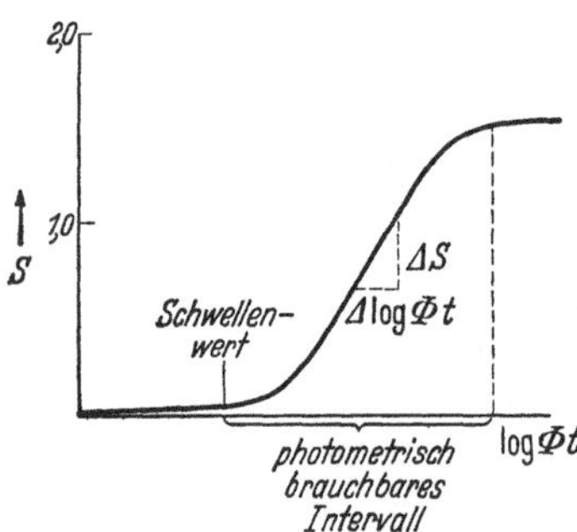

Abb. 93. Schwärzungskurve der photographischen Platte (schematisch)

[1] SCHWARZSCHILD, K.: Photogr. Korresp. **1899**, 171; Astrophys. J. **11**, 89 (1899); J. EGGERT: Z. angew. Physik **4**, 445 (1952).

[2] Vgl. dazu J. EGGERT u. R. v. WARTBURG: Z. Elektrochem. **59**, 353 (1955).

[3] Vgl. z. B.: M. BILTZ: J. opt. Soc. Amer. **42**, 898 (1952).

[4] Zur Theorie dieser Abweichungen vgl. etwa N. F. MOTT u. R. W. GURNEY: Electronic processes in ionic crystals, Oxford 1940.

[5] Vgl. K. LANG: Angew. Chem. **67**, 182 (1955).

dation der Platte ist durch die Neigung des geraden Stückes gegen die Abszisse gegeben. Für $\gamma = 1$ (tg 45°) werden bei konstanter Belichtungszeit t die Energiewerte der auffallenden Strahlung richtig wiedergegeben. Durch längere Entwicklung und verschiedene andere Maßnahmen läßt sich die Gradation vergrößern (die Kurve wird steiler), so daß sich auf diese Weise noch Intensitätsunterschiede messen lassen, die für das Auge nicht mehr zu unterscheiden sind. Umgekehrt werden in den Gebieten, wo die Schwärzungskurve umbiegt ($\mathrm{d}S/\mathrm{d}\log \Phi t < 1$), d.h. bei sehr geringen und sehr großen Strahlungsenergien, die photometrischen Eigenschaften der Platte sehr viel schlechter, weil die tatsächlichen Intensitätsunterschiede abgeschwächt werden.

Die Brauchbarkeit einer photographischen Schicht für spektrometrische Zwecke hängt von folgenden Eigenschaften ab: *Auflösungsvermögen*, *Empfindlichkeit*, *spektrale Empfindlichkeitsverteilung*, *Gradation*.

Das *Auflösungsvermögen*[1], gemessen durch die Anzahl Linien/mm, die von einem Testobjekt bei bestmöglicher optischer Abbildung getrennt wiedergegeben werden, ist einerseits begrenzt durch die *Korngröße* (granularity) des in der Schicht verteilten Halogensilbers und das Zusammenwachsen der Körner bei der Entwicklung, die sogenannte *Körnigkeit* (graininess), andererseits durch die *Streuung* des Lichtes in der Schicht (Diffusionslichthof). Durch die modernen „Feinkornentwickler" läßt sich die Körnigkeit weitgehend herabsetzen. Das Auflösungsvermögen hängt außerdem von der Wellenlänge (Minimum im Grün), von der Schwärzung (optimale Belichtung) und vom Kontrast des Aufnahmeobjekts ab. Es läßt sich außerordentlich hoch treiben. Sogenannte LIPPMANN-Schichten mit Acceptor für das bei der Belichtung entstehende Halogen besitzen ein Auflösungsvermögen bis über 1000 Linien/mm; es können z.B. Raster mit einer Linienbreite von 0,7 μ hergestellt werden. Selbstverständlich müssen alle für spektrometrische Zwecke verwendeten Schichten reflexions-lichthoffrei sein.

Die *Allgemein-Empfindlichkeit E* für weißes Licht wird definiert mit Hilfe des Kehrwerts der Strahlungsenergie (Lux · sec), die für eine bestimmte Schwärzung erforderlich ist. Es gilt nach der sogenannten DIN-*Skala*

$$\text{Empfindlichkeit} = \log \frac{\Phi_0 t}{\Phi t}, \tag{91}$$

wobei $\Phi_0 t$ eine an ein genormtes Verfahren gebundene Konstante (0,24 Lux · sec) darstellt. Φt ist die Strahlungsmenge, die eine Schwärzung 0,1 über den Schleier erzeugt. Ist z.B. $\Phi t = \Phi_0 t/10$, so ist die Empfindlichkeit gleich 1° oder 10/10° DIN, da man die Zahlen gewöhnlich in $n/10°$ angibt. Eine um 3/10° DIN höhere Zahl bedeutet also Verdoppelung der Empfindlichkeit[2].

[1] Über das Auflösungsvermögen von photographischen Schichten vgl. z.B.: F. H. PERRIN u. H. J. ALTMAN: J. opt. Soc. Amer. **41**, 265, 1038 (1951); **42**, 455, 462 (1952); P. HARIHARAN: ibid. **46**, 315 (1956).

[2] Gegenüber empfindlichen Photozellen ist die Empfindlichkeit photographischer Schichten sehr gering. Eine Bestrahlungsstärke von 10^{-14} Watt/cm², die noch einen nachweisbaren Photostrom hervorruft, ergibt erst bei Belichtungszeiten von mehreren Stunden eine meßbare Schwärzung.

Wichtig für die Beobachtbarkeit einer Energiedifferenz $\mathrm{d}(\Phi t)$ durch die photographische Schicht ist auch hier wie bei allen Detektoren die durch (75) definierte natürliche Nachweisgrenze (NEP, vgl. S. 174). Sie ist in diesem Fall keine Eigenschaft der Schicht, sondern vorwiegend durch das „Strahlungsrauschen“ bestimmt, d.h. durch die statistischen Schwankungen der auffallenden Photonenzahl N bei gleichmäßiger Bestrahlungsstärke, d. h. durch $\sqrt{N}$. Beträgt z. B. die Bestrahlungsstärke 10^4 Photonen/cm²sec, die statistische Schwankung also 10^2 Photonen/cm²sec, so lassen sich zwei Signale von 10^4 bzw. $10^4 + 10^2$ Photonen/cm²sec offenbar gerade noch unterscheiden bei einer Sekunde Belichtungszeit. Zwei Bestrahlungsstärken von 10^4 bzw. $10^4 + 10$ Photonen/cm²sec verlangen jedoch eine Belichtungszeit von 100 sec, damit sie eben unterscheidbar sind, da dann $\sqrt{N} = 10^2$. Dabei ist eine Quantenausbeute von 1 vorausgesetzt. Ist die Quantenausbeute geringer, wie es praktisch stets der Fall ist, so liegt die natürliche Nachweisgrenze höher. Ist im obigen Beispiel die Quantenausbeute gleich 0,5, so ist $N_{eff} = 5 \cdot 10^3$ und $\sqrt{N_{eff}} = 70$ Photonen/cm²sec, d.h. NEP ist hier gleich 140 Photonen/cm²sec statt 100 bei der Quantenausbeute 1. Die natürliche Nachweisgrenze ist demnach einfach gleich der Zahl der wirksamen Photonen, die der statistischen Streuung derselben entspricht. Wir bezeichnen sie mit ΔN^* und erhalten so für die natürliche Nachweisgrenze auf einer gegebenen Oberfläche F der Schicht

$$\mathrm{NEP} = F \Delta N^* . \tag{92}$$

Um die natürliche Nachweisgrenze mit der oben definierten Allgemein-Empfindlichkeit, d.h. mit derjenigen Strahlungsenergie zu verknüpfen[1], die eine bestimmte Schwärzung S hervorruft, geht man davon aus, daß einer Streuung ΔN^* der Photonen eine Streuung der Schwärzung ΔS entspricht

$$\Delta S = g \Delta N^*, \tag{93}$$

wobei $g = \mathrm{d}S/\mathrm{d}N^*$ die Neigung der linearisierten (nicht logarithmischen) Schwärzungskurve entspricht, wenn man die auffallende Energie (Φt) in Photonen ausdrückt. Mit

$$g = \frac{\mathrm{d}S}{\mathrm{d}N^*} = \frac{\mathrm{d}S}{\mathrm{d}(\Phi t)} = \frac{\mathrm{d}S}{\mathrm{d}\log(\Phi t)} \frac{\mathrm{d}\log(\Phi t)}{\mathrm{d}(\Phi t)} = \frac{\gamma \cdot 0{,}4343}{\Phi t}$$

erhält man aus (92) und (93)

$$\mathrm{NEP} = F \Delta N^* = \frac{\Delta S F \Phi t}{\gamma \cdot 0{,}4343} . \tag{94}$$

Da ferner $G \equiv \Delta S \sqrt{F}$ erfahrungsgemäß über große Bereiche der Oberfläche angenähert konstant ist[2], kann man (94) in der Form schreiben

$$\mathrm{NEP} = \frac{\text{konst.}\, G\, \Phi t \sqrt{F}}{\gamma} = \text{konst.}\, \frac{G \sqrt{F}}{E \gamma} . \tag{95}$$

[1] Zweig, H. J. u. Mitarb.: J. opt. Soc. Amer. **48**, 926 (1958).
[2] Zweig, H. J.: ibid. **46**, 805, 812 (1956).

Die natürliche Nachweisgrenze ist um so kleiner und damit die Empfindlichkeit um so größer, je größer die Gradation γ und je kleiner die zur Erzeugung einer bestimmten Schwärzung notwendige Strahlungsenergie ist[1]. $1/\Phi t$ ist ein Maß für die oben definierte Allgemein-Empfindlichkeit E einer photographischen Schicht, die natürliche Nachweisgrenze ist also dem Verhältnis G/E proportional, wobei G ein Maß für die Korngröße (granularity) darstellt. Je gröber das Korn ist, um so größer ist im allgemeinen auch die Allgemein-Empfindlichkeit (vgl. S. 189). Schließlich wächst NEP noch mit der Wurzel aus der Oberfläche an, ähnlich wie bei den Photowiderständen (vgl. S. 160).

Trägt man die Nachweisgrenze gegen $\log N$, die Zahl der auffallenden Photonen bzw. gegen die Schwärzung unter gegebenen Entwicklungsbedingungen auf, so erhält man Kurven von der Form der Abb. 94. Das Maximum gibt diejenige Schwärzung an, für die unter den gegebenen Bedingungen von Emulsion + Entwicklung die geringste Differenz der Strahlungsenergie erfaßt werden kann, bzw. bei der das Verhältnis E/G bei gegebenem γ und F am größten ist.

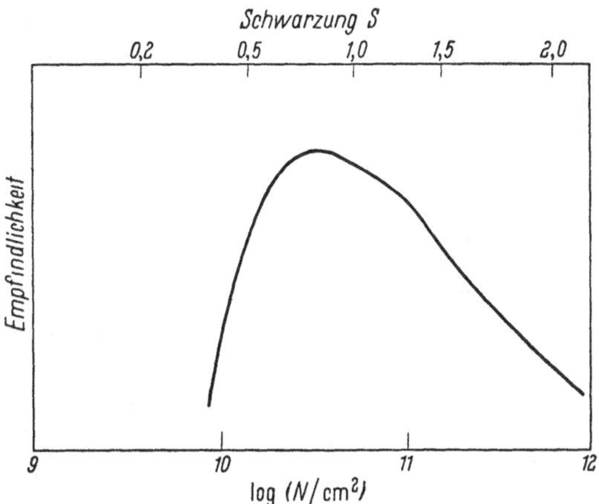

Abb. 94. Nachweisgrenze einer photographischen Emulsion als Funktion von log N (Photonen/cm²) bzw. der Schwarzung unter gegebenen Entwicklungsbedingungen

Ausschlaggebend für die Auswahl der Plattensorte ist ihre *spektrale Empfindlichkeitsverteilung*. Gerade für die wissenschaftliche Photographie ist eine ganze Reihe von Spezialplatten entwickelt worden, die es ermöglicht, für jede besondere Aufgabe auch eine geeignete Platte zu finden[2].

Für Aufnahmen im *sichtbaren Spektralbereich* sind die sogenannten „*Spektralplatten*" von der Agfa und verschiedenen anderen Firmen[3] entwickelt worden. Die mit Spektral „gelb" bzw. „rot" bezeichneten Platten unterscheiden sich dadurch von den handelsüblichen ortho- bzw. panchromatischen Platten, daß die bei diesen vorhandene „Grünlücke" weit-

[1] Um in den steilen Bereich von γ zu gelangen, kann man deshalb die Platte vorbelichten. Die richtige Vorbelichtung ermittelt man durch Belichtung mittels einer schwachen diffusen Lichtquelle, wobei man die Belichtungszeit stufenweise um Δt erhöht. Die Zeitdifferenz $n\,\Delta t$, nach der sich zwei Stufen gerade unterscheiden lassen, wählt man als Vorbelichtungszeit.

[2] Vgl. H. K. Weichmann, H. Arens u. J. Eggert: Veröff. wiss. Zentr.-Lab. photogr. Abt. Agfa **4**, 83, 98, 101 (1935); H. Hörmann u. E. Schopper: Veröff. wiss. Zentr.-Lab. photogr. Abt. Agfa **6**, 108 (1939); H. Hörmann: Z. angew. Photogr. Wiss. Techn. **3**, 75, 96 (1941) und die dort angegebene Literatur.

[3] Perutz, Kodak, Ilford, Gevaert.

gehend geschlossen ist, was einen besonderen Vorteil der „Spektralplatten" darstellt. Nach Erfahrungen des Verfassers bewährt sich besonders die Platte „Spektral rot" wegen ihrer sehr gleichmäßigen Empfindlichkeitsverteilung. Die für lange Wellen sensibilisierten Platten müssen natürlich bei grünem Dunkelkammerlicht oder besser vollständig im Dunkeln verarbeitet werden, oder es wird vorher mit einer Pinakryptollösung 1 : 5000 drei Minuten lang desensibilisiert und dann bei gewöhnlichem rotem Licht entwickelt.

Für das mittlere *Ultraviolett* bis etwa 2500 Å sind fast sämtliche Plattensorten geeignet, wobei man unsensibilisierte Platten vorzieht, weil sie leichter zu verarbeiten sind und weniger zum Schleiern neigen. Für die Spektrometrie im kurzwelligen UV (insbesondere unterhalb von 2300 Å, wo die Gelatine zu absorbieren beginnt) pflegt man die Platten mit fluorescierenden Schichten (Vaseline oder Mineralöl in Benzol, 5%ige alkoholische Lösung von Na-Salicylat[1]) zu sensibilisieren. Diese Schichten müssen sehr gleichmäßig und dünn aufgetragen werden, damit nicht ungleichmäßige Schwärzungen entstehen, durch die Absorptionsbanden vorgetäuscht werden könnten. Vor der Entwicklung ist die Schicht mit Benzol oder Aceton sorgfältig zu entfernen, damit der Entwickler nicht ungleichmäßig angreift. Diese Mängel werden durch die „*Ultraviolettplatte*" der Firmen Agfa, Ilford, Kodak u.a. vermieden, die die empfindlichen AgBr-Körner auf der Oberfläche der Emulsion tragen oder die mit einem fluorescierenden Stoff überzogen ist, der bei der Entwicklung nicht stört und erst nach dem Fixieren und Wässern durch vorsichtiges Abreiben der Platte entfernt wird. Ihre Verwendbarkeit reicht bis etwa 2000 Å. Empfindlichkeit und übrige Eigenschaften der Ultraviolettplatte entsprechen etwa der Gradationsstufe hart. Für das Gebiet unterhalb von 2000 Å verwendet man sogenannte „SCHUMANN-Platten", die gelatinearm und daher leicht verletzlich sind, die sich aber bis zu etwa 500 Å herunter verwenden lassen[2]. Ihre Allgemeinempfindlichkeit ist meist wesentlich geringer als die gewöhnlicher Platten.

Das photographisch erfaßbare Gebiet im Infrarot ist ebenfalls in den letzten Jahren durch die Einführung neuer Sensibilisatoren bis zu etwa 1,2 μ erweitert worden. Die „Agfa-Infrarotplatten" besitzen die Zahlenbezeichnungen 700, 750, 800, 850, 950, 1050, die gleichzeitig die ungefähre Lage ihrer Empfindlichkeitsmaxima in mμ angeben. Sie werden zusammen mit Lichtfiltern verwendet, die den einzelnen Sorten angepaßt sind. Die Allgemeinempfindlichkeit nimmt allerdings mit zunehmender Wellenlänge des Maximums beträchtlich ab. Man kann sie durch Übersensibilisierung am einfachsten durch 6 Minuten langes Baden in Leitungswasser von 10 bis 12 °C, nachfolgendes Spülen in Methanol und Trocknen um etwa den

[1] HARRISON, G. R. u. P. A. LEIGHTON: J. opt. Soc. Amer. **20**, 313 (1930); Na-Salicylat besitzt im Vak.-UV eine konstante Quantenausbeute [J. opt. Soc. Amer. **43**, 32 (1953)].

[2] Über die Selbstherstellung von SCHUMANN-Platten vgl. E. v. ANGERER: Wissenschaftliche Photographie. Sie werden auch von Agfa, Kodak oder Ilford geliefert. Über die Eigenschaften solcher Platten vgl. z.B.: A. L. SCHOEN u. E. S. HODGE: J. opt. Soc. Amer. **40**, 23 (1950).

Faktor 2 bis 8 je nach der verwendeten Sorte erhöhen[1]. Solche Platten sind nur 24 Stunden haltbar, auch die Haltbarkeit der nicht übersensibilisierten Infrarotplatten ist naturgemäß um so geringer, je weiter die Empfindlichkeit ins Infrarot reicht. Sie werden deshalb bei tiefer Temperatur (Eis oder feste Kohlensäure) aufbewahrt.

Die spektralen Empfindlichkeitsgrenzen der Agfa-Platten und die vorgesehenen spektralen Bereiche, in denen die betreffende Schicht

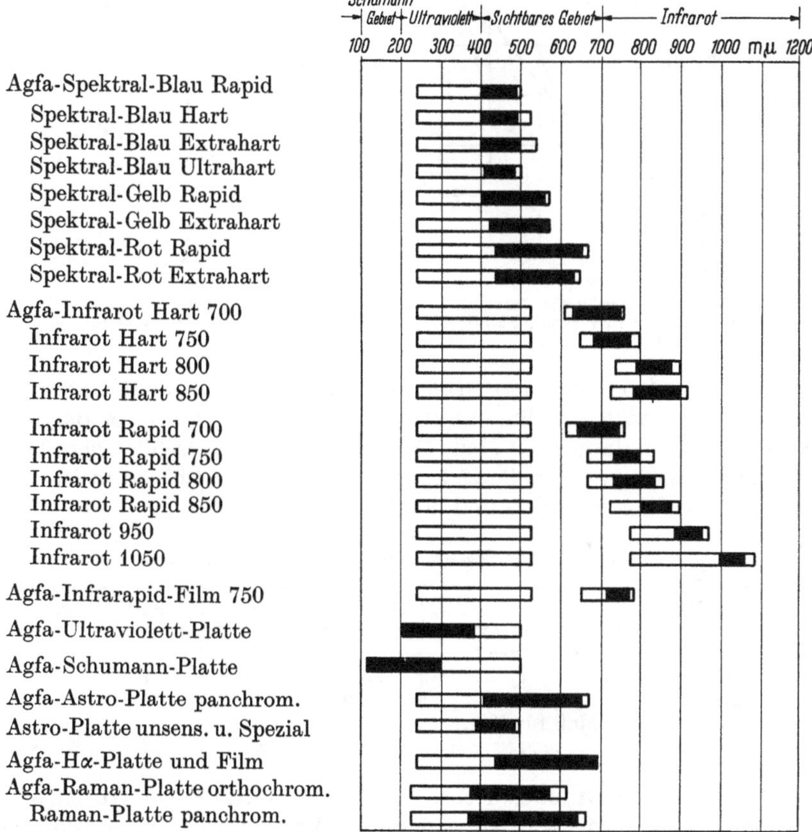

Abb. 95. Spektrale Empfindlichkeitsgrenzen und vorgesehene spektrale Bereiche von Agfa-Photoschichten

besonders geeignet ist, sind in Abb. 93 übersichtlich dargestellt. Eine ähnlich reichliche Auswahl wird auch von Kodak und Ilford geliefert.

Für spektrographische Zwecke eignen sich Platten um so besser, je steiler ihre *Gradation* ist. Aus diesem Grund ist es meistens zweckmäßig, Platten der Emulsionsart „hart“ bzw. „extrahart“ zu verwenden, die

[1] Andere Bäder zur Übersensibilisierung sind nach W. Otting (Der Ramaneffekt und seine analytische Anwendung, Berlin 1952) z. B.: 500 cm^3 H_2O + 5–10cm^3 NH_3 + 0,09 g Ag_2WO_4; 100 cm^3 H_2O + 2 g KOH; 100 cm^3 H_2O + 0,1 g KOH + 0,01 – 0,05 g $AuCl_3$.

außerdem gewöhnlich feinkörniger sind als weich arbeitende Platten (rapid), dafür allerdings auch geringere Allgemeinempfindlichkeit besitzen. Neuerdings ist es gelungen, auch hochempfindliche Platten mit sehr steiler Gradation herzustellen[1]. Den störenden Einfluß des gröberen Korns auf das Auflösungsvermögen kann man dadurch ausschalten, daß man z.B. über die ganze Länge einer Spektrallinie mittelt, indem man bei der Vergrößerung das Papier in Richtung der Linie bewegt (z.B. auf

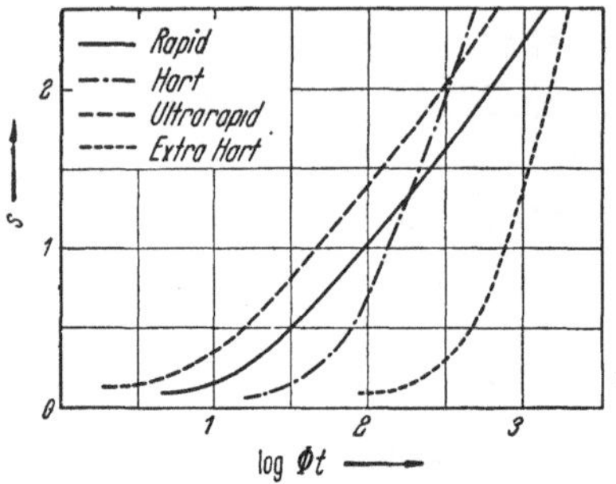

Abb. 96. Schwärzungskurven der Agfa-Spektralplatten Ultrarapid, Rapid, Hart und Extrahart

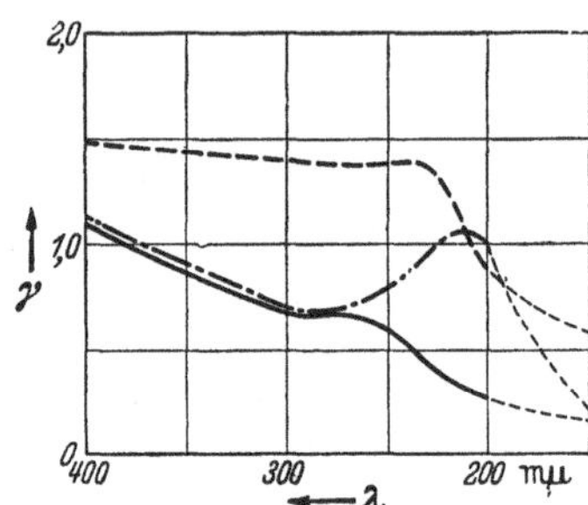

Abb. 97. Gradation verschiedener Platten als Funktion der Wellenlange

einer rotierenden Trommel)[2]. Die Abhängigkeit der Gradation von der Emulsionsart zeigt Abb. 96, in welcher die Schwärzungskurven der Agfa-Spektralplatten dargestellt sind. Die Daten für die verschiedenen Emulsionsarten gehen aus Tabelle 15 hervor. Die Gradation hängt weitgehend von der *Art des Entwicklers* und der *Entwicklungsdauer* ab.

Tabelle 15. *Eigenschaften von Spektralplatten*

	Ultrarapid	Rapid	Hart	Extrahart
Relative Empfindlichkeit, bezogen auf Sorte hart	5	2,5	1	0,2
Gradation γ	1,2	1,2	2,6	3,8
Körnigkeit (relatives Maß für Korndurchmesser)	19	20	13	8

Die maximale Gradation erhält man bei vollständiger Ausentwicklung der Platte, bei noch längerer Entwicklungsdauer nimmt sie nicht mehr zu, dagegen verstärkt sich der unerwünschte „Schleier“ der Platte. Grundsätzlich ist jeder kräftig arbeitende Entwickler geeignet. Eine besonders steile Gradation ergibt der Agfa-1-Entwickler, bestehend aus 1 Liter Wasser, 5 g Metol, 6 g Hydrochinon, 40 g wasserfreies Na-Sulfit, 40 g Kaliumkarbonat, 2 g Kaliumbromid; Entwicklungsdauer 4 Minuten bei 18 °C[3]. Weiterhin hängt die Gradation noch von der Wellenlänge des

[1] Vgl. Kodak Photographic Plates for Scientific and Technical Use. 7. Aufl. 1953.

[2] Vgl. O. OLDENBERG: J. opt. Soc. Amer. **46**, 300 (1956).

[3] Weitere Entwicklungsrezepte siehe z.B. bei H. K. WEICHMANN: s. S. **191**; E. v. ANGERER: Wissenschaftl. Photographie, 3. Aufl. Leipzig **1943**; E. STENGER u. H. STAUDE: Fortschritte der Photographie, Leipzig 1938.

einwirkenden Lichtes ab. Wie groß diese Abhängigkeit in dem zugänglichen Spektralbereich werden kann, zeigt die Abb. 97, in welcher die Neigung der Schwärzungskurve für eine Normalplatte, die Agfa-Ultraviolettplatte und die Agfa-SCHUMANN-Platte in Abhängigkeit von λ dargestellt ist[1].

8. Stabilisierung von Stromquellen

Für zahlreiche photometrische und spektrometrische Meßmethoden ist die zeitliche *Konstanz der Strahlungsquelle*, für Empfänger, die einer äußeren Saugspannung bedürfen, und für die Stromversorgung von Verstärkern und sonstigen elektrischen Hilfsgeräten die *Konstanz* der angelegten *Spannungen* eine unerläßliche Voraussetzung. Man kann diese Konstanz einerseits durch Akkumulatoren genügend großer Kapazität, andererseits für sehr geringe Stromentnahme durch Trockenbatterien erreichen, wie sie auch für moderne Meßgeräte gelegentlich noch verwendet werden. In den meisten Fällen benutzt man heute Netzanschlußgeräte und ist deshalb wegen der relativ großen Netzspannungsschwankungen auf die Verwendung von Stabilisierungsmitteln angewiesen. Da über die Konstruktion von geeigneten Geräten zur Strom- und Spannungsstabilisierung eine ausgedehnte Literatur existiert[2], seien im folgenden nur die grundsätzlichen Methoden zusammengestellt, deren man sich im Laboratorium zu diesem Zweck bedient.

Man unterscheidet zweckmäßig zwischen *Stromstabilisierung* und *Spannungsstabilisierung*. Ist der Innenwiderstand des Verbrauchers (z.B. Strahlungsquelle) klein gegenüber dem Innenwiderstand des in Serie geschalteten Stabilisators, so bleibt der Strom im Verbraucher trotz variabler Spannung des Netzes konstant; man spricht dann von Stromstabilisierung. Ist umgekehrt der Innenwiderstand des Verbrauchers (z.B. Photozelle) groß gegen den Innenwiderstand des parallel geschalteten Stabilisators, so bleibt die Spannung am Verbraucher trotz variabler Netzspannung und variabler Stromaufnahme des Verbrauchers konstant; in diesem Fall spricht man von Spannungsstabilisierung. Als Stabilisierungsmittel stehen zur Verfügung: Eisenwasserstoffwiderstände, magnetische Regler, Glimmröhren und Elektronenröhren bzw. Kombinationen von ihnen.

a) Eisenwasserstoffwiderstände. Die einfachste Methode der Stromstabilisierung, wie sie vor allem für Strahlungsquellen gebraucht wird, ist für Gleichstrom wie für Wechselstrom die Vorschaltung eines Eisenwasserstoffwiderstands[3]. Dieser besteht aus einem in einen Glaskolben eingeschmolzenen Eisendraht in einer H_2-Atmosphäre. Die Strom-Spannungs-Charakteristik zeigt Abb. 98. Im sogenannten Regelbereich ändert sich die durchgehende Stromstärke selbst bei Verdoppelung der angelegten Spannung nur um wenige Prozent, weil in diesem Gebiet der OHMsche Widerstand mit Stromstärke und Temperatur steil ansteigt. Schal-

[1] Nach H. ARENS: Veröff. wiss. Zentr.-Lab. photogr. Abt. Agfa 4, 98 (1935).

[2] Vgl. z.B.: C. G. CANNON: Electronics for Spectroscopists, London 1960; R. KRETZMANN: Handb. d. Industr. Elektronik, Berlin 1954.

[3] Bezugsquelle: Osram, Heidenheim; Stabilovolt GmbH, Berlin NW 87.

tet man den Verbraucher in Serie mit dem Eisenwasserstoffwiderstand und wählt letzteren so, daß er bei Normalbelastung des Verbrauchers in der Mitte des Regelbereichs arbeitet, so können selbst bei relativ großen Netzspannungsschwankungen die Änderungen der Stromstärke ebenfalls nur kleine Beträge annehmen. Bei den üblichen Netzschwankungen von $\pm 10\%$ beträgt die Stromkonstanz etwa 1%. Durch Parallelschaltung mehrerer Eisenwasserstoffwiderstände, die bei beliebiger Regelstrom-

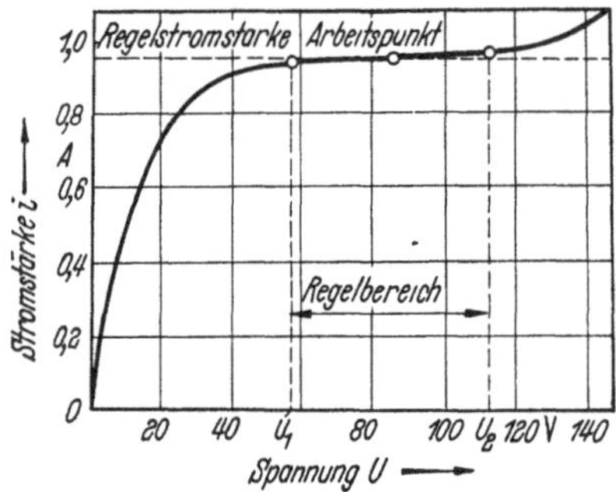

Abb. 98. Strom-Spannungs-Charakteristik eines Eisenwasserstoffwiderstandes

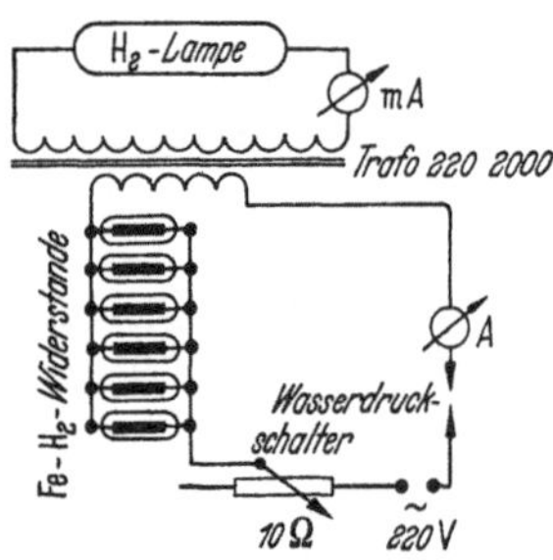

Abb. 99. Schaltskizze fur eine mit Eisenwasserstoffwiderstanden strom-stabilisierte H_2-Lampe

stärke alle den gleichen Spannungsregelbereich besitzen müssen, kann man die Stromstärke im Verbraucher verändern. In Abb. 99 ist die Schaltskizze für die Stromstabilisierung einer H_2-Lampe (vgl. S. 66) wiedergegeben. Nachteilig ist bei dieser Art der Stabilisierung die Trägheit der Eisenwasserstoffwiderstände, die bedingt, daß sich bei Spannungsänderungen der neue Gleichgewichtszustand erst nach mehreren Sekunden einstellt. Man kann die Stromstärkekonstanz noch dadurch weiter verbessern, daß man parallel zum Verbraucher noch Widerstände mit negativer Widerstands-Stromstärke-Charakteristik (wie etwa Kohlenfadenlampen bzw. Urdoxe) einschaltet, so daß sich die Widerstandsänderungen bei variabler Netzspannung gegenseitig weitgehend kompensieren[1].

b) Magnetische Spannungsregler. Ein Transformator mit einem Kern im Sättigungsgebiet seiner Magnetisierungskurve liefert eine Sekundärspannung, die mit der Stromstärke zunächst linear ansteigt, dann aber umbiegt und von der Stromstärke weitgehend unabhängig wird. Schaltet man einen solchen Transformator mit einem zweiten normalen Transformator in Serie (vgl. Abb. 100a), so daß die Sekundärspannungen entgegengesetzt gerichtet sind, so läßt sich durch geeignete Wahl des Übersetzungsverhältnisses der beiden Transformatoren erreichen, daß die Ausgangsspannung, d.h. die Differenz ihrer Sekundärspannungen nahezu konstant ist. Mit zunehmender angelegter Gesamtspannung wird ein Punkt erreicht, wo der Transformator T_1 gesättigt wird, seine Induktion fällt, und die weiter ansteigende Gesamtspannung fällt hauptsächlich an T_2 ab. Die Primär- und Sekundärspannungen beider Transfor-

[1] Vgl. dazu L. Kahovec u. E. Treiber: Chem. Ing. Techn. **25**, 35 (1953).

matoren in Abhängigkeit von der angelegten Gesamtspannung sind in Abb. 100 b schematisch wiedergegeben. Wenn T_1 den größeren Anteil der Ausgangsspannung liefert und U_3 und U_4 gegeneinander gerichtet sind, so wird die Ausgangsspannung $U_3 - U_4$ praktisch konstant.

Die Schaltung besitzt die Nachteile, daß die Ausgangsspannung durch Oberschwingungen stark verzerrt ist, daß Änderungen der Belastung auch Änderungen der Ausgangsspannung hervorrufen und daß letztere auch

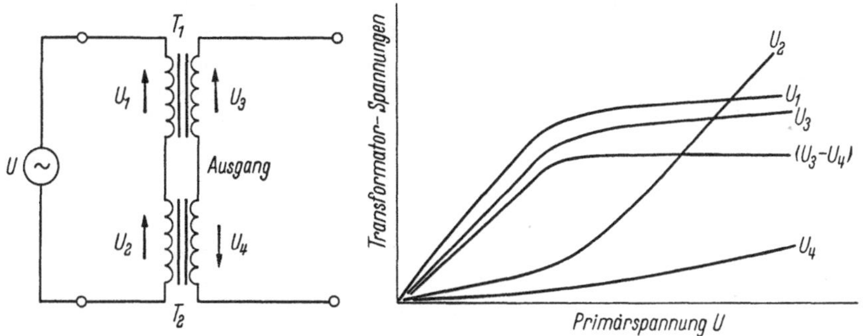

Abb. 100 a u. b. Schema eines Spannungsstabilisators mit magnetischer Sättigung

gegen Frequenzschwankungen empfindlich ist. Durch geeignete Änderungen der Schaltung[1] (z.B. Parallelschaltung eines passenden Resonanzkreises) kann man erreichen, daß die Spannungskonstanz im Ausgang auch bei Belastungsänderungen erhalten bleibt. Netzschwankungen von $\pm 15\%$ werden im Ausgang auf Schwankungen von ± 1 bis 2% reduziert, dagegen bleibt die Ausgangsspannung empfindlich gegen Frequenzänderungen. Will man auch letztere weitgehend ausschalten, so kann man den Regler nur bei Vollast verwenden, was in Praxis nachteilig ist. Spannungsregler dieser Art werden für verschiedenste Leistungen sowie für den Betrieb spezieller Strahlungsquellen (z.B. 6-Volt-Glühlampen, Gasentladungslampen usw.) von mehreren Firmen geliefert[2].

c) Glimmstabilisatoren. Eine Spannungsstabilisierung ist auch möglich mit Hilfe einer Glimmstrecke, die sich im Arbeitsbereich der sogenannten „normalen Glimmentladung“ befindet. In diesem Arbeitsbereich ist die Brennspannung zwar von Gasart und Kathodenmaterial, aber fast gar nicht vom Strom abhängig. Dabei ist im allgemeinen der Stromquerschnitt der Entladung kleiner als die Elektrodenfläche. Bei einer Stromerhöhung vergrößert sich der Entladungsquerschnitt, aber der übrige Entladungsmechanismus und damit auch die Brennspannung bleibt ungeändert. Erst wenn bei weiterer Stromerhöhung die Elektroden ganz von der Entladung bedeckt sind, steigt die Brennspannung mit wachsendem Strom an.

Man schaltet eine derartige Glimmstrecke parallel zum Verbraucher und versieht die Spannungsquelle mit einem geeigneten inneren Wider-

[1] Vgl. z.B. A. H. B. Walker: Wireless World **50**, 339 (1944); R. Eberhard: Elektronik **9**, 207 (1960).

[2] Siemens & Halske AG; Ruhstrat, Göttingen; AEG; Philips; Dr. B. Lange, Berlin-Zehlendorf.

stand. Ändert sich nun die Leerlaufspannung der Spannungsquelle, so ändert sich entsprechend auch der Strom durch die Glimmstrecke, nicht aber die Spannung an Glimmstrecke und am Verbraucher, weil die Stromänderung in der Glimmstrecke die Spannungsänderung auf den inneren Widerstand der Spannungsquelle beschränkt. Man muß bei Verwendung von Stabilisatorröhren darauf achten, daß die Leerlaufspannung der Spannungsquelle beträchtlich höher ist als die Brennspannung des Stabilisators, weil sonst die Glimmstrecke nicht zündet.

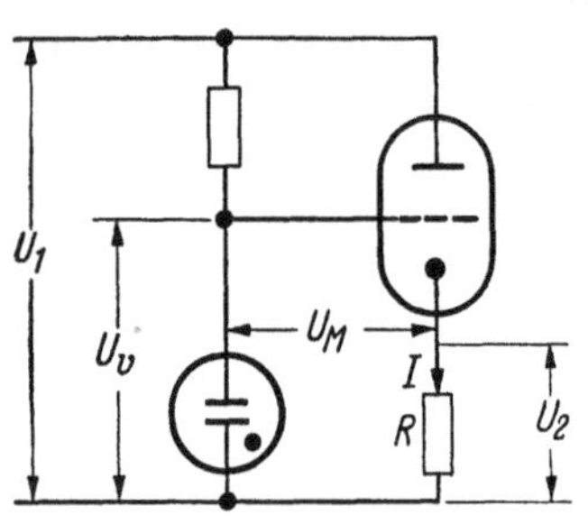

Abb. 101a. Der Kathodenverstärker als Gleichspannungsstabilisator

Die käuflichen Glimmstabilisatoren[1] enthalten häufig mehrere hintereinandergeschaltete Glimmstrecken, an denen man jeweils eine Teilspannung abgreifen kann; statt dessen kann man auch mehrere Glimmröhren in Serie schalten. Die notwendige Gesamtspannung wird über einen Transformator und Gleichrichterröhren mit Siebkette erzeugt. Bei Schwankungen der Netzspannung um $\pm$ 10% schwankt die stabilisierte Spannung nur noch um $\pm$ 0,2 bis 0,1%. Man muß jedoch die Glimmröhren etwa $^1/_2$ Stunde einbrennen lassen, da die Spannung im Anfang noch langsam sinkt, bis thermisches Gleichgewicht erreicht ist.

d) Elektronenröhren[2]. Die wirksamste und trägheitsärmste Strom- bzw. Spannungsstabilisierung erreicht man mit Hilfe von Elektronen-

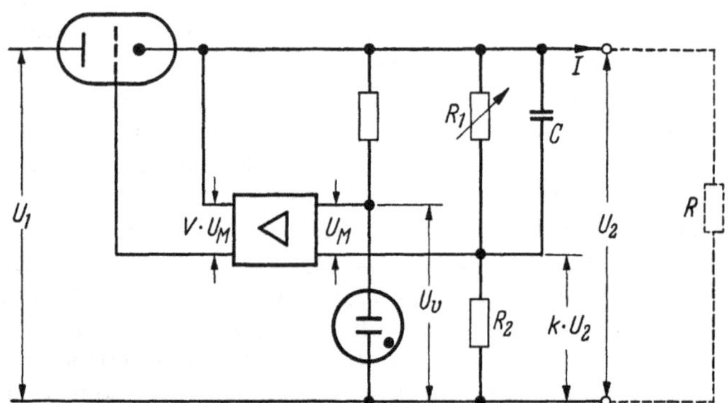

Abb. 101 b. Verbesserung der Stabilisierung durch Verstärkung der Meßspannung

röhren. Es gibt dazu sehr viele verschiedene Schaltmöglichkeiten. Eine sehr wirksame Methode beruht darauf, daß die Spannung am Verbraucher mit einer Konstantspannung verglichen und die Spannungsdifferenz zur Aussteuerung einer Elektronenröhre herangezogen wird, die den Strom-

[1] Bezugsquelle: Stabilovolt GmbH, Berlin NW 87.

[2] Über Stabilisierung mit Elektronenröhren vgl. z.B.: Funktechnische Arbeitsblätter, Re 11 (Potsdam); F. V. Hunt u. R. W. Hickman: Rev. sci. Instruments **10**, 6 (1939); C. G. Cannon: Elektronics for Spectroscopists, London 1960.

verbrauch regelt. Eine einfache Schaltung dieser Art zeigt Abb. 101a. Das Spannungsnormal gibt in diesem Falle eine Stabilisatorglimmröhre mit einem Vorwiderstand, die das Gitter der Elektronenröhre auf konstantem Potential hält. Der Verbraucher liegt in der Kathodenleitung. Das Kathodenpotential stellt sich nun immer auf das Gitterpotential ein, denn ein Ansteigen des Kathodenpotentials sperrt die Röhre und umgekehrt.

Noch wirksamer ist eine Schaltung nach Abb. 101b. Hier wird ein fester Bruchteil der Verbraucherspannung an einem Spannungsteiler ge-

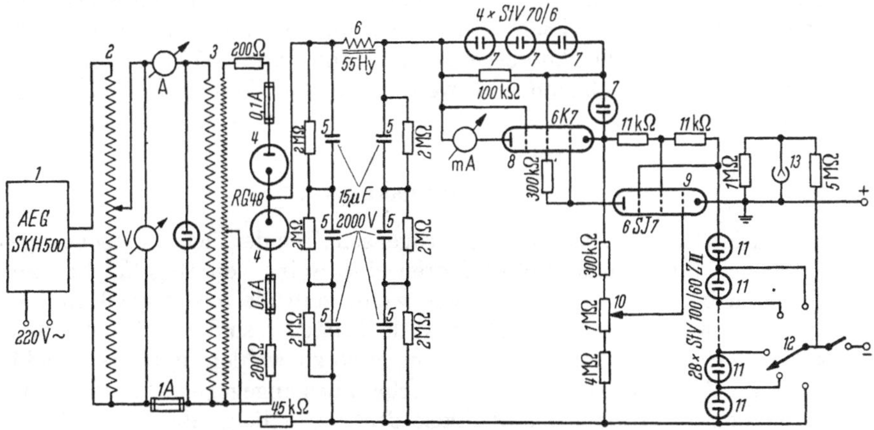

Abb. 102. Stabilisierungsgerät für Spannungen bis 2800 Volt für Sekundarelektronenvervielfacher
1 Magnetischer Spannungsgleichhalter; *2* Spannungsteilerwiderstand; *3* Transformator (220/7000); *4* Gleichrichterröhren; *5*, *6* Siebkette; *7* Glimmrohren; *8* Leistungsröhre; *9* Steuerröhre; *10* Linearpotentiometer; *11* Glimmstabilisatoren; *12* Stufenschalter; *13* Elektrostatischer Spannungsmesser

wonnen und mit der Konstantspannung am Stabilisator verglichen. Die Spannungsdifferenz wird in einer oder zwei Stufen V-fach verstärkt und dann erst zur Aussteuerung der eigentlichen Regelröhre herangezogen. Der Stabilisationsgrad dieser Anordnung wird einerseits durch die Verstärkung der Spannungsdifferenz wesentlich besser als bei der ersten Anordnung, andererseits liegt hier auch die Glimmstrecke schon im stabilisierten Stromkreis, was eine weitere Verbesserung bedeutet. Schließlich bewirkt ein Kondensator noch eine verstärkte Ausregelung kurzzeitiger Schwankungen (Brumm usw.).

Speziell für den Betrieb von Sekundärelektronenvervielfachern hat sich ein Gerät bewährt, dessen Schaltskizze in Abb. 102 dargestellt ist[1]. Es liefert Spannungen bis 2800 Volt und erreicht bei Verwendung eines magnetischen Spannungskonstanthalters als Vorstabilisierung einen Stabilisationsgrad von 10^5 bei Schwankungen der Netzspannung von $\pm 20\%$. Spannungsstabilisatoren dieser Art sind auch im Handel zu haben.

[1] Vgl. G. Kortüm u. W. Koch: Spectrochim. Acta, im Druck; ferner Kortüm, G. u. H. Maier: Z. Naturf. 8a, 235 (1953).

III. Visuelle Methoden

Bedeutung und Anwendung visueller Methoden sind in den letzten Jahren außerordentlich stark zurückgegangen, so sehr, daß selbst Geräte wie das PULFRICH-Photometer für die visuelle Photometrie nur noch begrenzt hergestellt werden. Aus diesem Grund konnte die Darstellung dieser Methoden stark gekürzt werden, doch konnte der Verfasser sich nicht entschließen, sie vollständig zu streichen, da sie in manchen Laboratorien noch benutzt werden, so daß die Kenntnis des Meßprinzips, der erreichbaren Genauigkeit, die Maßnahmen zur Vermeidung systematischer Fehler usw. in vielen Fällen noch von Nutzen sein dürften. Dagegen dürften visuelle Fluorescenz-, Streuungs- und Trübungsmessungen praktisch kaum noch gemacht werden, so daß diese vollständig weggelassen wurden.

1. Fehlerdiskussion

Aus den S. 141 ff. besprochenen Eigenschaften des menschlichen Auges ergibt sich für visuelle Meßverfahren eine Reihe von Regeln, die ganz allgemein beachtet werden müssen, wenn man die maximale Empfindlichkeit der Methoden ausnützen will. Zunächst sind Lichtquelle bzw. Extinktion der zu messenden Lösungen so zu wählen, daß die Leuchtdichte der Vergleichsfelder noch innerhalb des angegebenen Bereichs der maximalen Kontrastempfindlichkeit des Auges liegt. Bei den üblichen zur Verfügung stehenden Lichtquellen soll die Extinktion etwa im Bereich $0{,}7 < E < 1$ liegen, was durch entsprechende Wahl von Schichtdicke und Konzentration zu erreichen ist. Die Genauigkeit der Messung ist häufig nur im physiologisch günstigsten Spektralgebiet optimal, nach beiden Seiten des Spektrums nimmt sie meistens erheblich ab, wenn die Leuchtdichte unter den angegebenen Bereich zwischen 20 und 10000 asb absinkt. Sorgt man jedoch dafür, daß die Leuchtdichte stets in diesem Bereich liegt, so findet man, daß die *Meßgenauigkeit von der Wellenlänge praktisch unabhängig* ist[1]. Das WEBER-FECHNERsche Gesetz gilt also (im Gegensatz zu der vielfach herrschenden Ansicht) unabhängig vom benutzten Spektralbereich (vgl. Tabelle 16).

Wie schon erwähnt wurde (S. 142), läßt es sich bei visuellen Messungen fast stets erreichen, daß die relative Streuung und damit die *Genauigkeit* der Messung nicht durch die Ablesevorrichtung, sondern durch die Einstellempfindlichkeit des Auges auf gleiche Leuchtdichte gegeben ist. Läßt sich z.B. eine Schichtdicke mittels des Nonius auf 0,1 mm genau ablesen, so dürfen keine Schichtdicken unter 10 mm für die Messung verwendet werden, damit nicht der Ablesefehler die durch die Empfindlichkeit des Auges bedingte Einstellstreuung von etwa 1 % überschreitet und damit die Gesamtstreuung vergrößert [vgl. Gleichung (I,95)]. Analoges gilt für die Ablesung an Meßblenden, Winkelteilungen usw. Aus dem

---

[1] KORTÜM, G. u. J. GRAMBOW: Angew. Chem. A **59**, 160 (1947).

WEBER-FECHNERschen Gesetz (II,56) erhält man die *relative Streuung* einer gemessenen Extinktion bzw. einer zu bestimmenden Konzentration analog zu (II,9):

$$\frac{\mathrm{d}E}{E} = \frac{\mathrm{d}c}{c} = -\frac{0{,}4343}{E}\,\frac{\mathrm{d}\overset{*}{B}}{\overset{*}{B}}\,. \tag{1}$$

Bei gegebenem $\mathrm{d}\overset{*}{B}/\overset{*}{B}$ wird also die *relative Streuung* der Konzentrationsbestimmung um so kleiner, je größer die Extinktion der Lösung ist. Daß man sie nicht beliebig klein machen kann, liegt entweder daran, daß bei sehr großen Extinktionen (z.B. $E > 3$) die Intensität der uns zur Verfügung stehenden Lichtquellen so stark geschwächt wird, daß die Messung nicht mehr in das Gebiet der maximalen Kontrastempfindlichkeit des Auges fällt (vgl. S. 142), so daß auch die Einstellstreuung $\mathrm{d}\overset{*}{B}/\overset{*}{B}$ wieder größer wird, oder daran, daß störende Farbtonunterschiede auftreten, die ebenfalls die Einstellstreuung vergrößern (vgl. S. 211). Man erzielt daher bei den gebräuchlichen Lichtquellen die besten Ergebnisse bei Extinktionen von etwa 1, was nach (1) einer relativen Streuung von etwa 0,5% in der Konzentration entspricht, wenn man $\mathrm{d}\overset{*}{B}/\overset{*}{B} = 0{,}01$ setzt. Diese Genauigkeit der Konzentrationsbestimmung von etwa 200 stellt deshalb das mittels visueller Methoden maximal Erreichbare dar; sie wird nur unter günstigsten Bedingungen und von geübten Beobachtern erreicht. Angaben, daß mittels visueller Methoden größere Genauigkeiten in der Konzentrationsbestimmung erreicht worden seien, dürften deshalb stets auf mangelnde Kritik der Messungen zurückzuführen sein.

Daß tatsächlich die Einstellstreuung bei visuellen Messungen häufig auch wesentlich größer ist als 1%, geht aus Tabelle 16 hervor, in der die nach Gleichung (I,93) berechneten Streuungen von Extinktionsmessungen ($E = 0{,}3$) mit dem PULFRICH-Photometer in verschiedenen Spektralgebieten und in zwei Fällen auch bei verschiedenen Leuchtdichten angegeben sind; sie sind aus je 320 Einzelmessungen gewonnen[1]. Nach Gleichung (1) sollte die Extinktionsstreuung für $E = 0{,}3$ und $\mathrm{d}\overset{*}{B}/\overset{*}{B} = 0{,}01$ rund 1,4% betragen. Da die Ablesestreuung des PULFRICH-Photometers bei $E = 0{,}3$ rund 0,4% beträgt[2], ergibt sich aus dem kleinsten

Tabelle 16. *Streuung* $100 \cdot \Delta E/E$ *einer Extinktionsmessung* ($E = 0{,}3$) *mit dem Pulfrichphotometer in verschiedenen Spektralbereichen und bei verschiedener Leuchtdichte*

Filter: S	43	43	43	47	50	53	57	57	57	61	72	75
Leuchtdichte in Größenordnung von ··· asb	1	10	100	1	1	1	1	10	100	1	1	1
Beobachter I	4,4	2,9	2,1	3,3	5,4	3,8	3,0	1,8	2,0	5,0	6,1	5,3
Beobachter II	3,4	2,5	2,2	2,9	3,7	2,4	2,4	1,7	1,5	3,8	2,7	2,3
Beobachter III	4,1	2,9	2,7	3,3	3,9	3,6	3,4	2,4	2,0	3,7	3,5	3,7
Beobachter IV	4,3	2,7	2,5	2,8	6,0	4,4	3,8	3,1	2,9	5,9	6,0	7,2
Mittel: %	4,1	2,8	2,4	3,1	4,7	3,6	3,2	2,2	2,1	4,6	4,6	4,6

[1] KORTÜM, G. u. J. GRAMBOW: Angew. Chem. A **59**, 160 (1947).

[2] KECK, P. H.: Optik **1**, 449 (1946).

relativen Fehler der Tabelle von 2,1% nach dem Fehlerfortpflanzungsgesetz (I,95) eine Einstellstreuung von etwa 1,4% in Übereinstimmung mit dem nach (1) berechneten Wert. Man entnimmt der Tabelle, daß mit abnehmender Leuchtdichte (Filter 43 und 57) die Streuung rasch ansteigt, sobald die Messungen außerhalb des physiologisch günstigen Bereichs liegen (1 asb), ferner, daß die Streuung sich bei konstanter Leuchtdichte nur wenig mit der Wellenlänge ändert, worauf oben schon hingewiesen wurde.

Die Berechnung des relativen Konzentrationsfehlers nach (1) setzt natürlich die Gültigkeit des BEERschen Gesetzes voraus. Ist diese nicht vorhanden, so muß die Abhängigkeit der Streuung von der Extinktion empirisch ermittelt werden, wie ja auch die Konzentrationsbestimmung selbst auf der Aufstellung empirischer Eichkurven beruht (vgl. S. 27).

2. Visuelle Kolorimetrie

a) Meßprinzip. Unter einer visuellen kolorimetrischen Messung versteht man die Einstellung zweier aneinandergrenzender leuchtender Felder auf gleiche Leuchtdichte bei gleicher spektraler Zusammensetzung. Erzielt man gleichen Farbreiz durch zwei Lichtbündel gleicher Intensität und gleicher spektraler Zusammensetzung, die zwei Lösungen desselben farbigen Stoffes verschiedener Konzentration und verschiedener Schichtdicke durchsetzt haben, so bedeutet dies offenbar, daß die beiden Lösungen die gleiche mittlere Extinktion besitzen, daß also nach Gleichung (I,27)

$$E_1 = \bar{\varepsilon}\, c_1\, s_1 = E_2 = \bar{\varepsilon}\, c_2\, s_2\,,$$

wobei $\bar{\varepsilon}$ den mittleren Extinktionskoeffizienten des Stoffes für das verwendete polychromatische Licht darstellt. Daraus ergibt sich das *Grundgesetz aller kolorimetrischen Messungen*

$$c_2 = c_1 \frac{s_1}{s_2}\,. \tag{2}$$

Ist also die Konzentration der einen Lösung bekannt, so läßt sich die der anderen Lösung aus dem Schichtdickenverhältnis berechnen, bei welchem gleiche Leuchtdichte auftritt.

Gleichung (2) setzt voraus, daß der Extinktionskoeffizient der beiden zu vergleichenden Lösungen derselbe ist, daß also das LAMBERT-BEERsche Gesetz gilt. Abweichungen vom LAMBERT-BEERschen Gesetz sollten deshalb die Gültigkeit der Gleichung (2) einschränken. Wir untersuchen den Einfluß der in Kapitel I unterschiedenen wahren und scheinbaren Abweichungen vom LAMBERT-BEERschen Gesetz.

Wahre Abweichungen auf Grund konzentrationsabhängiger Gleichgewichte des absorbierenden Stoffes oder in Form von Mediumeffekten sind für die beiden zu vergleichenden Lösungen der Konzentrationen c_1 und c_2 naturgemäß verschieden groß, da sie ja konzentrationsabhängig sind. Das bedeutet, daß auch Gleichung (2) nicht mehr gilt. Es ist daher bei der optischen Konzentrationsbestimmung noch nicht untersuchter

Stoffe in jedem Fall notwendig, die Gültigkeit des LAMBERT-BEERschen Gesetzes mit verschiedenen Lösungen bekannter Konzentration gesondert nachzuprüfen, indem man das Produkt cs in beiden Strahlengängen konstant hält und prüft, ob jeweils gleiche Leuchtdichte eintritt. Ist dies nicht der Fall, so muß man eine *empirische Eichkurve* aufstellen, indem man bei festgehaltenem Produkt $c_1 s_1$ die Konzentration c_2 gegen $1/s_2$ graphisch aufträgt[1]. Nach Gleichung (2) ergibt sich dann bei Gültigkeit des LAMBERT-BEERschen Gesetzes eine Gerade, bei Ungültigkeit eine mehr oder weniger stark gekrümmte Kurve, mittels deren man die Meßwerte für unbekannte Lösungen korrigiert.

Dagegen sind die *scheinbaren Abweichungen* vom LAMBERT-BEERschen Gesetz auf Grund mangelnder Monochromasie des verwendeten Lichtes auf kolorimetrische Messungen ohne Einfluß und schränken deshalb die Gültigkeit von Gleichung (2) nicht ein.

Wie S. 41 gezeigt wurde, ist der mittlere Extinktionskoeffizient $\bar{\varepsilon}$ für spektral zusammengesetztes Licht von der Gesamtextinktion abhängig. Da nun bei kolorimetrischen Messungen stets auf gleiche Leuchtdichte, d.h. gleiche Gesamtextinktion der beiden Lösungen eingestellt wird, ist $\bar{\varepsilon}$ für beide Lösungen immer dasselbe, unabhängig davon, was für eine Lichtquelle zur Messung verwendet wird. *Dies sichert den kolorimetrischen Verfahren gegenüber den photometrischen einen so großen Vorsprung, daß sie für die visuelle Konzentrationsbestimmung immer vorzuziehen sind, wenn Herstellung und Haltbarkeit der Vergleichslösungen es irgend ermöglichen.*

Die *Verwendung von Farbfiltern* hat aus diesem Grunde bei kolorimetrischen Messungen auch nicht prinzipielle Gründe, sondern dient lediglich zur Erhöhung der Empfindlichkeit der Methode. Diese ist offenbar um so größer, je größere Intensitätsunterschiede bei einer kleinen Verschiebung der Schichtdicke auftreten, je stärker also das Licht von der Lösung absorbiert wird. Aus diesem Grund sollte der Schwerpunkt des Lichtfilters nach Möglichkeit mit dem Absorptionsmaximum des untersuchten Stoffes zusammenfallen. Die Unabhängigkeit der Meßresultate von der Zusammensetzung des Lichts geht aus Abb. 103 hervor, in welcher die „Eichkurve" nach S. 27 für Benzopurpurin in verdünnter NaOH nach Messungen mit einem Eintauchkolorimeter wiedergegeben ist[2]. Man erhält eine Gerade, was zunächst einen Beweis für die Gültigkeit des BEERschen Gesetzes darstellt. Für die verschiedenen Meßpunkte wurde gleichzeitig die Spannung an der Beleuchtungslampe und

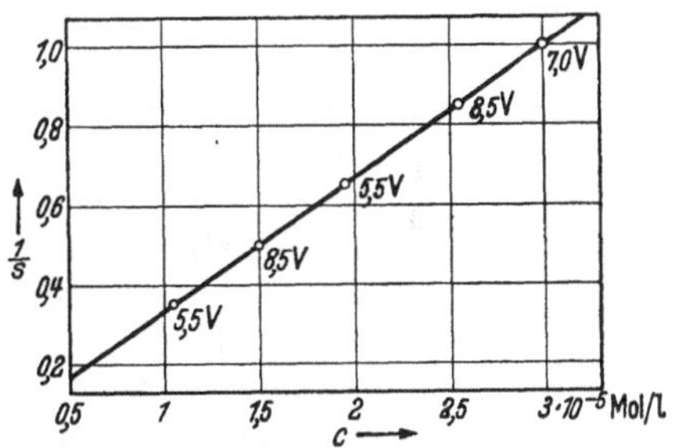

Abb. 103. Kolorimetrische Eichkurve für Benzopurpurin in $5 \cdot 10^{-3}$n NaOH bei verschiedener Lampenbelastung

[1] Trägt man c_2 gegen s_2 auf, so erhält man bei Gültigkeit des LAMBERT-BEERschen Gesetzes eine gleichseitige Hyperbel, so daß man Abweichungen nicht ohne weiteres erkennen kann.

[2] KORTÜM, G. u. J. GRAMBOW: Z. angew. Chem. **53**, 183 (1940).

damit die spektrale Zusammensetzung des Lichtes geändert, die ja von der Temperatur des Glühfadens abhängig ist (vgl. S. 33). Die Eichkurve ist für verschiedene Lampenbelastung innerhalb der Meßgenauigkeit von 100 (1%) die gleiche, was ein charakteristischer Unterschied ist gegenüber photometrischen Messungen, bei denen das Meßresultat infolge der mangelhaften Monochromasie des Lichts von der Lampenspannung abhängig wird (vgl. S. 210).

Für die Praxis ergibt sich hieraus die Folgerung, daß es für kolorimetrische Messungen stets genügt, Filter mit relativ großer spektraler Halbwertsbreite an Stelle von Monochromatoren zu verwenden, die nur die Lichtintensität in unerwünschter Weise herabsetzen. Ebensowenig ist es notwendig, auf konstante Betriebsbedingungen der Beleuchtungslampe zu achten. Dagegen liegt es auf der Hand, daß der Vorteil der Unabhängigkeit von der spektralen Zusammensetzung des Lichtes sofort verlorengeht, wenn als Vergleichslösung nicht eine Lösung des gleichen Stoffes, sondern eine ähnliche Farbstofflösung oder Standardfarbgläser verwendet werden. Je größer die Unterschiede in den Absorptionskurven der beiden Stoffe sind, um so schwieriger wird es, auf gleiche Extinktion der beiden Lösungen, d.h. auf gleiche Leuchtdichte, einzustellen, da sich mehr oder weniger deutliche Unterschiede im Farbton der beiden Hälften des Gesichtsfeldes bemerkbar machen. Diese Fehlerquelle läßt sich nur durch Verwendung weitgehend spektralreinen Lichtes (Spektrallampen mit Sperrfiltern, Dispersionsfiltern, Monochromatoren) ausschalten. Ebenso geht der genannte Vorteil verloren, wenn man sogenannte Graulösungen als Ersatz für die aus dem gleichen Stoff hergestellte Vergleichslösung verwendet.

b) Einfache Eintauchkolorimeter[1]. Jedes Kolorimeter enthält als wesentlichen Teil zwei Küvetten variabler Schichtdicke, die sich mit Hilfe eines Nonius gewöhnlich auf $^1/_{10}$ mm genau ablesen läßt. Der Strahlengang des einfachsten *einstufigen* Kolorimeters nach DUBOSQ ist in Abb. 104 schematisch dargestellt.

Die beiden die Tröge durchsetzenden Strahlenbündel werden mit Hilfe eines Doppelprismas so vereinigt, daß im Ocular zwei eng aneinander grenzende Felder erscheinen, die auf gleiche Leuchtdichte eingestellt werden. Dann ergibt sich die gesuchte Konzentration nach Gleichung (2) aus dem abgelesenen Schichtdickenverhältnis. Vor der Messung prüft man die Gleichmäßigkeit des Strahlenganges durch Einstellung der beiden Tauchstäbe auf gleiche Schichtdicke bei gleichzeitiger Füllung der beiden Tröge mit derselben Lösung. Unter diesen Bedingungen müssen beide Felder gleich erscheinen. Ist dies nicht der Fall, so ist der Strahlengang durch Justierung der Beleuchtung so lange zu korrigieren, bis kein Unterschied mehr bemerkbar ist. Dieses Verfahren setzt die Gültigkeit des LAMBERT-BEERschen Gesetzes voraus. Um dasselbe zu prüfen, stellt man, wie S. 203 beschrieben, eine Eichkurve auf (vgl. Abb. 103).

Neben dem DUBOSQ-Kolorimeter hat sich für Reihenmessungen insbesondere bei klinischen Untersuchungen das *Keilkolorimeter* nach

[1] Bezugsquelle z. B. F. Hellige & Co., Freiburg/Br.

AUTENRIETH-KÖNIGSBERGER[1] eingebürgert. Das Meßprinzip geht aus Abb. 105 hervor. Eine der zu vergleichenden Lösungen befindet sich in einem Glaskeil, der durch einen Trieb längs einer Skala meßbar verschoben werden kann, die andere in einer danebenliegenden Küvette konstanter Schichtdicke. Durch eine geeignete Optik wird erreicht, daß die Vergleichsfelder von Küvette und Keil aneinandergrenzen; durch Verschiebung des Keils wird auf gleiche Leuchtdichte eingestellt. Dabei müssen die Felder so schmal sein, daß die Leuchtdichtenänderung in der

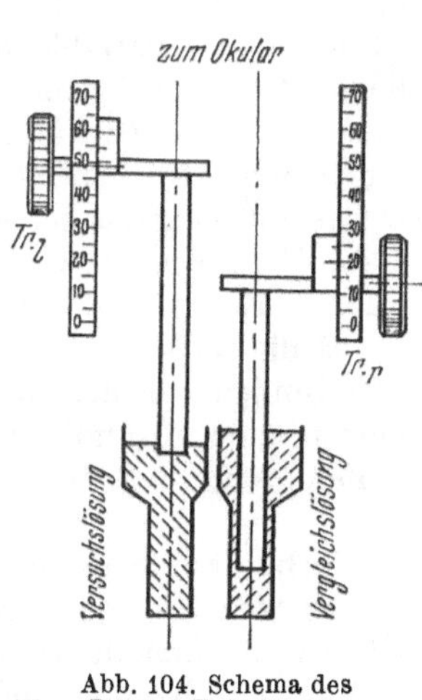

Abb. 104. Schema des DUBOSQ-Kolorimeters

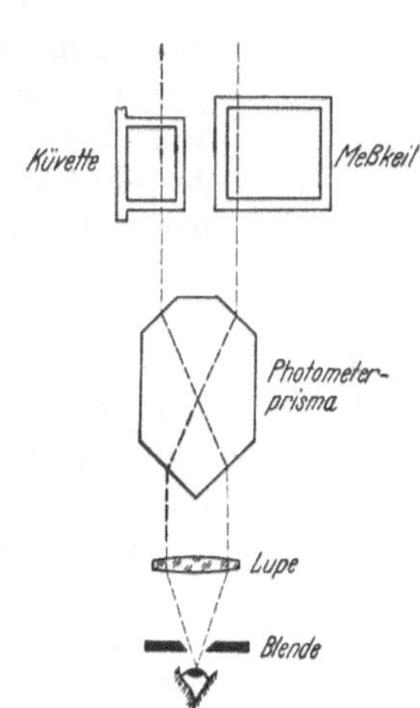

Abb. 105. Schema des Keilkolorimeters nach AUTENRIETH-KÖNIGSBERGER

Steigungsrichtung des Keils noch nicht allzu störend wirkt. Man ermittelt für eine Reihe bekannter Konzentrationen der Lösung die zugehörige Keilstelle und legt so für jeden zu bestimmenden Stoff eine empirische Eichkurve fest, die bei Gültigkeit des BEERschen Gesetzes eine Gerade darstellt. Die Unsicherheit der Messung beträgt in günstigen Fällen 2 bis 3%.

Keile mit haltbaren Standardlösungen werden häufig von den Herstellerfirmen schon zusammen mit der Eichkurve geliefert. Dabei sollten nur Lösungen des gleichen Stoffes verwendet werden, dessen Konzentration man bestimmen will, wenn man nicht auf die Vorteile des Meßprinzips kolorimetrischer Methoden, d.h. auf die Unabhängigkeit des Meßergebnisses von der Lichtzusammensetzung verzichten will. Benutzt man statt dessen ähnlich gefärbte Lösungen als Standard, so wird die Messung je nach der Verschiedenheit der Absorptionskurven von Standard- und Versuchslösung von der spektralen Zusammensetzung des Lichts, also z.B. bei Tageslichtbeleuchtung von der Tageszeit, bei künstlicher Beleuchtung von der Belastung oder dem Alter der Lampe abhängig, so daß beträchtliche Fehler auftreten können[2]. Man benutzt des-

[1] F. Hellige, Freiburg/Br.

[2] Vgl. dazu G. DRAGT u. M. G. MELLON: Ind. Engng. Chem., analyt. Edit. 10, 256 (1938).

halb in solchen Fällen am besten immer die gleiche Lampe, die bei gegebener konstanter Belastung eine bestimmte Farbtemperatur (vgl. S. 63) und damit konstante Zusammensetzung des Lichts besitzt[1].

c) Kompensations- und Mischfarbenkolorimeter. Wie aus Abb. 104 hervorgeht, ist der Strahlengang in den beiden Hälften eines einstufigen Kolorimeters um so unsymmetrischer, je mehr sich die zu vergleichenden Lösungen in der Konzentration unterscheiden. Diese optische Unsymmetrie bedingt bei nicht völlig parallelem Strahlengang, wie er bei jeder künstlichen Beleuchtung auftritt, eine *Lichtstreuung*, die schon an sich eine Helligkeitsdifferenz der Vergleichsfelder hervorruft und damit eine variable, nicht kontrollierbare Fehlerquelle darstellt. Wie THIEL[2] festgestellt hat, kann dieser Fehler je nach dem zur Messung benutzten Lichtfilter bei einer Schichtdickendifferenz von 10 cm 13 bis 17% der Gesamthelligkeit betragen. Noch ungünstiger werden die Verhältnisse, wenn das Lösungsmittel eine wenn auch schwache *Eigenfärbung* bzw. *Trübung* besitzt, wie es häufig bei physiologischen Flüssigkeiten vorkommt, da dann jeder Schichtdickendifferenz der beiden Küvetten eine zusätzliche Extinktion entspricht, die als Fehler in die Messung eingeht.

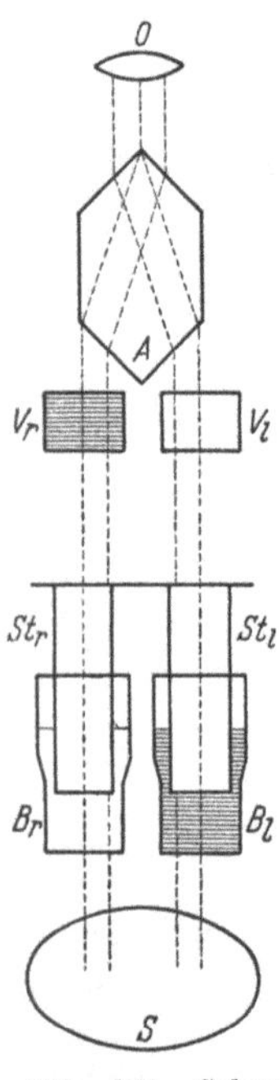

Abb. 106. Schema des BÜRKERschen Kompensationsverfahrens

Lichtstreuung und Eigenfarbe des Lösungsmittels lassen sich durch ein von BÜRKER[3] angegebenes Kompensationsverfahren unschädlich machen, dessen Prinzip in Abb. 106 dargestellt ist. In V_r befindet sich die Vergleichslösung bekannter Konzentration, in B_l die unbekannte Versuchslösung, V_l und B_r werden mit reinem Lösungsmittel gefüllt. Der Strahlengang ist in den beiden Hälften des Kolorimeters völlig symmetrisch, so daß auch die Lichtstreuung die gleiche ist. Handelt es sich um eine Konzentrationsbestimmung in einem Lösungsmittel mit Eigenfärbung, wie z. B. Harn, wobei die Farbe des zu bestimmenden Stoffes durch Zusatz von einem Reagens hervorgerufen wird, so füllt man in den Tauchbecher B_r die – entsprechend dem Reagenszusatz mit Wasser verdünnte – Lösung ohne das Reagens, wodurch auch die Eigenfarbe des Lösungsmittels kompensiert wird.

Ersetzt man die beiden Kompensationsgefäße konstanter Schichtdicke V_r und V_l der Abb. 106 durch zwei Tauchbecher mit ebenfalls gekoppelten Tauchstäben, so gelangt man zum *zweistufigen Kompensationskolorimeter*. Es wird in völlig analoger Weise benutzt wie das Instrument nach BÜRKER und besitzt lediglich den weiteren Vorteil, daß man bei beliebigen Extinktionen messen kann, während diese bei dem vorher genannten Kolorimeter durch das Kompensationsgefäß konstanter Schicht-

[1] Vgl. auch die Anmerkung 3 auf S. 208.
[2] Marburger Sitzungsber. **71**, 17, 85 (1936).
[3] BÜRKER, K.: Z. angew. Chem. **36**, 427 (1923).

dicke festgelegt ist und nur durch Neufüllung desselben verändert werden kann.

Nach den bisher beschriebenen Verfahren lassen sich p_H-Messungen nur mit einfarbigen Indicatoren durchführen; bei der von THIEL[1] ausgearbeiteten *Mischfarbenkolorimetrie* können jedoch auch zweifarbige Indicatoren verwendet werden. Das Prinzip der Messung geht aus Abb. 107 hervor. Die Mischfarbe eines solchen Indicators im Umschlagsbereich kann man sich durch Hintereinanderschalten zweier Schichtdicken der sauren und alkalischen Grenzfarbe des gleichen Indicators hergestellt denken. Als Vergleichsstandard dienen daher die beiden hintereinandergeschalteten Grenzlösungen in B_1 und B_3, die den Indicator in derselben Konzentration enthalten wie die Versuchslösung in B_2. Entsprechend der Konzentration ist auch die gesamte Schichtdicke in beiden Strahlengängen die gleiche, variiert wird lediglich das *Schichtdickenverhältnis* der sauren und alkalischen Vergleichslösung, indem man den Tauchbecher B_3 hebt oder senkt, bis sich gleiche Leuchtdichte ergibt. Aus dem gemessenen Schichtdickenverhältnis von saurer und alkalischer Grenzlösung erhält man den *Umschlagsgrad* des Indicators, der zugehörige p_H-Wert wird einer Tabelle entnommen, die sich aus der Dissoziationskonstante des Indicators leicht berechnen läßt. Durch Variation der Gesamtschichtdicke mit Hilfe der gekoppelten Tauchstäbe läßt sich auch die Extinktion nach Belieben ändern.

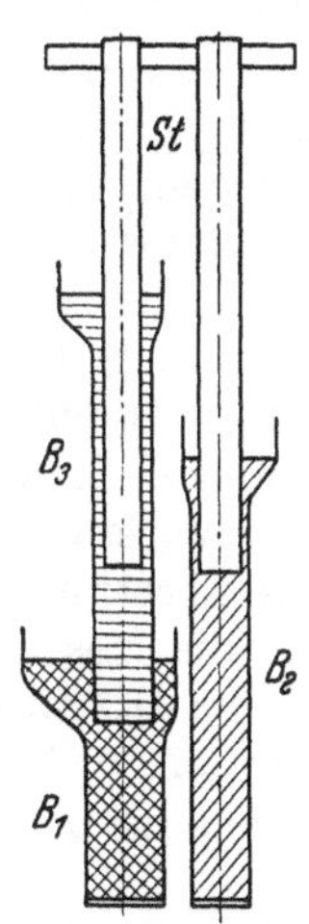

Abb. 107. Schema des Mischfarbenkolorimeters fur p_H-Messungen

Soll daneben noch die Eigenfärbung des Lösungsmittels ausgeschaltet werden, so sind zwei weitere Kompensationsgefäße notwendig, wie schon oben beschrieben wurde. Diese Forderung führte zur Konstruktion eines *dreistufigen* Kolorimeters, bei dem zwei weitere Becher zur Kompensation der Eigenfarbe des Lösungsmittels dienen.

Ohne Kompensation der Eigenfarbe ist ein Mischfarbenkolorimeter auch nach dem Prinzip von AUTENRIETH-KÖNIGSBERGER möglich, indem man zwei mit den beiden Grenzlösungen gefüllte Keile hintereinanderschaltet.

Auch ohne Verwendung spezieller Geräte kann man mit Hilfe von Titrationsmethoden nach dem kolorimetrischen Meßprinzip arbeiten (vgl. S. 274ff). Aus Laboratoriumsmitteln lassen sich leicht einfache Anordnungen improvisieren, mit denen man sehr genaue Messungen erzielen kann[2].

d) Komparatoren. Häufig wird die Benutzung fester *Farbglas-* oder *farbiger Gelatinestandards* propagiert, die die jeweilige Herstellung von Vergleichslösungen vermeiden sollen. Sie werden gewöhnlich in Serien geliefert, jeder Standard der Serie entspricht einer bestimmten Konzentration des untersuchten Stoffes. Man gabelt durch Vergleich der un-

[1] THIEL, A.: Marburger Sitzungsber. **66**, 37 (1931).
[2] Vgl. z.B. H. A. SCOPP u. C. P. EVANS: Anal. Chem. **28**, 143 (1956).

bekannten Lösung in gegebener Schichtdicke mit den verschiedenen Standards die gesuchte Konzentration so eng wie möglich ein, wofür einfache optische Geräte (Komparatoren) von verschiedenen Firmen geliefert werden[1]. In manchen Fällen werden die Standards auch keilförmig hergestellt, so daß man durch Verschieben des Keils gleiche Leuchtdichte mit der zu untersuchenden Probe herstellen kann. So besitzt z.B. ein ausschließlich für klinische Zwecke bestimmtes Gerät[2] als festen Vergleichsstandard kreisförmig auf einer Glasplatte aufgebrachte Gelatinekeile derselben Farbe, wie sie die zu untersuchende Lösung besitzt. Durch die Optik wird ein kleiner Ausschnitt des drehbaren Keils in Berührung mit dem Vergleichsfeld der Versuchslösung gebracht, die sich in einem Vierkantröhrchen befindet. Der abgelesene Skalenwert bei Gleichheit des Farbreizes ergibt nach einer empirischen Eichkurve die gesuchte Konzentration. Die häufig zu findende Behauptung, daß die Verwendung derartiger Standards völlig gleichwertig sei der Verwendung von Standardlösungen des untersuchten Stoffes, trifft nach dem früher Gesagten nicht zu. Wie aus der folgenden Tabelle hervorgeht, in der eine Reihe von Eisenbestimmungen nach der Rhodanidmethode wiedergegeben ist, wobei die Messungen unter Benutzung eines Farbglasstandards mit dem Hellige-Komparator und bei verschiedener Beleuchtung durchgeführt wurden, treten je nach der verwendeten Beleuchtung beträchtliche Abweichungen (bis zu 20%) von den richtigen Werten auf.

Tabelle 17. *Eisenbestimmungen nach der Rhodanidmethode mit dem Hellige-Komparator unter Benutzung eines Farbglasstandards bei verschiedener Beleuchtung*

Konz. gef. / Konz. vorgegeben	Nordfenster weißer Hintergrund	Sonnenlicht weißer Hintergrund	40-Watt-Lampe weißer Hintergrund
0,10	0,11	—	0,09
0,20	0,19	0,20	0,17
0,30	0,26	0,30	0,26–0,28
0,45	0,40	0,45	0,36
0,55	0,52	0,55	0,53–0,55

Um *reproduzierbare* Meßwerte zu bekommen, muß man deshalb wiederum Lichtquellen konstanter spektraler Zusammensetzung benutzen[3] und büßt dadurch den wesentlichen Vorteil der kolorimetrischen Methode ein. Ferner sind sorgfältige Untersuchungen über die Absorptionskurven des untersuchten Stoffes und der benutzten Standards notwendig, damit

[1] F. Hellige, Freiburg/Br.; Zeiss-Ikon; Goerzwerk AG, Berlin-Lichterfelde.

[2] Zeiss-Ikon, Stuttgart.

[3] Hierfür eignen sich Glühlampen mit angegebener „Farbtemperatur“ (vgl. S. **63**). Über Standardlichtquellen vgl. R. Davis, K. S. Gibson u. G. W. Haupt: J. opt. Soc. Amer. **43**, 172 (1953). Die Firma Hellige, Freiburg/Br., liefert zu ihrem „Neo-Komparator“ eine *Normalbeleuchtung*, die der Strahlung einer Glühlampe mit einer Farbtemperatur von 4800 °K entspricht. Sie wird durch eine Glühlampe festgelegter Farbtemperatur in Verbindung mit einem geeigneten Farbfilter hergestellt. Dadurch wird die Zusammensetzung der Strahlung von Schwankungen der Netzspannung weitgehend unabhängig („Standard B“ der Commission Internationale de l'Eclairage).

diese einander nach Möglichkeit ähnlich sind[1]. Dies führt dazu, daß die käuflichen Farbstandards gewöhnlich im Laufe der Jahre wechseln.

Man kann noch einen Schritt weitergehen und die farbigen Standards durch einen allgemein verwendbaren *Grauglasstandard* bzw. eine *Graulösung* ersetzen, wie sie vor allem THIEL[2] in dem von ihm als „Absolutkolorimetrie" bezeichneten Meßverfahren verwendet. Die aus einem Gemisch von Farbstoffen hergestellte Graulösung besitzt in dem Meßbereich von 430 bis 700 mμ eine innerhalb 1% konstante Extinktion von 0,50 für 1 cm Schichtdicke und kann somit in analoger Weise als Lichtschwächungsmittel verwendet werden wie etwa eine Meßblende. Das bedeutet aber, daß Versuchslösung und Vergleichsstandard *in jedem Fall* beträchtlich verschiedene Absorptionskurven besitzen, so daß die Messung hier noch in stärkerem Maße von der spektralen Zusammensetzung des Lichtes abhängig wird als im Fall farbiger Standardgläser. Durch die Verwendung der Graulösung als Bezugsstandard geht daher ebenfalls der prinzipielle Vorteil kolorimetrischer Meßverfahren verloren, und die „Absolutkolorimetrie" stellt eigentlich ein photometrisches Verfahren dar, ohne jedoch deren sämtliche Vorteile zu besitzen.

3. Visuelle Photometrie

a) Meßprinzip. *Photometer* unterscheiden sich dadurch grundsätzlich von Kolorimetern, daß nicht ein Farbvergleich zweier Lösungen, sondern eine *Extinktionsmessung mittels einer meßbar veränderlichen Lichtschwächungseinrichtung* vorgenommen wird. Aus der zahlenmäßig bestimmten Extinktion E der Lösung kann nach Gleichung (I,27) bei gegebener Schichtdicke die unbekannte Konzentration c oder der mittlere Extinktionskoeffizient $\bar{\varepsilon}$ berechnet werden, je nachdem, welche der beiden Größen bereits bekannt ist. Aus der Messung der Extinktion einer einzigen Lösung bekannter Konzentration kann so der Extinktionskoeffizient $\bar{\varepsilon}$ und nach Gleichung (I,27) durch Bestimmung von E die Konzentration beliebiger Lösungen des gleichen Stoffes ermittelt werden. Dabei ist die Gültigkeit des LAMBERT-BEERschen Gesetzes, d.h. die Konstanz des Extinktionskoeffizienten für alle zu messenden Konzentrationen, vorausgesetzt. Diese Konstanz unterliegt nun den gleichen Einschränkungen, die schon S. 39ff. diskutiert worden sind und die durch wahre oder scheinbare Abweichungen vom LAMBERT-BEERschen Gesetz hervorgerufen werden. *Es ist daher auch in diesem Fall zunächst stets eine empirische Eichkurve aufzustellen,* indem man die gemessene Extinktion E verschiedener Lösungen bekannter Konzentration und konstanter Schichtdicke gegen die Konzentration aufträgt. Bei Gültigkeit des LAMBERT-BEERschen Gesetzes müßte sich dann nach Gleichung (I,27) eine Gerade ergeben.

Der aus E berechnete Extinktionskoeffizient $\bar{\varepsilon}$ ist jedoch in der Regel ein Mittelwert und ist nach S. 41 von der Größe der gemessenen Ex-

[1] Vgl. dazu die Arbeiten von K. S. GIBSON u. Mitarb.: J. Res. Nat. Bur. Standards **2**, 793 (1929); **13**, 433 (1934); G. K. WALKER: ibid. **12**, 269 (1934).

[2] Vgl. A. THIEL: Marburger S.-B. **71**, 17 (1936); A. THIEL: Absolutkolorimetrie, Berlin 1939; E. ASMUS: Z. analyt. Chem. **126**, 161 (1944).

tinktion und damit von der Konzentration abhängig. *Bei ungenügender Monochromasie des Lichtes erhält man daher auch dann keine lineare Eichkurve, wenn keine wahren Abweichungen vom* LAMBERT-BEER*schen Gesetz vorliegen, die Eichkurve und damit jedes einzelne Meßergebnis wird vielmehr von der Zusammensetzung des Lichtes abhängig. Dies ist der grundlegende Unterschied photometrischer Meßmethoden gegenüber kolorimetrischen; er ist ausschließlich für die Unterscheidung und für die Beurteilung der mit ihnen erreichbaren Ergebnisse maßgebend.*

Der wesentliche Vorteil photometrischer Methoden für Konzentrationsbestimmungen, auf Grund dessen sie in der Regel bevorzugt werden, besteht darin, daß nach einmaliger Aufstellung einer „Eichkurve" die Herstellung von Vergleichslösungen bekannter Konzentration unnötig ist, was eine erhebliche Ersparnis an Zeit und Mühe bedeutet, besonders dann, wenn die Vergleichslösungen nicht haltbar sind. Nach dem Gesagten bietet die Eichkurve, welche die Grundlage der Konzentrationsbestimmungen bildet, aber nur dann für richtige Messungen Gewähr, wenn sich die spektrale Zusammensetzung des Lichts seit ihrer Aufstellung nicht geändert hat. Verwendet man zur Messung eine kontinuierliche Lichtquelle (Glühlampe) mit Lichtfilter, so hängt die Zusammensetzung des Lichts von der Temperatur des Glühfadens, d. h. außer von dem verwendeten Lampentyp noch von der Belastung der Lampe und schließlich von ihrer Brenndauer ab. Wieweit sich dies auf eine derartige Eichkurve auswirken kann, geht aus Abb. 108 hervor. Sie zeigt die Eichkurven für Kaliumchromatlösungen in 10^{-3} n NaOH im Konzentrationsbereich $4 \cdot 10^{-4} < c < 4 \cdot 10^{-3}$ Mol/l, aufgenommen mit dem PULFRICH-Photometer von Zeiss und einem Filter, dessen Schwerpunkt bei 430 mμ liegt[1], und zwar für drei verschiedene Belastungen der Beleuchtungslampe. Die an der Lampe liegende Spannung wurde bei jeder Meßreihe in engen Grenzen konstant gehalten. Obwohl das LAMBERT-BEERsche Gesetz in diesem Konzentrationsbereich streng gültig ist, wie sich aus Messungen mit konstant gehaltenem Produkt $c \cdot s$ ergibt (vgl. die untere Kurve), erhält man keine lineare Abhängigkeit der Extinktion von c, sondern stark gekrümmte Kurven, was ausschließlich durch die mangelnde Monochromasie des Lichts bedingt ist. Außerdem zeigen aber die Kurven für verschiedene Lampenbelastungen Abweichungen, die be-

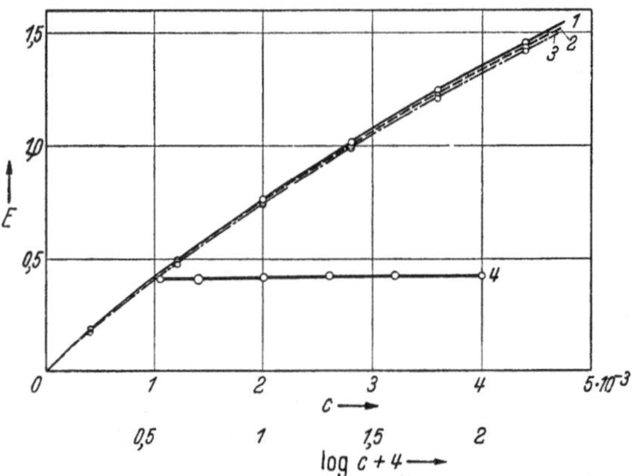

Abb. 108. Eichkurven für K_2CrO_4 in 10^{-3}n NaOH bei verschiedener Lampenbelastung. Kurve 1: 8,4 V; Kurve 2: 7,0 V; Kurve 3: 5,5 V; Kurve 4: Gültigkeit des LAMBERT-BEERschen Gesetzes bei konstant gehaltenem Produkt cs

[1] KORTÜM, G. u. J. GRAMBOW: Z. angew. Chem. **53**, 183 (1940).

trächtlich außerhalb der Streuung der Methode (1%) liegen. Man kann aus den Kurven leicht ablesen, wie groß der Fehler der Konzentrationsbestimmung ist, wenn Eichung und spätere Messung bei derartig verschiedenen Spannungen durchgeführt wird. Er beträgt z.B. bei einem Sprung von 7 zu 8,5 Volt etwa 2% und liegt damit bereits außerhalb der Streuung der Methode. Solche Spannungsunterschiede entsprechen Netzschwankungen von $\pm 10\%$, liegen also durchaus im Bereich der üblichen Toleranz der Netzspannung.

Die mangelnde Monochromasie des Lichts macht sich in solchen Fällen bereits durch einen verschiedenen Farbton der beiden Gesichtsfelder bemerkbar, was die Einstellung auf gleiche Leuchtdichte beträchtlich erschwert und auf diese Weise die Streuung vergrößert. Dies ist immer dann der Fall, wenn der Schwerpunkt des Filters nicht mit dem Absorptionsmaximum des untersuchten Stoffes zusammenfällt, das im Fall des Kaliumchromats bereits im UV liegt, und man gezwungen ist, im ansteigenden Ast einer Absorptionskurve zu messen. Besonders groß werden diese Farbtonunterschiede natürlich bei hohen Extinktionen, weil mit zunehmendem E die Lichtzusammensetzung in den beiden Strahlengängen immer verschiedener wird, so daß die Einstellstreuung $d\overset{*}{B}/\overset{*}{B}$ des Auges rasch anwächst. Dies ist der Grund dafür, daß man auch bei hohen Extinktionen keine größeren Genauigkeiten erreicht, obwohl nach Gleichung (1) die relative Streuung mit steigender Extinktion abnehmen sollte.

Aus dieser Abhängigkeit photometrischer Messungen von der spektralen Zusammensetzung des Lichts ergeben sich für die analytische Praxis zwei Folgerungen:

Einmal ist es im Gegensatz zu kolorimetrischen Messungen unbedingt notwendig, die Belastung der Beleuchtungslampe bei der Aufstellung von Eichkurven *und* bei allen späteren auf Grund der Eichkurve durchgeführten Messungen innerhalb enger Grenzen konstant zu halten. Dies läßt sich durch Verwendung von Akkumulatoren genügender Kapazität oder mit Hilfe der S. 195ff. beschriebenen Stabilisatoren erreichen. *Vor allem aber ist es durchaus unzulässig, die Leuchtdichte des Gesichtsfeldes beliebig durch Spannungsänderungen an der Lampe zu regeln,* wie es gelegentlich empfohlen wird. Bei längerer Brenndauer der Beleuchtungslampe ist die Eichkurve von Zeit zu Zeit nachzuprüfen, da mit zunehmendem Alter der Lampe sich ihre Energieverteilung ändert. Ebenso muß die Eichkurve natürlich bei Auswechseln der Lampe neu aufgestellt werden.

Zweitens liegt es auf der Hand, daß der durch mangelnde Monochromasie bedingte systematische Fehler um so geringer wird, je spektralreiner das verwendete Licht ist. *Die Verwendung von Spektrallampen mit Sperrfiltern oder von Monochromatoren bzw. Dispersionsfiltern ist deshalb* – ebenso im Gegensatz zu kolorimetrischen Methoden – der *Verwendung von Filtern stets vorzuziehen.* Die Brauchbarkeit eines Photometers für analytische Zwecke hängt deshalb sehr davon ab, wie weit sich die spektrale Zerlegung des Lichts bei noch genügender Helligkeit des Gesichtsfeldes treiben läßt.

Steht für ein Photometer eine genügende Anzahl von Filtern mit relativ geringer Halbwertsbreite zur Verfügung (vgl. z.B. die S-Filter-Serie zum PULFRICH-Photometer Abb. 26), so kann man unter Benutzung von Lösungen bekannter Konzentration aus den Extinktionsmessungen die mittleren Extinktionskoeffizienten $\bar{\varepsilon}$ des betr. Stoffes für die einzelnen Filterschwerpunkte ermitteln und erhält so eine *angenäherte Absorptionskurve* des Stoffes. Wieweit diese Kurve mit der wahren Absorptionskurve übereinstimmt, hängt von der Halbwertsbreite der Filter und von der Struktur der Absorptionskurve ab.

Man muß berücksichtigen, daß bei spektraler Zerlegung des Lichtes eine für visuelle Messungen genügende Leuchtdichte nur dann erreichbar ist, wenn diese Zerlegung nicht zu weit getrieben wird. Man erhält deshalb bei derartigen Messungen stets *mittlere* $\bar{\varepsilon}$-Werte, die nach S. 41 von der Größe der gemessenen Extinktion abhängen und deshalb den Verlauf der wirklichen Absorptionskurve nur recht unvollkommen wiedergeben können. Ein Beispiel dafür ist die Abb. 109, in welcher die spektrale Durchlässigkeitskurve eines Didymglases wiedergegeben ist[1]. Die ausgezogene Kurve ist mit einem lichtelektrischen Photometer mit Lichtzerlegung durch einen Monochromator aufgenommen, wobei die spektrale Bandbreite des jeweils verwendeten Lichts 50 Å betrug. Die durch die gestrichelten Linien verbundenen Meßpunkte sind mit Hilfe von Lichtfiltern gewonnen, wobei die angegebenen Wellenlängen den Schwerpunkten der Filter entsprechen. Abgesehen von der geringen Anzahl der Meßpunkte, die schon an sich nur ein sehr rohes Bild des wirklichen Kurvenverlaufs vermitteln, sieht man, daß die Meßpunkte nicht auf der ausgezogenen Kurve liegen, sondern daß die Maxima der Durchlässigkeit zu klein und die Minima zu groß gefunden werden, wie dies infolge der beträchtlichen spektralen Breite der Filter auch zu erwarten ist. Die Fehler der absoluten Durchlässigkeitswerte betragen bis zu 25%, obwohl die Streuung der Messung bei visuellen Bestimmungen etwa 1% beträgt. Dies ist ein anschauliches Beispiel für die Notwendigkeit einer Unterscheidung zwischen zufälligen und systematischen Fehlern bei Messungen *absoluter* Extinktionskoeffizienten bzw. Durchlässigkeiten.

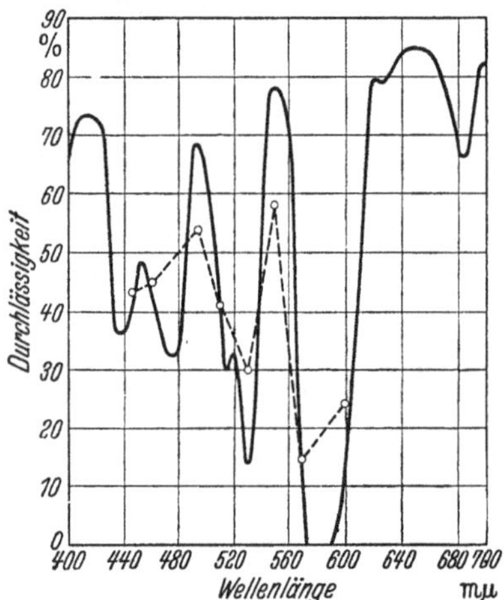

Abb. 109. Spektrale Durchlassigkeit eines Didymglases nach verschiedenen Meßmethoden

Daraus ergibt sich, daß ganz allgemein visuelle photometrische Verfahren für die Ermittlung absoluter Extinktionskoeffizienten wenig geeignet sind und höchstens für orientierende Messungen herangezogen werden sollten. *Für die Untersuchung von Konstitutionsfragen, d.h. für die Aufnahme ganzer Absorptionskurven sind vielmehr*, wie später gezeigt

[1] MELLON, M. G.: Ind. Engng. Chem. analyt. Edit. 11, 80 (1939).

werden wird (vgl. S. 282ff.), *spektrographische und licht- bzw. thermoelektrische Methoden – auch im sichtbaren Spektralbereich – allen anderen vorzuziehen.*

b) Blendenphotometer. Von den S. 87ff. behandelten Lichtschwächungseinrichtungen haben sich für die praktische visuelle Photometrie Meßblenden und Polarisationsprismen eingeführt, daneben werden auch Graukeile und Graulösungen benutzt. Blendenphotometer sind gewöhnlich lichtstärker als Polarisationsphotometer, die Genauigkeit der mit ihnen gemessenen Werte wird dagegen noch durch den STILES-CRAWFORD-Effekt (vgl. S. 144) beeinträchtigt.

Da die Austrittspupille eines Blendenphotometers von der Öffnung der Meßblende abhängig ist, wird sie für die beiden Strahlengänge des Photometers verschieden groß, wenn die Meßblenden verschieden weit geöffnet sind, so daß hierdurch ein Helligkeitsunterschied der beiden Gesichtsfelder vorgetäuscht werden kann, der als Fehler in die Messung eingeht. HANSEN[1] hat die Größe dieses Extinktionsfehlers beim PULFRICH-Photometer gemessen, er ist stets positiv und ist deshalb von dem gemessenen Extinktionswert abzuziehen. Er hat für verschiedene Trommelablesungen folgende Werte:

Trommelteile	100	80	60	40	20	10	5	0
Fehler ΔE	0	0,006	0,012	0,017	0,023	0,026	0,028	0,030

Diese Werte gelten für nicht zu kleine Leuchtdichten. Bei geringen Leuchtdichten tritt der STILES-CRAWFORD-Effekt nur im roten Spektralbereich auf und verschwindet im Blau.

Neben dieser Abnahme des Helligkeitseindrucks nach dem Pupillenrand tritt noch ein zweiter STILES-CRAWFORD-Effekt, und zwar ein *Farbeffekt* auf insofern, als auch bei monochromatischer Beleuchtung (z.B. mit einer Hg-Linie) die Farbe der beiden Gesichtsfelder nicht gleich ist, wenn die Meßblenden verschieden weit geöffnet sind. Ersetzt man z.B. die Meßblende einerseits durch ein kreisrundes Loch, andererseits durch eine konzentrische Ringblende gleicher Fläche und beleuchtet mit der grünen Hg-Linie 546 mμ, so sind die beiden Gesichtsfelder etwa gleich hell, zeigen aber deutlich verschiedenen Farbton, nämlich Gelbgrün und Blaugrün. Wechselt man Loch- und Ringblende rasch aus, so kehrt sich auch der Farbton um. Solche Farbtonunterschiede setzen die Einstellgenauigkeit natürlich in derselben Weise herab wie der verschiedene Farbton infolge mangelnder Monochromasie des Lichts. Sie lassen sich dadurch verringern, daß man die Leuchtdichte möglichst klein wählt. Zur Verminderung der Helligkeit kann man das Gesichtsfeld durch Verengen einer Meßblende im Vergleichslichtweg beliebig verdunkeln. Die Regulierung der Leuchtdichte durch die Lampenbelastung ist aus den S. 211 genannten Gründen nicht zulässig.

Das bekannteste Blendenphotometer ist das PULFRICH-Photometer

[1] HANSEN, G.: J. opt. Soc. Amer. **36**, 321 (1946).

von Zeiss[1]. Ein schematischer Schnitt durch das Instrument ist in Abb. 110 wiedergegeben. Der Strahlengang ist in den beiden Hälften völlig symmetrisch, das Instrument besteht im Prinzip aus zwei parallelen Fernrohren mit einem gemeinsamen Ocular. Der symmetrische Aufbau hat den Vorteil, daß die Lichtschwächung mit der einen oder der anderen Meßtrommel vorgenommen werden kann, so daß man die Messung nach Vertauschen der Lösungs- und Lösungsmittelküvette wiederholen kann. Eine besondere Wechselvorrichtung dient zur raschen Ver-

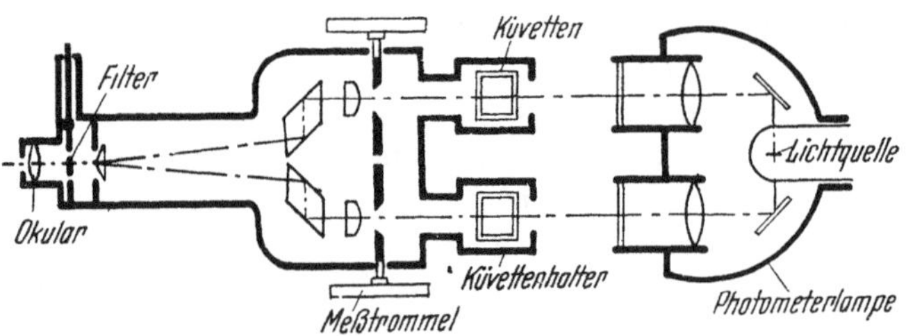

Abb. 110. Schematischer Schnitt durch das PULFRICH-Photometer

tauschung der Küvetten. Der Mittelwert beider Ablesungen ist dann praktisch frei von Fehlern, die durch geringe Helligkeitsunterschiede in den beiden Strahlengängen hervorgerufen sein können.

Ein neueres Modell (G/2) hat die Meßblende nur in einem Lichtweg, während im andern ein Graukeil ohne Skala die Gesamtleuchtdichte regelt. Man mißt nach dem *Substitutionsverfahren*, indem man Lösung und Lösungsmittel nacheinander im gleichen Lichtweg mit Hilfe der Meßblende auf gleiche Helligkeit mit der zweiten Sehfeldhälfte einstellt. Auf diese Weise wird die Messung von der exakten Justierung der Lichtquelle unabhängig.

Voraussetzung für die Richtigkeit der Messung ist die Proportionalität zwischen freier Blendenfläche und durchtretendem Lichtstrom, d.h. die homogene Ausleuchtung der Blende (vgl. S. 91). Die unmittelbar hinter den Lampenkondensoren angebrachten Mattscheiben, die für die Gleichförmigkeit der Leuchtdichte im Sehfeld notwendig sind, verursachen einen geringen Abfall der Leuchtdichte in der Blendenebene nach dem Rand hin, der in ähnlicher Weise wirkt wie der STILES-CRAWFORD-Effekt.

Für die Brauchbarkeit eines Photometers spielt nach S. 214 die Halbwertsbreite der Lichtfilter eine maßgebende Rolle. Für das PULFRICH-Photometer werden mehrere Serien geliefert. Die meistgebrauchte *Spektral(S)-Filter*-Serie (vgl. S. 77) umfaßt 14 Filter, deren Nummernbezeichnung ein ungefähres Maß für die mittlere Wellenlänge ihres Spektralbereiches und den wirksamen Filterschwerpunkt[2] darstellt. Außerdem

[1] C. Zeiss, Oberkochen; VEB Optik, Jena. Ausführliche Literatursammlungen uber photometrische Bestimmungsmethoden mit dem PULFRICH-Photometer geben die Druckschriften CZ 32–V 505–510 von Zeiss, ferner M. Zimmermann, Stuttgart 1954. Über die Konstruktion anderer Blendenphotometer vgl. z.B. die Druckschriften von Schmidt & Haensch, Berlin.

[2] Vgl. G. HANSEN: Zeiss-Nachr. 5, 117 (1944).

werden zu dem Instrument noch Sperrfilter für die Quecksilberlinien 578, 546, 436 und 405 mμ zur praktisch monochromatischen Beleuchtung mit einer Hg-Lampe geliefert.

Die Halbwertsbreiten der S-Filter sind im Vergleich zu den sonst üblichen Glas- und Gelatinefiltern sehr klein, so daß bei den üblichen Extinktionen ($E \sim 1$) im allgemeinen noch keine die Einstellstreuung vergrößernden Farbtonunterschiede in den Gesichtsfeldhälften auftreten.

Der relative Fehler dE/E der Extinktionsmessung und damit der Konzentrationsbestimmung mit dem PULFRICH-Photometer, nach dem Fehlerfortpflanzungsgesetz berechnet aus den Gleichungen (1) und (II,13), ist in Abhängigkeit von E in Abb. 111 wiedergegeben[1], und zwar für verschiedene konstante Werte der Einstellstreuung d$\overset{*}{B}/\overset{*}{B}$ (0,01; 0,02; 0,03) und für konstanten Ablesefehler dl = 0,5 mm an der Meßtrommel. Man sieht, daß der Fehler jeweils durch ein Minimum geht, das für d$\overset{*}{B}/\overset{*}{B}$ = 0,01 bei $E \sim 1$ liegt. Das monotone Absinken der Einstellstreuung mit wachsendem E nach (1) wird bei hohen E-Werten durch die wieder ansteigende Ablesestreuung nach (II,13) überkompensiert, so daß es einen optimalen Meßbereich gibt, wo die Streuung am kleinsten ist.

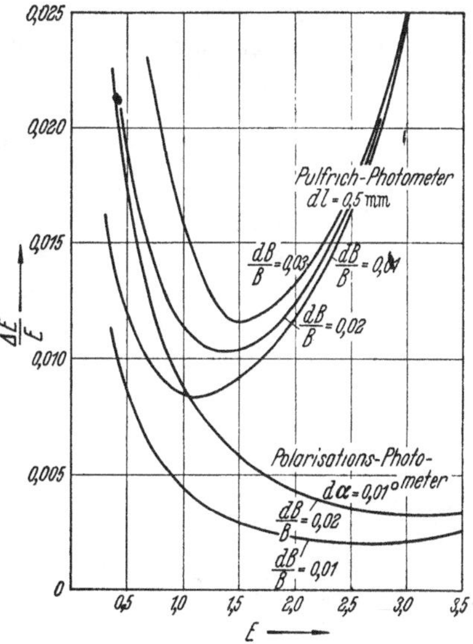

Abb. 111. Relativer Fehler der Konzentrationsbestimmung mit dem PULFRICH-Photometer und dem Polaphot in Abhangigkeit von der gemessenen Extinktion

Die in den Kurven der Abb. 111 steckende Annahme einer konstanten Einstellstreuung d$\overset{*}{B}/\overset{*}{B}$ trifft in Wirklichkeit für höhere Extinktionen nicht mehr zu, weil mit E zunehmende Farbtonunterschiede der Gesichtshälften die Einstellung auf gleiche Extinktion erschweren.

Man kann dadurch, daß man im Vergleichslichtweg an Stelle der Lichtschwächungseinrichtung eine Vergleichslösung bekannter Konzentration verwendet und nur die Extinktions*differenz* photometrisch, d.h. mit Hilfe der Lichtschwächungseinrichtung bestimmt, diese Farbtonunterschiede auch bei hohen Extinktionen so klein machen, daß sie die Einstellstreuung des Auges nicht wesentlich erhöhen, so daß d$\overset{*}{B}/\overset{*}{B}$ praktisch konstant bleibt. Liegt diese Extinktionsdifferenz dann außerdem in dem Bereich der minimalen Ablesestreuung nach (II,13), so läßt sich auf diese Weise der relative Fehler der Messung beträchtlich herabdrükken. Diese Art der Messung läuft also auf eine *Kombination von kolorimetrischen und photometrischen Meßverfahren* hinaus (vgl. die lichtelek-

[1] Nach G. HANSEN: Zeiss-Nachr. 5, 117 (1944).

trische „Feinkolorimetrie“ auf S. 271) und ist immer dann zu empfehlen, wenn sich Vergleichslösungen leicht herstellen lassen und man eine genügend intensive Lichtquelle zur Verfügung hat, mit der man auch bei hohen Extinktionen die maximale Kontrastempfindlichkeit des Auges nicht unterschreitet. Auf diese Weise konnte z.B. mit dem PULFRICH-Photometer unter Benutzung der Hg-Lampe bei einer Extinktion von 2,4 eine Meßgenauigkeit zwischen 200 und 300 (0,5 bis 0,3%) im Gelb bzw. Grün erreicht werden[1]. Diese „Photometrie mit Vergleichslösungen“ vermeidet ferner weitgehend den S. 213 genannten, bei Blendenphotometern auftretenden STILES-CRAWFORD-Effekt, weil infolge der photometrischen Bestimmung einer nur geringen Extinktions*differenz* die Öffnung der Meßblenden in den beiden Strahlengängen nicht sehr verschieden ist, so daß auf diese Weise die höheren Extinktionsbereiche auch für Blendenphotometer nutzbar gemacht werden können. Dabei ist es natürlich unerläßlich, daß man als Hilfsschwächung eine *Lösung des zu bestimmenden Stoffes* bekannter Konzentration verwendet, da sonst bei den hohen Extinktionen und den relativ breiten Filtern außerordentlich große Farbtonunterschiede auftreten würden, die ein starkes Anwachsen der Einstellstreuung zur Folge haben und damit die Genauigkeitssteigerung wieder illusorisch machen würden.

Mit dem PULFRICH-Photometer lassen sich schließlich unter Benutzung eines Absorptionsgefäßes mit meßbar veränderlicher Schichtdicke auch *kolorimetrische* Messungen ausführen. Zu diesem Zweck wird das Photometer mittels einer besonderen Säule in senkrechter Lage aufgestellt, das Licht tritt über einen Spiegel von unten her in die auf einem Objekttisch stehenden Küvetten und das Photometer ein. Die Schichtdicke des Absorptionsgefäßes läßt sich zwischen 0 und 20 mm variieren und wird an einer Skala auf $^1/_{20}$ mm abgelesen. Als Vergleichsküvette dient ein Tauchdeckelgefäß, das in den Schichtdicken von 1, 10 und 50 mm geliefert wird. Diese Art der Messung ist natürlich wieder von der Lichtzusammensetzung unabhängig, es treten keine Farbtonunterschiede der Gesichtsfeldhälften auf, so daß auch die Streuung der Meßergebnisse entsprechend geringer wird.

Es sei noch erwähnt, daß zum PULFRICH-Photometer Zusatzgeräte existieren, um fluorometrisch bzw. nephelometrisch Konzentrationsbestimmungen an Hand von Eichkurven zu machen, jedoch sind inzwischen auch für die Fluorometrie und Nephelometrie praktisch ausschließlich lichtelektrische Geräte in Gebrauch gekommen.

c) Polarisationsphotometer haben, abgesehen von der Vermeidung des STILES-CRAWFORD-Effekts, gegenüber den Blendenphotometern den Vorteil, daß sich die Trennungslinie zwischen den Vergleichsfeldern beson-

[1] Vgl. B. MADER: Die chem. Technik **16**, 165 (1943). G. HANSEN [Zeiss-Nachr. **5**, 117 (1944)] hat die Fehlerkurven auch für diesen Fall berechnet, und zwar für verschiedene Leuchtdichten der Lichtquelle und verschiedene Extinktionen E_0 der zusätzlich benutzten Vergleichslösung. Bei einer Leuchtdichte von 10^6 asb und mit $E_0 = 3$ kann man einen relativen Fehler von 0,2% erreichen. Vgl. auch P. H. KECK: Optik **1**, 449 (1946); R. BASTIAN: Anal. Chem. **21**, 972 (1949); C. F. HISKEY: Anal. Chem. **21**, 1440 (1949); M. Q. FREELAND u. J. S. FRITZ: ibid. **27**, 1737 (1955).

ders fein halten läßt, so daß sie bei Einstellung auf gleiche Extinktion mehr oder weniger vollkommen verschwindet. Dadurch wird die Einstellgenauigkeit erhöht. Ferner läßt sich mit Polarisationsphotometern auch ein größerer Extinktionsbereich direkt messen, ohne daß man gezwungen ist, die Lösungen gegebenenfalls zu verdünnen bzw. sehr große Schichtdicken zu verwenden.

Als Beispiel sei das früher weitverbreitete und auch heute noch hergestellte KÖNIG-MARTENSsche Spektralphotometer genannt[1], dessen Strahlengang in der Horizontal- und in der Vertikalebene in Abb. 112 und 113 schematisch dargestellt ist. Die beiden Strahlenbündel, die von dem mit einer Zweilochblende versehenen Spalt S_1 ausgehen, werden vom Objektiv O_1 parallel gemacht, durch das Dispersionsprisma P abgelenkt und durch die Linse O_2 im Spalt S_2 vereinigt. Die Prismen P_1 und P_2 dienen zur Unschädlichmachung der Reflexionen. Wären das WOLLASTON-Prisma W und das Biprisma Z nicht vorhanden, so würden von den Spalten a und b zwei Bilder b und A entstehen (Teil C der Abb. 113). Durch Einführung des WOLLASTON-Prismas W entstehen infolge der Doppelbrechung je zwei Spaltbilder b_h und A_h bzw. b_v und A_v mit horizontaler bzw. vertikaler Schwingungsrichtung des Lichts (Teil D). Durch Einfügen des Zwillingsprismas Z wird diese Spaltbilderreihe nochmals verdoppelt und nach oben und unten abgelenkt (Teil E). Vom

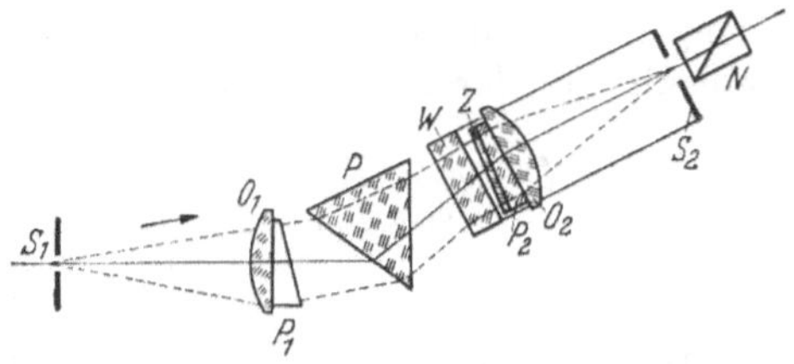

Abb. 112. Vertikalschnitt durch das Photometer von KÖNIG-MARTENS

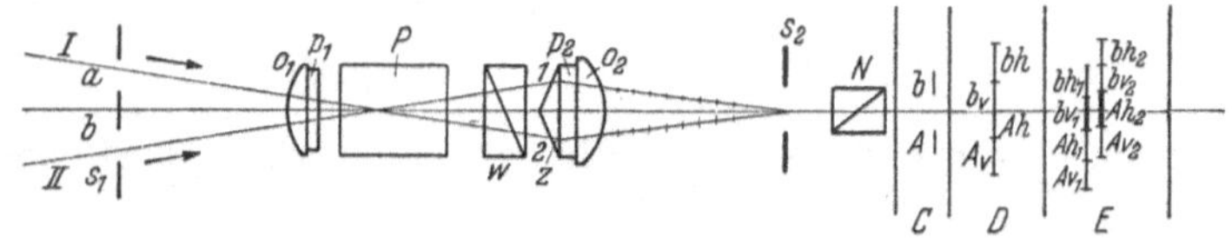

Abb. 113. Horizontalschnitt durch das Photometer von KÖNIG-MARTENS

Ocularspalt wird nur das Licht der beiden zentralen Bilder b_{v_1} und A_{h_2} durchgelassen. Ein am Spalt S_2 befindliches Auge sieht deshalb das Feld 1 mit vertikal schwingendem Licht vom Spalt b, das Feld 2 mit horizontal schwingendem Licht vom Spalt a beleuchtet. Beide Felder sind durch eine feine Trennungslinie, die Kante des Biprismas, getrennt. Durch das vor dem Ocularspalt angebrachte, mit Teilkreis versehene Analysator-

[1] MARTENS, F. F.: Physik. Zeitschr. 1, 299 (1900). Hersteller F. Schmidt & Haensch, Berlin. Dieses Gerät besitzt einen Monochromator und wurde früher vielfach zur Ermittlung von Absorptionsspektren im Sichtbaren benutzt. Diese visuelle Spektrometrie ist heute aus den angegebenen Gründen als überholt zu betrachten. Für Konzentrationsbestimmungen ist der KÖNIG-MARTENS dagegen sehr geeignet.

prisma N kann die Beleuchtungsintensität meßbar verändert werden. Die Helligkeitsänderung der beiden Vergleichsfelder ist dabei zwangsläufig gekoppelt insofern, als bei der Drehung des Analysators das eine Feld aufgehellt, das andere entsprechend verdunkelt wird. Bei der 45°-Stellung des Analysators gegen die zueinander senkrechten Schwingungsrichtungen des Lichts der beiden Vergleichsfelder zeigen diese gleiche Helligkeit, vorausgesetzt, daß die Eintrittsspalte a und b gleichmäßig beleuchtet sind[1].

Bezeichnet man den zugehörigen, am Teilkreis abgelesenen Winkel mit β_0, so ist die vom Analysator durchgelassene Beleuchtungsstärke der beiden Felder 1 und 2 nach S. 93

$$\frac{\overset{*}{B}_1}{\overset{*}{B}_0} = \cos^2\beta_0; \qquad \frac{\overset{*}{B}_2}{\overset{*}{B}_0} = \cos^2(90-\beta_0) = \sin^2\beta_0.$$

Daraus ergibt sich für das Helligkeitsverhältnis der beiden Felder

$$\frac{\overset{*}{B}_2}{\overset{*}{B}_1} = \frac{\sin^2\beta_0}{\cos^2\beta_0} = \mathrm{tg}^2\,\beta_0. \tag{3}$$

Bringt man nun in den Strahlengang 1 eine Küvette mit absorbierender Lösung, in den Strahlengang 2 eine gleich lange Küvette mit Lösungsmittel, so ist das durch die Absorption geänderte Intensitätsverhältnis durch den Analysatorwinkel β_1 gegeben, bei dem erneut gleiche Helligkeit eintritt: $\overset{*}{B}_2/\overset{*}{B}{}'_1 = \mathrm{tg}^2\,\beta_1$; nach Vertauschen von Lösung und Lösungsmittel erhält man entsprechend $\overset{*}{B}{}'_2/\overset{*}{B}_1 = \mathrm{tg}^2\,\beta_2$. Durch Division ergibt sich

$$\frac{\overset{*}{B}{}'_1}{\overset{*}{B}_1}\,\frac{\overset{*}{B}{}'_2}{\overset{*}{B}_2} = \frac{\mathrm{tg}^2\beta_2}{\mathrm{tg}^2\beta_1}$$

oder, da die beiden Schwächungsverhältnisse natürlich gleich sind,

$$\frac{\overset{*}{B}{}'}{\overset{*}{B}} = \frac{\mathrm{tg}\beta_2}{\mathrm{tg}\beta_1}$$

bzw.

$$E \equiv \log\frac{\overset{*}{B}}{\overset{*}{B}{}'} = \log\mathrm{tg}\,\beta_1 - \log\mathrm{tg}\,\beta_2. \tag{4}$$

Die Winkel lassen sich auf 0,1° genau schätzen. Man soll stets die Messung in mehreren Quadranten des Teilkreises wiederholen und von allen Bestimmungen das Mittel nehmen, wodurch geringe, durch ungleich-

[1] Praktisch liegt die Mittelstellung nicht genau bei 45°, weil wegen der Polarisation des Lichtes bei der Reflexion nur das eine Vergleichsfeld durch die Reflexionsverluste am Prisma geschwächt wird.

mäßige Beleuchtung, Unsymmetrie des Strahlenganges oder Exzentrizität der Drehachse des Analysators bedingte Fehler ausgeschaltet werden.

Die verschiedenen Wellenlängen werden durch Heben oder Senken des Beobachtungsrohrs eingestellt, das mittels einer Mikrometerschraube um eine hinter dem Dispersionsprisma angebrachte Achse gedreht werden kann. Das Prisma wird in üblicher Weise mit Hilfe bekannter Linienspektren geeicht (vgl. S. 297 ff).

Die Grundzüge des MARTENSschen Polarisationsphotometers, nämlich das WOLLASTON-Prisma als Polarisator, der drehbare Analysator und das Biprisma zur Teilung des Gesichtsfeldes finden sich auch bei dem früher von *Zeiss* hergestellten „Polaphot" wieder. Im übrigen besitzt es die gleiche Beleuchtungseinrichtung und den S-Filter-Satz wie das PULFRICH-Photometer.

Ein Polarisationsphotometer, bei dem das Licht nur in einem der Strahlenwege durch Polarisation geschwächt wird, stellte das früher von E. Leitz, Wetzlar hergestellte Leifo-Photometer dar. Es ist inzwischen als lichtelektrisches Photometer neu konstruiert worden (vgl. S. 273).

d) Graukeilphotometer. Graukeile sind den übrigen Lichtschwächungseinrichtungen wegen der Wellenlängenabhängigkeit ihrer Extinktion unterlegen, obwohl dies für ihre Brauchbarkeit zu photometrischen Konzentrationsbestimmungen belanglos ist, da man ohnehin stets eine Eichkurve mit Lösungen bekannter Konzentration aufnehmen muß (vgl. S. 209); sie werden in der visuellen Photometrie kaum noch verwendet[1]. Bezüglich Meßprinzip und Handhabung unterscheiden sich solche Geräte nicht von den bisher besprochenen.

Eine *Graulösung als Lichtschwächungseinrichtung* verwendet THIEL[2] bei dem von ihm als „Absolutkolorimetrie" bezeichneten Verfahren. Die besonderen Eigenschaften eines flüssigen Lichtschwächungsmittels machen es möglich, für die Messungen Eintauchkolorimeter zu verwenden, womit aber auch die Beziehungen des Verfahrens zur Kolorimetrie bereits erschöpft sind. Im übrigen gelten, abgesehen von den S. 96 genannten Besonderheiten von Graulösungen, die auch sonst für photometrische Messungen geltenden Voraussetzungen, insbesondere also die Abhängigkeit der Meßergebnisse von der spektralen Lichtzusammensetzung.

4. Visuelle Spektrometrie

Visuelle Methoden zur Ermittlung von Spektren, d.h. absoluter Extinktionskoeffizienten, sind heute als überholt zu betrachten, wie schon mehrfach begründet wurde: Entweder man benutzt Linienspektren als Lichtquelle und damit weitgehend monochromatische Beleuchtung, dann ist die Zahl der Meßpunkte meistens zu gering (vgl. Abb. 109); oder man benutzt eine kontinuierliche Lichtquelle zusammen mit einem Monochromator, dann muß man zur Gewinnung genügender Helligkeit die

[1] Ein Graukeilphotometer ist z.B. das Aminco-Photometer der Am. Instr. Comp.

[2] Absolutkolorimetrie, Berlin 1939.

Spalte in der Regel so weit öffnen, daß man für die berechneten Extinktionskoeffizienten wieder nur Mittelwerte erhält (vgl. S. 41). Da trotzdem noch vielfach visuelle Spektrometer in Gebrauch sind, sollen sie hier kurz behandelt werden.

Das S. 217 beschriebene KÖNIG-MARTENSsche Photometer kann, da es ein Dispersionsprisma besitzt; als Spektrometer im Sichtbaren verwendet werden. Die brechende Kante des Prismas liegt hier horizontal (vgl. Abb. 112), die verschiedenen Wellenlängen werden durch Heben oder Senken des Beobachtungsrohres eingestellt, das gleichzeitig die beschriebene photometrische Einrichtung enthält. Denkt man sich die Photometereinrichtung (W, Z und N in Abb. 112) entfernt und den Spalt S_2 durch ein Ocular ersetzt, so hat man den Typ der gebräuchlichen *Spektrometer mit schwenkbarem Fernrohr* vor sich, wie sie zur *qualitativen* Beobachtung eines Spektrums benutzt werden. Die Schwenkbarkeit des Fernrohrs ist deswegen notwendig, weil das Gesichtsfeld des Fernrohrs gewöhnlich zu klein ist, um das ganze sichtbare Spektrum zu überblicken. Man schwenkt das Fernrohr mit Hilfe einer Mikrometerschraube mit Trommelteilung, bis sich die zu beobachtende Absorptionslinie oder -bande im Fadenkreuz des Fernrohrs befindet. An der Trommel, die mit Hilfe eines bekannten Linienspektrums geeicht wird[1], kann man die zugehörige Wellenlänge ablesen. An Stelle eines Prismas kann man auch ein Gitter zur Dispersion des Lichts benutzen[2] und hat so den Vorteil einer linearen Wellenlängenskala.

Statt das Fernrohr schwenkbar zu machen, kann man es auch unter einem festen Winkel (gewöhnlich 90°) anordnen und die verschiedenen Teile des Spektrums durch Drehen des Prismas ins Fadenkreuz des Fernrohrs bringen[3]. Diese sogenannten *festarmigen Spektrometer* werden im allgemeinen vorgezogen. Denkt man sich das Ocular des Fernrohrs durch einen zweiten Spalt ersetzt, so hat man einen *Monochromator* vor sich. In solchen Fällen benutzt man Prismenkombinationen konstanter Ablenkung, wie sie früher beschrieben wurden (vgl. S. 108 und Abb. 47), so daß für die das Fadenkreuz des Fernrohrs durchsetzenden Strahlenbündel stets die günstigste Bedingung des Minimums der Ablenkung gilt.

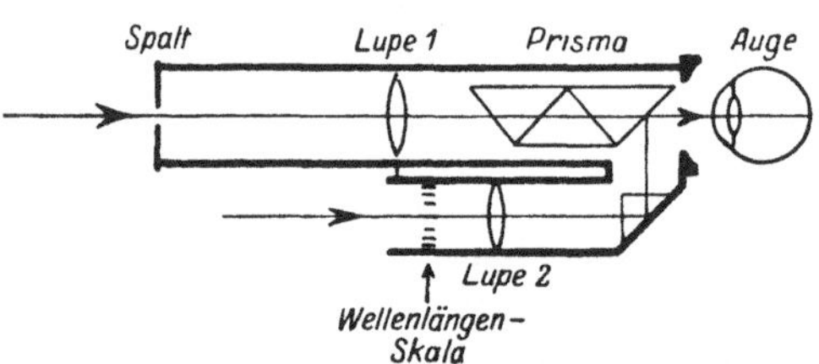

Abb. 114. Handspektroskop mit geradsichtigem AMICI-Prisma

Für *orientierende Beobachtungen* benutzt man auch vereinfachte *Handspektroskope* mit geradsichtigen Prismen (vgl. S. 109, Abb. 48), mit deren Hilfe man das ganze sichtbare Spektrum gleichzeitig übersehen kann.

---

[1] Zur Eichung von Spektralapparaten vgl. auch S. 297 ff.

[2] Gitterspektrometer nach LÖWE-SCHUMM, F. LÖWE: Z. Instrumentenkunde 28, 261 (1908).

[3] Derartige Spektrometer werden von einer Reihe von Firmen hergestellt, z. B. Hilger & Watts, London (Vertreter in Deutschland: Dargatz, Hamburg).

Das Schema eines solchen Handspektroskops geht aus Abb. 114 hervor. Das schwenkbare Fernrohr ist durch das Auge ersetzt, die Linse des auf unendlich eingestellten Auges bildet den Eintrittsspalt auf der Netzhaut ab. Eine beleuchtete Wellenlängenskala kann von der Seite durch Reflexion an der letzten Prismenfläche dem Spektrum überlagert werden. Das Spektrenbild ist bei diesen Apparaten nur klein, weil es nicht durch ein Fernrohr vergrößert wird. Handspektroskope eignen sich vor allem zur Beobachtung von Emissionsspektren, indem man die betreffende Lichtquelle durch das Spektroskop hindurch betrachtet. Der Eintrittsspalt ist durch einen Tubus gegen Linse und Prisma verschiebbar, so daß man mit Hilfe eines Linienspektrums scharf einstellen kann.

5. Visuelle Reflexionsmessungen

In neuerer Zeit wird das Reflexionsvermögen fester Stoffe in zunehmendem Maße zur Charakterisierung und Normung industrieller Produkte aller Art herangezogen. Das Verfahren wurde ursprünglich zur Bestimmung des sogenannten „Weißgehaltes" von Deckfarben (Bleiweiß, Zinkweiß) oder von Papier- und Textilproben entwickelt. Man vergleicht die Gesamtreflexion weißen Lichts durch die Probe mit der Gesamtreflexion eines festgelegten Standards (z.B. MgO oder gesintertes Glas) und erhält so unmittelbar die Reflexion der Probe in Prozenten der Reflexion des Standards. Das „relative Reflexionsvermögen" R der Probe ist somit definiert als das Verhältnis:

$$\frac{\text{Strahlungsdichte der Probe}}{\text{Strahlungsdichte des Standards}}$$

unter gleichen Bestrahlungsbedingungen (vgl. S. 351). Man mißt in der Weise, daß man Probe und Standard nebeneinander mit derselben Lampe gleichmäßig beleuchtet und photometrisch (etwa mit dem MARTENSschen oder dem PULFRICH-Photometer) auf gleiche Leuchtdichte des reflektierten Lichts einstellt. Das Verfahren setzt voraus, daß die beiden Oberflächen ideal diffus reflektieren und keinerlei Struktur aufweisen, da sonst der gemessene Wert von den geometrischen Bedingungen, also z.B. von der Richtung der auffallenden Primärstrahlung abhängt. Um diesen Fehler zu vermeiden, beleuchtet man die Proben mit Hilfe einer sogenannten ULBRICHTschen Kugel, die innen mit einem diffus reflektierenden weißen Belag (MgO) versehen ist. Die Lichtquelle ist so angeordnet, daß das Licht nicht direkt auf die Proben fallen kann, sondern nur durch diffuse Reflexion von den Wänden auf die Proben gelangt, so daß diese von allen Seiten gleichmäßig beleuchtet werden. Ein Zusatzgerät zum PULFRICH-Photometer für visuelle Reflexionsmessung wird von der Firma Zeiss, Oberkochen geliefert.

Sind die zu messenden Proben nicht weiß bzw. grau, sondern farbig, so kann man unter Benutzung von geeigneten Filtern mit dem gleichen Instrument auch das relative Reflexionsvermögen im Rot, Grün oder Blau, bezogen auf das Normalweiß des Standards, messen und so die *Farbe* des festen Stoffes charakterisieren. Wichtig für die Reproduzierbarkeit der Messung ist vor allem, daß die Dicke der diffus reflektierenden Probe so groß ist, daß sie für das Licht praktisch vollkommen undurchlässig ist, da sonst die Meßwerte von dem Reflexionsvermögen des dahinter befindlichen Trägers der Schicht abhängig werden.

Zur Messung benutzt man am besten auch hier eine Substitutionsmethode, um systematische Fehler nach Möglichkeit auszuschließen, d.h. man bringt Probe und Standard nacheinander in den gleichen Lichtweg und gleicht mittels der Meßblende gegen eine beliebige andere Probe im zweiten Lichtweg auf gleiche Helligkeit ab. Der Reflexionsgrad des MgO-Standards wird gleich 100 gesetzt (vgl. dazu S. 347).

Zerlegt man das reflektierte Licht spektral durch ein Prisma oder Gitter, so erhält man ein *Reflexionsspektrum* des festen Stoffes. Da die Intensität des monochromatisch zerlegten Reflexionslichtes für visuelle Messung zu gering ist, hat man für die Aufnahme dieser Spektren lichtelektrische Methoden entwickelt, die natürlich auch auf das IR und UV ausgedehnt werden können. Es hat sich gezeigt, daß sich unter geeigneten Bedingungen aus derartigen Reflexionsspektren die „typische Farbkurve" des festen Stoffes ermitteln läßt (vgl. S. 357).

IV. Lichtelektrische Methoden im Sichtbaren und UV

Die Einstellstreuung visueller *photometrischer* Messungen ist nach S. 201 durch den *relativen Leuchtdichteunterschied* $\mathrm{d}\overset{*}{B}/\overset{*}{B}$ gegeben, auf den das Auge gerade noch reagiert. Sie beträgt unter günstigsten Bedingungen etwa 1%. Danach läßt sich auch die relative Streuung der Extinktionsmessung nicht wesentlich unter etwa 0,5% herabdrücken, wodurch also die maximale, mit visuellen Methoden erreichbare Genauigkeit zu etwa 200 gegeben ist. Abgesehen von dieser begrenzten Genauigkeit spielen jedoch bei visuellen Messungen noch andere nicht immer erfaßbare Einflüsse eine Rolle, unter denen vor allem die Ermüdung des Auges bei längeren Meßreihen und die verschiedene Farbtüchtigkeit einzelner Beobachter hervorgehoben sei. Sie können unter Umständen die Genauigkeit der Messung stark beeinträchtigen, ohne daß dies immer kontrolliert werden kann[1]. Außerdem sind visuelle Messungen auf einen relativ engen Spektralbereich beschränkt, und es ist häufig von Interesse, die Messungen auch auf das UV oder IR ausdehnen zu können. Für *spektrometrische* Aufgaben eignen sich visuelle Methoden, wie S. 212 eingehend begründet wurde, grundsätzlich überhaupt nicht.

Aus diesen Gründen ist immer wieder versucht worden, das Auge durch objektive Strahlungsempfänger zu ersetzen. Soweit es sich um rein *photometrische* Probleme, d.h. Konzentrationsbestimmungen handelt, besteht der Zweck objektiver Methoden in erster Linie darin, eine wesentlich höhere und gleichbleibende Genauigkeit der Messung zu erreichen. Da die visuellen Apparate heute auf Grund langjähriger Erfah-

---

[1] Vgl. dazu z.B.: G. Kortüm u. J. Grambow: Z. angew. Chem. A 59, 160 (1947).

rungen eine kaum noch zu übertreffende konstruktive Vollendung erreicht haben, sowohl bezüglich der Einfachheit der Handhabung wie der Ausnützung sämtlicher durch die Eigenschaften des Auges gegebenen Möglichkeiten, ist ihr Ersatz durch objektive Meßanordnungen nur dann sinnvoll, wenn sich mit diesen mehr erreichen läßt. Zahlreiche der in neuerer Zeit entwickelten lichtelektrischen Photometer werden aber dieser Forderung keineswegs gerecht, sondern es wird lediglich das Auge durch einen objektiven Strahlungsempfänger ersetzt, ohne daß die Genauigkeit der Messung oder der spektrale Meßbereich nennenswert vergrößert worden wäre. Die vielfach angegebene „hohe Genauigkeit" solcher Apparate beruht sehr häufig auf der mangelnden Berücksichtigung einer Reihe systematischer Fehlerquellen, die mit der Einführung der objektiven Meßelemente zwangsläufig wirksam werden und die angeblich erreichte Genauigkeit der Messung gewöhnlich illusorisch machen. Andererseits ist zu betonen, daß *lichtelektrische Methoden unter Benutzung eines geeigneten Meßverfahrens*, das die photometrisch ungünstigen Eigenschaften von Photozellen und Photoelementen unwirksam macht, *den visuellen Methoden stets überlegen sind*, und zwar sowohl in bezug auf die Richtigkeit (systematischer Fehler) wie in bezug auf die Genauigkeit (Streuung) der Meßwerte. Für *spektrometrische* Aufgaben haben sich die modernen Methoden mit licht- bzw. thermoelektrischen Strahlungsempfängern schon zu Beginn ihrer Entwicklung den visuellen Methoden weit überlegen erwiesen und haben sich innerhalb kurzer Zeit auch gegenüber den photographischen Methoden durchgesetzt.

1. Verschiedene Meßverfahren

Für die Brauchbarkeit lichtelektrischer Geräte und die Genauigkeit der mit ihnen ausgeführten Messungen ist das benutzte *Meßverfahren* von ausschlaggebender Bedeutung. Wir unterscheiden:

Ausschlagsmethoden. Man mißt nacheinander den Strahlungsstrom Φ_0 bzw. Φ in Form des von der Photozelle gelieferten Photostroms, entweder unmittelbar galvanometrisch oder durch Messung des Spannungsabfalls an einem Hochohmwiderstand oder nach geeigneter Modulation, Transformation, Verstärkung und Gleichrichtung mit einem Zeigerinstrument.

Kompensationsmethoden. Man benutzt Galvanometer, Elektrometer oder Röhrenelektrometer als Nullinstrument und kompensiert den durch Φ_0 bzw. Φ gelieferten Photostrom oder seinen Spannungsabfall an einem Hochohmwiderstand *elektrisch* mit Hilfe einer Brückenschaltung oder einer variablen und meßbaren Gegenspannung.

Substitutionsmethoden. Man mißt die Extinktion mit Hilfe einer meßbar veränderlichen Lichtschwächungseinrichtung, die man an Stelle der zu messenden Lösung in den Strahlengang einschaltet. Dabei handelt es sich also um eine *optische* Substitution, so daß die Photozelle zusammen mit dem Anzeigegerät (wie das Auge bei visuellen Messungen) lediglich die Aufgabe hat, die Gleichheit zweier Strahlungsströme festzustellen, die hier nicht nebeneinander, sondern *nacheinander* registriert werden.

Flimmermethoden. Man läßt das Strahlenbündel mit Hilfe eines geeigneten Unterbrechers in raschem Wechsel einmal die Meßlösung, das andere Mal die Lichtschwächungseinrichtung + Vergleichslösung durchsetzen, die man so lange variiert, bis der entstandene Photostrom keine Wechselstromkomponente mehr zeigt. Dann ist die Extinktion in beiden Strahlengängen die gleiche.

Bei diesen verschiedenen Meßverfahren unterscheidet man weiterhin *Einzellen-* und *Zweizellenmethoden.* Letztere dienen stets dazu, Intensitätsschwankungen der Strahlungsquelle möglichst weitgehend auszu-

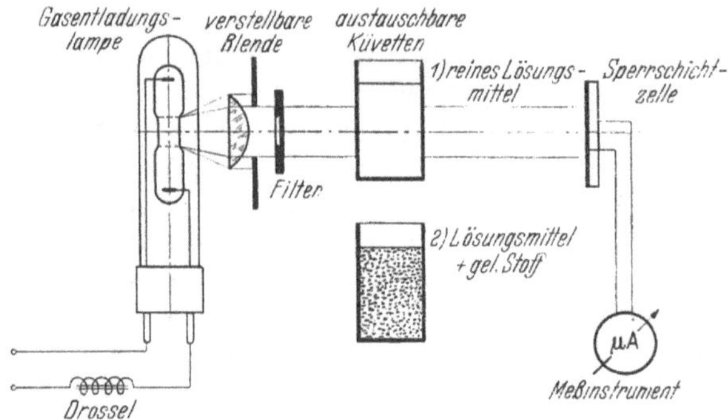

Abb. 115. Schema einer Einzellenausschlagsmethode

schalten, und sind deshalb vorzuziehen; sie beruhen darauf, daß man die Photoströme der beiden Zellen gegeneinander kompensiert. Lediglich die Flimmermethode ist von solchen Intensitätsschwankungen völlig unabhängig[1] und stellt deshalb stets eine Einzellenmethode dar.

Je nach dem benutzten Verfahren besitzen die früher diskutierten Eigenschaften der licht- bzw. thermoelektrischen Detektoren verschieden starken Einfluß auf das Meßergebnis, so daß es notwendig ist, diese Verfahren im einzelnen zu diskutieren.

a) Ausschlagsmethoden. Die denkbar einfachste Anordnung für lichtelektrische Messungen geht aus Abb. 115 hervor, in der eine *Einzellenausschlagsmethode* schematisch dargestellt ist. Vertauscht man Lösungsmittel und Lösung, so ergibt sich die Extinktion des gelösten Stoffes aus dem Verhältnis der beiden Ausschläge A des Galvanometers:

$$E = \log \frac{\Phi_0}{\Phi} = \log \frac{A_1}{A_2}. \tag{5}$$

Dieses Verfahren setzt einmal voraus, daß die Strahlungsquelle während der beiden Messungen keine Intensitätsschwankungen zeigt, und zweitens, daß Photostrom und Bestrahlungsstärke einander proportional sind. Die letzte Bedingung bedeutet bereits eine Begrenzung der erreichbaren Meßgenauigkeit, da die Proportionalität von Beleuchtungsstärke und Photostrom vielfach von äußeren Bedingungen abhängt, in *keinem* Fall

[1] Dabei ist allerdings vorausgesetzt, daß diese Schwankungen wesentlich langsamer erfolgen als der Beleuchtungswechsel.

aber innerhalb von 0,1% gewährleistet ist (vgl. S. 173ff.). In den weitaus meisten Fällen werden jedoch die früher diskutierten Eigenschaften der photoelektrischen Empfänger die Streuung wesentlich vergrößern, was besonders für die Verwendung von Photoelementen gilt. Benutzt man Photozellen oder Sekundärelektronenvervielfacher, so wird der Photostrom durch den Spannungsabfall gemessen, den der Photostrom an den Enden eines Hochohmwiderstandes hervorruft. Dabei muß man beachten, daß durch dieses Verfahren die an die Zelle angelegte Spannungsdifferenz verändert wird, so daß es auf die Verwendung von Vakuumzellen im Bereich ihres Sättigungsstromes beschränkt ist.

Bei Benutzung von Meßinstrumenten mit Skalenablesung ist die Genauigkeit schon durch die Ablesestreuung begrenzt, da diese sich selten unter 0,5% drücken läßt. Berücksichtigt man schließlich noch Nullpunktsschwankungen und Empfindlichkeitsänderungen des Meßinstruments, so gelangt man zu dem Ergebnis, daß bezüglich erreichbarer Genauigkeit derartige Ausschlagsmethoden den visuellen Methoden nicht überlegen sind, sondern daß gegebenenfalls die Unsicherheit des Meßergebnisses sogar recht beträchtlich erhöht sein kann.

Dies gilt noch in besonderem Maße, wenn die Strahlungsquelle *Intensitätsschwankungen* zeigt. Will man z.B. eine Extinktion von 0,100 messen, so mögen die Galvanometerausschläge, entsprechend den Intensi-

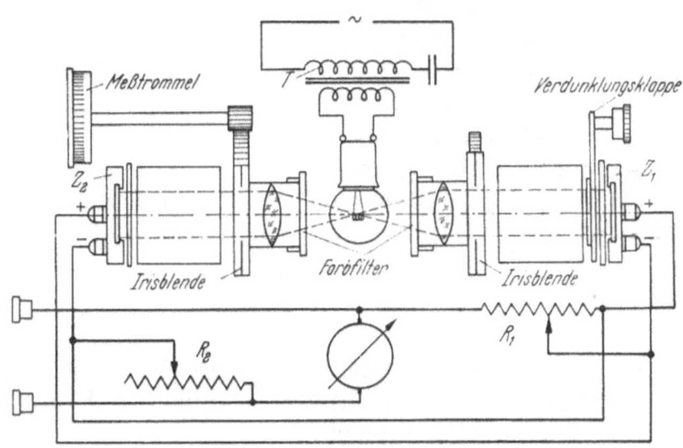

Abb. 116. Schema einer Zweizellenausschlagsmethode

täten Φ_0 und Φ, 1000 bzw. 794 Skalenteile betragen. Hat sich nun die Strahlungsintensität bei der zweiten Messung infolge einer Netzschwankung z.B. um 1% erhöht, so mißt man statt dessen 802 Skalenteile, was einer Extinktion von 0,096 entspricht, d.h. man macht bereits einen Fehler von 4% in der Extinktion. Umgekehrt muß man die Strahlungsintensität auf etwa 0,2% konstant halten, damit der Extinktionsfehler nicht mehr als 1% beträgt. *Wie diese Rechnung zeigt, müssen bei Ausschlagsmethoden schon recht hohe Anforderungen an die Konstanz der Strahlungsquelle gestellt werden, damit man nur die Genauigkeit visueller Methoden erreicht.* Man muß dabei berücksichtigen, daß Spannungsschwankungen des Netzes bei Glühlampen wegen der steilen Charakteristik bei voller Belastung etwa 4- bis 5fach größere Helligkeitsschwankungen des ungefilterten Lichts zur Folge haben, so daß schon sehr geringe Netzschwankungen außerordentlich große systematische Fehler der Extinktionsmessung hervorrufen können.

Das Schema einer *Zweizellenausschlagsmethode* mit Sperrschichtelementen zeigt Abb. 116. Die gleiche Strahlungsquelle beleuchtet zwei möglichst identische, gegeneinander geschaltete Photoelemente Z_1 und Z_2. Im Strahlengang von Z_1 befinde sich die Lösungsmittelküvette. Man kompensiert die Photoströme mit Hilfe der Blenden, so daß das Galvanometer keinen Ausschlag zeigt ($i_1 = i_2$). Ersetzt man nun das Lösungsmittel durch die Lösung, so wird

$$i_1 = k\vartheta\Phi_0; \qquad i_2 = k\Phi_0, \tag{6}$$

wenn man Proportionalität zwischen Beleuchtungsstärke und Photostrom voraussetzt[1]. ϑ ist die durch Gleichung (I,16) definierte, von Φ_0 unabhängige Durchlässigkeit der Lösung. Der durch das Galvanometer fließende Strom ergibt sich so zu

$$i \equiv i_2 - i_1 \equiv k\Phi_0(1-\vartheta) \equiv k\Phi_0\alpha. \tag{7}$$

α ist der durch (I,17) definierte Absorptionsgrad. Der Galvanometerausschlag ist demnach bei konstantem Φ_0 dem Absorptionsgrad proportional, der Proportionalitätsfaktor wird durch eine Lösung bekannter Konzentration empirisch ermittelt. Stellt man etwa mit Hilfe eines zum Galvanometer parallel geschalteten Widerstands unter völliger Abdunklung des Elements Z_1 auf den Ausschlag 100 ein, so ergibt die Messung unmittelbar die Prozente Absorption.

In der Nullstellung des Galvanometers kompensieren sich Intensitätsschwankungen der Strahlungsquelle, wie die Differentiation von (7) zeigt, denn aus

$$\frac{\mathrm{d}i}{\mathrm{d}\Phi_0} = k(1-\vartheta) \tag{8}$$

folgt $\mathrm{d}i/\mathrm{d}\Phi_0 = 0$ für $\vartheta = 1$. Die Galvanometerausschläge selbst sind jedoch von Intensitätsschwankungen nicht unabhängig, wie häufig angenommen wird. Aus (7) und (8) ergibt sich

$$\frac{\mathrm{d}i}{i} = \frac{\mathrm{d}\Phi_0}{\Phi_0}, \tag{9}$$

d.h. *die relativen Schwankungen* (in Prozenten) *sind für Galvanometerausschlag und Strahlungsintensität gleich groß. Wie diese Rechnung zeigt, kann man bei Ausschlagsmethoden auch durch Verwendung zweier Zellen keine Unabhängigkeit der Messung von der Inkonstanz der Strahlungsquelle erreichen.* Dagegen sind diese durch Schwankungen von Φ_0 bedingten

[1] Strenggenommen wird auch monochromatische Strahlung vorausgesetzt, denn nur in diesem Fall ändert sich die spektrale Zusammensetzung der Strahlung durch Einschalten der Lösung nicht. Bei polychromatischer Strahlung (Verwendung von Filtern!) bleibt k nicht konstant, selbst wenn die spektrale Empfindlichkeitsverteiung der beiden Empfänger gleich ist.

Fehler wesentlich kleiner als bei Einzellenmethoden. Will man also die Genauigkeit visueller Methoden erreichen, so muß man die Intensität der Strahlungsquelle auf wenigstens 1% und damit die an der Lampe liegende Spannung auf wenigstens 0,3% genau konstant halten, was ebenfalls die Benutzung der Netzspannung ohne besondere Stabilisierung ausschließt.

Eine erhöhte Meßgenauigkeit läßt sich dadurch erzielen, daß man nicht den Ausschlag für die Gesamtextinktion der Lösung, sondern für eine Extinktions*differenz* gegenüber einer Vergleichslösung bekannter Konzentration mißt[1]. Auf diese Weise steht der gesamte Skalenbereich des Strommeßinstruments für diese Differenz zur Verfügung. Beträgt die Differenz $1/n$ der zu messenden Gesamtextinktion, so sinkt die relative Streuung auf den n-ten Teil, falls die Konzentration der Vergleichslösung mit entsprechend großer Sicherheit bekannt ist.

Bei hohen Ansprüchen an die zu erreichende Meßgenauigkeit muß man mit einer einzigen Küvette arbeiten, die man nacheinander mit Lösungsmittel und Lösung füllt; falls man unter Benutzung zweier Küvetten Lösung und Lösungsmittel gegeneinander vertauscht, wie dies in Abb. 115 angedeutet ist, so ist man gewöhnlich gezwungen, die sogenannte „Trogdifferenz“ zu bestimmen, die durch geringe Verschiedenheiten der Küvetten bzw. Unsymmetrien des Verschiebungsmechanismus bedingt ist. Man füllt zu diesem Zweck beide Küvetten mit dem reinen Lösungsmittel, bringt sie abwechselnd in den Strahlengang und berücksichtigt den dabei auftretenden Ausschlag als Korrektur bei der eigentlichen Messung. Diese Trogdifferenz ist gewöhnlich klein, muß jedoch von Zeit zu Zeit nachgeprüft werden, wenn man größere Meßgenauigkeit erreichen will.

Bei manchen nach dem Zweizellenausschlagsverfahren arbeitenden Geräten ist die Lösungsmittelküvette vor dem einen, die Lösungsküvette vor dem andern Photoelement angebracht, so daß die Strahlengänge symmetrisch sind. Man kompensiert, indem man beide Küvetten mit dem Lösungsmittel füllt, mit Hilfe der Blenden und ersetzt dann in einer derselben das Lösungsmittel durch die Lösung. Diese Methode bedeutet nichts prinzipiell Neues.

b) Kompensationsmethoden eignen sich, soweit man Einzellenmethoden benutzt, in erster Linie für Photozellen: man kompensiert die an einem Hochohmwiderstand abfallende Photospannung mit einem Potentiometer, wobei sich die Extinktion aus dem Widerstandsverhältnis bei der aufeinanderfolgenden Messung von Lösungsmittel und Lösung ergibt. Das Anzeigegerät wird dabei nicht als Meß-, sondern als Nullinstrument benutzt, so daß eventuelle Nullpunkts- und Empfindlichkeitsschwankungen die Messung nicht beeinflussen. Das Schema einer solchen *Einzellenkompensationsmethode* ist in Abb. 117 dargestellt. Die vom Monochromatorspalt S ausgehende Strahlung fällt auf die Zelle Z, der Photostrom ruft an den Enden des Hochohmwiderstands R_2 einen Spannungsabfall hervor, der durch das Potentiometer R_3 kompensiert wird,

[1] Vgl. dazu M. Q. Freeland u. J. S. Fritz: Anal. Chem. 27, 1737 (1955) und die dort angegebene Literatur.

bis der Elektrometerfaden bzw. das Anzeigegerät wieder das Potential Null erhält. Als Nullinstrument dient z. B. das Elektrometer E mit den Schutzwiderständen R_4. Als Potentiometer verwendet man am besten eine Kurbelmeßbrücke. Steht eine solche nicht zur Verfügung, so läßt sich die Kompensationsspannung auch mittels eines geeigneten, zum

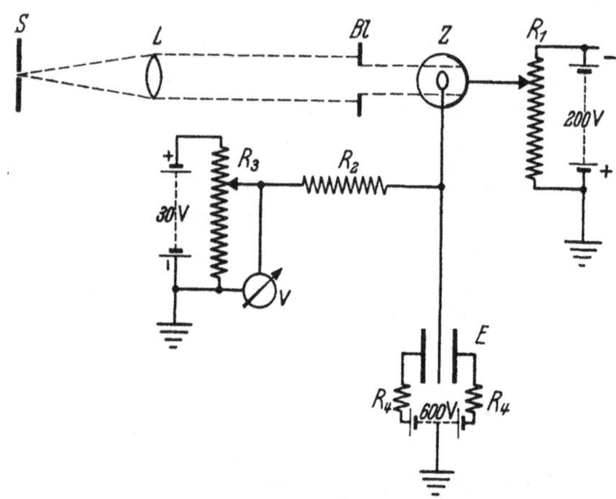

Abb. 117. Schema einer Einzellenkompensationsmethode mit Photozelle

abgegriffenen Widerstand parallel gelegten Voltmeters V messen. Nach diesem Prinzip ist die von v. Halban und Geigel[1] beschriebene Anordnung aufgebaut, die als das erste brauchbare lichtelektrische Photometer überhaupt bezeichnet werden kann.

Kompensation ist erreicht, wenn der Photostrom i_z gleich ist dem in R_2 fließenden Kompensationsstrom i_2, d.h. wenn die Bedingung erfüllt ist

$$\frac{U_z}{R_z} = \frac{U_2}{R_2}, \tag{10}$$

wobei U_Z die an die Zelle angelegte Spannung, U_2 die variable Kompensationsspannung, R_Z den mit der Bestrahlungsstärke variablen Widerstand der Zelle, R_2 den Hochohmableitwiderstand darstellt. Ist der Photostrom i der Bestrahlungsstärke proportional, d.h.

$$i = \frac{U_z}{R_z} = k\Phi, \tag{11}$$

so folgt

$$\Phi = \frac{1}{kR_2} U_2 = \text{const}\, U_2. \tag{12}$$

Bei Kompensation ist der auf die Zelle fallende Strahlungsstrom der angelegten Gegenspannung proportional, so daß das Verhältnis der Gegenspannungen bzw. der zugehörigen Abgreifwiderstände am Potentiometer

[1] Halban, H. v. u. H. Geigel: Z. physik. Chem. 96, 214 (1920).

bei Φ bzw. Φ_0 unmittelbar die Durchlässigkeit des absorbierenden Stoffes liefert. *Auch in diesem Fall ist also die Proportionalität zwischen Beleuchtungsstärke und Photostrom vorausgesetzt,* die deshalb in jedem Fall nachzuprüfen ist und eine Steigerung der Genauigkeit über 1000 (0,1%) hinaus begrenzt. Da infolge der Kompensation der Spannungsabfall an der Zelle stets der gleiche bleibt und man daher immer an derselben Stelle der Charakteristik arbeitet, lassen sich in diesem Fall auch *gasgefüllte Zellen* verwenden.

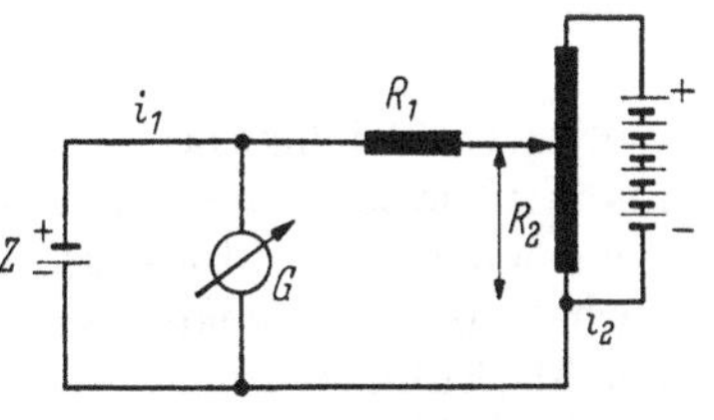

Abb. 118. Einzellenkompensationsmethode mit Photoelement

Eine analoge Kompensationsschaltung für Photoelemente zeigt Abb. 118. Man wählt $R_1 \gg R_2$. Bei Stromlosigkeit im Galvanometer gilt $U_Z = U_2$ bzw. $R_1 i_Z = R_2 i_2$. Wird auch hier $i_Z = k\Phi$ vorausgesetzt, so erhält man

$$\Phi = \frac{i_2 R_2}{k R_1} = \text{const}\, R_2 . \tag{13}$$

Die Intensitätsschwankungen der Strahlungsquelle lassen sich im Fall der Abb. 117 nicht durch eine Zweizellenanordnung eliminieren; dabei müßte nämlich die zweite Zelle an Stelle des Widerstands R_2 eingebaut

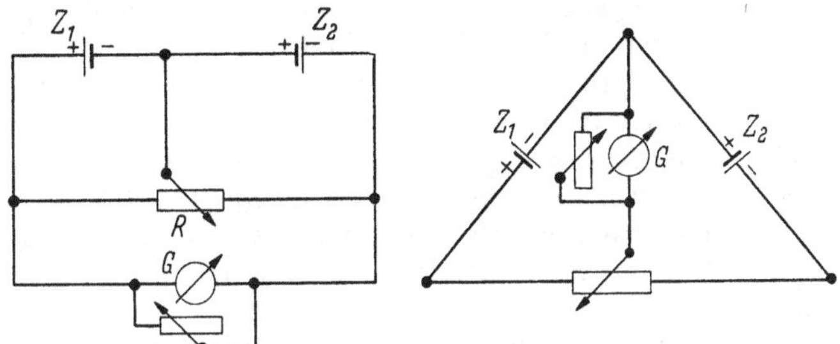

Abb. 119. Bruckenschaltungen fur Kompensationsmethode mit 2 Photoelementen

werden, und die variable Kompensationsspannung an dieser Zelle wäre wegen der nichtlinearen Stromspannungscharakteristik der Zellen (vgl. Abb. 74) den Bestrahlungsstärken der Meßzelle nicht proportional. Dagegen kann man mit Photoelementen *Zweizellenkompensationsmethoden* aufbauen, die auch in manchen käuflichen Geräten verwendet werden. und zwar mit Hilfe von Brückenschaltungen, wie sie in Abb. 119 dargestellt sind. Wählt man bei gegebenen Photoströmen i_1 und i_2 die Widerstände R_1 und R_2 so, daß die Spannungsabfälle U_1 und U_2 an ihnen gleich groß sind, so fließt im Galvanometer G kein Strom. Für diese Kompensationsstellung gilt demnach, wieder unter Voraussetzung der Proportionalität von Bestrahlungsstärke und Photostrom, analog zu (6)

$$U_1 = i_1 R_1 = k \vartheta \Phi_0 R_1 = U_2 = i_2 R_2 = k \Phi_0 R_2 , \tag{14}$$

wenn sich im Strahlengang 1 der absorbierende Stoff mit der Durchlässigkeit ϑ befindet. Es folgt

$$\vartheta = \frac{R_2}{R_1}; \qquad (15)$$

die Durchlässigkeit ergibt sich unmittelbar aus dem Widerstandsverhältnis in Kompensationsstellung. Benutzt man als Widerstand etwa einen homogenen Schleifdraht auf einer Meßlatte, so wird ϑ gleich dem Längenverhältnis der Brückenzweige. Das Galvanometer dient hier ausschließlich als Nullinstrument.

Auch hier kompensieren sich in der Nullstellung des Galvanometers die eventuellen Intensitätsschwankungen der Strahlungsquelle. Ohne Kompensation fließt durch das Galvanometer ein Strom

$$i = \frac{U_2 - U_1}{R_G} = \frac{k\Phi_0 R_2 - k\vartheta\Phi_0 R_1}{R_G}. \qquad (16)$$

Durch Differentiation erhält man

$$\frac{di}{d\Phi_0} = \frac{kR_2 - k\vartheta R_1}{R_G}. \qquad (17)$$

Es wird $di/d\Phi_0 = 0$ fur $\vartheta = R_2/R_1$, d.h. für Kompensationsstellung. *Da in diesem Fall stets durch Einstellung der Kompensation gemessen wird, ist diese Methode im Gegensatz zur Zweizellenausschlagsmethode von der Inkonstanz der Strahlungsquelle völlig unabhängig.* Dies gilt streng zwar nur unter den gemachten und in Wirklichkeit nicht zutreffenden Voraussetzungen (Proportionalität zwischen i und Φ[1]; monochromatische Strahlung usw.), ist aber praktisch für die von Filterphotometern verlangten Genauigkeiten meistens genügend erfüllt, wenn man möglichst gleiche Photoelemente benutzt und die Widerstände möglichst klein wählt, damit die Photoelemente angenähert unter Kurzschlußbedingungen arbeiten (vgl. Abb. 82). Aus diesem Grund ist auch die zweite Schaltung der ersten vorzuziehen.

Zu den beschriebenen Brückenschaltungen zur Kompensation von Photoströmen gibt es verschiedene Variationen, die im Prinzip dasselbe leisten und deshalb nicht im einzelnen behandelt werden sollen[2].

c) Substitutionsmethoden. Die in den bisher beschriebenen Meßverfahren vorausgesetzte Proportionalität zwischen Bestrahlungsstärke und Photostrom, die bei Photozellen und Vervielfachern nur bedingt und in gewissen Grenzen, bei den übrigen lichtelektrischen Empfängern grundsätzlich nicht vorhanden ist (vgl. S. 173), schränkt den Wert dieser Methoden stark ein und macht die Meßergebnisse so unsicher, daß man mit visuellen Methoden im allgemeinen das Gleiche oder sogar mehr erreichen wird. Damit ist aber ein *wesentlicher* Zweck objektiver photometrischer Methoden, nämlich die Erreichung höherer Meßgenauigkeiten, verfehlt. Um ihn verwirklichen zu können, muß man zu *Substitutionsmethoden*

---

[1] Damit diese angenähert gewahrt ist, dürfen die Widerstande R nicht zu hoch sein (vgl. Abb. 82).

[2] Vgl. dazu B. A. Brice: Rev. sci. Instruments 8, 279 (1937).

übergehen, indem man die Extinktion der Lösung durch eine meßbar veränderliche Lichtschwächung ersetzt, so daß der vom Empfänger gelieferte Strom während der Messung konstant bleibt und man eine *reine Nullmethode* vor sich hat. Verwendet man außerdem zwei Empfänger in Kompensationsschaltung, so werden die im wesentlichen durch die Eigenschaften der Empfänger und durch Intensitätsschwankungen der Lichtquelle bedingten Fehlerquellen[1] unwirksam, so daß alle Voraussetzungen für die Erreichung höherer Meßgenauigkeiten gegeben sind[2]. Das Schema einer Zweizellensubstitutionsmethode ist in Abb. 120 wiedergegeben[3];

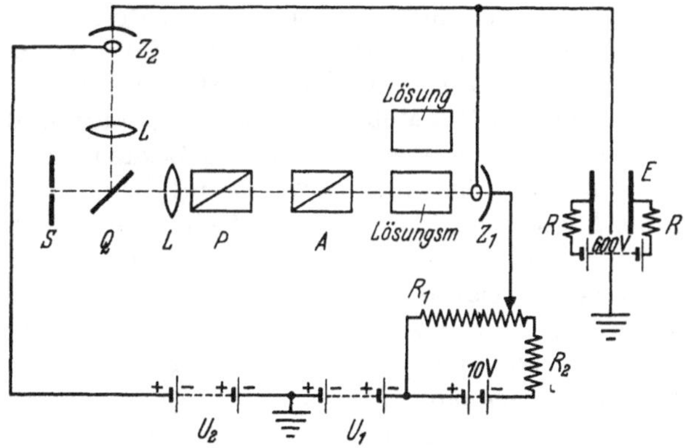

Abb. 120. Schema einer Zweizellensubstitutionsmethode

sie eignet sich in erster Linie für Photozellen oder Multiplier. Die meßbare Lichtschwächung wird hier durch zwei Polarisationsprismen P und A dargestellt, von denen der Analysator A die Kreisteilung trägt. Das Strahlenbündel wird mit der um 45° gegen die optische Achse geneigten Quarzplatte Q geteilt, die etwa 10% durch Reflexion auf die Vergleichszelle Z_2 leitet. Die beiden Photoströme werden vor der Messung mit Hilfe der Spannungsregulierung R_1 und R_2 kompensiert[4], als Nullinstrument dient das Elektrometer E. Im übrigen haben die Bezeichnungen dieselbe Bedeutung wie in Abb. 117. Zwischen den beiden Methoden besteht insofern eine Analogie, als in der Zweizellenanordnung lediglich der Hochohmwiderstand R_2 der Abb. 117 durch die Kompensationszelle Z_2 ersetzt ist, die einen mit der Beleuchtung variablen Widerstand darstellt (vgl. auch S. 237). Bei Kompensation ist der Spannungsabfall des Photostroms an der Kompensationszelle gleich der Saugspannung U_2, die an

[1] Bestehen bleibt lediglich die S. 226, Anm. 1 genannte Voraussetzung.

[2] Erstmalig wurde eine Zweizellensubstitutionsmethode von H. v. Halban u. K. Siedentopf [Z. physik. Chem. **100**, 208 (1922)] für Absorptionsmessungen verwendet.

[3] Es ist vielleicht nicht überflüssig, darauf hinzuweisen, daß man keine Nullmethode mehr vor sich hat, wenn man die zu messende Extinktion in dem einen, die meßbare Lichtschwächung im anderen Strahlengang anbringt, wie es gelegentlich empfohlen wird.

[4] R_1 ist z.B. ein in 10 Stufen unterteiltes Potentiometer von 10^5 Ohm, R_2 ein in Stufen von 1 Ohm variierbarer Kurbelrheostat von 10^4 Ohm. Auf diese Weise läßt sich die Spannung an Z_1 sehr fein regulieren.

der Zelle liegt. Mit solchen Anordnungen läßt sich, wie später im einzelnen gezeigt werden soll (vgl. S. 270), ein Höchstmaß an Genauigkeit erreichen. Ist die Strahlungsintensität genügend groß bzw. sind die Empfänger in dem benutzten Spektralgebiet genügend empfindlich, so ist die Genauigkeit praktisch allein durch die Ablesestreuung der Lichtschwächungseinrichtung begrenzt (vgl. S. 59, 95) und kann außerordentlich weit getrieben werden.

Eine völlig analoge Anordnung läßt sich auch mit Sekundärelektronenvervielfachern (vgl. S. 269) bzw. mit Photoelementen aufbauen, mit dem Unterschied, daß hier die beiden Photoströme nicht durch Regulierung der Vorspannung, sondern durch Änderung des Intensitätsverhältnisses der beiden Lichtbündel (z.B. mit Hilfe einer Blende) bzw. durch eine der Brückenschaltungen der Abb. 119 kompensiert werden[1].

d) Flimmermethoden. Das Meßprinzip beruht darauf, daß die zu vergleichenden Strahlenbündel, die einerseits die Lösung, andererseits das Lösungsmittel durchsetzt haben, *abwechselnd* auf die gleiche Zelle fallen, wobei man das letztere mittels einer Lichtschwächungsvorrichtung so lange schwächt, bis die beiden Photoströme einander gleich geworden sind und man einen konstanten Ausschlag des Meßinstruments erhält[2]. Der Bestrahlungswechsel wird z.B. mit Hilfe eines Strahlenunterbrechers[3] erreicht, der so konstruiert sein muß, daß die *Strahlungsleistungen der beiden Bündel einen Phasenunterschied von* 180° *gegeneinander zeigen.* Während also das eine Bündel allmählich schwächer wird, wird das andere in gleichem Maße stärker, so daß bei gleicher Extinktion in beiden Strahlengängen die Summe der Strahlungsleistungen stets konstant ist. Dies läßt sich etwa durch einen rotierenden Sektor mit einer ungeraden Zahl von Öffnungen oder durch ein rotierendes Polarisationsprisma (vgl. Abb. 121) erreichen. Intensitätsschwankungen der Strahlungsquelle werden dabei allerdings nur dann kompensiert, wenn sie langsamer erfolgen als der Wechsel der Beleuchtung; dagegen spielen Abweichungen von der Proportionalität zwischen Beleuchtungsstärke und Photostrom keine Rolle, weil man auf gleiche Intensität der beiden Strahlenbündel einstellt. Man mißt wie bei der Kompensationsmethode (vgl. S. 228) den Spannungsabfall an einem Hochohmwiderstand z.B. mit einem Potentiometer und einem Nullinstrument. In neuerer Zeit verstärkt man meistens die Wechselstromkomponente des Photostroms, die mit einem geeigneten Anzeigeinstrument registriert wird; man variiert die Lichtschwächungseinrichtung so lange, bis diese Wechselstromkomponente verschwindet.

Dieses Meßverfahren hat sich in den letzten Jahren wegen seiner Voraussetzungslosigkeit[4] weitgehend durchgesetzt und wird in zahlreichen käuflichen Geräten benutzt, insbesondere bei IR-Spektrometern. Eine

---

[1] Vgl. dazu G. Kortüm u. W. Koch: Spectrochim. Acta im Druck.

[2] Hier befinden sich also – im Gegensatz zur Substitutionsmethode – Losung und Lichtschwächung in verschiedenen Strahlengängen.

[3] Über verschiedene Typen von Strahlenunterbrechern vgl. z.B. G. Kivenson: J. opt. Soc. Amer. **40**, 112 (1950).

[4] Vorausgesetzt wird eigentlich nur monochromatische Strahlung (vgl. S. 226, Anm. 1).

wesentliche Forderung bei der Konstruktion eines solchen Gerätes ist die, daß wegen der variablen Oberflächenempfindlichkeit aller lichtelektrischen Empfänger die beiden Strahlenbündel jeweils auf exakt die gleiche Stelle der Photokathode fallen. Diese Bedingung erfordert einen recht beträchtlichen konstruktiven Aufwand (vgl. z.B. Abb. 154). Man kann sie dadurch umgehen, daß man die beiden Strahlenbündel über eine ULBRICHTsche Kugel (vgl. S. 347) dem Empfänger zuführt. Abb. 121 zeigt das Schema einer derartigen Einzellenflimmermethode (HARDY-Spektrophotometer, vgl. S. 318).

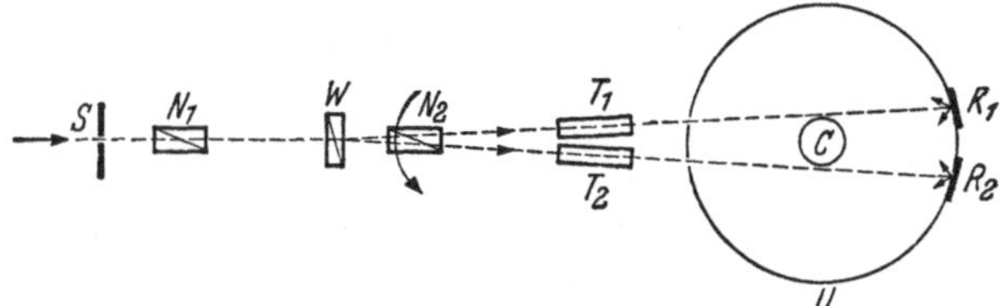

Abb. 121. Schema einer Einzellenflimmermethode

Die aus dem Spalt S eines Doppelmonochromators austretende Strahlung wird durch das ROCHON-Prisma N_1 polarisiert und durch das WOLLASTON-Prisma W in zwei zueinander senkrecht polarisierte Strahlenbündel zerlegt, die das rasch rotierende zweite ROCHON-Prisma N_2 passieren. Dadurch wird jedes der beiden Strahlenbündel abwechselnd durchgelassen und ausgelöscht; die Phasenverschiebung beträgt 180°, die Modulationsfrequenz 60 Hz. Dann durchsetzen die beiden Strahlenbündel je einen Trog mit Lösung bzw. Lösungsmittel (T_1 und T_2) und treten in eine ULBRICHTsche Kugel U ein, wo die Strahlung durch die Flächen R_1 und R_2 gestreut und durch eine hinter dem Fenster C befindliche Photozelle gemessen wird. Durch Verdrehen des ersten Nicols kann das Verhältnis der Intensitäten beider Strahlenbündel beliebig geändert werden, so daß man die Absorption der Lösung kompensieren und messen kann. Solange die beiden Bündel verschiedene Intensität haben, entsteht ein pulsierender Gleichstrom, dessen Wechselstromkomponente verstärkt wird. Der verstärkte Wechselstrom wird der Erregerspule eines Motors zugeführt, der das ROCHON-Prisma N_1 so lange dreht, bis Gleichheit der Strahlungsleistung hinter den beiden Trögen erreicht ist. Dann verschwindet die Wechselstromkomponente des Photostroms, und aus dem Drehwinkel von N_1 läßt sich die Extinktion der Lösung berechnen. Allerdings hat ein solcher Servomechanismus den Nachteil, daß bei Näherung an den Abgleichspunkt die verfügbare Energie abnimmt, d.h. im Abgleichspunkt selbst ist die Empfindlichkeit der Anordnung gleich Null. Dies gilt für alle registrierenden Geräte mit optischem Nullabgleich.

Im HARDY-Spektrophotometer ist die obengenannte Bedingung, daß die Intensitäten der beiden Strahlenbündel einen Phasenunterschied von 180° gegeneinander zeigen, in idealer Weise erfüllt. Bei Benutzung eines Sektors als Strahlenunterbrecher verlangt diese Bedingung, daß die Intensität beider Strahlenbündel über den ganzen Querschnitt homogen ist, und damit eine sehr exakte Strahlenführung. Man kann nun den für das Flimmerprinzip notwendigen Bestrahlungswechsel auch in der Weise erreichen, daß man ein Strahlenbündel mit Hilfe eines Kippspiegels abwechselnd auf die beiden Lichtwege umlenkt. Dann ist jedoch die obige Bedingung nicht mehr erfüllt, d.h. man erhält bei gleicher Extinktion in beiden Strahlengängen keinen Gleichstrom, sondern einzelne Stromimpulse, die einem Wechselstrom äquivalent sind. Bei ungleicher Extinktion erhält man einen modulierten Wechselstrom ungleicher Amplitude, so daß eine Einstellung auf gleiche Extinktion mit Hilfe der Lichtschwächung nicht ohne weiteres möglich ist. In diesem Fall benutzt man ein *Phasentrennverfahren* (vgl. S. 309), das mit Hilfe eines mit dem Kippspiegel synchronisierten Umschalters die Stromimpulse der Photozelle voneinander trennt und den Gittern zweier Verstärkerröhren zuführt. Eine geeignete Schaltung ermöglicht es, wieder mit Hilfe der Lichtschwächung auf gleiche Extinktion in beiden Strahlengängen einzustellen, jedoch ist dieses Verfahren nicht ganz so einwandfrei, da die Messung von den Röhrencharakteristiken abhängig wird.

e) Verstärkung des Photostroms. Man kann die Empfindlichkeit einer lichtelektrischen Meßanordnung ganz wesentlich dadurch vergrößern, daß man den Photostrom verstärkt. Man ist dazu immer dann gezwungen, wenn die zur Verfügung stehende Strahlungsintensität so gering ist, daß der Photostrom mit den empfindlichsten Meßinstrumenten nicht mehr mit der erwünschten Genauigkeit gemessen werden kann, oder wenn die Meßanordnungen zu träge werden. Daraus ergeben sich für Verstärkermethoden verschiedene Anwendungsgebiete: a) Die Messung soll im kurzwelligen UV vorgenommen werden, wo die spektrale Empfindlichkeit aller Photozellen stark absinkt, so daß auch bei relativ hoher Intensität keine direkt meßbaren Photoströme mehr erhalten werden. b) Man will mit sehr spektralreiner Strahlung arbeiten, um absolute Extinktionswerte zu erhalten (Spektrometrie). Dies bedingt sehr enge Monochromatorspalte bei hoher Dispersion, wie sie auch bei spektrographischen Methoden verwendet werden, und deshalb entsprechend geringe Intensitäten. c) Die zur Verfügung stehenden Intensitäten sind außerordentlich gering, wie es etwa bei Fluorescenz- und Trübungsmessungen, insbesondere aber bei der RAMAN-Streuung der Fall ist.

Häufig wird man solche Probleme dadurch lösen können, daß man in den beschriebenen Anordnungen die Photozellen durch Sekundärelektronenvervielfacher ersetzt. Es hat sich jedoch gezeigt, daß es in vielen Fällen trotzdem wünschenswert ist, den Photostrom nachträglich noch zu verstärken, so daß moderne käufliche Geräte, auch solche, die mit Multipliern ausgerüstet sind, meistens mit zusätzlicher Verstärkung arbeiten. Das hat den Vorteil, daß man die hochempfindlichen Anzeigeinstrumente wie Spiegelgalvanometer oder Elektrometer durch einfachere Zeigerinstrumente (Mikroamperemeter) ersetzen kann. Bei Multipliern kann man außerdem die Stufenspannung und damit auch den Dunkelstrom merklich herabsetzen, wenn man den Photostrom nachträglich verstärkt.

Wenn man ohne Verstärkung und ohne Sekundärelektronenvervielfacher auskommen will, wird man, um möglichst hohe Empfindlichkeit zu erreichen, Photoelemente, Photowiderstände oder gasgefüllte Photozellen verwenden. Die Trägheitsgrenze einer Zweizellenanordnung etwa nach Abb. 120 läßt sich leicht aus der Strom-Spannungs-Charakteristik der gasgefüllten Zellen berechnen[1], wenn man die Kompensationszelle als variablen Hochohmwiderstand auffaßt (vgl. S. 231), dessen Wert R von der angelegten Spannung U und von der auffallenden Strahlungsintensität abhängt. R ist bei konstantem Photostrom i um so kleiner, je kleiner die Zellenspannung, d.h. je größer die Strahlungsintensität ist. Für eine gasgefüllte Na-Zelle ergab sich z.B. für $i = 2 \cdot 10^{-10}$ Amp. ein Zellenwiderstand $R = 10^{11}$ Ohm, und aus der Charakteristik der Zelle eine Stromempfindlichkeit

$$\Delta i = \frac{\Delta U}{R} = 3 \cdot 10^{-14}\,\text{Amp.} \tag{18}$$

Je größer nun R und je größer die Kapazität des ganzen angeschlossenen Systems (Elektrometer, Photozellen und Leitungen) ist, um so größer wird die *Trägheit* der Apparatur; diese läßt sich durch die sogenannte Halbwertszeit messen, welche angibt, innerhalb welcher Zeit eine Spannung U infolge Abfließens der Ladung über den Widerstand R auf die Hälfte abgesunken ist. Für eine Zweizellenapparatur ($C \cong 100$ cm) und den angegebenen Wert von $R = 10^{11}$ Ohm ergibt sich eine Halbwertszeit von 7 sec, was bedeutet, daß die Apparatur bei Photoströmen von der Größenordnung 10^{-11} Amp. schon sehr träge ist. Dies macht sich im „Kriechen" des Elektrometerfadens bemerkbar. Kleinere Photoströme als etwa $2 \cdot 10^{-10}$ Amp. lassen sich deshalb mit einer Zweizellenanordnung nicht direkt messen, so daß man in solchen Fällen ebenfalls auf die Verstärkung des Photostroms angewiesen ist, obwohl die Stromempfindlichkeit der Anordnung von $3 \cdot 10^{-14}$ Amp. bei Benutzung eines Einfadenelektrometers von $3 \cdot 10^{-3}$ Volt/Skalenteil Empfindlichkeit noch genügen würde, um eine Meßgenauigkeit von 10000 (0,01%) zu erreichen.

Der *Verstärkungsfaktor* für den Photostrom kann nun nicht beliebig weit getrieben werden, da selbst unter günstigsten Versuchsbedingungen die statistischen Schwankungen des Photostroms infolge des Schroteffekts (vgl. S. 148) bei zu hoher Verstärkung eine so große Inkonstanz des Nullpunkts bewirken, daß dadurch die Meßgenauigkeit stark beeinträchtigt werden würde. Bezeichnet man die Zahl der je Sekunde austretenden Photoelektronen mit z, so ist die mittlere Stromstärke gegeben durch $i_0 = z e_0$, und Gleichung (II,63) läßt sich in der Form schreiben

$$\sqrt{\overline{\Delta i^2}} = \frac{C\, i_0}{\sqrt{z}} \quad \text{oder} \quad \frac{\sqrt{\overline{\Delta i^2}}}{i_0} \approx \frac{1}{\sqrt{z}}\,. \tag{19}$$

Die mittlere relative Schwankung des Photostroms ist $\sqrt{z}$ umgekehrt proportional. Für verschiedene Werte von z ergeben sich z.B. die folgenden mittleren relativen und absoluten Schwankungen des Photostroms:

---

[1] Vgl. W. Deck: Helv. physica Acta **11**, 3 (1938).

Tabelle 18. *Relative und absolute Schwankungen des Photostroms in Abhängigkeit von der Stromstärke*

z Elektronen/sec	i_0 Photostrom in Amp.	$1/\sqrt{z}$	Absolute Schwankungen in Amp.
10^8	$1{,}6 \cdot 10^{-11}$	$10^{-4} = 0{,}01\%$	$1{,}6 \cdot 10^{-15}$
10^6	$1{,}6 \cdot 10^{-13}$	$10^{-3} = 0{,}10\%$	$1{,}6 \cdot 10^{-16}$
10^4	$1{,}6 \cdot 10^{-15}$	$10^{-2} = 1{,}00\%$	$1{,}6 \cdot 10^{-17}$

Diese statistischen Schwankungen des Photostroms begrenzen natürlich die maximal erreichbare Genauigkeit der Strommessung und damit der Messung der Strahlungsintensität bei so kleinen Photoströmen. Praktisch sind die Schwankungen infolge Inkonstanz der Strahlungsquelle, ungleichmäßiger Stoßionisation in gasgefüllten Zellen und ähnlicher Fehlerquellen sogar noch etwas größer. Man kann also z.B. einen Photostrom der Größenordnung von 10^{-13} Amp. im günstigsten Fall mit einer Unsicherheit von 0,1% messen, vorausgesetzt, daß der Verstärker eine Stromempfindlichkeit von $1 \cdot 10^{-16}$ Amp. besitzt. Umgekehrt ist es daher zwecklos, die Stromempfindlichkeit des Verstärkers über diesen Betrag hinaus wesentlich zu vergrößern, da die natürlichen Schwankungen des Stroms die höhere Empfindlichkeit wertlos machen würden.

Der Photostrom kann auf verschiedene Weise verstärkt werden. Entweder man leitet den zu verstärkenden Strom direkt über einen großen Gitterableitwiderstand einer Elektronenröhre; dadurch erleidet das Gitterpotential eine Änderung, die ihrerseits eine Änderung des Anodenstroms der Röhre bewirkt: Gleichstromverstärkung; oder man formt den Photostrom in Wechselstrom um. Dazu zerhackt man den auf die Zelle fallenden Strahlungsstrom mechanisch[1] oder man benutzt sogenannte Wechsellichtmethoden, indem man die Strahlungsquelle selbst periodisch unterbricht, d.h. mit einer Wechselspannung betreibt. Dazu eignen sich natürlich nur Gasentladungslampen, die allein genügend trägheitsarm sind[2]. Der so entstehende pulsierende Photostrom wird verstärkt und schließlich zur Messung wieder gleichgerichtet: Wechselstromverstärkung. Bei derartigen Methoden ist natürlich stets dafür zu sorgen, daß die Frequenz der intermittierenden Beleuchtung dem benutzten Empfänger angepaßt wird, da manche derselben schon bei kleinen Frequenzen merklich frequenzabhängig sind (vgl. S. 175).

α) *Gleichstromverstärkung.* Legt man an eine Photozelle, die mit einem Widerstand R in Serie geschaltet ist, eine Gleichspannung U, so fließt bei Bestrahlung der Kathode ein Strom. Der Spannungsabfall an R bei gegebener Bestrahlungsstärke läßt sich graphisch aus der Strom-Spannungs-Charakteristik der Photozelle mit Hilfe der sogenannten Widerstandsgeraden (load line) sofort ablesen: Man zieht von dem gegebenen U aus eine Gerade mit negativer Neigung des Betrags $1/R$; der Schnitt-

---

[1] Statt dessen kann man zur periodischen Unterbrechung auch eine Kerr-Zelle unter Benutzung polarisierter Strahlung verwenden (vgl. V. K. Zworykin u. E. G. Ramberg: Photoelectricity and its application, New York 1950).

[2] Über die Modulierung von Glühlampen mit Hilfe von Wechselstrom vgl. J. E. Tyler: J. opt. Soc. Amer. **40**, 693 (1950).

punkt dieser Geraden mit der Charakteristik der Photozelle gibt an, wie sich die angelegte Spannung U auf die Photozelle und den Widerstand verteilt. In Abb. 122 ist dies an einer Schar von Charakteristiken einer Vakuumzelle nach Abb. 74 dargestellt[1], wobei $U = 100$ Volt und R gleich 2 bzw. 10 bzw. 20 Megohm gewählt wurde. Mit einem Widerstand von 10 Megohm und einem Strahlungsstrom von 0,1 Lumen beträgt der Spannungsabfall an der Zelle 80 Volt, am Widerstand R 20 Volt. Erhöht man die Strahlungsintensität auf 0,2 Lumen, so beträgt die Spannungsänderung an R angenähert 20 Volt, wie aus Abb. 122 hervorgeht. Das ist wesentlich mehr, als zum Betrieb einer Verstärkerröhre notwendig ist, woraus umgekehrt folgt, daß man noch sehr viel kleinere Intensitätsänderungen durch Verstärkung des Photostroms messen kann. Damit bei Verwendung hoher Widerstände, die größere Spannungsänderungen bei kleinen Intensitätsänderungen ergeben und deshalb höhere Empfindlichkeiten erreichen lassen, der Schnittpunkt mit der Widerstandsgeraden nicht in den gekrümmten Teil der Photozellencharakteristik fällt, muß man gegebenenfalls die Gesamtspannung U entsprechend erhöhen (vgl. die gestrichelte Gerade in Abb. 122).

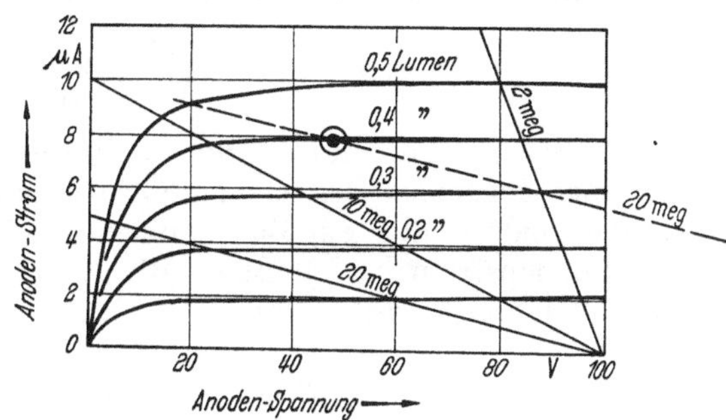

Abb. 122. Prinzip der Widerstandsgeraden angewendet auf Vakuum-Photozelle und Widerstand

Da eine auch nur annähernd vollständige Beschreibung der Verstärkungstechnik von Photoströmen mit ihren zahlreichen Schaltungsmöglichkeiten den Rahmen dieses Buches weit überschreiten würde, soll hier nur auf die Grundprinzipien eingegangen werden; bezüglich Einzelheiten muß auf die Originalliteratur oder zusammenfassende Darstellungen verwiesen werden[2]. Benutzt man den Spannungsabfall am Widerstand R in Abb. 122 als Gitterspannung einer Verstärkerröhre, so erhält man das

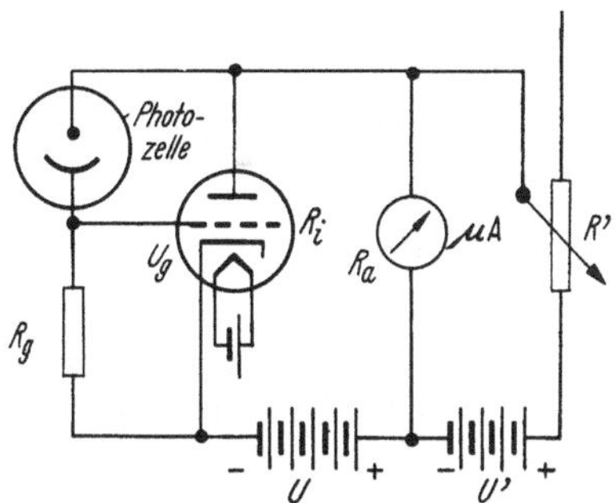

Abb. 123. Einfaches Schaltbild einer Photogleichstromverstarkung mit Kompensationsschaltung

[1] RICHTER, W.: Fundamentals of Industrial Electronic Circuits, New York 1947.

[2] Vgl. z. B.: W. RICHTER: Fundamentals of Industrial Electronic Circuits, New York 1947; V. K. ZWORYKIN u. E. G. RAMBERG: Photoelectricity and its application, New York 1950; J. MARKUS u. V. ZELUFF: Handbook of Industrial Electronic Circuits, New York 1948, S. 183ff.; H. ROTHE u. W. KLEEN: Elektronenröhren, Leipzig 1948; M. KULP: Elektronenröhren und ihre Schaltungen, Göttingen 1951; C. G. CANNON: Electronics for Spectroscopists, Hilger & Watts, London 1960.

einfachste Schaltbild einer Photostromverstärkung, wie es in Abb. 123 dargestellt ist. Mit zunehmender Bestrahlungsstärke der Photozelle wird nach Abb. 122 der Spannungsabfall an R_g größer, das Gitter positiver gegenüber der Kathode, so daß der Anodenstrom ansteigt. Es gelten folgende Definitionen: Der *Verstärkungsfaktor* der Röhre[1]

$$\mu \equiv -\left(\frac{\Delta U_A}{\Delta U_g}\right)_{i_A = \mathrm{const}} \tag{20}$$

ist der Betrag, um den die Anodenspannung geändert werden muß, um bei einer gegebenen Gitterspannungsänderung den Anodenstrom konstant zu halten, d.h. ein Maß dafür, wieviel stärker die Gitterspannung den Anodenstrom beeinflußt als die Anodenspannung. Der *dynamische* (*innere*) *Widerstand* der Röhre

$$R_i \equiv \frac{\Delta U_A}{\Delta i_A} \quad (U_g = \mathrm{const}) \tag{21}$$

ist die Tangente an jedem Punkt der Strom-Spannungs-Charakteristik einer Röhre bei gegebenem Gitterpotential. Die *Steilheit* einer Röhre

$$S \equiv \frac{\Delta i_A}{\Delta U_g} \quad (U_A = \mathrm{const}) \tag{22}$$

gibt die Änderung des Anodenstroms bei einer Änderung des Gitterpotentials bei konstanter Anodenspannung an. Es gilt offenbar die Beziehung

$$\mu = S R_i. \tag{23}$$

Erhöht man also die Anodenspannung um ΔU_A bei konstanter Gitterspannung, so ändert sich der Anodenstrom um

$$\Delta i'_A = \frac{\Delta U_A}{R_i}. \tag{24}$$

Macht man die Gitterspannung, die nach (20) eine μ-mal größere Wirkung auf den Anodenstrom hat, um ΔU_g positiver, so ändert sich dieser um

$$\Delta i''_A = \frac{\mu \Delta U_g}{R_i}. \tag{25}$$

Für kleine (differentielle) Änderungen gilt bei gleichzeitiger Änderung von Anoden- und Gitterspannung

$$\Delta i_A = \Delta i'_A + \Delta i''_A = \frac{\mu \Delta U_g + \Delta U_A}{R_i}. \tag{26}$$

Eine Erhöhung der Gitterspannung um ΔU_g hat nun in der Anordnung Abb. 123 stets eine gleichzeitige Abnahme der Anodenspannung zur Folge, denn da Röhre und Lastwiderstand R_a in Serie liegen und die Gesamtspannung U konstant ist, muß eine Erhöhung des Anodenstroms

[1] Sein reziproker Wert ist im Idealfall gleich dem sogenannten Durchgriff der Röhre.

eine Vergrößerung des Spannungsabfalls an R_a und damit eine Verkleinerung des Spannungsabfalls an der Röhre bewirken, die gegeben ist durch

$$\Delta U_A = -\Delta i_A R_a . \tag{27}$$

Setzt man dies in Gleichung (26) ein, die ganz allgemein gültig ist, so wird

$$\Delta i_A = \frac{\mu \Delta U_g - \Delta i_A R_a}{R_i} \tag{28}$$

oder umgeformt

$$\Delta i_A = \frac{\mu \Delta U_g}{R_i + R_a} . \tag{29}$$

Diese Anodenstromänderung ruft eine Spannungsänderung am Lastwiderstand R_a hervor, die gegeben ist durch

$$\Delta U_a = \frac{\mu \Delta U_g}{R_i + R_a} R_a . \tag{30}$$

Der *Spannungsgewinn* durch die Verstärkung ergibt sich demnach zu

$$G \equiv \frac{\Delta U_a}{\Delta U_g} = \mu \frac{R_a}{R_i + R_a} = \mu \frac{1}{1 + \frac{R_i}{R_a}} . \tag{31}$$

Der Spannungsgewinn ist also einerseits durch den Verstärkungsfaktor μ, andererseits durch den Faktor $R_a/(R_i + R_a)$ bestimmt. Da letzterer stets kleiner ist als 1, kann G niemals größer werden als μ, d.h. μ ist gewissermaßen der Grenzwert von G bei $R_a \to \infty$, woher auch der Name „Verstärkungsfaktor" kommt. Die Größen μ, R_i und S sind für die Arbeitsbedingungen einer Röhre gewöhnlich gegeben bzw. können aus der Charakteristik entnommen werden, so daß man G für verschiedene R_a berechnen kann. Ist z.B. $\mu = 10$, $R_i = 2000$ Ohm, $R_a = 2000$ Ohm, so wird $G = 5$; ist der Gitterableitwiderstand $R_g = 1$ Megohm, so entspricht das einem Gewinn an Stromempfindlichkeit von

$$\frac{\Delta i_A}{\Delta i_g} = G \frac{R_g}{R_a} = 2500 .$$

Der Widerstand R' in Abb. 123 zusammen mit der Hilfsspannung U' dient als Potentiometer zur Kompensation des Dunkelstroms der Photozelle.

Um hohe Empfindlichkeiten zu erreichen, muß man R_a möglichst hoch wählen, damit kleine Intensitätsänderungen der Strahlung merkliche Änderungen des Gitterpotentials bewirken. Das bedeutet andererseits, daß sowohl Kathode der Photozelle wie Gitter der Verstärkerröhre möglichst gut isoliert sind, damit nicht Kriechströme über die Wände der Röhren auftreten, die von derselben Größenordnung sind wie der zu verstärkende Photostrom. Man wählt deshalb für derartige Zwecke häufig sogenannte *Elektrometerröhren*, bei denen die Träger der Elektroden aus Quarz bestehen, so daß der Isolationswiderstand sehr groß (bis zu 10^{15} Ohm) und der Gitterstrom sehr klein ($< 10^{-13}$ Amp.) wird[1]. Macht man außerdem die Anodenspannung so klein, daß noch keine Stoßionisation eintreten kann, und reduziert schließlich die Heizung der Kathode auf etwa zwei Drittel der normalen, so daß kein Oxyd von der Kathode verdampfen und sich auf dem Gitter niederschlagen kann, so kann man Gitterableitwiderstände R_g in der Größenordnung von 10^{10} Ohm verwenden. Trotz der geringen Steilheit solcher Spezialröhren kann man bei so großem R_g eine Stromverstärkung um den Faktor 10^6 bis 10^7 erreichen, wie die obige Rechnung zeigt. Verwendet man also im Anodenstromkreis ein Galvanometer von 10^{-10} Amp. Empfindlichkeit, so lassen sich mittels *einer* Verstärkerstufe noch Photoströme von etwa 10^{-16} Amp. nachweisen bzw. Photoströme von 10^{-13} Amp. noch mit einer Unsicherheit von etwa 0,1% messen, was auch die durch den Schroteffekt gegebene Grenze darstellt (vgl. Tabelle 18). Will man Zeigerinstrumente benutzen, so muß man weitere Verstärkerstufen anfügen[2].

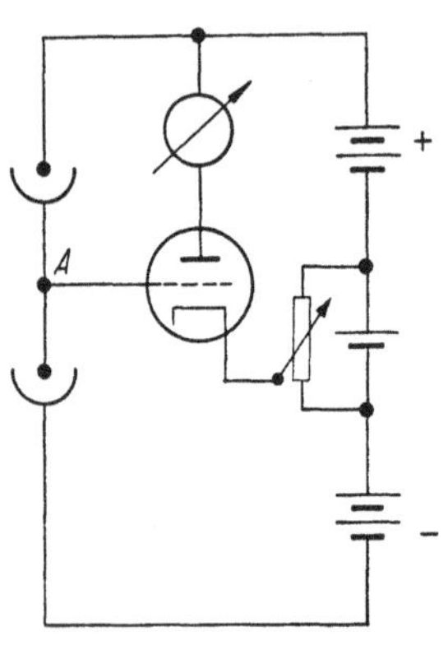

Abb. 124. Zweizellenanordnung mit Gleichstromverstarkung

Für *Zweizellenmethoden* kann man auch bei Verstärkung des Photostroms eine Anordnung benutzen, die der von Abb. 120 völlig analog ist. Die Schaltung ist in Abb. 124 angegeben. Die beiden Zellen sind in Serie geschaltet. Besitzen sie die gleiche Charakteristik und werden sie gleich stark bestrahlt, so beträgt das Potential des Punkts A genau die Hälfte der angelegten Gesamtspannung. Faßt man wieder die eine Zelle als mit der Beleuchtungsstärke variablen Arbeitswiderstand der anderen Zelle auf, so kann man auch hier die Gitterpotentialänderungen bei Änderung der Bestrahlungsstärke mit Hilfe des in Abb. 122 dargestellten Prinzips unmittelbar ablesen. Der Unterschied besteht nur darin, daß die „Widerstandsgerade“ hier keine Gerade mehr ist, sondern durch die Charakteristik der zweiten Zelle ersetzt werden muß, d.h. man trägt die Charakteristiken der beiden Photozellen gegeneinander auf, wie es in Abb. 125 dargestellt ist. Unter den angenommenen Bedingungen (gleiche Charakteristik und gleiche Bestrahlungsstärke der beiden

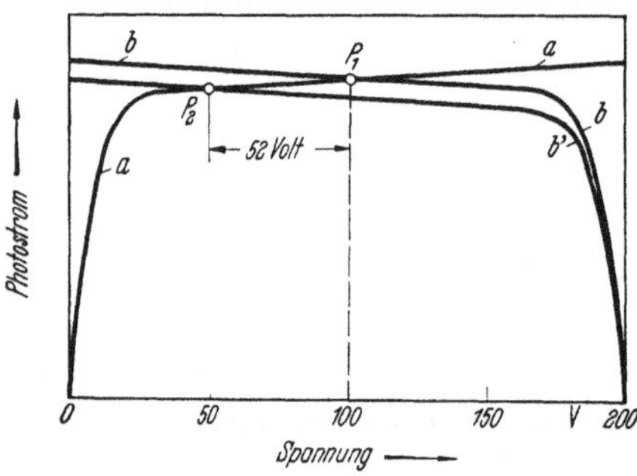

Abb. 125. Arbeitsweise der Anordnung von Abb. 124 auf Grund der Zellencharakteristiken

[1] Stehen solche Röhren nicht zur Verfügung, so kann man auch den Sockel einer Röhre abnehmen und die Gitterzuführung gesondert herausführen. Auch durch nachträgliches Überziehen der Röhre mit Wachs kann man die Isolation weiter verbessern. Vgl. auch C. E. NIELSEN: Rev. sci. Instr. 18, 18 (1947).

[2] Über die verschiedenen Schaltungsmöglichkeiten zur Kopplung mehrerer Gleichstromverstärkerstufen vgl. z.B.: W. RICHTER: s. S. 237, Anm. 1.

Zellen) schneiden sich die beiden Charakteristiken im Punkt P_1. Wird nun die Bestrahlungsstärke der einen Zelle um einen kleinen Betrag verringert, so daß sich ihre Charakteristik von b nach b' verschiebt, so wandert der Schnittpunkt nach P_2, d.h. das Gitterpotential ändert sich um einen sehr hohen Betrag, der um so größer ist, je flacher die Charakteristiken der beiden Zellen verlaufen[1]. Die Anordnung ist daher außerordentlich empfindlich. Um diese Empfindlichkeit ausnutzen zu können, muß man wieder die oben erwähnten Maßnahmen treffen (hochisoliertes Gitter, kleine Gitterströme usw.). Häufig ist sie allerdings so groß, daß dauernde Schwankungen des Meßinstruments auftreten. Man kann dem dadurch entgegenwirken, daß man die Charakteristiken der beiden Zellen steiler macht, was sich durch eine der beiden Schaltungen in Abb. 126 erreichen läßt. Man schaltet den beiden Photozellen bzw. der Verstärkerröhre einen Hochohmwiderstand parallel. Je nach der Größe desselben kann man die Empfindlichkeit in weiten Grenzen variieren. Die beiden Schaltungen sind einander prinzipiell äquivalent.

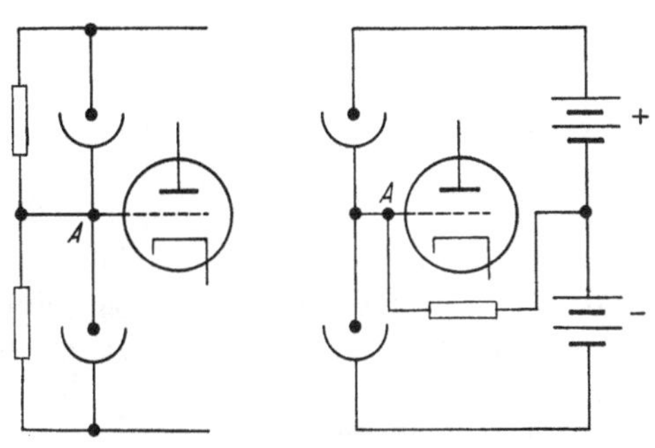

Abb. 126. Schaltbilder zur Variation der Empfindlichkeit von Zweizellenanordnungen nach Abb. 124

Die bisher erwähnten Anordnungen haben den Nachteil, daß der Gewinn an Stromempfindlichkeit durch den Verstärker stark von kleinen Änderungen in den Arbeitsbedingungen der Röhren (angelegte Spannungen, Charakteristik) abhängt, was sich in der Inkonstanz des Nullpunkts am Meßinstrument bemerkbar macht. Man kann dies sehr weitgehend verhindern, allerdings auf Kosten des Verstärkungsfaktors, durch die sogenannte *Gegenkopplung* (negative feedback). Das Prinzip besteht darin, daß man einen bestimmten Bruchteil $-\beta U_2$ der Ausgangsspannung U_2 des Verstärkers mit der zu verstärkenden Eingangsspannung U_1 in Serie schaltet in der Weise, daß beide sich entgegenwirken (vgl. Abb. 127). Der gesamte Spannungsgewinn des Verstärkers ohne Gegenkopplung sei G, d. h. die Ausgangsspannung am Lastwiderstand sei G-mal größer als die Eingangsspannung am Gitter.

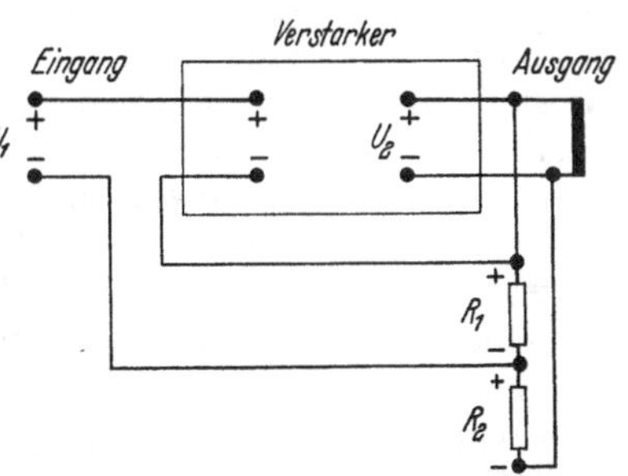

Abb. 127. Prinzip der Gegenkopplung

[1] Der Ausschlag des Mikroamperemeters ist also in erster Näherung der *Differenz* der Bestrahlungsstärken proportional. Mit zwei Zellen lassen sich auch Schaltungen ausführen, bei denen der Ausschlag der Abweichung des Intensitäts*verhältnisses* vom Wert 1 proportional ist (vgl. dazu z.B.: W. RICHTER: s. S. 237, Anm. 1).

Dann wird die Ausgangsspannung mit Gegenkopplung

$$U_2 = G(U_1 - \beta U_2), \tag{32}$$

d.h. der Spannungsgewinn beträgt nur noch

$$\frac{U_2}{U_1} = \frac{G}{1 + \beta G}. \tag{33}$$

Für große Werte von G (hohe Verstärkung) wird

$$\frac{U_2}{U_1} \cong \frac{1}{\beta} \quad (\beta G \gg 1), \tag{34}$$

was bedeutet, daß der Spannungsgewinn von den Eigenschaften der Verstärkerröhre weitgehend unabhängig wird und praktisch nur noch von den Elementen der Kopplungsschaltung abhängt. In Abb. 127 bestehen diese einfach aus den beiden Widerständen R_1 und R_2, durch deren Verhältnis β festgelegt ist. Ist z.B. $G = 1000$, $R_1/R_2 = 1/9$, so wird 1/10 der Ausgangsspannung durch Gegenkopplung der Eingangsspannung überlagert, d.h. es ist $\beta = 0{,}1$. Damit wird nach Gleichung (33) $U_2/U_1 = 9{,}9$, d.h. der Gesamtspannungsgewinn geht von 1000 auf rund 10 zurück, dafür wird er aber von der Charakteristik des Verstärkers praktisch unabhängig. Außerdem wird die Entstehung von Oberschwingungen bzw. Kombinationsschwingungen der Eingangsfrequenz im Verstärker stark reduziert. Man kann ferner erreichen, daß nur ein schmales Frequenzband verstärkt wird, was bedeutet, daß der Verstärker *selektiv* wirkt. Derartige Verstärker mit Gegenkopplung zeigen eine sehr weitgehende Linearität zwischen Ausschlag des Meßinstruments und Gitterpotential bzw. Photostrom, so daß sie heute fast ausschließlich zur Photostromverstärkung verwendet werden. Für photometrische Zwecke wäre allerdings auch eine logarithmische Beziehung zwischen Ausschlag und Bestrahlungsstärke sehr erwünscht. Tatsächlich lassen sich Röhren herstellen (sogenannte Regelröhren [remote cutoff tubes]), die zusammen mit einem Kathodenwiderstand geeigneter Größe einen Anodenstrom liefern, der in einem gewissen Bereich dem Logarithmus des angelegten Gitterpotentials proportional ist. Der Kathodenwiderstand bewirkt dabei eine Gegenkopplung. Benutzt man einen solchen logarithmischen Verstärker etwa zusammen mit einer Photozelle zur Photometrierung von Lösungen, so ist der Ausschlag des Anodenstrommeßinstruments direkt den Extinktionen und damit den Konzentrationen des absorbierenden Stoffs proportional. Durch geeignete Wahl des Gitterableitwiderstands kann man den Meßbereich auch den Extinktionen bzw. Extinktionskoeffizienten verschiedener Stoffe anpassen[1].

Für die Gegenkopplung gibt es zahlreiche andere Schaltungsmöglichkeiten, auf die hier im einzelnen nicht eingegangen werden kann[2].

---

[1] Vgl. R. H. Müller u. G. F. Kinney: J. opt. Soc. Amer. **25**, 342 (1935).

[2] Vgl. dazu etwa H. W. Bode: Network Analysis and Feedback Amplifier Design, New York 1945; R. H. Müller, R. L. Garman u. M. E. Droz: Experimental Electronics, New York 1942; M. Kulp: Elektronenröhren und ihre Schaltungen, Göttingen 1951; C. G. Cannon: Electronics for Spectroscopists, London 1960.

Eine sehr eingehende und kritische Untersuchung über die *Leistungsfähigkeit* von Verstärkeranordnungen, über die erreichbare Genauigkeit bei Extinktionsmessungen mit kleinsten Photoströmen sowie über die kurzwellige Grenze, bei welcher noch Messungen möglich sind, hat DECK[1] durchgeführt. Die höchstmögliche Genauigkeit erreicht man aus den früher eingehend diskutierten Gründen (vgl. S. 231) natürlich auch hier nur mit Substitutionsmethoden. Es zeigte sich, daß bei größeren Photoströmen ($i \sim 3 \cdot 10^{-11}$ Amp.) sich Extinktionen mit einer Streuung von weniger als 0,02% messen lassen, was der Meßgenauigkeit mit analogen Methoden ohne Verstärkung entspricht (vgl. S. 270); bei kleinsten Photoströmen ($10^{-12} > i > 10^{-13}$ Amp.) erreicht die relative Streuung nicht ganz 0,1%, was wegen der natürlichen Schwankungen ohnehin etwa die Grenze des Erreichbaren darstellt. Für die letztgenannten Messungen wurden als Strahlungsquelle die Hg-Linien 2750, 2537 und 2480 Å bei doppelter Zerlegung benutzt.

β) *Wechselstromverstärkung.* Die Gleichstromverstärkung hat auch bei photometrischen und spektrometrischen Aufgaben, bei denen gewöhnlich nur langsam variierende Photoströme und entsprechende Gitterspannungen auftreten, eine Reihe prinzipieller Nachteile, die teils durch Schwankungen der Heiz- und Anodenspannung und das dadurch bewirkte Wandern der Röhrenkennwerte bedingt sind, teils durch die erhöhten Anforderungen an gute Isolation des Gitters, geringe Gitterströme usw. (vgl. S. 239ff.). Diese Nachteile treten in besonderem Maße hervor, wenn man gezwungen ist, wegen sehr kleiner Strahlungsintensitäten mehrstufig zu verstärken. Jedes Wandern des Arbeitspunktes der Röhre in der ersten Stufe wird natürlich durch die folgenden Stufen mitverstärkt. Außerdem treten gewisse Schwierigkeiten in der Kopplung der verschiedenen Stufen auf, die damit zusammenhängen, daß das Anodenpotential der ersten Röhre sehr viel höher (positiver) liegt als die notwendige Gittervorspannung der darauffolgenden Stufe, was nur durch zusätzliche Batteriespannungen kompensiert werden kann[2]. Aus diesen Gründen erweist es sich häufig als vorteilhafter, die kleinen durch den Photostrom bewirkten Eingangsspannungen in Wechselspannungen umzuwandeln, die sich sehr viel einfacher verstärken lassen. Auf diese Weise können auch Photoströme aus Photoelementen, Photowiderständen, Thermoelementen usw. leicht verstärkt werden, indem man den Wechselstrom über einen Kondensator oder einen Transformator dem Gitter zuführt und falls nötig mit einem Transformator anpaßt.

Man erreicht die Umwandlung in Wechselspannungen dadurch, daß man die auf die Photozelle fallende Strahlung periodisch unterbricht. Dazu dienen Sektoren oder Lochscheiben, die gewöhnlich von Synchronmotoren angetrieben werden[3]. Die Frequenz ergibt sich aus dem Produkt von Umlaufzahl der Scheibe und Zahl der Öffnungen. Statt mit

---

[1] DECK, W.: Helv. physica Acta **11**, 2 (1938).

[2] Über die verschiedenen Schaltungsmöglichkeiten zur Kopplung zwischen Gleichstromverstärkerstufen vgl. z. B.: W. RICHTER, M. KULP l. c. S. 237 Anm. 2.

[3] Über verschiedene Typen von Unterbrechern vgl. G. KIVENSON: J. opt. Soc. Amer. **40**, 112 (1950).

dieser mechanischen Methode kann man das Strahlenbündel auch mit Hilfe einer KERR-Zelle in Verbindung mit zwei Polarisationsprismen periodisch unterbrechen, oder man kann eine Strahlungsquelle sehr geringer Trägheit (Gasentladungslampen) mit Wechselstrom konstanter Frequenz betreiben und erhält so unmittelbar einen periodischen Intensitätswechsel. Schließlich kann man einen Wechselstrom in einem Sekundärelektronenvervielfacher dadurch erzeugen, daß man an die letzte Stufe eine Wechselspannung statt einer Gleichspannung legt[1]. Bei konstanter Bestrahlungsstärke besteht dann der Photostrom aus einer Folge einzelner Impulse, die äquivalent ist einer Gleichstromkomponente (bestimmt durch den zeitlichen Mittelwert des Photostroms), überlagert durch eine Wechselstromkomponente gegebener Grundfrequenz (bestimmt durch die Frequenz des Unterbrechers) und einer Reihe von Oberschwingungen. Sowohl die Gleichstromkomponente wie die Oberschwingungen lassen sich durch geeignete Filterkreise leicht eliminieren, so daß nur die Grundfrequenz des Wechselstroms übrigbleibt. Variiert die Intensität der Strahlung langsam, so treten kleine Verschiebungen (Modulation) dieser Grund- oder Trägerfrequenz auf, die dadurch zustande kommen, daß sich Trägerfrequenz und Modulationsfrequenz überlagern. Dieser einen schmalen Frequenzbereich überdeckende Wechselstrom wird in analoger Weise wie in Abb. 123 dem Gitter der ersten Verstärkerstufe zugeführt.

Weitere Verstärkerstufen werden kapazitiv mit einem Kondensator (in Verbindung mit einem Widerstand) oder induktiv mit einem Transformator angekoppelt. Beide Methoden haben Vor- und Nachteile. Während für die Verstärkung hochfrequenter Wechselströme die kapazitive Kopplung bei weitem geeigneter und praktisch unentbehrlich ist, hat die induktive Kopplung für den hier vorliegenden Fall den Vorteil, daß man Gleichstromkomponente und Oberschwingungen durch Verwendung eines Resonanzkreises für die Trägerfrequenz gleichzeitig aussieben kann[2]. In Abb. 128 ist das Schema einer solchen Wechselstromverstärkung dargestellt. Der aus der Kapazität C_1 und der parallel geschalteten Selbstinduktion L_1 bestehende Schwingkreis verhält sich bei der Resonanzfrequenz ν_0 wie ein (scheinbarer) Widerstand R, der gegeben ist durch

$$R = \frac{\sqrt{r^2 + (2\pi\nu_0 L_1)^2}}{r\,2\pi\nu_0 C_1} \cong \frac{2\pi\nu_0 L_1}{r\,2\pi\nu_0 C_1} = \frac{L_1}{r\,C_1} \quad (\text{für } r \ll 2\pi\nu_0 L_1)\,. \tag{35}$$

r ist der (sehr kleine) OHMsche Widerstand der Induktionsspule. Hat die an das Gitter angelegte Wechselspannung ebenfalls die Frequenz ν_0, so kann man die an den Enden von L_1 auftretende Wechselspannung nach Gleichung (30) berechnen, indem man R_a durch den scheinbaren Widerstand R ersetzt:

$$\varDelta U_{L_1} = \frac{\mu\,\varDelta U_g R}{R_i + R}\,. \tag{36}$$

[1] CLIPPELEIR, C. DE u. R. BRECKPOT: Spectrochim. Acta 4, 516 (1950 bis 1952).

[2] Man gewinnt dadurch die weitere Annehmlichkeit, daß Tageslicht keinen Einfluß auf die Messung hat; man kann ohne Abdeckung des Strahlenganges im Photometer arbeiten.

An den Enden der Sekundärspule L_2 des Transformators tritt dann eine Wechselspannung auf von der Größe

$$\Delta U_{L_2} = \Delta U_{L_1} \frac{M}{L_1}, \tag{37}$$

worin M die gegenseitige Induktion der beiden Spulen darstellt. Damit erhält man für den Spannungsgewinn je Stufe des Verstärkers den Ausdruck

$$\frac{\Delta U_{L_2}}{\Delta U_g} = \frac{\mu R}{R_i + R} \frac{M}{L_1}. \tag{38}$$

Der Kathodenwiderstand R_k hat den Zweck, das Gitter negativ gegenüber der Kathode zu machen, er ersetzt also die Gittervorspannung. Ihm parallel liegt die Kapazität C_k, deren Impedanz bei der Frequenz ν_0 klein

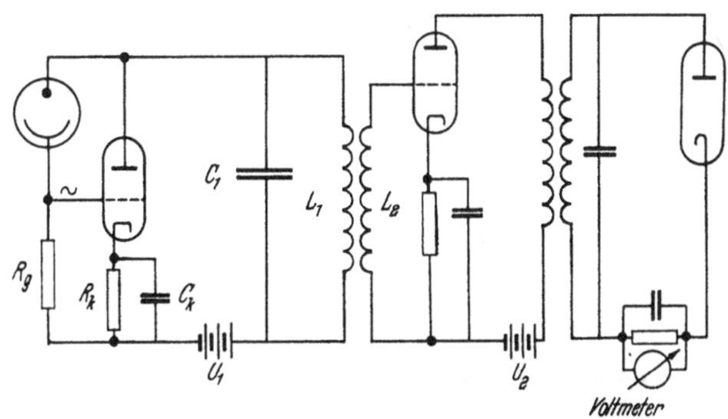

Abb. 128. Schaltbild einer Wechselstromverstarkung mit induktiver Kopplung

sein muß gegenüber dem Widerstand R_k, damit die Wechselstromkomponente praktisch ungehindert durchgelassen wird. Die Ausgangsspannung des Verstärkers wird mit einem Wechselstromvoltmeter gemessen, oder der Wechselstrom wird, wie in Abb. 128 angedeutet, mit einer Diode gleichgerichtet und mit einem Gleichstrominstrument gemessen.

Auch die Wechselstromverstärkung kann durch Gegenkopplung von der Charakteristik der Röhren und von Spannungsschwankungen weitgehend unabhängig gemacht werden, so daß man eine gut lineare Beziehung zwischen Endausschlag und Gitterpotential erhält.

γ) *Galvanometerverstärker*. Schließlich bestehen noch Möglichkeiten zur Verstärkung des Photostroms auf optischem Weg mit Hilfe sogenannter *Galvanometerverstärker*[1]. In Abb. 129 ist das Prinzip schematisch dargestellt. Der Glühfaden einer Lampe wird vergrößert auf dem Spiegel des primären Spannbandgalvanometers abgebildet; die rechteckige Blende in der Linsenebene wird ihrerseits von der Linse vor dem Galvanometer auf einem aus zwei Hälften bestehenden Differentialphotoelement (vgl. die

[1] Vgl. z.B.: A. v. HILL: J. sci. Instruments 8, 262 (1931); L. BERGMANN: Z. techn. Physik 13, 568 (1932); R. B. BARNES u. R. MATOSSI: Z. Physik 76, 24 (1932); C. H. CARTWRIGHT: Rev. sci. Instruments 3, 221 (1932). Hersteller: B. Lange, Berlin-Zehlendorf.

Schaltung Abb. 119) abgebildet, dessen Hälften über ein sekundäres empfindliches Galvanometer gegeneinander geschaltet sind. Durch Tordierung des Spannbandsystems stellt man auf Nullstellung (gleiche Beleuchtung der beiden Hälften der Differentialzelle) ein. Ein geringer, durch das primäre Galvanometer fließender Photostrom bewirkt eine Verschiebung des Bildes der Blende auf der Differentialzelle und ruft dadurch einen vergrößerten Ausschlag des Sekundärgalvanometers hervor.

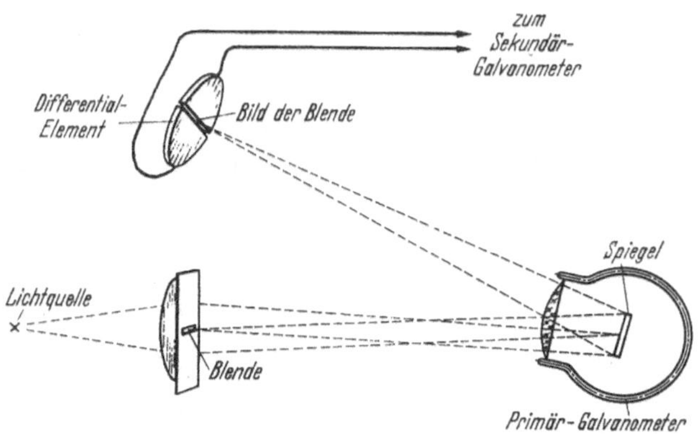

Abb. 129. Prinzip des Galvanometerverstarkers

Der Verstärkungsfaktor beträgt etwa 10^3, so daß sich auf diese Weise mit einem Sekundärgalvanometer von 10^{-10} Amp. Empfindlichkeit noch Photoströme von 10^{-13} Amp. bemerken lassen.

Für quantitative Messungen hat diese Methode den Nachteil, daß die variierende Oberflächenempfindlichkeit der Photoelemente (vgl. S. 176) merkliche Abweichungen von der Linearität zwischen den beiden Galvanometerausschlägen bewirken kann. Auch Nullpunktsänderungen des Primärgalvanometers werden mitverstärkt. Es sind deshalb zahlreiche Verbesserungsvorschläge gemacht worden[1], die zum Teil einen erheblichen Aufwand erfordern und die nur dadurch gerechtfertigt sind, daß man diese Art der Verstärkung auch für Thermoströme (IR-Spektrometrie) benutzt. Auch Galvanometerverstärker mit Gegenkopplung des Differentialphotoelements zum Primärgalvanometer sind entwickelt worden[2], wobei die Gegenkopplung auch in diesem Fall die Stabilität und Linearität des Endausschlags wesentlich verbessert. Im allgemeinen ist es jedoch vorzuziehen, bei geringen Bestrahlungsstärken auf Photoelemente ganz zu verzichten und statt dessen Photomultiplier zu verwenden. Photoelemente sollte man nur verwenden, wenn die verfügbaren Bestrahlungsstärken genügend hoch sind, so daß man den Photo-

[1] Vgl. z.B.: J. D. Hardy: Rev. sci. Instruments **1**, 429 (1930); A. H. Pfund: Science **69**, 71 (1929); F. A. Firestone: Rev. sci. Instruments **1**, 630 (1930); E. D. McAlister, G. L. Matheson u. W. J. Sweeney: Rev. sci. Instruments **12**, 314 (1941).

[2] Preston, J. S.: J. sci. Instr. **23**, 173 (1948).

strom unmittelbar mit einem geeigneten Galvanometer (z.B. Multiflexgalvanometer) messen kann.

2. Fehlerdiskussion

Der Vorteil der lichtelektrischen Zelle gegenüber dem Auge besteht darin, daß sie nicht auf relative Leuchtdichteunterschiede $\mathrm{d}\overset{*}{B}/\overset{*}{B}$, sondern auf *absolute Leistungsänderungen* $\mathrm{d}\Phi_0$ der Strahlung reagiert, so daß die relative Einstellstreuung $\mathrm{d}\Phi_0/\Phi_0$ durch Erhöhung der Beleuchtungsstärke fast beliebig klein gemacht werden kann. Daraus geht umgekehrt hervor, daß für genügend kleine Strahlungsintensitäten dieser Betrag $\mathrm{d}\Phi_0$ unter Umständen einen so beträchtlichen Bruchteil der Gesamtintensität ausmacht, daß die Genauigkeit der Messung unter die visueller Methoden absinkt. *Tatsächlich trifft die sehr verbreitete Ansicht, daß die Photozelle dem Auge an Empfindlichkeit stets überlegen sei, für kleine Beleuchtungsstärken nicht zu* (vgl. S. 145), was stets zu beachten ist, wenn nur sehr geringe Strahlungsintensitäten zur Verfügung stehen, wie dies etwa bei Fluorescenzmessungen der Fall sein kann.

Während man bei visuellen Messungen stets erreichen kann, daß die Genauigkeit praktisch allein durch die Einstellstreuung des Auges begrenzt wird (vgl. S. 142), hängt bei lichtelektrischen Methoden die Genauigkeit und damit auch die relative Streuung der Messung einerseits von der *Empfindlichkeit der Photozelle* gegenüber der absoluten Intensitätsänderung $\mathrm{d}\Phi_0$ der Strahlung, andererseits von dem *Ablesefehler der eigentlichen Meßvorrichtung*, also z.B. der Schichtdicke, der Meßblende, des Teilkreises, der Galvanometerskala usw. ab. Man muß sich deshalb bei jeder einzelnen Methode darüber klar sein, durch welchen Faktor die Gesamtstreuung bestimmt ist, bevor man Zahlenangaben darüber macht. So ist es beispielsweise sinnlos, eine Genauigkeit der gemessenen Extinktion von 1000 (0,1 %) anzugeben, wenn man zur Messung des Photostroms ein Zeigerinstrument mit Skalenablesung benutzt, da bereits der Ablesefehler derartiger Instrumente wesentlich größer ist. Ebenso sinnlos wäre es, ein lichtelektrisches Kolorimeter zu konstruieren, wenn man nicht die bei den gebräuchlichen Kolorimetern übliche Schichtdickenunterteilung wesentlich verfeinert. Außerdem haben Genauigkeitsangaben natürlich nur dann einen Wert, wenn nicht durch Inkonstanz der Meßbedingungen oder durch mangelnde Berücksichtigung der früher genannten spezifischen Eigenschaften der Photozellen zusätzliche und nicht kontrollierbare systematische Fehlerquellen einen wesentlich größeren Einfluß gewinnen als die Einstellstreuung der Zelle bzw. die Ablesestreuung der Meßvorrichtung.

Unter der Annahme, daß die Genauigkeit der Messung nicht durch die Ablesestreuung der Meßvorrichtung, sondern praktisch allein durch den absoluten Intensitätsunterschied $\mathrm{d}\Phi$ der Strahlung begrenzt ist, auf den die Zelle eben noch reagiert (NEP), ergibt sich die relative Streuung der Extinktionsmessung nach Gleichung (II,9) und dem Fehlerfortpflanzungsgesetz (I,95) zu

$$\frac{\mathrm{d}E}{E} = \frac{-0{,}4343}{E}\sqrt{\left(\frac{\mathrm{d}\Phi_0}{\Phi_0}\right)^2 + \left(\frac{\mathrm{d}\Phi}{\Phi}\right)^2}\,. \tag{39}$$

Der zweigliedrige Ausdruck entspricht der Tatsache, daß zu jeder Extinktionsmessung zwei Messungen des Photostroms notwendig sind. Je nach dem benutzten Meßverfahren ergeben sich etwas verschiedene Werte für $\mathrm{d}E/E$. Bei Ausschlags-, Kompensations- und Flimmermethoden ist der auf den Empfänger fallende Strahlungsstrom gegeben durch Φ_0 bzw. $\Phi = \Phi_0/10^E$, so daß man erhält (mit $\mathrm{d}\Phi = \mathrm{d}\Phi_0$):

$$\frac{\mathrm{d}E}{E} = \frac{-0{,}4343\sqrt{10^{2E}+1}}{\Phi_0 E}\,\mathrm{d}\Phi_0; \tag{40}$$

bei Substitutionsmethoden fällt beide Male der Strahlungsstrom Φ auf den Empfänger, so daß

$$\frac{\mathrm{d}E}{E} = -\frac{\sqrt{2}\cdot 0{,}4343\cdot 10^{E}}{\Phi_0 E}\,\mathrm{d}\Phi_0 = \frac{-0{,}61}{\Phi E}\,\mathrm{d}\Phi_0. \tag{41}$$

Für den Fall, daß die zu Φ_0 gehörende Einstellung praktisch ohne Fehler möglich ist, vereinfachen sich diese Gleichungen zu

$$\frac{\mathrm{d}E}{E} = -\frac{0{,}4343\cdot 10^{E}}{\Phi_0 E}\,\mathrm{d}\Phi. \tag{42}$$

Man sieht, daß die relative Streuung nicht mehr umgekehrt proportional mit E abnimmt, wie bei visuellen Messungen, sondern durch ein Minimum gehen muß, da die Ausdrücke $\sqrt{10^{2E}+1}/E$ bzw. $10^E/E$ sowohl für sehr kleine wie für sehr große Werte von E anwachsen. Aus der Minimumbedingung ergibt sich $E_{\mathrm{Min}} = 0{,}48$ bzw. $E_{\mathrm{Min}} = 0{,}43$, bei dieser Extinktion ist demnach die relative Streuung am kleinsten. Ihr Betrag ist ferner der Gesamtintensität Φ_0 umgekehrt und der Empfindlichkeit $\mathrm{d}\Phi_0$ des Empfängers direkt proportional. Man erhält für Ausschlags-, Kompensations- und Flimmermethoden

$$\left(\frac{\mathrm{d}E}{E}\right)_{\mathrm{Min}} = 2{,}7\,\frac{\mathrm{d}\Phi_0}{\Phi_0}, \tag{43}$$

für Substitutionsmethoden

$$\left(\frac{\mathrm{d}E}{E}\right)_{\mathrm{Min}} = 3{,}8\,\frac{\mathrm{d}\Phi_0}{\Phi_0}. \tag{44}$$

Setzt man den minimalen Fehler bei $E = 0{,}48$ bzw. $E = 0{,}43$ willkürlich gleich 1, so ergibt sich die Abhängigkeit der relativen Streuung von der gemessenen Extinktion aus Abb. 130. Man sieht, daß die Streuung innerhalb des Bereichs $0{,}1 < E < 1{,}1$ nicht über den doppelten Betrag der minimalen Streuung anwächst und erst außerhalb dieser Grenzen rasch größer wird. Man wird daher nach Möglichkeit in der Nähe der Extinktion von 0,43 bzw. 0,48, jedenfalls aber innerhalb der angegebenen Grenzen messen, um die Genauigkeit der Methode weitgehend auszunützen. *Besonders interessant an diesem Ergebnis ist die Tatsache, daß auch kleine Extinktionen von etwa* 0,1 *sich noch mit großer Genauigkeit messen lassen, was bei visuellen Methoden nicht der Fall ist.* Dies muß als ein besonderer Vorteil der lichtelektrischen Messung gewertet werden.

Aus Gleichung (39) kann man schließlich auch die *Nachweisgrenze* $\mathrm{d}c$ eines absorbierenden Stoffs berechnen, d.h. die Konzentration, die sich eben mit einer lichtelektrischen Methode noch erkennen läßt. Bei sehr kleinen Konzentrationen geht E gegen Null und Φ gegen Φ_0, so daß folgt

$$\mathrm{d}c = \lim_{E\to 0} \frac{\mathrm{d}E}{\varepsilon s} = \frac{-0{,}61}{\varepsilon s \Phi_0}\,\mathrm{d}\Phi_0 . \tag{45}$$

Die Nachweisgrenze liegt um so niedriger, je höher die zur Verfügung stehende Strahlungsintensität und je größer Schichtdicke und Extinktionskoeffizient ist bei gegebener Empfindlichkeit $\mathrm{d}\Phi_0$ des Empfängers.

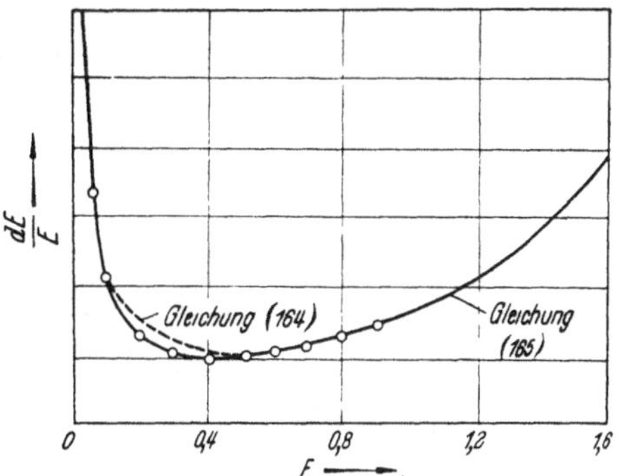

Abb. 130. Relative Streuung lichtelektrischer Extinktionsmessungen in Abhängigkeit von E, wenn die Genauigkeit durch $\mathrm{d}\Phi_0$ begrenzt ist

Für *Geräte mit nachfolgender Verstärkung des Photostroms* ergibt sich folgende Überlegung[1]: Während Φ_0 in der Regel ohne Verstärkung des Photostroms gemessen werden kann, hat man zur Messung von Φ je nach Größe der zu messenden Extinktion meistens mehrere Verstärkungsstufen zur Verfügung (z.B. beim BECKMAN-Photometer), die im Verhältnis $1:10^n$ stehen, wobei n eine ganze Zahl ist. Infolge der 10^n-fachen Verstärkung ist die von dem Empfänger (Photozelle + Verstärker) eben noch registrierte Intensitätsänderung nicht mehr durch $\mathrm{d}\Phi_0$ gegeben, sondern durch

$$\mathrm{d}\Phi = \frac{\mathrm{d}\Phi_0}{10^n}, \tag{46}$$

d.h. die Empfindlichkeit der Anordnung ist durch die Verstärkung um den Faktor 10^n erhöht. Damit ergibt sich aus Gleichung (39) durch Berücksichtigung von (46) für den relativen Fehler der gemessenen Extinktion bei einer Ausschlagsmethode an Stelle von (40):

$$\frac{\mathrm{d}E}{E} = -\frac{0{,}4343\sqrt{1+10^{2(E-n)}}}{\Phi_0 E}\,\mathrm{d}\Phi_0 ; \tag{47}$$

bei einer Substitutionsmethode an Stelle von (41):

$$\frac{\mathrm{d}E}{E} = -\frac{\sqrt{2}\cdot 0{,}4343\cdot 10^{E-n}}{\Phi_0 E}\,\mathrm{d}\Phi_0 . \tag{48}$$

Für $n = 0$ gehen die Formeln wieder in die früheren über. Will man eine Extinktion $E > 1$ messen, so erhält man z.B. aus (47), indem man $E = n + \Delta E$ setzt,

$$\frac{\mathrm{d}E}{E} = -\frac{0{,}4343}{(n+\Delta E)\Phi_0}\sqrt{1+10^{2\Delta E}}\,\mathrm{d}\Phi_0 . \tag{49}$$

[1] Vgl. G. CHARLOT u. R. GAUGUIN: Dosages Colorimetriques, Paris 1952.

Der relative Fehler wird jetzt ein Minimum, wenn $\Delta E = 0$ und wächst mit zunehmendem ΔE monoton an. Man wählt also nach Möglichkeit die Extinktion so, daß sie eben oberhalb des Verstärkungsfaktors n liegt. Auf diese Weise kann man erreichen, daß der relative Fehler bei großen Extinktionen sehr klein wird, wie dies auch bei visuellen Messungen der Fall war. Abb. 131 gibt die relative Streuung nach Gleichung (47) als Funktion von E an, wenn n nacheinander gleich 0, 1, 2, 3 gesetzt wird, während Φ_0 und $d\Phi_0$ als konstant angenommen sind.

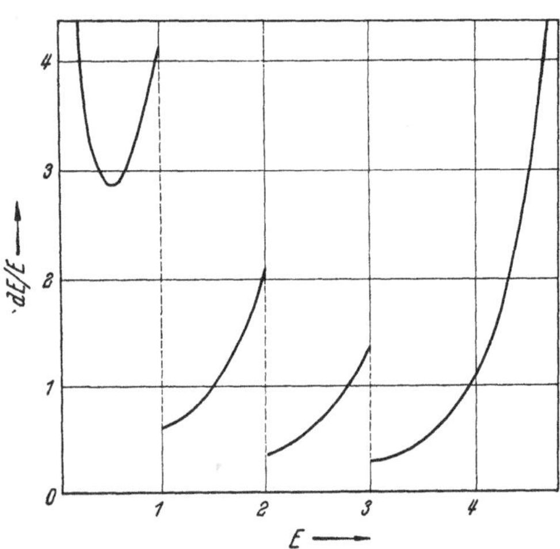

Abb. 131. Relative Streuung lichtelektrischer Extinktionsmessungen bei Photostromverstarkung in Abhängigkeit von E, wenn mehrere Empfindlichkeitsstufen (n = 0, 1, 2, 3, 4) zur Verfugung stehen

Statt nach (46) durch Verstärkung $d\Phi$ zu verkleinern, kann man natürlich auch Φ_0 erhöhen, um die relative Streuung möglichst klein zu machen. Bei der Messung großer Extinktionen tritt dann wieder das Problem auf, daß man Φ und Φ_0 nicht mit der gleichen Anordnung messen kann, da bei Ausschlagsmethoden die Skala des Strommeßinstruments nicht ausreicht und bei den übrigen Methoden die Ablesestreuung der Schwächungseinrichtungen bei großen Werten von E sehr rasch anwächst (vgl. Abb. 34, 37, 40). Man kann sich dann dadurch helfen, daß man eine Vergleichslösung desselben Stoffes bekannter Konzentration und ähnlicher Extinktion verwendet und lediglich die *Extinktionsdifferenz* ΔE mißt[1]. Bezeichnet man die Extinktion der Vergleichslösung mit E_v, die zugehörige Strahlungsintensität mit Φ_v, so ergibt die analoge Rechnung für die relative Streuung an Stelle von (48)

$$\frac{dE}{E} = \frac{-0{,}4343}{(E_v + \Delta E)\Phi_v} \sqrt{1 + 10^{2\Delta E}}\, d\Phi_0. \tag{50}$$

Damit die Streuung möglichst klein wird, müssen die Extinktionen von Vergleichs- und Meßlösung möglichst ähnlich sein; für konstantes ΔE nimmt die Streuung mit E_v ab. Diese Methode eignet sich also vor allem dann, wenn keine Verstärkung des Photostroms möglich ist. Notwendig ist dazu eine hohe Primärintensität Φ_0. Diese läßt sich stets auf Kosten der Spektralreinheit der Strahlung erreichen, indem man breitere Spalte oder Filter benutzt. Das bedeutet, daß man diese Methode vorwiegend für photometrische Zwecke heranziehen wird.

---

[1] Dies läuft wieder auf eine Kombination von photometrischer und kolorimetrischer Messung hinaus (vgl. S. 215).

Die gewonnenen Beziehungen gelten, wie erwähnt, unter der Voraussetzung, daß die Genauigkeit der Messung maßgeblich durch die Einstellstreuung des Empfängers bestimmt wird. Da man diese durch Verringerung von $d\Phi$ mit Hilfe von Verstärkern oder durch Erhöhung von Φ_0 prinzipiell beliebig klein machen kann, wird häufig die Genauigkeit der lichtelektrischen Extinktionsmessung nicht durch die Einstellstreuung des Empfängers, sondern durch die Ablesestreuung der Meßvorrichtung begrenzt oder jedenfalls mitbestimmt sein. In solchen Fällen ist der relative Fehler wieder nach dem Fehlerfortpflanzungsgesetz zu berechnen, worauf schon S. 59 hingewiesen wurde.

3. Lichtelektrische Kolorimetrie

Das wesentliche Merkmal des Meßprinzips kolorimetrischer Methoden, nämlich die Einstellung auf gleiche Extinktion zweier Lösungen desselben Stoffs und die dadurch bedingte Unabhängigkeit des Meßergebnisses von der spektralen Reinheit der verwendeten Strahlung (vgl. S. 203), wird dadurch nicht berührt, daß man die Registrierung der Extinktionsgleichheit nicht mehr durch das Auge, sondern durch andere Empfänger vornimmt. *Im Gegenteil gewinnt diese Unabhängigkeit von der spektralen Reinheit der Strahlung gerade bei objektiven Methoden noch eine besondere Bedeutung dadurch, daß sich,* wie später gezeigt werden wird (vgl. S. 252 ff), *der Einfluß ungenügender Monochromasie der Strahlung bei objektiven photometrischen Messungen häufig nicht ausschalten läßt,* wenn man die an sich erreichbare, den visuellen Methoden überlegene Genauigkeit wirklich ausnutzen will. Die prinzipielle Überlegenheit der Kolorimetrie gegenüber der Photometrie für relative Messungen (Konzentrationsbestimmungen) bleibt also durchaus bestehen.

Die früher diskutierten Eigenschaften der lichtelektrischen Empfänger, insbesondere die oft mangelnde Proportionalität zwischen Beleuchtungsstärke und Photostrom, bedingen es, daß man die Messung nicht gleichzeitig mit den beiden zu vergleichenden Lösungen und entsprechend mit zwei Empfängern vornehmen kann, indem man etwa die Lösungen in die beiden Strahlengänge einer Zweizellenanordnung einbringt, sondern daß die Extinktionsgleichheit *nacheinander* mit dem gleichen Empfänger registriert werden muß. Eine zweite Zelle kann wieder lediglich dazu dienen, die Messung von Schwankungen der Strahlungsintensität unabhängig zu machen. Am besten verzichtet man ganz auf die Vergleichsküvette und füllt Versuchs- und Vergleichslösung nacheinander in den gleichen Tauchbecher und stellt durch Veränderung der Schichtdicke jeweils auf die gleiche Extinktion ein. Damit die Gesamtschichtdicke dabei unverändert bleibt, was für die Unveränderlichkeit des geometrischen Strahlengangs wichtig ist, benutzt man am besten einen Doppeltauchbecher nach Abb. 107. *Da bei der Einstellung auf Extinktionsgleichheit der beiden Lösungen Intensität und spektrale Zusammensetzung der Strahlung identisch bleiben, verlieren alle spezifischen Eigenschaften der Empfänger ihren Einfluß, so daß die objektive kolorimetrische Konzentrationsbestimmung eine der sichersten und voraussetzungslosesten überhaupt darstellt.*

Leider sind lichtelektrische Kolorimeter bisher im Handel nicht zu haben. Eine von GOUDSMIT und SUMMERSON[1] beschriebene Anordnung mit Photoelementen besitzt die übliche Form eines DUBOSQ-Kolorimeters mit umgekehrtem Strahlengang. Die Variation der Schichtdicke führt hier allerdings zu einer Veränderung des Strahlengangs, die eine Vergrößerung bzw. Verkleinerung der bestrahlten Empfängerfläche zur Folge hat und deshalb beträchtliche systematische Fehler hervorrufen kann.

Eine bessere Lösung des Problems ließe sich mittels der Flimmermethode erreichen, wobei auch in diesem Fall Doppeltauchbecher nach Abb. 107 zu verwenden wären. Die beiden, die Tauchbecher durchsetzenden Strahlenbündel werden mit Hilfe einer Schwingblende abwechselnd auf die gleiche Stelle der Photokathode geworfen, wobei die Sektoren der Blende so angeordnet sind, daß die entstehende Wechselstrahlung in beiden Bündeln einen Phasenunterschied von 180° zeigt. Der entstehende Photostrom besitzt eine Wechselstromkomponente, die verstärkt wird und deren Amplitude verschwindet, wenn die Extinktion in beiden Strahlengängen gleich geworden ist. Es handelt sich also um eine exakte *Nullmethode* (vgl. auch S. 233), bei der alle möglichen Störungen durch Schwankungen der Intensität der Strahlungsquelle, durch die Eigenschaften des Empfängers und durch Änderungen der Röhrencharakteristik (Nullverstärker!) eliminiert sind, und bei der außerdem die spektrale Zusammensetzung der Strahlung prinzipiell unwesentlich ist. Die Genauigkeit wird in diesem Fall ausschließlich durch die Ablesestreuung der Schichtdicken bestimmt: Durch partielle Differentiation der Kolorimetergleichung (III,2) nach s_1 und s_2 ergibt sich mit Hilfe des Fehlerfortpflanzungsgesetzes

$$\frac{\mathrm{d}c_2}{c_2} = \mathrm{d}s\,\sqrt{\frac{1}{s_1^2} + \frac{1}{s_2^2}}\,. \tag{51}$$

$\mathrm{d}s = \mathrm{d}s_1 = \mathrm{d}s_2$ ist durch die Ablesegenauigkeit des Nonius gegeben. Ist diese z.B. gleich $\pm$ 0,05 mm, $s_1 = 50$ mm, $s_2 = 20$ mm, so ergibt sich die relative Streuung der Konzentration c_2 zu $\pm$ 0,27%.

4. Lichtelektrische Photometrie

a) Die Bedeutung der Eigenschaften lichtelektrischer Empfänger für das Meßprinzip. Der früher hervorgehobene Gegensatz zwischen kolorimetrischen und photometrischen Methoden bezüglich ihrer *Eignung für relative Messungen* wird, wie schon erwähnt, durch Einführung lichtelektrischer Empfänger an Stelle des Auges nicht abgeschwächt, sondern noch verschärft. Dies hängt mit den spezifischen Eigenschaften der lichtelektrischen Empfänger zusammen. Während bei photometrischen Messungen die als Grundlage der Konzentrationsbestimmung dienende „Eichkurve" von der spektralen Zusammensetzung der Strahlung abhängt, sind kolorimetrische Messungen von der Zusammensetzung der Strahlung und ihren möglichen Änderungen völlig unabhängig. Diese Abhängigkeit der Eichkurve von der Zusammensetzung der Strahlung kann

[1] GOUDSMIT, A. u. W. H. SUMMERSON: J. biol. Chemistry **111**, 421 (1935).

nun wesentlich größer werden als bei visuellen Methoden aus drei Gründen: a) Da eine genügende Genauigkeit der Messung nur bei hinreichend hoher Strahlungsintensität Φ_0 erreicht werden kann (vgl. S. 212), verlangen lichtelektrische Methoden im allgemeinen eine *erheblich intensivere Strahlungsquelle* als visuelle Methoden[1]. Aus diesem Grunde ist man auf die Verwendung relativ breiter Filter bzw. weiter Spalte bei Benutzung von Monochromatoren angewiesen, was bedeutet, daß man stets mit mehr oder weniger großer spektraler Bandbreite arbeitet. b) Der Einfluß veränderlicher spektraler Zusammensetzung der Strahlung kann durch die spektrale Empfindlichkeitsverteilung der Empfänger vervielfacht werden, wenn diese etwa für Streustrahlung oder für die von der zu messenden Substanz nicht absorbierte Strahlung wesentlich empfindlicher sind als für die eigentliche Meßstrahlung, die durch den Schwerpunkt des Filters oder durch die Prismenstellung des Monochromators charakterisiert ist[2]. Dies kann besonders dann von Bedeutung werden, wenn in einem Spektralgebiet gemessen wird, in welchem die Empfindlichkeitskurve des Empfängers bereits stark abfällt. c) Auch die auf S. 176 erwähnte wechselnde *Oberflächenempfindlichkeit* der Empfängerkathoden hängt noch von der spektralen Zusammensetzung der Strahlung ab, so daß die einzelne Messung und damit auch die Reproduzierbarkeit einer ganzen Eichkurve noch vom geometrischen Strahlengang abhängig wird. Dies bedeutet, daß geringfügige Änderungen in den Meßbedingungen, die für visuelle Methoden völlig belanglos sind, wie z.B. geringe Verschiebungen der Strahlungsquelle, Einengung des Strahlenbündels durch Blenden, Temperaturschwankungen, geringe Unterschiede der Küvetten usw., für die lichtelektrische Messung bereits systematische Fehler hervorrufen können, die außerhalb der an sich erreichbaren Streuung der Messung liegen, wobei nochmals darauf hingewiesen sei, daß ein wesentlicher Zweck lichtelektrischer photometrischer Messungen ja gerade in einer Erhöhung der Genauigkeit gegenüber visuellen Methoden besteht. Zieht man schließlich noch die *Temperaturabhängigkeit* des Photostroms sowie *Trägheits-* und *Ermüdungserscheinungen* bei manchen Empfängern in Betracht, so ergeben sich aus dem Zusammenwirken aller dieser Faktoren von vornherein die Schwierigkeiten, welche der Aufstellung einer z.B. auf 0,1% reproduzierbaren Eichkurve entgegenstehen.

Diese Überlegungen werden durch die Praxis vollauf bestätigt. In Abb. 132 sind die Eichkurven für die Konzentrationsbestimmung von Naphtholgelb in verdünnter Natronlauge in Analogie zu Abb. 108 für drei verschiedene, jeweils in engen Grenzen konstant gehaltene Belastungen der Beleuchtungslampe wiedergegeben[3]. Zur Messung wurde eine Ausschlagsmethode mit dem weiter unten beschriebenen Photometer von Lange benutzt; zur spektralen Zerlegung der kontinuierlichen Strahlung diente ein Blaufilter mit einer Halbwertsbreite von etwa 1000 Å. Die Messungen zeigen in besonders starkem Maß den Einfluß mangelnder Mono-

---

[1] Dies gilt nur dann nicht, wenn man den Photostrom verstärkt (vgl. S. 234 ff).

[2] Vgl. dazu z.B.: H. v. Halban u. J. Eisenbrand: Z. wiss. Photogr., Photophysik Photochem. **25**, 138 (1928).

[3] Kortüm, G. u. J. Grambow: Z. angew. Chemie **53**, 183 (1940).

chromasie der Strahlung. Obwohl die Spannung an der Lampe nur innerhalb der Grenzen einer schwankenden Netzspannung variiert wurde, werden die durch die veränderte Zusammensetzung der Strahlung bedingten Fehler hier außerordentlich groß. Wie sich leicht aus den Kurven ablesen läßt, kann man bei einem Sprung von 20 Volt (10%) zwischen Eichung und späterer Messung einen Fehler bis über 60% in der Konzentrationsbestimmung machen! Nimmt man in erster grober Näherung an, daß Spannungsänderung und Fehler einander proportional sind, so bedeutet dieses Ergebnis, daß man die Spannung an der Lampe auf

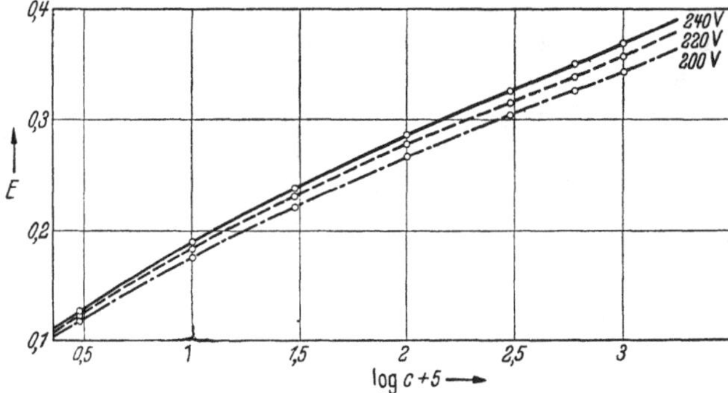

Abb. 132. Eichkurve fur Naphtholgelb in $5 \cdot 10^{-3}$n NaOH nach lichtelektrischen Messungen bei verschiedener Lampenbelastung

wenigstens 0,1% konstant halten muß, wenn man eine Reproduzierbarkeit der Eichkurve auf etwa 0,5% gesichert haben will, was nicht wesentlich mehr ist, als man mit visuellen Methoden auch erreichen kann. Eine so hohe Spannungskonstanz ist mit einfachen Mitteln nicht zu erreichen, woraus sich ergibt, wie große Bedeutung die Polychromasie der Strahlung für die Genauigkeit der Messung gewinnen kann. Hieraus folgt die Unzulässigkeit der gelegentlich aufgestellten Forderung[1], daß man im Interesse einer möglichst großen Intensität die Halbwertsbreite der verwendeten Filter so groß wie möglich halten soll. Man kann vielmehr durch Verwendung selektiver Strahlungsquellen oder enger Spektralfilter diese durch Schwankungen in der Zusammensetzung der Strahlung bedingten systematischen Fehler beträchtlich herabsetzen.

Eine langsame Änderung der Eichkurve ist ferner infolge der durch *Alterung der Lampe* bewirkten Temperaturänderung des Glühfadens zu erwarten[2]. Man hat versucht, die hierdurch bedingten systematischen Meßfehler dadurch zu umgehen, daß man durch eine Testmessung einer geeigneten unveränderlichen Extinktion die jeweilige Abweichung von der ursprünglich aufgestellten Eichkurve, die durch den Alterszustand der Lampe und die gerade herrschende Netzspannung gegeben ist, bestimmt und mit Hilfe dieser Testmessung den aus der Eichkurve entnommenen Konzentrationswert korrigiert. Als Test dient etwa eine Filterscheibe, deren Absorptionskurve der des zu bestimmenden Stoffes

[1] Vgl. R. Havemann: Biochem. Z. **301**, 105 (1939).
[2] Havemann, R.: Z. angew. Chem. **54**, 105 (1941).

möglichst ähnlich sein soll und deren Extinktion innerhalb des Meßbereichs der Eichkurve liegt. Die Berechtigung dieses Verfahrens wird daraus abgeleitet, daß der durch eine bestimmte Helligkeitsänderung bewirkte Fehler in der Konzentration über den gesamten Verlauf der Eichkurve ungefähr konstant sein soll. Danach sollte also der Konzentrationsunterschied für zwei der Eichkurven in Abb. 132 im ganzen Meßbereich den gleichen prozentualen Wert aufweisen.

Dies trifft nun keineswegs allgemein zu und ist z.B. für die Eichkurven der Abb. 132 nicht einmal angenähert erfüllt. Nimmt man etwa an, daß die ursprüngliche Eichkurve bei 240 Volt Lampenspannung aufgenommen wurde (Kurve 1) und daß die spätere Konzentrationsbestimmung bei 220 bzw. 200 Volt erfolgt (Kurven 2 und 3), so würden die durch die Helligkeitsänderungen bewirkten Konzentrationsfehler in Prozenten für verschiedene Konzentrationen der zu bestimmenden Lösung folgende Werte annehmen:

Tabelle 19. *Größe von Konzentrationsfehlern, die durch Veränderung der Eichkurve infolge Helligkeitsschwankungen vorkommen können*

c Mol/l	$3 \cdot 10^{-5}$	$1 \cdot 10^{-4}$	$3 \cdot 10^{-4}$	$1 \cdot 10^{-3}$	$3 \cdot 10^{-3}$
Δc% Kurve 2	8,6	14,8	19,1	24,5	64,4
Δc% Kurve 3	21,0	38,7	54,8	73,8	100,9

Der Fehler steigt also in dem untersuchten Meßbereich der Eichkurve in einem Fall auf etwa den fünffachen, im andern Fall auf fast den achtfachen Betrag an. Aus einer einzigen Testmessung an irgendeinem Punkt der Eichkurve läßt sich also über den Fehler bei einer andern Extinktion nichts Bestimmtes aussagen. Dieses Ergebnis, daß der prozentuale Fehler unter Zugrundelegung verschiedener Eichkurven weder konstant ist noch einen gleichartigen Gang zeigt[1], wurde mehrfach bestätigt, woraus sich ergibt, *daß sich auch mit Hilfe einer Testmessung die durch variable Glühfadentemperatur bedingten Fehler bei Messungen mit polychromatischer Strahlung und Benutzung von Eichkurven nicht einmal so weit reduzieren lassen, daß man die Genauigkeit visueller Methoden erreicht.* Man ist daher gezwungen, die Glühfadentemperatur in kurzen Zeitabständen zu kontrollieren und jeweils mit Hilfe eines Vorschaltwiderstands der Lampe auf einen bestimmten Sollwert einzuregulieren. Diese Kontrolle läßt sich am besten mit Hilfe einer Standardlösung oder eines Standardfilters ausführen, indem man die Belastung der Lampe so lange variiert, bis der Standard die geforderte Extinktion zeigt[2]. Auf diese Weise läßt sich der Alterungsprozeß der Glühlampen weitgehend ausschalten. Wichtig ist dabei, daß man als Standard eine Lösung bzw. ein Filterglas benutzt, deren Absorption im Bereich der Flanken des Maximums der schwarzen Strahlung liegt, weil dadurch der Standardwert sehr empfindlich gegen die Zusammensetzung der Strahlung und damit gegen Änderungen der Glühfadentemperatur wird.

[1] Diese Beobachtung läßt sich auf Grund der Gleichung (I,69) auch theoretisch verständlich machen.

[2] Vgl. dazu R. HAVEMANN: Biochem. Z. **310**, 378 (1942).

Man kann die Empfindlichkeit der Eichkurven gegen spektrale Änderungen der Meßstrahlung natürlich dadurch wesentlich herabsetzen, daß man Monochromatoren oder Filter geringer Halbwertsbreite (z. B. Interferenzfilter) benutzt. Das bedeutet aber fast immer eine so starke Verringerung der Intensität, daß man den Photostrom verstärken muß, um genügende Empfindlichkeit der Apparatur zu erreichen. Die Entwicklung moderner lichtelektrischer Photometer bewegt sich in dieser Richtung. Das erfordert allerdings einen wesentlich größeren Aufwand, der durch die Modulierung der Strahlung (Zerhacker) und die nachfolgende Wechselstromverstärkung bedingt ist und die Geräte kostspielig macht. Selbstverständlich kann man auch die später zu behandelnden lichtelektrischen *Spektrometer*, bei denen die genannten Bedingungen erfüllt sind, für Konzentrationsbestimmungen heranziehen, was bedeutet, mit Kanonen nach Spatzen zu schießen, abgesehen davon, daß diese Geräte, die für Absolutmessungen bestimmt sind, für Konzentrationsbestimmungen und insbesondere für Reihenmessungen recht unhandlich sind.

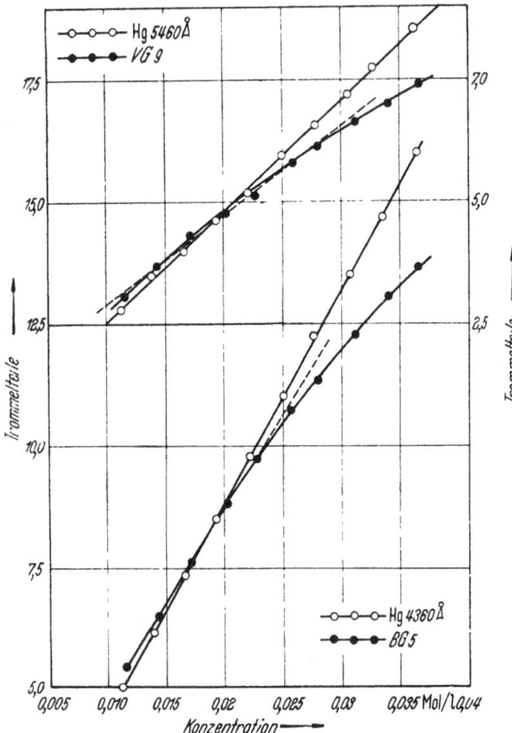

Abb. 133. Eichkurven für Naphtholgelb in $5 \cdot 10^{-3}$n NaOH nach lichtelektrischen Messungen mit monochromatischer und mit Filterstrahlung

Man erzielt jedoch mit einfachen Geräten ohne Verstärkung ebenso gute Resultate, wenn man Gasentladungslampen mit Sperrfiltern benutzt, die bei genügender Intensität praktisch monochromatische Strahlung liefern. Man erkennt dies schon daran, daß die Eichkurven in solchen Fällen linear verlaufen (Gültigkeit des LAMBERT-BEERschen Gesetzes vorausgesetzt). In Abb. 133 sind derartige Eichkurven von Naphtholgelb wiedergegeben[1], die mit dem vom Verfasser entwickelten Photometer (vgl. S. 266) aufgenommen wurden, und zwar einmal mit Glühlampe und Schottschen Glasfiltern, das andere Mal mit Hg-Lampe und Sperrfiltern. Die zugehörigen Durchlässigkeitskurven der Filter sowie das photographisch ermittelte Absorptionsspektrum des Naphtholgelbs zeigt Abb. 134.

[1] Nach Messungen von S. D. GOKHALE.

Umgekehrt ist die häufig in Firmenprospekten und zusammenfassenden Darstellungen vertretene Ansicht, daß weitgehend monochromatische Strahlung bereits die Gewähr für hohe photometrische Meßgenauigkeit biete, durchaus irreführend. Man kann unter Beachtung der diskutierten Fehlermöglichkeiten auch mit Filtern großer Halbwertsbreite mit Sicherheit Genauigkeiten der Konzentrationsbestimmung von 1000 (0,1%) erreichen und umgekehrt mit monochromatischer Strahlung Fehler von vielen Prozenten machen. Das hängt davon ab, was für ein Meßverfahren man benutzt. *Ausschlags- und Kompensationsmethoden (mit und ohne Verstärkung) schließen die Erreichung von Genauigkeiten unter 1% aus den früher genannten Gründen* (vgl. S. 224ff.) *fast immer aus*, ganz abgesehen davon, daß die Ablesestreuung der üblichen Strommeßinstrumente nur selten unter 1% vom Skalen*endwert* beträgt[1]. In ungünstigen Fällen (starke Abweichungen von der Proportionalität zwischen Beleuchtungsstärke und Photostrom) können außerordentlich große Fehler auftreten, ohne daß der Benutzer des Geräts es bemerkt. *Nur mit Substitutions- und Flimmermethoden lassen sich Genauigkeiten unter 1% mit Sicherheit erreichen*, wiederum unabhängig davon, ob man den Photostrom verstärkt oder nicht. Die nach manchen Arbeiten und auch Zusammenfassungen[2] mit im Handel befindlichen Geräten angeblich erreichten oder erreichbaren Genauigkeiten (0,01%!) können nur als phantastisch bezeichnet werden[3]. Bei hohen Ansprüchen an die Genauigkeit spielt die Unrepro-

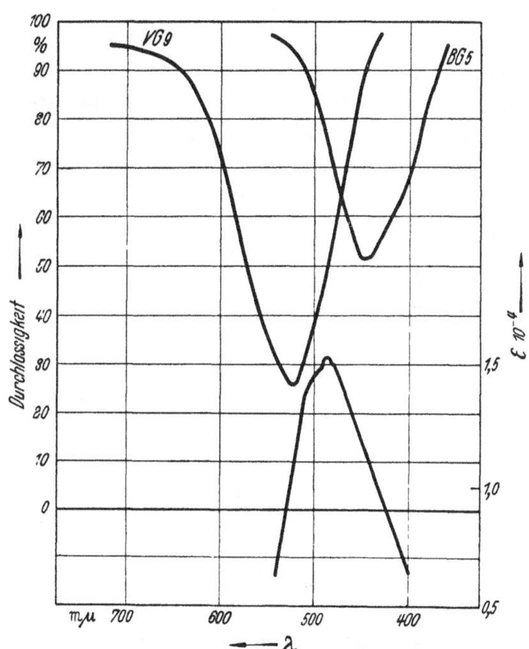

Abb. 134. Absorptionsspektrum von Naphtholgelb in $5 \cdot 10^{-3}$n NaOH und Durchlassigkeitskurven der fur die Eichkurven von Abb. 133 benutzten Filter

[1] Bei einer Ablesestreuung von 0,2% vom Endwert, wie sie bei Präzisionsdrehspulinstrumenten angegeben wird, erreicht man eine Streuung der gemessenen Extinktion von etwa 1% im Bereich $0{,}1 < E < 1$; vgl. dazu TH.-W. SCHMIDT: Z. Instrumentenkunde **55**, 357 (1935).

[2] Vgl. z.B.: J. FISCHER: Z. Erzbergbau u. Metallhüttenwesen **5**, 142 (1952); G. H. AYRES: Anal. Chem. **21**, 652 (1949).

[3] Häufig wird die Genauigkeit der Konzentrationsbestimmung einfach aus der Reproduzierbarkeit einer mehrmals hintereinander vorgenommenen Messung derselben Lösung berechnet. Man erhält jedoch meistens ein wesentlich ungünstigeres Ergebnis, wenn man die Messung zu verschiedenen Zeiten (nach Löschen und

duzierbarkeit der Eichkurven sogar dann noch eine beträchtliche Rolle, wenn man zur Messung bestmöglich gereinigte „monochromatische" Strahlung unter Verwendung von Spektrallampen in Verbindung mit einem Monochromator benutzt, wie eingehend nachgewiesen wurde[1]. Dies liegt daran, daß infolge der vielen Reflexionen immer etwas Streulicht anderer Wellenlängen aus dem Spalt austritt (vgl. S. 287 ff). Außerdem sind zahlreiche Spektrallinien, wie vor allem die meistbenutzten Hg-Linien, nicht einfach, sondern aus mehreren Komponenten zusammengesetzt, so daß man stets mit einem Anteil uneinheitlich zusammengesetzter Strahlung zu rechnen hat. Da sich die spektrale Zusammensetzung der Strahlung schon mit den geometrischen Bedingungen des Strahlengangs ändert (z.B. mit der Stellung der Lichtquelle vor dem Monochromatorspalt), und unter Berücksichtigung der Inkonstanz der spektralen Empfindlichkeitsverteilung der Empfänger, ist es verständlich, daß sich die Eichkurven nicht mit der Sicherheit reproduzieren lassen, wie es die Empfindlichkeit der Empfänger an sich ermöglichen würde, selbst wenn man in der Lage ist, die Betriebsbedingungen der Lampe in sehr engen Grenzen konstant zu halten[2].

Die Unmöglichkeit, die durch Schwankungen in der spektralen Zusammensetzung der Strahlung oder durch die spezifischen Eigenschaften der Empfänger bedingten Fehlerquellen so weit auszuschalten, daß man Eichkurven mit der an sich möglichen hohen Genauigkeit lichtelektrischer Extinktionsmessungen aufstellen könnte, führt bei hohen Ansprüchen an Genauigkeit zwangsläufig zu dem von Kortüm und v. Halban vorgeschlagenen und stets bewährten Meßverfahren, auf Eichkur-

Wiederanzunden der Lampe, Wechseln oder Neufüllung der Küvette usw.) wiederholt, wie es ja in der Praxis der Fall ist. Erst dann machen sich die durch die Schwankungen der Intensität, der spektralen Zusammensetzung, der Empfängereigenschaften, der Röhrencharakteristiken, der Temperatur usw. bedingten zusätzlichen Fehlerquellen bemerkbar. Vgl. dazu W. O. Caster: Anal. Chem. **23**, 1229 (1951) und die dort angegebene Literatur.

[1] Kortüm, G. u. H. v. Halban: Z. physik. Chem., Abt. A **170**, 212 (1934).

[2] Eine sehr sorgfältige experimentelle Untersuchung der Fehlerquellen und ihre statistische Auswertung hat W. O. Caster (s. oben) beim Beckman-Spektrometer vorgenommen, wenn man dieses Gerät für analytische Zwecke verwendet. Er findet z.B. die folgenden relativen Fehler einer gemessenen Extinktion bzw. Konzentration, ausgedrückt in Prozenten:

	%
Bei Ersatz einer rot- gegen eine UV-empfindliche Zelle	3,2
Bei Benutzung verschiedener UV-empfindlicher Zellen nach verschiedenen Meßreihen	1,0 bzw. 5,4
Bei Austausch der Lichtquelle	1,3
Bei Änderung der Spaltbreite	0,3
Bei Wiederholung der Messung nach längerer Zeit	2,0
Bei Variation der benutzten Wellenlänge	0,4 bzw. 3,6
Bei sofort wiederholter Messung	0,2

Alle diese Fehlermöglichkeiten sind bei Benutzung einer Eichkurve gegeben. Den zuletzt genannten Wert als die „Meßgenauigkeit mit dem Beckman-Photometer" zu bezeichnen, ist offenbar durchaus irreführend. Zahlreiche weitere Angaben uber die mangelnde Proportionalität zwischen Photostrom und Bestrahlungsstärke und ihre Zeitabhängigkeit sowie zahlreiche Literaturzitate über ähnliche Beobachtungen findet man in der gleichen Arbeit.

ven ganz zu verzichten und für jede einzelne Messung einen optisch gleichartigen Standard desselben Stoffes und möglichst ähnlicher Extinktion zu verwenden, wodurch alle die beschriebenen systematischen Fehlerquellen unwirksam werden. Dies entspricht aber völlig einem *kolorimetrischen* Verfahren, weshalb es zweckmäßig als „*Feinkolorimetrie*" bezeichnet wird[1]. *Dieses Verfahren bietet die unbedingte Sicherheit, daß man eine gegenüber visuellen Methoden wesentlich höhere Genauigkeit der Konzentrationsbestimmung in jedem einzelnen Fall auch wirklich erreicht* (vgl. auch S. 270). Man kann zur Erhöhung der Genauigkeit der Konzentrationsbestimmung auch das S. 215 beschriebene Verfahren benutzen, daß man die Extinktions*differenz* gegenüber einer Lösung des gleichen Stoffes bekannter Konzentration bestimmt[2]. Man hat dieses Meßverfahren auch als *differentielle* Spektralphotometrie bezeichnet[3].

b) Gebräuchliche Photometer nach dem Ausschlagsverfahren. Nach dem einfachen Einzellenausschlagsverfahren der Abb. 115 arbeiten noch eine Reihe käuflicher Geräte, von denen einige in Tabelle 20 zusammengestellt sind.

Abgesehen davon, daß es sich bei diesen Geräten nicht um Kolorimeter handelt, bieten die zum Teil phantasievollen Bezeichnungen noch keine Gewähr für ihre Leistungsfähigkeit. Sie besitzen sämtlich die für die Ausschlagsmethode angegebenen Nachteile, die durch die Voraussetzung der Proportionalität zwischen Beleuchtungsstärke und Photostrom und die eventuellen Schwankungen der Strahlungsintensität bedingt sind (vgl. S. 224ff.). Um letztere möglichst klein zu halten, sollte man die Beleuchtungslampe stets unter Vorschaltung eines Netzkonstanthalters (der in manchen Fällen bereits eingebaut ist) oder mit Batteriestrom betreiben. Die bei Photoelementen und Widerstandszellen stets, bei Photozellen zuweilen vorhandenen und zeitlich variierenden Abweichungen von der Proportionalität zwischen i und Φ verhindern jedoch prinzipiell, daß sich der Fehler der Konzentrationsbestimmung unter 1% herabdrücken läßt, in vielen Fällen wird er wesentlich größer sein. Diese Grenze ist meistens auch durch die Ablesestreuung der Meßinstrumente im üblichen Meßbereich der Extinktion von 0,1 bis 1 bereits festgelegt[4]. Bei Benutzung sorgfältig ausgesuchter Photozellen, bei denen man sich von der Proportionalität von Φ und i überzeugt (vgl. S. 172), kann man auch größere Genauigkeiten erreichen.

Wie oben gezeigt wurde, ist im Interesse geradliniger Eichkurven und der Unabhängigkeit der Messungen vom Alter der Lampe eine möglichst gute spektrale Zerlegung der Strahlung wünschenswert. Geräte mit hochempfindlichen Empfängern oder mit Verstärkereinrichtungen,

---

[1] Nach einem Vorschlag von H. v. HALBAN u. L. EBERT: Z. physik. Chem. **112**, 321 (1924). Vgl. dazu auch C. F. HISKEY: Anal. Chem. **21**, 1440 (1949).

[2] BASTIAN, R. u. Mitarb.: Anal. Chem. **22**, 160 (1950); C. F. HISKEY: ibid. **21**, 1440 (1949).

[3] Ausführliche Übersicht bei J. W. O'LAUGHLIN u. C. V. BANKS: Encyclopedia of Spectroscopy, Reinhold Publ. Corp. New York 1960, S. 19ff.

[4] Vgl. dazu TH.-W. SCHMIDT: Z. Instrumentenkunde **55**, 357 (1935); der Ablesefehler des Instruments ist dabei zu 0,2% vom Endwert angenommen.

Tabelle 20

Nr.	Bezeichnung	Hersteller	Empfanger	Strahlungszerlegung	Besonderheiten
1	Kolorimeter nach SCHMIDT[1]	Schmidt & Haensch, Berlin	Photoelement	Gasentladungslampen mit Sperrfiltern	Lochblenden; keine Optik
2	Kolorimeter nach LANDT und HIRSCHMÜLLER[2]	Schmidt & Haensch, Berlin			Definierte Strahlenführung durch Optik und Blenden
3	Becherglaskolorimeter	B. Lange, Berlin-Zehlendorf		Farbfilter bzw. Interferenzfilter	Für Reagenz- und Bechergläser als Küvetten; keine Optik
4	Medico-Kolorimeter	B. Lange, Berlin-Zehlendorf		Farbfilter Interferenz-Verlauffilter	NPG-Rohre als Küvetten wirken als Zylinderlinsen; keine Optik
5	Spektral-Kolorimeter	B. Lange, Berlin-Zehlendorf			
6	Rapid-Kolorimeter	Hartmann & Braun, Frankfurt/M.		Farbfilter	Hauptsächlich medizinisches Anwendungsgebiet
7	ENGEL[3]-Kolorimeter	Kipp, Delft/Holland		12 Gelatine-Farbfilter Bandbreite 50–80 mμ	Keine Optik; rechteckige Küvetten geringen Volumens und Röhren
8	G. P.-Colorimeter S. P. 300	Unicam, Cambridge, England; Vertretung A. Hofmann, Bamberg		Ilford-Filter	Reagenzgläser und rechteckige Küvetten
9	Spektralphotometer 2M	B. Lange, Berlin-Zehlendorf		Glasprisma	Wolfram- und Hg-Lampe; definierte Optik
10	EEL-Absorptiometer	Lonfra, Frankfurt/Main		9 Farbfilter	Küvetten bis 10 cm Länge
11	Spinco-Spektralkolorimeter	Beckman, München 45	Vakuumzelle, Transistorschaltung	Interferenzverlauffilter	Spezielles Gerät für Mikroanalysen in der klinischen Chemie
12	Kolorimeter Mod. C	Beckman, München 45	Vakuumzelle mit Gleichstromverstärkung	3 Farbfilter	Fur Reagenzglaser
13	H 840 Gitter-Spektrophotometer	Hilger & Watts, London	Multiplier	Gitter; Bandbreite 3,5 mμ	Küvetten 2,5 bis 40 mm Länge

14	Universal-Absolut-Kolorimeter 2 N	Riele K.-G., Berlin-Hermsdorf	Vakuumphotozelle mit Gleichstromverstärkung	Farbfilter oder Interferenzfilter	Zylindrische und Vierkant-Küvetten; von 1200 bis 350 mμ
15	Spektrophotometer CF 2	Optica, Mailand	Vakuumphotozelle mit Gleichstromverstärkung	Glasprisma 0,8 bis 3 mμ Bandbreite	Planparallele Küvetten; außer Monochromator keine Optik
16	Spectronic 20	Bausch & Lomb, Rochester, N. Y. Vertretung Hormuth-Vetter, Heidelberg	Vakuumphotozelle mit Verstärker	Gitter, Bandbreite 20 mμ	Rund- und Vierkantküvetten; 375 bis 950 mμ
17	Absorptiometer S. P. 1400	Unicam, Cambridge, England; Vertretung A. Hofmann, Bamberg	Vakuumphotozellen mit Gleichstromverstärkung	Wolframlampe Féry-Glasprisma	Rund- und Vierkantküvetten; 400 bis 700 mμ
18	Universal Spektral Kolorimeter	Meyris & Co., Bergen op Zoom, Holland	Vakuumphotozelle mit Gleichstromverstärkung	Wolframlampe. 12 Interferenzfilter, Bandbreite 8–15 mμ	Rundküvetten; Magnetisches Rührsystem für Titrationen
19	Spektrallinienphotometer Elphot III	Dr. Bender & Dr. Hobein, München	Vakuumphotozellen (bzw. PbS-Zelle) mit Wechselstromverstärkung	Wolfram- und Hg-Lampe mit Sperr- und Interferenzfiltern	Rund- und Vierkantküvetten; von 3000 bis 250 mμ verwendbar
20	Kolorimeter E 1009	Metrohm A. G. Herisau, Schweiz	Vakuumphotozellen; Rotierende Lochscheibe Resonanz-Wechselstromverstärkung	Wolframlampe; Interferenz-Verlauffilter; Bandbreite 22 mμ	Vierkantküvetten; Spiegeloptik; 400 bis 700 mμ
21	Spektralphotometer E 1007	Metrohm A. G. Herisau, Schweiz	Vakuumphotozellen; Rotierende Lochscheibe Resonanz-Wechselstromverstärkung	Glasprisma in Littrow-Aufstellung	Vierkantküvetten, Linsenoptik; 320 bis 1000 mμ
22	Elko III	Carl Zeiss, Oberkochen	Vakuumphotozelle; Moduliertes Licht; Wechselstromverstärkung	Wolfram- und Hg-Lampe. S-Filter; Monochromat-Filter	Rund- und Vierkantküvetten; 750 bis 380 mμ
23	Photometer „Eppendorf"	Netheler & Hinz, Hamburg-Wellingsbüttel	Vakuumphotozelle mit Wechselstrom-Resonanz-Verstärkung	Hg/Cd-Lampe mit Sperrfiltern	Quarzoptik; 1014 bis 313 mμ; Glas- und Quarzküvetten; lineare Extinktions-Skala

[1] Schmidt, Th.-W.: Z. Instrumentenkunde **55**, 336, 357 (1935). — [2] Landt, E. u. H. Hirschmuller: Z. Zuckerind. **87**, 449 (1937).
[3] Engel, Chr.: Chem. Weekbl. **44**, 309 (1948).

die trotzdem mit Filtern großer Halbwertsbreite ausgerüstet sind, enthalten einen inneren Widerspruch.

Bei manchen Geräten sind Lampe, Filter, Küvette und Empfänger ohne Zwischenschaltung einer Optik direkt hintereinander angeordnet, der Strahlengang wird lediglich durch Blenden festgelegt. Dadurch wird ein Maximum an Intensität erreicht, dagegen ist wegen der Divergenz des Strahlenbündels die wirksame durchlaufene Schichtdicke der Küvetten nicht gut definiert. Das unterstreicht die Notwendigkeit der *Aufstellung einer Eichkurve mit den gleichen Küvetten, die man später für die Messungen benutzen will.* Wirkt eine zylindrische Küvette als Zylinderlinse, so ist die Eichkurve gegen mechanische Mängel der Halterung oder gegen Austausch der Küvette besonders empfindlich und sollte deshalb häufig nachgeprüft werden. Ob man, wie häufig in Prospekten angegeben „Präzisionsküvetten“, benutzt oder Reagenzgläser, ist prinzipiell unwichtig, solange sie nur exakt reproduzierbar eingesetzt werden können, und solange man immer die gleichen benutzt.

Es wird als ein wesentlicher Vorzug aller Ausschlagsmethoden betrachtet, daß die Messung sehr rasch geht, da der Ausschlag unmittelbar auf einer entsprechend kalibrierten Skala die Durchlässigkeit oder die Extinktion angibt. Solche Skalen werden meistens mitgeliefert. Um dem Benutzer jegliches Nachdenken und außerdem die Aufstellung einer Eichkurve zu ersparen, werden zu manchen Geräten bereits vorkalibrierte Meßskalen für die Konzentrationsbestimmung bestimmter Stoffe unter Verwendung bestimmter Vorschriften für die Herstellung der Lösungen mitgeliefert. Vor der Benutzung dieser Skalen ohne vorherige Kontrolle mit Lösungen bekannter Konzentration kann nicht nachdrücklich genug gewarnt werden. Die für jedes Gerät und jeden zu bestimmenden Stoff unter den Bedingungen der späteren Messung vom Benutzer selbst aufgestellte Eichkurve bildet die Grundlage für zuverlässige Ergebnisse.

Um Ungleichmäßigkeiten von Meß- und Vergleichsküvette zu eliminieren, empfiehlt es sich, beide mit dem Lösungsmittel zu füllen und die eventuell gefundene „Trogdifferenz“ bei der Messung zu berücksichtigen. In den meisten Fällen wird diese allerdings in die Streuung der Messungen hineinfallen. Wichtig ist häufig die Füllhöhe der Küvetten, die stets gleich gehalten werden soll, da das von der Oberfläche durch Totalreflexion auf den Empfänger gelangende Streulicht sonst verschiedene Intensität besitzt und so beträchtliche Fehler hervorrufen kann.

Als *Strommeßinstrument* ist bei Verwendung von Photoelementen jedes genügend empfindliche Galvanometer brauchbar, das keinen zu hohen Eigenwiderstand besitzt, da sonst die Abweichungen von der Proportionalität zwischen Beleuchtungsstärke und Photostrom besonders groß werden (vgl. S. 164). Bei Photoelementen muß der aperiodische Grenzwiderstand des Galvanometers von der Größenordnung des inneren Widerstands des Elements sein, damit es sich aperiodisch einstellt. Als sehr bequem haben sich tragbare Galvanometer mit Lichtzeigern erwiesen, wie sie heute von mehreren Firmen hergestellt werden[1]. Bei ebener Meßskala ist gegebenenfalls, besonders bei großen Ausschlägen, auf den Kreisbogen zu korrigieren. Die bei manchen käuflichen Geräten mitgelieferten Zeigerinstrumente besitzen größere Ablesestreuung.

Man kann sich lichtelektrische Photometer nach der Einzellenausschlagsmethode leicht unter Benutzung von Laboratoriums- und Werkstatthilfsmitteln (z.B. auf einer optischen Bank) aufbauen, da es bei diesen Geräten auf exakten optischen Strahlengang nicht ankommt. Diese Anordnungen arbeiten meistens ebenso genau wie käufliche Geräte und sind sehr viel billiger.

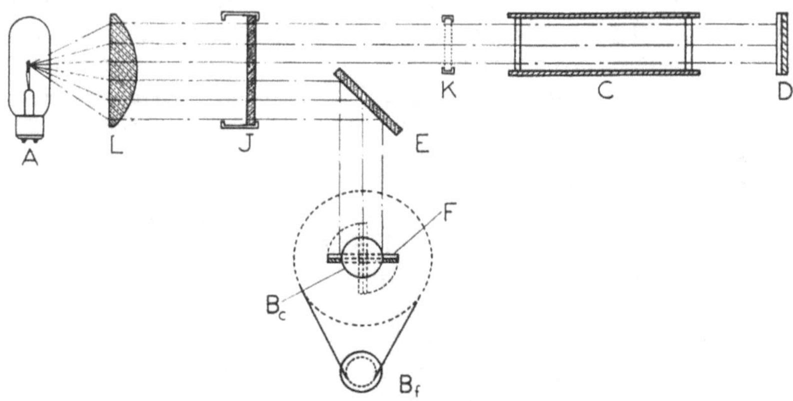

Abb. 135. Schema des Lumetron-Photometers. *A* 100-Watt-Lampe; *I* Lichtfilter; *E* Spiegel; *D* u. *F* Photoelemente; B_c u. B_f Drehknopfe für Vergleichselement; *K* Graufilter

Nach dem *Zweizellenausschlagsverfahren* arbeitet das vielgebrauchte Photometer nach Lange[2] (vgl. Abb. 116). Dieses Gerät wird auch als *Durchfluß*-Photometer zur laufenden Überwachung der Extinktion bzw. Trübung von Flüssigkeiten oder Gasen gebaut und kann zu diesem Zweck mit Schaltkontakten für Signalisierung bzw. Regelung (Schaltleistung 500 Watt) und mit Registriereinrichtung geliefert werden. Über Meßprinzip und erreichbare Genauigkeit vgl. S. 226. Auch Anordnungen dieser Art sind mehrfach beschrieben worden[3].

c) Geräte nach dem Kompensationsverfahren. Eine Zweizellenkompensationsanordnung stellt das verbreitete Lumetron Modell 402-E[4] dar. Es arbeitet mit Photoelementen in Brückenschaltung und ist deshalb von Schwankungen der Strahlungsquelle sehr weitgehend unabhängig, wie oben gezeigt wurde (vgl. S. 230). Es verdankt dies vor allem auch der Benutzung relativ enger Filter, so daß nicht nur Intensitätsschwankungen,

[1] Galvanometer Al von Kipp & Zonen, Delft; Multiflexgalvanometer von B. Lange, Berlin-Zehlendorf; Lichtmarkengalvanometer von Siemens bzw. AEG; Skalengalvanometer von VEB Optik, Jena; Galvolux von R. Fuess, Berlin-Steglitz. Die beiden letzten besitzen eine sehr bequem ablesbare Wanderskala: das projizierte Bild der Skala läuft an einer feststehenden Marke vorbei.

[2] B. Lange, Berlin-Zehlendorf.

[3] Vgl. etwa die Literatur bei G. Kortüm: Z. angew. Chem. 50, 193 (1937).

[4] Hersteller: Photovolt Corporation, New York 16.

sondern auch Änderungen der Farbtemperaturen der Lampe kompensiert werden. Das Schema der Anordnung ist in Abb. 135 wiedergegeben. Zur Messung stellt man den Kontakt des Schleifdrahtes auf 100 und kompensiert (mit der Lösungsmittelküvette im Strahlengang des Meßelements) durch Drehen der Vergleichszelle um ihre Mittelachse auf den Ausschlag Null. Ersetzt man nun das Lösungsmittel durch die Lösung, verschiebt den Schleifkontakt, bis wieder Kompensation erreicht ist, so gibt die Stellung des Kontakts unmittelbar die Durchlässigkeit in Prozenten an.

Das Gerät ist mit einem Filtersatz von 12 Filtern (Bandbreite etwa 30 mμ) für den sichtbaren Bereich ausgerüstet, die auch durch Interferenzfilter ersetzt werden können. Ein Quarzkondensor ermöglicht Messungen im UV, wozu die Glühlampe durch eine Hg-Lampe mit Sperrfiltern für die Hg-Linien ersetzt wird. Um den Meßbereich auszudehnen, kann man bei der Kompensation mit dem Lösungsmittel im Strahlengang zusätzlich ein Graufilter von 20% Durchlässigkeit einsetzen und bei der Kompensation mit der Lösung wieder entfernen. Die Durchlässigkeit der Lösung ist dann fünfmal kleiner als die auf der Skala abgelesene. Statt des Graufilters kann man (besser!) auch eine Vergleichslösung bekannter Konzentration benutzen. Über die Verwendung des Geräts zu Fluorescenzmessungen vgl. S. 329.

Im Lumetron sind alle Gesichtspunkte berücksichtigt, die für die Erreichung maximaler Genauigkeit nach dem Kompensationsverfahren wesentlich sind. Nachteilig für die Kompensation könnte höchstens die Art der Strahlungsteilung sein, da das Bündel nicht über den ganzen Querschnitt homogen sein wird, so daß Schwankungen der Intensität sich nicht gleichmäßig auf beide Strahlengänge verteilen, wie dies in Abb. 120 der Fall ist. Nicht eliminiert werden dagegen die Abweichungen von der Proportionalität zwischen Photostrom und Beleuchtungsstärke, die bei Photoelementen stets vorhanden sind, auch wenn wie hier die Widerstände in der Brücke absichtlich klein gehalten sind. Dies gilt grundsätzlich für alle Ausschlags- und Kompensationsmethoden.

Nach dem Kompensationsprinzip arbeitet eine ganze Reihe käuflicher Geräte[1], auf die im einzelnen nicht eingegangen zu werden braucht, da sie nichts grundsätzlich Neues bieten.

d) Geräte nach dem Substitutionsverfahren. Wesentlich sicherere Ergebnisse als mit den bisher beschriebenen Geräten erreicht man nach dem früher Gesagten mit Substitutionsmethoden, bei denen sämtliche unerwünschten Eigenschaften der Empfänger herausfallen, da es sich um *wahre Nullmethoden* handelt. Im Interesse der erreichbaren hohen Genauigkeiten wird man stets *Zweizellen*methoden verwenden, um Intensitätschwankungen der Strahlungsquelle auszuschließen.

Die verschiedenen im Handel befindlichen Geräte unterscheiden sich gewöhnlich durch die verwendete Lichtschwächungseinrichtung und den Empfängertyp. Einige der gebräuchlichen seien im folgenden kurz skizziert.

---

[1] Zum Beispiel das Fisher-Electrophotometer (Scient. Comp., Pittsburgh bzw. Emer & Amend, New York); ein kontinuierlich anzeigendes Gerät für die Analyse strömender Gase oder Flüssigkeiten beschreibt L. G. GLASSER: J. opt. Soc. Amer. **45**, 556 (1955).

Das von Hilger[1] konstruierte Spektroabsorptiometer mit Photoelementen (vgl. Abb. 136) besitzt zur Lichtschwächung eine mit Trommel und Teilung versehene Meßblende *E*, ähnlich wie die des PULFRICH-Photometers (vgl. Abb. 36). Als Strahlungsquelle dient eine 100-Watt-Lampe *A*, deren Glühfaden durch die Optik *B* und *C* auf dem Meßphotoelement *D* abgebildet wird. In dem Strahlengang zwischen *A* und *D* befinden sich die auswechselbaren Küvetten für Lösung und Lösungsmittel. Durch eine zweite Irisblende *G* vor dem Kompensationselement *F* wer-

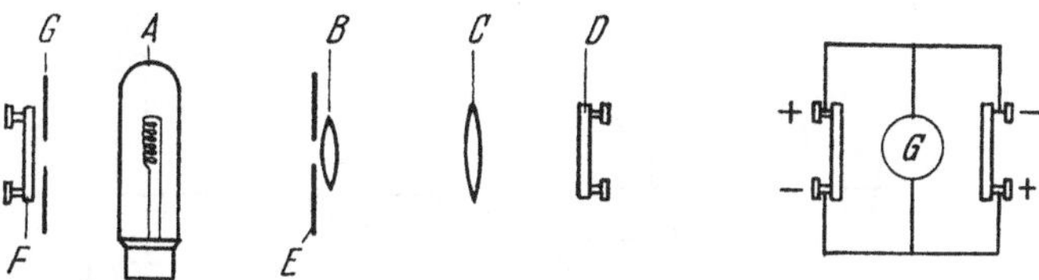

Abb. 136. Strahlengang und Schaltschema des HILGER-SPEKKER-photoelectric absorptiometer

den die beiden Photoströme auf Null abgeglichen. Das Gerät ist mit 8 Filterpaaren für den sichtbaren Bereich, auswechselbarer Hg-Lampe mit Sperrfiltern für Messungen auch im nahen UV, speziellen Filtern für p_H-Messungen mit bestimmten Indicatoren, ferner verkitteten Küvetten, Mikroküvetten und Durchflußküvetten verschiedener Länge ausgestattet. Nicht ideal bei diesem Gerät ist die Beleuchtung der beiden Photoelemente durch verschiedene Teile des Glühfadens. Dadurch wird die Kompensation von Intensitätsschwankungen verschlechtert.

Bei dem von R. HAVEMANN[2] angegebenen Gerät wird zur meßbaren Schwächung der Strahlungsleistung der variable Abstand des Meßphotoelements von einer beleuchteten Milchglasscheibe benutzt[3]. Da diese nicht punktförmig ist, fällt die Bestrahlungsstärke nicht mit dem Quadrat der Entfernung des Meßelements ab, die Messung gibt deshalb auch keine absoluten Extinktionswerte, was aber für relative Messungen belanglos ist, da den Konzentrationsbestimmungen stets eine Eichkurve (Trommelteile aufgetragen gegen Konzentration) zugrunde liegt.

Nachteilig ist bei diesen Geräten, daß der Zusammenbau der Einzelteile einschließlich der Strahlungsquelle in einem relativ kleinen, geschlossenen Gehäuse *Temperaturänderungen* hervorruft, die sowohl wegen der Temperaturabhängigkeit der Absorption zahlreicher Stoffe wie auch wegen der Temperaturabhängigkeit des Photostroms der Photoelemente eine zusätzliche, beträchtliche systematische Fehlerquelle bilden können. Da Temperaturkoeffizienten der Extinktion bis zu 1% je Grad und mehr gemessen sind, ist für Konzentrationsbestimmungen, die eine Genauigkeit von mehr als 100 (1%) erreichen sollen, schon aus diesem Grund eine sorgfältige Definition der Temperatur der zu messenden Lösungen

[1] Hilger & Watts Ltd. London.

[2] HAVEMANN, R.: Biochem. Z. **301**, 105 (1939); **306**, 224 (1940); **310**, 378 (1942).

[3] Nach dem gleichen Prinzip arbeiten auch die von G. A. SHOOK u. B. I. SCRIVENER [Rev. sci. Instruments **3**, 553 (1932)] sowie von R. SEIFERT [Süddtsch. Apotheker-Ztg. **73**, 597 (1933)] angegebenen Anordnungen.

unerläßlich. Sie ist bei dem von KORTÜM[1] beschriebenen ebenfalls mit Photoelementen arbeitenden Gerät gewährleistet, das in einer neuen Form in Abb. 137 wiedergegeben ist. Als Lichtquelle (1), (2) dient eine Glühlampe mit möglichst punktförmigem Leuchtkörper oder eine leicht auswechselbare Hg-Lampe (St 40), die an einer Akkumulatorenbatterie oder stabilisierten Netzspannung liegt. Die Irisblende (4) dient zur Regulierung der Gesamthelligkeit. Eine unter 45° zur optischen Achse geneigte Platte (6) aus wärmeundurchlässigem Glas dient als Lichtteilung für das

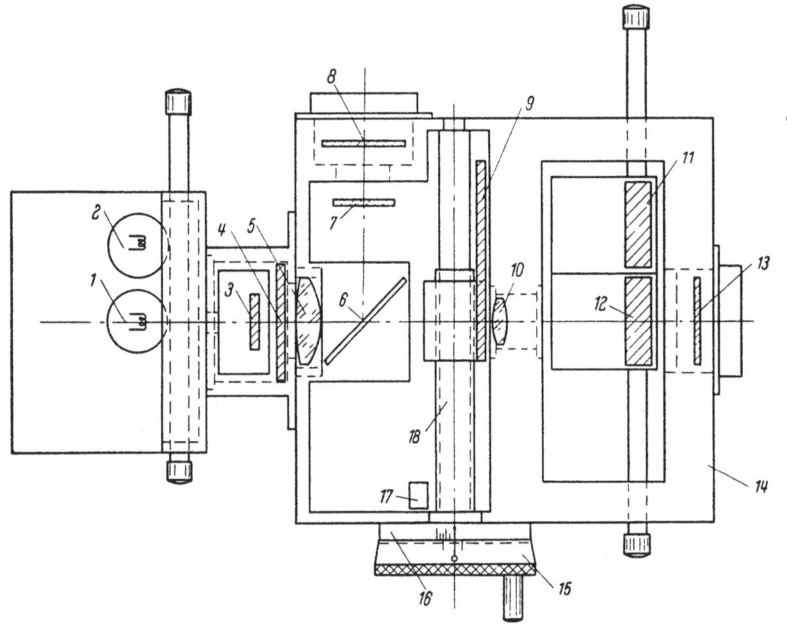

Abb. 137. Lichtelektrisches Photometer nach dem Substitutionsprinzip (nach KORTÜM)

Meßphotoelement (13) und das Kompensationsphotoelement (8). Zur Strahlenführung wird das S. 122 erwähnte Prinzip der vollständigen Abbildung benutzt. Die mit einem Präzisionsschlitten vertauschbaren, völlig verschmolzenen Flüssigkeitsküvetten (11) und (12) befinden sich in einem mit Fenstern versehenen Trogkasten (14) mit doppelten Wänden und Boden von etwa 1 cm Zwischenraum, durch den Thermostatenwasser gepumpt wird, so daß eine Temperaturkonstanz von 0,1° gewährleistet ist. Auch die Photoelemente werden auf konstanter Temperatur gehalten. Als meßbare Lichtschwächung dient eine kammförmige Meßblende (9) nach Abb. 39, deren Gesamtextinktion etwa 1 beträgt (vgl. S. 92). Sie wird mittels einer Präzisionsspindel (18) mit 5 mm Steigung verschoben, die zugehörige Trommel ist in 1000 Teile geteilt, die mittels Zählwerk (17) abgelesen werden können. Damit auch kleine Extinktionen von etwa 0,1 noch mit einer Genauigkeit von 0,1% gemessen

[1] KORTÜM, G.: Z. angew. Chem. 54, 442 (1941); Chem. Technik 15, 167 (1942). Hersteller: Firma Paul Weber, Stuttgart-Uhlbach.

werden können, ist die Trommelteilung (15) mit Noniusablesung (16) versehen, so daß noch Extinktionsdifferenzen von 10^{-4} ablesbar sind. Insgesamt steht so ein Meßbereich zur Verfügung, der bei Ausschlagsmethoden einer Ableseskala von etwa 10 m Länge für den Extinktionsbereich 1 entsprechen würde. Zur Filterung der Strahlung dienen Interferenzfilter oder Sperrfilter (3) für die Hg-Linien bis 365 mμ. Ein ähnliches, mit Graukeil als Lichtschwächungsmittel arbeitendes Photometer ist von MEUNIER[1] beschrieben.

Eine Zweizellensubstitutionsmethode dieser Art hat sich auch für die S. 46 erwähnten Messungen über die Gültigkeit des LAMBERT-BEER-

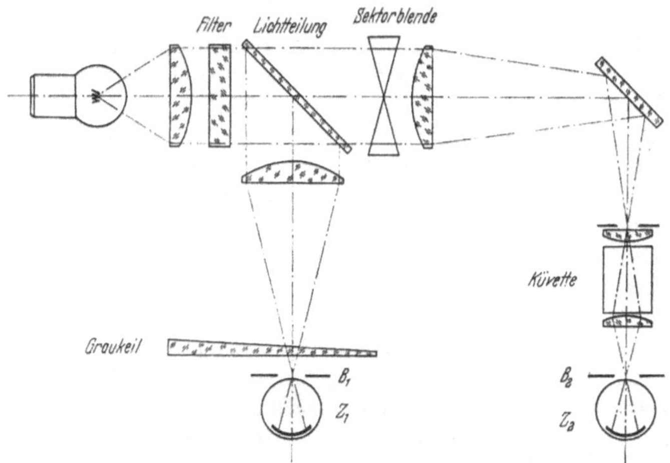

Abb. 138. Schematischer Schnitt durch das Elektrophotometer „Elko II" von Zeiss

schen Gesetzes im Bandenspektrum von Gasen als sehr brauchbar erwiesen[2]; die scheinbaren Extinktionskoeffizienten wurden bei 130 °C gemessen und streuten selbst bei langandauernden Meßreihen nur um wenige Promille.

Die Überlegenheit der Photozellen gegenüber den Photoelementen auf Grund der spezifischen Eigenschaften der verschiedenen Empfängertypen sichert ihnen für Präzisionsmessungen den unbedingten Vorzug, wobei die Nachteile der notwendigen Saugspannung und der Verstärkung in Kauf zu nehmen sind. Einige neu entwickelte, nach dem Substitutionsverfahren arbeitende Geräte sind deshalb mit Vakuumphotozellen ausgerüstet. Hierher gehört das *Elko II*[3], dessen optische Anordnung schematisch in Abb. 138 angegeben ist. An Stelle der in Abb. 137 verwendeten Kammblende wird hier die S. 92 beschriebene Sektorblende (vgl. Abb. 38) als Einrichtung zur meßbaren Strahlungsschwächung benutzt, die gleichfalls den Vorteil hat, von der Wellenlänge unabhängig zu sein, dagegen sehr

[1] MEUNIER, P.: Compt. rend. **201**, 1371 (1935). Hersteller: Jobin & Yoon, Arcueil.

[2] KORTÜM, G. u. W. LUCK: Z. Naturf. **6a**, 305 (1951).

[3] HANSEN, G.: Optik **8**, 251 (1951); E. JUNG, H. PLESSE u. A. REULE: Z. Instrumentenkunde **66**, 116, 138 (1958). Hersteller: Carl Zeiss, Oberkochen.

empfindlich ist gegen Inhomogenitäten im Querschnitt des Strahlenbündels und somit auch gegen Altern (Schwärzung) oder Austausch der Glühlampe. Man soll deshalb die Durchlässigkeitsangaben der Blende mit Hilfe von Graugläsern mit Durchlässigkeiten von 50 und 25 oder 75%, deren Werte genau bekannt sind, von Zeit zu Zeit nachprüfen und gegebenenfalls mit Hilfe der eingebauten Korrektoren auf den Sollwert nachstellen. Die Einstellgenauigkeit am Nullinstrument, dessen Nullpunktskonstanz durch eine besondere Brückenschaltung verbessert ist, erlaubt eine Reproduzierbarkeit der Messung der Durchlässigkeit von 0,01%, die auch tatsächlich erreicht wird[1], sie ist um den Faktor 10 besser als beim Elko III (vgl. S. 261); die erreichbare Meßgenauigkeit beträgt etwa 0,2%.

Als Strahlungsquelle dient wahlweise eine 50-Watt-Glühlampe oder eine Hg-Lampe St 40 mit stabilisierendem Netzanschlußgerät wie beim PULFRICH-Photometer. Die durch die Gleichstromverstärkung des Photostroms bedingte hohe Empfindlichkeit erlaubt es, zur spektralen Zerlegung die S-Filterserie des PULFRICH-Photometers mit ihren geringen Halbwertsbreiten zu benutzen (vgl. Abb. 26). Lediglich an Stelle der Filter S 59, S 57 und S 55 mit ihrer sehr geringen Durchlässigkeit werden etwas hellere Filter benutzt, ohne daß die Halbwertsbreite über 220 Å steigt. Dafür werden die Filter S 42 und S 47 etwas dunkler gemacht, wobei ihre Halbwertsbreite sinkt. Diese Filter sind mit dem Zusatz *E* versehen. Außerdem stehen Interferenzfilter (an Stelle von S 66 und S 61) sowie Sperrfilter für die Hg-Linien zur Verfügung. Trotz der Glasoptik kann noch mit der Hg-Liniengruppe 3655 Å und Filter S 38 *E* gemessen werden. Ein Nachteil des Geräts ist (wie bei den meisten früher beschriebenen) die Erwärmung durch die eingebaute Lampe, die bei Dauerbetrieb 4° Temperaturunterschied gegenüber der Umgebung erreicht. Es werden deshalb auf Wunsch auch Küvetten mit Temperiereinrichtung geliefert.

Will man die hohe Empfindlichkeit lichtelektrischer Zellen für photometrische Zwecke voll ausnutzen (z.B. zur Bestimmung von Dissoziations- oder Komplexbildungskonstanten), so führen nur Substitutionsmethoden zum Ziel. Man kann dann leicht erreichen, daß die Genauigkeit praktisch ausschließlich durch die Ablesestreuung der Lichtschwächungseinrichtung begrenzt ist, was entsprechend hohe Anforderungen an die Unterteilung der Meßvorrichtung stellt (vgl. S. 95). Praktisch kommen dafür vor allem der rotierende Sektor oder Polarisationsprismen in Frage. In einer von KORTÜM und v. HALBAN[2] angegebenen Anordnung (Abb. 120) wurde ein Analysatorteilkreis verwendet, der eine Teilung von 10′ zu 10′ besaß, die mit Hilfe des Nonius auf 10″ genau abgelesen werden konnte[3]. Das entspricht nach Gleichung (II,15) einer Streuung der Extinktion im Minimum der Fehlerkurve von $dE/E = 0{,}011\%$. Man kann also mit dieser Teilung im günstigsten Fall ($E = 0{,}6919$) eine Genauigkeit von fast 10000 (0,01%) erreichen.

[1] SPECKER, H. u. Mitarb.: Z. analyt. Chem. **159**, 165 (1957).

[2] KORTÜM, G. u. H. v. HALBAN: Z. physik. Chem. Abt. A **170**, 212 (1934).

[3] Solche Teilkreise werden z.B. von Heyde, Dresden, Schmidt & Haensch, Berlin, Möller, Optische Werke Wedel/Holstein, geliefert.

Die Lichtschwächung mit dem *rotierenden Sektor* setzt die Gültigkeit des TALBOTschen Gesetzes voraus, welches fordert, daß intermittierende Beleuchtung (abwechselnd 100 und 0%) den gleichen Photostrom hervorruft wie der zeitliche Mittelwert bei kontinuierlicher Beleuchtung (vgl. S. 144). Es ist bisher stets innerhalb der möglichen Meßgrenzen bestätigt worden[1]. Die wesentliche Schwierigkeit bildet die Veränderung seiner Extinktion während des Umlaufens, was einen beträchtlichen konstruktiven Aufwand erfordert. Eine von KORTÜM[2] angegebene Konstruktion hat sich auch bei jahrelangem Gebrauch außerordentlich bewährt. Die Sektoröffnung kann an einer auf dem Umfang angebrachten Kreisteilung mittels Nonius auf $2 \cdot 10^{-5}$ des Gesamtumfangs abgelesen werden. Das entspricht nach Gleichung (II,11) einer Streuung $\mathrm{d}E/E = 10^{-2}\%$ im Minimum der Fehlerkurve bei $E = 0{,}4343$, was die größte bisher erreichte Genauigkeit in der Lichtschwächung darstellt. Neuerdings wurde die Anordnung der Abb. 120 auch für die Benutzung von Sekundärelektronenvervielfachern an Stelle der Photozellen umgebaut[3], um auch bei kleinen Strahlungsleistungen (z.B. im UV) die gleiche hohe Empfindlichkeit zu erreichen und die störanfällige elektrometrische Messung des Nullabgleichs durch eine galvanometrische zu ersetzen. Zum Nullabgleich der beiden Photoströme wurde die Schaltung der Abb. 139 benutzt, die sich gut bewährt hat. Die Ableitwiderstände R_1 und R_2 betragen je 1 Megohm, die Empfindlichkeit des Galvanometers (Grenzwiderstand 40 kOhm, Empfindlichkeit $3 \cdot 10^{-9}$ Amp./mm) kann durch ein geeignetes Potentiometer variiert werden. Zum Abgleich der Photoströme dient ein zusätzlicher Graukeil im Meßlichtweg, mit dessen Hilfe man erreichen kann, daß man unabhängig von der zu messenden Extinktion stets am gleichen Punkt der Charakteristik der Multiplier mißt, die beide gleich belastet werden. Auf diese Weise erreicht man die gleiche hohe Meßgenauigkeit, wie sie unten an einigen Beispielen angegeben ist.

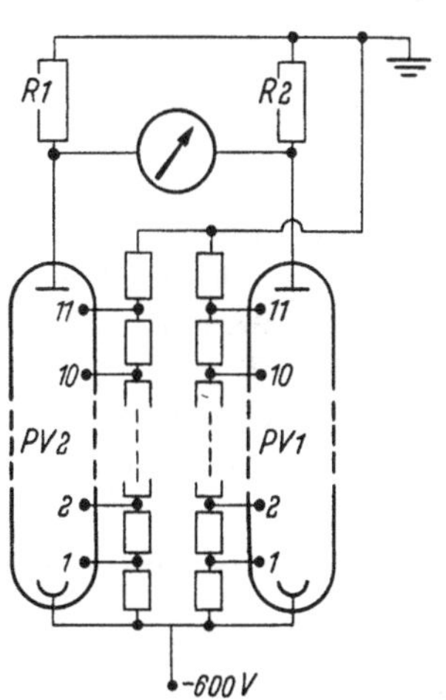

Abb. 139. Nullabgleichschaltung für eine Zweizellensubstitutionsmethode mit Multipliern

Zur Erreichung höchstmöglicher Genauigkeit ist es wegen der großen *Empfindlichkeit der Meßanordnung gegen geometrische Änderungen des Strahlengangs* notwendig, die Flüssigkeitsküvetten fest im Strahlengang anzuordnen und auf jeden Verschiebungsmechanismus zu verzichten. Lösungsmittel und Lösung werden durch Spülen der feststehenden Küvette ausgewechselt. Muß man – z.B. für die Prüfung des BEERschen Gesetzes bei konstantem Produkt cs – die Küvetten selbst auswechseln, so müssen die effektiven Schichtdicken der Tröge bzw. ihr Verhältnis mit

[1] Vgl. z.B. C. MÜLLER u. R. FRISCH: Z. techn. Physik 9, 444 (1928); G. KORTÜM u. W. KOCH: Spectrochim. Acta (im Druck).
[2] KORTÜM, G.: Z. Instrumentenkunde 54, 373 (1934). Vgl. auch Anmerkung 3.
[3] KORTÜM, G. u. W. KOCH: Spectrochim. Acta (im Druck).

einer der gewünschten Meßgenauigkeit entsprechenden Genauigkeit bekannt sein. Sie werden deshalb optisch durch Vergleich mit einer bekannten Schichtdicke und bei gleicher Gesamtextinktion mit Hilfe von Lösungen bestimmt, für welche das BEERsche Gesetz streng erfüllt ist. Dafür eignen sich z.B. Lösungen von K_2CrO_4 oder 2,4-Dinitrophenolat in verd. NaOH. Beide Bestimmungen müssen stets direkt nacheinander ausgeführt werden[1]. Neuerdings werden auch Küvettenpaare geliefert[2], bei denen die Fenster aus je einer gemeinsamen eben geschliffenen Quarzplatte bestehen. Diese können ohne Einbuße an Genauigkeit im Strahlengang verschoben werden.

Eine Temperaturkonstanz der Lösungen von wenigstens 0,1° ist nach dem früher Gesagten für Präzisionsmessungen unerläßlich. In manchen Fällen (z.B. bei Gleichgewichtsmessungen, bei denen außer der Extinktion auch noch die Lage des Gleichgewichts temperaturabhängig ist) ist sogar eine Konstanz von 1 bis $2 \cdot 10^{-2}$ Grad notwendig.

Die mit derartigen Zweizellensubstitutionsmethoden erreichbare Meßgenauigkeit geht aus Tabelle 21 hervor, in welcher die Extinktion

Tabelle 21. *Erreichbare Meßgenauigkeit bei Zweizellensubstitutionsmethoden*

Gelbscheibe		Losung	
Sektor	E	Sektor	E
38,250	0,4173	45,464	0,34233
38,232	0,4176	45,462	0,34235
38,240	0,4174	45,462	0,34235
38,240	0,4174	45,462	0,34235
38,210	0,4178	45,460	0,34237
38,210	0,4178	Mittel	0,34235 ± 0,000014
38,204	0,4179		
38,234	0,4176	29,722	0,52692
Mittel	0,4176 ± 0,0002	29,718	0,52698
		29,716	0,52701
		29,714	0,52704
		29,716	0,52701
		Mittel	0,52699 ± 0,000046

einer Gelbscheibe[3] sowie zweier 2,4-Dinitrophenolatlösungen bei 436 mμ nach Messungen mit dem beschriebenen Sektor nach KORTÜM wiedergegeben ist[4]. Die für die Lösungen angegebenen Zahlen beziehen sich jeweils auf die Neufüllung der Küvette, enthalten also alle mit der Spülung und mit Temperaturschwankungen verbundenen Fehler.

Wie schon erwähnt, ist die Genauigkeit der Messung bei der Gelbscheibe geringer wegen der Änderung des geometrischen Strahlengangs, welche ihr Einbringen in den Lichtweg verursacht. Dagegen liegt die

---

[1] Einzelheiten über die genaue Prüfung des BEERschen Gesetzes siehe bei G. KORTÜM: Z. physik. Chem. Abt. B **33**, 243 (1936).

[2] Hellma, Müllheim/Baden

[3] Einschließlich der Reflexionsverluste.

[4] KORTÜM, G. u. H. v. HALBAN: Z. physik. Chem. Abt. A **170**, 212 (1934).

Streuung der Extinktionsmessung an den Lösungen unterhalb von 0,01%. Diese hohe Genauigkeit von mehr als 10000 läßt sich, wie schon erwähnt, zur Konzentrationsbestimmung nur dann ausnutzen, wenn man jedesmal eine Standardlösung desselben Stoffes und möglichst ähnlicher Extinktion als Vergleich heranzieht (vgl. S. 215). In Tabelle 22 ist eine solche Konzentrationsbestimmung wiedergegeben[1], wobei die Messungen in

Tabelle 22. *„Feinkolorimetrische“ Konzentrationsbestimmung höchster Präzision*

Standardlösung ($c = 4{,}867 \cdot 10^{-5}$ Mol/l)			Unbekannte Lösung		
Sektor	E	ε	Sektor	E	c
37,072	0,43096	4439,6	36,214	0,44112	$4{,}982 \cdot 10^{-5}$
37,100	0,43063	4436,1	36,254	0,44064	4,980
37,114	0,43046	4434,3	36,280	0,44033	4,979
36,940	0,43250	4455,4	36,108	0,44239	4,977
36,968	0,43217	4451,9	36,130	0,44213	4,980
36,994	0,43187	4448,9	36,164	0,44172	4,978
				Mittel	$4{,}979 \cdot 10^{-5} \pm 0{,}001$

größeren Abständen im Verlauf von zwei Tagen gemacht wurden. Obwohl der Absolutwert der gemessenen Extinktion im Verlauf der Meßreihe innerhalb 0,5% schwankt – was wiederum einen Hinweis auf die Unreproduzierbarkeit von Eichkurven bedeutet –, ließ sich mit Hilfe einer jeweiligen Vergleichsmessung an einer Standardlösung die Konzentration der unbekannten Lösung doch mit einer mittleren Genauigkeit von 5000 (0,02%) bestimmen, was wohl die höchste bisher mit Sicherheit erreichte Genauigkeit der optischen Konzentrationsbestimmung darstellt.

Als letztes Beispiel sei die Prüfung des Beerschen Gesetzes an wäßrigen Lösungen von $K_3Fe(CN)_6$ angeführt, wobei eine Zweizellensubstitutionsmethode mit Polarisationsprismen als Lichtschwächung verwendet wurde[2]. Man sieht aus Tabelle 23, daß das Beersche Gesetz im Bereich der ersten Absorptionsbande (bei 436 und 366 mμ) in dem untersuchten Konzentrationsgebiet innerhalb einer Unsicherheit von 0,02% erfüllt ist, während im Bereich der zweiten Bande (313 mμ) beträchtliche Abweichungen auftreten. Auch in solchen Fällen höchster Beanspruchung läßt sich demnach die Meßgenauigkeit der Methode außerordentlich weit treiben.

Tabelle 23. *Prüfung des Beerschen Gesetzes an* $K_3[Fe(CN)_6]$*-Lösungen im Bereich verschiedener Absorptionsbanden*

c Mol/l	$8{,}680 \cdot 10^{-5}$	$3{,}103 \cdot 10^{-4}$	$8{,}175 \cdot 10^{-4}$	$1{,}6715 \cdot 10^{-3}$	$2{,}9290 \cdot 10^{-3}$	$1{,}5813 \cdot 10^{-2}$
ε_{436}	742,3	742,4	742,5	742,6	742,7	742,7
c Mol/l	$1{,}6027 \cdot 10^{-4}$	$5{,}780 \cdot 10^{-4}$	$1{,}8546 \cdot 10^{-3}$	$6{,}637 \cdot 10^{-3}$	$3{,}6101 \cdot 10^{-2}$	
ε_{366}	366,4	366,5	366,5	366,4	366,5	
c Mol/l	$1{,}0023 \cdot 10^{-5}$	$4{,}3196 \cdot 10^{-5}$	$1{,}5498 \cdot 10^{-4}$	$8{,}351 \cdot 10^{-4}$		
ε_{313}	1323,2	1323,3	1325,5	1331,6		

Selbstverständlich sind bei so hohen Anforderungen an die Meßgenauigkeit systematische Fehlerquellen, wie sie mehrfach diskutiert wur-

[1] Kortüm, G. u. H. v. Halban: Z. physik. Chem. Abt. A **170**, 212 (1934).
[2] Kortüm, G.: Z. physik. Chem. Abt. B **33**, 243 (1936).

den, sorgfältig auszuschließen. Insbesondere lassen sich zu vergleichende Konzentrationen nicht mehr durch volumetrische Verdünnung, sondern ausschließlich durch Wägung herstellen.

e) Geräte nach dem Flimmerverfahren. Flimmermethoden benutzen nur eine Photozelle, sind aber trotzdem von Intensitätsschwankungen der Lampe unabhängig und stellen ebenfalls reine *Nullmethoden* dar (vgl. S. 232). Ein Gerät dieser Art ist das Wechsellichtphotometer (Wepho) von Zeiss[1]. Der äußere Aufbau und großenteils auch die optische Einrichtung entsprechen denen des PULFRICH-Photometers; die elektrische Zu-

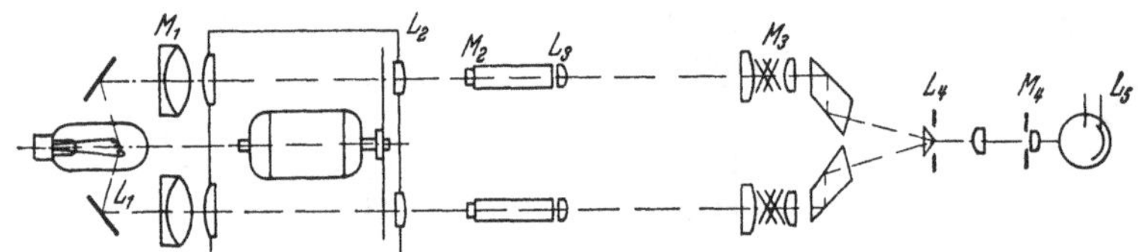

Abb. 140. Strahlengang im Wechsellichtphotometer (Wepho) von Zeiss

satzeinrichtung, die in Verbindung mit jedem PULFRICH-Photometer, das auf einer optischen Bank justiert ist, verwendet werden kann, besteht aus einem Unterbrecher, der Photozelle hinter dem Ocular des Photometers mit Verstärker und Anzeigegerät. Der optische Strahlengang ist (durch Vorsatzlinsen) gegenüber dem visuellen Gerät abgeändert, da die Mattscheiben zur Erhöhung der Lichtausbeute weggelassen werden; er hängt außerdem von der Größe der benutzten Küvetten ab. Das Schema des Strahlengangs für Kleinküvetten ist in Abb. 140 wiedergegeben. M_1 ist der Kondensor, der ein erstes Bild der Lichtquelle bei L_2 erzeugt. Diese Linse bildet die Kondensoröffnung bei M_2 ab. Das Bild der Lichtquelle wird am rechten Küvettenfenster bei L_3 und in der Sehfeldblende L_4 wiederholt. Bei M_4 entwirft das Ocular ein Bild der Meßblende M_3, die dort befindliche Linse bildet bei L_5 das Gesichtsfeld scharf auf der Zellkathode ab. Das bedeutet, daß die zu vergleichenden Strahlenbündel auf benachbarte Teile der Kathode fallen, die im allgemeinen verschiedene Empfindlichkeit besitzen. Ersetzt man jedoch das Biprisma durch eine Feldlinse, so wird in beiden Strahlengängen die ganze Fläche der Sehfeldblende an der gleichen Kathodenstelle abgebildet.

Ein wesentlicher Vorteil des „Wepho" besteht darin, daß es mit entsprechenden Filtern ausgerüstet ist wie das PULFRICH-Photometer, so daß die für letzteres ausgearbeiteten Analysenverfahren ohne weiteres übernommen werden können, d.h. die S-Filterserie wurde in analoger Weise wie beim „Elko" in die SE-Serie umgewandelt, damit man gleiche Ergebnisse erhält wie mit der S-Serie bei der visuellen Messung. Von Vorteil ist weiter der kleine Lichtleitwert des Geräts (vgl. S. 122), so daß man Mikroküvetten mit sehr kleinem Flüssigkeitsvolumen (0,2 cm^3 je cm Schichtdicke) benutzen kann, was insbesondere für die klinische Photometrie wichtig ist. Die dadurch bedingten geringen Strahlungs-

[1] HANSEN, G.: Optik 8, 251 (1951). Hersteller: Carl Zeiss, Oberkochen.

ströme erfordern eine hohe Verstärkung des Photostroms (Wechselstromverstärker), so daß auch bei den dunkelsten Filtern noch eine genügend hohe Empfindlichkeit erreicht wird. Tatsächlich ist die Meßgenauigkeit hier durch die Einstellstreuung der Anzeigeeinrichtung (Photozelle + Verstärker) begrenzt, so daß sie in den gleichen Grenzen liegt wie beim PULFRICH-Photometer. Man erhält jedoch mit einer einzigen Einstellung die

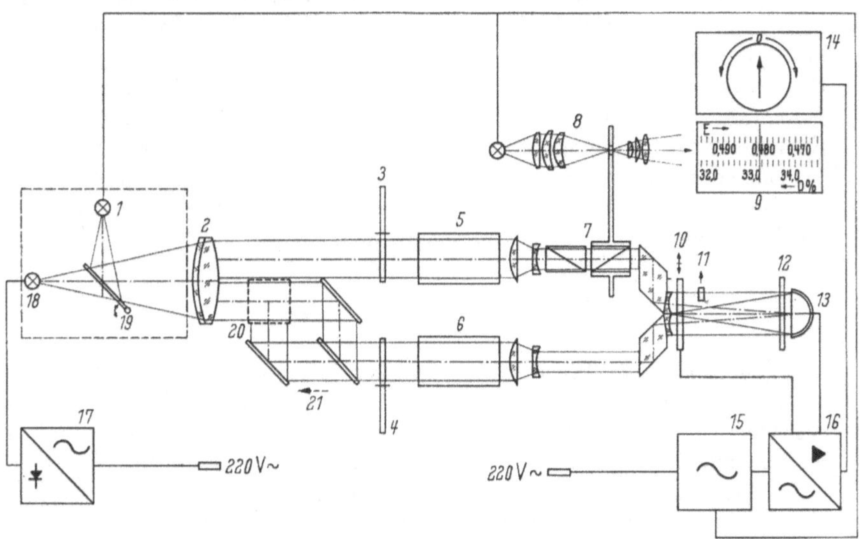

Abb. 141. Elektrophotometer Leifo E
1 Niedervoltlampe; *3, 4* Revolverscheibe; *7* Polarisationsprismen; *8* Projektionseinrichtung für Skala *9*; *10* Schwingblende; *11* Hilfsblende; *12* Filter; *13* SEV; *14* Nullinstrument; *16* Verstärker; *18* Hg-Lampe; *20* Küvette für nephelometrische oder Fluorescenzmessungen; *21* Spiegelumschaltung

gleiche Genauigkeit, die beim visuellen Messen nur durch Bildung des Mittelwerts aus einer großen Anzahl von Einzelmessungen erreicht wird, da hier die Einstellstreuung des Auges für die Genauigkeit maßgebend ist.

Man mißt in der Weise, daß man mit der Lösung im einen, mit dem Lösungsmittel im andern Strahlengang die Meßblende des letzteren so lange zuzieht, bis die Wechselstromkomponente des Photostroms verschwindet, das Anzeigeinstrument also wieder auf Null steht. Statt dessen kann man auch hier nach dem Substitutionsverfahren messen, indem man nachträglich noch die Lösung ebenfalls durch das Lösungsmittel ersetzt und die zugehörige Meßblende ebenfalls zuzieht, bis der ursprüngliche Zustand wieder hergestellt ist. Bei der neuesten Form des Geräts wird dieses Meßverfahren vorausgesetzt, da das Gerät nur noch eine Meßblende enthält, während die andere durch einen nicht ablesbaren Kreisgraukeil ersetzt ist.

Nach der Flimmermethode arbeitet ferner das elektrische Photometer der Firma Leitz, Wetzlar, dessen optische Einrichtung der des früheren visuellen Kompensationsphotometers der gleichen Firma entspricht und schematisch in Abb. 141 wiedergegeben ist. Als Empfänger dient ein Sekundärelektronenvervielfacher, als Wechselvorrichtung eine Schwingblende, die so angeordnet ist, daß die Intensitäten der beiden Strahlenbündel um 180° phasenverschoben sind, so daß bei gleicher Extinktion in beiden Strahlengängen die Summe der Intensitäten konstant ist und die Photozelle einen Gleichstrom liefert (vgl. S. 233). Die bei ungleicher Extinktion auftretende Wechselstromkomponente wird verstärkt, gleichgerichtet und dem Meßinstrument zugeführt. Mit Hilfe der Lichtschwächung (Polarisationsprismen) wird auf Verschwinden der Wechselstromkomponente eingestellt, die Durchlässigkeit bzw. Extinktion ergibt sich aus dem Azimut der beiden GLAN-THOMPSON-Prismen und kann an einer Skala abgelesen werden. Zur spektralen Zerlegung der Strahlung dienen Filter mit einer durchschnittlichen Halbwertsbreite von 20 mμ bzw. Sperrfilter zusammen mit einer Hg-Lampe im Bereich von 365 bis 750 mμ.

Das sehr voraussetzungslose Flimmerverfahren hat sich auch bereits für die automatische Betriebskontrolle bewährt und wird dort z. B. für die Kontrolle der Wasseraufbereitung benutzt[1].

5. Lichtelektrische Titrationen

Lichtelektrische Titrationsmethoden haben sich in den letzten Jahren zu einem so präzisen und vielseitig anwendbaren Werkzeug der analytischen Chemie entwickelt, daß sie einer besonderen Besprechung bedürfen. Man unterscheidet auch hier je nach dem benutzten Verfahren zwischen kolorimetrischen und photometrischen Methoden, die sich prinzipiell in den ihnen zugrunde liegenden Voraussetzungen unterscheiden.

a) Kolorimetrische Methoden. Diese gewährleisten eine außerordentlich hohe Sicherheit der Konzentrationsbestimmung, weil sie ebenfalls auf einem *kolorimetrischen* Vergleich zweier Lösungen gleicher Extinktion, Schichtdicke *und* Konzentration des absorbierenden Stoffes beruhen, so daß sie ein Minimum an Voraussetzungen enthalten, *insbesondere also von der Zusammensetzung der Strahlung unabhängig sind*, ohne daß es einer Variation der Schichtdicke bedarf; man kann also ein Photometer mit festen Schichtdicken benutzen, ohne das *kolorimetrische* Meßprinzip aufzugeben, und ist selbst von der Gültigkeit des BEERschen Gesetzes unabhängig[2]. Man hat dabei zwischen zwei verschiedenen Verfahren zu unterscheiden; bei den *Vergleichsmethoden* wird die Extinktion einer Lösung durch Verdünnen so lange variiert, bis sie mit derjenigen einer zweiten Lösung des gleichen Stoffs bekannter Konzentration identisch wird, bei den *Umschlagsmethoden* wird der Äquivalenzpunkt der Titration mit Hilfe eines Indicators auf lichtelektrischem Weg festgestellt.

Vergleichsmethoden eignen sich immer dann, wenn der zu untersuchende Stoff in einem bestimmten Spektralbereich eine charakteristische Ab-

---

[1] Vgl. B. WEISS: Jahrb. chem. Industrie 7 (1957/58); B. WAESER: Chem. Ztg. 82, Heft 2 (1958). Bezugsquelle: Sigrist & Weiss, Zürich 3, Schweiz.

[2] Vgl. A. RINGBOM: Z. analyt. Chem. **115**, 332 (1938); A. RINGBOM u. F. SUNDMAN: Z. analyt. Chem. **115**, 402 (1938); **116**, 104 (1939); G. KORTÜM: Chem. Technik **15**, 167 (1942); G. KORTÜM u. H. SCHÖTTLER: Angew. Chem. **61**, 204 (1949); A. RINGBOM u. K. ÖSTERHOLM: Anal. Chem. **25**, 1798 (1953).

sorptionsbande besitzt, die von der Absorption anderer vorhandener Stoffe nicht überlagert wird. Es wird entweder die unbekannte Lösung mit dem Lösungsmittel verdünnt, bis sich gleiche Extinktion ergibt wie bei einer Vergleichslösung bekannter Konzentration, oder man fügt dem reinen Lösungsmittel eine Vergleichslösung bekannten Gehalts zu, bis die Extinktion derjenigen der unbekannten Lösung gleich geworden ist. Ein neueres Beispiel ist die Bestimmung von Anthracen im Gemisch mit anderen Aromaten auf Grund seiner charakteristischen UV-Absorption[1]. Abgesehen davon, daß man für ausreichende Durchmischung zu sorgen hat, wird in analoger Weise gemessen, wie es früher beschrieben wurde. Die besten Meßergebnisse erhält man auch hier mit Zweizellenmethoden, die die Messung von Schwankungen der Strahlungsquelle unabhängig machen. Bei der Bestimmung der „Trogdifferenz" (vgl. S. 227) ist zu beachten, daß man die beiden Küvetten nicht mit reinem Lösungsmittel, sondern mit der Versuchslösung füllt, weil die spektrale Empfindlichkeitsverteilung der Empfänger gewöhnlich bewirkt, daß die Trogdifferenz von der Zusammensetzung der Strahlung und damit auch von der Füllung der Küvetten abhängig wird. Sie muß daher unter den gleichen äußeren Bedingungen bestimmt werden, wie sie bei der eigentlichen Messung vorliegen.

Damit es sich wirklich um eine *kolorimetrische* Messung handelt, müssen Vergleichslösung und Versuchslösung bei Extinktionsgleichheit auch vollständig gleiche Zusammensetzung besitzen. Will man etwa zur Eisenbestimmung in Aluminium mittels der $Fe^{\cdot\cdot\cdot}$-Absorption im UV ein Titrationsverfahren anwenden, so verdünnt man die Versuchslösung mit einer (aus der ursprünglichen Aluminiumeinwaage berechneten) gleichkonzentrierten reinen $AlCl_3$-Lösung, die gleichzeitig auch zur Herstellung der Vergleichslösung bekannten Eisengehalts dient. Auf diese Weise fallen alle „Salzfehler" heraus, die sonst die Sicherheit der photometrischen Konzentrationsbestimmung erheblich beeinträchtigen können. Ist der Salzgehalt der Versuchslösung nicht bekannt, so kann man sich in vielen Fällen dadurch helfen, daß man *beiden* Lösungen ein indifferentes Salz in so großer Menge zusetzt, daß der Salzfehler dadurch weitgehend festgelegt und so angenähert kompensiert wird.

Bei manchen mit Hilfe einer Farbreaktion hergestellten Lösungen ist allerdings dieses Verdünnungsverfahren nicht zulässig. So erhält man z.B. beim $Fe^{\cdot\cdot}$-o-Phenanthrolinkomplex, der häufig zur Eisenbestimmung benutzt wird, bei nachträglicher Verdünnung nicht die gleiche Extinktion, wie wenn man die komplexbildende Reaktion in der verdünnten Lösung selbst vornimmt, so daß in diesem Fall die Verdünnungsmethode nicht anwendbar ist.

Die *Genauigkeit* derartiger Vergleichsmethoden ist wiederum – Gültigkeit des BEERschen Gesetzes vorausgesetzt – durch die Gleichung (41) gegeben, wenn die Gesamtstreuung der Messung durch die Einstellstreuung des Empfängers beherrscht wird. Erhält man etwa für eine Änderung $d\Phi_0$ von 1% der Gesamtintensität Φ_0 einen Galvanometerausschlag von 9 Skalenteilen mit einer Streuung von ± 1 Skalenteil, so ent-

[1] FAUSS, R.: Z. anal. Chem. **155**, 11 (1957).

spricht dem nach Gleichung (41) eine relative Streuung der zu bestimmenden Konzentration von $\pm 0{,}4\%$ im Minimum der Fehlerkurve ($E = 0{,}4343$).

Bei den *Umschlagsmethoden* mit Hilfe eines Indicators, die in erster Linie für die Säure-Basen-Titration, neuerdings aber auch für die komplexometrische Titration Bedeutung haben, kommt es ebenfalls darauf an, daß die Zusammensetzung der Vergleichslösung mit derjenigen der Versuchslösung im Äquivalenzpunkt identisch ist. Hier kann außer Salzfehlern vor allem noch die Hydrolyse eine Rolle spielen, die von der Konzentration des bei der Titration gebildeten Salzes oder Komplexes abhängen kann. Danach sollte also für die Herstellung der Vergleichslösung der Gehalt der zu titrierenden Lösung von vornherein angenähert bekannt sein. Falls er sich nicht durch eine vorläufige Titration ermitteln läßt, kann man diese Schwierigkeit durch einen von RINGBOM und SUNDMAN[1] angegebenen Kunstgriff beseitigen, der am einfachsten an Hand eines speziellen Beispiels beschrieben wird. Die Versuchslösung bestehe aus einer NH_3-Lösung unbekannter Konzentration, die mit n/10 HCl titriert werden soll. Man benutzt als Vergleichslösung eine n/10-NH_4Cl-Lösung und macht außerdem die NH_3-Lösung durch entsprechende Einwaage 0,1 normal an NH_4Cl. Da bei der Titration eine der HCl-Lösung äquivalente Salzmenge gebildet wird, bleibt die Versuchslösung ständig 0,1 normal an NH_4Cl, so daß im Äquivalenzpunkt Versuchs- und Vergleichslösung identische Zusammensetzung und damit auch den gleichen p_H-Wert besitzen. Auf diese Weise kann man, unabhängig vom Gehalt der Versuchslösung, stets dieselbe Vergleichslösung benutzen, solange man den Titer der Maßflüssigkeit nicht ändert.

Zur identischen Zusammensetzung von Versuchs- und Vergleichslösung gehört natürlich auch die *gleiche Indicatorkonzentration*. Fügt man anfänglich beiden Lösungen die gleiche Indicatormenge zu, so nimmt die Indicatorkonzentration in der Versuchslösung während der Titration ab. Man muß deshalb kurz vor dem Endpunkt der Titration eine der Volumenänderung entsprechende Indicatormenge erneut zusetzen. Da für hohe Genauigkeitsansprüche, für die lichtelektrische Titrationsmethoden in erster Linie in Frage kommen, Volumenmessungen in der Regel zu unsicher sind, so daß man zur Titration eine Wägebürette benutzen und alle Lösungen einwägen muß, ist dieses Verfahren ziemlich umständlich. Man setzt deshalb besser allen Lösungen einschließlich der Maßflüssigkeit von vornherein den Indicator in gleicher Menge zu, so daß sich seine Konzentration auch während der Titration nicht ändert.

Für die *Wahl des Indicators* ist einerseits der p_H-Bereich maßgebend, innerhalb dessen der Äquivalenzpunkt zu erwarten ist, d. h. der Indicator muß natürlich in diesem Bereich umschlagen, andererseits verwendet man am besten Indicatoren, deren eine Form ein Absorptionsmaximum in einem Spektralgebiet besitzt, wo der Empfänger besonders empfindlich ist. Sehr geeignet sind z. B. die meisten Sulfophthaleine. Die theoretischen Grundlagen für die Beurteilung der erreichbaren Genauigkeit der lichtelektrischen p_H-Bestimmung haben ebenfalls RINGBOM und SUNDMAN[1]

[1] RINGBOM, A. u. F. SUNDMAN: Z. analyt. Chem. **116**, 104 (1939).

angegeben. Als Maß für diese Genauigkeit dient die Änderung des p_H der Versuchslösung bei Änderung der Lichtintensität um 1% von Φ_0, d.h. der Ausdruck $dp_H/d\Phi$. Handelt es sich um den einfachsten Fall eines einfarbigen Indicators, also das Dissoziationsgleichgewicht $HA + H_2O \rightleftarrows H_3O + A'$, wo A' das absorbierende Anion des Indicators bedeutet, so ist die relative Streuung der Messung – Gültigkeit des BEERschen Gesetzes vorausgesetzt – nach Gleichung (II,9) gegeben durch

$$\frac{\left(\frac{dE}{E}\right)}{d\Phi} = \frac{\left(\frac{dc_{A'}}{c_{A'}}\right)}{d\Phi} = -\frac{0{,}4343}{E\Phi}. \qquad (52)$$

Sieht man von den Aktivitätskoeffizienten ab, so ergibt sich mit Hilfe der Dissoziationskonstante K des Indicators der Zusammenhang zwischen $dc_{A'}/c_{A'}$ und $dc_{H_3O^\cdot}/c_{H_3O^\cdot}$ zu

$$\frac{dc_{A'}}{c_{A'}} = -(1-\alpha)\frac{dc_{H_3O^\cdot}}{c_{H_3O^\cdot}}. \qquad (53)$$

Durch Einsetzen erhält man

$$\frac{\left(\frac{dc_{H_3O^\cdot}}{c_{H_3O^\cdot}}\right)}{d\Phi} \equiv \frac{d\ln c_{H_3O^\cdot}}{d\Phi} = \frac{0{,}4343}{(1-\alpha)E\Phi} \qquad (54)$$

oder

$$\frac{dp_H}{d\Phi} = -\frac{0{,}4343^2}{(1-\alpha)E\Phi} = -\frac{0{,}188}{(1-\alpha)E\Phi}. \qquad (55)$$

Diese Gleichung gibt die erreichbare Genauigkeit einer p_H-Bestimmung bei gegebener Einstellstreuung $d\Phi$ (ausgedrückt in Prozenten von Φ_0) der Photozelle an. Arbeitet man im Minimum der Fehlerkurve ($E = 0{,}4343$ und $\Phi = 36{,}8\%$), so erhält man für das p_H des Äquivalenzpunktes bei der Titration, d.h. für einen gegebenen Dissoziationsgrad α des Indicators

$$\frac{dp_H}{d\Phi} = -\frac{0{,}0118}{1-\alpha} = -0{,}0118\left(1 + \frac{K}{c_{H_3O^\cdot}}\right). \qquad (56)$$

Hat man Indicatorkonzentration und Schichtdicke so gewählt, daß bei $\alpha = 0{,}5$ die Extinktion den Wert 0,4343 annimmt, so wird $dp_H/d\Phi = 0{,}024$, d.h. einer Einstellstreuung von 1% der Strahlungsintensität Φ_0 entspricht ein Fehler von 0,024 p_H-Einheiten. Da bei den heute zur Verfügung stehenden lichtelektrischen Geräten die Streuung $d\Phi$ wesentlich kleiner ist, können also grundsätzlich sehr genaue p_H-Bestimmungen auf lichtelektrischem Wege gemacht werden. Wie aus Gleichung (56) ferner hervorgeht, ist die Genauigkeit der Messung nicht am größten bei $c_{H_3O^\cdot} = K$ bzw. $\alpha = 0{,}5$, wie es bei visuellen Methoden mit einfarbigem Indicator der Fall ist, sondern sie wächst mit zunehmendem $c_{H_3O^\cdot}$, d.h. mit abnehmendem p_H bzw. abnehmendem α. Man wählt also zweckmäßig den Indicator so aus, daß das p_H des Äquivalenzpunkts auf der sauren Seite von $p_K \equiv -\log K$ liegt. Natürlich kann man nicht beliebig weit nach der sauren Seite gehen, da dann die Konzentration des absorbierenden Anions und damit die Extinktion bei gegebener Schichtdicke nicht mehr genügend groß wird, so daß man nicht mehr im Minimum der Fehlerkurve arbeiten würde.

Die Indicatorkonzentration ist nach dem Gesagten dadurch gegeben, daß beim Äquivalenzpunkt die Extinktion nach Möglichkeit 0,43 betragen soll. Sie läßt sich aus dem Dissoziationsgrad α des Indicators beim p_H des Äquivalenzpunkts, dem Extinktionskoeffizienten ε der absorbierenden Indicatorform und der gegebenen Schichtdicke s nach der Gleichung

$$c = \frac{0{,}43}{\varepsilon s \alpha} \qquad (57)$$

ermitteln. Der Zusammenhang zwischen dem p_H-Wert und α ist (unter Vernachlässigung der Aktivitätskoeffizienten) durch die bekannte Gleichung gegeben

$$p_H = p_K + \log \frac{\alpha}{1-\alpha} \quad \text{bzw.} \quad \alpha = \frac{K}{K + c_{H_3O^\cdot}}. \qquad (58)$$

Diese Berechnung der günstigsten Indicatorkonzentration setzt natürlich ebenso wie die als Ausgangspunkt dieser Überlegungen dienende Gleichung (II,9) die Gültigkeit des Beerschen Gesetzes voraus. Ist diese nicht vorhanden, so muß man wieder empirisch feststellen, bei welcher Extinktion das Minimum der Fehlerkurve liegt, und daraus die Indicatorkonzentration berechnen[1].

Die durch Gleichung (56) gegebene Möglichkeit, mit genügend empfindlichen lichtelektrischen Geräten und unter geeigneten Versuchsbedingungen noch sehr kleine p_H-Sprünge messen zu können, macht die Verwendung lichtelektrischer Methoden gerade in den Fällen vorteilhaft, in denen die visuellen Methoden versagen, d.h. bei der Titration sehr schwacher (auch mehrwertiger) Säuren oder Basen, bei Verdrängungsreaktionen usw., bei denen der Äquivalenzpunkt weit im sauren oder basischen Gebiet liegt. Ist die Einstellstreuung $d\Phi$ des verwendeten lichtelektrischen Geräts in Prozenten von Φ_0 bekannt, so läßt sich mit Hilfe der Gleichung (56) aus den von Kolthoff[2] aufgestellten Tabellen, die den Titrierexponenten (p_H-Wert beim Äquivalenzpunkt) und gleichzeitig den p_H-Sprung in der Nähe des Äquivalenzpunkts für die Neutralisation und Verdrängung von Säuren und Basen verschiedener Stärke bei verschiedenen Konzentrationen angeben, leicht abschätzen, mit welcher Genauigkeit die Titration ausgeführt werden kann. Eine Reihe von Beispielen ist ebenfalls von Ringbom und Sundman[1] zusammengestellt worden. Ist z.B. ein p_H-Sprung von 0,01 im Äquivalenzpunkt noch bemerkbar, so lassen sich noch Säuren und Basen mit einer Dissoziationskonstante von 10^{-8} in 0,01 normalen Lösungen titrieren, woraus die Überlegenheit der lichtelektrischen Methoden hervorgeht.

Bei allen diesen Überlegungen ist natürlich zu berücksichtigen, daß gerade bei der Titration *schwacher* Säuren und Basen die systematischen

[1] Ringbom, A. u. F. Sundman: Z. anal. Chem. **116**, 104 (1939).
[2] Kolthoff, I. M.: Die Maßanalyse II, S. 122 u. 158, Berlin 1931.

Fehler durch Verunreinigungen aus der Atmosphäre oder im Wasser (NH_3, CO_2, Alkali aus dem Glas usw.), durch Temperaturschwankungen usw. sehr viel größer werden können als die zufälligen Fehler der lichtelektrischen Messung, so daß man sich stets durch mehrfache Wiederholung der gleichen Titration an Lösungen bekannten Gehalts von der Größe des Gesamtfehlers überzeugen muß.

b) Photometrische Methoden. Lassen sich geeignete Vergleichslösungen nicht ohne Schwierigkeiten herstellen oder bildet sich ein absorbierender Stoff erst bei der Reaktion des zu bestimmenden Stoffes mit einem zugesetzten Reagens, so muß man auf das kolorimetrische Meßprinzip verzichten und die Titrationskurve photometrisch ermitteln, indem man

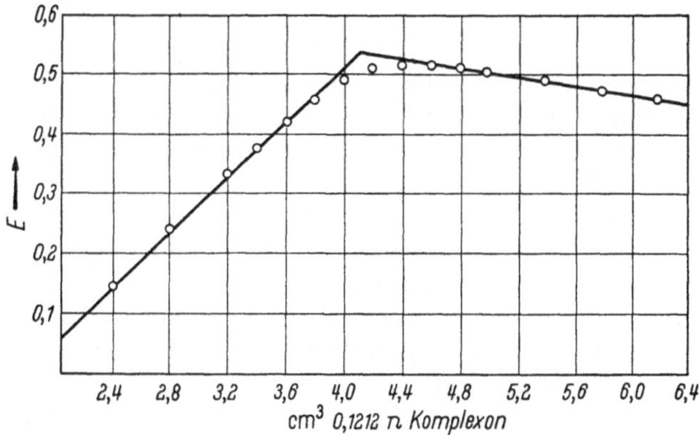

Abb. 142. Photometrische Titration von Cu^{2+} mit Komplexon bei $\lambda = 745$ mμ

der zu untersuchenden Lösung das Reagens portionsweise zugibt und jedesmal die Extinktion im Bereich einer Absorptionsbande des entstehenden Stoffes mißt. Man erhält so die von konduktometrischen Titrationen her bekannte Form der Titrationskurve, die aus zwei annähernd linearen Ästen besteht, deren interpolierter Schnittpunkt den Äquivalenzpunkt angibt. Als Beispiel ist in Abb. 142 die photometrische Titrationskurve von Cu^{++} mit Komplexon bei $\lambda = 745$ mμ wiedergegeben. Das wesentliche Problem besteht hier analog wie etwa bei konduktometrischen oder potentiometrischen Titrationen darin, wie weit der Endpunkt der Titration (Schnittpunkt der interpolierten Geraden) mit dem wahren Äquivalenzpunkt zusammenfällt[1]. Die dadurch bedingte Unsicherheit fällt bei den kolorimetrischen Methoden weg und bedingt deren Überlegenheit; sie ist für die erreichbare Genauigkeit photometrischer Titrationsmethoden ausschlaggebend.

Zur Aufnahme der Titrationskurven kann im Prinzip jedes Photometer benutzt werden, wobei die früher besprochenen Gesichtspunkte für eine günstige Wahl des Gerätes und des zu benutzenden Spektralbereiches gültig bleiben. Notwendig ist nur der Einbau einer Rührvorrichtung zur raschen Homogenisierung der Flüssigkeit nach jeder Zugabe des Reagens. Dafür sind verschiedene Vorschläge gemacht wor-

[1] Vgl. dazu z.B. E. GRUNWALD: Anal. Chem. 28, 1112 (1956).

den, vom einfachen Glasrührer, der natürlich nicht in den Strahlengang hineinragen darf, über Zentrifugalpumpen mit Umlaufleitung für die Flüssigkeit bis zu magnetischen Rührern[1]. Manche käuflichen Geräte besitzen auch Zusatzeinrichtungen für lichtelektrische Titrationen mit eingebautem Rührer[2].

Für die Ausführung von Serienanalysen lohnt es sich, die zeitraubenden Titrationen ganz oder teilweise zu automatisieren bzw. die Titrationskurven zu registrieren, wofür eine Reihe von Vorschlägen gemacht worden sind[3].

6. Lichtelektrische atomare Absorptions-Spektralanalyse

In den letzten Jahren ist eine neue Absorptionsmethode zur quantitativen Bestimmung von Elementen entwickelt worden[4], die darauf beruht, daß man die gelöste Probe in eine Flamme einsprüht[5], analog wie bei der Flammen-Emissions-Spektralanalyse, aber nicht die Emission angeregter Atome, sondern die Resonanz-Absorption der im Grundzustand befindlichen Atome mißt. Die Resonanzwellenlänge jedes einzelnen zu bestimmenden Elements wird in einer Hohlkathodenlampe erzeugt. Diese Methode besitzt gegenüber der Flammen-Emissions-Spektralanalyse eine Reihe von Vorteilen:

1. Da in der Flamme bevorzugt Atome im Grundzustand entstehen, ist die Absorptionsmethode empfindlicher als die Emissionsmethode und wird durch die Flammentemperatur weniger beeinflußt[6].

2. Auch Elemente, die in der Flamme nicht in höhere Energiezustände überführt werden, lassen sich bestimmen, d.h. der Anwendungsbereich ist größer als bei der Emissionsmethode[7].

3. Verschiedene zu bestimmende Elemente stören sich gegenseitig nicht, während bei den Emissionsmethoden die Intensität der emittierten Linien bekanntlich stark von der Konzentration anderer anregbarer Elemente abhängt. Aus diesem Grund bedarf es bei der Absorptionsmethode stets nur einer einzigen Eichkurve und damit eines einzigen Satzes von Eichlösungen für jedes Element.

[1] Vgl. z.B. C. Rehm u. Mitarb.: Anal. Chem. **31**, 483 (1959); T. R. Sweet u. J. Zehner: ibid. **30**, 1713 (1958).

[2] Zum Beispiel die Geräte 13, 17 der Tabelle 20.

[3] Vgl. z.B. T. L. Marple u. D. N. Hume: Anal. Chem. **28**, 1116 (1956); H. V. Malmstadt u. C. B. Roberts: ibid. **28**, 1408 (1956).

[4] Vgl. A. Walsh u. Mitarb.: Spectrochim. Acta **7**, 108 (1956); **8**, 317 (1957); B. M. Gatehouse u. J. B. Willis: Spectrochim. Acta **17**, 710 (1961); A. Walsh: Application of Atomic Absorption Spectra to Chemical Analysis, Advances in Spectroscopy II, New York 1961.

[5] Statt dessen kann man die Proben in einem Schmelztiegel aus Graphit verdampfen, was den Vorteil hat, daß auch Stoffe wie AlO, TiO usw. zerlegt werden, die in der Flamme unzerlegt bleiben. Vgl. B. V. L'vov: Spectrochim. Acta **17**, 761 (1961).

[6] Die Nachweisempfindlichkeit liegt im allgemeinen bei Konzentrationen von 0,1 bis 10 Teilen je 10^6 und ist etwa um 1 bis 2 Zehnerpotenzen großer als bei der Flammen-Emissions-Spektralanalyse.

[7] So lassen sich z.B. die Elemente Pb, Pt, Zn, Cr mit der Flammen-Emissions-Spektralanalyse überhaupt nicht bestimmen, mit der Absorptions-Spektralanalyse dagegen mit großer Genauigkeit.

Die Brauchbarkeit der Methode für quantitative analytische Bestimmungen hängt zunächst davon ab, wie reproduzierbar sich der atomare Dampf aus den zu analysierenden, gewöhnlich als wässerige Lösung vorliegenden Proben herstellen läßt. Die Lösung wird mit Preßluft konstanten Drucks in einer Sprühkammer versprüht, das Aerosol wird mit Propan, Acetylen oder Leuchtgas gemischt und dem Brenner zugeführt, der so geformt sein muß, daß ein möglichst langer Absorptionsweg erzielt wird. Mit Lösungen bekannter Konzentration des zu bestimmenden Elements wird eine Eichkurve aufgenommen, die als Grundlage für alle weiteren Messungen von Lösungen unbekannter Konzentration dient. Damit eine reproduzierbare Beziehung zwischen der Konzentration der Lösung und der atomaren Konzentration im Dampf existiert, sind alle äußeren Bedingungen wie Strömungsgeschwindigkeit der Lösung, der Luft und des Brenngases, Temperatur der Brennkammer und der Flamme usw. möglichst konstant zu halten. Da auch die Einführung der Flüssigkeit in die Flamme deren Temperatur ändert, muß man z.B. den Skalenwert von 100% Durchlässigkeit auf dem Meßinstrument einstellen, während reines Lösungsmittel mit gleicher Geschwindigkeit wie später die Probenlösung in die Flamme eingeführt wird.

Da ein Teil der in der Flamme entstehenden Atome sich in angeregten Zuständen befindet und infolgedessen strahlt, muß für diese Eigenemission der Probe korrigiert werden. Man kann dies auf verschiedene Weise erreichen. Am einfachsten stellt man den Nullpunkt der Skala ein, während man die Probe in die Flamme einführt und gleichzeitig die Strahlung der Hohlkathodenlampe vollständig abschirmt. Auf diese Weise wird die Eigenemission der Probe eliminiert. Statt dessen kann man auch die Strahlung der Hohlkathodenlampe durch einen geeigneten Unterbrecher modulieren und den Photostrom über einen Resonanzverstärker dem Meßinstrument zuführen. Die nichtmodulierte Eigenemission der Probe wird so ebenfalls ausgeschaltet.

Zur Messung der Atomabsorption benutzt man die Resonanzwellenlängen der einzelnen Elemente, die man in Hohlkathodenlampen erregt. Diese werden industriell hergestellt[1]. Die Halbwertsbreite dieser Linien soll möglichst gering sein, jedenfalls kleiner als die Halbwertsbreite der Absorptionslinien des atomaren Dampfes, was infolge der Stoßverbreiterung der letzteren in der Regel der Fall ist. Die Resonanzstrahlung wird nach dem Durchgang durch die Meßkammer am besten durch ein Spektralphotometer isoliert und in üblicher Weise gemessen. Prinzipiell ist dazu jedes Spektralphotometer geeignet.

Von einzelnen Firmen wird eine komplette Einrichtung für die atomare Absorptions-Spektralanalyse geliefert. So liefern Hilger & Watts, London zu ihrem Spektralphotometer Uvispek eine Zusatzeinrichtung, bestehend aus leicht auswechselbaren Hohlkathodenlampen für verschiedene Elemente, Sprühvorrichtung und Brennkammer, die an das Uvispek sofort angeschlossen werden kann[2]. Die Firma Optica,

[1] Zum Beispiel Westinghouse Comp.

[2] Diese Firma gibt auch technische Daten für die Bestimmung der einzelnen Elemente mit Literaturangaben in Form eines Ringbuches heraus.

Mailand hat ein besonderes Doppelstrahlgerät mit zwei Multipliern zur Eliminierung von Schwankungen der Lampe und Prismen-Monochromator optimaler Dispersion im Gebiet zwischen 400 und 200 mμ entwickelt, das alle notwendigen Zusatzeinrichtungen enthält. Beide Geräte messen nach dem Ausschlagsverfahren und setzen deshalb Linearität zwischen Photostrom und Bestrahlungsstärke voraus.

Von der letztgenannten Voraussetzung sowohl wie von der Bedingung der Konstanz aller äußeren oben genannten Parameter kann man sich natürlich auch in diesem Fall durch Benutzung einer Nullmethode frei machen. Eine solche ist ebenfalls schon angegeben worden[1]. Sie ist zu vergleichen mit der im letzten Abschnitt beschriebenen kolorimetrischen Titrationsmethode: Man variiert die Konzentration einer Vergleichsprobe durch Zugabe einer konz. Lösung aus einer Bürette so lange, bis sie der Konzentration der zu messenden Probe gleich ist, man also für beide den gleichen Ausschlag des Meßinstruments erhält. Letzteres dient also nur als Nullindicator, so daß alle oben genannten Voraussetzungen für die Reproduzierbarkeit der Methode herausfallen. Man kann natürlich zusätzlich den Ausschlag noch mit Hilfe eines Potentiometers auf Null kompensieren (Kompensationsmethode). Bei genügend großer Empfindlichkeit des Meßinstruments kann man erreichen, daß die Genauigkeit der Konzentrationsbestimmung ausschließlich von der Genauigkeit der Volumenablesung der Bürette bestimmt wird.

7. Lichtelektrische Spektrometrie

a) Vorzüge und Nachteile gegenüber der photographischen Methode. Für die Ermittlung absoluter Extinktionskoeffizienten in einem größeren oder kleineren Spektralbereich, d. h. für die Gewinnung von Absorptionsspektren, standen bis vor etwa zwei Jahrzehnten praktisch ausschließlich photographische Meßmethoden zur Verfügung. Das lag daran, daß die Unzulänglichkeiten visueller Methoden (vgl. S. 219) auch für die bereits bekannten lichtelektrischen Methoden zutrafen. Erst die moderne Entwicklung der Verstärkungstechnik, die es ermöglichte, auch sehr kleine Strahlungsleistungen quantitativ zu messen, indem man die Photoströme verstärkt, erlaubte es, die spektrale Zerlegung kontinuierlicher Strahlung so weit zu treiben, daß es gelingt, auch Absolutwerte der Extinktion lichtelektrisch mit gleicher Genauigkeit zu messen, wie es die photographische Platte durch zeitliche Summation der auffallenden Strahlung vermag. Dies hat dazu geführt, daß heute die lichtelektrische Spektrometrie der photographischen den Rang abgelaufen hat, ohne sie jedoch völlig ersetzen zu können, ein Vorgang, der noch dadurch begünstigt wurde, daß auch für die thermoelektrische Spektrometrie im IR die Verstärkung kleiner Thermoströme eine wesentliche Rolle spielte, so daß die Entwicklung der Meßmethoden im IR und die allmähliche Verdrängung der photographischen Platte durch die Photozelle nebeneinander herliefen.

[1] Malmstadt, H. V. u. W. E. Chambers: Anal. Chem. **32**, 225 (1960).

Wägt man Vor- und Nachteile der lichtelektrischen und der photographischen Methoden gegeneinander ab, so erweist sich als ausschlaggebende Ursache für die Bevorzugung der lichtelektrischen Spektrometrie die Tatsache, daß diese für die Aufnahme eines Spektrums ganz *wesentlich weniger Zeit* braucht als die photographische Methode. Gilt dies schon für den Fall, daß man das Spektrum Punkt für Punkt ausmißt, so gilt es in noch viel stärkerem Maße, wenn man zusätzlich Registriereinrichtungen verwendet, mit deren Hilfe sich ein über den gesamten sichtbaren und ultravioletten Bereich erstreckendes Spektrum in wenigen Minuten gewinnen läßt. Das ist von besonderem Vorteil, wenn es sich um die Untersuchung von Stoffen handelt, deren Haltbarkeit begrenzt ist, deren Spektrum sich auf Grund von Umwandlungen oder Reaktionen langsam ändert oder die photochemisch empfindlich sind.

Ein weiterer und wichtiger Vorteil der lichtelektrischen Spektrometrie besteht darin, daß sich auch sehr *schwache Absorptionen mit gleicher Genauigkeit* messen lassen, da ja der günstige Extinktionsbereich der Messung zwischen $E = 0{,}1$ und $E = 1$ liegt (vgl. Abb. 130), während die photographische Methode in solchen Fällen sehr große Schichtdicken erfordert, damit eine gleichbleibende Genauigkeit erreicht wird.

Vorzüge der photographischen Meßmethode bestehen in folgendem: Die photographische Platte stellt ein dauerndes und jederzeit kontrollierbares Dokument der Messung dar, das viel weniger durch systematische Fehler der Apparatur gefälscht sein kann, als dies etwa bei einem lichtelektrisch registrierten Spektrogramm möglich ist. Dies hängt damit zusammen, daß eine photographische Meßeinrichtung weniger störanfällig ist als eine lichtelektrische einschließlich ihres Verstärkers. Ferner ist die photographische Methode auch für spezielle Probleme, etwa Untersuchungen über die Temperaturabhängigkeit der Absorption, die zusätzliche Einrichtungen erfordern (heizbare Balyrohre, Dewarbecher mit Fenstern usw.) besser geeignet als die lichtelektrische Methode, wenigstens dann, wenn es sich um käufliche Spektrometer handelt, die in der Regel durch engen Zusammenbau nur für Serienmessungen brauchbar sind. Diese und ähnliche Gründe wirken dahin zusammen, daß die photographische Messung auch in Zukunft eine gewisse Bedeutung behalten wird. Überhaupt nicht zu entbehren wird sie stets dann sein, wenn es sich um höchste Auflösung handelt, also etwa um die Untersuchung der Hyperfeinstruktur von Spektrallinien.

b) Spektrale Bandbreite. Für die Beurteilung der *Richtigkeit* eines gemessenen Absorptionsspektrums sind (abgesehen von der schon mehrfach erwähnten eventuellen Nichtlinearität von Empfänger und Verstärker) noch zwei mögliche Fehlerquellen von Bedeutung, nämlich die zur Messung benutzte *spektrale Bandbreite* und die nichtdispergierte auf den Empfänger gelangende *Streustrahlung*. Der Einfluß dieser Fehlerquellen muß deshalb näher untersucht werden.

Je geringer die *effektive Bandbreite* $\Delta\lambda$ der verwendeten Strahlung ist, um so sicherer sind die ermittelten ε-Werte, um so geringer ist jedoch auch die Intensität, d.h. um so empfindlicher muß die Meßanordnung sein[1]. Für die Güte eines lichtelektrischen Spektrometers ist deshalb die durch eine ausreichende Empfindlichkeit $d\Phi$ [Gleichung (46)] der Meßanordnung bestimmte minimale Bandbreite $\Delta\lambda$ maßgebend, mit der man noch die gewünschte photometrische Genauigkeit erreicht. Die durch $\Delta\lambda$ der benutzten Strahlung bedingte Unsicherheit in den Absolutwerten der gemessenen Extinktionen bzw. Extinktionskoeffizienten (vgl. S. 293) sollte nach Möglichkeit geringer sein als die durch Einstellstreuung des Empfängers oder durch die Ablesestreuung des Meßinstruments gegebene Unsicherheit. Ändert sich ε stark mit der Wellenlänge, so bedarf es demnach – damit diese Bedingung erfüllt ist – einer um so größeren Dispersion, d.h. einer um so kleineren Bandbreite, je steiler die Absorptionsbande verläuft.

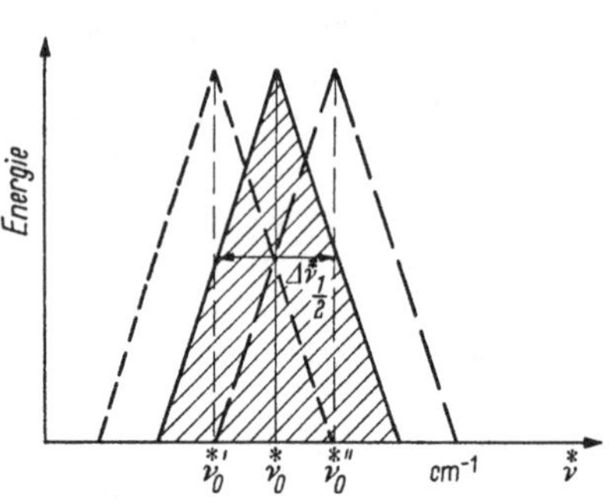

Abb. 143. Spaltfunktion (Energieverteilung über die Spaltbreite) bei konstanter Dispersion und gleichem Eintritts- und Austrittsspalt eines Monochromators

Die Notwendigkeit zur Einführung des Begriffes „effektive Bandbreite" beruht auf der schon erwähnten Tatsache, daß die aus dem Spalt endlicher Breite Δs eines Monochromators austretende Strahlung nicht monochromatisch ist, sondern einen von Δs abhängigen Wellenzahlbereich $\Delta\overset{*}{\nu}$ umfaßt, der sich nach beiden Seiten der eingestellten Wellenlänge erstreckt. Unter der Voraussetzung, daß die Dispersion über die Breite des Austrittsspaltes konstant ist und daß die Spaltbreiten von Eintritts- und Austrittsspalt gleich sind, läßt sich die spektrale Energieverteilung über den Austrittsspalt eines Monochromators angenähert durch ein Dreieck darstellen mit der Spitze bei der eingestellten Wellenlänge (*Spaltfunktion*). (Vgl. Abb. 143.) Man übersieht dies folgendermaßen: Wäre der Eintrittsspalt monochromatisch beleuchtet, und läßt man durch Drehen des Prismas das Bild des Eintrittsspaltes über den Austrittsspalt gleiten, so steigt die Energie bei Beginn der Überdeckung von Null aus an bis zum Maximum bei zentraler Überdeckung und nimmt dann bei weiterer Drehung wieder linear bis Null ab. Bei Beleuchtung des Eintrittsspaltes mit einem Kontinuum gilt diese Energieverteilung nur für die eingestellte Wellenzahl $\overset{*}{\nu}_0$, während die Energieverteilung benachbarter Wellenzahlen $\overset{*}{\nu}_0'$, $\overset{*}{\nu}_0''$ usw. sich aus der entsprechenden Spaltfunktion ablesen läßt, wenn man die Spitze des Dreiecks auf $\overset{*}{\nu}_0'$, $\overset{*}{\nu}_0''$ usw. verschiebt (vgl. Abb. 143). Die Überlagerung dieser verschiedenen Energieverteilungen bedingt die effektive Bandbreite der austretenden Strahlung. Bei verschiedener Breite von Eintritts- und Austrittsspalt wird die Energieverteilung trapezartig.

Nach Gleichung (II,27) ergibt sich die effektive Bandbreite aus

[1] Die Empfindlichkeit ist letzten Endes durch das Verhältnis von Signal zum Rauschen von Empfänger + Verstärker begrenzt (vgl. S. 173).

der geometrischen Spaltbreite Δs und der linearen Dispersion des Prismas zu

$$\Delta\lambda = \Delta s \frac{\mathrm{d}\lambda}{\mathrm{d}s} = \frac{\Delta s}{f\frac{\mathrm{d}\vartheta}{\mathrm{d}\lambda}} \quad \text{bzw.} \quad \Delta\overset{*}{\nu} = \frac{\overset{*}{\nu}{}^2 \Delta s}{f\frac{\mathrm{d}\vartheta}{\mathrm{d}\lambda}}, \tag{59}$$

wobei f die Spaltrohr-Brennweite und $\frac{\mathrm{d}\vartheta}{\mathrm{d}\lambda} = \frac{\mathrm{d}\vartheta}{\mathrm{d}n}\,\frac{\mathrm{d}n}{\mathrm{d}\lambda}$ die Winkeldispersion des Prismas nach (II,26) bedeutet. Setzt man für $\mathrm{d}\vartheta/\mathrm{d}n$ den Ausdruck (II,25) ein, so erhält man

$$\Delta\overset{*}{\nu} = \overset{*}{\nu}{}^2 \frac{\left(1 - n^2 \sin^2\frac{\varphi}{2}\right)^{1/2}}{2\sin\frac{\varphi}{2}\,\frac{\mathrm{d}n}{\mathrm{d}\lambda}}\,\frac{\Delta s}{f} \quad \text{bzw.} \quad \Delta\lambda = \frac{\left(1 - n^2 \sin^2\frac{\varphi}{2}\right)^{1/2}}{2\sin\frac{\varphi}{2}\,\frac{\mathrm{d}n}{\mathrm{d}\lambda}}\,\frac{\Delta s}{f}. \tag{60}$$

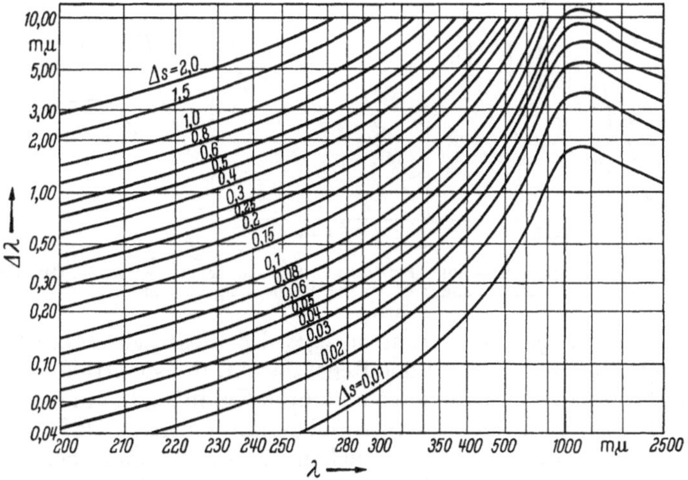

Abb. 144. Zusammenhang zwischen Spaltweite Δs und spektraler Bandbreite $\Delta\lambda\, 1/2$ für den Monochromator M 4 Q II der Firma Carl Zeiss

Analog der Halbwertsbreite von Filtern (vgl. S. 74) definiert man als „spektrale Bandbreite" die *Halbwertsbreite* der dreieckförmigen Spaltfunktion, d.h.

$$\Delta\overset{*}{\nu}_{1/2} = \overset{*}{\nu}{}^2 \frac{\left(1 - n^2 \sin^2\frac{\varphi}{2}\right)^{1/2}}{4\sin\frac{\varphi}{2}\,\frac{\mathrm{d}n}{\mathrm{d}\lambda}}\,\frac{\Delta s}{f}. \tag{61}$$

Sie läßt sich aus der geometrischen Spaltbreite und den geometrischen Größen des Monochromators für jedes eingestellte $\overset{*}{\nu}$ berechnen[1] und ist in Abb. 144 für den Monochromator M 4 QII der Firma Carl Zeiss graphisch dargestellt. Ist z.B. auf $\lambda = 290$ mμ eingestellt, so hat die spek-

[1] Über die Spaltfunktion bei ungleichen Spaltweiten vgl. V. v. KEUSSLER: Optik **13**, 317 (1956).

trale Bandbreite bei $\Delta s = 0{,}08$ mm den Wert 0,50 mμ. Zu diesem Einfluß der endlichen Breite der Spalte kommt noch der Einfluß des begrenzten Auflösungsvermögens eines Prismas bei verschwindender Spaltbreite hinzu, der in der Form $F(\Delta s)$ zwischen 0,9 für $\Delta s = 0$ und 0,5 für $\Delta s = \overset{*}{\nu}/2b\,\frac{\mathrm{d}n}{\mathrm{d}\lambda}$ variiert (sogenannter RAYLEIGH-Term), und schließlich noch ein Korrekturterm zur Berücksichtigung instrumenteller Unvoll-

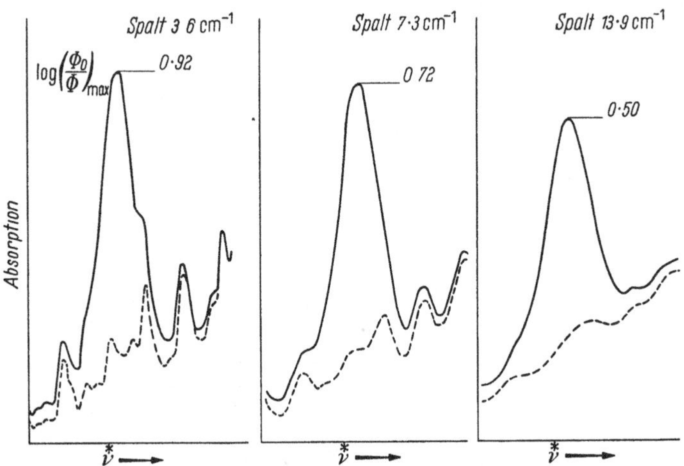

Abb. 145. Einfluß der Spaltbreite auf Intensität und Struktur schmaler Banden. Campher in CS_2-Lösung und (gestrichelt) Wasserdampfbanden

kommenheiten (Spaltkrümmung usw.)[1]. Da diese schwer zu ermitteln sind, beschränkt man sich in der Regel darauf, die spektrale Bandbreite nach Gleichung (61) zu berechnen und ihren Einfluß z. B. auf eine schmale Absorptionsbande im IR experimentell zu untersuchen. Als Beispiel sind in Abb. 145 drei Aufnahmen der gleichen Lösung von Campher in Schwefelkohlenstoff bei drei verschiedenen Spaltbreiten wiedergegeben[2]. Man sieht, wie mit zunehmendem Δs die Bande breiter, niedriger und weniger strukturiert wird. Ebenso nimmt die integrale Absorption ab. Um die sogenannte „natürliche Breite" von Schwingungsbanden, deren Halbwertsbreite in der Größenordnung von 5 cm^{-1} und darunter liegt, messen zu können, muß die spektrale Bandbreite natürlich wesentlich kleiner sein, was man nur mit Gittern genügend hoher Dispersion erreicht[3]. Um die spektrale Bandbreite bei einem gegebenen Monochromator und gegebener Spaltweite zu ermitteln, kann man ein analoges Verfahren benutzen, wie es S. 126 zur Messung kleiner Schichtdicken von Küvetten beschrieben wurde[4]. Während der Abstand δ aufeinanderfolgender Inter-

[1] Vgl. V. Z. WILLIAMS: Rev. sci. Instr. **19**, 135 (1948); G. W. KING u. A. G. EMSLIE: J. opt. Soc. Amer. **41**, 405 (1951).

[2] Nach R. N. JONES u. C. SANDORFY: aus WEISSBERGER: Technique of organic Chemistry, Bd. IX.

[3] Vgl. A. R. H. COLE: J. opt. Soc. Amer. **44**, 741 (1954); J. U. WHITE u. J. N. HOWARD: ibid. **46**, 662 (1956).

[4] COATES, V. J. u. H. HAUSDORFF: J. opt. Soc. Amer. **45**, 425 (1955).

ferenzmaxima in cm^{-1} von der Küvettenschichtdicke abhängt, ist die Amplitude der Interferenzen eine Funktion des Verhältnisses $\Delta\overset{*}{\nu}_{1/2}/\delta$, und zwar verschwindet die Amplitude bzw. wird ein Minimum, wenn dieses Verhältnis gleich 1 wird. Registriert man die Durchlässigkeit einer Interferenzen liefernden leeren Küvette von gegebener Schichtdicke und mit gegebener Spaltbreite Δs als lineare Funktion von $\overset{*}{\nu}$, so bleibt der Abstand δ der Interferenzmaxima praktisch konstant, weil der Brechungsindex der Luft sich kaum mit $\overset{*}{\nu}$ ändert. Verschwindet die Amplitude der Interferenz bei einem bestimmten $\overset{*}{\nu}$, so ist dort $\Delta\overset{*}{\nu}_{1/2} = \delta$.

Bei Messungen im längerwelligen IR wird allerdings das Auflösungsvermögen und damit die Richtigkeit der gemessenen Spektren nicht mehr durch die spektrale Bandbreite begrenzt, sondern durch die geringe Strahlungsleistung der verfügbaren Strahlungsquellen und die begrenzte Empfindlichkeit der Empfänger. Um genügende Energie zu bekommen, muß man mit so großen Spaltweiten arbeiten, daß $\Delta\overset{*}{\nu}_{1/2}$ viel größer ist, als dem theoretischen Auflösungsvermögen des Dispersionssystems entspricht. Die Auflösung ist dann *energiebegrenzt*[1].

Bei diesen Überlegungen ist ein kontinuierliches Spektrum der Strahlungsquelle vorausgesetzt, das, wie schon früher erwähnt (S. 62), bei spektrometrischen Messungen einem Linienspektrum stets vorzuziehen ist. Benutzt man ein linienarmes Spektrum als Strahlungsquelle (Gasentladungslampen), so sind die genannten Bedingungen natürlich wesentlich leichter zu erfüllen[2]. Dafür muß man aber in Kauf nehmen, daß die Zahl der Meßpunkte dann sehr gering ist.

c) Streustrahlung. In Praxis tritt aus dem Austrittsspalt eines Monochromators nicht nur der durch die Einstellung der Wellenlängentrommel bestimmte Wellenlängenbereich $\Delta\lambda$ aus, sondern außerdem ein gewisser Betrag an *Streustrahlung* anderer Wellenlängen, der die Extinktionsmessung natürlich um so mehr verfälscht, je mehr sich die Extinktionskoeffizienten des untersuchten Stoffes für die eigentliche Meßstrahlung und für die Streustrahlung unterscheiden (vgl. S. 41ff. und Abb. 14). Man erhält so die früher schon besprochenen scheinbaren Abweichungen vom LAMBERTschen oder LAMBERT-BEERschen Gesetz, aus denen man umgekehrt den Anteil der Streustrahlung ermitteln kann[3]. Dieser beträgt z.B. bei einem einfachen Quarzmonochromator bei 3700 Å etwa 0,4%, bei 2200 Å etwa 1,1% der gewünschten Strahlung. Besonders in der Nähe der Durchlässigkeitsgrenzen der Prismenmaterialien (vgl. Tabelle 5 und 6), wo bereits ein merklicher Teil der gewünschten Strahlung absorbiert wird, kann der Anteil der Streustrahlung sehr hohe relative Beträge annehmen.

---

[1] Vgl. dazu L. BECKMANN, E. FUNCK u. R. MECKE: Z. angew. Physik 11, 207 (1959).

[2] Bei Benutzung eines Linienspektrums ist die Spaltbreite eines Monochromators nur durch die Forderung begrenzt, daß das Spaltbild benachbarter Linien sich noch nicht zu überlagern beginnt. Je größer die Dispersion des Monochromators ist, um so weiter kann der Spalt gewählt werden.

[3] Vgl. dazu T. R. HOGNESS, F. P. ZSCHEILE u. A. E. SIDWELL: J. physic. Chem. 41, 379 (1937). Unter Streulichtanteil sei das Verhältnis i_s/i_0 des Photostroms, der vom Streulicht herrührt, zum gesamten Photostrom verstanden.

Für das Auftreten der Streustrahlung sind verschiedene Gründe verantwortlich. Zunächst tritt an jeder optischen Grenzfläche eine Oberflächenstreuung auf[1], die durch Rauhigkeiten molekularer Dimension bedingt ist. Sodann wird die an den Grenzflächen reflektierte Strahlung durch mehrfache Streuung ebenfalls teilweise in den Austrittsspalt gelangen können. Dieser Anteil kann durch Anbringung von Blenden und Auskleidung des Inneren mit absorbierendem Material (schwarzer Samt) ferner durch Aufdampfen reflexionsvermindernder Schichten auf die optischen Flächen (vgl. S. 100) stark herabgesetzt werden. Besonders gefährlich sind schließlich Staub- und Schmutzteilchen, die sich im Lauf der Zeit auf den optischen Flächen absetzen und den Streuanteil vervielfachen können. Die Flächen sind deshalb stets peinlich sauber zu halten. Bei Gittermonochromatoren können Unvollkommenheiten des Gitters einen hohen Streulichtanteil hervorrufen, ebenso fluorescierende Teile innerhalb des Monochromators.

Bei guten Monochromatoren ist der gesamte Streulichtanteil außer an den Durchlässigkeitsgrenzen des Prismas in der Regel kleiner als 0,1%, er kann aber sehr beträchtlich werden in folgenden Fällen:

1. wenn in dem betreffenden Spektralbereich die Strahlungsdichte der Lichtquelle klein ist im Verhältnis zur Strahlungsdichte in anderen Spektralbereichen. Dies gilt etwa bei Messungen mit einer Glühlampe unterhalb von 380 mμ oder mit einer Wasserstofflampe unterhalb von 230 mμ. Im ersten Fall kann man den Streulichtanteil stark reduzieren, wenn man ein Filter vorschaltet, das den langwelligen Spektralbereich möglichst vollständig absorbiert. Im zweiten Fall gibt es solche Filter nicht, so daß man hier den Streulichtanteil experimentell bestimmen muß (vgl. unten).

2. wenn die Empfindlichkeit des Empfängers in dem betreffenden Spektralgebiet sehr viel geringer ist als in anderen Spektralgebieten. Dies gilt insbesondere an den langwelligen Grenzen der Empfindlichkeit von Photozellen und Multipliern. Hier ist es in der Regel möglich, durch Vorschaltung geeigneter Kantenfilter (vgl. Abb. 25) den kurzwelligen Spektralbereich praktisch auszuschließen und so den Streulichtanteil auf ein erträgliches Maß herabzusetzen.

3. wenn in dem betreffenden Spektralbereich das Lösungsmittel bereits merklich zu absorbieren beginnt, während es in anderen (längerwelligen) Bereichen vollständig durchlässig ist. Da die Absorption sämtlicher Lösungsmittel entweder durch Eigenabsorption oder durch schwer entfernbare Verunreinigungen gegen das UV hin zunimmt (vgl. Tabelle 9), treten solche erhöhten Streulichtanteile stets im kurzwelligen Bereich der Messungen auf und können dort sehr starke Verfälschungen der Meßergebnisse hervorrufen, wie weiter unten gezeigt wird. Lösungsmittel, deren Extinktion (gemessen gegen die leere Küvette) bei der betreffenden Schichtdicke größer als 0,1 bis 0,2 ist, sollte man deshalb nach Möglichkeit nicht verwenden. Streulichtfehler, die durch absorbierendes Lösungsmittel verursacht werden, machen sich dadurch sofort bemerkbar, daß die aus Messungen bei konstanter Konzentration und verschie-

[1] Vgl. P. H. Keck: Optik 1, 144, 169 (1946).

dener Schichtdicke berechneten Extinktionskoeffizienten mit zunehmender Schichtdicke absinken statt konstant zu bleiben.

Zur *Berechnung des Streulichtfehlers* sei angenommen, daß das Streulicht weder vom Lösungsmittel noch vom gelösten Stoff geschwächt wird. Beträgt die wahre Durchlässigkeit bei einer gegebenen Wellenlänge nach (I,16) $\vartheta = \Phi/\Phi_0$, so ist die durch die Strahlungsleistung Φ_{s0} des Streulichts gefälschte Durchlässigkeit gegeben durch

$$\vartheta' = \frac{\Phi + \Phi_{s0}}{\Phi_0 + \Phi_{s0}}. \quad (62)$$

Bezeichnet man den Streulichtanteil mit

$$p \equiv \frac{\Phi_{s0}}{\Phi_0 + \Phi_{s0}}, \quad (63)$$

so erhält man

$$\vartheta' = \vartheta(1 - p) + p \quad (64)$$

und

$$\vartheta = \frac{\vartheta' - p}{1 - p}. \quad (65)$$

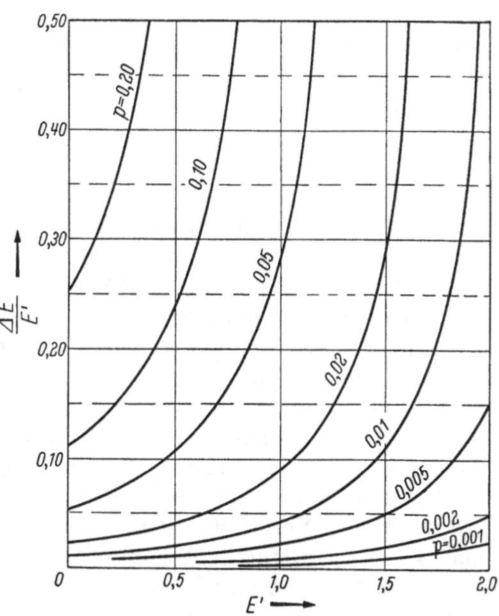

Abb. 146. Relativer Extinktionsfehler als Funktion der gemessenen Extinktion bei verschiedenen Streulichtanteilen p als Parameter

Wenn also p bekannt ist, kann man die wahre Durchlässigkeit ϑ aus der gefälschten gemessenen ϑ' berechnen. Unter Umrechnung auf Extinktionen erhält man

$$\Delta E \equiv E' - E = \log \vartheta - \log[\vartheta(1 - p) + p]. \quad (66)$$

Der relative Fehler $\Delta E/E'$ der Extinktion als Funktion der gemessenen (gefälschten) Extinktion E' ist in Abb. 146 für verschiedene Streulichtanteile p als Parameter wiedergegeben. Man sieht, daß der relative Fehler mit zunehmender Extinktion E' stark ansteigt und selbst bei einem Streulichtanteil von nur 0,5% bei $E = 2$ schon 15% beträgt. Der Streulichtanteil kann jedoch aus den oben unter 1. bis 3. genannten Gründen unter ungünstigen Bedingungen bis zu 10% und mehr betragen, so daß dann die Messungen außerordentlich stark verfälscht werden können. Aus diesem Grund sollte man keine zu hohen Extinktionen messen, um so mehr, als nach (39) bzw. (40) der relative Fehler der Messung ohne Streulichtanteil bei $E \cong 0{,}43$ ebenfalls am geringsten ist.

Wird das Streulicht ebenfalls durch den gelösten Stoff geschwächt, so gilt an Stelle von (62)

$$\vartheta' = \frac{\Phi + \Phi_s}{\Phi_0 + \Phi_{s0}}, \quad (67)$$

wobei Φ_s/Φ_{s0} die Durchlässigkeit für das Streulicht darstellt. Dann ist das durch (63) definierte p der Streulichtanteil beim Eintritt der Strahlung in die Lösung und

$$p' = \frac{\Phi_s}{\Phi_0 + \Phi_{s0}} \tag{68}$$

der Streulichtanteil beim Austritt der Strahlung aus der Lösung, beidesmal bezogen auf die Gesamtstrahlung $\Phi_0 + \Phi_{s0}$. Dann erhält man für die wahre Durchlässigkeit an Stelle von (65)

$$\vartheta = \frac{\vartheta' - p'}{1 - p}, \tag{69}$$

worin p' gesondert zu ermitteln ist.

Zur *experimentellen Messung* des Streulichtanteils p bzw. p', der zur Anwendung der Gleichungen (65) und (69) bekannt sein muß, ist eine Reihe von Methoden vorgeschlagen worden.

Nach einem von PRESTON[1] angegebenen Verfahren deckt man die obere Hälfte des Eintrittsspaltes und die obere Hälfte des Austrittsspaltes des Monochromators mit Blenden ab, wobei darauf zu achten ist, daß die Blenden genau in der Ebene der Spalte liegen. Dann wird das Nutzlicht durch die Blenden völlig ausgeschaltet, während das Streulicht nur auf die Hälfte geschwächt wird, da p der Spalthöhe proportional ist. Durch Vergleich der Photoströme ohne bzw. mit Blenden kann man so den Streulichtanteil unmittelbar messen. Indirekt erhält man ihn durch folgende vier Messungen, wobei die Blende am Eintrittsspalt stets an ihrer Stelle bleibt:

Φ_1 Lösungsmittel, keine Blende am Austrittsspalt
Φ_2 Lösung, keine Blende am Austrittspalt
Φ_3 Lösung, Blende am Austrittsspalt
Φ_4 Lösungsmittel, Blende am Austrittsspalt.

Es ist

$$\vartheta' = \Phi_2/\Phi_1; \qquad \vartheta = \frac{\Phi_2 - 2\Phi_3}{\Phi_1 - 2\Phi_4}; \qquad \vartheta_s = \frac{\Phi_3}{\Phi_4}.$$

Aus den so gemessenen Werten von ϑ', ϑ und ϑ_s ergibt sich p aus (69) mit

$$\frac{p'}{p} = \vartheta_s \tag{70}$$

zu

$$p = \frac{\vartheta - \vartheta'}{\vartheta - \vartheta_s}. \tag{71}$$

Ist $\vartheta_s = 1$, d.h. wird die Streustrahlung vom gelösten Stoff nicht absorbiert, so wird entsprechend nach (65)

$$p = \frac{\vartheta - \vartheta'}{\vartheta - 1}. \tag{72}$$

Eine zweite Methode zur Messung von p benutzt einfach die Tatsache, daß bei Messung der Durchlässigkeit ϑ' einer Probe von $\vartheta < 0{,}001$

[1] PRESTON, I. S.: J. sci. Instr. **13**, 368 (1936).

der Wert von ϑ' unmittelbar den Streulichtanteil darstellen muß, da das wahre ϑ nicht mehr meßbar ist. Man berechnet aus der bekannten Absorptionskurve eines Stoffes, der in dem zu untersuchenden Spektralbereich eine starke Bande besitzt, diejenige Konzentration und Schichtdicke, bei der $\vartheta < 0{,}001$.

Eine dritte Methode[1] zur Ermittlung des Streulichtanteils eines Monochromators besteht darin, die aus einem praktisch streulichtfreien Doppelmonochromator austretende monochromatische Strahlung einzelner Spektrallinien (Hg) als Strahlungsquelle für den zu prüfenden Monochromator zu benutzen und die Streulichtanteile für verschiedene Einstellungen des letzteren mit einem empfindlichen Multiplier zu messen.

Für die Messung sehr schmaler Banden in Gasspektren oder bei tiefen Temperaturen kann das Streulicht nah benachbarter Wellenlängen besonders störend wirken. Dieses wird von den bisher beschriebenen Methoden im allgemeinen nicht oder nur mit dem Gesamtstreulicht zusammen erfaßt. Man kann diesen „Nah-Streulichtanteil" ermitteln[2], indem man die Durchlässigkeit von Quecksilberdampf bei verschiedenen Temperaturen mißt. Hg-Dampf besitzt nur die scharfe Resonanzlinie bei 2537 Å, die mit zunehmender Temperatur verbreitert wird. Bei genügender Schichtdicke und genügendem Druck kann man die Durchlässigkeit für die Resonanzlinie vernachlässigen, so daß die gemessene Durchlässigkeit ϑ'' dem gesamten Streulichtanteil zuzuschreiben ist. Macht man eine zweite Messung mit einem Stoff, der bei 2537 Å eine *breite* starke Absorption mit $\vartheta < 0{,}001$ besitzt, so mißt man in ϑ' nach der oben genannten zweiten Methode den sogenannten „Fern-Streulichtanteil". Die Differenz $\vartheta' - \vartheta''$ ergibt dann den „Nah-Streulichtanteil".

Wie kürzlich Luck[3] gezeigt hat und wie schon aus Abb. 145 hervorgeht, wird durch Streulichtanteile nicht nur die gemessene Extinktion, sondern auch die Bandenform und -lage um so stärker verfälscht, je größer der Streulichtanteil und je höher die Extinktion ist. Dies kann so weit gehen, daß eine einheitliche Bande aufgespalten erscheint, also eine Doppelbande vortäuscht. Als Beispiel ist in Abb. 147 die Absorption des Bromphenolblaus wiedergegeben, wobei zwei Lösungen verschiedener Konzentration gegeneinander gemessen wurden, die sich jeweils um eine Zehnerpotenz voneinander unterschieden. Schon bei der Extinktion 3 der verdünnten Lösung tritt die durch Streulichteinfluß bewirkte Aufspaltung der Bande ein.

Die beste Methode, die Streustrahlung zu reduzieren, ist die Benutzung von *Doppelmonochromatoren*, die im wesentlichen dem Zweck dienen, von der Streustrahlung aller Wellenlängen, die aus dem ersten Monochromator kommt, nur den Bereich durchzulassen, der mit der eingestellten Wellenlänge zusammenfällt[4].

---

[1] Pritchard, B. S.: J. opt. Soc. Amer. **45**, 356 (1955).
[2] Tunnicliff, D. D.: J. opt. Soc. Amer. **45**, 963 (1955).
[3] Luck, W.: Z. Elektrochemie **64**, 676 (1960).
[4] Vgl. dazu F. Rössler: Z. Physik **125**, 427 (1948).

Eine weitere Möglichkeit dazu besteht in folgendem[1]: Man schwenkt den LITTROW-Spiegel des Monochromators (Abb. 45) periodisch (10 Hz) um eine horizontale Achse und über einen kleinen Winkel von etwa 0,5°. Dadurch wird die gewünschte Strahlung moduliert und periodisch über den Austrittsspalt dem Empfänger zugeführt, während die Streustrahlung vom Kollimatorspiegel und der Vorderfläche des Prismas nicht moduliert wird und so durch einen Resonanzverstärker eliminiert werden kann.

Wie die Erfahrung gezeigt hat, läßt sich die zu Beginn dieses Abschnitts aufgestellte Forderung, daß die durch die Größe von $\Delta\lambda$ bzw.

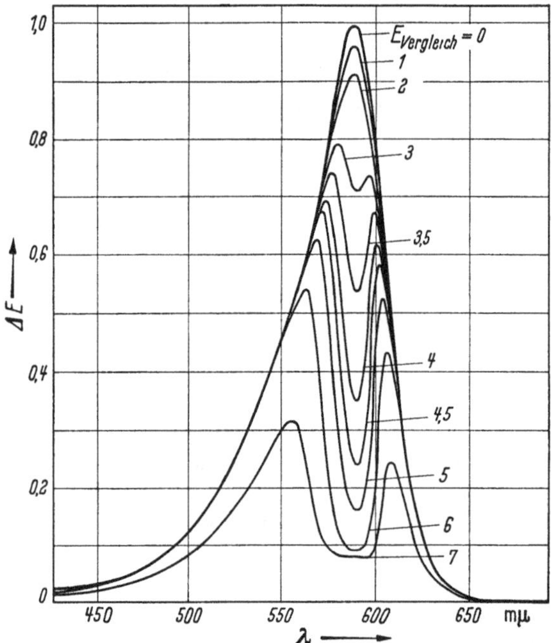

Abb. 147. Durch Streulichtanteile vorgetäuschte Bandenaufspaltung bei Bromphenolblau ($p_H = 8$; $\Delta E = 1$)

den Anteil an Streustrahlung bedingte Streuung der absoluten ε-Werte kleiner sein sollte als die Streuung der photometrischen Messung, mit den heute zur Verfügung stehenden Geräten nicht verwirklichen. Wie wir sahen, kann man unter Benutzung geeigneter Meßverfahren (Substitutions- und Flimmermethoden) die photometrische Meßgenauigkeit ohne allzu großen Aufwand auf Werte von 1000 (0,1%) und höher treiben. Dagegen hat sich ergeben[2], daß die Streuung der so gemessenen Absolutwerte selbst bei Benutzung eines Linienspektrums (Hg-Lampe) zusammen mit einem Doppelmonochromator, d.h. bei bestmöglicher Monochromasie der Meßstrahlung, immer noch in der Größenordnung

[1] HAMMOND, V. I. u. W. C. PRICE: J. opt. Soc. Amer. **43**, 924 (1953).

[2] KORTÜM, G. u. H. v. HALBAN: Z. physik. Chem. (A) **170**, 212 (1934).

von 1% liegt (vgl. die mit D bezeichnete Kurve in Abb. 15), obwohl die photometrische Meßgenauigkeit etwa 0,02% betrug (vgl. S. 270). Da bei der benutzten Substitutionsmethode alle durch die Eigenschaften der Photozellen bedingten Fehlermöglichkeiten herausfallen, und da mit konstanter Schichtdicke und variabler Konzentration der Lösungen gemessen wurde, kann dies nur durch die mangelnde Monochromasie, d.h. durch immer noch vorhandene Streustrahlung verursacht sein. Daraus muß man schließen, was allgemein durch die Erfahrung bestätigt wird, daß sich die *Absolutwerte der Extinktionskoeffizienten bisher nicht genauer als auf etwa 1% messen lassen*, eine Grenze, die auch bei der photographischen Methode erreicht wird. Das ist allerdings für die Charakterisierung von Stoffen durchaus ausreichend.

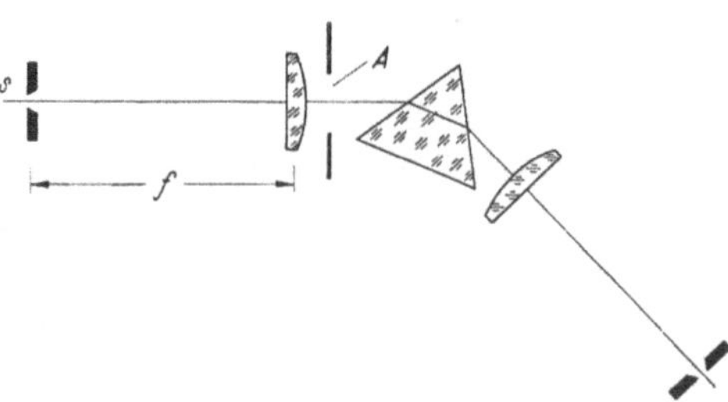

Abb. 148. Strahlengang in einem Monochromator

Benutzt man zur Messung keine Nullmethode, sondern eine Ausschlags- oder Kompensationsmethode, wie das bei der Mehrzahl käuflicher lichtelektrischer Spektrometer für das Sichtbare und UV der Fall ist, so kann bereits die photometrische Streuung der Meßwerte wesentlich höher liegen als 1% (vgl. S. 257ff.) und so die Absolutwerte der Extinktionskoeffizienten zusätzlich verfälschen. So wird z.B. die Streuung der mit dem BECKMAN-Spektrometer gemessenen Absolutwerte nach sorgfältigen Untersuchungen zu 5% und mehr angegeben[1].

d) Leistungsfähigkeit von Monochromatoren. Bildet man die Strahlungsquelle auf den Eintrittsspalt eines Monochromators ab (vgl. Abb. 148), so ist vor allem darauf zu achten, daß das Öffnungsverhältnis der Beleuchtungslinse oder des Beleuchtungsspiegels (Brennweite/Durchmesser) dem des Kollimators gleich ist. Ist es größer, so wird der Monochromator nicht voll ausgenutzt, ist es kleiner, so vergrößert man unnötig den Betrag des Streulichtanteils.

Der Eintrittsspalt wirkt als sekundäre Strahlungsquelle für den Wellenlängenbereich $\Delta\lambda$ mit der Strahlungsdichte

$$B_e = B\,\Delta\lambda\,, \tag{73}$$

wenn man unter B die spektrale Strahlungsdichte je Wellenlängeneinheit versteht. Die Strahlungsdichte des Austrittsspalts ist gegeben durch

$$B_a = B\,\Delta\lambda\, L\,, \tag{74}$$

worin L den durch (II,49) definierten Lichtleitwert des Monochromators darstellt. L ergibt sich (unter Vernachlässigung von Reflexionsverlusten) zu

$$L = \frac{l\,\Delta s\,A}{f^2}\,. \tag{75}$$

[1] CASTER, W. O.: Anal. Chem. **23**, 1229 (1951).

l ist die Spaltlänge, Δs die Spaltbreite, $l \cdot \Delta s$ also die Spaltfläche, A der (gewöhnlich durch eine Kreisblende vor dem Prisma begrenzte) Querschnitt des Bündels ($A = \pi a^2/4$), f die Kollimatorbrennweite.

Der Wellenlängenbereich $\Delta\lambda$, der der Spaltbreite Δs entspricht, ergibt sich (von Beugungseffekten abgesehen) aus der Beziehung (II,27) für die Lineardispersion des Prismas zu

$$\Delta\lambda = \frac{\Delta s}{f\,\dfrac{\mathrm{d}\vartheta}{\mathrm{d}\lambda}}. \tag{59}$$

$(\mathrm{d}\vartheta/\mathrm{d}\lambda)$ ist die Winkeldispersion des Prismas. Setzt man (75) und (59) in (74) ein und eliminiert Δs, so wird

$$B_a = B(\Delta\lambda)^2\,\frac{l}{f}\,A\,\frac{\mathrm{d}\vartheta}{\mathrm{d}\lambda}. \tag{76}$$

Die austretende Strahlungsleistung ist demnach proportional der Intensität der Strahlungsquelle, dem Quadrat des durchgelassenen Wellenlängenbereichs $\Delta\lambda$, dem Verhältnis von Spaltlänge zu Kollimatorbrennweite, der Fläche der Öffnungsblende und der Winkeldispersion des Prismas. Von der Brennweite des Kollimators ist also die sogenannte „Lichtstärke" des Monochromators unabhängig, solange das Verhältnis l/f konstant bleibt[1]. Bei einem gegebenen Instrument kann man die Intensität der austretenden Strahlung nur dadurch erhöhen, daß man die Spaltbreiten Δs und damit auch $\Delta\lambda$ vergrößert. Damit man umgekehrt $\Delta\lambda$ genügend klein halten kann („spektralreine" Strahlung), muß man ein Prismenmaterial hoher Dispersion verwenden.

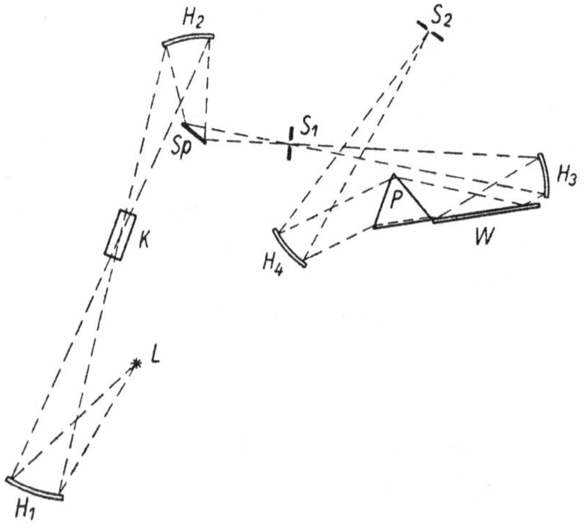

Abb. 149a. Spiegelprismen-Monochromator in FUCHS-WADSWORTH-Aufstellung mit gekreuzten Strahlenbündeln zur Erhöhung der Abbildungsgute

Damit sich das Prisma bei feststehendem Eintritts- und Austrittsspalt für jede gewünschte Wellenlänge im Minimum der Ablenkung befindet, benutzt man die S. 108 erwähnte LITTROW- bzw. FUCHS-WADSWORTH-Aufstellung oder man verwendet Prismenkombinationen nach Abb. 47 mit konstanter Ablenkung von 90° wie etwa im Leitzschen Monochromator für hohe Lichtstärken. In neuerer Zeit werden nicht nur im IR, sondern auch im Sichtbaren und im UV immer häufiger Konkavspiegel statt Linsen zur Führung des Strahlenganges verwendet, da sie stets achromatisch sind. Um

[1] Dies ist beim Vergleich der Leistungsfähigkeit verschiedener Monochromatoren zu berücksichtigen.

die übrigen Abbildungsfehler der Spiegel nach Möglichkeit herabzusetzen und damit die Reinheit des Spektrums zu erhöhen, kann man entweder die von zwei Hohlspiegeln reflektierten Strahlenbündel sich kreuzen lassen[1] (Abb. 149a), so daß sich die Abbildungsfehler teilweise wieder aufheben, oder das in Abb. 49 dargestellte Prinzip benutzen und die Strahlung parallel zur Achsenrichtung des Spiegels reflektieren lassen (Abb. 149b), wobei man noch den Vorteil hat, daß man größere Aperturen der Spiegel (d/f) wählen kann, ohne daß die Abbildungsgüte wesentlich absinkt. Einen unter Ausnutzung dieser Vorteile gebauten Doppelmonochromator mit auswechselbaren Prismen aus Glas, Quarz und Steinsalz stellt z.B. die Firma Kipp & Zonen, Delft, her; Doppelmonochromatoren mit ebenfalls auswechselbaren Prismen in LITTROW-Aufstellung für IR, sichtbares Gebiet und UV liefern die Firmen Carl Zeiss, Oberkochen und C. Leiss, Berlin.

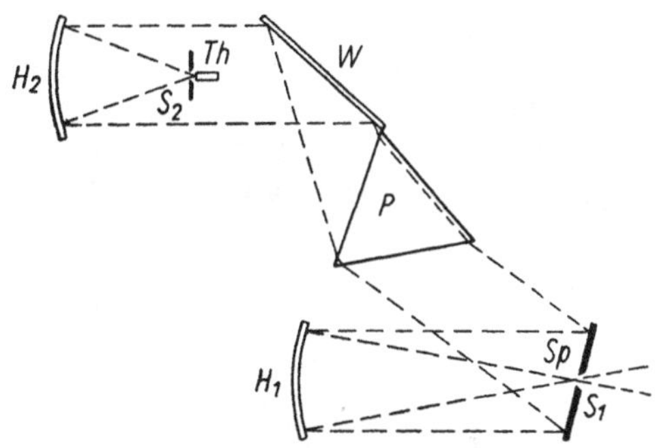

Abb. 149b. Spiegelprismen-Monochromator in FUCHS-WADSWORTH-Aufstellung mit achsenparallelem Strahlenbündel

Bei Prismenmonochromatoren sind ferner für die Abbildungsgüte des Eintrittsspalts zwei Bedingungen wichtig: a) daß das Strahlenbündel parallel zur Hauptebene des Prismas (vgl. Abb. 43) verläuft, und b) daß es symmetrisch durchgeht, damit für den gewählten Wellenlängenbereich jeweils die Bedingung minimaler Ablenkung herrscht. Die erste Bedingung ist nur für Strahlen erfüllt, die von der Mitte des Spaltes auf der Achse der Kollimatorlinse ausgehen, während Strahlen von den übrigen Teilen des Spalts das Prisma unter einem Winkel zur Hauptebene durchlaufen, der um so größer ist, je länger der Spalt wird. Die von den Enden des Spalts ausgehenden Strahlen durchlaufen deshalb einen längeren Weg im Prisma und werden stärker abgelenkt, so daß das Spaltbild parabolisch gekrümmt erscheint, und zwar um so mehr, je größer der Brechungsindex n des Prismas ist. Kürzerwellige Strahlung ergibt so stärker gekrümmte Spaltbilder als längerwellige. Man gibt deshalb bei Einfachmonochromatoren dem Austrittsspalt eine Krümmung, die der mittleren Krümmung der Linien angepaßt ist, oder macht sogar diese Krümmung variabel. Bei Doppelmonochromatoren dient der Austrittsspalt des ersten Teils gleichzeitig als Eintrittsspalt des zweiten; da dieser bereits gekrümmt ist, kann der Austrittsspalt des zweiten Teils wieder gerade sein, was besonders in der IR-Spektrometrie von Vorteil ist, wenn man die Strahlung auf einer linearen Thermosäule auffangen will. Die aus einem Monochromator austretende .Strahlung ist infolge der Reflexionen an Spiegeln und der Brechung am Prisma in der Regel teil-

[1] CZERNY, M. u. V. PLETTIG: Z. Physik **63**, 590 (1930).

weise linear polarisiert[1], was z.B. für Messungen mit polarisierter Strahlung von Bedeutung sein kann.

Wie WALSH[2] gezeigt hat, kann man einen Einfachmonochromator dadurch in einen Zweifach- oder sogar *Vielfachmonochromator* umwandeln, daß man die Strahlung den gleichen Monochromator mehrmals durchlaufen läßt. Das Prinzip dieser Methode zeigt Abb. 150 am Beispiel eines Zweifachmonochromators. Das durch S_1 eintretende Strahlenbündel wird durch das Prisma P dispergiert, am Planspiegel M_2 reflektiert (LITTROW-Aufstellung), nochmals dispergiert und in der Fokalebene AO fokussiert. Aus dem Spalt S_2 tritt dann eine durch die Stellung von P und M_2 gegebene Strahlung der Wellenlänge λ_1 aus. Mit Hilfe von zwei senkrecht zueinander angeordneten Planspiegeln M_3 und M_4 kann man erreichen, daß ein zweites Bündel der Wellenlänge λ_2 das Dispersionssystem ein zweites Mal durchläuft und ebenfalls durch S_2 austritt. Dieses Spektralband „zweiter Ordnung" kann man nun dadurch von dem Band λ_1 „erster Ordnung" isolieren, daß man es durch einen Unterbrecher periodisch zerhackt und so eine Wechselstrahlung erzeugt, die im Empfänger einen Wechselstrom ergibt. Dieser kann durch Resonanzverstärkung, wie S. 244 beschrieben, von der Gleichstromkomponente, hervorgerufen durch λ_1, leicht getrennt werden. Das Auflösungsvermögen des Monochromators wird auf diese Weise verdoppelt bzw. durch Wiederholung des Verfahrens vervielfacht, die austretende Wechselstrahlung ist entsprechend rein und weitgehend frei von Streustrahlung anderer Wellenlängen. Dieses Verfahren wird bereits im Perkin-Elmer-Monochromator 99 und im IR-Spektrometer 112 technisch verwendet[3]. Es läßt sich in analoger Weise bei Konkav- und Plangittern durchführen[4].

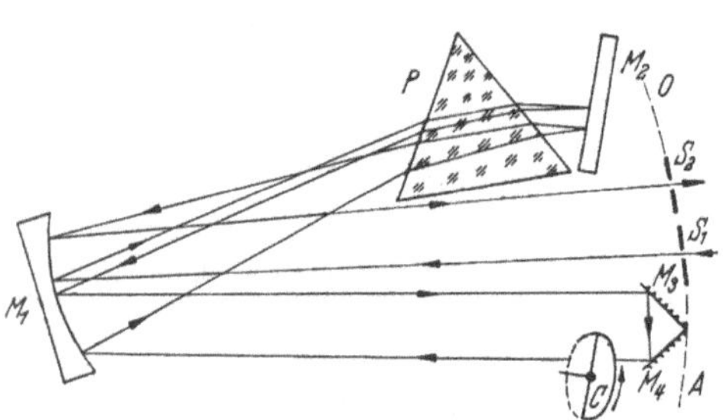

Abb. 150. Prinzip des Vielfachmonochromators

Außer dem Auflösungsvermögen kann man auch die sogenannte „*Lichtstärke*", d.h. die Strahlungsdichte eines gegebenen Monochromators beträchtlich erhöhen, ohne daß er an Auflösungsvermögen einbüßt, indem man prinzipiell mehrere Spalte eng nebeneinander anordnet[5]. Zur Isolierung der gewünschten Strahlung von benachbarten Wellenlängen läßt man besondere Diaphragmen synchron vor dem (weit geöffneten) Eintritts- und Austrittsspalt rotieren und sondert die gewünschte Wellenlänge wieder mit Hilfe eines Resonanzverstärkers aus. Auch ein Mehr-

[1] Vgl. J. CZEKALLA u. G. WICK: Zeiss-Mitt. **1**, 347 (1959).

[2] WALSH, A.: J. opt. Soc. Amer. **42**, 94, 96 (1952); **43**, 215 (1953); N. S. HAM, A. WALSH u. J. B. WILLIS: J. opt. Soc. Amer. **42**, 496 (1952); **43**, 989 (1953).

[3] Perkin-Elmer, Norwalk, Conn.

[4] JENKINS, F. A. u. L. W. ALVAREZ: J. opt. Soc. Amer. **42**, 699 (1952). D. H. RANK u. Mitarb.: J. opt. Soc. Amer. **42**, 983 (1952); **43**, 214 (1953).

[5] GOLAY, M. J. E.: J. opt. Soc. Amer. **39**, 437 (1949).

spaltdoppelmonochromator mit entgegengesetzt orientierten Prismen und ohne bewegte Teile ist beschrieben worden[1].

Für das *ferne* UV (500–2000 Å), wo außer LiF keine gut geeigneten Prismenmaterialien zur Verfügung stehen, benutzt man deshalb Gittermonochromatoren, die zusätzlich evakuierbar sein müssen, um die Absorption durch Luft auszuschließen. Geräte dieser Art sind mehrfach beschrieben worden[2]. Man verwendet mit Vorteil Konkavgitter, die kein abbildendes System brauchen, und bewegt das auf einem Arm montierte Gitter auf dem ROWLAND-Kreis, so daß die Fokussierung für jede Wellenlänge erhalten bleibt (vgl. Abb. 52). Statt dessen kann man auch für nicht zu große λ-Bereiche zur Einstellung der gewünschten Wellenlänge das Gitter ähnlich wie ein Prisma oder Plangitter um eine Achse auf dem ROWLAND-Kreis drehen, wobei der Abstand Gitter–Eintritts- und Austrittsspalt oder einer der beiden etwas geändert werden muß. Der Verlust an Auflösungsvermögen durch Defokussierung ist im übrigen nicht sehr groß. Um auch die Absorption durch Verschlußfenster auszuschließen, bringt man die zu untersuchende Probe im Monochromator selbst unter und schließt sowohl den Empfänger wie die H_2-Lampe unmittelbar an die Spalte an. Auch das Fenster der H_2-Lampe kann man weglassen, wenn man den ganzen Monochromator mit H_2 geeigneten Drucks füllt. Die Wand der Photozelle bzw. des Multipliers wird mit einem fluoreszierenden Stoff (z.B. Na-Salicylat) bestrichen. Das schwierigste Problem im Vakuum-UV ist wegen der geringen Strahlungsleistung der Lichtquellen in diesem Gebiet die Streustrahlung längerer Wellen. Man schließt sie am besten durch das S. 292 beschriebene Verfahren aus, indem man die gewünschte Nutzstrahlung moduliert und resonanzverstärkt.

e) Kalibrierung der Wellenlängenskala. Zur Ermittlung eines Spektrums sind jeweils zwei miteinander zusammenhängende Größen zu bestimmen: a) die Wellenlänge bzw. die Wellenzahl; b) die (relative) Strahlungsintensität bei dieser Wellenlänge. Ist die Ablesung der Wellenlängenskala fehlerhaft, so ist auch die bei der falschen Wellenlänge bestimmte Intensität unrichtig, auch wenn die photometrische Skala fehlerfrei war. Andererseits kann auch die photometrische Skala allein unrichtig sein. Beide Skalen müssen deshalb in jedem Fall nachgeprüft werden.

Die Wellenlängenskala ist in erster Linie ein Problem der Dispersion. Wie S. 104 bzw. 112 gezeigt wurde, unterscheiden sich die Dispersionen eines Gitters bzw. Prismas in charakteristischer Weise. Nach Gleichung (II,31) bzw. (II,27) gilt für ein Prisma

$$d\vartheta = \frac{b}{a}\frac{dn}{d\lambda}d\lambda \quad \text{bzw.} \quad ds = \frac{fb}{a}\frac{dn}{d\lambda}d\lambda, \tag{77}$$

[1] SHURCLIFF, W. A.: J. opt. Soc. Amer. **39**, 1048 (1949).

[2] Vgl. z. B. W. W. PARKINSON u. F. E. WILLIAMS: J. opt. Soc. Amer. **39**, 705 (1949); R. F. BAKER: J. opt. Soc. Amer. **28**, 55 (1938); J. N. FERGUSON: Physic. Rev. **66**, 220 (1944); R. TOUSEY u. Mitarb.: J. opt. Soc. Amer. **41**, 696 (1951); T. B. THOMAS u. E. E. SCHNEIDER: J. opt. Soc. Amer. **41**, 1002 (1951); P. D. JOHNSON: J. opt. Soc. Amer. **42**, 278 (1952); T. NAMIOKA: Sci. of light **3**, 15 (1954); W. G. FASTIE u. Mitarb.: J. opt. Soc. Amer. **48**, 106 (1958); Vakuum-Gitter-Monochromatoren verschiedener Brennweite werden z.B. von der Jarrell Ash Comp. Newtonville, USA, geliefert. Vertretung: W. Zeh, Duisburg-Meiderich.

nach Gleichung (II,35) bzw. (II,27) für ein Gitter

$$\mathrm{d}\vartheta = \frac{n}{d\cos\vartheta}\,\mathrm{d}\lambda \quad \text{bzw.} \quad \mathrm{d}s = \frac{f\,n}{d\cos\vartheta}\,\mathrm{d}\lambda. \tag{78}$$

Die Dispersion des Prismas hängt maßgeblich von der Dispersion $\mathrm{d}n/\mathrm{d}\lambda$ des Materials ab, und wo $\mathrm{d}n/\mathrm{d}\lambda$ negativ ist, nimmt die Dispersion mit zunehmender Wellenlänge mehr oder weniger ab, die Wellenlängenskala erscheint im langwelligen Bereich stark zusammengedrückt (Beispiel: Quarz). Die Dispersion des Gitters ist dagegen in der Nähe der Gitternormalen ($\cos\vartheta = 1$) nahezu konstant und liefert so eine angenähert lineare Wellenlängenskala. Analoges gilt für Konkavgitter in der ROWLAND- oder WADSWORTH-Aufstellung[1] (vgl. S. 433). Da für die automatische Registrierung von Spektren bzw. für Interpolationszwecke eine lineare Wellenlängenskala erwünscht ist, wird in manchen modernen Geräten über ein Getriebe und eine Steuerscheibe eine solche Skala erzeugt, indem man die Krümmung der Scheibe der Dispersionskurve des gedrehten Prismas anpaßt, was allerdings eine Einbuße in der Genauigkeit der Wellenlängenablesung bedeutet. Die weitere Entwicklung geht dahin, aus den S. 26 genannten Gründen die lineare Wellenlängenskala durch eine lineare Wellenzahlskala zu ersetzen[2].

Obwohl im Handel befindlichen Spektrometern stets eine lineare oder direkt in Wellenlängen ablesbare Dispersionsskala beigegeben wird, empfiehlt es sich immer, diese Skala nachzuprüfen, da durch systematische Fehler der Skalenteilung und des Antriebsmechanismus die eingestellte Wellenlänge vom richtigen Wert mehr oder weniger abweichen kann. Bei guter Justierung sollten die Abweichungen von den Standardwerten im Gebiet der größten Dispersion höchstens einige Å betragen, es kommt jedoch nicht selten vor, daß die Justierung sich mit der Zeit merklich verschlechtert, so daß die Nachprüfung häufig wiederholt werden sollte.

Als primärer absoluter Standard für die Wellenlängenbestimmung diente früher die rote Cd-Linie bei 6438, 4696 Å in Luft[3], ein Wert, der nach zahlreichen interferometrischen Messungen auf etwa 10^{-4} Å genau geschätzt wird. Nach neuen Messungen[4] gibt das ^{198}Hg-Isotop schärfere Linien als alle bekannten Elemente, so daß auch die grüne ^{198}Hg-Linie bei 5460, 7532 Å oder die Resonanzlinie bei 2537 Å sich als Primärstandard eignen würde[5]. Relativ zur roten Cd-Linie sind zahlreiche sekundäre Standardlinien der Edelgase und des Eisens interferometrisch bestimmt worden, die sich einigermaßen gleichmäßig über das Spektrum zwischen 7032 und 2447 Å verteilen; sie werden auf 10^{-3} Å genau geschätzt. Da-

[1] Ein Gitterspektrometer mit streng linearer Wellenlangenskala beschreiben G. P. KOCH u. Mitarb.: J. opt. Soc. Amer. **41**, 125 (1951).

[2] Vgl. dazu J. H. DANIEL u. F. S. BRACKETT: J. opt. Soc. Amer. **43**, 960 (1953).

[3] Zur Umrechnung auf das Vakuum mit dem Brechungsindex der Luft vgl. B. EDLÉN: J. opt. Soc. Amer. **43**, 339 (1953). Vgl. auch S. 384.

[4] MEGGERS, W. F. u. K. G. KESSLER: J. opt. Soc. Amer. **40**, 737 (1950); R. L. BARGER u. K. G. KESSLER: ibid. **50**, 651 (1960).

[5] Neuerdings wird die Linie des Kr-Isotops 86 bei 6057, 8024 Å im Vakuum als absoluter Standard empfohlen [vgl. J. opt. Soc. Amer. **48**, 361 (1958)].

neben gibt es Tabellen zahlreicher anderer Atomlinien, die zwar nicht so genau vermessen sind, jedoch für übliche spektrometrische Zwecke meistens ausreichen[1]. Hierher gehört vor allem das leicht reproduzierbare Hg-Spektrum. Zur Kalibrierung der Wellenlängenskala eines Monochromators bildet man die Strahlungsquelle (Spektrallampe) auf dem Eintrittsspalt ab und stellt bei symmetrischem Eintritts- und Austrittsspalt durch Drehen des Prismas diejenige Stellung fest, bei der der elektrische Empfänger (Photozelle) maximale Beleuchtungsstärke einer gegebenen Spektrallinie anzeigt. Dabei soll die Spaltbreite etwa derjenigen entsprechen, die bei der Benutzung des Monochromators für Absorptionsmessungen mit einem Kontinuum optimal ist. In Tabelle 24 ist eine Reihe geeigneter Spektrallinien in Å angegeben (auf eine Dezimale abgerundet), die für die meisten Zwecke ausreichen sollte[2].

Tabelle 24

Hg	Ne	He	Cd
1942,3	5330,8	3888,6	2677,6
2301,1	5341,1	4471,5	3261,1
2378,3	5400,6	4921,9	3403,7
2446,9	5852,5		3610,5
2752,8	5944,8		4678,2
2803,5	6143,1		4799,9
2893,6	6334,4		5085,8
3125,7	6402,2	H_2	6438,5
3906,4	6678,3		7346,2
4046,6	6929,5	4101,7	
4077,8	7173,9	4340,5	
4358,4	7245,2	4861,3	
5460,7			
5769,6			
5790,7			

Die angegebenen Zahlenwerte sind eventuell so weit abzurunden, wie es die Dispersion des betreffenden Instruments verlangt. Eine sehr genaue Methode zur Eichung der Wellenlängenskala von Spektralphotometern hat v. KEUSSLER[3] angegeben. Man bildet den Austrittsspalt durch ein geeignetes Spiegelsystem auf den Spalt eines Spektrographen so ab, daß sein Bild senkrecht (horizontal) zum Spektrographenspalt liegt. Die bei den verschiedenen Einstellungen der zu prüfenden Skala auf der photographischen Platte entstehenden monochromatischen Spaltbilder werden zusammen mit einem Eisen-Funkenspektrum, das sehr genau vermessen ist, aufgenommen. Auf diese Weise kann man die Skala mit großer Genauigkeit an das Eisenspektrum anschließen.

Exakte Standardwerte im SCHUMANN-UV unterhalb 2100 Å, das interferometrisch nicht mehr zugänglich ist, sind bisher nicht festgelegt. Die bekannten Linien sind entweder nach der Koinzidenzmethode sich über-

[1] Vgl. die zusammenfassende Diskussion bei R. A. SAWYER; Experimental Spectroscopy, 2. Aufl., New York 1952; ferner die Tabellenwerke: LANDOLT-BÖRNSTEIN, 6. Aufl., Bd. I, 1, 3, 1950; H. KAYSER u. K. RITSCHL: Hauptlinien der Spektren aller Elemente, 2. Aufl., Berlin 1939; H. KAYSER: Handb. d. Spektroskopie, Bd. 5 bis 8 (1910–1934); Tables Annuelles de Constantes, Bd. I–X (1912–1934). Daneben existiert eine Reihe von Atlanten, in denen die gebräuchlichsten Spektren wiedergegeben sind, so daß die Orientierung in linienreichen Spektren und die Zuordnung der Linien sehr erleichtert ist: J. M. EDER u. E. VALENTA, Wien 1928; A. GATTERER u. J. JUNKES: Specola Vaticana 1937–1949; F. GÖSSLER: Bogen- und Funkenspektrum des Eisens, Jena 1942, und zahlreiche andere.

[2] Weitere Atomlinien für die Kalibrierung von Prismen-Spektrometern siehe bei S. ZWERDLING u. J. P. THERIAULT: Spectrochim. Acta 17, 819 (1961).

[3] KEUSSLER, V. v.: Spectrochim. Acta 8, 66 (1956).

lappender Ordnungen eines Konkavgitters[1] oder aus Serienformeln bzw. Termdifferenzen ermittelt, die sich aus interferometrisch gemessenen längerwelligen Linien ergeben[2]. Sie sind ebenfalls in Tabellen zusammengestellt[3]. Alle diese Angaben beziehen sich auf Messungen in Luft unter Normalbedingungen. Für sehr genaue Messungen sind sie mit Hilfe der Brechungsindices von Luft auf Vakuum umzurechnen ($\lambda_{\text{Vak}} = \lambda_{\text{Luft}} \cdot n$)[4].

Zur Interpolation zwischen den Bezugslinien stellt man am einfachsten eine *graphische Dispersionskurve* auf, indem man die Wellenlängen der Linien gegen die Trommelteile aufträgt und eine glatte Kurve durchzieht. Je nach der verlangten Genauigkeit muß man den Maßstab wählen und genügend viele Standardwerte ausgemessen haben. Ist die Wellenlängenskala des benutzten Geräts linear, so sollte man eine Gerade erhalten, andernfalls erhält man die Dispersionskurve des betreffenden Prismas. Nach einer von MARTIN[5] beschriebenen Methode kann man auch folgendermaßen vorgehen: Man ersetzt den interessierenden Teil der Dispersionskurve durch eine Gerade mittlerer Neigung, bestimmt für eine Reihe bekannter Linien oder Banden die Differenz $\lambda - \lambda'$ zwischen der wahren Wellenlänge λ und dem zugehörigen Wert λ' dieser Geraden und trägt sie gegen die Trommelteile d auf. Die gewonnene $(\lambda - \lambda')$-d-Kurve benutzt man als Korrekturkurve für die auf der Geraden interpolierten Wellenlängen λ'. Ist die Gleichung der Geraden gegeben durch $\lambda' = \lambda_0 + A(d - d_0)$, so kann man für ein auf der Wellenlängentrommel abgelesenes d sofort λ' berechnen und die zugehörige Korrektur $\lambda - \lambda'$ aus der Korrekturkurve entnehmen.

Neben diesen graphischen Methoden gibt es rechnerische, indem man die Dispersionskurve durch die HARTMANNsche Dispersionsformel

$$\lambda = \lambda_0 + \frac{C}{d_0 - d} \tag{79}$$

darstellt, die für Prismenmaterialien mit guter Näherung gilt. Die Konstanten λ_0, C und d_0 werden aus den Messungen von drei bekannten Standardlinien berechnet[6]. Soll die Formel über sehr große Wellenlängenbereiche benutzt werden, so stellt man wiederum eine Korrekturkurve auf, wie soeben beschrieben wurde; sie zur Extrapolation über die zur Aufstellung der Gleichung verwendeten Standardlinien hinaus zu benutzen, ist nicht ratsam. Die Berechnung von Wellenlängen aus abgelesenen

---

[1] Vgl. z.B. R. L. WEBER u. W. W. WATSON: J. opt. Soc. Amer. **26**, 307 (1936).

[2] PASCHEN, F.: S.-B. preuß. Akad. Wiss., physik.-math. Kl. **1929**, 662; A. G. SHENSTONE: Phil. Trans. Roy. Soc. London A **235**, 195 (1936). Neuere Messungen im Bereich zwischen 875 und 2000 Å an Atomlinien von Ge, C, N, O, Cu II vgl. z.B. P. G. WILKINSON: J. opt. Soc. Amer. **45**, 862 (1955); **47**, 182 (1957); **48**, 1001 (1958); J. READER u. Mitarb.: ibid. **50**, 221 (1960) und die dort angegebene Literatur.

[3] BOYCE, J. C.: Rev. mod. Physics **13**, 34 (1941); G. MILAZZO: Spectrochim. Acta **12**, 275 (1958).

[4] Vgl. dazu W. F. MEGGERS u. K. G. KESSLER: J. opt. Soc. Amer. **40**, 737 (1950); B. EDLÉN: J. opt. Soc. Amer. **43**, 339 (1953).

[5] MARTIN, A. E.: J. opt. Soc. Amer. **41**, 56 (1951).

[6] Zur Lösung der drei Simultangleichungen vgl. z.B. R. A. SAWYER: Experimental Spectroscopy, New York 1951.

Trommelteilen d nach Gleichung (79) ist allerdings recht umständlich, so daß man auch in diesem Fall versucht hat, die Dispersionskurve des Prismas mit Hilfe geometrischer Projektionen linear zu machen[1]. Auch empirische Interpolationsformeln sind vorgeschlagen worden[2]. Vorteilhafter ist es, die Dispersionskurve nicht in Wellenlängen, sondern in *Wellenzahlen* aufzustellen, da sie dann wesentlich weniger gekrümmt ist, so daß die oben erwähnte lineare Interpolation mit Hilfe einer Korrekturkurve sich auch über größere Bereiche durchführen läßt. Auch quadratische Gleichungen haben sich für diesen Fall als brauchbar erwiesen[1,3]. Über die interferometrische Kalibrierung von Wellenlängenskalen vgl. S. 385ff.

f) Kalibrierung der photometrischen Skala. Während die Wellenlängenkalibrierung eines Spektrometers mit Hilfe geeigneter Standardlinien stets einfach nachzuprüfen ist, macht die Kontrolle der photometrischen Skala größere Schwierigkeiten. Das hängt damit zusammen, daß es exakte und reproduzierbare absolute Extinktionsstandards zwar gibt (vgl. S. 87ff.), daß es aber in der Regel Schwierigkeiten macht, sie in ein gegebenes, zu prüfendes Spektrophotometer einzuführen.

Die einzigen, von der Wellenlänge und von Inhomogenitäten im Bündelquerschnitt unabhängigen und genau *berechenbaren* Absolutextinktionen lassen sich nach den Überlegungen von S. 88 u. 95 mit Hilfe von rotierenden Sektoren und von Polarisationsprismen herstellen, wobei ausschließlich das TALBOTsche Gesetz bzw. Gleichung (II,14) als gültig vorausgesetzt wird (vgl. S. 144), was durch den Vergleich der beiden Schwächungseinrichtungen miteinander geprüft werden kann. Solche Prüfungen sind vom National Bureau of Standards visuell mit dem MARTENS-Photometer durchgeführt worden[4]. Aber sowohl Sektor wie Prismen lassen sich nicht ohne weiteres in ein gegebenes Spektrometer einbauen, so daß sie als gebräuchliche und leicht zugängliche Standards ausscheiden. Auch die Extinktion von Drahtnetzen läßt sich sowohl nach älteren wie nach neueren Messungen[5] nicht genauer als auf etwa $\pm 2\%$ reproduzieren. Man hat deshalb bisher notgedrungen auf Graustandards völlig verzichtet und benutzt statt dessen selektiv absorbierende Standards z.B. in Form von Farbgläsern[6] oder Standardlösungen, die zwar zeitlich einigermaßen konstant und zum Teil auch temperaturunabhängig sind, dafür aber in ihrem Extinktionswert von der Spektralreinheit der Meßstrahlung abhängen. Da, wie wir sahen (S. 292), absolute Extinktionskoeffizienten sich nicht genauer als auf etwa $\pm 1\%$ genau messen lassen, ist dies im allgemeinen auch die Genauigkeitsgrenze, innerhalb deren

---

[1] Vgl. dazu R. A. SAWYER: Experimental Spectroscopy, New York 1951.

[2] Vgl. D. S. MCKINNEY u. R. A. FRIEDEL: J. opt. Soc. Amer. **38**, 222 (1948); W. GUY u. J. H. TOWLER: J. sci. Instruments **28**, 103, 105 (1951); W. L. ROSS u. D. E. LITTLE: J. opt. Soc. Amer. **41**, 1006 (1951).

[3] RUSSELL, H. N. u. A. G. SHENSTONE: J. opt. Soc. Amer. **18**, 298 (1928).

[4] Vgl. dazu auch G. KORTÜM u. H. MAIER: Z. Naturf. **8a**, 235 (1953).

[5] WINTHER, CH.: Z. wiss. Photogr., Photophysik Photochem. **22**, 125 (1922); L. J. HEIDT u. D. E. BOSLEY: J. opt. Soc. Amer. **43**, 760 (1953).

[6] Diese werden zusammen mit Eichscheinen vom Bur. of Stand. geliefert. [Vgl. K. S. GIBSON u. Mitarb.: J. Res. Nat. Bur. Standards **38**, 601 (1947); **44**, 463 (1950); J. opt. Soc. Amer. **37**, 593 (1947)].

sich die absolute photometrische Skala von Spektrometern nachprüfen läßt.

Glasstandards haben den Nachteil, daß die in der gemessenen Extinktion enthaltenen Reflexionsverluste vom Strahlengang abhängen und daß mit der Zeit, besonders im UV, photochemische Veränderungen eintreten können. Man benutzt deshalb besser Standards in Form von Lösungen chemisch indifferenter, leicht zu reinigender Stoffe, die sich in jedem Laboratorium reproduzieren lassen und die dem BEERschen Gesetz gehorchen. Eine Reihe solcher Stoffe ist vorgeschlagen worden, und die Spektren sind zum Teil nach verschiedenen, lichtelektrischen und photographischen Methoden ermittelt worden. Die von verschiedenen Autoren angegebenen Absolutwerte der Extinktionskoeffizienten stimmen im allgemeinen (außer im weitesten UV für $\lambda < 2300$ Å) innerhalb von $\pm 1\%$ überein, was die oben angegebene Grenze bestätigt. In den Tabellen 25, 26 und 27 sind diese Werte für das Pikration in $5 \cdot 10^{-3}$ n NaOH bei 20°[1], für das Chromation in $5 \cdot 10^{-3}$ n NaOH bei 20°[2], für Kupfersulfat in 0,19 m H_2SO_4 bei 25°[3] und für Kobaltammoniumsulfat in 0,19 m H_2SO_4 bei 25°[3] angegeben. Damit sind für den Spektralbereich zwischen 7500 und 2100 Å brauchbare Standardwerte für Eichzwecke aller Art festgelegt.

Die Prüfung der photometrischen Skala eines Spektralphotometers bedeutet bei Geräten, die nach der Ausschlags- oder Kompensationsmethode arbeiten, eine Prüfung der Linearität des Zusammenhangs von

Tabelle 25. *Absolute Extinktionskoeffizienten des Pikrations zwischen* 22000 *und* 41000 cm^{-1} *und des Chromations zwischen* 41000 und 48000 cm^{-1} *bei* 20 °C

cm^{-1}	Å	log ε	cm^{-1}	Å	log ε	cm^{-1}	Å	log ε
22000	4545	3,155	31000	3225	3,922	40000	2500	4,027
22500	4444	3,445	31500	3174	3,850	40500	2469	4,050
23000	4348	3,660	32000	3125	3,775	41000	2439	4,063
23500	4255	3,803	32500	3077	3,695	41000	2439	3,250
24000	4167	3,898	33000	3031	3,615	41500	2410	3,170
24500	4081	3,960	33500	2986	3,530	42000	2381	3,075
25000	4000	4,006	34000	2942	3,458	42500	2353	2,985
25500	3922	4,032	34500	2899	3,390	43000	2326	2,900
26000	3846	4,055	35000	2857	3,365	43500	2299	2,860
26500	3774	4,095	35500	2817	3,375	44000	2273	2,855
27000	3704	4,130	36000	2778	3,428	44500	2247	2,875
27500	3637	4,150	36500	2740	3,510	45000	2222	2,940
28000	3571	4,160	37000	2703	3,600	45500	2198	3,030
28500	3509	4,156	37500	2667	3,703	46000	2174	3,125
29000	3448	4,138	38000	2631	3,798	46500	2150	3,215
29500	3390	4,100	38500	2597	3,875	47000	2127	3,305
30000	3334	4,050	39000	2564	3,940	47500	2105	3,400
30500	3279	3,990	39500	2532	3,990	48000	2084	3,495

[1] HALBAN, H. v., G. KORTÜM u. B. SZIGETI: Z. Elektrochem. angew. physik. Chem. **42**, 628 (1936).

[2] HALBAN, H. v. u. M. LITMANOWITSCH: Helv. chim. Acta **24**, 44 (1941); vgl. auch G. W. HAUPT: J. opt. Soc. Amer. **42**, 441 (1952); W. R. BRODE u. Mitarb.: ibid. **43**, 862 (1953); J. M. VANDENBELT u. C. H. SPURLOCK: ibid. **45**, 967 (1955).

[3] DAVIS, R. u. K. S. GIBSON: Nat. Bur. Stand. misc. Publ. **114** (1931).

Tabelle 26. *Extinktionskoeffizienten für Kobaltammoniumsulfat.* $[CoSO_4 \cdot (NH_4)_2SO_4 \cdot 6H_2O]$ in 0,19 m H_2SO_4 bei 25 °C.
$c = 3{,}664 \cdot 10^{-2}$ Mol/Liter. Schichtdicke 1 cm.

Kobaltammoniumsulfat $[CoSO_4(NH_4)_2SO_4 \cdot 6H_2O]$ 14,481 g
Schwefelsäure (Dichte 1,835) 10 cm³
Mit destilliertem Wasser aufgefüllt auf 1000 cm³

cm^{-1}	Å	log ε	cm^{-1}	Å	log ε
25000	4000	− 0,4670	18180	5500	0,3254
24390	100	− 0,3386	17856	600	0,1316
23810	200	− 0,2137	17543	700	− 0,0753
23255	300	− 0,0324	17243	800	− 0,2479
22725	400	0,1538	16946	900	− 0,3652
22225	4500	0,3243	16665	6000	− 0,4272
21735	600	0,4494	16395	100	− 0,4705
21275	700	0,5200	16130	200	− 0,5032
20835	800	0,5661	15873	300	− 0,5147
20410	900	0,6040	15623	400	− 0,5225
20000	5000	0,4596	Hg 24710	4047	− 0,4055
19605	100	0,6771	Hg 22945	4358	0,0766
19230	200	0,6637	Hg 20340	4916	0,6113
18866	300	0,5981	He 19935	5016	0,6565
18520	400	0,4826	Hg 18310	5461	0,3908
			Hg 17303	5780	− 0,2235
			He 17016	5876	− 0,3412
			He 14967	6678	− 0,6145

Tabelle 27. *Extinktionskoeffizienten für Kupfersulfat* $(CuSO_4 \cdot 5H_2O)$ in 0,19 m H_2SO_4 *bei* 25 °C.
$c = 8{,}010 \cdot 10^{-2}$ Mol/Liter. Schichtdicke 1 cm.

Kupfersulfat $(CuSO_4 \cdot 5H_2O)$ 20 g
Schwefelsäure (Dichte 1,835) 10 cm³
Mit destilliertem Wasser aufgefüllt auf 1000 cm³

cm^{-1}	Å	log ε	cm^{-1}	Å	log ε
18180	5500	− 0,7133	13700	300	0,9507
17856	600	− 0,5691	13513	400	0,9818
17543	700	− 0,4382	13333	7500	1,0086
17243	800	− 0,3125			
16946	900	− 0,1893	Hg 24710	4047	− 1,5814
16667	6000	− 0,0711	Hg 22945	4358	− 1,7897
16395	100	0,0433	Hg 20340	4916	− 1,6248
16130	200	0,1476	He 19935	5016	− 1,4564
15873	300	0,2517			
15623	400	0,3517	Hg 18310	5461	− 0,7733
15385	6500	0,4466	Hg 17303	5780	− 0,3378
15153	600	0,5342	He 17016	5876	− 0,2161
14923	700	0,6175	He 14976	6678	0,6002
14706	800	0,6897			
14493	900	0,7582			
14286	7000	0,8182			
14083	100	0,8687			
13890	200	0,9133			

Photostrom und Beleuchtungsstärke, wenn man die Linearität des Verstärkers, der elektrischen Anzeige bzw. des Potentiometers voraussetzt, bei Geräten, die mit optischem Abgleich arbeiten, eine Prüfung der benutzten Schwächungseinrichtung (Blende, Kamm usw.). Mit Hilfe der angegebenen absoluten Extinktionskoeffizienten kann man diese Prüfung auf verschiedene Weise vornehmen:

1. Die sicherste Prüfung besteht in dem Versuch, eine der angegebenen Absorptionskurven mit einer Lösung bekannter Konzentration und mit bekannter Schichtdicke vollständig zu reproduzieren, wobei die Abweichungen von den angegebenen Werten $\pm 1\%$ nicht merklich überschreiten sollen. Da eventuelle Abweichungen von der Proportionalität zwischen Photostrom und Beleuchtungsstärke im allgemeinen λ-abhängig sind, beweist die Reproduzierbarkeit der vollständigen Absorptionskurve mit recht großer Sicherheit die Richtigkeit der photometrischen Skala.

2. Man prüft bei einer geeigneten Wellenlänge (am besten im Maximum der Kurve) das LAMBERTsche Gesetz, d.h. die Proportionalität zwischen Extinktion und Schichtdicke. Dabei ist genügend gute Monochromasie der Strahlung vorausgesetzt.

3. Man mißt bei gegebener Wellenlänge in zwei hintereinander stehenden Küvetten die Extinktion einer Lösung zunächst gesondert in der einen, dann in der andern und schließlich gemeinsam in beiden Küvetten. Die Summe der Einzelextinktionen muß dann gleich der gemessenen Gesamtextinktion sein. Auch hier ist gute Monochromasie der Strahlung vorausgesetzt.

4. Man mißt die Extinktion der gleichen Lösung mehrmals, indem man von verschiedenen Stellen der Photometerskala ausgeht, also z.B. von den Ablesungen 100, 80, 60, 40, 20 der Galvanometerskala. Die so gemessenen Extinktionen müssen innerhalb der Ablesegenauigkeit der Skala gleich sein. Hat also die Extinktion den Wert 0,3010, so müssen die Ablesungen an der Galvanometerskala bei Ersatz von Lösungsmittel durch Lösung die Werte 50, 40, 30, 20, 10 betragen.

Eine derartige Prüfung der photometrischen Skala ist jedoch nicht ausreichend. Besteht z.B. zwischen Photostrom und Beleuchtungsstärke die Beziehung

$$i = k\Phi^n; \qquad n \neq 1, \tag{80}$$

wie sie gelegentlich gefunden wird[1], so erhält man aus einer solchen Meßreihe die (ebenfalls konstante) Extinktion

$$E = \log\frac{i_0}{i} = n\log\frac{\Phi_0}{\Phi}, \tag{81}$$

d.h. die aus E, c und s berechneten Extinktionskoeffizienten sind um einen gemeinsamen Faktor $1/n$ verfälscht, und damit auch die ganze Absorptionskurve, sofern nicht ein mit λ variables n die Kurve noch zusätzlich deformiert. Die drei zuletzt genannten Prüfmethoden sind deshalb nicht ausreichend.

Ein unabhängiges Verfahren zur Prüfung der photometrischen Skala eines Spektrometers hat HANSEN[2] angegeben. Der Grundgedanke be-

[1] Vgl. G. KORTÜM: Physik. Zeitschr. **32**, 417 (1931); C. G. CANNON u. I. S. C. BUTTERWORTH: Anal. Chem. **25**, 168 (1953).

[2] HANSEN, G.: Mikrochim. Acta **1955**, 410; vgl. auch die ausfuhrliche Beschreibung dieser Methode bei A. REULE: Zeiss-Mitteilungen **1**, 283 (1959) und die dort angegebene Literatur.

steht darin, daß nacheinander die Strahlungsströme zweier verschiedener Strahlungsquellen und dann ihre Summe photometrisch an verschiedenen Stellen der Skala gemessen werden. Bei richtiger Anzeige müssen sich die Strahlungsströme additiv verhalten (Additionsmethode). Dies ist offenbar nur der Fall, wenn Photostrom und Strahlungsstrom einander proportional sind. Gilt etwa Gleichung (80), so wäre

$$i_1 = k\Phi_1^n; \qquad i_2 = k\Phi_2^n; \qquad i_3 = k(\Phi_1 + \Phi_2)^n \neq k\Phi_1^n + k\Phi_2^n. \quad (82)$$

Die Additivität ist also nur für $n = 1$ erfüllt und liefert somit einen zuverlässigen Beweis für die Linearität der Photometerskala. In Abb. 151

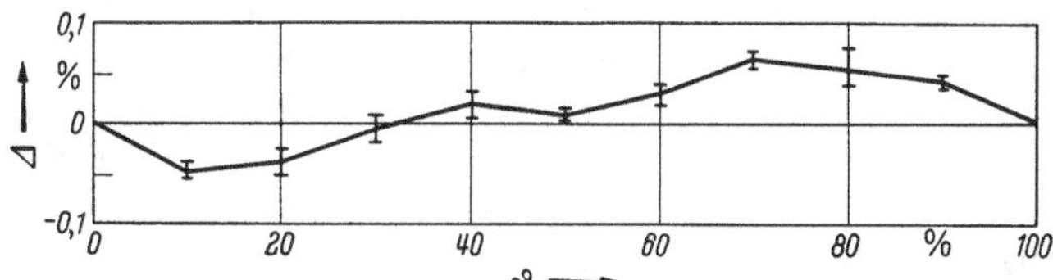

Abb. 151. Prüfung der photometrischen Skala eines Elko II nach der Additionsmethode von HANSEN. Die senkrechten Striche geben die maximale Streuung aus 6 einzelnen Meßreihen an.

ist der so bestimmte Photometerfehler Δ eines Elko II bei verschiedenen Durchlässigkeiten der Meßblende wiedergegeben.

g) Registrierung der Spektren. Die lichtelektrische Aufnahme eines Absorptionsspektrums geht so vor sich, daß man die Durchlässigkeit der Lösung für jede am Monochromator eingestellte Wellenlänge bestimmt. Da jede Änderung der Wellenlänge oder der Spaltbreite die Strahlungsdichte verändert, und da die Empfindlichkeit des Empfängers ebenfalls wellenlängenabhängig ist, muß vor jeder einzelnen Messung der Bezugspunkt (mit dem reinen Lösungsmittel gleicher Schichtdicke im Strahlengang) festgelegt werden, d.h. man bestimmt so das Verhältnis Φ/Φ_0 bzw. die daraus berechnete Extinktion des gelösten Stoffes. Zu diesem Zweck sind die Spektrometer mit einer Schlittenverschiebung versehen, mit der man die beiden gleichen Küvetten rasch nacheinander in den Strahlengang bringen kann[1]. Dieses Meßverfahren ist zwar sehr sicher und einwandfrei, dafür aber bei Ausmessung vieler oder strukturreicher Spektren über größere Bereiche sehr zeitraubend, so daß man immer häufiger dazu übergeht, die Spektren automatisch zu registrieren. Dazu dreht man das Dispersionssystem mit einem Synchronmotor kontinuierlich und koppelt diese Bewegung über Getrieberäder und eine Steuerscheibe mit der Drehung der Registriertrommel, so daß die Abszisse des Registrierpapiers eine lineare Wellenlängen- oder Wellenzahlskala darstellt. Da sich die Form der Steuerscheibe, die aus der Dispersion des Prismas berechenbar ist, mechanisch häufig nicht mit der wünschenswerten Genauigkeit herstellen läßt, bringt die linearisierte Wellenlängenskala in der Regel eine Einbuße in der Genauigkeit der Wellenlängen-

[1] Die schon mehrmals erwähnte „Trogdifferenz" zweier gleicher mit Lösungsmittel gefüllter Küvetten überschreitet häufig, insbesondere im weiteren UV, die Meßgenauigkeit von 1% und sollte deshalb des öfteren nachgeprüft werden.

ablesung mit sich. Bei manchen Geräten wird deshalb auf die lineare λ-Skala verzichtet. Geräte mit Gitterzerlegung besitzen natürlich von vornherein eine lineare λ-Skala. Die Ordinate des Registrierpapiers ist eine lineare Durchlässigkeits-(Φ/Φ_0-) oder (besser) eine lineare Extinktions-[log (Φ_0/Φ)-]Skala[1]. Die Absorptionskurve wird mit einem Tintenschreiber aufgezeichnet, dessen Bewegung in der Ordinatenrichtung durch den (verstärkten) Photostrom gesteuert wird. Dafür gibt es, je nach dem benutzten Meßverfahren, mehrere Möglichkeiten, auf die kurz einzugehen ist[2].

Während man früher[3] den Photostrom, eventuell nach einer Gleichstromverstärkung, galvanometrisch gemessen und den Galvanometerausschlag über einen Lichtzeiger auf lichtempfindlichem Papier registriert hat, arbeitet man heute ausschließlich mit Wechselspannungen, die man durch ein vibrierendes Relais[4] oder durch periodische Unterbrechung des Strahlenganges erzeugt (vgl. S. 243) und so weit verstärkt, daß die Ausgangsleistung zur Steuerung der Registriereinrichtung[5] ausreicht. Dadurch wird auch der Rauschpegel auf den Beitrag des durchgelassenen Frequenzbandes Δf erniedrigt (vgl. S. 149). Die sehr kleine Signalspannung wird verstärkt und gleichgerichtet. Die Gleichspannungsteuert dann (bei optischem Abgleich) den Kraftverstärker für den Motor, der die Meßblende verstellt, oder (bei elektrischem Abgleich) zerlegt ein komplizierterer Gleichrichter das Wechselstromsignal in die beiden Anteile entsprechend Φ und Φ_0, deren Quotient im Schreiber gebildet wird. Φ_0 wird durch Steuerung der Spaltweite (sogenanntes Spaltprogramm) konstant gehalten.

A. Einfacher Strahlengang

I. Der denkbar einfachste Fall ist auch hier die Einzellenausschlagsmethode (S. 224): Der vom Empfänger gelieferte, durch einen Unterbrecher bestimmter Frequenz modulierte Photostrom wird durch einen Resonanzverstärker verstärkt, gleichgerichtet und der Meßspule des Registrierinstruments zugeführt. Die Registrierkurven werden *nacheinander* mit der Meßküvette und der Vergleichsküvette im Strahlengang

[1] Vgl. dazu J. H. Daniel u. F. S. Brackett: J. opt. Soc. Amer. **43**, 960 (1953).

[2] Vgl. dazu R. A. Oetjen u. L. C. Roess: J. opt. Soc. Amer. **41**, 203 (1951); J. U. White u. M. D. Liston: J. opt. Soc. Amer. **40**, 29 (1950); über einen Vergleich der verschiedenen Verfahren vom Standpunkt ihres Signal/Rausch-Verhältnisses vgl. M. J. E. Golay: J. opt. Soc. Amer. **46**, 422 (1956).

[3] Kreuzer, J.: Z. Physik **125**, 707 (1948).

[4] Vgl. M. D. Liston: J. opt. Soc. Amer. **37**, 515 A (1947).

[5] Eine Übersicht über moderne Registriergerate findet man bei L. Palm: Registrierinstrumente, Berlin 1950. Die üblichen registrierenden Milliamperemeter oder Millivoltmeter (sog. Linienschreiber) haben den Nachteil, daß die Ansprechzeit von der Dichte der benutzten Tinte und den Adhäsionskräften zwischen Feder und Papier abhängt, so daß sie bei höheren Registriergeschwindigkeiten zu träge werden konnen. Sie werden deshalb immer mehr von röhrengesteuerten Registriereinrichtungen verdrängt. (Bezugsquellen: Rohde & Schwarz, München 9; Hartmann & Braun, Frankfurt/M.; Brown Instr. Comp. Philadelphia, USA; Leeds & Northrup, Philadelphia; Cambridge Instr. Comp., Cambridge, England.)

aufgenommen, und aus den beiden Kurven wird nachträglich die Durchlässigkeit bzw. Extinktion des gelösten Stoffs berechnet, was eine ziemlich umständliche Rechenarbeit verursacht. Um diese zu ersparen, hat man ein Verfahren entwickelt[1], das die Durchlässigkeit der Vergleichsküvette bei der Aufnahme der Meßküvette automatisch in Rechnung stellt (memory device method), so daß das Registriergerät unmittelbar die Durchlässigkeit Φ/Φ_0 des gelösten Stoffs aufzeichnet. Man erreicht dies dadurch, daß man bei der Aufnahme der Vergleichsküvette die Spaltbreite des Monochromators über eine Steuerscheibe in Verbindung mit einer Regelschaltung automatisch so einstellt, daß der verstärkte Photostrom stets denselben konstanten Wert (entsprechend einem konstanten Φ_0) annimmt, unabhängig von der eventuellen Extinktion des Lösungsmittels, der spektralen Empfindlichkeitsverteilung des Empfängers und von der eventuell stark variierenden Intensität der Strahlungsquelle in verschiedenen Spektralbereichen. Dabei wird die Abhängigkeit der Spaltbreite von der Wellenlänge auf einem Magnetband registriert, mit dessen Hilfe bei der nachfolgenden Aufnahme der Lösung der Spalt jeweils wieder genau so eingestellt wird wie bei der ersten Aufnahme, so daß der Ausschlag des Registriergeräts direkt die Durchlässigkeit angibt. Voraussetzung für die Brauchbarkeit der Methode ist – abgesehen von den allgemeinen, S. 224ff. besprochenen Bedingungen für Ausschlagsmethoden – die Linearität des Verstärkers und die *Konstanz* der ganzen Einrichtung *für die gesamte Registrierzeit* innerhalb 1 % der Durchlässigkeit.

II. Von der letztgenannten, recht bedenklichen Voraussetzung befreit eine andere Methode[2] zur unmittelbaren Messung der Durchlässigkeit Φ/Φ_0 mit einem Einstrahlgerät: Man läßt vor dem Eintrittsspalt des Monochromators einen Sektor rotieren mit zwei einander gegenüber liegenden Ausschnitten von 90°, in die man Lösungs- und Lösungsmittel-Küvette einbaut. Man erhält so eine modulierte Strahlung abwechselnd hoher und geringer Intensität. Die zugehörigen Photoströme werden verstärkt, mittels eines synchron umlaufenden Schalters getrennt und liefern zwei Spannungen, deren Verhältnis registriert wird (vgl. auch S. 309).

B. Doppelter Strahlengang

Von der zeitlichen Konstanz über die Registrierzeit stets frei sind die Doppelstrahlmethoden, bei denen man den Strahlengang in zwei Hälften zerlegt und die Lösungsküvette in der einen, die Lösungsmittelküvette in der anderen Hälfte anbringt, das Verhältnis Φ/Φ_0 also *gleichzeitig* bestimmt. Je nach dem dabei angewendeten Verfahren muß man wieder zwischen Ausschlags-, Kompensations- und Flimmermethoden unterscheiden mit allen ihren früher besprochenen prinzipiellen Vor- und Nachteilen.

III. Das Schema einer Ausschlagsmethode[3] zeigt Abb. 152. Die beiden von der Strahlungsquelle nach verschiedenen Richtungen ausgehenden

[1] Avery, W. M.: J. opt. Soc. Amer. **31**, 633 (1941).

[2] Ahlers, N. H. E. u. H. P. Freedman: J. sci. Instr. **32**, 61 (1955).

[3] Vgl. z.B. G. B. B. M. Sutherland u. H. W. Thompson: Trans. Faraday Soc. **41**, 178 (1945); R. F. Wild: Rev. sci. Instr. **18**, 436 (1947).

Strahlenbündel durchsetzen den Monochromator auf etwas verschiedenen Wegen (man fokussiert sie übereinander auf dem Eintrittsspalt) und gelangen auf zwei möglichst identische Empfänger, deren Photostrom von zwei gleichen Verstärkern verstärkt und dem Registriergerät zugeführt wird, das unmittelbar das Verhältnis der Photoströme registriert. Varianten der Methode teilen ein einziges von der Lichtquelle ausgehendes Strahlenbündel nachträglich durch halbverspiegelte Quarzplatten, ein rechteckiges reflektierendes Quarzprisma oder ähnliche Vorrichtungen (beam splitter), was den Vorteil hat, daß nicht verschiedene Teile der Lichtquelle mit eventuell verschiedener Strahlungsdichte benutzt werden. Die Methode besitzt alle Nachteile der Ausschlagsmethoden: Schwankungen der Strahlungsquelle werden nur teilweise kompensiert (vgl. S. 226), Proportionalität zwischen Beleuchtungsstärke und Photostrom wird vorausgesetzt. Hinzu kommt die Forderung, daß die Empfindlichkeit der beiden Empfänger über den ganzen Spektralbereich gleich oder wenigstens in einem konstanten Verhältnis sein sollte, und daß auch der Verstärkungsgrad der beiden Verstärker identisch sein muß. Auch der Rauschpegel wird $\sqrt{2}$-fach so groß und damit die Empfindlichkeit verringert.

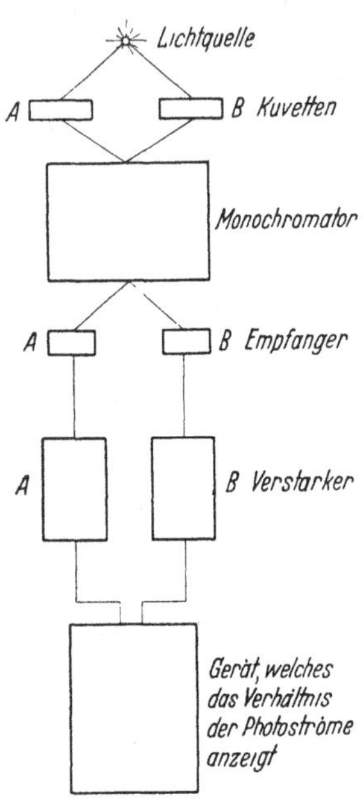

Abb. 152. Schema einer Doppelstrahlausschlagsmethode mit Verstarkung und Registrierung

IV. Eine Art optischer Kompensationsmethode[1] zeigt das Schema der Abb. 153. Die beiden Empfänger sind gegeneinander geschaltet, der Differenzstrom wird von einem mehrstufigen Verstärker verstärkt, dessen Ausgangsleistung der Erregerspule eines Motors zugeführt wird, der durch Veränderung einer Lichtschwächungseinrichtung (z. B. Verschiebung einer Kammblende) im Vergleichsstrahlengang auf gleiche Intensität in beiden Strahlengängen einstellt. Mit dieser Verschiebung ist der Ausschlag eines Tintenschreibers mechanisch gekoppelt, so daß hier also nicht der Photostrom, sondern unmittelbar die Extinktion der Lichtschwächungseinrichtung registriert wird. Trotzdem handelt es sich nicht um eine Substitutionsmethode, denn in die Messung gehen alle Unterschiede in der Charakteristik der beiden Empfänger ein, die praktisch stets vorhanden sein werden. Da jedoch stets auf Abgleich eingestellt wird, ist wie bei den Methoden mit elektrischer Kompensation (S. 230) die Methode von Schwankungen der Strahlungsquelle unabhängig.

V. Die Schwierigkeit, die Charakteristiken zweier Empfänger einander anzugleichen, hat bewirkt, daß man auch bei Doppelstrahlmethoden heute vorwiegend Geräte mit nur *einem* Empfänger benutzt. Eine modifizierte Ausschlagsmethode mit doppeltem Strahlengang und einem

[1] Vgl. J. D. Hardy u. A. I. Ryer: Physic. Rev. 55, 1112 (1939).

Empfänger haben SAVITZKY und HALFORD[1] angegeben. Die beiden Strahlenbündel fallen gleichzeitig auf den Eintrittsspalt des Monochromators, werden aber mit einem Strahlenunterbrecher so moduliert, daß ihre Impulse um 180° phasenversetzt sind, so daß der vom Empfänger gelieferte Strom mit Hilfe synchron vibrierender Schalter entsprechender Phasendifferenz zwei Verstärkern zugeführt werden kann. Ihre Ausgangsströme werden gleichgerichtet und sind den Intensitäten der beiden Strahlenbündel proportional, ihr Verhältnis wird potentiometrisch verglichen und registriert. Dieses Verfahren der „phase discrimination" (vgl. auch S. 234) ist bei einer Reihe neuerer Konstruktionen angewendet worden[2]. Es setzt als Ausschlagsmethode ebenfalls die Linearität des Empfängers und der Verstärker voraus. Das gleiche gilt für den Vorschlag[3], die beiden Strahlenbündel mit verschiedener Frequenz zu modulieren und die beiden Frequenzen durch entsprechend abgestimmte Verstärker voneinander zu trennen. Dieses letzte Prinzip wird z. B. in dem registrierenden Spektralphotometer der Firma Carl Zeiss, Oberkochen benutzt (vgl. S. 318).

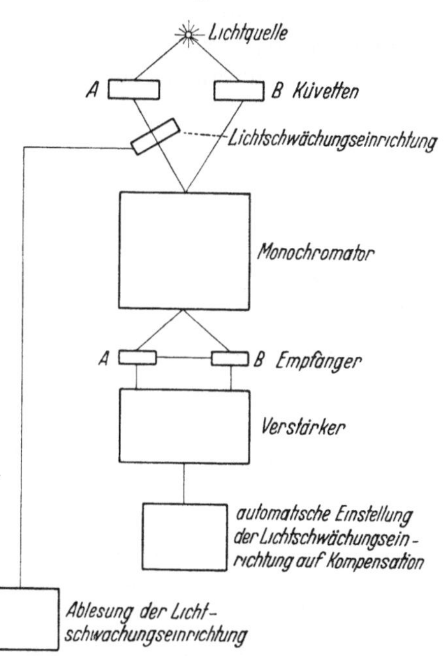

Abb. 153. Schema einer Doppelstrahl-Kompensationsmethode mit Verstärkung und Registrierung

VI. Die meist gebrauchte und voraussetzungsärmste Doppelstrahlmethode ist die S. 232ff. beschriebene Flimmermethode. Auch in diesem Fall wird die jeweilige Stellung einer Lichtschwächungseinrichtung und damit die Extinktion des gelösten Stoffes automatisch-mechanisch registriert. Die verschiedenen, meistens für IR-Messungen entwickelten, aber ebenso für das Sichtbare oder UV anwendbaren Konstruktionen nach diesem Prinzip[4] unterscheiden sich durch die Art der Lichtschwä-

[1] SAVITZKY, A. u. R. S. HALFORD: Rev. sci. Instruments **21**, 203 (1950).

[2] HORNIG, D. F., G. E. HYDE u. W. A. ADCOCK: J. opt. Soc. Amer. **40**, 497 (1950); J. SCHOEN: Arch. techn. Mess. **170**, 725 (1950); S. F. D. ORR: J. opt. Soc. America **43**, 709 (1953); W. H. KING: ibid. **43**, 866 (1953); P. HARIHARAN u. M. S. BHALLA: ibid. **47**, 378 (1957).

[3] ETZEL, H. W.: J. opt. Soc. Amer. **43**, 87 (1953).

[4] Vgl. z. B. A. C. HARDY u. J. L. MICHAELSON: J. opt. Soc. Amer. **28**, 360, 365 (1938); N. WRIGHT u. L. W. HERSCHER: J. opt. Soc. Amer. **37**, 211 (1947); J. U. WHITE u. M. D. LISTON: J. opt. Soc. Amer. **40**, 29, 36, 93 (1950); F. M. RUGG, W. L. CALVERT u. J. J. SMITH: J. opt. Soc. Amer. **41**, 32 (1951); R. A. OETJEN u. L. C. ROESS: J. opt. Soc. Amer. **41**, 203 (1951); J. U. WHITE, N. L. ALPERT u. A. G. DEBELL: ibid. **47**, 358 (1957); L. W. HERSCHER, H. D. RUHL u. N. WRIGHT: ibid. **48**, 36 (1958); C. S. C. TARBET u. E. F. DALY: ibid. **49**, 603 (1959).

chungseinrichtung (Polarisationsprismen wie in Abb. 121 oder Kammblenden wie Abb. 39), durch die Art der Strahlenwechselvorrichtung und dadurch, daß die beiden Strahlenbündel entweder von der gleichen oder von geometrisch verschiedenen Stellen der Strahlungsquelle ausgehen. Letzteres ist nachteilig, weil (etwa infolge von Temperaturunterschieden) die Strahlenbündel verschiedene spektrale Zusammensetzung haben könnten, und weil sich Intensitätsschwankungen nicht so gut kompensieren wie im ersten Fall. Will man dies vermeiden, so ist man meistens gezwungen, für den Strahlenwechsel rotierende, einseitig oder doppelseitig verspiegelte Sektoren zu benutzen. Dann ist es wichtig, daß die beiden Strahlengänge möglichst weitgehend *optisch symmetrisch* sind, damit die Reflexionsverluste und (bei IR-Spektrometern) die Absorptionsverluste durch Gase wie CO_2, H_2O usw. identisch sind und die Meßwerte nicht verfälschen. Ein Beispiel für eine solche symmetrische Anordnung zeigt Abb. 154.

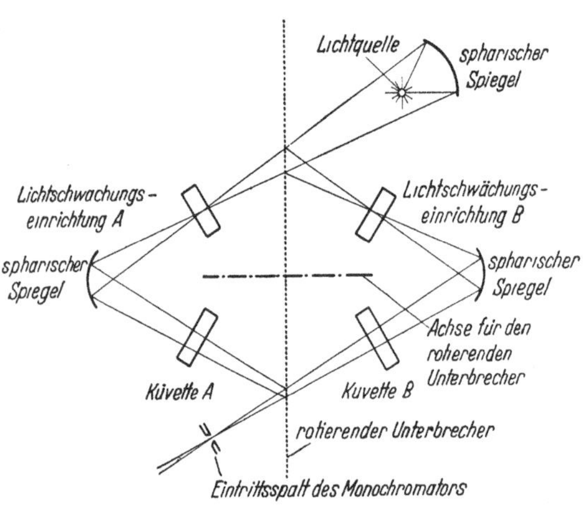

Abb. 154. Schema einer optisch symmetrischen Doppelstrahlanordnung fur Flimmermethoden

Für die Beurteilung der Brauchbarkeit eines Spektralphotometers und die Güte der damit aufgenommenen Spektren spielt neben dem erzielten *Auflösungsvermögen* und der photometrischen *Genauigkeit* der gemessenen Durchlässigkeiten bzw. Extinktionen auch der *Zeitaufwand* eine wesentliche Rolle. Aus diesem Grund haben sich die registrierenden Doppelstrahlgeräte in den letzten Jahren mehr und mehr durchgesetzt. Man darf jedoch nicht vergessen, daß man die drei Größen nicht gleichzeitig beliebig verbessern kann, da sie miteinander gesetzmäßig zusammenhängen. Verengt man z.B. die Spaltweite, so vermindert man dabei zwangsläufig das Signal/Rausch-Verhältnis und damit die Meßgenauigkeit. Nach LUFT[1] gilt für die drei Größen Auflösungsvermögen A, Meßgenauigkeit g und Registriergeschwindigkeit w die empirische Beziehung

$$g A^2 \sqrt{w} = \text{const.} \tag{83}$$

Es können deshalb immer nur zwei dieser Größen willkürlich gewählt werden, die dritte ist dann zwangsläufig festgelegt.

Nach Erfahrungen des Verfassers läßt sich die höchstmögliche photometrische Genauigkeit nur bei statischer Messung erzielen, da offenbar zusätzliche Fehler durch elektrische oder mechanische Trägheit des Re-

[1] LUFT, K. F.: Angew. Chem. B 19, 2 (1947); vgl. auch B. W. BULLOCK u. S. SILVERMAN: J. opt. Soc. Amer. 40, 608 (1950).

gistriersystems bedingt sein können. Dies gilt naturgemäß speziell für hohe Registriergeschwindigkeiten und große Extinktionen und ist bei allen quantitativen Messungen (Konzentrationsbestimmungen) zu berücksichtigen. Es ist deshalb in jedem Fall ratsam, die Registriergeschwindigkeit nach Möglichkeit niedrig zu wählen. Eine eingehende Diskussion der bei der Registrierung auftretenden Rausch- und Verzerrungsfehler sowie Maßnahmen, diese Fehler möglichst klein zu halten, findet man bei M. SCHUBERT[1].

VII. Man kann schließlich Teile des Spektrums unmittelbar auf dem Schirm eines *Kathodenstrahl-Oszillographen* sichtbar machen[2], wenn man den verstärkten Photostrom den y-Platten des Oszillographen zuführt und einen Schirm benutzt, der lange Nachleuchtdauer besitzt. Die Zeitbasis (x-Platten) wird mit dem LITTROW-Spiegel des Monochromators gekoppelt. Jeder x-Koordinate entspricht so eine bestimmte Wellenlänge. Wenn man den LITTROW-Spiegel periodisch schwenkt, läuft das Spektrum mehrere Male je Sekunde über den Schirm und erscheint dem Auge als stehende Kurve. Statt dessen kann man auch eine Anzahl von Interferenzfiltern benutzen, die man auf einem rotierenden Rad anordnet[3], so daß man auf dem Bildschirm eine entsprechende Anzahl von senkrechten Linien erhält, deren Umhüllende das gewünschte Spektrum angibt. Bei diesen Methoden ist es notwendig, daß die Zeitkonstante des Empfängers genügend klein ist (vgl. S. 175). Dieses Verfahren hat besonders für die IR-Spektrometrie Interesse und ist für die Untersuchung rasch ablaufender Reaktionen benutzt worden[4].

h) Spezielle Konstruktionen und Geräte. Nach den Überlegungen der vorangehenden Abschnitte ist für die Leistungsfähigkeit eines lichtelektrischen Spektrometers einerseits die spektrale Reinheit der Meßstrahlung, andererseits das verwandte photometrische Meßverfahren maßgebend. Es empfiehlt sich jedoch, jedes in Benutzung zu nehmende Gerät außer auf Kalibrierung der λ-Skala und der photometrischen Skala sowie auf Streulichtanteile noch auf eine Reihe anderer Eigenschaften zu prüfen, die für die Zuverlässigkeit der Meßergebnisse wichtig sind. Dazu gehören etwa: die Stabilität der 100%- bzw. Φ_0-Linie bei verschiedenen Wellenlängen als Funktion der Zeit, die Reproduzierbarkeit des registrierten Spektrums bei mehrmaligem Durchlauf, das Auflösungsvermögen z.B. an den gelben Na- oder Hg-Linien, die Stabilität der Nullinie ($\Phi = 0$), Spaltweite und Rauschpegel. Ein Beispiel für eine derartige umfassende Testung geben L. CAHN und B. D. HENDERSON[5].

Leider arbeitet die Mehrzahl der im Handel befindlichen lichtelektrischen Spektrometer nach der Ausschlags- oder Kompensationsmethode, was die oben erwähnte zusätzliche Unsicherheit der absoluten ε-Werte

[1] SCHUBERT, M.: Exper. Technik d. Physik **6**, 203 (1958).

[2] KING, I., R. B. TEMPLE u. H. W. THOMPSON: Nature **158**, 196 (1946); E. F. DALY u. G. B. B. M. SUTHERLAND: Proc. physic. Soc. **59**, 77 (1947); DIEKE, G. H. u. H. M. CROSSWHITE: J. opt. Soc. Amer. **36**, 192 (1946); E. F. DALY: J. sci. Instruments **28**, 308 (1951); D. LÜBBERS u. W. NIESEL: Naturwiss. **44**, 60 (1957).

[3] Zum Beispiel beim sog. Spectromat FS-2 der Firma Preterna AG, Zürich.

[4] WHEATLEY, P. J. u. Mitarb.: J. opt. Soc. Amer. **41**, 665 (1951).

[5] L. CAHN u. B. D. HENDERSON; J. opt. Soc. Amer. **48**, 380 (1958).

und damit der ermittelten Absorptionskurven mit sich bringt. Im folgenden sollen von den zahlreichen entwickelten Geräten die wichtigsten mit ihren Besonderheiten kurz besprochen werden.

Nach dem *Ausschlagsverfahren* mit Modulation der Strahlung und Wechselstromverstärkung arbeitet das nichtregistrierende *Spektralphotometer* PMQII *von Zeiss*[1], dessen Strahlengang in Abb. 155 schematisch

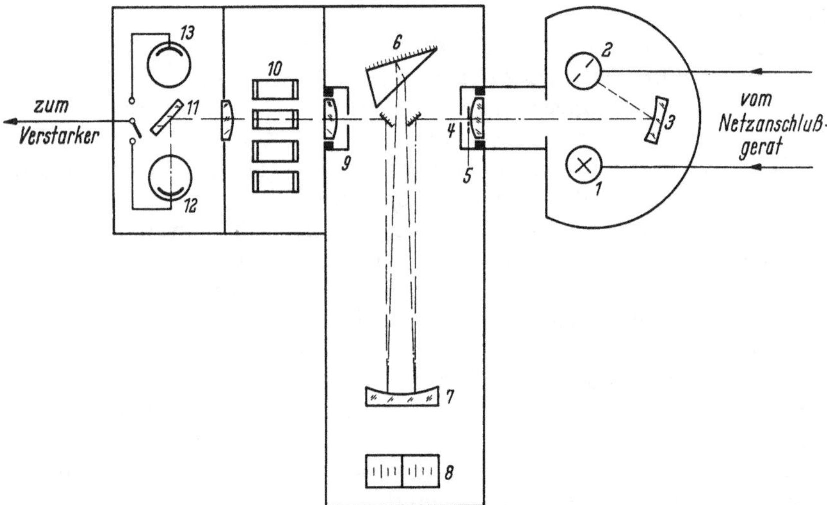

Abb. 155. Zeiss-Spektralphotometer PMQ II. Schematischer Strahlengang
1 Glühlampe; *2* H_2-Lampe; *3* Drehspiegel; *4* Eintrittsspalt; *5* Schwingblende zur Modulation der Strahlung; *9* Austrittsspalt; *10* vier verschiebbare Küvetten; *11* Umlenkspiegel; *12* SEV; *13* Photozelle oder PbS-Photowiderstand

wiedergegeben ist. Auf die Stabilisierung der Netzspannung ist besonders Wert gelegt; 10% Schwankung der Netzspannung ruft nur 0,5% (Glühlampe) bzw. 0,2% (H_2-Lampe) Änderung des Ausschlags hervor. Mit Glasoptik und Glühlampe kann das Gerät im Bereich von 370 bis 1000 mμ, mit Quarzoptik und H_2-Lampe im Bereich von 200 bis 2500 mμ benutzt werden. Mit Prismen aus hochgereinigtem Quarz kann der Wellenlängenbereich bis etwa 185 mμ erweitert werden. Dazu wird das ganze Gerät mit Stickstoff durchspült, um die Sauerstoffabsorption auszuschließen. Die Durchlässigkeit bzw. Extinktion wird an einer Skala (40 cm Länge) mit einer Genauigkeit von 0,2 Teilstrichen unmittelbar abgelesen, die photometrische Meßgenauigkeit ist dadurch auf etwa 0,5% begrenzt. Für höhere Ansprüche sind Buchsen vorgesehen, an die man ein Galvanometer anschließen kann. An Stelle des Galvanometers läßt sich auch ein Schreiber anschließen, so daß man die Extinktion auch als Funktion der Zeit registrieren kann. Die Empfindlichkeit kann durch Änderung der Stufenspannung des Vervielfachers bzw. durch verschiedene Ableitwiderstände am Gitter der Verstärkerröhre geregelt werden. Sie ist genügend hoch, daß die spektrale Bandbreite im sichtbaren Bereich etwa 1 mμ, im UV bzw. IR je nach dem Gebiet 1 bis 5 mμ für

[1] Carl Zeiss, Oberkochen.

Vollausschlag betragen kann. Der Dunkelstrom des Vervielfachers wird durch Änderung der Gittervorspannung mit einem Potentiometer kompensiert. Der mit Spiegelabbildung arbeitende Monochromator enthält ein 30°-Prisma von 2 cm Basislänge, das zweimal durchsetzt wird (LITTROW-Aufstellung), so daß die wirksame Basislänge 4 cm beträgt.

Zur Wellenlängenablesung wurde bei den ersten Geräten ein neuartiges Prinzip benutzt[1], das vom Mangel mechanischer Einrichtungen (toter Gang!) frei ist: Die an der Eintrittsfläche des Prismas P reflektierte Strahlung wird mit einem Hohlspiegel H aufgefangen, nochmals am Prisma reflektiert und erzeugt auf einer Skala S ein scharfes Bild des Eintrittsspalts (vgl. Abb. 156). Wird das Prisma gedreht, so bewegt sich dieses Bild mit der vierfachen Winkelgeschwindigkeit über die Skala, seine Lage gibt also unabhängig von der Mechanik die jeweilige Stellung des Prismas und damit die eingestellte Wellenlänge an. Die Breite des Spaltbildes läßt sich an der Skala in Å ablesen, sie ist ein unmittelbares Maß für das $\Delta\lambda$ der austretenden Strahlung. Leider wurde diese Art der Ablesung wieder verlassen, weil bei Benutzung der H_2-Lampe die Beleuchtung der Skala nicht genügend hell ist.

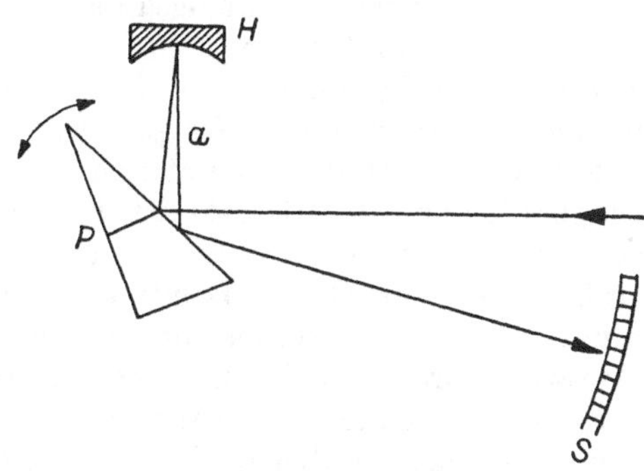

Abb. 156. Wellenlängenablesung am Monochromator des Zeissschen Spektralphotometers

Die S. 311 erwähnte Wellenlängenabhängigkeit des Bezugspunktes (100-Punkt der Skala) macht es notwendig, bei jeder Änderung von λ diesen neu einzustellen. Eine Zusatzeinrichtung bewirkt diesen Abgleich automatisch in der Weise, daß über einen Nachlaufmotor die Spaltbreite des Monochromators so lange verstellt wird, bis die Eingangsspannung am Galvanometer dem Ausschlag 100 entspricht. Dadurch wird die Messung bereits teilweise automatisiert, so daß sich das Spektrum auch ohne Registrierung rasch ausmessen läßt, und zwar mit optimaler Genauigkeit (vgl. S. 310).

Als ein besonderer Vorteil dieses Geräts ist ferner anzusehen, daß die einzelnen Teile (Strahlungsquelle, Monochromator, Vervielfacher, Anzeigeinstrument) nicht zusammengebaut sind, so daß man sie auch einzeln für andere Zwecke benutzen kann. Zusatzausrüstungen für Remissionsmessungen an festen Oberflächen (vgl. S. 350), für Fluorescenzmessungen, Extinktionsmessungen an Chromatogrammen sind ebenfalls lieferbar.

Nach dem Ausschlagsverfahren arbeitet ferner: Das BECKMAN-*Spektrophotometer*[2] *Modell B* für Messungen im Bereich von 320 bis 1000 mμ. Es ist mit Glühlampe, Monochromator mit FÉRY-Prisma (vgl. S. 109),

---

[1] HANSEN, G.: Optik 8, 425 (1951).

[2] BECKMAN, A. O. u. Mitarb.: J. opt. Soc. Amer. **39**, 377 (1949). Hersteller: Beckman Instr. Inc. Fullerton, California. Vertretung: München 45.

auswechselbaren „rot“- bzw. „blau“-empfindlichen Vakuumzellen oder SEV, Gleichstromverstärker und Anzeigeinstrument ausgerüstet. Die für ausreichende Empfindlichkeit notwendige spektrale Bandbreite beträgt zwischen 0,3 und 5 mμ.

Eine ganze Reihe im Handel befindlicher lichtelektrischer Spektrometer für das Sichtbare und UV arbeitet nach dem *Einzellenkompensationsverfahren*: der über einen Hochohmwiderstand abfließende Photostrom erzeugt einen Spannungsabfall, der mit einem Potentiometer kompensiert wird. Die Leistungsfähigkeit und die Nachteile dieses Verfahrens wurden früher besprochen (vgl. S. 227ff.). Der bekannteste und weit verbreitete Vertreter dieser Gruppe ist das BECKMAN-*Quarzspektrophotometer*[1] Modell DU, das für Batterie- oder Netzbetrieb geliefert wird. Die Empfindlichkeit des Geräts ist infolge des hohen Ableitwiderstands ($2 \cdot 10^9$ Ohm) und des mehrstufigen Verstärkers ($\Delta i_a / \Delta i_g = 5 \cdot 10^7$) sehr groß, so daß sehr schmale Bandbreiten von 10 Å und darunter verwendet werden können. Als Nullinstrument dient ein Milliamperemeter. Die Kompensation wird vor jeder Messung (mit der Vergleichsküvette im Strahlengang) mit Hilfe der Gittervorspannung der ersten Verstärkerröhre neu einreguliert. Dabei wird das Potentiometer auf 100% Durchlässigkeit eingestellt. Auch die Empfindlichkeitsregelung und die Kompensation des Dunkelstroms erfolgt durch Änderung der Gittervorspannung an zusätzlichen Potentiometern. Ersetzt man nun das Lösungsmittel durch die Lösung, so muß die Kompensation durch Änderung der Kompensationsspannung am Potentiometer wieder hergestellt werden, an dessen Skala die Durchlässigkeit bzw. Extinktion der zu messenden Probe abgelesen wird. Von den Eigenschaften der Verstärkerröhren ist, wie schon erwähnt wurde, die Messung unabhängig, von den Eigenschaften der Photozelle und Intensitätsschwankungen der Strahlungsquelle dagegen nicht.

Das Gerät ist mit auswechselbaren Photozellen oder SEV verschiedener spektraler Empfindlichkeit und mit auswechselbarer Glüh- bzw. H_2-Lampe ausgestattet. Der Meßbereich reicht von 220 bis 1200 mμ. Der sehr einfache optische Strahlengang ist in Abb. 157 dargestellt. Eintritts- und Austrittsspalt des Monochromators liegen vertikal übereinander. Die Wellenlängenskala ist 1 m lang und kann auf 1 Å im UV und auf 10 Å im IR abgelesen werden. Sie ist häufig mit Hilfe einer zusätzlich gelieferten Hg-Lampe nachzuprüfen. Streustrahlung kann durch zusätzliche Filter stark herabgesetzt werden. Das Gerät wird auch zusammen mit Durchflußküvette und Registriereinrichtung geliefert, die in gewissen Zeitabständen die Durchlässigkeit der strömenden Probe bei einer beliebig gewählten Wellenlänge auf $\pm 1\%$ genau automatisch registriert und so eine laufende Kontrolle ermöglicht.

Das BECKMAN-Spektralphotometer ist von mehreren Autoren[2] eingehend und kritisch auf seine Leistungsfähigkeit hin untersucht worden.

---

[1] CARY, H. H. u. A. O. BECKMAN: J. opt. Soc. Amer. **31**, 682 (1941).

[2] GIBSON, K. S. u. M. M. BALCOM: J. Res. Nat. Bur. Standards **38**, 601 (1947); J. opt. Soc. Amer. **37**, 593 (1947); W. O. CASTER: Anal. Chem. **23**, 1229 (1951); L. CAHN: J. opt. Soc. Amer. **45**, 953 (1955); vgl. auch Anm. 2, S. 258.

Die dabei gemachten Erfahrungen dürften für alle Geräte dieser Gruppe mehr oder weniger zutreffen. Hierzu gehören z.B. das *Unicam*-Quarz- bzw. Glasspektrophotometer SP 500 bzw. SP 600[1] und das *Uvispek*-Spektrophotometer[2], das Einstrahl-Gitter-Spektrophotometer CF 4[3], die sich bezüglich Aufbau, Empfindlichkeit, Auflösungsvermögen und spektralem Meßbereich nicht wesentlich vom BECKMAN-Spektrophotometer unterscheiden. Alle diese Geräte sind auch mit Zusatzeinrichtungen für Reflexionsmessungen versehen (vgl. S. 350).

Den Umbau des BECKMAN-Spektrometers in ein registrierendes Gerät mit linearer Wellenlängenskala beschreiben COOR und SMITH[4]. Es ar-

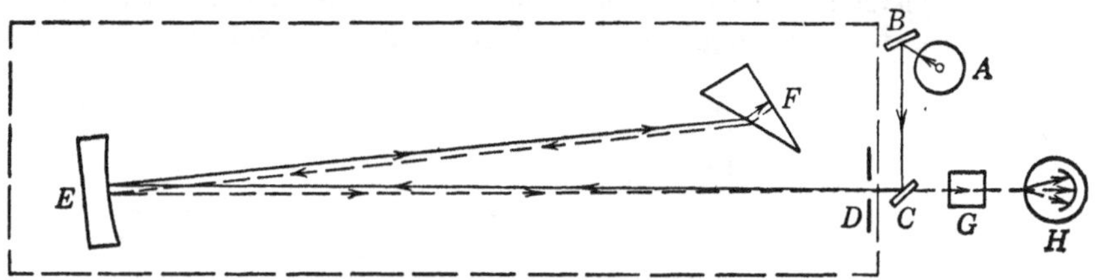

Abb. 157. Strahlengang des BECKMAN-Quarzspektrophotometers DU
A Strahlungsquelle; *B* Kondensorspiegel; *C* Planspiegel; *D* Eintrittsspalt; *E* Kollimatorspiegel; *F* Quarzprisma in LITTROW-Aufstellung mit 2,5 cm Basislänge; *G* Küvette; *H* Photozelle

beitet nach der Ausschlagsmethode entsprechend dem Schema der Abb. 152 mit dem Unterschied, daß das von der Strahlungsquelle ausgehende Bündel erst nachträglich mit einer teilweise mit Aluminium belegten Quarzplatte in die beiden Hälften zerlegt wird. Als Empfänger dienen zwei Multiplier mit nachfolgender Gleichstromverstärkung, registriert wird die Durchlässigkeit Φ/Φ_0. Ein besonderes, röhrengesteuertes Korrekturgerät soll automatisch alle Fehler korrigieren, die durch Schwankungen im Intensitätsverhältnis der beiden Strahlenbündel, durch „Trogfehler“ und durch Unterschiede in der spektralen Empfindlichkeit der beiden Empfänger bedingt sind. Ein Spektrum zwischen 4000 und 2000 Å wird in weniger als 15 Minuten registriert. KAYE und DEVANEY[5] beschreiben ebenfalls den Umbau des DU-Spektrometers in ein registrierendes Doppelstrahlgerät. Sie benutzen einen rotierenden Spiegel zur Teilung des Strahlenbündels, eine PbS-Widerstandszelle, Verstärker, Kommutator und zwei Gleichrichter; registriert wird das Verhältnis Φ/Φ_0. Hierbei handelt es sich um die S. 309 beschriebene modifizierte Ausschlagsmethode V. Nach dem zuletzt genannten Prinzip arbeiten auch die speziell für Registrierung vorgesehenen BECKMAN-Geräte DK 1 und DK 2, die sich außer in der Registrierung nicht wesentlich unterscheiden und die den Bereich von 185 bis 3500 mμ überdecken[6]. Sie besitzen 7 ver-

[1] Hersteller: Unicam Instr., Cambridge, England. Vertreter: Hillerkus, Krefeld.
[2] Hersteller: Hilger & Watts, London. Vertreter: Zeh, Duisburg-Meiderich.
[3] Optica, Mailand, Italien.
[4] COOR, T. u. D. C. SMITH: Rev. sci. Instruments 18, 173 (1947).
[5] KAYE, W. u. R. G. DEVANEY: J. opt. Soc. Amer. 42, 567 (1952).
[6] Über einen ausführlichen Test der DK-Geräte berichten L. CAHN u. B. D. HENDERSON: J. opt. Soc. Amer. 48, 380 (1958).

schiedene Registriergeschwindigkeiten, lineare oder nichtlineare Wellenlängenskala, lineare Extinktions- oder lineare Durchlässigkeitsskala, Reflexions- und Fluorescenzzusatz. Ein weiteres, kürzlich entwickeltes registrierendes Modell DB für den Bereich von 200 bis 800 mμ benutzt schwingende statt rotierende Spiegel zur Herstellung des Doppelstrahls und arbeitet sonst in ähnlicher Weise. Es ist einfacher und billiger als die DK-Geräte. Auch das registrierende Doppelstrahlspektrophotometer Ultrascan von Hilger & Watts sowie die Geräte CF 4 der Optica und Spectronic 505 von Bausch & Lomb mit Gitterzerlegung gehören in diese Klasse.

Das registrierende CARY-Spektrophotometer Modell 11[1] ist ähnlich konstruiert wie das registrierende BECKMAN-Spektrometer von COOR

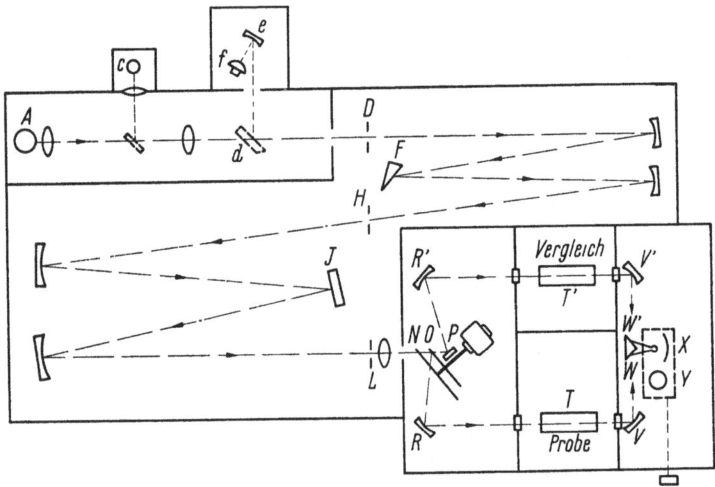

Abb. 158. Registrierendes CARY-Spektralphotometer Modell 14. Schematischer Strahlengang A Wolframlampe; C H_2-Lampe; D Eintrittsspalt; F Quarzprisma mit LITTROW-Spiegel; H Zwischenspalt; J ECHELETTE-Gitter; L Austrittsspalt; N Zerhacker; O rotierender Halbspiegel; P, R, R', V, V', W, W' Spiegel; X SEV; Y Wolframlampe fur inversen Strahlengang für IR-Messungen; d, e Umlenkspiegel; f PbS-Zelle

und SMITH (S. 315), ist ebenfalls für das Sichtbare und das UV (185 bis 800 mμ) verwendbar, hat aber den Vorteil der doppelten Strahlungszerlegung (zwei Quarzprismen in LITTROW-Aufstellung) und somit sehr spektralreiner Strahlung. Es arbeitet mit zwei möglichst gleichen Sekundärelektronenvervielfachern und registriert unmittelbar die Extinktion des gelösten Stoffes bei linearer Wellenlängenskala. Auch hier soll eine Reihe von Potentiometern Unterschiede in der spektralen Empfindlichkeit der beiden Empfänger bei 44 verschiedenen aufeinanderfolgenden Wellenlängen ausgleichen. Diese Prüfung muß häufig wiederholt werden und ist recht mühsam. Die Reproduzierbarkeit der Spektren und das Auflösungsvermögen unter verschiedenen Arbeitsbedingungen (Registriergeschwindig-

[1] CARY, H. H.: Rev. sci. Instruments 17, 558 (1946). Hersteller: Appl. Physics Corp., Pasadena, Calif.

keit, Spaltbreite, Konzentration, absorbierendes Lösungsmittel) ist eingehend geprüft worden[1], ebenso die Richtigkeit der mit dem Gerät gemessenen absoluten Extinktionskoeffizienten[2]. Das Modell 11 ist neuerdings durch das Modell 15 ersetzt worden, das nach dem gleichen Prinzip arbeitet, aber einige Verbesserungen aufweist.

Bei dem neuen CARY-Modell 14 (Abb. 158) ist man jedoch ebenfalls zu dem Doppelstrahlprinzip mit *einem* Empfänger (Methode V) übergegangen, um Unterschiede in den Charakteristiken von zwei Empfängern von vornherein auszuschließen. Dadurch wird die Sicherheit der photometrischen Skala erhöht. Außerdem reicht der verfügbare Spektralbereich bei diesem Modell bis 2,65 μ, und der Doppelmonochromator arbeitet mit einer Vorzerlegung durch ein Quarzprisma und einer Nachzerlegung mit einem ECHELETTE-Gitter. Diese Kombination bedingt ein hohes Auflösungsvermögen und geringen Streulichtanteil. Zur Aufspaltung des Strahlengangs dient ein rotierender halbkreisförmiger Spiegel. Für Messungen im IR wird der ganze Strahlengang umgekehrt: Die Wolframlampe Y tritt an die Stelle X des Multipliers, und die bei D austretende Strahlung wird durch die Spiegel d und e auf die PbS-Zelle f gelenkt. Dadurch wird vermieden, daß die vom Unterbrecher N ausgehende IR-Strahlung unzerlegt auf den Empfänger gelangt. Im übrigen sind die Modelle 11 und 14 gleich ausgerüstet. Nach der Methode V arbeitet auch das registrierende Spektrophotometer SP 700 von Unicam, das mit Gitter und Quarzprisma ausgerüstet ist und den Bereich von 3,6 μ bis 186 mμ überdeckt.

Nach dem gleichen Prinzip wie das CARY-Modell 11 arbeitet der *Spectracord* Modell 4000 der Firma Perkin-Elmer (Methode III). Es besitzt zwei Multiplier bzw. zwei PbS-Zellen und ist im Bereich von 200 mμ bis 2,8 μ verwendbar. Der Doppelmonochromator ist symmetrisch gebaut mit 2 Quarzprismen in LITTROW-Aufstellung. Die Extinktion (0 bis 2) der Probe wird mit einem speziell für diesen Zweck konstruierten elektronischen System mit Nullabgleich des Gitterpotentials der Triode potentiometrisch registriert (lineare Wellenlängenskala). Dadurch wird der Rauschpegel sehr niedrig gehalten und die Empfindlichkeit des Gerätes erhöht. Die Gleichheit der Charakteristik der beiden Empfänger wird durch Potentiometer bei 15 verschiedenen Wellenlängen aufrechterhalten.

Neuerdings ist dieses Gerät durch das Modell 350 ersetzt worden, das weitere erhebliche Verbesserungen besitzt. Es überdeckt den Spektralbereich von 2,7 μ bis 175 mμ, was im wesentlichen durch Verwendung sehr reinen Quarzes für die Prismen und Erhöhung des Reflexionsvermögens der Spiegel im fernen UV durch aufgedampfte MgF_2-Schichten erreicht wird[3]. Für Messungen unterhalb von 190 mμ wird das ganze Gerät mit Stickstoff gespült, um die Sauerstoffabsorption auszuschließen.

---

[1] FORSTNER, J. L. u. L. B. ROGERS: Anal. Chem. **25**, 1560 (1953).

[2] BRODE, W. R. u. Mitarb.: J. opt. Soc. Amer. **43**, 862 (1953); J. M. VANDENBELT: ibid. **44**, 641 (1954); J. M. VANDENBELT u. C. H. SPURLOCK: ibid. **45**, 967 (1955); J. M. VANDENBELT: ibid. **50**, 24 (1960).

[3] Vgl. G. HASS u. R. TOUSEY: J. opt. Soc. Amer. **49**, 593 (1959).

Das Auflösungsvermögen ist hier dank der hohen Dispersion des Quarzes sehr hoch. Der Streulichtanteil beträgt zwischen 1,5 μ und 200 mμ nur 0,003%, an den Enden des Spektrums etwa 0,05%. Dies gilt auch noch für sehr hohe Extinktionen (vgl. S. 291), so daß bis zu Werten von $E = 4$ noch das LAMBERTsche Gesetz innerhalb der Streuung der Messungen erfüllt bleibt. Registriert wird wahlweise Durchlässigkeit oder Extinktion mit linearer Wellenzahlskala.

Das registrierende Spektralphotometer RPQ 20 von *Zeiss* arbeitet nach der Methode V mit der Besonderheit, daß die beiden Strahlenbündel mit verschiedener Frequenz (50 bzw. 200 Hz) moduliert, die zugehörigen Photoströme nach ihrer Verstärkung durch lineare Gleichrichterbrücken getrennt, gleichgerichtet und potentiometrisch verglichen werden. Die Stellung des Potentiometers ist ein Maß für die Durchlässigkeit der Probe und wird als Funktion der Wellenlänge registriert (nichtlineare Skala). Hervorzuheben ist die Art der Lichtteilung in einer Autokollimationsanordnung mittels halbdurchlässiger Platten Q (vgl. Abb. 159) mit folgenden Vorteilen: Sie ist von λ unabhängig; es werden keine optisch wirksamen Teile (Spiegel und dergleichen) bewegt; die wiedervereinigten, verschieden modulierten Lichtströme fallen aus gleicher Richtung kommend auf die gleiche Stelle der Kathode des Multipliers.

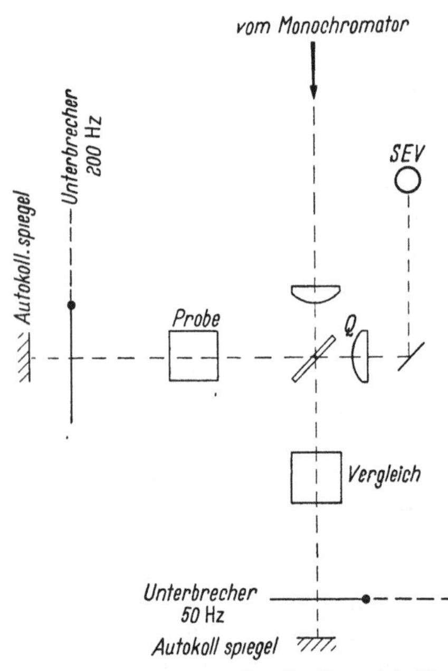

Abb. 159. Lichtteilung für die Doppelstrahlmethode im registrierenden Spektralphotometer RPQ 20 von Zeiss (schematisch)

Alle bisher besprochenen lichtelektrischen Spektrometer stellen keine exakten Nullmethoden dar und setzen die Linearität des Empfängers voraus. Nach dem *Einzellenflimmerverfahren* mit optischem Abgleich arbeiten dagegen das HARDY-*Spektrophotometer*[1] und das *UV-Spektrophotometer Modell* 137 *UV* von Perkin-Elmer, sie sind deshalb von den Charakteristiken der Photozellen und der Linearität der Verstärker völlig unabhängig, weil diese nur zur Nullanzeige dienen.

Das HARDY-*Spektrophotometer* ist eines der ältesten registrierenden Geräte, ist aber nur für den Spektralbereich von 750 bis 380 mμ anwendbar. Der optische Strahlengang entspricht dem der Abb. 121, das

[1] HARDY, A. C.: J. opt. Soc. Amer. **25**, 305 (1935); **28**, 360 (1938); neue Formen J. L. MICHAELSON: ibid. **28**, 365 (1938); G. L. BUC u. E. I. STEARNS: ibid. **35**, 458, 465, 521 (1945); B. S. PRITCHARD u. W. A. HOLMWOOD: ibid. **45**, 690 (1955). Hersteller: General Electric Comp., Schenectady, New York.

Prinzip der Messung ist auf S. 233 beschrieben. Das Gerät besitzt einen Doppelmonochromator mit Glasprismen, der Streulichtanteil ist vernachlässigbar gering und die Dispersion groß. Wegen der relativ großen Strahlungsverluste in der ULBRICHT-Kugel muß die verfügbare Strahlungsleistung möglichst groß sein. Deshalb sind die optischen Flächen im Monochromator mit einer reflexionsvermindernden Schicht von MgF_2 für den kurzwelligen Bereich versehen (vgl. S. 317). Trotzdem sind die

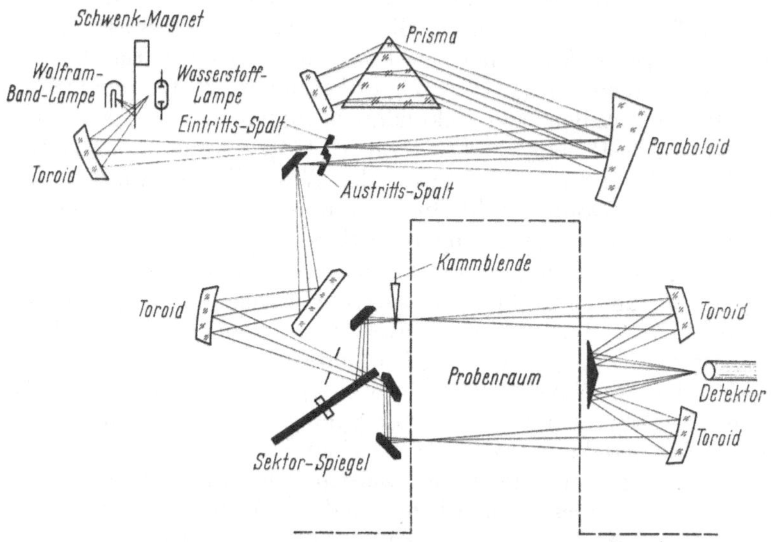

Abb. 160. Schematischer Strahlengang des UV-Spektrophotometers Modell 137 UV von Perkin-Elmer

notwendigen spektralen Bandbreiten relativ groß (4 bis 10 mμ). Die Spaltweite wird beim Durchlaufen des Spektrums automatisch verändert, so daß die spektrale Bandbreite konstant bleibt. Mittels Zusatzeinrichtungen kann man das Gerät auch zur Messung der Rotationsdispersion und der Reflexion verwenden.

Das registrierende, sehr preiswerte UV-Spektrophotometer *Modell* 137 *von Perkin-Elmer* benutzt für den optischen Abgleich eine logarithmische Kammblende nach Abb. 39, der Strahlengang ist in Abb. 160 schematisch wiedergegeben, aus der sich alles Wesentliche entnehmen läßt. Der Spektralbereich geht von 190 bis 750 mμ. Wasserstofflampe bzw. Wolframlampe wechseln sich bei etwa 350 mμ automatisch aus. Der Monochromator ist sehr lichtstark ($f/5$), so daß enge Spalte verwendet werden können, der Streulichtanteil beträgt auch bei 200 mμ unter 1%. Um konstante Energie über den ganzen Spektralbereich für den Servokreis zu gewinnen, wird nicht, wie sonst üblich, die Spaltweite automatisch verändert, sondern statt dessen wird bei konstanter Spaltweite der Verstärkungsgrad automatisch geregelt. Das vereinfacht die Mechanik des Gerätes wesentlich. Auch bei Eigenabsorption des Lösungsmittels, d.h.

hohen Extinktionen, wird der Verstärkungsgrad automatisch erhöht, so daß die Signalstärke nicht zu stark absinkt. Registriert wird die Extinktion (Bereich 0 bis 1,5), die Abszisse ist linear in λ. Registriergeschwindigkeiten 8 oder 2 min. für das gesamte Spektrum.

Die Kostspieligkeit der käuflichen lichtelektrischen Spektrometer hat veranlaßt, daß auch zahlreiche, aus Laboratoriumsmitteln erbaute Geräte in der Literatur beschrieben worden sind[1]. Sofern ein guter Monochromator zur Verfügung steht, lassen sich einfache Konstruktionen nach dem Ausschlags- oder Kompensationsverfahren relativ leicht und zuverlässig ausführen, wenn man auf die Registrierung der Spektren verzichtet. Derartige Geräte stehen den käuflichen bezüglich Empfindlichkeit und Genauigkeit keineswegs nach, insbesondere nicht, wenn man die Empfänger (Photozellen oder Sekundärelektronenvervielfacher) vorher sorgfältig auf ihre Proportionalität (vgl. S. 171) und auf ihre spektrale Empfindlichkeitsverteilung hin auswählt. Wesentlich schwieriger sind Geräte nach dem Doppelstrahl- bzw. Flimmerverfahren zu bauen, da es hier sehr auf exakten Strahlengang (vgl. S. 310) ankommt.

Steht kein Monochromator zur Verfügung, so kann man auch einen *Spektrographen* für lichtelektrische spektrometrische Messungen heranziehen, indem man die Plattenkassette durch einen Präzisionsschlitten ersetzt, auf dem der (eventuell gekrümmte) Austrittsspalt samt der Photozelle oder dem Vervielfacher am Spektrum vorbeigeführt wird. Die Schlittenverschiebung (mit Hilfe einer Spindel) wird direkt in Wellenlängen geeicht und kann auch mittels eines Synchronmotors auf eine Trommel übertragen und registriert werden. Über die Aufstellung und Leistungsfähigkeit eines solchen behelfsmäßigen lichtelektrischen Spektrometers ist mehrfach berichtet worden[2] (vgl. auch S. 370).

i) Mikrospektrometrie. Zur Untersuchung kleinster Substanzmengen (Kriställchen, Fasern, einzelner Zellen usw.) kombiniert man ein Mikroskop mit einem Spektrometer und kann so prinzipiell in einem beliebigen Spektralgebiet Absorptions-, Fluorescenz- oder Raman-Spektren solcher Proben aufnehmen. Für diese Kombination gibt es zwei Möglichkeiten: 1. Man benutzt zur Beleuchtung des Mikroskops monochromatische Strahlung und bildet den gewünschten Teil des mikroskopischen Bildes auf einem geeigneten Empfänger ab. 2. Man zerlegt die Strahlung erst nach dem Durchgang durch das Untersuchungsobjekt. Die erste Methode benutzt man vorwiegend für Messungen im UV, um die Meßprobe nicht längere Zeit der gesamten UV-Strahlung auszusetzen, die leicht photochemische Veränderungen hervorrufen kann. Die zweite Methode wird für visuelle und photographische Methoden, zuweilen auch für die IR-Mikrospektroskopie vorgezogen (vgl. S. 403).

---

[1] Vgl. z.B. D. L. Drabkin: J. opt. Soc. Amer. **35**, 163 (1945); E. P. Little: J. opt. Soc. Amer. **36**, 168 (1946) für Schumann-UV; I. M. Klotz u. M. Dole: Ind. Eng. Chem. Anal. Ed. **18**, 741 (1946); F. P. Zscheile: J. phys. Chem. **51**, 903 (1947); F. J. Studer: J. opt. Soc. Amer. **37**, 288 (1947); T. B. Thomas u. E. E. Schneider: J. opt. Soc. Amer. **41**, 1002 (1951).

[2] Luther, H. u. G. Bergmann: Chem. Ing. Techn. **25**, 499 (1953); J. K. Brody: J. opt. Soc. Amer. **42**, 408 (1952); J. Brandmuller u. H. Moser: S.-B. Bayr. Akad. Wiss. 1952, Nr. 14.

Mikroskope mit Glasoptik sind im Bereich von etwa 3500 bis 10000 Å durchlässig, damit sie jedoch über einen größeren Wellenlängenbereich brauchbar sind, müssen sie mit guten Apochromaten ausgerüstet sein (vgl. S. 102). Außerhalb dieses Bereichs muß man Spezialoptik verwenden. Die von KÖHLER[1] angegebenen Quarzobjektive sind eigentlich nur für eine bestimmte Wellenlänge verwendbar, können aber über einen größeren Bereich von etwa 2300 bis 3500 Å benutzt werden, wenn man sie für jede Wellenlänge refokussiert. Die effektive Bandbreite $\Delta\lambda$ (vgl. S. 284) sollte wegen der mangelnden Achromasie nicht über 10 Å betragen. Sie kann wesentlich größer sein (100 Å), wenn man Quarz-Flußspat-Objektive benutzt[2]. Einen entscheidenden Fortschritt sowohl in der Durchlässigkeit über größere Spektralbereiche wie in der Achromasie der Objektive erzielte man durch Einführung der Spiegeloptik. Es sind sphärische und asphärische Systeme, mit einem oder zwei Spiegeln, mit und ohne Hilfslinsen bzw. Reflexionsprismen entwickelt worden[3], von denen das ausschließlich mit zwei asphärischen Spiegeln ausgerüstete Mikroskop von BURCH (vgl. Abb. 161) am bekanntesten geworden ist. Es besitzt den wesentlichen Vorteil, daß es vollständig achromatisch ist, so daß man mit sichtbarem Licht fokussieren und dann in einem beliebigen Spektralbereich vom UV bis zum IR messen kann. Dem steht der Nachteil gegenüber, daß der Querschnitt des benutzten Strahlenbündels ringförmig ist, so daß die Apertur des Objekts nicht gleichmäßig mit Licht ausgefüllt ist, worunter die Güte des Bildes leidet.

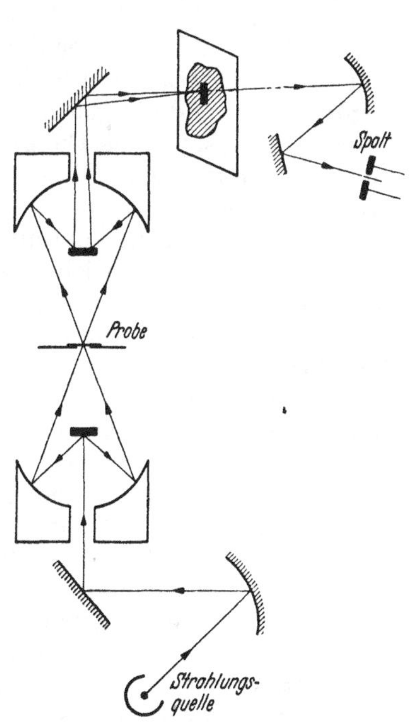

Abb. 161. Spiegelmikroskop nach BURCH

Die Methode, mit zerlegter monochromatischer Strahlung zu messen, ist vor allem von CASPERSSON[4] eingeführt und angewendet worden, wobei

[1] KOHLER, A.: Z. wiss. Mikroskop. mikroskop. Techn. **21**, 129, 273 (1904).

[2] Vgl. L. V. FOSTER u. E. M. THIEL: J. opt. Soc. Amer. **38**, 689 (1948); L. V. FOSTER: Anal. Chem. **21**, 432 (1949).

[3] BRUMBERG, E. M.: Nature **152**, 357 (1943); D. S. GREY u. P. LEE: J. opt. Soc. Amer. **39**, 719 (1949); D. S. GREY: J. opt. Soc. Amer. **39**, 723 (1949); W. E. LEEDS u. M. H. F. WILKINS: Nature **164**, 228 (1949); C. R. BURCH: Nature **152**, 748 (1943); Proc. physic. Soc. **59**, 47 (1947); A. R. H. COLE u. R. N. JONES: J. opt. Soc. Amer. **42**, 348 (1952); V. J. COATES u. Mitarb.: ibid. **43**, 984 (1953); W. THORNBURG: J. opt. Soc. Amer. **45**, 740 (1955); Bezugsquelle: Perkin-Elmer, Überlingen.

[4] Vgl. z.B. T. CASPERSSON: J. Roy. Microsc. Soc. **60**, 8 (1940); Chromosoma **1**, 562 (1940); Exp. Cell. Res. **1**, 595 (1950); G. O. BRUNNER: Acta histochem. **4**, 200 (1957).

Quarzoptik und ein Photometer mit rotierendem Sektor, Photozelle und Elektrometer, als Strahlungsquelle Linienspektren benutzt werden. Kontinuierliche Strahlung wurde wegen der für die Quarzobjektive notwendigen schmalen Bandbreiten nicht verwendet, so daß nur Durchlässigkeitsmessungen bei einer begrenzten Anzahl von Emissionslinien (Hg-Bogen, Funkenlinien) gemacht werden konnten. Hat man eine genügende Anzahl von Sperr- oder Interferenzfiltern zur Verfügung, so kann man diese auch an Stelle eines Monochromators benutzen und gewinnt dadurch an Intensität. Man mißt nach der Substitutionsmethode, indem man die Extinktion einer bestimmten Stelle des Objekts durch die Extinktion des Sektors ersetzt und auf gleiche Intensität einstellt. Zur Vermeidung von Streustrahlung sind auch Doppelstrahlgeräte mit doppelter Zerlegung in Verbindung mit einem Mikroskop für diesen speziellen Zweck herangezogen worden[1].

Auch Geräte für die kontinuierliche Registrierung von Mikroabsorptionsspektren sind beschrieben worden[2]. Ein neues Gerät dieser Art liefert die Firma Zeiss, Oberkochen[3]. Da die Strahlungsleistung des Gerätes durch den kleinen Lichtleitwert des Mikroskops (gegenüber dem des Monochromators) begrenzt ist, wird eine Xenon-Höchstdrucklampe mit sehr hoher Strahlungsdichte als Lichtquelle verwendet. Die aus dem Monochromator austretende Strahlung wird mit Hilfe zweier verspiegelter Sektorscheiben abwechselnd direkt bzw. durch das Objekt auf dem Mikroskoptisch auf den Empfänger geleitet (Methode V von S. 308), wobei der Strahlengang vollständig symmetrisch ist. Der Empfänger liefert die Durchlässigkeit der Probe, die in üblicher Weise registriert wird. Bemerkenswert ist, daß man von der Spiegeloptik für das Mikroskop wieder abgegangen ist und es gelungen ist, achromatische Quarzobjektive für den gesamten Wellenlängenbereich vom Sichtbaren bis 220 mμ zu entwickeln, so daß die Bildschärfe mit sichtbarem Licht eingestellt werden kann. Dadurch wird der Ausfall eines Teils der Apertur für die Abbildung, wie sie bei Spiegeloptik vorliegt, vermieden.

Bei der quantitativen Auswertung derartiger Mikrospektren treten nun Schwierigkeiten dadurch auf, daß die absorbierenden Stoffe in der Regel nicht gleichmäßig statistisch über den photometrischen Querschnitt verteilt sind, sondern eine ungleichmäßige Verteilung aufweisen. Dies ist vor allem bei biologischem Material, z.B. gefärbten Zellkernen, stets der Fall und bedingt einen „Verteilungsfehler" der Gesamtextinktion bzw. relativen Konzentration, die man aus der beobachteten Durchlässigkeit berechnet unter der (hier nicht zutreffenden) Voraussetzung, daß die Chromophore statistisch über das Gesamtvolumen verteilt sind. Dieser Verteilungsfehler läßt sich durch die von ORNSTEIN[4] und PATAU[5] entwickelte sogenannte „Zweiwellenlängenmethode" eliminieren. Sie

[1] STAHL, H. A.: Science **127**, 1290 (1958).

[2] SINSHEIMER, R. L.: Dissert. 1948 M. I. T.; vgl. dazu J. R. LOOFBOUROW: J. opt. Soc. Amer. **40**, 317 (1950); V. E. KINSEY: Anal. Chem. **22**, 362 (1950).

[3] Vgl. G. HANSEN: Zeiss-Mitteilungen **2**, 117 (1961).

[4] ORNSTEIN, L.: Lab. Inv. **1**, 250 (1952).

[5] PATAU, K.: Chromosoma **5**, 341 (1953). Vgl. ferner M. L. MENDELSOHN: J. Biophys. and Biochem. Cytology **4**, 407 (1958) und die dort angegebene Literatur.

beruht auf einer empirischen Erweiterung einer exakten Lösung, die man für den einfachen Fall einer inhomogenen Verteilung berechnen kann, bei der das Photometerfeld in nur zwei Felder unterteilt ist. Das eine Feld soll vollständig durchlässig sein, das andere den absorbierenden Stoff in homogener Verteilung enthalten. Bezeichnen wir den Gesamtquerschnitt des Feldes mit B, den homogen gefärbten mit F, so erhält man für den durch Gleichung (I,17) definierten Absorptionsgrad

$$\alpha \equiv \frac{\Phi_0 - \Phi}{\Phi_0} = \frac{B\varphi_0 - [(B-F)\varphi_0 + \vartheta F\varphi_0]}{B\varphi_0} = \frac{F(1-\vartheta)}{B}. \tag{84}$$

Dabei ist φ_0 die Bestrahlungsstärke/cm^2, ϑ die Durchlässigkeit des Feldes F. Aus Gleichung (84) folgt

$$\vartheta = 1 - \frac{B}{F}\alpha . \tag{85}$$

Wählt man zwei Wellenlängen λ_1 und λ_2 so aus, daß

$$E_2 = 2E_1 \quad \text{und damit} \quad k_2 = 2k_1, \tag{86}$$

so ist

$$\vartheta_2 = \vartheta_1^2 \tag{87}$$

und

$$Q \equiv \frac{\alpha_2}{\alpha_1} = \frac{1-\vartheta_2}{1-\vartheta_1} = \frac{1-\vartheta_1^2}{1-\vartheta_1} = 1 + \vartheta_1 . \tag{88}$$

Daraus folgt

$$E_1 = -\ln\vartheta_1 = \ln\frac{1}{Q-1}. \tag{89}$$

Aus Gleichung (84) und (89) ergibt sich mit $2 - Q = 1 - \vartheta_1$

$$F = \frac{B\alpha_1}{1-\vartheta_1} = \frac{B\alpha_1}{2-Q}. \tag{90}$$

Die Extinktion je cm^2 Strahlungsquerschnitt ist gegeben durch

$$E_1 = k_1\gamma/F, \tag{91}$$

worin k_1 den Absorptionskoeffizienten bei λ_1 und γ die (relative) Menge des absorbierenden Stoffes darstellt. Daraus folgt für die letztere

$$\gamma = \frac{FE_1}{k_1}, \tag{92}$$

und durch Einsetzen der Ausdrücke (89) und (90)

$$\gamma = \frac{B\alpha_1}{k_1}\,\frac{1}{2-Q}\ln\frac{1}{Q-1} \equiv \frac{B\alpha_1}{k_1}C. \tag{93}$$

Der Faktor $C \equiv \frac{1}{2-Q}\ln\frac{1}{Q-1}$ ist als Funktion von Q von PATAU in Tabellen angegeben worden. Neuere Tafeln[1] liefern unmittelbar den

[1] MENDELSOHN, M. L.: J. Biophys. and Biochem. Cytology 4, 415 (1958).

Wert $\alpha_1 C$ für alle Werte von ϑ_2 zwischen 0,320 und 0,880 und ϑ_1 zwischen 0,480 und 0,930.

Die Gleichung (93) ist exakt für den Fall, daß der absorbierende Stoff in dem Felde F homogen verteilt ist. Da diese Bedingung in der Regel nicht erfüllt sein wird, hat PATAU auch eine Reihe von Fällen inhomogener Verteilung des absorbierenden Stoffes im Felde F, d. h. in den einzelnen absorbierenden Partikeln untersucht und kommt zu dem Schluß, daß die angegebene Formel eine ausgezeichnete Näherung für beliebige Verteilungsarten des absorbierenden Stoffes innerhalb des Feldes F darstellt und daß die Abweichungen in jedem Fall kleiner als 3% sein dürften.

Die Zweiwellenlängenmethode läßt sich auch auf photographischem Wege durchführen[1].

8. Lichtelektrische Fluorescenz-, Streuungs- und Trübungsmessungen

a) Fluorometrische Messungen. Die lichtelektrische Fluorescenzphotometrie zur Konzentrationsbestimmung hat inzwischen die visuellen Methoden weitgehend verdrängt, analog wie es bei den photometrischen Absorptionsmessungen der Fall ist, weil man lichtelektrisch mit geeigneten Meßverfahren mühelos eine wesentlich höhere Genauigkeit der Konzentrationsbestimmung erreicht.

Die Fluorescenz kann ebenso wie die Absorption zur Konstitutionsaufklärung und Identifizierung von Verbindungen (Fluorescenzspektrometrie) oder zur Konzentrationsbestimmung luminescierender Stoffe (Fluorescenzphotometrie oder Fluorometrie) benutzt werden. Die besonderen Eigenschaften der Fluorescenzstrahlung bedingen jedoch in beiden Fällen eine spezielle Meßmethodik, so daß auf diese Eigenschaften kurz einzugehen ist.

Da die Fluorescenzstrahlung sich gleichmäßig über alle Raumrichtungen verteilt und somit nur ein geringer, dem Öffnungswinkel des Empfängers entsprechender Anteil davon gemessen werden kann, und da außerdem die Fluorescenzausbeute häufig sehr klein ist, muß man zur *Erregung der Fluorescenz* intensive Strahlungsquellen benutzen. Außer den üblichen Quecksilberdampflampen benutzt man deshalb mit Vorteil die Quecksilberhöchstdrucklampe oder die Xenonlampe (vgl. S. 72 u. 68) mit einem geeigneten Filter je nach dem zur Erregung gewünschten Spektralbereich. Zur Messung der sichtbaren Fluorescenz verwendet man meistens ein Filter (Schott UG 1 oder UG 2), das den sichtbaren Bereich der Erregerstrahlung absorbiert[2], zur Messung der Fluorescenz im nahen und mittleren UV etwa die Hg-Resonanzlinie 2537 Å, die man durch ein Chlorfilter oder Monochromator aus dem Hg-Spektrum isoliert (vgl. S. 79). Die Filter selbst müssen natürlich fluorescenzfrei sein.

Für die *geometrische Anordnung* von erregender Strahlungsquelle, fluorescierendem Stoff und Empfänger gibt es verschiedene Möglichkeiten: man mißt die Fluorescenz bei *durchfallender* oder *auffallender* Er-

[1] MENDELSOHN, M. L.: J. Biophys. and Biochem. Cytology **4**, 425 (1958).

[2] Die UG-Filter lassen im Rot durch; zur Untersuchung roter Fluorescenz muß zusätzlich $CuSO_4$-Lösung verwendet werden. Für längerwellige Fluorescenz kann man auch ammoniakalische $CuSO_4$-Lösung ohne Zusatzfilter benutzen.

regerstrahlung (Abb. 162a u. b). Im ersten Fall muß die nicht absorbierte Erregerstrahlung durch geeignete *Sperrfilter* vernichtet werden, die nur das längerwellige Fluorescenzlicht durchlassen. Geeignet sind z.B. die Schottfilter *GG* oder die Zeissfilter *L* je nach Lage des Fluorescenzspektrums. Man wählt ein Filter, dessen Durchlaßbereich möglichst mit dem Maximum des Fluorescenzspektrums zusammenfällt, was man mit Hilfe eines einfachen Handspektroskops kontrollieren kann. Außerdem muß die Erregerstrahlung frei von sichtbaren Komponenten sein, die sonst Fluorescenz vortäuschen. Im zweiten Fall ist weder eine nachträgliche Filterung noch eine sorgfältige Reinigung der Erregerstrahlung notwendig. Man kann die Vorteile beider Methoden vereinigen, indem man entgegengesetzt oder unter spitzem Winkel zur Einstrahlungsrichtung beobachtet (Abb. 162c). Bei schwacher Absorption der Erregerstrahlung arbeitet man am besten nach der Methode b, bei starker Absorption nach der Methode a. Wird auch das Fluorescenzlicht infolge von Überlappung der Absorptions- und Fluorescenzbanden merklich reabsorbiert, muß man die Methode c anwenden. Diese eignet sich auch zur Untersuchung der *Fluorescenz fester Stoffe*. Sind diese pulverförmig, so daß die Erregerstrahlung diffus gestreut wird, so muß sie wie im Fall a durch ein Sperrfilter absorbiert werden[1]. Die Anordnung b läßt sich leicht mit Hilfe der käuflichen RAMAN-Lampen[2] verwirklichen, die somit auch für Fluorescenzmessungen benutzt werden können[3].

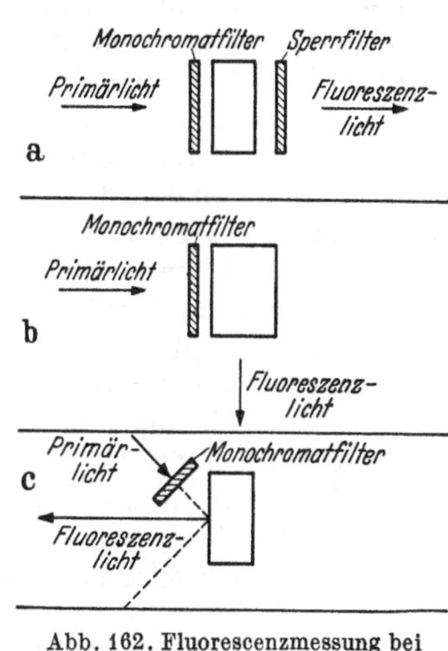

Abb. 162. Fluorescenzmessung bei durchfallender und auffallender Erregerstrahlung

Bei allen Fluorescenzuntersuchungen sind ferner gewisse *Vorbedingungen chemischer Art* zu berücksichtigen, um systematische Fehler zu vermeiden. Bei schwach fluorescierenden Stoffen können schon durch geringe, aber stark fluorescierende Beimengungen oder durch fluorescierende Lösungsmittel beträchtliche Fehler entstehen. Die Reinheit der zu untersuchenden Proben ist in solchen Fällen besonders wichtig. Bei stark fluorescierenden Stoffen kann umgekehrt auf vollständige Reinigung und Isolierung häufig verzichtet werden, was insbesondere bei biochemischen Untersuchungen, wo nur geringe Stoffmengen verfügbar sind, von besonderem Vorteil ist. Andererseits muß man berücksichtigen, daß die Fluorescenz durch Fremdstoffe mehr oder weniger stark gelöscht werden kann, wobei ganz spezifische Löschwirkungen auftreten können[4].

[1] UV-Strahlung, die ins Auge gelangt, kann dort ebenfalls Fluorescenz erregen, die die Messung zu fälschen vermag.

[2] VEB Optik, Jena; Steinheil, München.

[3] Vgl. G. KORTÜM und B. FINCKH: Spectrochim. Acta [Berlin] 2, 137 (1941).

[4] Vgl. z.B. G. KORTÜM, H. BAUR u. G. FRIEDHEIM: Z. physik. Chem. **200**, 293 (1952).

Außerdem beobachtet man fast stets eine sogenannte *Konzentrationslöschung*, die bei Absorptionsmessungen kein Gegenstück besitzt: die Fluorescenz nimmt auch bei genügend hoher Intensität der Erregerstrahlung nicht monoton mit steigender Konzentration des fluorescenzfähigen Stoffes zu, sondern geht durch ein Maximum und nimmt dann wieder ab, ohne daß das Fluorescenzlicht von der Lösung reabsorbiert wird. Bei hohen Konzentrationen kann diese Auslöschung zum praktisch vollständigen Verschwinden der Fluorescenz führen. Liegen *chemische Gleichgewichte* in der Lösung vor, die durch das p_H der Lösung bestimmt sind, und ist das Auftreten von Fluorescenz an den einen Gleichgewichtspartner gebunden oder für beide Partner verschieden, so ist die Fluorescenz natürlich gegen *p_H-Änderungen* sehr empfindlich.

Trotz der Notwendigkeit, diese Empfindlichkeit der Fluorescenz gegenüber äußeren Einflüssen[1] berücksichtigen zu müssen, und trotz der gegenüber Absorptionsmessungen umständlicheren Methodik wird die Fluorescenz als besonders charakteristisches Merkmal eines Moleküls häufig sowohl für analytische Zwecke (Photometrie) wie für die Identifizierung und Konstitutionsaufklärung (Spektrometrie) herangezogen. Sie ist einerseits spezifischer als die Absorption, da nicht jede Absorption von Strahlung auch zur Fluorescenz führt, und sie besitzt häufig eine untere Nachweisgrenze, die durch Absorptionsmessungen nicht erreicht wird[2].

Zur *quantitativen Charakterisierung der Fluorescenz* dient einerseits das *äußere Fluorescenzvermögen*, definiert durch das Intensitätsverhältnis der gesamten austretenden Fluorescenzstrahlung zur eintretenden Erregerstrahlung, andererseits die *äußere Fluorescenzausbeute*, definiert durch das Intensitätsverhältnis der gesamten Fluorescenzstrahlung zum absorbierten Anteil der Erregerstrahlung. Je nach dem benutzten Maßsystem (vgl. S. 18) muß man zwischen Lumenausbeute, Energieausbeute und Quantenausbeute unterscheiden. Praktisch wichtig sind nur die beiden letzteren. Wie schon erwähnt wurde, sind Energie- und Quantenausbeute wegen der verschiedenen spektralen Verteilung von Fluorescenz- und Erregerstrahlung voneinander verschieden.

Da die über alle Raumrichtungen integrierende Messung der Fluorescenzintensität praktisch sehr schwierig wäre, begnügt man sich im allgemeinen damit, die Fluorescenzintensität innerhalb eines Strahlenbündels gegebener Ausdehnung photometrisch zu messen. In der Mehrzahl der Fälle handelt es sich dabei um *relative* Messungen unter konstant gehaltenen Bedingungen der Erregung und der geometrischen Anordnung, die natürlich nur bei Fluorescenz *gleicher spektraler Zusammensetzung* sinnvoll sind. Derartige photometrische Methoden sind demnach auf vergleichende Messungen des Fluorescenzvermögens und der Fluorescenz-

[1] Vgl. dazu auch TH. FÖRSTER: Fluorescenz organischer Verbindungen, Göttingen 1951; F. BANDOW: Luminescenz, Stuttgart 1950; P. W. DANCKWORTT: Luminescenz-Analyse, 5. Aufl. Leipzig 1949.

[2] Zum Beispiel kommen Porphyrine in biologischem Material nur in so geringen Mengen vor, daß sie sich nur durch ihre rote Fluorescenz nachweisen lassen [vgl. O. VÖLKER: Z. Naturf. 2b, 316 (1947)]; vgl. auch J. EISENBRAND: Z. analyt. Chem. **140**, 401 (1953).

ausbeute am selben Stoff bei unverändertem Absorptions- und Fluorescenzspektrum beschränkt. Hierher gehören z.B. die Messungen über die *Fluorescenzauslöschung durch nichtabsorbierende Fremdstoffe.* In solchen Fällen sind die gemessenen Fluorescenzintensitäten den Fluorescenzausbeuten proportional.

Zur Untersuchung der oben erwähnten *Konzentrationsauslöschung* muß man die Konzentration des fluorescierenden Stoffes und damit die Extinktion der Lösung verändern. Zur Ermittlung der Fluorescenzausbeute sind demnach zusätzliche Absorptionsmessungen zur Bestimmung des jeweiligen absorbierten Anteils der Erregerstrahlung notwendig, auf den man die Fluorescenzintensität bezieht. Man kann auch den absorbierten Bruchteil der Erregerstrahlung dadurch konstant halten, daß man die durchstrahlte Schichtdicke umgekehrt proportional der Konzentration ändert, wobei die Gültigkeit des LAMBERT-BEERschen Gesetzes vorausgesetzt ist, oder man muß dafür sorgen, daß die Erregerstrahlung bei allen Konzentrationen praktisch vollständig absorbiert wird, dann kann man auf die Variation der Schichtdicke verzichten. In diesen Fällen muß man die Fluorescenz longitudinal messen (Abb. 162a oder c), wobei man gegebenenfalls noch den Einfluß des verschiedenen Öffnungswinkels der fluorescierenden Schichten gegenüber dem Empfänger berücksichtigen muß. Man erhält so die *relative äußere Fluorescenzausbeute* bei verschiedenen Konzentrationen des fluorescierenden Stoffes. Auch diese Messungen setzen gleiche spektrale Verteilung der Fluorescenz voraus.

Mit Hilfe lichtelektrischer Empfänger und unter Zwischenschaltung eines zweiten fluorescierenden Stoffes, der Quanten beliebiger Frequenz mit konstanter Ausbeute in Quanten seines eigenen Fluorescenzspektrums umwandelt, lassen sich auch *absolute* äußere Quantenausbeuten messen, worauf hier nicht näher eingegangen werden kann[1].

Wird das Fluorescenzlicht durch die Lösung reabsorbiert, d.h. überdecken sich Absorptions- und Fluorescenzspektrum teilweise, so sind die bisher besprochenen äußeren Fluorescenzeigenschaften gegenüber den wahren *inneren* Eigenschaften verfälscht. Die *innere Fluorescenzausbeute* ist definiert durch das Intensitätsverhältnis der in einem differentiellen Volumenelement erregten Fluorescenz zu dem im gleichen Volumenelement absorbierten Anteil der Erregerstrahlung, sie läßt sich aus der gemessenen äußeren Fluorescenzausbeute bei Kenntnis der Extinktionskoeffizienten von Erreger- und Fluorescenzstrahlung und der geometrischen Meßbedingungen rechnerisch ermitteln[2].

Wie bei Absorptionsmessungen wird die Fluorescenzphotometrie für Konzentrationsbestimmungen verwendet. Da die nach den Methoden der Abb. 162 gemessenen Fluorescenzintensitäten im allgemeinen infolge ihrer Abhängigkeit von der Intensität der Erregerstrahlung und infolge von Konzentrationsauslöschung und eventueller Reabsorption keine ein-

[1] Vgl. E. J. BOWEN u. J. W. SAWTELL: Trans. Faraday Soc. **33**, 1425 (1937); P. PRINGSHEIM u. M. VOGEL: Luminescence, New York 1946; TH. FÖRSTER: Fluorescenz organischer Verbindungen, Göttingen 1951; W. H. MELHUISH: J. physical Chem. **65**, 229 (1961) und die dort angegebene Literatur.

[2] Vgl. dazu TH. FÖRSTER: Fluorescenz organischer Verbindungen, Göttingen 1951.

fache Funktion der Konzentration sind, kann es sich bei Konzentrationsbestimmungen nur um *Relativmessungen durch Vergleich von Fluorescenz-Strahlungsleistungen derselben spektralen Zusammensetzung*, d.h. des gleichen Stoffes handeln. Man mißt das Fluorescenzvermögen einer Reihe von Lösungen bekannter Konzentration und erhält auf diese Weise eine *Eichkurve*, mit deren Hilfe sich aus dem Fluorescenzvermögen der zu untersuchenden Lösung deren Konzentration ergibt.

Man muß natürlich in einem Konzentrationsbereich messen, in dem die c-Abhängigkeit der Fluorescenz möglichst groß ist. Das ist im Gebiet kleiner Konzentrationen der Fall, in dem diese Abhängigkeit durch die mehr oder weniger starke Absorption der Erregerstrahlung bedingt ist. Bei sehr großen Verdünnungen ist die Fluorescenzintensität der Konzentration proportional, sofern keine Reabsorption des Fluorescenzlichts und keine Konzentrationslöschung stattfindet. Das ergibt sich aus folgender Überlegung: Nach Gleichung (I,27a) ist der von der Lösung durchgelassene Bruchteil der Erregerstrahlung gegeben durch

$$\frac{\Phi}{\Phi_0} = \mathrm{e}^{-\varepsilon_n c s}, \tag{94}$$

der absorbierte Bruchteil also durch

$$1 - \frac{\Phi}{\Phi_0} = 1 - \mathrm{e}^{-\varepsilon_n c s}. \tag{95}$$

Entwickelt man die e-Funktion und bricht nach dem zweiten Gliede ab, was für kleine Extinktionen, d.h. für kleine Konzentrationen bzw. Schichtdicken zulässig ist, so erhält man

$$1 - \frac{\Phi}{\Phi_0} \approxeq \varepsilon_n c s. \tag{96}$$

Da unter den angegebenen Bedingungen die Fluorescenzintensität der Intensität der absorbierenden Strahlung proportional ist, gilt die Näherungsgleichung auch für die Fluorescenzintensität, die somit bei gegebener Schichtdicke der Konzentration und bei gegebener Konzentration der Schichtdicke proportional anwächst[1]. Zur Aufstellung der Eichkurve wählt man deshalb nach Möglichkeit die Schichtdicke so, daß man sich noch in diesem linearen Konzentrationsgebiet befindet.

An Stelle von Vergleichslösungen desselben Stoffes kann man auch fluorescierende Glasstandards als Vergleich benutzen, wie sie von einer Reihe von Firmen geliefert werden. Man greift zu diesen Ersatzstandards nur dann, wenn die Vergleichslösungen nicht haltbar oder schwer herzustellen sind. Im übrigen müssen sie natürlich zunächst auch gegen eine Reihe bekannter Lösungen des zu bestimmenden Stoffes geeicht werden. Allgemein ist wegen der oben erwähnten Empfindlichkeit der Fluorescenz gegenüber Fremdstoffen (Löschwirkung) oder p_{H}-Änderungen besonders sorgfältig darauf zu achten, daß die Zusammensetzung der Lösungen bei der Aufstellung der Eichkurve und den später auf diese be-

[1] Vgl. dazu J. EISENBRAND: Z. analyt. Chem. **140**, 401 (1953).

zogenen Messungen immer die gleiche ist. Auch eine eventuelle Fluorescenz der Glasküvetten kann Fehler hervorrufen.

Die p_H-*Abhängigkeit der Fluorescenz* schwacher Säuren und Basen rührt daher, daß Ion und undissoziiertes Molekül im allgemeinen nicht gleich fluorescieren. Analog wie bei der Absorption können solche Verbindungen als *Fluorescenzindicatoren* verwendet werden[1], da die Fluorescenz in einem bestimmten p_H-Bereich umschlägt. Der wesentliche Vorteil der Fluorescenzindicatoren gegenüber den Absorptionsindicatoren liegt darin, daß die Erkennbarkeit des Umschlags durch die Gegenwart anderer farbiger Stoffe viel weniger gestört wird. Dafür kommen zu den allgemeinen Fehlerquellen der Indicatoren (Salzfehler, Eiweißfehler) noch die Störungen durch Fluorescenzlöschung hinzu[2]. Die Lage des Umschlagsbereichs hängt auch hier von der Dissoziationskonstante des Indicators ab (vgl. S. 278). Umgekehrt lassen sich durch Bestimmung der relativen Fluorescenzintensität bei gegebenem p_H die Dissoziationskonstanten berechnen[3]. Für zahlreiche Fluorescenzindicatoren sind die Umschlagsbereiche und Grenzfluorescenzfarben angegeben[4].

Für das Meßverfahren gelten die früher angestellten Überlegungen. Die besten Ergebnisse erhält man danach mit Zweizellensubstitutionsmethoden; bei konstanten Anregungsbedingungen (Hg-Lampe an Akkumulatorenbatterie oder stabilisiertem Netz) lassen sich aber auch mit Ausschlags- und Kompensationsmethoden ebenso gute oder bessere Ergebnisse erzielen wie mit visuellen Methoden[5]. Prinzipiell kann man jedes lichtelektrische Photometer auch für Fluorescenzmessungen im durchfallenden Licht verwenden, indem man die Primärstrahlung durch Zwischenschaltung geeigneter Sperrfilter von dem Empfänger fernhält. Solche Sperrfilter werden zusammen mit fluorescierenden Glasstandards zum Teil auch zu den käuflichen lichtelektrischen Geräten geliefert.

Häufig besitzen diese Geräte auch zusätzliche Empfänger seitlich oder unterhalb der Meßküvette, so daß man das Gerät durch einfaches Umschalten aus einem Absorptionsphotometer in ein Fluorescenzphotometer verwandeln kann (z.B. das Photometer Eppendorf [261]). Man mißt dann mit auffallender Primärstrahlung nach dem Schema der Abb. 162b. Dabei muß man den Bereich optimaler Konzentration ermitteln[6]. Bei zu kleiner Konzentration absorbiert die Lösung zu wenig, so daß die Fluorescenzintensität zu schwach ist, bei zu großer Konzentration wird das Erregungslicht bereits unmittelbar hinter dem Fenster

---

[1] Vgl. z.B. P. W. Danckwortt: Luminescenzanalyse, 5. Aufl., Leipzig 1949, und die dort angegebene Literatur.

[2] Vgl. z.B. J. Jonás u. L. Szebellédy: Z. analyt. Chem. **113**, 326, 422 (1938).

[3] Bei genügend kurzwelliger Erregung beobachtet man außerdem einen p_H-abhängigen Umschlag des Fluorescenz*spektrums*, der die Einstellung des Dissoziationsgleichgewichtes im angeregten Zustand des Indicators anzeigt. Vgl. dazu Th. Förster: Z. Elektrochem. angew. physik. Chem. **54**, 42, 531 (1950).

[4] Vgl. z.B. P. W. Danckwortt: Luminescenzanalyse, 5. Aufl., Leipzig 1949, und die dort angegebene Literatur.

[5] Vgl. z. B. G. Kortüm: Chem. Technik **15**, 167 (1942).

[6] Vgl. E. R. Lippincott u. Mitarb.: J. opt. Soc. Amer. **49**, 83 (1959); A. Weller: Z. physik. Chem. N. F. **3**, 238 (1955).

der Küvette fast völlig absorbiert, so daß der Teil der Lösung, der auf dem Empfänger abgebildet wird, ebenfalls nur sehr wenig fluoresciert.

In vielen Fällen empfiehlt es sich, *spezielle Anordnungen* für fluorescenzphotometrische Messungen zu benutzen, die gewöhnlich den Vorteil haben, lichtstärker und damit empfindlicher zu sein als die für Extinktionsmessungen gebauten Apparate. Es handelt sich in der Regel um Anordnungen, die nach der Ausschlagsmethode arbeiten und die man sich leicht aus Laboratoriumsmitteln zusammenstellen kann. Sie sind häufig in der Literatur beschrieben worden[1], werden aber auch von manchen Firmen geliefert[2]. Man benutzt meistens Sperrschichtelemente als Empfänger, aber auch Geräte mit Photozelle und Verstärker sind beschrieben worden. Um Schwankungen der primären Strahlungsquelle ganz oder weitgehend zu eliminieren, verwendet man auch hier *Zweizellenmethoden*, wobei man sich zur Erhöhung der Empfindlichkeit meistens ebenfalls auf Ausschlags- oder Kompensationsmethoden beschränkt.

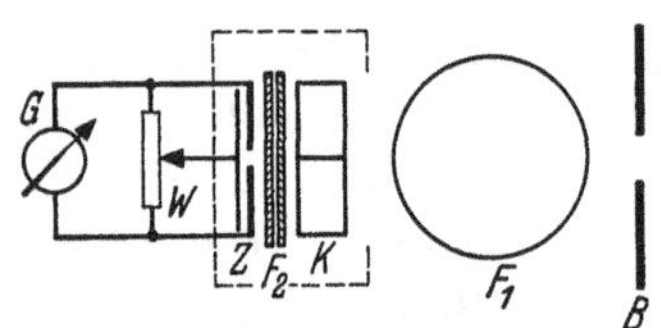

Abb. 163. Zweizellenanordnung für relative photometrische Fluorescenzmessungen

Eine einfache, aus Laboratoriumsmitteln zusammengestellte Apparatur dieser Art[3] zeigt die schematische Abb. 163. Zur Fluorescenzerregung dient die hinter der Blende B horizontal angebrachte Hg-Lampe L, deren Licht durch das gleichzeitig als Sammellinse wirkende Filter F_1 auf die Doppelküvette K mit Standard- und Versuchslösung fällt. F_1 ist ein mit ammoniakalischer $CuSO_4$-Lösung gefüllter Rundkolben aus dickem Glas von etwa 10 cm Durchmesser, der praktisch nur die Liniengruppen 436 bis 366 mμ der Hg-Lampe durchläßt. Das in K erregte Fluorescenzlicht fällt durch die UV-absorbierenden Sperrfilter F_2 auf das Differentialphotoelement Z, dessen Differenzstrom mit dem Galvanometer G gemessen wird. Die Nullstellung wird mit Hilfe des Widerstands W eingestellt, wenn beide Küvetten mit der gleichen Lösung gefüllt sind. Küvette und Photoelement befinden sich in einem mit Doppelwänden versehenen Trogkasten, durch deren Zwischenraum Thermostatenwasser fließt. Bei der beträchtlichen Energie, die von der Hg-Lampe eingestrahlt wird, kann sonst die Temperaturkonstanz der Lösungen nicht genügend gewahrt werden. Mit ausgesuchten Photoelementen ließ sich auf diese Weise eine Genauigkeit der Messung von 500 (0,2%) erreichen. Ähnliche Anordnungen, zum Teil auch mit Photozellen an Stelle von Sperrschichtelementen, sind mehrfach beschrieben worden[4]. Für die Messung sehr schwacher Fluorescenzintensitäten hat man neuerdings auch Sekundär-

---

[1] Vgl. z. B.: R. W. Stoughton u. K. G. Rollefson: J. Amer. chem. Soc. **61**, 2634 (1939); K. Weber: Z. physik. Chem. (B) **30**, 69 (1935); E. Rabinowitsch u. L. F. Epstein: J. Amer. chem. Soc. **63**, 69 (1941).

[2] Zum Beispiel: B. Lange, Berlin-Zehlendorf; Hilger & Watts, London; Kipp, Köln; Jarrell-Ash über W. Zeh, Düsseldorf; Turner Associates, Philadelphia.

[3] Kortüm, G.: Z. physik. Chem. B **40**, 431 (1938).

[4] Vgl. z.B.: E. Jette u. W. West: Proc. Roy. Soc. [London] A **121**, 299 (1928); P. Ellinger u. M. Holden: J. Soc. chem. Ind. **63**, 115 (1944); E. J. Bowen u. E. Coates: J. chem. Soc. [London] **1947**, 105.

elektronenvervielfacher eingesetzt[1]. Zahlreiche weitere Literaturangaben über lichtelektrische Fluorescenzphotometer, über geeignete Strahlungsquellen, Standards sowie über neuere Anwendungen auf anorganischem, organischem und biologischem Gebiet hat WHITE[2] zusammengestellt. Eine Methode, um Fluorescenz neben der Chemiluminescenz getrennt zu bestimmen, ist von BERSIS[3] angegeben worden.

b) Nephelometrische Messungen. Die auf der Messung des TYNDALL-Lichts beruhende *Streuungsmessung* hat mit der Fluorometrie insofern Ähnlichkeit, als es sich ebenfalls um die Messung *emittierten*, von den suspendierten Teilchen einer kolloiden Lösung gestreuten Lichts handelt, so daß auch die Meßmethoden in vieler Hinsicht durchaus analog sind. Streuungsmessungen an Lösungen werden praktisch ausschließlich zu Konzentrationsbestimmungen verwendet[4], da die Abhängigkeit der Streuintensität von der Wellenlänge des Lichts keine spezifische Eigenschaft der streuenden Substanz ist und deshalb kein besonderes Interesse bietet. Man mißt durch Vergleich der Intensität des gestreuten Lichts mit der Intensität des Lichts, das von einer Standardlösung des gleichen Stoffs oder von einem festen Trübungsstandard ausgesandt wird: *Streuungsmessung*. Daneben besteht die Möglichkeit, nicht die Intensität des gestreuten Lichts, sondern die Intensitätsschwächung des primär eingestrahlten Lichts durch die trübe Lösung in Form einer scheinbaren Extinktion zu messen; dieses Verfahren sei zur Unterscheidung als *Trübungsmessung* bezeichnet. Da Trübungsreaktionen besonders empfindlich sind, gewinnt die Nephelometrie als Analysenmethode bei der Bestimmung kleinster Substanzmengen eine steigende Bedeutung, insbesondere in der Kolloid- und Fermentforschung[5].

Nach der von RAYLEIGH entwickelten Theorie der TYNDALL-Streuung ist die von der Volumeneinheit der streuenden Lösung ausgesandte Lichtintensität

$$\Phi = \text{prop}\,\frac{N V^2}{r^2\,\lambda^4}\,\Phi_0\,. \tag{97}$$

N ist die Zahl der Kolloidteilchen in der Volumeneinheit, V das Volumen des einzelnen Teilchens, Φ_0 die eingestrahlte Lichtintensität, r die Entfernung von dem beleuchteten Volumenelement und λ die Wellenlänge des eingestrahlten Lichts. Der Proportionalitätsfaktor enthält eine Funktion des Winkels zwischen Primärstrahl und Beobachtungsrichtung des

[1] LOWRY, O. H.: J. biol. Chemistry **173**, 677 (1948); J. R. DE VORE: J. opt. Soc. Amer. **38**, 692 (1948). Ein Gerät dieser Art liefert die Photovolt Corp. New York.

[2] WHITE, C. E.: Anal. Chem. **21**, 104 (1949).

[3] BERSIS, D. S.: Z. physik. Chem. N. F. **22**, 328 (1959).

[4] Da die Streuintensität auch von der Größe der Teilchen abhängt, können nephelometrische Messungen auch zur Bestimmung des Dispersitätsgrades von Kolloiden verwendet werden.

[5] Vgl. z. B. den Abschnitt „Nephelometrie" in: Methoden der Fermentforschung, Leipzig 1940, oder im Handb. physiolog. phatolog.-chem. Analyse, HOPPE-SEYLER-THIERFELDER, 10. Aufl., Bd. I, 1953; B. LANGE: Kolorimetrische Analyse, 5. Aufl., Weinheim 1956; F. D. SNELL, C. T. SNELL u. C. A. SNELL: Colorimetric Methods of Analysis, New York 1959.

gestreuten Lichts. Der Faktor λ^{-4} erklärt die bekannte Tatsache, daß bei Bestrahlung mit weißem Licht das Streulicht bläulich erscheint, weil vorwiegend die kurzwelligen Komponenten des Lichts gestreut werden. Die Proportionalität mit dem Quadrat des Eigenvolumens, d.h. mit der 6. Potenz des Durchmessers der kolloiden Teilchen, zeigt, wie stark die Streuung von der Größe der Teilchen abhängt. Die Formel gilt allerdings nur, solange der Durchmesser der Teilchen klein ist gegen λ und ihr Abstand ein Vielfaches des Durchmessers beträgt. Für größere (kugelförmige) Teilchen gelten die Gleichungen von MIE bzw. halbempirische Gleichungen[1].

Die für Konzentrationsbestimmungen wesentliche Aussage der Gleichung (97) liegt darin, daß die Streuintensität bei konstanten äußeren Bedingungen der Teilchenzahl N und damit der Konzentration proportional ist. *Dabei ist vorausgesetzt, daß die Teilchengröße, d.h. die Dispersität der kolloiden Lösungen des gleichen Stoffes, immer dieselbe ist.* Diese Bedingung läßt sich praktisch in vielen Fällen mit genügender Näherung erfüllen, was man leicht dadurch kontrollieren kann, daß bei einer Trübungsreaktion (z.B. Fällung) eine bestimmte Konzentration der trübenden Substanz bei mehrmaliger Wiederholung stets die gleiche Streuintensität liefern muß. Jede Reaktion ist deshalb auf diese Art zu prüfen, bevor sie für nephelometrische Konzentrationsbestimmungen verwendet wird[2].

Die Messung könnte nun prinzipiell in der Weise vorgenommen werden, daß man einmal für eine Lösung bekannter Konzentration, dann für die unbekannte Lösung unter sonst gleichen Bedingungen das Verhältnis Φ/Φ_0 photometrisch bestimmt. Eine Schwierigkeit dieses Verfahrens liegt darin, daß in beiden Fällen die Intensität Φ_0 nicht dieselbe ist, weil das die TYNDALL-Streuung an der beobachteten Stelle erregende Primärlicht je nach der Konzentration der Lösung infolge der schon vorher erfolgten Streuung (also einer scheinbaren Absorption) bereits verschieden stark geschwächt ist. Ebenso kann auch das von dem beobachteten Volumen ausgehende Streulicht selbst sekundär gestreut werden, woraus sich ergibt, daß die gemessene Streuintensität auch noch von den Dimensionen des Untersuchungsgefäßes und des TYNDALL-Kegels abhängt. Die Verhältnisse sind also denen bei der Fluorescenzphotometrie durchaus analog. Man kann diese Einflüsse dadurch ausschalten, daß man die Beobachtungen in verschiedenen Entfernungen a von der Eintrittsstelle des Primärlichtes in die Lösung graphisch darstellt und auf die Entfernung Null extrapoliert. Die Beziehungen zwischen Streuintensität und (schein-

---

[1] Vgl. dazu W. JAENICKE: Z. Elektrochem. **60**, 163 (1956).

[2] Die mangelnde Reproduzierbarkeit der kolloiddispersen Lösungen bildet die Hauptschwierigkeit der Nephelometrie, da die Teilchengroße von sehr vielen Faktoren, wie Temperatur, p_H, Anwesenheit von Neutralsalzen, Geschwindigkeit der Ausfällung usw., abhängig ist, so daß die Fällungsbedingungen sehr konstant gehalten werden müssen. Zusatz stabilisierender Schutzkolloide erhoht meistens die Reproduzierbarkeit, trotzdem beträgt die Unsicherheit der Konzentrationsbestimmung in der Regel wenigstens 2 bis 3%, ist also größer als bei anderen optischen Analysenmethoden. Vgl. dazu z.B.: W. VOLMER u. F. FROHLICH: Z. analyt. Chem. **126**, 401 (1944).

barer) Extinktion E und damit durchstrahlter Schichtdicke und Konzentration sind ferner für verschiedene Winkel zwischen Primärstrahl und Beobachtungsrichtung theoretisch abgeleitet und mit den experimentellen Erfahrungen verglichen worden[1]. *Dabei ergibt sich, daß für genügend kleine Werte von E und a die Streuintensität proportional mit E, d.h. mit Konzentration und Schichtdicke, zunimmt* (vgl. Abb. 164), wo dies für Querbeobachtung schematisch dargestellt ist. Bei größeren Werten von E und gleichbleibendem a wird die Zunahme geringer und die Streuintensität Φ nimmt nach Erreichung eines Maximums wieder ab. Innerhalb des linearen Bereichs der Abhängigkeit von Φ und E gilt daher für die Streuintensität zweier Lösungen verschiedener Konzentration unter sonst gleichen Bedingungen $\Phi_1 = \text{prop}\, \varepsilon c_1 s_1$ und $\Phi_2 = \text{prop}\, \varepsilon c_2 s_2$. Macht man beide Intensitäten gleich, so gilt analog wie bei der Kolorimetergleichung (III,2)

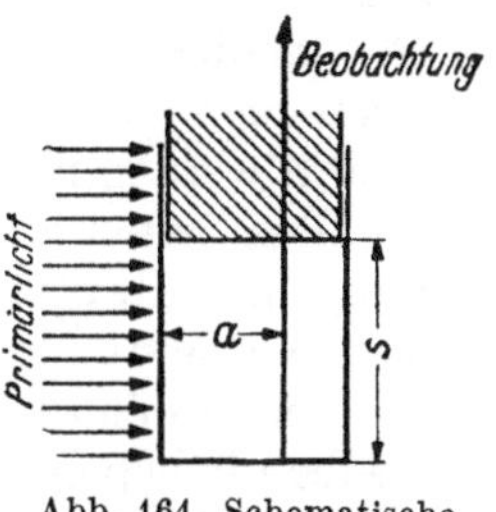

Abb. 164. Schematische Darstellung zur Nephelometergleichung

$$c_2 = c_1 \frac{s_1}{s_2}. \tag{98}$$

Daraus folgt, daß sich Konzentrationen unter den genannten Bedingungen nephelometrisch genauso bestimmen lassen wie kolorimetrisch. In welchem Konzentrations- und Schichtdickenbereich die Proportionalität zwischen Φ und E gilt, ist in jedem Fall empirisch festzulegen, genauso wie im Fall der Kolorimetrie der Geltungsbereich des BEERschen Gesetzes; ist sie nicht mehr erfüllt, so ist in analoger Weise eine empirische Eichkurve aufzustellen, indem man c gegen $1/s$ für verschiedene bekannte Konzentrationen aufträgt (vgl. S. 203).

Allgemein ist bei nephelometrischen Messungen eine Reihe von Vorsichtsmaßnahmen zu beachten, die mit der besonderen Empfindlichkeit der Methode gegenüber inkonstanten Versuchsbedingungen zusammenhängen. Voraussetzung für einwandfreie Messungen ist ein besonders hohes Maß an Sauberkeit, da jede noch so kleine unbeabsichtigte Trübung der Lösungen beträchtliche Fehler hervorrufen kann. Dies gilt z.B. für Filterfasern, weswegen es nützlich ist, die Lösungen vor der Fällungsreaktion durch Glasfritten zu filtrieren. Durch Ionenaustauscher entsalztes Wasser ist nicht verwendbar, da es stets geringe Mengen organischer Stoffe enthält. Die verwendeten Reagenzien und Lösungsmittel müssen selbst „optisch leer" sein, was man daran erkennt, daß beim Einfüllen des Lösungsmittels in die Küvetten das Gesichtsfeld vollkommen dunkel bleiben muß. Auch anscheinend völlig klare Flüssigkeiten geben manchmal einen unerwartet hellen TYNDALL-Kegel.

Photometrische Messungen unter Benutzung *fester Trübungsstandards* ergeben natürlich nur relative Streuintensitäten, bezogen auf den jeweiligen Standard. Messungen an verschiedenen Apparaten sind wegen der Verschiedenheit der Trübungsstandards natürlich nicht ohne weiteres

[1] SAUER, H.: Z. techn. Physik 12, 148 (1931).

miteinander vergleichbar. Es sind deshalb auch Trübungsstandards in einem absoluten physikalischen Maß geeicht worden[1]. Dabei dient zur Kennzeichnung der Trübung das Intensitätsverhältnis von Streulicht und Primärlicht in der Weise, daß man den von einer 1 cm tiefen Schicht in die Beobachtungsrichtung ausgesandten Lichtstrom mit dem rechnerisch zugänglichen Lichtstrom vergleicht, der in diese Richtung ausgestrahlt werden müßte, wenn die gesamte Primärstrahlung gleichmäßig nach allen Seiten gestreut würde. Dieses Intensitätsverhältnis läßt sich für den als Absolutstandard dienenden trüben Glaskörper[2] nach verschiedenen Methoden bestimmen[1]. Ersetzt man nun die trübe Lösung durch den absolut geeichten Glaskörper und wiederholt die Messung gegen denselben beliebigen Vergleichsstandard, so ist die Trübung des Sols im absoluten Maß gleich dem Quotienten beider Meßwerte, multipliziert mit dem aus der Eichung bekannten Trübungswert des Absolutstandards. Ist die wirksame Schichttiefe s der Lösung nicht gleich der des Glaskörpers, so ist das Ergebnis auch noch mit s zu multiplizieren. Dieses Verfahren setzt natürlich die oben erwähnte Proportionalität zwischen Streuintensität und (scheinbarer) Extinktion der Lösung voraus (vgl. S. 333), gilt also nur innerhalb des Geltungsbereichs der Gleichung (98). Auch die so bestimmten Absolutwerte der Trübung hängen natürlich von der spektralen Zusammensetzung des Lichts ab und werden deshalb für monochromatisches Licht oder einen engen, durch Filter ausgeblendeten Spektralbereich bestimmt.

Trübungsmessungen im oben definierten Sinn einer Messung der scheinbaren Extinktion der trüben Lösung (vgl. S. 331) unterscheiden sich prinzipiell nicht von gewöhnlichen photometrischen Messungen, es gelten also auch hier alle früher angestellten grundsätzlichen Überlegungen. Im übrigen ist natürlich auch hier auf konstante Meßbedingungen zu achten, insbesondere auf die Konstanz der Teilchengröße[3] und der spektralen Zusammensetzung der Meßstrahlung.

Man kann praktisch jedes lichtelektrische Photometer verwenden. Da nach Gleichung (97) die Intensität der TYNDALL-Streuung mit einer hohen Potenz von λ abnimmt, verwendet man nach Möglichkeit kurzwellige Strahlung, die einen großen scheinbaren Extinktionskoeffizienten besitzt. Die starke Abhängigkeit der Streuung von λ bedingt naturgemäß eine große Empfindlichkeit der aufzustellenden Eichkurve von der Zusammensetzung der Strahlung. Aus diesem Grund sollte man stets mit monochromatischem Licht (am besten einer isolierten Spektrallinie) arbeiten. Dieses darf natürlich von der ungetrübten Lösung nicht absorbiert werden.

Zahlreiche käufliche Photometer besitzen Zusatzeinrichtungen für *Streuungsmessungen*, gewöhnlich unter 90° zur Richtung der einfallenden Primärstrahlung, die gleichzeitig auch für fluorometrische Messungen

---

[1] SAUER, H.: Z. techn. Physik **12**, 148 (1931).

[2] Solche absolut geeichte Standards werden von den Firmen mitgeliefert.

[3] Eine Zusammenstellung von Anwendungsbeispielen nebst Literatur gibt z.B. C. Zeiss in einem Sonderverzeichnis; ferner M. G. MELLON in „Analytical Absorption Spectroscopy“, New York 1950.

nach der Methode Abb. 162b verwendet werden können. Auch für kontinuierliche Streuungsmessungen nach diesem Prinzip sind besondere Geräte entwickelt worden, z.B. zur Überwachung von Filteranlagen für Trinkwasserversorgung[1].

Wie schon erwähnt wurde (vgl. S. 332), sind die Fehler bei Trübungsanalysen wegen der Schwierigkeit, Niederschläge reproduzierbarer Teilchengröße herzustellen, recht beträchtlich[2]. Man kann jedoch diese Schwierigkeit weitgehend ausschalten, wenn man ein titrimetrisches Verfahren benutzt, d.h. die *Veränderung* der Trübung während der Ausfällung untersucht, weil man dabei von den Eigenschaften des entstehenden Sols unabhängiger ist. Aus diesem Grund scheinen lichtelektrische *Fällungstitrationen* größere Bedeutung zu gewinnen, jedenfalls liegen in dieser Richtung recht vielversprechende Untersuchungen von RINGBOM[3] vor.

Man mißt mit einer der S. 224ff beschriebenen Einrichtungen die scheinbare Extinktion der trüben Lösung bei steigendem Zusatz des Fällungsmittels. Gilt das BEERsche Gesetz und vernachlässigt man die Volumenzunahme, so erhält man theoretisch eine lineare Fällungskurve, die im Äquivalenzpunkt einen scharfen Knickpunkt zeigt, wie dies von konduktometrischen oder elektrometrischen Titrationen her bekannt ist. Praktisch wird man statt des scharfen Knickpunkts eine über einen größeren oder kleineren Bereich der Abszisse stetig verlaufende Richtungsänderung der Kurve beobachten (vgl. Abb. 165), so daß der wahre Äquivalenzpunkt durch Interpolation ermittelt werden muß. Dies hat mehrere Gründe. Ein scharfer Knickpunkt kann nur dann erwartet werden, wenn der gebildete Niederschlag sehr schwer löslich ist. Handelt es sich etwa um ein binäres Salz, dessen Löslichkeitsprodukt $L = 10^{-10}$ betragen möge, so bleiben im Äquivalenzpunkt der Fällung $\sqrt{L} = 10^{-5}$ Mol/l in Lösung. Soll der durch unvollständige Ausfällung bedingte Fehler z.B. unter $\pm$ 0,1% liegen, so muß die ursprüngliche Lösung wenigstens 0,01 molar sein. Ferner hängt die Krümmung der Kurve in der Nähe des Äquivalenzpunkts noch von der Geschwindigkeit der Ausfällung ab, die ihrerseits durch die Häufigkeit der Kristallkeimbildung und damit durch den Grad der Übersättigung bedingt ist. Die Löslichkeit muß also in Wirklichkeit

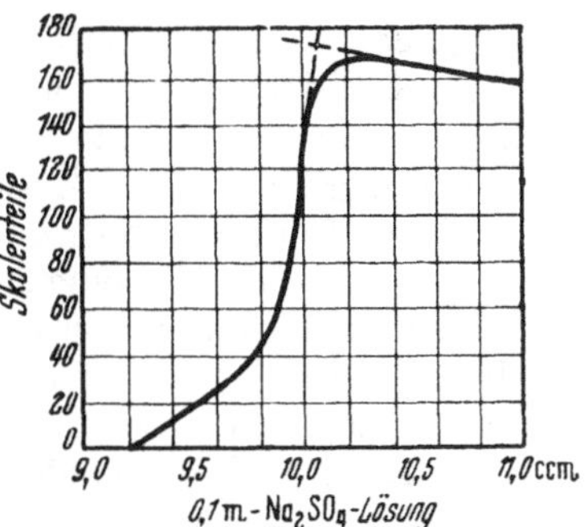

Abb. 165. Fällungstitration von $Ba^{··}$-Ionen

[1] Firma Sigrist & Weiss, Zürich.

[2] Bei sorgfaltiger Konstanthaltung der Arbeitsbedingungen und unter Benutzung einer Substitutionsmethode gelingt es in günstigen Fällen, eine Genauigkeit von etwa $\pm$ 1% zu erreichen bei Konzentrationen, deren Messung mit den üblichen optischen Methoden überhaupt nicht möglich ist. Vgl. dazu G. BERGOLD u. L. PISTER: Z. Naturforschg. **3**b, 332 (1948).

[3] RINGBOM, A.: Z. analyt. Chem. **122**, 263 (1941); vgl. auch die dort angegebene frühere Literatur; A. RINGBOM u. F. SUNDMAN: Särtr. Finska Kem. Medd. **1942** Nr. 1 bis 2; C. I. VAN NIEUWENBURG u. Mitarb.: Anal. Chim. Acta **19**, 32 (1958); vgl. ferner M. BOBTELSKY: Heterometrie, Amsterdam 1960.

noch geringer sein als aus dem Löslichkeitsprodukt und der verlangten Genauigkeit der Bestimmung berechnet, damit die Fällung praktisch momentan stattfindet. Schließlich spielen natürlich auch hier Änderungen der Teilchengröße des entstehenden Sols eine Rolle, da gerade in der Nähe des Äquivalenzpunkts leicht durch Ausgleich der elektrischen Ladungen der kolloiden Micellen Änderungen des Dispersitätsgrades auftreten (Flockung), wodurch die scheinbare Extinktion der Lösung ebenfalls stark geändert werden kann.

Um diese Nachteile der Fällungstitration zu vermeiden, kann man in verschiedener Weise vorgehen. Entweder man setzt der Lösung Schutzkolloide zu (z.B. Gummi arabicum, Gelatine, Agar-Agar usw.) und sorgt auf diese Weise dafür, daß die Dispersität des Niederschlags genügend groß und konstant bleibt und daß keine Flockung eintritt; oder man bestimmt die Flockungsgrenze im Äquivalenzpunkt, die sich dadurch bemerkbar macht, daß infolge des Anwachsens der Teilchengröße die scheinbare Extinktion nach Gleichung (97) plötzlich stark ansteigt. Schließlich könnte man beide Verfahren kombinieren, indem man zunächst den Hauptteil der Substanz als grobdispersen filtrierbaren Niederschlag abscheidet und im Filtrat die Ausfällung unter Konstanthaltung des Dispersitätsgrades durch Zusatz von Schutzkolloiden beendet. Das erstgenannte Verfahren scheint die besten Resultate zu geben, weil bei hoher Dispersität des Niederschlags auch seine Verunreinigung durch Einschlüsse und Adsorption am geringsten ist. Damit das Löslichkeitsprodukt genügend klein wird, setzt man organische Lösungsmittel zu (Alkohol, Aceton usw.), da es sich bei den Trübungen ja gewöhnlich um schwerlösliche *Salze* handeln wird.

Die höchste Genauigkeit, d.h. das Minimum der Streuung, erhält man auch in diesem Fall wieder, wenn im Äquivalenzpunkt die scheinbare Extinktion den Wert 0,43 hat, wobei Gültigkeit des Beerschen Gesetzes vorausgesetzt ist (vgl. S. 248). Die Versuchsbedingungen sind daher nach Möglichkeit so zu wählen, daß der Äquivalenzpunkt in der Nähe von 37% Durchlässigkeit der trüben Lösung liegt. Farbglasfilter sind dabei nicht notwendig, dagegen muß natürlich während der Titration die Intensität der Strahlung konstant bleiben. Im übrigen hängt die Richtigkeit der Meßergebnisse weitgehend von systematischen Fehlern ab, so daß für jeden einzelnen Fall eine genaue Arbeitsvorschrift auszuarbeiten ist. So ist es z.B. keineswegs gleichgültig, wie schnell und in welcher Richtung die Fällung vorgenommen wird, was für Neutralsalze oder sonstige Stoffe in der Lösung vorhanden sind usw. Die Verhältnisse sind also ähnlich wie bei manchen gravimetrischen Fällungsanalysen. So ist z. B. das entstehende Sol hochdispers, wenn man eine 0,2 molare $BaCl_2$-Lösung mit einer gleichkonzentrierten $(NH_4)_2SO_4$-Lösung versetzt, während bei der Ausfällung in umgekehrter Richtung ein grobdisperser Niederschlag entsteht. Bei Berücksichtigung aller dieser Fehlerquellen und unter sorgfältig ausgearbeiteten Arbeitsbedingungen konnte Ringbom bei der Titration von $BaCl_2$ mit Na_2SO_4 eine Genauigkeit von 250 bis 500 (0,4 bis 0,2%) erreichen (vgl. Abb. 165). Häufig treten allerdings nach Erfahrungen des Verfassers bei derartigen Fällungsreaktionen dadurch Schwierigkeiten auf, daß bei verdünnten Lösungen, bei denen das Verfahren besonders von Wert sein würde, der Niederschlag sich so langsam ausbildet, daß man nach jeder Zugabe des Fällungsreagenzes längere Zeit warten muß, bis sich ein annähernd konstanter Extinktionswert einstellt, so daß die Titration sehr viel Zeit in Anspruch nimmt.

Lichtelektrische Methoden zur Messung der Lichtstreuung verdünnter Lösungen hochmolekularer Stoffe zwecks Bestimmung von Molekulargewichten gehen über den Rahmen dieses Buches hinaus. Eine eingehende Beschreibung eines für derartige Messungen geeigneten Photometers und zahlreiche Literaturangaben über frühere Messungen findet man bei BRICE und Mitarbeitern[1].

c) Fluorescenzspektrometrie. Zur Gewinnung *quantitativer Fluorescenzspektren* muß man das Fluorescenzlicht spektral zerlegen und seine Intensität bei verschiedenen Wellenlängen mit der Intensität eines geeigneten Strahlungsstandards photometrisch vergleichen, dessen spektrale Energieverteilung bekannt ist oder besonders (durch Messungen mit Thermoelement oder chemischem Aktinometer) geeicht werden muß[2]. Man erhält so das relative *äußere Energiespektrum der Fluorescenz*, das gegenüber dem inneren Energiespektrum wiederum durch Reabsorption des Fluorescenzlichtes verändert sein kann. Diese Abweichungen können durch geeignete experimentelle Maßnahmen (geringe durchstrahlte Schichtdicken) klein gehalten werden oder müssen rechnerisch berücksichtigt werden[3].

Lichtelektrische Messungen dieser Art werden erst in neuerer Zeit durchgeführt, seit es gelingt, durch hohe Verstärkungsgrade des Photostroms oder durch Verwendung von Sekundärelektronenvervielfachern die spektrometrische Messung so empfindlich zu machen, daß trotz der geringen Intensität der (spektral zerlegten) Fluorescenz der Photostrom mit ausreichender Genauigkeit gemessen werden kann[4].

In der Fluorescenzspektrometrie gibt es zur Meßstrahlung keine Vergleichsstrahlung, da die Fluorescenzstrahlung stets längerwellig ist als die Erregungsstrahlung. Das einfachste Meßverfahren besteht also darin, die fluorescierende Probe als Strahlungsquelle zu benutzen und ihr Spektrum mit einem Einstrahlgerät aufzunehmen. Zahlreiche handelsübliche Spektrometer, soweit sie nach der Ausschlags- oder Kompensationsmethode arbeiten, sind für derartige Messungen mit Fluorescenzzusatzgeräten ausgerüstet, wobel häufig mit durchfallender Erregungsstrahlung nach dem Prinzip der Abb. 162b gearbeitet wird. Da dies leicht zu teilweiser Reabsorption der Fluorescenz und damit zu Unterschieden zwischen dem äußeren und dem inneren Energiespektrum führen kann[5], ist es vorzuziehen, die Zusatzeinrichtung nach dem Schema der Abb. 162 c

---

[1] BRICE, B. A., M. HALWER u. R. SPEISER: J. opt. Soc. Amer. **40**, 768 (1950).

[2] Vgl. dazu C. G. HATCHARD u. C. A. PARKER: Proc. Roy. Soc. London A **235**, 518 (1956); A **220**, 104 (1953); C. E. WHITE u. Mitarb.: Anal. Chem. **32**, 438 (1960).

[3] Vgl. dazu TH. FÖRSTER: Fluorescenz organischer Verbindungen, Göttingen **1951**.

[4] Für derartige Messungen ist es deshalb besonders wichtig, daß der Dunkelstrom des Empfangers möglichst klein ist (vgl. S. 155).

[5] Zur Gewinnung des inneren Energiespektrums muß man deshalb bei verschiedenen Konzentrationen messen und auf $c = 0$ extrapolieren.

zu bauen. Dies ist auch bei einigen käuflichen Geräten bereits berücksichtigt, z.B. beim Fluorescenzansatz zum Spektralphotometer PMQ II der Firma Zeiss, Oberkochen, bei dem wahlweise nach beiden Methoden b oder c gemessen werden kann. Das Schema der letzteren Zusatzeinrichtung zeigt Abb. 166. Durch Senkrecht- oder Schrägstellung der Küvette mit geschliffenem Boden kann man nach Methode b oder c messen.

Zur Erregung der Fluorescenz benutzt man in der Regel Quecksilberlinien (436, 404, 366 oder 313 mμ), die man durch Farb- oder Interferenzfilter isoliert. Dadurch erreicht man hohe Bestrahlungsstärken der Fluorescenzküvette. Manche Firmen liefern nach Vorschlag von BOWMANN[1] einen zusätzlichen zweiten Monochromator, um auch die Wellenlänge der erregenden Strahlung kontinuierlich ändern zu können (z.B. Perkin-Elmer, Zeiss, Leitz, Applied Physics Corp. [Virus K. G. Bonn]). Für diese zweifache spektrale Zerlegung braucht man eine sehr intensive Strahlungsquelle, man benutzt deshalb am besten eine Xenonlampe. Der durch monochromatische Zerlegung der Erregungsstrahlung erzielte Gewinn an Fluorescenzintensität, weil man genau in das Maximum der Absorptionsbande einstrahlen kann, wiegt allerdings den erheblich höheren Preis eines solchen Gerätes kaum auf, weil im Sichtbaren fluorescierende Stoffe fast stets im nahen UV absorbieren, so daß die Erregung mit einer der oben genannten Hg-Linien fast immer ausreicht. Andererseits kann bei Verwendung zu breiter Sperrfilter, die außer der gewünschten Erregungslinie auch noch längerwellige Hg-Linien teilweise durchlassen, der kurzwellige Teil des Fluorescenzspektrums merklich durch Streulicht dieser Linien verfälscht werden. Es ist deshalb darauf zu achten, daß die benutzten Interferenzfilter nach dem langwelligen Bereich hin möglichst steil abfallen (vgl. Abb. 31).

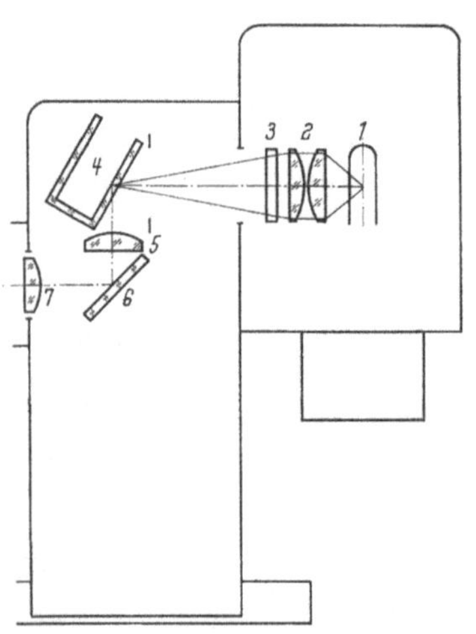

Abb. 166. Fluorescenzzusatz ZFM 4 zum Spektralphotometer PMQ II von Zeiss, Oberkochen
1 Erregende Hg-Lampe; *2* Kondensor; *3* Filter für 366 mμ; *4* Fluorescenzküvette; *5, 6, 7* Optik zur Beleuchtung des Monochromatorspaltes

Die monochromatisch zerlegte Fluorescenzstrahlung fällt auf einen Multiplier oder eine PbS-Zelle (für Spektren, die bis ins IR reichen), der Photostrom wird in üblicher Weise verstärkt und bei verschiedenen Wellenlängen gemessen oder kann natürlich auch registriert werden (Ausschlagsmethode). Ferner kann man in der auf S. 311 beschriebenen Weise das Fluorescenzspektrum durch periodische Schwenkung des Prismentisches oder des LITTROW-Spiegels auf dem Schirm eines Kathodenstrahl-Oscillographen sichtbar machen und photographieren. Dies ist besonders

[1] BOWMANN u. Mitarb.: Science **122**, 32 (1955); E. HENGGE u. Mitarb.: Chem. Ing. Techn. **32**, 355 (1960); F. R. LIPSETT: J. opt. Soc. Amer. **49**, 673 (1959).

dann zu empfehlen, wenn der zu untersuchende Stoff leicht photochemisch verändert wird.

Die so gewonnenen Spektren stellen nicht das wahre relative Energiespektrum der Fluorescenz dar, weil sie durch die spektrale Empfindlichkeitsverteilung des Empfängers, die veränderliche Dispersion des Monochromators und gegebenenfalls auch noch durch die λ-abhängigen Reflexionsverluste an dem optischen System verfälscht sind, mit dem die Fluorescenzküvette auf dem Eintrittsspalt des Monochromators abgebildet wird. Um hierfür zu korrigieren, ersetzt man die fluorescierende Probe durch eine Wolframbandlampe bekannter Farbtemperatur (vgl. S. 63), deren relative spektrale Energieverteilung bekannt ist, und bestimmt unter gleichen apparativen Bedingungen (Spaltbreiten, Abbildung, Empfänger usw.) die Galvanometerausschläge $A_s(\lambda)$. Ist der aus der spektralen Energieverteilungskurve (Abb. 21) entnommene Faktor $R(\lambda)\,\mathrm{d}\lambda$, so ergibt sich die relative Strahlungsdichte der Fluorescenz zu

$$B(\lambda)\,\mathrm{d}\lambda = \frac{A_x(\lambda)\,R(\lambda)\,\mathrm{d}\lambda}{A_s(\lambda)}, \qquad (99)$$

wenn man mit $A_x(\lambda)$ die Galvanometerausschläge der fluorescierenden Probe bezeichnet. Trägt man den Faktor $R(\lambda)\,\mathrm{d}\lambda/A_s(\lambda)$ als Funktion von λ auf[1], so erhält man eine Kurve, aus der man jeweils die Korrekturfaktoren entnehmen kann, mit denen man die Ausschläge $A_x(\lambda)$ der Fluorescenz multiplizieren muß, um $B(\lambda)\,\mathrm{d}\lambda$ zu erhalten. Diese Korrekturkurve gilt natürlich nur für konstante äußere Bedingungen (d.h. für einen bestimmten Empfänger und fixierte Spaltbreiten) und muß bei Änderung derselben neu ermittelt werden. Will man, wie üblich, die Wellenzahl- an Stelle der Wellenlängenskala benutzen, so erhält man an Stelle von (99)

$$B(\overset{*}{\nu})\,\mathrm{d}\overset{*}{\nu} = \frac{A_x(\overset{*}{\nu})\,R(\lambda)\,\lambda^2\,\mathrm{d}\overset{*}{\nu}}{A_s(\overset{*}{\nu})}, \qquad (99\,\mathrm{a})$$

weil die PLANCKsche Energieverteilungskurve bzw. die Energieverteilungskurve einer Wolframlampe gewöhnlich in Energieeinheiten/Wellenlängenintervall angegeben ist[2]:

$$R(\lambda)\,\mathrm{d}\lambda = \frac{\mathrm{d}E}{\mathrm{d}\lambda} = -\frac{\mathrm{d}E}{\mathrm{d}\overset{*}{\nu}}\,\frac{1}{\lambda^2}. \qquad (100)$$

Um diese lästige Abhängigkeit der Spektren von den Eigenschaften des benutzten Gerätes zu eliminieren, ist vorgeschlagen worden[3], mit Hilfe einer elektronischen Regelschaltung die Spaltbreite des Monochromators automatisch so einzustellen, daß das Signal des Empfängers der eingestrahlten Energie stets proportional bleibt. Auf diese Weise kompensiert das Spaltprogramm die spektralen Empfindlichkeitsände-

[1] BURDETT, R. A. u. L. C. JONES: J. opt. Soc. Amer. **37**, 554 (1947).

[2] Vgl. P. MOON: J. opt. Soc. Amer. **38**, 291 (1948); J. C. DE VOS: Physica **20**, 690 (1954); $\overset{*}{\nu} = 1/\lambda$ und $\mathrm{d}\overset{*}{\nu} = -\,\mathrm{d}\lambda/\lambda^2$.

[3] Vgl. z.B. W. SLAVIN: Perkin-Elmer Corp.; F. R. LIPSETT: J. opt. Soc. Amer. **49**, 673 (1959) und die dort angegebene Literatur.

rungen des Empfängers (analog wie in der Methode I auf S. 306 bei der Registrierung eines Absorptionsspektrums), und man erhält unmittelbar das relative Energiespektrum der Fluorescenz. Allerdings erfordert diese Methode einen recht erheblichen experimentellen Aufwand und besitzt ebenfalls alle Nachteile einer Ausschlagsmethode.

Sicherere Ergebnisse erhält man auch hier mit Doppelstrahlmethoden[1] und insbesondere mit solchen mit optischem Nullabgleich, bei denen die Eigenschaften des Empfängers und des nachfolgenden Verstärkers

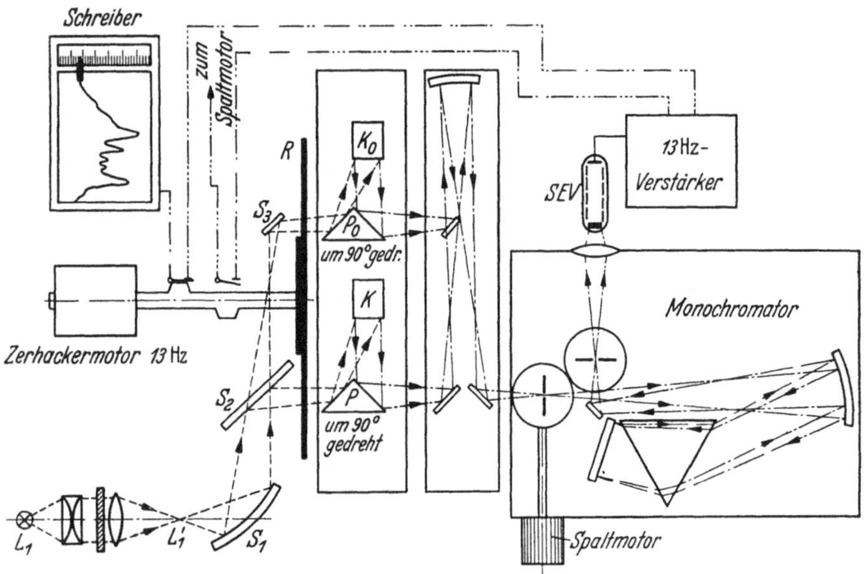

Abb. 167. Doppelstrahlgerät zur Aufnahme von Fluorescenzspektren nach LIPPERT u. Mitarb. L_1 Erregungslichtquelle; S_2 Planspiegel, der die untere Hälfte des Lichtbündels über das verspiegelte Prisma P auf die Probenküvette K leitet; S_3 Planspiegel, der die obere Hälfte des Lichtbündels über P_0 auf die Vergleichsküvette K_0 leitet; R rotierender Sektor

auf das Meßergebnis keinen Einfluß besitzen (vgl. S. 309). Ein Beispiel ist das von LIPPERT und Mitarb.[2] benutzte Doppelstrahlgerät, dessen Schema in Abb. 167 wiedergegeben ist. Es wurde durch Umbau des Spektralphotometers 13 U von Perkin-Elmer erhalten. Die erregende Strahlung wird durch den Planspiegel S_2 in zwei Bündel geteilt, die durch den Sektor R mit 13 Hz moduliert abwechselnd die Fluorescenz in der Probenküvette K bzw. in der Vergleichsküvette K_0 erregen. Gemessen und registriert wird das Verhältnis Φ/Φ_0 der Fluorescenz der beiden Lösungen als Funktion der Wellenlänge. Obwohl es sich also nicht um eine Nullmethode handelt, werden Lampen- und Empfindlichkeitsschwankungen doch weitgehend kompensiert, da die Intensitäten Φ und Φ_0 von ähnlicher Größenordnung sind, wenn man den Vergleichsstandard geeignet

[1] Dabei muß man allerdings berücksichtigen, daß man bei Doppelstrahlmethoden stets erheblich weniger Energie zur Verfügung hat, was bei der geringen Intensität der Fluorescenzstrahlung ins Gewicht fallen kann.

[2] LIPPERT, E. u. Mitarb.: Z. analyt. Chem. 170, 1 (1959).

auswählt. Verbesserungsbedürftig ist die Art der Lichtteilung, die ein homogenes Bündel, d.h. punktförmige Strahlungsquelle mit geometrischer Stabilität voraussetzt.

Ist die relative spektrale Energieverteilung $B_0(\lambda)\,\mathrm{d}\lambda$ der Fluorescenz der Standardlösung bekannt, so erhält man $B(\lambda)\,\mathrm{d}\lambda$ der Probe unmittelbar aus

$$B(\lambda)\,\mathrm{d}\lambda = B_0(\lambda)\,\mathrm{d}\lambda\,\frac{\Phi}{\Phi_0}\,. \qquad (101)$$

$B_0(\lambda)\,\mathrm{d}\lambda$ muß wiederum mit Hilfe eines Strahlungsstandards [Wolframbandlampe bekannter Farbtemperatur (vgl. S. 63)] vorher ermittelt wer-

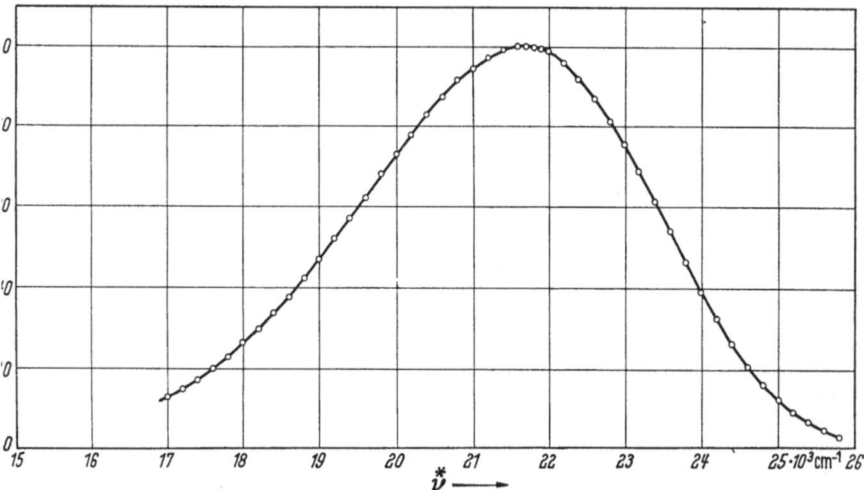

Abb. 168. Relative Energie- und relative Quantenverteilung im Fluorescenzspektrum des Chininsulfats. $c = 1{,}25 \cdot 10^{-5}$ Mol/l

den, wie es oben beschrieben wurde. An Stelle der relativen spektralen Energieverteilung $B(\lambda)\,\mathrm{d}\lambda$ bzw. $B(\overset{*}{\nu})\,\mathrm{d}\overset{*}{\nu}$ der Fluorescenzstrahlung trägt man zweckmäßig die *relative spektrale Quantenverteilung* $Q(\overset{*}{\nu})\,\mathrm{d}\overset{*}{\nu}$ auf, was den Vorteil hat, daß die Fläche unter der Kurve der Fluorescenzausbeute proportional ist. Der Zusammenhang ergibt sich aus $B(\lambda) = n\,h\,\nu = n\,h\,c/\lambda$ und $\mathrm{d}\overset{*}{\nu} = -\,\mathrm{d}\lambda/\lambda^2$ zu

$$B(\lambda)\,\mathrm{d}\lambda \sim Q(\overset{*}{\nu})\,\mathrm{d}\overset{*}{\nu}/\lambda^3\,. \qquad (102)$$

Der Faktor $R(\lambda)\,\mathrm{d}\lambda$ der Gleichungen (99) ist also jeweils mit λ^3 zu multiplizieren, um $Q(\overset{*}{\nu})\,\mathrm{d}\overset{*}{\nu}$ zu erhalten.

Als Fluorescenz-Vergleichsstandard hat sich Chininsulfat in schwefelsaurer Lösung besonders bewährt, weil sich Absorptions- und Fluorescenzspektrum fast nicht überlappen, das Spektrum konzentrations- und p_{H}-unabhängig ist und die Lösungen auch photochemisch recht stabil sind. In Abb. 168 ist sowohl $B_{\mathrm{rel}}\,\mathrm{d}\overset{*}{\nu}$ wie $Q_{\mathrm{rel}}\,\mathrm{d}\overset{*}{\nu}$ des Chininsulfats gegen $\overset{*}{\nu}$ aufgetragen, wobei das Maximum der Kurve willkürlich gleich 100 gesetzt wurde[1]. Die Messungen verschiedener Autoren stimmen gut überein. Weitere geeignete Fluorescenzstandards mit länger- bzw. kürzerwelligen Maxima der relativen Quantenverteilung haben LIPPERT und Mitarb.[2] sowohl in Kurven wie in Tabellen angegeben.

Die Messung von relativen Fluorescenzspektren mit Hilfe von geeichten Fluorescenzstandards wie Chininsulfatlösung eignet sich auch speziell für die oben erwähnten Zusatzgeräte zu käuflichen Spektralphotometern, die sonst in der Regel auf die Korrektur für die spektrale Empfindlichkeitsverteilung des Empfängers durch Vergleich mit einer Wolframbandlampe bekannter Energieverteilung verzichten. Fluorescierende Farbglasstandards, wie sie von manchen Firmen mitgeliefert werden, müssen natürlich auch vorher nach Gleichung (99) mit einem Strahler bekannter Energieverteilung geeicht werden. Sie haben gewöhnlich den Nachteil, daß ihre Fluorescenzspektren starke Struktur besitzen.

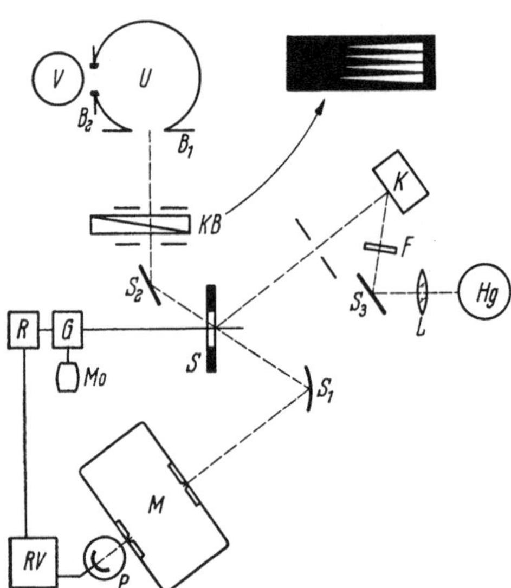

Abb. 169. Doppelstrahlflimmermethode mit optischem Abgleich zur Aufnahme von relativen Energiespektren der Fluorescenz
K Fluorescenzküvette; *V* Vergleichslichtquelle; *U* ULBRICHTkugel; *S* Sektorspiegel; *KB* Kammblende; *RV* Resonanzverstärker; *R* Phasenrelais

Eine Doppelstrahl-*Flimmermethode* mit optischem Abgleich, d. h. eine echte Nullmethode zur Gewinnung relativer Energiespektren der Fluorescenz, wurde von KORTÜM und HESS[3] beschrieben, sie ist wie die S. 231 beschriebenen Nullmethoden von den Eigenschaften des Empfängers und des Verstärkers völlig unabhängig und liefert deshalb sehr sichere Ergebnisse. Den schematischen Aufbau des Gerätes zeigt Abb. 169. Die Vorderfläche der Fluorescenzküvette *K* bzw. die Eintrittsblende B_1 der Standardlichtquelle *V* werden durch den sphärischen Spiegel S_1 auf dem Eintrittsspalt des Doppelmonochromators *M* abgebildet. Beide Lichtströme werden von dem Spiegelsektor *S* zerhackt ($16^2/_3$ Hz) und abwechselnd dem Empfänger *P* zugeführt. Bei Intensitätsgleichheit setzen sich beide Lichtströme wieder zu einer unmodulierten Strahlung zusammen. Auf Intensitätsgleichheit wird mit einer Kammblende (vgl. Abb. 39) eingestellt, wobei der Empfänger als Indicator dient. Eine für diese Flimmermethode wichtige Voraussetzung besteht darin, daß beide Strahlengänge bezüglich Zahl der Reflexionen und geometrischem Strah-

---

[1] KORTÜM, G. u. W. HESS: Z. physik. Chem. N. F. **19**, 142 (1959); W. H. MELHUISH: J. physic. Chem. **64**, 762 (1960); G. KORTUM u. H. BACH: unveröffentlicht.
[2] LIPPERT, E. u. Mitarb., l.c.
[3] KORTÜM, G. u. W. HESS: Z. physik. Chem. N. F. **19**, 142 (1959).

lengang möglichst gleich sind. Als Vergleichslichtquelle dient eine Wolframlampe bekannter Energieverteilung. Um die hohe Intensität derselben (im Vergleich zur Intensität der Fluorescenz) zu schwächen, ohne daß sich die Energieverteilung oder der geometrische Strahlengang ändert, wird eine mit MgO berauchte ULBRICHT-Kugel U zusammen mit einer veränderlichen Eintrittsblende B_2 benutzt. Für den sichtbaren Spektralbereich ist das Reflexionsvermögen des MgO λ-unabhängig.

Bei allen fluorescenzspektrometrischen Arbeiten ist auf folgende Punkte zu achten, wenn man nicht unter Umständen beträchtliche Verfälschungen der Spektren in Kauf nehmen will:

a) Ungenügend gefilterte Erregungsstrahlung kann in Form von Streulicht sich dem Fluorescenzspektrum überlagern. Regt man z.B. mit der Hg-Linie 366 mμ (27300 cm^{-1}) an, und läßt das Sperrfilter merkliche Anteile der Linien 404 oder 436 mμ durch, so werden in diesem Gebiet zu hohe Fluorescenzintensitäten vorgetäuscht, wie man sich leicht überzeugt, wenn man das reine Lösungsmittel untersucht bzw. die Erregungslinie mit einem Monochromator isoliert.

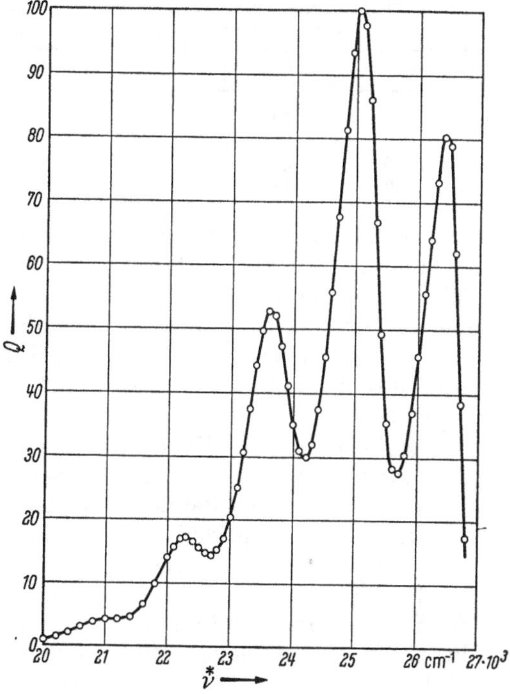

Abb. 170. Relative spektrale Quantenverteilung der Fluorescenz von Anthracen in Aethanollosung bei Zimmertemperatur. $c = 2 \cdot 10^{-5}$ Mol/l

b) Bei Überlappung von Fluorescenz- und Absorptionsspektrum (vgl. Abb. 5) tritt Reabsorption der Fluorescenzstrahlung auf, was bei größeren Schichtdicken der Küvette bzw. bei größeren Konzentrationen die Intensität der 0,0-Bande ganz erheblich herabzusetzen vermag. Man sollte aus diesem Grunde stets nach der Methode der Abb. 162c und mit hochverdünnten Lösungen messen. Letzteres ist auch wegen der S. 327 erwähnten Konzentrationslöschung notwendig.

c) Sauerstoff löscht in vielen Fällen die Fluorescenz. Die zu untersuchenden Lösungen sollten deshalb luftfrei sein (Herstellung unter N_2).

d) Im kurzwelligen Bereich der Fluorescenz (400 mμ) geht die Intensität der Wolfram-Standardlampen bekannter Energieverteilung stark zurück, so daß die Messungen unsicherer werden. Eventuell muß hier ein sogenannter UV-Standard benutzt werden[1].

[1] Vgl. dazu E. LIPPERT u. Mitarb., l. c.

e) Viele Stoffe enthalten minimale Mengen von Verunreinigungen, die sehr viel stärker fluorescieren als der betreffende Stoff selbst (Beispiel: Anthracen-Tetracen). Es ist deshalb stets anzuraten, die zu untersuchenden Stoffe vorher gründlich (z.B. chromatographisch) zu reinigen.

Ein Beispiel für die Schwierigkeit, eine reproduzierbare relative Quantenverteilung der Fluorescenz zu erhalten, geht aus Abb. 170 und Tabelle 28 hervor. Erstere zeigt das relative Quantenspektrum der

Tabelle 28. *Relative spektrale Quantenverteilung der Fluorescenz von Anthracen in Aethanollösung nach neueren Messungen verschiedener Autoren*

cm^{-1}	Bach	Nebbia	Chapman	Melhuish	Parker
26400	81	100	82	66	90
25000	100	100	100	100	100
23700	53	47	51	59	54
22300	18	15	19	24	19

Anthracenfluorescenz in Aethanollösung bei Zimmertemperatur, wie es im Laboratorium des Verfassers von H. Bach aufgenommen wurde. Die Tabelle gibt die relativen Intensitäten in gleichen Einheiten nach neuen Messungen verschiedener Autoren im gleichen Lösungsmittel wieder, wobei verschiedenartige Fluorescenzspektrometer benutzt wurden. Die Intensität der Hauptbande bei 25000 cm^{-1} wurde dabei jeweils gleich 100 gesetzt.

Verglichen mit der Reproduzierbarkeit von Absorptionsspektren läßt die Übereinstimmung sehr zu wünschen übrig. Besonders stark schwankt die Intensität der 0,0-Bande bei 26400 cm^{-1}, was teils durch Streulicht, teils durch Reabsorption bedingt sein dürfte.

Noch wesentlich schwieriger ist es, Übereinstimmung in den relativen Fluorescenzintensitäten, etwa bezogen auf das Maximum des Fluorescenzstandards Chininsulfat, *verschiedener* Stoffe zu erzielen. Dies dürfte im wesentlichen damit zusammenhängen, daß der Absorptionsgrad α nach (I,17) der Erregungsstrahlung stark von ihrer Reinheit abhängt. Vergleiche dieser Art sind deshalb nur für das gleiche Gerät unter konstanten Bedingungen (vgl. S. 448) oder bei Anregung im Maximum der Absorptionsbande mit monochromatischer Strahlung und für hochverdünnte Lösungen sinnvoll[1]. Auch die Abhängigkeit der Intensität eines Fluorescenzspektrums von Lösungsmittel oder Temperatur kann damit zusammenhängen, daß infolge einer Verschiebung des Absorptionsspektrums die Erregungsstrahlung stärker oder schwächer absorbiert wird, was eine entsprechende Änderung der relativen Fluorescenzintensität zur Folge hat. Einen geringen, gewöhnlich zu vernachlässigenden Einfluß auf die Intensität der Fluorescenz besitzt auch der Brechungsindex des Lösungsmittels, durch den einerseits der durch die Optik erfaßte Raumwinkel des Strahlenbündels, andererseits der Reflexionsverlust an der Grenzfläche Lösung–Küvettenfenster beeinflußt wird[2].

[1] Zur Definition eines „molaren Fluorescenzvermögens" bezogen auf das Maximum der Chininsulfatfluorescenz vgl. G. Kortüm u. B. Finckh: Spectrochim. Acta 2,137 (1941); Z. physik. Chem. (B) 52, 263 (1942); vgl. auch S. 448.

[2] Vgl. E. Lippert u. Mitarb.: l. c.

Fluorescenzstrahlung ist häufig teilweise polarisiert. Erregt man mit linear polarisierter Strahlung und beobachtet senkrecht zur Schwingungsrichtung der Erregungsstrahlung, so ist der *Polarisationsgrad* definiert durch

$$p = \frac{\Phi_{\parallel} - \Phi_{\perp}}{\Phi_{\parallel} + \Phi_{\perp}}. \tag{103}$$

$\Phi_{\parallel}$ bzw. $\Phi_{\perp}$ sind die Intensitäten der parallel bzw. senkrecht zur Schwingungsrichtung der Erregungsstrahlung schwingenden Komponenten der Fluorescenzstrahlung. p liegt im Bereich von $-1/3$ bis $+1/2$. Meßverfahren zur Messung von p sind mehrfach beschrieben worden[1].

Die Messung der Fluorescenzpolarisation ist die bisher bestgeeignete Methode zur Untersuchung der *optischen Anisotropie* der Molekeln[2]. Darunter versteht man die Beobachtung, daß die einzelnen Elektronenschwingungen in bestimmter Richtung relativ zum Kerngerüst der Molekel orientiert sind. Strahlt man linear polarisiertes Licht im Bereich einer bestimmten Absorptionsbande in eine feste Lösung (rigid solvent) etwa bei der Temperatur des siedenden Stickstoffs ein, so werden nur die Molekeln angeregt, deren Elektronenoscillator eine Komponente parallel zum elektrischen Vektor der erregenden Strahlung besitzt. Diese Anisotropie der Anregung führt zu einer teilweisen Depolarisation der zugehörigen Fluorescenzstrahlung. Liegen Absorptions- und Emissions-Oscillator parallel (bzw. sind sie identisch, wenn man in die längstwellige Bande einstrahlt), so liefert die Theorie bei isotrop statistischer Verteilung der Molekeln den Polarisationsgrad $+1/2$, sind die beiden Oscillatoren senkrecht zueinander orientiert, so ist $p = -1/3$. Unter „Fluorescenz-Polarisationsspektrum" versteht man die Polarisation der spektral zerlegten Fluorescenzstrahlung als Funktion von λ oder $\overset{*}{\nu}$ bei gegebener Anregungs-Wellenlänge.

9. Lichtelektrische Reflexionsmessungen

Das zur Bestimmung des „Weißgehaltes" oder zur Charakterisierung der „Farbe" fester Stoffe entwickelte visuelle Meßverfahren (vgl. S. 221) läßt sich wesentlich empfindlicher machen, wenn man lichtelektrische Empfänger an Stelle des Auges für den Vergleich von Probe und Standard heranzieht. Ein neueres Gerät dieser Art[3] zeigt Abb. 171 in zwei zueinander senkrechten Schnitten. Da das S. 221 definierte relative Reflexionsvermögen R häufig von der Geometrie der Beleuchtung und Beobachtung abhängt, benutzt man am besten diffuse Beleuchtung über eine ULBRICHT-Kugel (vgl. S. 347), was durch den Index d symbolisiert sei, und nimmt die Strahlung senkrecht zur Probe mit kleiner Apertur ab ($R_{d,0}$). Die zu messende Probe P wird an die Öffnung einer ULBRICHTschen Kugel angepreßt und durch zwei Glühlampen G indirekt über die

[1] Vgl. z.B. TH. FÖRSTER: Fluorescenz organischer Verbindungen, Gottingen 1951; G. WEBER: J. opt. Soc. Amer. **46**, 962 (1956).

[2] Vgl. dazu z.B. F. DÖRR u. M. HELD: Angew. Chem. **72**, 287 (1960) und die dort angegebene Literatur.

[3] Carl Zeiss, Oberkochen; H. J. HÖFERT: Z. Instrumentenk. **67**, 118 (1959).

Kugel diffus beleuchtet. Direktes Licht wird durch die Schirme S abgehalten. Bei V wird eine Vergleichsplatte angelegt (z. B. ein Milchglasstandard). Die Probe wird durch das Objektiv O in der Ebene der Blende B_2 abgebildet, die die Probenfläche begrenzt. Die Linse L_2 entwirft das Bild der Probe auf der Kathode der Photozelle Z_1, L_1 bildet die Blende B_1 in die Linse L_2 ab. Der Graukeil K kann die Strahlungsdichte auf

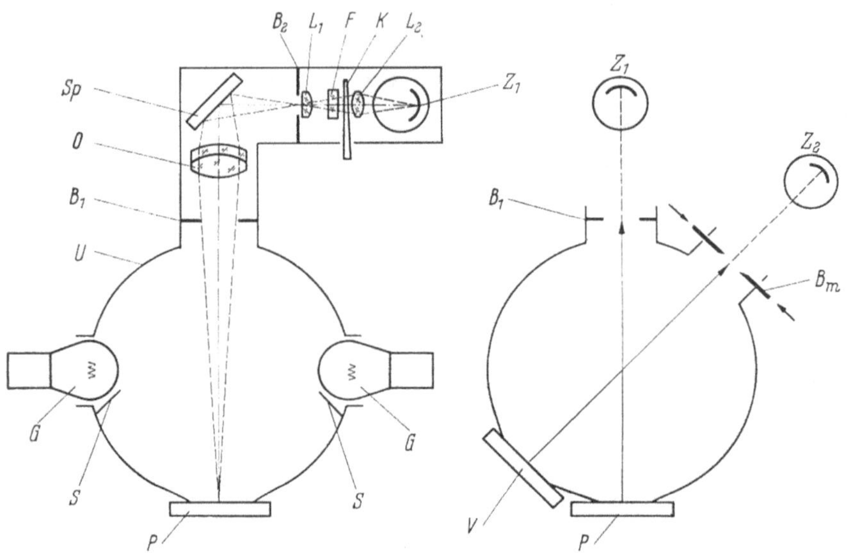

Abb. 171. Schematischer Aufbau des lichtelektrischen Remissionsphotometers (Elrepho) von Zeiss in zwei zueinander senkrechten Vertikalschnitten

den zehnten Teil verringern. Die Lichtführung im Vergleichsstrahlengang, ausgehend von V, ist völlig analog. Zur Messung dient die verstellbare Meßblende B_m im Vergleichsstrahlengang. Man legt zunächst an die Probenöffnung ebenfalls einen Standard an (z. B. eine Milchglasplatte mit bekanntem Reflexionsvermögen) und stellt die Meßtrommel auf diesen Wert ein. Dann gleicht man mit dem Graukeil die beiden Photoströme auf Null ab. Ersetzt man nun den Standard durch die Probe, und gleicht mit der Meßblende wieder auf Null ab, so kann das Reflexionsvermögen, bezogen auf den Standard, an der Meßblende abgelesen werden. Der Vergleichsstrahlengang dient zur Ausschaltung von Intensitätsschwankungen der Beleuchtungslampen. Es handelt sich also um eine Zweizellensubstitutionsmethode (vgl. S. 231) und damit um eine echte Nullmethode, wobei allerdings der optische Strahlengang so geführt sein muß, daß durch Veränderung der Meßblende der beleuchtete Teil der Zellkathode nicht geändert wird. Die Reproduzierbarkeit der Einstellung beträgt etwa 0,1%, die Genauigkeit der Messung, bezogen auf den Eichwert des Standards, $\pm$ 0,2%, sie ist also beträchtlich größer als bei visuellen Messungen. Als Standard dient Milchglas, dessen Reflexionsvermögen zu 100% angenommen ist[1], so daß man leicht auch auf MgO als Standard umrechnen kann. Daß man nicht letzteres selbst als Standard benutzt, liegt daran, daß MgO rasch altert und an Reflexionsvermögen einbüßt, so daß es häufig erneuert werden müßte. Zur spektralen Zerlegung der reflektierten Strahlung dient ein Satz von 7 Gelatine- bzw. Glasfiltern (sogenannte R-Filter) mit Halbwertsbreiten von etwa 30 mμ, die gleichmäßig über den sichtbaren Bereich verteilt sind. Außerdem werden spezielle Filter für die Farbmessung nach dem Helligkeitsverfahren geliefert[2]. Für Messung fluorescierender Proben (optische Aufheller, Blankophore) kann eine der Glühlampen durch eine Xenonlampe ersetzt werden, wodurch die Strahlung an UV angereichert wird.

Die Theorie der für die diffuse Bestrahlung der Probe benutzten ULBRICHT-Kugel (integrating sphere) ist eingehend untersucht worden[3]. Wir betrachten zunächst den einfachsten Fall mit nur *einem* Strahlengang. Die Probe werde mit konstanter Bestrahlungsstärke S unter gegebenem Winkel bestrahlt. Bezeichnet man das Reflexionsvermögen der Probe mit R_P, so ist die vom Empfänger registrierte Strahlungsdichte der Probe gegeben durch

$$B_{1P} = R_P S \,\mathrm{d}\omega \quad [\mathrm{Watt}/\omega \cdot \mathrm{cm}^2], \tag{104}$$

wobei $\mathrm{d}\omega$ der Aperturblende des Empfängers entspricht. Ist jedoch die Probe ein Teil der Oberfläche der ULBRICHT-Kugel mit einem mittleren Reflexionsvermögen $\overline{R}$, wobei stets $\overline{R}^2 < 1$, so ist die auf den Empfänger fallende Strahlungsdichte infolge der Vielfachreflexion der ULBRICHT-Kugel

$$\left.\begin{aligned} B_P &= (R_P S + R_P \overline{R} S + R_P \overline{R}^2 S + R_P \overline{R}^3 S + \cdots)\,\mathrm{d}\omega \\ &= R_P S (1 + \overline{R} + \overline{R}^2 + \overline{R}^3 + \cdots)\,\mathrm{d}\omega . \end{aligned}\right\} \tag{105}$$

Die Summierung der geometrischen Reihe ergibt $1/(1 - \overline{R})$, den sogenannten *Kugelfaktor*, so daß

$$B_P = R_P S \frac{1}{1 - \overline{R}} \,\mathrm{d}\omega . \tag{106}$$

Beträgt das mittlere Reflexionsvermögen der Kugel z.B. 0,9, so erhält man auf dem Empfänger die zehnfache Strahlungsdichte derjenigen, die man bei einfacher Reflexion ohne die Kugel erhalten würde.

[1] Die Gesamtreflexion (diffuse + reguläre Reflexion) von MgO beträgt nach neuen Messungen etwa 98% im sichtbaren Gebiet und mehr als 95% im UV bis 240 mμ [F. BENFORD u. Mitarb.: J. opt. Soc. Amer. **38**, 445, 964 (1948); W. E. K. MIDDLETON u. C. L. SANDERS: J. opt. Soc. Amer. **41**, 419 (1951)]; auch im nahen IR bis 2,4μ beträgt sie nach den gleichen Autoren [J. opt. Soc. Amer. **43**, 58 (1953)] etwa 94–96%. Auch $BaSO_4$ hat sich als Standard bewährt [vgl. G. KORTÜM u. P. HAUG: Z. Naturf. 8a, 372 (1953); K. MIESCHER u. R. ROMETSCH: Experientia **6**, 302 (1950)]; W. BUDDE: J. opt. Soc. Amer. **50**, 217 (1960); ferner MgO mit Wasserglas als Bindemittel [vgl. M. W. MÜLLER u. F. RÖSSLER: Z. techn. Physik **24**, 140 (1943)].

[2] Vgl. dazu W. SCHULTZE: Farbe **7**, 57 (1958); Druckschrift 50-669-d der Firma Carl Zeiss, Oberkochen.

[3] JACQUEZ, J. A. u. Mitarb.: J. opt. Soc. Amer. **45**, 460, 781, 971 (1955); **46**, 428 (1956); J. appl. Physiol. 8, 212, 297 (1955); W. BUDDE u. G. WYSZECKI: Farbe **4**, 15 (1955); O. E. MILLER u. A. J. SANT: J. opt. Soc. Amer. **48**, 828 (1958).

Das mittlere Reflexionsvermögen $\overline{R}$ der Kugel setzt sich zusammen aus dem der Kugelwand (R_K) und dem der Probe (R_P), jeweils multipliziert mit der zugehörigen Oberfläche. Dabei ist bei der Berechnung der Kugelwandfläche die Fläche F_1 der Probe sowie die Fläche von Eintritts- (F_2) und Austrittsöffnung (F_3) der Strahlung abzuziehen[1]:

$$\overline{R} = \frac{R_P F_1 + R_K (4\pi r^2 - \Sigma F)}{4\pi r^2}. \tag{107}$$

Ersetzt man nun die Probe durch den Standard (Substitutionsverfahren), so erhält man analog zu (106) für die Strahlungsdichte des Standards

$$B_{St} = R_{St} S \frac{1}{1 - \overline{R}'} \, d\omega. \tag{108}$$

$\overline{R}'$ ist von $\overline{R}$ verschieden, es ist analog zu (107) gegeben durch

$$\overline{R}' = \frac{R_{St} F_1 + R_K (4\pi r^2 - \Sigma F)}{4\pi r^2}. \tag{109}$$

Das heißt, das mittlere Reflexionsvermögen der Kugel hängt davon ab, wie stark sich R_P und R_{St} unterscheiden, erst bei verschwindender Fläche F_1 wird $\overline{R}' = \overline{R}$. Das Verhältnis der Strahlungsdichten von Probe und Standard

$$\frac{B_P}{B_{St}} = \frac{R_P}{R_{St}} \frac{1 - \overline{R}'}{1 - \overline{R}} \tag{110}$$

ist demnach bei diesem Substitutionsverfahren in der ULBRICHT-Kugel nicht mehr gleich dem S. 221 definierten „relativen Reflexionsvermögen", weil die Bestrahlungsbedingungen bei den beiden Messungen nicht die gleichen sind. Der Faktor

$$f \equiv \frac{1 - \overline{R}'}{1 - \overline{R}} \tag{111}$$

wird als „Kugelfehler" bezeichnet. Aus (110) und (111) ergibt sich das relative Reflexionsvermögen der Probe, bezogen auf den Standard, zu

$$\frac{R_P}{R_{St}} = \frac{B_P}{B_{St}} \frac{1}{f}. \tag{112}$$

Der Kugelfehler kann sehr beträchtlich werden. Benutzt man z. B. als Standard und als Wandbelag der Kugel MgO mit $R_{St} = 0{,}98$ und rechnet mit folgenden Dimensionen der Kugel, wie sie etwa denen eines praktisch verwendeten Geräts entsprechen: $r = 6{,}3$ cm, $F_1 = F_2 = F_0 = 7\ \text{cm}^2$, so erhält man mit $\overline{R}' = 0{,}9526$ für verschiedene Werte von R_P die Kugelfehler der folgenden Tabelle:

[1] Eventuell ist auch noch das Reflexionsvermögen der Linse hinter der Aperturblende des Empfängers zu berücksichtigen.

Tabelle 29. *Kugelfehler bei Reflexionsmessungen nach der Substitutionsmethode mit* ULBRICHT-*Kugel*

R_P	0,900	0,800	0,700	0,600	0,500	0,400	0,300	0,200
$\overline{R}$	0,9515	0,9501	0,9487	0,9473	0,9459	0,9445	0,9431	0,9417
f	1,025	1,055	1,085	1,114	1,144	1,173	1,203	1,233
$1/f$	0,9753	0,9479	0,9220	0,8975	0,8743	0,8522	0,8313	0,8113

Bei einem R_P von 0,5 weicht also das gemessene Verhältnis B_P/B_{St} der Strahlungsdichten bereits um etwa 14% von dem relativen Reflexionsvermögen R_P/R_{St} ab.

Der Kugelfehler hängt natürlich von der relativen Größe der Probenfläche zur Oberfläche der Kugel ab: je größer die Kugel und je kleiner F_1, um so geringer wird der Fehler. Da jedoch die Gesamtstrahlungsstärke mit wachsendem Kugelradius absinkt, muß man in Praxis einen Kompromiß schließen und mit einer mittleren Kugelgröße arbeiten.

Bei dem beschriebenen Meßverfahren arbeitet man nicht mit der Meßgeometrie $R_{d,0}$, sondern mit $R_{0,d}$ (vgl. S. 345), d.h. man strahlt gerichtet ein und nimmt die Strahlung diffus ab. Nach dem Reziprozitätsgesetz sollte dies keinen Unterschied machen, über die Frage der Gültigkeit der Reziprozität bei der diffusen Reflexion ist jedoch in der Literatur mehrfach gestritten worden[1], insbesondere darüber, ob sie auch für die Teilreflexionen unter bestimmten Winkeln gilt (also $R_{\vartheta\varphi,d} = R_{d,\vartheta\varphi}$). Nach FRAGSTEIN ist jedoch an der Gültigkeit der Beziehung $R_{d,0} = R_{0,d}$ nicht zu zweifeln.

Bei dem in Abb. 171 angegebenen Gerät Elrepho mit *zwei* Strahlengängen wird der Kugelfehler eliminiert, weil für die Probe P und den Vergleich V die Bestrahlungsbedingungen immer gleich bleiben. Wird die Bestrahlungsstärke durch Austausch von Probe und Standard geändert, so gilt dies auch für den Vergleich V, so daß die Differenz der Photoströme beider Empfänger sich nicht ändert. Dabei wird allerdings vorausgesetzt, daß Bestrahlungsstärke und Photostrom einander proportional sind und daß der Proportionalitätsfaktor für beide Empfänger der gleiche ist.

ULBRICHT-Kugeln werden meistens ebenfalls mit aufgerauchtem MgO ausgekleidet[2]. Da dieses auch bei merklichen Schichtdicken noch durchlässig ist[3], muß auch die Unterlage ein hohes Reflexionsvermögen besitzen (z.B. Aluminium oder mit Wasserglas als Bindemittel verrührtes MgO), damit sie nicht einen Teil der Strahlung absorbiert.

Zur Charakterisierung und Normung technischer Produkte wie Papier, Deckfarben usw., reicht das oben beschriebene Meßverfahren mit Lichtfiltern aus. Man mißt in diesem Fall die Gesamtreflexion, die sich

[1] Vgl. z.B. H. SCHULZ: Z. Physik **31**, 496 (1925); H. J. HELLWIG: Das Licht **7**, 99, 119, 140 (1937); C. P. TINGWALDT: Optik **9**, 323 (1952); C. v. FRAGSTEIN: Optik **12**, 60 (1955).

[2] Zur Technik des Aufrauchens vgl. J. M. DIMITROFF u. D. W. SWANSON: J. opt. Soc. Amer. **46**, 555 (1956).

[3] TELLEX, P. A. u. J. R. WALDRON: J. opt. Soc. Amer. **45**, 19 (1955).

aus einem *diffusen* und einem *regulären* Anteil (Spiegelreflexion) zusammensetzt[1]. Ideal diffus reflektierende Stoffe lassen sich auch bei feinstmöglicher Pulverisierung nur angenähert herstellen[1]. Es ist auch eine Reihe lichtelektrischer Meßverfahren angegeben worden[2], mit denen man bei Stoffen mit ebenen oder polierten Oberflächen die beiden Anteile mehr oder weniger voneinander trennen kann. Ein Beispiel zeigt Abb. 172, in

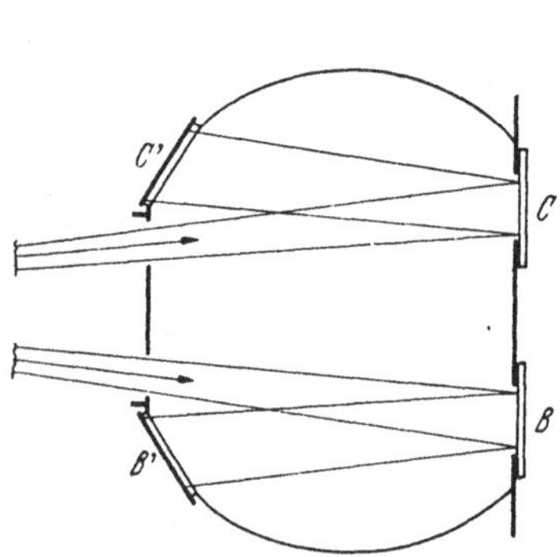

Abb. 172. ULBRICHTsche Kugel des HARDY-Spektrophotometers für Reflexionsmessungen

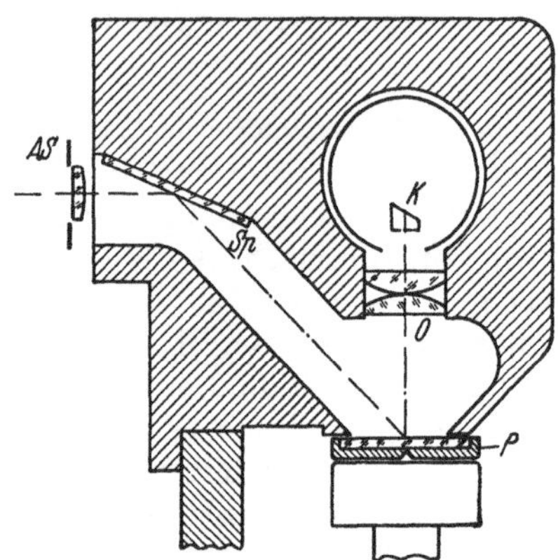

Abb. 173. Remissionsansatz RA 2 zum Zeiss-Spektralphotometer

der die ULBRICHTsche Kugel des HARDY-Photometers (Abb. 121) vergrößert wiedergegeben ist. Läßt man die Küvetten T_1 und T_2 in Abb. 121 weg, so kann man das Gerät für spektrale Reflexionsmessungen verwenden, indem man die Reflexionsflächen B und C als Probe und Standard benutzt. Hat z.B. die Probe B eine ebene und polierte Oberfläche, so gelangt der regulär reflektierte Anteil der Strahlung nach B'. Besteht B' aus MgO, so wird dieser Anteil diffus zerstreut und mitgemessen, besteht B' aus einer total absorbierenden „Lichtfalle", so wird allein der diffus von B gestreute Anteil gemessen, so daß man durch zwei derartige Messungen die beiden Anteile getrennt erhält. C und C' bestehen beide aus MgO oder einem geeichten Milchglasstandard. Auch bei Pulvern läßt sich auf diese Weise der diffuse und der reguläre Anteil angenähert trennen, indem man das Pulver preßt, so daß die Oberfläche unter dem Reflexionswinkel „Glanz" zeigt. Jedoch kann man den regulären Anteil der Reflexion auf diese Weise nicht vollständig erfassen.

Wie das letztgenannte Beispiel zeigt, kann man prinzipiell jedes lichtelektrische Spektrometer auch für spektrale Reflexionsmessungen verwenden; tatsächlich wird zu den meisten käuflichen Geräten bereits eine entsprechende Zusatzeinrichtung geliefert. In Abb. 173 ist der sogenannte Remissionsansatz RA 2 zum Zeissschen Spektralphotometer (einfacher Strahlengang) schematisch dargestellt. Die monochromatische Primär-

[1] Vgl. G. KORTÜM u. M. KORTÜM-SEILER: Z. Naturf. **2a**, 652 (1947); G. KORTÜM u. J. VOGEL: Z. physik. Chem. N. F. **18**, 110, 230 (1958).

[2] Vgl. z.B. R. S. HUNTER: J. opt. Soc. Amer. **30**, 536 (1940); P. MOON u. J. LAURENCE: J. opt. Soc. Amer. **31**, 130 (1941).

strahlung fällt unter 45° auf die auswechselbare Probe P, die durch das Objektiv O auf der Kathode des Multipliers abgebildet wird. Diese Anordnung ist nicht so günstig wie die der Abb. 172, bei der der Einfallswinkel der Primärstrahlung nur 6° beträgt, da sich gezeigt hat[1], daß das LAMBERTsche Cosinusgesetz für die räumliche Verteilung der diffusen Reflexion

$$B = k \cos\alpha \cos\vartheta \tag{113}$$

(α = Einfallswinkel der Primärstrahlung, ϑ = Ausstrahlungsrichtung der diffus reflektierten Strahlung) um so besser erfüllt ist, je kleiner die Winkel α und ϑ sind.

Im übrigen verläuft die Messung analog wie bei Absorptionsmessungen, jedoch müssen die effektiven Spaltbreiten gewöhnlich größer gewählt werden (3 bis 15 mμ), um gleiche Empfindlichkeit zu erreichen. Das bedeutet, daß auch die Fehler durch die relativ großen Bandbreiten $\Delta\lambda$ und durch Streustrahlung (vgl. S. 287 ff) im allgemeinen größer sein werden als bei Absorptionsmessungen. Für die Benutzung des BECKMAN-Quarzspektrometers zu Reflexionsmessungen sind die Größen dieser Fehler und die Möglichkeiten, sie durch zusätzliche Filter zu verringern, im einzelnen untersucht worden[2].

Die in Abb. 173 verwendete Meßgeometrie $R_{45,0}$ ist nur dann zulässig, wenn die Meßprobe keinerlei Struktur besitzt, wie dies etwa bei Papier oder Textilien der Fall ist. Wie systematische Messungen ergeben haben[3], muß man in solchen Fällen diffus einstrahlen, weil bei gerichteter Einstrahlung die Oberflächenstruktur eine Schattenwirkung hervorrufen kann, die das Reflexionsvermögen als zu klein erscheinen läßt. Der Remissionsansatz RA 3 (Abb. 174) zum Zeissschen Spektralphotometer ist für diffuse Einstrahlung nach dem Einstrahlverfahren vorgesehen. Man kann ihn in zwei Aufstellungen mit der Meßgeometrie $R_{d,0}$ oder $R_{0,d}$ verwenden. Bei der Aufstellung a ($R_{d,0}$), die der Meßgeometrie des „Elrepho" (Abb. 171) entspricht, wird die Probe mit der unzerlegten Strahlung der Glühlampe bestrahlt, die Probe wird über die Optik *4*, *5*, *6*, *7* auf den Eintrittsspalt des Monochromators abgebildet, die spektral zerlegte Reflexionsstrahlung fällt auf einen der Empfänger, die wahlweise benutzt werden können. Bei Verwendung einer PbS-Zelle kann der Meßbereich bis 2,5 μ erweitert werden. Als Standard dient die Kugelwand, die mit Hilfe des Kippspiegels 4 an Stelle der Probe abgebildet wird. Der Kugelfaktor (S. 347) ist auf diese Weise ausgeschaltet, doch kann man keine anderen Vergleichsstandards benutzen bzw. muß diese erst gegen die Kugelwand als Standard eichen.

Bei der Aufstellung b ($R_{0,d}$) wird die Glühlampe durch einen Vervielfacher *11*, das Empfängergehäuse durch das Lichtquellengehäuse *12* ersetzt, und die Strahlung durchläuft das Gerät in umgekehrter Rich-

---

[1] Vgl. G. KORTÜM u. M. KORTÜM-SEILER: Z. Naturf. 2a, 652 (1947) und die dort angegebene Literatur.

[2] HAMMOND, H. K. u. I. NIMEROFF: J. opt. Soc. Amer. **42**, 367 (1952).

[3] STENIUS, Å. S.: J. opt. Soc. Amer. **45**, 727 (1955); W. FALTA: Jenaer Jahrb. Carl Zeiss 1954, 91; 1956, 94; G. KORTÜM u. G. SCHREYER: Z. Naturforschg. **11a**, 1018 (1956).

tung. Diese Aufstellung ist vorzuziehen, wenn die Probe photochemisch empfindlich ist, da sie jeweils nur in einem schmalen Wellenbereich bestrahlt wird. Wegen der Gültigkeit des Reziprozitätsgesetzes ($R_{d,0} = R_{0,d}$) (S. 349) sind im übrigen beide Aufstellungen gleichwertig. Für

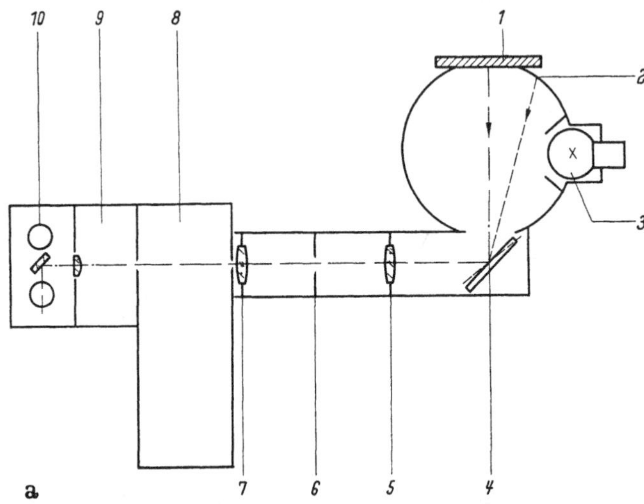

Abb. 174a. Remissionsansatz RA 3 zum Zeissschen Spektralphotometer in Aufstellung A mit Meßgeometrie $R_{d,0}$
1 Probe; *2* Kugelwand; *3* Glühlampe; *4* Kippspiegel; *5* Linse; *6* Blende; *7* Linse; *8* Monochromator; *9* Küvettenwechsler; *10* Empfängergehäuse

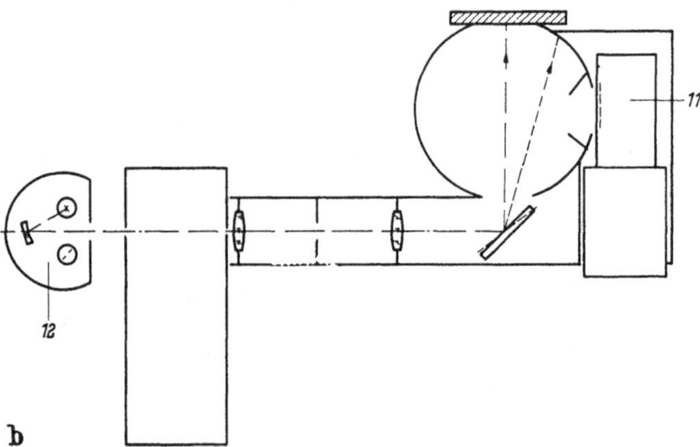

Abb. 174b. Remissionsansatz RA 3 zum Zeissschen Spektralphotometer in Aufstellung B mit Meßgeometrie $R_{0,d}$
11 Empfänger, *12* Strahlungsquellen

Messungen im UV ist der Remissionsansatz RA 3 (im Gegensatz zum RA 2) nicht verwendbar (Grenze 380 mμ), weil wegen der Absorption des Kugelbelages keine Quarzoptik verwendet wurde. Die notwendige spektrale Bandbreite ist ebenfalls größer als beim RA 2, da bei der diffusen Reflexion viel Licht verlorengeht. Für Messungen von Proben, die keine Oberflächenstruktur besitzen, insbesondere von Pulvern, ist deshalb das Zusatzgerät RA 2 vorzuziehen.

Mit *Doppelstrahlgeräten* kann man Reflexionsmessungen dieser Art auch nach der S. 308 beschriebenen Methode V der „phase discrimination" machen, wobei ebenso wie bei den bisher beschriebenen Geräten die Linearität des Empfängers und Verstärkers vorausgesetzt wird. Ein Beispiel zeigt das Zusatzgerät zum BECKMAN-Spektralphotometer DK in Abb. 175[1]. Die aus dem Monochromator kommende Strahlung wird durch den mit etwa 15 Hz vibrierenden Spiegel *S* abwechselnd der Probe *Pr* bzw. dem Standard *St* zugeführt und fällt über die ULBRICHT-Kugel *U* auf den Empfänger *O*. Die beiden Signale werden mittels eines mit dem Schwingspiegel synchron laufenden Kommutators getrennt, und das Verhältnis der Photoströme wird registriert, wobei der Wert des Standards gleich 100% gesetzt wird. Auch hier ist der Strahlengang umkehrbar, so daß die Probe auch bei *O* mit weißem Licht bestrahlt werden kann, d.h. man kann mit der Meßgeometrie $R_{d,0}$ oder $R_{0,d}$ arbeiten. Da Probe und Standard sich stets zusammen in der ULBRICHT-Kugel befinden, tritt kein „Kugelfehler" auf (vgl. S. 348).

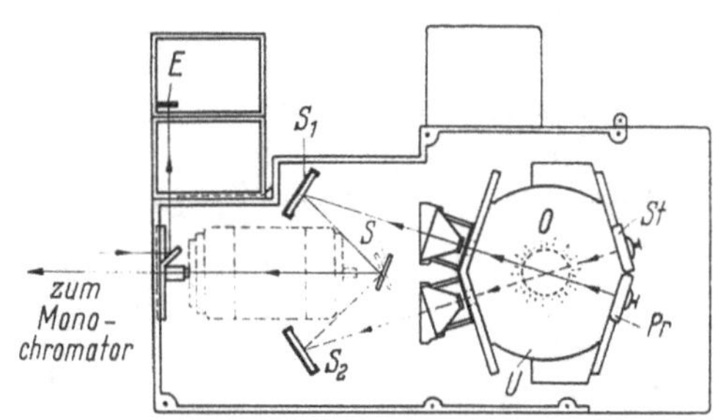

Abb. 175. Zusatzgerät für Reflexionsmessungen zum registrierenden BECKMAN-Spektraphotometer DK nach einer Doppelstrahlmethode

Außer den Zusatzgeräten zu käuflichen Spektralphotometern ist auch eine Reihe spezieller Geräte zur Messung des relativen spektralen Reflexionsvermögens beschrieben worden[2], wobei auch das nahe IR einbezogen wurde (PbS-Empfänger). Besonders erwähnt sei eine von SHIBATA[3] angegebene Methode zur Messung des *absoluten* diffusen Reflexionsvermögens, wobei anstatt einer ULBRICHT-Kugel ein Opalglas benutzt wird, um die Probe diffus zu bestrahlen.

Wie schon erwähnt wurde, besteht das nach den beschriebenen Methoden gemessene Reflexionsvermögen aus zwei Anteilen, einem *regulären* Anteil (Oberflächen- oder Spiegelreflexion) und einem *diffusen* Anteil, der dadurch zustande kommt, daß die Strahlung in das Pulver eindringt und nach teilweiser Absorption und mehrfacher Streuung an die Oberfläche und auf den Empfänger zurückgelangt. Der reguläre Anteil der Reflexion wird von den FRESNELschen Gleichungen beherrscht; im einfachsten Fall senkrechter Incidenz gilt:

$$R_{reg} = \frac{\Phi}{\Phi_0} = \frac{(n-1)^2 + n^2\varkappa^2}{(n+1)^2 + n^2\varkappa^2}, \tag{114}$$

[1] STEIPE, L. A.: Farbe 7, 25 (1958).

[2] DERKSEN, W. L. u. T. I. MONAHAN: J. opt. Soc. Amer. 42, 263 (1952); J. H. SCHULMAN u. C. C. KLICK: ibid. 43, 516 (1953); W. L. DERKSEN u. Mitarb.: ibid. 47, 99; R. S. HUNTER: ibid. 50, 44 (1960).

[3] SHIBATA, K.: J. opt. Soc. Amer. 47, 172 (1957).

worin n den Brechungsindex und $\varkappa$ den Absorptionskoeffizienten, definiert durch

$$\Phi = \Phi_0 \exp[-4\pi n \varkappa s/\lambda_0], \tag{115}$$

bedeutet (s Schichtdicke, λ_0 Wellenlänge im Vakuum). Φ_0 ist in jedem Fall die Intensität der einfallenden Strahlung und Φ die Intensität des regulär reflektierten Lichtes (in 114), des durchfallenden Lichtes (in 115) bzw. des diffus reflektierten Lichtes (in 116). Wie man sieht, geht R für große Werte von $\varkappa$ gegen den Grenzwert 1, d.h. Stoffe mit starker Absorption reflektieren den größten Teil der auffallenden Strahlung an der Oberfläche (z.B. metallische Reflexion, Reststrahlen im IR). Der diffuse Anteil der Reflexion gehorcht dem BOUGUER-LAMBERTschen Gesetz

$$\log \frac{\Phi_0}{\Phi} = \varepsilon \bar{s}, \tag{116}$$

worin ε den molaren dekadischen Extinktionskoeffizienten (vgl. S. 21) und $\bar{s}$ die mittlere durchlaufene Schichtdicke bedeutet. Der Wellenlängenbereich, der bei der diffusen Reflexion absorbiert wird, wird bei der regulären Reflexion gerade vorwiegend reflektiert, beide Anteile der Reflexion wirken also einander entgegen. Dies erkennt man unmittelbar aus einer Reihe von Beobachtungen, deren wichtigste kurz erwähnt seien:

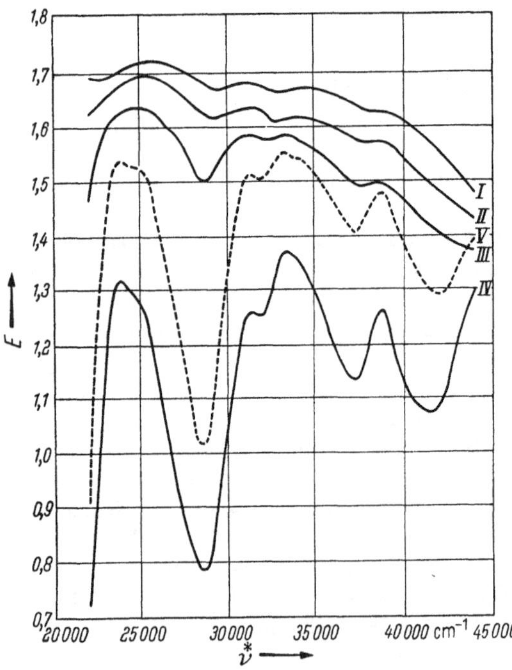

Abb. 176. Reflexionsspektren von reinem $K_3[Fe(CN)_6]$ gegen MgO als Standard gemessen
I mittlerer Korndurchmesser 500–200 μ; *II* 100–60 μ; *III* etwa 40 μ; *IV* 1–2 μ; *V* < 1 μ

a) Das Verhältnis der beiden Reflexionsanteile hängt stark von der Korngröße des Pulvers ab[1]. Grobkristalline farbige Stoffe werden beim Zermahlen heller (Beispiel: $CuSO_4 \cdot 5H_2O$). Dies beruht darauf, daß mit abnehmender Korngröße die Strahlung weniger tief eindringen kann, die mittlere durchlaufene Schichtdicke $\bar{s}$ der diffusen Reflexion nimmt ab und damit auch die Extinktion; gleichzeitig wird das Spektrum differenzierter, da auch der Anteil der regulären Reflexion mit kleiner werdendem Korn abnimmt. Bei stark absorbierenden Stoffen, bei denen der reguläre Anteil besonders groß ist,

[1] KORTUM, G. u. J. VOGEL: Z. physik. Chem. N. F. 18, 110 (1958).

beobachtet man bei Korngrößen $< 1\,\mu$ wieder eine Zunahme der scheinbaren Extinktion, weil der Einfluß des abnehmenden mittleren $\bar{s}$ durch die ebenfalls abnehmende reguläre Reflexion überkompensiert wird. Diese Beobachtungen sind in Abb. 176 am Beispiel des $K_3[Fe(CN)_6]$ dargestellt. Die Kurven *I* bis *IV* zeigen die Abnahme der Extinktion mit fallendem $\bar{s}$ und die gleichzeitig zunehmende Differenzierung des Spektrums, Kurve *V* zeigt den Wiederanstieg der Extinktion bei Korngrößen unter $1\,\mu$.

b) Benutzt man zur Aufnahme des Reflexionsspektrums eines Pulvers linear polarisierte Strahlung, so wird der diffuse Anteil der reflektierten

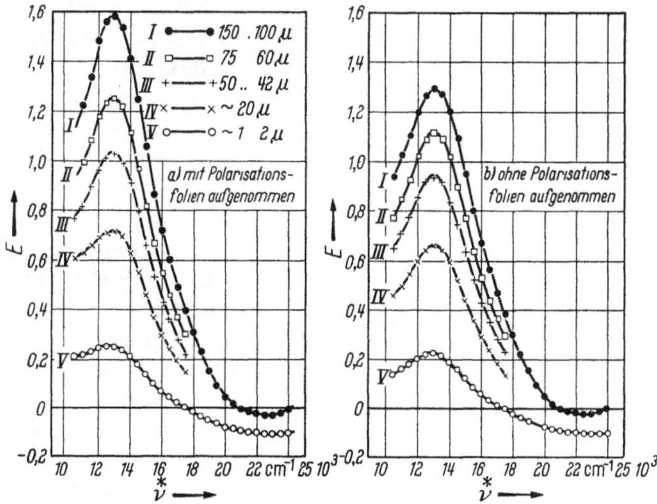

Abb. 177. Reflexionsspektren von reinem $CuSO_4 \cdot 5H_2O$ bei 5 verschiedenen Korngroßen a) zwischen gekreuzten Polarisationsprismen, b) mit natürlicher Strahlung aufgenommen

Strahlung depolarisiert, da er erst nach Vielfachstreuung im Pulver auf den Empfänger gelangt. Dieser Anteil wird deshalb von einem zum Polarisator gekreuzten Analysator teilweise durchgelassen. Der regulär reflektierte Anteil der einfallenden linear polarisierten Strahlung behält dagegen seine Schwingungsebene, wenn man das Azimut (den Winkel zwischen Einfallsebene und Schwingungsebene der Strahlung) $\psi = 0°$ bzw. $\psi = 90°$ wählt, und wird deshalb von dem gekreuzten Analysator vollständig ausgelöscht. Auf diese Weise kann man den regulären Reflexionsanteil praktisch völlig eliminieren[1]. Messungen an den gleichen $CuSO_4 \cdot 5H_2O$-Pulvern verschiedener Korngröße mit polarisierter bzw. natürlicher Strahlung zeigt Abb. 177. Man sieht, daß die Extinktionen bei rein diffuser Reflexion (zwischen gekreuzten Polarisationsprismen) stets größer sind als bei Überlagerung beider Reflexionsanteile, die sich ja entgegenwirken. Mit abnehmender Korngröße nimmt diese Differenz ab, wie man erwarten muß. Bei stark absorbierenden Stoffen wie $KMnO_4$ wird selbst bei Korngrößen von 1 bis $2\,\mu$ die auf der diffusen Reflexion

[1] KORTÜM, G. u. J. VOGEL: Z. physik. Chem. N. F. 18, 230 (1958).

beruhende wahre Extinktion fast noch um ein Drittel durch reguläre Reflexionsanteile verfälscht, wenn man mit natürlicher Strahlung mißt. Das beweist, daß sich der reguläre Reflexionsanteil in solchen Fällen auch durch feinstes Pulverisieren nicht vollständig eliminieren läßt. Auch die diffuse Reflexion allein erweist sich bei Stoffen mit geringer Absorption ($CuSO_4 \cdot 5H_2O$) als stark korngrößenabhängig, bei Stoffen mit starker Absorption dagegen als weitgehend unabhängig von der Korngröße. Diese Beobachtung läßt sich durch die verschiedene „mittlere Eindringtiefe" der Strahlung deuten[1]. Ein Gerät, mit dem man das Reflexionsvermögen zwischen gekreuzten Polarisationsprismen messen kann, zeigt Abb. 178. Es kann zusammen mit Einstrahlgeräten (z. B. an Stelle des RA 2) benutzt werden. Der Polarisator besteht aus einem GLAN-Prisma mit Luftzwischenschicht und einem Öffnungswinkel von 7°, der Analysator aus einem GLAN-THOMPSON-Prisma mit 30° Öffnungswinkel. Die Durchlässigkeit reicht bis etwa 250 mμ.

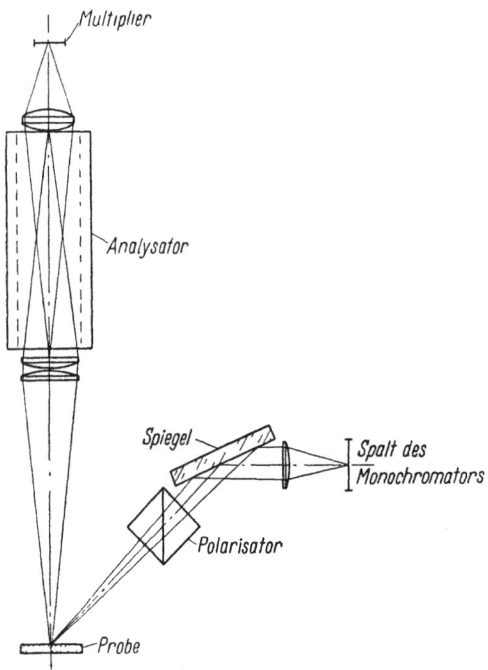

Abb. 178. Gerät für Reflexionsmessungen zwischen gekreuzten Polarisationsprismen

Außer der Messung zwischen gekreuzten Polarisationsprismen gibt es noch eine andere Möglichkeit, den regulären Reflexionsanteil auszuschalten. Man erreicht dies dadurch, daß man das zu untersuchende Pulver mit einem indifferenten nicht absorbierenden Standard in großem Überschuß mechanisch verreibt und auf diese Weise so stark verdünnt, daß der reguläre Anteil der Reflexion bei der Vergleichsmessung gegen den gleichen reinen Standard innerhalb der Meßgenauigkeit der Methode herausfällt[2]. Wie eingehende Untersuchungen gezeigt haben, wird der zu untersuchende Stoff bei der Vermahlung mit dem Standard in der Regel an dessen Oberfläche molekulardispers adsorbiert, man erhält also auf diese Weise das Reflexionsspektrum des in der Oberfläche des Standards „gelösten Stoffes", das wie bei in flüssigen Lösungsmitteln gelösten Stoffen noch vom „Lösungsmittel" abhängen kann. Als Beispiel für diesen Einfluß der Verdünnung sind in Abb. 179 das Reflexionsspektrum des

[1] KORTÜM, G. u. J. VOGEL: Z. physik. Chem. N. F. 18, 230 (1958).

[2] KORTÜM, G. u. G. SCHREYER: Angew. Chem. 67, 694 (1955); G. KORTÜM, Spectrochim. Acta, Coll. spectrosc. internat. VI, 534 (1957).

reinen feingepulverten Anthrachinons und die Spektren bei zunehmender Verdünnung mit NaCl gegen NaCl als Standard wiedergegeben. Bei Molenbrüchen unterhalb 10^{-3} bis 10^{-4} wird das Spektrum vom Verdünnungsgrad unabhängig, d.h. dann ist der reguläre Reflexionsanteil praktisch ausgeschaltet, und man erhält das wahre *diffuse* Reflexionsspektrum, das weitgehend mit dem Lösungsspektrum übereinstimmt.

Für die rein diffuse Reflexion gilt nach der Theorie von KUBELKA und MUNK[1] die Beziehung

$$F(R_\infty) \equiv \frac{(1 - R_\infty)^2}{2 R_\infty} = \frac{k}{s} = \frac{\varepsilon c}{s}. \tag{117}$$

Darin ist R_∞ das bei unendlich großer Schichtdicke[2] gemessene relative Reflexionsvermögen $R_{\text{Probe}}/R_{\text{Standard}}$, k der Absorptionskoeffizient und s der Streukoeffizient. Letzterer ergibt sich bei Vielfachstreuung an Teilchen, deren Durchmesser größer ist als die Wellenlänge, als weitgehend von λ unabhängig im sichtbaren Bereich, er steigt jedoch im nahen UV zunächst langsam, im kurzwelligen UV steiler an. Trägt man demnach die aus den Messungen berechneten $\log f(R_\infty)$-Werte als Funktion der Wellenlänge oder Wellenzahl (bei konstantem c) auf:

$$\log F(R_\infty) = \log \varepsilon + \text{const}, \tag{118}$$

so erhält man jedenfalls im sichtbaren Bereich mit guter Näherung die sogenannte „typische Farbkurve" des untersuchten Stoffes, die bis auf eine additive Konstante mit dem wahren Absorptionsspektrum übereinstimmt. Wie gut jedenfalls im Sichtbaren das Durchsichtsspektrum und das diffuse Reflexionsspektrum übereinstimmen, zeigt Abb. 180, in der ein Schottsches Farbglas nach beiden Methoden untersucht wurde. Erst im kurzwelligen Bereich ergeben sich systematische Abweichungen zwischen beiden Spektren, die auf einer geringen λ-Abhängigkeit des Streukoeffizienten beruhen dürften.

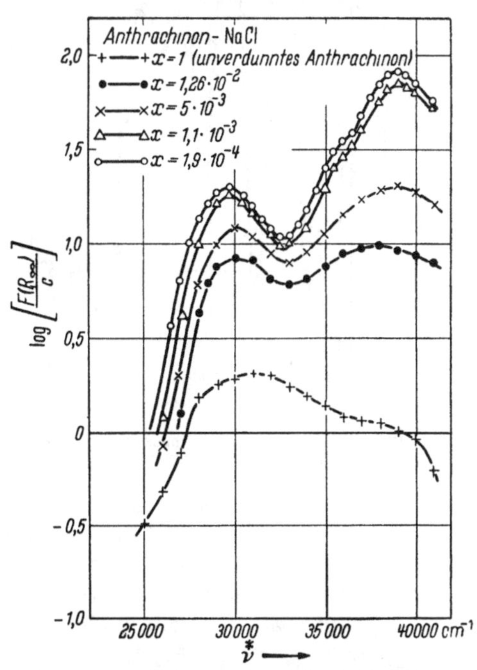

Abb. 179. Reflexionsspektrum des Anthrachinons in reinem Zustand und bei zunehmender Verdünnung mit NaCl gegen NaCl als Standard

[1] KUBELKA, P. u. F. MUNK: Z. techn. Physik **12**, 593 (1931); P. KUBELKA: J. opt. Soc. Amer. **38**, 448 (1948); vgl. auch G. KORTÜM u. J. VOGEL: Z. physik. Chem. N. F. **18**, 110 (1958).

[2] Diese ist praktisch schon bei 2–3 mm Schichtdicke verifiziert.

Bei der beschriebenen Verdünnungsmethode ist zu beachten, daß Probe und Vergleichsstandard gleiche mittlere Korngröße besitzen, da nur für diesen Fall der reguläre Reflexionsanteil herausfällt. Man muß deshalb sowohl die zu untersuchende Mischung wie den reinen Standard am besten in einer Zwillingskugelmühle (Hersteller z.B. Firma Vetter, Heidelberg; Firma K. Retsch, Düsseldorf) gleich lange mahlen. Je nach Härte des verwendeten Standards und des zu untersuchenden Stoffes sind dazu 3 bis 24 Stunden notwendig, bis eine völlig gleichmäßige Verteilung des zu untersuchenden Stoffes auf der Oberfläche des Standards erreicht ist. Dies ist daran erkennbar, daß sich durch längeres Mahlen die Extinktion nicht mehr ändert. Als Vergleichsstandard ist prinzipiell jeder in dem gewünschten Spektralbereich nicht absorbierende Stoff geeignet, sofern chemische Reaktionen mit dem zu untersuchenden Stoff ausgeschlossen sind. So kann z.B. das Reflexionsspektrum von Trinitrobenzol nicht an MgO, Al_2O_3 oder anderen basischen Standards aufgenommen werden, da es mit solchen Adsorbentien reagiert[1]. Ebenso erweisen sich scharf getrocknete Adsorbentien wie SiO_2 häufig als sehr reaktionsfähig gegenüber organischen Stoffen: aromatische Kohlenwasserstoffe (Anthracen, Phenantren usw.) werden beim Mahlen mit SiO_2 unter Braunfärbung zersetzt. Als gebräuchlichste Standards werden reines MgO, CaF_2, $BaSO_4$, SiO_2, Al_2O_3 und die Alkalihalogenide verwendet, die sämtlich bis etwa 220 mμ durchlässig sind. Der Molenbruch der zu untersuchenden Stoffe in den Mischungen mit dem Standard soll 10^{-3} möglichst nicht überschreiten. Auch adsorbierte Feuchtigkeit kann die Spektren merklich verfälschen oder verändern, da bei Chemisorption die an dem festen Standard adsorbierten Molekeln verdrängt werden können und dabei unter Änderung ihres Spektrums in den physikalisch adsorbierten Zustand übergehen können[2]. In solchen Fällen sind die Adsorbentien sorgfältig vorzutrocknen.

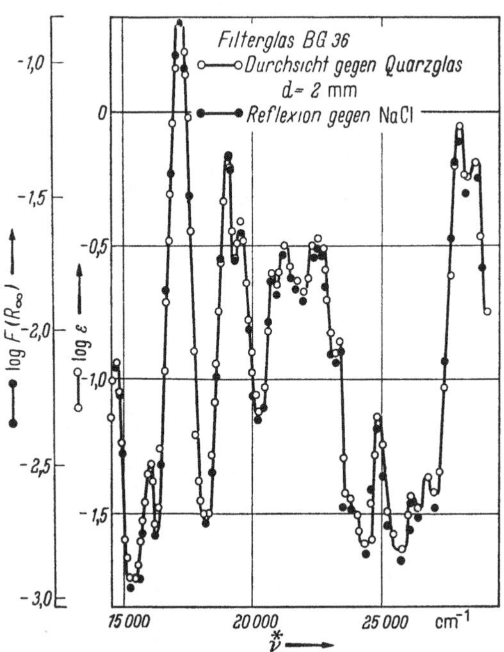

Abb. 180. Durchsichts- und diffuses Reflexionsspektrum des Schottschen Farbglases BG 36

[1] Kortum, G., J. Vogel u. W. Braun: Angew. Chemie 70, 651 (1958).

[2] Vgl. z.B. G. Kortum u. J. Vogel: Angew. Chem. 70, 651 (1958); Chem. Ber. 93, 706 (1960).

Die lineare Beziehung zwischen $F(R_\infty)$ und c bei gegebener Wellenlänge und genügend großer Verdünnung ($c \leq 10^{-3}$ bis 10^{-4}) nach Gleichung (117) ermöglicht es schließlich, diffuse Reflexionsmessungen auch für photometrische Konzentrationsbestimmungen heranzuziehen. So gelingt es z.B.[1], aus den Abweichungen von der KUBELKA-MUNK-Formel die Dissoziationskonstante von Molekülverbindungen, die an einer festen Phase adsorbiert sind, in analoger Weise zu bestimmen, wie aus den Abweichungen vom LAMBERT-BEERschen Gesetz in Lösungen. Auch für quantitative Analyse von Papierchromatogrammen haben sich diffuse Reflexionsmessungen als brauchbar erwiesen[2].

Große systematische Fehler können bei spektralen Reflexionsmessungen auftreten, wenn der zu untersuchende Stoff *Fluorescenz* zeigt. Die Fehler werden wesentlich größer als bei Absorptionsmessungen, wo nur ein Bündel geringer Öffnung auf den Empfänger fällt, während hier – geometrisch gesehen – der Anteil an Fluorescenz- und diffuser Reflexionsstrahlung gleich ist. Außerdem hängt das Meßergebnis noch davon ab, ob die Primärstrahlung zunächst spektral zerlegt und dann reflektiert wird, oder ob erst die reflektierte Strahlung spektral zerlegt wird. Das letztere Verfahren liefert in solchen Fällen die besseren Ergebnisse[3]. Für das erstere Verfahren ist eine Methode zur Trennung des reflektierten und des Fluorescenzanteils der auf den Empfänger gelangenden Strahlung angegeben worden[4].

10. Lichtelektrische Messung von Raman-Spektren

a) Allgemeine experimentelle Vorbedingungen. Die Untersuchung des RAMAN-Effekts dient analog wie die Absorptions- und Fluorescenzmessung einerseits der Konstitutionsermittlung einschließlich der Bestimmung von Molekülkonstanten (Kernabstände, Valenzwinkel, Rotationsisomerie usw.), andererseits der quantitativen Analyse von Gemischen[5]. Man kann also prinzipiell wieder zwischen spektrometrischen und photometrischen Methoden unterscheiden, jedoch hat diese Unterscheidung vom experimentellen Standpunkt aus keine große Bedeutung, da es sich beim RAMAN-Spektrum stets um ein Linienspek-

---

[1] KORTÜM, G. u. W. BRAUN: Z. physik. Chem. N. F. 18, 242 (1958).

[2] KORTÜM, G. u. J. VOGEL: Angew. Chem. 71, 451 (1959).

[3] GIBSON, K. S. u. H. J. KEEGAN: J. opt. Soc. Amer. 28, 180 (1938); vgl. auch G. KORTÜM u. P. HAUG, s. S. 347, Anm. 1.

[4] TYLER, J. E. u. F. P. CALLAHAN: J. opt. Soc. Amer. 41, 997 (1951).

[5] Neuere zusammenfassende Darstellungen: J. GOUBEAU: Raman-Spektralanalyse, Physik. Meth. der anal. Chemie, Bd. III, Leipzig 1939; K. W. F. KOHLRAUSCH: Raman-Spektren, Hand- u. Jahrbuch d. chem. Physik, Bd. 9/VI, Leipzig 1943; G. HERZBERG, Infrared and Raman Spectra of polyatomic molecules, New York 1945; J. H. HIBBEN: The Raman effect and its chemical application, New York 1939; H. PAJENKAMP: Fortschritte der chem. Forschung 1, 417–484 (1950); W. OTTING: Der Raman-Effekt, Berlin 1952; E. THORNTON u. H. W. THOMPSON, Conference on Molecular Spectroscopy, London 1959; J. BRANDMÜLLER u. H. MOSER: Einführung in die Ramanspektroskopie, Darmstadt 1962.

trum[1] handelt, bei dem die qualitative Beobachtung der spektralen Lage und die quantitative Messung der Intensität in jedem Fall eine genügend große Dispersion der Streustrahlung voraussetzt. Das Schema einer RAMAN-spektroskopischen Anordnung, wie sie von RAMAN und Mitarbeitern benutzt wurde, zeigt Abb. 181.

Man gibt die Lage der RAMAN-Linien üblicherweise in Wellenzahldifferenzen $\Delta \overset{*}{\nu}$ gegenüber der Lage der Primärlinie an. Das Spektrum erstreckt sich im allgemeinen nur über einen Bereich von etwa 3000 cm^{-1}, da aus Intensitätsgründen praktisch ausschließlich die Grundschwingungsfrequenzen der streuenden Moleküle beobachtet werden. Damit die Energie der erregenden Primärstrahlung nicht zur Elektronenanregung ausreicht, d.h. damit die Primärstrahlung nicht absorbiert wird, wählt man fast immer eine Strahlung im sichtbaren Spektralgebiet, die natürlich möglichst monochromatisch sein soll, da *jede* Primärlinie RAMAN-Linien anregt, so daß bei Erregung durch mehrere Primärlinien das Spektrum unübersichtlich wird. Praktisch verwendet man fast ausschließlich die Hg-Linien, die man durch geeignete Sperrfilter[2] aussiebt.

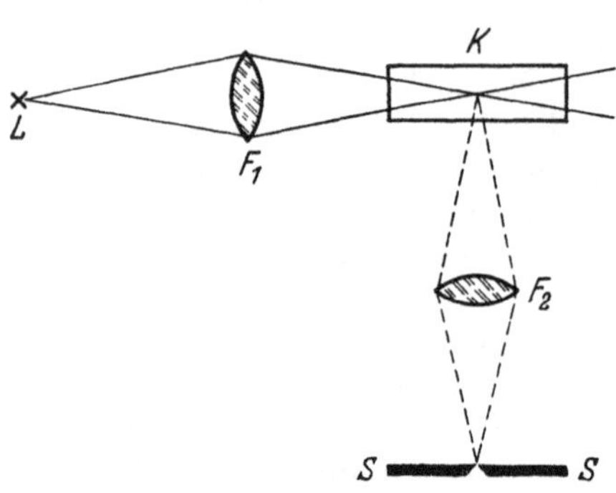

Abb. 181. Schema einer Anordnung zur Messung des RAMAN-Effektes. *L* Primärlichtquelle (Hg-Lampe); F_1, F_2 Linsen; *K* Küvette; *S* Spalt des Spektrometers bzw. Spektrographen

α) *Quecksilberbrenner und* RAMAN-*Lampen.* Zur Erregung des RAMAN-Spektrums wurden früher ausschließlich und auch heute noch vielfach *Quecksilberhochdruckbrenner* verwendet, obwohl die Hg-Linien erheblich verbreitert sind[3]. Hinzu kommt, daß die intensivste und meist benutzte blaue Erregerlinie aus einem Triplett besteht (4399,24; 4348,50; 4358,35 Å), deren Intensitätsverhältnis bei Hochdruckbrennern 2 : 6 : 100 beträgt, während es bei Niederdruckbrennern bei 0,3 : 0,8 : 100 liegt. Auch der kontinuierliche Untergrund ist bei Niederdruckbrennern geringer[4]. Neben der blauen wird auch die violette Linie bei 4047 Å (auch diese ist eigentlich ein Triplett) und die grüne Linie bei 5461 Å sowie schließlich die UV-

[1] Die RAMAN-Linien können zwar auf Grund einer Rotationsfeinstruktur verbreitert erscheinen, es handelt sich jedoch immer um sehr kleine Frequenzbereiche, etwa im Vergleich zu Fluorescenzspektren. Von dem schwierig beobachtbaren Rotations-RAMAN-Effekt sehen wir im folgenden ab.

[2] Bei Stoffen, die wegen Absorption oder Zersetzlichkeit nicht durch die kurzwelligen Hg-Linien angeregt werden können, benutzt man die langwelligen Linien der Edelgase, insbesondere die He-Linien bei 5875,6 u. 7065,2 Å [vgl. dazu M. M. DELHAYE: Proc. Coll. Spectr. Internat. VI, 485 Amsterdam 1956; H. STAMMREICH: Spektrochim. Acta 8, 41 (1956)].

[3] Halbwertsbreite der Linie 4358 Å bei Hochdruckbrennern etwa 0,5 Å, bei luftgekühlten Niederdruckbrennern etwa 0,1 Å, bei wassergekühlten Niederdruckbrennern etwa 0,05 Å [G. SCHREIBER: Optik 15, 724 (1958)].

[4] KEMP, J. W. u. Mitarb.: J. opt. Soc. Amer. 42, 811 (1952).

Linie bei 3650 Å (ebenfalls Triplett) benutzt. Der Betrieb des Brenners mit Gleichstrom ergibt etwa die doppelte Strahlungsleistung wie der mit Wechselstrom[1]. Man wählt natürlich die Linie so aus, daß sie nicht durch den untersuchten Stoff absorbiert wird. Zur Stabilisierung des Brenners benutzt man magnetische Spannungskonstanthalter, Eisenwasserstoffwiderstände oder stabilisierte Umformer (vgl. S. 195 ff).

Die Vorteile des *Niederdruckbrenners*, der früher wegen zu geringer Leuchtdichte nicht verwendet werden konnte, haben schließlich zu einer Reihe von Konstruktionen geführt, die diese Schwierigkeit überwunden

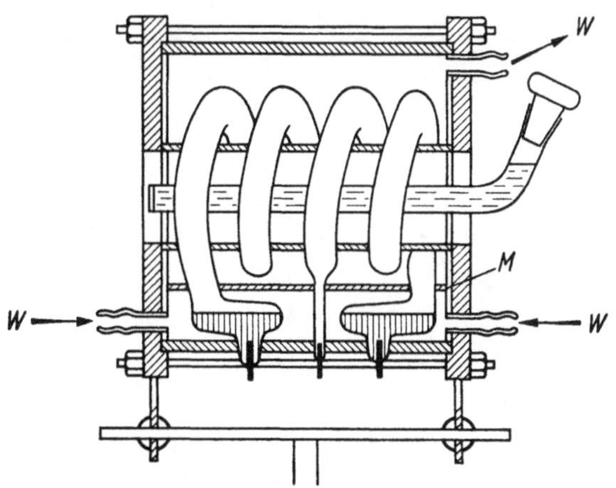

Abb. 182. Schema eines „Torontobrenners" fur RAMAN-Untersuchungen. *W* Wasserkühlung; *M* Metallplatte zur Abtrennung des Elektrodenraumes

haben. Am bekanntesten ist der in der Universität Toronto entwickelte[2] sogenannte „Torontobrenner", der Wendelform besitzt, so daß die in der Längsachse der Wendel liegende Küvette optimal bestrahlt wird (Abb. 182)[3]. Die Elektroden aus Hg werden mit Wasser gekühlt, und die Temperatur des Kühlwassers bestimmt den Dampfdruck. Diese Art Brenner können zur Zündung nicht gekippt werden, sondern bedürfen einer zusätzlichen Zündelektrode (Hochspannungsstoß bei vorher auf 80 °C aufgeheiztem Brennerrohr). Während des Betriebs wird auch die Wendel mittels Luftstrom gekühlt, der Brenner nimmt 1,2 kW Leistung auf. Der Torontobrenner ist mehrfach abgeändert und verbessert worden[4], wobei sich diese Verbesserungen im wesentlichen auf die Kühlung beziehen. Je besser die Kühlung ist, um so höher die Leistungs-

---

[1] BRANDMÜLLER, J., Z. angew. Physik **5**, 95 (1953).

[2] WELSH, H. L. u. Mitarb.: Canad. J. Phys. **30**, 577 (1952); J. W. KEMP u. Mitarb.: J. opt. Soc. Amer. **42**, 811 (1952).

[3] Hersteller: Appl. Research Labor. Monrovia, Calif.; Quarzlampen-Gesellschaft Hanau.

[4] MOSER, H.: Proceed. Coll. Spectrosc. Internat. VI, 490 Amsterdam 1956; Coll. über Ramanspektroskopie, Stuttgart 1958; Vgl. Angew. Chem. **70**, 374 (1958); G. MATZ: ibid. 1958; J. U. WHITE u. Mitarb.: J. opt. Soc. Amer. **44**, 346 (1954); **45**, 154 (1955).

aufnahme, ohne daß die guten Eigenschaften des Niederdruckbrenners verlorengehen.

Neben dem wendelförmigen Brenner sind zahlreiche andere Formen des Niederdruckbrenners beschrieben worden[1], auf die im einzelnen nicht eingegangen werden kann.

Während die Strom-Spannungs-Charakteristik des *luftgekühlten* Niederdruckbrenners positiv ist (im Gegensatz zum Hochdruckbrenner),

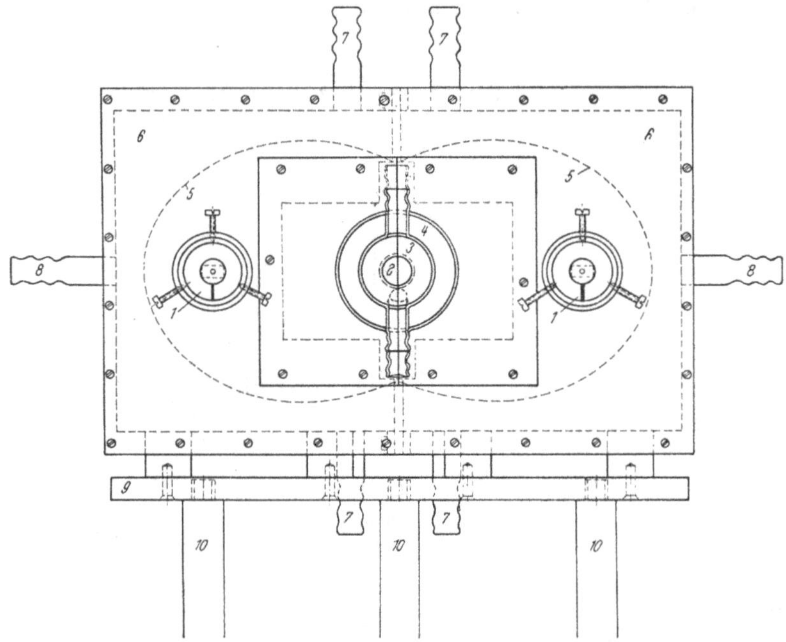

Abb. 183. Schnitt durch eine RAMAN-Lampe. *1* Brenner S 700 (Heraeus) in verstellbarer Halterung; *2* Streurohr ⌀ 13 mm; *3* Mantel für Filterflüssigkeit ⌀ 31 mm; *4* Mantel für H_2O-Kühlung ⌀ 50 mm; *5* Elliptische Spiegel, mit MgO überzogen; *6* Wasserkühlung; *7* Wasserzufluß; *8* Wasserabfluß; *9* Stahlplatte zur Halterung der Lampe

findet man beim *wassergekühlten* Niederdruckbrenner, daß die Spannung von der Stromstärke praktisch unabhängig ist[2]. Hier ist also ein Vorschaltwiderstand zur inneren Stabilisierung notwendig. Beim wassergekühlten Brenner steigt die Strahlungsleistung der Linien 4047, 4358 und 5461 Å, die den Übergängen $6^3P_{012} \rightarrow 7^3S_1$ entsprechen, mit zunehmender Belastung bis zu 2000 Watt fast linear an, dann wird der Anstieg schwächer, so daß man besser mehrere Lampen kleiner Leistung als eine Lampe großer Leistung verwendet[3]. Die integrierten Intensitäten sämt-

[1] SIMON, A. u. Mitarb.: Z. physik. Chem. **205**, 190 (1956); D. A. LONG u. Mitarb.: Proc. Roy. Soc. (London) A **237**, 186 (1956); L. A. WOODWARD u. D. N. WATERS: J. sci. Instr. **34**, 222 (1957); H. L. WELSH u. Mitarb.: J. opt. Soc. Amer. **45**, 338 (1955); E. R SHULL: J. opt. Soc. Amer. **45**, 670 (1955); I. PLÍVA u. Mitarb.: Proceed. Coll. Spectrosc. Internat. VI, 499, Amsterdam 1956.

[2] MOSER, H.: l. c.

[3] WOODWARD, L. A. u. D. N. WATERS: l. c.

licher sichtbaren Quecksilberlinien, bezogen auf die Linie 4358 Å, eines Torontobrenners sind von SCHRÖTTER[1] gemessen worden. Insgesamt ist der Niederdruckbrenner dem Hochdruckbrenner offenbar überlegen, wenn er auch erheblich kostspieliger ist.

Um möglichst viel Energie auf die Streusubstanz zu konzentrieren, baut man die Hg-Brenner in ein Gehäuse mit reflektierenden Wänden ein, das ringsum zur Kühlung von Wasser umflossen ist. Eine im Laboratorium konstruierte und bewährte Anordnung zeigt Abb. 183[2]. Sie enthält 2 Hochdruckbrenner von je 700 Watt Leistung zu beiden Seiten des Streurohrs, die Innenflächen des Gehäuses sind elliptisch geformt und mit MgO bedampft. Dies erweist sich als wirksamer als Hochglanzeloxierung[3], die sonst gewöhnlich benutzt wurde. In den Kühlwasserstrom wird eine Sicherheitsvorrichtung eingebaut, wie sie bereits bei der H_2-Lampe erwähnt wurde. Eine ähnliche Lampe wird von der Firma Steinheil, München, in den Handel gebracht[4]. Zahlreiche weitere Anordnungen sind beschrieben worden[5], die sich nicht wesentlich unterscheiden, einen Vergleich der Wirksamkeit verschiedenartiger Spiegelanordnungen hat BUSING durchgeführt[6].

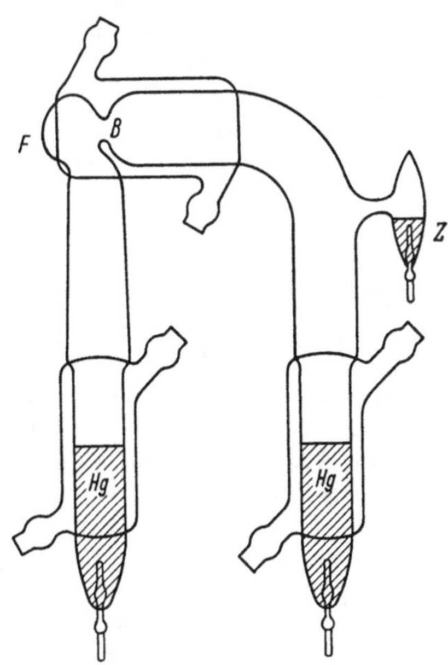

Abb. 184. Hg-Niederdruckbrenner mit Einschnurung zur Erzielung hoher Leuchtdichte bei Kristallpulveraufnahmen. *B* Brennfleck; *F* Lichtaustritt; *Z* Zundelektrode

Für die Aufnahme des RAMAN-Spektrums von *Kristallpulvern* muß wegen der starken Streuung der Primärstrahlung diese eine möglichst hohe Leuchtdichte besitzen. Man hat deshalb für diesen Zweck bisher fast stets Hochdruckbrenner verwendet. Man kann sich jedoch die Vorteile des Niederdruckbrenners zunutze machen und trotzdem hohe Leuchtdichte erzielen, wenn man das Entladungsrohr an einer Stelle einschnürt, so daß dort hohe Stromdichte herrscht, ohne daß die Temperatur und der Druck im ganzen Rohr merklich ansteigen. Ein derartiger Niederdruckbrenner ist in Abb. 184 wiedergegeben[7]. Durch kräftige Küh-

[1] SCHRÖTTER, H.: Z. angew. Physik **12**, 275 (1960).

[2] Dissertation H. MAIER: Tübingen 1955.

[3] MENZIES, A. C. u. J. SKINNER: J. sci. Instr. **26**, 229 (1949); J. W. KEMP u. Mitarb.: J. opt. Soc. Amer. **42**, 811 (1952); H. LUTHER u. Mitarb.: Chem. Ing. Techn. **25**, 499 (1953); J. BRANDMÜLLER u. H. MOSER: Z. angew. Phys. **8**, 95, 142 (1956).

[4] HAMMER, K.: Z. angew. Phys. **1**, 439 (1949).

[5] FEHÉR, F.: Angew. Chem. **61**, 334 (1949); H. PAJENKAMP: Fortschr. chem. Forschg. **1**, 417 (1950).

[6] BUSING, W. R.: J. opt. Soc. Amer. **42**, 774 (1952).

[7] MOSER, H. u. D. STIELER: Z. angew. Physik **12**, 280 (1960).

lung mit drei Kühlmänteln werden die Bedingungen der Niederdruckentladung aufrechterhalten. Die Öffnung des Austrittsfensters ist genügend groß, daß Kondensoren hoher Lichtstärke zur Abbildung des Brennflecks in die Streusubstanz verwendet werden können.

β) RAMAN-*Küvetten, Streusubstanzen und Filter.* Die beste Ausbeute an Streustrahlung liefern Flüssigkeiten, weswegen man die Proben nach Möglichkeit in flüssiger Form untersucht und feste Stoffe durch Heizung des Streurohrs mit Widerstandsdraht schmilzt, sofern dies möglich ist[1]. Die Form des *Streurohrs*, wie sie von WOOD[2] angegeben wurde und in Abb. 182 zu sehen ist, hat man bis heute beibehalten. Es ist etwa 20 cm lang, 5 bis 10 mm dick und nach hinten umgebogen und geschwärzt, damit möglichst wenig Streustrahlung der Primärlinie von den Wänden reflektiert wird. Das Planfenster an der Stirnseite wird am besten aufgeschmolzen. Ein Streugefäß in Form einer ULBRICHTschen Kugel ist ebenfalls beschrieben worden[3]. Man kann ferner innerhalb des Streurohrs noch Konkavspiegel anbringen und damit die Ausbeute an Streustrahlung erhöhen. Dieses Verfahren hat sich vor allem bei Gasküvetten bewährt, wird aber auch bei Flüssigkeiten benutzt[4]. Die Zunahme der Ausbeute hängt stark von der richtigen Anordnung der Spiegel ab und kann bis zu 50% betragen.

Da man das Planfenster nicht immer unmittelbar vor dem Spektrometerspalt anordnen kann, hat man versucht, den Abstand zwischen beiden durch ein innen verspiegeltes Rohr zu überbrücken[5]. Je größer dieser Abstand ist, um so größer ist der dadurch erzielte Gewinn an Streustrahlung.

Die Intensität der RAMAN-Linien wird am größten, wenn man das Streurohr unmittelbar vor dem Spektrographenspalt anbringt, weil dann auch die an den Rohrwänden reflektierte RAMAN-Strahlung zur Ausleuchtung beiträgt[6,5]. Muß man das Streurohr auf den Spalt abbilden, so verfährt man nach dem S. 122 geschilderten Prinzip der vollständigen Abbildung.

Die *optimale Ausnutzung des Streulichts* durch das benutzte Spektrometer erhält man nach HANSEN[7] dann, wenn der Lichtleitwert der RAMAN-Küvette, die als Volumenstrahler auf den Spalt abzubilden ist, gleich dem Lichtleitwert des Spektrometers ist, wobei man am Spalt eine Kreisblende vom Durchmesser der Spaltlänge l, am Kollimator eine kreisförmige Öffnung vom Durchmesser d annehmen muß. Ist f die Brennweite der Kollimatorlinse, so wird nach Gl. (II, 49) der Lichtleitwert des Spektrometers $L_1 = \frac{\pi l^2 \pi d^2}{16 f^2}$. Man bringt zur vollständigen Abbildung

[1] LUTHER, H.: Z. Elektrochem. **52**, 210 (1948).

[2] WOOD, R. W.: Phys. Rev. **33**, 294 (1929).

[3] BERGMANN, G. u. G. THIMM: Naturwiss. **45**, 359 (1958).

[4] WELSH, H. L., u. Mitarb.: J. opt. Soc. Amer. **41**, 712 (1951); **45**, 338 (1955); WHITE, J. U. u. Mitarb.: idib. **44**, 346 (1954); **45**, 154 (1955); S. M. DAVIS u. Mitarb.: Anal. Chem. **28**, 1075 (1956).

[5] LUTHER, H. u. G. BERGMANN: Chem. Ing. Techn. **25**, 499 (1953).

[6] BRANDMÜLLER, J.: Optik **12**, 389 (1955).

[7] HANSEN, G.: Optik **6**, 337 (1950). — Vgl. auch J. R. NIELSEN: J. opt. Soc. Amer. **37**, 494 (1947).

am vorderen Ende der RAMAN-Küvette (Durchmesser a, Länge s) eine Linse an, die das hintere Ende auf den Spalt abbildet, und am Spalt eine Linse, die das vordere Ende auf die Kollimatorlinse abbildet. Der Lichtleitwert des zylindrischen RAMAN-Rohres ist näherungsweise $L_2 = \frac{\pi a^2 \, \pi a^2}{16 s^2}$. Aus der Gleichsetzung der Lichtleitwerte folgt

$$\frac{l d}{f} = \frac{a^2}{s}, \tag{119}$$

eine Formel, aus der man Länge und Durchmesser der RAMAN-Küvette berechnen kann für ein gegebenes Spektrometer.

Eine weitere Möglichkeit, die Intensität des RAMAN-Spektrums zu erhöhen, besteht darin, Bildteiler (image slicers) zu verwenden, die die Strahlung, die sonst auf die Spaltbacken fällt, mittels einer Prismenanordnung oder mittels horizontal bzw. vertikal gespaltener Linsen auf den unteren und oberen Teil des Spaltes zu lenken[1]. Einen derartigen Bildteiler besitzt z. B. das CARY-RAMAN-Spektrometer (vgl. S. 371), das einen 10 cm hohen Spalt in 20 Einzelbildern auszuleuchten vermag.

Streugefäße zur Aufnahme von *Kristallpulvern* sind in den verschiedensten Formen entwickelt worden. Man kann sowohl das durchtretende Streulicht beobachten, wozu sehr dünne Schichten in Form von Tabletten oder dünnen Überzügen in einem kegelförmigen Rohr geeignet sind, als auch das *diffus* reflektierte Licht von einer mit dem Pulver gefüllten Küvette oder einer gepreßten Tablette[2] (vgl. auch Abb. 186).

Bei der Aufnahme der RAMAN-Spektren von *Gasen* liegen die Schwierigkeiten in dem geringen Streuvermögen der Gase und der Forderung nach möglichst hoher Auflösung der Spektren für die Beobachtung des Rotations-RAMAN-Effekts. Man benutzt sehr lange und dicke Streurohre (bis zu mehreren Metern Länge und mehreren Zentimetern Durchmesser) mit eingebauten Spiegelsystemen, um die notwendige Intensität zu gewinnen. Derartige Streugefäße sind von verschiedenen Autoren eingehend beschrieben worden[3].

Zur Gewinnung der RAMAN-Spektren von *Schmelzen* bei Temperaturen bis über 1000 °C hat BUES[4] ein geeignetes Streugefäß entwickelt. Für Messungen bei *tiefen Temperaturen* pumpt man Kühlflüssigkeit oder auch gekühltes Gas durch den Kühlmantel des Streurohrs[5]. Für Temperaturen unter −100 °C baut man RAMAN-Kryostaten, die mit dem Streurohr unmittelbar verbunden sind[6]. Eine einfache Anordnung von GOU-

---

[1] WHITE, J. U. u. Mitarb.: J. opt. Soc. Amer. **45**, 154 (1955).
[2] Vgl. z. B. M. C. TOBIN: J. opt. Soc. Amer. **49**, 850 (1959) und die dort angegebene Literatur.
[3] WHITE, J. U. u. Mitarb.: J. opt. Soc. Amer. **45**, 154 (1955); B. P. STOICHEFF: Canad. J. Phys. **32**, 330 (1954); H. L. WELSH u. Mitarb.: J. opt. Soc. Amer. **45**, 338 (1955).
[4] BUES, W.: Coll. Ramanspektroskopie, Stuttgart 1958.
[5] Vgl. z. B. B. TIMM u. R. MECKE: Z. Physik **94**, 1 (1935); D. A. LONG u. Mitarb.: Proc. Roy. Soc. (London) A **237**, 186 (1956).
[6] Vgl. z. B. W. J. TAYLOR u. Mitarb.: J. opt. Soc. Amer. **41**, 91 (1951).

BEAU[1] zeigt Abb. 185. Auch spezielle Anordnungen für sehr geringe Substanzmengen sind beschrieben worden[2].

Die zu untersuchenden *Streusubstanzen* müssen natürlich wie bei allen optischen Messungen extrem gereinigt werden. Bei Flüssigkeiten führen die üblichen (eventuell mehrmals wiederholten) Methoden der Destillation oder der chromatographischen Reinigung zum Ziel, feste Stoffe sind mehrmals umzukristallisieren oder können in Extremfällen durch Zonenschmelzverfahren gereinigt werden. Besonders sorgfältig müssen Trübungen der Flüssigkeit vermieden werden, da durch Streuung der Primärlinie sonst das RAMAN-Spektrum überstrahlt wird. Häufig kann eine Filtration durch sogenannte Membranfilter diese Überstrahlung verhindern[3]. Bei fluorescierenden Stoffen muß man mit so langwelliger Erregung arbeiten, daß keine Fluorescenz auftritt, die sonst durch ihren „Untergrund" das RAMAN-Spektrum überdecken kann. Analog verfährt man mit absorbierenden Substanzen. Man arbeitet in solchen Fällen am besten mit den langwelligen Edelgaslinien als Erregerlinien[4]. Es gibt in solchen Fällen eine optimale Konzentration des farbigen Stoffes in einem farblosen Lösungsmittel, bei der ein Maximum an Intensität der Streustrahlung erzielt wird[5]. Man kann jedoch auswertbare RAMAN-Spektren farbiger Stoffe auch im Absorptionsgebiet erhalten mit Hilfe des sogenannten Resonanz-RAMAN-Effekts, worauf hier nicht näher eingegangen werden kann[6].

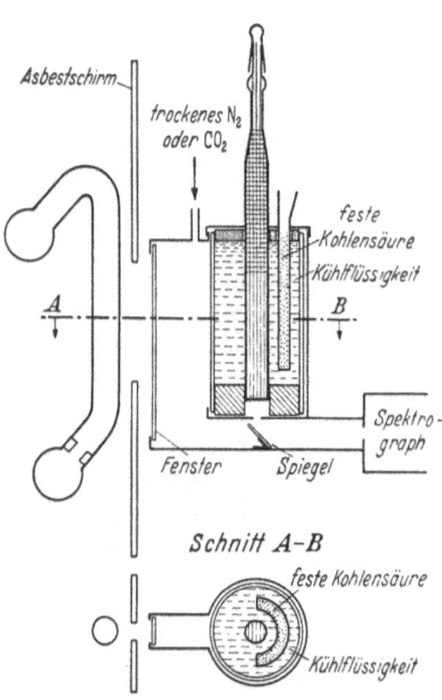

Abb. 185. Kryostat fur RAMAN-Untersuchungen bei tiefen Temperaturen

Zur Ausfilterung einzelner Primärlinien der Hg-Lampe sowie zum Schutz der Meßprobe gegen kurzwellige Strahlung müssen *Filter* zwischen Brenner und Streurohr eingeschaltet werden. Diese sollten einerseits geringe Halbwertsbreite, andererseits hohe Durchlässigkeit für die gewählte Linie besitzen, was sich zum Teil gegenseitig ausschließt. Farbglasfilter eignen sich nur bedingt, weil sie meistens wärmeempfindlich sind und rekristallisieren, Interferenzfilter sind wegen des notwendigen

[1] GOUBEAU, J.: Chem. Ber. **81**, 287 (1948).
[2] WHITE, J. U.: l. c.
[3] BRANDMÜLLER, J.: Z. Physik **140**, 75 (1955).
[4] Vgl. z.B. H. STAMMREICH: Phys. Rev. **78**, 79 (1950); J. Chem. Physics **21**, 944 (1953); **22**, 1624 (1954); Spectrochim. Acta **8**, 41, 46, 52 (1956).
[5] LIPPINCOTT, E. R. u. Mitarb.: J. opt. Soc. Amer. **49**, 83 (1959).
[6] Vgl. dazu z.B. J. BRANDMÜLLER u. H. MOSER: Einführung in die Ramanspektroskopie, Darmstadt 1962, S. 379ff.

kleinen Öffnungswinkels nur in speziellen Fällen brauchbar. Am besten bewährt haben sich Flüssigkeitsfilter, wobei man die Flüssigkeit dauernd aus einem Thermostaten umpumpt, sie so ständig erneuert und gleichzeitig das Streurohr temperiert. Man kann auch durch einen zweiten Wassermantel, der die Filterflüssigkeit umgibt, diese zusätzlich kühlen (Abb. 183), wenn sie besonders wärmeempfindlich ist.

Die üblichen Filterlösungen sind von SIMON und HAMANN[1] auf ihre Brauchbarkeit zur Isolierung der Hg-Linien 4047 und 4358 Å untersucht worden. Man muß im allgemeinen zwei getrennte Lösungen verwenden, um die länger- bzw. kürzerwelligen Linien weitgehend auszuschalten. In Tab. 30 sind auszugsweise die Durchlässigkeiten dieser Lösungen sowie das Verhältnis der Durchlässigkeit für die gewünschte Linie zur Durchlässigkeit bei benachbarten Wellenlängen angegeben. Ändert man die Konzentration der Filterlösung, so muß man die Schichtdicke entsprechend dem LAMBERT-BEERschen Gesetz so ändern, daß $c\,s$ konstant bleibt.

Tabelle 30

Hg-Linie Å	Filterlösung	Schichtdicke cm	ϑ %	$\vartheta_{405}/\vartheta_\lambda$ bzw. $\vartheta_{436}/\vartheta_\lambda$
4047	0,25 n KNO_2 oder $NaNO_2$ in Wasser	1	80	$\frac{\vartheta_{405}}{\vartheta_{390}} = 8$; $\frac{\vartheta_{405}}{\vartheta_{365}} = 141500$
	0,154 m J_2 in trockenem CCl_4	1	16	$\frac{\vartheta_{405}}{\vartheta_{420}} = 6,6$; $\frac{\vartheta_{405}}{\vartheta_{436}} = 16000$
	1,05 m $[Cu(en)_2](NO_3)_2$ in Wasser	1	16	$\frac{\vartheta_{405}}{\vartheta_{420}} = 8,3$; $\frac{\vartheta_{405}}{\vartheta_{436}} = 9600$
4358	$NaNO_2$ gesättigt in Wasser	2,7	80	$\frac{\vartheta_{436}}{\vartheta_{420}} = 2,3$; $\frac{\vartheta_{436}}{\vartheta_{405}} = 36000$
	KNO_2 gesättigt in Wasser	0,8		
	0,2 m $[Cu(en)_2](NO_3)_2$ in Wasser	1	16	$\frac{\vartheta_{436}}{\vartheta_{450}} = 7$; $\frac{\vartheta_{436}}{\vartheta_{490}} = 4 \cdot 10^6$
	0,8 m $[Cu(NH_3)_4]SO_4$ + $(NH_4)_2SO_4$ in Wasser	1	16	$\frac{\vartheta_{436}}{\vartheta_{450}} = 6,9$; $\frac{\vartheta_{436}}{\vartheta_{490}} = 10^6$
	0,0246 m J_2 in trocknem CCl_4	1	16	$\frac{\vartheta_{436}}{\vartheta_{450}} = 8,5$; $\frac{\vartheta_{436}}{\vartheta_{450}} = 4,8 \cdot 10^6$
	Praseodym-ammonium-nitrat in Wasser			von 436 bis 448 sehr selektiv und allen anderen Filtern überlegen

Man entnimmt der Tabelle, daß KNO_2- bzw. $NaNO_2$-Lösungen am besten gegen kürzere Wellen abschirmen, während die verschiedenen angegebenen Lösungen für die Abschirmung gegen längere Wellen etwa gleichwertig sind.

[1] SIMON, A. u. H. HAMANN: Z. physikal. Chem. 209, 222 (1958).

Bei RAMAN-Messungen an Kristallpulvern ist die wirksame Filterung der Erregerstrahlung besonders wichtig, weil die Streuintensität der RAMAN-Linien sehr schwach und andererseits die Streuung der Primärlinie sehr groß ist. Damit letztere das RAMAN-Spektrum nicht überstrahlt und damit der störende Untergrund der Hg-Lampe die schwachen RAMAN-Linien nicht überdeckt, sollten Filter möglichst geringer Halbwertsbreite und trotzdem genügender Durchlässigkeit benutzt werden, wie sie ausschließlich bei Interferenzfiltern vorkommen (vgl. S. 80ff). Diese sind deshalb für Kristallpulveraufnahmen vorwiegend verwendet worden[1]. Man braucht zwei Filter, ein Primärfilter, das nach Möglichkeit nur die Erregerlinie durchläßt, und ein Sekundärfilter, das die RAMAN-Streustrahlung von der Streuung der Primärlinie befreit und deshalb für diese möglichst undurchlässig ist. Dazu benutzt man zweckmäßig das gleiche Interferenzfilter, jedoch in *Reflexion* statt in Durchsicht, da das Gebiet geringer Durchlässigkeit ja auch stark reflektiert wird (vgl. S. 354). Eine geeignete Anordnung für die Untersuchung von Kristallpulvern zeigt Abb. 186[2].

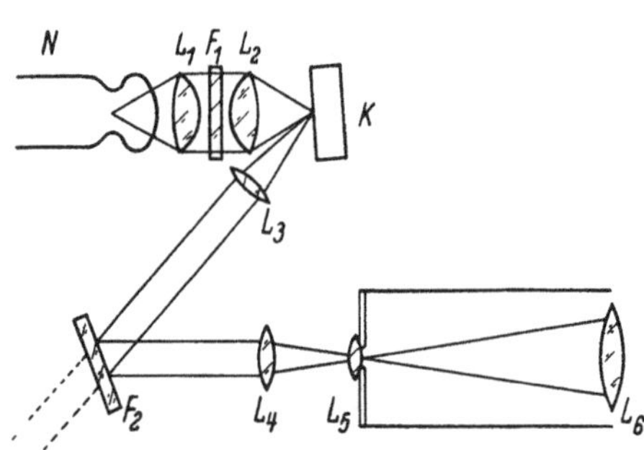

Abb. 186. RAMAN-Anordnung (nach BRANDMÜLLER) für die Messung von Kristallpulvern nach der Rückstreumethode mit primärem und sekundärem Interferenzfilter.
N Niederdruckbrenner; L_1, L_2 Kondensor; F_1 Primärfilter in Durchsicht; K Streuküvette; L_3 bis L_5 Abbildungssystem; F_2 Sekundärfilter in Reflexion

b) Lichtelektrische Raman-Spektrometer. Bei genügender Empfindlichkeit der Meßanordnung bietet die lichtelektrische Messung von RAMAN-Spektren etwa gegenüber der von Fluorescenzspektren nichts prinzipiell Neues. Wegen der geringen Intensität der RAMAN-Streuung verwendet man ausschließlich Einzellenausschlagsmethoden mit Sekundärelektronenvervielfachern als Empfänger. Von den zahlreichen, in der Literatur beschriebenen Apparaturen arbeitet eine große Zahl[3] mit gleichstrombetriebenen Hg-Lampen, Gleichstromverstärkung des Photostroms

---

[1] Vgl. z.B. W. GUBER u. K. H. RIGGERT: Z. Naturf. **6a**, 464 (1951); J. BRANDMÜLLER: Z. angew. Physik **5**, 95 (1953); B. SCHRADER u. Mitarb.: Z. physik. Chem. N. F. **12**, 132 (1957); Z. anal. Chem. **170**, 43 (1959).

[2] BRANDMÜLLER J.: l. c.; J. BRANDMÜLLER u. E. W. SCHMID: Z. Physik **144**, 428 (1956).

[3] Vgl. z.B.: D. H. RANK, R. J. PFISTER u. P. D. COLEMAN: J. opt. Soc. Amer. **32**, 390 (1942); D. H. RANK u. R. V. WIEGAND: J. opt. Soc. Amer. **36**, 325 (1946); J. J. HEIGL u. Mitarb.: Anal. Chem. **21**, 554 (1949); **22**, 154 (1950); J. BRANDMÜLLER u. H. MOSER: S.-B. Bayr. Akad. Wiss. **1952**, 181; R. F. STAMM u. Mitarb.: J. opt. Soc. Amer. **43**, 119, 126 (1953) H. LUTHER u. G. BERGMANN: Chem. Ing. Techn. **25**, 499 (1953); L. ROBERT: Spectrochim. Acta **6**, 115 (1954); J. U. WHITE u. Mitarb.: J. opt. Soc. Amer. **44**, 346 (1954); **45**, 154 (1955); G. KORTÜM u. H. MAIER: Z. physik. Chem. N. F. **7**, 207 (1956); S. M. DAVIS u. Mitarb.: Anal. Chem. **28**, 1075 (1956); D. A. LONG u. Mitarb.: Proc. Roy. Soc. (London) A **237**, 186 (1956); G. MICHEL u. G. DUYCKAERTS: Spectrochim. Acta **8**, 356 (1956).

und Galvanometeranzeige bzw. Registrierung, wobei häufig auch Spektrographen in der S. 320 beschriebenen Art mit Hilfe eines in der Plattenebene verschiebbaren Spalts in Spektrometer umgebaut werden. Die wesentlichen Voraussetzungen für die Leistungsfähigkeit eines lichtelektrischen RAMAN-Spektrometers hat BUSING[1] diskutiert. Von besonderer Bedeutung ist die „Lichtstärke" des Spektrographen bzw. Monochromators (vgl. S. 430).

Während es bei der photographischen Registrierung auf die Bestrahlungsstärke in der Plattenebene ankommt, ist für die photoelektrische Registrierung die Strahlungsleistung selbst (vgl. Tab. 1) maßgebend. Eine Verkürzung der Brennweite des Kameraobjektivs, wie sie bei photographischen Aufnahmen des RAMAN-Spektrums nützlich ist, bedeutet also bei der lichtelektrischen Registrierung keinen Gewinn. Ein Vergleich der Brauchbarkeit verschiedener Spektrographentypen für RAMAN-Messungen ist von mehreren Autoren durchgeführt worden[2]. Wichtig ist ferner die Reduktion bzw. Ausschaltung des Dunkelstroms des Vervielfachers, was einerseits durch Kühlung[3], andererseits durch Wechsellichtmethoden mit nachfolgender Resonanzverstärkung möglich ist. Derartige Apparaturen sind ebenfalls in allen Einzelheiten angegeben worden[4]. Das Blockschema einer solchen Meßeinrichtung ist in Abb. 187 wiedergegeben. Das Wechsellicht der Hg-Lampen erregt eine RAMAN-Streustrahlung von 100 Hz, die einen Photostrom der Frequenz 100 Hz liefert. Dieser Ausgangsstrom des Vervielfachers wird dem Eingang des 4-Stufen-Vorverstärkers zugeführt, wobei die Bandbreite durch geeignete Bemessung der Kopplungselemente begrenzt und im Ausgang durch einen Resonanzkreis weiter eingeengt wird (vgl. S. 244). Um das Ausgangssignal von Rauschspannungen anderer Frequenzen und Phasen und vom Dunkelstrom zu befreien, wird es über einen Transformator im Gegentakt den Gittern zweier Röhren zugeführt.

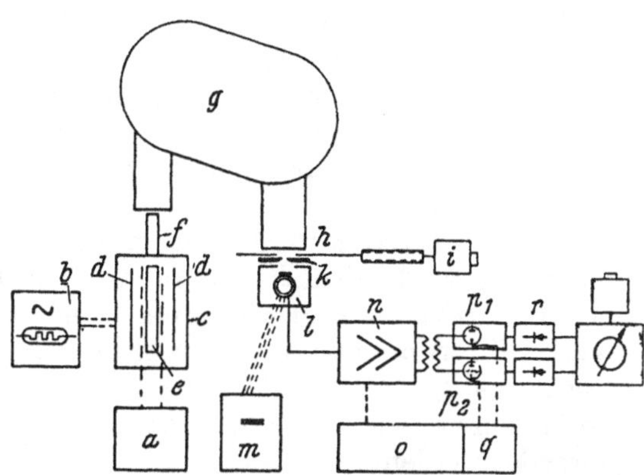

Abb. 187. Blockschema eines lichtelektrischen RAMAN-Spektrometers nach der Wechsellichtmethode. *a* Filter- und Kühlflüssigkeitspumpe; *b* Eisenwasserstoff-Widerstände; *c* RAMAN-Lampe; *d* Hg-Brenner; *e* RAMAN-Küvette mit Filter; *f* spiegelndes Rohr als Lampenvorsatz; *g* Spektrograph; *h* Transportschlitten für Spaltverschiebung; *i* Synchronmotor; *k* Austrittsspalt; *l* Elektronenvervielfacher mit Kühlgefäß; *m* Vorspannung des Sekundärelektronenvervielfachers; *n* Wechselstromverstärker; *o* Netzgerät; p_1, p_2 Gegentaktstufen; *q* 100-Hz-Generator; *r* Gleichrichter; *s* Tintenschreiber

[1] BUSING, W. R.: J. opt. Soc. Amer. **42**, 774 (1952).

[2] STAMM, R. F. u. C. F. SALZMAN: J. opt. Soc. Amer. **43**, 126 (1953); H. CARY u. Mitarb.: Symposium on Molecular Spectroscopy, Ohio State Univ. 1955.

[3] MARRINAN, H. J.: J. opt. Soc. Amer. **43**, 1211 (1953).

[4] MILLER, C. H. u. Mitarb.: Proc. physic. Soc. **62** A, 401 (1949). – H. LUTHER u. G. BERGMANN: Chem. Ing. Techn. **25**, 499 (1953).

An die zugehörigen Kathoden wird eine Gleichtakthilfsspannung von 100 Hz aus dem Generator q angelegt, die somit den Gitterspannungen gleich- bzw. gegensinnig ist. Im Gegensatz zu den Rauschspannungen, die in beiden Zweigen gleichmäßig verstärkt werden, wird die Amplitude des 100-Hz-Signals in dem einen Zweig vergrößert, im anderen verkleinert. Diese Gleichtakthilfsspannung bewirkt also eine analoge Phasentrennung, wie sie auch durch vibrierende Schalter bei der Flimmermethode erreicht wird (vgl. S. 309). Die Anodenströme laden nach Gleichrichtung gleich große Kondensatoren auf, deren Spannungsdifferenz durch einen Tintenschreiber registriert wird. Nur für das zu messende Signal ist diese Spannungsdifferenz von Null verschieden, so daß Rauschspannungen bis auf den Beitrag der zur Messung verwendeten Bandbreite herausfallen.

Da man bei RAMAN-Messungen ausschließlich Ausschlagsmethoden verwendet, wird jedenfalls für Intensitätsmessungen die *Proportionalität* zwischen *Anodenstrom* des Multipliers und *Linienintensität* vorausgesetzt. Wie S. 172 erwähnt wurde, ist diese nicht immer gewährleistet und sollte deshalb nachgeprüft werden. Dies gilt vor allem bei hohen Spannungen am Multiplier, wie sie bei den geringen RAMAN-Intensitäten häufig angewendet werden.

Um störende Schwankungen der Strahlungsquelle unschädlich zu machen, benutzt man auch hier *Zweizellenmethoden*, indem man die Intensität der zu messenden RAMAN-Strahlung auf die Intensität der erregenden Strahlung bezieht, die man aus der Zone der RAMAN-Lampe entnimmt, die auch das Streurohr enthält, und dem Vergleichsmultiplier zuführt. Registriert wird das Verhältnis der den beiden Intensitäten entsprechenden Spannungen der Multiplier.

c) Im Handel befindliche Raman-Apparaturen. RAMAN-Apparaturen lassen sich aus Laboratoriumsmitteln leichter zusammenbauen als Infrarotgeräte, da wie erwähnt ausschließlich nach der Ausschlagsmethode gearbeitet wird. Selbst vorhandene Spektrographen genügend großer Lichtstärke lassen sich leicht für lichtelektrische Messungen umbauen, indem man einen Photometerspalt zusammen mit dem SEV mittels eines Schlittens am Spektrum vorbeiführt, wobei man das Kameraobjektiv durch den Spalt auf der Kathode des Multipliers abbildet.

Ein derartiges Gerät wird von der Firma Optische Werke C. A. Steinheil, München, geliefert, bestehend aus dem bewährten Steinheil-Universalspektrographen GH mit einem Dispersionssystem aus drei Glasprismen und einer passenden photoelektrischen Registriereinrichtung. Verwendet wird je nach dem gewünschten Auflösungsvermögen die Normaloptik 1 : 10 (Kollimatorbrennweite 650 mm, Kamerabrennweite 640 mm) oder eine Kamerabrennweite von 1600 mm. Der an Stelle der Plattenkassette einschiebbare Registrieradapter trägt den Spaltschlitten, der elektrisch oder von Hand angetrieben wird und dessen Stellung auf 0,01 mm genau abgelesen werden kann. Der hinter dem Spalt angebrachte Multiplier liegt stets in der optischen Achse des Spektrographen. Mittel eines Getriebes kann der Schlittenvorschub in den Grenzen 32 mm/min bis $^{1}/_{32}$ mm/min in Stufen von 1 : 2 variiert werden.

Ein stabilisiertes Netzgerät hält die am Multiplier liegenden Spannungen konstant. Zur Registrierung dient ein Potentiometerschreiber.

Auch die RAMAN-Apparatur der Firma Hilger & Watts, London ist ein Zweiprismen-Spektrograph mit angepaßter lichtelektrischer Registriereinrichtung. Der Spektrograph besitzt zwei Kameras mit Objektiven verschiedener Öffnung und Brennweite, die ohne Umbau wechselweise mittels einer schwenkbaren Vorrichtung benutzt werden können. Zur lichtelektrischen Registrierung wird in einer der Kameras die Kassette durch einen drehbaren Spiegel ersetzt, der die Funktion eines LITTROW-Spiegels übernimmt (vgl. S. 108) und die RAMAN-Strahlung durch die Prismen zurücklenkt. Ein Winkelspiegel im Kollimator lenkt das Strahlenbündel um auf einen senkrecht zum Eintrittsspalt angebrachten Austrittsspalt. Auf diese Weise wird der Spektrograph in einen Monochromator umgewandelt. Die Strahlung wird vor dem Eintritt in den Multiplier mit einer von der Netzfrequenz verschiedenen Frequenz moduliert, der zugehörige Wechselstrom mit einem Resonanzverstärker verstärkt. Eine Vergleichsphotozelle dient zur Ausschaltung der Schwankungen der Primärstrahlung (vgl. S. 231). Sowohl das Gerät von Hilger wie das von Steinheil können auch für photographische Aufnahmen des RAMAN-Spektrums verwendet werden.

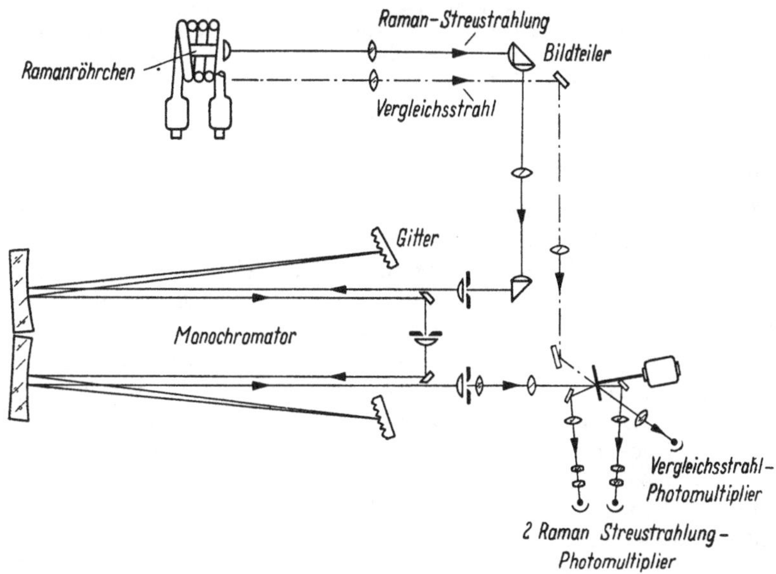

Abb. 188. Strahlengang im CARY-RAMAN-Spektrometer

Die leistungsfähigste (bezüglich Lichtstärke und Auflösungsvermögen) RAMAN-Apparatur, das CARY-RAMAN-*Spektrometer* der Applied Physics Corporation, Monrovia, Calif., ist nur für lichtelektrische Messungen vorgesehen und gilt als das modernste Gerät dieser Art. Der Strahlengang ist in Abb. 188 schematisch wiedergegeben.

Als Strahlungsquelle dient das waagerechte Streurohr in der Achse einer Torontolampe. Die RAMAN-Strahlung wird mittels eines 10teiligen Bildteilers (vgl. S. 365) auf den beiden je 10 cm langen Eintrittsspalten des Gitterdoppelmonochromators abgebildet. Diese Doppelspaltanordnung wurde von SHURCLIFF[1] angegeben und dient dazu, den Strahlungsstrom zu verdoppeln. Die hintereinandergeschalteten ECHELETTE-Gitter mit 1200 Strichen/mm und einem Blazewinkel für 4500 Å (vgl. S. 116) sorgen für weitgehende Streulichtfreiheit, das Auflösungsvermögen liegt unter 1 cm^{-1} bei 22220 cm^{-1}. Die aus den beiden Austrittsspalten austretende Strahlung wird durch einen mit 30 Hz rotierenden halbkreisförmigen Spiegel abwechselnd zwei Multipliern zugeführt, so daß im Gegensatz zu den sonst üblichen Unterbrechern überhaupt keine Strahlungsverluste auftreten. Die von den beiden Multipliern gelieferten Spannungen in Gegenphase werden in einem geeigneten Verstärker addiert. Zur Eliminierung der Intensitätsschwankungen der Primärlichtquelle dient ein dritter Strahlengang: Licht von der Mitte der Lampe wird über einen glasstabähnlichen Lichtleiter dem Vergleichsmultiplier zugeführt, wobei ebenfalls mit 30 Hz moduliert wird, und registriert wird das Verhältnis der beiden Spannungen mit einem Potentiometerschreiber.

Ein aus „building blocks" zusammenstellbares RAMAN-Spektrometer (Monochromator Modell 83) wird auch von der Firma Perkin-Elmer, Norwalk, Conn., geliefert.

d) Intensität und Polarisation von Raman-Linien. Registriert man die RAMAN-Linien statisch von Punkt zu Punkt, so sind die abgelesenen Werte (z.B. des Galvanometers) natürlich frei von Fehlern durch die Registriergeschwindigkeit. Bei *kontinuierlicher Registrierung* durch einen Schreiber müssen zur wirklichkeitsgetreuen Wiedergabe der Spektren bestimmte Bedingungen eingehalten werden, die ganz allgemein für die Registrierung von Linien oder schmalen Banden gelten und die das Verhältnis von Lineargeschwindigkeit des Empfängers bzw. des vorbeigeführten Spektrums, Spaltbreiten des Spektrographen oder Monochromators und Zeitkonstante des Registriergeräts regeln[2]. Der Eintrittsspalt der Breite s_e wird in der Plattenebene mit der durch den Abbildungsmaßstab b[3] gegebenen Breite $b\, s_e = s'_e$ abgebildet. Beim Vorbeigleiten des Austrittsspalts mit der Breite s_a wird eine Linie für $s_a = s'_e$ dreiecksförmig, für $s_a \gtrless s'_e$ trapezförmig registriert (vgl. S. 284). Da aber sowohl Spaltgeschwindigkeit wie Zeitkonstante des Registriergeräts nicht unendlich klein sind, bleibt die Intensitätsanzeige bei $s_a = s'_e$ um einen gewissen Bruchteil D hinter dem Sollwert zurück, wenn sich Spalt und Linie überdecken. Für ein als rechteckig angenommenes Profil der Linie gilt

$$D = \frac{1 - e^{-t/T}}{t/T}, \qquad (120)$$

wenn man mit t die Durchlaufzeit von s_a und mit T die Zeitkonstante der Verstärkungs- und Registriereinrichtung bezeichnet. Diese Verzögerung der Anzeige bewirkt, daß auch bei beginnender Auswanderung des Spalts aus der Linie der Ausschlag zunächst noch zunimmt und erst dann verzögert abfällt. Das bedeutet, daß die Linie mit verschobenem Maximum und verringerter Intensität registriert wird. Damit dieser Fehler

[1] SHURCLIFF, W. A.: J. opt. Soc. Amer. **39**, 1048 (1949).
[2] Vgl. H. LUTHER u. G. BERGMANN: Anm. S. 364.
[3] Bei Monochromatoren ist $b = 1$.

bei gegebenem T und noch brauchbarer Registriergeschwindigkeit t noch innerhalb der durch das Meßverfahren bedingten Genauigkeit liegt, muß man den Sollwert der Intensität einige Zeit konstant halten, was dadurch erreicht wird, daß man das Bild des Eintrittsspaltes s_e' gegenüber dem Austrittsspalt s_a vergrößert. Die für verschiedene Verhältnisse t/T und s_e'/s_a berechneten Werte von D haben LUTHER und BERGMANN angegeben. Praktisch wurde $s_e'/s_a = 1{,}64$ benutzt. Da die RAMAN-Linien jedoch in Wirklichkeit vom Rechteckprofil stets abweichen[1], ergeben sich in Praxis meistens kleinere Abweichungen, als Gl. (120) angibt. Man geht deshalb praktisch am besten so vor, daß man das Linienmaximum statisch einstellt und dann bei der Registrierung die Geschwindigkeit so lange herabsetzt, bis die statisch gemessene Maximalintensität etwa erreicht wird. Das Produkt der so ermittelten Zeitkonstanten T mit der Registriergeschwindigkeit v ergibt die zulässigen Arbeitsbedingungen. Für Intensitätsmessungen sollte $v\,T < 0{,}05\ \mathrm{cm}^{-1}$ sein.

Zur Kalibrierung und Kontrolle eines RAMAN-Spektrometers dient gewöhnlich das Spektrum von CCl_4, einem Stoff, der sich durch intensive RAMAN-Streuung auszeichnet und häufig gemessen wurde. Lage und relative Intensität der Linien sind in Tabelle 31 als Mittelwerte zahlreicher Messungen angegeben.

Tabelle 31. *Lage in $\Delta \overset{*}{\nu}$ und relative Intensität der* RAMAN-*Linien von* CCl_4

$\Delta \overset{*}{\nu}$ cm^{-1}	217	313	458	762	791
relative Intensität	85	93	100	25	25

Für die Bestimmung *relativer Intensitäten* wie auch für Zwecke der *quantitativen Analyse* von Gemischen muß natürlich analog wie etwa bei der Fluorescenzspektrometrie die Leuchtdichte der RAMAN-Linie auf die bekannte Leuchtdichte einer Glühlampe bekannter „Farbtemperatur“ bei der gleichen Wellenlänge und gleichen Spaltbreiten bezogen werden, damit die durch Reflexion, Absorption und spektrale Empfindlichkeitsverteilung des Empfängers bedingten Fehlerquellen eliminiert werden. Bei der quantitativen Analyse von Gemischen (z.B. Kohlenwasserstoffen) kann man auch die Intensitäten der Linien der verschiedenen Stoffe auf die Intensität von Standardlinien beziehen, die jedesmal bei konstanter Primärlichtquelle und unter konstanten Bedingungen (Temperatur, Küvette usw.) mit der gleichen Apparatur aufgenommen wird[2]. Die Streuintensitäten werden so auf sogenannte Streukoeffizienten $\Phi_{0\nu}/\Phi_{0\,\mathrm{Standard}}$ umgerechnet[3]. Als Standardlinien werden meistens die des CCl_4 oder des Cyclohexans vorgeschlagen. Die vielfach benutzte Linie 458 cm^{-1} von CCl_4 besitzt jedoch eine merkliche Isotopenstruktur, so daß die des Cyclohexans (z.B. 1442 cm^{-1} oder 801 cm^{-1}) vorzuziehen sind. Auf diese Weise hat man für die Hauptlinien zahlreicher Stoffe, ins-

[1] Tatsächlich stellen die RAMAN-„Linien“ ja die Q-Zweige von Rotations-Schwingungsbanden dar, die sich nicht auflösen lassen.

[2] FENSKE, M. R. u. Mitarb.: Analyt. Chem. **19**, 700 (1947).

[3] RANK, D. H. u. Mitarb.: Anal. Chem. **19**, 700, 766 (1947).

besondere von Kohlenwasserstoffen, diese relativen Streukoeffizienten ermittelt, die sich unmittelbar für die quantitative Analyse von Gemischen verwenden lassen, wenn man voraussetzt, daß diese Koeffizienten in der Mischung der Konzentration der betreffenden Komponente proportional sind. Um etwa in einem komplizierten Gemisch den totalen Gehalt an Aromaten und Olefinen zu bestimmen, kann man das gleiche Verfahren benutzen, muß aber an Stelle der Linienintensität im Maximum

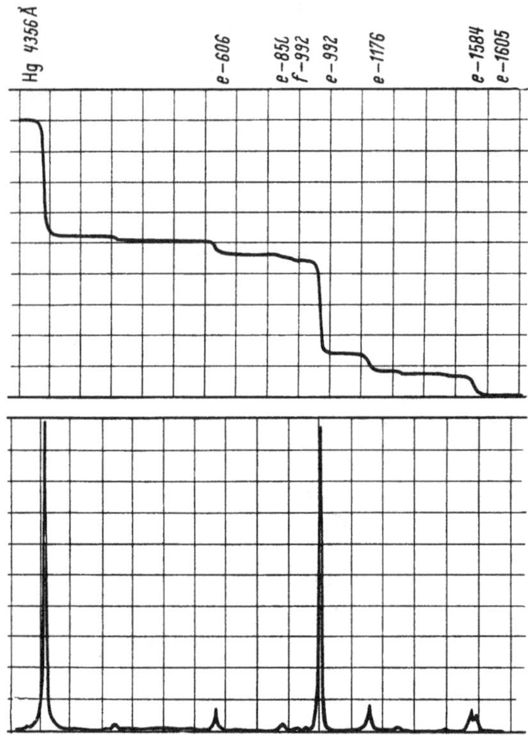

Abb. 189. Registrierkurve des RAMAN-Spektrums von Benzol (unten), aufgenommen mit dem Steinheilgerat, und Kurve der integrierten Intensitaten (oben)

die Fläche unter der (durch die Anwesenheit verschiedener ähnlicher Moleküle verbreiterten) registrierten Bande als Intensitätsmaß benutzen[1]. Dafür gibt es registrierende Integrationsschreiber, die an jede lichtelektrische Registriereinrichtung angeschlossen werden können[2] und bei käuflichen Geräten mitgeliefert werden. In Abb. 189 ist eine solche Integrationskurve des RAMAN-Spektrums von Benzol wiedergegeben. Die Stufenhöhe ist ein Maß für die integrierte Intensität. Die Abweichung von der Linearität solcher Integratoren wird (wohl etwas optimistisch) mit $< 0{,}1\%$ angegeben. Man kann natürlich auch planimetrisch auf der Registrierkurve des Spektrums selbst integrieren, wobei es zweckmäßig

[1] HEIGL, J. J., J. F. BLACK u. B. F. DUDENBOSTEL: Analyt. Chem. 21, 554 (1949); J. BRANDMÜLLER u. H. W. SCHRÖTTER: Z. Physik 149, 131 (1957).
[2] Hersteller z. B. Fa. A. Knott, München.

ist, die Abscisse zu dehnen, um genauere Werte zu erhalten. Die größte Fehlerquelle bei solchen Intensitätsmessungen bildet der variierende

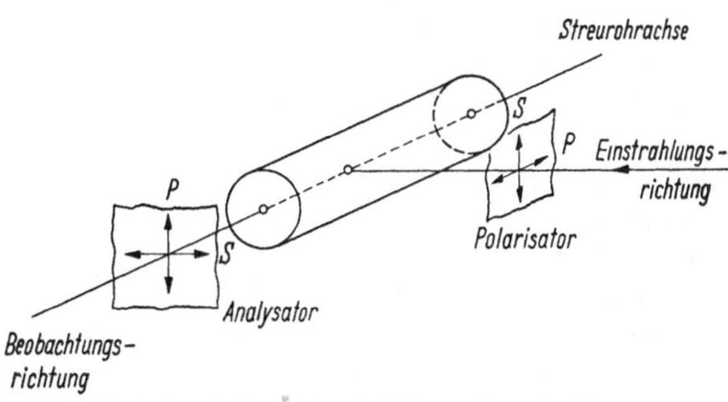

Abb. 190. Zur Polarisation der RAMAN-Streustrahlung

Untergrund der Linien. Ein Verfahren, dies zu korrigieren, haben MOSER und WEBER[1] angegeben. Eine ausführliche Diskussion der experimentellen Faktoren, die die Intensitäten beeinflussen, gibt REA[2]. Die quantitative Analyse mit Hilfe des RAMAN-Effekts ist vor allem von GOUBEAU und THALER[3] ausgearbeitet worden.

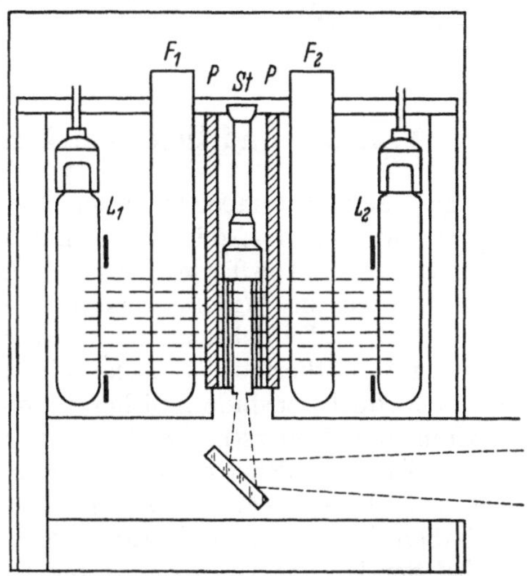

Abb. 191. Anordnung zur Messung des Depolarisationsgrades der RAMAN-Strahlung nach RANK. L_1, L_2 Hg-Brenner; F_1, F_2 Flüssigkeits-Zylinderlinsen; P Polarisationsfolie; St Streurohr

Für Strukturuntersuchungen ist der Polarisationszustand der RAMAN-Linien besonders aufschlußreich. Es sind deshalb Meßanordnungen zur Bestimmung des Depolarisationsgrades ϱ entwickelt worden, der den Polarisationszustand charakterisiert. Liegt die Streurohrachse in der x-Richtung eines Koordinatensystems, strahlt man in der y-Richtung paralleles Licht ein und beobachtet in der x-Richtung, so ist

$$\varrho = \frac{\Phi_s}{\Phi_p}, \qquad (121)$$

wobei Φ_s die Intensität des in der xy-Ebene schwingenden und Φ_p die Intensität des in der xz-Ebene schwingenden linear polarisierten Lichtes bedeutet (vgl. Abb. 190). Zur Messung des Depolarisationsgrades gibt es zwei Möglichkeiten:

[1] MOSER, H. u. U. WEBER: Intern. Tag. europ. Molekülspektroskopiker, Bologna 1959. Vgl. J. BRANDMÜLLER u. H. MOSER: Einf. in die Ramanspektr. 1962, S. 272.
[2] REA, G. D.: J. opt. Soc. Amer. **49**, 90 (1959).
[3] GOUBEAU, J. u. L. THALER: Angew. Chem. Beiheft 41 (1941).

1. Man läßt unpolarisiertes oder linear polarisiertes Erregerlicht senkrecht zur Streurohrachse einfallen und mißt den Polarisationsgrad des Streulichtes mit Hilfe eines geeigneten Analysators.

2. Man läßt nacheinander in der xy-Ebene linear polarisiertes Licht und in der yz-Ebene linear polarisiertes Erregerlicht senkrecht zur Streurohrachse einfallen und mißt jedesmal die Intensität des Streulichtes, ohne es zu analysieren.

In beiden Fällen muß man senkrecht zur Streuachse einstrahlen, was man durch parallele, innen geschwärzte Blenden oder eng benachbarte senkrecht auf der Streurohrachse stehende Scheiben erreicht. Eine geeignete Anordnung von RANK[1] zeigt Abb. 191.

Die als Zylinderlinsen wirkenden Glasrohre F_1 und F_2 machen die Erregerstrahlung parallel und werden zur Filterung mit $NaNO_2$-Lösung gefüllt. Zur Polarisierung benutzt man z.B. Folien NH32 der Polaroid Corporation[2]. Man wickelt sie am besten auf einem Rohr auf und zieht dieses über das Streurohr. Die Polarisation durch Reflexionen und Brechungen (vgl. S. 295), die sogenannte Apparatepolarisation, wird in der Weise bestimmt, daß man ein Lämpchen mit mattierter Oberfläche an Stelle des Streurohres anbringt und den Polarisationsgrad der Strahlung in beiden aufeinander senkrecht stehenden Ebenen als Funktion von λ analysiert.

V. Licht- und thermoelektrische Methoden im IR

Das Gebiet thermoelektrischer Meßmethoden reicht praktisch von $1\,\mu$ an aufwärts und wird im kurzwelligen IR (bis etwa $9\,\mu$, in Sonderfällen bis $40\,\mu$; vgl. S. 158ff.) vom Gebiet lichtelektrischer Methoden überschnitten, wo die Widerstandszellen vermehrte Bedeutung gewinnen (vgl. S. 158ff.). Da lichtelektrische Empfänger meist wesentlich empfindlicher sind als thermoelektrische, wird man sie im nahen IR gelegentlich vorziehen, doch verhindern bisher die photometrisch ungünstigen Eigenschaften der Widerstandszellen ihre allgemeine Einführung. Oberhalb von $9\,\mu$ ist man bisher ausschließlich auf thermische Empfänger angewiesen, und diese werden auch in fast allen modernen Geräten benutzt. Sie haben ihrerseits den Nachteil größerer Zeitkonstanten (vgl. S. 174).

Bei der IR-Spektroskopie treten wie bei der RAMAN-Spektroskopie quantitative analytische Aufgaben bisher noch gegenüber Konstitutionsproblemen zurück, d.h. die Zuordnung der beobachteten Banden zu den Normal- oder Gruppenschwingungen und die damit zusammenhängende Konstitutions- und Strukturaufklärung organischer Moleküle nimmt das

[1] RANK, D. H. u. Mitarb.: J. chem. Physics **16**, 698 (1948); D. H. RANK u. R. V. WIEGAND: J. opt. Soc. Amer. **36**, 325 (1946). Weitere Angaben z.B. bei A. W. REITZ: Z. physik. Chem. B **33**, 368 (1936); J. CABANNES u. A. ROUSSET: Ann. Chim. Physique [10] **19**, 229 (1933); J. T. EDSALL u. E. B. WILSON: J. chem. Phys. **6**, 124 (1938); T. YOSHINO u. H. J. BERNSTEIN: J. Mol. Spectroscopy **2**, 213 (1958).

[2] Bezugsquelle: Fa. Käsemann, Oberaudorf/Inn.

größere Interesse in Anspruch[1]. Aber auch die quantitative photometrische Analyse im IR gewinnt ständig an Bedeutung, insbesondere auch für industrielle Aufgaben, so daß die Anwendungsgebiete der IR-Spektroskopie sozusagen von Tag zu Tag zunehmen. Hand in Hand mit dieser rasch wachsenden Bedeutung für die theoretische Forschung und die praktische Anwendung hat sich die Meßmethodik[2] in wenigen Jahren so außerordentlich vervollkommnet, daß sie der Methodik im sichtbaren Gebiet und im UV keineswegs mehr nachsteht.

1. Besonderheiten von Messungen im IR

Die allgemeinen experimentellen Hilfsmittel für Messungen in allen Spektralgebieten (Strahlungsquellen, Filter, Optik, Strahlungsempfänger, Lösungsmittel) sind bereits im Kap. II behandelt worden, so daß hier nur noch einige Besonderheiten erwähnt werden sollen, die speziell für Messungen im IR von Wichtigkeit sind.

a) Die Meßproben. Die Schwierigkeit, ein über größere Bereiche des IR genügend durchlässiges *Lösungsmittel* zu finden, wurde bereits S. 140 diskutiert. Insbesondere eignet sich Wasser sehr schlecht als Lösungsmittel, so daß Stoffe, die sich praktisch nur in Wasser lösen, wie etwa Eiweißstoffe, bisher nur in Form von Suspensionen in Paraffinöl oder Nujol untersucht werden konnten. In manchen Fällen ist jedoch D_2O an Stelle von H_2O brauchbar, dessen Banden gegenüber denen von H_2O verschoben sind[3]. Auch das Problem der Untersuchung *fester Stoffe* war bisher nur unbefriedigend gelöst. Man versuchte, durch Aufschmelzen, Aufdampfen, Verdunsten aus Lösungen, Pressen usw. dünne Filme meßbarer und gleichmäßiger Dicke herzustellen. Eine von SCHIEDT und REINWEIN entwickelte Methode[4] hat diese Schwierigkeit weitgehend behoben: Man mischt die zu untersuchende Probe mit feingepulvertem KBr oder KCl im gewünschten Verhältnis (z.B. 1 : 1000) und preßt unter Wasserstrahlvakuum bei Drucken von 6 bis 10 Tonnen/cm² durchsichtige Scheiben,

[1] Neuere zusammenfassende Darstellungen: G. HERZBERG: Infrared and Raman spectra of polyatomic molecules, New York 1947; J. LECOMTE: Rayonnement infrarouge, Bd. 1 u. 2, Paris 1948 u. 1949; R. SUHRMANN u. H. LUTHER: Neuere Ergebnisse der Ultrarotspektroskopie, Fortschr. chem. Forschg. 2, 758 (1953); H. M. HERSHENSON, Infrared Absorption Spectra, New York 1959; L. J. BELLAMY: Infrared Spectra of Complex Molecules, 2. Aufl. New York 1958; W. BRÜGEL: Einführung in die Ultrarotspektroskopie, 3. Aufl. Darmstadt 1962. Dort zahlreiche weitere Literaturangaben; W. BRÜGEL: Physik u. Technik der Ultrarotstrahlung, Hannover 1961; A. D. CROSS: Practical Infrared Spectroscopy, London 1960; I. KÖSSLER: Methoden der Infrarot-Spektroskopie, Leipzig 1961. P. W. KRUSE, L. D. MCGLAUCHLIN u. R. B. MCQUISTAN: Infrared Technology, New York, London 1962.

[2] Sammelreferate: V. Z. WILLIAMS: Rev. sci. Instruments **19**, 135 (1948); R. SUHRMANN u. H. LUTHER: Chem. Ing. Techn. **22**, 409 (1950); W. LÜTTKE: Angew. Chem. **63**, 402 (1951); E. LIPPERT: Z. angew. Physik **4**, 390, 434 (1952); W. KAYE: Spectrochim. Acta **6**, 257 (1954); **7**, 181 (1955); G. R. HARRISON, R. C. LORD u. J. R. LOOFBOUROW: Practical Spectroscopy, New York 1948.

[3] Über IR-Spektroskopie in wässerigen Lösungen vgl. J. D. S. GOULDEN: Spectrochim. Acta **15**, 657 (1959).

[4] SCHIEDT, U. u. H. REINWEIN: Z. Naturf. **7b**, 270 (1952); **8b**, 66 (1953); M. M. STIMSON u. M. J. O'DONNELL: J. Amer. chem. Soc. **74**, 1805 (1952).

die quantitativ brauchbare Spektren liefern[1]. Damit die Scheiben nicht trübe werden, ist das Alkalihalogenid vorher sorgfältig zu trocknen, am besten durch Schmelzen und Erstarrenlassen im Exsiccator über P_2O_5. Zur homogenen Vermischung der beiden Stoffe benutzt man einen Mörser, eine Kugelmühle oder einen Vibrator[2], ein vor den Polen eines wechselstrombetriebenen Magneten schwingendes Röhrchen, in das kleine Stahlkugeln gebracht werden. Zur feinsten Pulverisierung der Untersuchungsprobe, die im Interesse einer geringen Streuwirkung der Preßscheiben notwendig ist, existiert ein – allerdings nur für lösliche Stoffe anwendbares – Verfahren, das alle mechanischen Zerkleinerungsmethoden übertrifft: Man löst den Stoff in einem geeigneten Lösungsmittel, bringt die Lösung rasch mit CO_2-Aceton oder flüssiger Luft zum Erstarren und sublimiert anschließend das Lösungsmittel im Vakuum weg. Der Stoff bleibt je nach Geschwindigkeit des Ausfrierens und Konzentration als feines Pulver mit Korngrößen von wenigen Zehntel μ und darunter zurück. Diese Methode der sogenannten „Lyophilisierung" ist auch für Reflexionsmessungen an Pulvern wichtig.

Bei genügend kleiner Konzentration der Probe im Alkalihalogenid (Molenbruch $x < 10^{-3}$) und genügend langer Mahldauer (bis zu 12 Stunden) werden die meisten organischen Stoffe an der Oberfläche der KCl- bzw. KBr-Kristallite homogen adsorbiert, und man erhält beim Pressen der Scheiben die Probe gewissermaßen homogen in KCl oder KBr gelöst[3]. Bei harten (den meisten anorganischen) Stoffen erhält man dagegen auch unter diesen Bedingungen keine homogenen Mischungen, so daß die gepreßten Scheiben eine erhebliche *Streuwirkung*[4] besitzen, die mit den verschiedenen Brechungsindices der Komponenten der Mischung zusammenhängen. Derartige Messungen können deshalb meistens nicht quantitativ ausgewertet werden. Durch die Wechselwirkung (Adsorption) der zu untersuchenden Molekeln werden außerdem häufig scharfe Banden verbreitert und abgerundet[5], insbesondere gilt dies für OH-Banden, da Wasserstoffbrücken zu den Halogenionen gebildet werden[6]. Zusätzliche Banden, die beim Vermahlen von reinem KBr gefunden und auf Kristalländerungen zurückgeführt wurden[7], dürften auf dem Abrieb der Mahlbecher bzw. -kugeln beruhen. Für die Untersuchung sehr geringer Substanzmengen ist eine Mikro-Preßtechnik beschrieben worden[8]. Ein Dewar-Gefäß für Messung von Preßlingen bei tiefen Temperaturen beschreibt CHILTON[9].

Bei Absorptionsmessungen an Lösungen mißt man das Verhältnis Φ_0/Φ in der üblichen Weise, daß man einmal die Strahlungsintensität

---

[1] Die Druckapparatur wird von der Fa. Paul Weber, Stuttgart-Uhlbach, geliefert.

[2] ARDENNE, M. v.: Angew. Chem. **54**, 144 (1941).

[3] Vgl. dazu z.B. A. TOLK: Spectrochim. Acta **17**, 511 (1961).

[4] LEJEUNE, R. u. G. DUYCKAERTS: Spectrochim. Acta **6**, 194 (1954).

[5] ROBERTS, G.: Anal. Chem. **29**, 911 (1957).

[6] FARMER, V. C.: Spectrochim. Acta **8**, 374 (1957).

[7] MILKEY, R. G.: Anal. Chem. **30**, 1931 (1958).

[8] DINSMORE, H. L. u. P. R. EDMONDSON: Spectrochim. Acta **15**, 1032 (1959). Preßwerkzeuge für Mikropräparate liefern mehrere Firmen, z.B. Perkin-Elmer.

[9] CHILTON, H. T. J.: Spectrochim. Acta **16**, 979 (1960).

nach dem Durchgang durch eine Küvette mit Lösung (Φ) und dann nach dem Durchgang durch die gleiche Küvette mit Lösungsmittel (Φ_0) bestimmt. Auf diese Weise heben sich Reflexionsverluste an den verschiedenen Grenzflächen heraus, weil der Unterschied in den Brechungsindices zwischen Lösung und Lösungsmittel nicht ins Gewicht fällt. Benutzt man zwei Küvetten (Meß- und Vergleichsküvette bei Doppelstrahlmethoden), so muß man die mehrfach erwähnte Prüfung auf identische Durchlässigkeit bzw. „Trogfehler" sehr häufig wiederholen, da die empfindlichen Fenster aus NaCl oder KBr leicht trübe werden und gelegentlich nachgeschliffen werden müssen. Bei Messungen an reinen Flüssigkeiten sind die Unterschiede in den Brechungsindices von Flüssigkeit und Luft so groß, daß man nicht einfach die Vergleichsküvette leer lassen darf. Man hilft sich so, daß man zum Vergleich eine Küvette mit sehr kleiner Schichtdicke, gefüllt mit der gleichen Flüssigkeit, benützt. Dann gilt $E = \lg(\Phi_0/\Phi) = \varepsilon c(s - s_0)$, wobei Φ die Strahlungsintensität nach Durchgang durch eine Küvette der Schichtdicke s bedeutet, Φ_0 die Intensität nach Durchgang durch die Vergleichsküvette mit der sehr kleinen Schichtdicke s_0.

Die Schwierigkeiten in der Beschaffung geeigneter Lösungsmittel oder der Herstellung kleiner Schichtdicken wirken sich besonders bei *quantitativen Messungen*, d.h. bei der *Infrarotphotometrie* aus, bei der man aus der Intensität einer Absorptionsbande auf die Menge des absorbierenden Stoffs schließen will. Um den Extinktionskoeffizienten ε bzw. die Konzentration c mit genügender Genauigkeit bestimmen zu können, muß auch die Schichtdicke s mit der gleichen Genauigkeit bekannt sein. Schichtdicken von 0,1 cm und darüber können noch mit einer Genauigkeit von wenigen Promillen eingehalten werden, dagegen beträgt die Unsicherheit bei Küvetten von 0,01 cm bereits etwa 5%. Man muß ferner berücksichtigen, daß man bei IR-Geräten die Küvetten häufig im Fokus des Strahlengangs anbringt, statt in einem parallelen Strahlengang. Gegebenenfalls ist die „wirksame Schichtdicke" nach S. 134 einzusetzen.

Um auch ohne Lösungsmittel mit größeren Schichtdicken arbeiten zu können, hat man zwei Wege zur Verfügung. Entweder man mißt die Absorption im Dampfzustand, also eventuell bei erhöhter Temperatur, oder man wählt, wo dies nicht möglich ist, zur Untersuchung das Gebiet des *nahen Infrarot* (1 bis 3 μ), in dem die *Oberschwingungen* der in Betracht kommenden Bindungen liegen[1]. Die Intensitäten dieser Banden sind um so kleiner, je höher ihre Frequenz ist. Beispielsweise nehmen die Extinktionskoeffizienten der CH-Bande im Spektrum von $CHCl_3$ von der 1. bis zur 4. Oberschwingung im Verhältnis von 6000 : 1 ab[2]. Diesen niedrigen Extinktionskoeffizienten entsprechend wird man mit Schichtdicken bis zu mehreren Zentimetern arbeiten können.

b) Infrarot-Empfänger; Verstärkung und Registrierung von Thermoströmen. Als Empfänger für IR-Strahlung oberhalb etwa 6 μ kommen ausschließlich Thermoelemente, Bolometer oder GOLAY-Zellen in Frage

[1] SUHRMANN, R.: Angew. Chem. **62**, 507 (1950); R. SUHRMANN u. H. LUTHER: Chem. Ing. Techn. **22**, 409 (1950).
[2] KEMPTER, H. u. R. MECKE: Z. Naturf. **2**a, 549 (1947).

(vgl. S. 180ff.). Diese unterscheiden sich merklich in ihren Zeitkonstanten und ihrer Nachweisgrenze[1], die in der angegebenen Reihenfolge abnehmen. Da heute in der IR-Spektroskopie fast ausschließlich Wechselstrahl- bzw. Unterbrechermethoden verwendet werden, ist dies bei der Wahl der Frequenz zu berücksichtigen. Daß die früher übliche Methode der punktweisen Ausmessung des Spektrums unter Benutzung von Galvanometerverstärkern (vgl. S. 246) praktisch völlig verlassen worden ist, hat im wesentlichen zwei Gründe: Einmal müssen wegen der Schmalheit und der Struktur der Schwingungsbanden die Meßpunkte in sehr dichter Folge gewählt werden, wobei außerdem jeder Durchlässigkeitswert wenigstens zwei Messungen (mit bzw. ohne Meßprobe) erfordert. Damit wird der Zeitbedarf für die Ausmessung des ganzen Spektrums sehr hoch. Zweitens beeinträchtigen die Temperaturschwankungen der Umgebung gerade bei thermoelektrischen Messungen die Meßgenauigkeit besonders stark. Durch Umwandlung der Thermogleichspannung in eine Wechselspannung mit nachfolgender Resonanzverstärkung (vgl. S. 243) und durch kontinuierliche Registrierung der Durchlässigkeitswerte werden diese Nachteile vermieden. Zur Erzeugung der Wechselspannung benutzt man die schon früher diskutierten Möglichkeiten: 1. Umwandlung der Gleichspannung in Wechselspannung mit Hilfe eines Vibrators oder rotierenden Schalters, 2. Modulation der Meßstrahlung durch mechanische Unterbrecher, wobei sowohl Einstrahl- wie Doppelstrahlmethoden in Betracht kommen oder 3. – bei Verwendung von Bolometern als Empfänger – Betreiben der WHEATSTONEschen Brücke mit Wechselstrom.

Abb. 192. Blockschema eines Verstärkers für Thermoströme nach dem Unterbrecherprinzip

Ein Blockschema der erstgenannten Methode[2] zeigt Abb. 192. Sie hat den Vorteil, daß die relativ großen Zeitkonstanten von Thermoelementen unberücksichtigt bleiben können. Die Eingangsgleichspannung des Thermoelementes wird mit einem motorgetriebenen Unterbrecher in Wechselspannung von 75 Hz umgewandelt und abwechselnd den beiden Hälften der Primärwicklung eines Transformators zugeführt. Die Frequenz wird absichtlich verschieden von der Netzfrequenz gewählt, um Störungen mittels der folgenden dreistufigen Resonanzverstärkung auszusieben. Die Wechselspannung des Ausgangstransformators wird wiederum mit Hilfe eines synchron laufenden Unterbrechers gleichgerichtet und dem Galvanometer bzw. (nach weiterer Verstärkung) der Meßspule eines Tintenschreibers zugeführt. Die Eingangsimpedanz dieses Verstärkers beträgt nur 5 bis 20 Ohm, so daß er sich speziell für die niedrigohmigen Thermoelemente eignet[3].

---

[1] Vgl. Darstellung siehe bei R. C. JONES, J. opt. Soc. Amer. **39**, 327, 344 (1949).
[2] LISTON, M. D. u. Mitarb.: Rev. sci. Instruments **17**, 194 (1946).
[3] Er wird von der Perkin-Elmer Corp. als Modell 53 hergestellt.

Ein Verstärker nach der zweiten Methode[1] (Modulation der Meßstrahlung) muß die Trägheit der Thermoelemente berücksichtigen; es werden deshalb niedrige Unterbrecherfrequenzen (etwa 10 bis 15 Hz) gewählt. Durch diese Methode werden Nullpunktsschwankungen durch Temperaturänderungen der Umgebung wesentlich besser eliminiert als durch die erste.

Die sehr kleine Signalspannung (10^{-7} bis 10^{-9} Volt) wird zunächst einem *Vorverstärker* zugeführt, der zwecks kurzer Zuleitung unmittelbar an den Empfänger angebaut wird. Die Gesamtverstärkung ist sehr hoch (Faktor 10^6 bis 10^9) und geschieht auf die übliche Weise. Dann wird die Wechselspannung gleichgerichtet mittels Dioden, die zur Lichtmodulation synchron gesteuert werden. Die Gleichspannung steuert dann den speziellen Kraftverstärker für die Einstellung der Meßblende, wobei die Polarität die Richtung der Einstellung bestimmt. Bei elektrischem Abgleich muß man mittels eines komplizierteren Gleichrichters das Wechselstromsignal in die beiden Anteile für Φ und Φ_0 zerlegen, der Quotient wird im Schreiber gebildet.

Bei manchen Geräten kann man durch geringfügige Änderung des Verstärkers den Doppelstrahlbetrieb auf Einstrahlbetrieb umstellen, was für spezielle Aufgaben erwünscht ist.

Die *Bandbreite* des Verstärkers muß der Modulationsfrequenz der Strahlung möglichst gut angepaßt sein. Sie ist umgekehrt proportional der *Zeitkonstanten* des Systems, ihre Verringerung verringert also das Rauschen, aber auch die Anzeigegeschwindigkeit, so daß die Registrierzeit wächst. Man macht deshalb häufig die Zeitkonstante variierbar (z.B. durch Änderung des mechanischen Übersetzungsverhältnisses zwischen Motor und Schreibfeder), um die Meßbedingungen den jeweiligen Bedingungen anzupassen. Spezielle Servoverstärker regeln die übrigen Betriebselemente wie Spaltbreite, Registriergeschwindigkeit, Strahlungsintensität usw.

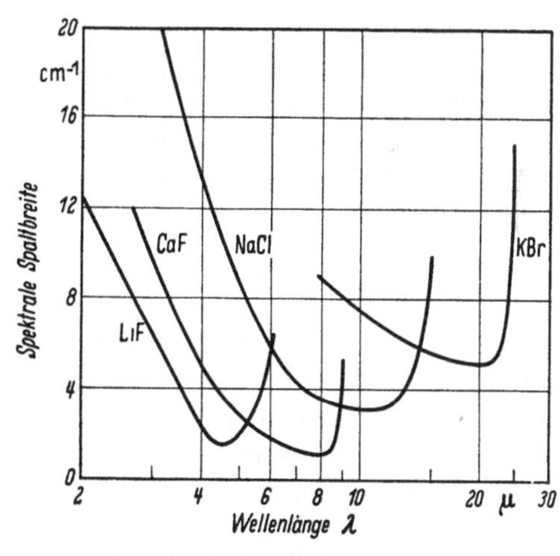

Abb. 193. Spektrale Spaltbreite bei konstantem Φ_0 für verschiedene Prismen

Verstärker und Meßblende bei optischem Nullabgleich stellen zusammen einen *Regelkreis* dar[2], worin die sich ständig ändernde Strahlungsleistung Φ im Meßstrahl die Führungsgröße, die Strahlungsleistung Φ_0 im Vergleichsstrahl die Regelgröße und die Meßblende das Stellglied

[1] ROESS, L. C.: Rev. sci. Instruments **16**, 172 (1945).

[2] Vgl. E. FUNCK u. L. BECKMANN: Chem. Ing. Techn. **31**, 711 (1959); W. OPPELT: ibid. **23**, 191 (1951); E. WEIS: ibid. **24**, 437 (1952).

bilden. Deshalb erfordert der Verstärker eine *kritische* Einstellung, denn bei zu kleiner Verstärkung hinkt der Nullabgleich nach, und bei zu großer Verstärkung ändert sich die Meßblende über den Abgleichspunkt hinaus. Damit die kritische Einstellung erhalten bleibt, muß Φ_0, das sich natürlich mit λ ändert, konstant gehalten werden. Dazu dient das sogenannte *Spaltprogramm*, das mit dem λ- bzw. $\overset{*}{\nu}$-Vorschub gekoppelt ist. Mit der geometrischen Spaltbreite ändert sich natürlich auch die *spektrale* Spaltbreite $\Delta\overset{*}{\nu}$ (vgl. S. 285) und damit das Auflösungsvermögen. In Abb. 193 ist die spektrale Bandbreite bei konstantem Φ_0 für einige Prismenmaterialien wiedergegeben[1]. Man entnimmt der Abbildung, daß $\Delta\overset{*}{\nu}$ für dasjenige Prisma am kleinsten ist, das die kürzestwellige Absorptionsgrenze besitzt, in einem Bereich, in dem mehrere Prismen brauchbar sind.

Bei Geräten mit elektrischem Abgleich steuert der Verstärkerausgang direkt den Schreiber, bei optischem Abgleich verschiebt er die Meßblende, deren Stellung mechanisch auf die Schreibfeder übertragen wird. Nimmt man, wie es häufig geschieht, die Übertragung durch ein Servosystem vor, so kann man die Durchlässigkeitsskala beliebig dehnen oder mittels eines logarithmischen Potentiometers die Extinktion statt der Durchlässigkeit registrieren.

Die *Registriergeschwindigkeit* läßt sich entweder von Hand in Stufen oder stetig einstellen, oder sie kann vom Vorschubprogramm automatisch so beeinflußt werden, daß bei starken Änderungen der Durchlässigkeit der Vorschub langsamer läuft und vice versa.

Die Linearisierung der λ- oder $\overset{*}{\nu}$-Koordinate[2] wird über Kurvenscheiben vorgenommen, die den Hebel für die Drehung des LITTROW-Spiegels oder des Gitters steuern. Die exakte Herstellung dieser Kurvenscheiben, die man heute mit elektronischen Rechenmaschinen berechnet, erfordert eine Toleranz des Radius von wenigen μ!

In Abb. 194 ist das Funktionsschema eines Doppelstrahlgeräts mit optischem Abgleich wiedergegeben[3], wie es heute von den Firmen geliefert wird. In den Kreisen sind die Funktionen angegeben, die von Hand eingestellt werden. Der stark gezeichnete Hauptregelkreis aus Optik, Empfänger, Verstärker, Abgleichmotor und Meßblende mit Spaltprogramm und λ- bzw. $\overset{*}{\nu}$-Linearisierung ist allen, auch den vereinfachten Geräten gemeinsam, während die übrigen Funktionen je nach Größe und Preis des Gerätes zusätzlich eingebaut werden.

Eine nach der dritten Methode arbeitende Verstärkeranordnung mit einem Bolometer in einer wechselstrombetriebenen WHEATSTONEschen Brückenschaltung beschreiben SCHLESMAN und BROCKMAN. Auch in diesem Fall ist die Zeitkonstante des Bolometers für die Verstärkung ohne wesentlichen Einfluß. Die Frequenz der benutzten Wechselspannung beträgt 1000 Hz, auf sie ist der nachfolgende Verstärker abgestimmt. Nullpunktschwankungen lassen sich ebenfalls schwerer eliminieren als bei Methode 2. Man zieht deshalb die Methode 2 in der Regel

[1] GORE, R. C. u. Mitarb.: J. opt. Soc. Amer. **37**, 23 (1947).
[2] Vgl. dazu F. S. BRACKETT: J. opt. Soc. Amer. **47**, 636 (1957).
[3] Vgl. E. FUNCK u. L. BECKMANN: l. c.

vor, auch bei Bolometern als Empfänger, zumal diese eine merklich kleinere Zeitkonstante besitzen als Thermoelemente (vgl. S. 183).

c) Wellenlängenkalibrierung. Die Genauigkeit, mit der eine Wellenlänge oder Wellenzahl gemessen werden kann, hängt vom Auflösungsvermögen des Spektrometers ab und beträgt etwa $^1/_5$ bis $^1/_{10}$ des erreichbaren Auflösungsvermögens. Für Gitterspektrometer mit einer Auf-

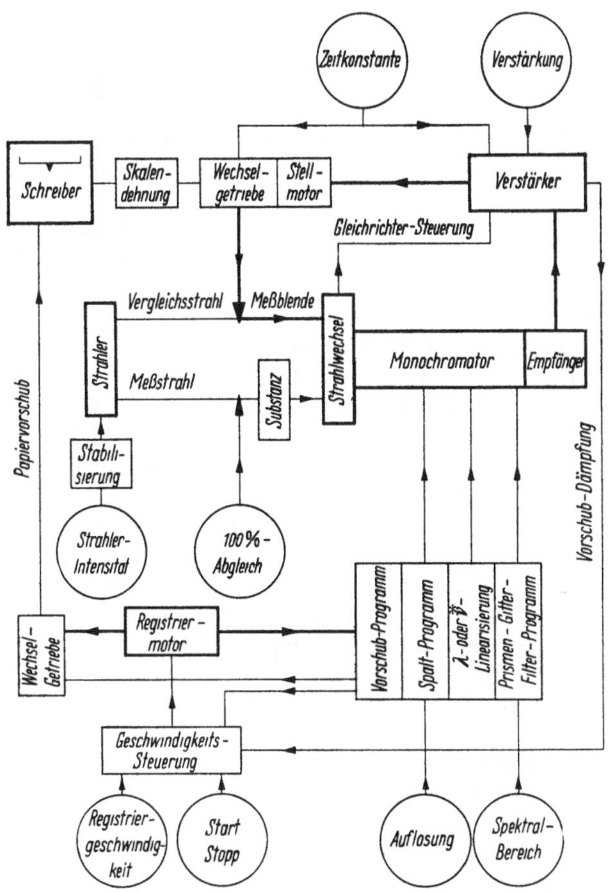

Abb. 194. Funktionsschema eines Doppelstrahlgerätes mit optischem Nullabgleich

lösung von 0,1 bis 1 cm^{-1} sollten deshalb die Wellenlängen-Standards eine absolute Genauigkeit von wenigstens 0,02 cm^{-1} oder besser besitzen. Derartig hohe Genauigkeiten erreicht man nur unter Benutzung von Fabry-Perot-Interferometern (vgl. S. 117) und Atomemissionslinien. Liegen diese im Sichtbaren oder UV, so kann man sie durch Messung in höherer Ordnung für die Kalibrierung im IR heranziehen, doch gibt es auch im nahen IR zahlreiche Linien der Edelgase und des Quecksilbers, die man für diesen Zweck verwenden kann und die man aus dem Ritzschen Kombinationsprinzip mit entsprechend hoher Genauigkeit berechnen kann. Alle derartigen Emissionslinien, die sich für die Kalibrierung hochauflösender Gittergeräte eignen, sind neuerdings von der IUPAC zusammengestellt worden[1], so daß sie leicht auffindbar sind. Sie sind angegeben für Messungen in Luft unter Standardbedingungen (trokkene Luft bei 760 mm Hg Druck und 15 °C mit einem CO_2-Gehalt von 0,03 Volumen-%). Sind diese Bedingungen nicht erfüllt, so kann man den Einfluß von Druck und Temperatur auf den Brechungsindex der Luft durch die Gleichung[2]

$$(n-1) = (n_{\text{Stand}} - 1)\,\frac{1 + 0{,}00366\, t_{\text{Stand}}}{1 + 0{,}0036\, t}\,\frac{p}{p_{\text{Stand}}} \qquad (1)$$

korrigieren. Tafeln, die den Brechungsindex der Luft von 0,2 bis 20 μ im Temperaturbereich von -30 °C bis $+30$ °C angeben, sind ebenfalls berechnet worden[2].

Zur Reduktion der Wellenlängen in Luft auf Wellenzahlen im Vakuum für den Bereich von 2000 Å bis 1000 μ stehen ebenfalls Tafeln zur Verfügung[3]. Für den Bereich von 2 bis 20 μ sind sie in der oben genannten IUPAC-Publikation[1] auszugsweise angegeben.

Unter Bezugnahme auf derartige Standard-Atomemissionslinien in höherer Ordnung haben mehrere Autoren[4] die Rotationslinien von CO in Absorption gemessen, und zwar sowohl der Grundschwingungsbande wie der ersten Oberschwingung, mit einer absoluten Genauigkeit von $\pm$ 0,01 cm^{-1}. Späterhin sind die Rotationslinien von Schwingungsbanden zahlreicher anderer Molekeln (CO_2, HCN, C_2H_2, CH_4, HCl, HBr, DCl, DBr, NH_3, NO, H_2O usw.) mit ähnlich großer Genauigkeit gemessen worden, wobei teilweise die CO-Linien als Bezugslinien dienten. Deshalb können nun diese Absorptionslinien ihrerseits als Wellenlängenstandards für hochauflösende Geräte benutzt werden, sie erstrecken sich über den Bereich von 4300 bis 600 cm^{-1} (2,3 bis 16,7 μ), der für die IR-Spektren der wichtigste und meistgebrauchte ist. Die Wellenzahlen dieser Rotationslinien sind ebenfalls in der genannten IUPAC-Veröffentlichung zusammengestellt.

Für die Untersuchung der IR-Spektren von kondensierten Phasen, die keine Rotationsfeinstruktur besitzen, benutzt man die zur Verfügung stehenden Tabellen. Die spektrale Bandbreite bei diesen Geräten liegt in dem Bereich von 1 bis 10 cm^{-1}, die Genauigkeit der Wellenlängenkalibrierung kann also wesentlich geringer sein als bei den hochauflösenden Geräten. Da ferner bei den käuflichen IR-Spektrometern die Umstellung des Beleuchtungssystems von Absorption auf Emission einen recht schwierigen und langwierigen Umbau erfordert, wird man sich für die Wellenlängenkalibrierung in der Regel bekannter und ge-

[1] Pure and Appl. Chem. **1**, 537 (1961).

[2] Penndorf, R.: J. opt. Soc. Amer. **47**, 176 (1957).

[3] Coleman, Bozman u. W. F. Meggers: Natl. Bur. Standards Monograph 3 (1960).

[4] Vgl. vor allem die Arbeiten von D. H. Rank u. Mitarb.: J. Opt. Soc. Amer. **47**, 686 (1957); **50**, 421, 657 (1960); sowie von E. K. Plyler u. Mitarb.: J. Res. Natl. Bur. Stand. **61**, 53 (1958); **64**, 29 (1960); J. opt. Soc. Amer. **45**, 102 (1955) und von K. N. Rao u. Mitarb.: J. opt. Soc. Amer. **49**, 216 (1959); **50**, 228 (1960).

nügend genau vermessener Absorptionsbanden bedienen. Man hat die Lage der Maxima solcher Banden mit einem Gitterspektrometer bestimmt, das ähnliche Auflösung besitzt wie das zu kalibrierende Prismengerät. Die Breite dieser unaufgelösten Banden ermöglicht die Verwendung größerer Spaltbreiten (effektive Bandbreite 1 bis 2 cm^{-1}) und deshalb auch größeres Signal/Rausch-Verhältnis. Außer Absorptionsbanden von Gasen kann man auch genügend scharfe Absorptionsbanden von Flüssigkeiten oder festen Filmen für die Kalibrierung benutzen. Ausführliche Sammlungen solcher Banden, die sich für die einzelnen Prismenmaterialien eignen, sind von verschiedenen Autoren[1] angegeben worden. Neuerdings sind auch diese Daten von der IUPAC für den Bereich von 4000 bis 600 cm^{-1} in einer zusammenfassenden Arbeit[2] gesammelt worden, wobei die absolute Genauigkeit der angegebenen Zahlenwerte je nach den verwendeten Stoffen und ihrem Aggregatzustand zwischen 0,05 und 1 cm^{-1} variiert, so daß diese Daten für die Eichung von Geräten in einem weiten Auflösungsbereich herangezogen werden können. In der Tabelle 32 sind einige dieser Banden wiedergegeben. Die Reduktion auf Luft unter Standardbedingungen oder auf Vakuum kann hier häufig vernachlässigt werden. Dagegen muß der zu eichende Monochromator natürlich genügend große Auflösung besitzen, daß nicht nah benachbarte Banden der Eichtabelle ineinanderfließen.

In neuerer Zeit hat sich gezeigt, daß die schon lange bekannte[3] Methode der *interferometrischen Wellenlängenmessung* sich für das IR als besonders brauchbar erweist[4]. Sie stellt gewissermaßen die Umkehrung der S. 126 beschriebenen interferometrischen Messung sehr kleiner Schichtdicken dar.

Man mißt die Durchlässigkeit zweier paralleler Platten mit dünner Luftzwischenschicht (leere Küvette oder FABRY-PEROT-Etalon) als Funktion der Wellenlänge und erhält eine Kurve mit überlagerten Maxima und Minima, die durch Interferenz zwischen den durchgelassenen und innerhalb der Platten reflektierten kohärenten Strahlen zustande kommen. Um die Intensitätsdifferenz zwischen Maximum und Minimum zu vergrößern, kann man die Platten auf der Innenseite mit einem halbdurchlässigen Überzug von Aluminium oder Silber[5] versehen. Ein Beispiel[6] für sinusförmige Registrierkurven dieser Art im Gebiet von 1 bis 10 μ mit zwei verschiedenen Plattenabständen zeigt Abb. 195. Ein solches Etalon stellt also ein Interferenzfilter hoher Ordnung dar (vgl S. 118).

[1] Vgl. z.B. A. R. DOWNIE u. Mitarb.: J. opt. Soc. Amer. **43**, 941 (1953); I. M. MILLS u. Mitarb.: ibid. **45**, 785 (1955); V. ROBERTS: J. sci. Instr. **31**, 226 (1954); E. K. PLYLER u. Mitarb.: J. Res. Natl. Bur. Stand. **45**, 462 (1950); **48**, 221 (1952).

[2] Pure and Appl. Chem. **1**, 603 (1961).

[3] RUBENS, H.: Pogg. Ann. **45**, 238 (1892).

[4] Vgl. z.B. K. NAVAHARI RAO u. Mitarb.: J. opt. Soc. Amer. **49**, 216 (1959); R. A. FISHER: ibid. **49**, 1100 (1959).

[5] RANK, D. H., H. D. RIX u. T. A. WIGGINS: J. opt. Soc. Amer. **43**, 157 (1953); D. H. RANK, J. M. BENNETT u. T. A. WIGGINS: J. opt. Soc. Amer. **43**, 213 (1953).

[6] Abb. 195 wurde freundlicherweise von Herrn Prof. MECKE zur Verfügung gestellt.

Tabelle 32. *Eichlinien und Eichbanden für die Kalibrierung von IR-Spektrometern mittleren Auflösungsvermögens*

λ [μ]	$\overset{*}{\nu}$ [cm^{-1}]	Stoff	Aggregatzustand
1,120	8929	Trichlor-	fl. 10 cm
1,648	6068	äthylen	1 cm
0,871	11481	Benzol	fl. 10 cm
1,138	8787		1 cm
1,670	5988		0,1 cm
0,8823	11334	Chloroform	fl. 10 cm
1,149	8703		10 cm
1,689	5921		1 cm
1,6606	6020,3	1,2,4-Tri-	fl. 0,5 mm
2,1526	4644,2	chlorbenzol	fl. 0,5 mm
2,3126	4322,9		fl. 0,5 mm
2,4030	4160,3		fl. 0,5 mm
2,4374	4101,6		fl. 0,5 mm
2,4944	4007,9		fl. 0,5 mm
2,5434	3930,6		fl. 0,5 mm
17,40	574,5		0,025 mm
21,80	458,6		0,025 mm
22,76	439,3		0,025 mm
2,547	3926,5	Inden	fl. Film
2,633	3797,5		
3,033	3297,0		
3,464	2887,0		
3,609	2771,0		
3,848	2598,6		
3,959	2525,9		
4,339	2304,8		
4,602	2172,8		
4,879	2049,6		
5,146	1943,2		
5,222	1915,0		
5,386	1856,7		
5,478	1825,5		
5,565	1796,9		
5,213	1609,6		
6,298	1587,7		
5,860	1457,8		
7,346	1361,3		
7,619	1312,5		
7,765	1287,8		
8,155	1226,2		
8,297	1205,2		
8,575	1166,2		
9,364	1067,9		
9,817	1018,6		
10,93	914,8		
11,61	861,3		
12,04	830,5		
13,07	765,4		
13,70	730,1		
13,92	718,2		
3,304	3027,1	Poly-	fester
3,420	2924	styrol	Film
3,508	2850,7		
5,144	1944,0		
5,345	1871,0		
5,551	1801,6		
6,245	1601,4		
8,465	1181,4		
8,663	1154,3		
9,354	1069,1		
9,728	1028,0		
11,03	906,7		
14,31	698,9		
18,29	546,7	Was-	Dampf
18,63	536,6	ser	
19,00	526,2		
19,30	518,1		
19,90	502,5		
20,32	492,2		
20,65	484,2		
21,15	472,7		
21,36	468,1		
21,83	458,1		
22,03	454,0		
22,38	446,9		
22,57	443,1		
23,50	425,5		
23,85	419,2		
25,14	397,8		
25,96	385,2		
26,64	375,4		
27,00	370,3		
30,61	326,7		
33,04	302,7		
39,37	254,0		
43,96	227,5		
39,37	254,0	Am-	Gas
42,55	235,0	mo-	
46,30	216,0	niak	
50,84	196,7		

Da Interferenzmaxima nur dann auftreten, wenn der Gangunterschied der kohärenten Strahlen ein ganzes Vielfaches der Wellenlänge λ ist, gilt für diese Maxima nach (II,50)

$$2s = n\lambda, \tag{2}$$

worin s den Plattenabstand und n eine ganze Zahl, nämlich die Ordnung der Interferenz bedeutet.

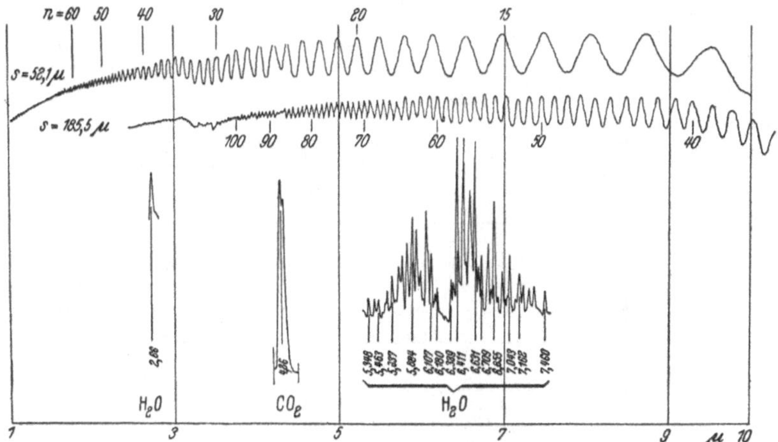

Abb. 195. Interferenzmaxima und -minima in der Durchlässigkeitskurve zweier FABRY-PEROT-Etalons mit Bezugsbanden von Wasser und CO_2

Für zwei beliebige Maxima gilt nach (II,52)

$$2s\left(\frac{1}{\lambda_a} - \frac{1}{\lambda_b}\right) = \Delta n. \tag{3}$$

Die Gleichungen gelten über den Wellenlängenbereich, für den die Änderung im Brechungsindex der Luft vernachlässigt werden kann. Besser evakuiert man das Etalon.

Man bestimmt aus (3) zunächst den Plattenabstand s, indem man für zwei Spektrallinien bekannter Wellenlängen λ_a und λ_b, die man zusätzlich mit aufnimmt, durch Abzählen der dazwischenliegenden Maxima die Differenz Δn ermittelt, die wegen der willkürlichen Wahl von λ_a und λ_b im allgemeinen natürlich nicht mehr ganzzahlig sein wird. Ist s auf diese Weise gegeben, so kann man nach (2) für eine bekannte Wellenlänge λ_a die Ordnung n der Interferenz bestimmen und damit die Wellenlängen λ für sämtliche Interferenzmaxima. Diese liefern also eine fortlaufende Skala, an der man die Lage von Absorptionsbanden ablesen kann, wenn man das zu untersuchende Spektrum mit der Durchlässigkeitskurve des Etalons überlagert. Eine Kontrolle der Kalibrierung ergibt sich daraus, daß nach (2) die so ermittelten Wellenzahlen $\overset{*}{\nu} = 1/\lambda$ der Maxima gegen die Reihe ganzer Zahlen aufgetragen eine Gerade mit der Neigung $1/2\,s$ ergeben müssen. Die Bedingungen, unter denen man die maximale Genauigkeit der Wellenlängenkalibrierung mit Hilfe eines FABRY-PEROT-Etalons erreicht, hat JAFFE[1] diskutiert.

2. Infrarotspektrometrie

a) Gruppenfrequenzen. Auf die Bedeutung der IR-Spektroskopie für die Aufklärung der Molekülstruktur (Zuordnung der beobachteten Ban-

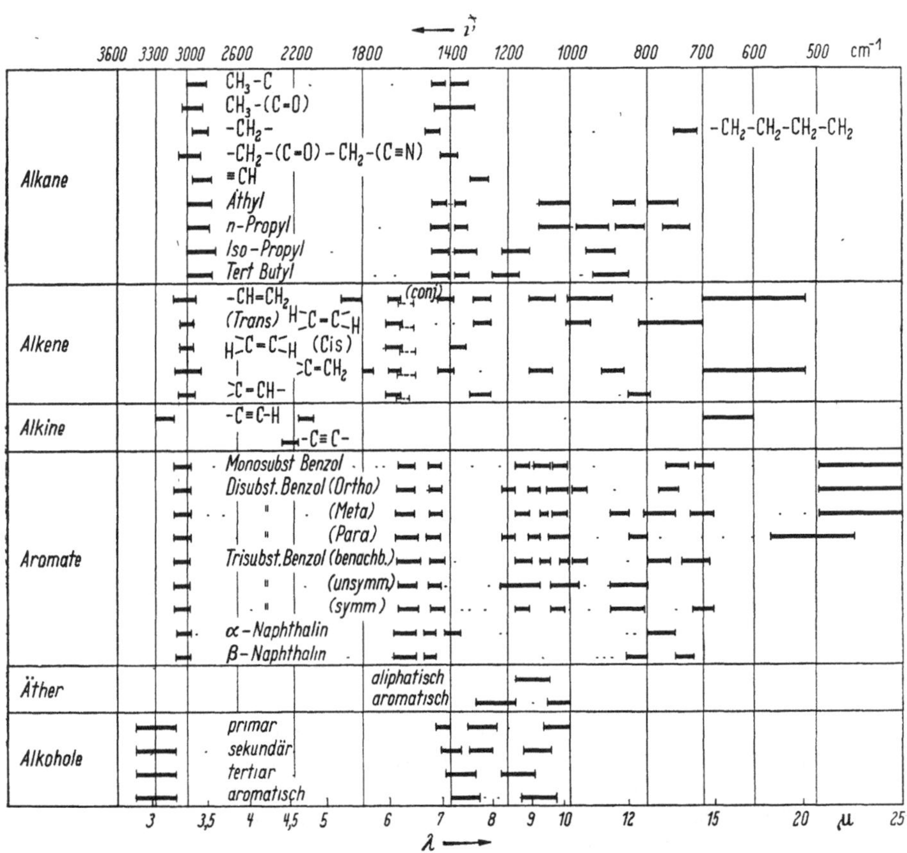

Abb. 196 a bis c. Charakteristische Gruppenfrequenzen im IR

den zu bestimmten Normalschwingungen, Ermittlung von Kraftkonstanten, Trägheitsmomenten, thermodynamischen Zustandsgrößen, Symmetrieeigenschaften usw.) kann hier nicht eingegangen werden, sondern es muß auf die oben erwähnten zusammenfassenden Darstellungen verwiesen werden. Derartige Untersuchungen beschränken sich wegen der mangelnden Kenntnis der innermolekularen Wechselwirkung der einzelnen Atomgruppen meistens auf niedermolekulare und nach Möglichkeit symmetrische Moleküle[2].

[1] JAFFE, J. H.: J. opt. Soc. Amer. **43**, 1170 (1953).

[2] Vgl. z.B. R. MECKE: Angew. Chem. **63**, 439 (1951).

Dagegen sind die schon S. 11 erwähnten charakteristischen Gruppenfrequenzen, die man bestimmten Atomgruppierungen zuordnen kann, für die Konstitutionsermittlung ganz allgemein von größter Wichtigkeit geworden. Die Lage dieser Gruppenfrequenzen ist in verschiedenartig gebauten Molekeln in der Regel ein wenig verschoben, was von den Einwirkungen des Molekülrestes auf die betrachtete Gruppe herrührt, sie fällt aber stets in einen gewissen Bereich, innerhalb dessen man diese

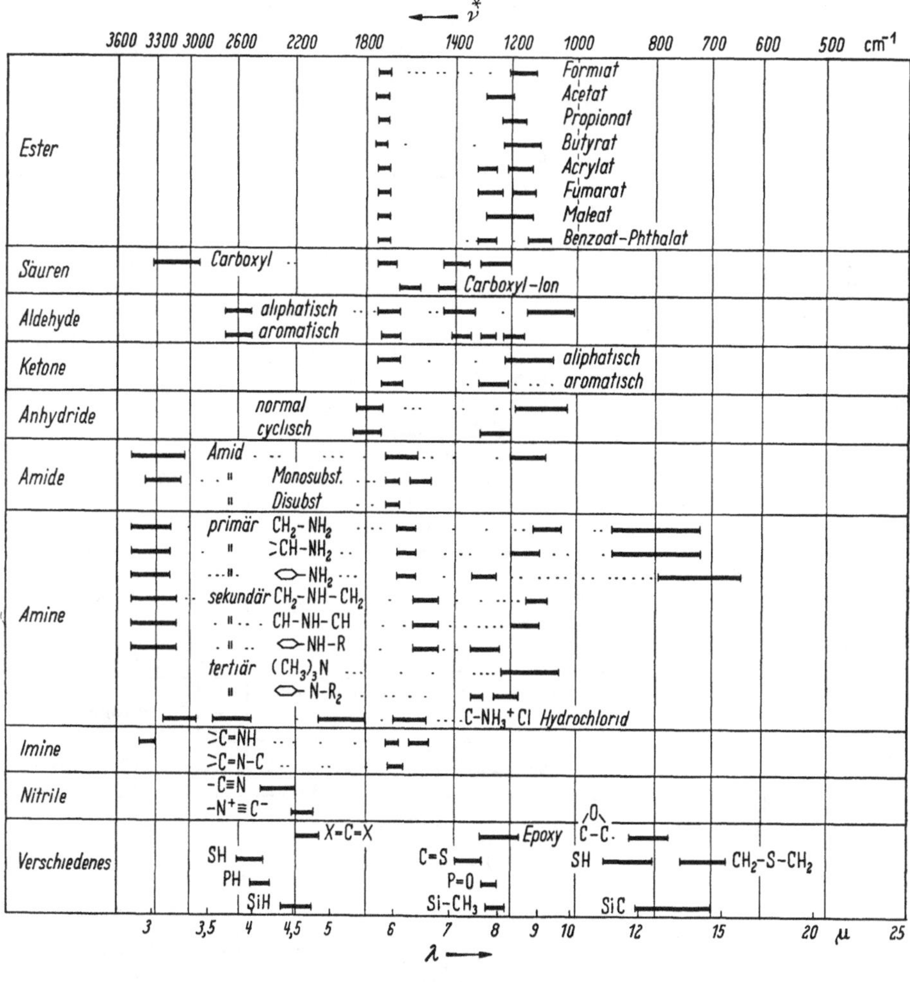

Abb. 196 b

charakteristische Gruppenfrequenz erwarten kann. Dieser analytischen Anwendung verdankt die Infrarotspektroskopie auch ihre außergewöhnlich rasche experimentelle Entwicklung, die dazu geführt hat, daß heute in den meisten Forschungs- und Industrielaboratorien registrierende Geräte hoher Präzision sich in ständigem Einsatz befinden. Die bereits unübersehbar gewordene Zahl von IR-Spektren erfordert bereits besondere

Maßnahmen zur Dokumentation[1], wie sie an mehreren Stellen betrieben werden. Im Handel befinden sich folgende Spektrensammlungen:

1. SADTLER-Katalog[2] aller Verbindungsklassen, der jährlich ergänzt wird. Bisher rund 20000 Spektren im Bereich von 2 bis 15 μ und 1000 Spektren im Bereich von 0,8 bis 3 μ.

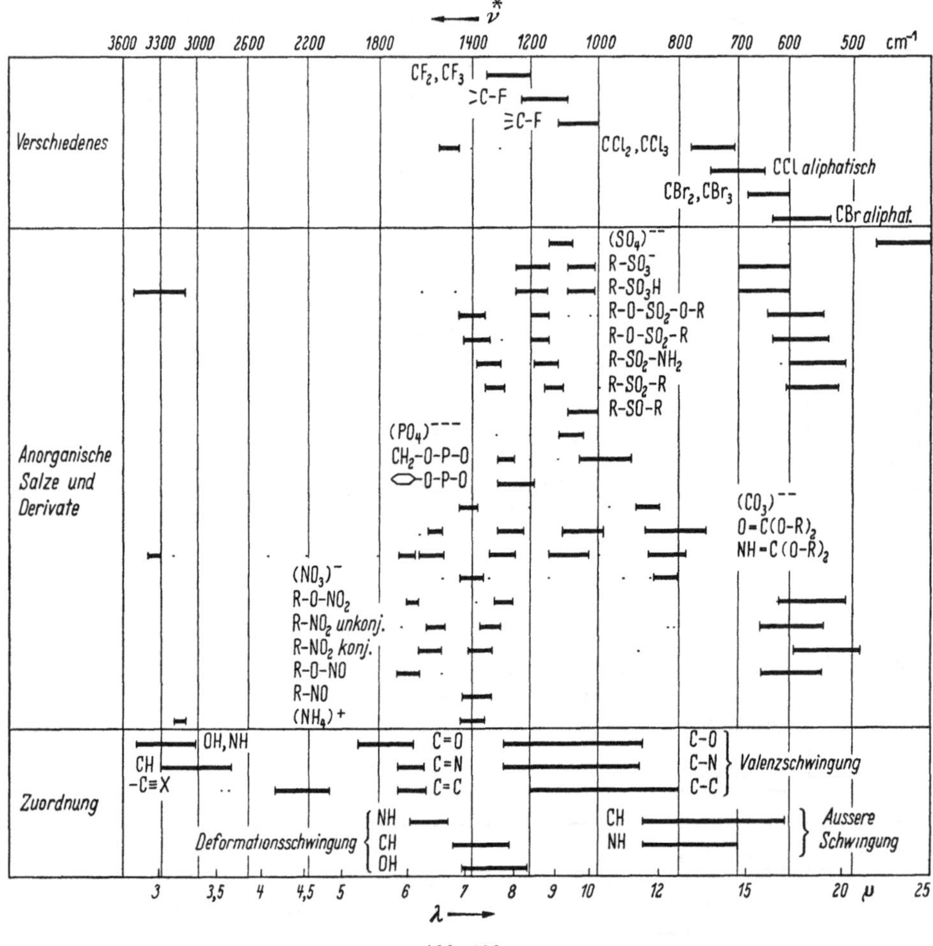

Abb. 196c

2. Dokumentation der Molekülspektroskopie[3] (DMS) in Form von Randlochkarten in zwei Typen, einer Literaturkarte und einer Spektrenkarte. Bisher etwa 2000 Literaturkarten und 7000 Substanzkarten.

3. American Petroleum Institute Research Project 44 (API 44)[4] mit etwa 1800 Spektren, im wesentlichen von Kohlenwasserstoffen.

---

[1] MECKE, R. u. E. D. SCHMID: Angew. Chem. **65**, 253 (1953).
[2] SADTLER, J. P. & Son, Philadelphia 3, Pa. USA.
[3] Verlag Chemie, Weinheim/Bergstr.
[4] Carnegie Institute of Technology, Pittsburgh 13, Pa. USA.

4. American Soc. for Testing Materials (ASTM)[1] mit Maschinen-(Flächen-)Lochkarten ohne Abbildungen, aber sehr ausführlichen Angaben.

Daneben existieren zahlreiche Sammlungen in Buch- oder in Zeitschriftenform, z.B. im LANDOLT-BÖRNSTEIN 6. Aufl. Bd. I,2 u. 3 (1951) und in Anal. Chem. ab 1949.

In Abb. 196 sind die Lagen der wichtigsten Gruppenschwingungen zusammengestellt[2].

Um eine Verbindung zu identifizieren, ist es notwendig, daß alle den einzelnen Gruppen zugeordneten Banden nachgewiesen werden. Dabei ist allerdings folgendes zu berücksichtigen: Daß die Normalschwingungen sich gegenseitig nicht beeinflussen und deshalb bei gleicher Atomgruppierung in verschiedenen Molekülen unverändert auftreten, gilt nur in erster Näherung. In Wirklichkeit beobachtet man stets geringe Frequenzverschiebungen, die teils durch äußere (zwischenmolekulare), teils durch innermolekulare Beeinflussung der Kraftkonstanten bedingt sind. Als Beispiel sei die Verschiebung der infraroten OH-Bande erwähnt, die man beobachtet, wenn die Molekeln (wie Phenole oder Alkohole) durch Wasserstoffbrückenbindungen teilweise assoziieren[3]. Die Verschiebung ist hier so groß, daß eine völlig getrennte neue Bande auftritt, aus deren Intensität der Anteil der Moleküle bestimmt werden kann, der durch eine Wasserstoffbrücke gebunden ist. Während diese Verschiebung der OH-Bande auf zwischenmolekulare Kräfte zurückzuführen ist (sie läßt sich unter anderem auch im flüssigen Wasser nachweisen), treten kleinere Verschiebungen z.B. der CH-Schwingungsbande auch infolge von innermolekularen Kräften auf. So bewirkt z.B. die Nachbarschaft der Cl-Atome im Chloroform eine Verschiebung der CH-Bande um 407 cm^{-1} gegenüber der CH-Bande etwa in Cyclohexan[4]. Die Verschiebung ist größer als die Halbwertsbreite der Bande, so daß auf diese Weise Chloroform neben Cyclohexan infrarotspektroskopisch quantitativ nachweisbar ist. Als weiteres Beispiel zeigt Tabelle 33, wie stark verschieden die

Tabelle 33. *Lage und Höhe verschiedener* C–H-*Schwingungsbanden* (*2.Oberschwingung*)

Verbindungstyp	Beispiel	Lage [cm^{-1}]	Intensitat [cm^2/Mol]
„Hyperaromatisch"	Pyrrol	9050	1400
Aromatisch	Benzol	8750	2000-2400
Olefinisch	Cyclooctatetraen	8580	2450
Aliphatisch:			
$-CH_3$	Hexamethyläthan	8430	1830
$-CH_2-$	Cyclohexan	8300	2330

[1] Philadelphia 3, Pa. USA.

[2] Nach N. B. COLTHUP: J. opt. Soc. Amer. **40**, 397 (1950); vgl. ferner W. LÜTTKE: Angew. Chem. **63**, 402 (1951); R. SUHRMANN u. H. LUTHER: Fortschr. chem. Forschung **2**, 758 (1953). Ausführlichere Angaben bei KIENITZ: Ultrarot- und Raman-Spektroskopie in: Ullmann 3. Aufl. 2. Band (1961).

[3] KEMPTER, H. u. R. MECKE: Z. physik. Chem. (B) **46**, 229 (1940); E. G. HOFFMANN: ibid. **53**, 179 (1943); N. D. COGGESHALL u. E. L. SAIER: J. Amer. chem. Soc. **73**, 5414 (1951).

[4] SUHRMANN, R.: Angew. Chem. **62**, 507 (1950).

Lage der C–H-Valenzschwingung in aliphatischen, aromatischen und olefinischen Kohlenwasserstoffen ist. Man kann diese Differenzierung noch verfeinern, wenn man nicht nur die Lage, sondern auch die Intensität der Banden zur Unterscheidung heranzieht[1].

b) Entwicklung zu den modernen Registriergeräten. Die Bedeutung der IR-Spektroskopie für betriebstechnische Probleme wurde schon sehr früh erkannt und führte in Ludwigshafen-Oppau (BASF) zur Konstruktion des ersten in der Literatur beschriebenen[2] registrierenden IR-Spektrometers, das sich in jahrelangem Gebrauch bewährte. Dieses Gerät berücksichtigte bereits fast sämtliche Meßprinzipien, die nach ihrer Weiterentwicklung und Vervollkommnung die Grundlage der heute ge-

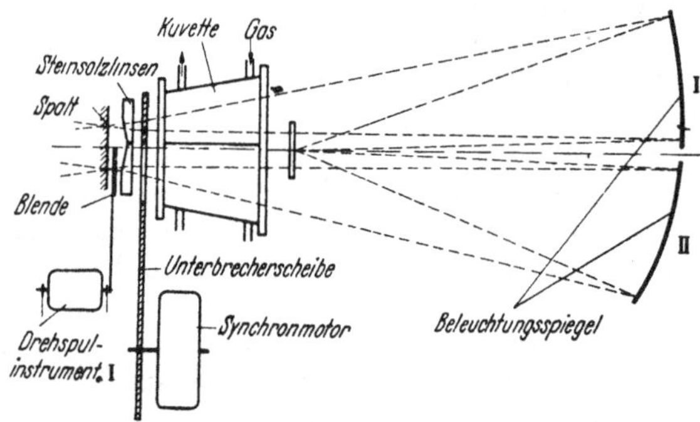

Abb. 197. Bestrahlungseinrichtung zum IR-Spektrometer nach LEHRER

bräuchlichen modernen Geräte bilden, und zwar handelte es sich um eine *Doppelstrahlflimmermethode* mit *einem* Empfänger und optischer Kompensation, die sowohl von Schwankungen der Strahlungsintensität wie von den Charakteristiken des Empfängers und der Verstärker unabhängig ist (vgl. S. 232). Das Schema der Bestrahlungseinrichtung zeigt Abb. 197. Die von einem Nernststift ausgehende Strahlung wird in zwei Bündel zerlegt, die Meß- bzw. Vergleichsküvette durchlaufen und mit Hilfe einer Unterbrecherscheibe abwechselnd dem Dispersionssystem nebst dem hinter dem Austrittsspalt aufgestellten Bolometer zugeführt werden. Sind die Intensitäten von Meß- und Vergleichsstrahlung verschieden, so wird das Bolometer im Wechsel der Unterbrecherfrequenz verschieden stark erwärmt und gibt infolgedessen eine Wechselspannung ab, die mit einem entsprechend abgestimmten Verstärker verstärkt wird. Der verstärkte Wechselstrom wird gleichgerichtet und mit Hilfe eines Galvanometerverstärkers (S. 246) weiter verstärkt. Der Endstrom fließt durch ein Drehspulinstrument, dessen Zeiger eine Kammblende trägt, mit deren Hilfe der Vergleichsstrahlengang proportional der Stromstärke bzw. dem Ausschlag abgeblendet wird, bis beide Strahlenbündel gleiche Intensität besitzen und die Wechselstromkomponente des Bolometer-

[1] LIPPERT, E. u. R. MECKE: Z. Elektrochem. angew. physik. Chem. **55**, 366 (1951).

[2] LEHRER, E.: Z. techn. Physik. **18**, 393 (1937); **23**, 169 (1942); K. F. LUFT: Z. techn. Physik **24**, 97 (1943); Z. angew. Chem. B. **19**, 2 (1947). – Vgl. auch W. SIEBERT: Z. Elektrochem. angew. physik. Chem. **54**, 512 (1950).

stroms verschwindet. Der die Blendenbewegung hervorrufende Strom ist der Absorption der Meßstrahlung proportional und wird mit einem Tintenschreiber registriert. Das Gerät besitzt auch schon die *lineare Wellenlängenskala* und die Vorrichtung zur automatischen *Spaltweitenverstellung*, wie sie noch heute allgemein gebräuchlich ist (vgl. dazu S. 382).

Die heute im Handel befindlichen IR-Spektrometer[1] sind teils Prismen-, teils Gitter-, teils kombinierte Prismen-Gitter-Geräte mit linearer Wellenlängen- oder Wellenzahlskala, linearer Durchlässigkeits- oder linearer Extinktionsskala (bzw. beiden) und Registriereinrichtung, sie unterscheiden sich lediglich dadurch, daß sie teils nach der Einzelstrahlmethode, teils nach der Doppelstrahlmethode arbeiten (vgl. S. 306ff.), ferner in der Führung des Strahlengangs, in Zahl und Art der auswechselbaren Dispersionsprismen bzw. Gitter, im Auflösungsvermögen und in Konstruktionseinzelheiten. Die Genauigkeit der Intensitätsmessung ist für diese Geräte ebenfalls vergleichbar. Die gebräuchlichsten dieser Geräte nebst dem verwendeten Meßprinzip seien im folgenden kurz beschrieben.

α) *Einstrahlspektrometer.* Einstrahlspektrometer nach der Ausschlagsmethode gelten heute im allgemeinen als überholt, doch sind sie für manche Spezialaufgaben immer noch besonders gut brauchbar und werden deshalb auch noch von einigen Firmen hergestellt. Ihre Vorteile gegenüber den später zu besprechenden Doppelstrahlmethoden bestehen im folgenden: Da man für Meßprobe und Vergleich stets dieselbe Küvette benutzen kann, entfallen alle Fehlermöglichkeiten durch sogenannte „Trogfehler", wie sie S. 227 besprochen wurden. Der Strahlengang ist für die aufeinanderfolgenden Messungen streng identisch, so daß eventuelle Absorptions- oder Reflexionsverluste sich kompensieren, die Schwierigkeit bei Doppelstrahlgeräten, völlig symmetrische Strahlengänge herzustellen, wird also vermieden. Besondere Zusatzeinrichtungen wie z. B. heizbare Küvetten, Kryostaten usw. müssen nicht in doppelter, identischer Ausführung vorhanden sein. Es bedarf keiner absoluten Lichtschwächungseinrichtung, die ein stets schwierig zu lösendes Problem darstellt (vgl. S. 87ff.). Dem stehen allerdings die Nachteile gegenüber, daß die Genauigkeit der Messungen von der Konstanz der gesamten Einrichtung über die doppelte Registrierzeit, von der Linearität des Verstärkers und, soweit Widerstandszellen benutzt werden, von der Proportionalität zwischen Photostrom und Bestrahlungsstärke abhängig werden. Ferner sind den Spektren stets die Banden von Wasserdampf und Kohlendioxyd überlagert, die sich in wechselnder Konzentration in der Atmosphäre befinden und deshalb bei nacheinander registrierten Spektren von Probe und Vergleich nur schwierig eliminiert werden können.

Ein typisches, nach der Einstrahl-Ausschlagsmethode arbeitendes Gerät ist das Perkin-Elmer-Modell 12-C der sogenannten Bausteinserie,

[1] Applied Physics Corp., Monrovia, Calif. USA; Baird Atomic Corp., Cambridge, Mass. USA; Beckman Instruments, Fullerton, Calif. USA, Niederlassung in München; Sir Howard Grubb, Parsons & Co., Newcastle-on-Tyne, England; Ernst Leitz, Wetzlar; Hilger & Watts, London NW 1, England; Optica, Mailand; Perkin-Elmer, Norwalk, Conn. USA, Niederlassung Überlingen/Bodensee; Unicam Instruments, Cambridge, England; VEB Optik, Jena.

dessen Strahlengang in Abb. 198 wiedergegeben ist. Es läßt sich aus einzelnen Bauteilen (building blocks) zusammensetzen und ist deshalb sehr vielseitig verwendbar (z.B. durch Auswechseln des Prismas auch für das UV).

Die Strahlungsquelle Q ist ein Globar, auf 1100 °C geheizt, dessen Gehäuse von Kühlwasser umflossen ist zur Vermeidung von Temperaturschwankungen. Die Strahlung wird von einem Unterbrecher mit einer Frequenz von 13 Hz moduliert. Sie wird durch das Spiegelsystem M_1 und M_2 auf den Eintrittsspalt S_1 fokussiert. In C befindet sich die Küvette. M_3 ist ein off-axis Parabolspiegel, M_4 der drehbare Littrow-Spiegel. M_3 fokussiert die Strahlung auf den Austrittsspalt S_2, der elliptische Spiegel M_7 bildet diesen auf dem Thermoelement T ab. Der Thermowechselstrom wird durch einen auf 13 Hz abgestimmten Resonanzverstärker verstärkt, gleichgerichtet und dem Verstärker des Schreibers zugeführt. Streustrahlung, die nicht durch den Unterbrecher gegangen ist, wird auf diese Weise ausgesiebt. Die Registrierung erfolgt linear der auffallenden Energie, nicht linear in λ.

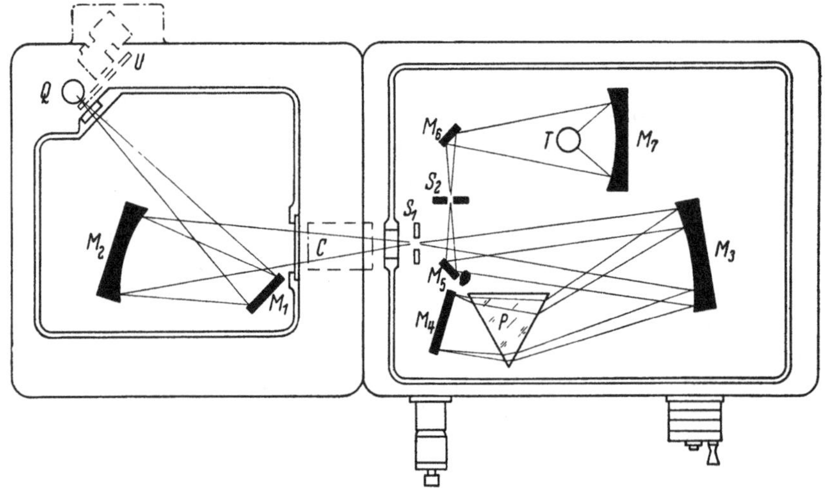

Abb. 198. Strahlengang im IR-Spektrometer Modell 12-C von Perkin-Elmer

Man nimmt nacheinander zwei Registrierkurven mit der Meß- bzw. Vergleichsküvette im Strahlengang auf, aus ihnen läßt sich die Durchlässigkeit bzw. Extinktion der Probe für jede Wellenlänge berechnen, was ziemlich mühsam und zeitraubend ist. Etwas erleichtert wird diese Arbeit, wenn man statt des Schreibers ein für diesen Zweck konstruiertes Densitometer benutzt, das unmittelbar die Extinktion der Meß- bzw. der Vergleichsküvette registriert, so daß man diese nur voneinander abziehen muß.

Das Modell 112 unterscheidet sich vom Modell 12-C im wesentlichen nur dadurch, daß es den Zweifach-Monochromator nach Walsh (Abb. 296) verwendet mit etwa dem doppelten Auflösungsvermögen und sehr geringem Streulichtanteil. Ein Universalgerät 112 U kann leicht auch für

Messungen im UV umgebaut werden. Ein Modell 14, dessen optisches System mit dem des Modells 12-C identisch ist, liefert Registrierkurven bei 6 verschiedenen Wellenlängen zur quantitativen Analyse in strömenden Flüssigkeiten oder Gasen. Das Modell 112 wird unter der Bezeichnung 112 G auch als Gittergerät mit KBr-Vorprisma und einem ECHELETTE-Gitter (75 Furchen/mm) geliefert. Beim Zweiweg-Monochromator wird im Bereich von 2 bis 17 μ eine Auflösung von etwa 1 bis 0,5 cm^{-1} erreicht und die Streustrahlung praktisch völlig unterdrückt.

Nach dem Einstrahlverfahren arbeitet ferner das jetzt nicht mehr hergestellte BECKMAN-Spektrometer IR 2, dessen Strahlengang dem des

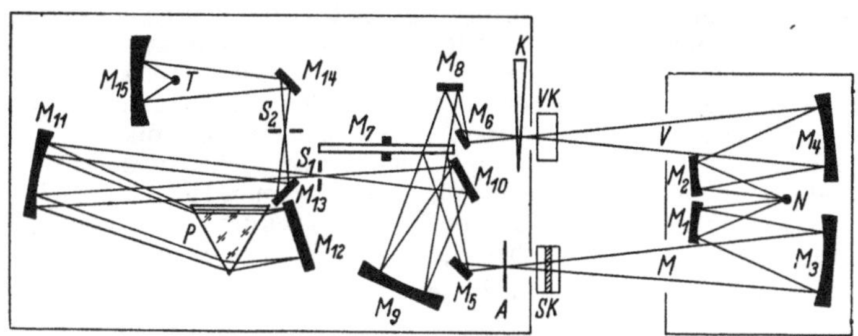

Abb. 199. Strahlengang im IR-Spektrometer Modell 21 und 221

Spektrometers DU ähnlich ist (teilweise Spiegel- statt Linsenoptik), und das Gitterspektrometer von Perkin-Elmer für den langwelligen Bereich von 25 bis 190 μ.

Um die mühsame Berechnung der Durchlässigkeit der Probe aus zwei Registrierkurven zu umgehen, wurde das BECKMAN-Spektrometer IR 3 entwickelt. Es ist ein Einstrahlgerät mit „memory device" (vgl. S. 307) und arbeitet ebenfalls nach der Ausschlagsmethode. Es hat gegenüber dem Modell IR 2 einige Vorteile. Es besitzt einen Doppelmonochromator, dessen Auflösungsvermögen infolge des vierfachen Durchgangs durch Prismen von 7,5 cm Basislänge sehr hoch ist, so daß man auch die Rotationsstruktur der Schwingungsbanden auflösen kann. Streustrahlung ist praktisch ausgeschlossen. Das ganze Gerät ist evakuierbar, so daß störende Absorption durch CO_2, H_2O, NH_3 vermieden wird. Es wird mit linearer Wellenlängen- oder linearer Wellenzahlskala geliefert. Die Geschwindigkeit des Wellenlängenmotors wird automatisch der Größe der jeweiligen Intensitätsänderung angepaßt, so daß bei vorgegebener Genauigkeit das Spektrum in der kürzest möglichen Zeit registriert wird.

β) *Doppelstrahl-Spektrometer.* Weitaus die Mehrzahl der im Handel befindlichen Doppelstrahlgeräte arbeitet nach der Flimmermethode (Prinzip VI von S. 309), d.h. nach einer wahren Nullmethode mit nur einem Empfänger. Das bekannteste und auch in Deutschland best eingeführte Gerät ist das Modell 21 von Perkin-Elmer, dessen Strahlengang in Abb. 199 wiedergegeben ist.

Zwei vom Nernststift *N* ausgehende Strahlenbündel werden durch zwei Spiegelsysteme in der Nähe der Substanzküvette *SK* bzw. der Vergleichsküvette *VK* fokussiert. Im Bündel *V* befindet sich eine kammförmige Meßblende *K* (Abb. 92). Die beiden Bündel werden mit Hilfe eines rotierenden, einseitig verspiegelten Sektors M_7 und des Spiegelsystems M_8, M_9, M_{10} abwechselnd auf den gekrümmten Eintrittsspalt S_1 des Monochromators fokussiert, durchsetzen das Prisma in LITTROW-Aufstellung (Basislänge 7,5 cm) zweimal und gelangen über den geraden Austrittsspalt S_2 und die Spiegel M_{14} und M_{15} auf das Vakuumthermoelement. Mit Hilfe des optischen Abgleichs A kann auf gleiche Intensität der Strahlenbündel eingestellt werden, wenn z.B. beide Küvetten mit Lösungsmittel gefüllt sind. Bei ungleicher Intensität der beiden Bündel infolge von Absorption der Lösung entsteht eine Wechselspannung (13 Hz), die, durch einen Resonanzverstärker verstärkt, über einen Intensitätsausgleichsmotor die Kammblende so lange verschiebt, bis gleiche Intensität der beiden Bündel erreicht ist. Mit der Bewegung der Kammblende ist der Ausschlag eines Tintenschreibers gekoppelt, der die Durchlässigkeit der Probe registriert. Ein Wellenlängenmotor bewirkt über auswechselbare Getrieberäder den Vorschub der Registriertrommel und über eine Steuerscheibe die Drehung des LITTROW-Spiegels und die Veränderung der Spaltbreiten. Mit einer zweiten Steuerscheibe zusammen mit einer Regelschaltung wird ein konstanter Energiestrom dem Empfänger zugeführt, entsprechend der spektralen Energieverteilung der Strahlungsquelle und der Durchlässigkeit des Monochromators. Auf diese Weise wird stets bei optimaler Auflösung registriert. Eine besondere Kontrolleinrichtung regelt die Geschwindigkeit der Registrierung je nach der Größe der Intensitätsdifferenzen in den beiden Strahlenbündeln, wie schon beim Beckman IR 3 beschrieben wurde. Sie kann zwischen 0,25 und 900 Minuten/μ variiert werden, je nach dem gewünschten Auflösungsvermögen. Dieses beträgt etwa 400 bei 12 μ mit NaCl-Prisma. Registriert wird wahlweise linear in λ oder $\overset{*}{\nu}$ und linear in ϑ, mit Zusatzgerät auch linear in E.

Je nach dem gewünschten Wellenlängenbereich können Prismen aus verschiedenem Material eingesetzt werden. Eine unter der Grundplatte des Instruments angebrachte Heizung hält die Temperatur auf etwa 40 °C konstant zum Schutz der hygroskopischen Optik. Die exakte Justierung des Strahlenganges ist sehr wichtig und muß von Zeit zu Zeit nachgeprüft werden. Besonders die geometrische Lage des Nernststifts ist wichtig, da die beiden Strahlenbündel von verschiedenen Seiten desselben ausgehen, so daß schon leichte Durchbiegungen den Strahlengang unsymmetrisch machen.

Das aus Modell 21 hervorgegangene Modell 221 unterscheidet sich in einigen Punkten vom Modell 21: Das Prisma kann durch eine Gitter-Prismen-Einheit ausgetauscht werden. Die Registriergeschwindigkeit wird bei langen Wellen automatisch vergrößert, was erhebliche Zeitersparnis bedeutet, Energieverluste durch atmosphärische Banden oder Lösungsmittel werden durch automatische Verstärkungsregelung ausgeglichen. Die Durchlässigkeitsskala kann kontinuierlich um den Faktor 0,25 bis 5, ferner auf das 10- und 20fache gedehnt werden. Eine Sonderausführung (Mod. 321) enthält einen „double-pass"-Monochromator nach WALSH, ein Modell 421 zwei austauschbare Gitter mit Filtern zur Isolierung der ersten Ordnung[1].

Das Modell 137 B der gleichen Firma wird unter dem Namen Infracord in den Handel gebracht, es stellt ein robustes vereinfachtes Modell 21 mit optischem Nullabgleich mittels Kammblende, Prismen-Einfachmonochromator (NaCl oder KBr), verschiedenen Spaltprogrammen, zwei Registriergeschwindigkeiten und linearer Wellenlängenskala dar und ist speziell für chemische Laboratorien gedacht. Das Modell 237 mit zwei Gittern und Vorfiltern überdeckt den Kochsalzbereich mit höherer Auflösung. Das Modell 137 G mit zwei Gittern und Vorfiltern dient für das nahe IR im Bereich zwischen 0,8 und 7,6 μ.

---

[1] Vgl. V. J. COATES: Spectrochim. Acta **15**, 820 (1959).

Ein neues Gitter-IR-Spektrometer (Modell 125) wurde im Bodenseewerk Perkin-Elmer entwickelt, weil der Austausch eines Prismas gegen ein Gitter, wie es bei vielen früheren Geräten vorgesehen ist, meistens recht erhebliche und zeitraubende Umbauten (Wechsel der Vorrichtung zum Linearisieren der Wellenlängenskala, Anbringung von Filtern zur Eliminierung von höheren Gitterordnungen, Wechsel des Spaltprogramms usw.) erforderlich macht. Es handelt sich um ein Doppelstrahlgerät mit optischem Nullabgleich für den Bereich von 1 bis 25 μ, dessen Strahlengang in Abb. 200 wiedergegeben und im Anschluß an Abb. 199 leicht verständlich ist.

Als Strahlungsquelle wird ein luftgekühlter Globar benutzt. Die Meßblende ist eine rechteckige Aperturblende (ähnlich Abb. 36) mit maximaler Öffnung von 30 × 40 mm. Sie setzt natürlich Homogenität des Strahlenbündelquerschnitts voraus (vgl. S. 92). Zur Vorzerlegung der Strahlung dient ein KBr-Prisma in LITTROW-Aufstellung, es ist in einem besonderen thermostatisierten Gehäuse untergebracht. Der Krümmungsradius des Eintrittsspalts ist so gewählt, daß sein Bild sich mit dem Eintrittsspalt des Gittermonochromators deckt. Die Spaltbreite kann von 5 μ (bei Messungen im nahen IR) bis 12 mm (bei Messungen im Bereich von 24 bis 25 μ), d. h. um den Faktor 2000 variiert werden mit stets gleicher relativer Genauigkeit. Es werden zwei ECHELETTE-Gitter 84 × 84 mm in EBERT-Aufstellung (vgl. S. 114) benutzt, das erste mit 300 Linien/mm im Bereich von 1 bis 5 μ in der ersten und zweiten Ordnung (Blaze-Wellenlänge bei 3 μ), das zweite mit 60 Linien/mm von 5 bis 25 μ ebenfalls in der ersten und zweiten Ordnung (Blaze-Wellenlänge bei 15 μ). Die mit elektronischen Rechenmaschinen berechneten Kurvenscheiben der Gitter und des Prismas sind starr verbunden und treiben gleichzeitig das Wellenzahlmeßwerk. Die Gitter werden automatisch bei 5 μ ausgewechselt. Der Ausgangsspalt wird mit einem off-axis-Ellipsoidspiegel im Verhältnis 6 : 1 auf einem GOLAY-Detektor (Unicam) abgebildet. Im Bereich von 1 bis 2,5 μ kann stattdessen eine PbS-Zelle benutzt werden, deren (Signal/Rausch-)Verhältnis wesentlich höher liegt. Verwendung anderer Empfänger ist vorgesehen. Das ganze Gerät kann zur Herabsetzung der Absorption von atmosphärischen H_2O- und CO_2-Banden mit Stickstoff

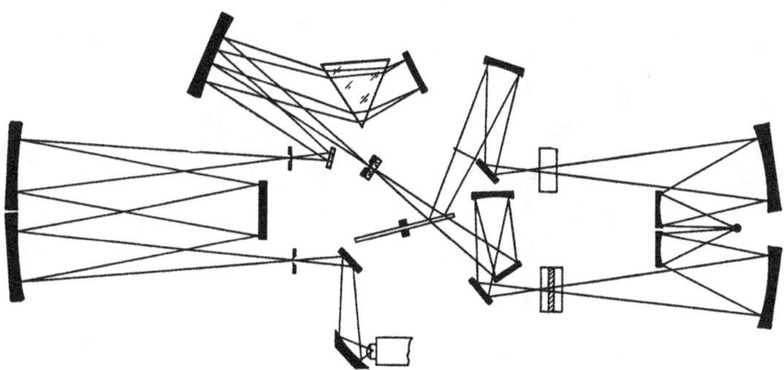

Abb. 200. Strahlengang im Gitterspektrometer Modell 125 von Perkin-Elmer

gespült werden. Aufgezeichnet werden Prozent Durchlässigkeit gegen Wellenzahl. Man kann wahlweise das Spektrum von 1 bis 25 μ auf 4 oder 2 Registrierpapieren (600 mm lang, 200 mm breit) oder den Bereich

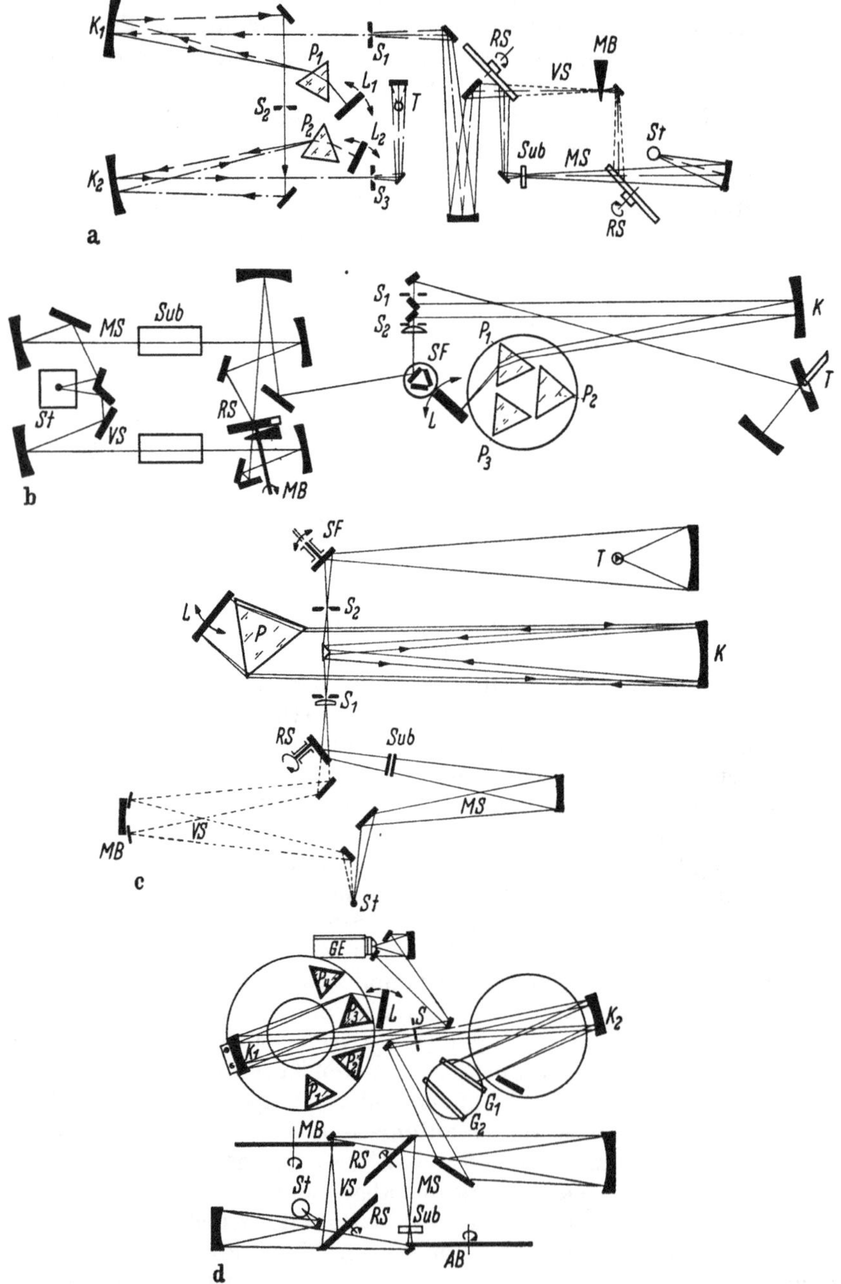

Abb. 201 a bis e. Strahlengang in einer Reihe von modernen IR-Doppelstrahlspektrometern: a) Beckman IR 4; b) VEB Optik Jena; c) Leitz, Wetzlar; d) Unicam Sp 130; e) Hilger H 800

2,5 μ bis 25 μ auf einem Papier registrieren. Bei Arbeiten mit hoher Auflösung kann man die Abszisse auf den 10fachen Betrag dehnen. Die Registrierzeit ist kontinuierlich einstellbar von 10 Minuten bis zu vielen Tagen. Man kann auch beliebige Teilbereiche des Spektrums registrieren und dazwischen liegende Bereiche rasch überfahren. Wellenzahl, lineare Dispersion und Spaltbreite können an einem Zählwerk abgelesen und daraus die jeweilige spektrale Spaltbreite nach Gl. (IV, 59) berechnet

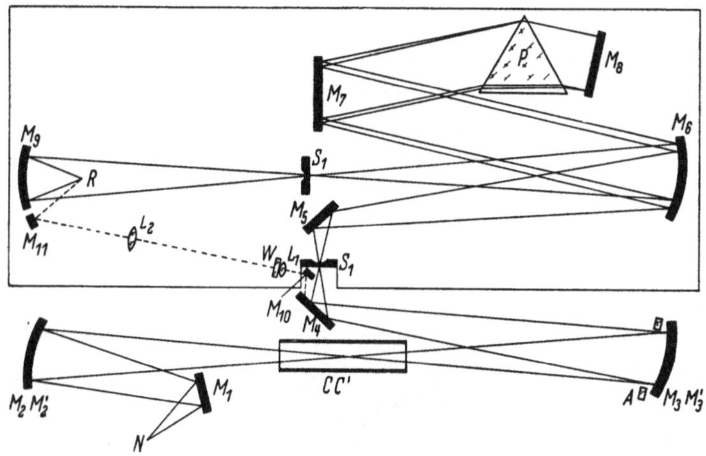

Abb. 201 e

werden. Ein Spaltprogramm steuert die Spaltbreite so, daß der Empfänger unabhängig von λ konstante Energie erhält. Darüber hinaus kann jede gewünschte Spaltbreite beliebig von Hand gewählt werden.

Bei diesem Gerät handelt es sich um eine Konstruktion, die sowohl für Routinearbeiten wie auch für Arbeiten mit hoher Auflösung (0,3 bis 0,6 cm^{-1}) geeignet und außerdem sehr vielseitig verwendbar ist. Streustrahlung ist im ganzen Bereich praktisch ausgeschlossen. Das HCl-Spektrum von Abb. 1 wurde mit diesem Gerät aufgenommen.

Schließlich wird von der gleichen Firma auch ein Doppelstrahlgerät für das langwellige IR von 25 bis 190 μ geliefert. Dieses Modell 301 enthält ein Gitter mit Vorfilter und arbeitet mit elektrischem Nullabgleich. Es gehört wie die Modelle 12-C, 112 und 13 zur Bausteinserie.

Eine der des Modells 21 ähnliche Anordnung besitzt das Modell 13, es verwendet jedoch das S. 309 beschriebene Verfahren der „phase discrimination", arbeitet also nicht mit Nullabgleich der beiden Strahlenbündel, sondern nach der Ausschlagsmethode. Das gleiche Spektrometer wird unter der Bezeichnung 13 G auch mit Austauschgitter geliefert, wobei ein KBr-Prisma zur Vorzerlegung dienen kann. Die Auflösung ist größer als beim Modell 21 und beträgt etwa 0,5 cm^{-1}.

Die Doppelstrahl-Flimmermethode wird in analoger Weise bei den IR-Spektrometern von Baird-Atomic Corp.[1], Beckman Instr., Hilger &

[1] Baird, W. S. u. Mitarb.: J. opt. Soc. Amer. **37**, 754 (1947).

Tabelle 34. *Kennzeichen einiger im Handel befindlicher Doppelstrahl-Spektrometer für das IR*

Hersteller Modell	Adresse	Strahlungs-quelle	Strahlungs-schwachung	Unterbrecher-frequenz	Prismen u. Gitter	Empfänger	Lineare Skalen	Max. Auflosung fur NaCl-Prisma	Genauigkeit von λ bzw. $\overset{*}{\nu}$
Baird-Atomic Modell 4–55	Cambridge, Mass. USA	Globar	Kamm	180° Sektorspiegel; 10 Hz	NaCl; KBr; CaF_2; LiF; Gitter	Bolometer	λ oder $\overset{*}{\nu}$ ϑ%	0,015 μ	$\pm$ 0,015 μ
Beckman Modell IR 4	Fullerton, Calif. USA; München	Nernst	Kamm	180° Sektorspiegel; 11 Hz	NaCl; CsBr; LiF; CaF_2; KBr	Thermoelement	λ oder $\overset{*}{\nu}$ ϑ%	0,01 μ bei 10 μ	$\pm$ 0,015 μ
Grubb Parsons Modell D. B. 1	Newcastle-upon-Tyne England	Nernst	Kamm	Schwingspiegel; 12,5 Hz	NaCl; CsBr; KBr; CaF_2; Gitter	Thermoelement	λ ϑ%	1 cm^{-1}	$\pm$ 0,002 μ
Hilger & Watts Modell H 800	London, England	Nernst	Blende	Schwingspiegel; 12,5 Hz	NaCl; LiF; CaF_2; CsI; KBr; Gitter	Thermosäule	λ oder $\overset{*}{\nu}$ % Absorption	1 cm^{-1} bei 10 μ	3 cm^{-1}
E. Leitz Modell III	Wetzlar, Deutschland	Nernst	Blende	180° Sektorspiegel; 12,5 Hz	NaCl; LiF; KBr; CsBr; CaF_2; Gitter	Thermoelement	λ oder $\overset{*}{\nu}$ ϑ%	< 1 cm^{-1} bei 10,5 μ	$\pm$ 0,01 μ
Perkin-Elmer Modell 21	Norwalk, Conn. USA Überlingen, Deutschland	Nernst	Kamm	180° Sektor spiegel; 13 Hz	NaCl; KBr; LiF; CaF_2: CsBr; Gitter	Thermoelement	λ oder $\overset{*}{\nu}$ ϑ%	0,002 μ bei 12 μ	$\pm$ 0,015 μ
Perkin-Elmer Modell 125	Überlingen, Deutschland	Globar	Blende	180° Sektorspiegel; 13 Hz	KBr + Gitter	Golay-Zelle PbS-Zelle	$\overset{*}{\nu}$ ϑ%	0,5 cm^{-1}	etwa $3 \cdot 10^{-4}$ von $\overset{*}{\nu}$
Unicam Modell SP 100	Cambridge, England	Nernst	Rot. Sternblende	90° Sektorspiegel; 10 Hz	NaCl; KBr; CaF_2; SiO_2 auf Drehscheibe	Golay-Zelle	$\overset{*}{\nu}$ ϑ%	1 cm^{-1} bei 900 cm^{-1}	1 cm^{-1} bis $\pm$ 10 cm^{-1}
VEB Optik	Jena, Deutschland	Nernst	Kamm	180° Sektorspiegel; 10 Hz	NaCl; KBr; LiF	Thermoelement	λ ϑ%	1 cm^{-1}	einige cm^{-1}

Watts Ltd., Sir Howard Grubb, Parsons Comp. Ltd., Leitz GmbH., Unicam Instr. und VEB Optik, Jena, verwendet, ohne daß Unterschiede grundsätzlicher Art bei diesen Geräten vorhanden wären. Verbesserungen des Strahlengangs lassen sich noch dadurch erzielen, daß man dafür sorgt, daß beide Strahlenbündel von der exakt gleichen Stelle der Strahlungsquelle ausgehen und daß beide Strahlengänge optisch streng symmetrisch sind. Dies ist z.B. der Fall beim Modell IR4 von Beckman oder beim Modell Sp 100 von Unicam. Der Strahlengang dieser Geräte sowie einiger anderer ist in Abb. 201 schematisch wiedergegeben. Beim Hilger-Modell H 800 liegen die beiden Strahlengänge von den Hohlspiegeln M_2 und M_2' bis zum oscillierenden Spiegel M_4 übereinander. Vor dem unteren Spiegel M_3' befindet sich die Meßblende A, die homogene Intensitätsverteilung über den Bündelquerschnitt voraussetzt. Dies gilt in gleicher Weise für die Meßblende im Leitz-Gerät. Das Unicam Sp 130 besitzt einen Doppelmonochromator aus Gitter und Prisma, im Modell Sp 100 sind die Gitter zur Vorzerlegung weggelassen. Mehrere Prismen, die auf einer Drehscheibe angeordnet sind, können durch einfache Drehung derselben ausgewechselt werden. Analoges gilt für das Gerät von VEB Optik, Jena. Das Beckman-Gerät IR 4 besitzt einen Doppelmonochromator aus zwei einander folgenden Prismen, das im Aufbau ähnliche Gerät IR7 einen Prisma-Gitter-Doppelmonochromator. Das Modell IR5 ist ein vereinfachtes Gerät mit Prismen-Einfachmonochromator, festem Spaltprogramm und fester Registriergeschwindigkeit.

Die wichtigsten Kennzeichen einiger handelsüblicher Doppelstrahl-Spektrometer sind in Tabelle 34 zusammengestellt.

Außer den im Handel befindlichen Geräten sind in der Literatur zahlreiche andere angegeben, die nicht im einzelnen beschrieben werden sollen[1]. Sie bieten nichts grundsätzlich Neues und sind nur Modifikationen der geschilderten Meßprinzipien. Bei Doppelstrahlgeräten ist besonderer Wert darauf zu legen (vgl. S. 308), daß beide Strahlenbündel von der gleichen Stelle der Strahlungsquelle ausgehen und daß die beiden Strahlengänge bezüglich Länge, Zahl der optischen Reflexionen usw. exakt gleich sind. Eine Spaltbeleuchtungseinrichtung dieser Art, die für jeden vorhandenen Monochromator benutzt werden kann, beschreiben Hornig, Hyde und Adcock[2]. Die beiden Strahlenbündel sind um 180° phasenverschoben, ihre Impulse werden nach der S. 309 beschriebenen Methode mit Hilfe zweier synchron vibrierender Schalter „sortiert", verstärkt, gleichgerichtet und potentiometrisch verglichen.

Die bei Gitterspektrometern auftretende Schwierigkeit, daß höhere Ordnungen kürzerer Wellenlänge die langen Wellen niedrigerer Ordnung überlappen, muß im IR besonders berücksichtigt werden, da die gebräuchlichen Strahlungsquellen im nahen IR wesentlich größere Strahlungsdichte besitzen als im langwelligen IR. Man nimmt deshalb in der

---

[1] Ältere Literaturangaben bei E. Lippert: Z. angew. Physik 4, 390 (1952); ferner zahlreiche Angaben z.B. im J. opt. Soc. Am. 1952–1961.

[2] Hornig, D. F., G. E. Hyde u. W. A. Adcock: J. opt. Soc. Amer. 40, 497 (1950).

Regel eine Vorzerlegung mit einem Prisma geringer Dispersion vor[1] und dispergiert nur ein schmales Band des Spektrums weiter mit einem Gitter hoher Auflösung. Das Auflösungsvermögen solcher Geräte kann allerdings im IR nicht in allen Fällen voll ausgenützt werden, da die Strahlungsintensität im langwelligen Gebiet nicht ausreicht, so daß man gezwungen ist, mit relativ sehr weiten Spalten zu arbeiten. Im nahen IR erreicht man dagegen mit Gittern annähernd das theoretische Auflösungsvermögen[2]. Ein registrierendes IR-Spektrometer *für das langwellige Gebiet* von 40 bis 150 μ haben OETJEN und Mitarbeiter[3], ein ähnliches für das Gebiet von 100 bis 700 μ McCUBBIN und SINTON[4], für das Gebiet von 18 μ bis 1 mm H. YOSHINAGA und Mitarbeiter[5], beschrieben. Sie sind mit ECHELETTE-Gitter und GOLAY-Zelle als Empfänger ausgerüstet und arbeiten mit Wechselstrahlung nach der Ausschlagsmethode.

Für Sonderprobleme sind ebenfalls spezielle Geräte entwickelt worden. So wird z.B. ein Spektrometer geringer Auflösung für das nahe IR beschrieben[6], das einen InSb-Empfänger mit sehr geringer Zeitkonstante besitzt, so daß bis zu 20000 Registrierungen/sec zur Verfolgung rasch verlaufender Vorgänge gemacht werden können, die mittels eines Oszillographen sichtbar gemacht und photographiert werden können. Auch interferometrische Spektrometer vom FABRY-PEROT-Typ für höchste Auflösung sind beschrieben worden[7].

Die weitere Entwicklung der Spektrometrie geht in der Richtung, daß man einerseits bestrebt ist, bei den käuflichen registrierenden Spektrophotometern die Skalen zu vereinheitlichen, damit die mit verschiedenen Geräten aufgenommenen Spektren unmittelbar vergleichbar werden. Wie schon mehrmals erwähnt wurde, ist die lineare Wellenzahlskala als Abszisse und die lineare Extinktionsskala als Ordinate für die Wiedergabe der Spektren in den meisten Fällen allen andern vorzuziehen. Auch die Vereinheitlichung der Dispersionsskala (Anzahl cm^{-1} je cm Abszisse) bei der Dokumentation der Spektren ist vorgeschlagen worden[8]. Andererseits ist man auch bestrebt, an Stelle abgeschlossener Einzweckgeräte für bestimmte Untersuchungsmethoden die einzelnen Komponenten solcher Apparate (Monochromatoren, Empfänger + Verstärker, Strahlungsquellen, elektronische Hilfs- und Kontrollgeräte usw.) als abgeschlossene Einheiten zu entwickeln, die man durch geeignete Kombination für jedes beliebige spektroskopische Problem einsetzen kann[9]. Ein

---

[1] Vgl. z.B. L. W. HERSCHER: Spectrochim. Acta **15**, 901 (1959).

[2] Vgl. z.B. D.H.RANK u. Mitarb.: J. opt. Soc. Amer. **49**, 1217 (1959); **50**, 821 (1960).

[3] OETJEN, R. A. u. Mitarb.: J. opt. Soc. Amer. **42**, 559 (1952); dort auch zahlreiche Literaturangaben über frühere Konstruktionen für das langwellige IR; vgl. ferner R. C. LORD u. T. K. McCUBBIN: ibid. **47**, 689 (1957).

[4] McCUBBIN, T. K. u. W. M. SINTON: J. opt. Soc. Amer. **42**, 113 (1952). Weitere Literatur bei D. W. ROBINSON: ibid. **49**, 966 (1959); L. A. DUNCANSON u. Mitarb.: Spectrochim. Acta **15**, 64 (1959).

[5] YOSHINAGA, H. u. Mitarb.: J. opt. Soc. Amer. **48**, 315 (1958).

[6] BETHKE, G. W.: J. opt. Soc. Amer. **50**, 1054 (1960).

[7] GREENLER, R. G.: ibid. **47**, 642 (1957).

[8] DANIEL, J. H., u. F. S. BRACKETT: J. opt. Soc. Amer. **43**, 960 (1953); dieses Prinzip wird auch in der neuen Auflage des LANDOLT-BÖRNSTEIN angewendet.

[9] Sog. „Building Blocks" der Firma Perkin-Elmer.

derartiges System würde sich für Forschungszwecke und für die Weiterentwicklung der Methodik als besonders geeignet erweisen.

c) Mikrospektrometrie. Für mikrospektrometrische Untersuchungen im IR verwendet man häufig die zweite, S. 320 genannte Methode und zerlegt die Strahlung erst nach dem Durchgang durch die Meßprobe, jedoch muß man darauf achten, daß letztere dabei nicht zu stark erwärmt wird, was praktisch nur dann der Fall ist, wenn sie im Bereich um $3\,\mu$ stark absorbiert[1]. Dabei können ziemlich hohe Temperaturen auftreten. Über Messungen dieser Art mit Hilfe von Spiegelmikroskopen (vgl. Abb. 161) ist inzwischen von zahlreichen Autoren berichtet worden[1–5]. Man kann für das Mikroskop die einfach herzustellenden sphärischen Spiegel benutzen, ohne daß die Qualität der Abbildung wesentlich verschlechtert wird, wenn man die numerische Apertur des Objektivs unter 0,6 hält[6]. Tatsächlich ist die apparative Entwicklung auf diesem Gebiet leistungsfähiger als die praktischen Möglichkeiten der Probenvorbereitung. Man erhält befriedigende Spektren bereits von Proben, die nur in Mengen von 5 bis $10 \cdot 10^{-6}$ g vorliegen[3], so daß sich z.B. die Eluate von Papierchromatogrammen quantitativ spektroskopisch untersuchen lassen. Liegt die Probe in Form eines einzelnen Kristalls vor, so genügt bereits eine Menge von 10^{-7} g. Auch die früher beschriebene KBr-Technik läßt sich für solche geringen Mengen anwenden[7]. Einzelheiten über die Leistungsfähigkeit einer gegebenen Kombination von Mikroskop und Spektrometer, über die zulässige maximale Vergrößerung in Abhängigkeit von den numerischen Aperturen beider Geräte, über minimalen Querschnitt und minimales Volumen der Probe, die noch mit tragbarem Verhältnis von Signal zu Rauschpegel meßbar sind, über geeignete Mikroküvetten für flüssige Proben usw. sind in den angegebenen Arbeiten ausführlich diskutiert worden.

Schwierigkeiten treten bisweilen dadurch auf, daß infolge der großen Weglänge, die das Strahlenbündel innerhalb des Mikroskops bis zum Eintrittsspalt des Spektrometers in Luft zurücklegen muß, die starken Wasserdampfabsorptionsbanden bei $6\,\mu$ die Messung in diesem Spektralgebiet unmöglich machen. Durch Verwendung eines Doppelstrahlspektrophotometers, bei dem man das eine Bündel durch das Mikroskop und das andere durch eine Gasküvette entsprechender Länge gehen läßt,

---

[1] COLE, A. R. H. u. R. N. JONES: J. opt. Soc. Amer. **42**, 348 (1952).

[2] BARER, R., A. R. H. COLE u. R. W. THOMPSON: Nature **163**, 198 (1949).

[3] BLOUT, E. R., G. R. BIRD u. D. S. GREY: J. opt. Soc. Amer. **40**, 304 (1950); **41**, 547 (1951). – E. R. BLOUT u. Mitarb.: J. opt. Soc. Amer. **42**, 966 (1952).

[4] WOOD, D. L.: Rev. sci. Instruments **21**, 764 (1950).

[5] Trans. Faraday Soc. Discussions **9**, 353ff. (1950); D. L. WOOD: Infrared Microspektr. in Biolog. Res. in Annals of the New York Acad. of Science **69**, 194 (1957) und die dort angegebene Literatur.

[6] SEEDS, W. E., u. M. H. F. WILKINS: Nature **164**, 228 (1949); K. P. NORRIS, W. E. SEEDS u. M. H. F. WILKINS: J. opt. Soc. Amer. **41**, 111 (1951).

[7] RESNIK, F. E. u. Mitarb.: Anal. Chem. **29**, 1874 (1957); J. J. KIRKLAND: ibid. **29**, 1127 (1957); W. B. MASON: Perkin-Elmer Inst. News. **10**, 1 (1958); D. A. CLARK u. A. P. BOER: Spectrochim. Acta **12**, 276 (1958); F. BISSETT u. Mitarb.: Anal. Chem. **31**, 1927 (1959).

kann man auf gleiche Weglänge kompensieren[1]. Es ist auch ein Spiegelmikroskop konstruiert worden[2], bei dem auf jegliche Hilfsoptik verzichtet und das Bild der Probe durch das Objektiv unmittelbar auf den Eintrittsspalt des Spektrometers projiziert werden kann. Vor der Aufnahme des Spektrums wird das Mikroskop mit einem Gehäuse überdeckt, das mit trockenem Stickstoff durchspült wird.

Ein den IR-Spektrometern von Perkin-Elmer Modell 12, 112 oder 13 angepaßtes Spiegelmikroskop[3] nach Burch ist hinter dem Austrittsspalt des Monochromators aufgestellt, so daß die Proben nur monochromatisch bestrahlt und so sehr geschont werden. Auswechselbare Empfänger (Thermoelement, Widerstandszelle, Multiplier) ermöglichen die Messung in den verschiedensten Spektralgebieten.

3. Reflexionsmessungen im Infrarot

Wie S. 353 erwähnt wurde, muß man zwischen regulärer (Spiegel-) und diffuser Reflexion unterscheiden. Die *Spiegelreflexion* von dünnen Metallfilmen spielt für die IR-Spektroskopie eine besondere Rolle, da für die Strahlenführung praktisch ausschließlich Metallspiegel verwendet werden und man natürlich daran interessiert ist, möglichst hohe Reflexion zu haben. Es sind deshalb mehrfach Anordnungen beschrieben worden[4], mit denen sich die Spiegelreflexion an ebenen Flächen in Abhängigkeit von Einfallswinkel, Filmdicke, Polarisationsebene und Wellenlänge der Strahlung messen läßt. Prinzipiell bietet die Messung gegenüber den früher beschriebenen (S. 345ff.) keine wesentlichen Unterschiede. Natürlich spielt bei solchen Messungen die Güte der Politur und die Reinheit der Oberfläche eine maßgebliche Rolle. Im allgemeinen macht man auch hier *Relativmessungen*, indem man das Reflexionsvermögen mit dem eines Standards (Ag oder Al) unter konstant gehaltenen äußeren Bedingungen vergleicht. Will man die Abhängigkeit des Reflexionsvermögens vom Einfallswinkel untersuchen, so muß man ein angenähert paralleles Strahlenbündel benutzen. Eine geeignete Anordnung, die als Zusatzgerät für das IR-Spektrometer Modell 12 von Perkin-Elmer entwickelt wurde, zeigt Abb. 202. Das von dem Globar ausgehende Strahlenbündel wird durch den Parabolspiegel S_1 parallel gerichtet und über die Spiegel S_2 und S_3 auf den Spalt des Spektrometers fokussiert. Globar und S_1 sind fest auf einer um P als vertikale Achse drehbaren Scheibe montiert. Die Meßprobe (gestrichelte Linie bei P) ist auf einer zweiten, um die gleiche Achse drehbaren Scheibe angebracht, so daß der Strahlengang durch den Polarisator bei beliebigem Einfallswinkel unverändert bleibt. Als Polarisator dient am besten ein Plattensatz aus Selenfilmen oder AgCl-Platten (vgl. S. 121). Die Strahlung wird vor dem Eintritt in das Spektrometer durch einen Unterbrecher zerhackt, der Thermo-

[1] Blout, E. R. u. M. I. Abbate: J. opt. Soc. Amer. **45**, 1028 (1955).

[2] Fraser, R. D. B.: J. opt. Soc. Amer. **43**, 929 (1953).

[3] Coates, V. J., A. Offner u. E. H. Siegler: J. opt. Soc. Amer. **43**, 984 (1953).

[4] Vgl. z.B. M. S. Oldham: J. opt. Soc. Amer. **41**, 673 (1951); D. M. Gates u. Mitarb.: ibid. **48**, 88 (1958).

wechselstrom verstärkt, gleichgerichtet und galvanometrisch gemessen (Ausschlagsmethode). Mit der gleichen Anordnung kann auch die eventuelle Durchlässigkeit der Proben gemessen werden. Sind diese merklich durchlässig, so muß man dafür sorgen (z.B. durch Aufrauhen des Trägers), daß nicht das Reflexionsvermögen der Unterlage die Reflexionsmessungen fälscht[1].

Man kann derartige Messungen der regulären Reflexion bei stark absorbierenden Stoffen (auch Flüssigkeiten), deren Durchlässigkeit sich direkt schlecht bestimmen läßt, dazu benutzen, sowohl den Brechungsindex n wie den Absorptionsindex $\varkappa$ der Gleichung (I,22) zu ermitteln,

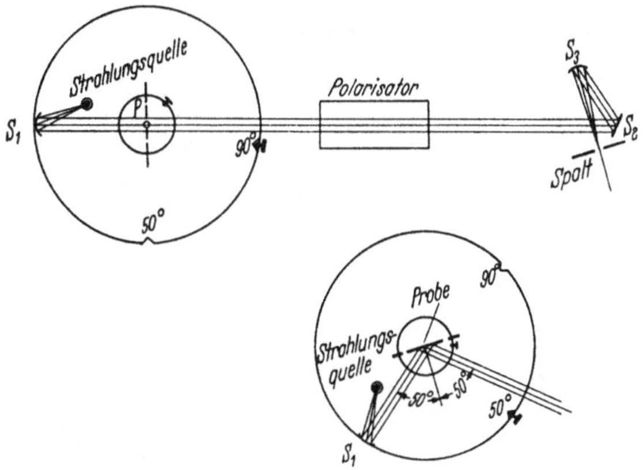

Abb. 202. Schema einer Anordnung zur Messung der Spiegelreflexion im IR

indem man Messungen bei zwei verschiedenen Einfallswinkeln φ macht. Diese bekannte „Reststrahlenmethode" ist neuerdings von Šimon[2] wieder aufgenommen worden. Die aus der Dispersionstheorie folgenden Formeln für $R_{\|}$, $R_{\perp}$ und $R = \frac{1}{2}(R_{\|} + R_{\perp})$ eines absorbierenden Mediums [siehe Gleichung (II, 19a) bis (19c)] als Funktion von n, $\varkappa$ und φ lassen sich

[1] Bei durchlässigen Proben mißt man ein „scheinbares" Reflexionsvermögen R^*, das wesentlich größer ist als das „wahre" Reflexionsvermögen R, weil die eindringende Strahlung zwischen der hinteren und vorderen Begrenzungsfläche der Probe hin und her reflektiert wird, wobei jedesmal ein Teil davon durch die Vorderfläche austritt und die Primärreflexion verstärkt. Es gilt

$$R^* = R\left(1 + \frac{\vartheta^2(1-R)^2}{1-R^2\vartheta^2}\right), \tag{4}$$

worin ϑ die Durchlässigkeit der Probe bedeutet. Nur wenn $\vartheta = 0$, wird $R^* = R$. Für vollständig durchlässige Proben ($\vartheta = 1$) wird

$$R^* = 2R/(1+R), \tag{5}$$

so daß für kleine Werte von R das scheinbare Reflexionsvermögen fast doppelt so groß ist wie das wahre. Vgl. dazu H. O. McMahon: J. opt. Soc. Amer. **40**, 376 (1950).

[2] Šimon, I.: J. opt. Soc. Amer. **41**, 336 (1951).

am einfachsten graphisch lösen, indem man R bzw. $R_{\parallel}$ oder $R_{\perp}$ als Funktion von n bei zwei gegebenen Winkeln φ und mit $\varkappa$ als Parameter aufträgt. Aus den gewonnenen Kurvenscharen lassen sich mit Hilfe der gemessenen Werte bei R von unpolarisierter oder linear polarisierter Strahlung zusammengehörige Werte von n und $\varkappa$ entnehmen.

Zur Messung der *diffusen Reflexion* im IR hat man versucht, analoge Meßverfahren zu verwenden, wie bei der lichtelektrischen Messung (S. 345ff.), indem man für Wellenlängen oberhalb 1 μ die Photozelle durch PbS-Zellen bzw. Thermoelemente oder Bolometer ersetzt. Schwierigkeiten macht die Auskleidung von ULBRICHTschen Kugeln, da die für das Sichtbare und UV brauchbaren Stoffe im IR zu stark absorbieren, und die kleine Fläche der Thermoelemente. Man benutzt deshalb halbkugelförmige Reflektoren aus Glas, die man mit Aluminium bedampft[1], und ordnet Meßprobe P und Empfänger R in der Weise an, daß die in beliebiger Richtung reflektierte Primärstrahlung nach einmaliger Spiegelreflexion an der Wand der Halbkugel auf den Empfänger gelangt (Abb. 203). Man mißt auf diese Weise natürlich die Summe von regulärer und diffuser Reflexion, deren Verhältnis noch von der Rauheit der Oberfläche bzw. der Korngröße des Pulvers abhängt (vgl. S. 354). Statt dessen kann man nach dem in Abb. 173 angegebenen Prinzip messen, wobei man gleichzeitig die Abhängigkeit der diffusen Reflexion von Einfalls- und Ausstrahlungswinkel untersuchen kann. Als Standard, auf den man die Messungen bezieht und der an der gleichen Stelle anzubringen ist wie die Meßprobe, benutzt man aus den genannten Gründen nach Möglichkeit einen ebenen Al-Spiegel, jedoch sind auch andere willkürliche Standards ($MgCO_3$) für relative Messungen verwendet worden. Nach neueren Messungen[2], bei denen die unzerlegte Gesamtstrahlung eines Globars im Bereich von 0,8 bis 20 μ zur Messung benutzt wurde, zeigen Schwefel, Selen, Aluminium und NaCl möglichst kleiner Korngröße das beste diffuse Reflexionsvermögen in diesem Bereich.

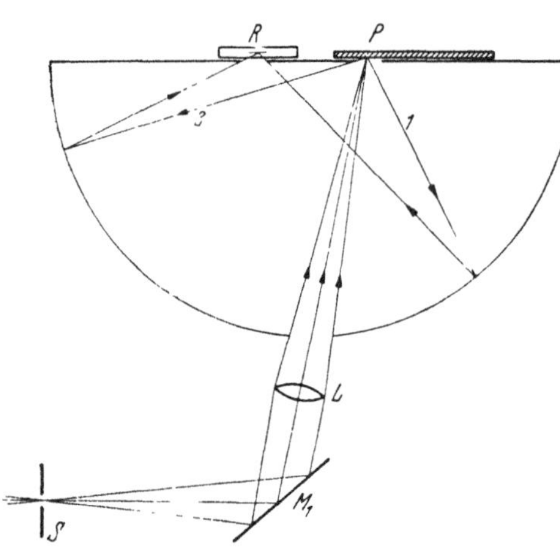

Abb. 203. IR-Reflektometer zur Messung der Gesamtreflexion

Man kann die Meßmethode durch Anbringen eines zweiten Empfängers zur Ausschaltung von Schwankungen der primären Strahlungsquelle verbessern, ferner durch Benutzung von Wechselstrahlung

[1] ROYDS, T.: Physik. Z. **11**, 316 (1910). – J. A. SANDERSON: J. opt. Soc. Amer. **37**, 771 (1947). – W. L. DERKSEN u. T. I. MONAHAN: J. opt. Soc. Amer. **42**, 263 (1952).

[2] AGNEW, J. T. u. R. B. MCQUISTAN: J. opt. Soc. Amer. **43**, 999 (1953).

mit nachfolgender Resonanzverstärkung, um unerwünschte Streustrahlung unschädlich zu machen.

Diffuse Reflexionsmessungen nach der S. 345ff. beschriebenen Methode mit zerlegter IR-Strahlung *zur Gewinnung von IR-Spektren* fester oder adsorbierter Stoffe sind bisher nicht ausgeführt worden, weil die Verluste durch die Streuung so groß sind, daß die auf den Empfänger gelangenden Strahlungsleistungen nicht zur Messung ausreichen. Dies gilt auch bei Benutzung einer geeignet ausgekleideten ULBRICHT-Kugel.

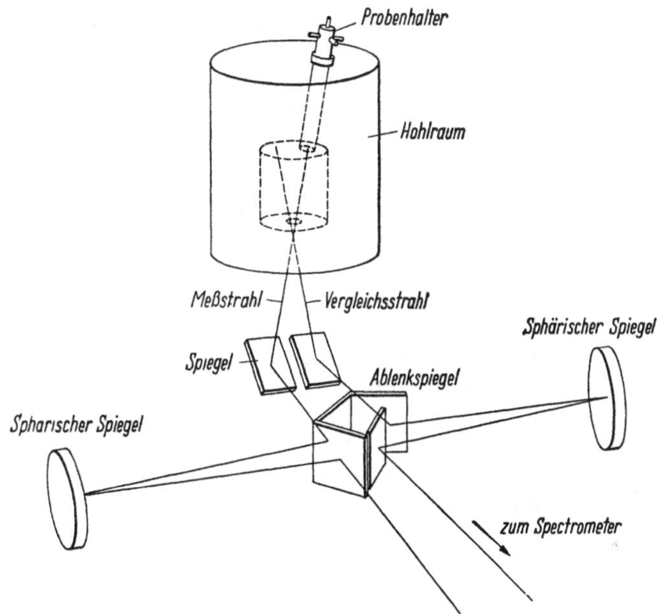

Abb. 204. Strahlengang im Reflexions-Spektrometer Modell 205 der Firma Perkin-Elmer, Norwalk, Conn.

Dagegen sind inzwischen von industrieller Seite einige Geräte beschrieben worden, die diesem Zweck dienen sollen, über deren Brauchbarkeit aber noch wenig Erfahrungen vorliegen. Da das Problem, von pulverförmigen oder adsorbierten Stoffen Infrarotspektren zu gewinnen, im Hinblick auf die Aufklärung der Vorgänge bei der heterogenen Katalyse sehr dringend ist[1], sei eine kurze Beschreibung dieser Geräte hier angegeben.

Die Firma Perkin-Elmer, Norwalk, Connecticut[2], stellt ein registrierendes Gerät her, angepaßt an das Doppelstrahl-IR-Spektrometer Modell 13, mit dessen Hilfe sich das absolute diffuse Reflexionsvermögen

[1] Zahlreiche Messungen in Durchsicht an dünnen Pulverschichten sind publiziert worden [vgl. z. B. R. P. EISCHENS: Z. Elektrochem. **60**, 782 (1956); R. S. McDONALD: J. Am. chem. Soc. **79**, 850 (1957); R. P. EISCHENS: J. phys. Chem. **60**, 194 (1956); N. SHEPPARD: Spectrochim. Acta **14**, 249 (1959)], doch lassen sich diese wegen der Streuverluste nicht quantitativ auswerten.

[2] Perkin-Elmer Instrument News **10**, Nr. 4, 1 (1959); vgl. auch C. D. REID u. E. D. McALISTER: J. opt. Soc. Amer. **49**, 78 (1959).

beliebiger fester Stoffe über den Bereich von 2 bis 15 μ messen läßt. An die Stelle der üblichen Strahlungsquellen des Spektrometers tritt ein auf 400 bis 1100 °C heizbarer Hohlraum, der so konstruiert ist, daß er mit guter Näherung schwarze Strahlung liefert. Die an einem Halter befestigte und mittels Wasserkühlung auf etwa 50 °C konstant gehaltene[1] Meßprobe befindet sich innerhalb dieses Hohlraumes, wird von den Wänden diffus bestrahlt und reflektiert einen Teil der Strahlung durch ein Loch im Boden. Durch ein optisches Spiegelsystem wird die Strahlung als Meßstrahl dem Spektrometer zugeführt. Ein Vergleichsstrahl, von der Wand des Hohlraumes ausgehend, verläßt den Hohlraum durch die gleiche Öffnung. Das Schema des Strahlengangs ist in Abb. 204 wiedergegeben. Gemessen wird das Intensitätsverhältnis beider Strahlen in üblicher Weise durch elektrischen Nullabgleich. Allerdings wird bei pulverförmigen und ähnlichen Stoffen mit rauher Oberfläche stets auch ein Anteil regulärer Reflexion mitgemessen (vgl. S. 350). Zur Untersuchung adsorbierter Stoffe müßte man wieder Relativmessungen in bezug auf das Adsorbens machen, indem man die Probe durch das reine Adsorbens ersetzt und die Messung wiederholt.

Ein neuerdings von der Firma Beckman entwickelter Reflexionsansatz zum IR-Spektrometer Modell IR 4 oder IR 7 benutzt das in Abb. 203 angegebene Prinzip, doch liegen Erfahrungen damit noch nicht vor. Statt eines halbkugelförmigen würde man besser einen rotationsellipsoidischen Reflektor benutzen, wobei Probe bzw. Empfänger in den beiden Brennpunkten des Ellipsoids angebracht werden.

Ein ganz neues Prinzip zur Gewinnung von Reflexionsspektren fester Stoffe im IR hat Fahrenfort[2] angewendet. Es beruht darauf, daß man die Phasengrenze zwischen einem Dielektrikum hohen Brechungsvermögens und der Probe zur Reflexion der Strahlung benutzt. Trifft die aus dem dichteren Medium kommende Strahlung unter einem Winkel, der etwas größer ist als der kritische Winkel der Totalreflexion, auf die Phasengrenze, so wird sie total reflektiert, sofern das angrenzende Medium in diesem Spektralbereich nicht absorbiert ($\varkappa = 0$). Ist jedoch $\varkappa \neq 0$, so ist die Reflexion nicht mehr total, und man erhält ein Reflexionsspektrum des angrenzenden Mediums, wenn man das ganze Spektrum durchläuft. Der Grund dafür liegt darin, daß auch bei der Totalreflexion stets Energie in das Medium kleineren Brechungsindex hinein- und zurücktransportiert wird, d.h. es treten quergedämpfte Wellen mit rasch abnehmender Amplitude in das dünnere Medium ein. Absorbiert dieses nicht, so wird im zeitlichen Mittel dieser Energietransport gleich Null, weil ein Energiefluß in beiden Richtungen durch die Phasengrenze hindurch stattfindet. Absorbiert jedoch das dünnere Medium, so gleichen sich diese Energietransporte nicht mehr aus und die Reflexion ist nicht

---

[1] Bei dieser Temperatur ist die Emission praktisch zu vernachlässigen. Allerdings läßt sich die Aufheizung der Probe bei nichtleitenden Stoffen nicht ganz verhindern. Dann muß man Punkt für Punkt die Zeitabhängigkeit der Reflexion messen und auf $t = 0$ extrapolieren.

[2] Fahrenfort, J.: European Molecular Spectr. Congress, Bologna 1959, Spectrochim. Acta 17, 698 (1961).

mehr total. Die Absorption ist am stärksten in der unmittelbaren Nähe des kritischen Winkels und hängt natürlich von der Größe des Absorptionskoeffizienten $\varkappa$ ab.

Als dichteres Dielektrikum benutzt man KRS-5 oder AgCl, deren Brechungsindex im für das IR durchlässigen Bereich angenähert 2 oder mehr beträgt. Man verwendet es in Form eines Halbzylinders, dessen Schnittfläche als reflektierende Phasengrenze dient (Abb. 205a). Man fokussiert die Strahlung außerhalb des Zylinders in der Entfernung

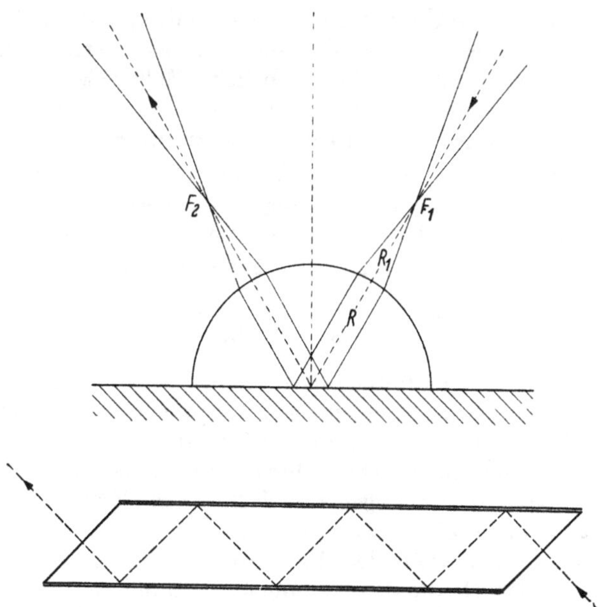

Abb. 205. Anordnungen zur Messung der Totalreflexion an der Phasengrenze zwischen Medien von verschiedenem Brechungsindex

$R_1 = R/(n - 1)$ und erhält so ein angenähert paralleles Bündel innerhalb des Kristalls. Man erhält auf diese Weise Spektren, die mit den Durchsichtsspektren bezüglich Lage der Banden übereinstimmen und bezüglich der Bandenintensität ihnen ähnlich sind.

In neuester Zeit ist dieses Meßprinzip weiter entwickelt worden, indem man die Strahlung durch ein Prisma aus AgCl oder Germanium durchtreten läßt, wobei es mehrmals an der Phasengrenze total reflektiert wird[1] (Abb. 205b). Belegt man die Grenzfläche mit dem zu untersuchenden absorbierenden Stoff, so erhält man auch für sehr schwache Absorptionen noch ein gut ausgeprägtes Spektrum.

4. Infrarotphotometrie

a) Allgemeine Vorbedingungen für die quantitative Analyse. Im Infrarotgebiet lassen sich qualitative und quantitative Analyse, d.h. spektrometrische und photometrische Meßmethoden – ähnlich wie beim RAMAN-

[1] Vgl. N. J. HARRIK: Phys. Rev. letters **4**, 223 (1960).

Effekt – nicht mit derselben Strenge unterscheiden wie bei Messungen im sichtbaren oder ultravioletten Spektralgebiet. Das liegt auch hier daran, daß es sich im IR in der Regel um relativ schmale Banden handelt, deren Messung bezüglich Lage und Intensität stets eine genügend gute spektrale Zerlegung der Strahlung erfordert. Immerhin sind diese Banden im allgemeinen wesentlich breiter als RAMAN-Linien, so daß sich zuweilen photometrische Messungen auch mit Strahlung relativ großer effektiver Bandbreite ausführen lassen.

Die photometrische Analyse beruht auf der Intensitätsmessung im Bereich einzelner charakteristischer Gruppenfrequenzen, deren maximale Bandenhöhe bestimmt wird, ohne daß das Gesamtspektrum aufgenommen werden muß. Da die eigentliche Meßgröße die Strahlungsleistung Φ ist, die auch von den meisten Geräten registriert wird, muß man diese auf Extinktionen umrechnen, wozu die Bezugslinien (parallel zur λ- bzw. $\overset{*}{\nu}$-Koordinate) für $\vartheta = 0$ und $\vartheta = 100\%$ bekannt sein müssen, die man durch Einsetzen eines völlig absorbierenden Streulichtfilters bzw. einer Küvette mit dem Lösungsmittel oder mit einem nichtabsorbierenden Stoff an Stelle der Meßküvette ermittelt. Es ist dann

$$E = \log \frac{\Phi_0}{\Phi} = \log \frac{\vartheta_{100} - \vartheta_0}{\vartheta - \vartheta_0}. \tag{6}$$

Die Anwendung des LAMBERT-BEERschen Gesetzes zur Berechnung der Konzentration mit Hilfe eines einzigen Extinktionskoeffizienten ist aus den mehrfach diskutierten Gründen mit Unsicherheit belastet. Einmal können, wie bei photometrischen Messungen im Sichtbaren und Ultraviolett, *scheinbare Abweichungen vom* BEER*schen Gesetz* auftreten, wenn man mit spektral unreiner Strahlung arbeitet (vgl. S. 41 ff.), d.h. wenn z.B. die effektive Spaltweite des Monochromators zu groß oder seine Dispersion zu klein ist. Da die Schwingungsbanden in kondensierten Phasen viel schmaler sind als die Elektronenbanden und da die Abweichungen um so größer werden, je größer die Änderung des Extinktionskoeffizienten mit der Wellenlänge, d.h. je schmaler und steiler eine Bande ist, muß diese Fehlermöglichkeit bei quantitativen Infrarotmessungen besonders beachtet werden. Wenn die effektive Bandbreite der benutzten Strahlung größer ist als die Halbwertsbreite der betreffenden Bande, sind stets merkliche Abweichungen vom LAMBERT-BEERschen Gesetz zu erwarten (vgl. S. 286). In dieser Hinsicht eignet sich das nahe Infrarot besser für die Messungen als das mittlere, weil die Banden der Oberschwingungen im allgemeinen flacher und breiter sind als diejenigen der Grundschwingungen.

Besondere Beachtung verlangt diese Fehlerquelle bei Messungen an Dämpfen, da hier die Schwingungsbanden eine Rotationsfeinstruktur besitzen, die starke scheinbare Abweichungen sowohl vom LAMBERTschen als auch vom BEERschen Gesetz verursacht (vgl. S. 45). In solchen Fällen muß man bei hohen Drucken oder unter Zusatz eines geeigneten Fremdgases (N_2) messen, da dann die Rotationsstruktur verschwindet.

Eine weitere Fehlermöglichkeit besteht in *wahren Abweichungen vom* BEER*schen Gesetz*, falls sich mit steigender Konzentration die Form der

Absorptionsbanden ändert. Dies ist vor allem dann leicht der Fall, wenn es sich nicht um eine einheitliche Absorptionsbande, sondern um zwei miteinander verschmolzene Banden handelt. Eine geringfügige gegenseitige Verschiebung der beiden Banden bei einer Konzentrationsänderung kann starke Abweichungen vom BEERschen Gesetz zur Folge haben. Auch Dimerisation oder Polymerisation der Molekeln (Carbonsäuren, Alkohole) bewirkt erhebliche wahre Abweichungen vom BEERschen Gesetz[1]. Es empfiehlt sich demnach in allen Fällen, für Konzentrationsbestimmungen das BEERsche Gesetz mit Hilfe einer Eichkurve (Extinktion in Abhängigkeit von der Konzentration) nachzuprüfen.

Eine weitere Möglichkeit, die genannten Fehlerquellen auszuschalten, besteht darin, daß man nicht die Extinktion im Bandenmaximum als Maß für die Konzentration benützt, sondern daß man die von der Bande und der Frequenz- bzw. Wellenzahlabscisse eingeschlossene Fläche, d.h. die integrale Absorption $\int \varepsilon d\nu$ ermittelt. Auch hierfür ist natürlich die Durchlässigkeitskurve in eine Extinktionskurve umzurechnen, sofern das Gerät nicht unmittelbar Extinktionen registriert. Ist z.B. die effektive Bandbreite der Strahlung gleich der halben Halbwertsbreite der zu messenden Bande, so können die Fehler in ε_{max} bis zu 20% betragen, während die integrale Absorption nur um 2 bis 3% gefälscht wird, weil die Intensitätserniedrigung des Maximums zum größten Teil durch die Zunahme der Halbwertsbreite kompensiert wird[2] (vgl. S. 52ff.). Zur Ermittlung von $\int \varepsilon d\overset{*}{\nu}$ muß man die gemessene Bande planimetrieren. Neuerdings werden von der Industrie jedoch auch Zusatzgeräte zu den Spektrometern geliefert, die die Fläche unter der Kurve gleichzeitig mit dem Spektrum aufzeichnen oder durch ein Zählwerk angeben. Man bestimmt mit dem „Integrator" einmal die Grundabsorption (z.B. des Lösungsmittels) und dann die Summe von Grund- und Probenabsorption und bildet daraus die Differenz. Langsame Registrierung und Dehnung der $\overset{*}{\nu}$- bzw. λ-Koordinate sind aus den S. 373 genannten Gründen von Vorteil.

Besonders gefährlich für quantitative Messungen ist Streustrahlung kürzerer Wellen, wie sie bei Einfach-Monochromatoren jedenfalls stets vorhanden ist. Sie bewirkt Verschiebungen des Bandenschwerpunktes und Erhöhung der Durchlässigkeit. Man kann sie erkennen, indem man die Durchlässigkeit einer bei der betreffenden Wellenlänge sicher vollständig absorbierenden Substanz registriert. Man erreicht dann nicht die ϑ_0-Linie, sondern bleibt um so höher darüber, je stärker der Streulichtanteil ist. Läßt sich das Streulicht nicht durch geeignete Filter ausschalten, so muß man z.B. bei verschiedenen Konzentrationen messen und auf die Konzentration Null extrapolieren, um die genaue Lage der Bande zu erhalten. Indem man die Streustrahlungskurve mit Hilfe voll-

---

[1] COGGESHALL, N. D. u. E. L. SAIER: J. Amer. chem. Soc. **73**, 5414 (1951); F. A. SMITH u. E. C. CREITZ: J. Res. Natl. Bur. Stand. **46**, 145 (1951); W. LÜTTKE u. R. MECKE: Z. Elektrochem. **53**, 241 (1949).

[2] Vgl. dazu D. A. RAMSAY: J. Amer. chem. Soc. **74**, 72 (1952); A. E. MARTIN: Trans. Faraday Soc. **47**, 1182 (1951).

ständig absorbierender Proben für verschiedene Wellenlängen bestimmt, kann man den Einfluß der Streustrahlung auf die Durchlässigkeit auch rechnerisch ermitteln. Ist die gemessene Durchlässigkeit ohne Berücksichtigung der Streustrahlung ϑ_1, der Anteil der Streustrahlung bei der gleichen Wellenlänge ϑ_s, so ist die wahre Durchlässigkeit gegeben durch

$$\vartheta = \frac{\vartheta_1 - \vartheta_s}{100 - \vartheta_1} . \tag{7}$$

Besitzt die quantitativ zu bestimmende Komponente eines Gemisches eine isolierte, von anderen Banden nicht überlagerte Bande, so ist die Aufstellung der der quantitativen Analyse zugrunde liegenden *Eichkurve* die übliche: Man stellt eine Anzahl von Eichmischungen mit bekanntem Gehalt der zu untersuchenden Komponente her und registriert die betreffende Analysenbande. Man trägt die Durchlässigkeit oder besser die Extinktion im Maximum der Bande als Funktion der Konzentration auf und erhält im letzteren Fall bei Gültigkeit des BEERschen Gesetzes eine Gerade. Da die Schichtdicken für die Messung im günstigen Extinktionsbereich in der Regel klein sind (Bruchteile von mm), benutzt man für die Eichmessungen und die Messung der Analysenprobe die gleiche Küvette, um Schichtdickenfehler auszuschließen.

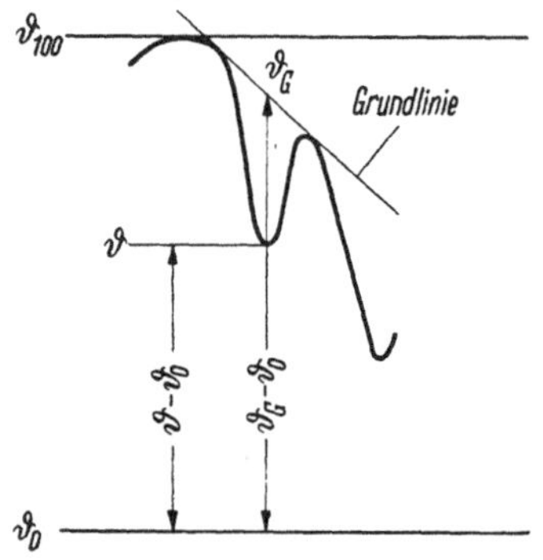

Abb. 206. Grundlinienverfahren zur Eliminierung der Untergrundabsorption

Dieser Idealfall kommt allerdings selten vor, weil sich der Analysenbande in der Regel die Ausläufer anderer Banden überlagern, was zu einer allgemeinen *Untergrundabsorption* führt. Im speziellen Fall eines Zweistoffsystems mit isosbestischen Punkten (vgl. S. 32) kann man die Untergrundabsorption eliminieren, indem man alle Messungen auf einen isosbestischen Punkt bezieht statt auf die ϑ_{100}-Linie. In allen übrigen Fällen benutzt man das sogenannte *Grundlinien*(base line)-Verfahren[1], dessen Prinzip in Abb. 206 wiedergegeben ist. Man ersetzt die Linie der 100%igen Durchlässigkeit durch eine nach gewissen Regeln gezogene Gerade, im Beispiel der Abb. 206 einer Bande, die durch zwei Durchlässigkeitsmaxima eingeschlossen ist, durch eine gemeinsame Tangente, auf die man dann alle Messungen bezieht. Dann wird

$$E = \log \frac{\vartheta_g - \vartheta_0}{\vartheta - \vartheta_0} . \tag{8}$$

Man trägt wieder das so ermittelte E als Funktion der Konzentration auf und erhält eine empirische Eichkurve, die allerdings in den meisten Fällen keine Gerade sein wird, auch wenn das BEERsche Gesetz gültig

[1] WRIGHT, N.: Ind. Engn. Chem. Anal. Ed. **13**, 1 (1941); J. J. HEIGL u. Mitarb.: Anal. Chem. **19**, 293 (1947); G. PIRLOT: Bull. Soc. chim. Belg. **58**, 28 (1949).

ist. Dies beeinträchtigt jedoch die Brauchbarkeit dieses Verfahrens im allgemeinen nicht[1]. Eine andere Möglichkeit besteht darin, das S. 52 beschriebene *Differentialverfahren* anzuwenden. An Stelle der Durchlässigkeit im Bereich der überlagerten Banden trägt man die zweite Ableitung nach λ auf und erhält so ausgeprägte Maxima, die man wieder als Funktion der Konzentration aufträgt, um die Eichkurve zu gewinnen[2].

Bei der quantitativen Analyse *mehrerer Komponenten* in *einem Gemisch* findet man in manchen Fällen (im Gegensatz zu Messungen im Sichtbaren oder UV) für jede Komponente eine charakteristische Gruppenfrequenz, die von anderen Banden nicht überlagert wird, so daß sie unmittelbar für die beschriebenen Verfahren benutzt werden kann. Ist dies jedoch, wie meistens, nicht der Fall, so muß man das S. 30 beschriebene Verfahren anwenden, das sich jedoch im allgemeinen nur für Serienmessungen lohnt, da es recht mühsam ist. Die ε_{max}- bzw. $\int \varepsilon \, d\overset{*}{\nu}$-Werte, die zur Anwendung des LAMBERT-BEERschen Gesetzes notwendig sind, bestimmt man entweder an den reinen Stoffen oder besser an verdünnten Lösungen bekannter Konzentration in einem analogen Medium. Dieses Verfahren ist mehrfach in der Literatur eingehend beschrieben worden[3] und hat sich besonders für die quantitative Analyse von Kohlenwasserstoffen (Erdöle, Benzinsynthese) bewährt[4]. Man zerlegt das Gemisch zunächst durch Rektifikation oder Extraktion in Fraktionen von weniger (maximal 10) Bestandteilen, die dann einzeln analysiert werden. Die Auflösung der zugehörigen linearen Gleichungssysteme, deren Ordnung durch die Zahl der vorhandenen Komponenten bestimmt ist, wird durch (elektronische) Rechenmaschinen sehr erleichtert. Eine vollautomatische Aufnahme und Auswertung der Spektren von Gemischen bis zu 10 Komponenten ist mit einem von Perkin-Elmer entwickelten „Multicomponent Infrared Analyzer" möglich, der ein Rechenzusatzgerät besitzt[5].

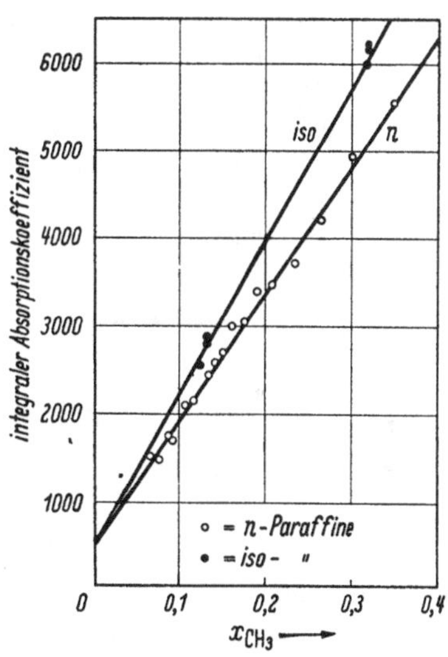

Abb. 207. Integrale Extinktion einer H_3C-Bande in einem Paraffingemisch als Funktion des Molenbruchs von H_3C

b) Gruppenanalyse. Häufig interessiert in einer Mischung weniger die Konzentration einer bestimmten Komponente als vielmehr die Konzen-

[1] Einzelheiten über dieses Verfahren und eingehende Kritik bei G. PIRLOT: l. c.

[2] POWELL, H.: J. appl. Chem. **1956**, 488.

[3] Vgl. z.B. R. MECKE u. R. MUTTER: Z. Elektrochem. 58, 1 (1954); H. KIENITZ: Z. anal. Chem. **164**, 80 (1958); zahlreiche Arbeiten in Anal. Chem. 1957–1961.

[4] Beispiele u. Literatur bei R. SUHRMANN u. H. LUTHER: Fortschr. chem. Forschg. **2**, 758 (1953).

[5] Vgl. dazu R. H. TAPLIN: Digital Electronic Methods for Infrared Spectroanalyses, Washington 1959.

tration einer bestimmten funktionellen Gruppe oder einer Atomgruppierung, ohne daß die einzelnen Komponenten quantitativ bestimmt zu werden brauchen. So ist z. B. in einem Gemisch von Kohlenwasserstoffen die Konzentration der H_3C- oder der H_2C-Gruppen von besonderem Interesse, die die technischen Eigenschaften des Produkts charakterisieren. Die Methode der Gruppenanalyse hat sich deshalb für die Mineralölbeurteilung als besonders wertvoll erwiesen[1]. So hat sich z.B. gezeigt, daß in paraffinischen und naphthenischen Kohlenwasserstoffen die maximale oder (besser) die integrale Extinktion z. B. der symmetrischen H_3C-Schwingung bei 1380 cm^{-1} oder der asymmetrischen H_3C-Schwingung

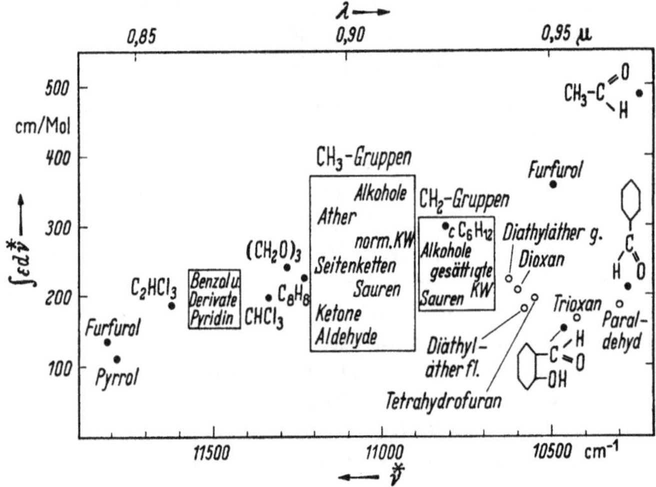

Abb. 208. Wellenzahl-Intensitäts-Diagramm der dritten Oberschwingung der CH-Valenzschwingung in verschieden substituierten Molekeln

bei 1460 bis 1465 cm^{-1} dem Molenbruch x_{CH_3} in der Mischung proportional ist, wobei normale und iso-Paraffine Geraden verschiedener Steigung liefern (vgl. Abb. 207). In analoger Weise verhält sich die integrale Extinktion der asymmetrischen H_2C-Schwingung bei 1450 bis 1470 cm^{-1}. Für die H_3C- und H_2C-Gruppenbestimmung in Polyolefinen können die Banden bei 1360 und 1380 cm^{-1} herangezogen werden. Ebenso lassen sich die Molenbrüche von Doppelbindungen (verzweigte und unverzweigte, endständige und mittelständige) mit Hilfe der Gruppenanalyse bestimmen[2]. An Stelle der maximalen oder integralen Extinktion kann man auch hier den zweiten Differentialquotienten der Absorptionskurve nach S. 25 als Funktion des Molenbruchs auftragen, wenn die betreffenden Banden nicht gut ausgeprägt sind[3].

Die integrale Extinktion z.B. der CH-Valenzschwingung hängt von den weiteren Substituenten am C-Atom ab und ist z. B. in der endständi-

[1] Zahlreiche Literaturangaben zur Mineralölanalyse in Ullmanns Enzyklopädie d. techn. Chemie, Bd. 2/1, München 1961, S. 285.

[2] Vgl. dazu N. D. Coggeshall in Spectroscopic Functional Group Analysis Organic Analysis I, S. 414, New York 1953.

[3] Vgl. E. Thornton u. H. W. Thompson: Conf. Molecular Spectroscopy, Pergamon-Press New York 1959, S. 114.

gen H_3C-Gruppe kleiner als in der mittelständigen H_2C-Gruppe, so daß $\int \varepsilon \, d\overset{*}{\nu}$ je CH-Bindung von Pentan nach Heptan zunimmt. In analoger Weise wirken sich andere Substituenten aus. Es ist deshalb vorgeschlagen worden[1], die Banden durch je einen Punkt in einer Wellenzahl-$\int \varepsilon \, d\overset{*}{\nu}$-Ebene zu charakterisieren, wodurch die Bedeutung der Bandenintensität gegenüber ihrer Lage stärker hervorgehoben wird. Als Beispiel ist in Abb. 208 eine solche Zuordnung der dritten Oberschwingung der CH-Valenzschwingung wiedergegeben. Einzelne Stoffe sind durch Punkte, ganze Stoffklassen durch Rechtecke angegeben, in denen die betreffenden Molekeln liegen. Man erkennt, wie stark die in der Wellenzahl relativ eng benachbarten Banden in ihrer Intensität auseinandergehen. Derartige Diagramme sind für die Konstitutionsaufklärung wesentlich aufschlußreicher als die Angabe der Gruppenfrequenzen allein.

c) **Verschiedene Meßverfahren.** Jedes registrierende oder nichtregistrierende IR-Spektrometer kann natürlich für die quantitative Analyse herangezogen werden, da ja die jeweils gemessenen Extinktionen bei Kenntnis der Bandenhöhe bzw. Bandenfläche der den Komponenten der Mischung zugeordneten Gruppenfrequenzen die Konzentrationen der Komponenten nach dem LAMBERT-BEERschen Gesetz liefert. Im übrigen gelten die gleichen Überlegungen, die für die Verwendung lichtelektrischer Spektrometer für quantitative photometrische Messungen angestellt wurden (vgl. S. 252 ff.). Trotz des großen experimentellen Aufwands läßt sich infolge der Schwierigkeit, absolute Extinktionskoeffizienten zu definieren, und der relativ großen Ablesestreuung der Meßvorrichtung käuflicher Geräte (Kammblende, Skala des μ-Amperemeters, Ordinate des Registrierpapiers usw.) die Streuung der Konzentrationsbestimmung selbst bei binären Gemischen nicht unter 1 bis 2% drücken[2]. Dabei ist bereits besondere Sorgfalt zur Konstanthaltung der Meßbedingungen (Spaltbreite des Monochromators, Temperatur, Belastung der Strahlungsquelle usw.) vorausgesetzt, wenn die Messung, etwa an verschiedenen Tagen wiederholt, keine größeren Streuungen zeigen soll. Man kann jedoch mit einfacheren Mitteln, indem man sich eine Anordnung ähnlich der von Abb. 120 aus Laboratoriumsgeräten aufbaut, die photometrische Meßgenauigkeit wesentlich höher treiben, wobei man natürlich auf die Aufstellung und häufige Kontrolle von Eichkurven angewiesen ist (vgl. S. 254). Derartige Meßanordnungen mit geringerer Streuung dürften vor allem dann von Vorteil sein, wenn es sich um die *Ermittlung von Gleichgewichten* und ihrer Temperaturabhängigkeit handelt (Keto-Enol-Tautomerie[3], Assoziation von Hydroxylverbindungen über Wasserstoffbrücken[4] usw.), bei der hohe Meßgenauigkeiten notwendig sind.

---

[1] LIPPERT, E. u. R. MECKE: Z. Elektrochem. **55**, 366 (1951); H. LUTHER u. G. CZERWONY: Z. physik. Chem. N. F. **6**, 286 (1956).

[2] Die gelegentlich in der Literatur zu findenden, wesentlich höheren Genauigkeitsangaben sollten sehr kritisch beurteilt werden (vgl. auch S. 258).

[3] LE FÈVRE, R. J. W. u. H. WELSH: J. chem. Soc. [London] **1949**, 2230.

[4] MECKE, R.: Z. Elektrochem. angew. physik. Chem. **52**, 269 (1948). – W. LÜTTKE u. R. MECKE: Z. Elektrochem. angew. physik. Chem. **53**, 241 (1949). – N. D. COGGESHALL u. E. L. SAIER: J. Amer. chem. Soc. **73**, 5414 (1951).

Bei Verwendung von Einstrahlmethoden (S. 393) bringt man Lösung und Lösungsmittel bzw. Mischung unbekannter und bekannter (ähnlicher) Zusammensetzung nacheinander in den Strahlengang. Zur Vermeidung von „Trogfehlern" benutzt man am besten die gleiche Küvette. Trogfehler können wegen der leichten Verletzlichkeit und unterschiedlichen Durchlässigkeit und Schichtdicke der Küvetten im IR besonders große systematische Fehler hervorrufen. Bei Verwendung von Doppelstrahlmethoden (S. 395) wird die Meßküvette in dem einen, die Vergleichsküvette im anderen Strahlengang angebracht. Dann gelten folgende Überlegungen:

Absorbieren in einer *binären* Mischung beide Stoffe bei der benutzten Wellenlänge und bezeichnen wir ihre Molenbrüche mit x_2 bzw. $x_1 = 1 - x_2$, die (gleiche) Schichtdicke der Küvetten mit s, so gilt nach dem LAMBERT-BEERschen Gesetz für die Extinktion der Mischung

$$E = \varepsilon_1 x_1 s + \varepsilon_2 x_2 s = \varepsilon_1 s + (\varepsilon_2 - \varepsilon_1) x_2 s = E_1 + (\varepsilon_2 - \varepsilon_1) x_2 s. \qquad (9)$$

E_1 ist die Extinktion des reinen Stoffes 1 in der Vergleichsküvette. Es folgt

$$E - E_1 = (\varepsilon_2 - \varepsilon_1) x_2 s \quad \text{oder} \quad x_2 = \frac{E - E_1}{(\varepsilon_2 - \varepsilon_1) s}. \qquad (10)$$

$E - E_1$ bzw. das zugehörige Verhältnis der Durchlässigkeiten ϑ_1/ϑ ist durch die Messung gegeben, so daß bei bekanntem ε_1 und ε_2, die gesondert mit den reinen Komponenten bestimmt werden müssen, die unbekannte Konzentration x_2 berechnet werden kann.

Ist die Schichtdicke der beiden Küvetten nicht exakt gleich, was bei ihrer meist notwendigen Beschränkung auf Bruchteile von Millimetern praktisch kaum zu erreichen ist, und bezeichnen wir die Schichtdicke der Vergleichsküvette mit s', so wird die Extinktion der Vergleichsküvette

$$E_1' = \varepsilon_1 s' \qquad (11)$$

und

$$\Delta E \equiv E - E_1' = \varepsilon_1 (s - s') + (\varepsilon_2 - \varepsilon_1) x_2 s. \qquad (12)$$

Man bestimmt üblicherweise den Trogfehler, indem man beide Küvetten mit dem reinen Stoff 1 beschickt, und erhält so

$$\Delta E_1 \equiv E_1 - E_1' = \varepsilon_1 (s - s'). \qquad (13)$$

Aus den Gleichungen (12) und (13) läßt sich wieder x_2 berechnen:

$$\Delta E - \Delta E_1 = (\varepsilon_2 - \varepsilon_1) x_2 s \quad \text{oder} \quad x_2 = \frac{\Delta E - \Delta E_1}{(\varepsilon_2 - \varepsilon_1) s}. \qquad (14)$$

Statt dessen kann man auch folgendes Verfahren einschlagen[1], das höhere Genauigkeit liefert. Man beläßt die beiden Küvetten in ihren Strahlengängen, vertauscht aber ihre Füllung, so daß sich der reine Stoff 1 jetzt

[1] ROBINSON, D. Z.: Anal. Chem. **24**, 619 (1952).

in der Meßküvette, die Mischung in der Vergleichsküvette befindet. Dann ist

$$E_1 = \varepsilon_1 s \tag{15}$$

und

$$\overset{*}{E} = \varepsilon_1 x_1 s' + \varepsilon_2 x_2 s' = \varepsilon_1 s' + (\varepsilon_2 - \varepsilon_1) x_2 s'. \tag{16}$$

Daraus folgt

$$\Delta \overset{*}{E} \equiv \overset{*}{E} - E_1 = \varepsilon_1 (s' - s) + (\varepsilon_2 - \varepsilon_1) x_2 s'. \tag{17}$$

Aus (12) und (17) ergibt sich $\Delta E + \Delta \overset{*}{E} = (\varepsilon_2 - \varepsilon_1) x_2 (s + s')$ oder

$$x_2 = \frac{\Delta E + \Delta \overset{*}{E}}{(\varepsilon_2 - \varepsilon_1)(s + s')}. \tag{18}$$

x_2 wird etwas genauer als nach Gleichung (14), weil es sich hier aus dem Mittelwert zweier ähnlich großer Extinktionen ergibt, während ΔE_1 in (14) meistens sehr klein und deshalb nicht sehr genau bestimmbar ist. Dieses Verfahren eignet sich speziell, wenn kleine Unterschiede in der Zusammensetzung zweier Mischungen bestimmt werden sollen. Diese ergeben nämlich beim Austausch Ausschläge des Meßinstruments in verschiedener Richtung, während Schichtdickenunterschiede Ausschläge in der gleichen Richtung verursachen. Es ließ sich so z.B. ein Gehalt von 0,0125% Cyclohexan in reinem Benzol noch deutlich nachweisen.

Ein von der Gültigkeit des LAMBERT-BEERschen Gesetzes völlig unabhängiges Meßverfahren ist die S. 274 ff besprochene *Titration auf gleiche Extinktion*, die ein kolorimetrisches Verfahren darstellt. Es wurde im sogenannten Spektrenkomparator von DALY[1] in die quantitative IR-Analyse eingeführt. Man bringt in die beiden Strahlengänge eines Doppelstrahlspektrometers zwei gleiche Küvetten mit der zu analysierenden binären Mischung gefüllt und gleicht auf Nullausschlag ab. Als Anzeigegerät dient ein Oszillograph, wie es S. 311 beschrieben wurde. Ersetzt man nun die Mischung in der einen Küvette durch eine der beiden reinen Komponenten, so beobachtet man auf dem Schirm des Oszillographen das überlagerte Spektrum der beiden Stoffe. Man gibt nun die zweite Komponente so lange zu, bis wieder die Zusammensetzung der unbekannten Mischung erreicht ist, bis also der Oszillograph für keine Wellenlänge mehr einen Vertikalausschlag zeigt. Aus der vorgegebenen bzw. zugefügten Menge der reinen Komponenten ergibt sich die Zusammensetzung der unbekannten Mischung. Dieses Verfahren ist, wie schon mehrfach betont wurde, denkbar voraussetzungslos und liefert deshalb sehr sichere Werte. Auch die Reinheit der Strahlung (Verhältnis der effektiven Bandbreite zur Halbwertsbreite der Absorptionsbanden) ist ohne Einfluß auf das Meßergebnis.

c) Gasanalysengeräte. Für die quantitative Analyse von strömenden Gasgemischen hat LUFT ein Gerät entwickelt, das *ohne spektrale Zerlegung* mit einem selektiv wirkenden Strahlungsempfänger arbeitet und sich trotz seiner Einfachheit für die laufende Betriebskontrolle in der

[1] DALY, E. F.: J. sci. Instruments 28, 308 (1951).

Technik vorzüglich bewährt hat. Es wird als *Ultrarotabsorptionsschreiber* (URAS) bezeichnet[1]. Das Verfahren beruht darauf, daß man die Schwächung der Strahlungsintensität durch das zu untersuchende Gas nicht mittels eines Bolometers oder einer Thermosäule bestimmt, sondern ein *abgeschlossenes Volumen dieses Gases selbst als selektiven Strahlungsempfänger benutzt* und die Erwärmung dieses Gasvolumens in geeigneter Weise mißt (sogenannte „positive Filterung"). Von zwei gleichen Strahlenbündeln (vgl. Abb. 209) durchläuft das eine die Analysenkammer, die das zu untersuchende Gasgemisch (z.B. $CO + CO_2$) enthält, das andere eine gleich große, z. B. mit trockenem N_2 gefüllte Vergleichskammer. Beide Strahlenbündel werden durch eine rotierende Lochblende periodisch mit einer Frequenz von 6 Hz unterbrochen. Soll z. B. der Gehalt des Mischgases an CO bestimmt werden, so treten die beiden Bündel anschließend in zwei weitere, mit reinem CO gefüllte Meßkammern ein, die durch einen Membrankondensator voneinander getrennt sind, werden dort weitgehend absorbiert und rufen infolge der Erwärmung des Gases eine Druckerhöhung hervor. Diese ist infolge der bereits in der Analysenkammer durch das dort vorhandene CO absorbierten Strahlung auf der einen Seite des Membrankondensators geringer als auf der anderen, d.h. in den CO-Kammern treten periodische Druckschwankungen auf, die entsprechende Kapazitätsänderungen des Kondensators hervorrufen. Letztere werden in Spannungsschwankungen umgesetzt, die man verstärkt, gleichrichtet und dem Meßinstrument zuführt. Auf diese Weise lassen sich noch sehr geringe CO-Mengen in CO_2-reichen Gasgemischen bestimmen, obwohl das CO_2 an sich viel stärker absorbiert. Notwendig ist lediglich, daß sich die Absorptionsbanden möglichst wenig überschneiden. Sind absorbierende Begleitgase vorhanden, deren Banden die des CO überlappen, so füllt man sie in die Filterküvetten ein, so daß der entsprechende Teil der Strahlung schon vorher vollständig absorbiert wird und nicht mehr stört. Indem man das zu untersuchende Gas durch die Analysenkammer durchströmen läßt, kann man das Gerät als selbstregistrierendes Überwachungsgerät für Dauerbetrieb verwenden (z.B. zur Bestimmung des CO- oder CO_2-Gehalts der Raumluft, wobei noch Änderungen des CO_2-Gehalts von etwa $10^{-4}\%$ bemerkbar sind). Auch

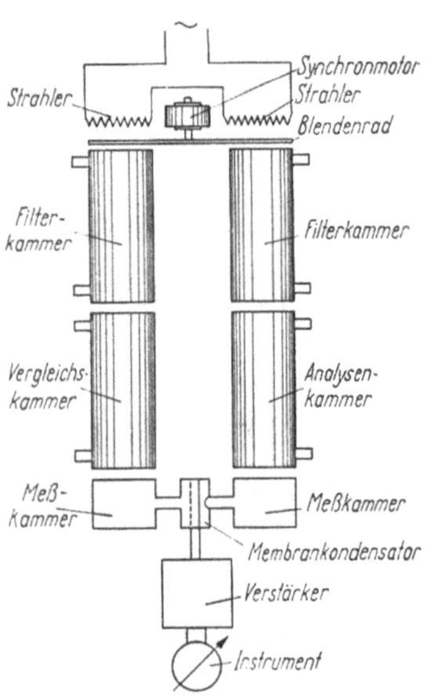

Abb. 209. Schematischer Aufbau des Ultrarotabsorptionsschreibers (URAS) der BASF Ludwigshafen

[1] LEHRER, E. u. K. F. LUFT: DRP 730478 (1938). – Vgl. auch K. F. LUFT: Z. angew. Chem. B 19, 2 (1947); Z. techn. Physik 24, 97 (1943). Hersteller: Badische Anilin- & Soda-Fabrik, Ludwigshafen.

für die Bestimmung mehrerer Bestandteile eines Gasgemisches nebeneinander läßt sich das Gerät verwenden, wenn man die Empfängerkammern mit einem entsprechenden Gemisch füllt und die Wirkung der verschiedenen Komponenten jeweils durch die Vorfilterkammern ausschaltet.

In der technischen Ausführung des Geräts besteht die Strahlungsquelle aus hintereinandergeschalteten Chrom-Nickel-Heizwendeln mit Reflektor, deren Leistung nur wenige Watt beträgt und durch Eisenwasserstoffwiderstände stabilisiert ist. Filter-, Analysen- und Meßkammern sind innen vergoldet und mit NaCl-Fenstern versehen. Zur Einstellung des Nullpunkts dient eine Kippblende. Die Folie des Membrankondensators erhält eine Vorspannung von etwa 20 Volt, die hochisolierte Gegenplatte liegt am Gitter der Elektrometerröhre des dreistufigen Verstärkers. Durch Änderung dieser Gleichspannung kann die Empfindlichkeit des Geräts variiert werden. Da gemessene Spannung und Konzentration des zu bestimmenden Gases einander nicht proportional sind, muß vorher eine *Eichkurve* mit Gemischen bekannter Zusammensetzung aufgenommen werden.

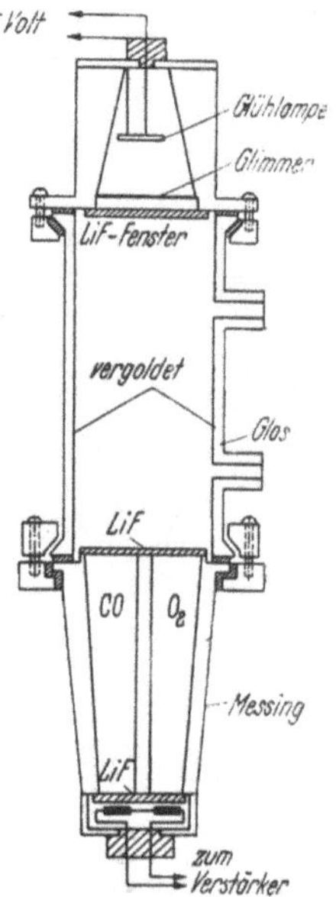

Abb. 210. Schema eines IR-Gasanalysengerates ohne Dispersion mit zwei nichtselektiven Empfangern

URAS werden für zahlreiche Gase oder Dämpfe (CO, CO_2, CH_4, C_2H_2, C_2H_4, NO, Butadien, Aceton, Benzol usw.) geliefert. Der jeweilige Meßbereich läßt sich durch Wahl der Länge der Analysenkammer in weiten Grenzen variieren. Die Zeitkonstante des Geräts ist sehr klein und wird im wesentlichen durch die Strömungsgeschwindigkeit des Gasgemisches in der Analysenkammer bestimmt. Als Anzeigegerät dient ein Tintenschreiber. Der Anwendungsbereich ist außerordentlich vielseitig. Außer für die automatische Fabrikationskontrolle oder die laufende Sicherheitsüberwachung (CH_4 im Bergbau!) kann der URAS auch für das Laboratorium und für wissenschaftliche Untersuchungen mit Erfolg eingesetzt werden. Ein Beispiel ist etwa die Messung der Assimilation und Atmung von Pflanzen[1]..

Nach dem Prinzip des URAS sind zahlreiche ähnliche Geräte entwickelt worden, die ebenfalls teilweise im Handel zu haben sind[2]. Sie können auch zur Analyse von *Flüssigkeiten* benutzt werden[3]. Diese strömen durch eine Küvette sehr geringer Schichtdicke, während als selektiver Empfänger wiederum ein Gas dient, dessen Absorptionsbanden in dem gleichen Spektralgebiet liegen wie die der zu analysierenden Flüssigkeitskomponente.

[1] EGLE, K. u. A. ERNST: Z. Naturf. 4b, 351 (1949).
[2] Hartmann & Braun, Frankfurt a. M.; Grubb, Parsons & Co., Newcastle, England; Auer GmbH, Berlin; Beckman Instr. GmbH, München; Analytic Systems Corp. Pasadena, Calif.
[3] HARTZ, N. W.: Chem. Eng. News 29, 3989 (1951).

Neben den Gasanalysengeräten ohne Dispersion mit selektivem Empfänger sind solche mit *nichtselektivem Empfänger* entwickelt worden[1], die nach dem Prinzip der sogenannten „*negativen Filterung*" arbeiten. Man benutzt Doppelstrahlmethoden mit einem oder zwei Empfängern (Thermoelemente, Bolometer) und vorgeschalteten Gasfiltern. Ein Beispiel zeigt Abb. 210.

Die von der Lampe ausgehende Strahlung (Abb. 210) tritt durch ein LiF-Fenster in die Analysenkammer ein und von dort, in zwei Bündel geteilt, in zwei Sensibilisierungskammern, von denen die eine z. B. mit reinem CO, die andere mit reinem O_2 gefüllt ist. Sämtliche Kammern sind innen vergoldet, so daß die Strahlung durch mehrfache Reflexion schließlich auf das unterhalb der Gaskammern befindliche Differentialthermoelement gelangt, was weiterhin durch die Konusform der Gaskammern gefördert wird. Der Differenzstrom der Thermoelemente, verursacht durch die Strahlungsabsorption in der CO-Kammer, wird verstärkt und potentiometrisch kompensiert, so daß das Anzeigeinstrument sich in Nullstellung befindet. Ein CO-Gehalt des Analysengases bewirkt, daß die Kompensation verlorengeht, da das Thermoelement unterhalb der O_2-Kammer weniger Strahlung erhält. Der Ausschlag wird wieder mit Gemischen bekannten CO-Gehaltes geeicht. Je nach Füllung der Sensibilisierungskammern können verschiedene Komponenten eines Gemisches analysiert werden. Dieses Verfahren der negativen Filterung ist ebenfalls sehr vielseitig anwendbar[2] und wird auch in einer Reihe käuflicher Geräte benutzt[3]. Es hat sich allerdings nicht in dem Maße durchgesetzt wie das Prinzip der positiven Filterung, weil der Meßeffekt als kleine Differenz zweier großer Meßgrößen gewonnen wird. Dagegen hat es den Vorteil, daß keine getrennten Meß- und Vergleichsgase benötigt werden. Dadurch werden manche Störeinflüsse kompensiert, und es ist nicht notwendig, Wechsellicht zu verwenden. Ein von Siemens & Halske neuerdings herausgebrachtes „Inframeter"[4] arbeitet weder eindeutig

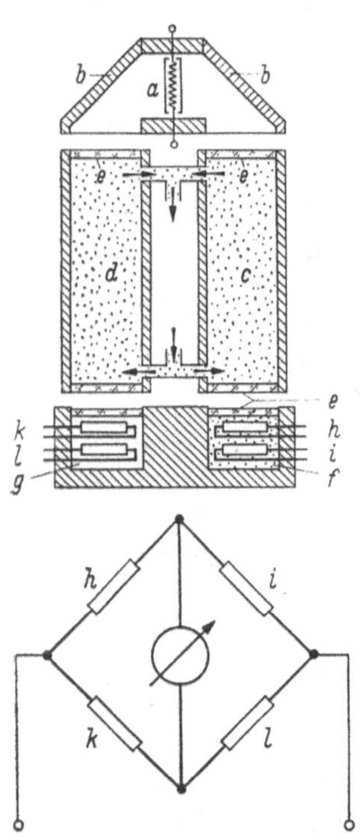

Abb. 211. Strahlengang und Gasweg im „Inframeter". *a* Strahler; *b* Spiegel; *c*, *d* Doppelküvette; *e* IR-durchlässige Fenster; *f* Empfangergas; *g* nicht absorbierendes Vergleichsglas; *h*, *i*, *k*, *l* Widerstandsthermometer

[1] Vgl. z. B.: W. G. Fastie u. A. H. Pfund: J. opt. Soc. Amer. **37**, 762 (1947); R. C. Fowler: Rev. sci. Instruments **20**, 175 (1949); N. C. Jamison, T. R. Kohler u. O. G. Koppius: Anal. Chem. **23**, 551 (1951); O. G. Koppius: Anal. Chem. **23**, 554 (1951) und die dort angegebene Literatur.

[2] Siebert, W.: Z. angew. Phys. **6**, 563 (1954).

[3] Baird-Atomic Cambridge, Mass.; Leeds & Northrup, Philadelphia, Pa.; CEC, Pasadena, Calif.

[4] Naumann, A. u. G. Schulz: Chem. Ing. Techn. **32**, 669 (1960).

nach dem positiven noch nach dem negativen Prinzip, sondern sucht die Vorteile beider zu vereinigen. Strahlengang und Weg des Gases sind in Abb. 211 schematisch wiedergegeben. Dem negativen Typ entspricht die symmetrische Durchströmung beider Meßkammern mit dem gleichen Gas, dem positiven Typ die einseitige Selektivierung des Empfängers mit dem zu bestimmenden Gas. Bestrahlt wird mit Gleichlicht eines Platin-Rhodium-Strahlers von 700 °C, der in Keramik eingebettet ist. Die auftretende Temperaturänderung in den Empfängerkammern wird mit geeigneten Widerstandsthermometern gemessen.

Neben diesen Doppelstrahlgeräten sind in neuerer Zeit auch *Einstrahlgeräte* beschrieben worden[1], die höhere Nullpunktsstabilität besitzen sollen und nach dem Prinzip der positiven Filterung mit hintereinandergeschalteten Empfängerkammern verschiedener Länge arbeiten.

VI. Photographische Methoden

1. Meßprinzip und Fehlerdiskussion

Photographische Meßmethoden (Spektrographie) dienen ausschließlich[2] zur Ermittlung absoluter Extinktionskoeffizienten als Funktion der Wellenlänge, sie sind deshalb als Spezialfall der Spektrometrie zu betrachten. Die Langwierigkeit der photographischen Methoden hat bewirkt, daß sie mehr und mehr von den lichtelektrischen Methoden verdrängt worden sind, doch behalten sie für manche speziellen Zwecke auch heute noch ihre Bedeutung. Die heute ausschließlich verwendeten Verfahren der „Vergleichsspektren“[3] beruhen auf folgendem Meßprinzip: Es werden Doppelspektren einer Strahlungsquelle photographiert, von denen das eine durch den zu untersuchenden Stoff, das andere durch eine Lichtschwächung bekannter Extinktion geschwächt ist. Stellen gleicher Schwärzung auf der photographischen Platte entsprechen gleicher Bestrahlungsstärke und damit gleicher Extinktion von Meßprobe und Lichtschwächung, so daß nach dem LAMBERT-BEERschen Gesetz bei gegebener Schichtdicke entweder ε oder c berechnet werden kann. Der eigentliche Meßvorgang besteht demnach in der Ermittlung der Wellenlängen, bei welchen beide Spektren die gleiche Schwärzung S aufweisen. Die Genauigkeit des Meßergebnisses ist einerseits begrenzt durch die Ge-

[1] LUFT, K. F.: C. r. **242**, 482 (1956); Z. Anal. Chem. **164**, 100 (1958); H. HUMMEL: Chem. Ing. Techn. **29**, 776 (1957).

[2] Ein Beispiel für *relative* spektrographische Messungen stellt die Bestimmung von Dissoziationskonstanten schwacher Säuren und Basen dar, wie sie von L. A. FLEXSER, L. P. HAMMETT u. A. DINGWALL: J. Amer. chem. Soc. **57**, 2103 (1935) ausgeführt wurde.

[3] Die früher allgemein gebräuchliche HARTLEY-BALY-Methode (beschrieben z.B. bei F. WEIGERT: Optische Methoden der Chemie, Leipzig 1927, oder bei W. SEITH u. K. RUTHARDT: Chemische Spektralanalyse, Berlin 1938), bei der die Schwellenwerte der Schwärzung (vgl. Abb. 93) bestimmt werden, ist von H. STÜCKLEN [J. opt. Soc. Amer. **29**, 37 (1939)] unter Verwendung der H_2-Lampe wieder aufgenommen worden. Sie eignet sich für Serienuntersuchungen, die eine geringe Genauigkeit beanspruchen. Vgl. dazu F. MÜLLER u. W. SCHOLTAN: Z. angew. Chem. **53**, 552 (1940).

nauigkeit, mit der diese Stellen aufgefunden werden können, und andererseits durch die Genauigkeit, mit der gleiche Bestrahlungsstärken von benachbarten Stellen der photographischen Platte in Form von gleichen Schwärzungen registriert werden.

Die Beantwortung der letzteren Frage hängt im wesentlichen von der Güte des verwendeten Plattenmaterials, ferner von der Entwicklung und Trocknung der Platte ab. Während man früher annahm, daß zwei nebeneinanderliegende Plattenstellen, die mit derselben Bestrahlungsstärke gleich lange belichtet worden sind, bei gleichzeitiger Entwicklung innerhalb von etwa 5% dieselbe Schwärzung zeigen, liegt die Unsicherheitsgrenze bei neuzeitlichem Plattenmaterial anscheinend wesentlich günstiger. Abgesehen von den Randpartien der Platte, wo Randschleier leicht Fehler verursachen können, läßt sich eine unter gleichen Bedingungen hervorgerufene Schwärzung S auf benachbarten Stellen einer Platte mit einem Fehler von etwa 2% reproduzieren[1]. Dieser absoluten Unsicherheit der Schwärzung entspricht nach Gleichung (II, 89) im linearen Gebiet der Schwärzungskurve eine relative Streuung der einwirkenden Strahlungsenergie von

$$\frac{\mathrm{d}(\Phi t)}{(\Phi t)} = \frac{\mathrm{d}S}{0{,}4343\,\gamma}, \tag{1}$$

die also um so kleiner wird, je größer die Gradation der Platte ist. Im übrigen liegen die gleichen Verhältnisse vor wie bei visuellen Methoden, d.h. die relative Streuung der photographisch gemessenen Extinktion ergibt sich wieder nach Gleichung (III, 1) als abhängig von der Extinktion selbst:

$$\frac{\mathrm{d}E}{E} = -\frac{\mathrm{d}S}{\gamma E}. \tag{2}$$

Kleine Extinktionen lassen sich deshalb nur mit geringer Genauigkeit bestimmen. Man kann die relative Streuung sehr klein machen, indem man die Extinktion möglichst hoch wählt, muß dann aber eine entsprechend große Belichtungszeit bei gegebener Intensität der Lichtquelle in Kauf nehmen, damit die Schwärzung noch in den linearen Bereich der Schwärzungskurve fällt und γ seinen maximalen Wert annimmt.

Die Genauigkeit der Messung hängt weiterhin von der Einstellstreuung *bei der Bestimmung der Schwärzungsgleichheit* benachbarter Felder ab. Führt man diese Bestimmung mit visuellen Methoden durch, so ist dieser Fehler in Analogie zu Gleichung (III, 1) durch den relativen Intensitätsunterschied $\mathrm{d}\overset{*}{B}/\overset{*}{B} = 0{,}01$ gegeben, auf den das Auge bei dem Schwär zungsvergleich eben noch anspricht, d.h. es wird

$$\frac{\mathrm{d}S}{S} = -\frac{0{,}4343}{S}\,\frac{\mathrm{d}\overset{*}{B}}{\overset{*}{B}}. \tag{3}$$

Dieser Fehler ist unter optimalen Bedingungen von derselben Größenordnung wie der durch die Eigenschaften der Platte bedingte, durch

[1] Vgl. z.B.: J. Eggert: Veröff. wiss. Zentr. Lab. photogr. Abt. Agfa **3**, 11 (1933); H. Kaiser: Z. techn. Physik **17**, 233 (1936).

Gleichung (2) gegebene Fehler, wenn man die Schwärzung durch entsprechend lange Belichtung genügend groß macht, so daß prinzipiell die Streuung der gemessenen Extinktion nach Gleichung (I, 95) zu gleichen Teilen durch die Einstellstreuung der Platte und die Einstellstreuung der visuellen Schwärzungsmessung bestimmt wird. Praktisch ergibt sich jedoch infolge der raschen Ermüdung des Auges und anderer Unzulänglichkeiten der visuellen Schwärzungsmessung bald ein beträchtliches Überwiegen des zweiten Faktors und damit eine wesentlich vergrößerte Unsicherheit der Meßergebnisse, so daß objektive (licht- und thermoelektrische) Methoden der Schwärzungsmessung bei weitem vorzuziehen sind (vgl. S. 441). Mit derartigen Methoden läßt sich durch Erhöhung der Leuchtdichte und unter Beachtung der notwendigen Vorsichtsmaßregeln (vgl. S. 443) die Streuung der Schwärzungsmessung leicht so klein machen, daß sie gegenüber dem durch die Empfindlichkeitsschwankungen der photographischen Schicht bedingten Fehler völlig vernachlässigt werden kann.

Schließlich hängt die Sicherheit, mit der die Stellen gleicher Schwärzung aufgefunden werden können, noch von der *Steilheit der untersuchten Absorptionskurve* und den dadurch bedingten *Kontrasten* in den Schwärzungen des Doppelspektrums ab[1]. Dies liegt daran, daß bei der Methode der Vergleichsspektren nicht die Extinktion, sondern die Wellenlänge bestimmt wird, bei der Schwärzungsgleichheit der beiden Spektren eintritt. Ändert sich die Extinktion der untersuchten Lösung stark mit der Wellenlänge (steile Absorptionskurve), so ist auch die Änderung der Schwärzung entsprechend groß, und Gleichheit der Schwärzung innerhalb der Plattenstreuung ist nur in einem sehr kleinen Wellenlängenbereich des Doppelspektrums festzustellen, d.h. die Stellen gleicher Schwärzung lassen sich sehr genau festlegen. Je flacher dagegen die Absorptionskurve, um so flauer werden die Kontraste, über ein um so größeres Stück des Doppelspektrums lassen sich keine Schwärzungsunterschiede feststellen, d.h. die Bestimmung der Wellenlänge wird ungenau. Wie sich leicht zeigen läßt[1], ergibt sich der Fehler $d\overset{*}{\nu}$ in der Bestimmung der Wellenzahl durch den Ausdruck:

$$d\overset{*}{\nu} = \frac{0{,}4343\, dS}{E} \, \frac{1}{\dfrac{\partial \log \varepsilon}{\partial \overset{*}{\nu}}} \,. \tag{4}$$

Darin bedeutet $\partial \log \varepsilon / \partial \overset{*}{\nu}$ die Neigung der Absorptionskurve. Aus diesem Grund ist die Streuung der Meßergebnisse im Maximum einer Absorptionsbande wesentlich größer als in den ansteigenden Ästen. Sie wird z.B. von LEY und VOLBERT[2] mit 50 cm^{-1}, im flachen Bandengebiet noch größer angegeben.

Zusammenfassend läßt sich sagen, daß nach ziemlich übereinstimmenden Erfahrungen und Angaben die Genauigkeit der photographischen Extinktionsmessung unter optimalen Bedingungen durch eine relative

[1] Vgl. M. PESTEMER u. G. SCHMIDT: Monatsh. **69**, 399 (1936).
[2] LEY, H. u. F. VOLBERT: Z. physik. Chem. **130**, 308 (1927).

Streuung von $\mathrm{d}E/E = \mathrm{d}\varepsilon/\varepsilon = 0{,}02$ bis 0,01 gegeben ist. Sie ist daher von derselben Größenordnung wie bei visuellen Messungen. Bei absoluten Messungen hängt die *Richtigkeit* der gefundenen Werte wieder von den S. 41 ff u. 283 ff. genannten Bedingungen ab, unter der Voraussetzung also, daß das BEERsche Gesetz gültig ist und keine störenden Gleichgewichte oder Fremdstoffe vorliegen, allein von der Spektralreinheit des verwendeten Lichts. Diese ist nun bei Spektrographen genügend großer Dispersion und bei Verwendung genügend enger Spalte optimal, so daß spektrographische Methoden sehr geeignet sind, um absolute Extinktionskoeffizienten und damit ganze Absorptionsspektren zu ermitteln. Eine Spaltbreite von wenigen Hundertstel oder Tausendstel Millimetern, die genügende Gewähr für spektralreines Licht gibt, ist bei spektrographischen Messungen im Gegensatz zu den sonstigen objektiven Methoden deswegen stets möglich, weil die Einwirkung auch sehr geringer Bestrahlungsstärken auf die Platte durch entsprechend längere Belichtung zeitlich summiert werden kann. So beträgt z. B. bei einem Quarzspektrographen mittlerer Dispersion die effektive Bandbreite der Strahlung bei einer Spaltbreite von 0,01 mm im Bereich von 5000 Å etwa 0,5 Å, im Bereich von 2300 Å etwa 0,05 Å, ist also wesentlich schmaler als bei den üblichen lichtelektrischen Messungen unter Verwendung von Monochromatoren (vgl. S. 283 ff). Diese Gegenüberstellung zeigt nach den S. 282 angestellten Überlegungen deutlich die Überlegenheit der spektrographischen Methoden für absolute Messungen, bei denen es auf hohe Auflösung ankommt.

2. Verschiedene Meßverfahren

Das Meßprinzip der „*Vergleichsspektren*“ wurde von HENRI[1] in die Methodik der Absorptionsspektrographie eingeführt. Die Schwächung des Vergleichsspektrums wurde von ihm nicht durch eine meßbar veränderliche Lichtschwächungseinrichtung, sondern durch Verringerung der Expositionszeit erreicht, denn nach dem Gesetz von BUNSEN-ROSCOE [Gleichung (II, 89)] ist die photochemische Wirkung der Strahlung und damit auch die Schwärzung der Platte in gewissen Grenzen nur von dem Produkt Φt abhängig. Beträgt daher bei konstanter Bestrahlungsstärke die Expositionszeit für das Lösungsmittel t_0 und für die Lösung t, so ist für Stellen gleicher Schwärzung im Doppelspektrum die Extinktion der Lösung gegeben durch

$$E = \log\frac{\Phi_0}{\Phi} = \log\frac{t}{t_0}. \tag{5}$$

Diese Beziehung gilt nur für *geringe Unterschiede* der Expositionszeiten, bei größeren Unterschieden hängt die Schwärzung nach dem von SCHWARZSCHILD empirisch gefundenen Gesetz (II, 90) nicht mehr von Φt, sondern von $\Phi\, t^p$ ab, so daß für die Extinktion der Lösung an Stelle von (5) gilt

$$E = \log\frac{\Phi_0}{\Phi} = p\log\frac{t}{t_0}. \tag{6}$$

[1] HENRI, V.: Physik. Z. **14**, 515 (1913).

Der „SCHWARZSCHILD-Exponent" p hängt vom Plattenmaterial, von der Wellenlänge des Lichts und vom Verhältnis der Belichtungszeiten ab und muß deshalb gesondert bestimmt werden. Dieser Nachteil der HENRIschen Methode sowie ihre Abhängigkeit von der Konstanz der Strahlungsquelle haben dazu geführt, daß sie praktisch verlassen worden ist. An ihre Stelle sind die beiden im folgenden beschriebenen Meßverfahren getreten:

a) Doppelstrahlmethoden. Die von der Strahlungsquelle emittierte Strahlung wird in zwei Bündel gleicher Intensität zerlegt, die nach dem Durchgang durch die Lösung bzw. das reine Lösungsmittel + Lichtschwächung nahe aneinandergrenzend auf den Spalt des Spektrographen

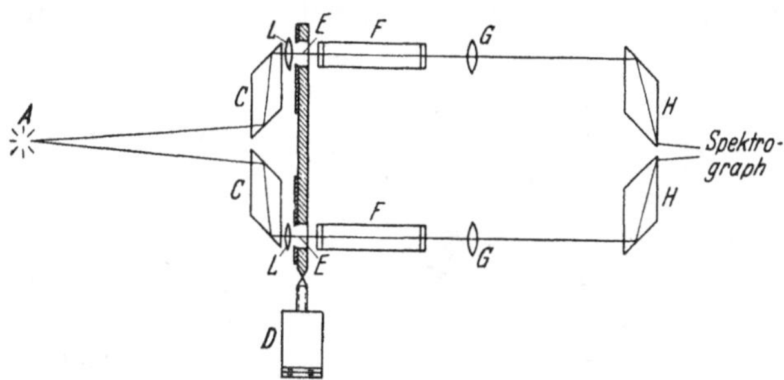

Abb. 212. Strahlengang im SPEKKER-Photometer

fokussiert werden und auf der Platte das Doppelspektrum erzeugen. Der Vorteil dieses Verfahrens besteht darin, daß Intensitätsschwankungen der Strahlungsquelle unwirksam gemacht werden, es eignet sich also insbesondere auch für die Verwendung von Funken als Strahlungsquelle. Die von verschiedenen Autoren angegebenen Methoden dieser Art unterscheiden sich lediglich durch Verwendung verschiedener Lichtschwächungseinrichtungen bzw. durch die optische Anordnung der Lichtteilung.

In der Praxis bewährt haben sich in erster Linie das SPEKKER-Photometer[1] und die Anordnung von SCHEIBE[2]; ersteres besitzt eine verstellbare Blende als Lichtschwächung analog wie etwa das PULFRICH-Photometer (vgl. Abb. 36), bei letzterer wird das Bündel durch einen rotierenden Sektor geschwächt. Statt dessen kann man auch Raster[3] benutzen, wie es die von WINTHER[4] angegebene Methode vorsieht. Der Strahlengang im SPEKKER-Photometer ist in Abb. 212 wiedergegeben. Zur Lichtteilung dienen 4 FRESNELsche Reflexionsprismen C, H und 4 Kondensorlinsen L, G aus Quarz; die Meßblende E kann durch die Trommel D meßbar verstellt werden. Lösung bzw. Lösungsmittel befinden sich in

[1] TWYMAN, F.: Trans. opt. Soc. Amer. **33**, 9 (1931). Hersteller: Hilger & Watts, London.

[2] SCHEIBE, G., F. MAY u. H. FISCHER: Ber. dtsch. chem. Ges. **57**, 1330 (1924). Hersteller: VEB Optik, Jena; R. Fuess, Berlin-Steglitz.

[3] Als solche dienen mit Ruß geschwärzte Drahtnetze oder Quarzplatten mit metallischem Strichgitter. Hersteller: VEB Optik, Jena.

[4] WINTHER, CHR.: Z. wiss. Photogr., Photophysik Photochem. **22**, 125 (1922).

den gleich langen Küvetten *F*. Voraussetzung für einwandfreie Lichtschwächung ist natürlich hier völlige Homogenität des Strahlenbündels über den ganzen Querschnitt der Meßblende, was hohe Anforderungen an die Justierung des Strahlengangs stellt und eine punktförmige Strahlungsquelle voraussetzt. Die Anordnung nach SCHEIBE ist in Abb. 213 dargestellt. Als eigentliche Strahlungsquelle dient die beleuchtete Mattscheibe *M* aus Quarz. Das Lichtbündel wird mit Hilfe der Linse *Li* und der Blenden B_1 und B_2 geteilt. Zur Aneinandergrenzung der Spektren auf dem Spalt *Sp* des Spektrographen wird ein HÜFNER-Rhombus *R* verwendet. K_1 ist die Küvette mit der Lösung, K_2 die Küvette mit dem Lösungsmittel, die meßbare Lichtschwächung besteht aus dem rotierenden Sektor *S*. Bei dieser Schwächungsmethode ist zu beachten, daß die Schwächung nicht in einer Herabsetzung der Intensität, sondern infolge des intermittierenden Durchlasses in einer Herabsetzung der Belichtungszeit besteht, so daß auch in diesem Fall eigentlich das SCHWARZSCHILDsche Gesetz (6) berücksichtigt werden müßte. Der hierdurch bedingte Fehler wird jedoch, wie sich empirisch ergeben hat[1], durch den S. 188 erwähnten „*Intermittenzeffekt*" angenähert kompensiert.

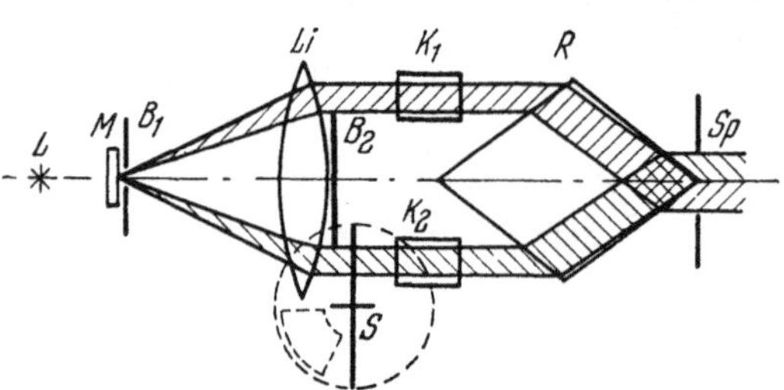

Abb. 213. Strahlengang im SCHEIBE-Photometer

Dem Vorteil dieser Methoden, der Unabhängigkeit von Schwankungen der Strahlungsquelle, stehen die Nachteile der großen Empfindlichkeit der optischen Justierung, die einer häufigen Nachprüfung bedarf, und der begrenzten Länge der verwendbaren Flüssigkeitsküvetten gegenüber. Da die Verwendung der sehr bequemen BALY-Rohre (vgl. S. 127) aus geometrischen Gründen häufig nicht möglich ist[2], muß man zahlreiche Einzelküvetten verschiedener Schichtdicke füllen, was mühsam und zeitraubend ist und bei leichtflüchtigen Lösungsmitteln auch beträchtliche Konzentrationsfehler verursachen kann. Der durch gleichzeitige Belichtung von Lösungsmittel und Lösung erzielte Zeitgewinn geht dadurch gewöhnlich wieder verloren. Als prinzipieller Nachteil bei der Verwendung rotierender Sektoren muß es bezeichnet werden, daß nach Untersuchungen von PESTEMER und SCHMIDT[3] die beste der modernen Lichtquellen für das UV, die Wasserstofflampe (vgl. S. 66 ff) nicht verwendet werden kann, weil infolge des Auftretens stroboskopischer Effekte (Koinzidenz zwischen Tourenzahl des Sektors und Frequenz des die H_2-Lampe betreibenden Wechselstroms) auch in solchen Fällen, in denen die beiden Frequenzen nicht gleich groß sind bzw. im Verhältnis ganzer Zahlen stehen, keine definierte Lichtschwächung mehr möglich

[1] Vgl. z.B. M. PESTEMER u. G. SCHMIDT: Monatsh. **69**, 399 (1936).

[2] Ein gemeinsam verstellbares Doppel-BALY-Rohr für die SCHEIBE-Anordnung beschreibt F. BANDOW: Z. Instrumentenkunde **55**, 464 (1935).

[3] Vgl. z.B. M. PESTEMER u. G. SCHMIDT: Monatsh. **69**, 399 (1936).

ist[1], so daß man auf Funken oder Glühlampen als Lichtquelle angewiesen ist.

Ein wesentlicher Nachteil der beschriebenen Meßverfahren besteht darin, daß die Aufnahme einer Reihe von Spektren mit verschiedener Schichtdicke bzw. verschiedener Extinktion der Lichtschwächung (vgl. S. 438) sehr viel Zeit erfordert. Bei Messungen im UV kann durch die langen Expositionszeiten außerdem eine photochemische Zersetzung der Lösungen eintreten. Man hat versucht[2], durch Verwendung stufenförmiger Küvetten, mit denen man durch *eine* Exposition 10 Spektrenpaare erhält, diese Nachteile zu vermeiden, jedoch hat sich dieses Verfahren nicht durchgesetzt.

b) Einstrahlmethoden. Bei dem zweiten Verfahren werden Lösung bzw. Lösungsmittel + Lichtschwächung nacheinander in den Strahlengang gebracht, wobei das Doppelspektrum durch Verwendung zweier aneinandergrenzender Spaltblenden erzeugt wird, wie sie jedem Spektrographen beigegeben sind. Dieses Verfahren bedingt also eine zeitliche Konstanz der Strahlungsquelle innerhalb etwa 1% der Intensität für die Dauer der beiden Belichtungen, wenn nicht die durch die Plattenstreuung gegebene Genauigkeit der Methode beeinträchtigt werden soll. Bei Verwendung einer Akkumulatorenbatterie genügender Kapazität ist eine solche Konstanz stets gewährleistet. Bei der Wasserstofflampe ist die Intensität der Strombelastung proportional, so daß es auch in diesem Fall genügt, die Stromstärke der Lampe mit Hilfe von Eisenwasserstoffwiderständen auf 1% konstant zu halten. Dagegen eignet sich der kondensierte Funke als Lichtquelle für dieses Verfahren nicht. Als meßbar veränderliche Lichtschwächung dient der POOLsche Sektor[3] (vgl. S. 90).

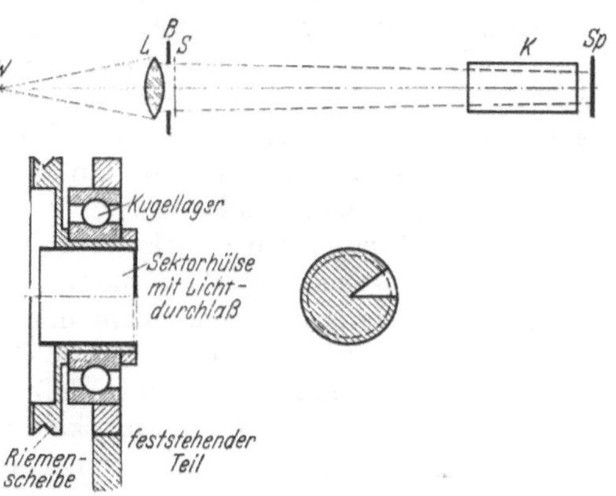

Abb. 214. Strahlengang und zentraler Sektor des POOLschen Photometers

Eine scharfe Abbildung der Strahlungsquelle auf den Spalt ist nur dann möglich, wenn die Quelle in axialer Richtung keine größere Aus-

[1] Nach eigenen Versuchen des Verfassers, die bei einer Wechselstromfrequenz von 50 Hz und Tourenzahlen des Sektors von 80, 1500 und 3000/Minute ausgeführt wurden, fällt der hierdurch bedingte Fehler jedoch in die durch Gleichung (2) gegebene Fehlergrenze. Die Versuche wurden in der Weise ausgeführt, daß die erste Absorptionsbande von K_2CrO_4 in wässeriger Lösung einmal mit der H_2-Lampe, einmal mit einer (mit Gleichstrom betriebenen) Glühlampe als Lichtquelle unter sonst gleichen Bedingungen aufgenommen wurde. Es ergab sich völlige Übereinstimmung der Meßpunkte.

[2] TWYMAN, F.: Proc. physic. Soc. **45**, 1 (1933).

[3] POOL, G. M.: Z. Physik **29**, 311 (1924). Hersteller: R. Fuess, Berlin-Steglitz.

dehnung besitzt, wie dies bei den gewöhnlichen Wasserstoffentladungsröhren der Fall ist. Aus diesem Grund wurde die Wasserstofflampe mit quasipunktförmigem Leuchtraum entwickelt (vgl. Abb. 22), welche dieser Bedingung genügt und sich zusammen mit der beschriebenen Anordnung in jahrelangem Gebrauch bewährt hat. Damit die Abbildung der Strahlungsquelle für alle Wellenlängen genügend scharf ist, wird als Kondensor vorteilhaft ein Quarz-Flußspat-Achromat verwendet.

Der Sektor besitzt eine einstellbare Öffnung bzw. eine Reihe leicht auswechselbarer Scheiben mit verschiedenen Ausschnitten, so daß die Extinktion beliebig gewählt werden kann. Zweckmäßig verwendet man einen Satz von Sektorscheiben, deren Öffnung logarithmisch abgestuft ist, so daß sich eine Absorptionskurve auch bei konstanter Schichtdicke durch Verwendung der verschiedenen Extinktionen gewinnen läßt[1]. *Wie eine Reihe von Kontrollmessungen mit verschiedenen Sektorausschnitten gezeigt hat*[2], *übersteigen die Streuungen bei verschiedenen Aufnahmen, die von verschiedenen Beobachtern gemacht und ausgewertet wurden, in keinem Fall die Grenze* $\pm$ 1% *des Extinktionskoeffizienten, was das Optimum der mit photographischen Methoden erreichbaren Genauigkeit darstellen dürfte.*

Eine Modifikation dieses zweiten Verfahrens, bei dem Lösung und Lösungsmittel nacheinander in den Strahlengang gebracht werden, hat v. KEUSSLER[3] beschrieben. Als Strahlungsquelle wird der S. 68 beschriebene Unterwasserfunke benutzt. Die zeitlichen Intensitätsschwankungen werden ausgeglichen, indem man die beiden Küvetten zusammen mit geeignet angebrachten Spaltblenden mit einer Frequenz von etwa 100/Minute hin und her pendeln läßt. Statt mit einer Lichtschwächung wird mit einer Schwärzungsskala gearbeitet, die auf jeder Platte mit Hilfe eines keil- oder stufenförmigen Spaltes aufgenommen wird und zur Ermittlung der Stellen gleicher Schwärzung dient. Dieses umständlichere und weniger einwandfreie Verfahren ließe sich umgehen, wenn man die Lichtschwächung in Form von Drahtnetzen verschiedener Extinktion vor der Vergleichsküvette anbringen und an der Pendelbewegung teilnehmen lassen würde. Ein ähnliches Verfahren beschreibt VAN DEN AKKER[4]: Die beiden Küvetten (bzw. ein Biprisma) oszillieren synchron mit einem 10stufigen Sektor vor dem Spalt, so daß das Strahlenbündel abwechselnd den Sektor + Lösungsmittelküvette und die Lösungsküvette durchsetzt. Auf diese Weise erhält man mit *einer* Exposition 10 Vergleichsspektren verschiedener Schwärzung, so daß mehrere „Stellen gleicher Schwärzung" aufgefunden werden können.

Allen bisher beschriebenen Methoden ist gemeinsam, daß die photometrische Anordnung nebst den Küvetten vor dem Spektrographenspalt angeordnet werden. Ein völlig anderes Verfahren, bei dem sich die Küvette und eine Blende mit logarithmisch verlaufender Extinktion zwischen Spalt und Prisma des Spektrographen befindet, haben PHILPOT

---

[1] Zur Eichung der Sektorscheiben vgl. H. v. HALBAN u. M. LITMANOWITSCH: Helv. chim. Acta **24**, 44 (1940).

[2] HALBAN, H. v., G. KORTÜM u. B. SZIGETI: Z. Elektrochem. **42**, 628 (1936).

[3] KEUSSLER, V. v.: Z. angew. Physik **3**, 110 (1951).

[4] VAN DEN AKKER, I. A.: J. opt. Soc. Amer. **36**, 561 (1946).

und SCHUSTER[1] angegeben. Bezüglich der Einzelheiten dieses Verfahrens, das ein besonders konstruiertes Densitometer erfordert, muß auf die Originalarbeit verwiesen werden[2].

3. Einzelheiten zur Aufnahme der Spektren

a) Spektrographen. Der Aufbau eines Spektrographen entspricht dem eines Monochromators mit dem Unterschied, daß der Austrittsspalt durch die Kamera ersetzt ist. Das Spektrum ist die Gesamtheit der nebeneinanderliegenden Bilder des Eintrittsspaltes in verschiedenen Wellenlängen (vgl. Abb. 215). Während beim Monochromator die Brennweite der beiden Linsen bzw. Spiegel meistens gleich ist, kann beim Spektrographen die Brennweite des Kameraobjektivs beliebig gewählt werden und bestimmt die Vergrößerung des Spaltbilds in der Plattenebene und damit die Höhe l_k des Spektrums. Ist l_s die benutzte Spaltlänge, f_k die Kamerabrennweite und f_s die Kollimatorbrennweite, so gilt

$$l_k = l_s \frac{f_k}{f_s} . \qquad (7)$$

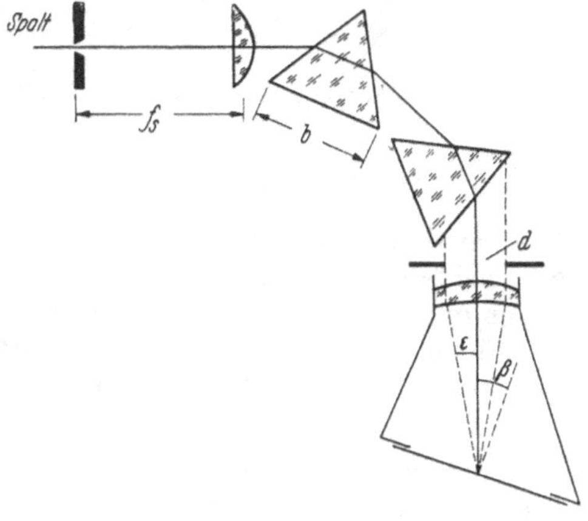

Abb. 215. Aufbau eines Spektrographen. f_s Kollimatorbrennweite; b Basislänge; d Blendendurchmesser vor der Kameralinse; ε halber Öffnungswinkel des Bündels; β Neigung der Plattenebene gegen die Normallage

Die Kameralinse wird von den verschiedenen Wellenlängen unter ganz verschiedenen Winkeln durchsetzt, was hohe Anforderungen an die Abbildungsgüte der Linse stellt. Man verwendet deshalb korrigierte Linsensysteme. Dagegen ist die chromatische Aberration (S. 101) ohne Bedeutung, da ja die Spaltbilder für die verschiedenen Wellenlängen ohnehin auseinandergezogen werden. Verwendet man für Kollimator und Kameraobjektiv keine Achromate, so ist die Fokalfläche stark gegen die Achse des Spektrographen geneigt, was ebenfalls die Höhe des Spektrums beeinflußt. Die Fokalfläche ist häufig keine Ebene, sondern mehr oder weniger gekrümmt. Man sucht durch Korrektur der Objektive diese Krümmung möglichst klein zu machen, damit man die Platten nicht zu stark durchbiegen bzw. der Krümmung anpassen muß, was immer nur mit einer gewissen Näherung möglich ist.

Bei Prismenspektrographen benutzt man außer der in Abb. 215 dargestellten Anordnung, die vor allem für Spektrographen mittlerer Größe

[1] PHILPOT, J. L. ST. u. E. H. F. SCHUSTER: Med. Res. Council, Spec. Rep. Ser. 177.

[2] Eine eingehende Beschreibung gibt auch M. G. MELLON: Anal. Absorption Spectroscopy, New York 1950.

gebräuchlich ist, auch die LITTROW-Aufstellung (Abb. 45) mit einem 30°-Prisma und das Prisma nach FÉRY (vgl. S. 109) für hohe Auflösungen. Beim FÉRY-Spektrograph[1], dessen Strahlengang in Abb. 216 dargestellt ist, sind die beiden Objektive durch den sphärischen Schliff zweier Prismenflächen ersetzt, das Prisma wird wie beim LITTROW-Spektrographen zweimal durchlaufen. Man hat also wie beim Konkav-Gitterspektrographen nur ein einziges optisches Element, der Spektrograph ist sehr lichtstark, aber stark astigmatisch[2]. Die Fokalkurve ist kreisförmig, so daß man an Stelle von Platten besser Film verwendet[3]. Zahlreiche Literaturangaben über moderne Spektrographen und über Herstellerfirmen findet man z.B. bei SCHUHKNECHT[4]. Über Mikrospektrographie vgl. S. 320 sowie die Zusammenfassung von LOOFBOUROW[5].

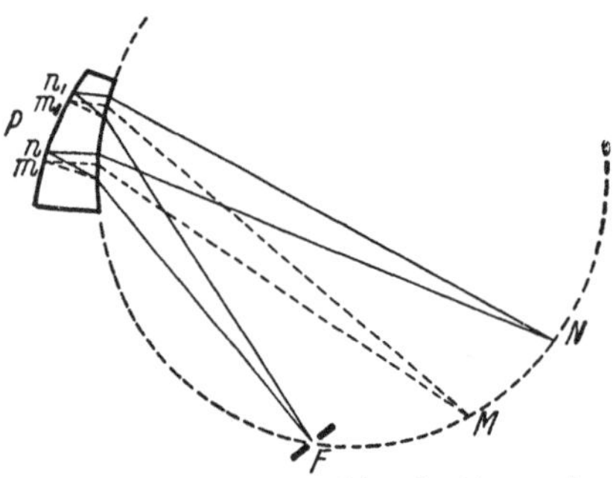

Abb. 216. Strahlengang im FÉRY-Spektrographen. F Spalt; P FÉRY-Prisma; M–N Fokalkurve

Für die Leistungsfähigkeit eines Spektrographen ist a) seine Dispersion, b) sein Auflösungsvermögen und c) seine „Lichtstärke“ kennzeichnend. Die Winkel- bzw. Lineardispersion von Prismen und Gittern wurde bereits S. 104 bzw. 112 behandelt, ebenso das Auflösungsvermögen. Beides ist in Abb. 217 an einem Ausschnitt des Fe-Spektrums mit drei verschiedenen Zeiss-Quarz-Spektrographen demonstriert[6]. Das Dublett bei 3100 Å ist nur bei den beiden obersten Spektren deutlich aufgelöst. Durch Vergrößerung der Kamerabrennweite bzw. durch nachträgliche Vergrößerung des Spektrums kann man die Lineardispersion, nicht aber das Auflösungsvermögen erhöhen.

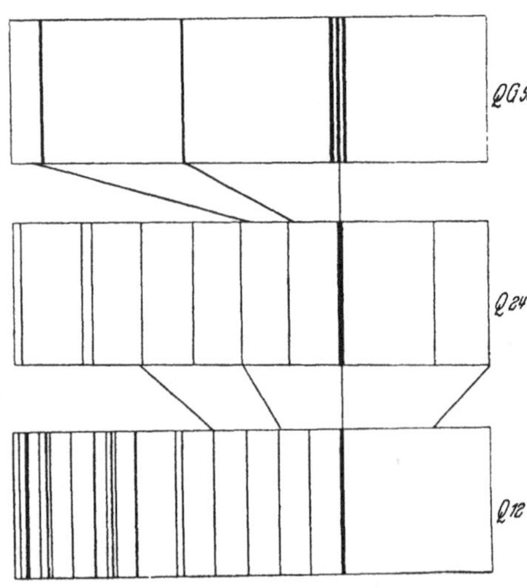

Abb. 217. Bogenspektrum des Eisens bei 3100 Å, aufgenommen mit den Zeiss-Spektrographen QG 55, Q 24 und Q 12. 15fache Vergrößerung

Um die „Lichtstärke“ eines Spektrographen zu de-

[1] Hersteller: Ch. Beaudouin, Paris.

[2] Man kann deshalb nicht die sonst gebräuchlichen Stufenblenden oder -sektoren vor dem Spalt anbringen; vgl. dazu R. E. THIERS: J. opt. Soc. Amer. **40**, 849 (1950).

[3] SCHUHKNECHT, W.: Optik **10**, 237 (1953).

[4] SCHUHKNECHT, W.: Z. analyt. Chem. **136**, 81 (1952).

[5] LOOFBOUROW, J. R.: J. opt. Soc. Amer. **40**, 317 (1950).

[6] Nach F. GÖSSLER: Optik **1**, 85 (1946).

finieren, berechnet man nach HANSEN[1] zunächst die Bestrahlungsstärke der Platte. Diese entspricht der Strahlungsdichte im Austrittsspalt eines Monochromators nach Gleichung (IV, 73), dividiert durch die bestrahlte Fläche F der Platte:

$$S = B\Delta\lambda L/F\,. \tag{8}$$

Dabei ist L der Lichtleitwert des Spektrographen, der analog zu (IV, 75) gegeben ist durch (vgl. Abb. 215)

$$L = \frac{F\pi d^2}{4 f_k^2}\,. \tag{9}$$

$\pi d^2/4$ ist die kreisförmige Öffnungsblende am Kameraobjektiv, f_k die Kamerabrennweite. Da ferner $d/2f_k \sim \sin\varepsilon$, kann man auch schreiben

$$S = B\Delta\lambda\pi\sin^2\varepsilon\,. \tag{10}$$

Steht die bestrahlte Fläche F nicht senkrecht zur Strahlungsrichtung, sondern um den Winkel β geneigt, muß man den Richtungscosinus berücksichtigen:

$$S = B\Delta\lambda\pi\sin^2\varepsilon\cos\beta = \frac{B\Delta\lambda\pi d^2}{4 f_k^2}\cos\beta\,. \tag{11}$$

Die „Lichtstärke" ist also durch das Verhältnis der ausgeleuchteten Fläche der Kameralinse zum Quadrat ihrer Brennweite oder durch das Quadrat der sogenannten „Öffnungszahl" $k \equiv f_k/d$ bestimmt. Bei zwei Spektrographen, deren Öffnungszahlen sich wie 1 : 3 verhalten, erfordert der letztere die neunfache Belichtungszeit, wenn man gleiche Schwärzungen erhalten will.

Die Anforderungen an Dispersion, Auflösungsvermögen und Lichtstärke, wie sie bei der Absorptions- und Emissionsspektrographie gestellt werden müssen, werden sowohl von Prismen- wie von Gittergeräten erfüllt. Während bisher Prismenspektrographen für spektrochemische Aufgaben meistens vorgezogen wurden, hat die Entwicklung und leichte Zugänglichkeit moderner Gitter (vgl. S. 115) die zunehmende Einführung von Gitterspektrographen begünstigt. Das hat mehrere Gründe: Von besonderem Vorteil ist die über den gesamten Spektralbereich praktisch konstante Dispersion und Auflösung [Gleichung (II, 36) und (II, 39)], während man bei Prismen im kurzwelligen Bereich eine unnötig große Lineardispersion in Kauf nehmen muß, damit diese im langwelligen Bereich noch ausreicht. In Abb. 218 ist die Lineardispersion von drei Quarz- und einem Glasspektrographen von Zeiss, zwei Gitterspektrographen der Applied Research Laboratories (Detroit) und einem kleinen Gitterspektrographen der Central Scientific Corp. wiedergegeben. Im kurzwelligen UV hat der Q 24 eine größere Dispersion als das 1,5-m-Gitter in der I. Ordnung, bei 2200 Å ist die Dispersion beider Geräte gleich, dann bleibt der Prismenspektrograph mehr und mehr hinter dem Gitterspektrographen zurück. Gelegentlich unterscheidet man[2] zwischen „nutzbarem Spektral-

[1] HANSEN, G.: Optik 1, 269 (1946).
[2] Vgl. W. SCHUHKNECHT: Z. analyt. Chem. 136, 81 (1952).

bereich“ und „Aufnahmebereich“. Ersterer ist der Wellenlängenbereich, in dem man mit ausreichender Dispersion arbeiten kann, letzterer gibt den Bereich an, in dem man mit einer gegebenen Einstellung des Spektrographen auskommt. Der Gitterspektrograph hat den weitaus größeren nutzbaren Spektralbereich, denn die mit λ absinkende Lineardispersion der Prismenapparate verlangt für einen größeren Spektralbereich von etwa 2000 bis 20000 Å wenigstens zwei, wenn nicht drei verschiedene Arten von Optik (Quarz, Glas, LiF). Ferner kann man bei Gitter-

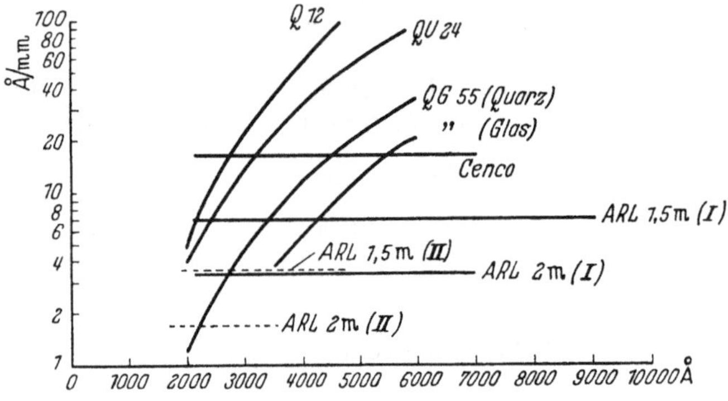

Abb. 218. Lineardispersion verschiedener Spektrographen

spektrographen bei ungenügender Dispersion in eine höhere Ordnung übergehen. Als Nachteile der Gitterspektrographen sind die S. 115 erwähnten „Gittergeister“ und die Überlagerung verschiedener Ordnungen anzusehen. Erstere sind jedoch im wesentlichen nur bei der Emissionsspektralanalyse störend, ihre Intensität ist außerdem bei den modernen Gittern außerordentlich gering; die Überlagerung der Spektren verschiedener Ordnung läßt sich durch Auswahl geeigneter Empfänger (Platten begrenzten Empfindlichkeitsbereichs) und durch Filter weitgehend ausschalten.

Konkavgitter werden praktisch ausschließlich in Spektrographen hohen Auflösungsvermögens benutzt. Neben der in Abb. 55 schon wiedergegebenen Aufstellung nach Paschen-Runge gibt es eine ganze Reihe anderer Aufstellungen, die in Abb. 219 zusammengestellt sind[1].

Die Rowland-Aufstellung[2] verwendet das Prinzip, daß die Spitzen einer Reihe von rechtwinkligen Dreiecken mit der gleichen Hypotenuse auf einem Kreis liegen. Die Hypotenuse, die den Durchmesser des Rowland-Kreises bildet, besteht aus einem starren Arm, an dessen Enden das Gitter G und der Plattenhalter P befestigt sind. Der Spalt S befindet sich an der Spitze des rechtwinkligen Dreiecks. Verschiebt man den Arm GP so, daß sich G entlang GS und P entlang SP bewegt, so bleibt das Gitter stets auf der optischen Achse des einfallenden Strahlenbündels. und der Plattenhalter bleibt auf der Gitternormalen, so daß die Dis-

[1] Nach R. F. Jarrell in The Encyclopedia of Spectroscopy, New York 1960, S. 183.

[2] Rowland, H. A.: Phil. Mag. [5] 16, 197, 210 (1883).

persion über einen weiten Wellenlängenbereich stets linear bleibt. Diese Aufstellung wurde deshalb viel für Wellenlängenbestimmungen benutzt, sie hat sich jedoch in kommerziellen Geräten nicht durchgesetzt.

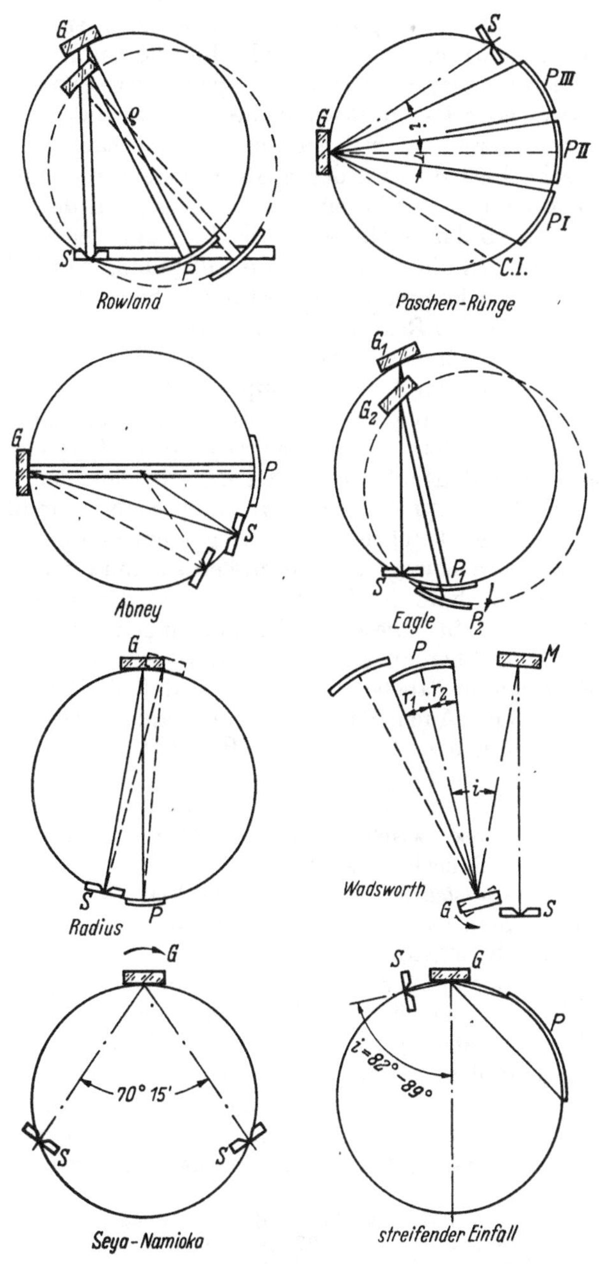

Abb. 219. Verschiedene Aufstellungen von Konkavgittern.
a nach ROWLAND; *b* nach PASCHEN-RUNGE; *c* nach ABNEY; *d* nach EAGLE; *e* Radiusaufstellung; *f* nach WADSWORTH; *g* nach SEYA-NAMIOKA; *h* Aufstellung mit streifendem Einfall

Die PASCHEN-RUNGE-Aufstellung[1] ist die meist gebrauchte, um Übersichtsspektren über große Wellenlängengebiete zu erhalten. Der ROWLAND-Kreis wird in einem temperaturkonstanten dunklen Raum fest aufgebaut, so daß man die Plattenhalter einfach daran festklemmen kann. Die Spaltmontierung geht durch die Wand in einen Nebenraum, in dem sich auch Strahlungsquelle und Absorptionsrohr befinden. Aufnahmen können in mehreren Ordnungen gleichzeitig gemacht werden.

Die ABNEY- oder PASCHEN-Aufstellung[2] sollte die Lineardispersion der ROWLAND-Aufstellung beibehalten, aber mechanisch einfacher zu handhaben sein. Deshalb wird der Spalt an einem um den Mittelpunkt des ROWLAND-Kreises drehbaren Arm befestigt, um den λ-Bereich zu ändern. Dabei muß der Spalt selbst ebenfalls um eine zu diesem Arm senkrechte Achse gedreht werden. Diese Aufstellung wurde bis vor kurzem auch in einigen kommerziellen Geräten (Gitter mit 1,5 m bzw. 2 m Brennweite der Applied Research Laboratories) verwendet, ist aber jetzt von Plangittern verdrängt worden.

Die EAGLE-Aufstellung[3] ist die kompakteste und deshalb noch heute in kommerziellen Spektrographen (Baird-Atomic; Jarrell-Ash; Bausch & Lomb; Hilger & Watts) meist benutzte Aufstellung eines Konkavgitters: Spalt und Plattenhalter liegen nahe beieinander. Um die Bedingungen des ROWLAND-Kreises aufrechtzuerhalten, muß zur Änderung des Wellenlängenbereichs das Gitter gedreht und gleichzeitig längs der optischen Achse bewegt werden, außerdem muß der Plattenhalter um eine Achse unterhalb des Spalts gedreht werden, damit die Fokussierung erhalten bleibt. Diese Justierbewegungen werden z.B. durch Motoren mit Zählwerken ausgeführt, die zu verschiedenen Bereichen gehörigen Zahlen sind in Tabellen angegeben, so daß die Umstellung keinen Aufwand erfordert. Auch Vakuumspektrographen werden häufig in dieser Aufstellung gebaut (Jarrell-Ash; Hilger & Watts), da sie ein geringeres Volumen zum Auspumpen besitzen. Der Astigmatismus ist geringer als bei anderen Aufstellungen und kann durch eine Zylinderlinse mit horizontaler Achse zwischen Spalt und Gitter praktisch vollständig korrigiert werden (Bausch & Lomb).

Bei der *Radiusaufstellung*[4] sind Spalt und Plattenhalter fest auf dem ROWLAND-Kreis montiert, das Gitter sitzt auf einem Arm, der um den Mittelpunkt des ROWLAND-Kreises gedreht werden kann. Auch diese Aufstellung eignet sich vorzüglich für Vakuumspektrographen (Baird Atomic; McPherson). Da sich das Gitter bei der Drehung aus der optischen Achse herausbewegt, ist allerdings der Wellenlängenbereich begrenzt, wenn man nicht die optische Achse nachjustiert.

Die WADSWORTH-Aufstellung[5] ist ungewöhnlich, weil die einzelnen Elemente nicht auf dem ROWLAND-Kreis liegen, sondern der Fokusabstand gleich dem halben Krümmungsradius ist. Ein weiteres optisches

---

[1] RUNGE, C. R. u. F. PASCHEN: Abh. Kgl. Akad. Wiss. Berlin 1902.
[2] ABNEY, W. DE W.: Phil. Trans. **177**, II 457 (1886).
[3] EAGLE, A.: Astrophys. J. **31**, 120 (1910).
[4] SAWYER, R. A.: Experimental Spectroscopy, New York 1944.
[5] WADSWORTH, F. L. O.: Astrophys. J. **3**, 54 (1896).

Element in Form eines Kollimatorhohlspiegels ist deshalb notwendig. Diese Anordnung hat eine lineare Dispersion wie die ROWLAND-Aufstellung. Der Plattenhalter sitzt auf einem Arm, dessen Achse parallel zum Spalt steht. Bei Änderung des Wellenlängenbereichs muß der Plattenhalter auf das Gitter zu oder vom Gitter weg bewegt werden, um im Fokus zu bleiben. Auch diese Art der Aufstellung ist noch heute in Gebrauch (Jarrell-Ash), sie zeichnet sich dadurch aus, daß sie stigmatisch ist wie ein Prismenspektrograph.

In der SEYA-NAMIOKA-Aufstellung[1] beträgt der Winkel zwischen eintretendem und austretendem Strahlenbündel 70° 15′, denn bei diesem Winkel ist die Defokussierung bei Drehung des Gitters um eine vertikale Achse so gering, daß man diese Aufstellung für Monochromatoren benutzen kann. Sie ist denkbar einfach und speziell für Messungen im Vakuum-UV geeignet, weil die Spalte und die optischen Achsen fixiert bleiben. Sie wird deshalb ebenfalls in kommerziellen Spektrometern verwendet (Jarrell-Ash; McPherson, Optica).

Die Aufstellung *mit streifendem Einfall*[2] ist dadurch ausgezeichnet, daß kurze Wellen unter 1000 Å total reflektiert werden, während sonst das Reflexionsvermögen z.B. von Aluminium bei 1000 Å bereits nur noch etwa 20% beträgt und nach kurzen Wellen noch weiter abfällt. Einfallswinkel von 85 bis 89° sind verwendet worden, um mit Wellenlängen bis herunter zu 12 Å zu messen[3]. Allerdings wird der Astigmatismus bei so großen Winkeln extrem hoch. Kommerzielle Geräte dieses Typs werden von Jarrell-Ash und Hilger & Watts hergestellt.

Die Vakuum-UV-Spektroskopie[4] wird um so schwieriger und erfordert um so mehr Aufwand, je weiter herunter unter 1800 Å, der Durchlässigkeitsgrenze des reinsten Quarzes und des Beginns der O_2-Absorption, man messen will. Erst die Einführung der Konkavgitter erweiterte die von SCHUMANN erreichte Grenze von 1200 Å bis auf 500 Å, und die Benutzung von Gittern mit streifendem Einfall und Totalreflexion schloß die Lücke bis ins Gebiet der Röntgenstrahlung. In diesem Bereich liegen die höheren Stufen der RYDBERG-Serien der Molekeln und die Kontinua der Molekülionisierung.

Das Hauptproblem vom methodischen Standpunkt aus bildet die Undurchlässigkeit aller optischen Materialien unterhalb von etwa 1200 Å. Im Bereich von 1800 bis 1200 Å sind LiF, CaF_2 und Saphir noch brauchbar, darunter hat man noch dünne Filme von Aluminium und Beryllium als Küvettenfenster benutzt, doch ist man meistens darauf angewiesen, Strahlungsquelle, Untersuchungssubstanz und Detektor im Vakuumspektrographen selbst unterzubringen.

Über geeignete Strahlungsquellen wurde schon S. 66ff berichtet, desgleichen über brauchbare Detektoren (S. 153ff). Selbst in diesem extremen Bereich beginnen Sekundärelektronenvervielfacher die SCHUMANN-Platte und damit lichtelektrische Methoden die photographischen zu ver-

[1] SEYA, M.: Science of Light **2**, 8 (1952).
[2] HOAG, J.B.: Astrophys. J. **66**, 225 (1927); BOYCE, Rev. Mod. Phys. **13**, 1 (1941).
[3] TYRÉN, F.: Z. Physik **111**, 314 (1938).
[4] Zusammenfassender Bericht: E. C. Y. INN: Spectrochim. Acta **7**, 65 (1955).

drängen. Wegen der Schwierigkeit, geeignete, in diesem Gebiet durchlässige und schwer verdampfbare Lösungsmittel zu finden, ist die Absorptionsspektrographie auf Gase und feste Stoffe beschränkt.

b) Aufnahmetechnik. Besondere Sorgfalt erfordert die Justierung der Lichtquelle und damit des ganzen Strahlengangs zum Spektrographen. Blickt man nach Entfernung des zur Beleuchtung des Spalts dienenden Kondensors bei weitgeöffnetem Spalt vom Ort der photographischen Platte gegen die Lichtquelle, so muß ihr unscharfes Bild in der Mitte der Kameralinse bzw. einer vor dem Prisma zuweilen angebrachten Blende erscheinen. Bewegt man die Lichtquelle auf einer optischen Bank gegen den Spektrographen, so darf sich dieses Bild nicht aus der Mitte der Blende verschieben, was bedeutet, daß die optische Bank mit der Achse des Kollimatorrohrs parallel läuft. Stellt man jetzt den Kondensor so auf, daß die Lichtquelle scharf auf dem Spalt abgebildet ist, so erscheint das ganze Prisma von Licht erfüllt, wenn die Öffnung des vom Kondensor ausgehenden Strahlenbündels gleich ist der Öffnung der Kollimatorlinse des Spektrographen. Andernfalls sieht man die Fassung des Kondensors und muß die Entfernung der Lichtquelle und des Kondensors vom Spalt entsprechend ändern. Andererseits muß man dafür sorgen, daß die Kollimatorlinse des Spektrographen das gesamte von der Öffnung der photometrischen Einrichtung ausgehende Strahlenbündel aufnimmt, da sonst die Kollimatorlinse als Blende wirkt, was sich speziell bei Doppelstrahlmethoden in einer Ungleichheit der beiden Strahlenbündel auswirken kann. Die geeignetste Spaltbeleuchtung ist die nach Abb. 69c. Man überzeugt sich am besten durch eine Reihe von Aufnahmen bei verschiedenen Stellungen des Teilungssystems, wann die beiden Spektren gleiche Intensität besitzen. Die korrekte Justierung[1] ist von Zeit zu Zeit nachzuprüfen.

Ein besonderes Problem bildet die Ausleuchtung von Spektrographen bei inhomogenen Lichtquellen. Verlangt wird, daß jeder Punkt in der Aperturblende des Kollimators von jedem Punkt der Lichtquelle beleuchtet wird. Man erreicht dies entweder durch geeignete Zwischenabbildung[2], eventuell unter Verwendung von Achromaten, oder mit Hilfe von sogenannten Linsenrastern[3]. Darunter versteht man Linsen, die aus vielen kleinen plan- oder bikonvexen Einzellinsen nebeneinander bestehen. Ein solcher Linsenrasterkondensor ist in Abb. 220 dargestellt. Die Form der Einzellinsen kann beliebig (z.B. quadratisch) sein, notwendig ist nur, daß die Geometrie der beiden Raster durch Parallelverschiebung ineinander übergeht. Das Leuchtfeld Q steht im Brennpunkt der Linse L_a, die Q ins Unendliche abbildet. Das Linsenraster R' entwirft mit jeder einzelnen Rasterlinse ein Bild des Leuchtfeldes in der zugehörigen Rasterlinse von R_f. Diese bildet jede Rasterlinse von R' ins

---

[1] Für die Justierung des Hüfner-Prismas in der Scheibe-Anordnung gibt Zeiss eine ausführliche Anleitung.

[2] Nordmeyer, M.: Spectrochim. Acta 7, 128 (1955/56); K. D. Mielenz: ibid. 10, 99 (1957).

[3] Preuss, E.: Spectrochim. Acta, Coll. Spectrosc. Internat. Amsterdam 1956, S. 457.

Unendliche ab. Die Linse L_b faßt alle Strahlenbündel von R' zusammen auf dem Spalt S und entwirft dort ein zusammenfallendes Bild sämtlicher Einzellinsen. Eine weitere Linse vor dem Spalt bildet schließlich das Raster R_f mit seinen vielen Einzelbildern der Lichtquelle auf die Kollimatorlinse ab.

Da nach Gleichung (2) die Genauigkeit der photographischen Extinktionsmessung mit steigender Extinktion zunimmt, ist es an sich erwünscht, die Extinktion der Lichtschwächung möglichst hoch zu wählen. Im allgemeinen wird man jedoch die Extinktion 1 bis 1,5 nicht überschreiten, damit die Belichtungszeiten nicht zu groß werden. Bei gegebener Extinktion und Schichtdicke läßt sich die für die Aufnahme zu wählende Konzentration des zu untersuchenden Stoffs leicht abschätzen. Da erfahrungsgemäß Absorptionsbanden mit einem Extinktionskoeffizienten $\varepsilon_{max} < 10$ praktisch selten vorkommen[1], so daß es jedenfalls selten notwendig ist, die Messung auf kleinere Werte als $\varepsilon = 1$ auszudehnen, beträgt die Konzentration für eine Extinktion $E = 1$ und eine größte Schichtdicke von $s = 10$ cm nach Gleichung (I,27 b) $c_{max} = 10^{-1}$ Mol/l. Umgekehrt sind bei intensiven Banden Werte von $\varepsilon_{max} > 10^5$ äußerst selten, so daß bei einer kleinsten Schichtdicke von 1 cm und einer Extinktion von 1 die minimale Konzentration $c_{min} = 10^{-5}$ Mol/l beträgt. Dieser für die Messung notwendige Konzentrationsbereich $10^{-1} > c > 10^{-5}$ läßt sich natürlich verringern, wenn man einen größeren Schichtdickenbereich zur Verfügung hat und außerdem die Extinktion der Lichtschwächung etwa im Bereich $0,5 < E < 1,5$ variiert. Sind z. B. Schichtdicken zwischen 50 cm und 0,1 mm vorhanden, was sich mit Hilfe zweier BALY-Rohre für große bzw. sehr kleine Schichtdicken verwirklichen läßt (vgl. S. 127), so sind die Konzentrationsgrenzen für den genannten Extinktionsbereich durch $10^{-2} > c > 10^{-3}$ gegeben, man braucht also in diesem Fall nur eine einzige Verdünnung herzustellen, um den Bereich von 5 Zehnerpotenzen in ε zu überdecken. Dies ist besonders dann von Vorteil, wenn das LAMBERT-BEERsche Gesetz über ein größeres Konzentrationsgebiet versagt. Kommen bei dem untersuchten Stoff nicht gleichzeitig niedrige und hohe Extremwerte von ε vor, so gelingt es meistens, lediglich durch Änderung von Schichtdicke und Extinktion in den angegebenen Grenzen die ganze Absorptionskurve zu gewinnen, ohne daß man die Konzentration überhaupt ändern muß.

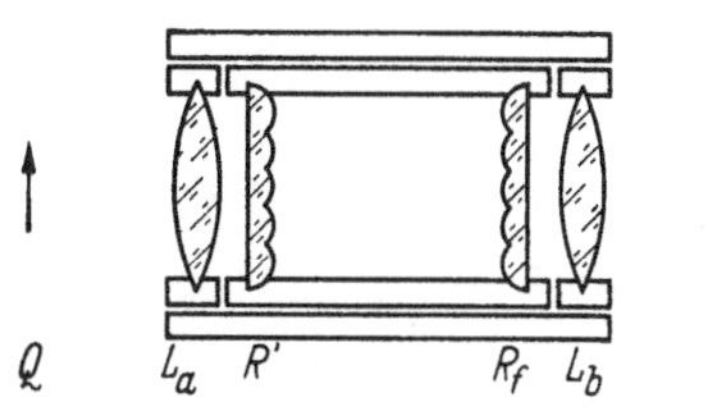

Abb. 220. Rasterkondensor

Um einen *Überblick* über ein unbekanntes Spektrum zu gewinnen, stuft man zunächst die Schichtdicken sehr grob ab, indem man z.B. mit der größten vorhandenen Schichtdicke beginnend jeweils die folgenden um den Faktor 2 oder 3 verkleinert. Das entspricht einer Abstufung in

[1] Werden noch kleinere Werte gefunden, so besteht die Gefahr, daß es sich um Verunreinigungen handelt, weswegen in solchen Fällen stets zu untersuchen ist, ob die betreffende Bande auch bei weiterer Reinigung der Substanz erhalten bleibt.

log ε um 0,301 bzw. 0,477, so daß sich durch etwa 16 bzw. 10 Aufnahmen der ganze in Frage kommende Bereich von etwa 5 Einheiten in log ε überdecken läßt. Stehen keine genügend kleinen Schichtdicken zur Verfügung, so geht man zu einer kleineren Konzentration der Lösung über. Legt man etwa den SCHEIBEschen Küvettensatz zugrunde, so ergibt sich z.B. folgende Reihe von Aufnahmen:

Tabelle 35. *Schema einer Übersichtsaufnahme mit dem Scheibeschen Kuvettensatz*

Sektor	Extinktion	c Mol/l	s cm	log s	ε	log ε
10%	1,000	10^{-2}	10	1,000	10,00	1,00
			5,02	0,700	19,95	1,30
			2,51	0,400	39,8	1,60
			1,26	0,100	79,4	1,90
			0,631	− 0,200	158,5	2,20
			0,316	− 0,500	316	2,50
			0,159	− 0,800	631	2,80
			0,100	− 1,000	1000	3,00
		10^{-4}	10	1,000	1000	3,00
			5,02	0,700	1995	3,30
			2,51	0,400	3980	3,60
			1,26	0,100	7940	3,90
			0,631	− 0,200	15850	4,20
			0,316	− 0,500	31600	4,50
			0,159	− 0,800	63100	4,80
			0,100	− 1,000	100000	5,00

Auf diese Weise läßt sich in der Regel auf einer einzigen Platte eine Übersicht über das ganze Spektrum gewinnen. Aus der Verteilung der Stellen gleicher Schwärzung läßt sich sofort ersehen, in welchem Bereich eine feinere Abstufung der Schichtdicken erwünscht ist, um die Lage der Absorptionskurve genauer festzulegen. Insbesondere ist für die Bestimmung der Maxima und eventueller Wendepunkte der Kurve ein geringerer Abstand zwischen den Meßpunkten notwendig. Mittels des SCHEIBEschen Küvettensatzes läßt sich eine Abstufung von Δ log ε = 0,100 erreichen, will man noch feiner abstufen, so müssen andere Konzentrationen bzw. eine andere Extinktion des Sektors gewählt werden. BALY-Rohre haben demgegenüber den Vorteil, daß man diese Abstufung fast beliebig fein machen kann, ohne die Konzentration ändern zu müssen. So ergibt z.B. die Schichtenfolge 200, 191, 182, 174, 166, 159 usw. mm eine Abstufung von Δ log ε = 0,020, die natürlich noch weiter unterteilt werden kann, falls dies notwendig sein sollte. In Abb. 221 ist eine Aufnahme von Anthracen in Dioxan wiedergegeben. Es wurde die POOLsche Sektormethode und eine H_2-Lampe als Strahlungsquelle verwendet. Der Verlauf der Absorptionskurve läßt sich bereits bei der bloßen Betrachtung der Platte erkennen. Unten auf der Platte sieht man das Bezugsspektrum des Eisenfunkens, in der Mitte das Kontrollspektrum gleicher Intensität für die Ausmessung der Platte (vgl. S. 442).

Die günstigsten *Belichtungszeiten* müssen für jede benutzte Strahlungsquelle und jeden Spektrographen empirisch ermittelt werden. Sie sollen in jedem Fall so groß sein, daß die Schwärzung noch ins Gebiet der maximalen Gradation der Platte fällt und daß der Fehler in der Zeitbestimmung kleiner bleibt als 1%. Bei einer Ablesemöglichkeit auf der Stoppuhr von $^1/_5$ Sekunde soll daher die Belichtungszeit nicht unter 20 Sekunden betragen. Mit elektrischen Schaltgeräten entfällt natürlich diese Beschränkung. Arbeitet man bei verschiedenen Extinktionen, so ist die Belichtungszeit der Durchlässigkeit der Lichtschwächung umgekehrt proportional. Die Spaltbreite soll je nach der Dispersion des Spektrographen ein bis einige Hundertstel Millimeter betragen. Bei Spektrographen mittlerer Lichtstärke wird man bei einer Spaltbreite von 0,05 mm, einer Extinktion von 1 und einer Belichtungszeit von 60 Sekunden mit den üblichen Lichtquellen eine genügende Schwärzung erzielen. Spaltbreite, Belichtungszeit, Extinktion, Schichtdicken, Konzentration und Temperatur der Lösung sowie Datum der Aufnahme werden stets auf dem Rand der Platte vermerkt[1].

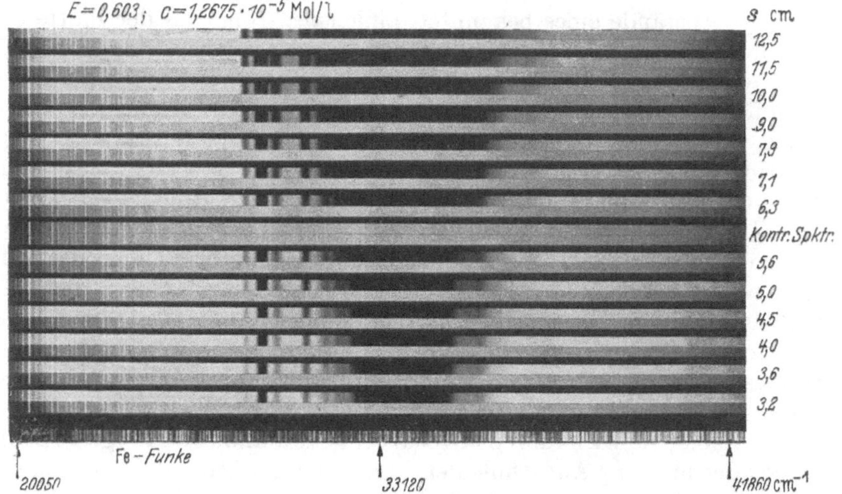

Abb. 221. Absorptionsspektren von Anthracen in Dioxan, aufgenommen nach der POOLschen Sektormethode mit Wasserstofflampe als Strahlungsquelle und mittlerem Quarzspektrographen

Bei der Herstellung der Lösungen von schwachen Säuren oder Basen bzw. ihrer Salze ist wegen der verschiedenen Absorption von Ionen und undissoziierten Molekülen darauf zu achten, daß man die *Dissoziation* bzw. *Solvolyse* genügend weit durch Zusatz von starken Säuren oder Laugen zurückdrängt, was häufig übersehen wird. Wie sich leicht abschätzen läßt[2], liegen die Grenzen, innerhalb deren sich das Spektrum eines schwachen Elektrolyten bzw. seines Ions noch direkt messen läßt, für die Dissoziationskonstante im Bereich $10^{-4} > K > 10^{-11}$, weil dem Zusatz größerer Mengen an starken Mineralsäuren oder -laugen infolge der auftretenden „Salzeffekte" Grenzen gesetzt sind. Aus diesem Grunde

[1] Man schreibt mit Tusche direkt auf die Gelatineseite der Platte. Vgl. auch Á. BARDÓCZ: Spectrochim. Acta **15**, 461 (1959).

[2] Vgl. G. KORTÜM: Z. physik. Chem., Abt. B **42**, 46 (1939).

läßt sich bei noch schwächeren Elektrolyten ($K < 10^{-10}$) das Spektrum des Ions und bei stärkeren Elektrolyten ($K > 10^{-1}$) das Spektrum des undissoziierten Moleküls nur dann *exakt* ermitteln, wenn gleichzeitig die Dissoziationskonstante des Elektrolyten bei der Temperatur der Messung bekannt ist, so daß man die Gleichung (I,63) anwenden kann[1].

c) Auswertung der Platten. Der eigentliche Meßvorgang bei den Methoden der „Vergleichsspektren" besteht, wie schon dargelegt, in der Aufsuchung der Wellenlängen, bei welchen die beiden Spektren gleiche Schwärzung aufweisen. Zu diesem Zweck muß die *„Dispersionskurve"* des verwendeten Spektrographen bekannt sein, die man durch Ausmessung der Abstände eines bekannten Linienspektrums auf der Platte ermittelt. Zur Ausmessung dient in der Regel ein mit Mikroskop und Schlitten für die meßbare Verschiebung der Platte versehenes Meßgerät (Komparator), das in mehr oder weniger präziser Ausführung von einer Reihe von Firmen hergestellt wird[2]. Für die Zwecke der Absorptionsspektrographie genügt in der Regel ein einfaches Modell, welches die Abstände auf 0,05 mm sicher abzulesen gestattet. Trägt man die bekannten Wellenlängen des Linienspektrums gegen die abgelesenen Skalenteile auf, so erhält man die Dispersionskurve. Man wählt den Maßstab des Koordinatennetzes so groß, daß die erreichbare Genauigkeit der Einstellung durch die Ablesung auf der Kurve nicht beeinträchtigt wird. Die Konstruktion der Kurve wird durch Verwendung des HARTMANNschen Dispersionsnetzes erleichtert, das in zwei Ausführungen für das sichtbare und ultraviolette Spektralgebiet hergestellt wird[3]. In diesen Dispersionsnetzen stellen die Eichkurven angenähert gerade Linien dar (vgl. S. 298). Verwendet man zur Aufnahme der Absorptionsspektren z.B. den Eisenfunken, so dient dieser direkt als Bezugsspektrum für die Eichung, verwendet man eine kontinuierliche Strahlungsquelle (Glühlampe oder H_2-Lampe), so sind auf jeder Platte ein oder besser zwei Bezugsspektren mit aufzunehmen, als welche neben dem Eisenspektrum etwa das des Quecksilbers oder im äußersten UV das des Kupfers geeignet sind. Manche Spektrographen besitzen auch eine Einrichtung, um eine Wellenlängenskala auf der Platte mit aufzunehmen. Da die Richtigkeit einer solchen Skala jedoch davon abhängig ist, daß die Justierung des Spektrographen sich nicht geändert hat, ist es in jedem Fall vorzuziehen, ein bekanntes Linienspektrum auf jeder Platte mitzuphotographieren, um stets ein einwandfreies Bezugssystem zu haben. Das Spektrum der Wasserstofflampe besitzt im langwelligen Teil ebenfalls einige charakteristische Atomlinien, von denen vor allem die scharfe und intensive Linie bei 4861 Å als Bezugslinie für die Wellenlängeneichung sehr geeignet ist.

Das *Aufsuchen der Stellen gleicher Schwärzung* erfolgt in ähnlicher Weise wie die Aufstellung der Dispersionskurve. Immer von der gleichen Bezugslinie und dem zugehörigen, durch die Dispersionskurve gegebenen

---

[1] Vgl. das Beispiel der Absorption des undissoziierten 2,4-Dinitrophenols bei G. KORTÜM: Z. physik. Chem., Abt. B **42**, 47 (1939).

[2] Zum Beispiel Askaniawerke, Berlin; VEB Optik, Jena; C. Leiss, Berlin-Steglitz; R. Fuess, Berlin-Steglitz.

[3] Schleicher & Schüll, Düren.

Skalenteil der Meßtrommel ausgehend, stellt man mit dem Mikroskop fest, wo die Trennungslinie des Doppelspektrums wegen der gleichen Schwärzung der beiden Hälften nahezu verschwindet. Dies wird gewöhnlich dadurch sehr erleichtert, daß man mit Hilfe zweier an dem Mikroskop angebrachter Blenden einen schmalen Ausschnitt des Doppelspektrums so ausblendet, daß von der Umgebung kein Licht mehr in das Mikroskop gelangt. Auch gibt es eine optimale Helligkeit des Gesichtsfelds, bei der die Einstellung am besten wird. Für die entsprechende Ablesung der Skala und Meßtrommel entnimmt man die zugehörige Wellenlänge aus der Dispersionskurve. Man markiert zweckmäßig diese Stellen für ihre leichte Wiederauffindung und eine eventuelle spätere Kontrolle durch einen *neben* dem Spektrum anzubringenden Stich mit einer dünnen Stahlspitze in die Gelatine der Platte.

Obwohl man nach einiger Übung in der Auffindung der Stellen gleicher Schwärzung auf die beschriebene Weise recht große Sicherheit erreicht, nimmt doch die Genauigkeit der visuellen Messung infolge der raschen Ermüdung des Auges schnell ab, wenn es sich um die laufende Ausmessung ganzer Spektren handelt. Für die Auswertung der Platten haben sich daher licht- oder thermoelektrische Methoden als ganz besonders wertvoll erwiesen. Auch hier läßt sich der Intensitätsvergleich des von den beiden Spektren durchgelassenen Lichts und damit der Schwärzungsvergleich der beiden Spektren mit Hilfe eines Thermoelements oder einer Photozelle durchführen. Da es sich dabei fast stets um „Ausschlagsmethoden" handeln wird (vgl. S. 224ff), ist das Thermoelement der Photozelle bzw. dem Multiplier wegen der unbedingten Proportionalität zwischen Schwärzung und Galvanometerausschlag überlegen. In die Praxis hat sich eine Reihe derartiger einfacher Photometer eingeführt[1].

Man kann diese eigentlich für Schwärzungsmessungen an Spektrallinien bestimmten Photometer natürlich auch für die Auffindung der Stellen gleicher Schwärzung in einem Doppelspektrum benutzen, indem man rasch nacheinander die eine bzw. andere Hälfte des Spektrums in den Strahlengang des Photometers bringt und die Platte so lange verschiebt, bis bei diesem Wechsel der Ausschlag des Galvanometers der gleiche bleibt. Dabei handelt es sich also um eine *Wechsellichtmethode*, die von langperiodischen Intensitätsschwankungen der Lichtquelle und ebenso von der Proportionalität zwischen Beleuchtungsstärke und Photostrom unabhängig und deshalb sehr zuverlässig ist (vgl. S. 232). Zum raschen Wechsel der beiden Spektren wird in dem von Zeiss konstruierten *Schnellphotometer* zwischen Abbildungslinse und Zelle ein Biprisma eingeschaltet, das auf einem Schlitten sitzt, bei dessen Verschiebung die eine oder die andere Hälfte des Prismas wirksam wird. Infolge der Ablenkung wird dann jeweils das eine oder das andere der zu vergleichenden Spektren auf den Spalt vor dem Photoelement projiziert. Diese Methode ist wegen der Notwendigkeit, ständig die Schlittenverschiebung zu betätigen

[1] Vgl. die Übersicht und Literaturangaben bei A. Henrici u. G. Scheibe: Physikalische Methoden der analyt. Chemie, 3. Teil, Leipzig 1939. Hersteller: B. Lange, Berlin-Zehlendorf; R. Fuess, Berlin-Steglitz; VEB Optik, Jena.

und gleichzeitig den Plattentisch zu verschieben, immer noch recht mühsam, besonders wenn etwa im Bereich mehrerer Schwingungsbanden eine Reihe von Stellen gleicher Schwärzung aufeinanderfolgt. In einem von Bodforss[1] angegebenen Gerät erfolgt der Projektionswechsel der zu vergleichenden Spektren automatisch und kontinuierlich mit Hilfe eines oscillierenden Spiegels, der durch einen Synchronmotor mit Exzenter angetrieben wird. Als Empfangsorgan dient hier eine Alkalizelle, die über einen Zweiröhrenverstärker an einen Kathodenstrahloscillographen angeschlossen ist. Weiterhin empfiehlt es sich, die Plattenverschiebung mit Hilfe eines Synchronmotors automatisch zu machen, damit der Galvanometerausschlag nicht nachhinkt[2]. Von da ist es nur noch ein Schritt zum registrierenden Photometer, indem man das Galvanometer durch ein Registriergerät ersetzt[2].

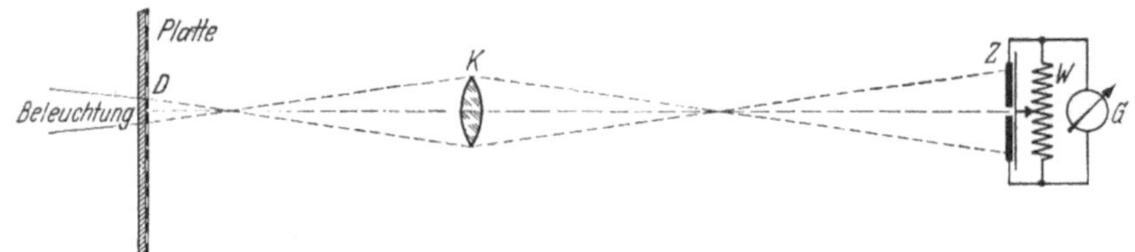

Abb. 222. Schema eines lichtelektrischen Plattenmeßapparates zur Auffindung von Stellen gleicher Schwärzung

Die Wechsellichtmethoden haben für die hier interessierende Aufgabe des Aufsuchens von Stellen gleicher Schwärzung den prinzipiellen Nachteil, daß geringe, z.B. durch mangelhafte Justierung der Lichtteilung verursachte Schwärzungsunterschiede der zu vergleichenden Spektren (vgl. S. 425) die Messung fälschen. Diese Fehlerquelle läßt sich vermeiden, wenn man die in neuerer Zeit mehrfach beschriebenen[3] *Plattenmeßapparate* mit zwei Photoelementen verwendet. Das in Abb. 222 schematisch dargestellte Prinzip solcher Anordnungen besteht darin, daß die beiden durch das verkleinerte Bild eines Glühfadens stark beleuchteten Hälften des Doppelspektrums D auf einem aus zwei getrennten Hälften bestehenden Differentialphotoelement Z vergrößert abgebildet werden, die über ein Galvanometer G gegeneinander geschaltet sind. Bei Stellen gleicher Schwärzung ist der Galvanometerausschlag Null. Dieser Nullpunkt wird durch ein auf jeder Platte aufzunehmendes Doppelspektrum gleicher Intensität kontrolliert. Indem man die durch Skala und Trommelteilung meßbare Schlittenverschiebung der Platte mit Hilfe eines bekannten Linienspektrums (Fe) in Wellenlängen eicht, erhält man direkt die Stellen gleicher Schwärzung und damit die gesuchte Absorption in Abhängigkeit von der Wellenlänge. Auf diese Weise lassen sich auch Aufnahmen komplizierter Spektren außerordentlich rasch und sicher auswerten, ohne daß die Ergebnisse wie bei visuellen Messungen mit der Zeit verschlechtert werden. Die Methode ist ferner wegen der Benutzung zweier Zellen

[1] Bodforss, S.: Z. wiss. Photogr., Photophysik Photochem. **40**, 154 (1941).
[2] Schuhknecht, W.: Spectrochim. Acta **3**, 412 (1948).
[3] Vgl. z.B.: D. H. Follett: Proc. physic. Soc. **47**, 125 (1935). Hersteller z.B. Hilger & Watts, London.

von Schwankungen der Lichtintensität im Photometer weitgehend unabhängig und setzt auch keine Proportionalität zwischen Beleuchtungsstärke und Photostrom voraus, da die Nullstellung stets durch das Kontrollspektrum gleicher Intensität an jeder Stelle der Platte kontrolliert werden kann. Zu diesem Zweck kann die Platte mittels einer Zahnstange in Richtung senkrecht zu den Spektren verschoben werden, so daß diese Kontrollmessung immer leicht und rasch ausführbar ist. Geringe, durch Justierungsmängel, ungleiche BALY-Rohre usw. bedingte Schwärzungsunterschiede im Kontrolldoppelspektrum werden durch den Abgleichwiderstand W der Differentialzelle (Abb. 222) kompensiert, so daß sie bei der Messung automatisch herausfallen. Infolge der Eigenschaften der Photozellen, auf kleine Absolutänderungen $d\Phi$ der Beleuchtungsstärke zu reagieren (vgl. S. 247), kann man es durch Erhöhung der Lichtintensität erreichen, daß selbst bei flach verlaufenden Absorptionsbanden (Maxima) und entsprechend geringen Kontrasten des Doppelspektrums (vgl. S. 423) die Genauigkeit in der Auffindung der Stellen gleicher Schwärzung nicht wesentlich absinkt, so daß sich die objektive Methode hier den visuellen Messungen besonders stark überlegen zeigt. Die optimale Schwärzung beträgt nach den Überlegungen von S. 248 natürlich auch hier 0,4343.

Es liegt auf der Hand, daß sowohl bei visuellen wie bei objektiven Messungen ein kontinuierliches Spektrum auf der Platte die Auffindung der Stellen gleicher Schwärzung ganz außerordentlich erleichtert, was einen weiteren wesentlichen Grund bildet, ein solches gegenüber den Linienspektren stets vorzuziehen (vgl. S. 62). Einen Plattenmeßapparat der beschriebenen Art kann man leicht aus Laboratoriumshilfsmitteln zusammenstellen. Der Faden der Glühlampe wird auf der Platte verkleinert abgebildet, ein Mikroskopobjektiv entwirft dann ein vergrößertes Bild des Doppelspektrums auf einen Doppelspalt, dessen Backen weiß lackiert sind, so daß man das Spektrum gut beobachten und einstellen kann. Wichtig ist es, daß die Meßspindel für die Plattenverschiebung genügend lang ist, daß man die ganze Länge des Spektrums am Lichtbündel vorbeibewegen kann, ohne die Platte selbst neu justieren zu müssen. Die begrenzte Feinbewegung des Plattentisches ist gewöhnlich ein Mangel der käuflichen Geräte, die in der Regel für die Ausmessung von Spektrallinien gedacht sind und sich deshalb, wie schon erwähnt, für den hier genannten Zweck nicht besonders gut eignen. Hinter dem Spalt befindet sich die Differentialzelle. Als Nullinstrument dient z.B. das Multiflexgalvanometer. Die Nullstellung wird mit Hilfe des Widerstands W in der Brückenschaltung (Abb. 222) einreguliert. Ein Schalter, der die Beleuchtung zur Ablesung von Skala und Meßtrommel des Schlittens einschaltet, schließt gleichzeitig das Galvanometer kurz, so daß dieses nicht überlastet werden kann. Ein solches einfaches Gerät hat sich in vielen Jahren bei ständigem Gebrauch außerordentlich bewährt.

4. Raman-Spektren

Obwohl RAMAN-Spektren heute gewöhnlich photoelektrisch gemessen bzw. registriert werden (vgl. S. 359 ff), ist die photographische Aufnahme für sehr lichtschwache Spektren, z. B. von Gasen oder festen Stoffen, immer noch unentbehrlich, wie leicht daraus zu ersehen ist, daß extrem schwache Spektren tagelange Belichtungszeit erfordern können. Da außerdem der Aufwand für registrierende lichtelektrische RAMAN-Spektrometer sehr groß ist, wird man häufig die photographische Methode vorziehen, die man bei Vorhandensein eines lichtstarken Spektrographen leicht im Laboratorium aufbauen kann.

Für die Aufnahme von RAMAN-Spektren wird eine besondere Plattensorte hergestellt (Agfa, Ilford, Gevaert), die einen hohen Schwarzschildexponenten (vgl. S. 188) besitzen, damit bei langen Belichtungszeiten die Allgemeinempfindlichkeit nicht zu sehr herabgesetzt ist[1]. Sie besitzen eine ziemlich gleichmäßige spektrale Empfindlichkeit bis 550 bzw. 650 mμ, je nachdem sie orthochromatisch oder panchromatisch sensibilisiert sind. Letztere sind notwendig, wenn man z. B. mit der Hg-Linie 18313 cm^{-1} (5461 Å) anregt, da sonst Schwingungen mit z. B. 3000 cm^{-1} schon in den unempfindlichen Bereich der Platte fallen. Auch die S. 193 erwähnten Spektralplatten sind für RAMAN-Aufnahmen geeignet. Bei sehr schwachen Spektren empfiehlt es sich, die Platten durch Vorbelichtung oder durch Übersensibilisierung (vgl. S. 192) vor der Aufnahme empfindlicher zu machen.

Da RAMAN-Linien kleiner Frequenz in der Nähe der Erregerlinie liegen, müssen die Platten unbedingt *lichthoffrei* sein. Trotzdem wird die Erregerlinie in der Regel stark überbelichtet, so daß sich nah benachbarte Linien nur schwierig oder überhaupt nicht ausmessen lassen. Man kann versuchen, an der Stelle der Erregerlinie die Emulsion vorher zu entfernen oder die Erregerlinie durch Blenden abzuschirmen. Am besten scheint es sich zu bewähren[2], das S. 368 erwähnte Prinzip der „komplementären Filter" anzuwenden, indem man die Erregerlinie durch ein möglichst schmales Interferenz-Primärfilter aussondert und die RAMAN-Strahlung nachträglich durch ein Sekundärfilter gehen läßt, das eine starke und engbegrenzte Reflexion der Primärlinie besitzt, wozu am besten das gleiche Filter in Reflexion benutzt wird.

Die Lage einer Spektrallinie auf der Platte ist im allgemeinen durch das Auflösungsvermögen der Emulsion auf etwa $\pm$ 1 bis 10 μ genau festgelegt, dagegen ist es sehr viel schwieriger, ihre *Intensität* einigermaßen genau zu bestimmen. Wie bei IR-Messungen unterscheidet man wieder zwischen maximaler und integraler Intensität. Da im Gegensatz zu photographischen Absorptionsmessungen die Methode des Aufsuchens von Stellen gleicher Schwärzung nicht möglich ist, muß die eingestrahlte Lichtintensität aus der absoluten Schwärzung der Platte bestimmt werden, d. h. die Schwärzungskurve $S = f(\log \Phi t)$ muß *auf jeder Platte* mitaufgenommen werden.

Man macht dies in der Weise, daß man das Spektrum einer geeigneten Lichtquelle (Glühlampe) mitphotographiert und zur Abstufung der Energie vor dem Spektrographenspalt einen stufenförmigen Grau-

[1] MOHR, H.: Exp. Techn. Physik 1, 201 (1953).
[2] BRANDMÜLLER, J.: Z. angew. Physik 5, 95 (1953).

keil[1] oder einen Stufensektor[2] anbringt. Man beleuchtet den Spalt gleichmäßig in seiner ganzen Länge und kann je nach der Länge des Spaltes und der gewünschten Breite der einzelnen Schwärzungsstufen eine Unterteilung in 10 oder 20 Stufen wählen, wobei einige derselben in den nichtlinearen Bereich der Schwärzungskurve fallen sollen. Das Intensitätsverhältnis des ganzen Stufenbereichs soll entsprechend dem verwendeten Bereich der photometrisch brauchbaren Schwärzungskurve etwa 1 : 20 betragen, so daß z.B. bei einer Unterteilung in 10 Stufen die Schwärzungsdifferenz der einzelnen Stufen 0,130 beträgt. Damit bei dem Vergleich der Schwärzungen des RAMAN-Spektrums mit den Schwärzungen des Vergleichsspektrums der SCHWARZSCHILD-Exponent nicht berücksichtigt zu werden braucht [siehe Gleichung (6)], muß die Belichtungszeit für beide Spektren die gleiche sein. Bei schwachen Linien und entsprechend langer Belichtungszeit muß man daher die Intensität der Vergleichslichtquelle entsprechend schwächen, damit bei gleicher Belichtungszeit vergleichbare Schwärzungen entstehen. Man erreicht dies am einfachsten, indem man in die Hauptebene des Beleuchtungskondensors geschwärzte Drahtnetze oder Raster geeigneter Extinktion bringt. Bei Benutzung eines Stufensektors heben sich SCHWARZSCHILD-Exponent und Intermittenzeffekt wieder angenähert heraus (vgl. S. 426).

Da man bei schwachen Linien häufig im unteren gekrümmten Teil der Schwärzungskurve (Abb. 93) arbeitet, ist es vorzuziehen, daß man die Schwärzungskurve an Stelle von (II,89) in der Form

$$\log\left(1 - \frac{1}{\vartheta}\right) = f(\log \Phi t) \tag{12}$$

oder bei sehr geringen Schwärzungen in der Form

$$\log\left(1 - \frac{1}{\vartheta}\right) = f(\Phi t) \tag{13}$$

aufträgt[3], da sie dann in diesem Gebiet genauer abgelesen werden kann.

Man mißt die Transparenz der Linien bzw. der Schwärzungsmarken mit einem lichtelektrischen Mikrophotometer (Zeiss, Steinheil) bei engem Spalt und rechnet so die Photometerkurve in eine Intensitätskurve der RAMAN-Strahlung um. Man erhält auf diese Weise das Intensitätsprofil der Linie, dessen Maximum oder dessen integrierte Fläche als Intensitätsmaß verwendet wird. Letzteres ist aus den früher erwähnten Gründen (S. 52ff) stets vorzuziehen.

5. Fluorescenzspektren

Wie schon erwähnt wurde, gelingt es, wenn auch nicht die absolute Größe der Energieausstrahlung bei der Fluorescenz, so doch die relative

[1] Hersteller: Zeiss-Ikon, Stuttgart.
[2] Hersteller z. B.: R. Fuess, Berlin-Steglitz.
[3] Vgl. H. KAISER: Spectrochim. Acta 3, 159 (1948).

Intensitätsverteilung innerhalb des Spektrums zu ermitteln, indem man die Fluorescenzintensität auf ein energiegleiches Spektrum bezieht. Lage, Form und Höhe der einzelnen Banden wird auf diese Weise richtig wiedergegeben, so daß man unter Konstanthaltung der Anregungsbedingungen und der Aufnahmetechnik die Fluorescenzspektren verschiedener Stoffe auch bezüglich ihrer Intensität miteinander vergleichen kann. Wegen der geringen Intensität des Fluorescenzlichts ist die Fähigkeit der photographischen Platte, Lichteindrücke zeitlich summieren zu können, für die Ermittlung von schwachen Fluorescenzspektren immer noch von Bedeutung.

Bei den in der Literatur angegebenen Fluorescenzspektren hat man sich häufig damit begnügt, die Schwärzungen der Platte zu photometrieren und als direktes Maß der Fluorescenzintensität zu betrachten. Dieses Verfahren ist jedoch völlig unzureichend, weil es nicht nur die relative *Intensität* der Banden verzerrt wiedergibt, sondern außerdem auch die *Lage* der Banden beträchtlich zu fälschen vermag. Die Schwärzungsverteilung der Platte ist aus zwei Gründen kein Maß für die relative Fluorescenzintensität: Erstens gilt nach Gleichung (II,89) für das lineare Gebiet der Schwärzungskurve $S=\gamma\cdot\log(\Phi t)$, die Gradation γ ist aber, wie Abb. 97 zeigt, von der Wellenlänge des einwirkenden Lichts abhängig und deshalb in den verschiedenen Teilen des Spektrums ebenfalls merklich verschieden. Zweitens ist auch die Empfindlichkeit der Platte eine Funktion der Wellenlänge, so daß gleiche Schwärzungen in verschiedenen Teilen des Spektrums keineswegs gleiche einwirkende Strahlungsintensitäten bedeuten. Beide Einflüsse müssen berücksichtigt werden, wenn man die Intensitätsverteilung der Fluorescenz aus den Schwärzungen der Platte berechnen will.

Die *Abhängigkeit der Gradation von der Wellenlänge* läßt sich dadurch eliminieren, daß man für jede Wellenlänge, bei welcher man die Intensität des Fluorescenzspektrums messen will, auch die Schwärzungskurve bestimmt. Da diese gleichzeitig von der Plattensorte und den Entwicklungsbedingungen abhängt, muß man wie bei den RAMAN-Spektren die Schwärzungskurve zusammen mit dem Fluorescenzspektrum auf jede einzelne Platte mitaufnehmen.

Auf diese Weise läßt sich wieder die Photometerkurve des Fluorescenzspektrums mit Hilfe der Schwärzungskurve in eine Intensitätskurve umrechnen. Man erhält so die Intensität der Fluorescenz gewissermaßen in Einheiten der Intensität der Vergleichslichtquelle. Kennt man nun weiterhin die relative spektrale Energieverteilung der Vergleichslichtquelle (vgl. Abb. 21), so kann man die gefundene Intensitätsverteilung der Fluorescenz auf ein *energiegleiches Spektrum* umrechnen, indem man jeweils die Intensität mit dem aus einer Kurve der Art von Abb. 21 entnommenen Faktor multipliziert. Da dieses Verfahren darauf hinausläuft, Stellen gleicher Schwärzung im Fluorescenzspektrum und im bekannten Vergleichsspektrum einer geeichten Lichtquelle aufzusuchen, fällt ebenso wie bei der Absorptionsmessung die *verschiedene Plattenempfindlichkeit* in den verschiedenen Spektralbereichen automatisch heraus, was jedoch – wie erwähnt – nicht der Fall ist, wenn man keinen derartigen Vergleich vornimmt, sondern die Photometerkurve selbst als Maß für die Fluorescenzintensität benutzt.

Das beschriebene Verfahren wurde in allen Einzelheiten ausgearbeitet und für die Messung einer Reihe von Fluorescenzspektren und ihrer Veränderlichkeit durch Konzentration, Lösungsmittel, Temperatur usw. verwendet[1]. Man nimmt auf der gleichen Platte das Fluorescenzspektrum bei drei verschiedenen, den Aufnahmebedingungen angepaßten Belichtungszeiten auf, die sich jeweils etwa um den Faktor 4 bis 8 unterschei-

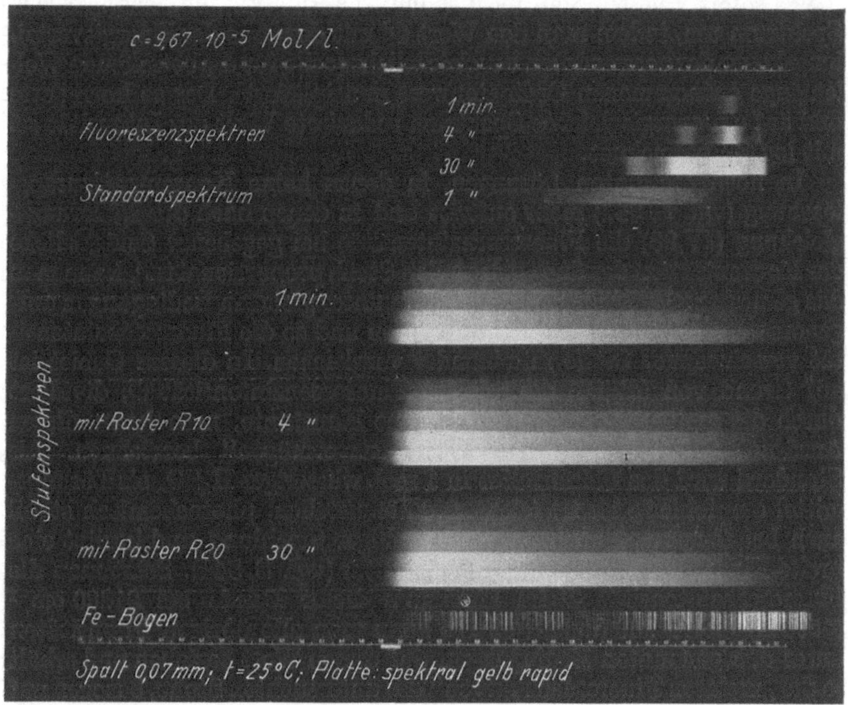

Abb. 223. Negativ einer quantitativen Fluorescenzaufnahme von Anthracen in Methanollösung

den. Dadurch liegt die Schwärzung sowohl bei starken wie bei schwachen Banden fast stets irgendwo im photometrisch brauchbaren linearen Teil der Schwärzungskurve. Mit den gleichen Belichtungszeiten nimmt man die auf absolute Farbtemperatur geeichte Vergleichslichtquelle[2] auf unter gleichzeitiger Schwächung mit einem logarithmischen Sektor oder einem Stufenkeil. Im Fall langer Belichtungszeiten schwächt man die Gesamtintensität der Vergleichslichtquelle durch geschwärzte Drahtnetze bzw. Raster, deren Durchlässigkeit empirisch ausprobiert wird. Außerdem wird ein Linienspektrum (Fe-Bogen oder Hg-Lampe) zur Wellenlängenmessung aufgenommen. Das Negativ einer solchen Aufnahme

[1] Kortüm, G. u. B. Finckh: Spectrochim. Acta **2**, 137 (1944); Z. physik. Chem. Abt. B **52**, 263 (1942).

[2] Osram, Heidenheim (vgl. S. 63).

zeigt Abb. 223. Man mißt nun mit dem Spektrallinienphotometer die Schwärzung des Fluorescenzspektrums bei einer Reihe von Wellenlängen, deren Abstand man je nach dem Verlauf des Spektrums enger oder weiter wählt, und bestimmt gleichzeitig für jede dieser Wellenlängen die Schwärzungskurve durch Ausmessung der Stufen des Vergleichsspektrums. Mit Hilfe eines Registrierphotometers läßt sich diese Messung beträchtlich vereinfachen. Aus der Schwärzungskurve läßt sich der bezüglich Gradation und Empfindlichkeit der Platte korrigierte Logarithmus der relativen Intensität der Fluorescenz ($\log \Phi'$) bei der betreffenden Wellenlänge sofort ablesen. Man rechnet ihn weiterhin auf ein energiegleiches Spektrum um, indem man den Wert Φ' mit dem aus der Energieverteilungskurve der verwendeten Vergleichslichtquelle für die betreffende Wellenlänge entnommenen Ordinatenwert multipliziert[1]. Der so korrigierte und auf ein energiegleiches Spektrum reduzierte Wert der Intensität sei mit $\log \Phi^*$ bezeichnet.

In hochverdünnten Lösungen, in denen keine Konzentrationsauslöschung (vgl. S. 327) mehr auftritt und in denen nach der Näherungsgleichung (IV,86) die Fluorescenzintensität bei gegebener Schichtdicke der Konzentration des fluorescierenden Stoffs proportional ist[2], kann man das gemessene Energiespektrum auf ein unter gleichen Bedingungen aufgenommenes Standardspektrum beziehen und so die Fluorescenzintensität verschiedener Stoffe miteinander vergleichen. In diesem Gebiet ist auf Grund von (IV,86) die relative Fluorescenzintensität Φ, dividiert durch die molare Konzentration c, eine Konstante, man kann diesen Ausdruck Φ/c als „molares Fluorescenzvermögen" bezeichnen. Als Standard wird das Chininsulfat in 1 mol. wässeriger H_2SO_4 als Lösungsmittel empfohlen[3]. Es ist leicht rein herzustellen, photochemisch stabil auch bei längerer Einwirkung kurzwelliger Strahlung und besitzt eine breite Fluorescenzbande ohne Feinstruktur (vgl. S. 341). Setzt man die Fluorescenzintensität Φ im Maximum dieser Bande bei 21800 cm^{-1} (4500 Å) gleich 100 ($\log \Phi = 2$), so kann man alle übrigen Intensitäten unter den genannten Bedingungen auf diesen Wert beziehen und erhält so die „molaren Fluorescenzkurven" der untersuchten Stoffe, bezogen auf Chininsulfat als Standard. Indem man das Chininsulfatspektrum auf jede einzelne Platte mit aufnimmt und als Bezugsspektrum benutzt, werden die Intensitäten der Fluorescenz verschiedener Stoffe in hochverdünnten Lösungen miteinander vergleichbar, unabhängig von der benutzten Meßanordnung bei gleichen Anregungsbedingungen. Zum Bezug der Fluorescenzspektren auf das Chininsulfatspektrum als Einheit geht man so vor: Den aus dem mitaufgenommenen Chininsulfatspektrum bestimmten Wert von ($\log \Phi^* - \log c_{\text{Chin}}$) bei einer beliebigen Wellenlänge setzt man gleich dem Wert von $\log \Phi$, den man für die betreffende Wel-

[1] Man zeichnet sich die Energieverteilungskurve der Abb. 21 zweckmäßig in ein Koordinatennetz mit logarithmischer Ordinate um, so daß sich die Umrechnung auf das energiegleiche Spektrum einfach durch Addition des jeweiligen Ordinatenwertes von $\log \Phi'$ durchführen läßt.

[2] Dies ist im allgemeinen bei Konzentrationen von etwa 10^{-6} Mol/l und darunter innerhalb der Meßgenauigkeit von etwa 1% erfüllt.

[3] Kortüm, G. u. B. Finckh: s. S. 447.

lenlänge aus der molaren Fluorescenzkurve entnimmt. Die von der Wellenlänge unabhängige Differenz ($\log \Phi - \log \Phi^* + \log c_{\text{Chin}}$) stellt dann den Logarithmus des Faktors dar, mit dem man die Intensitäten Φ_x^* aller übrigen Fluorescenzspektren der gleichen Platte, die mit gleicher Belichtungszeit aufgenommen sind, multiplizieren muß, um sie in Einheiten der molaren Fluorescenz des Chininsulfats auszudrücken. Zu diesem Zweck müssen sie natürlich ebenfalls auf 1 Mol umgerechnet sein, indem man die Intensitäten Φ_x^* durch die Konzentration in Mol/l dividiert. Für die auf Chininsulfat als Standard bezogene *molare Fluorescenzintensität* Φ des untersuchten Stoffs bei einer gegebenen Wellenlänge ergibt sich demnach

$$\log \Phi_x = \log \Phi_x^* - \log c_x + (\log \Phi_{\text{Chin}} - \log \Phi_{\text{Chin}}^* + \log c_{\text{Chin}}). \quad (14)$$

6. Molekülemissionsspektren

Angeregte Elektronenzustände von Molekülen können außer durch Lichtabsorption und durch thermische Stöße auch durch Elektronenstoß, etwa im Hochfrequenzfeld oder im Glimmrohr, erreicht werden. Bei Funken- und Bogenentladungen werden chemische Verbindungen zerstört, es treten deshalb nur die Emissionsspektren der Atome in mehr oder weniger ionisiertem Zustand auf. Die Anregung von Molekülen durch Elektronenstoß wurde zuerst in einer elektrodenlosen TESLA-Entladung von McVICHER, MARSH und STEWART untersucht[1]. Eine wesentlich bessere Methode durch Anregung in einer Glimmentladung wurde von SCHÜLER, GOLLNOW und WOELDIKE entwickelt[2].

Die Moleküle werden in der positiven Säule einer Glimmentladung angeregt. Dort besitzen die Elektronen die geringste Geschwindigkeit innerhalb der ganzen Entladungsstrecke, so daß die Wahrscheinlichkeit für den Zerfall der Moleküle am geringsten ist. Außerdem wird die Stromstärke möglichst niedrig gehalten, so daß auch ein Zerfall durch Temperaturerhöhung weitgehend ausgeschlossen ist. Wenn die Moleküle in den Bereich des negativen Glimmlichts gelangen, werden sie zerstört, und es scheidet sich bei organischen Molekülen Kohlenstoff an der Kathode ab. Dadurch wird die Entladung unregelmäßig, und es treten die Emissionsspektren der Molekülbruchstücke auf. Dies läßt sich dadurch vermeiden, daß der Raum unmittelbar vor den Elektroden mit Hilfe von Kühlfallen von dem anzuregenden Stoff frei gehalten wird. Der Stromtransport wird in diesem Teil von einem Trägergas (z. B. He) übernommen. Von einem unterhalb des Entladungsrohres befindlichen Vor-

[1] Vgl. z. B.: W. H. McVICHER, J. K. MARSH u. A. W. STEWART: J. Amer. chem. Soc. **46**, 1351 (1924); J. B. AUSTIN u. I. A. BLACK: J. Amer. chem. Soc. **52**, 4755 (1930).

[2] SCHÜLER, H., H. GOLLNOW u. A. WOELDIKE: Physik. Z. **41**, 381 (1940). – H. SCHÜLER u. A. WOELDIKE: Physik. Z. **42**, 390 (1941); **43**, 17, 415, 520 (1942); **44**, 335 (1943); **45**, 61, 171 (1944); Chem. Technik **15**, 99 (1942). – H. SCHÜLER u. L. REINEBECK: Z. Naturf. **4a**, 124, 560 (1949); **5a**, 448, 657 (1950); **6a**, 160, 270 (1951); **7a**, 285 (1952). – H. SCHÜLER, L. REINEBECK u. A. WOELDIKE: Ann. Physik [6] **6**, 110 (1949). – H. SCHÜLER: Spectrochim. Acta **4**, 85 (1950).

ratsgefäß aus destilliert der zu untersuchende Stoff kontinuierlich durch den Entladungsraum in die Kühlfallen über, so daß er im Entladungsraum dauernd erneuert wird.

Abb. 224 zeigt die Form eines solchen Entladungsrohrs. Die Elektroden bestehen aus wassergekühlten hohlzylindrischen Messingkörpern, die mit Schliff versehen auf das Entladungsrohr aus Quarz aufgesetzt werden. Die Hohlelektrodenform[1] gewährleistet eine besonders ruhige Entladung. Die benutzte Wechselspannung beträgt etwa 10^4 Volt, die Stromstärke 2 bis 10 Milliampere. Die Entladung geht von den Elektroden aus über *H* und *D* in den Außenraum der Kühlfalle *C* und von da in den Beobachtungsraum. Zunächst wird das Rohr mit einem Trägergas (H_2, Ne, Ar, He, N_2) gefüllt, so daß die Entladung gerade aufrechterhalten wird. Dann wird aus dem Behälter *F* die zu untersuchende Substanz kontinuierlich in den Beobachtungsraum verdampft und in den Kühlfallen wieder kondensiert. Auf diese Weise wird das Trägergas, dessen Siedepunkt so niedrig sein muß, daß es in der Kühlfalle nicht kondensiert wird, aus dem Beobachtungsraum verdrängt. Es füllt nur noch die Räume *H* und hält so die Entladung aufrecht.

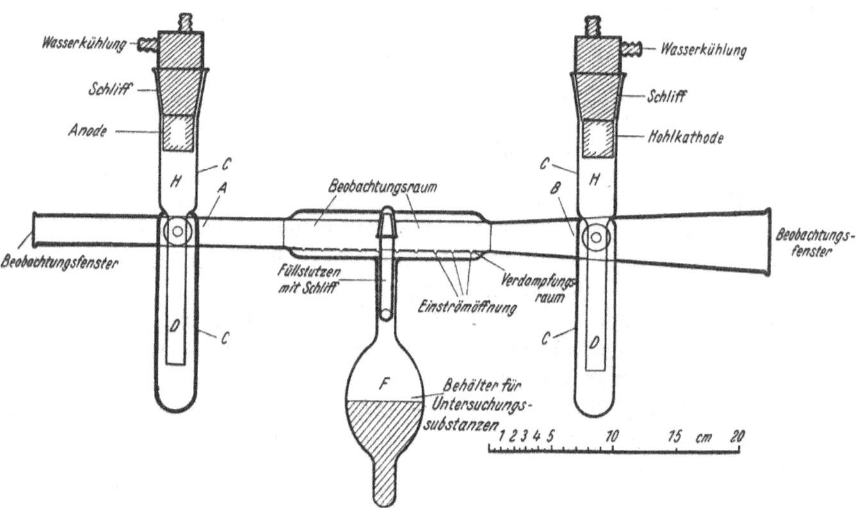

Abb. 224. Entladungsrohr zur Aufnahme von Molekül-Emissionsspektren durch Elektronenstoß nach SCHÜLER

Je nach dem Druck des zu untersuchenden Stoffes im Beobachtungsraum, der sich durch die Temperatur des Vorratsgefäßes *F* regulieren läßt, erhält man Emissionsspektren, die sich so stark voneinander unterscheiden, daß man annehmen muß, daß sie von verschiedenartigen Bruchstücken des Moleküls herrühren. Das Spektrum des unzerstörten Moleküls erhält man dann, wenn der Druck des zu untersuchenden Gases so

[1] SCHÜLER, H.: Phys. Z. **22**, 264 (1921); F. T. BIRKS: ibid. **6**, 169 (1954).

groß ist, daß das Trägergas völlig aus dem Beobachtungsraum verdrängt wird. Das läßt sich damit erklären, daß in der positiven Säule die Geschwindigkeit der Elektronen von dem Ionisierungs- und Anregungspotential des Gases abhängt. Je höher die erste Anregungs- bzw. die Ionisierungsenergie des Gases liegt, um so höhere Geschwindigkeiten können die Elektronen im Feld erreichen, da sie bis zu dieser Grenze bei Zusammenstößen elastisch gestreut werden und erst oberhalb dieser Grenze ihre Energie durch unelastische Stöße einbüßen. In Tabelle 36 sind die Anregungs- und Ionisierungsspannungen einiger Moleküle angegeben; sie sind für die Trägergase sehr viel höher als für organische Moleküle, wie z.B. Benzol. In Gasgemischen stellt sich eine mittlere Elektronengeschwindigkeit ein, deren Wert zwischen den für die reinen Gase typischen Werten liegt. Befindet sich also im Beobachtungsrohr außer Benzol noch Trägergas im Überschuß, so wird die mittlere Geschwindigkeit der Elektronen sehr viel höher sein als in reinem Benzoldampf, die Benzolmoleküle werden leichter zerstört, und man erhält die Emissionsspektren der Bruchstücke. Bei höheren Benzoldrucken verschiebt sich die Elektronengeschwindigkeit nach niedrigeren Werten; man erhält das Spektrum von unzerstörtem Benzol. Man kann also die dem Benzol zugeführten Anregungsenergien in gewissen Grenzen regulieren, indem man seinen Druck variiert. Das Verfahren läßt sich prinzipiell auf alle organischen Stoffe anwenden, die sich verdampfen lassen.

Man kann die Anregungsbedingungen noch stärker variieren, indem man außer dem Trägergas noch ein sogenanntes *Leitgas* zufügt, das ebenfalls in den Kühlfallen kondensiert wird, dessen Anteil jedoch die Elektronengeschwindigkeitsverteilung bestimmt. Als solche Leitgase wurden Quecksilber, Natrium, n-Hexan, Cyclohexan und auch Benzol verwendet. So erhält man z.B. bei kleinen Drucken von Aceton allein mit He oder H_2 als Trägergas durch Zerstörung des Acetonmoleküls ein starkes CO-Spektrum. Fügt man jedoch gleichzeitig Benzol als Leitgas zu, so wird kein CO beobachtet.

Tabelle 36. *Anregungs- und Ionisationsenergien im Gaszustand*

	1. Anregung [eV]	Ionisation [eV]
Helium	19,81	24,58
Neon	16,6	21,55
Argon	11,54	15,75
Wasserstoff (H_2)	11,18	15,4
Stickstoff (N_2)	6,17	15,5
Quecksilber	4,9	10,4
Benzol	4,72	9,19

Die Emissionsspektren einer Reihe von aromatischen und aliphatischen Verbindungen sind bereits nach der beschriebenen Methode aufgenommen worden. Die Verschiedenheit der Spektren kann zwar auf die Änderungen der Anregungsenergien zurückgeführt werden, doch ist eine eindeutige Zuordnung zu bestimmten Bruchstücken der untersuchten

Moleküle nur in einzelnen Fällen gelungen[1]. Beispielsweise lassen sich in Benzol noch Verunreinigungen mit Benzaldehyd bei einem Mengenverhältnis von 1 : 10^6 durch ein „blaues" Emissionsspektrum nachweisen, das man deshalb einer Anregung der C=O-Gruppe zuordnet. Diese Nachweisbarkeitsgrenze liegt demnach bei wesentlich geringeren Konzentrationen als bei Absorptionsmessungen. Auch Emissionsbanden im IR, angeregt durch Glimmentladungen, sind beobachtet worden[2].

[1] Vgl. z.B.: H. Schüler, Spectrochim. Acta **4**, 85 (1950); H. Schüler u. L. Reinebeck: Z. Naturf. **5a**, 448 (1950); **6a**, 160, 270 (1951); Spectrochim. Acta. **6**, 288 (1954); H. Schüler u. M. Stockburger: Spectrochim. Acta **15**, 841 (1959); Z. Naturf. **14a**, 229 (1959).

[2] Talley, R. M., D. S. Lowe u. W. W. Scanlon: J. opt. Soc. Amer. **42**, 982 (1952).

Sachverzeichnis

721/73/61

Zeitfracht Medien GmbH
Ferdinand-Jühlke-Straße 7
99095 Erfurt, Deutschland
produktsicherheit@kolibri360.de